CENGAGE Learning

INTERNATIONAL EDITION
SEVENTH EDITION

CONTEMPORARY ABSTRACT ALGEBRA

# 제7판 현대대수학

Joseph A. Gallian 지음
박종률 · 조정래 · 강동승 · 임정욱 · 김세경 옮김

교우사
KYOWOOSA

**표지그림**

Polynomiography : Mathematics of a Heart
Bahman Kalantari
Professor of Computer Science Rutgers University

# Contemporary Abstract Algebra

SEVENTH EDITION

Joseph A. Gallian
*University of Minnesota Duluth*

CENGAGE Learning®

Andover • Melbourne • Mexico City • Stamford, CT • Toronto • Hong Kong • New Delhi • Seoul • Singapore • Tokyo

CENGAGE Learning

**Contemporary Abstract Algebra**

7th Edition

Joseph A. Gallian



Original edition © 2010 Brooks Cole, a part of Cengage Learning.
Contemporary Abstract Algebra, International Edition 7th Edition by Joseph A. Gallian
ISBN: 9780495831532

This edition is translated by license from Brooks Cole, a part of Cengage Learning, for sale in Korea only.



ISBN-13: 979-11-251 0050-8

**Cengage Learning Korea Ltd.**
Suite 1801 Seokyo Tower Building
133 Yanghwa-Ro, Mapo-Gu
Seoul 121-837 Korea
Tel: (82) 2 322 4926
Fax: (82) 2 322 4927

Cengage Learning is a leading provider of customized learning solutions with office locations around the globe, including Singapore, the United Kingdom, Australia, Mexico, Brazil, and Japan. Locate your local office at: **www.cengage.com/global**

Cengage Learning products are represented in Canada by Nelson Education, Ltd.

For product information, visit **www.cengageasia.com**

Printed in Korea
1 2 3 4 18 17 16 15

친애하는 신사, 숙녀 여러분 저의 책 읽어보시겠어요? 몇 년이나 공을 들였는데 한 번 보시겠어요?

JOHN LENNON AND PAUL MCCARTNEY, Paperback Writer, Single

이 책의 첫판을 저술한지 20년도 더 되었지만 목표는 변함이 없다. 나는 학생들이 전통적인 주제들에 대한 견고한 안내를 받기를 원한다. 나는 독자들이 추상대수학이 그것의 개념과 방법론들이 수학자들, 컴퓨터 과학자들, 물리학자들, 화학자들에 의해 사용 되고 있는 현대의 주제라는 관점을 갖기를 원한다. 나는 학생들이 이 책을 즐겁게 읽기를 원한다. 이러한 목적을 위한 대중가요, 시, 인용구, 전기, 역사적 단편, 수십장의 사진들, 수백개의 그림들, 많은 표들과 차트들, 유명한 수학자를 기리는 우표와 화폐의 복사 등을 포함시켰다. 나는 학생들이 계산을 하고 증명을 쓸 수 있게 되기를 바란다. 따라서 이 두 가지 능력을 모두 개발할 수 있도록 풍부한 연습문제를 포함시켰다.

7판에서는 새로운 120개의 연습문제, 새로운 정리와 예제, 인용구와 전기를 추가했다. 또한 나의 웹사이트에서 사용할 수 있는 추상대수에 대한 보충자료를 확장시켰다.

이러한 변화들은 각 주제들에 대한 포괄적이고 생동감이 있는 매혹적인 도입을 가능하게 했던 이 책의 이전 판들이 지닌 특징을 보다 더 두드러지게 하고 그 가치를 높였다:

- 군, 환, 체와 다양한 비전통적인 특별한 주제들의 광범위한 적용
- 1750개 이상 계산문제와 이론문제의 적절한 혼합이 각 절의 연습문제와 복수 절에서 개념들을 통합하는 보충연습문제
- 주된 개념에 대한 연습을 위해 풀이 과정이 있는 275개의 예들
- 나의 웹사이트에서 쌍방향 소프트웨어를 이용하여 해결할 수 있는 컴퓨터 연습문제들
- 일상생활 뿐 아니라 과학과 컴퓨터 분야의 많은 응용들
- 수학계의 이면에 있는 사람들과 사건들을 명확하게 하는 수많은 역사단편들과 전기들
- 주제들을 흥미롭게 더 탐구하도록 주석이 달린 추천된 읽을거리들과 메디아

  www.d.umn.edu/~jgallian 또는 Cengage's book companion의 www.cengage.com/gallian을 통해서 접속 가능한 나의 웹사이트는 다음 내용들을 포함해서 이 책을 보조하는 풍부한 추가적인 온라인 자료를 제공해준다.

- 참/거짓 문제들
- 플래시 카드들
- 추상대수를 배우는 것, 증명하기, 추상대수가 배워야할 가치가 있는가에 대한 이유들에 대한 에세이들
- 추상대수와 관련된 웹사이트와 소프트웨어들에 대한 링크들

- …그리고 더욱 더 많은 것들

추가로 Cengage에서 이 책에 딸린 다음의 학생과 교사의 부교재를 제공하였다:

- A Student Solutions Manual, 이 책에서 풀이된 홀수 번 연습문제를 포함하여 추가로 구매가능 (ISBN-13:978-0-547-16539-4;ISBN-0:0-547-16539-0)
- 온라인 실험실 매뉴얼, 무료 컴퓨터 대수 시스템 소프트웨어인 GAP를 이용하여 해결 하도록 고안된 연습문제들을 포함해서 Julianne와 내가 썼다.
- An online Instructor's Soutions Manual 이 책의 짝수 번 연습문제의 해답, 추가로 시험문제와 정답을 포함
- 이 책의 컴퓨터 연습문제와 GAP lab 매뉴얼의 연습문제들에 대한 온라인 교사용 해답 키.

Connie Day는 원고정리-편집 담당자이고 Robert Messer는 오류를 검사 했다. 이 원고를 주의 깊게 살펴준 그들에게 감사의 말을 전한다. 또한 Tamela Ambush와 Cengage 프로덕션의 스태프 뿐만 아니라 Cengage Learning의 Janine Tangney, Daniel Seibert, Molly Tylor에게도 또한 감사의 말을 전한다.

나는 7판의 리뷰어로 친절하게 참여해준 다음 사람들의 사려 깊은 조언을 매우 가치 있게 생각 한다: Rebecca Berg, Bowie State University; Monte Boisen, University of Idaho; Tara Brendle, Louisiana State University; Jeff Clark, Elon University; Carl Eckberg, San Diego State University; Tom Farmer, Miami University; Yuval Flicker, Ohio State University; Ed Hinson, University of New Hampshire; Gizem Karaali' Pomona College; Mohan Shrikhande, Central Michigan University; Ernie Stitzinger, North Carolina State University.

수년에 걸쳐 많은 교수들과 학생들이 귀중한 오류의 지적과 의견들을 친절하게 보내 왔다. 그들이 있어서 이 책은 개편을 할 때 마다 더 좋게 되었다. 나는 이번 개편에 포함된 많은 연습문제와 조언을 제공해준 UMD 동료 Robert McFarand에게도 감사를 표한다. 어떤 오류의 지적과 의견이 있으면 jgallian@d.umn.edu로 보내주길 부탁한다.

Joseph A. Gallian

대수학이란 여러 가지 연산들에 대한 대수적체계에서 불변인 성질들을 연역적으로 규명하는 학문이라 할 수 있다. 학생들이 추상대수학을 배울 때 어렵게 느끼는 것은 이 학문적 특성에 기인한바 크다고 생각한다.

지난 35년간 현대대수학을 강의하면서 교재로 여러 종류의 책들을 가르쳐보았다. 본문의 이론 전개가 명료하고 적절한 예제들과 풍부한 연습문제들을 갖고 있는 교재가 J. A. Gallian의 Contemporary Abstract Algebra가 아닌가 생각된다. 최근 수년간 이 책의 군, 환, 체 그리고 Special Topics에서 실로우 정리와 갈로아 이론 등을 택하여 두 학기에 걸쳐 학생들을 가르치면서, 이 책의 각장의 연습문제들을 학생들이 풀어 발표하고 토론하도록 지도했다. 이 과정을 통하여 추상대수학의 개념들에 대한 학생들의 이해가 깊어지고 증진되어 가는 것을 확인할 수 있었다. 이 책은 다른 어떤 교재보다도 참신한 많은 문제들을 갖고 있어서 대학원 진학이나 중등교사 임용시험을 대비한 교재로 적절하다고 생각된다.

마침 교우사 사장님의 권유로 번역을 제의 받아 지난 1년간 번역 작업에 매달려 수차에 걸쳐 교정을 실시하였다. 저자가 심혈을 기울려 기술한 내용들의 진의를 충분하게 전달할 수 있을까? 각 용어와 각 문제 마다 많은 생각들을 하게 했다. 이 책의 번역이 마치 내가 추상대수학의 긴 터널을 통과해 나가는 느낌 이었다.

다만 번역자의 능력부족으로 저자가 전하고자하는 것을 충분히 살리지 못한 부분이 있을 것 같아 아쉽다.

앞으로 독자 여러분들의 적극적인 성원으로 이 책을 활용하여 많은 성과가 있기를 기대하며, 부족한 부분에 대해서는 독자여러분들의 제언과 충고에 귀 기울려 더 좋은 책으로 만들어 가려고 한다.

마지막으로 이 번역을 위해 감수해 주신 여러분들과 조언을 아끼지 않은 이들에게 감사를 드린다. 또한, 음양으로 도움을 아끼지 않은 부인 김영희와 장남 홍수에게 감사의 말을 전한다.

2014년 6월

충서헌에서 박종률 교수

차 례

# 제 1 부 정수와 동치관계(Integers and Equivalence Relations)



# 제 2 부 군(Groups)

## 4절 순환군(Cyclic Groups) / 58



## 5절 치환군(Permutation Groups) / 77



## 6절 동형사상(Isomorphisms) / 98



## 7절 잉여류와 Lagrange정리(Cosets and Lagrange's theorem) / 112



## 8절 외직적(External Direct Products) / 126

## 26절 생성원과 관계식(Generators and Relations) / 360



## 27절 대칭군(Symmetry Groups) / 374



## 28절 Frieze 군과 Crystallographic 군 / 380



## 29절 치환과 계산(Symmetry and Counting) / 403



## 30절 군의 Cayley 유향그래프 (Cayley Diagraphs of Groups) / 412

# 제1부

# 정수와 동치관계

(Integers and Equivalence Relations)

# 0.1절 도입(Preliminaries)

매일 매일의 모든 생각을 정리하는 것이 과학이다. —ALBERT EINSTEIN, *Physics and Reality*

## 정수의 성질(properties of Integers)

추상대수학의 많은 것들이 정수와 집합의 성질을 포함하고 있다. 이 절에서는 앞으로 추상대수학을 공부하기 위한 정수와 집합의 성질을 간추려서 정리한다.

앞으로 자주 이용할 뿐만 아니라 정수의 중요한 성질이 정렬순서의 원리이다. 이 정리는 산술(계산, 셈)이 아닌 일반적인 성질로는 증명할 수 없으므로 공리로 받아들인다.

## 정렬순서의 원리(Well Ordering Principle)

자연수집합의 공집합이 아닌 모든 부분집합은 최솟값을 갖는다.

나눗셈의 개념은 정수론에서 기본적인 역할을 한다. 정수 $s, t\,(t\neq 0)$ 에 대하여 $s=tu$ 이 되는 정수 $u$가 존재하면 영이 아닌 정수 $t$ 를 정수 $s$ 의 **약수(divisors)**라 한다. 이 경우에 $t|s$ 라고 표시한다("$t$ 가 $s$ 를 나눈다"라고 읽는다). $t$ 가 $s$ 의 약수가 아닐 때 $t \nmid s$ 라고 표시한다. 약수가 1 과 자신뿐인 1 보다 큰 양의 정수를 **소수(prime)**라 한다.

정렬순서의 원리의 첫 번째 적용으로써 앞으로 자주 사용하게 될 정수의 기본성질을 증명한다.

**정리 0.1 나눗셈 알고리즘(Division Algorithm)**

임의의 정수 $a, b\,(b>0)$ 에 대하여 $a=bq+r, (0\le r<b)$을 만족하는 정수 $q, r$ 이 유일하게 존재한다.

**증명** 본 정리의 존재성을 먼저 증명한다. 집합 $S$를 $S=\{\,a-bk \mid k\in\mathbb{Z}$ 이고 $a-bk\ge 0\,\}$라 하자. $0\in S$이면, $b$가 $a$를 나누고 따라서 $q=a/b, r=0$으로 하면 원하는 결과를 얻는다. 이제 $0\notin S$라 가정하자. $S$는 공집합이 아니므로[$a>0$이면 $a-b\cdot 0\in S$; $a<0$이면 $a-b\cdot(2a)=a(1-2b)\in S$; $0\notin S$이므로 $a\neq 0$], 정렬순서의 원리에 의해 $S$는 최솟값을 갖고 그것을 $r=a-bq$ 라 하자. $a=bq+r$이고 $r\ge 0$이므로 $r<b$를 증명하는 것만 남았다. $r\ge b$ 이면 $a-b(q+1)=a-bq-b=r-b\ge 0$이므로 $a-b(q+1)\in S$이다. 그러나 $a-b(q+1)<a-bq$이고 $a-bq$는 $S$의 최솟값이다. 따라서 $r<b$ 이다.

$q, r$ 의 유일성을 보이기 위해 정수 $q, r, q', r'$ 이 존재하여 다음이 성립한다고 하자.

$$a=bq+r,\quad 0\le r<b \text{ 이고 } a=bq'+r',\quad 0\le r'<b.$$

편의성을 위해 $r'\ge r$라 가정해도 된다. 따라서 $bq+r=bq'+r'$이고 $b(q-q')=r'-r$이

다. $b$는 $r'-r$을 나누고 $0 \le r'-r \le r' < b$이다. 즉 $r'-r=0$이고 따라서 $r'=r$이고 $q'=q$이다. □

**예제 1** $a=17$과 $b=5$에 나눗셈 알고리즘을 적용하면 $17=5\cdot 3+2$이다. 그리고 $a=-23$과 $b=6$에 나눗셈 알고리즘을 적용하면 $-23=6(-4)+1$이다. ■

미국의 여러 주에서 운전자의 생일을 운전면허증 번호의 마지막 세 자리 숫자로 변환하기 위하여 일차 함수를 사용한다. 이 함수를 알고 있으면 나눗셈 알고리즘을 이용하여 운전면허증 번호의 마지막 세 자리 숫자를 운전자의 생일을 계산할 수 있다. 플로리다 주 남성의 태어난 달이 $m$ 이고 날짜가 $b$ 이면 운전면허증 번호의 마지막 세 자리 숫자를 구하는 함수는 $40(m-1)+b$ 이다. 운전면허증 번호의 마지막 세 자리 숫자가 177 인 플로리다 주 남성은 $177=40\cdot 4+17$이므로 5월 17일에 태어났다. 1992년 9월 이전의 뉴욕 주에서는 마지막 두 자리 숫자는 태어난 해이고 그 앞의 세 자리 숫자는 태어난 달과 날짜가 일차함수 $63m+2b$ 에 의해 변환 된다. 따라서 운전면허증 번호의 마지막 다섯 자리 수가 70174인 뉴욕 주의 남성은 $701=63\cdot 11+2\cdot 4$ 이므로 1974년 11월 4일에 태어났다. (운전면허증 번호의 마지막 다섯 자리 수가 같은 경우에는 태어난 해를 나타내는 마지막 두 자리 숫자 앞에 구별 할 수 있도록 "tie-breaking"이라 하는 숫자가 첨가 되었다.) 우연히도 위스콘신 주에서는 생년월일을 부호화하는데 플로리다 주와 같은 방법으로 하고 다만 그 숫자들은 마지막 두 자리 숫자 앞에 위치한다.

**정의: 최대공약수, 서로소인 정수(Greatest Common Divisors, Relatively Prime Integers)**

영이 아닌 두 정수 $a$, $b$ 의 모든 공약수 중에서 가장 큰 공약수를 이 두 정수 $a$, $b$ 의 **최대 공약수(Greatest Common Divisors)**라 하고 $\gcd(a, b)$ 로 표시한다. $\gcd(a, b)=1$ 인 경우에 $a$와 $b$는 **서로소(Relatively Prime)**라 한다. ■

두 정수의 최대공약수의 다음 성질은 추상대수학에서 매우 중요하다. 그 증명은 나눗셈 알고리즘의 적용과 정렬순서의 원리의 두 번째 적용을 포함한다.

**정리 0.2 최대공약수는 일차결합이다(GCD is a Linear Combination)**

영이 아닌 임의의 두 정수 $a$, $b$ 에 대해 $\gcd(a, b)=as+bt$를 만족하는 정수 $s$, $t$가 존재한다. 뿐만 아니라 $\gcd(a, b)$ 는 $as+bt$ 형태의 가장 작은 양의 정수이다.

**증명** 집합 $S$를 $S=\{am+bn \mid m,n\text{는 정수이고 } am+bn>0\}$라고 하자. $S$는 공집합이 아니므로($am+bn<0$이 되는 $m$, $n$에 대해서는 $-m$, $-n$으로 $m$, $n$을 대치한다), 정렬순서의 원리에 의해 $S$는 최솟값을 갖는데 그것을 $d=as+bt$ 라 한다. 이제 $d=\gcd(a, b)$ 임을 보이면 된다. 나눗셈 알고리즘에 의해 $a=dq+r$, $0 \le r < d$ 이다. $r>0$ 이면

$$\begin{aligned} r &= a-dq = a-(as+bt)q = a(1-sq)+b(-tq) \\ &= a-asq-btq = a(1-sq)+b(-tq) \in S \end{aligned}$$

이므로 $d$가 $S$의 최솟값임에 모순이다. 따라서 $r=0$ 이고 $d$는 $a$를 나눈다. 같은 방법(또는 대칭적인 방법)으로 $d$는 $b$를 나눈다. 따라서 $d$는 $a$와 $b$의 공약수이다. $d'$ 을 $a$와 $b$의 또 다른 공약수라 하고 $a=d'h$, $b=d'k$ 라 한다. 이때 $d=as+bt=(d'h)s+(d'k)t$ $=d'(hs+kt)$ 이므로 $d'$ 은 $d$의 약수이다. 따라서 $a$와 $b$의 모든 공약수 중에서 $d$가 가장 크다. □

$a$와 $b$가 서로 소인 정리 0.2의 특수한 경우는 대수학에서 매우 중요하므로 따름정리로 채택하였다.

**따름정리** $a$와 $b$가 서로 소이면 $as+bt=1$ 인 정수 $s,t$ 가 존재한다.

**예제 2** $\gcd(4,15)=1$; $\gcd(4,10)=2$; $\gcd(2^2\times3^2\times5,\ 2\times3^3\times7^2)=2\times3^2$. 여기서 4 와 15는 서로소이고, 4와 10은 서로소가 아니다. 또한 $4\times4+15\times(-1)=1$ 이고 $4\times(-2)+10\times1=2$ 이다. ■

**Euclid's 보조정리** $p\mid ab \Rightarrow p\mid a$ 또는 $p\mid b$

$p$ 가 $ab$ 를 나누는 소수이면 $p$ 가 $a$를 나누거나 또는 $p$ 가 $b$ 를 나눈다.

**증명** $p$ 가 $ab$ 를 나누지만 $a$는 나누지 못하는 소수라 하자. 이제 $p$ 가 $b$ 를 나눈다는 것을 증명해야 한다. $p$ 가 $a$를 나누지 못하므로 $1=as+pt$ 인 정수 $s,t$ 가 존재한다. 따라서 $b=abs+pbt$ 이고 $p\mid ab$ 이므로 $p\mid b$ 이다. □

$6\mid4\times3$ 이지만 $6\nmid4$ 이고 $6\nmid3$ 이므로 $p$ 가 소수가 아닌 경우는 Euclid's 보조정리가 성립하지 않을 수도 있음에 유념해야 한다.

다음 성질은 모든 정수는 소수에 의해 표현 가능하다는 것을 보여 준다. 우리는 보통 증명 없이 이 성질을 사용하곤 한다.

**정리 0.3 정수론의 기본정리(Fundamental Theorem of Arithmetic)**

1 보다 큰 모든 정수는 소수이거나 소수들의 곱이다. 이 곱은 소수들의 순서를 무시하면 유일하다. 즉 소수 $p_i$, $q_j$ 에 대해 $n=p_1p_2\cdots p_r$ 이고 $n=q_1q_2\cdots q_s$ 이면 $r=s$ 이고 $q_j$ 의 첨자를 적당히 재배치하면 모든 $i$ 에 대해 $p_i=q_i$ 이다.

정리 0.3의 존재성은 본 장의 뒷부분에서 증명하고 유일성은 Euclid's 보조정리를 이용하면 된다. (연습문제 27)

자주 쓰이는 또 다른 개념이 두 정수의 최소공배수이다.

**정의: 최소공배수(Least Common Multiple)**

영이 아닌 임의의 두 정수 $a$, $b$ 의 양의 공배수 중에서 제일 작은 공배수를 두정수의 최소 공배수라고 하고 $lcm(a,\ b)$ 로 표시한다. ■

$a$, $b$ 의 공배수는 $lcm(a, b)$ 의 배수가 되는데 이는 연습문제(문제 12)로 남겨둔다.

**예제 3** $lcm(4, 6) = 12$; $lcm(4, 8) = 8$; $lcm(10, 12) = 60$; $lcm(6, 5) = 30$; $lcm(2^2 \times 3^2 \times 5, 2 \times 3^3 \times 7^2) = 2^2 \times 3^3 \times 5 \times 7^2$. ■

## 모듈러 연산(Modular Arithmetic)

앞으로 우리에게 중요한 나눗셈 알고리즘의 또 다른 적용이 모듈러 연산이다. 모듈러 연산은 개수를 세는데 자주 이용되어 지는 추상적인 방법 중의 하나다. 예를 들면, 지금이 9월 인데 25개월 후에는 몇 월인가? 물론 답은 10월인데 흥미로운 점은 9월에서 시작하여 25개월을 센 후 그 답을 구한 것이 아니라는 것이다. 대신에 그것에 관해 생각도 하지 않고 단순히 $25 = 12 \cdot 2 + 1$ 이고 9월에 1만 더했다. 같은 방법으로 오늘이 수요일이라면 23일 후는 금요일일 것이다. 이번에는 23일을 셈하지 않고 $23 = 3 \cdot 7 + 2$ 이므로 수요일에 2일을 더하여 답을 구했다. 만약 26시간 동안 정전되었다면 $26 = 2 \cdot 12 + 2$ 이므로 시계를 2시간 더 수정해야 한다. 놀랍게도 이와 같이 단순한 방법을 이용한 중요한 결과들이 수학과 컴퓨터과학 분야에 많이 있다. 본 장에서 그 중 아주 적은 몇 개의 예를 소개한다. 다음 기호는 편리하다.

$a$ 를 $n$ 으로 나누어 $q$가 몫이고 $r$ 이 나머지가 되어 $a = nq + r$ 일 때 $a \bmod n = r$ 로 쓰자. 그러면

$$3 = 1 \cdot 2 + 1 \text{ 이므로 } 3 \bmod 2 = 1$$
$$6 = 3 \cdot 2 + 0 \text{ 이므로 } 6 \bmod 2 = 0$$
$$11 = 3 \cdot 3 + 2 \text{ 이므로 } 11 \bmod 3 = 2$$
$$62 = 0 \cdot 85 + 62 \text{ 이므로 } 62 \bmod 85 = 62$$
$$-2 = (-1) \cdot 15 + 13 \text{ 이므로 } -2 \bmod 15 = 13 \text{이다.}$$

일반적으로 두 정수 $a$, $b$ 와 자연수 $n$ 에 대하여 $a \bmod n = b \bmod n$ 이기 위한 필요충분조건은 $n | a - b$ 이다.(연습문제 9)

예에서 $\bmod n$에 대한 덧셈과 곱셈을 사용할 것이다. $(ab) \bmod n$ 또는 $(a+b) \bmod n$ 을 계산하는데 $a$ 또는 $b$ 가 $n$ 보다 큰 경우에는 $a \bmod n$ 또는 $b \bmod n$을 먼저 계산한 후에 연산을 하면 계산이 더 간단하다. 예를 들어 $(27 \cdot 36) \bmod 11$을 계산하려면 $27 \bmod 11 = 5$ 이고 $36 \bmod 11 = 3$이므로 $(27 \cdot 36) \bmod 11 = (5 \cdot 3) \bmod 11 = 4$이다(연습문제 11).

모듈러 연산은 신분증번호의 위조여부 또는 에러를 탐지하기 위한 특별한 숫자를 할당하는데 자주 사용된다. 다음 두 개의 예를 보자.

**예제 4** 미국 우체국의 우편환의 식별 번호는 그림 0.1에서처럼 check라고 하는 첫 번째 자리수인 특별한 숫자와 함께 11자리 숫자로 되어 있다. 첫 자릿수 2인 check 숫자는 그 숫자를 제외한 10자릿수 $\bmod 9$로 구해진다.

[그림 0.1]

따라서 3953988164mod9 = 2 이므로 3953988164의 check 숫자는 2[1]이다. 만약 (check 숫자를 계산하는 프로그램이 있는)컴퓨터에 실수로 3953988164을 39559881642(네 번째 숫자가 오류)라고 입력하면 이 숫자의 check 숫자는 3955988164mod9 = 4이고 입력된 숫자는 2이므로 컴퓨터는 이 실수를 감지하는 것이다.

**예제 5** 미국의 항공사, 운송회사, 자동차 렌털 회사인 Avis와 National에서는 check 숫자를 할당하기위해 식별번호의 값에 mod7을 이용한다. 따라서 식별 번호가 00121373147367(그림 0.2)인 식별번호는 00121373147367mod7 = 3 이므로 3을 check 숫자로 갖고 이 숫자는 식별번호 다음에 추가되어 있다.

[그림 0.2]

비슷하게 UPS의 우편집배기록숫자인 768113999 또한 그림 0.3에서처럼 따로 마련된 check 숫자란에 2가 쓰여 있다.

---

1) $N$mod9의 값은 간단한 계산기로 쉽게 계산된다. $N$을 9로 나눌 때 나머지가 $r$ 이고 $N = 9q + r$이면 계산기의 화면에는 $N \div 9$의 값이 $q.rrr\cdots$로 나타나는데 소수이하 첫 자리수가 check숫자이다. 예를 들어 3955988164 ÷ 9 = 439332018.222이므로 check 숫자는 2이다. $N$이 계산기에서 사용할 수 있는 숫자의 한계를 벗어날 정도로 큰 숫자이면 $N$의 각 자릿수의 합으로 $N$을 대신하여 9로 나눈다. 따라서 3955988164mod9 = 56mod9 = 2이다. 3955988164mod9의 값은 또한 구글에서 3955988164mod9을 검색하면 구할 수 있다.

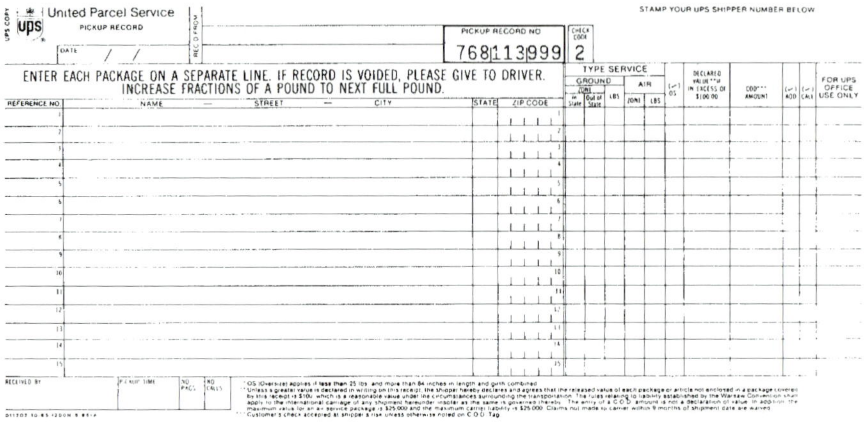
United Parcel Service
PICKUP RECORD
DATE / /
PICKUP RECORD NO 768113999
CHECK CODE 2
STAMP YOUR UPS SHIPPER NUMBER BELOW
ENTER EACH PACKAGE ON A SEPARATE LINE. IF RECORD IS VOIDED, PLEASE GIVE TO DRIVER.
INCREASE FRACTIONS OF A POUND TO NEXT FULL POUND.

| REFERENCE NO. | NAME — STREET — CITY | STATE | ZIP CODE | TYPE SERVICE GROUND | | | AIR | | OS | DECLARED VALUE IN EXCESS OF $100.00 | COD AMOUNT | ADD | CALL | FOR UPS OFFICE USE ONLY |
|---|---|---|---|---|---|---|---|---|---|---|---|---|---|---|
| | | | | ZONE In State | Out of State | LBS | ZONE | LBS | | | | | | |
| 1 | | | | | | | | | | | | | | |
| 2 | | | | | | | | | | | | | | |
| 3 | | | | | | | | | | | | | | |
| 4 | | | | | | | | | | | | | | |
| 5 | | | | | | | | | | | | | | |
| 6 | | | | | | | | | | | | | | |
| 7 | | | | | | | | | | | | | | |
| 8 | | | | | | | | | | | | | | |
| 9 | | | | | | | | | | | | | | |
| 10 | | | | | | | | | | | | | | |
| 11 | | | | | | | | | | | | | | |
| 12 | | | | | | | | | | | | | | |
| 13 | | | | | | | | | | | | | | |
| 14 | | | | | | | | | | | | | | |
| 15 | | | | | | | | | | | | | | |

RECEIVED BY | PICKUP TIME | NO. PKGS | NO. CALLS

[그림 0.3]

미국의 우체국과 항공사에서 사용했던 방법은 각 자릿수의 모든 단일오류를 식별하지는 못 한다(연습문제 35, 연습문제 39). 그러나 인접한 두 숫자의 순서가 바뀌는 것을 포함한 거의 모든 오류와 마찬가지로 각 자릿수의 모든 단일오류를 식별하는 쉬운 방법이 있다. 그중 한 가지는 제품에 12자리 숫자로 되어 있는 Universal Product Code(UPC)를 할당 하는 것이다(그림 0.4). 12자리 숫자 중에서 처음 여섯 숫자는 그 제품을 생산자 정보를 그리고 다음 다섯 숫자는 제품의 정보를 알려주고 마지막 숫자가 check 숫자이다. (대부분의 제품에서는 12번째 숫자는 인쇄하지 않고 바코드로만 인쇄한다.) 그림 0.4에서 8이 check 숫자이다.

← OPEN AT TOP OF SIDE
0 21000 65897 8

[그림 0.4]

check 숫자를 계산하는 방법을 알아보기 위해 다음 $k-$차원 좌표의 내적기호를 정의하자.

$$(a_1, a_2, \cdots, a_k) \cdot (w_1, w_2, \cdots, w_k) = a_1w_1 + a_2w_2 + \cdots + a_kw_k$$

UPC 숫자가 $a_1a_2 \cdots a_{12}$인 상품의 경우에는 다음 식이 성립한다.

$$(a_1, a_2, \cdots, a_{12}) \cdot (3, 1, 3, 1, \cdots, 3, 1) \bmod 10 = 0$$

예를 들면 그림 0.4의 UPC 숫자에서 다음 식이 성립한다.

$$\begin{aligned}(0 \cdot 3 + 2 \cdot 1 + 1 \cdot 3 + 0 \cdot 1 + 0 \cdot 3 + 0 \cdot 1 + 6 \cdot 3 + 5 \cdot 1 + 8 \cdot 3 \\ + 9 \cdot 1 + 7 \cdot 3 + 8 \cdot 1) \bmod 10 = 90 \bmod 10 = 0\end{aligned}$$

check 숫자 계산에서 사용한 고정된 $k-$차원 좌표 $(a_1,\ a_2,\ \cdots,\ a_k)$를 **가중벡터**(weighting vector)라고 한다.

이제 그림 0.4에 있는 UPC 숫자를 컴퓨터에 입력하면서 한 개 숫자를 틀리게 입력하는 단일오류가 있다고 가정하자. 예를 들어 021000958978 이 입력되었다면(일곱 번째 숫자가 틀리다) 컴퓨터는 다음 계산을 수행한다.

$$\begin{aligned}(0 \cdot 3 + 2 \cdot 1 + 1 \cdot 3 + 0 \cdot 1 + 0 \cdot 3 + 0 \cdot 1 + 9 \cdot 3 + 5 \cdot 1 + 8 \cdot 3 + 9 \cdot 1 \\ + 7 \cdot 3 + 8 \cdot 1) \bmod 10 = 99.\end{aligned}$$

$99 \bmod 10 \neq 0$ 이므로 입력된 숫자는 틀린 값이다.

일반적으로 단일 오류는 그 계산 값이 모듈러 10 에 대해 0 이 아니다.

UPC 체계의 강점은 모든 단일 오류와 마찬가지로 인접한 두 숫자의 교환을 포함하는 거의 모든 오류를 감지 한다는 것이다. 예를 들어 그림 0.4에 있는 UPC 숫자를 컴퓨터에 021000658798 로 입력했다고 하자. check 숫자 이전의 마지막 두 숫자가 교환 되었다. 내적의 계산 결과 $94 \bmod 10 \neq 0$ 가 되어 오류를 감지한다. 사실상 인접한 두 숫자 $a$와 $b$의 교환 오류가 감지 안 되는 경우는 $|a-b|=5$ 인 경우 뿐 이다. 이것을 증명하기 위해

$$a_1a_2 \cdots a_ia_{i+1} \cdots a_{12} \rightarrow a_1a_2 \cdots a_{i+1}a_i \cdots a_{12}$$

와 같은 형태의 교환 오류를 감지하지 못할 필요충분조건은

$$(a_1, a_2, \cdots, a_{i+1}, a_i, \cdots, a_{12}) \cdot (3,1,3,1,\cdots,3,1) \bmod 10 = 0.$$

즉 오류를 감지하지 못할 필요충분조건은

$$(a_1, a_2, \cdots, a_{i+1}, a_i, \cdots, a_{12}) \cdot (3,1,3,1,\cdots,3,1) \bmod 10$$

$$= (a_1, a_2, \cdots, a_i, a_{i+1}, \cdots, a_{12}) \cdot (3,1,3,1,\cdots,3,1) \bmod 10 = 0$$

이다. 따라서

$$(3a_{i+1} + a_i) \bmod 10 = (3a_i + a_{i+1}) \bmod 10 \ (i\text{가 짝수})$$

$$\text{또는} \ (a_{i+1} + 3a_i) \bmod 10 = (a_i + 3a_{i+1}) \bmod 10 \ (i\text{가 홀수})$$

가 되어 두 경우 모두 $2(a_{i+1} - a_i) \bmod 10 = 0$ 이다. 따라서 $a_{i+1} \neq a_i$ 이면 $|a_{i+1} - a_i| = 5$ 이다.

유럽에서는 13자리 제품번호를 사용하기 때문에 이에 부응하기 위해 2005년부터 미국 회사들도 13자리 제품번호를 사용하기 시작했다. 그 13자리 제품번호에 대한 가중벡터는 $(1,3,1,3,\cdots,3,1)$ 이다.

수표에 인쇄되어 있는(왼쪽 아래 두 개의 콜론 사이에 있는) 수표번호는 8자리 숫자 $a_1a_2 \cdots a_8$ 와 한 개의 check 숫자 $a_9$ 로 이루어져 있고 다음 식을 만족한다.

$$(a_1, a_2, \cdots, a_9) \cdot (7,3,9,7,3,9,7,3,9) \bmod 10 = 0.$$

UPC 체계의 경우와 마찬가지로 이 방법은 모든 단일 숫자의 오류와 인접한 두 숫자 $ab$ 가 $|a-b|=5$ 인 경우를 제외한 인접한 두 숫자의 교환을 포함하는 모든 오류를 감지한다. 그러나 이 경우에는 $\cdots abc \cdots \rightarrow \cdots cba \cdots$ 형태의 대부분의 오류를 감지한다. 그러나 UPC 체계에서는 이러한 교환 오류를 전혀 감지하지 못한다.

5장에서 숫자들에 check 숫자 할당하는 더 복잡한 방법에 대해 공부한다.

이제 오류 수정에 대해 알아보자. 73245018를 한 개 숫자를 틀리게 컴퓨터에 입력해도 컴퓨터가 알아서 오류 숫자를 검출하고 정정 해주는 것이 가능할까? (전화를 걸때 한 개 숫자를 잘못 입력했는데도 내가 통화 하려고 했던 사람과 통화가 바로 되는 전화기를 상상해보라!) 두 개의 check숫자를 이용하면 가능하다. 두 개의 check숫자 중에서 한 개는 오류 숫자의 크기를 찾아내고 다른 한 개는 오류 숫자의 위치를 찾아낸다. 이러한 두 개의 정보로 그 오류를 정정할 수 있다. 일테면 다음 두 식을 만족하는 두

개의 check 숫자 $a_{9,}$ $a_{10}$ 을 갖는 8자리 식별번호 $a_1a_2 \cdots a_8$ 가 있다고 하자.

$$(a_1 + a_2 + \cdots + a_{10})\text{mod}11 = 0$$

$$(a_1, a_2, \cdots, a_{10}) \cdot (1,2,3,\cdots,10)\text{mod}11 = 0$$

일테면 8자리 숫자 73245018 에 대해 두 개의 check 숫자를 먼저 구하고 다음에 오류 숫자와 오류 숫자의 위치를 찾아내는 방법을 알아보자. 우선 두 개의 check 숫자를 $a_{9,}$ $a_{10}$ 라고 하면 이들은 다음 식을 만족한다.

$$(7+3+2+4+5+0+1+8+a_9+a_{10})\text{mod}11 = 0 \tag{1}$$

$$(7 \cdot 1+3 \cdot 2+2 \cdot 3+4 \cdot 4+5 \cdot 5+0 \cdot 6+1 \cdot 7+8 \cdot 8 \\ +a_9 \cdot 9+a_{10} \cdot 10)\text{mod}11 = 0 \tag{2}$$

$7+3+2+4+5+0+1+8=30$ 이고 $30\text{mod}11 = 8$ 이므로 식 (1)은 다음과 같이 간단히 된다.

$$(8+a_9+a_{10})\text{mod}11 = 0 \tag{1$'$}$$

마찬가지로

$$(7 \cdot 1+3 \cdot 2+2 \cdot 3+4 \cdot 4+5 \cdot 5+0 \cdot 6+1 \cdot 7+8 \cdot 8)\text{mod}11 = 10$$

이므로 식 (2)는 다음과 같이 간단히 된다.

$$(10+9a_9+10a_{10})\text{mod}11 = 0 \tag{2$'$}$$

mod11 에 대한 연산이므로 식(2′)은 다음과 같이 쓸 수 있다.

$$(-1-2a_9-a_{10})\text{mod}11 = 0.$$

이 식을 (1′)에 더하면 $(7-a_9)\text{mod}11 = 0$ 가 되어 $a_9 = 7$ 이다. $a_9 = 7$ 을 식(1′) 또는 식(2′)에 대입하면 $a_{10} = 7$ 이 되어 두 개의 check 숫자가 구해지고 check 숫자를 추가한 10자리 숫자는 7324501877 이다.

이제 이 숫자가 위의 부호화 체계를 탑재한 컴퓨터에 7824501877(두 번째 숫자의 오류)로 틀리게 입력되었다고 가정하자. 입력된 각 자릿수의 합 $49\text{mod}11 = 5$ 이므로 어떤 숫자 하나가 원래의 숫자보다 5만큼 크거나 또는 6만큼 적다(단일 오류를 가정). 이제 그 위치를 구해보자. 오류 숫자의 위치를 $i$ 번째라면 두 번째의 내적 식에서

$$a_1 \cdot 1+a_2 \cdot 2+\cdots+(a_i+5) \cdot i+a_{i+1} \cdot (i+1)+\cdots+a_{10} \cdot 10 \\ = (a_1, a_2, \cdots a_{10}) \cdot (1,2,\cdots,10)+5i$$

이다. 따라서 $(7,8,2,4,5,0,1,8,7,7) \cdot (1,2,3,4,5,6,7,8,8,10)\text{mod}11 = 5i\ \text{mod}11$ 이다. 좌변이 mod11 에 대해 10 이므로 $i = 2$ 이다. 따라서 결론: 오류 숫자의 위치는 두 번째이고 원래 숫자보다 5 만큼 크다. 따라서 성공적으로 오류가 정정 되었다.

## 수학적 귀납법(Mathematical Induction)

앞으로 우리가 이용하게 될 수학적 귀납법에 의한 증명의 두 가지 형태가 있다. 두 가지 모두 정렬순서원

리와 동치이다. 수학적 귀납법의 정확한 정의는 16세기로 거슬러 올라간다. 갈릴레오의 스승인 Francisco Maurolycus(1494-1662)가 1575년에 $1+3+5+\cdots+(2n-1)=n^2$ 을 증명하는데 사용했고, 파스칼(1623-1662)은 오늘날 파스칼의 삼각형이라 불리는 이항정리의 계수에 대한 식을 정의하는데 사용했다. 그리고 **수학적 귀납법**(mathematical induction)이라는 이름은 드모르간에 의해 명명되었다.

**정리 0.4 제1수학적 귀납법의 원리(First Principle of Mathematical Induction)**

$S$를 $a$를 포함하는 정수 집합의 부분집합이라 하자. $S$가 $n \geq a$인 정수 $n$이 $S$에 속하면 $n+1$ 또한 $S$에 속한다는 성질을 만족한다면 집합 $S$는 $a$보다 크거나 같은 모든 정수를 포함한다.

**증명** (연습문제 29) □

따라서 양의 정수를 포함하는 어떤 명제가 모든 자연수에 대해 성립함을 증명하는데 수학적 귀납법을 이용하기 위해서는 첫 번째 주어진 명제가 자연수 1에 대해 성립함을 보여야 한다. 그러고 나서 그 명제가 정수 $n$에 대해 성립한다고 가정하고 그 명제가 정수 $n+1$일 때 성립함을 증명하는데 이 가정을 이용한다.

다음 예에서는 평면기하에 대한 정리들을 이용한다. 주어진 자와 컴퍼스를 가지고 수직선을 작도할 수 있음을 상기하자.

**예제 6** 주어진 자, 컴퍼스, 단위 길이로 임의의 자연수 $n$에 대하여 $\sqrt{n}$ 의 길이를 갖는 선분이 작도 가능함을 증명하는데 수학적 귀납법을 이용한다. $n=1$ 인 경우는 가정에 주어져 있다. 이제 길이 $\sqrt{n}$ 인 선분이 작도 가능하다고 가정하자. 그러면 자와 컴퍼스를 가지고 높이가 1이고 밑변의 길이가 $\sqrt{n}$ 인 직각삼각형을 작도할 수 있다. 그 삼각형의 빗변 길이가 $\sqrt{n+1}$ 이다. 따라서 수학적 귀납법에 의해 임의의 자연수 $n$에 대하여 길이가 $\sqrt{n}$ 인 선분이 작도 가능하다.

**예제 7** 드모아브르정리(DEMOIVRE'S THEOREM) 임의의 자연수 $n$, 임의의 실수 $\theta$, 허수 $i=\sqrt{-1}$ 에 대하여 $(\cos\theta+i\sin\theta)^n=\cos(n\theta)+i\sin(n\theta)$ 을 증명하는데 수학적 귀납법을 이용한다. $n=1$ 에 대해 주어진 명제는 성립한다. 이제 $n$에 대해 성립한다고 가정하자.
$(\cos\theta+i\sin\theta)^{n+1}=\cos(n+1)\theta+i\sin(n+1)\theta$ 를 증명해야한다.

$$\begin{aligned}(\cos\theta+i\sin\theta)^{n+1} &= (\cos\theta+i\sin\theta)^n(\cos\theta+i\sin\theta)\\ &= (\cos(n\theta)+i\sin(n\theta))(\cos\theta+i\sin\theta)\\ &= \cos(n\theta)\cos\theta+i(\sin(n\theta)\cos\theta+\sin\theta\cos(n\theta))\\ &\quad -\sin(n\theta)\sin\theta\end{aligned}$$

이제 $\cos(\alpha+\beta)$와 $\sin(\alpha+\beta)$에 대한 삼각함수의 가법정리를 이용하면 위 식의 마지막 항은 $\cos(n+1)\theta+i\sin(n+1)\theta$과 같다. 따라서 수학적 귀납법에 의해 주어진 명제는 임의의 자연수 $n$

에 대하여 성립한다.

많은 경우에 명제가 $n$ 에 대하여 성립한다는 가정으로 그 명제가 $n+1$ 일 때 성립한다는 것을 증명하는 것이 적합하지 않다. 그런 경우에 수학적 귀납법의 아래 동치 형태가 더 쉬울 수 있다. 몇몇 저자들은 이 공식을 강한 수학적 귀납법이라고도 한다.

**정리 0.5 제2수학적 귀납법의 원리(Second Principle of Mathematical Induction)**

$S$를 정수 $a$를 포함하는 한 정수 집합이라 하자. $S$가 $n$ 보다 적고 $a$ 보다 크거나 같은 모든 정수가 $S$에 속하면 $n$ 이 $S$에 속한다는 성질을 가진다고 가정하자. 그러면 집합 $S$는 $a$ 보다 크거나 같은 모든 정수를 포함한다.

**증명** (생략) □

이러한 형태의 귀납법을 이용하기 위해서 무엇보다 우선 주어진 명제가 정수 $a$ 에 대해 성립힘을 보인다. 그리고 난 후에 $a$ 보다 크거나 같고 $n$ 보다 적은 모든 정수에 대해 주어진 명제가 참이라 가정하고 그 명제가 $n$ 에 대하여 성립함을 증명하는데 이 가정을 이용한다.

**예제 8** 정수론의 기본정리에서 소인수분해의 존재성을 증명하는데 $a=2$ 로 하고 제2수학적 귀납법을 이용할 것이다. $S$를 소수이거나 소수의 곱인 1보다 큰 정수들의 집합이라 하자. 명백히 $2 \in S$이다. 이제 정수 $n$ 에 대해 $2 \le k < n$ 인 모든 정수 $k$ 가 $S$에 속한다고 가정하자. $n \in S$ 임을 증명해야 한다. 만약 $n$ 이 소수이면 정의에 의해 $n \in S$이다. $n$ 이 소수가 아니면 $1 < a < n$, $1 < b < n$ 인 정수 $a$, $b$ 가 존재하여 $n$ 은 $ab$ 형태로 쓸 수 있다. $a$와 $b$가 모두 $S$의 원소라고 가정했으므로 그들 각각은 소수이거나 소수들의 곱이다. 따라서 $n$ 도 소수들의 곱이다. 이로써 증명이 끝났다.

제1수학적 귀납법의 원리 보다 제2수학적 귀납법의 원리로 정수론의 기본정리를 증명하는 것이 더 자연스럽다. 어떤 특정한 숫자의 소인수분해를 했더라도 이 소인수분해는 그 다음 숫자를 소인수 분해하는데 아무런 도움을 주지 못한다. (즉 5280을 소인수분해를 했다는 것이 5281의 소인수분해에 도움을 주겠는가?)

다음 예는 과학 잡지 Discover 1988년 1월호의 Brain Boggler편에 나왔던 문제이다.

**예제 9** The Quakertown Poker Club에는 5달러짜리 파랑색 칩과 8달러짜리 빨간색 칩을 사용한다. 베팅할 수 없는 가장 큰 금액은 무엇인가?

이 문제를 파악하기 위해 파랑색과 빨간색 칩의 다양한 조합을 시행함으로써 베팅할 수 있는 금액은 5, 8, 10, 13, 16, 18, 20, 21, 23, 24, 25, 26, 28, 29, 30, 31, 32, 33, 34, 35, 36, 37, 38, 39, 40이다. 따라서 구하는 금액은 27달러일 것이다. 그러나 어떻게 이 결과를 믿을 수 있겠는가? 이를 증명하기 위해 27보다 큰 수는 모두 음이 아닌 정수 $a$와 $b$가 존재하여 $5a+8b$ 인 형태로 표현이 가능하다는 것만 보이면 되겠다. $5a+8b$ 인 베팅에 필요한 $a$는 파랑색 칩의 개수이고 $b$는 빨강색 칩의 개수를 나타내므로 이 문제는 해결될 것이다. 비교가 목적이므로 두 개의-하나는 제1수학적 귀납법의 원리를 이용하고 다른 하나는 제2수학적 귀납법의 원리를 이용하는 증명을 제시한다.

집합 $S$를 $S=\{\, 5a+8b \mid a,b$는 자연수이고 $5a+8b \geq 28 \,\}$라 하자. 명백히 $28 \in S$이다. 이제 정수 $n \in S$이고 $n=5a+8b$라고 가정하자. $n+1 \in S$를 증명해야 한다. 먼저 $n \in S$이므로 $a$와 $b$ 모두 3보다 적을 수 없다. $a \geq 3$ 이면

$$n+1=(a \cdot 5+b \cdot 8)+(-3 \cdot 5+2 \cdot 8)=(a-3) \cdot 5+(b+2) \cdot 8.$$

(칩의 관점에서 마지막 식은 파랑색 칩 세 개를 회수하고 두 개의 빨강색 칩을 그 게임 판에 추가함으로써 베팅 금액이 $n$에서 $n+1$로 증가했음을 알려준다.) 또한 $b \geq 3$ 이면

$$n+1=(a \cdot 5+b \cdot 8)+(5 \cdot 5-3 \cdot 8)=(a+5) \cdot 5+(b-3) \cdot 8.$$

(베팅이 세 개의 빨강색 칩을 회수하고 파랑색 칩 다섯 개를 추가하면 1을 증가 시킬 수 있다.) 이로써 증명이 끝났다.

같은 명제를 제2수학적 귀납법의 원리로 증명하기 위해 우선 29, 30, 31, 32는 모두 $S$의 원소임에 주목하자. 이제 정수 $n>32$ 에 대해 $28 \leq k<n$ 인 모든 정수 $k$가 집합$S$의 원소라고 가정한다. $n \in S$ 임을 증명해야 한다. $n-5 \in S$이므로 $n-5=a \cdot 5+b \cdot 8$ 을 만족하는 음의 정수가 아닌 정수 $a$와 $b$가 존재 한다. 따라서 $n=(a+1) \cdot 5+b \cdot 8$ 이므로 $n$은 $S$에 있다. ■

## 동치관계(Equivalence Relations)

수학에서 한편에서는 서로 다른 것을 또 다른 관점에서는 같은 것으로 취급하기도 한다. 우리는 이미 그러한 예를 공부했다. 사실상 $2+1$ 과 $4+4$ 는 일반적인 연산에서는 서로 다른 값이지만 mod5에 대한 연산에서는 같은 값이 된다. 평면에서 서로 다른 위치에 있는 합동인 삼각형은 서로 다른 삼각형이지만 평면 기하에서는 흔히 동일한 삼각형으로 취급한다. 물리에서 크기와 방향이 같은 두 벡터가 각각 서로 다른 효과를 내는 경우가 많이 있다. 지렛대의 받침점에서 2피트 떨어진 곳에 10파운드를 두는 것과 1피트 떨어진 곳에 10파운드를 두는 효과는 다르다. 그러나 선형대수학에서는 크기와 방향이 같은 벡터는 모두 동일한 벡터로 간주 한다. 이러한 차이를 정확하게 표현하는 수단은 상등이라는 기호를 어떻게 적절하게 일반화하는 가에 달려있다. 즉 주어진 상황에서 두 개의 양이 같은지 그렇지 않는지를 명시하는 공식적인 체계가 필요하다. 이러한 체계를 동치관계라 한다.

### 정의: 동치관계(Equivalence Relations)

집합 $S$ 에서 **동치관계**(equivalence relation)는 다음을 만족하는 $S$의 원소들의 순서쌍들의 집합 $R$이다.

1. $\forall a \in S,\ (a,a) \in R$ (반사율).
2. $(a,b) \in R \Rightarrow (b,a) \in R$ (대칭률).
3. $(a,b) \in R \wedge (b,c) \in R \Rightarrow (a,c) \in R$ (추이율).

$R$이 집합 $S$에서 동치관계일 때 $(a,b) \in R$ 대신 $aRb$ 로 쓰는 것이 관례이다. 또한 동치관계는 상등의

일반화이므로 $a \approx b$, $a \equiv b$, $a \sim b$와 같은 그것을 연상시키는 기호로 그 관계를 나타내기 위해 일반적으로 쓰인다. 이 기호를 이용하면 동치관계에 대한 위의 세 가지 조건은 $\forall a \in S$, $a \sim a$; $a \sim b \Rightarrow b \sim a$; $a \sim b \wedge b \sim c \Rightarrow a \sim c$이 된다. $\sim$이 집합 $S$에서 동치관계이고 $a \in S$이면 집합 $[a] = \{x \in S \mid x \sim a\}$을 집합 $S$의 $a$를 포함하는 동치류(equivalence class of $S$ containing $a$)라고 한다.

**예제 10** 평면에서 모든 삼각형의 모임을 집합 $S$라 하자. 임의의 $a, b \in S$에 대하여 두 삼각형 $a, b$가 닮음삼각형일 때, 즉 대응하는 세 각이 각각 같을 때 $a \sim b$라고 하면 $\sim$ 은 집합 $S$에서 동치관계이다.

**예제 11** 실 계수 다항식의 전체 모임을 집합 $S$라 하자. 임의의 $f, g \in S$에 대하여 두 다항식의 미분이 같을 때, 즉 $f' = g'$일 때 $f \sim g$라고 하면 $\sim$ 은 집합 $S$에서 동치관계이다. 두 다항식의 상수항이 다를 때에만 미분이 같으므로 $[f] = \{ f + c \mid c$는 실수$\}$이다.

**예제 12** $S = \mathbb{Z}$, $n \in \mathbb{N}$라고 하자. 임의의 $a, b \in S$에 대하여 $a \bmod n = b \bmod n$, 즉 $n \mid a - b$일 때 $a \equiv b$라고 하면 $\equiv$ 는 동치관계이고 $[a] = \{ a + kn \mid k \in S \}$이다. 이 동치관계는 대수학에 있어 매우 중요하므로 그것이 정말 동치관계가 되는지 확인하는 고통을 감수할 것이다. $n \mid (a - a)$이므로 $S$의 모든 원소 $a$에 대해 $a \equiv a$이다. 다음에 $a \equiv b$ 즉 $a - b = rn$라고 가정하면 $b - a = (-r)n$이므로 $b \equiv a$이다. 마지막으로 $a \equiv b$이고 $b \equiv c$ 즉 $a - b = rn$이고 $b - c = sn$라 가정하면 $a - c = (a - b) + (b - c) = rn + sn = (r + s)n$이므로 $a \equiv c$이다.

**예제 13** $\equiv$을 예제 12의 동치관계라 하고 $n = 7$이라면 $16 \equiv 2$, $9 \equiv -5$, $24 \equiv 3$이다. 또한 $[1] = \{\cdots, -20, -13, -6, 1, 8, 15, \cdots\}$이고 $[4] = \{\cdots, -17, -10, -3, 4, 11, 18, \cdots\}$이다.

**예제 14** 집합 $S$를 $S = \{ (a, b) \mid a, b$는 정수, $b \neq 0 \}$라 하자. 임의의 $(a, b), (c, d) \in S$에 대해 $ad = bc$일 때 $(a, b) \approx (c, d)$라 정의하면 $\approx$ 는 동치관계이다. [이 예에 대한 동기는 분수이다. 사실상 $\frac{a}{b} = \frac{c}{d}$일 때 $(a, b)$과 $(c, d)$이 동치이다.] $\approx$ 이 $S$에서 동치관계임을 밝히기 위해 우선 $(a, b) \approx (a, b)$은 $ab = ba$이 성립해야 하는데 성립한다. 다음에 $(a, b) \approx (c, d)$라고 가정하면 $ad = bc$이 성립한다. $cb = da$이 성립하면 $(c, d) \approx (a, b)$이 되는데 곱셈에 대한 교환법칙에 의해 성립한다. 마지막으로 $(a, b) \approx (c, d)$이고 $(c, d) \approx (e, f)$라 가정하고 $(a, b) \approx (e, f)$을 증명한다. 이것은 $ad = bc$이고 $cf = de$라 가정하고 $af = be$임을 증명하는 것과 동일하다. $ad = bc$의 양변에 $f$를 곱하고 $cf$에 $de$를 대입하면 $adf = bcf = bde$이다. $d \neq 0$이므로 처음과 마지막 식에서 $d$를 소거할 수 있다.

## 정의: 분할(Partition)

집합 $S$의 분할은 합집합이 $S$가 되는 서로소이고 공집합이 아닌 $S$의 부분집합들의 모임이다. 그림 0.5는 네 개의 부분집합들로 이루어진 분할을 나타낸다.

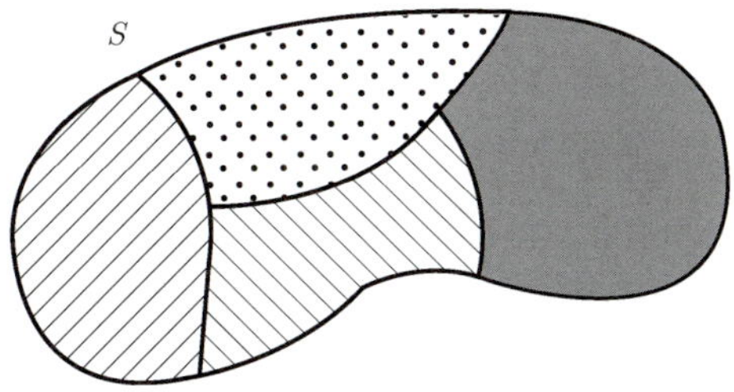


[그림 0.5] $S$의 4가지 부분집합으로의 분할

**예제 15** 집합 $\{0\}$, $\{1, 2, 3, \cdots\}$, $\{-1, -2, -3, \cdots\}$은 정수 전체집합의 분할이다.

**예제 16** 음이 아닌 정수 전체집합과 양이 아닌 정수 전체집합은 모두 0이 포함되므로 정수전체 집합의 분할이 아니다.

다음 정리에서 동치관계와 분할이 직접적으로 연관이 되는 것을 알 수 있다.

**정리 0.6** 집합 $S$에서 동치관계에 의한 동치류 전체 집합은 $S$의 분할이다. 역으로 집합 $S$의 임의의 분할 $P$에 대해 동치류 전체집합이 $P$가 되는 동치관계가 존재한다.

**증명** $\sim$을 집합 $S$에서 동치관계라 하자. 임의의 $a \in S$에 대해 반사율에 의해서 $a \in [a]$이다. 따라서 $[a] \neq \varnothing$ 이고 동치류 전체의 합집합은 집합 $S$가 된다. 이제 $[a]$와 $[b]$이 서로 다른 동치류라 가정하자. $[a] \cap [b] = \varnothing$ 임을 증명해야 한다. 그와는 반대로 $c \in [a] \cap [b]$라 가정하자. $[a] \subseteq [b]$를 보일 것이다. 이를 위하여 $x \in [a]$라면 $c \sim a$, $c \sim b$, $x \sim a$이다. 대칭률에 의해 $a \sim c$이다. 따라서 추이율에 의해 $x \sim c$이고 또 다시 추이율에 의해 $x \sim b$다. 이로써 $[a] \subseteq [b]$이 증명되었다. 같은 방법으로 $[b] \subseteq [a]$이다. 따라서 $[a] = [b]$이 되어 $[a]$와 $[b]$이 서로 다른 동치류라는 가정에 모순이다.

그 역을 증명하기 위해 $P$를 합집합이 $S$가 되는 서로소이고 공집합이 아닌 $S$의 부분집합들의 모임이라 하자. $a$와 $b$가 그 모임의 동일한 부분집합에 속할 때 $a \sim b$로 정의하자. $\sim$ 이 동치관계임을 증명하는 것은 연습문제로 남긴다.(연습문제 55) □

## 함수(Functions, Mappings)

함수의 개념이 수학의 전 분야에서 중심적인 역할을 하지만 함수와 관련한 용어와 기호는 아주 간단하다. 이절에서는 앞으로 사용할 용어와 기호들을 정의한다.

### 정의: 함수(Function)

집합 $A$에서 집합 $B$로의 함수 $\phi$는 $A$의 각각의 원소 $a$에 $B$의 오직 하나의 원소 $b$를 대응하는 규칙이다. 이때 집합 $A$를 $\phi$의 정역이라 하고, $B$를 $\phi$의 공역이라 한다. 함수 $\phi$에 의해 $a$가 $b$로 대응할 때

$b$를 $a$의 상이라 한다. 집합 $A$의 원소와 대응되는 $B$의 모든 원소의 모임을 $A$의 상이라 한다.
집합 $A$에서 집합 $B$로의 함수 $\phi$는 $\phi: A \to B$로, 함수 $\phi$에 의해 $a$가 $b$로 대응할 때 $\phi(a)=b$ 또는 $\phi: a \mapsto b$로 표현한다.
어떤 집합에서는 한 개의 원소를 여러 가지 방법으로 표현할 수 있다. 이런 집합에서 함수를 정의할 때 각각의 원소에 대응하는 값이 그 원소를 표현하는 형태에 따라 달라지지 않고 그 원소 자체에 의해 결정됨을 증명해야 한다. 예를 들면 $\phi\left(\frac{a}{b}\right)=a+b$에 의해서 유리수를 정수로 대응하는 이 대응에서는 $\frac{1}{2}=\frac{2}{4}$ 이지만 $\phi\left(\frac{1}{2}\right)\neq\phi\left(\frac{2}{4}\right)$ 이므로 $\phi$는 함수가 아니다. 주어진 대응이 함수임을 증명하기 위해서는 $x_1=x_2$을 가정하고 $\phi(x_1)=\phi(x_2)$이 성립함을 증명해야 한다.

## 정의: 합성함수(Composition of Functions)

$\phi: A \to B$와 $\psi: B \to C$에 대해 합성함수 $\psi\phi$는 $A$의 모든 원소 $a$에 대해 $\psi\phi(a)=\psi(\phi(a))$로 정의된 집합 $A$에서 집합 $C$로의 함수다. 합성함수 $\psi\phi$는 그림 0.6에서처럼 도식화 할 수 있다.

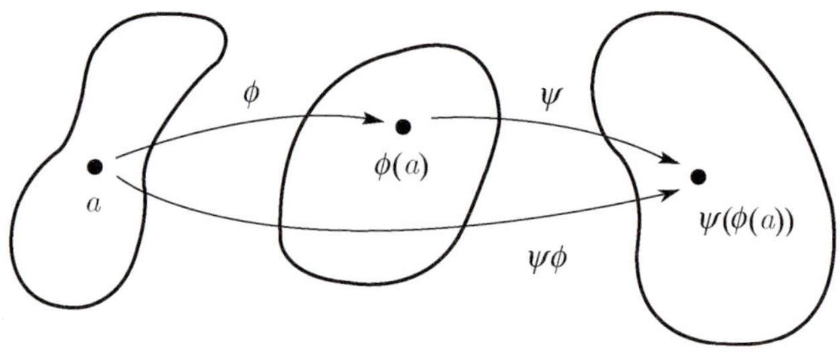


[그림 0.6]

미적분학에서 $f$와 $g$의 합성함수는 $(g \circ f)(x)$로 나타내고 $(g \circ f)(x)=g(f(x))$에 의해 정의 된다. 여기서는 $\circ$을 생략하고 나타낸다.
그 이름만으로도 특성을 알 수 있는 함수들이 있는데 그러한 함수들을 알아보자.

## 정의: 단사함수(One-to-One Function)

함수 $\phi: A \to B$가 다음 조건을 만족하면 **단사함수**(one-to-one)라 한다.

$$\phi(a_1)=\phi(a_2) \Rightarrow a_1=a_2, \qquad a_1, a_2 \in A$$

$B$의 원소들이 $A$의 오직 한 원소의 상이 될 수 있으므로 단사함수라는 이름을 갖고 있고 대우명제를 이용하면 $A$의 서로 다른 원소는 $B$의 서로 다른 원소로 대응된다는 다음 조건과 동일하다. 그림 0.7에서 확인하자.

$$a_1\neq a_2, \qquad a_1, a_2 \in A \Rightarrow \phi(a_1)\neq\phi(a_2)$$

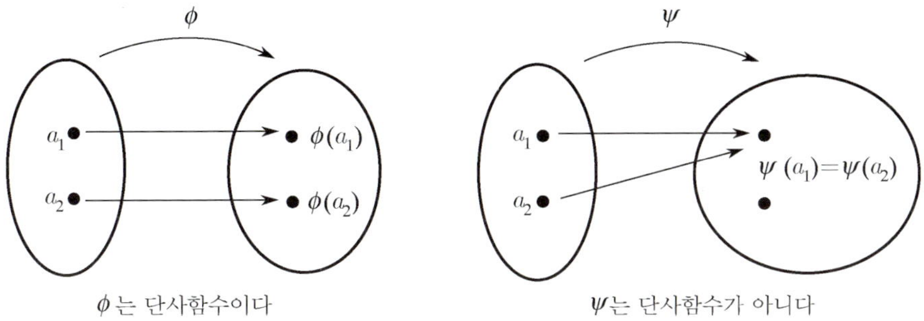


[그림 0.7]

## 정의: 전사함수(Function from $A$ onto $B$)

$B$의 모든 원소가 $A$의 최소한 1개 이상의 원소의 상이면 집합 $A$에서 집합 $B$로의 함수 $\phi$를 $B$ 위에서 함수(전사함수)라 한다. 기호로 $B$의 임의의 원소 $b$에 대해 $\phi(a)=b$이 되는 $A$의 원소 $a$가 존재하면 함수 $\phi: A \to B$는 전사함수이다.

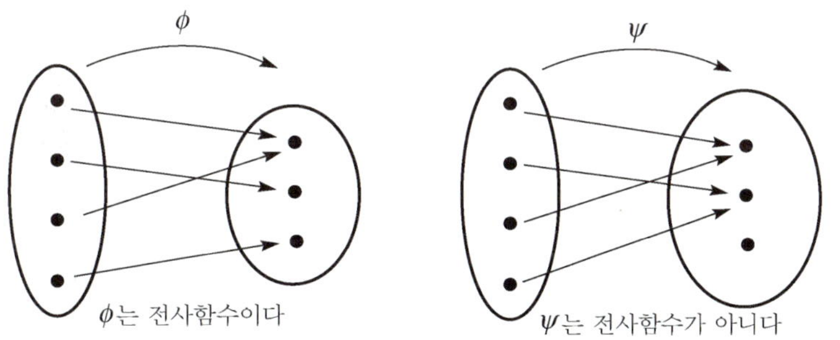


[그림 0.8]

다음 정리에서 우리가 사용할 함수의 성질을 요약한다.

### 정리 0.7 함수의 성질(Properties of Functions)

함수 $\alpha: A \to B, \beta: B \to C, \gamma: C \to D$에 대해 다음이 성립 한다.

1. $\gamma(\beta\alpha)=(\gamma\beta)\alpha$ (결합법칙)
2. $\alpha$, $\beta$가 단사함수이면 $\beta\alpha$도 단사함수이다.
3. $\alpha$, $\beta$가 전사함수이면 $\beta\alpha$도 전사함수이다.
4. $\alpha$가 단사이고 전사이면 $B$에서 $A$ 위로의 함수 $\alpha^{-1}$가 존재하여 $A$의 모든 원소 $a$에 대해 $(\alpha^{-1}\alpha)(a)=a$이고 $B$의 모든 원소 $b$에 대해 $(\alpha\alpha^{-1})(b)=b$이다.

**증명** 여기서는 1번만 증명하고 나머지는 연습문제로 남긴다(연습문제 51). $a \in A$라면 $(\gamma(\beta\alpha))(a)=\gamma((\beta\alpha)(a))=\gamma(\beta(\alpha(a)))$이다. 한편 $((\gamma\beta)\alpha)(a)=(\gamma\beta)(\alpha(a))=\gamma(\beta(\alpha(a)))$이다. 따라서 $\gamma(\beta\alpha)=(\gamma\beta)\alpha$이다. □

$\alpha$ 가 전단사함수이면 정리 0.7의 4번에서 설명한 함수 $\alpha^{-1}$ 는 $\alpha(s)=t$ 이면 $\alpha^{-1}(t)=s$ 라는 성질이 있다는 것을 알아 두면 유익하다. 즉 $\alpha^{-1}$ 에 의한 $t$ 의 상은 $\alpha$ 에 의해 $t$ 로 대응되는 유일한 원소 $s$ 이다. 사실상 $\alpha$ 는 보내는 것이고 $\alpha^{-1}$ 는 되돌려 보내는 것이다.

**예제 17** $\mathbb{Z}$는 정수 전체집합을, $\mathbb{R}$은 실수 전체집합을, $\mathbb{N}$은 자연수 전체집합을 나타낸다 하자. 다음 표는 단사와 전사함수의 성질에 대한 실 예를 보여 준다.

| 정역 | 공역 | 대응 | 단사 | 전사 |
|---|---|---|---|---|
| $\mathbb{Z}$ | $\mathbb{Z}$ | $x \mapsto x^3$ | ○ | × |
| $\mathbb{R}$ | $\mathbb{R}$ | $x \mapsto x^3$ | ○ | ○ |
| $\mathbb{Z}$ | $\mathbb{N}$ | $x \mapsto \lvert x \rvert$ | × | ○ |
| $\mathbb{Z}$ | $\mathbb{Z}$ | $x \mapsto x^2$ | × | × |

처음 두 경우에서 $x \mapsto x^3$이 단사임을 증명하기 위해서는 $x^3 = y^3$이면 등호의 양변에 세제곱근을 적용하면 $x=y$이 된다는 것을 알면 된다. $x \mapsto x^3$로 주어진 $\mathbb{Z}$에서 $\mathbb{Z}$로의 함수는 2는 정수의 세제곱이 될 수 없으므로 전사함수가 아니다. 그러나 모든 실수는 그자신의 세제곱근의 세제곱(즉 $\sqrt[3]{b} \mapsto b$)이므로 $x \mapsto x^3$로 주어진 $\mathbb{R}$에서 $\mathbb{R}$으로의 함수는 전사함수이다. 나머지 증명은 독자에게 남긴다. ■

## 연습문제

나는 이스라엘 라디오 방송에서 5분간 인터뷰가 있었는데, 거기서 "2000년도 훨씬 이전에 유클리드가 소수는 무한히 많다는 것을 증명 했다"라고 내가 말하자마자 사회자가 바로 "지금도 여전히 소수가 무한히 많이 있습니까?"하고 되물었다. NOGA ALON

**1.** $n=5,\ 8,\ 12,\ 20,\ 25$ 에 대해 $n$ 보다 적은 자연수 중에서 $n$ 과 서로소인 것을 모두 구하여라.

**2.** $\gcd(2^4\ 3^2\ 5^1\ 7^2,\ \ 2^1\ 3^3\ 7^1\ 11^1)$와 $lcm(2^3\ 3^2\ 5^1,\ \ 2^1\ 3^3\ 7^1\ 11^1)$을 구하여라.

**3.** 다음을 구하여라.

$$51 \bmod 13,\ 342 \bmod 85,\ 62 \bmod 15,\ 10 \bmod 15,\ (82 \times 73) \bmod 7,$$
$$(51+68) \bmod 7,\ (35 \times 24) \bmod 11,\ (47+68) \bmod 11.$$

**4.** $1 = 7 \cdot s + 11 \cdot t$를 만족하는 정수 $s,\ t$를 구하고, 정수 $s,\ t$는 유일하지는 않음을 보여라.

**5.** 플로리다 주의 운전면허증의 네 번째와 다섯 번째 숫자는 태어난 해이고 마지막 세 개의 숫자는 $m$월 $b$일에 태어난 남성인 경우에 $40(m-1)+b$이고 여성은 $40(m-1)+b+500$으로 계산되어진다. 마지막 다섯 숫자가 42218, 53953 인 두 사람의 생년월일을 구하여라.

**6.** 1992년 9월 이전 뉴욕 주의 운전면허증의 마지막 두 숫자 앞의 세 숫자는 $m$월 $b$일에 태어난 남성인 경우에 $63m+2b$이고 여성은 $63m+2b+1$로 계산되어진다. 이 세 숫자가 248, 601 인 두 사람의 생일과 성별을 각각 구하여라.

**7.** 양의 정수 $a, b$ 에 대하여 $ab = lcm(a, b) \cdot \gcd(a, b)$임을 보여라.

**8.** 정수 $a, b$가 정수 $c$의 약수이다. $a, b$가 서로소이면 $ab$가 $c$의 약수임을 보여라. $a, b$가 서로소가 아니고 $ab$가 $c$의 약수가 아닌 예를 찾아라.

**9.** $a, b$는 정수이고 $n$은 양의 정수이다. $a \bmod n = b$이기 위한 필요충분조건은 $n$이 $b-a$의 약수임을 보여라.

**10.** $a, b$는 정수이고 $d = \gcd(a, b)$이다. $a = da'$, $b = db'$이면 $\gcd(a', b') = 1$임을 보여라.

**11.** $n$은 1 보다 큰 양의 정수이다. $a \bmod n = a'$, $b \bmod n = b'$ 일 때 $(a+b) \bmod n = (a'+b') \bmod n$이고 $(ab) \bmod n = (a'b') \bmod n$임을 보여라. (이 문제는 6, 8, 15장에서 사용할 것이다.)

**12.** $a, b$는 양의 정수이고 $d = \gcd(a, b)$, $m = lcm(a, b)$이다. $a, b$의 공약수 $t$는 $d$의 약수이고 $a, b$의 공배수 $s$는 $m$의 배수임을 보여라.

**13.** $a, n$는 양의 정수이고 $d = \gcd(a, n)$이다. 방정식 $ax \bmod n = 1$이 해를 갖기 위한 필요충분조건은 $d = 1$임을 보여라.( 이 문제는 2장에서 사용 할 것이다.)

**14.** 임의의 정수 $n$에 대하여 $5n+3$, $7n+4$는 서로 소임을 보여라.

**15.** 3 보다 큰 소수는 $6n+1$ 또는 $6n+5$의 형태로 표현할 수 있음을 보여라.

**16.** $7^{1000} \bmod 6$과 $6^{1001} \bmod 7$의 값을 구하여라.

**17.** 정수 $a, b, s, t$에 대하여 $a \bmod st = b \bmod st$이면 $a \bmod s = b \bmod s$이고 $a \bmod t = b \bmod t$임을 보여라. 역에 성립하기 위한 $s$와 $t$에 대한 조건을 구하여라.(이 문제는 8장에서 사용 할 것이다.)

**18.** $8^{402} \bmod 5$의 값을 구하여라.

**19.** $\gcd(a, bc) = 1$이기 위한 필요충분조건은 $\gcd(a, b) = 1$이고 $\gcd(a, c) = 1$임을 보여라.

**20.** 소수 $p_1, p_2, p_3, \cdots, p_n$은 $p_1 p_2 p_3 \cdots p_n + 1$의 약수가 아님을 보여라.

**21.** 소수는 무한히 많이 있음을 보여라.( 문제20을 이용 )

**22.** 임의의 양의 정수 $n$에 대하여 $1+2+3+\cdots+n = \dfrac{n(n+1)}{2}$임을 보여라.

**23.** 임의의 양의 정수 $n$에 대하여 $n$개의 원소를 갖는 집합은 $2^n$개의 부분집합을 가짐을 보여라.

**24.** 임의의 양의 정수 $n$에 대하여 $2^n 3^{2n} - 1$은 17의 배수임을 보여라.

**25.** $n, n+1, n+2, \cdots, n+200$이 모두 합성수가 되는 양의 정수 $n$이 존재함을 보여라.

**26.** (Euclid's 보조정리의 일반화) 소수 $p$가 $a_1 a_2 a_3 \cdots a_n$의 약수이면 $p$는 $a_1, a_2, a_3, \cdots, a_n$ 중 적어도 하나의 약수임을 보여라.

**27.** 문제 26 Euclid's 보조정리의 일반화를 이용하여 정수론의 기본정리의 유일성 부분을 증명하여라.

**28.** 7달러와 9달러의 칩만으로 베팅할 수 없는 금액의 최댓값을 구하고 그 값이 옳음을 제1수학적 귀납법의 원리와 제2수학적 귀납법의 원리 두 가지 방법으로 증명하여라.

**29.** 제1수학적 귀납법의 원리를 정렬순서의 원리를 이용하여 증명하여라.

**30.** 피보나치수열 $1, 1, 2, 3, 5, 8, 13, 21, 24, \cdots$은 $f_1 = 1 = f_2$, $f_n = f_{n-1} + f_{n-1}$ $(n \ge 3)$로 정의 된다. $n$번째 피보나치 수 $f_n$는 $f_n < 2^n$임을 보여라.

**31.** 스티브 원더의 앨범 Songs in the Key of Life의 As라는 곡에 $8 \times 8 \times 8 \times 8 = 4$라는 식이 나오는데 $\bmod n$에 대해 이식이 성립하는 $n$을 모두 구하여라.

**32.** 임의의 정수 $n$ 에 대하여 $n^3 \bmod 6 = n \bmod 6$ 임을 보여라.

**33.** 오전2 : 00 에서 3736시간이 흐른 후의 시각을 구하여라.

**34.** 식별 번호가 7234541780 인 우편환에서 check 숫자를 구하여라.

**35.** 우편환의 check 숫자가 아닌 다른 숫자가 0 에서 9 로 바뀌든가 또는 9 에서 0 으로 바뀐 경우에는 check 숫자로 그 오류를 알 수 없음을 보여라. 이 두 경우 외에 단일오류는 모두 알아낼 수 있음을 보여라.

**36.** 우편환의 식별번호와 check 숫자가 21720421168 에서 27750421168 으로 입력되었다. check 숫자가 이 오류를 알 수 있는지를 결정 하여라.

**37.** 우편환 check 숫자의 체계에서 check 숫자가 뒤 바뀌지 않는 한 인접한 서로 다른 두 숫자가 바뀌는 $\cdots ab \cdots \to \cdots ba \cdots \quad (a \neq b)$ 와 같은 형태의 교차오류는 알아낼 수 없음을 보여라.

**38.** 자동차 렌털 회사인 Avis의 식별번호 540047 에서 check 숫자를 결정하여라.(예 5)

**39.** UPS 식별번호의 check 숫자가 아닌 숫자 $a_i$ 가 $a_i'$ $(a_i \neq a_i')$ 으로 바뀐 것을 알아내기 위한 필요충분조건은 $|a_i - a_i'| \neq 7$ 임을 보여라.

**40.** 인접한 숫자들이 바뀌는 교차오류들 중에서 UPS 식별번호의 check 숫자가 알아낼 수 있는 형태를 구하여라.

**41.** UPC 체계에서 식별번호 07312400508 의 check 숫자를 구하여라.

**42.** 우편환의 식별번호 $N$ 을 9 로 나누면 소수 자리가 순환소수가 되는 이유를 설명하여라.

**43.** 10자리 국제 표준 도서 번호(ISBN-10) $a_1, a_2, a_3, \cdots, a_{10}$ 은 다음 식을 만족하고 $a_{10}$ 이 check 숫자이다. 아래 내적이 0이 되기 위해서는 check 숫자 $a_{10}$ 이 10이 되는 경우도 있는데 이때에는 10 대신 문자 "X"를 사용한다.

$$(a_1, a_2, a_3, \cdots, a_{10}) \cdot (10, 9, 8, 7, 6, 5, 4, 3, 2, 1) \bmod 11 = 0$$

본 교재의 ISBN-10에서 check 숫자가 정확한지를 확인하여라.

**44.** ? 부분이 훼손된 0 − 716? − 2841 − 9 인 ISBN-10에서 ? 부분의 숫자를 구하여라.

**45.** ISBN-10에서 연속한 세 개의 숫자 $abc$ 가 $bca$ 와 같이 섞였다. 이런 오류 중에서 알아낼 수 없는 경우를 구하여라.

**46.** 양 끝 숫자를 제외한 인접한 두 숫자가 바뀐 ISBN-10 0 − 669 − 03925 − 4를 정정 하여라.

**47.** ISBN-10의 가중벡터가 $(1, 2, 3, 4, 5, 6, 7, 8, 9, 10)$ 로 대치되는 것이 check 숫자에 미치는 영향을 설명하여라.

**48.** 이 절에서 설명한 두 개의 check 숫자를 사용한 오류정정 방법으로 73445860 의 check 숫자 두 개를 구하여라.

**49.** 두 개의 check 숫자를 포함한 10자리 숫자 중에서 한개 숫자가 잘못되어 4302511568 이 되었다. 이 절에서 설명한 두 개의 check 숫자를 사용한 오류정정 방법으로 원래의 숫자를 구하여라.

**50.** 유타주의 운전면허증은 다음 식을 만족하도록 8자리 숫자 $a_1a_2a_3a_4a_5a_6a_7a_8$ 에 마지막 숫자 $a_9$ 을 결정하여 9자리 수 $a_1a_2a_3a_4a_5a_6a_7a_8a_9$ 를 사용한다.

$$(9a_1 + 8a_2 + 7a_3 + 6a_4 + 5a_5 + 4a_6 + 3a_7 + 2a_8 + a_9) \bmod 10 = 0$$

면허증번호 149105267 에서 한 개 숫자가 잘못된 숫자 일 때 그 숫자는 2, 4, 6, 8 번째 숫자가 아님을 보여라.

**51.** 정리 0.7을 증명하여라.

**52.** 실수 전체집합 $S$ 에서 ( $\forall\ a,b \in S,\ \ a \sim b \Leftrightarrow a-b$ : 정수 )로 정의된 관계 $\sim$ 은 동치관계임을 보이고 동치류 전체집합을 구하여라.

**53.** 정수 전체집합 $S$ 에서 $\forall\ a,b \in S,\ \ a\,R\,b \Leftrightarrow ab \geq 0$ 로 정의된 관계 $R$ 은 동치관계인가를 결정하여라.

**54.** 정수 전체집합 $S$ 에서 ( $\forall\ a,b \in S,\ \ a\,R\,b \Leftrightarrow a+b$ : 짝수 )로 정의된 관계 $R$ 은 동치관계임을 보이고 동치류 전체집합을 구하여라.

**55.** 정리 0.6의 증명에서 관계 $\sim$ 이 집합 $S$ 에서 동치관계임을 보여라.

**56.** 11, 111, 1111, 11111, $\cdots$ 들은 정수의 완전제곱수가 될 수 없음을 보여라.

**57.** 소거법(Cancellation Property) 함수 $\alpha,\ \beta,\ \gamma$ 에 대해 $\alpha\gamma = \beta\gamma$ 이고 $\gamma$ 가 전단사함수이면 $\alpha = \beta$ 임을 보여라.

# 제2부

## 군

## (Groups)

# 1절 군의 소개(Introduction to Groups)

대칭성은 예술과 자연에서 거대한 주제 이면서 동시에 커다란 의미가 있다. 수학은 그것의 근간을 이루며 수학적 지식으로 설명하는 것보다 더 나은 방법은 없다.
—HERMANN WEYL, *Symmetry*

## 정사각형의 대칭(Symmetries of a Square)

평면에서 정사각형 영역을 치운다고 가정하면 어떤 방법으로든 그것을 움직여서 그 정사각형 영역이 원래 속해 있던 그 평면에 놓는다. 이 장에서는 이러한 것이 행해 질 수 있는 가능한 모든 방법을 어떤 적절한 방식으로 설명하는 것이다. 더 구체적으로 말하면 그 정사각형의 처음의 위치와 움직인 후 마지막 위치의 관계를 움직임을 이용해서 설명하려고 한다. 그러나 움직임 그 자체 보다는 움직임의 결과를 중요하게 다룬다. 예를 들어 90° 회전과 450° 회전을 동일하게 간주한다. 이렇게 간략화 함으로써 우리의 목표에 더 쉽게 다가갈 수 있다.

주어진 정사각형 영역의 네 모서리가 파랑색, 흰색, 분홍색, 초록색으로 구분된 투명한 것(유리와 같은 것)이라 하자. 이렇게 함으로써 서로 다른 효과를 내는 움직임을 구분하는 것이 쉬워진다. 이렇게 색칠된 정사각형을 이용하면 정사각형을 재배치할 수 있는 가능한 모든 방법을 아주 간단한 방식으로 설명할 준비를 마쳤다. 그림 1.1을 살펴보자. 이제 정사각형의 모든 움직임의 결과는 그림 1.1의 8가지 중 하나와 동일함을 보이면 되겠다. 이 주장을 입증하기 위해 정사각형의 마지막 위치의 경우의 수를 구해 보면 그 위치는 특정한 모서리의 위치와 방향(앞면 또는 뒷면)에 의해 결정되는데 모서리의 위치는 4가지가 있고 앞면 또는 뒷면의 두 가지 방향이 있으므로 8가지 경우가 나온다.

$R_0 = 0°$ 회전(변화 없음)

$R_{90} = 90°$ 회전(반시계 방향)

$R_{180} = 180°$ 회전

$R_{270} = 270°$ 회전

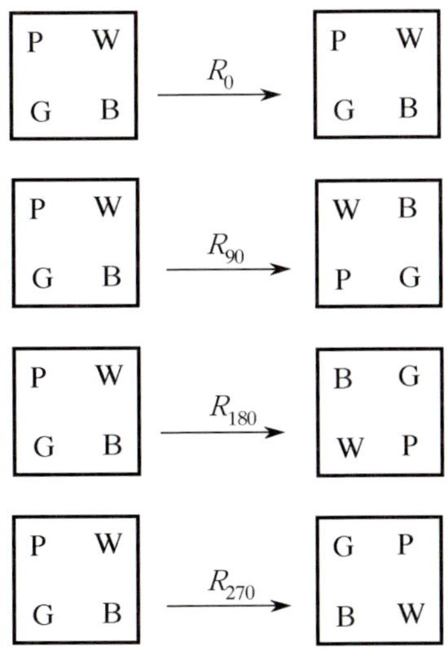


[그림 1.1] 계속

$H$ = 수평축에 대한 대칭이동

$V$ = 수직축에 대한 대칭이동

$D$ = 주대각선에 대한 반사이동

$D'$ = 부대각선에 대한 반사이동

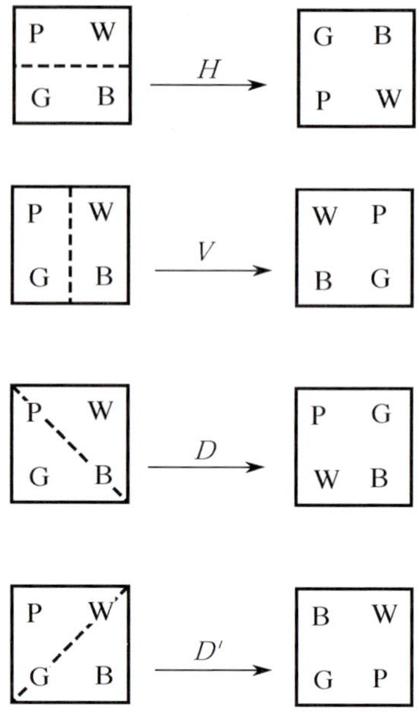


[그림 1.1]

이제 모든 움직임이 그림 1.1의 8개의 형태 중 하나와 동일하다는 것의 몇몇 중요한 결과를 구체적으로 알아보자. 정사각형을 90° 회전한 후에 수평축에 대한 대칭이동은 아래 그림에서 알 수 있는 것처럼 대각선에 대한 반사이동과 일치한다.

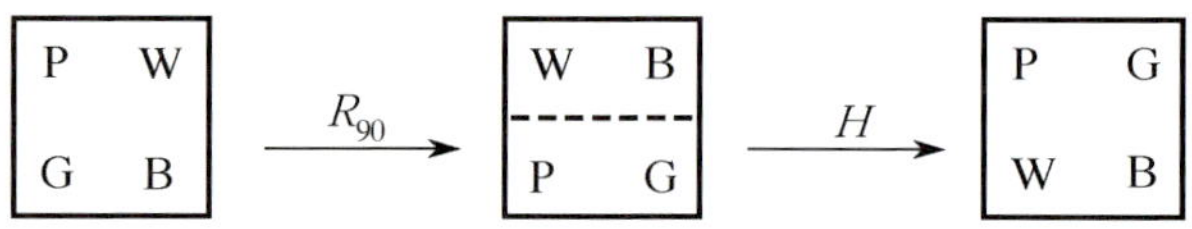


이 보기에서 알 수 있듯이 연속된 두 번의 이동은 단일이동 $D$가 된다. 즉 단일 움직임을 행하기 위해 두 개의 움직임을 합성할 수 있음을 알 수 있다. 사실상 8가지의 이동을 정사각형 위에서 함수로 간주하면 두 번의 이동결과는 합성함수에 의해 구해진다. 따라서 위의 이동은 $HR_{90} = D$로 쓸 수 있다. 또한 8개의 이동 $R_0$, $R_{90}$, $R_{180}$, $R_{270}$, $H$, $V$, $D$, $D'$은 합성함수라는 연산과 함께 **위수가 8인 이면체군(dihedral group of order 8)**이라고 하는 수학적 구조를 갖는다.(군의 위수는 원소의 개수이다.) 이 군을 $D_4$로 나타낸다. 이절에서는 군의 형식적인 정의 보다는 $D_4$을 통해서 군의 성질들을 살펴보도록 한다.

계산의 편의를 위하여 $D_4$의 **연산 표(operation table)** 또는 Cayley **표(Cayley table)**(1854년 처음으로 이 표를 소개한 영국의 수학자이다.)를 아래에 작성했다. ○ 부분이 $HR_{90} = D$인 연산의 결과이다. (일반적으로 $ab$의 연산은 왼쪽 끝이 $a$인 행과 위쪽 끝이 $b$인 열의 교차점이다.)

| | $R_0$ | $R_{90}$ | $R_{180}$ | $R_{270}$ | $H$ | $V$ | $D$ | $D'$ |
|---|---|---|---|---|---|---|---|---|
| $R_0$ | $R_0$ | $R_{90}$ | $R_{180}$ | $R_{270}$ | $H$ | $V$ | $D$ | $D'$ |
| $R_{90}$ | $R_{90}$ | $R_{180}$ | $R_{270}$ | $R_0$ | $D'$ | $D$ | $H$ | $V$ |
| $R_{180}$ | $R_{180}$ | $R_{270}$ | $R_0$ | $R_{90}$ | $V$ | $H$ | $D'$ | $D$ |
| $R_{270}$ | $R_{270}$ | $R_0$ | $R_{90}$ | $R_{180}$ | $D$ | $D'$ | $V$ | $H$ |
| $H$ | $H$ | Ⓓ | $V$ | $D'$ | $R_0$ | $R_{180}$ | $R_{90}$ | $R_{270}$ |
| $V$ | $V$ | $D'$ | $H$ | $D$ | $R_{180}$ | $R_0$ | $R_{270}$ | $R_{90}$ |
| $D$ | $D$ | $V$ | $D'$ | $H$ | $R_{270}$ | $R_{90}$ | $R_0$ | $R_{180}$ |
| $D'$ | $D'$ | $H$ | $D$ | $V$ | $R_{90}$ | $R_{270}$ | $R_{180}$ | $R_0$ |

이 표가 이렇게 잘 정돈된 것은 결코 우연이 아니다. 이 표에서 가장 눈에 띄는 것은 처음 주어진 8개의 이동으로 내부가 모두 채워진 점이다. 물론 이것은 위에서 살펴 본바와 같이 8개의 어떠한 연속된 이동도 그 결과가 8개의 이동 중 하나이기 때문이다. 대수적으로 나타내면 $\forall\ A, B \in D_4$, $AB \in D_4$ 이고 이러한 성질은 군이 되기 위한 조건중의 하나인 연산에 대해 **닫혀있다** (closure)고 말한다. 다음으로 끝이 $R_0$ 인 행과 열을 보면 $\forall\ A \in D_4$, $R_0 A = A R_0 = A$ 이 성립함을 알 수 있다. 즉 $R_0$ 의 왼쪽 또는 오른쪽 어느 쪽이던 $D_4$ 의 원소 $A$ 를 연산하더라도 $A$ 자신이 된다. 이러한 성질을 갖는 $D_4$ 의 원소 $R_0$ 를 $D_4$ 의 **항등원** (identity)이라 하는데, 모든 군은 반드시 항등원을 갖고 있어야 한다. 뿐만 아니라 $D_4$ 의 각각의 원소 $A$ 는 $AB = BA = R_0$ 가 되는 원소 $B$ 를 $D_4$ 내에서 오직 한 개 갖는다. 이 경우 원소 $B$ 를 원소 $A$ 의 **역원** (inverse)이라 하고 동시에 원소 $A$ 를 원소 $B$ 라 한다. 예를 들어 $R_{90}$ 과 $R_{270}$ 은 서로 역원이고 $H$ 의 역원은 자기 자신이다. $A$ 와 $B$ 가 서로 역원이라는 것은 $AB = BA = R_0$ 이고 $R_0$ 는 이동이 없는 것이므로 $A$ 가 해 놓은 것을 원소 $B$ 는 되돌린다는 의미를 포함한다. 따라서 역원이라는 용어는 이런 상황을 설명하는 것이다. 표에서 나타나는 또 다른 중요한 규칙은 행으로든 열로 보든 $D_4$ 의 모든 원소가 오직 한번만 나타난다는 사실이다. 이 또한 모든 군이 갖는 성질이고 연산 표를 처음 작성할 때 매우 유용한 정보이다.

표에서 나타나는 $D_4$ 의 성질 중에서 특별히 언급해야 하는 것이 또 있다. 표에서 보면 $HD \neq DH$ 이고 $R_{90} R_{180} = R_{180} R_{90}$ 이다. 따라서 군에서는 $ab$ 와 $ba$ 가 같을 수도 있고 다를 수도 있다. 군의 모든 원소 $a, b$ 에 대해 $ab = ba$ 이면 그 군은 **교환법칙**(commutative)이 성립 한다고 하거나 또는 **가환군** (Abelian group), (노르웨이 수학자 Niels Abel을 기념하기 위해)이라 한다. 그렇지 않으면 그 군은 **비가환군**(non-Abelian)이라고 한다.

위에서 $D_4$ 을 이용하여 군을 정의하는 네 개의 조건 중에서 세 개를 설명하였다. 그 세 개는 연산은 닫혀있다, 항등원의 존재성, 역원의 존재성이다. 군이 되기 위한 설명하지 않은 나머지 한 개의 조건은 **결합법칙**(associativity)이다. 즉 주어진 집합의 모든 원소 $a, b, c$ 에 대하여 $(ab)c = a(bc)$ 가 성립해야 한다. 이제 $D_4$ 가 군이 되기 위해서는 결합법칙이 성립함을 보여야 하는데 $D_4$ 의 원소 세 개를 순서

대로 택하는 방법이 $8^3 = 512$ 있고 512번의 계산으로 $(ab)c = a(bc)$ 임을 보여야 한다. 그러나 실제로 이 방법은 거의 사용하지 않는다. 위에서 설명 했듯이 $D_4$ 의 원소를 정사각형 위에서 8개 함수로 보면 연산은 함수의 합성이다. 따라서 함수의 합성은 결합법칙이 성립 하므로 확인할 필요가 없다.

## 이면체군(The Dihedral Groups)

이미 살펴본 정사각형의 이동에 대한 이론은 정삼각형, 정오각형 등 정$n$ 각형$(n \geq 3)$ 에도 비슷하게 적용할 수 있다. 이렇게 해서 얻어진 군을 $2n$ **위수 이면체군(dihedral group of order** $2n$**)**이라 하고 $D_n$ 대칭으로 표시한다.

이면체군은 예술과 자연현상에서 흔히 나타난다. 바닥마무리, 도자기, 건물의 장식에 사용하는 대부분의 무늬들이 대칭 군으로써 이면체군의 한 종류이다. 기업들의 로고 또한 이면체군의 대칭을 많이 사용한다. 크라이슬러의 로고는 $D_5$ 의 대칭이고, 메르세데스 벤츠의 로고는 $D_3$ 의 대칭이다. 흔하게 볼 수 있는 다섯 개의 점을 연결한 별 모양은 $D_5$ 의 대칭이다. 극피동물에는 $D_5$ 의 대칭 형태를 갖는 많은 바다 생물들-불가사리, 해삼, 갯고사리, 연잎성게류 등이 있다.

화학자들은 분지를 대칭성에 따라 분류한다. 분자 궤도 연산, 원자와 분자의 에너지 준위의 결정, 분자 진동의 연구 등에 대칭성이 이용된다. 암모니아($NH_3$)처럼 피라미드형태의 분자는 그림 1.2와 같이 $D_3$ 의 대칭이다.

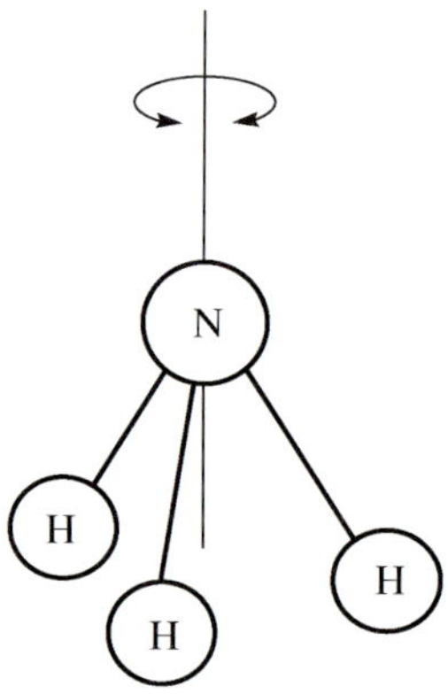


[그림 1.2] 대칭군 $D_3$ 을 갖는 피라미드형태의 분자

광물학자들은 결정체의 내부 구조의 원자 구성을 2차원 $X$ 선 투시를 하여 직접 전이입자들을 3차원에서 반복된 형태로 배열함으로써 강체의 내부구조를 결정한다. 식탁용소금과 식탁용 설탕이 그 예이다. 그 투시된 영상에 있는 대칭은 결정체의 내부의 대칭이다. $D_4$ 의 대칭과 $D_6$ 의 대칭이 빈번하게 나타나는 대칭의 형태이다(그림 1.3). 재미있는 점은 $n = 5$ 또는 $n > 6$ 인 $n$ 에 대해서는 결정체가 $D_n$ 의 대칭 패턴을 갖는 것은 수학적으로 불가능하다.

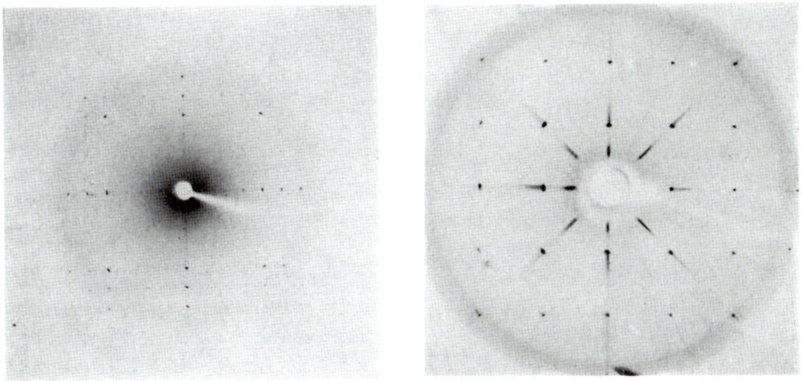

그림 1.3 X선 분광사진은 결정체에서 $D_4$ 대칭패턴을 보여준다

$2n$ 위수 이면체군을 흔히 **정 $n$ 각형의 대칭들의 군**(group of symmetries of a regular n-gon)이라고도 한다. 평면에서 도형 $F$의 **평면대칭**(plane symmetry )은 $F$의 상이 $F$가 되고 거리를 보존하는 즉 평면의 임의의 두 점 $p$, $q$에 대하여 $p$와 $q$ 사이의 거리와 $p$의 상과 $q$의 상 사이의 거리가 같게 되는 평면에서 함수이다(대칭(Symmetry)는 "측정치가 같다"라는 뜻을 가진 그리스어 Symmetros에서 파생된 단어다). 평면 도형의 **대칭군**(symmetry group)은 그 도형의 모든 대칭들의 집합이다. 3차원 대칭들 또한 같은 방법으로 정의 된다. 평면 위의 한 점에 대한 회전은 평면대칭이고 3차원 공간에 있는 직선에 대한 회전은 3차원 대칭이다. 또한 평면과 3차원 공간에서 평행이동은 모두 대칭이다. **직선 $L$에 대한 대칭이동**(reflection across a line L)은 직선 $L$의 점 들은 자기 자신으로 대응하고 직선 $L$에 있지 않는 점 $q$는 선분 $\overline{qq'}$을 직선 $L$이 수직 이등분하도록 하는 점 $q'$으로 대응하는 함수이다(그림 1.4). 3차원 공간에서 평면에 대한 대칭이동 또한 같은 방법으로 정의할 수 있다. 3차원 공간에서 직선 $L$에 대한 $180°$ 회전이동을 직선 $L$을 포함하는 평면으로 한정하면 그 평면에서 직선 $L$에 대한 대칭이동과 일치한다. 따라서 이면체군에서는 3차원 공간에서 평면을 대칭축에 대한 대칭이동 즉 $H$, $V$, $D$, $D'$ 등은 이차원에서 직선에 대한 반사이동이 된다. 직선에 대한 반사이동은 이차원 공간의 움직임으로 표현되지 않는 것처럼 평면에 대한 반사이동 또한 3차원 공간의 이동으로 표현할 수 없는 3차원 대칭이다. 예를 들면 컵을 이등분하는 평면에 대한 반사이동은 반사이동대칭이다. 그러나 이 대칭은 3차원 공간의 이동으로는 구할 수 없다.

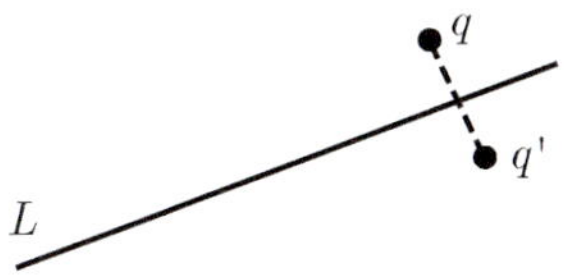


[그림 1.4]

회전이동은 되지만 반사이동은 되지 않는 물체와 도형들이 많이 있다. 회전이동 $0°$, $360°/n$, $2(360°)/n, \cdots, (n-1)360°/n$으로만 이루어진 대칭군을 **위수 $n$인 순환회전군**(cyclic rotation group of order n)이라 하고 $(R_{360/n})$으로 나타낸다. 이면체군과 더불어 순환회전군은 예술가, 디자

이너, 자연현상에게 좋은 소재거리다. 그림 1.5에 위수가 2, 3, 4, 5, 6, 8, 16, 20 인 순환회전군을 사용하는 기업체의 로고들이 있다.

참고문헌에서 예술과 자연현상에서 보이는 이면체군과 순환회전군에 대한 다양한 예들을 찾아 볼 수 있다. 깊이 있는 대칭군에 대한 공부는 27장과 28장에서 한다.

[그림 1.5] 순환회전 대칭군의 로고들

## 연습문제

수학을 배우는 유일한 길은 수학을 공부하는 것이다. —Paul Halmos, *Hilbert Spaces Problem Book*

**1.** 도형과 단어를 이용하여 $D_3$ (정삼각형의 대칭들의 모임)의 각각의 대칭을 설명하여라.

**2.** $D_3$ 의 Cayley표를 작성하여라.

**3.** $D_3$ 는 가환군인가?

**4.** 도형 또는 단어를 이용하여 $D_5$ (정오각형의 대칭들의 모임)의 원소를 설명하여라.

**5.** $n \geq 3$에 대하여 $D_n$ 의 원소를 설명하여라. ($n$ 이 짝수인 경우와 홀수인 경우로 나누어서 설명) $D_n$ 의 원소의 개수를 구하여라.

**6.** $D_n$ 에서 연속된 두 번의 반사이동은 회전이동임을 기하학적으로 보여라.

**7.** $D_n$ 에서 연속된 두 번의 회전이동은 회전이동임을 기하학적으로 보여라.

**8.** $D_n$ 에서 회전이동과 반사이동을 연속으로 하면 그 순서에 관계없이 반사이동임을 기하학적으로 보여라.

**9.** 회전이동을 $+1$에 대응하고 반사이동을 $-1$ 로 대응하자. $D_n$ 의 두 원소의 곱은 각각이 대응하는 숫자의 곱에 대응함을 보여라.

**10.** $D_n$ 의 회전이동 $r_1$, $r_2$, $r_3$ 와 반사이동 $f_1$, $f_2$, $f_3$ 에 대하여 이동 $r_1 r_2 f_1 r_3 f_2 f_3 r_3$ 이 회전 또는 반사이동을 결정하여라.

**11.** $AB = BC$이고 $A \neq C$가 되는 $D_4$ 의 원소 $A$, $B$, $C$, $D$를 구하여라. (이런 형태의 소거법칙은 성립하지 않는다.)

**12.** 다음 그림은 군 $D_n$ 의 어떤 성질을 말하는지 설명하여라.

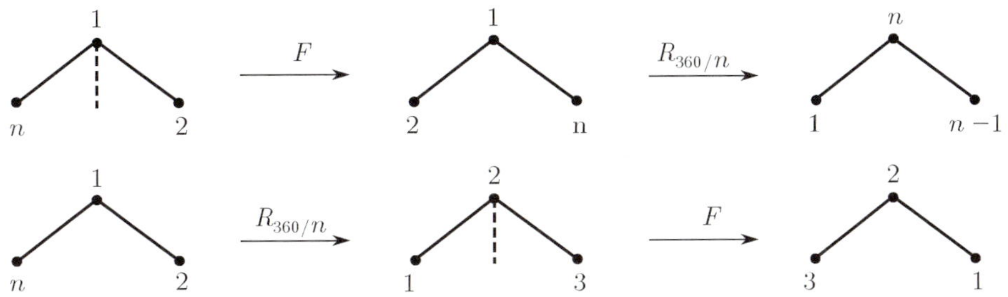


**13.** 사각형의 대칭을 모두 구하고 Cayley표를 작성하여라.

**14.** 정사각형과 마름모를 제외한 평행사변형의 대칭을 모두 구하여라. 정사각형이 아닌 마름모의 대칭을 모두 구하여라.

**15.** 원이 아닌 타원의 대칭을 모두 구하여라. 쌍곡선의 대칭을 모두 구하여라.

**16.** 문자 H가 동일한 간격으로 나열된 무한히 긴 띠의 대칭을 모두 구하여라. 이 띠의 대칭들의 군은 가환군이 되는가를 결정하여라.

··· HHHH ···

**17.** 다음 그림에 있는 눈송이 각각에 대한 대칭군을 구하여라. 약간의 오차는 무시하고 반사이동의 축을 구하여라.

Bentley와 Humphrey 지도에 수록된 눈송이 사진들

**18.** 아래 그림과 같은 에이즈바이러스 횡단면의 바깥부분의 대칭군을 구하여라.

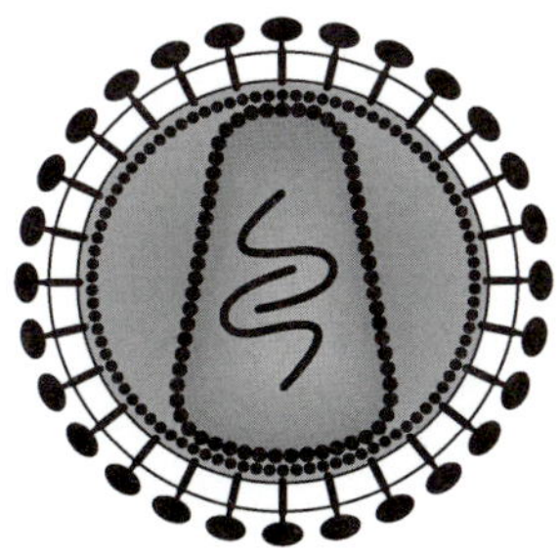

**19.** 비행기의 프로펠러는 순환대칭군을 갖는가? 또는 이면체군을 갖는가?

**20.** 돌려서 여는 병뚜껑은 둘레에 22개의 뾰족한 산을 갖는다. 이러한 병뚜껑의 대칭군을 구하여라.

**21.** 다른 대문자 알파벳은 갖고 있지 않고 F, G, J, K, L, P, Q, R 은 가지고 있는 군의 성질을 구하여라.

**22.** 약간의 오차는 무시하고 아래 문양 각각의 대칭군을 구하여라.

**23.** 두 개 날개의 중심이 70° 각을 이루고 나머지는 모두 58°를 이루는 6개의 날개로 된 천장형선풍기의 효과를 설명하여라.

## Reference

**1.** B. B. Capitman, *American Trademark Designs*, New York: Dover, 1976.

## Niels Abel

그는 수학자들에게 500년 동안 꾸준히 연구해야할 것을 남겨 주었다.

CHARLES HERMITE

1948년 노르웨이에서 최초로 발간된 500-kroner 은행수표

이 우표는 1929년 아벨 100 주년기념으로 발간되었다.

19세기 매우 유명한 수학자 중 한사람인 Niels Henrik 가환은 1805년 8월 5일에 노르웨이 태생이다. 16세에 뉴턴, 오일러, 라그랑주, 가우스 등의 고전 수학책들을 보기 시작했다. 18세에 아버지의 죽음으로 가족의 생계를 책임 져야 했다. 어린 아이들의 과외와 일당제 일들을 하면서도 수학공부는 계속해서 했다. 19세에 수백 년 동안 수학자들을 괴롭혀온 문제를 해결했다. 4차 이하의 방정식과는 다르게 일반적인 5차 방정식의 해는 유한개의 대수식으로 표현할 수 없다는 것을 증명했다.

오늘날 추상대수학이라고 하는 분야가 출현하기 훨씬 이전에 그가 죽었지만 5차방정식 문제에 대한 그의 해법은 대수학의 많은 분야에서 밑 걸음이 되었다. 그의 연구들이 과소 평가된 체로 인정을 받기 시작할 즈음 폐결핵에 걸려서 1829년 4월 6일 26세의 나이로 세상을 떠났다.

노벨상에서는 수학자를 제외 시켰기 때문에 2002년에 노르웨이 정부는 아벨을 기리기 위해 노벨상에 준하는 수학자를 위한 아벨상을 제정했다. 상금이 약 백만 달러에 해당하는 아벨상은 이제 노벨상과 동등한 위상을 가지고 있다.

가환에 관한 더 많은 정보는 다음 링크를 방문해 보기 바란다.

http://www-groups.dcs.st-and.ac.uk/~history/

# 2절 군(Groups)

가능한 풍부한 예제는 어떤 개념을 이해하는데, 어떤 새로운 것을 익혀서 처음 힘든 일을 할 때 필수적이다. Paul R. Halmos

## 군의 정의와 예(Definition and Examples of Groups)

군이라는 용어는 합성함수에 의해 닫혀있는 유한집합 상에서 단사함수들의 모임을 설명하는데 1830년경 갈루아에 의해 처음 사용되었다. 대부분의 수학적 개념과 마찬가지로 군의 현대적인 정의는 기나긴 혁명의 결과이다. 비록 이 정의는 1882년 Heinrich Weber and Walter von-Dyck가 했지만 20세기 까지도 일부에서만 사용했다.

### 정의: 이항연산(Binary Operation)

**한 집합 $G$ 위에서의 이항연산이란 $G$의 각 순서쌍에 $G$의 원소를 대응하는 함수이다.**

따라서 집합 $G$에서의 이항연산은 집합 $G$에서의 순서쌍을 집합 $G$의 원소로 결합하는 방법(또는 식)이다. 이 조건을 **닫혀있다**(closure) 라고 한다. 이미 우리가 알고 있는 이항연산은 정수들의 덧셈, 뺄셈, 곱셈 등이 있다. 나눗셈은 그 계산 결과가 정수가 아닌 경우도 있으므로 정수 집합에서 이항연산이 아니다.

집합 $\mathbb{Z}_n = \{0, 1, 2, \cdots, n-1\}$에서 $n$을 법으로 하는 덧셈과 곱셈은 추상대수학에서 매우 중요한 이항연산이다. $\mathbb{Z}_n$에서 $n$을 법으로 하는 덧셈만을 사용하는 경우와 덧셈과 곱셈을 동시에 사용하는 경우가 있는데 이 두 경우의 구별은 문맥상 확실하게 나타난다. 예를 들어 $\mathbb{Z}_n$의 원소로 이루어진 행렬의 곱셈에서는 $n$을 법으로 하는 덧셈과 곱셈이 모두 필요하다.

### 정의: 군(Group)

**$G$는 한 이항연산(보통 곱셈으로 부름)을 갖고 있는 한 집합으로 각 순서쌍 $(a, b)$를 집합 $G$의 원소로 대응하며 $ab$로 표기한다.**

**집합 $G$가 이 이항연산에 대하여 다음 3가지 조건을 만족할 때 군이라 부른다.**

1. 결합법칙(Associativity). 이항연산이 결합법칙이 성립해야한다. 즉 집합 $G$의 모든 원소 $a, b, c$에 대하여 $(ab)c = a(bc)$이다.
2. 항등원(Identity). 집합 $G$에는 항등원이라 하는 한 원소 $e$가 존재하여 집합 $G$의 모든 원소 $a$에 대하여 $ae = ea = a$이다.
3. 역원(Inverses). 집합 $G$의 각 원소 $a$에 대하여 $G$의 원소 $b$($a$의 역원이라 부름)가 존재하여

$ab = ba = e$ 이다.

다시 말하면 군은 항등원이 있어야하고, 모든 원소는 역원이 있고, 두 원소의 곱이 다시 그 집합에 속하도록 하는 결합연산자를 가지고 있는 집합이다. 군이 되는 것을 보이기 위해서는 첫째 연산에 대해 닫혀있음을 반드시 확인해야 한다.(예제 5) 만약 $a$ 가 $b$ 의 역원이면 $b$ 또한 $a$ 의 역원이 됨을 알아야 한다. 군의 모든 원소 $a$, $b$에 대하여 $ab = ba$ 가 성립하면 그 군을 **가환군**(Abelian)이라 한다. $ab \neq ba$ 이 되는 군의 원소 $a$, $b$가 존재하면 그 군을 **비가환군**(non-Abelian)이라 한다. 처음 나온 군에 대해서는 항상 가환군인지 아닌지를 확인해야 한다.

이제 군을 정확히 정의 했으므로 풍부한 예를 다루어 보아야 한다. 이러한 예는 앞으로 이 교재의 정리를 설명하는데 사용된다. (정리의 내용을 파악하는 가장 좋은 방법은 예를 통하여 살피는 것이다.) 공부를 해나감에 있어 독자들은 예측과 추측만으로 예를 대할 수 있는데 아래 예를 완벽하게 소화하기 위해서는 교재에서 생략된 부분을 찾아내고 그것을 자세히 증명해 보는 것이다.

**예제 1** 정수 전체집합 $\mathbb{Z}$(**독일어** Zahlen), 유리수 전체집합 $\mathbb{Q}$(quotient), 실수 전체집합 $\mathbb{R}$은 모두 덧셈에 대해서 가환군이다. 이 경우에 항등원은 0이고 원소 $a$ 의 역원은 $-a$ 이다.

**예제 2** 정수 전체집합 $\mathbb{Z}$은 곱셈에 대해서 군이 아니다. 항등원이 1 이므로 군이 되기 위한 조건3이 성립하지 않는다. 예를 들면 $5b = 1$ 이 되는 정수 $b$가 존재하지 않는다.

**예제 3** 복소수의 집합 $\{1, -1, i, -i\}$ 은 복소수의 곱셈에 대해 군이다. $-1$ 의 역원은 자기 자신이고 $i$, $-i$ 의 역원은 각각 $-i$, $i$ 이다.

**예제 4** 양의 유리수 전체집합 $\mathbb{Q}^+$ 는 곱셈에 대해 군이다. 모든 양의 유리수 $a$ 의 역원은 $1/a = a^{-1}$ 이다.

**예제 5** 양의 무리수 전체와 1로 구성된 집합 $S$는 곱셈에 대해 군이 되기 위한 조건 1, 2, 3을 모두 만족하지만 군이 아니다. $\sqrt{2} \cdot \sqrt{2} = 2$ 이므로 집합 $S$는 곱셈에 대해 닫혀있지 않다.

**예제 6** $\begin{pmatrix} a & b \\ c & d \end{pmatrix}$ 을 $2 \times 2$ 행렬이라 하는데, 실수를 원소로 하는 $2 \times 2$ 행렬 전체집합은 다음 덧셈에 의해 군이다.

$$\begin{pmatrix} a_1 & b_1 \\ c_1 & d_1 \end{pmatrix} + \begin{pmatrix} a_2 & b_2 \\ c_2 & d_2 \end{pmatrix} = \begin{pmatrix} a_1 + a_2 & b_1 + b_2 \\ c_1 + c_2 & d_1 + d_2 \end{pmatrix}$$

항등원은 $\begin{pmatrix} 0 & 0 \\ 0 & 0 \end{pmatrix}$ 이고 $\begin{pmatrix} a & b \\ c & d \end{pmatrix}$ 의 역원은 $\begin{pmatrix} -a & -b \\ -c & -d \end{pmatrix}$ 이다.

**예제 7** $n \geq 1$ 인 $n$ 에 대해 집합 $\mathbb{Z}_n = \{0, 1, 2, \cdots, n-1\}$ 은 법은 $n$ 으로 하는 덧셈에 대해 군이다. $\mathbb{Z}_n$ 의 임의의 원소 $j > 0$ 의 역원은 $n-j$ 이다. 이 군을 **법을 $n$으로 하는 군(group of integers modulo n)**이라 하자.

지금까지 살펴 본 것처럼 실수전체집합, 실수를 원소로 하는 $2 \times 2$ 행렬 전체집합, 법을 $n$으로 하는 정수 집합은 덧셈에 대하여 모두 군이다. 곱셈에 대해서는 어떨까? 이러한 집합들은 곱셈에 대해 역원을 갖지 않는 원소들이 있다. 역원을 갖지 않는 원소들을 모두 제거 함으로써 이러한 집합들이 곱셈에 대한 군이 되게 할 수 있다. 이러한 과정을 예제 8, 9, 11에서 설명할 것이다.

**예제 8** 0 이 아닌 실수전체집합 $\mathbb{R}^*$ 은 곱셈에 대해 군이다. 항등원은 1 이고 $a$ 의 역원은 $1/a$ 이다.

**예제 9** $ad-bc$ 을 $2 \times 2$ 행렬 $A = \begin{pmatrix} a & b \\ c & d \end{pmatrix}$ 의 **행렬식(determinent)**이라 하고 $\det A$ 로 표시한다. 실수를 원소로 하고 행렬식이 0 이 아닌 $2 \times 2$ 행렬 전체집합을 $GL(2, \mathbb{R})$라 하자.

$$GL(2, \mathbb{R}) = \left\{ \begin{pmatrix} a & b \\ c & d \end{pmatrix} \mid a,b,c,d \in \mathbb{R},\ ad-bc \neq 0 \right\}$$

$GL(2, \mathbb{R})$은 다음 행렬의 곱셈에 대해 비가환군이다.

$$\begin{pmatrix} a_1 & b_1 \\ c_1 & d_1 \end{pmatrix} \begin{pmatrix} a_2 & b_2 \\ c_2 & d_2 \end{pmatrix} = \begin{pmatrix} a_1a_2 + b_1c_2 & a_1b_2 + b_1d_2 \\ c_1a_2 + d_1c_2 & c_1b_2 + d_1d_2 \end{pmatrix}$$

$GL(2, \mathbb{R})$이 군임을 보이기 위해 첫 번째로 두 행렬의 곱의 행렬식이 0 이 아님을 증명해야 한다. 이는 임의의 행렬 $A$, $B$에 대하여 $\det(AB) = (\det A)(\det B)$ 이 성립하므로 증명 된다. 결합법칙은 단순히 계산에 의해서 증명할 수 있다. 항등원은 $\begin{pmatrix} 1 & 0 \\ 0 & 1 \end{pmatrix}$이고, $A = \begin{pmatrix} a & b \\ c & d \end{pmatrix}$ 의 역원은

$$A^{-1} = \begin{pmatrix} \dfrac{d}{ad-bc} & \dfrac{-b}{ad-bc} \\ \dfrac{-c}{ad-bc} & \dfrac{a}{ad-bc} \end{pmatrix}$$

이다($ad-bc \neq 0$ 조건이 여기에 쓰인다). 실수를 원소로 하는 $2 \times 2$ 행렬의 **일반선형군(general linear group)**이라고 하는 이 군은 비가환군의 매우 중요한 예이다.

예제 9에서는 $2 \times 2$ 행렬에 대해서만 했지만 이는 $n \times n$ 행렬로 일반화 할 수 있다.

**예제 10** 실수를 원소로 하는 $2 \times 2$ 행렬 전체집합은 예9에서 정의된 곱셈에 대해 군이 되지 않는다. 행렬식이 0 인 행렬은 곱셈에 대해 역원을 갖지 않는다.

위에서 우리는 곱셈에 대해 군이 되도록 하기 위해서 실수전체집합과 $2\times 2$ 행렬 전체집합에서 각각 그 부분집합을 구성하는 방법을 보았다. 다음 예에서는 법을 $n$으로 하는 곱셈에 대해 군이 되도록 하는 부분집합을 살펴 볼 것이다.

**예제 11** (L. Euler, 1761) 제0장의 연습문제 13에 의해서 정수 $a$가 법을 $n$으로 하는 곱셈에 대한 역원을 갖기 위한 필요충분조건은 $a$와 $n$이 서로소인 경우이다. 따라서 $n>1$에 대해 집합 $U(n)$을 0과 $n$ 사이에 있는 정수 중에서 $n$과 서로소인 정수의 집합이라고 하면 $U(n)$은 법을 $n$으로 하는 곱셈에 대해 군이 된다(이 연산에 대해 닫혀있음을 확인해 보시오).
$n=10$에 대해 $U(10)=\{1, 3, 7, 9\}$이고 Cayley표는 다음과 같다.

| mod 10 | 1 | 3 | 7 | 9 |
|---|---|---|---|---|
| 1 | 1 | 3 | 7 | 9 |
| 3 | 3 | 9 | 1 | 7 |
| 7 | 7 | 1 | 9 | 3 |
| 9 | 9 | 7 | 3 | 1 |

($ab \bmod n$이 유일한 정수 $r$이라는 것은 $a\cdot b=nq+r,\ 0\le r<n$이고 $a\cdot b$는 정수의 곱셈이다.)
$n$이 소수이면 $U(n)=\{1, 2, \cdots, n-1\}$이다.

1899에 출판된 *Lehrbuch der Algebra*에서 Heinrich Weber는 곱셈군 $U(n)$을 유한가환군의 가장 중요한 보기로써 많은 지면을 할애 했다.

**예제 12** 집합 $\{0, 1, 2, 3\}$은 법을 4 으로 하는 곱셈에 대해 군이 아니다. 1 과 3 은 역원이 있지만 0 과 2 의 역원은 존재하지 않는다.

**예제 13** 정수의 뺄셈은 결합법칙이 성립하지 않으므로 정수전체집합은 뺄셈에 대해 군이 아니다.

현명한 독자라면 이쯤에서 자신만의 예를 만들어 보기 바란다. 교재에서 주는 대로 받기만 하지 말고 적극적으로 연구하기 바란다.

**예제 14** 임의의 정수 $n\ge 1$에 대하여 1 의 $n$ 제곱근(즉 $x^n-1=0$의 근) 전체집합 $U_n$은 곱셈에 대해 군이다.(제0장 연습문제 7의 드무아브르정리) 예제 3과 비교해 보시오.

$$U_n=\left\{\cos k\left(\frac{360°}{n}\right)+i\sin k\left(\frac{360°}{n}\right)\ \middle|\ k=0,1,2,\cdots,n-1\right\}$$

$x$ 축이 실수축이고 $y$ 축이 허수축인 복소평면에서 복소수 $a+bi$ 는 점 $(a, b)$ 에 대응한다. 원점에서 점 $a+bi$ 까지 거리는 $|a+bi| = \sqrt{a^2+b^2}$ 이다. 또한 복소수 $\cos\theta + i\sin\theta$ 와 원점을 지나는 직선은 $x$ 축과 이루는 각은 $\theta$ 이다. 따라서 $x^6 = 1$ 의 근은 그림에서처럼 $60°$ 간격으로 반지름 1 인 원위에 있는 여섯 개의 점이다.

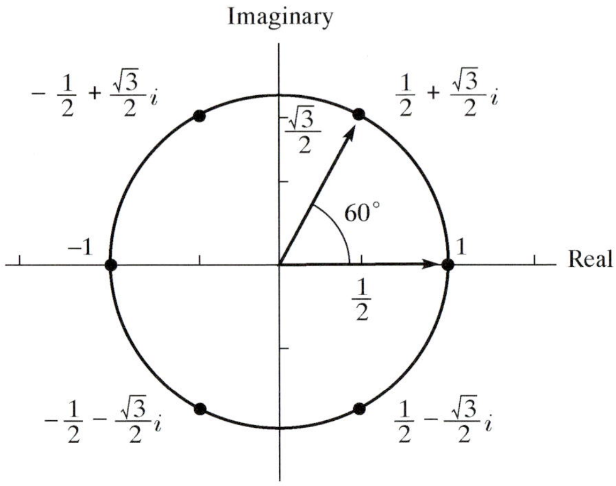


[그림 2.1]

**예제 15** 집합 $\mathbb{R}^n = \{(a_1, a_2, \cdots, a_n) \mid a_1, a_2, \cdots, a_n \in \mathbb{R}\}$은 다음 좌표별 덧셈에 의해 군이다.

[즉, $(a_1, a_2, \cdots, a_n) + (b_1, b_2, \cdots, b_n) = (a_1+b_1, a_2+b_2, \cdots, a_n+b_n)$ ].

**예제 16** $\mathbb{R}^2$ 의 원소 $(a, b)$ 에 대해 함수 $T_{a,b} : \mathbb{R}^2 \to \mathbb{R}^2$ 을 $(x, y) \mapsto (x+a, y+b)$ 로 정의 하면 집합 $G = \{T_{a,b} \mid (a, b) \in \mathbb{R}^2\}$은 합성함수연산에 의해 군이다. 합성함수 계산에 의하면 $T_{a,b}T_{c,d} = T_{a+c,b+d}$이다. 따라서 집합 $G$는 연산에 대해 닫혀있고 함수 $T_{0,0}$이 연산에 대한 항등원이다. 함수 $T_{a,b}$의 역원은 $T_{-a,-b}$ 이고 합성함수는 항상 결합법칙이 성립하므로 연산에 대한 결합법칙이 성립한다. 또한 $G$는 가환군이다. 보통 우리는 $G$의 원소를 **평행이동(translation)**이라 한다.

**예제 17** 행렬식이 1 이고 $\mathbb{Q}$ (유리수), $\mathbb{R}$ (실수), $\mathbb{C}$ (복소수), 또는 $\mathbb{Z}_p$($p$ : 소수)의 원소로 이루어진 $2\times 2$ 행렬 전체집합은 행렬의 곱셈에 대해 각각 비가환군이다. 이 군을 각각 $\mathbb{Q}$, $\mathbb{R}$, $\mathbb{C}$, 또는 $\mathbb{Z}_p$ 상에서 $2\times 2$ 행렬의 **특수선형군(special linear group)**이라 한다. $\mathbb{Q}$, $\mathbb{R}$, $\mathbb{C}$, 또는 $\mathbb{Z}_p$의 하나를 $F$라고 할 때 위의 특수선형군은 $SL(2, F)$ 로 나타낸다. 예제 9의 공식에 의해 $\begin{pmatrix} a & b \\ c & d \end{pmatrix}$ 의 역원은 $\begin{pmatrix} d & -b \\ -c & a \end{pmatrix}$ 이다. $F = \mathbb{Z}_p$ 일 때 행렬식, 행렬의 곱셈, 역행렬을 계산할 때 법을 $p$ 로 하는 연산 규칙을 따라야 한다. 예를 들어 $A = \begin{pmatrix} 3 & 4 \\ 4 & 4 \end{pmatrix}$ 의 원소에 대해 $\det A = (3\cdot 4 - 4\cdot 4) \bmod 5 = -4 \bmod 5 = 1$ 이다. 그리고 $A$ 의 역원은 $\begin{pmatrix} 4 & -4 \\ -4 & 3 \end{pmatrix} = \begin{pmatrix} 4 & 1 \\ 1 & 3 \end{pmatrix}$ 이다. 법을 5 로 하는 연산에 의하면 $\begin{pmatrix} 3 & 4 \\ 4 & 4 \end{pmatrix}\begin{pmatrix} 4 & 1 \\ 1 & 3 \end{pmatrix} = \begin{pmatrix} 1 & 0 \\ 0 & 1 \end{pmatrix}$ 이다.

예제 9는 다음 일반적인 경우의 특별한 예이다.

**예제 18** $F$를 $\mathbb{Q}$, $\mathbb{R}$, $\mathbb{C}$, 또는 $\mathbb{Z}_p$중 하나라고 하자. 행렬식이 0 이 아닌 $F$상의 $2\times 2$행렬 전체집합 $GL(2,\ F)$은 행렬의 곱셈에 대해 비가환군이다. 예제 17에서처럼 $F=\mathbb{Z}_p$ 일 때 행렬식, 행렬의 곱셈, 역원의 계산은 법을 $p$ 으로 하는 계산 규칙을 지켜야 한다. 예제 9의 $\begin{pmatrix} a & b \\ c & d \end{pmatrix}$ 의 역원에 대한 공식에서 $ad-bc$ 로 나누어진 것은 $\mathbb{Z}_p$에서 $ad-bc$ 의 역원을 곱하는 것이 되므로 다시 증명을 해야 한다. 예를 들면 $GL(2,\ \mathbb{Z}_7)$ 의 원소 $\begin{pmatrix} 4 & 5 \\ 6 & 3 \end{pmatrix}$의 행렬식은 $(ad-bc)\text{mod}7=(12-30)\text{mod}7=-18\text{mod}7=3$ 이고 $(3\cdot 5)\text{mod}7=1$ 이므로 3 의 역원은 5 이다. 따라서 $\begin{pmatrix} 4 & 5 \\ 6 & 3 \end{pmatrix}$의 역원은 $\begin{pmatrix} 3\cdot 5 & 2\cdot 5 \\ 1\cdot 5 & 4\cdot 5 \end{pmatrix}=\begin{pmatrix} 1 & 3 \\ 5 & 6 \end{pmatrix}$이다. [독자는 $GL(2,\ \mathbb{Z}_7)$ 에서 $\begin{pmatrix} 4 & 5 \\ 6 & 3 \end{pmatrix}\begin{pmatrix} 1 & 3 \\ 5 & 6 \end{pmatrix}=\begin{pmatrix} 1 & 0 \\ 0 & 1 \end{pmatrix}$임을 계산해 보기 바란다].

**예제 19** 집합 $\{1,\ 2,\ \cdots,\ n-1\}$이 법을 $n$ 으로 하는 곱셈에 대해 군이기 위한 필요충분조건은 $n$ 이 소수인 것이다.

**예제 20** 직선 위에 일정한 간격으로 화살표가 그려져 있는 무한히 긴 장식문양의 대칭들의 집합은 합성함수 연산에 대해 가환군이다.

$T$는 오른쪽으로 한 칸 이동을, $T^{-1}$ 는 왼쪽으로 한 칸 이동한 이동대칭이고, $H$는 그 문양의 수평직선에 대한 반사이동이라 하면 주어진 군의 모든 원소는 $x_i\in\{T,\ T^{-1},\ H\}$ 인 $x_i$ 대해 $x_1x_2\cdots x_n$ 의 형태로 쓸 수 있다. 이 경우 "$T,\ T^{-1}$, $H$는 그 군을 **생성한다**(generate)." 라고 한다.

〈표 2.1〉 군에 대한 예의 정리($F$는 $\mathbb{Q}$, $\mathbb{R}$, $\mathbb{C}$, 또는 $\mathbb{Z}_p$중 하나이고 $L$은 반사이동이다.)

| 군 | 연산 | 항등원 | 원소의 형태 | 역원 | 가환군 |
|---|---|---|---|---|---|
| $\mathbb{Z}$ | 덧셈 | 0 | $k$ | $-k$ | ○ |
| $\mathbb{Q}^+$ | 곱셈 | 1 | $m/n$ | $n/m$ | ○ |
| $\mathbb{Z}_n$ | 법$n$ 에 대한 덧셈 | 0 | $k$ | $n-k$ | ○ |
| $\mathbb{R}^*$ | 곱셈 | 1 | $x$ | $1/x$ | ○ |
| $GL(2,\ F)$ | 행렬의 곱셈 | $\begin{pmatrix} 1 & 0 \\ 0 & 1 \end{pmatrix}$ | $\begin{pmatrix} a & b \\ c & d \end{pmatrix}$ $ad-bc\neq 0$ | $\begin{pmatrix} \frac{d}{ad-bc} & \frac{-b}{ad-bc} \\ \frac{-c}{ad-bc} & \frac{a}{ad-bc} \end{pmatrix}$ | × |
| $U(n)$ | 법$n$ 에 대한 곱셈 | 1 | $k$ $\gcd(k,\ n)=1$ | $(kx)\bmod n=1$ 의 해 | ○ |
| $\mathbb{R}^n$ | 좌표별 덧셈 | $(0,\ 0,\ \cdots,\ 0)$ | $(a_1,\ a_2,\ \cdots, a_n)$ | $(-a_1,\ -a_2,\ \cdots, -a_n)$ | ○ |
| $SL(2,\ F)$ | 행렬의 곱셈 | $\begin{pmatrix} 1 & 0 \\ 0 & 1 \end{pmatrix}$ | $\begin{pmatrix} a & b \\ c & d \end{pmatrix}$ $ad-bc=1$ | $\begin{pmatrix} d & -b \\ -c & a \end{pmatrix}$ | × |
| $D_n$ | 함수의 합성 | $R_0$ | $R_\alpha$, $L$ | $R_{360-\alpha}$, $L$ | × |

표 2.1에 이미 살펴본 군을 요약 했다.

위의 예에서 보았듯이 군이라고 하는 것은 매우 광범위한 것이다. 공리적 접근을 해야 하는 이유는 이러한 성질을 가지고 있는 다양한 예들을 허용할 정도로 일반적이면서 많은 흥미로운 결과를 이끌어 내도록 특성화된 성질을 구하는 것이다.

추상대수학의 목적은 연산들의 특정한 성질에 의존하지 않는 대수적 체계(즉, 한 개 또는 그 이상의 이항연산을 갖는 집합)에 대한 진리를 발견하는 것이다. 우리가 알고 있거나 또는 알 필요가 있는 것은 다름 아닌 그것이 무엇이건 이러한 연산이 가지고 있는 확실한 성질이다. 그리고 이러한 성질의 결과를 추론하고자 한다. 이것이 이 분야의 수학을 추상대수학이라고 하는 이유이다. 여기서 잊지 말아야 할 것은 어떤 특정한 군을 논하고자 할 때는 반드시 특별한 연산이 주어져야 한다(적어도 암암리 라도).

## 군의 기본성질(Elementary Properties of Groups)

이제 우리는 살펴본 예의 다양한 군들이 공통으로 가지고 있는 성질을 알아보려고 한다. 우선 군의 정의로부터 몇 가지 기본적인 의문점이 생긴다. 모든 군은 항등원을 가지고 있는데 두 개 이상일 수 있는가? 모든 군의 원소는 역원이 있는데 이 또한 여러 개일 수 있는가? 예에서는 그렇지 않다. 그러나 위에서 살펴본 예로 한정된 것이지 모든 군에서 성립한다는 것을 증명한 것은 아니다. 왜냐면 각각의 예는 그 예에서만 성립하는 독특한 성질이 있어서 그러한 것들을 모두 일반적인 경우로 확대 해석할 수 없다. 따라서 특정한 몇몇의 예에 의존하는 주장이 아니라 추상적인 원소로 이루어진 임의의 군에 대해 그러한 성질이 성립함을 보여야 하는 것이다. 다음 세 개의 정리가 이러한 추상적인 접근 방법을 제시한다.

**정리 2.1 항등원의 유일성(Uniqueness of Identity)**

군 $G$의 항등원은 유일하다.

**증명** $e$와 $e'$이 $G$의 항등원이라 하면

1. $\forall\ a \in G,\ ae = a$이고
2. $\forall\ a \in G,\ e'a = a$이다.

1.에서 $a = e'$라면 $e'e = e'$이고 2.에서 $a = e$ 라면 $e'e = e$ 이다. 따라서 $e = e'$이다. □

위의 정리에 의해서 군의 항등원에 대한 의문-유일성이 성립 하고, 이를 $e$ 로 표시한다.(항등원에 대한 독일어는 Einheit이다.)

**정리 2.3 소거법칙(Cancellation)**

군 $G$에서는 좌우 소거법칙이 성립한다. 즉, $ba = ca \Rightarrow b = c$이고 $ab = ac \Rightarrow b = c$이다.

**증명** $ba = ca$ 라하고 $a$ 의 역원 $a'$ 을 우변에 곱하면 $(ba)a' = (ca)a'$ 이다.

결합법칙에 의해서 $b(aa')=c(aa')$ 이다.

$aa'=e$ 이므로 $be=ce$ 이다.

$e$ 가 항등원 이므로 $b=c$ 이다.

같은 방법으로 $a'$ 을 $ab=ac$ 의 좌변에 곱하여 $b=c$ 임을 알 수 있다. □

소거법칙을 이용하면 Cayley표의 각행과 열에는 군의 원소가 꼭 한번만 나타난다는 것을 증명할 수 있다.(연습문제 23) 아래 정리에서와 같이 군의 원소의 역원은 유일함을 보일 수 있다.

**정리 2.3 역원의 유일성(Uniqueness of Inverses)**

군 $G$ 의 임의의 원소 $a$ 에 대하여 $ab=ba=e$ 이 되는 유일한 원소 $b$ 가 존재한다.

**증명** $b$ 와 $c$ 를 $a$ 의 역원이라면 $ab=e$ 이고 $ac=e$ 이다. 따라서 소거법칙에 의해서 $b=c$ 이다. □

항등원의 경우에 이미 언급한 것처럼 군의 원소 $g$ 에 대해서도 정리 2.3에 의해 역원이 유일하고 따라서 그 역원을 $g^{-1}$ 로 표시해도 혼란이 발생하지 않는다. 이 기호는 실수의 곱셈에 대한 연산에서 역수를 표현하는 것과 같은 방법이다. 또한 결합법칙이 성립하므로 자연수 $n$ 에 대해 곱셈 $gg\cdots g$ ($n$개) 을 $g^n$ 로 표현해도 된다. $g^0=e$ 로 하고, 음의 정수 $n$ 에 대해 $g^n=(g^{-1})^{|n|}$ [예를 들면 $g^{-3}=(g^{-1})^3$ ]로 하자. 실수의 지수와 다른 점은 추상적인 군의 지수에서는 $g^{1/2}$ 와 같은 정수가 아닌 지수는 존재하지 않는다. 그러나 성립하는 지수법칙도 있다. 즉 임의의 정수 $m$ 과 $n$ 에 대해 $g^m g^n=g^{m+n}$ 이고 $(g^m)^n=g^{mn}$ 이다. 군에서 지수법칙 $g^m g^n$ , $(g^m)^n$ 는 실수의 지수법칙과 똑 같이 성립하지만 두 개의 원소를 포함하는 지수법칙은 군에서는 일반적으로 성립하지 않는다. 즉 $(ab)^n \neq a^n b^n$ (연습문제 15).

또한 지금까지 살펴본 지수법칙에 대한 것을 이항연산이 $+$ 으로 표시된 덧셈인 군에서 적용할 때는 매우 주의를 기울여야 한다. 곱셈으로 표현했던 군에서의 지수에 대한 정의와 성질은 덧셈기호로 바꾸어야 한다. 예를 들어 $g$ 의 역원은 $-g$ 로, $g^3$ 은 $3g$ 으로 표현하는 $g+g+g$ 로, $g^{-3}$ 은 $-3g$ 로 표현하는 $(-g)+(-g)+(-g)$ 로 바꾸어야 한다. 또한 덧셈연산 군에서 $ng$ 라는 표현에서 정수는 군의 원소가 아닐 수 도 있으므로 $n$ 과 $g$ 의 곱셈으로 해석하면 안 된다. 곱셈연산군과 덧셈연산군에서 서로 대응하는 기호와 용어를 표 2.2에 정리 하였다. 실수에서와 마찬가지로 $a+(-b)$ 보다는 $a-b$을 사용한다.

〈표 2.2〉

| 곱셈군 | | 덧셈군 | |
|---|---|---|---|
| $a\cdot b$ 또는 $ab$ | 곱셈 | $a+b$ | 덧셈 |
| $e$ 또는 1 | 항등원 또는 1 | 0 | 0 |
| $a^{-1}$ | $a$ 의 곱셈역원 | $-a$ | $a$ 의 덧셈역원 |
| $a^n$ | $a$ 의 멱승 | $na$ | $a$ 의 곱 |
| $ab^{-1}$ | 분수 | $a-b$ | 뺄셈 |

결합법칙 $(ab)c = a(bc)$ 에 의해서 $(ab)c$, $a(bc)$ 을 표현하는데 $abc$ 라고 해도 된다. 또한 수학적 귀납법과 결합법칙을 여러 번 적용하면 일반적인 결합법칙이 성립함을 알 수 있다. 즉 군의 원소의 곱셈에서 괄호를 임의로 추가하거나 없애고 연산을 해도 그 결과에 영향을 주지 않는다. 따라서 $a^2(bcdb^2) = a^2b(cd)b^2 = (a^2b)(cd)b^2 = a(abcdb)b$ 이다.

군에서 $(ab)^n \neq a^n b^n$ 이지만 $(ab)^{-1}$, $a^{-1}$, $b^{-1}$ 들은 서로 간단한 관계가 있다.

**정리 2.4 고무신의 짝(Socks-Shoes Property)**

군의 원소 $a, b$ 에 대해 $(ab)^{-1} = b^{-1}a^{-1}$ 이다.

**증명** $(ab)(ab)^{-1} = e$ 이고 $(ab)(b^{-1}a^{-1}) = a(bb^{-1})a^{-1} = aea^{-1} = aa^{-1} = e$ 이므로 정리 2.3에 의해서 $(ab)^{-1} = b^{-1}a^{-1}$ 이다. □

## 역사적 단편(Historical Note)

교환법칙이 성립하지 않는 행렬의 곱셈에 대해 알아보고 이 장을 마무리 한다. 1925년의 양자론은 짜증나고 의심스러운 애매모호한 것들 투성이었다. 그 원인을 알아차린 사람이 베르너 하이젠베르크(Werner Heigenberg) 이다. 그는 양자론에서 고전적인 푸리에 급수에 해당하는 것들의 곱셈은 교환법칙이 성립할 필요가 없다는 것을 관찰했다. 이러한 사실은 대담한 그를 혼란스럽게 했다. 나중에 그는 다음과 같이 회고했다.

> 나의 논문에서 $XY$와 $YX$가 같지 않다는 것에 내가 동의하기까지는 매우 힘든 일이었다. 이것은 전체 구조를 어렵게 하는 유일한 것이었다. 그렇지 않다면 나는 매우 만족했을 것이다. 그러나 이 어려움은 나를 곤란하게 했고 그것을 해결할 수 없었다.

하이젠베르크가 그의 이론이 출판해도 좋을지를 스승인 맥스 보른(Max Born)에게 물었다. 본은 하이젠베르크의 새로운 접근 방식에 매료될 정도로 강한 인상을 받아서 다음과 같이 썼다.

> 출판을 위해 하이젠베르크의 논문을 물리학시보(Zeitschrift fur physik)에 보내고 나서 그의 상징적인 곱셈을 곰곰이 생각해 보았다. 그리고 그것은 밤잠을 설치면서 온종일 고민하고 있었던 것들에 대한 해답을 가지고 있다는 것을 금방 깨달았다. 우리가 수년 동안 해결하려고 애쓴 것에 대한 어떤 기본적인 이론이 그것 뒤에 숨겨져 있다는 것을 느꼈다. 그리고 마침내 1925년 7월 10일 아침에 영감이 떠올랐는데 하이젠베르크의 상징적인 곱셈은 나의 제자들이 매일 브레슬라우에서 로사네스의 강의를 듣기 때문에 내가 잘 알고 있는 바로 그 행렬의 곱셈이었다.

보른과 그의 제자 파스쿠알은 하이젠베르크의 이론을 행렬을 이용한 식으로 바꾸었다. 물론 그 공식에 대한 소유권은 하이젠베르크의 것이었다. 보른은 자서전에서 이것에 대해 다음과 같이 후회했다.

> 오늘날의 교재에서는 하이젠베르크의 행렬, 하이젠베르크의 교환법칙, 디랙의 분야양자화는 예외 없이 언급된다.
>
> 사실상 하이젠베르크는 그 당시 행렬을 잘 알지 못해서 따로 행렬에 대한 것을 공부 해야만 했다.

이러한 연구에 대한 업적으로 디랙, 슈뢰딩거와 공동으로 1933년 노벨상을 수상하게 되었다는 소식을 듣자마자 하이젠베르크는 보른에게 다음과 같이 편지를 썼다.

> 만약 내가 당신에게 그렇게 오랫동안 소식을 전하지 못하고 당신이 축하해 준 것에 대해 감사하지 못했던 것은 당신에 대한 나의 양심의 가책이 일부 있었기 때문이다. 당신과 조던과 괴팅겐에서 했던 공동연구에 대한 업적으로 나 혼자만 노벨상을 받게 되었다는 사실이 나를 괴롭혀서 당신에게 소식을 전하게 하는 것조차 힘들게 한다. 물론 우리의 공동연구의 진가가 이제 알려진 것에 대해 매우 기쁘고 공동연구의 그 아름다운 시간을 기억하면 즐겁다. 당신과 조던이 양자역학에 얼마나 위대한 공헌을 했는지 모든 훌륭한 물리학자들이 알고 있다고 나는 믿는다. 그리고 이러한 사실은 외부의 잘못된 결정에 의해서 바뀌지 않을 것이라는 것도 믿는다. 아직도 나는 나 혼자서 할 수 있는 것이 아무것도 없으며 예전의 그 훌륭한 공동연구에 대한 모든 것에 대해 당신에게 감사의 말을 전하며 스스로 조금 부끄러움을 느낀다.

그러나 이 스토리는 보른이 양자역학에 대한 연구로 1954년에 노벨상을 수상함으로써 행복한 결말을 맺는다.

## 연습문제

"예를 들어서"라는 말은 증명이 아니다. *Jewish Proverb*

**1.** 홀수인 정수 전체집합이 덧셈에 대해 군이 되지 못하는 두 가지 이유를 말하여라.

**2.** 예제 13을 참고하여 뺄셈 연산에서는 결합법칙이 성립하지 않음을 보여라.

**3.** 집합 $\{1, 2, 3\}$은 법을 4로 하는 곱셈에 대해 군이 아니고 집합 $\{1, 2, 3, 4\}$은 법을 5로 하는 곱셈에 대해 군임을 보여라.

**4.** 예제 9의 군 $GL(2, \mathbb{R})$은 $AB \neq BA$ 이 되는 $GL(2, \mathbb{R})$의 원소 $A$, $B$를 구하여 비가환군임을 보여라.

**5.** $GL(2, \mathbb{Z}_{11})$에서 $\begin{pmatrix} 2 & 6 \\ 3 & 5 \end{pmatrix}$의 역원을 구하여라.

**6.** 군의 원소 $a$, $b$에 대하여 $a^{-1}ba \neq b$가 되는 예를 구하여라.

**7.** 다음 각각의 곱셈에 대한 표현을 덧셈에 대한 표현으로 바꾸어 보시오. 단 주어진 연산은 교환법칙이 성립한다.

a. $a^2b^3$　　b. $a^{-2}(b^{-1}c)^2$　　c. $(ab^2)^{-3}c^2 = e$

**8.** 집합 $\{5, 15, 25, 35\}$은 법을 40로 하는 곱셈에 대해 군임을 보여라. 이 군의 항등원을 구하여라. 이 군과 $U(8)$ 사이의 관계에 대해 말해 보시오.

**9.** 공집합이 아닌 집합 $G$에 이항연산 $*$가 결합법칙을 만족한다고 하자.

a. 모든 원소 $a \in G$에 대하여 $a * e = a$이고

b. 각 원소 $a \in G$에 대하여 $a * a_r = e$인 원소 $a_r \in G$가 존재한다고 하면 $G$는 군임을 증명하여라.

**10.** $H = \{ x^2 \mid x \in D_4 \}$과 $K = \{ x \in D_4 \mid x^2 = e \}$의 원소를 모두 구하여라.

**11.** 행렬식이 $+1$이고 실수원소를 갖는 $2 \times 2$ 행렬 전체집합은 행렬의 곱셈에 대해 군임을 증명하여라.

**12.** 임의의 정수 $n \geq 0$에 대하여 $x^2 = 1$ 을 만족하는 $U(n)$ 의 원소가 최소한 2개 존재함을 보여라.

**13.** 추상대수 교사가 타이피스트에게 91 을 법으로 하는 곱셈에 대해 군이 되는 정수 9 개가 적힌 메모지를 주었다. 그러나 실수로 9 개 중에서 한 개가 빠진 8 개의 숫자 1, 9, 16, 22, 53, 74, 79, 81만 있었다. 그 부족한 한 개의 숫자를 구하여라. (정말 이런 경우가 있다!)

**14.** 군 $G$에서 다음이 성립하면 $G$는 가환군임을 보여라.(교차소거법이 성립하면 교환법칙이 성립한다.)

$$\forall \ a, b, c \in G, \quad ab = ca \Rightarrow b = c$$

**15.** (가환군에서 지수법칙) 가환군의 임의의 원소 $a$, $b$와 정수 $n$에 대해서 $(ab)^n = a^n b^n$ 임을 보여라. 비가환군에서 이 식이 성립하는지를 결정하여라.

**16.** (Socks-Shoes 정리) $(ab)^{-1} = a^{-1}b^{-1}$ 과 양말, 신발을 신고 벗을 때의 유사성에 대해 말하여라. 군에서 $(ab)^{-2} \neq a^{-2}b^{-2}$ 일 수 있음을 보이는 예를 구하여라. 비가환군에서 $(ab)^{-1} = a^{-1}b^{-1}$ 이 되는 서로 다르고 항등원이 아닌 두 원소 $a$, $b$를 구하여라.

**17.** 군 $G$에 대해 $G$가 가환군이기 위한 필요충분조건은 $G$의 임의의 원소 $a$, $b$에 대하여 $(ab)^{-1} = a^{-1}b^{-1}$ 임을 증명하여라.

**18.** 군의 임의의 원소 $a$에 대하여 $(a^{-1})^{-1} = a$ 임을 증명하여라.

**19.** 군의 임의의 원소 $a$, $b$와 정수 $n$에 대해서 $(a^{-1}ba)^n = a^{-1}b^n a$ 임을 증명하여라.

**20.** 군의 임의의 원소 $a_1, a_2, \cdots, a_n$ 에 대해 $a_1 a_2 \cdots a_n$ 의 역원은?

**21.** 56 을 법으로 하는 곱셈에 대해 군이 되는 12 개 정수 중에서 두 개가 5, 15 이다. 12 개 정수를 모두 구하여라.

**22.** 105 개 원소를 갖는 군을 구하여라. 44 개 원소를 갖는 군 두 개를 구하여라.

**23.** 모든 군의 Cayley표는 **라틴방진(latin square)** 임을 증명하여라. 즉 군의 원소는 각 행, 각 열에서 한 번 씩만 나타난다.

**24.** $U(12)$ 의 Cayley표를 구하여라.

**25.** 다음은 어떤 군의 Cayley표이다. 빈칸을 완성하여라.

| | $e$ | $a$ | $b$ | $c$ | $d$ |
|---|---|---|---|---|---|
| $e$ | $e$ | – | – | – | – |
| $a$ | – | $b$ | – | – | $e$ |
| $b$ | – | $c$ | $d$ | $e$ | – |
| $c$ | – | $d$ | – | $a$ | $b$ |
| $d$ | – | – | – | – | – |

**26.** 군 $G$에서 $(ab)^2 = a^2b^2$ 이면 $ab = ba$ 임을 증명하여라.

**27.** 군 $G$의 원소 $a$, $b$, $c$에 대해 $x$에 대한 방정식 $axb = c$와 $a^{-1}xa = c$의 해를 구하여라.

**28.** 임의의 정수 $m$, $n$에 대하여 $3^m 6^n$ 과 같은 형태의 유리수 전체집합은 곱셈에 대한 군임을 증명하여라.

**29.** 유한군 $G$에 대해 $x^3 = e$ 인 $G$의 원소 $x$ 의 개수는 홀수이고 $x^2 \neq e$ 인 $G$의 원소 $x$ 의 개수는 짝수임을 증명하여라.

**30.** $axb=cxd$ 이고 $ab\neq cd$ 인 원소 $a,\ b,\ c,\ d$ 를 갖는 군을 구하여라.(군에서 중간소거법칙은 성립하지 않는다.)

**31.** 이면체 군에서 $R$ 을 회전이동, $F$ 를 반사이동이라 하면 $RFR=F$ 임을 증명하여라.

**32.** 이면체 군에서 $R$ 을 회전이동, $F$ 를 반사이동이라 하면 임의의 정수 $k$ 에 대해 $FR^kF=R^{-k}$ 임을 증명하여라.

**33.** $G$ 의 임의의 원소 $a,\ b,\ c,\ d,\ x$ 에 대해 $axb=cxd$ 이면 $ab=cd$ 이 성립할 때 $G$ 는 가환군임을 증명하여라.(중간소거법칙이 성립하면 가환군이다.)

**34.** 이면체 군 $D_n$ 에서 $R=R_{360^\circ/n}$, $F$ 를 반사이동이라 할 때, 다음 곱셈 각각을 $R^i$ 또는 $R^iF$ 의 형태로 바꾸시오. 단 $0\leq\ i<n$ 이다.

a. $D_4$ 에서 $FR^{-2}FR^5$

b. $D_5$ 에서 $R^{-3}FR^4FR^{-2}$

c. $D_6$ 에서 $FR^5FR^{-2}F$

**35.** 모든 원소의 제곱이 항등원이 되는 군은 가환군임을 증명하여라.

**36.** 실수원소를 갖는 아래와 같은 행렬 전체집합은 군임을 증명하여라.

$$\begin{pmatrix} 1 & a & b \\ 0 & 1 & c \\ 0 & 0 & 1 \end{pmatrix}$$

곱셈연산은 다음과 같다.

$$\begin{pmatrix} 1 & a & b \\ 0 & 1 & c \\ 0 & 0 & 1 \end{pmatrix}\begin{pmatrix} 1 & a' & b' \\ 0 & 1 & c' \\ 0 & 0 & 1 \end{pmatrix}=\begin{pmatrix} 1 & a+a' & b'+ac'+b \\ 0 & 1 & c'+c \\ 0 & 0 & 1 \end{pmatrix}$$

이 군을 이용하여 양자역학에서 하이젠베르크의 불확정성 원리로 노벨물리학상을 수상한 하이젠베르크를 기념하기 위해 **하이젠베르크의 군(Heisenberg group)**이라고 부른다.

**37.** 예제 19를 이용하여 집합 $\{1,\ 2,\ \cdots,\ n-1\}$ 이 군이 되기 위한 필요충분조건은 $n$ 이 소수임을 증명하여라.

**38.** 유한군에서 $x^5=e$ 을 만족하는 항등원이 아닌 원소의 개수는 4 의 배수임을 증명하여라. 여기서 유한군이라는 조건이 생략되면 $x^5=e$ 을 만족하는 항등원이 아닌 원소의 개수에 관해 알 수 있는 정보를 말해보아라.

**39.** 집합 $G=\left\{\begin{pmatrix} a & a \\ a & a \end{pmatrix} \mid a\in\mathbb{R},\ a\neq 0\right\}$ 는 행렬의 곱셈에 대해 군임을 증명하여라. $G$ 의 모든 원소는 행렬식이 0 이지만 역원을 갖는 이유를 말하여라.(예제 10과 비교하여라)

## Reference

**1.** Max Born, *My Life: Recollections of a Nobel Laureate*, New York: Charles Scribner's Sons, 1978.

**2.** J. Mehra and H. Rechenberg, *The Historical Development of Quantum Theory*, Vol. 3, New York: Springer-Verlag, 1982.

# 3절 유한군, 부분군(Finite Groups; Subgroups)

우리 세대인 1960년에서 1980년대에 이르기 까지 군론을 이용한 소립자물리학이 발전해 온 것을 보아 왔다. FREEMAN DYSON

## 용어와 기호(Terminology and Notation)

곧 바로 알게 되겠지만 유한개의 원소를 갖는 유한군은 흥미로운 연산법칙을 가지고 있다. 유한군의 연구를 용이하게 하기 위해서 우선 용어와 기호를 소개한다.

### 정의: 군의 위수(Order of a Group)

**군 $G$ 의 원소의 개수(유한개든 무한개에 상관없이)를 군 $G$ 의 위수라고 하고 $|G|$ 로 나타낸다.**

따라서 덧셈에 대한 정수전체집합의 군 $\mathbb{Z}$ 의 위수는 무한개이고 법을 10 으로 하는 곱셈에 대한 군 $U(10)=\{1, 3, 7, 9\}$ 의 위수는 4 이다.

### 정의: 원소의 위수(Order of an Element)

**군 $G$의 원소 $g$ 의 위수(order)는 $g^n=e$ 이 되는 최소자연수이다.(연산이 덧셈인 경우에는 $ng=0$) 만약 그런 정수가 없으면 $g$ 는 무한위수(infinite order)를 갖는다고 한다. 원소 $g$ 의 위수를 $|g|$ 로 나타낸다.**

따라서 군 $G$ 의 원소 $g$ 의 위수를 구하기 위해서는 처음으로 항등원이 나올 때 까지 곱셈 $g, g^2, g^3, \cdots$ 을 계산하면 된다. 그 때의 지수(덧셈일 때는 계수)가 $g$ 의 위수이다. 만약 항등원이 나오지 않는 다면 $g$ 는 무한위수를 갖는다.

**예제 1** 법을 15 으로 하는 곱셈에 대한 군 $U(15)=\{1, 2, 3, 4, 7, 8, 11, 13, 14\}$ 의 위수는 8 이다. $7^1=7, 7^2=4, 7^3=13, 7^4=1$ 이므로 원소 7 의 위수는 4 이고 $11^1=11, 11^2=1$ 이므로 원소 11 의 위수는 2 이다. 같은 방법으로 하면 $|1|=1$, $|2|=4$, $|4|=2$, $|8|=4$, $|13|=4$, $|14|=2$ 이다. (계산을 더 쉽게 하는 방법이 있는데 $13^1$, $13^2$, $13^3$, $13^4$ 을 직접 계산하지 않고 $13 \bmod 15=-2$ 를 이용하는 것이다. 즉 $13^2=(-2)^2=4$, $13^3=4\cdot(-2)=-8$, $13^4=(-8)(-2)=1$ 이다.)[1)]

**예제 2** 법을 10 으로 하는 덧셈에 대한 군 $\mathbb{Z}_{10}$ 에서 $1\cdot 2=2, 2\cdot 2=4, 3\cdot 2=6, 4\cdot 2=8$,

1) 포털사이트 www.google.com에서는 모듈러연산을 하는 편리한 방법을 제공한다. 일테면 13^4mod 15를 검색하면 $13^4 \bmod 15$ 의 값이 구해진다.

$5\cdot 2=0$ 이므로 $|2|=5$ 이다. 같은 방법으로 $|0|=1$, $|7|=10$, $|5|=2$, $|6|=5$ 이다.(여기서 $2\cdot 2$ 는 $2+2$ 대신에, $3\cdot 2$ 는 $2+2+2$ 대신에 주로 사용한다.)

**예제 3** 덧셈에 대한 군 $\mathbb{Z}$ 의 원소 $a\neq 0$ 에 대해서 $a,\ 2a,\ 3a,\ \cdots$ 는 모두 0 이 아니므로 $a\neq 0$ 인 원소는 모두 무한위수를 갖는다.

통찰력이 뛰어난 학생이라면 제2장의 군에 대한 예들 중 어떤 것은 똑 같은 이항연산을 갖는 다른 군의 부분집합이 된다는 것을 알았을 것이다. 예제 17의 군 $SL(2,\ \mathbb{R})$ 은 예제 9의 군 $GL(2,\ \mathbb{R})$ 의 부분집합이다. 또한 곱셈에 대한 복소수집합의 군 $\{1,\ -1,\ i,\ -i\}$ 은 예제 14에서 설명한 $n$ 이 4 의 배수인 군의 부분집합이다. 이러한 경우가 매우 빈번하게 일어나므로 여기서 이에 대한 용어를 정의하고 설명한다.

### 정의: 부분군(Subgroup)

**군 $G$ 의 부분집합 $H$ 가 $G$ 의 이항연산에 대하여 군이 되면 $H$ 를 $G$ 의 부분군(subgroup)이라 한다.**

$H$ 가 군 $G$ 의 부분군일 때 $H\leq G$ 로 표시한다. $H$ 가 군 $G$ 의 부분군이고 $H\neq G$ 이면 $H<G$ 로 표시하고 $H$ 는 군 $G$ 의 **진부분군**(proper subgroup)이라 한다. $\{e\}$ 은 $G$ 의 부분군이 되는데 이 부분군을 $G$ 의 **자명한 부분군**(trivial subgroup)이라 하고 $\{e\}$ 이 아닌 부분군을 **비자명한 부분군**(nontrivial subgroup)이라 한다.

법을 $n$ 으로 하는 덧셈군 $\mathbb{Z}_n$ 의 연산과 $\mathbb{Z}$ 의 덧셈연산은 서로 다르므로 $\mathbb{Z}_n$ 은 $\mathbb{Z}$ 의 부분군이 아니다.

## 부분군의 판정법(Subgroup Tests)

군 $G$ 의 부분집합 $H$ 가 $G$ 의 부분군임을 보일 때 군에 대한 공리를 직접 모두 확인할 필요는 없다. 다음 3개의 정리를 사용하면 군의 부분집합이 부분군임을 증명하는 것이 훨씬 간단해 진다.

### 정리 3.1 한 단계 부분군 판정법(One-Step Subgroup Test)

$H$ 를 군 $G$ 의 공집합이 아닌 부분집합 이라하자. $H$ 의 임의의 원소 $a,\ b$ 에 대해 $ab^{-1}\in H$ 이면 $H$ 는 군 $G$ 의 부분군이다. ($G$ 가 덧셈군인 경우에는 $H$ 의 임의의 원소 $a,\ b$ 에 대해 $a-b\in H$ 이면 $H$ 는 군 $G$ 의 부분군이다.)

**증명** $H$ 의 이항연산은 $G$ 의 그것과 같으므로 결합법칙은 분명히 성립한다. 다음은 항등원 $e$ 가 $H$ 에 속한다. 왜냐하면 $H\neq\varnothing$ 이므로 $H$ 의 한 원소 $x$ 를 택하여, 가정에서, $a=x,\ b=x$ 라 하면 $e=xx^{-1}=ab^{-1}$ 가 $H$ 에 속한다. $x$ 가 $H$ 의 임의의 원소일 때 $x^{-1}$ 가 $H$ 의 원소임을 밝히기 위해서, $a=e,\ b=x$ 로 택하여 정리의 가정에 적용하면 $x^{-1}=ex^{-1}$ 는 $H$ 의 원소이다. 마지막으로, $H$가 연산에 대여 닫혀있음을 보이면 된다. 자, $y$가 $H$에 속하면 $y^{-1}$가 $H$에 속함을 알았다. 따라서 $a=x,\ b=y^{-1}$라 하면 $xy=x(y^{-1})^{-1}=ab^{-1}$는 $H$의 원소이다. □

위에서 정리 3.1을 일 단계 부분군 판정법이라고 했지만 실제로 정리 3.1을 이용해서 군임을 증명할 때에는 네 가지를 검토해야 한다.(부분군 판정에 대한 경험이 누적되면 처음 세 가지는 당연한 것임을 알게 될 것이다.) 마지막 세 단계는 수학적귀납법에서 세 단계와 비교해 보기 바란다.

1. $H$의 원소를 구분하는 성질 $P$, 즉 $H$의 원소를 결정하는 조건을 확인해야한다.
2. 항등원이 성질 $P$를 만족함을 보인다.( $H\neq\varnothing$ 임을 확인한다.)
3. 두 원소 $a,\ b$가 성질 $P$를 만족한다고 가정한다.
4. 두 원소 $a,\ b$가 성질 $P$를 만족한다는 가정하면 $ab^{-1}$가 성질 $P$를 갖음을 보인다.

예제 4, 예제 5에서 위의 과정을 설명한다.

**예제 4** 항등원이 $e$인 가환군 $G$의 부분집합 $H=\{x\in G\,|\,x^2=e\}$가 부분군임을 증명해보자. 여기에서 $H$의 원소를 구분하는 성질은 $x^2=e$이다. 따라서 $e^2=e$이므로 $H\neq\varnothing$ 이다. 이제 $a,\ b$가 $H$의 원소라 가정하면 $a^2=e,\ b^2=e$이다. 마지막으로 $(ab^{-1})^2=e$임을 증명해야한다. $G$가 가환군이므로 $(ab^{-1})^2=ab^{-1}ab^{-1}=a^2(b^{-1})^2=a^2(b^2)^{-1}=ee^{-1}=e$이다. 따라서 $ab^{-1}$는 $H$의 원소이고 일 단계 부분군 판정법에 의해 $H$는 $G$의 부분군이다. ■

많은 경우에 부분군의 원소는 특별한 형태를 이룬다. 따라서 부분군의 원소를 결정하는 성질 $P$는 특별한 형태가 되는데 다음 예를 보면 알 수 있다.

**예제 5** 곱셈연산에 대한 항등원이 $e$인 가환군 $G$의 부분집합 $H=\{x^2|x\in G\}$가 부분군이다(즉, $H$는 모든 완전제곱 전체 집합이다). $e^2=e$이므로, 항등원은 $H$의 원소이다. 다음에 $H$의 두 원소를 $a^2,\ b^2$으로 나타내자. $a^2(b^2)^{-1}$는 $G$가 가환군이므로 $(ab^{-1})^2$으로 나타낼 수 있다. 따라서 $H$는 $G$의 부분군이다. ■

군을 처음 공부하는 학생은 정리 3.1 대신에 다음 정리를 권한다.

**정리 3.2 두 단계 부분군 판정법(Two-Step Subgroup Test)**

$H$를 군 $G$의 공집합이 아닌 부분집합 이라 하자. $H$의 임의의 원소 $a,\ b$에 대해 $ab\in H$이고( $H$는 연산에 대해 닫혀있고) $H$의 임의의 원소 $a$에 대해 $a^{-1}\in H$($H$의 원소는 모두 역원을 갖는다)이면 $H$는 군 $G$의 부분군이다.

**증명** 정리 3.1에 의해서, $H$의 임의의 원소 $a,\ b$에 대해 $ab^{-1}\in H$임을 밝히면 된다. 따라서,

$a, b \in H$라 가정하면 $H$는 연산에 대하여 역원을 가지므로, $b^{-1} \in H$이다. 그리고 연산에 대하여 닫혀있으므로 $ab^{-1} \in H$이다. □

"두 단계 부분군 판정법"을 적용할 때, 우리가 두 원소 $a, b$가 성질 $P$를 만족한다는 가정을 $ab$와 $a^{-1}$가 성질 $P$를 만족한다는 것을 증명하는 것을 제외하면 "일 단계 부분군 판정법"을 이용하는 것과 동일하다.

군의 부분집합이 부분군이 아님을 증명하는 것은 어떻게 하면 될까? 다음에 사용할 수 있는 세 가지 가능한 방법을 제시한다. 이 중 한 개만 확인해도 부분군이 안된다.

1. 항등원이 그 집합에 포함되지 않음을 보인다.
2. 역원을 갖지 않는 원소를 그 집합에서 구한다.
3. 곱이 부분집합에 포함되지 않는 두 개의 원소를 그 집합에서 구한다.

**예제 6** $G$를 영이 아닌 실수전체집합으로 곱셈 연산에 대한 군이라 하고 $H = \{x \in G \mid x = 1$ 또는 무리수$\}$, $K = \{x \in G \mid x \geq 1\}$라 하자. $\sqrt{2} \in H$이지만 $\sqrt{2}\sqrt{2} = 2 \notin H$이므로 $H$는 $G$의 부분군이 아니다. 또한 $2 \in K$이지만 $2^{-1} \notin K$이므로 $K$는 $G$의 부분군이 아니다. ■

유한군의 부분군을 확인할 때는 다음 군 판정법이 편리하다.

**정리 3.3 유한 부분군 판정법(Finite Subgroup Test)**

$H$를 군 $G$의 공집합이 아닌 유한부분집합 이라 하자. $H$가 $G$의 연산에 대해 닫혀있으면 $H$는 $G$의 부분군이다.

**증명** 정리 3.2에 의해서, 임의의 $a \in H$에 대해 $a^{-1} \in H$임을 보이면 $H$는 $G$의 부분군이다. 만약, $a = e$이면 $a^{-1} = a$이므로 $a^{-1} \in H$이다. 만약, $a \neq e$이면 $H$가 연산에 대해 닫혀있으므로 $a, a^2, \cdots$ 은 모두 $H$의 원소이다. $H$는 유한집합이므로 이들은 모두 서로 다를 수 없다. 따라서 $a^i = a^j$, $i > j$이 되는 자연수 $i, j$가 존재한다. 따라서 $a^{i-j} = e$이다. 그런데 $a \neq e$이므로 $i - j > 1$이다. 따라서 $aa^{i-j-1} = a^{i-j} = e$에서 $a^{-1} = a^{i-j-1}$이다. 그런데 $i - j - 1 \geq 1$이므로 $a^{-1} = a^{i-j-1} \in H$이다. □

## 부분군의 예(Examples of Subgroups)

다음 몇 개의 정리들의 증명에서 부분군 판정법들이 어떻게 활용 되었는가를 보여준다. 먼저 한 중요한 표기를 소개하자. 군의 임의의 원소$a$에 대해 집합 $\{a^n \mid n \in \mathbb{Z}\}$을 $\langle a \rangle$라고 표시한다. 이 표현에서 특히 유념할 것은 $a$의 지수는 양의정수, 음의정수, 0 등을 모두 포함한다. ($a^0$는 항등원으로 정의한다.)

**정리 3.4 $< a >$는 부분군이다.**

군 $G$의 임의의 원소$a$ 에 대해 $< a >$ 은 $G$의 부분군이다.

**증명** $a \in < a >$ 이므로 $< a > \neq \varnothing$ 이다. 임의의 $a^m$, $a^n \in < a >$에 대해 $a^m (a^n)^{-1} = a^{m-n} \in < a >$이다. 따라서 정리 3.1에 의해 $< a >$은 $G$의 부분군이다. □

$G$의 부분군 $< a >$을 원소 $a$**에 의해 생성된** $G$**의 순환부분군(cyclic subgroup of G generated by a)**이라 한다. 특히 $G = < a >$인 경우, 군 $G$를 **순환 군(cyclic)**이라 하고 원소 $a$를 $G$의 **생성원(generator)**이라 한다. (순환군의 생성원은 여러 개 있을 수 있다.) 원소 $\cdots, a^{-2}, a^{-1}, a^0, a^1, a^2, \cdots$ 의 나열은 무한이지만 집합 $\{a^n \mid n \in \mathbb{Z}\}$은 유한집합일 수 있다. 또한 $a^i a^j = a^{i+j} = a^{j+i} = a^j a^i$이므로 모든 순환군은 가환군이다.

**예제 7** $U(10)$ 에서, $< a > = \{3, 9, 7, 1\} = U(10)$ 이다. 왜냐하면

$3^1 = 3,\ 3^2 = 9,\ 3^3 = 7,\ 3^4 = 1,\ 3^5 - 3^4 \cdot 3 = 1 \cdot 3,$

$3^6 = 3^4 3^2 = 9 \cdots\ 3^{-1} = 7(3 \cdot 7 = 1$ 이므로$),\ 3^{-2} = 9,\ 3^{-3} = 3,\ 3^{-4} = 1,$

$3^{-5} = 3^{-4} 3^{-1} = 1 \cdot 7,\ 3^{-6} = 3^{-4} \cdot 3^{-2} = 1 \cdot 9 = 9, \cdots$

**예제 8** $\mathbb{Z}_{10}$ 에서 $< 2 > = \{2, 4, 6, 8, 0\}$ 이다. $\mathbb{Z}_{10}$ 의 연산은 법을 10 으로 하는 덧셈이므로 $a^n$은 $na$ 를 의미한다.

**예제 9** 덧셈군 $\mathbb{Z}$ 에서 $< -1 > = \mathbb{Z}$ 이다. 이 경우 $\cdots, -2(-1), -1(-1), 0(-1), 1(-1), 2(-1), \cdots$ 은 서로 다른 군의 원소들을 나타낸다.

**예제 10** 위수가 $2n$ 인 이면체 군 $D_n$ 에서 $R = R_{360^\circ/n}$ ($360/n$ 도 회전이동)라고 하면, $R^n = R_{360^\circ} = e,\ R^{n+1} = R,\ \ R^{n+2} = R^2, \cdots$ 이다. 같은 방법으로 $R^{-1} = R^{n-1},\ R^{-2} = R^{n-2}, \cdots$ 이므로 $< R > = \{e, R^1, R^2, \cdots, R^{n-1}\}$이다. 또한 $R$의 지수는 $n$을 주기로 해서 되풀이 된다는 것을 알 수 있다. 따라서 아래 그림에서와 같이 $R$의 지수를 $+1$만큼 늘리면 원위에서 반시계방향으로 한 칸을 이동하고 $-1$ 만큼 늘리면 원위에서 시계방향으로 한 칸을 이동한다.

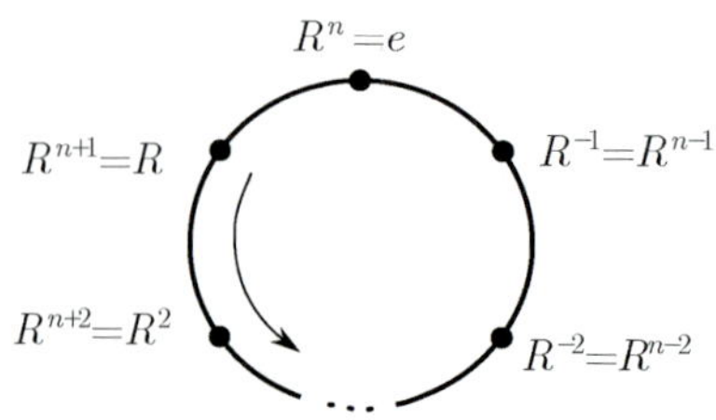

제4장에서 원소$a$ 에 의해 생성되는 부분군의 위수 $|<a>|$ 와 원소$a$ 의 위수 $|a|$ 가 같다는 것을 증명할 것이다. (실제로 $|a|$ 의 정의는 이 관계식 $|<a>|=|a|$ 가 유효하도록 정의 되었다.)

다음에서 가장 중요한 부분군 중에 하나를 생각해 보자.

## 정의: 군의 중심(Center of a Group)

군 $G$의 **중심(center)** $Z(G)$은 $G$의 모든 원소와 교환법칙이 성립하는 $G$의 원소들의 모임이다. 즉 $Z(G)=\{a\in G \mid \forall\ x\in G,\ \ ax=xa\}$.(기호 $Z(G)$은 중심을 의미하는 독일어 Zentrum에 기인한다. 그리고 이 용어는 1904년에 J.A. de Seguier가 처음 사용했다.)

### 정리 3.5 중심은 부분군이다.(Center is a Subgroup)

군 $G$의 중심은 $G$의 부분군이다.

**증명** 이번에는 정리 3.2를 이용하여 증명한다.

$e\in Z(G)$ 이므로 $Z(G)\neq\varnothing$ 이다.

$Z(G)$ 의 임의의 원소 $a, b$와 $G$의 임의의 원소 $x$에 대하여 $(ab)x=a(bx)=a(xb)$ $=(ax)b=(xa)b=x(ab)$ 이므로 $ab\in Z(G)$ 이다. 다음은 $a\in Z(G)$ 라 가정하자. $G$의 임의의 원소 $x$ 에 대하여 $ax=xa$ 이다. $a^{-1}x=xa^{-1}$ 임을 보이면 증명이 끝난다. 직관적으로 주어진 식에서 두 번째 식을 구하기 위해서는 등호의 양변에 있는 $a$ 를 이동하면 된다. 즉

$$ax = xa$$

에서 $xa^{-1}=a^{-1}x$ 이다.(군에서는 교환법칙이 성립하지 않을 수 있으므로 $x$ 의 왼쪽의 $a$ 는 왼쪽의 $a^{-1}$ 로 $x$ 의 오른쪽의 $a$ 는 오른쪽의 $a^{-1}$ 로 등호를 중심으로 이동한다.) 실제로는 $a^{-1}$ 를 주어진 식의 왼쪽과 오른쪽에 곱하면 된다. 즉

$$a^{-1}(ax)a^{-1}=a^{-1}(xa)a^{-1}$$

$$(a^{-1}a)xa^{-1}=a^{-1}x(aa^{-1})$$

$$exa^{-1}=a^{-1}xe$$

$$xa^{-1}=a^{-1}x$$

따라서 $a\in Z(G)$ 이면 $a^{-1}\in Z(G)$ 이다. □

이론을 정확히 파악하기 위해서 다음 예에서 이면체군의 중심을 구해보자.

**예제 11** $n \geq 3$ 에 대해

$$Z(D_n) = \begin{cases} \{ R_0, R_{180} \}, & n : \text{짝수} \\ \{ R_0 \}, & n : \text{홀수}. \end{cases}$$

이 사실을 밝히기 위해서, 먼저 $D_n$ 의 모든 회전이동은 $R_{360/n}$ 의 멱승이므로 회전이동끼리는 교환법칙이 성립한다. 이제 회전이동과 반사이동사이에 교환법칙이 성립함을 보이자. $D_n$ 의 임의의 회전이동을 $R$ 이라 하고 반사이동을 $F$ 라 하자. $RF$ 가 반사이동이므로 $RF = (RF)^{-1} = F^{-1}R^{-1} = FR^{-1}$ 이다. 따라서 $R$ 과 $F$ 가 교환법칙이 성립하기 위한 필요충분조건은 $FR = RF = FR^{-1}$ 이다. 소거법칙에 의해서 교환법칙이 성립하기 위한 필요충분조건은 $R = R^{-1}$ 이고 이는 오직 $R = R_0$ 또는 $R = R_{180}$ 일 때만 성립한다. 그런데 $R_{180}$ 은 $n$ 이 짝수일 때에만 $D_n$ 의 원소이다. 따라서 $n$ 이 홀수이면 $Z(D_n) = \{ R_0 \}$ 이고 짝수이면 $Z(D_n) = \{ R_0, R_{180} \}$ 이다.

비가환군의 어떤 원소가 군의 모든 원소와 교환법칙이 성립해야할 이유는 없지만 그래도 이 원소와 교환법칙이 성립하는 원소는 반드시 존재한다. 예를 들면 임의의 원소 $a$ 에 대해 $a^n$ ($n$ 은 정수)은 모두 원소 $a$ 와 교환법칙이 성립한다. 이런 관찰에 의해 다음 정의와 정리를 자주한다.

### 정의: $G$ 에서 $a$ 의 중심화(Centralizer of $a$ in $G$)

$a$ 를 군 $G$ 의 한 고정된 원소라 하자. **$G$ 에서 $a$ 의 중심화**(centralizer of a in G) $C(a)$ 는 $a$ 와 교환법칙이 성립하는 $G$ 의 모든 원소들의 집합이다. 즉 $C(a) = \{ g \in G \mid ga = ag \}$ 이다.

**예제 12** $D_4$ 에서, 우리는 다음 원소들의 중심화를 구하면:

$$C(R_0) = D_4 = C(R_{180})$$
$$C(R_{90}) = \{ R_0, R_{90}, R_{180}, R_{270} \} = C(R_{270})$$
$$C(H) = \{ R_0, H, R_{180}, V \} = C(V)$$
$$C(D) = \{ R_0, D, R_{180}, D' \} = C(D').$$

예제 12의 각각의 중심화는 실제로 $D_4$ 의 부분군이 되는데 다음 정리를 보면 이것은 우연한 것이 아니다.

### 정리 3.6 $C(a)$ 는 부분군이다.

군 $G$ 의 각 원소 $a$ 에 대해서 $a$ 의 중심화는 $G$ 의 부분군이다.

**증명** 정리 3.5의 증명과 비슷하다.(연습문제 25) □

군 $G$ 의 모든 원소 $a$ 에 대해서 $Z(G) \subseteq C(a)$ 이다. 또한 군 $G$ 가 가환군이기 위한 필요충분조건은 $G$ 의 모든 원소 $a$ 에 대해서 $C(a) = G$ 이다.

## 연습문제

증명하는 목적은 정리를 이해하는 것이지 실증하는 것이 아니다. ARNOLD ROSS

**1.** 아래 각각의 군에 대해 그 군의 위수와 각 원소의 위수를 구하여라. 군의 원소의 위수와 군의 위수 사이에는 어떤 관계가 있을까?

$$\mathbb{Z}_{12},\quad U(10),\quad U(12),\quad U(20),\quad D_4$$

**2.** $\mathbb{Q}$ 는 덧셈연산에 관한 유리수 군이고, $\mathbb{Q}^*$ 는 곱셈연산에 관한 0 이 아닌 유리수 군이라 하자. $\mathbb{Q}$ 에서 $\left\langle \frac{1}{2} \right\rangle$ 의 모든 원소들을 나열하고, $\mathbb{Q}^*$ 에서 $\left\langle \frac{1}{2} \right\rangle$ 의 모든 원소들을 나열하여라.

**3.** $\mathbb{Q}$ 와 $\mathbb{Q}^*$ 는 문제 2와 같다고 하자. $\mathbb{Q}$ 와 $\mathbb{Q}^*$ 에서 각각의 원소의 위수를 구하여라.

**4.** 군에서 한 원소의 위수와 그 원소의 역원의 위수가 같음을 증명하여라.

**5.** 위수들을 실제로 계산하지 않고, $\mathbb{Z}_{30}$ 에서 두 쌍의 원소 $\{2, 28\}$, $\{8, 22\}$ 의 위수들이 같을 수 밖에 없는 이유를 설명하여라. 마찬가지로 $U(15)$ 의 원소의 쌍 $\{2, 28\}$, $\{7, 13\}$ 에 대해서도 그 위수가 각각 같은 이유를 설명하여라.

**6.** $a^6 = e$ 이 되는 군의 원소 $a$ 에 대해 $|a|$ 가 될 수 있는 값을 구하고 그 이유를 설명하여라.

**7.** 군의 원소 $a$ 가 무한위수를 갖고 $m \neq n$ 이면 $a^m \neq a^n$ 임을 증명하여라.

**8.** 군의 원소 $x$ 가 $x^2 \neq e$ 이고 $x^6 = e$ 이면 $x^4 \neq e$, $x^5 \neq e$ 임을 증명하여라. $x$ 의 위수에 대하여 알 수 있는 것은 무엇일까?

**9.** 군 $G$ 의 원소 $a$ 에 대해 $|a| \leq |G|$ 임을 보여라.

**10.** $U(14) = \langle 3 \rangle = \langle 5 \rangle$ 임을 보여라.(따라서, $U(14)$ 은 순환군이다.) $U(14) = \langle 11 \rangle$ 인가?

**11.** $U(20)$ 의 임의의 원소 $k$ 에 대해 $U(20) \neq \langle k \rangle$ 임을 보여라.(따라서, $U(20)$ 은 순환군이 아니다.)

**12.** 위수가 2 인 두 개의 원소를 갖는 가환군에는 위수가 4 인 부분군이 존재함을 증명하여라.

**13.** $|a| = |b| = 2$ 인 두 원소 $a$, $b$ 를 포함하는 군을 다음 각각의 경우에 구하여라.

a. $|ab| = 3$ b. $|ab| = 4$ c. $|ab| = 5$

세 개의 숫자 $|a|$, $|b|$, $|ab|$ 사이에 어떤 관계가 있다고 말 할 수 있는가?

**14.** 18, 30, 40 를 포함하는 덧셈군 $\mathbb{Z}$ 의 진 부분군 $H$ 를 결정하여라.

**15.** 덧셈군 $\mathbb{Z}$ 의 진 부분군 가운데 12, 30, 54 를 포함하는 부분군을 모두 구하여라.

**16.** 위수가 6 인 이면체군에는 위수가 4 인 부분군이 존재하지 않음을 증명하여라.

**17.** $n$ 의 약수 $k > 1$ 에 대해, $U_k(n) = \{x \in U(n) \mid x \bmod k = 1\}$ 이다. [예를 들면, $U_3(21) = \{1, 4, 10, 13, 16, 19\}$ 이고 $U_7(21) = \{1, 8\}$ 이다.] $U_4(20)$, $U_5(20)$, $U_5(30)$, $U_{10}(30)$ 의 원소를 구하여라. $U_k(n)$ 은 $U(n)$ 의 부분군임을 증명하여라. $H = \{x \in U(10) \mid x \bmod 3 = 1\}$ 은 $U(10)$ 의 부분군이 되는가?(8장의 연습문제 참조)

**18.** $G$ 의 부분군 $H$, $K$ 에 대해 $H \cap K$ 이 부분군임을 보여라. (같은 방법으로 $G$ 의 부분군의 개수가 유한이거나 무한일 때도 부분군들의 교집합이 부분군임을 보일 수 있는가?)

**19.** 임의의 군 $G$에 대해 $Z(G) = \bigcap_{a \in G} C(a)$ 임을 증명하여라. [이것은 $C(a)$ 꼴의 모든 부분군들의 교집합을 의미한다.]

**20.** 군 $G$의 임의의 원소 $a$에 대해 $C(a) = C(a^{-1})$ 임을 증명하여라.

**21.** 군의 임의의 원소 $a$와 정수 $k$에 대해 $C(a) \subseteq C(a^k)$ 임을 보여라. 이 사실을 이용하여 다음 명제를 완성하여라: 한 군에서 만약 $k$가 정수이고 $x$가 $a$와 교환법칙이 성립하면 (          )이다. 이 역도 성립하는가?

**22.** 군에 대한 다음 Cayley표를 완성하여라.

| | 1 | 2 | 3 | 4 | 5 | 6 | 7 | 8 |
|---|---|---|---|---|---|---|---|---|
| 1 | 1 | 2 | 3 | 4 | 5 | 6 | 7 | 8 |
| 2 | 2 | 1 | 4 | 3 | 6 | 5 | 8 | 7 |
| 3 | 3 | 4 | 2 | 1 | 7 | 8 | 6 | 5 |
| 4 | 4 | 3 | 1 | 2 | 8 | 7 | 5 | 6 |
| 5 | 5 | 6 | 8 | 7 | 1 | | | |
| 6 | 6 | 5 | 7 | 8 | | 1 | | |
| 7 | 7 | 8 | 5 | 6 | | | 1 | |
| 8 | 8 | 7 | 6 | 5 | | | | 1 |

**23.** 군 $G$의 Cayley표가 다음과 같다.

| | 1 | 2 | 3 | 4 | 5 | 6 | 7 | 8 |
|---|---|---|---|---|---|---|---|---|
| 1 | 1 | 2 | 3 | 4 | 5 | 6 | 7 | 8 |
| 2 | 2 | 1 | 8 | 7 | 6 | 5 | 4 | 3 |
| 3 | 3 | 4 | 5 | 6 | 7 | 8 | 1 | 2 |
| 4 | 4 | 3 | 2 | 1 | 8 | 7 | 6 | 5 |
| 5 | 5 | 6 | 7 | 8 | 1 | 2 | 3 | 4 |
| 6 | 6 | 5 | 4 | 3 | 2 | 1 | 8 | 7 |
| 7 | 7 | 8 | 1 | 2 | 3 | 4 | 5 | 6 |
| 8 | 8 | 7 | 6 | 5 | 4 | 3 | 2 | 1 |

a. $G$의 각 원소의 중심화를 구하여라.

b. $Z(G)$을 구하여라.

c. $G$의 각 원소의 위수를 구하여라. 이 위수들은 $G$의 위수와 어떤 관계가 있는가?

**24.** $a \neq b$인 군 $G$의 원소 $a$, $b$에 대해 $a^2 \neq b^2$이거나 그렇지 않으면 $a^3 \neq b^3$ 임을 증명하여라.

**25.** 정리 3.6을 증명하여라.

**26.** $G$의 부분군 $H$의 **중심화** $C(H)$은 $\{x \in G | \ \forall h \in H, \ xh = hx\}$ 이다. $C(H)$가 $G$의 부분군임을 증명하여라.

**27.** 군의 원소의 중심화는 가환군인가?

**28.** 군의 중심은 가환군인가?

**29.** 항등원 $e$를 갖는 가환군 $G$에서 $n$을 한 정수라 하자. 방정식 $x^n = e$을 만족하는 $G$의 모든 원소의 집합은 $G$의 부분군임을 증명하여라. 방정식 $x^2 = e$을 만족하는 $G$의 모든 원소의 집합이 $G$의 부분군이 아닌 군 $G$의 한 예를 보여라.(이 연습문제는 11장에서 논의된다.)

**30.** 군의 원소 $a$ 가 $|a|=5$ 이면 $C(a)=C(a^3)$ 임을 증명하여라. $|a|=6$ 이고 $C(a)\neq C(a^3)$ 인 어떤 군과 원소 $a$ 를 찾아라.

**31.** 0 이 아닌 실수전체집합의 곱셈연산에 대한 군 $\mathbb{R}^*$ 의 모든 유한부분군을 구하여라.

**32.** $n$ 이 짝수 자연수이고 $H$ 가 $\mathbb{Z}_n$ 의 부분군이라 가정하자. $H$ 의 모든 원소가 짝수로 이루어져 있거나 그렇지 않으면 정확히 $H$ 원소의 절반이 짝수임을 증명하여라.

**33.** 군의 원소 $a$, $b$ 에 대하여 $|a|=4$, $|b|=2$, $a^3b=ba$ 이라 가정하자. $|ab|$ 을 구하여라.

**34.** 군의 원소 $a$, $b$ 에 대하여 $|a|=2$, $b\neq e$, $aba=b^2$ 이라 가정하자. $|b|$ 을 구하여라.

**35.** $a$ 는 한 군의 원소로 그 위수가 $n$ 이다. $d$ 는 $n$ 의 양의약수라 가정하면 $|a^d|=n/d$ 임을 증명하여라.

**36.** $SL(2,\ \mathbb{R})$ 의 두 원소 $A=\begin{pmatrix}0&-1\\1&0\end{pmatrix}$, $B=\begin{pmatrix}0&1\\-1&-1\end{pmatrix}$ 에 대해 위수 $|A|$, $|B|$, $|AB|$ 를 구하고 그 답이 놀랍지 않는가?

**37.** $SL(2,\ \mathbb{R})$ 의 원소 $A=\begin{pmatrix}1&1\\0&1\end{pmatrix}$ 의 위수를 구하여라. $SL(2,\ \mathbb{Z}_p)$ ($p$는 소수) 의 원소 $A=\begin{pmatrix}1&1\\0&1\end{pmatrix}$ 의 위수를 구하여라.

**38.** 자연수 $n$ 과 각 $\theta$ 에 대해 $SL(2,\ \mathbb{R})$ 에서 다음이 성립함을 보여라.

$$\begin{pmatrix}\cos\theta & -\sin\theta\\ \sin\theta & \cos\theta\end{pmatrix}^n=\begin{pmatrix}\cos n\theta & -\sin n\theta\\ \sin n\theta & \cos n\theta\end{pmatrix}$$

위의 공식을 이용하여 다음 두 원소의 위수를 각각 구하여라.

$$\begin{pmatrix}\cos 60^\circ & -\sin 60^\circ\\ \sin 60^\circ & \cos 60^\circ\end{pmatrix},\quad \begin{pmatrix}\cos\sqrt{2}^\circ & -\sin\sqrt{2}^\circ\\ \sin\sqrt{2}^\circ & \cos\sqrt{2}^\circ\end{pmatrix}$$

(기하학적으로 행렬 $\begin{pmatrix}\cos\theta & -\sin\theta\\ \sin\theta & \cos\theta\end{pmatrix}$ 은 평면에서 $\theta$ 각의 회전이동을 나타낸다.)

**39.** $G$ 는 한 원의 대칭군이다. $G$ 는 유한위수를 갖는 원소들뿐만 아니라 무한위수의 원소들도 갖고 있음을 보여라.

**40.** 군의 원소 $x$ 가 $|x|=6$ 일 때 $|x^2|$, $|x^3|$, $|x^4|$, $|x^5|$ 의 값을 구하여라. 군의 원소 $y$ 가 $|y|=9$ 일 때 $i=2,\ 3,\ \cdots,\ 8$ 에 대하여 $|y^i|$ 을 구하여라. 이 예들은 어떤 원소의 멱승의 위수들과 그 원소의 위수사이의 어떤 관계가 있음을 제시하는가?

**41.** $D_4$ 에는 위수가 4 인 순환부분군이 7 개가 있는데 이를 모두 나열하여라. $D_4$ 의 부분군 중에서 위수가 4 이고 순환부분군이 아닌 것을 찾아라.

**42.** $U(15)$ 에는 순환부분군 6 개를 모두 나열하여라.

**43.** 짝수 위수를 갖는 군에는 반드시 위수가 2 인 원소가 존재함을 증명하여라.

**44.** $G$ 는 위수가 3 인 원소를 8 개만 갖는 군이다. $G$ 의 위수가 3 인 부분군의 개수를 구하여라.

**45.** $H$ 는 한 유한군 $G$ 의 부분군이다. $g\in G$ 이고 $n$ 은 $g^n=e$ 가 되는 최소의 자연수라 가정하자. $n$ 은 $|g|$ 의 약수임을 증명하여라.

**46.** 다음 군들의 위수를 구하여라.

a. $U(3)$, $U(4)$, $U(12)$ b. $U(5)$, $U(7)$, $U(35)$

c. $U(4)$, $U(5)$, $U(20)$ d. $U(3)$, $U(5)$, $U(15)$

위의 계산결과를 근거로, $U(r)$, $U(s)$, $U(rs)$ 사이의 관계에 대한 예상을 만들어 보아라.

**47.** $\mathbb{R}^*$은 곱셈에 대한 0 이 아닌 실수전체집합의 군이고 $H=\{x\in\mathbb{R}^* \mid x^2\text{은 유리수}\}$이다. $H$가 $\mathbb{R}^*$ 의 부분군임을 증명하여라. 지수 2 를 임의의 양의정수로 대치해도 역시 부분군이 되는가?

**48.** $|U(4)|$, $|U(10)|$, $|U(40)|$ 을 구하여라. 이 군들이 문제 46에서 예상한 관계식에 대한 반례가 되는가? 만약 반례가 된다면 예상을 수정하여라.

**49.** $U(40)$ 에서 위수가 4 인 순환부분군을 구하여라.

**50.** $U(40)$ 에서 위수가 4 이고 순환부분군 아닌 부분군 하나를 구하여라.

**51.** $G=\left\{\begin{pmatrix} a & b \\ c & d\end{pmatrix} \mid a,b,c,d\in\mathbb{Z}\right\}$는 덧셈에 대한 군이고 $H=\left\{\begin{pmatrix} a & b \\ c & d\end{pmatrix}\in G \mid a+b+c+d=0\right\}$이다. $H$가 $G$의 부분군임을 증명하여라. $a+b+c+d=1$ 인 경우에 $H$가 $G$의 부분군이 되는지를 판정하여라.

**52.** $H=\{A\in GL(2,\mathbb{R}) \mid \exists n\in\mathbb{Z},\ \det A=2^n\}$ 이 $GL(2,\mathbb{R})$ 의 부분군임을 증명하여라.

**53.** $H$가 덧셈에 대한 군 $\mathbb{R}$ 의 부분군일 때 $K=\{2^a \mid a\in H\}$는 곱셈에 대한 군 $\mathbb{R}^*$ 의 부분군임을 증명하여라.

**54.** $G$는 함수의 곱셈을 연산으로 하고 $\mathbb{R}$ 에서 $\mathbb{R}^*$ 로의 함수전체집합의 군이다. $H=\{f\in G \mid f(2)=1\}$이 $G$의 부분군임을 증명하여라. $f(2)=1$ 에서 2 대신 임의의 실수를 사용해도 부분군이 되는가?

**55.** $G=GL(2,\mathbb{R})$, $H=\left\{\begin{pmatrix} a & 0 \\ 0 & b\end{pmatrix} \mid a,b\text{는 영이아닌 정수}\right\}$라 하자. 행렬의 곱셈연산에 대해 $H$가 $GL(2,\mathbb{R})$ 의 부분군인지 아닌지 증명하여라.

**56.** $H=\{a+bi \mid a,b\in\mathbb{R},\ ab\geq 0\}$이 덧셈에 대한 군 $\mathbb{C}$ 의 부분군인가 증명하고, 아니면 그 이유를 증명하여라.

**57.** $H=\{a+bi \mid a,b\in\mathbb{R},\ a^2+b^2=1\}$이 곱셈에 대한 군 $\mathbb{C}^*$ 의 부분군인가 증명하고, 아니면 그 이유를 증명하여라. $H$의 원소를 기하학적으로 설명하여라.

**58.** 군 $G$의 부분집합 $S$를 포함하는 최소의 부분군은 $S$를 포함하는 임의의 부분군 $K$는 또한 $H$을 포함한다는 성질을 갖는다. (따라서 집합 $S$를 포함하는 최소의 부분군은 $S$를 포함하는 모든 부분군에 포함된다.) 이 부분군의 표기는 $\langle S\rangle$ 로 나타낸다. 군 $\mathbb{Z}$ 에서 다음을 구하여라.

a. $\langle 8, 14\rangle$ b. $\langle 8, 13\rangle$ c. $\langle 6, 15\rangle$

d. $\langle m, n\rangle$ e. $\langle 12, 18, 45\rangle$

각각의 경우에 주어진 부분군이 $\langle k\rangle$ 가 되는 정수 $k$ 를 구하여라.

**59.** $G = GL(2, \mathbb{R})$ 에 대해

a. $C\left(\begin{pmatrix} 1 & 1 \\ 1 & 0 \end{pmatrix}\right)$를 구하여라.

b. $C\left(\begin{pmatrix} 0 & 1 \\ 1 & 0 \end{pmatrix}\right)$를 구하여라.

c. $Z(G)$를 구하여라.

**60.** 두 개 이상의 원소를 갖는 유한군 $G$에는 위수가 소수인 원소가 존재함을 보여라.

**61.** $|a| = m$ 인 $a$는 군의 원소이다. $n$이 $m$과 서로소이면 $a$는 그 군의 어떤 한 원소의 $n$ 제곱과 같음을 보여라.

**62.** 유한가환이군 $G$의 원소 $a, b$에 대해 $\langle a, b \rangle = \{ a^i b^j \mid i, j \in \mathbb{Z} \}$이 $G$의 부분군임을 증명하여라. $|\langle a, b \rangle|$을 $|\langle a \rangle|$와 $|\langle b \rangle|$으로 표현할 수 있는가?

# 4절 순환군(Cyclic Groups)

군의 개념는 단지 30여년의 역사만 갖고 있는 정교함의 전형으로 단 30년전에 오늘날 물리학, 화학, 생화학 그리고 수학 자신에 광범위하게 사용되는 수학개념 중 하나이다.
ALEXEY SOSINSKY, 1991

## 순환군의 성질(Properties of Cyclic Groups)

제3장에서 군 $G$에 $G=\{a^n \mid n\in\mathbb{Z}\}$이 되는 원소 $a$가 존재하면 $G$를 **순환군**, $a$를 순환군 $G$의 **생성원(generator)**이라 정의했다. 또한 원소 $a$에 의해서 생성되는 순환군 $G$를 $G=\langle a\rangle$로 표시한다.

이장에서는 순환군을 자세히 연구하고 순환군의 중요한 특성들을 결정한다. 우선 예 몇 가지로 시작하자.

**예제 1** 덧셈에 대한 정수전체집합 $\mathbb{Z}$의 군은 순환군이다. 1과 $-1$은 이군의 생성원들이다. 연산이 덧셈인 경우에 $1^n$을 표현하면 다음과 같다.

$$\underbrace{1+1+\cdots+1}_{n-\text{번}} \qquad n: \text{자연수}$$

$$\underbrace{(-1)+(-1)+\cdots+(-1)}_{|n|-\text{번}} \qquad n: \text{음의 정수}$$

■

**예제 2** $n\geq 1$인 $n$에 대해 집합 $\mathbb{Z}_n=\{0, 1, 2, \cdots, n-1\}$은 법은 $n$으로 하는 덧셈에 대한 순환군이다. 이 경우에도 1과 $-1=n-1$은 이군의 생성원들이다.

■

오직 두 개의 생성원만을 갖는 정수전체집합 $\mathbb{Z}$와는 다르게 $\mathbb{Z}_n$에서는 $n$ 값에 따라 두 개 이상의 생성원을 갖기도 한다.

**예제 3** $\mathbb{Z}_8=\langle 1\rangle=\langle 3\rangle=\langle 5\rangle=\langle 7\rangle$이다. 여기서 $\mathbb{Z}_8=\langle 3\rangle$임을 밝혀보자.

$$\begin{aligned}\langle 3\rangle &= \{3, 3+3, 3+3+3, \cdots\}\\ &= \{3, 6, 1, 4, 7, 2, 5, 0\}\\ &= \mathbb{Z}_8.\end{aligned}$$

따라서 3는 $\mathbb{Z}_8$의 생성원이다.

반면에, $\langle 2\rangle=\{0, 2, 4, 6\}\neq\mathbb{Z}_8$이므로 2는 $\mathbb{Z}_8$의 생성원이 아니다.

■

**예제 4** (제2장의 예제 11을 참고) 3, 7은 모두 $U(10)$의 생성원이다.

$$\begin{aligned}U(10)=\{1, 3, 7, 9\} &= \{3^0, 3^1, 3^3, 3^2\}=\langle 3\rangle\\ &= \{7^0, 7^3, 7^1, 7^2\}=\langle 7\rangle.\end{aligned}$$

■

수학에서 자주 예가 되지 않는다(nonexample)는 예는 어떤 개념을 이해하는데 자주 도움을 준다. 순환군에 관하여 $U(8)$은 이 목적을 제공해 준다. 즉 $U(8)$은 순환군이 아니다. 어떻게 이것을 밝힐 수 있을까? 자, $U(8)=\{1, 3, 5, 7\}$이지만,

$$\langle 1 \rangle = \{1\}$$
$$\langle 3 \rangle = \{3, 1\}$$
$$\langle 5 \rangle = \{5, 1\}$$
$$\langle 7 \rangle = \{7, 1\}.$$

따라서 $U(8)$의 모든 원소 $a$에 대해 $U(8) \neq \langle a \rangle$이므로 $U(8)$은 순환군이 아니다.

이제 우리는 위의 예에서 살펴본 순환군에 대한 성질을 추상적으로 다루는 매우 어려운 계산을 할 준비가 되었으며 이를 위해 가장 중요한 정리는 다음과 같다.

**정리 4.1** $a^i = a^j$ **의 판별식**

$G$는 군이고 $a$는 $G$의 원소이다. $a$의 위수가 무한이면 $a^i = a^j$이기 위한 필요충분조건은 $i=j$이다. $a$의 위수가 유한인 경우, $n$이라 하면, $\langle a \rangle = \{e, a^1, a^2, \cdots, a^{n-1}\}$이고 $a^i = a^j$이기 위한 필요충분조건은 $n \mid i-j$이다.

**증명** $a$의 위수가 무한이면 $a^n$이 항등원이 되는 0이 아닌 정수는 존재하지 않는다. 그런데 $a^i = a^j$이므로 $a^{i-j}=e$이고 따라서 $i-j=0$이다. 이로써 첫 명제는 증명이 되었다.

이제 $|a|=n$이라 가정하고 $\langle a \rangle = \{e, a^1, a^2, \cdots, a^{n-1}\}$임을 보이자.

확실하게 $\{e, a^1, a^2, \cdots, a^{n-1}\} \subseteq \langle a \rangle$이다.

이제, $a^k$를 $\langle a \rangle$의 임의의 원소라 하면 나눗셈 정리에 의해 다음을 만족하는 정수 $q, r$이 존재한다.

$$k = qn + r, \quad 0 \le r < n.$$

따라서 $a^k = a^{qn+r} = a^{qn}a^r = (a^n)^q a^r = ea^r = a^r$이므로 $a^k \in \{e, a^1, a^2, \cdots, a^{n-1}\}$이다. 이로써 $\langle a \rangle = \{e, a^1, a^2, \cdots, a^{n-1}\}$ 이 증명되었다.

다음으로 $a^i = a^j$라 가정하면 $n \mid i-j$임을 증명하자. $a^i = a^j$는 $a^{i-j}=e$임을 의미한다. 또 다시 나눗셈 정리에 의해 다음을 만족하는 정수 $q, r$이 존재한다.

$$i - j = qn + r, \quad 0 \le r < n.$$

그래서, $a^{i-j} = a^{qn+r}$이다. 따라서 $e = a^{i-j} = a^{qn+r} = a^{qn}a^r = (a^n)^q a^r = ea^r = a^r$이다.

$n$은 $a^n = e$가 되는 최소의 자연수이므로 $r=0$이고, 따라서 $n \mid i-j$이다.

역으로 $i-j=qn$이면 $a^{i-j} = a^{qn} = e^q = e$이므로 $a^i = a^j$이다. □

위 정리 4.1을 보면 원소의 위수와 군의 위수에 대한 기호와 용어를 이중적으로 사용해야 하는 이유를 알 수 있다.

**따름 정리 1** $|a| = |\langle a \rangle|$

군의 임의의 원소 $a$에 대하여 $|a| = |\langle a \rangle|$이다.

정리 4.1의 특별한 경우로 자주 사용되기 때문에 따로 언급 할만하다.

**따름 정리 2** $a^k = e$ 이면 $|a| \mid k$이다.

$G$는 군이고 $a$는 $|a| = n$인 $G$의 원소이다. 만약 $a^k = e$ 이면 $n \mid k$이다.

**증명** $a^k = e = a^0$ 이므로, 정리 4.1에 의해서 $n \mid k - 0$ 이다. □

$|a| = 6$ 인 경우의 정리 4.1과 그 따름정리를 그림 4.1에서 설명하였다.

유한위수를 갖는 경우에 정리 4.1에서 중요한 점은 $\langle a \rangle$ 에서 곱셈은 본질적으로 **법을 $n$으로 하는 덧셈(addition)**에 의해서 수행 된다는 점이다. 즉 $(i+j) \bmod n = k$ 이면 $a^i a^j = a^k$ 이다. 따라서 군 $G$와 원소 $a$의 선택에 관계없이 $\langle a \rangle$ 에서 곱셈은 $|a| = n$ 일 때 $\mathbb{Z}_n$ 에서 덧셈과 같게 작용한다. 유사하게, $a$의 위수가 무한인 경우에도 $\langle a \rangle$ 에서 곱셈은 $a^i a^j = a^{i+j}$ 이므로 법 $n$에 대한 연산이 아닌 $\mathbb{Z}$ 에서 덧셈으로 계산이 된다.

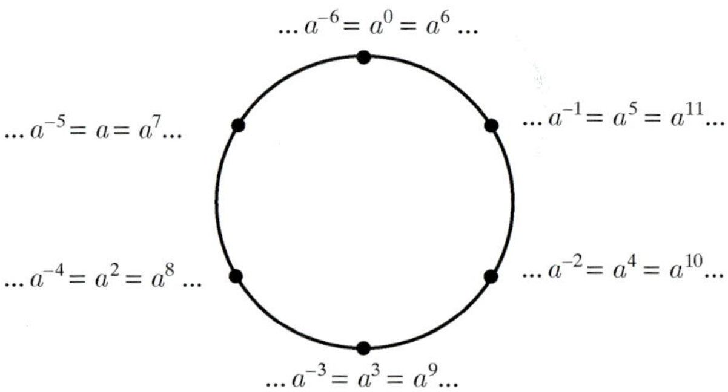


[그림 4.1]

이러한 이유로 두 개의 순환군 $\mathbb{Z}_n$과 $\mathbb{Z}$는 모든 순환군에 대한 원형들이고 대수학자들은 각 위수에 대한 순환군은 본질적으로 오직 하나씩 존재한다고 말한다. 이것이 의미하는 것은 $\{ a^n \mid n \in \mathbb{Z} \}$와 같은 형태의 서로 다른 집합은 많이 있지만 이러한 집합의 연산은 본질적으로 한 가지 방법 뿐 이다. 대수학자들은 집합의 원소가 무엇인가에 관계하지 않고 그 집합의 대수적인 성질 즉 그 집합의 원소들이 서로 결합하는 방법 등에 초점을 둔다. 우리는 이런 주제들을 제6장에서 다룰 것이다.

다음 정리는 $|a|$ 을 알고 $|a^k|$ 을 계산하는 단순한 방법을 제공한다. 또한 따름정리에서는 $\langle a^i \rangle = \langle a^j \rangle$을 판별하는 방법을 제공한다.

**정리 4.2** $\langle a^k \rangle = \langle a^{\gcd(n,\,k)} \rangle$

군의 원소 $a$는 위수가 $n$이고 $k$는 한 양의정수이면 $\langle a^k \rangle = \langle a^{\gcd(n,\,k)} \rangle$이고 $|a^k| = n/\gcd(n,\,k)$이다.

**증명** 기호를 단순하게 하기 위해서, $d = \gcd(n,\,k)$, $k = dr$이라 하자. $a^k = (a^d)^r$이므로 $\langle a^k \rangle \subseteq \langle a^d \rangle$이다. 또한 정리 0.2에 의해서 $d = ns + kt$이 되는 정수 $s,\,t$가 존재한다. 따라서, $a^d = a^{ns+kt} = a^{ns}a^{kt} = (a^n)^s(a^k)^t = e(a^k)^t = (a^k)^t \in \langle a^k \rangle$이다.
따라서 $\langle a^d \rangle \subseteq \langle a^k \rangle$이다. 따라서 $\langle a^k \rangle = \langle a^{\gcd(n,k)} \rangle$을 밝혔다.

이 정리의 두 번째 부분을 증명하기 위하여 우선 $n$의 임의의 약수에 $d$ 대해 $|a^d| = n/d$임을 증명하자. 분명하게 $(a^d)^{n/d} = a^n = e$이므로 $|a^d| \le n/d$이다. 반면에 $i < n/d$인 $i$에 대해서는 $|a|$의 정의에 의해 $(a^d)^i \ne e$이다. 여기서 $d = \gcd(n,\,k)$를 적용하면 $|a^k| = |\langle a^k \rangle| = |\langle a^{\gcd(n,\,k)} \rangle| = |a^{\gcd(n,\,k)}| = n/\gcd(n,\,k)$이다. □

정리 4.2의 장점은 순환부분군의 생성원을 좀 더 계산하기 편리한 생성원으로 교환할 수 있다는 것이다. 예를 들면 $|a| = 30$일 때 $\langle a^{26} \rangle = \langle a^2 \rangle$, $\langle a^{23} \rangle = \langle a \rangle$, $\langle a^{22} \rangle = \langle a^2 \rangle$, $\langle a^{21} \rangle = \langle a^3 \rangle$이다. 따라서 $|a^{23}| = 30$, $|a^{22}| = 15$임을 쉽게 계산할 수 있다. 뿐만 아니라 $\langle a^{21} \rangle$의 원소를 모두 구해야 할 때 $\langle a^3 \rangle$을 사용하면 보다 쉽게 구할 수 있다. (실제로 두 가지 방법으로 계산해 보아라.)

정리 4.2는 유한순환군에서 원소의 위수와 그 군의 위수사이의 중요한 관계를 마련한 것이다.

**따름 정리 1 유한순환군의 원소의 위수(Orders of Elements in Finite Cyclic Group)**

유한순환군의 원소의 위수는 그 군의 위수의 약수이다.

**따름 정리 2** $\langle a^i \rangle = \langle a^j \rangle$**과** $|a^i| = |a^j|$**의 판별**

$|a| = n$일 때 $\langle a^i \rangle = \langle a^j \rangle$이기위한 필요충분조건은 $\gcd(n,\,i) = \gcd(n,\,j)$이고 $|a^i| = |a^j|$이기위한 필요충분조건은 $\gcd(n,\,i) = \gcd(n,\,j)$이다.

**증명** 정리 4.2에 의해 $\langle a^i \rangle = \langle a^{\gcd(n,\,i)} \rangle$이고 $\langle a^j \rangle = \langle a^{\gcd(n,\,j)} \rangle$이므로 $\langle a^{\gcd(n,\,i)} \rangle = \langle a^{\gcd(n,\,j)} \rangle$이기 위한 필요충분조건이 $\gcd(n,\,i) = \gcd(n,\,j)$임을 증명하면 된다. $\gcd(n,\,i) = \gcd(n,\,j)$이면 $\langle a^{\gcd(n,\,i)} \rangle = \langle a^{\gcd(n,\,j)} \rangle$은 당연히 성립한다. 역으로 $\langle a^{\gcd(n,\,i)} \rangle = \langle a^{\gcd(n,\,j)} \rangle$이면 $|a^{\gcd(n,\,i)}| = |a^{\gcd(n,\,j)}|$이므로 정리 4.2의 두 번째 정리에 의해 $n/\gcd(n,\,i) = n/\gcd(n,\,j)$이다. 따라서 $\gcd(n,\,i) = \gcd(n,\,j)$이다. □

따름정리의 두 번째 필요충분조건은 첫 번째 필요충분조건과 정리 4.1의 따름정리에 의해서 성립한다.

다음 두 개의 따름정리는 위의 따름정리의 매우 중요한 특별한 경우이다.

**따름 정리 3 유한순환군의 생성원**

$|a| = n$ 일 때 $\langle a \rangle = \langle a^j \rangle$ 이기위한 필요충분조건은 $\gcd(n, j) = 1$ 이고 $|a| = |\langle a^j \rangle|$ 이기위한 필요충분조건은 $\gcd(n, j) = 1$ 이다.

**따름 정리 4 $\mathbb{Z}_n$ 의 생성원**

$\mathbb{Z}_n$ 의 원소 $k$ 가 $\mathbb{Z}_n$ 의 생성원이기 위한 필요충분조건은 $\gcd(n, k) = 1$ 이다.

따름 정리 3의 진가는 순환군의 생성원 한 개를 알면 그 순환군의 모든 생성원을 쉽게 계산할 수 있다는 것이다. 예를 들어 $D_6$ 의 모든 회전이동으로 이루어진 부분군에서 $R_{60}$ 은 $|R_{60}| = 6$ 이므로 생성원임을 알 수 있다. 따름정리3에 의해서 이 부분군의 생성원은 $R_{60}$ 과 $(R_{60})^5 = R_{300}$ 외에는 존재하지 않음을 알 수 있다. 물론 우리는 이결과를 따름 정리 3을 이용하지 않고 직접 계산에 의해서도 쉽게 이끌어 낼 수 있다. 그래서 따름 정리 3의 막강한 힘을 알아보기 위해 순환군 $U(50)$ 의 모든 생성원을 계산해 보자. 우선 $|U(50)| = 20$ 이고 3 이 $U(50)$ 의 생성원의 하나임은 직접 계산에 의해 알 수 있다. 따름정리3에 의하면 $U(50)$ 의 모든 생성원은 다음과 같다.

$$\begin{aligned} 3 \bmod 50 &= 3, & 3^{11} \bmod 50 &= 47 \\ 3^3 \bmod 50 &= 27, & 3^{13} \bmod 50 &= 23 \\ 3^7 \bmod 50 &= 37, & 3^{17} \bmod 50 &= 13 \\ 3^9 \bmod 50 &= 33, & 3^{19} \bmod 50 &= 17 \end{aligned}$$

여기에서도 약간의 계산이 필요함을 인정한다. 그러나 $U(50)$ 의 원소의 위수를 하나씩 모두 계산하여 생성원을 모두 구하는 것보다는 확실히 간단한 계산이다.

독자들은 정리 4.2를 반드시 기억해야 하고 유한위수를 갖는 원소의 경우에만 그 따름정리를 이용해야 한다는 것 또한 잊지 말아야 한다.

## 순환군의 부분군의 분류(Classification of Subgroups of Cyclic Groups)

다음 정리에서는 유한순환군의 부분군의 개수와 그 부분군을 구하는 방법을 제공한다.

**정리 4.3 순환군의 기본정리(Fundamental Theorem of Cyclic Groups)**

순환군의 모든 부분군은 순환군이다. 뿐만 아니라 $|\langle a \rangle| = n$ 이면 $\langle a \rangle$ 의 임의의 부분군의 위수는 $n$ 의 약수이고 $n$ 의 각각의 약수 $k$ 에 대해 군 $\langle a \rangle$ 은 위수가 $k$ 인 부분군을 오직 한 개 즉 $\langle a^{n/k} \rangle$ 을 갖는다.

증명에 앞서 정리의 내용을 알아보자. 정리의 내용을 이해한다는 것은 곧 정리의 증명을 이해 하기 위한 전제조건이다. $G=\langle a \rangle$ 이고 $G$ 의 위수가 30 이라 하자. 정리의 처음 두 부분에 의하면 $G$ 의 임의의 부분군 $H$ 는 30 의 약수 $k$ 가 존재해서 $H=\langle a^{30/k} \rangle$ 이다. 위 정리의 세 번째 부분에 의해 위수가 각각 1, 2, 3, 5, 6, 10, 15, 30 이 되는 부분군이 한 개씩 존재하고 그 외의 부분군은 존재하지 않음을 알 수 있다. 그 증명은 이러한 부분군을 구하는 방법을 보여 줄 것이다.

**증명** $G=\langle a \rangle$ 이고 $H$ 를 $G$ 의 임의의 부분군이라 해야 한다. 우선 $H$ 가 순환군임을 증명해야 한다. $H$ 가 항등원 한 개로만 이루어져 있으면 $H=\langle e \rangle$ 이므로 순환군이다.

따라서 $H \neq \{e\}$ 라하고 $H$ 에 $t$ 가 자연수인 $a^t$ 형태의 원소가 존재함을 먼저 증명하자. $G=\langle a \rangle$ 이고 $H \neq \{e\}$ 이므로 $a^t$ 이 $H$ 의 원소가 되도록 정수 $t$ 가 존재한다. 정수 $t$ 가 음의 정수이면 $a^{-t}$ 또한 $H$ 의 원소이고 $-t$ 는 양의 정수이다. 따라서 $H$ 에 $t$ 가 자연수인 $a^t$ 인 형태의 원소가 존재한다. 이제 $m$ 을 $a^m \in H$ 가 되는 양의 정수 중에서 최소라 하면 $\langle a^m \rangle \subseteq H$ 이다. $\langle a^m \rangle = H$ 임을 증명하기 위해 $b$ 을 $H$ 의 임의의 원소라 하면 $b \in G=\langle a \rangle$ 이므로 $b=a^k$ 인 정수 $k$ 가 존재한다. 이제 정수 $m$ 과 $k$ 에 나눗셈 정리를 적용하면 $k=qm+r,\quad 0 \leq r < m$ 을 만족하는 정수 $q$, $r$ 이 존재한다. $a^k=a^{qm+r}=a^{qm}a^r$ 이므로 $a^r=a^{-mq}a^k$ 이다. 그런데 $a^k=b \in H$ 이고 $a^{-mq}=(a^m)^{-q} \in H$ 이므로 $a^r \in H$ 이다. 그런데 $m$ 은 $a^m \in H$ 가 되는 양의 정수 중에서 최소인 양의 정수이고 $0 \leq r < m$ 이므로 $r$ 은 0 이 되어야 한다. 따라서 $b=a^k=a^{qm}=(a^m)^q \in \langle a^m \rangle$ 이고 정리에서 순환군의 모든 부분군은 순환군임이 증명되었다.

정리의 두 번째 부분을 증명하기 위해 $|\langle a \rangle|=n$ 이고 $H$ 는 $\langle a \rangle$ 의 임의의 부분군이라 하자. 위에서 $m$ 을 $a^m \in H$ 가 되는 양의 정수 중에서 최소인 양의 정수라 하면 $\langle a^m \rangle = H$ 임을 증명했다. 마찬가지로 $e=b=a^n$ 을 위의 증명과정에 사용하면 $n=mq$ 임을 알 수 있다.

마지막으로, $k$ 를 $n$ 의 임의의 양의 약수라 하자. 이제 $\langle a^{n/k} \rangle$ 은 $\langle a \rangle$ 의 부분군 중에서 위수가 $k$ 인 것으로는 유일한 부분군임을 증명하자. 정리 4.2에 의해 $\langle a^{n/k} \rangle$ 의 위수는 $n/\gcd(n, n/k)=n/(n/k)=k$ 이다. $H$ 가 $|H|=k$ 인 $\langle a \rangle$ 의 임의의 부분군이라 하자. 위에서 $H=\langle a^m \rangle$ 이고 $m$ 은 $n$ 의 약수임을 알았으므로 $m=\gcd(n, m)$ 이고 $k=|a^m| = |a^{\gcd(n, m)}|=n/\gcd(n, m)=n/m$ 이다. 따라서 $m=n/k$ 이고 $H=\langle a^{n/k} \rangle$ 이다. □

$G=\langle a \rangle$ 이고 $G$ 의 위수가 30 인 순환군의 경우로 되돌아가서 정리 4.3을 적용하면 $\langle a \rangle$ 의 부분군은 30 의 약수 $m$ 에 대해 $\langle a^m \rangle$ 의 형태로만 존재한다. 뿐만 아니라 $k$ 가 30 의 임의의 양의 약수이면 위수가 $k$ 인 부분군은 $\langle a^{30/k} \rangle$ 이다. 따라서 $\langle a \rangle$ 의 모든 부분군은 아래와 같다.

$$
\begin{array}{ll}
\langle a \rangle = \{ e, a, a^2, \cdots, a^{29} \} & \text{위수} : 30 \\
\langle a^2 \rangle = \{ e, a^2, a^4, \cdots, a^{28} \} & \text{위수} : 15 \\
\langle a^3 \rangle = \{ e, a^3, a^6, \cdots, a^{27} \} & \text{위수} : 10 \\
\langle a^5 \rangle = \{ e, a^5, a^{10}, a^{15}, a^{20}, a^{25} \} & \text{위수} : 6 \\
\langle a^6 \rangle = \{ e, a^6, a^{12}, a^{18}, a^{24} \} & \text{위수} : 5 \\
\langle a^{10} \rangle = \{ e, a^{10}, a^{20} \} & \text{위수} : 3 \\
\langle a^{15} \rangle = \{ e, a^{15} \} & \text{위수} : 2 \\
\langle a^{30} \rangle = \{ e \} & \text{위수} : 1
\end{array}
$$

일반적으로 $k$ 가 $n$ 의 약수이면 $\langle a^{n/k} \rangle$ 은 위수가 $k$ 인 유일한 부분군이다.

정리 4.3에서 $G$를 $\mathbb{Z}_n$ 으로, $a$ 를 1 로 두면 다음 중요한 정리를 얻는다.

**따름 정리 $\mathbb{Z}_n$ 의 부분군들**

$n$ 의 임의의 양의 약수 $k$ 에 대해 집합 $\langle n/k \rangle$ 은 위수가 $k$ 가 되는 $\mathbb{Z}_n$ 의 유일한 부분군이다. 더욱, $\mathbb{Z}_n$ 의 부분군은 이런 형태의 것들만 있다.

**예제 5** $\mathbb{Z}_{30}$ 의 모든 부분군은 다음과 같다.

$$
\begin{array}{ll}
\langle 1 \rangle = \{ 0, 1, 2, \cdots, 29 \} & \text{위수} : 30 \\
\langle 2 \rangle = \{ 0, 2, 4, \cdots, 28 \} & \text{위수} : 15 \\
\langle 3 \rangle = \{ 0, 3, 6, \cdots, 27 \} & \text{위수} : 10 \\
\langle 5 \rangle = \{ 0, 5, 10, 15, 20, 25 \} & \text{위수} : 6 \\
\langle 6 \rangle = \{ 0, 6, 12, 18, 24 \} & \text{위수} : 5 \\
\langle 10 \rangle = \{ 0, 10, 20 \} & \text{위수} : 3 \\
\langle 15 \rangle = \{ 0, 15 \} & \text{위수} : 2 \\
\langle 30 \rangle = \{ 0 \} & \text{위수} : 1
\end{array}
$$

정리 4.2와 정리 4.3을 이용하면 유한순환군에서 각각의 위수에 대한 원소의 개수를 쉽게 계산할 수 있다. 계산의 편의를 위해 **오일러 $\phi$ − 함수(Euler phi function)** 라고 하는 중요한 수론함수를 소개하자. $\phi(1) = 1$ 이라 하고, $n > 1$ 인 정수에 $n$ 대해 $\phi(n)$ 은 $n$ 보다 적고 $n$ 과 서로소인 양의 정수의 개수라 한다. 따라서 군 $U(n)$ 의 정의에 의해 $|U(n)| = \phi(n)$ 이다. 처음 12 개의 $\phi(n)$ 의 값은 다음 표와 같다.

〈표 4.1〉 $\phi(n)$ 의 값

| $n$ | 1 | 2 | 3 | 4 | 5 | 6 | 7 | 8 | 9 | 10 | 11 | 12 |
|---|---|---|---|---|---|---|---|---|---|---|---|---|
| $\phi(n)$ | 1 | 1 | 2 | 2 | 4 | 2 | 6 | 4 | 6 | 4 | 10 | 4 |

**정리 4.4 순환군에서 각 위수에 대한 원소의 개수**

$n$ 의 양의 약수 $d$ 에 대해 위수가 $n$ 인 순환군에서 위수가 $d$ 인 원소의 개수는 $\phi(d)$ 이다.

**증명** 정리 4.3에 의해 주어진 군은 위수가 $d$ 인 부분군을 오직 한개만 갖는다. 이 부분군을 $\langle a \rangle$ 라고 하면 위수가 $d$ 인 원소는 모두 $\langle a \rangle$ 를 생성하고 정리 4.2의 따름 정리 3에 의해서 $a^k$ 이 $\langle a \rangle$ 을 생성하기위한 필요충분조건은 $\gcd(k, d) = 1$ 이다. 따라서 위수가 $d$ 인 원소의 개수는 $\phi(d)$ 이다. □

위수가 $n$ 인 순환군에서 $n$ 의 임의의 양의 약수 $d$ 를 위수로 갖는 원소의 개수는 오직 $d$ 에 의해서만 결정된다. 따라서 $\mathbb{Z}_8$, $\mathbb{Z}_{640}$, $\mathbb{Z}_{80000}$ 각각에는 위수가 8 인 원소가 $\phi(8) = 4$ 개 존재 한다.

임의의 유한군에서는 각 위수를 갖는 원소의 개수를 구하는 일반적인 공식은 없지만 이것에 대해 우리는 매우 중요한 것을 말할 수 있다.

**따름 정리 유한군에서 위수가 $d$ 인 원소의 개수**

유한군에서 위수가 $d$ 인 원소의 개수는 $\phi(d)$ 로 나누어진다.

**증명** 유한군에 위수가 $d$ 인 원소가 없다면 0 은 $\phi(d)$ 로 나누어지므로 이 정리는 성립한다. 이제 유한군 $G$ 에 위수가 $d$ 인 원소 $a$ 가 존재한다고 하자. 정리 4.4에 의해서 $\langle a \rangle$ 에는 위수가 $d$ 인 원소가 $\phi(d)$ 개가 존재한다. 만약 $G$ 에서 위수가 $d$ 인 원소가 모두 $\langle a \rangle$ 의 원소라면 증명되었다. 따라서 $\langle a \rangle$ 의 원소가 아니고 위수가 $d$ 인 $G$ 의 원소 $b$ 가 존재 한다고 가정하면 $\langle b \rangle$ 또한 위수가 $d$ 인 원소를 $\phi(d)$ 개 갖는다. 이것은 $\langle a \rangle$ 와 $\langle b \rangle$ 가 공통으로 위수가 $d$ 인 원소가 없다면 $G$ 에서 위수가 $d$ 인 원소가 $2\phi(d)$ 임을 알 수 있다. 만약 위수 $d$ 인 한원소 $c$ 가 $\langle a \rangle$ 와 $\langle b \rangle$ 에 속한다면, $\langle a \rangle = \langle c \rangle = \langle b \rangle$ 이 되어 $b \in \langle a \rangle$ 이 되어 이것은 모순이다. 이러한 과정을 계속하면 유한군에서 위수가 $d$ 인 원소의 개수는 $\phi(d)$ 의 배수임을 알 수 있다. □

굉장히 큰 양의정수 $n$ 에 대해 $n$ 이하의 양의 정수들을 하나씩 계산에 의해 $n$ 과 서로소인 수를 구해야 하는 매우 따분한 계산을 해야 하므로 표면상으로 보아도 정리 4.4와 그 따름정리는 별 가치가 없어 보인다. 그러나 $\phi-$함수의 다음 성질에 의해 $\phi(n)$ 의 계산이 좀 더 간단해진다. 임의의 소수 $p$ 에 대해 $\phi(p^n) = p^n - p^{n-1}$ (문제 71)이고 서로소인 정수 $m$, $n$ 에 대해 $\phi(mn) = \phi(m)\,\phi(n)$ 이다. 따라서 $\phi(40) = \phi(8)\,\phi(5) = 4 \cdot 4 = 16$ 이고 $\phi(75) = \phi(5^2)\phi(3) = (25-5) \cdot 2 = 40$ 이다.

군의 다양한 부분군들 사이의 관계는 그 군의 **부분군격자(subgroup lattice)**에 의해서 설명될 수도 있다. 이것은 그 군의 모든 부분군을 포함하고 어떤 위치에 있는 부분군 $H$ 와 그보다 더 높은 위치에 있는 부분군 $K$ 가 선분들로 연결되기 위한 필요충분조건이 $H$ 가 $K$ 의 진부분군이 되는 도표이다. 그러한 도표를 그리는 방법은 많지만 부분군들 사이의 관계는 동일해야 한다. 특히, 사람들은 그 도표를 보기 좋은 형태로 표현하려고 한다. $\mathbb{Z}_{30}$ 에 대한 격자도표는 그림 4.2이다. 여기서 $\langle 10 \rangle$ 은 $\langle 2 \rangle$ 와 $\langle 5 \rangle$ 의 부분군이지만 $\langle 6 \rangle$ 은 $\langle 10 \rangle$ 의 부분군이 아님을 알 수 있다.

정리 4.3의 정확성은 $\mathbb{Z}_{30}$ 의 부분군들과 예를 들어, $U(30)$ 또는 $D_{30}$ 의 부분군들을 구하는 것을 비교해보면 확인할 수 있는 편리성의 진가를 알 수 있다. 그리고 이 군들은 비순환군 중에서 상대적으로 단순한 구조를 가지고 있다.

제7장에서 정리 4.3의 일부는 임의의 유한군으로 확장할 수 있다는 것을 증명할 것이다. 즉 부분군의 위수는 그 전체군의 위수의 약수임을 증명할 것이다. 그리고 동시에 유한군에서는 주어진 군의 위수의 양의 약수를 위수로 하는 유일한 부분군이 반듯이 존재할 필요는 없다는 것도 증명할 것이다. 어떤 약수에 대해서는 그 약수를 위수로 하는 부분군이 전혀 없을 수도 있고, 또 다른 약수들에 대해서는 많은 부분군이 있을 수 도 있다. 사실상 위수가 8 인 이면체군 $D_4$ 에서 위수가 2 인 부분군은 5 개, 위수가 4 인 부분군은 3 개 있다.

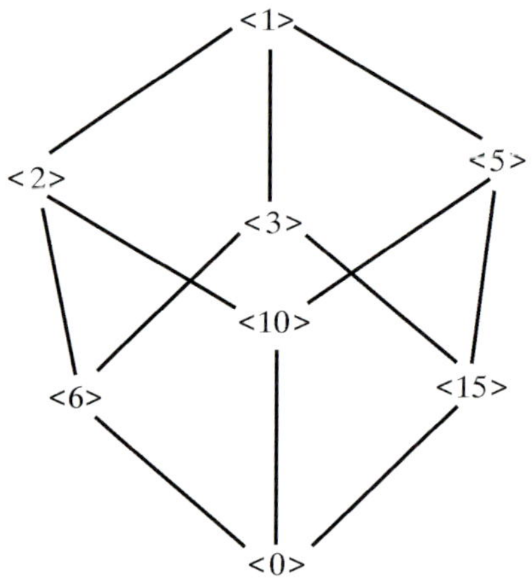


[그림 4.2] $\mathbb{Z}_{30}$ 의 부분군격자

순환군의 중요성에 대한 마지막 언급이 적절하겠다. 순환군은 유한군의 아주 작은 부분이지만 소수들이 정수의 기본단위이고 화학 원소들이 화합물의 기본단위인 것처럼 우리는 제11장에서 순환군들은 모든 유한가환군을 구성하는 기본단위임을 증명할 것이다.

## 연습문제

가정은 반드시 사용되어야 한다. ANOLD ROSS

**1.** $\mathbb{Z}_6$, $\mathbb{Z}_8$, $\mathbb{Z}_{20}$ 의 생성원들을 모두 구하여라.

**2.** $\langle a \rangle$, $\langle b \rangle$, $\langle c \rangle$ 은 위수가 각각 6, 8, 20 인 순환군이다. $\langle a \rangle$, $\langle b \rangle$, $\langle c \rangle$ 의 생성원을 모두 구하여라.

**3.** $\mathbb{Z}_{30}$ 의 부분군 $\langle 20 \rangle$, $\langle 10 \rangle$ 의 원소를 모두 구하여라. $a$ 는 위수 30 인 순환군의 원소이다. 부분군 $\langle a^{20} \rangle$, $\langle a^{10} \rangle$ 의 원소를 모두 구하여라.

**4.** $\mathbb{Z}_{18}$ 의 부분군 $\langle 3 \rangle$, $\langle 15 \rangle$ 의 원소를 모두 구하여라. $a$ 는 위수 18 인 순환군의 원소이다. 부분군 $\langle a^3 \rangle$, $\langle a^{15} \rangle$ 의 원소를 모두 구하여라.

**5.** $U(20)$ 의 부분군 $\langle 3 \rangle$, $\langle 7 \rangle$ 의 원소를 모두 구하여라.

**6.** 문제3,4,5에서 공통으로 성립하는 것은 무엇인가? 이 세 경우를 포함하는 일반화를 시도해 보아라.

**7.** 모든 진 부분군이 순환부분군이 되는 한 비순환군을 구하여라.

**8.** $a$ 는 한 군의 원소로 $|a| = 15$ 이다. $G$ 의 다음 원소들의 위수를 구하여라.

a. $a^3$, $a^6$, $a^9$, $a^{12}$

b. $a^5$, $a^{10}$

c. $a^2$, $a^4$, $a^8$, $a^{14}$

**9.** $\mathbb{Z}_{20}$ 은 얼마나 많은 부분군을 갖는가? 각 부분군의 생성원을 구하여라. $G = \langle a \rangle$ 이고 $|a| = 20$ 라 가정하자. $G$ 는 얼마나 많은 부분군을 갖는가? 각 부분군의 생성원을 구하여라.

**10.** $\mathbb{Z}_{24}$ 에서 위수 8 인 부분군의 생성원을 모두 구하여라. $G = \langle a \rangle$ 이고 $|a| = 24$ 이다. $G$ 에서 위수 8 인 부분군의 생성원을 모두 구하여라.

**11.** $G$ 의 임의의 원소 $a$ 에 대해 $\langle a \rangle = \langle a^{-1} \rangle$ 임을 증명하여라.

**12.** $\mathbb{Z}$ 의 부분군 $\langle 3 \rangle$ 의 생성원을 모두 구하여라. $G$ 의 원소 $a$ 의 위수가 무한일 때 부분군 $\langle a^3 \rangle$ 의 생성원을 모두 구하여라.

**13.** $\mathbb{Z}_{24}$ 에서 $\langle 21 \rangle \cap \langle 10 \rangle$ 의 생성원을 구하여라. $|a| = 24$ 일 때 $\langle a^{21} \rangle \cap \langle a^{10} \rangle$ 의 생성원을 구하여라. 일반적인 경우에 $\langle a^m \rangle \cap \langle a^n \rangle$ 의 생성원을 구하여라.

**14.** 어떤 군 $G$가 $G$자신, $\{e\}$, 위수가 7 인 부분군 이렇게 3 개의 부분군들만 갖는다고 하자. $|G|$ 는 무엇일까? 숫자 7 대신 일반적인 소수 $p$ 로 대체하면 $|G|$ 는 어떻게 될까?

**15.** $G$ 는 가환군이고 $H = \{ g \in G \mid |g|$ 는 12의 약수이다$\}$라 하자. $H$가 $G$의 부분군임을 증명하여라. 여기서 숫자 12 가 어떤 특별한 의미를 갖는가? 만약 12 대신 다른 양의정수로 대체하면 그 증명은 유효한가? 일반적인 결과를 설명하여라.

**16.** $\langle a_1 \rangle \subset \langle a_2 \rangle \subset \cdots \subset \langle a_n \rangle$ 을 만족하는 $n$ 값이 가능한 최대가 되도록 $\mathbb{Z}_{240}$ 의 부분군 수열 $\langle a_1 \rangle, \langle a_2 \rangle, \cdots, \langle a_n \rangle$ 을 구하여라.

**17.** 다음 명제를 완성하여라.

$|a| = |a^2|$ 이기위한 필요충분조건은 $|a|$ 는 $\cdots$ 이다.

**18.** 만약 한 순환군이 무한위수를 갖는 원소를 포함한다면, 그 군은 유한위수를 갖는 원소가 얼마나 많이 있는가?

**19.** $U(30)$ 의 순환부분군들을 모두 구하여라.

**20.** 위수가 35 인 가환군 $G$ 의 모든 원소는 방정식 $x^{35} = e$ 을 만족한다. $G$가 순환군임을 증명하여라. 숫자 35 를 33 으로 바꾸면 이 논증은 유효한가?

**21.** $G$는 군이고 $a$는 $G$의 원소 이다.

a. 만약 $a^{12}=e$ 이면 $a$ 의 위수에 대하여 설명하여라.

b. 만약 $a^{m}=e$ 이면 $a$ 의 위수에 대하여 설명하여라.

c. $G$가 $|G|=24$ 인 순환군이라 가정하자. $a^8 \neq e$, $a^{12} \neq e$ 이면 $\langle a \rangle = G$ 임을 보여라.

**22.** 위수가 3 인 군은 순환군임을 증명하여라.

**23.** $\mathbb{Z}$ 은 덧셈에 대한 정수군이다. $\mathbb{Z}$ 의 모든 부분군은 순환부분군인가? $\mathbb{Z}$ 의 모든 부분군을 기술해 보아라. 어떤 군의 원소 $a$ 의 위수가 무한일 때 $\langle a \rangle$ 의 부분군을 모두 구하여라.

**24.** 임의의 $G$의 원소 $a$ 에 대해 $\langle a \rangle$ 은 $C(a)$ ($a$ 의 중심화)의 부분군임을 증명하여라.

**25.** 만약 $d$는 한 양의 정수이고, $d \neq 2$ 이고 $d$ 는 $n$ 의 약수라 하면, $D_n$ 에서 위수가 $d$ 인 원소의 개수는 $\phi(d)$ 임을 보여라. $D_n$ 에서 얼마나 많은 위수가 2 인 원소가 있는가?

**26.** $\mathbb{Z}$ 의 모든 생성원을 구하여라. 어떤 군의 원소 $a$ 의 위수가 무한일 때 $\langle a \rangle$ 의 모든 생성원을 구하여라.

**27.** 0 이 아닌 복소수집합의 곱셈에 대한 군 $\mathbb{C}^*$ 에는 모든 양의정수 $n$ 에 대해 위수가 $n$ 이 되는 순환부분군이 존재함을 증명하여라.

**28.** 어떤 군의 원소 $a$ 의 위수가 무한일 때 $\langle a^i \rangle = \langle a^j \rangle$ 이기위한 필요충분조건은 $i = \pm j$ 임을 증명하여라.

**29.** $\mathbb{Z}_{8000000}$ 에서 위수가 8 인 부분군을 모두 구하여라. 어떻게 알 수 있는가? $a$ 는 어떤 군의 원소이고 $|a| = 8000000$ 이라 하자. $\langle a \rangle$ 에서 위수가 8 인 부분군을 모두 구하여라. 구한 부분군들이 완벽하다는 것을 어떻게 알 수 있는가?

**30.** 어떤 군의 원소 $a$, $b$ 에 대해 $a$ 의 위수는 홀수이고 $aba^{-1} = b^{-1}$ 이면 $b^2 = e$ 임을 보여라.

**31.** 유한군 $G$의 모든 원소 $a$ 에 대해 $a^n = e$ 가 되는 한 개의 양의정수 $n$ 이 존재함을 증명하여라. (양의정수 $n$ 은 원소 $a$ 의 선택에 독립적이다.)

**32.** $\mathbb{Z}_{12}$ 의 부분군격자표를 구하여라.

**33.** $p$, $q$ 가 서로 다른 소수일 때 $\mathbb{Z}_{p^2q}$ 의 부분군격자표를 구하여라.

**34.** $\mathbb{Z}_8$ 의 부분군격자표를 구하여라.

**35.** $p$ 가 소수이고 $n$ 이 양의정수일 때 $\mathbb{Z}_{p^n}$ 의 부분군격자표를 구하여라.

**36.** 유한군이 진부분군들의 합집합이 되기 위한 필요충분조건은 그 군이 순환군이 아님을 증명하여라.

**37.** 양의 유리수전체집합의 곱셈에 대한 군은 순환군이 아님을 보여라.

**38.** 집합 $\{4, 8, 12, 16\}$ 의 법을 20 으로 하는 곱셈에 대한 Cayley표를 만들어 군임을 보여라. 이 군의 항등원은 무엇인가? 이 군은 순환군인가? 만약 그렇다면 모든 생성원을 구하여라.

**39.** 자명한 부분군과 자기 자신을 포함하여 6 개의 부분군만을 갖는 군의 예를 들어라. 임의의 양의 정수 $n$ 에 대해 $n$개의 부분군을 갖는 경우로 일반화 하여라.

**40.** 군 $\mathbb{Z}$ 의 원소 $m$, $n$ 에 대하여 부분군 $\langle m \rangle \cap \langle n \rangle$ 의 생성원을 구하여라.

**41.** 군의 원소 $a$, $b$ 는 교환법칙이 성립하고 위수가 각각 $m$, $n$ 이다. $\langle a \rangle \cap \langle b \rangle = \{e\}$ 이면 그 군에는 위수가 $m$ 과 $n$ 의 최소공배수인 원소가 존재함을 증명하여라. $a$, $b$ 가 교환법칙이 성립하지 않으면 위의 정리가 성립하지 않을 수 도 있음을 보여라.

**42.** 무한군의 부분군은 반드시 무한히 있음을 증명하여라.

**43.** 소수 $p$ 에 대해 위수가 $p$ 인 원소의 개수가 $p-1$ 개 보다 많으면 그 군은 왜 순환군이 될 수 없는가?

**44.** $G$ 는 순환군이고 6은 $|G|$ 의 약수라 가정하자. 위수가 6인 원소의 개수를 구하여라. 만약 8이 $|G|$ 의 약수이면 위수가 8인 원소의 개수를 구하여라. 만약 $a$ 가 위수가 8인 원소이면 위수가 8인 나머지 원소들을 모두 구하여라.

**45.** $\mathbb{Z}_{40}$ 에서 위수가 10인 원소를 모두 구하여라. $|x| = 40$ 일 때 $\langle x \rangle$ 에서 위수가 10인 원소를 모두 구하여라.

**46.** 군의 위수가 무한인 경우를 포함하여 정리4.4의 따름정리를 수정하여라.

**47.** $D_{33}$ 의 원소의 위수를 모두 구하고 각각의 위수에 대응하는 원소의 개수를 구하여라.

**48.** 15 가 순환군 $G$ 의 위수의 약수일 때 $G$ 의 원소 중에서 방정식 $x^{15} = e$ 의 해의 개수를 구하여라. 20 이 $G$ 의 위수의 약수일 때 방정식 $x^{20} = e$ 의 해의 개수를 구하여라. 이것을 일반화하여라.

**49.** 가환군 $G$에 위수가 각각 4, 5인 부분순환군을 포함하면 $G$에 반드시 포함되는 순환부분군들의 다른 위수는 무엇일까? 이것을 일반화하여라.

**50.** 가환군 $G$에 위수가 각각 4, 6인 부분순환군을 포함하면 $G$에 반드시 포함되는 순환부분군들의 다른 위수는 무엇인가? 이것을 일반화하여라.

**51.** 위수가 2인 원소를 두 개만 갖는 군은 존재하지 않음을 증명하여라.

**52.** $U(49)$ 은 원소의 개수가 42 인 순환군이다. 이를 이용하여 $U(49)$ 의 생성원을 실제로 단 한 개도 구하지 않고 $U(49)$ 의 생성원의 개수를 구하여라.

**53.** $a$, $b$ 는 군의 원소이다. 만약 $|a| = 10$, $|b| = 21$ 이면 $\langle a \rangle \cap \langle b \rangle = \{e\}$ 임을 보여라.

**54.** $a$, $b$ 는 군의 원소이다. 만약 $|a|$ 와 $|b|$ 는 서로소이면 $\langle a \rangle \cap \langle b \rangle = \{e\}$ 임을 보여라.

**55.** $a$, $b$ 는 군의 원소이다. 만약 $|a| = 24$, $|b| = 10$ 이면 $|\langle a \rangle \cap \langle b \rangle|$ 의 가능한 값은?

**56.** $n \geq 3$ 이면 $U(2^n)$ 은 순환군이 아님을 증명하여라.

**57.** 군 $G$ 에는 방정식 $x^8 = e$ 을 만족하는 원소 $x$ 가 최소한 9 개 있다. $G$ 는 순환군이 아니라고 할 수 있는가? $G$ 가 방정식 $x^4 = e$ 을 만족하는 원소 $x$ 를 최소한 5 개 갖고 있다면 어떻게 될까? 이것을 일반화하여라.

**58.** $n > 2$ 이면 $\mathbb{Z}_n$ 의 생성원의 개수는 짝수임을 증명하여라. 이를 이용하여 $\phi(n)$ 이 무엇을 말할 수 있을까?

**59.** $|a^5| = 12$ 일 때 $|a|$ 이 될 수 있는 수는? $|a^4| = 12$ 일 때 $|a|$ 이 될 수 있는 수는?

**60.** $|x| = n$ 이다. $\langle x^r \rangle \subseteq \langle x^s \rangle$ 이 성립하는 정수 $r$, $s$ 에 관한 필요충분조건을 구하여라.

**61.** 군 $G$ 의 원소 $a$ 가 $|a^{28}| = 10$ 이고 $|a^{22}| = 20$ 일 때 $|a|$ 을 구하여라.

**62.** $a$ 는 군의 원소이고 $|a| = 48$ 이다. 다음 각각의 경우에 48 의 약수 $k$ 를 구하여라.

a. $\langle a^{21} \rangle = \langle a^k \rangle$

b. $\langle a^{14} \rangle = \langle a^k \rangle$

c. $\langle a^{18} \rangle = \langle a^k \rangle$

**63.** $p$ 는 소수이다. 위수가 $p^n - 1$ 인 순환군의 모든 원소는 어떤 원소의 $p$ 제곱임을 증명하여라.(즉 모든 원소는 어떤 $a$ 에 대하여 $a^p$ 형태로 쓸 수 있다.)

**64.** $H = \left\{ \begin{pmatrix} 1 & n \\ 0 & 1 \end{pmatrix} \mid n \in \mathbb{Z} \right\}$ 은 $GL(2, \mathbb{R})$ 의 순환부분군임을 증명하여라.

**65.** 군의 원소 $a, b$ 가 $|a| = 12$, $|b| = 22$, $\langle a \rangle \cap \langle b \rangle \neq \{e\}$ 이면 $a^6 = b^{11}$ 임을 증명하여라.

**66.** 항등원이 아닌 모든 원소의 위수가 소수인 유한군 $G$ 가 있다.(예: $D_3$, $D_5$) 만약 $Z(G)$ 가 자명한 부분군이 아니면 항등원이 아닌 $G$ 의 모든 원소의 위수가 동일함을 증명하여라.

**67.** $G$ 는 계수가 $\{0, 1, 2\}$ 의 원소이고 $ax^2 + bx + c$ 형태의 다항식 전체집합이다. 계수의 연산만 법을 3 으로 하는 다항식의 덧셈에 대해 $G$ 는 군이 된다. 위의 연산에 대해 $G$ 는 위수가 27 인 군이고 순환군은 아님을 증명하여라.

**68.** 유리수 $r_1$, $r_2$ 에 대해, 덧셈에 대한 군 $G = \{n_1 r_1 + n_2 r_2 \mid n_1, n_2 : \text{ 정수 }\}$ 가 순환군임을 증명하여라. 이 정리를 유리수 $r_1, r_2, \cdots, r_k$ 인 경우로 일반화하여라.

**69.** $a, b$ 는 군의 원소이고 $|a| = m$, $|b| = n$ 이고, $m$ 과 $n$ 은 서로소 이다. $a^k = b^k$ 가 되는 정수 $k$ 는 $mn$ 의 배수임을 증명하여라.

**70.** 2 보다 큰 모든 정수 $n$ 에 대해 $U(n^2 - 1)$ 은 순환군이 아님을 증명하여라.

**71.** 임의의 소수 $p$ 와 양의정수 $n$ 에 대해 $\phi(p^n) = p^n - p^{n-1}$ 임을 증명하여라.

**72.** 위수가 4 인 원소가 두 개만 존재하는 무한위수의 군의 예를 들어라.

## J.J. Sylvester

나는 정말로 내 교과목을 사랑한다. J.J. Sylvester

JAMES JOSEPH SYLVESTER는 19세기 미국에서 가장 영향력 있는 수학자였다. 1814년 9월 14일에 런던에서 태어나 어릴 때부터 일찍 수학적인 재능을 보였다. 14세에 De Morgan에게 배웠고 수학경시대회에서 여러 번 상을 수상하였고 25세의 약관의 나이에 영국학사원 회원이 되었다.

1841년에 더블린에 있는 트리니티대학에서 B.A.와 M.A.을 취득하고 교수, 법률가, 보험계리사 등 전문가로써의 삶을 시작한다. 62세였던 1876년에 이제 막 설립된 존스홉킨스대학 수학과의 초대 학과장으로 임명되어 7년 동안 재직하면서 엄청난 열정으로 순수 수학을 연구하는 것을 추구했다. 또한 미국에서 수학자들의 연구를 출판한 첫 번째 정기 간행물 American Journal of Mathematics를 창간했다. 1884년 옥스퍼드 교수가 되어 영국으로 되돌아가서 1897년 3월15일 생을 마쳤다.

수학에서 Sylvester의 주된 연구는 방정식이론, 행렬이론, 행렬식이론, Cayley와 공동 연구한 불변식론 분야이다. 그의 판서와 강의-너무 복잡하고 표현력이 풍부하며, 시적 어구와 정서적 표현, 기괴한 표현과 역설이 가득한-는 이처럼 감성적이고 다혈질이며 열정적인 개성을 잘 표출 했다. Sylvester의 수업 방식에 대해 그의 제자 E. W. Davis의 세 개의 글을  인용한다.

> Sylvester의 규칙 따위는 없었다. "세 시간 보편대수학강좌가 새로 개설 되었는데 이 과정은 12시간으로 늘려야 될 것 같다"라고 말하곤 그 강좌는 그해 마지막 학기까지 지속했다. 다음해에 그 과정은 Netto에 의해 Substitutions-Theory로 개설 되었다. 우리는 모두 교재를 준비했고 그는 딱 세 번 교재에 의거해서 강의를 한 후 또 다시 행렬에 대해 생각하기 시작하면서 "일주일에 한번은 그러한 것에 대해 강의해야한다."라고 말했다. 그러나 결코 일주일에 한번 이라는 약속뿐만 아니라 그 강의 시간까지도 제한할 수 없었다. 2주가 지났고 Netto는 그것을 완전히 잊었고 두 번 다시 언급하지 않았다. 그의 강좌에서 아래와 같은 말은 드문 것이 아니다. "나는 이것을 증명해 보진 않았지만 그것이 성립할거라 확신한다." 다음 강의에서는 그렇게 확신했던 것을 말을 바꾸어 성립하지 않는다고 한다. 그는 계속해서 추측하고 시도해보고 그리곤 엄청난 발견을 계속해서 반복하곤 했다. 다시 되돌아가서 모든 것을 처음부터 다시 연구하면서 우연히 발견한 모든 종류의 공식들로 우리를 놀라게 했다. 그리고 다시 어둠속으로 뛰어들어서 훨씬 중요한 정리를 발견하는 일을 계속해서 반복했다.

Sylvester의 강의에 대한 열정과 제자들에게 미친 영향에 대해 존스홉킨스대학에서 첫 제자인 G. B. Halsted의 말을 인용한다.

> 키가 작고 마음이 관대하며 엄청난 활력을 지닌 사람… Sylvester의 큼직한 머릿속에는 항상 순수수학의 파라다이스가 떠나질 않았다. 가장 최근의 독창적인 정리를 알려 주기 위해 한밤중에도 제자들을 깨우곤 했다. 대수에 대해 알고 있는 것들은 모두 새로운 아이디어를 창안해서 더 수준이 높아져 갔다. 이와 같이 모든 것들이 새로운 수학으로 전환해 나가는 것은 그를 잘 알고 있는 사람들에게는 새로운 발견이었다.

다른 수학자들과 분명하게 구별되는 Sylvester의 또 다른 특징은 누가 봐도 알 수 있지만 확실히 그는 수학을 암기하지 못하는 것이었다. W. P. Durfee는 다음과 같이 말했다.

> Sylvester에게 유난히도 특이한 것이 하나 있는데 정리, 명제 등을 거의 기억하지 못하고 그러한 정리를 적용할 때는 항상 그 정리를 유도하곤 했다. 이러한 것은 수학의 전 분야에 걸쳐 모든 것을 철저히 파악하고 있던 Cayley와 매주 대조된다.
>
> 한번은 내가 매우 급하게 조사해 간 것을 Sylvester에게 제출했다. 그는 보고서의 첫 번째 명제에 대해 그런 정리는 내 생전 처음이라면서 틀렸다고 했다. 그래서 이미 그가 전에 그 명제를 증명했던 그의 논문을 보여 주었다. 사실상 그의 논문의 주제는 그에게는 매우 낯설었을 증명이었다고 믿는다.

Sylvester에 대한 더 많은 정보를  다음 사이트에서 얻을 수 있다.

http://www-groups.dcs.st-and.ac.uk/~history/

## 1-4절 종합연습문제

반드시 이루기를 원하는 희망이 있다면 열심히 노력하고 기다리면 인생의 로또가 찾아올 것이다.(진인사대천명)
HOMER SIMPSON

**1.** 어떤 군 $G$의 부분군 $H$와 $x \in G$에 대해서 $xHx^{-1} = \{ xhx^{-1} \mid x \in H \}$ 일 때 다음을 증명하여라.

a. $xHx^{-1}$은 $G$의 부분군이다.

b. $H$가 순환부분군이면 $xHx^{-1}$도 순환부분군이다.

c. $H$가 가환부분군이면 $xHx^{-1}$도 가환부분군이다.

부분군 $xHx^{-1}$을 $H$의 **켤레부분군**이라 한다. (켤레부분군은 그 구조를 보존함을 알 수 있다.)

**2.** 임의의 군 $G$의 부분군 $H$에 대해 $N(H) = \{ x \in G \mid xHx^{-1} = H \}$은 $G$의 부분군임을 증명하여라. $N(H)$을 $H$의 **정규화부분군**이라 한다. 이 부분군은 1872년 실로우(L. Sylow)가 군에서 어떤 군의 존재성을 증명하는데 처음 사용했던 아주 중요한 부분군이다. 이러한 것은 제24장에서 공부하게 된다.

**3.** $G$를 임의의 군이라 하고 $a \in G$에 대해 $cl(a) = \{ xax^{-1} \mid x \in G \}$라 하자. 이러한 형태의 $G$의 부분집합 전체 모임은 $G$의 분할임을 증명하여라. (여기서 $cl(a)$를 $a$의 **공액류**라고 한다.)

**4.** 다음 표에 의해 정의되는 군을 **사원수군**이라 한다. 표를 보고 다음을 구하여라.

a. 중심

b. $cl(a)$

c. $cl(b)$

d. 모든 순환부분군

| | $e$ | $a$ | $a^2$ | $a^3$ | $b$ | $ba$ | $ba^2$ | $ba^3$ |
|---|---|---|---|---|---|---|---|---|
| $e$ | $e$ | $a$ | $a^2$ | $a^3$ | $b$ | $ba$ | $ba^2$ | $ba^3$ |
| $a$ | $a$ | $a^2$ | $a^3$ | $e$ | $ba^3$ | $b$ | $ba$ | $ba^2$ |
| $a^2$ | $a^2$ | $a^3$ | $e$ | $a$ | $ba^2$ | $ba^3$ | $b$ | $ba$ |
| $a^3$ | $a^3$ | $e$ | $a$ | $a^2$ | $ba$ | $ba^2$ | $ba^3$ | $b$ |
| $b$ | $b$ | $ba$ | $ba^2$ | $ba^3$ | $a^2$ | $a^3$ | $e$ | $a$ |
| $ba$ | $ba$ | $ba^2$ | $ba^3$ | $b$ | $a$ | $a^2$ | $a^3$ | $e$ |
| $ba^2$ | $ba^2$ | $ba^3$ | $b$ | $ba$ | $e$ | $a$ | $a^2$ | $a^3$ |
| $ba^3$ | $ba^3$ | $b$ | $ba$ | $ba^2$ | $a^3$ | $e$ | $a$ | $a^2$ |

**5.** (Conjugation preserves order.) 모든 군에서 $|xax^{-1}| = |a|$임을 증명하여라.(이 연습문제는 24장에서 나온다.)

**6.** 임의의 군에서 $|ab| = |ba|$임을 증명하여라.

**7.** 만약 $a, b, c$가 한 군의 원소이다. $|abc| = |cba|$은 성립하지 않을 수도 있는 예를 들어라.

**8.** $a, b$ 는 군 $G$ 의 원소이다. $xax = b$ 가 되는 원소 $x$ 가 존재하기위한 필요충분조건은 $ab = c^2$ 을 만족하는 원소 $c$ 가 존재함을 증명하여라.

**9.** 군에서 위수가 2 인 원소 $a$ 가 유일하게 있다면 $a$ 는 그 군의 중심의 원소임을 증명하여라.

**10.** $G$ 를 아래 그림에서처럼 문자 $H$ 가 균일하게 놓여있는 무한히 긴 띠의 평면대칭군이라 하자.

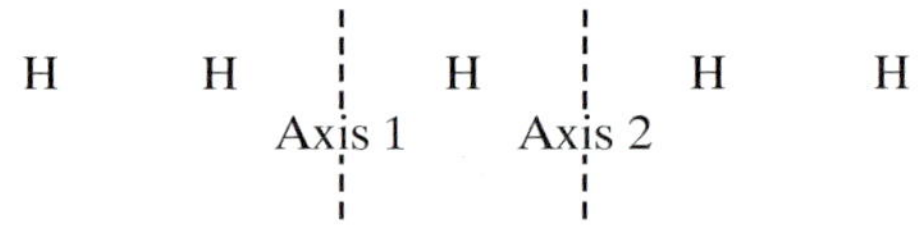


$x$ 를 축1에 대한 반사이동, $y$ 를 축2에 대한 반사이동이라 할 때 $|x|, |y|, |xy|$ 을 구하여라. 유한 위수를 갖는 원소들의 곱의 위수가 유한이어야 하는가?

**11.** $D_{15}$ 의 모든 원소의 위수는 무엇인가? 각 위수에 대한 원소의 개수는 얼마인가?

**12.** 위수가 4 인 군은 가환군임을 증명하여라.

**13.** 위수가 5 인 군은 순환군임을 증명하여라.

**14.** 위수가 6 인 가환군은 순환군임을 증명하여라.

**15.** 가환이군 $G$ 와 양의정수 $n$ 에 대해 $G^n = \{ g^n \mid g \in G \}$ 이 $G$ 의 부분군임을 증명하여라. $G$ 가 비가환이면 $G^n$ 이 $G$ 의 부분군이 않되는 비가환이군 $G$ 의 예를 들어라.(이 연습문제는 11장에서 언급된다.)

**16.** $G = \{ a + b\sqrt{2} \mid a, b :$ 유리수, $(a, b) \neq (0, 0) \}$ 이 곱셈에 대해 군임을 증명하여라.

**17.** (1969 Putnam Competition) 두 개의 진부분군의 합집합은 전체군이 될 수 없음을 증명하여라. 세 개의 진부분군의 합집합에 대해서도 성립하는가?

**18.** 가환군에서 유한위수를 갖는 원소의 전체집합은 부분군임을 증명하여라. (이 부분군을 **꼬임부분군**이라 한다.) 비가환군에서도 위 내용이 성립하는가?

**19.** $p$ 는 소수이고 $G$ 는 가환군이다. 위수가 $p$ 의 멱승으로 표현되는 원소 전체집합은 $G$ 의 부분군임을 보여라.

**20.** $a, b$ 는 군 $G$ 의 원소이고 만약 $|b| = 2,\ bab = a^4$ 이면 $|a|$ 의 가능한 값은?

**21.** 두 개의 원소 $a, b$ 에 의해 생성된 유한군이라 가정하자.( 즉, 모든 원소가 $a$ 와 $b$ 만의 곱으로 표현된다.) $a^3 = b^2 = e,\ ba^2 = ab$ 이 주어지면 이 유한군의 Cayley표를 구하여라. 우리는 전에 이 조건을 만족하는 군을 보았는데 이 군의 이름은 무엇인가?

**22.** $a$ 는 $|a| = n$ 인 군의 원소이다. $n$ 과 서로소인 모든 $k$ 에 대해 $C(a) = C(a^k)$ 임을 증명하여라.

**23.** 군 $G$ 의 원소 $x, y$ 가 있다. 만약 $xy \in Z(G)$ 이면 $xy = yx$ 임을 증명하여라.

**24.** 덧셈에 대한 군 $\mathbb{Q}$ 의 비자명부분군 $H, K$ 에 대해 $H \cap K$ 가 $\mathbb{Q}$ 의 비자명부분군임을 보여라. 이 정리에서 $\mathbb{Q}$ 을 $\mathbb{R}$ 로 교체하여도 성립하는가?

**25.** $G$ 의 부분군 $H$ 와 $G$ 의 원소 $g$ 에 대하여 $N(gHg^{-1}) = g\,N(H)\,g^{-1}$ 임을 증명하여라. (표기는 문제2를 참조하여라.)

**26.** $H$는 $G$의 부분군이고 $|g|=n$이다. 만약 $g^m$이 $H$의 원소이고 $m$, $n$이 서로소이면 $g$가 $H$의 원소임을 증명하여라.

**27.** $|a|=2$, $|b|=11$, $|ab|=2$인 두 원소 $a$, $b$를 포함하는 군을 찾아라.

**28.** 군 $G$가 위수가 10인 원소를 8개만 포함한다고 가정하자. 군 $G$는 위수가 10인 순환부분군을 몇 개 갖고 있을까?

**29.** (1989 Putnam Competition) 공집합이 아닌 집합 $S$에 결합법칙과 좌우소거법($xy=xz \Rightarrow y=z$이고 $yx=zx \Rightarrow y=z$이다.)이 성립하는 이항연산이 있다. $S$의 모든 원소 $a$에 대해 $\{a^n \mid n=1, 2, 3, \cdots\}$이 유한집합이라 하면 $S$는 군이 되는가?

**30.** 군의 부분군들의 수열 $H_1$, $H_2$, $H_3$, $\cdots$ 이 $H_1 \subseteq H_2 \subseteq H_3 \subseteq \cdots$ 의 성질을 갖으면 이 수열의 합집합은 한 부분군이 됨을 증명하여라.

**31.** $\mathbb{R}^*$는 영이 아닌 실수집합의 곱셈군이고 $H=\{g \in \mathbb{R}^* \mid 0$이 아닌 정수 $n$에 대하여 $g^n$이 유리수$\}$이다. $H$가 $\mathbb{R}^*$의 부분군임을 증명하여라.

**32.** 군의 두 원소 $a$, $b$가 교환법칙이 성립하고 $|a|$, $|b|$이 서로소이면 $|ab|=|a||b|$임을 증명하여라. $a$, $b$가 교환법칙은 성립하지만 $|a|$, $|b|$가 서로소가 아닌 경우에는 $|ab|=|a||b|$이 성립하지 않는 군의 예를 들어라.($a \in \langle b \rangle$인 경우는 제외한다.)

**33.** $H=\{A \in GL(2, \mathbb{R}) \mid \det A$ : 유리수$\}$이 $GL(2, \mathbb{R})$의 부분군인지 아닌지 판정하여라. 유리수를 정수로 대체하면 어떻게 될까?

**34.** $G$가 비자명진부분군을 한 개만 갖는다고 가정하자. 군 $G$는 순환군이고 소수 $p$가 존재하여 $|G|=p^2$이 됨을 증명하여라.

**35.** $G$가 비자명진부분군을 꼭 두 개만 갖는 다고 가정하자. 군 $G$는 순환군이거나, 서로 다른 소수 $p$, $q$가 존재하여 $|G|=pq$이 되거나, 또는 $G$는 순환군이고 한 소수 $p$가 존재하여 $|G|=p^3$이 됨을 증명하여라.

**36.** 만약 $|a^2|=|b^2|$이면 $|a|=|b|$인가를 판정하여라.

**37.** (1995 Putnam Competition) $S$는 곱셈에 대해 닫혀있는 한 실수집합이다. $S$의 부분집합 $T$, $U$는 서로소이고 그 합집합이 $S$이다. $T$의 임의의 세 원소(서로 다를 필요는 없다.)의 곱이 $T$의 원소이고 또한 마찬가지로 $U$의 세 원소의 곱도 $U$의 원소이면 $T$와 $U$ 둘 중 적어도 한 집합은 곱셈에 대해 닫혀있음을 증명하여라.

**38.** 임의의 홀수인 소수 $p$에 대해 위수가 $p$인 원소를 $p$개만 갖는 군이 존재하지 않음을 증명하여라.

**39.** 어떤 군 $G$가 서로 다른 무한히 많은 부분군 $H_1$, $H_2$, $H_3$, $\cdots$을 갖으며 $H_1 \subset H_2 \subset H_3 \subset \cdots$ 이 성립하는 예를 찾아라.

**40.** 군의 원소 $a$, $b\,(b \neq e)$가 있다. 만약 $a^{-1}ba=b^2$이고 $|a|=3$이면 $|b|$를 찾아라. 만약 $|a|=5$이면 $|b|$는 무엇인가? $|a|=k$이면 $|b|$에 대하여 무엇이라 말할 수 있을까?

**41.** 군 $G$의 임의의 원소 $a$, $b$에 대해 $g^{-1}abg=ba$이 되는 $G$의 원소 $g$가 존재함을 보여라.

**42.** 군 $G$의 임의의 원소 $x$, $y$에 대해 $x^3y^3 = y^3x^3$ 라 가정하자. $H = \{x \in G \mid |x|$와 3은 서로소$\}$이다. $H$의 원소들은 서로 교환법칙이 성립하고 $H$가 $G$의 부분군임을 증명하여라. 위 정리에서 3을 임의의 양의 정수 $n$으로 바꾸면 논증은 어떻게 될까? 그 이유를 판정하여라.

**43.** $G$는 유한군이고 $S$는 $G$의 원소의 절반이상을 포함하는 부분집합이다. $G$의 모든 원소는 $S$의 두 개 원소 $s_1$, $s_2$에 대하여 $s_1s_2$의 곱으로 표현할 수 있음을 증명하여라.

**44.** 함수 $f$가 군 $G$를 정의역으로 하는 함수일 때 $H = \{g \in G \mid \forall\ x \in G,\ f(xg) = f(x)\}$이 $G$의 부분군임을 증명하여라. $G$가 덧셈에 대한 실수전체집합의 군이고 $f(x) = \sin x$ 일 때 $H$를 구하여라.

**45.** $G$는 위수가 $n$인 순환군이고 $H$는 위수가 $d$인 부분군일 때 $H = \{x \in G \mid |x|$는 $d$의 약수$\}$임을 보여라.

**46.** $a$는 유한가환군 $G$의 최대위수를 갖는 한 원소이다. $G$의 임의의 원소 $b$에 대해 $|b|$는 $|a|$의 약수임을 증명하여라. 가환군이 아닌 유한군의 경우에 위정리가 성립하지 않는 반례를 구하여라.

**47.** 이항연산 $*$을 정수집합에 $a * b = a + b - 1$로 정의하자. 정수집합은 이 연산에 관하여 순환군이 됨을 보어리.

**48.** 1보다 큰 정수 $n$에 대해 위수가 4이고 한 원소 $2n-1$을 포함하는 $U(4n)$의 비순환부분군을 구하여라.

# 5절 치환군(Permutation Groups)

전자대칭군에 대한 위그너의 발견은 바로 출발점이었다. 그와 그 주위 사람들은 많은 유사한 적용들을 발견했으며 오늘날, 특별히 군의 특성과 표현에 관련된, 군이론의 방법들이 양자역학의 모든 분야들에 널리 퍼져있다.

George Mackey, Proceedings of the American Philosophical Society

## 정의와 기호(Definition and Notation)

이 장에서는 한 집합 $A$ 에서 자기 자신으로 가는 함수들의 군, 치환군이라 부르는 군들을 공부한다. 19세기 초반에서 중반까지 수학자들이 연구했던 군은 치환군들 뿐이었다. 1850년경에 이르러서 Cayley에 의해서 추상적인 군이 처음 소개되었고, 이 이론이 확고하게 확립되는데 사반세기가 더 지나야 했다.

**정의: $A$ 의 치환, $A$ 의 치환군(Permutation of $A$, Permutation Group of $A$)**

집합 $A$ 위에서 전단사함수를 집합 $A$ 의 **치환**(permutation)이라 한다. 합성함수 연산에 의해 군이 되는 $A$ 의 치환들의 모임을 집합 $A$ 의 **치환군**(permutation group)이라 한다.

공집합이 아닌 임의의 집합 $A$ 의 치환들의 군들이 존재하지만 이 장에서는 집합 $A$ 가 유한집합인 경우에 집중할 것이다. 더욱, 집합 $A$ 가 유한집합인 경우에는 적당한 자연수 $n$ 에 대하여 $A = \{1, 2, 3, \cdots, n\}$로 하는 것이 통례이고 편리하다. 대부분의 함수가 무한집합에서 정의되고 또한 식으로 주어지는 미적분학의 경우와는 다르게 대수학에서는 유한집합에서 정의되는 치환을 정의역의 각각의 원소에 대응하는 원소를 모두 나열하여 표시한다. 예를 들어, 집합 $\{1, 2, 3, 4\}$의 치환 $\alpha$ 를 다음과 같이 자세하게 쓴다.

$$\alpha(1) = 2, \quad \alpha(2) = 3, \quad \alpha(3) = 1, \quad \alpha(4) = 4.$$

이 대응을 표현하는 더 편리한 방법으로 $\alpha$ 를 배열모양으로 쓴다.

$$\alpha = \begin{bmatrix} 1 & 2 & 3 & 4 \\ 2 & 3 & 1 & 4 \end{bmatrix}$$

여기서 각각의 $j$ 에 대해 $\alpha(j)$ 의 값은 $j$ 의 아래에 있는 숫자이다. 같은 방법으로 다음과 같이 주어진 집합 $\{1, 2, 3, 4, 5, 6\}$의 치환 $\beta$ 는

$$\beta(1) = 5, \quad \beta(2) = 3, \quad \beta(3) = 1, \quad \beta(4) = 6, \quad \beta(5) = 2, \quad \beta(6) = 4$$

아래와 같이 숫자의 배열로 표시된다.

$$\beta = \begin{bmatrix} 1 & 2 & 3 & 4 & 5 & 6 \\ 5 & 3 & 1 & 6 & 2 & 4 \end{bmatrix}$$

배열로 표시된 치환의 합성은 오른쪽 치환의 위에서 아래로 대응한 다음에 왼쪽 치환의 위에서 아래로 대응되는 숫자를 구하면 된다. 예를 들면

$$\sigma = \begin{bmatrix} 1 & 2 & 3 & 4 & 5 \\ 2 & 4 & 3 & 5 & 1 \end{bmatrix}$$

이고

$$\gamma = \begin{bmatrix} 1 & 2 & 3 & 4 & 5 \\ 5 & 4 & 1 & 2 & 3 \end{bmatrix}$$

일 때

$$\gamma\sigma = \begin{bmatrix} 1 & 2 & 3 & 4 & 5 \\ \downarrow & & & & \\ 5 & 4 & 1 & 2 & 3 \end{bmatrix} \begin{bmatrix} 1 & 2 & 3 & 4 & 5 \\ \downarrow & & & & \\ 2 & 4 & 3 & 5 & 1 \end{bmatrix} = \begin{bmatrix} 1 & 2 & 3 & 4 & 5 \\ 4 & 2 & 1 & 3 & 5 \end{bmatrix}$$

$(\gamma\alpha)(1) = \gamma(\alpha(1)) = \gamma(2) = 4$, $\gamma\alpha$는 1를 4로 보내므로, 오른쪽의 배열에서 1 아래의 숫자는 4이다. 오른쪽의 $\gamma\alpha$의 나머지 아래 항들은 같은 방법으로 모두 구할 수 있다.

이제 다음 예들에서 치환군들을 살펴볼 준비가 되었다.

**예제 1** 치환군 $S_3$ (Symmetric Group $S_3$)

$S_3$를 집합 $\{1, 2, 3\}$ 위에서 자신으로 가는 단사함수 전체집합이라 하자. 그러면 합성함수 연산에 의해 $S_3$는 6 개의 원소를 갖는 군이 된다. 그 6 개의 원소는 다음과 같다.

$$\epsilon = \begin{bmatrix} 1 & 2 & 3 \\ 1 & 2 & 3 \end{bmatrix}, \quad \alpha = \begin{bmatrix} 1 & 2 & 3 \\ 2 & 3 & 1 \end{bmatrix}, \quad \alpha^2 = \begin{bmatrix} 1 & 2 & 3 \\ 3 & 1 & 2 \end{bmatrix}$$

$$\beta = \begin{bmatrix} 1 & 2 & 3 \\ 1 & 3 & 2 \end{bmatrix}, \quad \alpha\beta = \begin{bmatrix} 1 & 2 & 3 \\ 2 & 1 & 3 \end{bmatrix}, \quad \alpha^2\beta = \begin{bmatrix} 1 & 2 & 3 \\ 3 & 2 & 1 \end{bmatrix}$$

$\beta\alpha = \begin{bmatrix} 1 & 2 & 3 \\ 3 & 2 & 1 \end{bmatrix} = \alpha^2\beta \neq \alpha\beta$이므로 $S_3$는 비가환군이다.

관계식 $\beta\alpha = \alpha^2\beta$은 $S_3$에서 배열을 사용하지 않고 곱들을 계산하는데 사용될 수 있다. 예를 들어, $\beta\alpha^2 = (\beta\alpha)\alpha = (\alpha^2\beta)\alpha = \alpha^2(\beta\alpha) = \alpha^2(\alpha^2\beta) = \alpha^4\beta = \alpha\beta$ 이다.

예제 1은 다음 예와 같이 일반화 된다.

**예제 2** 치환군 $S_n$ (Symmetric Group $S_n$)

집합 $A = \{1, 2, 3, \cdots, n\}$의 모든 치환들의 전체집합을 $n$ **차 대칭군(symmetric group of degree n)**이라 하고 $S_n$로 표시한다. $S_n$의 원소는 다음과 같다.

$$\alpha = \begin{bmatrix} 1 & 2 & \cdots & n \\ \alpha(1) & \alpha(2) & \cdots & \alpha(n) \end{bmatrix}$$

이제 $S_n$의 위수를 구하는 것은 용이하다. $\alpha(1)$의 선택은 $n$ 가지이다. $\alpha(1)$이 한번 정해지면, $\alpha(2)$에 대한 것은 $n-1$ 가능성이 있다. (왜냐하면 $\alpha$는 단사함수이므로 $\alpha(1) \neq \alpha(2)$이다.) $\alpha(2)$의 값이 결정된 후 $\alpha(3)$의 값이 될 수 있는 가능성은 $n-2$ 가지가 있다. 이와 같은 방법으로 계속하면 $S_n$의

원소의 개수는 $n(n-1)(n-2)\cdots 3 \cdot 2 \cdot 1 = n!$ 이다. $n \geq 3$ 인 경우 $S_n$ 이 비가환군이 되는 것은 독자에게 남긴다.(연습문제 41).

대칭군들의 부분군들은 풍부하다. $S_4$ 에는 30 개의 부분군들이 있고, $S_5$ 에는 100 개 이상의 부분군들이 있다.

**예제 3** 정사각형의 대칭(Symmetries of a Square)

세 번째 예로, $D_4$ 의 각각의 이동을 정사각형의 네 꼭짓점의 위치에 대한 치환으로 보자. 예를 들어 네 꼭짓점에 아래 그림처럼 숫자를 쓰고 이 숫자를 꼭짓점에 고정 시킨다. 이때 반시계 방향으로 $90°$ 회전이동에 대응하는 치환은 아래와 같다.

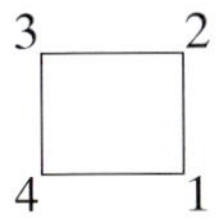


$$\rho = \begin{bmatrix} 1 & 2 & 3 & 4 \\ 2 & 3 & 4 & 1 \end{bmatrix}$$

또한 수평축에 대한 반사이동에 대응하는 치환은 다음 $\phi$ 이다.

$$\phi = \begin{bmatrix} 1 & 2 & 3 & 4 \\ 2 & 1 & 4 & 3 \end{bmatrix}$$

$D_4$ 는 이 두 개의 치환 $\rho$, $\phi$ 에 의해서 생성된다. (즉, $D_4$ 의 모든 원소는 두 치환 $\rho$, $\phi$ 의 유한개의 곱으로 표현된다.)

## 순환치환 표기(Cycle Notation)

치환을 자세하게 쓰는데 흔히 사용하는 또 다른 표기 방법이 있다. 1815년 프랑스의 유명한 수학자 코오시에 의해 소개된 **순환치환 표기(cycle notation)**이다. 순환치환 표기는 치환이 순환치환 표기를 사용하여 표현하면 치환의 중요한 성질들이 즉각적으로 정해진다는 이론적 장점을 갖고 있다.

순환치환 표기를 설명하기 위해, 다음 치환을 생각해 보자.

$$\alpha = \begin{bmatrix} 1 & 2 & 3 & 4 & 5 & 6 \\ 2 & 1 & 4 & 6 & 5 & 3 \end{bmatrix}$$

이 치환의 대응 관계는 다음 그림처럼 표현할 수 있다.

이런 다이어그램은 수학적으로는 만족할 수 있지만 번거로운 것은 사실이다. 대신에 $\alpha = (1, 2)(3, 4, 6)(5)$ 와 같이 간단하게 표현한다.

두 번째 예로써 다음 치환 $\beta$ 를 보자.

$$\beta = \begin{bmatrix} 1 & 2 & 3 & 4 & 5 & 6 \\ 5 & 3 & 1 & 6 & 2 & 4 \end{bmatrix}$$

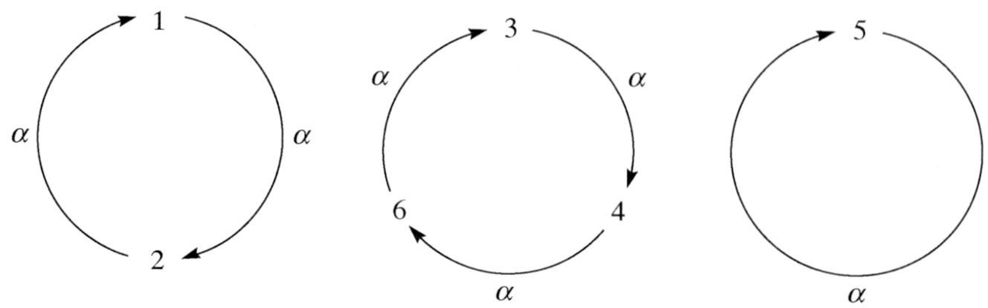


순환치환 표기로, $\beta$ 는 $(2, 3, 1, 5)(6, 4)$ 또는 $(4, 6)(3, 1, 5, 2)$ 로 표현할 수 있는데, 실제로 계산해 보면 둘다 $\beta$ 를 자세하게 쓴 것이 된다. $(a_1, a_2, \cdots, a_m)$ 모양의 표현을 **길이가 $m$ 인 순환치환(cycle of length m)** 또는 $m-$**순환치환(m-cycle)**이라 한다.

순환치환들의 곱셈은 그 순환치환에서 나타나지 않는 숫자는 고정시키는 한 치환과 같은 한 순환치환을 생각함으로써 계산할 수 있다. 즉 순환치환 $(4, 6)$ 은 치환 $\begin{bmatrix} 1 & 2 & 3 & 4 & 5 & 6 \\ 1 & 2 & 3 & 6 & 5 & 4 \end{bmatrix}$ 을 나타낸다. 이런 방법으로 순환치환을 숫자의 배열로 주어진 치환으로 바꾸어 생각함으로써 순환치환의 곱셈을 할 수 있다. 예를 들어 $S_8$ 의 두 원소 $\alpha = (13)(27)(456)(8)$, $\beta = (1237)(648)(5)$ 에서 $\alpha\beta$ 를 구해보자.(정의역의 모든 원소가 한 자리 숫자 일 때에는 순환치환의 표현에서 콤마를 생략하기로 한다.) 물론 $\alpha\beta = (13)(27)(456)(8)(1237)(648)(5)$ 라고 해도 되지만 일반적으로 **서로소(disjoint)**인 순환치환들(공통으로 갖는 숫자가 없는 순환치환들)로 주어진 치환을 최대한 간단하게 표현하는 것이 더 바람직하다. 이를 위해서 다시 한 번 강조하면 합성함수의 대응은 오른쪽에서 왼쪽으로 되며 순환치환에 나타나지 않는 숫자는 그 숫자로 대응됨을 상기해야한다. 따라서 순환치환 $(5)$ 는 1를 고정하고, 순환치환 $(648)$ 도 1 를 고정하고, 순환치환 $(1237)$ 에 의해서 1 은 2 로 대응되고, 순환치환 $(8)$ 에 의해서 2 를 고정되고, 순환치환 $(456)$ 에 의해서 2 를 고정하고, 순환치환 $(27)$ 에 의해서 2 는 7 로 대응되고, 순환치환 $(13)$ 에 의해서 7 을 고정 함으로 $\alpha\beta = (17 \cdots) \cdots$ 이다.

이제, 따라서 위의 전 과정을 7 로 시작해서 반복하면 각 순환치환에서 오른쪽에서 왼쪽으로, $7 \to 7 \to 7 \to 1 \to 1 \to 1 \to 1 \to 3$ 이므로 $\alpha\beta = (173 \cdots) \cdots$ 이 되고 최종적으로 $\alpha\beta = (1732)(48)(56)$ 이 된다. 이와 같이 순환치환의 곱셈에서 명심해야 할 중요한 것은 오른쪽의 순환치환에서 왼쪽의 순환치환으로 한 개씩 진행해야 한다는 점이다. (주의: 어떤 저자는 순환치환의 합성을 왼쪽에서 오른쪽으로 대응시키는 경우도 있다. 따라서 다른 교재를 읽을 때는 어떤 규칙이 사용되었는지 명확히 해야 한다.)

한 표기에서 다른 표기로 바꾸고 치환들을 어떻게 곱하는지에 대한 이해를 돕기 위해 각각의 예를 하나 더 들어 보자.

$\alpha$, $\beta$ 에 대한 숫자배열이 각각 다음과 같다.

$$\begin{bmatrix} 1 & 2 & 3 & 4 & 5 \\ 2 & 1 & 3 & 5 & 4 \end{bmatrix}, \quad \begin{bmatrix} 1 & 2 & 3 & 4 & 5 \\ 5 & 4 & 1 & 2 & 3 \end{bmatrix}$$

이때 이들의 순환치환 표기는 $\alpha = (12)(3)(45)$, $\beta = (153)(24)$ 이고 $\alpha\beta = (12)(3)(45)(153)$

$(24)$ 이다. $\alpha\beta$ 를 서로소인 순환치환의 곱으로 표현해 보자. 순환치환 $(24)$ 는 1을 고정하고, $(153)$ 은 1 을 5 로 보내고, $(45)$ 는 5 를 4 로 보내고, $(3)$ 과 $(12)$ 는 모두 4 를 고정한다. 따라서 $\alpha\beta$ 는 1 을 4 로 보낸다. 이 방법을 계속하면 $\alpha\beta = (14)(253)$ 이다.

$\alpha\beta$ 에서 $(14)$ 는 1 을 4 로, 4 를 1 로 대응하고 $(254)$ 는 $2 \to 5$, $5 \to 3$, $3 \to 2$ 임을 이용하면 $\alpha\beta$ 의 각각의 순환치환을 숫자배열형태의 치환으로 변환하지 않고 $\alpha\beta$ 를 직접 숫자배열형태의 치환으로 변환할 수 있다.

순환치환의 표현에서 마지막으로 하나 더 언급하면 수학자들은 한 숫자로만 이루어진 순환치환은 생략하는 것을 더 좋아 한다는 사실이다. 이 경우 순환치환의 곱에서 나타나지 않는 숫자는 그 숫자를 자기 자신으로 대응된다고 이해하면 된다. 이런 점을 고려하면 위의 치환 $\alpha$ 는 $\alpha = (12)(45)$ 이다. 같은 방법으로 다음 치환

$$\alpha = \begin{bmatrix} 1 & 2 & 3 & 4 & 5 \\ 3 & 2 & 4 & 1 & 5 \end{bmatrix}$$

는 $\alpha = (134)$ 이다. 물론, 항등치환은 한 개 숫자로만 이루어진 순환치환들의 곱이므로 이들을 모두 생략할 수는 없다! 이 경우는 보통 하나의 순환치환으로 나타낸다. 예를 들면

$$\epsilon = \begin{bmatrix} 1 & 2 & 3 & 4 & 5 \\ 1 & 2 & 3 & 4 & 5 \end{bmatrix}$$

는 $\epsilon = (5)$ 또는 $\epsilon = (1)$ 로 표현한다. 여기서 나타나지 않는 숫자들은 자기 자신들로 대응됨을 꼭 기억해야 한다.

## 치환의 성질(Properties of Permutations)

이제 치환과 순환치환에 대한 정리들에 대하여 이야기할 준비가 되었다. 첫 번째 정리의 증명은 치환을 순환치환으로 표현하는 논의에서 절대적인 것이다.

**정리 5.1 서로소인 순환치환의 곱(Products of Disjoint Cycles)**

유한집합의 모든 치환은 순환치환 또는 서로소인 순환치환들의 곱으로 표현할 수 있다.

**증명** $\alpha$ 를 집합 $A = \{1, 2, 3, \cdots, n\}$ 의 임의의 치환이라 하자. 집합 $A$ 의 임의의 원소 $a_1$ 에 대해

$$a_2 = \alpha(a_1), \qquad a_3 = \alpha(a_2) = \alpha^2(a_1)$$

라 하면 $a_1 = \alpha^m(a_1)$ 이 되는 자연수 $m$ 이 존재한다. 왜냐하면 $a_1$, $\alpha(a_1)$, $\alpha^2(a_1)$, $\cdots$ 이 유한개이므로 한 반복이 계속 되어야 한다. 예를 들어, $\alpha^i(a_1) = \alpha^j(a_1)$ 이 되는 자연수 $i < j$ 가 존재해야 한다. 따라서, 여기서 $m = j - i$ 라 하면 $a_1 = \alpha^m(a_1)$ $(m = j - i)$ 이다. $a_1$, $a_2$, $a_3$, $\cdots$, $a_m$ 의 선택에 의해 치환 $\alpha$ 는 다음과 같다.

$$\alpha = (a_1, a_2, a_3, \cdots, a_m) \cdots$$

집합 $A$ 의 모든 원소가 순환치환 $(a_1,\ a_2,\ a_3,\ \cdots,\ a_m)$에 나타나면 $\alpha = (a_1,\ a_2,\ a_3, \cdots,\ a_m)$이므로 증명이 되었다. 순환치환 $(a_1,\ a_2,\ a_3,\ \cdots,\ a_m)$에 나타나지 않는 $A$ 의 원소가 존재한다면 그중하나를 $b_1$ 이라 하고 위에서 사용한 방법으로 순환치환을 구할 수 있다. 즉 $b_2 = \alpha(b_1),\ b_3 = \alpha(b_2) = \alpha^2(b_1)$이고 $b_1 = \alpha^k(b_1)$ 이 되는 자연수 $k$ 이 존재한다. 이렇게 만들어진 순환치환은 이미 만들어진 순환치환과는 서로소이다. 왜냐면 만약 $\alpha^i(a_1) = \alpha^j(b_1)$ 이 되는 자연수 $i,\ j$ 가 존재한다면 $b_1 = \alpha^{i-j}(a_1)$ 이므로 $b_1 = a_t$가 되는 $t$ 가 존재한다. 이는 $b_1$ 의 선택에 모순이다. 이 과정을 $A$ 의 모든 원소가 순환치환들에 나타나도록 계속하면 치환 $\alpha$ 는 서로소인 순환치환들의 곱으로 아래와 같이 나타낼 수 있다.

$$\alpha = (a_1,\ a_2,\ a_3,\ \cdots,\ a_m)(b_1,\ b_2,\ b_3,\ \cdots,\ b_k)\cdots\ (c_1,\ c_2,\ c_3,\ \cdots,\ c_s)$$ □

**정리 5.2 서로소인 순환치환의 교환법칙(Disjoint Cycles Commute)**

두 개의 순환치환 $\alpha = (a_1,\ a_2,\ a_3,\ \cdots, a_m),\ \beta = (b_1,\ b_2,\ b_3,\ \cdots, b_n)$에 공통으로 나타나는 숫자가 없다면 $\alpha\beta = \beta\alpha$ 이다.

**증명** 순환치한 $\alpha,\ \beta$ 를 다음 집합 $S$ 의 치환이라 하고, 여기서 $c_i$ 는 $S$ 의 원소로써 순환치환 $\alpha$와 $\beta$ 에 의해 고정된다고 하자.

$$S = \{a_1,\ a_2,\ a_3,\ \cdots, a_m,\ b_1,\ b_2,\ b_3,\ \cdots, b_n,\ c_1,\ c_2,\ c_3,\ \cdots, c_k\}$$

$\alpha\beta = \beta\alpha$ 임을 보이려면, 집합 $S$ 의 임의의 원소 $x$ 에 대하여 $\alpha\beta(x) = \beta\alpha(x)$임을 보이면 된다. $x = a_i$이면 $\beta$ 는 원소 $a_j$ 모두를 고정하므로(만약 $i = m$ 이면 $a_{i+1} = a_1$ 라 한다.)

$$\alpha\beta(a_i) = \alpha(\beta(a_i)) = \alpha(a_i) = a_{i+1}$$

이다. 같은 이유로

$$\beta\alpha(a_i) = \beta(\alpha(a_i)) = \beta(a_{i+1}) = a_{i+1}$$

이다. 따라서, 모든 $a_i$ 에 대해 함수 $\alpha\beta$와 $\beta\alpha$ 는 같다. 같은 방법으로 하면 모든 $b_i$ 에 대해서도 $\alpha\beta = \beta\alpha$ 임을 알 수 있다. 끝으로, $x = c_i$이면 $\alpha,\ \beta$ 는 모든 $c_j$ 를 고정하므로 다음 식을 얻는다.

$$\alpha\beta(c_i) = \alpha(\beta(c_i)) = \alpha(c_i) = c_i$$
$$\beta\alpha(c_i) = \beta(\alpha(c_i)) = \beta(c_i) = c_i$$

이것으로 증명이 끝났다. □

순환치환의 곱셈을 설명하기 위해 순환치환의 곱 $(13)(27)(456)(8)(1237)(648)(5)$ 이 서로소인 순환치환의 곱 $(1732)(48)(56)$ 으로 표현됨을 보였다. 그렇다면 치환을 서로소인 순환치환의 곱으로 표현하는 것은 이 예에서처럼 간단한 표현이라는 잇점만 있는 것일까? 다음 정리를 보면 치환을 서로소인 순환치환의 곱으로 나타내면 그치환의 위수의 눈알(eyeball)을 우리에게 제공한다는 엄청난 잇점을 제공한다.

**정리 5.3 치환의 위수(Order of a Permutation–Ruffini–1799)**

서로소인 순환치환의 곱으로 나타내진 유한집합의 치환의 위수는 그 순환치환들의 길이의 최소공배수이다.

**증명** 먼저, 길이가 $n$ 인 순환치환의 위수는 $n$ 이다(이것은 각자 확인해 보자). 다음으로, $\alpha$, $\beta$ 를 길이가 각각 $m$, $n$ 이고, 서로소인 순환치환이라 하고 $m$, $n$ 의 최소공배수를 $k$ 라 하자. 정리 4.1에 의해서 $\alpha^k = \epsilon$, $\beta^k = \epsilon$ 이고 $\alpha$ 와 $\beta$ 는 교환법칙이 성립하므로, $(\alpha\beta)^k = \alpha^k\beta^k = \epsilon$ 이다. 따라서 정리 4.1의 따름 정리 2($a^k = e$ 이면 $|a|$ 는 $k$ 의 약수이다.)에 의해서 $\alpha\beta$ 의 위수 $t$ 는 $k$ 의 약수이다. 그런데 $(\alpha\beta)^t = \alpha^t\beta^t = \epsilon$ 이므로 $\alpha^t = \beta^{-t}$ 이다. 순환치환의 멱승의 값을 증가함에 따라 새로운 숫자가 나타나는 것은 아니므로 $\alpha$, $\beta$ 가 서로소이면 $\alpha^t$, $\beta^{-t}$ 또한 공유하는 숫자가 존재하지 않는다. 따라서 $\alpha^t = \beta^{-t}$ 이고 이 둘은 공유하는 숫자가 없으므로 $\alpha^t$ 에 나타나는 모든 숫자는 $\beta^{-t}$ 에 의해서 고정되고 또한 $\beta^{-t}$ 에 나타나는 모든 숫자는 $\alpha^t$ 에 의해 고정되므로 이 둘은 모두 항등함수이어야 한다.(치환에 나타나지 않는 숫자는 그 치환에 의해 고정됨을 상기하자.) 따라서 $m$, $n$ 은 모두 $t$ 의 약수이다. 그런데 $k$ 는 $m$, $n$ 의 최소공배수이므로 $k = t$ 이다.

이제까지, 우리는 치환이 순환치환인 경우와 두 개의 서로소인 순환치환의 곱인 경우를 증명했다. 두 개 이상의 순환치환의 곱인 경우도 비슷한 방법으로 하면 증명할 수 있다. □

정리 5.3은 치환의위수를 계산할 때 매우 강력한 공식이다. 다음 예에서 이것을 보일 것이다.

**예제 4** $S_7$ 의 모든 원소 5040개의 위수를 구하는 문제에서 우리는 $S_7$ 의 원소를 표현할 수 있는 가능한 서로소인 순환치환의 곱의 구조만 계산하면 된다. 편리하게 하기 위해, $n-$순환치환을 $(\underline{n})$ 으로 표시하자. 그러면, 가장 긴 순환치환의 길이에 따라 왼쪽에서 오른쪽으로 배열하여 $S_7$ 의 원소의 모든 가능한 서로소인 순환치환의 곱의 구조를 정리하면 다음과 같다.

$(\underline{7})$
$(\underline{6})(\underline{1})$
$(\underline{5})(\underline{2})$
$(\underline{5})(\underline{1})(\underline{1})$
$(\underline{4})(\underline{3})$
$(\underline{4})(\underline{2})(\underline{1})$
$(\underline{4})(\underline{1})(\underline{1})(\underline{1})$
$(\underline{3})(\underline{3})(\underline{1})$
$(\underline{3})(\underline{2})(\underline{2})$
$(\underline{3})(\underline{2})(\underline{1})(\underline{1})$
$(\underline{3})(\underline{1})(\underline{1})(\underline{1})(\underline{1})$
$(\underline{2})(\underline{2})(\underline{2})(\underline{1})$
$(\underline{2})(\underline{2})(\underline{1})(\underline{1})(\underline{1})$
$(\underline{2})(\underline{1})(\underline{1})(\underline{1})(\underline{1})(\underline{1})$
$(\underline{1})(\underline{1})(\underline{1})(\underline{1})(\underline{1})(\underline{1})(\underline{1})$

이제, 정리 5.3에 의해서 $S_7$ 의 원소의 위수는 7, 6, 10, 5, 12, 4, 3, 2, 1중에 하나이다. $S_{10}$ 의 $10! = 3,628,800$ 개의 원소에 대해서도 거의 간단하게 같은 방법으로 할 수 있다.

금방 알 수 있겠지만, 치환의 특별히 중요한 형태는 길이가 2 인 순환치환 즉 $a \neq b$에 대해 $(ab)$인 형태의 치환이다. $(ab)$은 $a$를 $b$로, $b$를 $a$로 바꾸는 결과로 인해 대부분의 저자들은 이 치환을 **호환(transpositions)**이라 한다.

**정리 5.4 2 − 순환치환의 곱(Product of 2 − Cycles)**

$n > 1$ 일 때 $S_n$ 의 모든 치환은 2 − 순환치환의 곱이다.

**증명** 우선, 항등함수는 $(12)(21)$로 표현되므로, 따라서 이것은 2 − 순환치환의 곱이다. 정리 5.1에 의해서 모든 치환은 다음과 같이 순환치환의 곱으로 표현할 수 있다.

$$(a_1, a_2, a_3, \cdots, a_k)(b_1, b_2, b_3, \cdots, b_t) \cdots (c_1, c_2, c_3, \cdots, c_s)$$

직접 계산하면 다음과 같이 2 − 순환치환의 곱이다.

$$(a_1a_k)(a_1a_{k-1}) \cdots (a_1a_2)(b_1b_t)(b_1b_{k-1}) \cdots (b_1b_2) \cdots (c_1c_s)(c_1c_{s-1}) \cdots (c_1c_2) \qquad \square$$

다음 예에서 분해하는 기술을 설명할 것이다.

**예제 5** $(12345) = (15)(14)(13)(12)$

$(1632)(457) = (12)(13)(16)(47)(45)$

치환을 2 − 순환치환의 곱으로 표현하는 정리 5.4의 방법이 치환을 2 − 순환치환의 곱으로 표현하는 유일한 방법은 아니다. 다음 예와 같이 치환이 서로 다른 개수의 2 − 순환치환의 곱으로 표현하는 방법은 여러 가지가 있지만 그 표현들에서 불변인 것이 있다는 것을 정리5.5(코오시에 의해 처음 증명됨)에서 증명한다.

**예제 6** $(12345) = (54)(53)(52)(51)$

$(12345) = (54)(52)(21)(25)(23)(13)$

정리 5.5의 특별한 경우를 따로 다음 보조정리에 정리한다.

**보조 정리** 2 − 순환치환 $\beta_i$ 들에 대해 $\epsilon = \beta_1\beta_2 \cdots \beta_r$ 이면 $r$ 은 짝수이다.

**증명** 한 개의 2 − 순환치환은 항등함수가 아니므로 $r \neq 1$ 이다. 만약 $r = 2$ 이면 증명되었다. 따라서, $r > 2$ 이라 하고, 수학적귀납법에 의해 증명하자. $(ij) = (ji)$ 이므로 $\beta_{r-1}\beta_r$ 은 다음 네 개 식의 우변 중에 하나로 표현된다.

$$\epsilon = (ab)(ab)$$
$$(ab)(bc) = (ac)(ab)$$
$$(ac)(cb) = (bc)(ab)$$
$$(ab)(cd) = (cd)(ab).$$

첫 번째 경우는 주어진 곱에서 $\beta_{r-1}\beta_r$ 을 생략할 수 있으므로 $\epsilon = \beta_1\beta_2 \cdots \beta_{r-2}$ 가 된다. 나머지 세 가지 경우는 $\beta_{r-1}\beta_r$ 형식의 오른쪽을 왼쪽의 짝에 새로운 $r$ 개의 2 – 순환치환의 곱을 얻는데 이것 역시 항등함수이다. 그러나 숫자 $a$ 가 오른쪽 끝에 나타난 것은 오른쪽 끝의 2 – 순환치환 대신에 오른쪽에 두 번째 형식에 있었던 것이다. 같은 방법을 $\beta_{r-2}\beta_{r-1}$ 에 적용하면 2 – 순환치환 $(r-2)$개의 곱이 항등함수이거나 오른쪽에서 3번째 2 – 순환치환에 오른쪽 끝에 있는 숫자 $a$ 가 있는 새로운 $r$ 개의 2 – 순환치환의 곱을 얻는다. 이 과정을 계속하면, 우리는 $(r-2)$개의 2 – 순환치환의 곱이 항등함수가 되어야만 한다. 만약 그렇지 않다면 $r$ 개의 2 – 순환치환의 곱이 항등함수가 되고 왼쪽 끝의 순환치환에만 숫자 $a$ 가 나타나게 된다. 그리고 이런 곱은 $a$ 를 고정하지 못한다. 따라서 $r-2$ 개의 곱이 항등함수가 된다. 그런데, 제2수학적귀납법에 의해서 $r-2$ 는 짝수이고 역시 $r$ 또한 짝수이다. □

**정리 5.5 항상 짝수거나 항상 홀수이다(Always Even or Always Odd)**

만약 한 치환 $\alpha$ 가 짝수(홀수)개의 2 – 순환치환의 곱으로 표현할 수 있다면, $\alpha$ 의 모두 2 – 순환치환의 곱으로의 분해는 짝수(홀수)개의 2 – 순환치환이 되어야 한다. 기호로 표시하면, 만약 2 – 순환치환 $\beta_i$, $\gamma_j$ 에 대해

$$\alpha = \beta_1\beta_2 \cdots \beta_r \text{ 이고 } \alpha = \gamma_1\gamma_2 \cdots \gamma_s$$

이면 $r$, $s$ 는 둘다 짝수이거나 홀수이다.

**증명** $\beta_1\beta_2 \cdots \beta_r = \gamma_1\gamma_2 \cdots \gamma_s$ 이고 2 – 순환치환의 역원은 자신이므로 다음 식을 얻는다.

$$\epsilon = \gamma_1\gamma_2 \cdots \gamma_s\beta_r^{-1} \cdots \beta_2^{-1}\beta_1^{-1}$$
$$= \gamma_1\gamma_2 \cdots \gamma_s\beta_r \cdots \beta_2\beta_1.$$

따라서, 104페이지 보조정리에 의해서 $r+s$ 가 짝수이므로 $r$, $s$ 는 둘다 짝수이거나 홀수이다. □

**정의: 우치환과 기치환(Even Permutation and Odd Permutation)**

짝수개수의 2 – 순환치환의 곱으로의 표현되는 치환을 우치환이라 하고 홀수개수의 2 – 순환치환의 곱으로의 표현되는 치환을 기치환이라 한다.

정리 5.4와 정리 5.5는 모든 치환은 우치환 또는 기치환으로 분명하게 분류 될 수 있음을 보여준다. 이 관찰의 의미는 정리 5.6에 정리한다.

**정리 5.6 우치환 전체집합은 군이다.(Even Permutations Form a Group)**

$S_n$ 에서 우치환 전체집합은 $S_n$ 의 부분군이다.

**증명** 연습문제 13 □

$S_n$ 의 우치환 전체집합 부분군은 자주 나타나므로 그것을 특별한 이름과 기호로 정의한다.

**정의: $n$ 차원 교대군(Alternating Group of Degree $n$)**

$n$ 개 원소를 갖는 집합의 우치환 전체집합의 군을 $A_n$ 으로 표시하고 $n$ **차원 교대군(alternating group of degree n)**이라 한다.

다음 정리에서 $A_n$ 의 원소개수는 $S_n (n > 1)$ 의 원소개수의 절반임을 보인다.

**정리 5.7** $n > 1$에 대해 $A_n$ 의 위수는 $n!/2$이다.

**증명** 각각의 기치환 $\alpha$ 에 대해 $(12)\alpha$ 은 우치환이고 $\alpha \neq \beta$ 인 두 치환 $\alpha$, $\beta$ 에 대해 $(12)\alpha \neq (12)\beta$ 이므로 우치환의 개수가 기치환의 개수보다 적어도 더 많게 된다. 한편, 각각의 우치환 $\alpha$ 에 대해 $(12)\alpha$ 은 기치환이고 $\alpha \neq \beta$ 인 두 치환 $\alpha$, $\beta$ 에 대해 $(12)\alpha \neq (12)\beta$ 이므로 기치환의 개수가 우치환의 개수보다 적어도 더 많게 된다. 따라서 $S_n$ 의 기치환의 개수와 우치환의 개수는 같다. 그런데 $|S_n| = n!$ 이므로 $|A_n| = n!/2$ 이다. □

차원이 $n$ 인 대칭군과 교대군은 $n$ 변수 다항식의 연구에 연유한다. 변수 $x_1, x_2, \cdots, x_n$ 에 대한 **대칭다항식(symmetric polynomial)**이란 임의의 두 변수들에 대한 호환에 불변인 다항식을 말한다. 반면에 두 변수의 호환에 대해 부호만 바뀌는 다항식을 **교대다항식(alternating polynomial)**이라 한다.

예를 들어 세 변수 다항식 $x_1x_2x_3$ 은 임의의 두 변수의 호환에 대해 변화가 전혀 없는 반면 다항식 $(x_1 - x_2)(x_1 - x_3)(x_2 - x_3)$ 은 모든 두 변수의 호환에 대해 부호가 바뀐다. 대칭군의 원소는 호환들의 곱이므로 대칭다항식은 대칭군의 원소에 의해 변화가 없는 다항식들이다. 마찬가지로 교대군의 원소는 짝수개의 호환들의 곱으로 표현되므로 교대다항식은 교대군의 원소에 대해서는 변화가 없고 교대군의 원소가 아닌 원소에 대해서는 부호가 바뀌는 다항식이다.

군의 영역에서 교대군은 매우 중요한 위치에 있다. 교대군 $A_4$ 와 $A_5$ 는 다음 장에서 여러 번 언급되는데 특히 $A_5$ 는 역사적으로 큰 의미를 갖는다.

예제 7은 $A_4$ 의 기하학적의미를 설명하고 표 5.1은 $A_4$ 의 연산표이다.

**〈표 5.1〉 집합 $\{1, 2, 3, 4\}$의 우순열들의 교대군 $A_4$**

<이 표에서는 $A_4$의 원소들을 $\alpha_1, \alpha_2, \cdots, \alpha_{12}$로 나타내고 표의 내부에 적힌 숫자 $k$는 $\alpha_k$를 나타낸다. 예를 들어 $\alpha_3\alpha_8 = \alpha_6$이다.>

| | $\alpha_1$ | $\alpha_2$ | $\alpha_3$ | $\alpha_4$ | $\alpha_5$ | $\alpha_6$ | $\alpha_7$ | $\alpha_8$ | $\alpha_9$ | $\alpha_{10}$ | $\alpha_{11}$ | $\alpha_{12}$ |
|---|---|---|---|---|---|---|---|---|---|---|---|---|
| $(1) = \alpha_1$ | 1 | 2 | 3 | 4 | 5 | 6 | 7 | 8 | 9 | 10 | 11 | 12 |
| $(12)(34) = \alpha_2$ | 2 | 1 | 4 | 3 | 6 | 5 | 8 | 7 | 10 | 9 | 12 | 11 |
| $(13)(24) = \alpha_3$ | 3 | 4 | 1 | 2 | 7 | 8 | 5 | 6 | 11 | 12 | 9 | 10 |
| $(14)(23) = \alpha_4$ | 4 | 3 | 2 | 1 | 8 | 7 | 6 | 5 | 12 | 11 | 10 | 9 |
| $(123) = \alpha_5$ | 5 | 8 | 6 | 7 | 9 | 12 | 10 | 11 | 1 | 4 | 2 | 3 |
| $(243) = \alpha_6$ | 6 | 7 | 5 | 8 | 10 | 11 | 9 | 12 | 2 | 3 | 1 | 4 |
| $(142) = \alpha_7$ | 7 | 6 | 8 | 5 | 11 | 10 | 12 | 9 | 3 | 2 | 4 | 1 |
| $(134) = \alpha_8$ | 8 | 5 | 7 | 6 | 12 | 9 | 11 | 10 | 4 | 1 | 3 | 2 |
| $(132) = \alpha_9$ | 9 | 11 | 12 | 10 | 1 | 3 | 4 | 2 | 5 | 7 | 8 | 6 |
| $(143) = \alpha_{10}$ | 10 | 12 | 11 | 9 | 2 | 4 | 3 | 1 | 6 | 8 | 7 | 5 |
| $(234) = \alpha_{11}$ | 11 | 9 | 10 | 12 | 3 | 1 | 2 | 4 | 7 | 5 | 6 | 8 |
| $(124) = \alpha_{12}$ | 12 | 10 | 9 | 11 | 4 | 2 | 1 | 3 | 8 | 6 | 5 | 7 |

**예제 7** 사면체의 회전(Rotations of a Tetrahedron)

정사면체의 12개 회전이동들은 편리하게 $A_4$의 원소들로 표현될 수 있다. 그림 5.1의 첫 행에서는 항등원과 마주보는 두변의 중점을 지나는 직선을 축으로 180° "변" 회전이동하는 것들이 3개 있다.

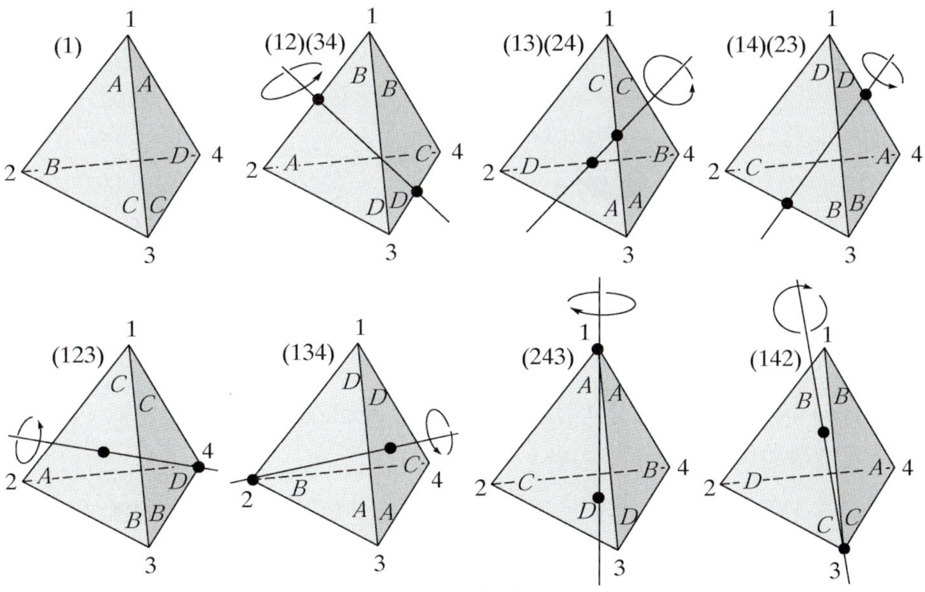


[그림 5.1] 계속

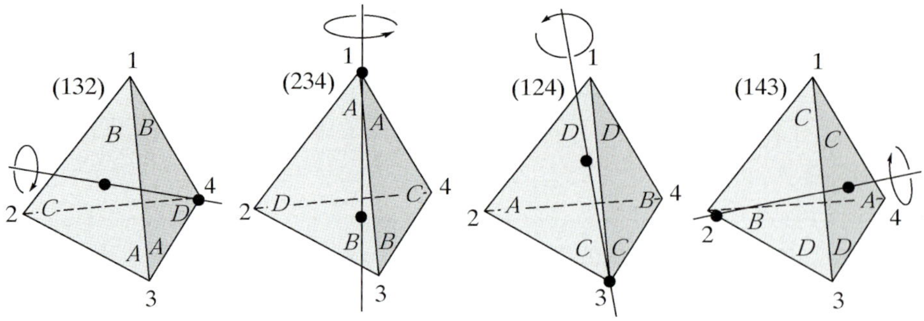


[그림 5.1]

두 번째 행에서는 한 개의 꼭짓점과 마주보는 삼각형의 중심과 그 꼭짓점을 지나는 직선에 대해 120° "면"회전이동 네 개가 있다. 세 번째 행은 −120° (240°) "면"회전이동 네 개가 있다. 두 번째 행의 회전이동은 모두 첫 번째 회전이동의 왼쪽에 두 번째 행의 맨 처음에 있는 회전이동(123)을 곱하면 구해진다. 여기서 세 번째 행의 회전이동은 모두 첫 번째 회전이동의 왼쪽에 세 번째 행의 맨 처음에 있는 회전이동(132)을 곱하면 구해진다.

메탄($CH_4$), 사염화탄소($CCl_4$)처럼 $AB_4$ 와 같은 형태의 화학식으로 표현되는 대부분의 분자들은 대칭군으로 $A_4$ 를 갖고 있다. 그림 5.2는 그러한 분자의 모형이다.

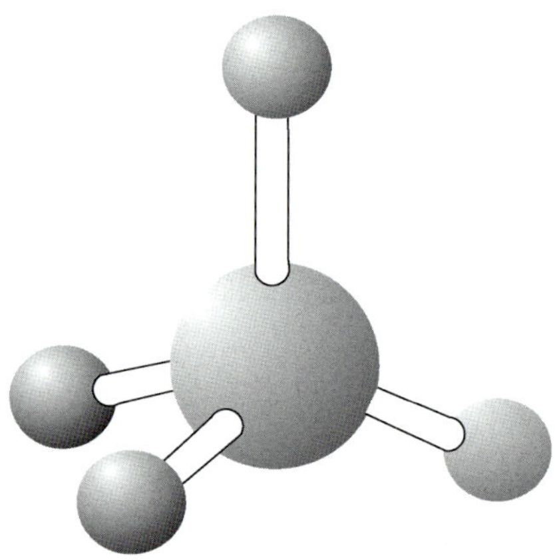

[그림 5.2] 사면체 $AB_4$ 분자

**예제 8** (Loren Larson) 원반미끄러 파즐(A Sliding Disk Puzzle)

아래의 퍼즐에 대해 알아보자(중앙의 공란은 비어 있다).

들어 올려서 다른 위치에 놓거나 건너뛰는 것 없이 표시된 선을 따라서 어떤 위치에서 다른 위치로 움직이는 원반 미끄럼에 의해 다음과 같은 배열을 만들 수 있을까?

이 질문에 답하기 위해 그 위치를 처음 그림에 적힌 숫자로 보고 두 개의 기본 연산을 정의하자. 연산 $r$

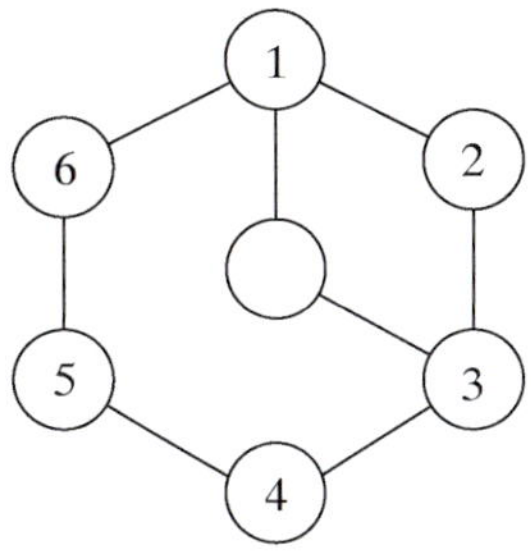


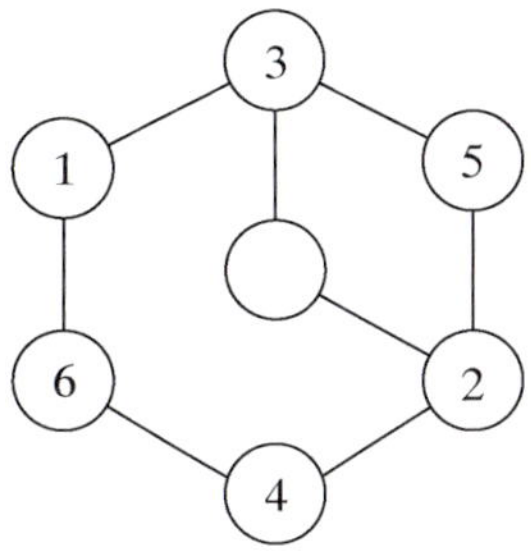


은 다음과 같다: 위치 1에 있는 원반을 중심으로 이동하고, 6에 있는 원반을 1의 위치로, 5에 있는 원반을 6의 위치로, 4에 있는 원반을 5의 위치로, 3에 있는 원반을 4의 위치로 이동하고, $s$는 다음과 같은 연산이다: 위치 1에 있는 원반을 중심으로 이동하고, 2에 있는 원반을 1의 위치로, 3에 있는 원반을 2의 위치로 이동하고 마지막으로 중앙에 있는 원반을 3의 위치로 이동한다. 치환 기호를 이용하면 $r = (13456)$이고 $s = (132)$이다. 명확하게, 우리가 찾고 있는 배열의 치환은 $(16523)$이다. 만약 $r$과 $s$로만 이루어진 문자열로 $(16523)$을 표현할 수 있으면 주어진 배열을 구할 수 있다. 손으로 직접 원하는 $r$과 $s$로만 이루어진 문자열을 구하려고 하는 것 보다는, 이런 종류의 문제를 해결하도록 고안된 소프트웨어를 이용하는 것이 더 용이하다. 그러한 응용프로그램 중 하나가 GAP이다. GAP에서 다음과 같은 명령어를 사용하기만 하면 된다:

```
gap > G := SymmetricGroup(6);
gap > r := (1,3,4,5,6);s := (1,3,2)
gap > K := Subgroup(G,[r,s]);
gap > Factorization(K,(1,6,5,2,3));
```

처음 세 줄은 컴퓨터에게 사용하는 군이 $r = (13456)$와 $s = (132)$에 의해 생성되는 $S_6$의 부분군임을 알려 주는 것이다. 네 번째 행은 $(16523)$을 $r$과 $s$로 표현하라는 요청이다. 명령어

```
gap > Size(K);
```

를 이용하면 $r$과 $s$에 의해 생성되는 부분군의 위수가 360이라는 결과를 얻는다. $r$과 $s$가 모두 우순열이고 $|A_6| = 360$이므로, $r$과 $s$로 $S_6$의 우순열에 대응되는 재배열을 모두 표현할 수 있다.

GAP는 루빅큐브(Rubik's Cube)의 $43,252,003,274,489,856,000(43 \times 10^{18})$개의 모든 치환 까지도 계산 할 수 있다! 아래와 같이 그 큐브의 각 면을 숫자로 표시하면 다음과 같다.

| | | | | | | | | | | | |
|---|---|---|---|---|---|---|---|---|---|---|---|
| | | | 1 | 2 | 3 | | | | | | |
| | | | 4 | top | 5 | | | | | | |
| | | | 6 | 7 | 8 | | | | | | |
| 9 | 10 | 11 | 17 | 18 | 19 | 25 | 26 | 27 | 33 | 34 | 35 |
| 12 | left | 13 | 20 | front | 21 | 28 | right | 29 | 36 | rear | 37 |
| 14 | 15 | 16 | 22 | 23 | 24 | 30 | 31 | 32 | 38 | 39 | 40 |
| | | | 41 | 42 | 43 | | | | | | |
| | | | 44 | bottom | 45 | | | | | | |
| | | | 46 | 47 | 48 | | | | | | |

그 큐브의 치환들의 군은 다음 6개의 레이어로 된 회전이동들로 생성된다:

top = (1,3,8,6)(2,5,7,4)(9,33,25,17)(10,34,26,18)(11,35,27,19)
left = (9,11,16,14)(10,13,15,12)(1,17,41,40)(4,20,44,37)(6,22,46,35)
front = (17,19,24,22)(18,21,23,20)(6,25,43,16)(7,28,42,13)(8,30,41,11)
right = (25,27,32,30)(26,29,31,28)(3,38,43,19)(5,36,45,21)(8,33,48,24)
rear = (33,35,40,38)(34,37,39,36)(3,9,46,32)(2,12,47,29)(1,14,48,27)
bottom = (41,43,48,46)(42,45,47,44)(4,22,30,38)(15,23,31,39)(16,24,32,40)

## $D_5$ 기반 검사숫자스킴(A Check Digit Schemes on $D_5$)

제0장에서 고유숫자에 식별번호를 추가하는 다양한 방법을 알아보았다. 이러한 방법들 중에서 오직 ISBN(International Standard Book Number)만이 모든 종류의 한 개 숫자의 오류와 인접한 두 숫자의 호환오류를 탐지할 수 있었다. 그러나 이것이 가능한 것은 법을 11로 하는 내적의 값이 0이 되도록 10이 사용될 경우에 숫자 10 대신에 문자 $X$를 사용했기 때문이다.

〈표 5.2〉 $D_5$의 연산

| $*$ | 0 | 1 | 2 | 3 | 4 | 5 | 6 | 7 | 8 | 9 |
|---|---|---|---|---|---|---|---|---|---|---|
| 0 | 0 | 1 | 2 | 3 | 4 | 5 | 6 | 7 | 8 | 9 |
| 1 | 1 | 2 | 3 | 4 | 0 | 6 | 7 | 8 | 9 | 5 |
| 2 | 2 | 3 | 4 | 0 | 1 | 7 | 8 | 9 | 5 | 6 |
| 3 | 3 | 4 | 0 | 1 | 2 | 8 | 9 | 5 | 6 | 7 |
| 4 | 4 | 0 | 1 | 2 | 3 | 9 | 5 | 6 | 7 | 8 |
| 5 | 5 | 9 | 8 | 7 | 6 | 0 | 4 | 3 | 2 | 1 |
| 6 | 6 | 5 | 9 | 8 | 7 | 1 | 0 | 4 | 3 | 2 |
| 7 | 7 | 6 | 5 | 9 | 8 | 2 | 1 | 0 | 4 | 3 |
| 8 | 8 | 7 | 6 | 5 | 9 | 3 | 2 | 1 | 0 | 4 |
| 9 | 9 | 8 | 7 | 6 | 5 | 4 | 3 | 2 | 1 | 0 |

그에 반해 1969년에 Verhoeff는 오류를 파악하지 못하는 특정한 숫자의 사용을 제한한다든지 또는 새로운 문자를 사용해야 한다든지 하는 제약조건 없이 모든 단일 숫자 오류와 모든 인접한 두 숫자의 교환오류를 탐지할 수 있는 방법을 위수가 10인 이면체군을 이용하여 고안했다. 이 방법을 알아보기 위해서 치환 $\sigma = (01589427)(36)$와 표 5.2의 위수가 10인 이면체군의 연산표가 필요하다.(0에서 4까지는 회전이동을, 5에서 9까지는 반사이동을 그리고 $*$는 $D_5$의 연산을 나타낸다.)

Verhoeff의 주된 이론은 0에서 9까지 숫자를 $D_5$의 원소로 대체하고 덧셈연산을 $D_5$에서의 연산으로 바꾸는 것이다. 또한 임의의 숫자열 $a_1 a_2 \cdots a_{n-1}$에 $\sigma(a_1) * \sigma^2(a_2) * \cdots * \sigma^{n-1}(a_{n-1}) * \sigma^n(a_n) = 0$이 되도록 식별번호 $a_n$을 추가한다.[여기서 $\sigma^2(x) = \sigma(\sigma(x))$, $\sigma^3(x) = \sigma(\sigma^2(x))$ 등이다.] $\sigma$는 $a \neq b$이면 $\sigma^i(a) \neq \sigma^i(b)$의 성질을 가지므로 모든 단일 숫자 오류도 탐지된다. 또한, $a \neq b$이면 $a * \sigma(b) \neq b * \sigma(a)$ (1)이 성립하므로 하나하나를 검증(연습문제 49)하면 모든 인접한 두 숫자의 호환오류를 탐지 할 수 있다. [식 (1)을 이용하여 $a \neq b$이면 $\sigma^i(a)\sigma^{i+1}(b) \neq \sigma^i(b)\sigma^{i+1}(a)$ 임을 보일 수 있다.]

1990년에서 2002년까지 독일 정부에서는 지폐의 일련번호의 식별번호를 결정하는데 Verhoeff의 식별번호체계를 약간 수정하여 사용하였다. 이 경우의 계산에 필요한 함수 $\sigma$, $\sigma^2, \cdots, \sigma^{10}$ 에 대한 함수 값들이 표 5.3에 있다.[함수 값 $\sigma^i(j)$ 은 $\sigma^i$ 행과 $j$ 열의 숫자이다.] 지폐의 일련번호에는 10개의 알파벳 문자와 10개의 숫자를 사용하고 10개의 알파벳 문자는 표 5.4에서와 같이 숫자로 변환된다. 지폐의 일련번호는 $a_1 a_2 \cdots a_{10}$ 에 $\sigma(a_1) * \sigma^2(a_2) * \cdots * \sigma^{10}(a_{10}) * a_{11} = 0$ 이 되도록 식별번호 $a_{11}$ 을 덧붙인다. [Verhoeff의 식별번호체계에서는 $\sigma(a_1) * \sigma^2(a_2) * \cdots * \sigma^{10}(a_{10}) * \sigma^{11}(a_{11}) = 0$ 이다.]

〈표 5.3〉 $\sigma$의 멱승

| | 0 | 1 | 2 | 3 | 4 | 5 | 6 | 7 | 8 | 9 |
|---|---|---|---|---|---|---|---|---|---|---|
| $\sigma$ | 1 | 5 | 7 | 6 | 2 | 8 | 3 | 0 | 9 | 4 |
| $\sigma^2$ | 5 | 8 | 0 | 3 | 7 | 9 | 6 | 1 | 4 | 2 |
| $\sigma^3$ | 8 | 9 | 1 | 6 | 0 | 4 | 3 | 5 | 2 | 7 |
| $\sigma^4$ | 9 | 4 | 5 | 3 | 1 | 2 | 6 | 8 | 7 | 0 |
| $\sigma^5$ | 4 | 2 | 8 | 6 | 5 | 7 | 3 | 9 | 0 | 1 |
| $\sigma^6$ | 2 | 7 | 9 | 3 | 8 | 0 | 6 | 4 | 1 | 5 |
| $\sigma^7$ | 7 | 0 | 4 | 6 | 9 | 1 | 3 | 2 | 5 | 8 |
| $\sigma^8$ | 0 | 1 | 2 | 3 | 4 | 5 | 6 | 7 | 8 | 9 |
| $\sigma^9$ | 1 | 5 | 7 | 6 | 2 | 8 | 3 | 0 | 9 | 4 |
| $\sigma^{10}$ | 5 | 8 | 0 | 3 | 7 | 9 | 6 | 1 | 4 | 2 |

〈표 5.4〉 문자와 대응되는 값

| $A$ | $D$ | $G$ | $K$ | $L$ | $N$ | $S$ | $U$ | $Y$ | $Z$ |
|---|---|---|---|---|---|---|---|---|---|
| 0 | 1 | 2 | 3 | 4 | 5 | 6 | 7 | 8 | 9 |

위대한 수학자 가우스의 초상화가 있는 그림 5.3의 지폐의 일련번호 $AG8536827U7$에서 마지막 숫자 7이 식별번호임을 확인해 보면 다음과 같다.

$$\sigma(0) * \sigma^2(2) * \sigma^3(8) * \sigma^4(5) * \sigma^5(3) * \sigma^6(6) * \sigma^7(8) * \sigma^8(2) * \sigma^9(7) * \sigma^{10}(7) * 7$$
$$= 1 * 0 * 2 * 2 * 6 * 6 * 5 * 2 * 0 * 1 * 7 = 0$$

[$D_5$ 의 연산표를 이용하는 방법은 다음과 같다.

$$1 * 0 * 2 * 2 = (1 * 0) * 2 * 2 = 1 * 2 * 2 = (1 * 2) * 2 = 3 * 2 = 0]$$

[그림 5.3] 한 일련번호가 AG8536827U0이고 식별번호가 7인 독일 은행 수표

독일지폐의 일련번호체계의 한 가지 단점은 문자와 그 문자에 대응하는 숫자를 구별하지 못한다는 것이다. 즉 문자 $U$와 숫자 7을 구별하지 못하므로 $AG8536827U7$와 같은 일련번호에서 $U$와 7이 호환되는 오류를 탐지하지 못한다. 뿐만 아니라 독일지폐의 일련번호체계는 식별번호를 포함하는 인접한 두 숫자의 교환은 모두 식별하지 못한다. 예를 들어 열 번째 문자 $D$와 열한 번째 숫자 8이 호환되면 이를 식별하지 못 한다. 이러한 모든 단점은 위수가 36인 이면체군 $D_{18}$에서 Verhoeff의 방법을 이용하여 모든 문자와 숫자를 적절한 함수 $\sigma$를 이용하여 서로 다른 값으로 대응시키면 사라진다. 식별번호를 첨가하는데 이 방법을 사용하면 모든 단일 숫자 오류와 모든 인접한 두 숫자의 호환오류를 탐지할 수 있다.

## 연습문제

**1.** 다음 치환들의 위수를 구하여라.

a. $(14)$

b. $(147)$

c. $(14762)$

d. $(a_1 a_2 \cdots a_k)$

**2.** 다음 치환을 서로소인 순환치환들의 곱으로 나타내시오.

a. $(1235)(413)$

b. $(13256)(23)(46512)$

c. $(12)(13)(23)(142)$

**3.** 다음 치환들의 위수를 구하여라.

a. $(124)(357)$

b. $(124)(3567)$

c. $(124)(35)$

d. $(124)(357869)$

e. $(1235)(24567)$

f. $(345)(245)$

**4.** 다음 치환들의 위수를 구하여라.

a. $\begin{bmatrix} 1 & 2 & 3 & 4 & 5 & 6 \\ 2 & 1 & 5 & 4 & 6 & 3 \end{bmatrix}$

b. $\begin{bmatrix} 1 & 2 & 3 & 4 & 5 & 6 & 7 \\ 7 & 6 & 1 & 2 & 3 & 4 & 5 \end{bmatrix}$

**5.** 길이가 4와 6인 서로소인 두 순환치환의 곱의 위수는 무엇인가?

**6.** $A_8$에는 위수가 15인 원소가 존재함을 보여라.

**7.** $S_6$ 과 $A_6$ 의 원소들의 위수가 될 수 있는 값은 무엇일까? $A_7$ 에 대해서는 무엇일까?(25장의 연습문제를 참조하라)

**8.** $A_{10}$ 의 원소의 위수의 최댓값을 구하여라.

**9.** 다음 치환이 우치환 또는 기치환을 구분하여라.

a. $(135)$

b. $(1356)$

c. $(13567)$

d. $(12)(134)(152)$

e. $(1243)(3521)$

**10.** 한 유한집합 $S$ 에서 자기 자신으로 가는 함수가 단사함수이기 위한 필요충분조건은 전사함수임을 보여라. 집합 $S$ 가 무한집합인 경우에는 이것이 참 일까?(6장의 연습문제를 참조하라.)

**11.** $n$ 이 양의 정수이다. 만약 $n$ 이 홀수이면 $n-$ 순환치환이 기치환인가 우치환인가? 만약 $n$ 이 짝수이면 $n-$ 순환치환이 기치환인가 우치환인가?

**12.** $\alpha$ 가 우치환이면 $\alpha^{-1}$ 이 우치환이고 $\alpha$ 가 기치환이면 $\alpha^{-1}$ 도 기치환임을 증명하여라.

**13.** 정리5.6을 증명하여라.

**14.** $S_n$ 에서 $r-$ 순환치환 $\alpha$ , $s-$ 순환치환 $\beta$ , $t-$ 순환치환 $\gamma$ 에 대해 다음 명제를 완성하여라: $\alpha\beta$ 가 우치환이기 위한 필요충분조건은 $r+s$ 가 _____이고, $\alpha\beta\gamma$ 가 우치환이기 위한 필요충분조건은 $r+s+t$ 가 _____이다.

**15.** $S_n$ 의 원소 $\alpha$ , $\beta$ 에 대해 $\alpha\beta$ 가 우치환이기 위한 필요충분조건은 $\alpha$ , $\beta$ 가 모두 우치환이거나 모두 기치환임을 증명하여라.

**16.** 우치환을 $+1$ 로 기치환을 $-1$ 로 대응시키자. 이 대응을 이용하여 치환의 곱의 결과와 그 치환에 대응하는 두 숫자 $+1$, $-1$ 의 곱 사이의 유사성을 찾아라.

**17.** 두 치환 $\alpha$ , $\beta$ 에 대해 다음을 계산하여라.

$$\alpha=\begin{bmatrix}1&2&3&4&5&6\\2&1&3&5&4&6\end{bmatrix},\quad \beta=\begin{bmatrix}1&2&3&4&5&6\\6&1&2&4&3&5\end{bmatrix}$$

a. $\alpha^{-1}$

b. $\beta\alpha$

c. $\alpha\beta$

**18.** 두 치환 $\alpha$ , $\beta$ 가 다음과 같다.

$$\alpha=\begin{bmatrix}1&2&3&4&5&6&7&8\\2&3&4&5&1&7&8&6\end{bmatrix},\quad \beta=\begin{bmatrix}1&2&3&4&5&6&7&8\\1&3&8&7&6&5&2&4\end{bmatrix}$$

$\alpha$, $\beta$, $\alpha\beta$ 를 다음과 같이 표현하여라.

a. 서로소인 순환치환의 곱

b. $2-$ 순환치환의 곱

**19.** 만약 $H$가 $S_n$ 의 한 부분군이면, $H$의 모든 원소가 우치환이거나 아니면 꼭 절반만이 우치환임을 보하여라.(25장의 연습문제를 참조 하라)

**20.** $A_4$ 의 모든 원소의 위수를 계산하여라. 이 위수들과 $A_4$ 의 위수사이에는 어떤 산술적 관계가 있는가?

**21.** $S_n$ 의 기치환 전체집합이 부분군이 안 되는 이유를 두 가지를 구하여라.

**22.** $S_n$ 의 원소 $\alpha$, $\beta$에 대해 $\alpha^{-1}\beta^{-1}\alpha\beta$이 우치환임을 증명하여라.

**23.** 표 5.1을 이용하여 다음을 계산하여라.

a. $\alpha_3 = (13)(24)$의 중심화　　　　b. $\alpha_{12} = (124)$의 중심화

**24.** $S_7$ 의 원소 중에서 위수가 5인 원소의 개수는 몇 개인가?

**25.** $S_6$ 의 원소 중에서 위수가 4인 원소의 개수는 몇 개 갖고 있는가? $S_6$ 의 원소 중에서 위수가 2인 원소의 개수는 몇 개 갖고 있는가?

**26.** 치환 $(1234)$은 3－순환치환의 곱으로 표현될 수 없음을 증명하여라.

**27.** $\beta \in S_7$ 이고 $\beta^4 = (2143567)$이라 하자. $\beta$를 찾아라.

**28.** $\beta = (123)(145)$ 일 때 $\beta^{99}$ 을 서로소인 순환치환의 곱으로 써라.

**29.** $\sigma^3 = (157)(283)(469)$ 을 만족하는 $S_9$ 의 원소 $\sigma$를 세 가지 구하여라.

**30.** $(a_1 a_2 \cdots a_n)^{-1}$ 은 무슨 순환치환일까?

**31.** $G$를 한 집합 $X$위에서 치환군이라 하자. $a \in X$라 하고 $stab(a) = \{ \alpha \in G \mid \alpha(a) = a \}$를 군 $G$에서 $a$ 의 **스테빌라이저(Stabilizer of $a$ in $G$)**라고 하는데(왜냐하면, $a$를 고정 시키는 $G$의 모든 원소들로 이루어져 있기 때문이다.) $stab(a)$가 $G$의 부분군임을 증명하여라.(이 부분군은 1932년 갈로아가 처음으로 소개했다.) 이 연습문제는 7장에서 언급한다.

**32.** $\beta = (1,3,5,7,9,8,6)(2,4,10)$이다. $\beta^n = \beta^{-5}$ 을 만족하는 최소의 자연수 $n$은 무엇인가?

**33.** $\alpha = (1,3,5,7,9)(2,4,6)(8,10)$이다. 만약 $\alpha^m$ 이 5－순환치환이라면 $m$에 대하여 무엇을 말 할 수 있는가?

**34.** $H = \{ \beta \in S_5 \mid \beta(1) = 1$이고 $\beta(3) = 3 \}$ 이다. $H$는 $S_5$ 의 부분군임을 증명하여라. $H$의 원소의 개수는 몇 개 인가? 5를 $n \geq 3$인 $n$으로 대치하면 이 논증은 유효한가? 5를 $n \geq 3$인 $n$으로 대치하면 $H$의 원소의 개수는 몇 개 일까?

**35.** $A_6$ 의 원소 중에서 위수가 5인 원소의 개수는 몇 개 인가?

**36.** $S_4$ 의 부분군 중에서 위수가 4인 순환부분군과 위수가 4인 비순환부분군을 각각 찾아라.

**37.** $\beta$가 10－순환치환일 때 $i = 2, 3, \cdots, 10$에 대해 $\beta^i$ 이 10－순환치환이 되는 $i$를 모두 구하여라.

**38.** $|\alpha| = 2$, $|\beta| = 2$, $|\alpha\beta| = 3$이 되는 $S_3$ 의 원소 $\alpha$, $\beta$를 찾아라.

**39.** $|\alpha| = 3$, $|\beta| = 3$, $|\alpha\beta| = 5$이 되는 군의 원소 $\alpha$, $\beta$를 찾아라.

**40.** 정삼각형의 대칭군을 꼭짓점들의 치환군으로 표현하여라.(예제 3 참조)

**41.** $n \geq 3$이면 $S_n$ 은 비가환군임을 증명하여라.

**42.** $\alpha$, $\beta$ 이 $S_n$ 의 원소일 때 $\beta\alpha\beta^{-1}$ 와 $\alpha$ 은 모두 우치환이거나 또는 모두 기치환임을 증명하여라.

**43.** $A_5$ 에는 위수가 5 인 원소가 24 개, 위수가 3 인 원소가 20 개, 위수가 2 인 원소가 15 개 존재함을 보여라.(이 연습문제는 25장에서 언급된다.)

**44.** 위수가 4 인 $A_8$ 의 한 순환부분군을 찾아라.

**45.** 위수가 4 인 $A_8$ 의 한 비순환부분군을 찾아라.

**46.** $H$가 홀수위수를 갖는 $S_n$ 의 부분군이면 $H$는 $A_n$ 의 부분군임을 증명하여라.

**47.** $n \geq 3$에 대한 $A_n$ 의 모든 원소는 $3-$순환치환이거나 $3-$순환치환들의 곱으로 표현 될 수 있음을 보여라.

**48.** $n \geq 3$에 대해서 $Z(S_n) = \{\epsilon\}$ 임을 보여라.

**49.** $D_5$ 를 기반으로 하는 Verhoeff의 식별번호체계에서 $a \neq b$ 이면 $a * \sigma(b) \neq b * \sigma(a)$ 임을 밝혀라. 이것을 이용하여 $a \neq b$ 이면 모든 $i$ 에 대해 $\sigma^i(a)\sigma^{i+1}(b) \neq \sigma^i(b)\sigma^{i+1}(a)$ 을 증명하여라. 이것은 모든 인접한 두 숫자의 호환오류를 탐지할 수 있음을 증명하여라.

**50.** $D_5$ 를 기반으로 하는 Verhoeff의 식별번호체계에서 45723 에 식별번호를 첨가하여라.

**51.** $S_n\,(n > 1)$의 모든 원소는 $(1k)$형태의 원소들의 곱으로 나타낼 수 있음을 증명하여라.

**52.** (Indiana College Mathematics Competition) 카드를 섞는 어떤 기계는 원래 카드의 순서를 유지하면서 카드를 재배열 한다고 하자. 모든 하트카드가 에이스에서 킹의 순서로 배열된 카드를 이 기계로 섞은 다음 다시 한 번 이 기계로 섞었더니 카드의 순서가 10, 9, $Q$, 8, $K$, 3, 4, $A$, 5, $J$, 6, 2, 7이 되었다. 이 기계로 처음 섞은 후의 배열을 구하여라.

**53.** 위수가 홀수인 치환은 우치환임을 보여라.

**54.** 임의의 군 $G$에 대해 $H = \{ g^2 \mid g \in G \}$ 이 $G$의 부분군인지 아닌지 증명하여라.

**55.** $H = \{ \alpha \in A_n \mid \alpha^2 = \epsilon \}$ 이 $A_n$ 의 부분군이 되는 정수 $n$ 을 결정 하여라.

**56.** $S_4$ 의 $\beta$와 $\gamma$가 $\beta\gamma = (1432)$, $\gamma\beta = (1243)$이고 $\beta(1) = 4$ 일 때, $\beta$와 $\gamma$를 결정하여라.

**57.** $A_4$ 의 원소들의 위수가 1, 2, 3 이라는 사실이 $|Z(A_4)| = 1$ 을 유도하는 이유는 무엇인가?

**58.** 자동차의 타이어에 시계방향으로 1, 2, 3, 4 라고 번호가 매겨져있다. 1번 타이어와 3번 타이어를 서로 교환하고 또한 2번 타이어와 4번 타이어를 서로 교환하는 작업을 $a$ 라하고 2, 3, 4 번 타이어를 시계방향으로 회전하면서 서로 교환하고 1번 타이어는 교체하지 않는 작업을 $b$ 라고 하자. $a$ 와 $b$ 의 가능한 모든 조합들의 군 $G$의 위수는?

**59.** 아래 그림은 타이어회사 던롭이 표준으로 제시하는 타이어를 서로 교환하는 네 가지 방법이다. 네 가지 방법에 대응하는 $S_4$ 의 원소를 각각구하고, 이 원소를 모두 포함하는 가장 작은 $S_4$ 의 부분군을 구하여라. 이 부분군이 가환군인가?

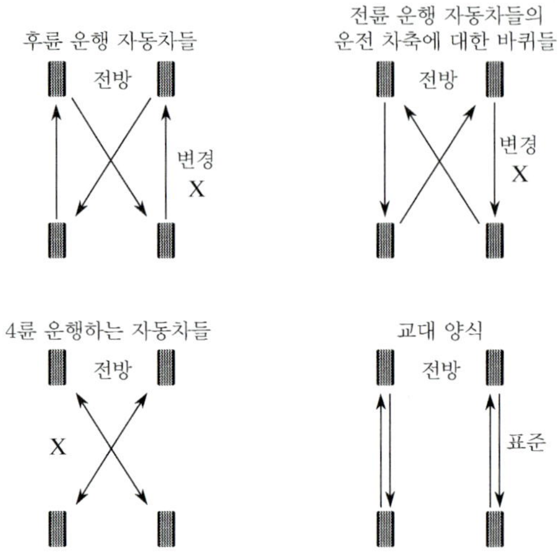


[그림]

## Reference

**1.** J. A. Gallian, "The Mathematics of Identification Numbers," *The College Mathematics Journal* 22 (1991): 194-202.

**2.** J. Verhoeff, *Error Detecting Decimal Codes,* Amsterdam: Math-ematisch Centrum, 1969.

## Augustin Cauchy

당신은 저 작은 어린아이를 알아보는가? 정말로! 그는 우리가 수학자인 이상 우리 모두의 대리자가 될 것이다.

Spoken by Lagrange to Laplace About the 11-year-old Cauchy

이 우표는 Cauchy을 기념하기 위해 프랑스에서 발행하였다.

AUGUSTIN LOUIS CAUCHY는 1789년 8월 21일 파리에서 태어났다. 그가 11세 때, Laplace와 Lagrange가 Cauchy의 특출 난 수학적 재능을 알아보았다. 학교에서는 그리스어, 라틴어, 인문학에서 상을 받았다. 21세에 나폴레옹군의 토목기사가 되었다. 그 후 몇 년 동안 Cauchy는 토목기사로써 의무를 다하면서 한 편으로는 눈부신 수학연구를 수행해 나갔다.

1815년 26세에 Cauchy는 École Polytechnique 수학과 교수가 되었고 프랑스의 수학을 이끌어 가는 수학자가 되었다. Cauchy와 그의 동시대의 Gauss는 그 당시 수학의 전반을 알고 물리학과 천문학뿐만 아니라 순수수학과 응용수학 모두에 중요한 영향을 미쳤던 가장 젊은 수학자들이었다.

Cauchy는 수학적 분석 연구에 새로운 수준의 정확함을 도입했다. 현재 우리가 사용하고 있는 극한과 연속성의 기호를 도입했고 미적분학의 기본정리를 최초로 증명했으며 복소함수론의 창시자이고 치환군과 행렬식 이론의 개척자다. 수학 연구 논문은 24권에 달하고 50세 이후의 연구 논문만 500편에 달한다. Cauchy는 1857년 5월 23일 63세의 나이로 세상을 떠났다.

Cauchy에 대한 더 많은 정보를 다음 사이트에서 얻을 수 있다.

http://www-groups.dcs.st-and.ac.uk/~history/

# 6절 동형사상(Isomorphisms)

시와 과학적 발견의 기초는 유사성에서 비유사성을 그리고 비유사성에서 유사성을 이해하는 능력에 있다. Jacob Bronowski

## 도입(Motivation)

미국인은 숫자를 셀 때 *one*, *two*, *three*, *four*, *five*, ⋯ 라 하고 독일인은 *eins*, *zwei*, *drei*, *vier*, *fünf*, ⋯ 라 한다. 이 두 사람은 같은 셈을 하고 있지만 서로 다른 언어로 말하고 있다. 마찬가지로 미국인은 *Two plus three is five* 라 하고 독일인은 *Zwei und drei ist fünf* 라고 하는데 이 두 표현은 모두 같은 의미이지만 서로 다른 언어로서 그 의미를 말하고 있다. 군 이론에서도 이와 비슷한 상황 즉 같은 군이지만 서로 다른 용어로 표현되는 상황이 자주 일어난다. 이에 대해 우리는 지금까지 두 개의 예를 이미 살펴보았다. 제1장에서, 정사각형의 대칭군을 기하학적인 용어(예를 들어, $R_{90}$)로 설명했고 제5상에서는 네 꼭짓점의 숫사들의 치환이라는 다른 용어를 사용하여 똑같은 군을 설명하였다. 두 경우 모두, 궁극적으로는 바탕에 있는 군은 정사각형의 대칭군을 의미한다. 제4장에서, $a$ 에 의해 생성되는 위수가 $n$ 인 순환군인 경우에는, $k=(r+s) \bmod n$ 이면 $a^r a^s = a^k$ 이므로 순환군의 연산은 필연적으로 법을 $n$ 으로 하는 덧셈과 일치한다. 예를 들어, $U(43)$, $U(49)$ 는 모두 위수가 42 인 순환군이다. 따라서 이 두 군은 모두 $a^r a^s = a^{(r+s) \bmod n}$ 의 연산을 갖는 순환군 $\langle a \rangle$ 이다.

## 정의와 예(Definitions and Examples)

이번 장에서, 서로 다른 용어로 정의된 두 개의 군이 실제로는 동일한가의 여부를 결정하는 형식적인 방법을 소개한다. 이 경우에, 우리는 이 두 군 사이에 동형사상이 존재한다 라고 한다. 이 용어는 175 여년 전 갈로아가 처음으로 사용하였다. **동형사상(isomorphism)** 이라는 용어는 같음을 의미하는 그리스어 *isos* 와 형태를 의미하는 *morphe* 의 결합이다. *R. Allenby* 는 대수학자를 동형인 체계들 사이의 차이점을 말할 수 없는 사람들이라고 색깔있게 정의했다.

### 정의: 군동형사상(Group Isomorphism)

군 $G$ 에서 군 $\overline{G}$ 로의 동형사상 $\phi$ 는 $G$ 에서 $\overline{G}$ 로의 전단사함수이고 군의 연산을 보존한다. 즉 임의의 $G$ 의 원소 $a$, $b$ 에 대해

$$\phi(ab)=\phi(a)\phi(b) \text{ 이다.}$$

$G$ 에서 $\overline{G}$ 로의 동형사상이 존재하면 $G$ 와 $\overline{G}$ 는 서로 동형적이라 하고 $G \approx \overline{G}$ 로 표현한다.

이 정의는 그림 6.1과 같이 도식화 할 수 있다. 화살표로 연결된 쌍이 그 군의 연산을 의미한다.

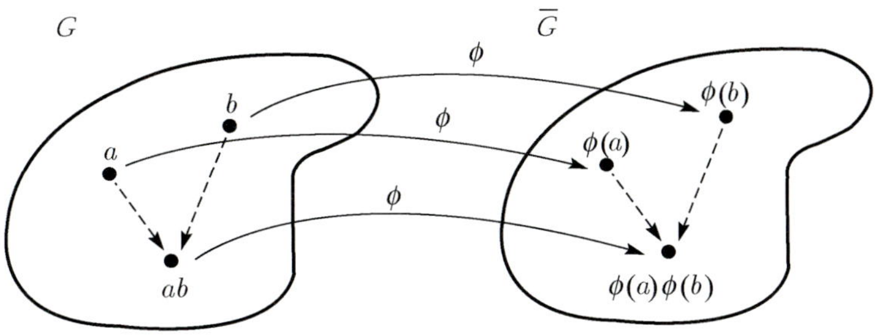


[그림 6.1]

동형사상의 정의에서 동형인 군들은 같은 위수를 갖는 다는 것은 곧 바로 알 수 있다. 또한 동형사상의 정의에서 등호의 왼편의 연산은 $G$에서 연산이고 반면에 오른쪽의 연산은 $\overline{G}$의 연산이다. 연산 $\cdot$ 와 $+$가 관련된 네 가지 경우를 다음 표 6.1에서 정리했다.

〈표 6.1〉

| $G$의 연산 | $\overline{G}$의 연산 | 연산보존 |
|---|---|---|
| $\cdot$ | $\cdot$ | $\phi(a \cdot b) = \phi(a) \cdot \phi(b)$ |
| $\cdot$ | $+$ | $\phi(a \cdot b) = \phi(a) + \phi(b)$ |
| $+$ | $\cdot$ | $\phi(a+b) = \phi(a) \cdot \phi(b)$ |
| $+$ | $+$ | $\phi(a+b) = \phi(a) + \phi(b)$ |

군 $G$가 군 $\overline{G}$와 동형임을 증명하는데 다음 별도의 네 단계가 있다.

단계1. "함수(Mappings)". 동형사상이 될 수 있는 $G$에서 $\overline{G}$로의 함수 $\phi$를 정의한다.

단계2. "단사함수$(1-1)$". 함수 $\phi$가 단사함수임을 증명한다. 즉 $\phi(a) = \phi(b)$라 하면 $a = b$임을 증명한다.

단계3. "전사함수(Onto)". 함수 $\phi$가 전사함수임을 증명한다. 즉 $\overline{G}$의 임의의 원소 $\overline{g}$에 대하여 $\phi(g) = \overline{g}$를 만족하는 $G$의 원소 $g$를 구한다.

단계4. "연산의 보존(O.P.)". 함수 $\phi$가 연산을 보존함을 증명한다. 즉 $G$의 임의의 원소 $a, b$에 대하여 $\phi(ab) = \phi(a)\phi(b)$임을 증명한다.

이 단계들은 모두 친숙하지 않는 것은 없다. 마지막 네 번째 단계 만 생소할 것이다. 마지막 단계는 두 원소를 연산을 먼저 실행한 다음에 함숫값을 구하는 것과 두 원소 각각의 함숫값을 먼저 구한 후 연산을 실행한 값이 일치함을 확인하는 것이다. 즉 연산과 함숫값을 구하는 이 두 개의 과정의 순서에 관계없이 그 결과가 동일해야 한다. 우리는 미적분학에서 이와 동일한 개념을 아래 공식처럼 이미 공부했다.

$$\lim_{x \to a}(f(x) \cdot g(x)) = \lim_{x \to a} f(x) \lim_{x \to a} g(x)$$

$$\int_a^b (f(x) + g(x))\, dx = \int_a^b f(x)\, dx + \int_a^b g(x)\, dx$$

더 나가기 전에, 몇 가지 예를 살펴보자.

**예제 1** $G$는 덧셈에 대한 실수전체집합의 군이고 $\overline{G}$는 곱셈에 대한 양의 실수전체집합의 군이라 하자. $G$와 $\overline{G}$는 사상 $\phi(x)=2^x$에 의해 서로 동형이다. 확실히, $\phi$는 $G$에서 $\overline{G}$으로 가는 함수이다. 단사함수임를 증명하기 위해 $2^x=2^y$라 하면, $\log_2 2^x=\log_2 2^y$이므로 $x=y$이다. 전사함수임을 증명하려면 임의의 양의 실수 $y$에 대해 $\phi(x)=y$ 즉 $2^x=y$를 만족하는 $x$를 구해야 한다. $x$에 대해 방정식의 해를 구하면 $x=\log_2 y$이다. 마지막으로 $G$의 임의의 원소 $x$, $y$에 대해

$$\phi(x+y)=2^{x+y}=2^x2^y=\phi(x)\phi(y)$$

이다. 따라서 $\phi$는 연산을 보존한다.

---

**예제 2** 모든 무한순환군은 $\mathbb{Z}$와 동형이다. 실제로, $a$를 그 순환군의 생성원이라면 함수 $a^k\to k$가 동형사상이 된다. 위수가 $n$인 유한순환군 $\langle a\rangle$은 함수 $a^k\to k \bmod n$에 의해서 $\mathbb{Z}_n$과 동형이다. 이러한 두 대응관계들은 모두 함수이고 정리 4.1에 근거하여 단사함수이다. 또한 분명하게, 기함수는 전사이나. 유한순환군인 경우는 제0장 연습문제 11에 의해서 이 함수는 연산을 보존하고 무한인 경우는 정의에 의해서 연산을 보존한다.

---

**예제 3** 덧셈연산에 대해 $\phi(x)=x^3$으로 주어지는 $\mathbb{R}$에서 $\mathbb{R}$으로의 대응은 동형사상이 아니다. $\phi$가 전단사함수이기는 하지만 모든 $x$, $y$에 대해 $(x+y)^3=x^3+y^3$이 성립하지 않으므로 연산을 보존하지 않는다.

---

**예제 4** $U(10)\approx\mathbb{Z}_4$이고 $U(5)\approx\mathbb{Z}_4$이다. 이를 증명하기 위해서는 $U(10)$과 $U(5)$ 위수가 4인 순환군임을 보이면 예제 2에 의해서 성립한다.

---

**예제 5** $U(10)\not\approx U(12)$이다. 이를 증명하는 것은 약간 복잡하다. 먼저 $U(12)$의 모든 원소 $x$에 대하여 $x^2=1$이 성립한다. 이제, $\phi$를 $U(10)$에서 $U(12)$로 가는 동형사상이라 하자. 그러면,

$$\phi(9)=\phi(3\cdot 3)=\phi(3)\phi(3)=1$$

이고

$$\phi(1)=\phi(1\cdot 1)=\phi(1)\phi(1)=1.$$

따라서 $\phi(9)=\phi(1)$이다. 그러나 $9\neq 1$이므로 $\phi$가 단사함수라는 가정에 모순이다.

---

**예제 6** 유리수 전체집합 $\mathbb{Q}$의 덧셈에 대한 군과 영이 아닌 유리수 전체집합 $\mathbb{Q}^*$의 곱셈에 대한 군 사이에는 동형사상이 존재하지 않는다. 만약 동형사상 $\phi$가 존재한다면 $\phi(a)=-1$이 되는 유리수 $a$가 존재한다. 그러나

$$-1=\phi(a)=\phi(\frac{1}{2}a+\frac{1}{2}a)=\phi(\frac{1}{2}a)\phi(\frac{1}{2}a)=[\phi(\frac{1}{2}a)]^2.$$

제곱해서 $-1$이 되는 유리수는 존재하지 않는다.

**예제 7** 행렬식이 1이고 실수를 원소로 하는 $2\times2$ 행렬 전체집합의 곱셈에 대한 군을 $G=SL(2,\mathbb{R})$ 이라하자. $M$을 행렬식이 1이고 실수를 원소로 하는 $2\times2$ 행렬이라 하자. $G$에서 $G$로의 대응 $\phi_M$을 $\phi_M(A)=MAM^{-1}$로 정의하자. 이 대응은 동형사상임을 밝히기 위해 이를 네 단계로 나누어 증명하자.

단계1. 함수: $\phi_M$이 $G$에서 $G$로의 함수이다. 임의의 $G$의 원소 $A$에 대하여 $\phi_M(A)$가 $G$의 원소임을 보이면 된다. 행렬식의 성질에 의해

$$\det(MAM^{-1})=(\det M)(\det A)(\det M)^{-1}=1\cdot1\cdot1^{-1}=1.$$

따라서 $\phi_M(A)=MAM^{-1}$는 $G$의 원소이다.

단계2. $\phi_M$이 단사함수이다. $\phi_M(A)=\phi_M(B)$이면 $MAM^{-1}=MBM^{-1}$이다. 좌우소약법칙에 의해서 $A=B$이다.

단계3. $\phi_M$이 전사함수이다. 임의의 $G$의 원소 $B$에 대하여 $\phi_M(A)=B$이 성립하는 $G$의 원소 $A$를 구해야한다. 이것을 어떻게 구 할 수 있을까? 만약 그와 같은 행렬 $A$가 존재 한다면 $MAM^{-1}=B$를 만족해야 한다. 이것은 $A$가 무엇이 되어야 하는지를 정확히 말해 주고 있지 않는가! 따라서 $A$에 대해서 풀면 $A=M^{-1}BM$이고 $\phi_M(A)=MAM^{-1}=M(M^{-1}BM)M^{-1}=B$이다.

단계4. $\phi_M$은 연산을 보존한다. 임의의 $G$의 원소 $A$, $B$에 대하여

$$\begin{aligned}\phi_M(AB)&=M(AB)M^{-1}=MA(M^{-1}M)BM^{-1}\\&=(MAM^{-1})(MBM^{-1})=\phi_M(A)\phi_M(B).\end{aligned}$$

이 함수 $\phi_M$을 $M$에 의한 **공액(Conjugation)**이라 한다.

## 케일리 정리(Cayley Thoerem)

첫 정리는 케일리의 고전적 결과이다. 제25장에서 이 정리의 중요한 일반화를 다룬다.

**정리 6.1 케일리 정리(Cayley Thoerem, 1854)**

모든 군은 치환들의 한 군과 동형이다.

**증명** 이것을 증명하기 위해서, $G$를 임의의 군이라 하자. 우리는 $G$와 동형인 한 치환에 의한 군 $\overline{G}$를 알아 한다. $G$가 주어진 모든 것이므로 이것을 이용하여 $\overline{G}$를 구성해야한다. $G$의 임의의

원소 $g$ 에 대하여, $G$에서 $G$로의 함수 $T_g$ 를 다음과 같이 정의하자.

$$G\text{의 임의의 원소 } x \text{ 에 대하여 } T_g(x) = gx.$$

(즉, $T_g$ 는 $G$의 원소 각각의 왼편에 $g$ 를 곱한 것이다.) $T_g$ 는 집합 $G$상에서 치환임을 증명하기 위해 연습문제로 남긴다. (연습문제 23). 이제, $\overline{G} = \{ T_g \mid g \in G \}$라 하자. 그러면 $\overline{G}$ 는 연산에 대해 군이다. 됨을 보이자. 우선 $G$의 임의의 원소 $g, h$에 대해 $T_g T_h(x) = T_g(T_h(x)) = T_g(hx) = g(hx) = (gh)x = T_{gh}(x)$이므로 $T_g T_h = T_{gh}$이다. 이 사실로부터 $T_e$는 항등원이고 $(T_g)^{-1} = T_{g^{-1}}$이다(연습문제9). 합성함수에서는 결합법칙이 성립하므로, 우리는 $\overline{G}$ 가 군이 될 모든 조건을 확인 하였다.

$G$에서 $\overline{G}$ 로의 함수 $\phi$를 임의의 $G$의 원소 $g$ 에 대해 $\phi(g) = T_g$로 정의하자. $T_g = T_h$이면 $T_g(e) = T_h(e)$이므로 $ge = he$이다. 따라서 $g = h$이므로 $\phi$는 단사함수이다. 한편 $\overline{G}$ 의 구성법에서 $\phi$가 전사함수임을 알 수 있다. 이제 $\phi$가 연산을 보존하는가를 확인하면 정리가 증명된다. 이를 위해 $a$, $b$ 를 $G$의 임의의 원소라 하면

$$\phi(ab) = T_{ab} = T_a T_b = \phi(a)\phi(b).$$ □

위 정리에서 구성한 군 $\overline{G}$ 를 군 $G$의 **왼쪽정규표현(Left regular representation)**이라 한다.

**예제 8** 구체적으로, $U(12) = \{1, 5, 7, 11\}$의 왼쪽정규표현 $\overline{U(12)}$를 구해보자. $U(12)$ 위에서 구성했던 치환($T_x$ 는 $x$ 를 곱한 것임을 기억하라)을 배열의 방법으로 표현하면 다음과 같다.

$$T_1 = \begin{bmatrix} 1 & 5 & 7 & 11 \\ 1 & 5 & 7 & 11 \end{bmatrix}, \quad T_5 = \begin{bmatrix} 1 & 5 & 7 & 11 \\ 5 & 1 & 11 & 7 \end{bmatrix}$$

$$T_7 = \begin{bmatrix} 1 & 5 & 7 & 11 \\ 7 & 11 & 1 & 5 \end{bmatrix}, \quad T_{11} = \begin{bmatrix} 1 & 5 & 7 & 11 \\ 11 & 7 & 5 & 1 \end{bmatrix}$$

다음 $U(12)$ 와 그것의 왼쪽정규표현 $\overline{U(12)}$ 의 케일리 연산표를 비교해 보는 것이 교육적일 것이다.

| $U(12)$ | 1 | 5 | 7 | 11 |
|---|---|---|---|---|
| 1 | 1 | 5 | 7 | 11 |
| 5 | 5 | 1 | 11 | 7 |
| 7 | 7 | 11 | 1 | 5 |
| 11 | 11 | 7 | 5 | 1 |

| $\overline{U(12)}$ | $T_1$ | $T_5$ | $T_7$ | $T_{11}$ |
|---|---|---|---|---|
| $T_1$ | $T_1$ | $T_5$ | $T_7$ | $T_{11}$ |
| $T_5$ | $T_5$ | $T_1$ | $T_{11}$ | $T_7$ |
| $T_7$ | $T_7$ | $T_{11}$ | $T_1$ | $T_5$ |
| $T_{11}$ | $T_{11}$ | $T_7$ | $T_5$ | $T_1$ |

위의 두 표를 비교해 보면 $U(12)$ 와 $\overline{U(12)}$는 기호의 차이만 있을 뿐 완벽하게 같다는 것을 알 수 있다.

케일리정리는 대립되는 두 가지 이유에서 중요하다. 하나는 추상적인 군을 구체적인 방법으로 표현할 수 있게 하는 것이고, 다른 하나는 군에 대한 현대적인 공리들의 집합이 훨씬 초창기에 있었던 치환

군들을 올바른 방법으로 새롭게 대치했다는 것을 알려준다. 사실상 케일리 정리는 추상적인 군들이 치환군들과 다르지 않음을 말해 준다. 차이점이라면 관점의 차이 뿐이다. 이러한 관점의 차이로 인해 20세기의 군이론과 수학의 많은 분야에서 놀라운 발전이 있었다.

특정한 두 군이 동형인가 또는 동형이 아닌가를 증명하는 것은 매우 어려운 경우가 있다. 예를 들면, 덧셈에 대해 실수전체집합의 군과 덧셈에 대해 복소수전체집합의 군이 동형이라는 놀라운 사실을 증명하려면 약간 복잡한 기술들이 필요하다. 마찬가지로, 영이 아닌 복소수전체집합의 곱셈에 대한 군과 크기가 1 인 복소수전체집합의 곱셈에 대한 군이 동형이라는 것을 증명하는 것 또한 쉬운 일이 아니다. 이것들을 기하학적 용어로 말하면, 구멍이 하나있는 평면과 단위원이 서로 동형이라는 것이다. (참고문헌 1)

## 동형사상의 성질(Properties of Isomorphisms)

다음 두 정리들은 동형사상과 동형인 군들에 대한 일련의 성질들을 제공한다.

**정리 6.2 원소와 관련된 동형사상의 성질(Properties of Isomorphisms Acting on Elements)**

함수 $\phi$를 군 $G$에서 군 $\overline{G}$ 위에로의 동형사상이라 하자. 그러면,

1. $\phi$는 $G$의 항등원을 $\overline{G}$ 의 항등원으로 대응한다.
2. 임의의 자연수 $n$과 $G$의 임의의 원소 $a$에 대하여 $\phi(a^n) = [\phi(a)]^n$ 이다.
3. $G$의 임의의 원소 $a, b$ 에 대하여 $a, b$ 사이에 교환법칙이 성립하기위한 필요충분조건은 $\phi(a), \phi(b)$ 사이에 교환법칙이 성립하는 것이다.
4. $G = \langle a \rangle$ 이기위한 필요충분조건은 $\overline{G} = \langle \phi(a) \rangle$ 이다.
5. $G$의 모든 원소 $a$에 대하여 $|a| = |\phi(a)|$ 이다(동형사상은 위수를 보존한다).
6. 주어진 자연수 $k$와 주어진 $G$의 원소 $b$에 대하여, $G$에서 방정식 $x^n = b$의 해의 개수와 $\overline{G}$ 에서 방정식 $x^n = \phi(b)$의 해의 개수가 같다.
7. 만약 $G$가 유한군이면, 모든 위수에 대해 $G$와 $\overline{G}$ 는 똑 같은 개수의 원소들을 갖는다.

**증명** 5번은 1, 2번으로, 6번은 2번으로, 7번은 5번으로 설명되므로 단지 1, 2, 4번만 증명하는 것으로 제한하겠다. 편리하게, $G$의 항등원을 $e$라 하고 $\overline{G}$ 의 항등원을 $\overline{e}$라 하자.

$e = ee$ 이므로 다음이 성립한다.

$$\phi(e) = \phi(ee) = \phi(e)\phi(e).$$

또한, $\phi(e) \in \overline{G}$ 이므로 $\phi(e) = \overline{e}\phi(e)$ 이다. 소약법칙에 의해, $\overline{e} = \phi(e)$ 이다. 이것으로 1번을 증명했다.

양의 정수에 대해서, 2번은 동형사상의 정의와 수학적귀납법에 의해서 성립한다. 만약 $n$이 음의 정수이면, $-n$은 양의 정수이므로 1번을 이용하면 다음이 성립한다.

$$\overline{e} = \phi(e) = \phi(g^n g^{-n}) = \phi(g^n)\phi(g^{-n}) = \phi(g^n)(\phi(g))^{-n}.$$

이 식의 양변의 오른쪽에 $(\phi(g))^n$을 곱하면 $(\phi(g))^n = \phi(g^n)$이다. $n=0$인 경우는 1번이므로 2번의 모든 경우가 성립한다.

4번을 증명하기 위해서, $G=\langle a\rangle$라면 $\overline{G}$는 연산에 대해 닫혀있으므로 $\langle\phi(a)\rangle\subseteq\overline{G}$이다. 또한 $\phi$가 전사함수이므로, $\overline{G}$의 임의의 원소 $b$에 대해 $b=\phi(a^k)$가 되는 $G$의 원소 $a^k$가 존재한다. 따라서, $b=(\phi(a))^k$이 되어 $b\in\langle\phi(a)\rangle$이다. 이것으로 $\overline{G}=\langle\phi(a)\rangle$를 증명하였다. 이제 $\overline{G}=\langle\phi(a)\rangle$라 가정하자. 확실히, $\langle a\rangle\subseteq G$이다. $G$의 임의의 원소 $b$에 대해, $\phi(b)\in\langle\phi(a)\rangle$이다. 따라서 $\phi(b)=(\phi(a))^k=\phi(a^k)$이 되는 정수 $k$가 존재한다. $\phi$가 단사함수이므로 $b=a^k$이다. 이것으로 $G=\langle a\rangle$임을 증명하였다. □

군이 덧셈연산을 갖는 경우에 정리 6.2의 2번은 $\phi(na)=n\phi(a)$이 된다; 4번은 두 순환군 사이의 동형사상이면 생성원을 생성원으로 대응한다는 것이다.

6번은 두 군이 동형이 아님을 보일 때 자주 편리하다. 가끔 $b$를 항등원으로 선택하자. 예를 들어, $\mathbb{C}^*$와 $\mathbb{R}^*$를 생각해보자. 방정식 $x^4=1$은 $\mathbb{C}^*$에서 네 개의 근을 갖고 $\mathbb{R}^*$에서는 두 개의 근을 갖기 때문에 $\mathbb{C}^*$에서 $\mathbb{R}^*$로의 어떤 동형사상을 정의할 수 있다 해도 6번에 모순이 된다.

**정리 6.3 군에 관련된 동형사상의 성질(Properties of Isomorphisms Acting on Groups)**

함수 $\phi$를 군 $G$에서 군 $\overline{G}$ 위에로의 동형사상이라 하자.

1. 함수 $\phi^{-1}$은 군 $\overline{G}$에서 군 $G$위에로의 동형사상이다.
2. $G$가 가환군이기 위한 필요충분조건은 군 $\overline{G}$이 가환군이다.
3. $G$가 순환군이기 위한 필요충분조건은 군 $\overline{G}$이 순환군이다.
4. 만약 $K$가 $G$의 임의의 부분군이면, $\phi(K)=\{\phi(k)\mid k\in K\}$은 $\overline{G}$의 부분군이다.

**증명** 1번과 4번(연습문제 21과 연습문제 22). 2번은 정리 6.2의 3번에 의해 성립한다. 3번은 정리 6.2의 4번과 정리 6.3의 1번에 의해 성립한다. □

정리 6.2와 정리 6.3에 의해서 동형인 두 군은 많은 성질들을 공유한다는 사실을 보여준다. 실제로, 동형사상의 정의는 동형인 군들은 모든 군 이론을 공유하도록 정확히 공식화되어 있다. 즉 두 군이 동형이면 군 이론으로 표현된 어떤 성질이 한 쪽 군에서 성립하기 위한 필요충분조건이 그 성질이 다른 군에서도 성립하는 것이다. 이런 이유로 대수학 학자들이 동형인 군은 “동등하다” 또는 “같다”고 말한다. 명백히, 오랜 관례에 따라 동형인 두 군이 같다라고 하기보다 동등하다는 것이 더 합당할 것 같다.

## 자기동형사상(Automorphism)

어떤 종류의 동형사상은 자주 사용되어 특별한 이름들을 갖게 되었다.

### 정의: 자기동형사상(Automorphism)

한 군 $G$에서 자기 자신 위에로의 동형사상을 $G$의 **자기동형사상**(Automorphism)이라 한다.

예제 7의 동형사상은 $SL(2, \mathbb{R})$의 자기동형사상이다. 두 개의 예들을 더 알아보자.

**예제 9** $\mathbb{C}$에서 $\mathbb{C}$로 가는 함수가 $\phi(a+bi) = a - bi$로 주어지면 복소수 전체집합의 덧셈군 $\mathbb{C}$의 자기동형사상이다. $\phi$를 $\mathbb{C}^*$로 제한한 함수 역시 영이 아닌 복소수 전체집합의 곱셈에 대한 군 $\mathbb{C}^*$의 자기동형사상이다.(연습문제 25)

**예제 10** $\mathbb{R}^2 = \{(a, b) \mid a, b \in \mathbb{R}\}$에서 $\phi(a, b) = (b, a)$는 항별 덧셈에 대한 군 $\mathbb{R}^2$의 자기동형사상이다. 기하학적으로, $\phi$는 평면위의 모든 점을 $y = x$에 반사시킨다. 좀더 일반적으로, 원점을 지나는 직선에 대한 임의의 반사이동, 원점에 대한 모든 회전이동은 $\mathbb{R}^2$의 자기동형사상이다.

예제 7의 동형사상은 자신의 고유한 이름과 기호를 정당화하기에 충분한 자기동형사상의 특수한 예이다.

### 정의: $a$에 의해 유도되는 내적자기동형사상( Inner Automorphism Induced by $a$)

한 군 $G$에서 $a \in G$라 하자. $G$의 모든 원소 $x$에 대하여 $\phi_a(x) = axa^{-1}$로 정의한 함수 $\phi_a$를 $a$**에 의해 유도되는 $G$의 내적자기동형사상**(inner automorphism of G induced by a)이라 한다.

$\phi_a$가 실제로 $G$의 자기동형사상임을 보이는 것은 독자에게 남긴다.(예7을 한 표본으로 사용하여라.)

**예제 11** $R_{90}$에 의해서 유도되는 $D_4$의 내적자기동형사상의 작용들이 다음 표에 주어져 있다.

| $x$ | $\xrightarrow{\phi_{R_{90}}}$ | $R_{90}xR_{90}^{-1}$ |
|---|---|---|
| $R_0$ | $\rightarrow$ | $R_{90}R_0R_{90}^{-1} = R_0$ |
| $R_{90}$ | $\rightarrow$ | $R_{90}R_{90}R_{90}^{-1} = R_{90}$ |
| $R_{180}$ | $\rightarrow$ | $R_{90}R_{180}R_{90}^{-1} = R_{180}$ |
| $R_{270}$ | $\rightarrow$ | $R_{90}R_{270}R_{90}^{-1} = R_{270}$ |
| $H$ | $\rightarrow$ | $R_{90}HR_{90}^{-1} = V$ |
| $V$ | $\rightarrow$ | $R_{90}VR_{90}^{-1} = H$ |
| $D$ | $\rightarrow$ | $R_{90}DR_{90}^{-1} = D'$ |
| $D'$ | $\rightarrow$ | $R_{90}D'R_{90}^{-1} = D$ |

임의의 군 $G$에 대해 $G$의 모든 자기동형사상의 전체집합을 $Aut(G)$로 표시하고 $G$의 내적자기동

형사상의 전체집합을 $Inn(G)$로 표시한다. 이들 집합들을 명기해야 할 이유를 다음 정리에 의해서 보여 줄 것이다.

**정리 6.4 $Aut(G)$와 $Inn(G)$는 군이다.**[2)]

한 군의 모든 자기동형사상의 전체집합과 내적자기동형사상의 전체집합은 모두 합성함수연산에 대해 군이 된다.

**증명** 정리6.4의 증명은 연습문제로 남긴다.(연습문제 15) □

$Inn(G)$의 결정은 통상적이다. 만약 $G=\{e, a, b, \cdots\}$라 하면 $Inn(G)=\{\phi_e, \phi_a, \phi_b, \cdots\}$이다. 후자는 중복된 원소가 될 수 있다. $a\neq b$이지만 $\phi_a$가 $\phi_b$와 같을 수 있기 때문이다.(연습문제 33 참조) 따라서, $Inn(G)$의 원소를 결정하는 일은 단지 서로 다른 원소가 서로 다른 자기동형사상을 결정하는 것이다. 반면에, $Aut(G)$의 원소를 구하는 것은, 일반적으로 매우복잡하다.

**예제 12** $Inn(D_4)$

$Inn(D_4)$의 원소를 모두 구하기 위해, 먼저 내적자기동형의 완전한 원소들이 $\{\phi_{R_0}, \phi_{R_{90}}, \phi_{R_{180}}, \phi_{R_{270}}, \phi_{R_H}, \phi_{R_V}, \phi_{R_D}, \phi_{R_{D'}}\}$임을 밝혀야 한다. 우리의 작업은 이 나열에서 중복성을 결정해야 한다. $R_{180}\in Z(D_4)$이므로, $\phi_{R_{180}}(x)=R_{180}\,x\,R_{180}^{-1}=x$이다. 따라서 $\phi_{R_{180}}=\phi_{R_0}$이다. 또한,

$$\phi_{R_{270}}(x)=R_{270}\,x\,R_{270}^{-1}=R_{90}\,R_{180}\,x\,R_{180}^{-1}\,R_{90}^{-1}=R_{90}\,x\,R_{90}^{-1}=\phi_{R_{90}}(x)\,.$$

유사한 방법으로, $H=R_{180}V$, $D'=R_{180}D$이므로, $\phi_H=\phi_V$, $\phi_D=\phi_{D'}$이다. 이것은 앞의 나열한 것들이 $\phi_{R_0}, \phi_{R_{90}}, \phi_H, \phi_D$로 서로 다른 함수가 될 수 있다는 것을 증명하였다. 이것들이 서로 다르다는 것은 독자에게 맡긴다.(연습문제 13)

**예제 13** $Aut(\mathbb{Z}_{10})$

$Aut(\mathbb{Z}_{10})$를 계산하기 위해서 먼저 $Aut(\mathbb{Z}_{10})$의 원소 $\alpha$에 대한 충분한 정보를 찾기 위해서 어떻게 $\alpha$가 정의 되어야만 하는가를 알아야 한다. $\mathbb{Z}_{10}$은 순환군이므로 $Aut(\mathbb{Z}_{10})$의 임의의 원소 $\alpha$의 함숫값은 $\alpha(1)$을 알면 이를 이용하여 다음과 같이 모두 구할 수 있다.

$$\begin{aligned}\alpha(k)&=\alpha(\underbrace{1+1+\cdots+1}_{k\text{terms}})\\&=\underbrace{\alpha(1)+\alpha(1)+\cdots+\alpha(1)}_{k\text{terms}}=k\alpha(1)\end{aligned}$$

따라서 $\mathbb{Z}_{10}$의 자기동형사상은 $\alpha(1)$의 값에 의해서 결정이 된다. 정리 6.2의 성질5에 의해서 $|\alpha(1)|=10$이므로, $\mathbb{Z}_{10}$의 자기동형사상이 될 수 있는 $\alpha(1)$의 값은 다음 네 경우뿐이다.

2) 군 $Aut(G)$는 1893년 O. Hölder와 1894년 E. H. Moore에 의해 각각 독자적으로 처음으로 연구 되었다.

$$\alpha(1) = 1; \quad \alpha(1) = 3; \quad \alpha(1) = 7; \quad \alpha(1) = 9.$$

이 네 개의 대응을 각각 $\alpha_1$, $\alpha_3$, $\alpha_7$, $\alpha_9$로 표시 하면 $\alpha_1(1) = 1$이므로 $\alpha_1$은 항등함수가 되어 자기동형사상이다. $x \bmod 10 = y \bmod 10$이면 $3x \bmod 10 = 3y \bmod 10$이므로 $\alpha_3$는 잘 정의 된다. 더욱이, $\alpha_3(1) = 3$은 $\mathbb{Z}_{10}$의 생성원임으로 $\alpha_3$는 전사함수이다(따라서 제5장 연습문제 10에 의해서 이것은 단사함수이다). 마지막으로,

$$\alpha_3(a+b) = 3(a+b) = 3a+3b = \alpha_3(a) + \alpha_3(b)$$

이므로 $\alpha_3$는 연산을 보존한다. 따라서, $\alpha_3 \in Aut(\mathbb{Z}_{10})$이다. 같은 방법으로 $\alpha_7$, $\alpha_9$ 또한 자기동형사상임을 알 수 있다. 이것은 $Aut(\mathbb{Z}_{10})$의 원소들을 보여 주지만 구조를 알 수 있는 것은 아니다. 예를 들어, $\alpha_3\alpha_3$는 무엇일까? $(\alpha_3\alpha_3)(1) = \alpha_3(3) = 3 \cdot 3 = 9 = \alpha_9(1)$이므로 $\alpha_3\alpha_3 = \alpha_9$이다. 유사한 계산에 의해서 $\alpha_3^3 = \alpha_7$이고 $\alpha_3^4 = \alpha_1$이므로 $|\alpha_3| = 4$이다. 따라서 $Aut(\mathbb{Z}_{10})$은 순환군이다. 실제로, 다음 케일리 표는 $Aut(\mathbb{Z}_{10})$와 $U(10)$이 동형임을 밝혀준다.

| $U(10)$ | 1 | 3 | 7 | 9 |
|---|---|---|---|---|
| 1 | 1 | 3 | 7 | 9 |
| 3 | 3 | 9 | 1 | 7 |
| 7 | 7 | 1 | 9 | 3 |
| 9 | 9 | 7 | 3 | 1 |

| $Aut(\mathbb{Z}_{10})$ | $\alpha_1$ | $\alpha_3$ | $\alpha_7$ | $\alpha_9$ |
|---|---|---|---|---|
| $\alpha_1$ | $\alpha_1$ | $\alpha_3$ | $\alpha_7$ | $\alpha_9$ |
| $\alpha_3$ | $\alpha_3$ | $\alpha_9$ | $\alpha_1$ | $\alpha_7$ |
| $\alpha_7$ | $\alpha_7$ | $\alpha_1$ | $\alpha_9$ | $\alpha_3$ |
| $\alpha_9$ | $\alpha_9$ | $\alpha_7$ | $\alpha_3$ | $\alpha_1$ |

안내한 바와 같이 예제 13에서, 군 $Aut(\mathbb{Z}_n)$를 밝힐 준비가 되었다. 우리가 지금까지 가장 자주 만나는 순환군 $\mathbb{Z}_n$과 $U-$ 군 $U(n)$의 두 종류의 군들이 관련된 까닭이다. 그 결과는 특별히 좋다.

**정리 6.5** $Aut(\mathbb{Z}_n) \approx U(n)$

임의의 자연수 $n$에 대해, $Aut(\mathbb{Z}_n)$과 $U(n)$은 동형이다.

**증명** 예제 13에서와 같이, $\mathbb{Z}_n$위에서 자기동형사상 $\alpha$는 $\alpha(1)$의 값에 의해서 결정되고, $\alpha(1) \in U(n)$이다. 이제 $T: \alpha \to \alpha(1)$로 주어진 $Aut(\mathbb{Z}_n)$에서 $U(n)$으로의 대응을 생각해 보자. $\alpha(k) = k\alpha(1)$(예제 13)이므로 $T$는 $1-1$사상이다. 임의의 $\alpha$, $\beta$가 $Aut(\mathbb{Z}_n)$에 속하고 $\alpha(1) = \beta(1)$이면, $\mathbb{Z}_n$의 모든 원소 $k$에 대해 $\alpha(k) = k\alpha(1) = k\beta(1) = \beta(k)$이다. 따라서 $\alpha = \beta$이다.

$T$가 전사임을 증명하기 위해서, $U(n)$의 임의의 원소 $r$에 대해 $\mathbb{Z}_n$에서 $\mathbb{Z}_n$으로 함수 $\alpha$를 $\alpha(s) = sr(\bmod n)$, $\forall s \in \mathbb{Z}_n$로 정의하자. $\alpha$는 $\mathbb{Z}_n$위에서 자기동형사상임은 연습문제로 남긴다.(연습문제 17)

그래서, $T(\alpha) = \alpha(1) = r$이므로 $T$는 전사함수이다. 끝으로, $T$가 연산을 보존함을 보이자.

$Aut(\mathbb{Z}_n)$ 의 임의의 두 원소 $\alpha$, $\beta$에 대해 다음 식이 성립한다.

$$\begin{aligned} T(\alpha\beta) &= (\alpha\beta)(1) = \alpha(\beta)(1)) = \alpha(\beta(1)) = \alpha(\underbrace{1+1+\cdots+1}_{\beta(1)\text{terms}}) \\ &= \underbrace{\alpha(1)+\alpha(1)+\cdots+\alpha(1)}_{\beta(1)\text{terms}} = \alpha(1)\beta(1) \\ &= T(\alpha)\,T(\beta) \end{aligned}$$

이것으로 증명이 끝났다. □

## 연습문제

수학자가 되어 산다는 것은 약간은 우울하게 미친 듯이 사는 것과 같다; 아찔한 우쭐함과 암담한 절망이 교차되는 삶을 살아야 한다.
STEVEN G. KRANTZ, *A Primer of Mathematical writing*

**1.** 정수전체집합의 덧셈에 대한 군에서 짝수전체집합의 덧셈에 대한 군으로 가는 한 동형사상을 구하여라.

**2.** $Aut(\mathbb{Z})$ 를 구하여라.

**3.** $\mathbb{R}^+$ 를 양의실수집합의 곱셈군이라 하자. 사상 $\phi(x) = \sqrt{x}$ 은 $\mathbb{R}^+$ 의 한 동형사상임을 보여라.

**4.** $U(8)$은 $U(10)$과 동형이 아님을 보여라.

**5.** $U(8)$은 $U(12)$와 동형임을 보여라.

**6.** 군의 동형사상의 관계는 추이적임을 증명하여라. 즉 임의의 군 $G$, $H$, $K$에 대해 $G \approx H$이고 $H \approx K$이면 $G \approx K$이다.

**7.** $S_4$은 $D_{12}$과 동형이 될 수 없음을 증명하여라.

**8.** 사상 $\phi(a) = \log_{10} a$는 곱셈군 $\mathbb{R}^+$에서 덧셈군 $\mathbb{R}$ 로 가는 한 동형사상임을 보여라.

**9.** 정리 6.1의 기호에 따라, $T_e$는 항등함수이고 $(T_g)^{-1} = T_{g^{-1}}$임을 증명하여라.

**10.** $G$는 한 군이다. $G$의 임의의 원소 $g$에 대하여 $\alpha(g) = g^{-1}$로 정의된 사상이 동형사상이 될 필요충분조건은 $G$가 가환군임을 증명하여라.

**11.** 내적동형사상 $\phi_g$, $\phi_h$, $\phi_{gh}$ 에 대해 $\phi_g\phi_h = \phi_{gh}$ 을 증명하여라.

**12.** $G \not\approx H$이지만, $Aut(G) \approx Aut(H)$인 두 군 $G$, $H$를 찾아라.

**13.** 예제 12에서, $D_4$의 내부자기동형사상 $\phi_{R_0}$, $\phi_{R_{90}}$, $\phi_H$ 와 $\phi_D$는 서로 다름을 증명하여라.

**14.** $Aut(\mathbb{Z}_6)$ 을 구하여라.

**15.** 임의의 군 $G$에 대해 $Aut(G)$ 와 $Inn(G)$ 가 군임을 증명하여라.

**16.** $U(16)$ 위에서 $\alpha(x) = x^3$으로 주어진 사상 $\alpha$는 자기동형사상임을 증명하여라. $\alpha(x) = x^5$과 $\alpha(x) = x^7$ 에 대해서는 어떠한가? 이를 일반화하여라.

**17.** $r \in U(n)$이다. 임의의 $s \in \mathbb{Z}_n$에 대해 $\alpha(s) = sr \bmod n$로 주어진 사상 $\alpha$가 $\mathbb{Z}_n$의 자기동형사상임을 증명하여라.

**18.** 군 $\left\{\begin{pmatrix}1 & a\\0 & 1\end{pmatrix} \mid a\in\mathbb{Z}\right\}$은 어떤 친근한 군과 동형일 까? $\mathbb{Z}$ 을 $\mathbb{R}$ 으로 바꾸면 어떻게 될까?

**19.** 만약 $\phi$와 $\gamma$가 순환군 $\langle a\rangle$에서 정의된 동형사상이고 $\phi(a)=\gamma(a)$이면 $\phi=\gamma$임을 증명하여라.

**20.** $\phi(11)=13$인 한 자기동형사상 $\phi:\ \mathbb{Z}_{50}\to\mathbb{Z}_{50}$에 대해 $\phi(x)$를 구하여라.

**21.** 정리 6.3의 성질1을 증명하여라.

**22.** 정리 6.3의 성질4를 증명하여라.

**23.** 정리 6.1에서 $T_g$가 집합 $G$위에서 정말로 한 치환임을 증명하여라.

**24.** $U(20)$과 $U(24)$가 동형 인지 아닌지 증명하여라.

**25.** $\phi(a+bi)=a-bi$로 주어진 사상 $\phi$가 복소수전체집합의 덧셈 군의 자기동형사상임을 증명하여라. 또한 $\phi$는 곱셈연산을 보존함을 증명하여라. 즉, 임의의 복소수 $x$, $y$에 대해 $\phi(xy)=\phi(x)\phi(y)$임을 보이면 된다.(15장의 연습문제 참조)

**26.** $G=\{a+b\sqrt{2}\mid a,\ b:$ 유리수$\}$와 $H=\left\{\begin{pmatrix}a & 2b\\b & a\end{pmatrix} \mid a,\ b:\text{ 유리수}\right\}$는 덧셈에 대해 동형임을 보여라. $G$, $H$ 모두 곱셈에 대해 닫혀있음을 증명하여라. 위의 동형사상이 덧셈과 같이 곱셈에 대해서도 연산을 보존하는가? ($G$와 $H$의 3부에서 논의할 주제인 환의 예들이다.)

**27.** 덧셈에 대한 $\mathbb{Z}$ 와 덧셈에 대한 $\mathbb{Q}$ 는 동형이 아님을 증명하여라.

**28.** 사원수군(제1-4절 보충연습문제4)과 이면체군 $D_4$는 동형이 아님을 증명하여라.

**29.** $\mathbb{C}$ 는 복소수 전체집합이고 집합 $M$은 다음과 같다.

$$M=\left\{\begin{pmatrix}a & -b\\b & a\end{pmatrix} \mid a,\ b\in\mathbb{R}\right\}$$

$\mathbb{C}$ 와 $M$은 덧셈에 대해 동형임을 증명하여라. $\mathbb{C}^*$와 $M$의 영 아닌 모든 원소의 집합 $M^*$는 곱셈에 대해 동형임을 증명하여라.

**30.** $\mathbb{R}^n=\{(a_1,a_2,\cdots,a_n)\mid a_i\in\mathbb{R}\}$이다. 사상 $\phi(a_1,a_2,\cdots,a_n)=(-a_1,-a_2,\cdots,-a_n)$은 항별 덧셈에 대한 군 $\mathbb{R}^n$의 자기동형사상임을 보여라. 이 동형사상을 반전이라 한다. 반전 $\phi$의 작용을 기하학적으로 설명하여라.

**31.** 다음 명제를 생각해 보자: 한 부분군의 위수는 그 군의 위수의 약수이다. 유한 치환군에 대해 이 명제를 증명할 수 있다고 하자. 모든 유한군에 대하여 이 명제가 참인가? 설명하여라.

**32.** $G$는 유한가환군이고 $G$는 위수가 2인 원소를 갖지 않는 다고 가정하자. 사상 $g\to g^2$은 $G$의 한 동형사상임을 보여라. 예를 들어, $G$가 무한군이면 이 사상은 동형사상일 필요가 없음을 보여라.

**33.** 군 $G$의 원소 $g$와 $Z(G)$의 원소 $z$에 대해 원소 $g$에 의해 유도되는 내적자기동형사상과 원소 $zg$에 의해 유도되는 내적자기동형사상이 같음을 보여라.(즉, $\phi_g=\phi_{zg}$을 보여라.)

**34.** $a$와 $g$가 한 군 $G$의 원소이면, $C(a)$와 $C(gag^{-1})$는 동형임을 증명하여라.

**35.** $g$와 $h$가 군 $G$에서의 같은 내적자기동형사상을 유도한다고 가정하자. $h^{-1}g\in Z(G)$임을 증명하여라.

**36.** 연습문제 33과 연습문제 35의 결과를 한 개의 필요충분조건정리로 연결하여 표현하여라.

**37.** 군 $G$의 원소 $a$는 위수가 유한이고 $\phi_a$는 $\phi_a(x) = axa^{-1}$로 주어진 $G$의 자기동형사상이다. $|\phi_a|$는 $|a|$의 약수임을 보여라. $1 < |\phi_a| < |a|$이 성립하는 원소 $a$를 나타내어라.

**38.** $G = \{0, \pm 2, \pm 4, \pm 6, \cdots\}$와 $H = \{0, \pm 3, \pm 6, \pm 9, \cdots\}$는 덧셈연산에 대해 동형임을 증명하여라. 이 동형사상이 곱셈을 보존하는가? 정수 $m$, $n$에 대해 $G = \langle m \rangle$과 $H = \langle n \rangle$인 경우로 이 정리를 일반화하여라.

**39.** $\phi$가 $\phi(R_{90}) = R_{270}$, $\phi(V) = V$인 $D_4$의 자기동형사상일 때, $\phi(D)$, $\phi(H)$을 구하여라.

**40.** $Aut(\mathbb{Z}_9)$에서, $\gcd(i, 9) = 1$인 $i$에 대해 의 원소 $\alpha_i$는 1을 $i$로 보내는 한 자기동형사상이라 하자. 집합 $\{0, 1, 2, \cdots, 8\}$의 치환 $\alpha_5$, $\alpha_8$을 서로소인 순환치환의 곱으로 표현하여라. (예를 들어, $\alpha_2 = (0)(124875)(36)$)

**41.** $D_4$의 좌정칙표현에서 $R_{90}$에 대응하는 치환을 순환치환의 형태로 써라.

**42.** 유리수전체집합의 덧셈군 $\mathbb{Q}$에 대한 임의의 자기동형사상 $\phi$는 $\phi(x) = x\phi(1)$의 형태임을 보여라.

**43.** 양의 유리수전체집합의 곱셈군 $\mathbb{Q}^+$는 한 진부분군과 동형임을 증명하여라.

**44.** 유리수전체집합의 덧셈군 $\mathbb{Q}$는 자기 자신의 한 진부분군과 동형이 될 수 없음을 증명하여라.

**45.** 영이 아닌 실수전제십합의 곱셈군 $\mathbb{R}^*$의 임의의 자기동형사상은 양수를 양수로 음수를 음수로 대응시킴을 증명하여라.

**46.** $G$는 한 유한군이다. 우정칙표현 $T_g(x) = xg$를 서로소인 순환치환의 곱으로 나타낼 때 각각의 순환치환의 길이는 $|g|$임을 보여라.

**47.** 덧셈군 $\mathbb{Q}$는 곱셈군 $\mathbb{R}^*$와 동형이 될 수 없음을 군의 이론을 이용한 증명을 해보아라.

## Reference

**1.** J. R. Clay, "The Punctured Plane Is Isomorphic to the Unit Circle," *Journal of Number Theory* 1 (1964): 500-501.

# Arthur Cayley

캘리는 물리학자들의 미래 세대를 위한 무기들을 빌어서 만들고 있다. Peter Tait

ARTHUR CAYLEY는 1821년 8월16일 영국에서 태어났다. 천재성이 젊은 시절부터 일찍 나타났다. 20세 때 학부과정에서 첫 연구논문을 발표했고, 그 다음해까지 여덟 편이나 더 발표했다. 여전히 20대 초반의 어린나이에도 불구하고, 그는 $n-$차원 기하학의 개념을 창안했다.

케임브리지의 trinity college를 졸업하고 강사로 3년 동안 머물렀다. 25세에 변호사가 되어 14년 동안 일을 하면서 이 기간 동안에 대부분이 걸작이 된 200편 정도의 수학 관련 논문을 발표했다.

1863년 캠브리지 대학에 새롭게 설치된 수학의 Sadlerian 교수직 요청을 받아들여 나머지 생을 보냈다. 이 기간에 가장 뛰어난 업적 중의 하나는 캠브리지 대학에서 여학생의 입학을 허용하게 한 그의 역할이었다.

수학분야에서 Cayley의 획기적인 연구물에는 추상 군과 군대수 그리고, 행렬의 개념이다. 그의 연구는 주로 기하학과 선형대수에 기여했다. 그의 오랜 친구이면서 공동 연구자인 J.J.Sylvester와 나중에 상대성이론에 매우 중요한 역할을 한 불변성 원리를 창안했다.

Cayley의 연구 결과는 각각이 대략 600쪽짜리인 책 13권에 달한다. 그는 1895년 1월 25일 사망했다.

Cayley에 대해 많은 것들이 아래 사이트에 있다.

http://www.groups.dcs.st-and.ac.uk/~history/

# 7절 잉여류와 Lagrange정리 (Cosets and Lagrange's theorem)

이 시점에서, 학생들이 라그랑쥐정리의 결과의 진정한 중요성을 안다는 것은 어려울 수도 있다. 우리가 그 주제들을 더 깊게 관통해서 보게 되면 더욱 더 그것들의 기초적인 특성에 더욱 잘 알게 될 것이다. I.N.Herstein, Topics in Algebra

## 잉여류의 성질(Properties of Cosets)

여기서는 유한군에서 단 하나의 가장 중요한 Lagrange정리를 증명할 것이다. 그러나 먼저, 군을 분석하는데 새롭고 강력한 도구로 잉여류의 개념을 소개할 것이다. 이 표현은 1830년 Galois가 처음 소개했고, 1910년에 G.A.Miller에 의해 이름이 붙여졌다.

### 정의: $G$에서 $H$의 잉여류(Coset of $H$ in $G$)

군 $G$의 임의의 부분집합 $H$와 원소 $a$에 대해 집합 $aH$, $Ha$, $aHa^{-1}$를 다음과 같이 정의하자.

$$aH = \{ah \mid h \in H\}$$

$$Ha = \{ha \mid h \in H\}$$

$$aHa^{-1} = \{aha^{-1} \mid h \in H\}$$

특히 $H$가 군 $G$의 부분군이면 $aH$를 $G$에서 **$a$를 품는 $H$의 좌 잉여류**(left coset of H in G containing a), $Ha$를 $G$에서 **$a$를 품는 $H$의 우 잉여류**(right cose of H in G containing at)라고 한다. 이 경우 $a$를 $aH$(또는 $Ha$)의 **잉여류표현**(coset representative of aH)이라고 한다. 또한 $|aH|$, $|Ha|$는 각각 $aH$와 $Ha$의 원소의 개수를 나타낸다.

**예제 1** $G = S_3$, $H = \{(1), (13)\}$에 대해 $G$에서 $H$의 좌 잉여류는 다음과 같다.

$$\begin{aligned}
(1)H &= H \\
(12)H &= \{(12), (12)(13)\} = \{(12), (132)\} = (132)H \\
(13)H &= \{(13), (1)\} = H \\
(23)H &= \{(23), (23)(13)\} = \{(23), (123)\} = (123)H
\end{aligned}$$

**예제 2** 위수가 8인 이면체군 $D_4$에서 $\mathcal{K} = \{R_0, R_{180}\}$의 좌 잉여류는 다음과 같다.

$$\begin{aligned}
R_0\mathcal{K} &= \mathcal{K} \\
R_{90}\mathcal{K} &= \{R_{90}, R_{270}\} = R_{270}\mathcal{K} \\
R_{180}\mathcal{K} &= \{R_{180}, R_0\} = \mathcal{K} \\
V\mathcal{K} &= \{V, H\} = H\mathcal{K} \\
D\mathcal{K} &= \{D, D'\} = D'\mathcal{K}
\end{aligned}$$

**예제 3** 덧셈군 $\mathbb{Z}_9$ 에서 $H=\{0, 3, 6\}$ 에서 군의 연산이 덧셈이므로 좌 잉여류 $aH$대신에 $a+H$로 표시한다. $\mathbb{Z}_9$ 에서 $H$의 잉여류는 다음과 같다.

$$\begin{aligned}0+H&=\{0, 3, 6\}=3+H=6+H\\1+H&=\{1, 4, 7\}=4+H=7+H\\2+H&=\{2, 5, 8\}=5+H=8+H\end{aligned}$$

위의 세 개의 예들은 주위를 기울려야 할 만한 잉여류들에 대한 몇 가지 사실들을 설명해 주고 있다.

첫째로 잉여류들은 항상 부분군이 되는 것은 아니다.

둘째로 $a$와 $b$가 같지 않지만 $aH$와 $bH$가 같을 수 있다.

셋째로 예제1에서 $(12)H=\{(12), (132)\}$ 이고 $H(12)=\{(12), (123)\}$ 이므로 $aH$는$Ha$와 같지 않을수있다.

이 예와 관찰은 많은 질문을 제기한다. 언제 $aH=bH$가 되는가? $aH$와 $bH$는 어떤 공통인 원소를 갖는가? 언제 $aH=Ha$ 인가? 어떤 잉여류가 부분군인가? 왜 잉여류가 중요한가? 다음 보조정리와 정리가 이 질문들에 대한 답을 제시한다. 우 잉여류에 대해서도 유사한 결과가 성립한다.

**보조 정리 잉여류의 성질(Properties of Cosets)**

군 $G$의 부분군 $H$와 $G$의 원소 $a, b$ 에 대해 다음이 성립한다.

1. $a\in aH$
2. $aH=H$일 필요충분조건은 $a\in H$이다.
3. $aH=bH$일 필요충분조건은 $a\in bH$이다.
4. $aH=bH$ 또는 $aH\cap bH=\varnothing$ 이다.
5. $aH=bH$일 필요충분조건은 $a^{-1}b\in H$이다.
6. $|aH|=|bH|$
7. $aH=Ha$일 필요충분조건은 $H=aHa^{-1}$이다.
8. $aH$가 $G$의 부분군일 필요충분조건은 $a\in H$이다.

**증명** 1. $a=ae\in aH$

2. $aH=H$이면 $a=ae\in aH=H$이다. 역으로 $a\in H$이면 $H$가 $G$의 부분군이므로 $aH\subseteq H$이다. 또한 임의의 $h\in H$에 대하여 가정에서 $a\in H$이므로 $a^{-1}h\in H$이다. 따라서 $h=eh=(aa^{-1})h=a(a^{-1}h)\in aH$이므로 $H\subseteq aH$이다.

3. $aH=bH$ 이면 $a=ae\in aH=bH$ 이다. 역으로 $a\in bH$ 이면 $a=bh$ 인 $h\in H$가 존재한다. 따라서 $aH=(bh)H=b(hH)=bH$이다.

4. $c\in(aH\cap bH)$ 인 $c$ 가 존재 하면 위의 성질3에 의해 $cH=aH$ 이고 $cH=bH$ 이므로 성립한다.

5. $aH=bH$이기 위한 필요충분조건은 $H=a^{-1}bH$이므로 위의 성질2에 의해 성립한다.
6. $ah$를 $bh$로 대응하는 사상은 $aH$에서 $bH$로의 전사함수이고 또한 소거법칙에 의해 단사함수이다. 따라서 $|aH|=|bH|$이다.
7. $aH=Ha$이기 위한 필요충분조건은 $(aH)a^{-1}=(Ha)a^{-1}=H(aa^{-1})=H$이므로 성립한다.
8. $aH$가 부분군이면 $e\in aH$이므로 $aH\cap eH\neq\varnothing$이다. 따라서 위의 성질4에 의해서 $aH=eH=H$이다. 따라서 위의 성질2에 의해서 $a\in H$이다. 역으로 $a\in H$이면 위의 성질2에 의해서 $aH=H$이다. □

대부분의 수학의 정리가 수학적인 기호로 쓰여 있는데 이러한 정리가 의미하는 것을 쉽게 이해하기 위해서는 일상적인 용어로 무엇을 말하는지 역시 알아야 한다. 위의 보조정리에서, 성질1은 단순히 $a$를 포함하는 $H$의 좌 잉여류는 실제로 $a$를 포함한다는 의미이다. 성질2는 $a$를 포함하는 $H$의 좌 잉여류 $aH$가 원소 $a$를 흡수하기 위해서는 $a$가 $H$의 원소인 경우 뿐 이다. 성질3에서는 $H$의 좌 잉여류는 좌 잉여류의 임의의 원소에 의해 유일하게 결정됨을 보여주고 있다. 특히 그 좌잉여류의 임의의 원소는 그 잉여류를 표현하는데 사용 될 수 있다. 성질4는 좌 잉여류의 매우 중요한 성질 중 하나이다. 두 개의 좌 잉여류는 같은 집합이거나 아니면 서로소이다. 성질5는 좌 잉여류의 상등에 대한 문제를 $H$ 자신에 대한 문제로 변환하는 방법을 서로 알려주고 있다. 성질6은 모든 좌 잉여류의 원소의 개수가 같음을 의미한다. 성질7은 성질5와 비슷한데 좌 잉여류와 우 잉여류의 상등에 대한 문제는 부분군에 대한 상등문제로 변환하는 방법을 제시한다. 보조정리의 마지막 성질에서는 $H$의 좌 잉여류 중에서 부분군이 되는 좌 잉여류는 $H$뿐이다는 것이다.

보조정리의 성질1, 성질4, 성질6에 의해서 군 $G$의 부분군 $H$에 대해 $H$의 좌 잉여류 전체집합은 군 $G$를 분할하고 이 분할의 원소들은 크기가 모두 같다. 실제로, $G$의 분할로써 $H$의 잉여류 집합들은 $aH=bH$이면 $a\sim b$로 정의되는 동치관계에 의해서 동치류집합들이다.(정리 0.6 참조)

실제로, 부분군 $H$는 잉여류들의 집합이 주어진 군을 매우 바람직한 형태로 분할하도록 선택한다. 예를 들면 $G=\mathbb{R}^3$가 덧셈군이고 $H$가 원점을 지나는 평면이면 $H$의 좌 잉여류 $(a,\ b,\ c)+H$는 점 $(a,\ b,\ c)$를 지나고 $H$에 평행인 평면이다. 따라서 $H$의 좌 잉여류 전체집합은 $H$에 평행인 평면들로 이루어진 $3-$차원 공간의 분할이다.

만약 $G=GL(2,\ \mathbb{R})$이고 $H=SL(2,\ \mathbb{R})$이면, $G$의 임의의 행렬 $A$에 대해 잉여류 $AH$는 행렬 $A$와 같은 행렬식을 갖는 $2\times 2$행렬 전체집합이다. 따라서

$$\begin{pmatrix}2&0\\0&1\end{pmatrix}H\text{은 행렬식이 } 2 \text{ 인 } 2\times 2\text{행렬 전체집합이고}$$

$$\begin{pmatrix}1&2\\2&1\end{pmatrix}H\text{은 행렬식이 } -3 \text{ 인 } 2\times 2\text{행렬 전체집합이다.}$$

보조정리의 성질4는 한 부분군의 서로 다른 잉여류를 실제로 계산하는데 편리하다. 다음 예에서 이것을 설명할 것이다.

**예제 4**

$G=U(32)=\{1, 3, 5, 7, 9, 11, 13, 15, 17, 19, 21, 23, 25, 27, 29, 31\}$에서 $H=\{1, 15\}$의 잉여류를 모두 구해 보자. $H$의 원소가 아닌 숫자 3을 한 잉여류의 표현으로 선택한다. 좌 잉여류 $3H$를 구하면 $3H=\{3, 13\}$이다. 이제 두 개의 좌 잉여류 $H$와 $3H$ 모두의 원소가 아닌 숫자 5를 한 잉여류의 표현으로 선택하고 좌 잉여류 $5H$를 구하면 $5H=\{5, 11\}$이다. 이와 같은 방법으로 $U(32)$ 원소가 모두 없어질 때 까지 숫자를 선택하고 좌 잉여류를 만들어 가면 $H$의 서로 다른 모든 좌 잉여류가 구해진다.

## Lagrange 정리와 적용(Lagrange's Theorem and Consequences)

이제 군 이론의 역사보다 더 오래된 200년 이상의 역사를 가지고 있는 정리를 증명할 준비가 되었다! (이 정리는 처음에는 군의 이론적 용어로 적힌 것은 아니었다.) 이 단계에서, 그렇게 놀라운 일은 아니다.

**정리 7.1 Lagrange 정리(Lagrange's Theorem : $|H|$는 $|G|$의 약수이다.)**

유한군 $G$의 임의의 부분군 $H$에 대해 $|H|$는 $|G|$의 약수이다. 더욱이, $G$에서 $H$의 서로 다른 좌 잉여류(우 잉여류)의 개수는 $|G|/|H|$이다.

**증명** $G$에서 $H$의 서로 다른 모든 좌 잉여류를 $a_1H, a_2H, \cdots, a_rH$라 하면 $G$의 임의의 원소 $a$에 대해 $aH=a_iH$인 $i$가 존재한다. 또한, 보조정리 성질1.에 의해 $a \in aH$이다. 따라서, $G$의 각 원소들은 잉여류 $a_iH$의 하나에 속한다. 기호로,

$$G=a_1H \cup a_2H \cup \cdots \cup a_rH.$$

이제, 보조정리 성질4에 의해서 위의 합집합은 서로소인 집합들의 합집합이므로 다음이 성립한다.

$$|G|=|a_1H|+|a_2H|+\cdots+|a_rH|$$

끝으로, 모든 $i$에 대해 $|a_iH|=|H|$이므로 $|G|=r|H|$이다. □

Lagrange 정리는 한 부분군 후보자 판별법임을 강조하고자 한다. 즉, 한 군의 부분군들의 위수에 대한 후보자들의 목록을 제공해 준다. 따라서, 위수가 12인 군의 부분군의 위수는 1, 2, 3, 4, 6, 12중 하나이고 다른 것은 전혀 아니라고 할 수 있다. 주의하자! Lagrange 정리의 역은 성립하지 않는다. 예를 들어, 위수가 12인 한 군은 위수가 6인 부분군을 갖지 않을 수도 있다. 예제 5에서 증명한다.

군에서 부분군의 서로 다른 모든 좌 잉여류(우 잉여류)의 개수를 $G$에서 $H$의 **지표**(index)라 하고 $|G:H|$로 표시한다. Lagrange 정리에 의해서 군에서 부분군의 서로 다른 모든 좌 잉여류(우 잉여류)의 개수에 대한 다음 편리한 공식이 성립한다.

**따름 정리 1** $|G:H| = |G|/|H|$

$G$가 한 유한군이고 $H$가 $G$의 한 부분군이면 $|G:H| = |G|/|H|$이다.

□

**따름 정리 2** $|a|$는 $|G|$의 약수이다.

유한군에서, 그 군의 임의의 원소의 위수는 그 군의 위수의 약수이다.

**증명** 한 원소의 위수는 그 원소에 의해 생성되는 순환부분군의 위수와 같다. □

**따름 정리 3 소수 위수인 군은 순환군 이다.**

소수 위수인 군은 순환군 이다.

**증명** 위수가 소수인 군 $G$에는 $a \neq e$인 원소 $a$가 존재한다. 소수 위수를 갖는 군을 $G$라 하자. $a \in G$이고 $a \neq e$라 하면 $|\langle a \rangle|$는 $|G|$의 약수이고 $|\langle a \rangle| \neq 1$이다. 따라서, $|\langle a \rangle| = |G|$이고 $G = \langle a \rangle$ 이다. □

**따름 정리 4** $a^{|G|} = e$

유한군 $G$의 임의의 원소 $a$에 대해 $a^{|G|} = e$이다.

**증명** 따름 정리 2에 의해 $|G| = |a|k$인 양의정수 $k$가 존재한다.
따라서 $a^{|G|} = a^{|a|k} = e^k = e$이다. □

**따름 정리 5 페르마의 소 정리(Fermat's Little Theorem)**

임의의 정수 $a$와 임의의 소수 $p$에 대해 $a^p \bmod p = a \bmod p$ 이다.

**증명** 나눗셈 알고리즘에 의해, $a = pm + r$, $0 \le r < p$인 정수 $m$과 $r$이 존재한다. 따라서 $a \bmod p = r$이므로 $r^p \bmod p = r$을 증명하면 된다. $r = 0$이면 당연히 성립한다. 따라서 $r \in U(p)$라 가정할 수 있다.[ $U(p) = \{1, 2, \cdots, p-1\}$이 법을 $p$로 하는 곱셈에 대한 군이다] 그래서, 앞의 따름정리4에 의해, $r^{p-1} \bmod p = 1$ 이고, 따라서 $r^p \bmod p = r$ 이다. □

페르마의 소 정리는 주어진 숫자가 소수인가를 컴퓨터를 이용하여 판정할 때 사용된다. 한 경우 $p = 2^{257} - 1$에 관련해서 알아 보자. 만약 $p$가 소수라면 페르마의 소 정리에 의해 $10^p \bmod p = 10 \bmod p$ 이다. 따라서, $10^{p+1} \bmod p = 100 \bmod p$ 이다. 다중정밀도와 간단한 루프를 통해서 컴퓨터는 아주 짧은 시간에 $10^{p+1} \bmod p = 10^{2^{257}} \bmod p$ 을 계산한다. 그 결과가 100이 아니므로 $p$는 소수가 아니다.

**예제 5** Lagrange 정리의 역은 성립하지 않는다.

위수 12인 군 $A_4$는 위수 6인 부분군을 갖지 않는다. 이것을 밝히기 위해, $A_4$는 위수 3인 8개의 원소를 갖고 있음을 염두에 두자.(표 5.1의 표기에서 $\alpha_5$부터 $\alpha_{12}$까지 이다.) $A_4$에서 $a$는 위수 3인 원소라 하자. $H$는 $A_4$에서 지표가 2이므로, 기껏해서 잉여류 $H$, $aH$과 $a^2H$ 중에서 2개만 서로 다르다. 그러나 이 세 가지 중에서 어느 두 쌍이 같다는 것은 $aH = H$를 유도 한다. 따라서 $a \in H$이다.(예를 들어, 만약 $H = a^2H$ 이면 좌측에 $a$를 곱하면 된다.) 따라서, 위수 6인 $A_4$의 부분군은 위수 3인 8개의 원소를 포함한다. 이것은 모순이다.

임의의 소수 $p > 2$에 대해서, 위수가 $2p$인 두 군 $\mathbb{Z}_{2p}$와 $D_p$는 동형이 아님을 알 수 있다. 이 위수를 갖는 가능한 다른 군이 있을까 하는 질문을 자연스럽게 제기한다. 놀랍게도, 이 시점에서 단순히 잘 사용할 수 있는 기계적인 계산으로, 이 질문에 답 할 수 있다.

**정리 7.2 위수 $2p$인 군의 분류**

임의의 소수 $p > 2$에 대해 위수가 $2p$인 군 $G$는 $\mathbb{Z}_{2p}$ 또는 $D_p$에 동형이다.

**증명** 군 $G$에 위수 $2p$인 원소가 존재하지 않는다고 가정하고, $G$가 $D_p$와 동형임을 증명하면 되겠다. 처음으로 군 $G$는 위수 $p$인 원소를 갖고 있음을 보이는 것으로 시작하자. 가정과 Lagrange 정리에 의해서, 임의의 $G$의 항등원이 아닌 원소는 위수가 2이거나 $p$이다. 따라서, 우리의 주장을 밝히기 위해서, $G$의 항등원이 아닌 임의의 원소는 위수가 2라 가정할 수 있겠다. 이 경우에, 임의의 원소 $a$, $b$에 대해 $ab = (ab)^{-1} = b^{-1}a^{-1} = ba$이 되어 $G$는 가환군이 된다. 그래서, 항등원이 아닌 임의의 원소 $a \neq b$에 대해 $\{e, a, b, ab\}$은 연산에 대해 닫혀있으므로 위수 4인 $G$의 부분군이 된다. 이것은 Lagrange 정리에 모순이 되므로, 군 $G$는 위수 $p$인 원소를 갖어야 하고, 그것을 $a$라 부르자.

이제, 임의의 $b \notin \langle a \rangle$에 대해 $|b| = 2$임을 증명하자. $|G : \langle a \rangle| = 2$이고 $b \notin \langle a \rangle$이므로, $G = \langle a \rangle \cup b\langle a \rangle$이다. 따라서 $b^2\langle a \rangle = \langle a \rangle$ 또는 $b^2\langle a \rangle = b\langle a \rangle$이다. $b^2\langle a \rangle = b\langle a \rangle$이면 $b\langle a \rangle = \langle a \rangle$이 되어 모순이다. 따라서 $b^2\langle a \rangle = \langle a \rangle$이고 $b^2 \in \langle a \rangle$이다. $\langle a \rangle$의 위수가 소수 $p$이므로 $|b^2| = 1$ 또는 $|b^2| = p$이다. 그러나 $|b^2| = p$이면 $|b| \neq 2p$이므로 $|b| = p$가 되어 $\langle b^2 \rangle = \langle b \rangle$이다. 그런데 $b^2 \in \langle a \rangle$이므로 $b \in \langle a \rangle$가 되어 모순이다. 따라서 $|b^2| = 1$이다.

다음은 $ab$에 대해서 생각해 보자. $ab \notin \langle a \rangle$이므로 위의 설명에서 $|ab| = 2$이다. 따라서 $ab = (ab)^{-1} = b^{-1}a^{-1} = ba^{-1}$이고 이 관계에 의해서 군 $G$의 연산표가 완성된다.(예를 들어, $a^3(ba^4) = a^2(ab)a^4 = a^2(ba^{-1})a^4 = a(ab)a^3 = a(ba^{-1})a^3 = (ab)a^2 = (ba^{-1})a^2 = ba$) 즉, 위수 $2p$인 비 순환군의 연산표가 $ab = ba^{-1}$에 의해 유일하게 결정되므로 위수 $2p$인 모든 비 순환군은 서로 동형이고 따라서 $D_p$와 동형이다. □

위의 보조정리의 결과로, $S_3$ 또한 $D_3$와 동형이다.

## 치환군에서 잉여류의 적용(An Application of Cosets to Permutation Groups)

Lagrange 정리와 그 따름정리들은 잉여류의 개념의 유용성을 극적으로 보여 준다. 여기서 우리는 치환군에서 잉여류의 적용을 생각해 보자.

### 정의: 스태빌라이저(Stabilizer of a Point)

군 $G$를 집합 $S$의 치환들의 한 군이라 하자. 집합 $S$의 각 원소 $i$에 대하여 $stab_G(i) = \{\phi \in G \mid \phi(i) = i\}$ 라하자. $stab_G(i)$를 군 $G$에서 **원소 $i$ 의 스태빌라이저(stabilizer of i in G)**라 부른다.

군 $G$에서 원소 $i$ 의 스태빌라이저 $stab_G(i)$은 군 $G$의 부분군임을 밝혀보자.(제5장 연습문제 31)

### 정의: 궤도(Orbit of a Point)

군 $G$를 집합 $S$ 의 치환들의 한 군이라 하자. 집합 $S$ 의 각 원소 $s$ 에 대하여, $\mathrm{orb}_G(s) = \{\phi(s) \mid \phi \in G\}$ 라 하자. $S$ 의 부분집합 $\mathrm{orb}_G(s)$를 군 $G$**에 대한 원소 $s$ 의 궤도(orbit of s under G)**라 한다. $\mathrm{orb}_G(s)$의 원소개수를 $|\mathrm{orb}_G(s)|$로 표시하자.

예6에서 이 두 개념을 확인해 보자.

**예제 6** $G = \{(1), (132)(465)(78), (132)(465), (123)(456), (123)(456)(78), (78)\}$ 라 하면,

$$\begin{aligned}
&\mathrm{orb}_G(1) = \{1, 3, 2\}, && stab_G(1) = \{(1), (78)\} \\
&\mathrm{orb}_G(2) = \{2, 1, 3\}, && stab_G(2) = \{(1), (78)\} \\
&\mathrm{orb}_G(4) = \{4, 6, 5\}, && stab_G(4) = \{(1), (78)\} \\
&\mathrm{orb}_G(7) = \{7, 8\}, && stab_G(2) = \{(1), (132)(465), (123)(456)\}
\end{aligned}$$
이다.

**예제 7** $D_4$ 를 정사각형의 치환군으로 보기로 하자. 그림 7.1(a)는 $D_4$ 에 대한 점 $p$ 의 궤도를 나타내고 그림 7.1(b)는 $D_4$ 에서 점 $q$ 의 궤도를 나타낸다. $stab_{D_4}(p) = \{R_0, D\}$ 이고 $stab_{D_4}(q) = \{R_0\}$ 임을 확인하여라.

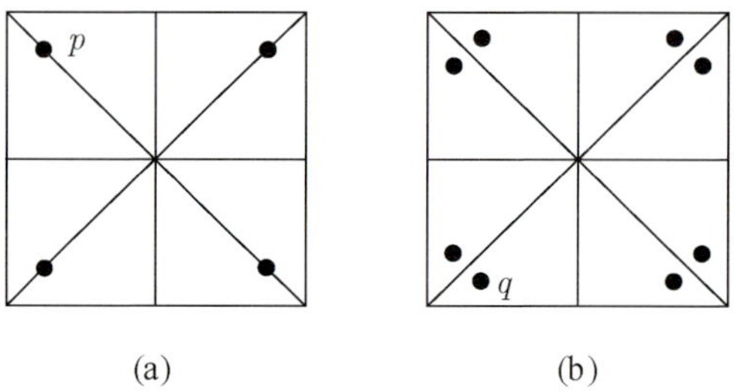


[그림 7.1]

앞의 두 예는 역시 다음 정리를 설명해 준다.

**정리 7.3 궤도-스태빌라이저 정리(Orbit-Stabilizer Theorem)**

$G$는 집합 $S$의 치환들의 한 유한군이라 하자. $S$의 임의의 원소 $i$에 대하여, $|G| = |\mathrm{orb}_G(i)|$ $|stab_G(i)|$이다.

**증명** Lagrange정리에 의해서, $|G| / |stab_G(i)|$는 $G$에서 $stab_G(i)$의 서로 다른 좌 잉여류의 개수이다. 따라서, $stab_G(i)$의 좌 잉여류의 전체집합에서 $\mathrm{orb}_G(i)$로의 전단사함수가 존재함을 증명하면 된다. 이를 위해, 대응 $T$를 $T(\phi\ stab_G(i)) = \phi(i)$로 정의하자. 대응 $T$가 잘 정의된 함수임을 보이기 위해서, 우리는 $\alpha\ stab_G(i) = \beta\ stab_G(i)$이면 $\alpha(i) = \beta(i)$임을 보여야 한다. 그런데 $\alpha\ stab_G(i) = \beta\ stab_G(i)$라면 $\alpha^{-1}\beta \in stab_G(i)$이므로 $\alpha^{-1}\beta(i) = i$이고, 따라서,$\alpha(i) = \beta(i)$이다. 위의 과정을 역으로 계산하면 $T$는 단사함수임을 알 수 있다. 이제 함수 $T$가 전사함수임을 보이면 되겠다. 임의의 $j \in \mathrm{orb}_G(i)$라 하자. 적당한 $\alpha \in G$에 대하여 $\alpha(i) = j$이고, 명확하게 $T(\alpha\ stab_G(i)) = \alpha(i) = j$이다. 따라서 $T$는 전사함수이다. □

군에 대한 집합 $S$ 원소의 궤도들이 $S$를 분할한다는 중요한 사실의 증명은 연습문제로 남긴다. (연습문제 33)

## 정육면체와 축구공의 회전 이동군(The Rotation Group of a Cube and a Soccer Ball)

위수를 계산하는 정리로써 정리 7.3과 Lagrange정리(정리 7.1)을 아무리 강조해도 지나치지 않다. 두 정리는 여러 종류의 집합의 원소의 개수를 결정하도록 해 준다. 정리 7.3이 어떻게 사용되는 지를 알기 위해서, 정육면체와 축구공의 회전이동군의 위수를 구할 것이다. 즉, 정육면체 또는 축구공을 공간상에 두고, 그것을 물리적으로 회전 시켜서, 그것의 원래의 위치로 되게 하는 근본적인 방법의 가짓수들의 개수를 발견할 것이다.

**예제 8** $G$를 정육면체의 모든 회전이동군이라 하자. 정육면체의 각 면에 1 부터 6 까지 숫자를 표기하자. 정육면체의 모든 회전이동은 정육면체의 한 개의 면을 오직 한 개의 면으로 이동하고 서로 다른 회전이동은 각 면들의 서로 다른 치환이 되므로 $G$는 집합 $\{1, 2, 3, 4, 5, 6\}$에서의 한 치환군이다. 명확하게, 중심을 지나는 수평축과 수직축에 대한 회전이동은 숫자 1이 표시 된 면을 다른 면으로 이동하는 회전이동이므로 $|\mathrm{orb}_G(1)| = 6$이다. 다음으로, $stab_G(1)$를 숫자 1이 표시 된 면을 이동하지 않는 회전이동 전체집합을 묻고 있는 것이다. 확실히, 이러한 이동은 숫자 1이 표시 된 면의 중심을 지나고 그 면과 수직인 직선에 대해 $0°$, $90°$, $180°$, $270°$ 의 네 개의 회전이동이 전부 이다. (그림 7.2) 따라서, 정리7.3에 의해 $|G| = |\mathrm{orb}_G(1)||stab_G(1)| = 6 \cdot 4 = 24$ 이다.

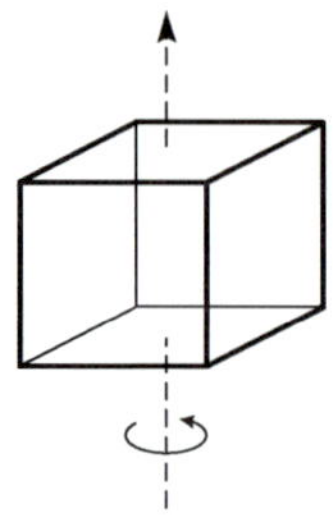

[그림 7.2]

정육면체의 회전이동의 개수를 이용하면 정육면체의 회전이동들의 군의 구조를 쉽게 알 수 있다. $S_4$ 는 4차 대칭군임을 상기하자.

**정리 7.4 정육면체의 회전이동군(The Rotation Group of a Cube)**

정육면체의 회전이동군은 $S_4$ 와 동형이다.

**증명** 정육면체의 회전이동군과 $S_4$ 의 위수가 같으므로, 정육면체의 회전이동들의 군이 $S_4$ 의 부분군과 동형임을 증명하면 된다. 정육면체의 회전이동들의 군에 의해 정육면체의 네 개의 대각선의 치환들의 군이 만들어진다. 그렇다고 서로 다른 회전이동에 서로 다른 치환이 대응된다는 것은 아니다. 이것이 성립한 것을 보이기 위해서, 대각선들의 24 개의 모든 치환이 회전이동에 의해서 결정됨을 보여야 한다. 네 개의 대각선에 순서대로 1, 2, 3, 4 라고 번호를 매기면 대각선들의 치환 $\alpha=(1234)$ 를 만드는 $90°$ 회전이동이 존재하고, 그 회전축에 수직인 축에 대해 $90°$ 회전이동은 대각선들의 치환 $\beta=(1423)$ 을 만든다. 그림 7.3을 보아라. 따라서, 위의 두 개 축에 대한 회전이동들에 의해서 만들어지는 치환군은 8 개의 원소를 갖는 부분군 $\{e, \alpha, \alpha^2, \alpha^3, \beta^2, \beta^2\alpha, \beta^2\alpha^2, \beta^2\alpha^3\}$(연습문제37 참조)과 위수가 3 인 원소 $\alpha\beta$ 를 포함한다. 명확하게, 회전이동들은 군의 위수는 8과 3의 공배수이므로 회전이동들은 24 개의 모든 치환들이 된다.

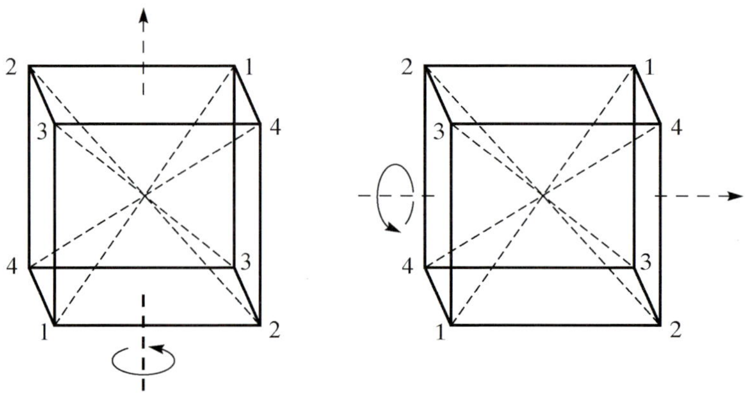


$\alpha=(1234)$ $\beta=(1423)$

[그림 7.3] □

**예제 9** 전통적인 축구공은 20 개의 정육각형과 12 개의 정오각형으로 이루어져있다. (기하학적 명칭은 **깎은 정20면체**(truncated icosahedron)이다.) 정리 7.3을 이용하여 축구공의 회전대칭의 개수를 결정하기 위해서 집합 $S$로 20 개의 정육각형 또는 12 개의 정오각형으로 선택할 수 있다. 우리는 여기서 12 개의 정오각형을 집합 $S$라 하자. 임의의 정오각형은 적당한 회전이동에 의해서 임의의 다른 정오각형으로 이동할 수 있으므로, 임의의 정오각형의 궤도는 $S$이다. 또한 특별한 하나의 정오각형을 이동하지 않는 회전이동이 다섯 개 이다. 따라서, 정리 7.3에 의해 $12 \cdot 5 = 60$ 개의 회전대칭이동이 존재한다. (축구공의 회전이동들의 군은 $A_5$ 와 동형이다.)

1985년에 로버트 컬(Robert F. Curl), 리처드 스몰리(Richard E. Smalley), 해럴드 크로토(Harold W. Kroto) 세 명의 화학자들은 흑연을 레이저로 기화시켜 새로운 형태의 탄소화합물을 만들어 과학계가 들썩거렸다. 그 새로운 분자 구조는 축구공처럼 배열된 60개의 탄소원자로 이루어졌다. 새로운 분자의 형태가 미국 건축가 벅민스터 풀러(R. Buckminster Fuller)가 디자인한 지오데식 돔 구조와 흡사해서 컬, 스몰리, 크로토 세 화학자들은 그들이 발견한 새로운 분자의 이름을 버키 볼(Buckyball)이라 명명했다. 버키 볼은 지금까지 알려진 분자들 중에서 가장 둥글고 가장 대칭적인 거대한 분자이다. 분자의 흡수 스펙트럼은 대칭성에 의해 결정되고 화학자들은 분자의 대칭성에 따라 분자의 다양한 상태 구분하고자 하기 때문에 군 이론은 버키 볼의 특성들을 완전히 파악하는데 특히 유용하게 쓰였다. 버키 볼의 발견은 탄소화학분야의 혁명에 불을 지폈다. 1996년에 버키 볼을 발견한 공로로 컬, 스몰리, 크로토 세 화학자들은 노벨화학상을 공동 수상했다.

## 연습문제

Marge, 잘 알지는 못하지만 시도해 보는 것이 실패를 피하는 첫 단계다. HOMER SIMPSON

1. $A_4$ 에서 $H = \{(1), (12)(34), (13)(24), (14)(23)\}$ 의 좌잉여류를 모두 구하여라. (표 5.1 참고)
2. 연습문제 1의 $H$에 대해 $S_4$ 에서 $H$의 좌잉여류는 몇 가지 인가?(그것을 모두 열거하지 말것).
3. $\mathbb{Z}$ 에서 $H = \{0, \pm 3, \pm 6, \pm 9, \cdots\}$ 의 좌잉여류를 모두 구하여라.
4. 보조정리의 성질5에서 주어진 조건 $a^{-1}b \in H$ 을 가환군 $G$ 에서 덧셈에 대한 기호로 나타내어라.

5. $H$는 연습문제 3이라 하자. 연습문제4를 이용하여 다음 $H$의 잉여류들이 동일한지 아닌지 결정하여라.

a. $11+H,\ 17+H$

b. $-1+H,\ 5+H$

c. $7+H,\ 23+H$

6. 자연수 $n$에 대해 $H=\{0, \pm n, \pm 2n, \pm 3n, \cdots\}$라 하자. $\mathbb{Z}$에서 $H$의 좌잉여류를 모두 구하여라. 그 개수는 몇 개인가?

7. $U(30)$에서 $\{1, 11\}$의 좌잉여류를 모두 구하여라.

8. 원소 $a$의 위수가 15라 가정하자. $\langle a \rangle$에서 $\langle a^5 \rangle$의 좌잉여류를 모두 구하여라.

9. 위수가 30인 원소 $a$에 대해 $\langle a \rangle$에서 $\langle a^4 \rangle$의 좌잉여류의 개수를 구하고 좌잉여류를 모두 구하여라.

10. 위수가 155인 군 $G$에서 항등원이 아니고 위수가 서로 다른 두 원소를 $a, b$라 하자. $a$와 $b$를 모두 포함하는 유일한 부분군은 $G$ 자신임을 증명하여라.

11. 0이 아닌 실수전체집합의 곱셈군 $\mathbb{R}^*$의 한 부분군을 $H$라 하자. 만약 $\mathbb{R}^+ \subseteq H \subseteq \mathbb{R}^*$이면 $H=\mathbb{R}^+$이거나 $H=\mathbb{R}^*$임을 증명하여라.

12. 0이 아닌 복소수전체집합의 곱셈군을 $\mathbb{C}^*$라 하고, $H=\{a+b \in \mathbb{C}^* \mid a^2+b^2=1\}$라 하자. 좌잉여류 $(3+4i)H$를 기하학적으로 설명하여라. 좌잉여류 $(c+di)H$를 기하학적으로 설명하여라.

13. $G$는 위수가 60인 한 군이다. $G$의 부분군들에 대한 가능한 위수들은 무엇인가?

14. $K$는 $H$의 진부분군이고 $H$는 $G$의 진부분군이다. 만약 $|K|=42$, $|G|=420$이면, $H$의 가능한 위수들은 무엇인가?

15. $G$는 한 군이고 소수 $p, q$에 대해 $|G|=pq$이다. $G$의 임의의 진부분군은 순환군임을 증명하여라.

16. 1보다 큰 정수 $n$에 대해 $\phi(n)$는 $n$과 서로소인 $n$보다 적은 양의 정수의 개수이다. 만약 $a$가 $n$과 서로소인 임의의 정수이면, $a^{\phi(n)} \bmod n = 1$을 증명하여라.

17. $5^{15} \bmod 7$, $7^{13} \bmod 11$을 계산하여라.

18. Lagrange 정리(정리7.1)의 따름정리2를 이용하여 $n>2$이면 $U(n)$의 위수가 짝수임을 증명하여라.

19. $G$는 위수 $n$인 유한군이고 $m$은 $n$과 서로소라 가정 하자. 만약, $g \in G$에 대해 $g^m=e$이면 $g=e$임을 증명하여라.

20. $H$와 $K$는 한 군 $G$의 부분군들이다. $G$의 부분군 $H, K$에 대해 만약 $|H|=12$, $|K|=35$일 때 $|H \cap K|$을 구하여라. 일반화 하여라.

21. $H$는 $S_4$의 한 부분군이고 $H$는 $(12)$와 $(234)$를 포함한다고 가정하자. $H=S_4$임을 증명하여라.

22. $G$의 부분군 $H, K$에 대해 $aH \subseteq bK$인 원소 $a, b$가 존재한다고 가정하자. $H \subseteq K$를 증명하여라.

**23.** $G$를 홀수 개수의 원소를 갖는 한 가환군이라 가정하자. $G$의 모든 원소들의 곱은 항등원임을 보여라.

**24.** $G$는 원소의 개수가 1보다 많고 $G$는 비자명한 진부분군을 갖지 않는다고 가정하자. $|G|$는 소수임을 증명하여라.(처음에 $G$가 유한집합이라 가정해서는 안된다.)

**25.** $|G| = 15$ 이다. 만약 군 $G$에 위수가 3인 단하나인 부분군과 위수가 5인 단하나인 부분군을 갖고 있다고 하면 $G$는 순환군임을 증명하여라. 소수 $p$, $q$에 대해 $|G| = pq$인 경우에 일반화하여라.

**26.** $G$는 위수가 25인 한 군이다. $G$는 순환군 이거나 또는 $G$의 모든 원소 $g$에 대해 $g^5 = e$ 임을 증명하여라.

**27.** $|G| = 33$ 이다. 군 $G$의 원소들에 대하여 가능한 위수들은 무엇일까? 군 $G$에는 위수가 3인 한 원소가 존재함을 보여라.

**28.** $|G| = 8$ 이다. 군 $G$에는 위수가 2 인 한 원소가 반듯이 존재함을 보여라.

**29.** 위수가 55인 한 군은 위수가 11인 원소들을 꼭 20개 만 갖을 수 있는가? 이 해답에 대한 이유를 들어라.

**30.** 0이 아닌 복소수전체집합의 곱셈군 $\mathbb{C}^*$ 의 유한부분군들을 모두 구하여라.

**31.** 유한군 $G$의 부분군 $H \subseteq K \subseteq G$에 대해 $|G:H| = |G:K||K:H|$ 임을 증명하여라.

**32.** 유리수전체집합의 덧셈군 $\mathbb{Q}$ 에는 유한 지표를 갖는 진부분군이 존재하지 않음을 보여라.

**33.** 집합 $S$의 한 치환군을 $G$라 하자. $S$의 원소의 궤도 전체집합이 $S$의 분할임을 증명하여라.(이 연습문제는 이장과 29장에서 언급된다.)

**34.** 홀수 위수를 갖는 $D_n$ 의 부분군은 모두 순환군임을 증명하여라.

**35.** $G = \{(1), (12)(34), (1234)(56), (13)(24), (1432)(56), (56)(13), (14)(23), (24)(56)\}$에 대해 다음을 구하여라.

a. 1 의 스태빌라이저와 1 의 궤도

b. 3 의 스태빌라이저와 3 의 궤도

c. 5 의 스태빌라이저와 5 의 궤도

**36.** $G$는 소수 $p$에 대해 위수를 $p^n$ 이라 하자. $G$의 중심 $Z(G)$의 위수는 $p^{n-1}$이 될 수 없음을 증명하여라.

**37.** 정리 7.4의 증명에서의 8 개 원소를 갖는 집합은 군이 됨을 증명하여라.

**38.** 위수가 12 인 한 군에는 반듯이 위수가 2 인 원소가 존재함을 증명하여라.

**39.** 한 군이 위수가 1 인 원소에서 10 인 원소까지를 모두 포함한다고 가정하자. 이 군의 위수의 가능한 최솟값은 무엇인가?

**40.** $G$는 한 유한가환군이고 $n$은 양의 정수로 $|G|$와 서로소이다. 함수 $a \to a^n$ 은 $G$의 자기동형사상임을 보여라.

**41.** 홀수 위수를 갖는 군 $G$에서 임의의 원소 $a$에 대하여 방정식 $x^2 = a$ 은 유일한 해를 가짐을 보여라.

**42.** 서로 다른 소수 $p$, $q$, $r$ 에 대해 $pqr$을 위수로 하는 군을 $G$라 하자. 만약, $H$, $K$를 $G$의 부분군으로 $|H| = pq$, $|K| = qr$ 이라면, $|H \cap K| = q$임을 증명하여라.

**43.** $G = GL(2, \mathbb{R})$, $H = SL(2, \mathbb{R})$라 하자. $A \in G$에 대해 $\det A = 2$라 가정하면, $AH$는 행렬식이 2 인 $G$의 2 차행렬 전체집합임을 증명하여라.

**44.** 군 $G$를 주어진 평면 위의 점 $P$에 대해 그 평면의 회전이동들의 군이라 하자. $G$는 그 평면의 한 치환군으로 생각하고, 평면의 한 점 $Q$의 궤도를 그려라.(궤도라는 이름을 붙인 이유이다.)

**45.** 군 $G$를 한 정육면체의 회전이동군이라 하자. 이정육면체의 각 면에 1 부터 6 까지 숫자를 쓰고, $H$를 면 1 을 자기 자신으로 이동하는 $G$의 원소들로 된 부분군이라 하자. 만약 회전이동 $\sigma$ 가 면 2 를 면1 로 이동하는 한 회전이동일 때 잉여류 $H\sigma$ 을 기하학적인 설명을 하여라.

**46.** $D_4$ 는 아래 그림에서 보는 것처럼 정사각형 영역들의 한 치환군으로 작용한다. (대칭축은 이해를 돕기 위한 것이다.) 각각의 정사각형 영역에서 표시된 점의 $D_4$ 에서의 궤도의 위치를 찾아라. 각각의 경우에, 표시된 점의 스태빌라이저를 정하여라.

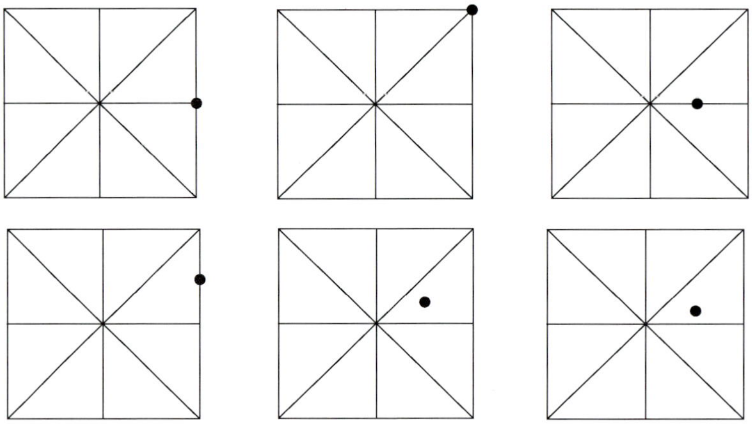

**47.** $G = GL(2, \mathbb{R})$은 행렬식이 0 이 아닌 $\mathbb{R}$ 의 $2 \times 2$행렬들의 곱셈군이다. $H$는 행렬식이 $\pm 1$ 인 행렬들의 부분군이다. 만약 $G$의 임의의 원소 $a$, $b$가 $aH = bH$이면, $\det(a)$와 $\det(b)$ 에 대하여 무엇을 말할 수 있는가? 그 역이 성립하는지 그 진위를 증명하여라.

**48.** 다음 각각의 위수를 구하여라.(그림 27.5를 참고하여라.)

a. 정사면체의 회전이동군(각 면이 합동인 4 개의 정삼각형으로 된 강체)

b. 정팔면체의 회전이동군(각 면이 합동인 8 개의 정삼각형으로 된 강체)

c. 정십이면체의 회전이동군(각 면이 합동인 12 개의 정오각형으로 된 강체)

d. 정이십면체의 회전이동군(각 면이 합동인 20 개의 정삼각형으로 된 강체)

**49.** 만약 군 $G$는 원소개수가 100 이하인 유한군이고, $G$가 위수가 각각 10, 25 인 부분군들을 갖으면, $G$의 위수는 무엇일까?

**50.** 축구공은 정육각형 20 개의 면들과 정오각형 12 개의 면들로 이루어져있다. 정리 7.3을 이용하여 축구공의 마주보는 정육각형 면들의 중심을 지나는 직선에 대한 60° 회전대칭을 왜 갖지 못 하는가 설명하여라.

# Joseph Lagrange

라글랑쥐는 수학학문에서 우뚝 솟은 피라미드이다.　Napoleon Bonaparte

JOSEPH LOUIS LAGRANGE는 1736년 1월 25일 이탈리아의 프랑스가문에서 태어났다. 뉴턴의 미적분에 관한 핼리의 수필집을 읽은 것을 계기로 어린 나이로 수학에 대해 집착하게 되었다. 19살에 토리노에 있는 왕실보병학교의 수학교수가 되었다. Lagrange는 수학과 물리학의 여러 분야에 의미있는 공헌을 하였는데 정수론, 방정식 이론, 상미분 방정식과 편미분 방정식, 변분론, 해석기하학, 유체역학, 천체역학 등이다. 그것들은 레디컬에 의한 3차, 4차 다항방정식의 해법을 구하는 방법은 Galois에 의한 방정식의 해를 군의 이론으로 접근하는 바탕이 되었다. Lagrange는 명료하고 우아한 스타일의 사려 깊은 작가였다.

40세에 오일러의 뒤를 이어 베를린 아카데미의 책임자가 되었다. 이를 위촉하면서, 프리드리히 대왕은 '유럽에서 가장 위대한 왕'에게는 반드시 '유럽에서 가장 위대한 수학자'가 있어야 한다고 선언했다. 1787년 루이 16세의 파리 초청에 의해 왕과 왕비 마리 앙투아네트와 친하게 지냈다. 1793년에 새로운 도량형체계개혁을 위해 라플라스와 라부아지에가 속해있던 위원회로 향했다. 그 결과 미터법이 만들어 졌다. 만년에는 나폴레옹이 연금을 지급했다. Lagrange는 1813년 4월 10일에 사망했다.

Lagrange에 대해 많은 것들이 아래 사이트에 있다.

http://www.groups.dcs.st-and.ac.uk/~history/

# 8절 외직적(External Direct Products)

우주는 대칭군들의 표현되는 한 거대한 직적이다. Steven Weinberg

## 정의와 예(Definitions and Examples)

이 장에서는 군들을 어떻게 이어 맞추어 더 큰 군들을 만드는 방법을 보여준다. 제9장에서, 마치 정수를 소인수분해하는 것처럼 한 큰 군을 더 적은 군들의 곱으로 재구성하는 것을 보일 것이다. 이러한 방법들은 나중에 모든 유한가환군을 구성하는 한 단순한 방법을 제공하는데 사용될 것이다.

### 정의: 외직적(External Direct Product)

$G_1, G_2, \cdots, G_n$ 은 유한개의 군들의 모임이다. $G_1, G_2, \cdots, G_n$ 의 **외직적(external direct product)**은 $G_1 \oplus G_2 \oplus \cdots \oplus G_n$ 으로 표기하며, $i$ 번째 좌표가 $G_i$ 의 원소인 모든 $n$ 차 순서쌍의 전체집합이고 연산은 성분별로 주어진다.

기호로 표현하면, $G_1 \oplus G_2 \oplus \cdots \oplus G_n = \{(g_1, g_2, \cdots, g_n) \mid g_i \in G_i\}$ 이다.

그리고, $(g_1, g_2, \cdots, g_n)(g'_1, g'_2, \cdots, g'_n) = (g_1 g'_1, g_2 g'_2, \cdots, g_n g'_n)$ 으로 정의된다.

각각의 곱 $g_i g'_i$는 $G_i$ 에서의 연산으로 이해된다. 군들의 외직적은 군 자신이 된다는 것은 독자에게 남긴다.(연습문제 1)

이 구성은 선형대수나 물리학을 이미 알고 있는 학생들에게 새로운 것이 아니다. 사실상, $\mathbb{R}^2 = \mathbb{R} \oplus \mathbb{R}$ 이고 $\mathbb{R}^3 = \mathbb{R} \oplus \mathbb{R} \oplus \mathbb{R}$ 에서 연산들은 성분별 덧셈으로 한다. 물론, 스칼라곱의 연산이 있지만 당분간 여기서는 단순하게 군의 구조에만 관심을 갖기 때문에 이것은 무시하기로 한다.

**예제 1**

$$U(8) \oplus U(10) = \left\{ \begin{array}{l} (1,1),(1,3),(1,7),(1,9),(3,1),(3,3),(3,7),(3,9), \\ (5,1),(5,3),(5,7),(5,9),(7,1),(7,3),(7,7),(7,9) \end{array} \right\}$$

첫 번째 좌표의 연산은 법을 8 로 하는 곱셈이고 마찬가지로 두 번째 좌표의 연산은 법을 10 로 하는 곱셈연산이므로 $(3,7)(7,9) = (5,3)$ 이다.

**예제 2**

$$\mathbb{Z}_2 \oplus \mathbb{Z}_3 = \{(0,0),(0,1),(0,2),(1,0),(1,1),(1,2)\}$$

$\mathbb{Z}_2 \oplus \mathbb{Z}_3$은 위수가 6인 가환군이다. 또한 $(1,1) = (1,1)$, $2(1,1) = (0,2)$, $3(1,1) = (1,0)$, $4(1,1) = (0,1)$, $5(1,1) = (1,2)$, $6(1,1) = (0,0)$ 이므로 $\mathbb{Z}_2 \oplus \mathbb{Z}_3$은 $(1,1)$ 에 의해서 생성되는 순환군이다. 따라서 $\mathbb{Z}_2 \oplus \mathbb{Z}_3$과 $\mathbb{Z}_6$은 동형이다.

정리 7.2에서 홀수인 소수 $p$ 에 대해 위수가 $2p$ 인 모든 군을 구했다. 이제, $\mathbb{Z}_2 \oplus \mathbb{Z}_2$를 정의 했으므로, 위수가 4 인 군들을 다음 예에서 분류하는 것은 용이하다.

**예제 3** **위수가 4 인 군들의 분류**

위수가 4 인 군은 $\mathbb{Z}_4$ 또는 $\mathbb{Z}_2 \oplus \mathbb{Z}_2$와 동형이다. 이것을 밝히기 위해서, $G=\{e, a, b, ab\}$라 하자. 만약, $G$가 순환군이 아니라면, Lagrange정리에 의해 $|a|=|b|=|ab|=2$이다. 그러면, 사상 $e \to (0, 0)$, $a \to (1, 0)$, $b \to (0, 1)$, $ab \to (1, 1)$은 $G$에서 $\mathbb{Z}_2 \oplus \mathbb{Z}_2$위로 가는 동형사상이 이다.

예제 2와 예제 3에서 알 수 있듯이 $\mathbb{Z}_m \oplus \mathbb{Z}_n$과 $\mathbb{Z}_{mn}$은 동형인 경우도 있고 그렇지 않는 경우도 있다. 정리 8.2에서 동형이 되기 위한 단순한 측성을 제공한다.

## 외직적의 성질들(Properties of External Direct Products)

다음 첫 번째 정리는 직적의 한 원소의 위수를 계산하는 한 단순한 방법은 그 원소를 구성하는 각각의 원소들의 위수들로 표현하는 방법을 제공한다.

**정리 8.1 직적에서 한 원소의 위수(Order of an Element in a Direct Product)**

유한군들의 유한 직적의 원소의 위수는 각 성분 원소 위수의 최소공배수이다. 기호로,

$$|(g_1, g_2, \cdots, g_n)| = lcm(|g_1|, |g_2|, \cdots, |g_n|)$$

**증명** $G_i$ 의 항등원을 $e_i$, $s=lcm(|g_1|, |g_2|, \cdots, |g_n|)$, $t=|(g_1, g_2, \cdots, g_n)|$라 하자. $s$ 는 $|g_i|$의 배수이므로 $(g_1, g_2, \cdots, g_n)^s = (g_1^s, g_2^s, \cdots, g_n^s) = (e_1, e_2, \cdots, e_n)$이다. 따라서 $s \geq t$ 이다. 한편, $(g_1^t, g_2^t, \cdots, g_n^t) = (g_1, g_2, \cdots, g_n)^t = (e_1, e_2, \cdots, e_n)$이므로 $t$ 는 $|g_1|, |g_2|, \cdots, |g_n|$의 공배수이다. 따라서 $s \leq t$ 이다. □

다음 두 예들은 정리 8.1의 응용문제들 이다.

**예제 4** $\mathbb{Z}_{25} \oplus \mathbb{Z}_5$에서 위수가 5 인 원소들의 개수를 결정해 보자. 정리 8.1에 의해서, $\mathbb{Z}_{25} \oplus \mathbb{Z}_5$의 원소 $(a, b)$ 는 $5=|(a, b)|=lcm(|a|, |b|)$인 성질을 갖고 있다. 분명히, $|a|=5$이고 $|b|=1, 5$ 이거나 $|b|=5$이고 $|a|=1, 5$가 되어야 한다. 두 가지 서로 배타적인 경우를 생각해 보자.

경우1. $|a|=5$이고 $|b|=1, 5$. 여기서 $a$ 는 4가지 선택이 있고(즉, 5, 10, 15, 20) $b$ 는 5가지이다. 위수 5 인 원소의 개수는 20가지이다.

경우2. $|a|=1$이고 $|b|=5$. 이번에는 $a$ 는 1가지 $b$ 는 4가지로, 위수 5 인 원소는 4가지다.

따라서 $\mathbb{Z}_2 \oplus \mathbb{Z}_3$의 위수가 5 인 원소의 개수는 24개이다.

**예제 5** $\mathbb{Z}_{100} \oplus \mathbb{Z}_{25}$에서 위수가 10 인 순환부분군의 개수를 결정해 보자. 위수가 10 인 원소들 $(a, b)$ 의 개수를 세는 것으로 시작하자.

경우1. $|a|=10$이고 $|b|=1, 5$. $\mathbb{Z}_{100}$에서 위수 10인 순환부분군은 유일하고 위수 10인 순환군의 생성원은 항상 4개(정리4.4)이므로, $a$는 4개 선택이 있다. 같은 방법으로 $b$는 5개 선택이 있다. $(a, b)$는 20개의 가능성이 있게 된다.

경우2. $|a|=2$이고 $|b|=5$. 짝수위수의 임의의 순환군은 위수가 2인 부분군이 유일하게 존재하므로(정리4.4), $a$에 대한 단 한 가지의 선택이 있고, 분명하게, $b$에 대해서는 4가지 선택이 있다. $(a, b)$는 4개의 가능성이 있게 된다.

따라서, $\mathbb{Z}_{100} \oplus \mathbb{Z}_{25}$에는 위수 10인 원소의 개수는 24개이다. 위수 10인 순환부분군에는 위수 10인 원소들이 네 개가 있고 어떤 두 순환부분군들도 위수 10인 원소를 공유할 수 없으므로, 위수 10인 순환부분군의 개수는 $24/4=6$이다.(이 방법은 양떼의 다리의 개수를 4로 나누어 양의 개수를 구하는 것과 유사하다.)

---

직적의 기호는 직적의 어떤 부분군들을 특정화 하는데 편리하다.

**예제 6** $m$의 약수 $r$과 $n$의 약수 $s$에 대해 군 $\mathbb{Z}_m \oplus \mathbb{Z}_n$은 $\mathbb{Z}_r \oplus \mathbb{Z}_s$과 동형인 한 부분군을 갖는다(연습문제17). $\mathbb{Z}_{30} \oplus \mathbb{Z}_{12}$에서 $\mathbb{Z}_6 \oplus \mathbb{Z}_4$와 동형인 부분군을 구하기 위해서는 $\mathbb{Z}_{30}$에서 위수가 6인 순환부분군 $\langle 5 \rangle$을 택하고 $\mathbb{Z}_{12}$에서 위수가 4인 순환부분군 $\langle 3 \rangle$을 택하면, $\langle 5 \rangle \oplus \langle 3 \rangle$이 우리가 구하는 부분군이다.

---

다음 정리와 그것의 따름정리는 직적이 다시 순환군이 되는 순환군들의 특성을 제시한다.

**정리 8.2 $G \oplus H$의 순환군 판별법**

유한 순환군 $G$, $H$에 대해 $G \oplus H$이 순환군이 되기 위한 필요충분조건은 $|G|$와 $|H|$는 서로소이다.

**증명** $|G|=m$, $|H|=n$라면 $|G \oplus H|=mn$이다. 이 정리의 처음 절반을 증명하기 위해서, $G \oplus H$를 순환군이라 가정하고, $m$과 $n$이 서로소임을 보이자. $\gcd(m, n)=d$이고 $(g, h)$를 한 생성원이라 가정하자. $(g, h)^{mn/d}=((g^m)^{n/d}, (h^n)^{m/d})=(e, e)$이므로 $mn=|(g, h)| \le mn/d$이다. 따라서 $d=1$이다.

이 정리의 다른 절반을 증명하기 위해서, $G=\langle g \rangle$, $H=\langle h \rangle$이고 $\gcd(m, n)=1$라 가정하자. 그러면, $|(g, h)|=lcm(m, n)=mn=|G \oplus H|$이므로 $(g, h)$은 $G \oplus H$의 생성원이다.□

정리 8.2와 수학적 귀납법을 이용하면 정리 8.2를 다음 따름정리와 같이 확장할 수 있다.

**따름 정리 1 $G_1 \oplus G_2 \oplus \cdots \oplus G_n$의 순환군 판별법**

유한개의 유한 순환군의 외직적 $G_1 \oplus G_2 \oplus \cdots \oplus G_n$이 순환군이기 위한 필요충분조건은 $i \neq j$이면 $|G_i|$와 $|G_j|$는 서로소이다.

**따름 정리 2 $\mathbb{Z}_{n_1 n_2 \cdots n_k} \approx \mathbb{Z}_{n_1} \oplus \mathbb{Z}_{n_2} \oplus \cdots \oplus \mathbb{Z}_{n_k}$ 판별법**

$m = n_1 n_2 \cdots n_k$이다. $\mathbb{Z}_m$이 $\mathbb{Z}_{n_1} \oplus \mathbb{Z}_{n_2} \oplus \cdots \oplus \mathbb{Z}_{n_k}$와 동형이 되기 위한 필요충분조건은 $i \neq j$이면 $n_i$와 $n_j$는 서로소이다

위의 정리를 반복해서 이용하면, 똑 같은 군(동형에 대하여)을 서로 다른 형태로 표현이 가능하다. 예를 들면 다음과 같다.

$$\mathbb{Z}_2 \oplus \mathbb{Z}_2 \oplus \mathbb{Z}_3 \oplus \mathbb{Z}_5 \approx \mathbb{Z}_2 \oplus \mathbb{Z}_6 \oplus \mathbb{Z}_5 \approx \mathbb{Z}_2 \oplus \mathbb{Z}_{30}.$$

같은 방법으로,

$$\begin{aligned}\mathbb{Z}_2 \oplus \mathbb{Z}_2 \oplus \mathbb{Z}_3 \oplus \mathbb{Z}_5 &\approx \mathbb{Z}_2 \oplus \mathbb{Z}_6 \oplus \mathbb{Z}_5 \\ &\approx \mathbb{Z}_2 \oplus \mathbb{Z}_3 \oplus \mathbb{Z}_2 \oplus \mathbb{Z}_5 \approx \mathbb{Z}_6 \oplus \mathbb{Z}_{10}.\end{aligned}$$

따라서, $\mathbb{Z}_2 \oplus \mathbb{Z}_{30} \approx \mathbb{Z}_6 \oplus \mathbb{Z}_{10}$이다. 그러나 $\mathbb{Z}_2 \oplus \mathbb{Z}_{30} \not\approx \mathbb{Z}_{60}$임을 주의하여라.

## 외직적에 의한 $n$ 을 법으로 하는 단원들의 군(The Group of Units Modulo $n$ as an External Direct Products)

$U-$군들은 앞서의 생각들을 설명하는 한 편리한 방법을 제공해 준다. 이를 위해 몇 가지 기호를 먼저 소개하자. $n$ 의 약수 $k$ 에 대해 집합 $U_k(n)$ 를 다음과 같이 정의한다.

$$U_k(n) = \{x \in U(n) \mid x \bmod k = 1\}$$

예를 들어, $U_7(105) = \{1, 8, 22, 29, 43, 64, 71, 92\}$ 이다. 바로 $U_k(n)$ 은 참말로 $U(n)$ 의 부분군임을 바로 알 수 있다(제3장 연습문제 17).

**정리 8.3 $U(n)$의 외직적 표현**

서로소인 $s$, $t$ 에 대해 $U(st)$ 는 $U(s)$ 와 $U(t)$ 의 외직적과 동형이다. 즉

$$U(st) \approx U(s) \oplus U(T).$$

더욱, $U_s(st)$ 는 $U(t)$ 와 동형이고 $U_t(st)$ 는 $U(s)$ 와 동형이다.

**증명** $U(st)$ 에서 $U(s) \oplus U(T)$ 로 가는 한 동형사상은 $x \to (x \bmod s, x \bmod t)$이고; $U_s(st)$ 에서 $U(t)$ 로 가는 한 동형사상은 $x \to x \bmod t$; $U_t(st)$ 에서 $U(s)$ 로 가는 한 동형사상 $x \to x \bmod s$ 이다. 이들 사상들이 연산을 보존하는 전단사 함수임을 보이는 것은 연습문제로 남긴다( 제0장 문제 11, 17, 19와 참고문헌 [1] 참조). □

정리 8.3의 한 결과로, 다음 따름정리가 성립한다.

**따름 정리** $m = n_1 n_2 \cdots n_k$이고 여기서 $i \neq j$에 대해 $\gcd(n_i, n_j) = 1$이라 하자. 그러면 다음이 성립한다.

$$U(m) \approx U(n_1) \oplus U(n_2) \oplus \cdots \oplus U(n_k)$$

이 결과가 어떻게 작용하는지 보기 위해서, $U(105)$에 적용하면 다음을 얻는다.

$$\begin{aligned} U(105) &\approx U(7) \oplus U(15) \\ U(105) &\approx U(21) \oplus U(5) \\ U(105) &\approx U(3) \oplus U(5) \oplus U(7). \end{aligned}$$

더욱,

$$\begin{aligned} U(7) &\approx U_{15}(105) = \{1, 16, 31, 46, 61, 76\} \\ U(15) &\approx U_7(105) = \{1, 8, 22, 29, 43, 64, 71, 92\} \\ U(21) &\approx U_5(105) = \{1, 11, 16, 26, 31, 41, 46, 61, 71, 76, 86, 101\} \\ U(5) &\approx U_{21}(105) = \{1, 22, 43, 64\} \\ U(3) &\approx U_{35}(105) = \{1, 71\}. \end{aligned}$$

모든 군들 중에서, 순환군 $\mathbb{Z}_n$은 기장 단순한 구조이고 계산하기 가장 쉬운 군들이다. 다음으로 $\mathbb{Z}_n$ 형태의 군들의 직적들은 구조와 계산이 단지 약간 더 복잡할 뿐이다. 이런 이유로, 대수학자들은 유한가환군을 직적으로 기술하려고 힘을 기울였다. 정말로, 우리는 모든 유한가환군을 직적으로 표현됨을 곧 알게 될 것이다. 이 목표를 염두에 두고, $U-$군에 대한 이론을 다시 점검해 보도록 하자. 정리8.3의 따름정리와 1801년 가우스에 의해 처음으로 증명된 사실들([2]의 93 페이지 참조)을 이용하여, 임의의 $U-$군은 순환군들의 한 외직적으로 쓸 수 있다.

$$U(2) \approx \{0\}, \quad U(4) \approx \mathbb{Z}_2, \quad U(2^n) \approx \mathbb{Z}_2 \oplus \mathbb{Z}_{2^{n-2}} \quad (n \geq 3),$$

이고

$$U(p^n) \approx \mathbb{Z}_{p^n - p^{n-1}} \quad (p: \text{홀수인 소수}).$$

예를 들어,

$$\begin{aligned} U(105) &\approx U(3 \cdot 5 \cdot 7) \approx U(3) \oplus U(5) \oplus U(7) \\ &\approx \mathbb{Z}_2 \oplus \mathbb{Z}_4 \oplus \mathbb{Z}_6 \end{aligned}$$

이고

$$\begin{aligned} U(720) &\approx U(16 \cdot 9 \cdot 5) \approx U(16) \oplus U(9) \oplus U(5) \\ &\approx \mathbb{Z}_2 \oplus \mathbb{Z}_4 \oplus \mathbb{Z}_6 \oplus \mathbb{Z}_4. \end{aligned}$$

군을 이런 형식으로 표현하여 얻을 수 있는 잇점은 무엇일까? 그 중 하나는, $U(720)$의 원소의 위수로 가능한 수는 1, 2, 3, 4, 6, 12 뿐이라는 것을 즉각 알 수가 있다. 이것은 $\mathbb{Z}_2 \oplus \mathbb{Z}_4 \oplus \mathbb{Z}_6 \oplus \mathbb{Z}_4$의 원소 $(a, b, c, d)$는 $|a| = 1$ 또는 2, $|b| = 1, 2$ 또는 4, $|c| = 1, 2, 3$ 또는 6, $|d| = 1, 2$ 또는 4 이고 $|(a, b, c, d)| = lcm(|a|, |b|, |c|, |d|)$이기 때문이다. 또 다른 하나는, $U(720)$에서 위수가 12 인 원소의 개수를 즉각 계산할 수가 있다. $U(720)$이 $\mathbb{Z}_2 \oplus \mathbb{Z}_4 \oplus \mathbb{Z}_6 \oplus \mathbb{Z}_4$와 동형이므로, $\mathbb{Z}_2 \oplus \mathbb{Z}_4 \oplus \mathbb{Z}_6 \oplus \mathbb{Z}_4$에서 위수가 12 인 원소의 개수를 구하면 되기 때문이다. 그러나 이것은 용이하여,

정리 8.1에 의해 원소 $(a, b, c, d)$ 의 위수가 12 이기 위한 필요충분조건은 $lcm(|a|, |b|, |c|, |d|) = 12$ 이다. $|a| = 1$ 또는 2 이므로, 원소 $a$ 는 어떻게 선택 되느냐에 아무런 문제가 없다. 따라서, 어떻게 하면 $lcm(|b|, |c|, |d|) = 12$가 될까? 한 방법은, $|b| = 4$, $|c| = 3$ 또는 6, 그리고 $d$ 는 임의로 택하면 된다. 정리4.4에 의해서, $b$에 대해서 2가지 선택이 있고, $c$는 4가지 선택이, $d$는 4가지 선택이 있다. 따라서, 이 경우, $2 \cdot 4 \cdot 4 = 32$가지 선택이 있다. 그 외의 $lcm(|b|, |c|, |d|) = 12$가 되는 다른 한 경우는 $|d| = 4$, $|c| = 3$ 또는 6, $|b| = 1$ 또는 2 이다.($|b| = 4$ 인 경우는 이미 계산했으므로 제외한다.) 이 경우 $2 \cdot 4 \cdot 2 = 16$개의 새로운 선택이다. 끝으로, $a$ 가 $\mathbb{Z}_2$ 의 두 원소임으로, 위수가 12 인 원소의 전체개수는 $2(32+16) = 96$ 이다.

이러한 계산들은 우리에게 훨씬 더 많은 것을 알려준다. $Aut(\mathbb{Z}_{720})$ 은 $U(720)$ 과 동형이므로 위수가 12 인 $\mathbb{Z}_{720}$ 의 자기동형사상의 개수 또한 96 이다. 이런 정보를 $U(720)$ 에서나 또는 훨씬 더 좋지 않은 $\mathbb{Z}_{720}$ 에서 직접 계산한다고 상상해 보아라. 이 결과들은 유한가환군을 순환군들의 한 직적 표현을 쓸 수 있다는 이점을 아름답게 설명해준다. 또한 $Aut(\mathbb{Z}_n)$ 과 $U(n)$ 에 대한 정리의 가치를 알 수 있다. 결국, 정리들은 실험실에서 고안된 것들이다. 만약 너 자신이 이것에 대한 확신을 얻기를 바란다면, $Aut(\mathbb{Z}_{720})$ 의 위수가 12 인 자기동형사상 96 개를 정의로부터 직접 구해보기 바란다.

## 타 분야로의 응용들(Applications)

여기서 소개하고 있는 5가지 응용들을 소개하는 것으로 이 장을 마치려 한다. 그 중 세 개는 암호관련 분야-암호문을 전송하고 복호화 하는 것이고 하나는 유전학, 하나는 전기회로 분야이다.

### ■ 데이터 보안(Data Seurity)

컴퓨터는 두 개의 전압을 바탕으로 작동하므로 **이진수 문자열(binary strings)**이라 불리는 0 과 1 로 이루어진 문자열로써 정보를 표현하는 것은 매우 자연스러운 것이다. 또한 길이가 $n$ 인 이진수 문자열을 괄호와 콤마가 생략된 $\mathbb{Z}_2 \oplus \mathbb{Z}_2 \oplus \cdots \oplus \mathbb{Z}_2$ ($n$개) 의 원소로 간주하는 것도 매우 자연스런 것이다. 따라서 이진수 문자열 11000110은 $\mathbb{Z}_2 \oplus \mathbb{Z}_2 \oplus \mathbb{Z}_2 \oplus \mathbb{Z}_2 \oplus \mathbb{Z}_2 \oplus \mathbb{Z}_2 \oplus \mathbb{Z}_2 \oplus \mathbb{Z}_2$의 원소 $(1, 1, 0, 0, 0, 1, 1, 0)$ 로 간주한다. 같은 방법으로, 이진수 문자열 $a_1a_2 \cdots a_n$과 $b_1b_2 \cdots b_n$의 덧셈은 $\mathbb{Z}_2 \oplus \mathbb{Z}_2 \oplus \cdots \oplus \mathbb{Z}_2$ ($n$개) 에서 덧셈과 똑 같이 법을 2로 하는 항별 덧셈이다. 예를 들어,

$$11000111 + 01110110 = 10110001$$

이고

$$10011100 + 10011100 = 00000000 .$$

두 이진수 문자열의 합이 $a_1a_2 \cdots a_n + b_1b_2 \cdots b_n = 0$이기 위한 필요충분조건은 모든 $i$ 에 대해 $a_i = b_i$라는 정리가 인터넷 상거래를 보호하기위한 데이터보안의 기본이다.

www.Amazon.com에서 CD 구입을 한다고 가정하자. 상거래하는 중간에 해커가 신용카드정보를 가로챌까하고 의심할 필요가 있을까? 너의 정보가 보호되어 아마존에 보내지게 된다. 여기서는 웹 보안체계에 대해 신용카드정보를 보내는 방법을 설명하겠다. 아마존에 물건을 주문할 때 거기서는 임의로

생성된 0과 1로 이루어진 **비밀 키** 한가지를 주문자의 컴퓨터에 보낸다. 이 비밀 키의 이진수 문자열의 길이는 주문자의 신용카드의 이진수 문자열에 두 문자열을 추가 한다(이 과정을 데이터를 "locking"하는 것으로 생각한다). 그 합한 결과를 아마존에 보낸다. 이번에는 아마존에서는 보내온 문자열에 물품 주문자의 컴퓨터에 보냈던 키를 합하여 주문자의 신용카드번호의 이진수 문자열을 만든다(보냈던 키를 더하여 순식간에 데이터를 "unlocking"한다).

위에서 설명한 방법을 이해하기 위해, 8자리 이진수 문자열 $s = 10101100$을 아마존에 보낸다.(실제 신용카드번호의 문자열은 훨씬 더 길다). 아마존에서 구매자 컴퓨터에 비밀 키 $k = 00111101$을 전송했다고 하자. 사용자 컴퓨터는 $s + k = 10101100 + 00111101 = 10010001$을 계산하고, 이진수 문자열 10010001을 아마존에 보내고 아마존에서는 비밀 키 $k = 00111101$를 전송 받은 문자열 10010001에 더해서 구매자의 신용카드번호 $10010001 + 00111101 = 10101100$을 구한다. 이것은 처음 신용카드번호의 문자열을 표현한다. 만약 전송 도중에 $s + k = 10010001$를 해킹했다면 비밀 키 $k$에 대한 정보 없이는 값어치가 없다.

위의 방법이 안전한 이유는 아마존이 비밀 키를 임의로 선택하고 한번만 사용하고 소각되기 때문이다. 일반적인 웹 주소 "*http*"가 아닌 "*https*"로 시작하는 웹 주소인 인터넷 쇼핑몰의 웹 거래에서는 암호체제를 사용하고 있다고 말 할 수 있다. 또한 암호체제를 사용하고 있는 경우에는 웹 브라우저 하단의 상태표시줄에 조그마한 열쇄 그림이 있다.

### ■ 공개키 암호의 적용(Application to Public Cryptography)

1970년 중반, 로널드 라이베스트(Ron Rivest), 아디 샤미르(Adi Shamir), 레너드 에이들먼(Leonard Adleman) 이 세 사람은 전송하려는 메시지를 스크램블하는 기법이 공개적으로 알려있어서 비밀 메시지를 수신하려 하는 모든 사람들에게 허용된 기발한 방법을 고안했다. 그리고 그 메시지를 스크램블 할 때 사용된 방법이 공개적으로 알려져 있다 하더라도 그 메시지를 수신해야 하는 당사자만 해독이 가능하다. 이 암호화 방법은 매우 큰 소수들(약 100자리 정도 긴 소수)을 구하고 매우 큰 숫자들을 곱하는 데는 효과적인 방법이 존재하지만, 매우 큰 숫자(약 200자리 숫자)를 소인수분해를 하는 효율적인 알고리즘은 존재하지 않는다는 사실에 기반을 둔다. 메시지를 수신하려는 사람은 $m = lcm(p-1,\ q-1),\ 1 < r < m$을 만족하는 커다란 한 쌍의 소수 $p,\ q$와 자연수 $r$을 $\gcd(r,\ m) = 1$이 되게 택한다. $n = pq$를 계산하여 $r,\ n$을 공개하면 메시지를 보내는 사람은 공개된 이 값에 따라서 메시지 $M$을 $M^r \bmod n$으로 변환하여 $M^r$을 공개한다. 모든 사람에게 $r,\ n,\ M^r$이 알려져 있지만 $n$이 $pq$로 소인수분해 된다는 것을 알고 있는 사람만 이 암호를 해독할 수 있다.

위 방법의 주된 특징을 알아보기 위해 "YES"라는 메시지를 보내는 아주 간단한 예를 살펴보도록 하자. $A$는 01, $B$는 02, $\cdots$, $Z$는 26, 공백은 00으로 하면 메시지 "YES"는 250519가 된다. 주어진 숫자가 너무 길어지는 것을 방지하기 위해 필요하면 공백을 추가하여 네 개 숫자씩 두 개의 블록으로 나누어 전송한다. 따라서 주어진 메시지 "YES"는 두 개의 블록 2505과 1900으로 나누어진다. 이 메시지가 전송되어야 하는 사람은 두 소수 $p,\ q$ 일테면 $p = 37,\ q = 73$ (실제 $p,\ q$는 약 100자리 근처의 소수이다)와 자연수 $r$ 일테면 $r = 5$를 $lcm(p-1,\ q-1) = 72$와 서로소가 되게 정하고 $n = 37 \cdot 73 = 2701$

를 계산하여 $r=5$와 $n=2701$을 공공부문 디렉토리 서비스에 공개한다. 우리는 디렉토리에서 $r=5$와 $n=2701$을 찾아서 스크램블된 숫자 $(2505)^5 \bmod 2701$과 $(1900)^5 \bmod 2701$을 계산하여 보내면 수신하는 사람은 암호를 해독한다. 블록 2505에 대해서만 우리가 해야 할 일과 수신자가 해야 할 일을 알아보자. 우선 스크램블된 숫자 $(2505)^5 \bmod 2701$은 다음과 같이 간단히 구해진다.

$$\begin{aligned} 2505 \bmod 2701 &= 2505 \\ (2505)^2 \bmod 2701 &= 602 \\ (2505)^4 \bmod 2701 &= (602)(602) \bmod 2701 = 470. \end{aligned}$$

따라서 $(2505)^5 \bmod 2701 = (2505)(470) \bmod 2701 = 2415$.[3)]

따라서 암호화된 숫자 2415가 수신자에게 보내지고 이를 수신한 사람은 다시 2505로 변환해야 한다. 복호화 하기 위하여, 수신자는 $n=2701$의 인수 $p=37$, $q=73$를 알고 있으므로 이를 이용하여 $p-1$, $q-1$의 최소공배수 72를 구한다(이 숫자를 구하기 위해 $p$, $q$를 알고 있어야 한다). 다음으로 수신자는 $U(72)$에서 $s=r^{-1}$ 즉 방정식 $5 \cdot s = 1 \bmod 72$의 해 29를 계산한다(이 방정식의 해를 계산하는 간단한 알고리즘이 존재한다). 마지막으로 아래의 간단한 계산과정에 의해 $(2415)^{29} \bmod 2701$을 구한다.

$$\begin{aligned} 2415 \bmod 2701 &= 2415 \\ (2415)^2 \bmod 2701 &= 766 \\ (2415)^4 \bmod 2701 &= (766)^2 \bmod 2701 = 639 \\ (2415)^8 \bmod 2701 &= (639)^2 \bmod 2701 = 470 \\ (2415)^{16} \bmod 2701 &= (470)^2 \bmod 2701 = 2119. \end{aligned}$$

따라서

$$\begin{aligned} (2415)^{29} \bmod 2701 &= (2415)^{16}(2415)^8(2415)^4(2415) \bmod 2701 \\ &= (2119)(470)(639)(2415) \bmod 2701 \\ &= ((2119)(470) \bmod 2701 \times (639)(2415) \bmod 2701) \bmod 2701 \\ &= (1962)(914) \bmod 2701 = 2505. \end{aligned}$$

[위의 계산에서 $(2119)(470)(639)(2415)$을 두 단계로 나누어 계산한 것은 가정용 계산기를 사용할 수 있도록 한 것이다.]

따라서 암호문 수신자는 정확하게 "YE"를 복호화 하였다. 반면에, $n=pq$의 인수를 모르면 암호문을 복호화 하는데 필요한 법(이 경우 72)을 계산할 수 없다.

위에서 설명한 과정을 발견한 라이베스트, 샤미르, 에이들먼의 이름을 딴 *RSA* **공개키 암호체계(public key encryption scheme)**라 한다. 이 암호체제는 브라우저, 전자메일 프로그램, 원격로그인 세션, 전자금융거래등과 웹서버를 연결할 때 광범위하게 사용된다. 그 알고리즘을 요약하면 아래와 같다.

---

3) 계산기에서 $(2505)^2 \bmod 2701$을 구하면 $2505 \times 2505$를 치면 6275025가 나오고 6275025를 2701로 나누면 2323.2228이 된다. 마지막으로 $6275025-(2323 \times 2701)$을 구하면 602이다. 숫자가 아주 크지 않으면 구글검색엔진에서 모듈러계산을 제공한다. 예를 들어 검색창 박스에서 2505^2mod2701을 검색하면 602가 검색된다. 그러나 $2505^5$은 너무 큰 숫자이므로 2505^5mod2701을 검색하면 틀린 값이 나온다. 그러나 지수를 쪼개면 여전히 구글검색엔진을 이용할 수 있다. 일테면 2505^3mod2701(값이 852)와 2505^2mod2701을 검색하여 $(852 \times 602) \bmod 2701 = 2415$.

• 암호문 수신자:

1. 커다란 소수 $p,\ q$를 선택해서 $n=pq$를 계산한다.
2. $p-1,\ q-1$의 최소공배수를 계산하여 그것을 $m$ 이라 한다.
3. $m$ 과 서로소인 자연수 $r$을 선택한다.
4. 방정식 $rs \bmod m = 1$의 해 $s$ 를 구한다.
5. $n$ 과 $r$ 을 공개한다.

• 암호문 발신자:

1. 메시지를 숫자열로 변환한다.(ASCII코드 사용)
2. 메시지의 숫자열을 같은 크기의 블록들로 나누어, $M_1,\ M_2,\ \cdots\ M_k$ 이라 부른다.
3. 각 $i$ 에 대해 $\gcd(M_i,\ n)=1$을 확인한다.
   만약 아니면 $n$은 인수분해되고 암호체계는 무너진다.(실제로, 소수 $p,\ q$가 모든 $M_i$ 보다 충분히 크게 선택 되므로, 이 과정은 생략해도 된다.)
4. $R_i = M_i^r \bmod n$을 계산하여 전송한다.

• 암호문 수신자:

1. 전송된 암호문 $R_i$ 모두에 대해 $R_i^s \bmod n$을 계산한다.
2. 숫자 열을 문자열로 바꾸면 복호화가 완료된다.

이 방법이 항상 작동하는 이유에 대해 알아보자. $U(n) \approx U(p) \oplus U(q) \approx \mathbb{Z}_{p-1} \oplus \mathbb{Z}_{q-1}$이다. 따라서 이 동형사상에 의해 $x^m$ 형태의 $U(n)$의 원소는 $(mx_1,\ mx_2)$ 형태의 $\mathbb{Z}_{p-1} \oplus \mathbb{Z}_{q-1}$ 의 원소로 사상된다. $m$ 이 $p-1,\ q-1$의 최소공배수이므로, $u$ 와 $v$ 가 존재해서 $m=u(p-1),\ m=v(q-1)$로 쓸 수 있다. 따라서 $\mathbb{Z}_{p-1} \oplus \mathbb{Z}_{q-1}$에서 $(mx_1,\ mx_2)=(u(p-1)x_1,\ v(q-1)x_2)=(0,\ 0)$이므로 $U(n)$의 모든 원소 $x$에 대해 $x^m=1$이다. 각각의 메시지 블록 $M_i$는 $U(n)$의 원소이고 $rs=1+tm$ 이 되는 $t$ 가 존재하도록 $r$ 을 선택했으므로, 법을 $n$ 으로 해서 다음을 얻는다.

$$R_i^s = (M_i^r)^s = M_i^{rs} = M_i^{1+tm} = (M_i^m)^t M_i = M_i\,.$$

2002년에 라이베스트, 샤미르, 에이들먼 세 사람은 공개 키 암호에 끼친 공로를 인정받아 "컴퓨터 과학의 노벨상"으로 알려진 튜링상(the Association for Computing Machinery A.M. Turing Award)을 수상했다

### ■ 전자서명(Digital Signatures)

이제는 대부분의 금융거래가 인터넷상에서 일어나기 때문에 확실성에 대한 문제가 무엇보다 중요하다. 증권 중개인은 주식을 팔거나 사겠다는 전기적인 메시지가 자신의 고객으로 부터 왔음을 어떻게 알까? 공개키 암호에서 사용한 기술이 전자서명 또한 가능하게 한다. $A$ 라는 사람이 $B$ 라는 사람에게 비밀문서를 보내려고 하는데 그 문서는 $B$ 만 해독할 수 있고 오직 $A$ 만 그 문서를 보낼 수 있음을 아는

사람 또한 $B$뿐이라 가정해 보자. 즉 $E_A$, $D_A$를 $A$가 각각 암호화하고 복호화 하는 알고리즘이라 하고, $B$가 문서를 암호화학 복호화 하는데 사용하는 알고리즘을 각각 $E_B$, $D_B$라 하자. 이때 $E_A$, $E_B$는 모두 공개 되고 $D_A$는 $A$에게만 $D_B$는 $B$만 알고 있고 임의의 메시지에 $D_BE_B$, $E_AD_A$를 적용해도 메시지에는 변화가 없다고 가정하면 $A$는 메시지 $M$을 $E_B(D_A(M))$로 변환하여 $B$에게 보내고 $B$는 수신된 메시지 $E_B(D_A(M))$를 $E_AD_B$을 이용하여 다음과 같이 메시지 $M$으로 복호화 한다.

$$(E_AD_B)(E_B(D_A(M))) = E_A(D_BE_B)(D_A(M)) = E_A(D_A(M)) = M.$$

여기서 첫 단계(메시지의 복호화 $D_A(M)$)는 오직 $A$만 할 수 있고 마지막 단계(수신된 메시지에 $E_AD_B$를 적용하는 계산)는 $B$만이 시행할 수 있다.

전자서명을 사용하는 거래는 2000년 10월부터 미국에서 법적인 효력을 갖게 되었다.

### ■ 유전학에 적용(Application to Genetics)

유전자 암호는 괄호와 콤마가 생략된 네 숫자 0, 1, 2, 3 들의 숫자열만 사용하고 법을 4로 하는 항별 덧셈에 대해 $\mathbb{Z}_4 \oplus \mathbb{Z}_4 \oplus \cdots \oplus \mathbb{Z}_4$의 원소로 간주할 수 있다. DNA분자는 기다란 이중나선 형태인데 각각의 나선은 네 개의 염기 아데닌($A$) 티아민($T$) 구아닌($G$) 시토신($C$)으로 구성된다. 나선의 염기는 다른 나선과 서로 보완하는 염기로만 결합되는데 아데닌은 티아민에만 구아닌은 시토신에만 결합한다. 이 과정을 수학적 모델로 바꾸기 위해 $A$를 $0$, $T$를 $2$, $G$를 $1$, $C$를 $3$으로 두면 DNA 염기서열 $ACGTAACAGGA$과 이 서열의 상보완 염기서열 $TGCATTGTCCT$은 각각 03120030110, 21302212332로 표시한다. 그런데 $\mathbb{Z}_4$에서 $0+2=2$, $2+2=0$, $1+2=3$, $3+2=1$이므로 $\mathbb{Z}_4$에서 2를 더하면 0과 2, 1과 3이 서로 바뀌는 것을 알 수 있다. 따라서 $\mathbb{Z}_4 \oplus \mathbb{Z}_4 \oplus \cdots \oplus \mathbb{Z}_4$의 원소로 표현된 임의의 DNA 염기서열 $a_1a_2 \cdots a_n$의 상보완 염기서열은 $a_1a_2 \cdots a_n + 22 \cdots 2$이다.

### ■ 전기회로에 적용(Application to Electric Circuits)

대부분의 가정에 한 쌍의 스위치로 작동되는 조명기구가 있다. 이러한 조명기구는 아무 스위치를 건드려도 점멸상태를 변화 할 수 있게 배선되어 있다. 두 개의 스위치가 모두 업 위치에서 점등되도록 배선되었다고 하자. 두 개 스위치 상태를 수학적 모델 $\mathbb{Z}_2 \oplus \mathbb{Z}_2$로 바꾸기 위해 두 개의 스위치가 모두 업 위치인 경우를 $(1, 1)$로 모두 아래 위치인 경우를 $(0, 0)$으로 간주하면 스위치를 한 번 작동할 때 마다 $\mathbb{Z}_2 \oplus \mathbb{Z}_2$의 원소의 대응하는 좌표에 1을 더하는 연산으로 바뀌게 된다. 따라서 부분군 $\langle(1, 1)\rangle$의 원소에 대응된 상태일 때는 점등되고 잉여류 $(1, 0)+\langle(1, 1)\rangle$의 원소에 대응되는 상태에서는 소등된다. 같은 방법으로 하면 스위치 세 개짜리에서는 점등 상태에 대응하는 부분군은 $\{(0, 0, 0), (1, 1, 0), (0, 1, 1), (1, 0, 1)\}$이다.

## 연습문제

Rutgers의 조교수 Diane Maclagan에게 수학자로써 인생의 가장 힘든 점은 무엇인가라는 질문에 "정리를 증명하려는 것이다."라고 답했다. 그리고 가장 즐거운 일은? "정리를 증명하려는 것이다." STEVEN G. KRANTZ, A Primer of Mathematical Writing

**1.** 유한개의 군들의 외직적이 군이 됨을 증명하여라.(이 연습문제는 이 장에서 언급되었다.)

**2.** $\mathbb{Z}_2 \oplus \mathbb{Z}_2 \oplus \mathbb{Z}_2$은 위수 2인 부분군이 7개 있음을 보여라.

**3.** $G$는 항등원을 $e_G$로 갖는 군이고 $H$는 항등원을 $e_H$로 갖는 군이라 하자. $G$가 $G \oplus \{e_H\}$와 $H$는 $\{e_G\} \oplus H$와 동형임을 증명하여라.

**4.** $G \oplus H$이 가환군이기 위한 필요충분조건은 $G$와 $H$가 모두 가환군임을 보여라. 이것을 일반화 하여라.

**5.** $\mathbb{Z} \oplus \mathbb{Z}$ 이 순환군인지 아닌지 그 이유를 설명하여라.

**6.** 원소들의 위수를 비교하여 $\mathbb{Z}_8 \oplus \mathbb{Z}_2$과 $\mathbb{Z}_4 \oplus \mathbb{Z}_4$는 동형이 아님을 증명하여라.

**7.** $G_1 \oplus G_2$와 $G_2 \oplus G_1$이 동형임을 증명하고 이를 일반화 하여라.

**8.** $\mathbb{Z}_3 \oplus \mathbb{Z}_9$과 $\mathbb{Z}_{27}$이 동형인가? 그 이유는?

**9.** $\mathbb{Z}_3 \oplus \mathbb{Z}_5$과 $\mathbb{Z}_{15}$이 동형인가? 그 이유는?

**10.** $\mathbb{Z}_3 \oplus \mathbb{Z}_9$에서 위수가 9인 원소의 개수는 몇 개인가?(모든 원소에 대한 위수를 직접 계산하는 방법은 제외)

**11.** $\mathbb{Z}_4 \oplus \mathbb{Z}_4$에서 위수가 4인 원소의 개수는 몇 개인가?(모든 원소에 대한 위수를 직접 계산하는 방법은 제외). $\mathbb{Z}_4 \oplus \mathbb{Z}_4$와 $\mathbb{Z}_{8000000} \oplus \mathbb{Z}_{400000}$은 위수가 4인 원소의 개수가 같은 이유를 설명하여라. $\mathbb{Z}_{4m} \oplus \mathbb{Z}_{4n}$인 경우에 일반화 하여라.

**12.** 위수 $2n(n \geq 3)$인 이면체군 $D_n$은 $n$개의 회전이동들로 된 부분군과 위수 2인 부분군을 갖는다. $D_n$은 위의 두 군들의 외직적과 동형이 될 수 없음을 증명하여라.

**13.** 덧셈에 대한 복소수 전체집합의 군은 $\mathbb{R} \oplus \mathbb{R}$ 과 동형임을 증명하여라.

**14.** $G_1 \approx G_2$이고 $H_1 \approx H_2$이면 $G_1 \oplus H_1 \approx G_2 \oplus H_2$임을 증명하고 이를 일반화 하여라.

**15.** $G \oplus H$이 순환군이면, $G$와 $H$가 모두 순환군임을 증명하고 이것을 일반화 하여라.

**16.** $\mathbb{Z}_{40} \oplus \mathbb{Z}_{30}$에서 위수가 12인 부분군 두 개를 찾아라.

**17.** 만약 $r$이 $m$의 약수이고 $s$는 $n$의 약수이면, $\mathbb{Z}_r \oplus \mathbb{Z}_s$과 동형인 $\mathbb{Z}_m \oplus \mathbb{Z}_n$의 한 부분군을 찾아라.

**18.** $\mathbb{Z}_9 \oplus \mathbb{Z}_4$과 동형인 $\mathbb{Z}_{12} \oplus \mathbb{Z}_{18}$의 한 부분군을 찾아라.

**19.** $G$와 $H$는 유한군이고 $(g, h) \in G \oplus H$이다. $\langle (g, h) \rangle = \langle g \rangle \oplus \langle h \rangle$일 필요충분조건을 서술하여라.

**20.** $\mathbb{Z}_{30} \oplus \mathbb{Z}_{20}$에서 위수가 15인 원소들의 개수와 위수가 15인 순환 부분군들의 개수를 결정하여라.

**21.** $\mathbb{Z}_3 \oplus \mathbb{Z}_3 \oplus \mathbb{Z}_3$에서 항등원이 아닌 임의의 원소의 위수는 무엇인가? 이것을 일반화 하여라.

**22.** $m > 2$인 짝수와 $n > 2$인 홀수에 대해 $D_m \oplus D_n$에서 위수 2인 원소들의 개수를 구하는 공식을 찾아라.

**23.** 실수를 원소로 하는 $2\times2$ 행렬 전체집합의 덧셈군을 $M$이라 하자. $N=\mathbb{R}\oplus\mathbb{R}\oplus\mathbb{R}\oplus\mathbb{R}$ 은 항별 덧셈군이라 하자. $M$과 $N$이 동형임을 증명하여라. $M$이 $m\times n$ 행렬 전체집합의 덧셈군일 때 이에 대응하는 정리는 무엇일까?

**24.** $S_3\oplus\mathbb{Z}_2$은 다음 군들 중 하나와 동형이다: $\mathbb{Z}_{12}$, $\mathbb{Z}_6\oplus\mathbb{Z}_2$, $A_4$, $D_6$. 하나씩 제외시키면서 결정하여라.

**25.** 군 $G$에 대해 $H=\{(g,g)\mid g\in G\}$는 $G\oplus G$의 부분군임을 증명하여라(이 부분군을 $G\oplus G$의 대각선이라 한다). $G$가 덧셈에 대한 실수 전체집합일 때 $G\oplus G$와 $H$를 기하학적으로 표시하여라.

**26.** $H$는 $\mathbb{Z}_4$의 부분군이고 $K$는 $\mathbb{Z}_2$의 부분군인 $H\oplus K$ 형태로 $\mathbb{Z}_4\oplus\mathbb{Z}_2$의 부분군이 아닌 것을 찾아라.

**27.** 위수 3인 $\mathbb{Z}_9\oplus\mathbb{Z}_3$의 부분군들을 모두 구하여라.

**28.** 위수 4인 $\mathbb{Z}_4\oplus\mathbb{Z}_4$의 부분군들을 모두 구하여라.

**29.** $\mathbb{Z}_{30}\oplus\mathbb{Z}_{20}$의 임의의 원소의 위수에 대한 가장 큰 위수는 무엇인가?

**30.** $\mathbb{Z}_{2000000}\oplus\mathbb{Z}_{4000000}$의 위수가 2인 원소들의 개수는 몇 개 인가? 이것을 일반화 하여라.

**31.** $\mathbb{Z}_2\oplus\mathbb{Z}_4$과 동형인 $\mathbb{Z}_{800}\oplus\mathbb{Z}_{200}$의 부분군을 찾아라.

**32.** 위수 9인 $\mathbb{Z}_{12}\oplus\mathbb{Z}_4\oplus\mathbb{Z}_{15}$의 한 부분군을 찾아라.

**33.** $\mathbb{R}^*\oplus\mathbb{R}^*$는 $\mathbb{C}^*$와 동형이 아님을 증명하여라(연습문제 13과 비교해 보자).

**34.** 아래에 주어진 $H$는 위수가 9인 가환군임을 증명하여라(곱셈은 제2장 연습문제36을 참고하자). $H$는 $\mathbb{Z}_9$과 $\mathbb{Z}_3\oplus\mathbb{Z}_3$중 어느 것과 동형인가?

$$H=\left\{\begin{pmatrix}1&a&b\\0&1&0\\0&0&1\end{pmatrix}\,\middle|\; a,b\in\mathbb{Z}_3\right\}$$

**35.** 곱셈군 $G=\{3^m6^n\mid m,n\in\mathbb{Z}\}$은 $\mathbb{Z}\oplus\mathbb{Z}$와 동형임을 증명하여라.
$G=\{3^m9^n\mid m,n\in\mathbb{Z}\}$인 경우에도 증명은 유효한가?

**36.** $(g_1,g_2,\cdots,g_n)\in G_1\oplus G_2\oplus\cdots\oplus G_n$에 대해 $|(g_1,g_2,\cdots,g_n)|=\infty$일 필요충분조건을 구하여라.

**39.** 만약 한 군이 위수가 6인 원소들을 꼭 24개 갖고 있다면, 위수 6인 순환부분군들의 개수는 몇 개인가?

**40.** 임의의 가환군 $G$와 임의의 자연수 $n$에 대해, $G^n=\{g^n\mid g\in G\}$라 하자(1-4장 보충연습문제 15 참고해 보라). 만약 $H$와 $K$가 가환군이면 $(H\oplus K)^n=H^n\oplus K^n$을 보여라.

**41.** $Aut(U(25))$를 $\mathbb{Z}_m\oplus\mathbb{Z}_n$ 형태로 표현하여라.

**42.** $Aut(\mathbb{Z}_2\oplus\mathbb{Z}_2)$를 결정하여라.

**43.** 짝수인 양의 정수 $n_1, n_2,\cdots, n_k$에 대해 $\mathbb{Z}_{n_1}\oplus\mathbb{Z}_{n_2}\oplus\cdots\oplus\mathbb{Z}_{n_k}$에서 위수 2인 원소들의 개수는? $n_1, n_2,\cdots, n_k$에 대한 짝수 조건을 생략하면 위수 2인 원소들의 개수는?

**44.** $\mathbb{Z}_{10} \oplus \mathbb{Z}_{12} \oplus \mathbb{Z}_6 \approx \mathbb{Z}_{60} \oplus \mathbb{Z}_6 \oplus \mathbb{Z}_2$ 인가?

**45.** $\mathbb{Z}_{10} \oplus \mathbb{Z}_{12} \oplus \mathbb{Z}_6 \approx \mathbb{Z}_{15} \oplus \mathbb{Z}_4 \oplus \mathbb{Z}_{12}$ 인가?

**46.** $\mathbb{Z}_{12}$ 에서 $\mathbb{Z}_4 \oplus \mathbb{Z}_3$ 로 가는 한 동형사상을 구하여라.

**47.** $\mathbb{Z}_{12}$ 에서 $\mathbb{Z}_4 \oplus \mathbb{Z}_3$ 로 가는 동형사상들의 개수는?

**48.** $\phi$ 는 $\mathbb{Z}_3 \oplus \mathbb{Z}_5$ 에서 $\mathbb{Z}_{15}$ 로 가는 동형사상이라 가정하고, $\phi(2, 3) = 2$ 이라 하자. $\mathbb{Z}_3 \oplus \mathbb{Z}_5$ 에서 1 로 사상되는 원소들을 찾아라.

**49.** $\mathbb{Z}_m \oplus \mathbb{Z}_n$ 의 임의의 원소 $(a, b)$ 에 대해 $|(a, b)|$ 은 $lcm(m, n)$ 의 약수임을 증명하여라.

**50.** $G = \{ax^2 + bx + c \mid a, b, c \in \mathbb{Z}_3\}$ 이다. 덧셈은 법을 3 으로 하는 덧셈만 제외하면, 정수계수 다항식의 덧셈과 같다. $G$ 는 $\mathbb{Z}_3 \oplus \mathbb{Z}_3 \oplus \mathbb{Z}_3$ 와 동형임을 증명하여라. 이것을 일반화 하여라.

**51.** $U-$군들의 성질들을 이용하여 생성원을 단 두 개만 갖는 순환군들을 모두 구하여라.

**52.** 네 개의 염기 $A$, $T$, $G$, $C$로 이루어진 길이 $n$ 인 문자열은 $n$ 개의 $\mathbb{Z}_2 \oplus \mathbb{Z}_2$ 의 외직적의 원소로 간주할 수 있음을 설명하여라.

**53.** $p$ 는 소수이다. $\mathbb{Z}_p \oplus \mathbb{Z}_p$ 에는 위수가 $p$ 인 부분군들이 꼭 $p+1$ 개만 있음을 증명하여라.

**54.** 무한비가환군으로 유한 위수의 원소를 꼭 6 개만 갖는 예를 들어라.

**55.** $|a| = \infty$, $|b| = \infty$, $|ab| = 2$ 를 만족하는 원소 $a$, $b$ 를 갖는 군의 한 예를 들어라.

**56.** $U(165)$ 를 $\mathbb{Z}_n$ 형태의 순환군들의 외직적으로 표현하여라.

**57.** $U(165)$ 를 $U-$군들의 외직적의 서로 다른 네 가지 방법으로 표현하여라.

**58.** $Aut(\mathbb{Z}_{20})$ 의 원소의 위수를 계산하지 않고 $Aut(\mathbb{Z}_{20})$ 에서 위수 4 인 원소들의 개수가 몇 개인가? 위수가 2 인 원소들의 개수가 몇 개인가?

**59.** $Aut(\mathbb{Z}_{720})$ 의 원소의 위수를 계산하지 않고 $Aut(\mathbb{Z}_{720})$ 에서 위수 6 인 원소들의 개수를 결정하여라.

**60.** $U(27)$ 의 부분군을 계산하지 않고 $U(27)$ 의 부분군들의 개수가 몇 개 인지 결정하여라.

**61.** $U(900)$ 에서 원소들의 위수의 최댓값은?

**62.** $p$ 와 $q$ 는 홀수 소수들이고 $m$ 과 $n$ 은 양의 정수들이다. $U(p^m) \oplus U(q^n)$ 은 순환군이 아닌 이유를 설명하여라.

**63.** 이 장에서 소개된 결과들을 이용하여 $U(55)$ 는 $U(75)$ 와 동형임을 증명하여라.

**64.** 이 장에서 소개된 결과들을 이용하여 $U(144)$ 는 $U(140)$ 과 동형임을 증명하여라.

**65.** 모든 $n > 2$ 에 대해 $U(n)^2 = \{x^2 \mid x \in U(n)\}$ 는 $U(n)$ 의 진부분군임을 증명하여라.

**66.** $U(55)^3 = \{x^3 \mid x \in U(55)\}$ 은 $U(55)$ 임을 보여라.

**67.** $U(n)$ 에 $\mathbb{Z}_5 \oplus \mathbb{Z}_5$ 와 동형인 한 부분군이 존재하는 한 정수 $n$ 을 찾아라.

**68.** $U(700)$ 에서 위수 6 인 한 부분군을 찾아라.

**69.** $\mathbb{Z}_3 \oplus \mathbb{Z}_3$ 와 동형인 한 부분군을 포함하는 $U-$군이 존재함을 보여라.

**70.** 위수 14 인 $U-$군은 존재하지 않음을 보여라.

**71.** $\mathbb{Z}_{14}$와 동형인 한 부분군을 갖는 $U-$군이 존재함을 보여라.

**72.** $\mathbb{Z}_4 \oplus \mathbb{Z}_4$와 동형인 $U-$군이 존재하지 않음을 보여라.

**73.** $\mathbb{Z}_4 \oplus \mathbb{Z}_4$와 동형인 한 부분군을 갖는 $U-$군이 존재함을 보여라.

**74.** $p=37,\ q=73,\ r=5$인 RSA-시스템에서 메시지 "RM"을 전송하는 암호문의 수는 무엇인가?

**75.** $p=37,\ q=73,\ r=5$인 RSA-시스템에서 수신된 암호문 "34"를 복호화 하여라.

**76.** $G=\mathbb{Z}_{12} \oplus \mathbb{Z}_7$에 대하여 다음을 설명하여라.

a. $G$의 모든 부분군은 정규부분군이다.

b. $(3,\ 1) \in \mathbb{Z}_{12} \oplus \mathbb{Z}_7$ 의 위수는 28이다.

c. $G$는 순환군이다.

**77.** 다음을 설명하여라.

a. 두 아벨군 $\mathbb{Z}_4 \oplus \mathbb{Z}_{18} \oplus \mathbb{Z}_{15}$ 와 $\mathbb{Z}_3 \oplus \mathbb{Z}_{10} \oplus \mathbb{Z}_{36}$은 서로 동형이다.

b. $\mathbb{Z}_{360}$의 생성원들은 모두 96개이다.

**78.** 위수(order)가 $2014=2\times19\times53$인 순환군(cyclic group) $G$에 대하여 $G$의 부분군의 개수를 $m$, $G$에서 위수가 38인 원소의 개수를 $n$이라 하자. $m+n$의 값을 구하여라.

## Reference


**1.** J. A. Gallian and D. Rusin, "Factoring Groups of Integers Modulo *n*," *Mathematics Magazine* 53 (1980): 33-36.

**2.** D. Shanks, *Solved and Unsolved Problems in Number Theory,* 2nd ed., New York: Chelsea, 1978.

**3.** S. Washburn, T. Marlowe, and C. Ryan, *Discrete Mathematics,* Reading, MA: Addison-Wesley, 1999.

## Leonard Adleman

…Adleman 박사는 이론적인 컴퓨터 과학의 발견에, 가장  놀랍고 자극적인 영역에서 한 중심 역할을 하였다.
Gina Kolanta, The New Times, 13 December 1994

LEONARD ADLEMAN 은 샌프란시스코에서 자랐다. 큰 야망은 없었으며 실제로 수학자가 되겠다는 것은 전혀 생각도 하지 않았다. 화학자가 되어 볼까 하고 버클리에 있는 캘리포니아대학교에 등록했으나 이내 생각을 바꾸고 의사가 낫겠다 싶었다. 그러나 수학을 전공하기로 결정했다. "나는 수없이 많은 것들을 생각하고 생각한 끝에 남겨진 유일한 것이 수학이다."라고 말했다.

Adleman은 여전히 생의 목표를 정하지 못한 채 5년만인 1968년에 졸업했다. 그리고 Bank of America에 프로그래머로 취직했다. 그리고 물리학자가 될 수도 있다고 생각하고 은행에서 일을 하면서 샌프란시스코 주립대학에서 수강을 하기 시작했다. 또다시 흥미를 잃은 Adleman은 "나는 실험을 좋아 하지는 않아. 나는 어떤 것들을 그냥 생각하는 것을 더 좋아해"라고 말했다. 후에 컴퓨터 공학 박사학위 취득을 위해 버클리로 되돌아 왔다. 그는 "컴퓨터 공학 박사학위 취득하면 최소한 나의 경력이 될 것으로 생각했다."라고 말했다.

그러나 학위과정 중에 뜻밖의 어떤 일이 Adleman에게 일어났다. 마침내 수학의 진실성과 매우 강렬한 아름다움을 보게 되었다. "수학은 계산하는 것과는 거리가 멀고 실제로는 철학에 가깝다."라는 것을 깨우쳤다고 말했다.

"보통 사람들은 수학을 실용예술 정도로 여긴다. 그러나 수학자가 되면 수학을 통해서 보는 법을 알고 수학의 미와 힘을 느끼게 된다."라고 말했다. Adleman은 오랜 방황 끝에 1976년에 박사학위를 취득하고 곧바로 MIT 수학과 조교수로 정착한다. 거기서 그는 공략될 수 없는 공개키 시스템을 개발하고 있던 Ronald Rivest와 Adi Shamir를 만나게 된다. 그들은 그 시스템에 대해 매우 흥분해서 설명 했지만 Adleman은 예의상 정중하게 그러나 속으로는 쓸데없고 별로 흥미롭지 못하다고 생각했다. 그럼에도 불구하고 Rivest와 Shamir가 제안한 암호를 해독해 주기로 했다. Rivest와 Shamir는 42번째 암호를 만들었고 Adleman은 그것을 언제나 해독했다. 마침내 43번째 시도 끝에 오늘날 RSA암호라 불리우는 암호체계를 개발했다.

Adleman의 연구 방식은 그에게 강한 흥미를 불러일으키는 무언가를 찾아서 거기에 깊이 몰두하는 것이다. 다른 사람들의 이론에 영향을 받지 않기 위해 수학에 관련된 정기 간행물도 읽지 않는다고 말한다.

단지 앉아서 6개월 동안 생각만 하는 것이 무엇이냐고 물으면 Adleman은 다음과 같이 답한다. "그 일은 수학자들이 항상 하는 것이다. 수학자들은 훈련이 되어 있어서 앉아서 생각하는 버릇이 있다. 수학자들은 아마도 연필과 종이만 있으면 육 개월 내내 하루에 열두 시간동안 한 문제를 집중적으로 앉아서 생각할 수 있다." 그에게 필요한 오직 하나는 뚫어져라 쳐다볼 수 있는 칠판이다.

Gina Kolata가 쓴 1994년 12월 13일자 뉴욕타임지의 기사내용이다. Adleman에 대한 더 많은 정보를 다음 사이트에서 얻을 수 있다.

http://www.wikipedia.com

## 5-8절 보충연습문제

나의 마음이 침체를 못 견디어한다. 나에게 문제를, 일을, 가장 난해한 암호를, 가장 복잡한 분석을 주면 내 자신 좋은 기분이 날것이다.
SHERLOCK HOLMES, *The Sign of Four*

**1.** 군 $G$의 모든 자기동형사상 $\phi$에 대해 $\phi(N)=N$을 만족하는 부분군 $N$을 $G$의 **특성부분군(characteristic subgroup)**이라 한다(이 용어는 1895년 G. Frobenius에 의해 처음으로 사용되었다). 순환군의 모든 부분군은 특성부분군임을 증명하여라.

**2.** 군의 중심은 특성부분군임을 증명하여라.

**3.** 군 $G$의 부분집합 $\{x^{-1}y^{-1}xy \mid x, y \in G\}$에 의해 생성되는 부분군 $G'$을 $G$의 **교환자부분군(commutator subgroup)**이라 한다(즉, $G'$의 원소는 $a_1^{i_1}a_2^{i_2}\cdots a_k^{i_k}$인 형태다. 여기서 $a_j$는 $x^{-1}y^{-1}xy$의 형태이고 $i_j=\pm 1$, $k$는 자연수이다). $G'$이 $G$의 특성부분군임을 증명하여라.(이 부분군은 1898년 G.A.Miller가 처음 소개 되었다.)

**4.** 특성부분군이라는 성질은 추이적임을 증명하여라. 즉 $N$이 $K$의 특성부분군이고 $K$가 $G$의 특성부분군이면 $N$이 $G$의 특성부분군이다.

**5.** $G=\mathbb{Z}_3\oplus\mathbb{Z}_3\oplus\mathbb{Z}_3$이고 $H$는 $SL(3,\ \mathbb{Z}_3)$의 부분군으로 다음과 같다.

$$H=\left\{\begin{pmatrix}1 & a & b\\ 0 & 1 & 0\\ 0 & 0 & 1\end{pmatrix} \middle|\ a,\ b,\ c\in\mathbb{Z}_3\right\}$$

(곱셈의 정의는 제2장 연습문제36을 참고). $G$와 $H$의 각 위수의 원소들의 개수를 결정하여라. $G$와 $H$는 동형인가?(이 문제는 두 군의 각 위수에 대한 원소의 개수가 일치 하더라도 동형이 아닐 수 있다는 예이다.)

**6.** 한 군 $G$의 두 부분군 $H$와 $K$에 대해서 $HK=\{hk \mid h\in H, k\in K\}$, $KH=\{kh \mid k\in K,\ h\in H\}$라 하자. $HK$가 군이 될 필요충분조건이 $HK=KH$임을 증명하여라.

**7.** 유한군 $G$의 부분군 $H$와 $K$에 대해 다음을 증명하여라.

$$|HK|=\frac{|H|\,|K|}{|H\cap K|}$$

(이 연습문제는 10, 11, 24장에서 취급한다.)

**8.** 군의 모든 원소 $x$에 대해 $x^n=e$가 되는 $n$의 최솟값을 그 군의 **지수(exponent)**라 한다. 임의의 유한군의 지수는 그 군의 위수의 약수임을 증명하여라.

**9.** 지수 2인 $U-$군을 모두 구하여라.

**10.** $H$와 $K$는 한 군의 부분군들이고 $|H|$와 $|K|$는 서로소라 가정하자. $H\cap K=\{e\}$임을 보여라.

**11.** $\mathbb{R}^+$를 양의 실수 전체집합의 곱셈군이라 하고 $T=\{a+bi\in\mathbb{C}^* \mid a^2+b^2=1\}$을 크기 1인 복소수 전체집합의 곱셈군이라 하자. $\mathbb{C}^*$의 임의의 원소는 $r\in\mathbb{R}^+$와 $z\in T$의 곱 $rz$의 형태로 나타낼 수 있음을 보여라.

**12.** 군 이론의 증명을 사용하여 곱셈군 $\mathbb{Q}^*$ 와 곱셈군 $\mathbb{R}^*$ 은 동형이 아님을 보여라.

**13.** 군 이론의 증명을 사용하여 덧셈군 $\mathbb{Q}$ 와 덧셈군 $\mathbb{R}$ 은 동형이 아님을 보여라.

**14.** 덧셈군 $\mathbb{R}$ 은 곱셈군 $\mathbb{R}^*$ 은 동형이 아님을 증명하여라.

**15.** 곱셈군 $\mathbb{Q}^+$(양의 유리수 전체집합)와 덧셈군 $\mathbb{Q}$ 는 동형이 아님을 보여라.

**16.** $G=\{e, x, x^2, y, yx, yx^2\}$은 $|x|=3$, $|y|=2$인 비가환군이라 가정하자. $xy=yx^2$임을 보여라.

**17.** 홀수 소수 $p$ 에 대해 방정식 $x^{p-2}=1$는 $U(p)$ 에서 유일해 1을 가짐을 보여라.

**18.** 덧셈에 대한 가환군 $G$와 주어진 자연수 $n$ 에 대해 $H=\{(g, ng)\,|\,g\in G\}$는 $G\oplus G$의 부분군임을 보여라. $G$가 덧셈에 대한 실수 전체집합일 때 $H$를 기하학적으로 그려라.

**19.** $\mathbb{Z}_{12}\oplus\mathbb{Z}_{20}\oplus\mathbb{Z}_{10}$에서 $\mathbb{Z}_4\oplus\mathbb{Z}_5$와 동형인 부분군을 다섯 개를 찾아라.

**20.** $G=G_1\oplus G_2\oplus\cdots\oplus G_n$ 라가정하자. $Z(G)=Z(G_1)\oplus Z(G_2)\oplus\cdots\oplus Z(G_n)$ 임을증명하여라.

**21.** 위수 18 을 갖는 서로 동형이 아닌 네 개의 군을 열거하여라.

**22.** $Aut(\mathbb{Z}_{720})$의 순환부분군의 위수의 최댓값은?($\mathbb{Z}_{720}$의 자기동형사상을 생각할 필요는 없다.)

**23.** 양의 정수들의 전체집합의 보는 치환들의 군을 $G$라 하고 $H$는 유한개의 순환치환들의 곱으로 표현할 수 있는 $G$의 원소의 부분집합이라 하자. $H$는 $G$의 부분군임을 증명하여라.

**24.** $H$는 $G$의 한 부분군이다. $Z(G)H$가 $G$의 부분군임을 보여라.

**25.** $D_{11}\oplus\mathbb{Z}_3\not\approx D_3\oplus\mathbb{Z}_{11}$ 임을 보여라.(이 연습문제는 24장에서 언급된다.)

**26.** $D_{33}\not\approx D_{11}\oplus\mathbb{Z}_3$ 임을 보여라.(이 연습문제는 24장에서 언급된다.)

**27.** $D_{33}\not\approx D_3\oplus\mathbb{Z}_{11}$ 임을 보여라.(이 연습문제는 24장에서 언급된다.)

**28.** 위수 66 을 갖는 서로 동형이 아닌 네 개의 군들을 나타내어라.

**29.** $|Inn(G)|=1$일 필요충분조건은 $G$가 가환군임을 증명하여라.

**30.** $U(1000)$의 임의의 원소 $x$ 에 대해 $x^{100}=1$ 임을 증명하여라.

**31.** $U(450)$에서 위수 6 인 한 부분군을 찾아라.

**32.** $\mathbb{Z}_{20}\oplus\mathbb{Z}_5\oplus\mathbb{Z}_{60}$에서 위수 4 인 비 순환부분군의 원소를 나열하여라.

**33.** $S_{10}$ 에서 $\beta=(13)(17)(265)(289)$ 라 하자. $S_{10}$ 의 한 원소로서 $\beta$와 교환법칙이 성립하지만 $\beta$의 멱이 아닌 의 원소를 찾아라.

**34.** $\mathbb{Z}_4\oplus\mathbb{Z}_{15}\approx\mathbb{Z}_6\oplus\mathbb{Z}_{10}$인지 아닌지 증명하여라.

**35.** $D_{12}\approx\mathbb{Z}_3\oplus D_4$인지 아닌지 증명하여라.

**36.** 대칭군이 $D_5$ 와 동형인 한 3 차원 입체를 그려라.

**37.** $G=U(15)\oplus\mathbb{Z}_{10}\oplus S_5$라 하자. $(2, 3, (123)(15))$ 의 위수를 찾아라.
$(2, 3, (123)(15))$ 의 역원을 찾아라.

**38.** $G=\mathbb{Z}\oplus\mathbb{Z}_{10}$이고 $H=\{g\in G\,|\,|g|=\infty$ 또는 $|g|=1\}$이다. $H$가 $G$의 부분군인지 아닌지 증명하여라.

**39.** $G$는 한 무한군으로 각 $G_i$가 비자명군이고 $n>1$ 인 $G_1 \oplus G_2 \oplus \cdots \oplus G_n$ 형태라 하자. $G$는 순환군이 아님을 증명하여라.

**40.** $S_n$ 의 임의의 원소 $\sigma$와 임의의 $k-$순환치환 $(i_1 i_2 \cdots i_k)$에 대해 $\sigma(i_1 i_2 \cdots i_k)\sigma^{-1} = \sigma(i_1)\sigma(i_2)\cdots\sigma(i_k)$ 임을 증명하여라.

**41.** $A_9$ 에서 위수 10 인 한 원소를 찾아라.

**42.** $D_4$ 에 대한 좌정규표현에서 $T_{R_{90}}$과 $T_H$의 행렬 표현과 순환치환 표현으로 써라.

**43.** $S_7$ 에서 위수 6 인 원소들의 개수는 몇 개 인가?

**44.** $S_3 \oplus S_4$ 은 $S_6$ 의 한 부분군과 동형이 될 수 없음을 증명하여라.

**45.** $\beta^2 = (13579)(268)$ 을 만족하는 한 치환 $\beta$를 찾아라.

**46.** 항별 덧셈에 대한 군 $\mathbb{R} \oplus \mathbb{R}$ 에서, $H = \{(x, 3x) \mid x \in \mathbb{R}\}$이라 하자.($H$는 직선 $y=3x$ 위의 모든 점들로 된 부분군이다). $(2, 5)+H$는 점 $(2, 5)$를 지나고 직선 $y=3x$ 에 평행인 직선임을 보여라.

**47.** $\mathbb{R} \oplus \mathbb{R}$ 에서, $H$는 원점을 지나는 한 직선 위의 모든 점들로 된 부분군이라 가정하자. $H$의 좌 잉여류는 $H$이거나 또는 $H$와 평행인 직선임을 보여라.

**48.** $G$는 집합 $\{1, 2, \cdots, n\}$의 한 치환군이라 하자. $stab_G(1) = \{\alpha \in G \mid \alpha(1)=1\}$임을 상기하자. 만약 $\gamma$가 1을 $k$로 보낸다면, $\gamma\ stab_G(1) = \{\beta \in G \mid \beta(1)=k\}$임을 증명하여라.

**49.** $H$는 $G$의 부분군이고 $a, b \in G$라 하자. $aH = bH$이기 위한 필요충분조건은 $Ha^{-1} = Hb^{-1}$임을 보여라.

**50.** 유한 가환군 $G$가 임의의 소수 $p$에 대해 $\mathbb{Z}_p \oplus \mathbb{Z}_p$와 동형인 부분군을 갖지 않는다고 가정하자. $G$는 순환군임을 증명하여라.

**51.** 소수 $p$에 대해 $\mathbb{Z}_{p^2} \oplus \mathbb{Z}_{p^2}$에서 위수 $p$를 갖는 원소의 개수를 구하여라.

**52.** $\mathbb{Z}_{p^2} \oplus \mathbb{Z}_{p^2}$는 $\mathbb{Z}_p \oplus \mathbb{Z}_p$와 동형인 부분군을 꼭 한 개만 포함하고 있음을 보여라.

**53.** $p$는 소수이다. $\mathbb{Z}_{p^2} \oplus \mathbb{Z}_{p^2}$에서 $\mathbb{Z}_{p^2}$와 동형인 부분군들의 개수를 결정하여라.

**54.** $A_8$ 과 동형인 부분군을 포함하고 위수가 $3^2 \cdot 5^2 \cdot 7^2 \cdot 2^8$ 인 한 군을 찾아라.

**55.** $p, q$는 서로 다른 홀수인 소수이다. $n = lcm(p-1, q-1)$이라 하자. 임의의 $x \in U(pq)$에 대해 $x^n = 1$ 임을 증명하여라.

**56.** $D_6$은 $S_4$의 어떤 부분군과도 동형이 아님을 증명하여라.

**57.** 두 개의 치환 $(12)$과 $(123\cdots n)$은 $S_n$을 생성함을 증명하여라(즉, $S_n$ 의 모든 원소는 두 개 치환들의 결합으로 나나낼 수 있다).

**58.** 짝수 $n$과 $S_n$ 의 $(n-1)-$순환치환 $\sigma$에 대해 $\sigma$는 위수 2 인 모든 원소와 교환법칙이 성립하지 않음을 보여라.

**59.** 홀수 $n$과 $S_n$ 의 $n-$순환치환 $\sigma$에 대해 $\sigma$는 위수 2 인 모든 원소와 교환법칙이 성립하지 않음을 증명하여라.

# 9절 정규부분군과 상군 (Normal Subgroups and Factor Groups)

좌우 잉여류가 같아지는 부분군들이 유명한 것들이라는 인식을 한 것은 가우스의 천재성 덕분이다. 수학에서 자주 결정적인 문제는 관련된 개념을 인식하고 발견해내는 일이다. 이와 같은 일이 한번 성취되고 나면 그 작업의 절반이상은 성취된 것이나 같다.

I.N.Herstein, Topics in Algebra

## 정규부분군(Normal Subgroups)

제7장에서 본바와 같이 만약 $G$가 한 군이고 $H$를 $G$의 한 부분군이라 하면 $G$의 모든 원소 $a$에 대해 $aH = Ha$가 성립하지는 않는다. 그러나 성립하는 어떤 조건들이 있는데, 이 경우가 군의 이론에서 특별히 중요하다. 그러한 부분군들의 역할의 중요성에 대해 처음 인식한 수학자는 175여 년 전 Galois였다.

### 정의: 정규부분군(Normal Subgroup)

한 군 $G$의 한 부분군 $H$가 모든 원소 $a$에 대해 $aH = Ha$를 만족하면 군 $G$의 **정규부분군**(normal subgroup)이라 한다. $H \lhd G$로 나타낸다.

대부분의 학생들이 "$H$가 $G$의 정규부분군이라"는 정의를 $a \in G$와 $h \in H$에 대해 $ah = ha$이 성립하는 것으로 잘못 생각하고 있다. $H$의 정규부분군이라는 성질은 이것이 아니고, $a \in G$와 $h \in H$에 대해 $ah = h'a$, $ha = ah''$을 만족하는 $h'$, $h'' \in H$이 존재한다는 것이다. 즉 군의 원소와 정규부분군의 원소의 곱의 위치를 변경할 수는 있지만 그 순서를 변경하려면 $h$가 아닌 $h'$, $h''$을 이용하여 정규부분군의 원소를 아주 조금 바꾸어야 한다(물론 $h = h'$ 또는 $h = h''$일 수 도 있다. 그러나 그렇게 가정해서는 않된다.).

정규부분군의 정의와 동치인 공식은 여러 가지가 있는데 그 중에서 적용하기에 가장 쉬운 것을 선택하였다. 그러나 주어진 군이 정규부분군임을 증명하고자 할 때에는 제7장의 보조정리 성질7을 더 쉽게 수정한 정리9.1이 대부분의 경우에 더 좋다. 정리9.1은 $G$의 두 부분군에 대한 조건을 $G$의 두 잉여류에 대한 조건으로 대체하기 때문이다.

**정리 9.1 정규부분군판정법(Normal Subgroup Test)**

$G$의 한 부분군 $H$가 정규부분군이 되기 위한 필요충분조건은 $G$의 모든 원소 $x$에 대하여 $xHx^{-1} \subseteq H$이다.

**증명** 만약 $H$가 $G$의 정규부분군이면, 임의의 $x \in G$와 $h \in H$에 대해 $xh = h'x$인 $h' \in H$이 존재한다. 따라서 $xhx^{-1} = h'$이므로 $xHx^{-1} \subseteq H$이다.

역으로, 만약 모든 $x$ 에 대해 $xHx^{-1} \subseteq H$ 라 하자. 그러면, $x = a$ 라 놓으면 $aHa^{-1} \subseteq H$ 이므로 $aH \subseteq Ha$ 이고 한편, $x = a^{-1}$ 라 놓으면 $a^{-1}H(a^{-1})^{-1} = a^{-1}Ha \subseteq H$ 이므로 $Ha \subseteq aH$ 이다. □

**예제 1** 가환군의 모든 부분군은 정규부분군이다(이 경우에는, 군의 원소 $a$ 와 부분군의 원소 $h$ 에 대해 $ah = ha$ 이다).

**예제 2** 군의 중심 $Z(G)$ 은 항상 정규부분군이다(이 경우에도, 임의의 $a \in G$ 와 $h \in Z(G)$ 에 대해 $ah = ha$ 이다).

**예제 3** 우치환 전체집합의 교대군 $A_n$ 은 $S_n$ 의 정규부분군이다. [예를 들어, $(12) \in S_n$, $(123) \in A_n$ 에 대해 $(12)(123) \neq (123)(12)$ 이지만 $(132) \in A_n$ 에 대해 $(12)(123) = (132)(12)$ 이다).]

**예제 4** $D_n$ 의 회전이동 전체집합의 부분군은 $D_n$ 의 정규부분군이다(임의의 회전이동 $r$ 과 반사이동 $f$ 에 대해 $fr = r^{-1}f$ 이고, 두 회전이동 $r$ 과 $r'$ 에 대해 $rr' = r'r$ 이다).

**예제 5** 행렬식이 1인 $2 \times 2$ 행렬들의 군 $SL(2, \mathbb{R})$ 은 행렬식이 0이 아닌 $2 \times 2$ 행렬들의 군 $GL(2, \mathbb{R})$ 의 정규부분군이다. 이것을 밝히기 위해, 정리 9.1의 정규부분군판정법을 사용하자. $x \in GL(2, \mathbb{R}) = G$, $h \in SL(2, \mathbb{R}) = H$ 이라면 $\det(xhx^{-1}) = (\det x)(\det h)(\det x)^{-1} = 1$ $= (\det x)$ 이므로 $xhx^{-1} \in H$ 이다. 따라서, $xHx^{-1} \subseteq H$ 이다. □

**예제 6** 표 5.1의 $A_4$ 에 대한 연산 표를 참조하면, $H = \{\alpha_1, \alpha_2, \alpha_3, \alpha_4\}$ 은 $A_4$ 의 정규부분군이고 $K = \{\alpha_1, \alpha_5, \alpha_9\}$ 는 $A_4$ 의 정규부분군이 아니다. 우선 $H$ 가 $A_4$ 의 정규부분군임을 보이기 위해, $A_4$ 의 임의의 원소에 $\beta$ 대해 $\beta H \beta^{-1}$ 는 단순히 위수 4인 $A_4$ 의 부분군임을 밝히자. 왜냐하면 $H$ 에 포함되지 않는 $A_4$ 의 원소들은 의 위수가 모두 3이기 때문이다. 따라서, $\beta H \beta^{-1} = H$ 이다. 이에 대비해서, $\alpha_2 \alpha_5 \alpha_2^{-1} = \alpha_7$ 이므로 $\alpha_2 K \alpha_2^{-1} \not\subseteq K$ 이다.

## 상군(Factor Groups)

정규부분군의 특별히 중요한 이유에 대해 아직 언급하지 안했는데 그 이유는 의외로 간단하다. 즉 $H$ 가 $G$ 의 정규부분군이면 $G$ 에서 $H$ 의 좌잉여류(또는 우잉여류) 전체집합이 군이 된다. 이 잉여류의 군을 **$H$ 에 대한 $G$ 의 상군**(factor group of G by H or quotient group of G by H)이라 한다. 자주 상군의 성질을 연구함으로서 원래 군에 대한 정보를 구할 수 있다. 이것에 대해서는 이 장의 다음 절에서 설명할 것이다.

**정리 9.2 상군(Factor Groups O. Hölder, 1889)**

부분군 $H$가 $G$의 정규부분군이면 집합 $G/H=\{aH \mid a\in G\}$ [4])은 연산 $(aH)(bH)=(ab)H$에 대해 군이다.

**증명** 우리는 첫 번째로 연산이 잘 정의 되었는가를 보여야 한다. 즉, 주어진 대응이 실제로 $(G/H)\times(G/H)$에서 $G/H$로의 함수임을 보여야 한다. 이를 위해서는 $G$의 임의의 원소 $a,\ a',\ b,\ b'$에 대해, $aH=a'H$이고 $bH=b'H$일 때 $aHbH=a'Hb'H$ 즉 $abH=a'b'H$임을 밝혀야 한다(곱셈의 정의가 잉여류의 표현에 따라 달라지지 않고 잉여류 자체에 대해서만 달라짐을 의미한다). $aH=a'H$과 $bH=b'H$으로 부터, $a'=ah_1$이고 $b'=bh_2$가 되는 $h_1,\ h_2\in H$이 존재한다. 따라서, $a'b'H=ah_1bh_2H=ah_1bH=ah_1Hb=aHb=abH$이다. 여기서 우리는 $H\lhd G$이라는 것과 제7장 보조정리의 성질2의 결합법칙을 여러번 사용했다. 그 나머지는 용이하다 : 또한 $eH=H$은 항등원이다 ; $a^{-1}H$는 $aH$의 역원이다 ; 그리고 $(aHbH)cH=(ab)HcH=(ab)cH=a(bc)H=aH(bc)H=aH(bHcH)$이다. 이것으로 $G/H$는 군임을 증명하였다. □

단지 호기심 때문이라 하더라도 정리 9.2의 역 또한 성립한다. 즉, 대응 $(aH)(bH)=(ab)H$이 $G$에서 $H$의 좌잉여류 전체집합의 군에 대한 연산이면 $H$는 $G$의 정규부분군이다.

다음 몇 개의 예들은 상군의 개념을 설명하기 위한 것들이다.

**예제 6** $4\mathbb{Z}=\{0,\ \pm 4,\ \pm 8,\ \cdots\}$에 대해 $\mathbb{Z}/4\mathbb{Z}$을 구하기 위해 먼저 $\mathbb{Z}$에서 $4\mathbb{Z}$의 좌잉여류를 구하자. 이를 위해 다음 네 개의 잉여류를 생각해 보자.

$$\begin{aligned}
0+4\mathbb{Z}&=4\mathbb{Z}=\{0,\ \pm 4,\ \pm 8,\ \cdots\}\\
1+4\mathbb{Z}&=\{1,\ 5,\ 9,\ \cdots\ ;-3,\ -7,\ -11,\ \cdots\}\\
2+4\mathbb{Z}&=\{2,\ 6,\ 10,\ \cdots\ ;-2,\ -6,\ -10,\ \cdots\}\\
3+4\mathbb{Z}&=\{3,\ 7,\ 11,\ \cdots\ ;-1,\ -5,\ -9,\ \cdots\}.
\end{aligned}$$

다른 것은 없다는 것을 설명해 보자. 왜냐하면, $k\in\mathbb{Z}$에 대해 $k=4q+r$이고 $0\le r<4$인 $r$이 존재하므로 $k+4\mathbb{Z}=r+4q+4\mathbb{Z}=r+4\mathbb{Z}$이다. 이제 잉여군의 원소를 모두 구했으므로 $\mathbb{Z}/4\mathbb{Z}$의 군의 구조를 구하기 위해 Cayley표를 구하자.

| | $0+4\mathbb{Z}$ | $1+4\mathbb{Z}$ | $2+4\mathbb{Z}$ | $3+4\mathbb{Z}$ |
|---|---|---|---|---|
| $0+4\mathbb{Z}$ | $0+4\mathbb{Z}$ | $1+4\mathbb{Z}$ | $2+4\mathbb{Z}$ | $3+4\mathbb{Z}$ |
| $1+4\mathbb{Z}$ | $1+4\mathbb{Z}$ | $2+4\mathbb{Z}$ | $3+4\mathbb{Z}$ | $0+4\mathbb{Z}$ |
| $2+4\mathbb{Z}$ | $2+4\mathbb{Z}$ | $3+4\mathbb{Z}$ | $0+4\mathbb{Z}$ | $1+4\mathbb{Z}$ |
| $3+4\mathbb{Z}$ | $3+4\mathbb{Z}$ | $0+4\mathbb{Z}$ | $1+4\mathbb{Z}$ | $2+4\mathbb{Z}$ |

4) 기호 $G/H$는 C. Jordan이 처음 사용했다.

분명히, $\mathbb{Z}/4\mathbb{Z} \approx \mathbb{Z}_4$이다. 일반적으로, $n\mathbb{Z} = \{0, \pm n, \pm 2n, \pm 3n, \cdots\}$에 대해 $\mathbb{Z}/n\mathbb{Z}$은 $\mathbb{Z}_n$과 동형이다.

**예제 8** $G = \mathbb{Z}_{18}$이고 $H = \langle 6 \rangle = \{0, 6, 12\}$이면, $G/H = \{0+H, 1+H, 2+H, 3+H, 4+H, 5+H\}$이다. $G/H$에서 연산을 이해하기 위해 $(5+H)+(4+H)$을 구해 보자. 이것은 $G/H$의 6개의 원소 중에 하나가 되어야 한다. $H$는 6의 배수를 모두 흡수하기 때문에 $(5+H)+(4+H) = 5+4+H = 9+H = 3+6+H = 3+H$이다.

기호에 대한 주의할 몇 마디를 부여하겠다. $H$가 $G$의 정규부분군일 때, $|aH|$은 두 가지 의미를 갖게 된다. 그 중 하나는 $aH$를 $G$의 부분집합으로 간주할 때 $|aH|$은 집합으로써 원소의 개수를 의미한다. 그리고 다른 하나는 훨씬 더 자주 사용 하겠지만 $aH$는 잉여군 $G/H$의 원소이므로 $|aH|$은 잉여군 $G/H$의 원소 $aH$의 위수이다. 예제8에서, 예를 들어, $3+H = \{3, 9, 15\}$이므로 $G$의 부분집합으로써 $|3+H| = 3$이다. 한편 $3+H$는 군 $G/H$의 원소이고 $(3+H)+(3+H) = 6+H = 0+H$이므로 군의 원소로써 그 위수는 $|3+H| = 2$이다. 하나의 기호가 1개 이상의 의미를 갖고 있는 경우에는, 그 정당한 해석은 전후의 문맥으로부터 명확해 질 것이다.

**예제 9** $\mathcal{K} = \{R_0, R_{180}\}$에 대한 이면체군 $D_4$의 잉여군을 구하면 다음과 같다($D_4$에 대한 연산표는 제1장을 참고).

$$D_4/\mathcal{K} = \{\ \mathcal{K},\ R_{90}\mathcal{K},\ H\mathcal{K},\ D\mathcal{K}\ \}.$$

표 9.1이 $D_4/\mathcal{K}$의 곱셈표이다($R_{90}H = D'$이지만 $D'\mathcal{K} = D\mathcal{K}$이므로 표 9.1에서는 $H\mathcal{K}R_{90}\mathcal{K}$ 값으로 $D'\mathcal{K}$대신 $D\mathcal{K}$를 사용했다).

〈표 9.1〉

| | $\mathcal{K}$ | $R_{90}\mathcal{K}$ | $H\mathcal{K}$ | $D\mathcal{K}$ |
|---|---|---|---|---|
| $\mathcal{K}$ | $\mathcal{K}$ | $R_{90}\mathcal{K}$ | $H\mathcal{K}$ | $D\mathcal{K}$ |
| $R_{90}\mathcal{K}$ | $R_{90}\mathcal{K}$ | $\mathcal{K}$ | $D\mathcal{K}$ | $H\mathcal{K}$ |
| $H\mathcal{K}$ | $H\mathcal{K}$ | $D\mathcal{K}$ | $\mathcal{K}$ | $R_{90}\mathcal{K}$ |
| $D\mathcal{K}$ | $D\mathcal{K}$ | $H\mathcal{K}$ | $R_{90}\mathcal{K}$ | $\mathcal{K}$ |

$D_4/\mathcal{K}$는 $G$의 잉여군과 $G$사이에 어떤 관계가 있는지 알 수 있는 좋은 예다. $D_4$의 Cayley표의 첫 머리 행의 원소 배열을 $\mathcal{K}$의 같은 잉여류의 원소끼리 이웃하게 배열하면(표 9.2) $D_4$의 곱셈표는 $\mathcal{K}$의 잉여류들의 박스로 구분할 수 있고 원소 $x$를 포함하는 박스가 $D_4/\mathcal{K}$의 곱셈표에서 잉여류 $x\mathcal{K}$가 된다.

예를 들어, $D_4$에서 $D_4/K$로 변환할 때 표 9.2의 다음 박스는 표 9.1에서 $HK$가 된다.

| $H$ | $V$ |
|---|---|
| $V$ | $H$ |

같은 방법으로 다음 박스는 $DK$로 변환된다.

| $D$ | $D'$ |
|---|---|
| $D'$ | $D$ |

〈표 9.2〉

| | $R_0$ | $R_{180}$ | $R_{90}$ | $R_{270}$ | $H$ | $V$ | $D$ | $D'$ |
|---|---|---|---|---|---|---|---|---|
| $R_0$ | $R_0$ | $R_{180}$ | $R_{90}$ | $R_{270}$ | $H$ | $V$ | $D$ | $D'$ |
| $R_{180}$ | $R_{180}$ | $R_0$ | $R_{270}$ | $R_{90}$ | $V$ | $H$ | $D'$ | $D$ |
| $R_{90}$ | $R_{90}$ | $R_{270}$ | $R_{180}$ | $R_0$ | $D'$ | $D$ | $H$ | $V$ |
| $R_{270}$ | $R_{270}$ | $R_{90}$ | $R_0$ | $R_{180}$ | $D$ | $D'$ | $V$ | $H$ |
| $H$ | $H$ | $V$ | $D$ | $D'$ | $R_0$ | $R_{180}$ | $R_{90}$ | $R_{270}$ |
| $V$ | $V$ | $H$ | $D'$ | $D$ | $R_{180}$ | $R_0$ | $R_{270}$ | $R_{90}$ |
| $D$ | $D$ | $D'$ | $V$ | $H$ | $R_{270}$ | $R_{90}$ | $R_0$ | $R_{180}$ |
| $D'$ | $D'$ | $D$ | $H$ | $V$ | $R_{90}$ | $R_{270}$ | $R_{180}$ | $R_0$ |

이러한 방법으로, $G$의 원소들의 체계적인 붕괴에 의해서 $G/H$이 형성됨을 알 수 있다. 특히, 원소 $a$를 포함하는 $H$의 잉여류의 모든 원소가 잉여군 $G/H$에서 $aH$라는 한 개의 원소로 붕괴됨을 알 수 있다.

**예제 10** 표 5.1($i$는 치환 $\alpha_i$을 의미한다)에 주어진 $A_4$에서 $H=\{1, 2, 3, 4\}$의 잉여류는 $H$, $5H=\{5, 6, 7, 8\}$, $9H=\{9, 10, 11, 12\}$로 세 개이다. (이 경우에는 연산표의 첫 머리행을 재배열할 필요가 없다.) $A_4$의 연산표에서 $H$의 잉여류의 원소끼리 박스로 표시하고 1, 5, 9(표 9.3)를 각각 포함하는 박스를 잉여류 $1H$, $5H$, $9H$로 바꾸면 표 9.4와 같이 $G/H$의 연산표가 구해진다.

〈표 9.3〉

| | 1 | 2 | 3 | 4 | 5 | 6 | 7 | 8 | 9 | 10 | 11 | 12 |
|---|---|---|---|---|---|---|---|---|---|---|---|---|
| 1 | 1 | 2 | 3 | 4 | 5 | 6 | 7 | 8 | 9 | 10 | 11 | 12 |
| 2 | 2 | 1 | 4 | 3 | 6 | 5 | 8 | 7 | 10 | 9 | 12 | 11 |
| 3 | 3 | 4 | 1 | 2 | 7 | 8 | 5 | 6 | 11 | 12 | 9 | 10 |
| 4 | 4 | 3 | 2 | 1 | 8 | 7 | 6 | 5 | 12 | 11 | 10 | 9 |
| 5 | 5 | 8 | 6 | 7 | 9 | 12 | 10 | 11 | 1 | 4 | 2 | 3 |
| 6 | 6 | 7 | 5 | 8 | 10 | 11 | 9 | 12 | 2 | 3 | 1 | 4 |
| 7 | 7 | 6 | 8 | 5 | 11 | 10 | 12 | 9 | 3 | 2 | 4 | 1 |
| 8 | 8 | 5 | 7 | 6 | 12 | 9 | 11 | 10 | 4 | 1 | 3 | 2 |
| 9 | 9 | 11 | 12 | 10 | 1 | 3 | 4 | 2 | 5 | 7 | 8 | 6 |
| 10 | 10 | 12 | 11 | 9 | 2 | 4 | 3 | 1 | 6 | 8 | 7 | 5 |
| 11 | 11 | 9 | 10 | 12 | 3 | 1 | 2 | 4 | 7 | 5 | 6 | 8 |
| 12 | 12 | 10 | 9 | 11 | 4 | 2 | 1 | 3 | 8 | 6 | 5 | 7 |

〈표 9.4〉

| | $1H$ | $5H$ | $9H$ |
|---|---|---|---|
| $1H$ | $1H$ | $5H$ | $9H$ |
| $5H$ | $5H$ | $9H$ | $1H$ |
| $9H$ | $9H$ | $1H$ | $5H$ |

이러한 과정은 색상을 이용하여 훨씬 더 생생하게 설명할 수 있다. $H$의 원소는 초록색으로 $5H$의 원소는 빨강색으로 $9H$의 원소는 파랑색으로 인쇄되었다고 하면 표 9.3의 각각의 박스는 동일한 색상을 가진 원소로 이루어진다. 따라서 $G/H$와 동형인 군의 연산을 갖는 세 가지 색상으로 이루어진 상군으로 간주할 수 있다.

| | 초록색 | 빨강색 | 파랑색 |
|---|---|---|---|
| 초록색 | 초록색 | 빨강색 | 파랑색 |
| 빨강색 | 빨강색 | 파랑색 | 초록색 |
| 파랑색 | 파랑색 | 초록색 | 빨강색 |

동일한 과정을 $G$군 와 정규부분군이 아닌 부분군 $H$에 대해서도 적용을 해 보고 그 경우에 발생하는 상황을 반드시 알아보아야 한다. 즉 $H$의 같은 잉여류의 원소들끼리 서로 이웃하게 $G$의 Cayley표의 첫머리 행을 재배열하고 잉여류들을 박스로 표시하여 잉여류들의 연산표를 만들자. 예를 들어 $G = A_4$에서 $H = \{1, 5, 9\}$의 잉여류는 $H$, $2H = \{2, 6, 10\}$, $3H = \{3, 7, 11\}$, $4H = \{4, 8, 12\}$이므로 $G = A_4$의 Cayley표의 첫머리 행을 재배열하여 처음 세 번째 행까지 정리하면 다음과 같다.

| | 1 | 5 | 9 | 2 | 6 | 10 | 3 | 7 | 11 | 4 | 8 | 12 |
|---|---|---|---|---|---|---|---|---|---|---|---|---|
| 1 | 1 | 5 | 9 | 2 | 6 | 10 | 3 | 7 | 11 | 4 | 8 | 12 |
| 5 | 5 | 9 | 1 | 8 | 12 | 4 | 6 | 10 | 2 | 7 | 11 | 3 |
| 9 | 9 | 1 | 5 | 11 | 3 | 7 | 12 | 4 | 8 | 10 | 2 | 6 |

이렇게 $3\times3$-박스로 구분하면 다른 잉여류의 원소를 포함하는 박스가 있으므로 고란하게 된다. 따라서 정규부분군인 경우에는 박스를 가지고 정규부분군의 잉여류를 만들었지만 같은 방법으로 정규부분군이 아닌 경우에는 박스의 한 개의 원소로 그 박스 전체를 표현하는 것이 불가능하다. 같은 잉여류의 원소가 같은 색상이 되도록 인쇄하고 연산표를 네 개 색상에 대해 재배열하면 정규부분군의 경우에는 단일 색상의 박스들이 나타나지만 그렇지 않는 경우에는 한 박스 안에서 여러 가지 색상이 나타난다.

제11장에서, 유한가환군은 순환군들의 직적과 동형임을 증명할 것이다. 특히, 위수 8인 유한가환군은 $\mathbb{Z}_8$, $\mathbb{Z}_4\oplus\mathbb{Z}_2$, $\mathbb{Z}_2\oplus\mathbb{Z}_2\oplus\mathbb{Z}_2$ 중의 어느 하나와 동형이다. 다음 두 예는 위수 8인 가환상군들을 검토하고 각각에 대해 동형사상을 결정한다.

**예제 11** $G=U(32)=\{1,3,5,7,9,11,13,15,19,21,23,25,27,29,31\}$이고 $H=U_{16}(32)=\{1,17\}$라 하자. 그러면 $G/H$는 위수 $\dfrac{16}{2}=8$인 가환군이다. 이 상군이 $\mathbb{Z}_8$, $\mathbb{Z}_4\oplus\mathbb{Z}_2$, $\mathbb{Z}_2\oplus\mathbb{Z}_2\oplus\mathbb{Z}_2$중에서 어느 것과 동형인가? 이 질문에 답하기 위해 단지 $G/H$의 원소들과 그것들의 위수를 구할 필요가 있다. 다음 8개의 잉여류는 모두 서로 다르다. 따라서 그것들이 상군 $G/H$를 이룬다.

$$\begin{gathered}1H=\{1,17\},\quad 3H=\{3,19\},\quad 5H=\{5,21\},\quad 7H=\{7,23\},\\ 9H=\{9,25\},\ 11H=\{11,27\},\ 13H=\{13,29\},\ 15H=\{15,31\}.\end{gathered}$$

분명히, $(3H)^2=9H\neq H$이므로 $3H$의 위수는 적어도 4이상이다. 따라서 $G/H$는 $\mathbb{Z}_2\oplus\mathbb{Z}_2\oplus\mathbb{Z}_2$와 동형이 아니다. 한편, 직접계산에 의하면 $7H$와 $9H$의 위수 2이다. 따라서 짝수 위수의 순환군에는 위수가 2인 원소가 유일하므로(정리 4.4) $G/H$는 $\mathbb{Z}_8$일 수 없다. 따라서 이것은 $U(32)/U_{16}(32)\approx\mathbb{Z}_4\oplus\mathbb{Z}_2$이다. 이것은 $U(16)$과 동형이다. (이 결과는 꼭 그렇게 우연적인 것은 아니다.)

**예제 12** $G=U(32)$이고 $K=\{1,15\}$이라 하자. 그러면 $|G/K|=8$이고, $G/K$에서 위수 8인 세 개의 가환군 중에서 어느 것인가? $(3K)^4=81K=17K\neq K$이므로 $|3K|=8$이다. 따라서 $G/K\approx\mathbb{Z}_8$이다.

정규부분군 $H$에 대한 상군을 만들 때 근본적인 역할은 $H$의 모든 원소가 항등원을 정의한다는 것을 이해하는 것이 결정적인 것이다. 따라서, 예9에서 $R_{90}\mathcal{K}=\mathcal{K}$이 항등원이다. $R_{270}\mathcal{K}=R_{90}R_{180}\mathcal{K}=R_{90}\mathcal{K}$이다. 유사하게, 예7에서는 4의 배수가 모두 잉여군 $\mathbb{Z}/4\mathbb{Z}$ 에서 0이므로, $5+4\mathbb{Z}=1+4+4\mathbb{Z}$

$= 1 + 4\mathbb{Z}$ 이다. 예11에서, $U(32)$에서 $19 = 3 \cdot 17$이고 그 상군이 17을 항등원으로 하므로 $3H = 19H$이다. 대수학자들은 상군을 구하면서 보통 $H$를 "죽인다."라고 말한다.

## 상군의 응용(Applications of Factor Groups)

상군이 중요한 이유는 무엇일까? $G$가 유한군이고 $H \neq \{e\}$일 때, $G/H$는 $G$보다 더 작고, 그것의 구조는 $G$의 구조보다는 덜 복잡하다. 동시에, $G/H$는 다양한 방법으로 $G$를 흉내 낸다. 사실상, 상군 $G/H$는 덜 복잡한 $G$의 근삿값으로 간주할 수 있다(마치 무리수 $\pi$의 근삿값으로 유리수 3.14를 사용하는 것과 같다). 상군 $G/H$이 중요한 이유는 조금 덜 복잡한 군에서 시험해 봄으로써 군 $G$의 성질을 추론할 수 있다는 점이다. 이것을 군 $A_4$에는 위수 6인 부분군이 존재하지 않음을 다른 방법으로 증명함으로써 설명할 것이다.

**예제 13** $A_4$에는 위수 6인 부분군이 존재하지 않는다.

집합 $\{1, 2, 3, 4\}$ 위에서 우 치환 전체집합의 군 $A_4$에는 위수 6인 부분군이 존재하지 않는다. 이것을 보이기 위해, $A_4$에 위수 6인 부분군 $H$가 존재한다라고 가정하자. 이 장의 연습문제7에 의해, $H \triangleleft A_4$이다. 따라서, 상군 $A_4/H$이 존재하고 위수 2이다. 군의 원소의 위수는 군의 위수의 약수이므로, 임의의 $\alpha \in A_4$에 대해서 $\alpha^2 H = (\alpha H)^2 = H$이다. 따라서 모든 $\alpha \in A_4$에 대해 $\alpha^2 \in H$이다. 표 5.1에 주어진 $A_4$의 연산표에서 주대각선을 보면 $A_4$에는 $\alpha^2$ 형태의 서로 다른 원소가 9개이고 이들 9개 원소는 모두 $H$의 원소이다. 그런데 $H$의 원소 개수는 6개 이므로 모순이다. 따라서 $A_4$에는 위수 6인 부분군이 존재하지 않는다.

다음 세 개의 정리들은 $G$의 상군에 대한 지식이 $G$ 자신에 대한 정보를 어떻게 알려주는지 설명해 준다.

**정리 9.3 $G/Z$ 정리**

$G$는 한 군이고 $Z(G)$는 $G$의 중심이라 하자. 만약 $G/Z(G)$이 순환군이면 $G$는 가환군이다.

**증명** $gZ(G)$를 $G/Z(G)$의 생성원이라 하고 $a, b \in G$라 하자. 그러면 정수 $i, j$가 존재하여 다음이 성립한다.

$$aZ(G) = (gZ(G))^i = g^i Z(G)$$

이고

$$bZ(G) = (gZ(G))^j = g^j Z(G).$$

따라서 $Z(G)$의 원소 $x$에 대하여, $a = g^i x$이고, $Z(G)$의 원소 $y$에 대하여, $b = g^j y$이 된다.

$$\begin{aligned} ab &= (g^i x)(g^j y) = g^i (x g^j) y = g^i (g^j x) y = (g^i g^j)(xy) \\ &= (g^j g^i)(yx) = g^j (g^i y) x = g^j (y g^i) x = (g^j y)(g^i x) = ba \end{aligned}$$

따라서, $G$는 가환군이다. □

정리9.3에 대한 몇 가지 설명을 차례로 해보자. 첫째, 위의 증명은 더 좋은 결과가 가능하다: 만약 중심 $Z(G)$의 부분군 $H$에 대해 $G/H$가 순환군이면, $G$는 가환군이다. 둘째 그것은 가장 자주 사용되는 정리의 대우명제이다. 즉, 만약 $G$가 비가환군이면, $G/Z(G)$는 순환군이 아니다. 예를 들면, 이 대우명제와 Lagrange정리를 이용하면 임의의 소수 $p$, $q$에 대해 위수 $pq$인 비가환군의 중심은 자명하다. 셋째, 만약 $G/Z(G)$이 순환군이면, 그것은 반드시 자명하다.

**정리 9.4** $G/Z(G) \approx Inn(G)$

임의의 군 $G$에 대해, $G/Z(G)$은 $Inn(G)$와 동형이다.

**증명** 집합 $G/Z(G)$에서 $Inn(G)$로의 사상 $T$를 $T(gZ(G)) = \phi_g$(여기서 $\phi_g$는 임의의 $x \in G$에 대해 $\phi_g(x) = gxg^{-1}$이다)를 생각해보자. 첫째, $T$가 잘 정의되었는가를 보이자. $gZ(G) = hZ(G)$라 가정하고 $\phi_g = \phi_h$임을 밝혀보자($Z(G)$의 잉여류의 상이 그 잉여류를 표현하는 원소가 아닌 잉여류 그 자체에 의해서 결정됨을 의미한다). $gZ(G) = hZ(G)$로 부터 $h^{-1}g$는 $Z(G)$의 원소이다. 따라서, $G$의 모든 원소 $x$에 대해 $h^{-1}gx = xh^{-1}g$이다. 즉 $G$의 모든 원소 $x$에 대해 $gxg^{-1} = hxh^{-1}$이므로 $\phi_g = \phi_h$이다. 위의 논증을 역순으로 하면 $T$가 단사함수임을 알 수 있고, 또한, $T$는 분명히 전사이다. $G$의 임의의 원소 $g$, $h$에 대해 $\phi_g\phi_h = \phi_{gh}$이므로 $T$는 연산을 보존한다. □

정리 9.3과 정리 9.4의 한 적용으로, $Inn(D_6)$를 직접 조사하지 않고 $Inn(D_6)$을 쉽게 결정 할 수도 있다!

**예제 14** 제3장 예제 11에 의해 $|Z(D_6)| = 2$이다. 따라서, $|D_6/Z(D_6)| = 6$이다. 그러므로, 위수 6인 군들의 분류(정리 7.2)에 의해, $Inn(D_6)$는 $D_3$ 또는 $\mathbb{Z}_6$와 동형이다. 이제, 만약 $Inn(D_6)$이 순환군이면, 정리 9.4에 의해, $D_6/Z(D_6)$ 또한 순환군이다. 그렇다면 정리 9.3에 의해 $D_6$가 가환군이 되어 모순이다. 따라서 $Inn(D_6)$는 $D_3$와 동형이다. ■

다음 정리는 유한군의 이론에서 사용되는 가장 막강한 증명 기술을 보여준다. 상군들과 수학적귀납법을 결합하여 사용한다.

**정리 9.5 가환군에 대한 Cauchy정리**

$G$는 유한가환이군이고 $p$는 $G$의 위수를 나누는 한 소수이다. 그러면 $G$는 위수 $p$인 한 원소를 갖는다.

**증명** 분명히, $G$의 위수 2인 경우는 성립한다. $|G|$에 대해 두 번째 수학적 귀납법을 이용하여 정리를 증명하고자 한다. 즉, $G$보다 적은 위수를 갖는 모든 가환군에 대해 정리가 성립한다고 가정하고 이 가정을 이용해서 $G$에 대해서 정리가 역시 성립함을 보이면 된다. 확실히 $G$는 소수 위수의 원소를 갖는다. 왜냐하면, $|x|=m$이고 $m=qn$, 여기서 $q$는 소수라 가정하면, $|x^n|=q$이다. 그러므로 예를 들어 $x$를 어떤 소수 $q$ 위수를 갖는 $G$의 원소라 하면 된다. 만약 $q=p$이면 정리가 증명되었다 ; 따라서 $q \neq p$를 가정하자. 가환군의 모든 부분군은 정규부분군이므로 $\overline{G}=G/\langle x \rangle$는 가환군이고, $|\overline{G}|=|G|/q$이므로 $p$는 $|\overline{G}|$의 약수이다. 따라서 귀납법의 가정에 의해 $\overline{G}$ 에는 위수 $p$ 인 원소 $y\langle x \rangle$가 존재한다. 이제 결과는 연습문제 65에 따른다. □

## 내직적(Internal Direct Products)

우리가 알고 있듯이 외직적은 군들을 서로 합쳐서 더 큰 군 하나로 만드는 한 방법을 제시해 준다. 이 과정을 거꾸로 할 수 있다면 매우 유용한 것이 될 것이다. 즉, 커다란 하나의 군에서 출발해서 여러 개의 작은 군의 곱으로 표현할 수 있다는 것이다. 그러나 특별한 경우에만 이렇게 하는 것이 가능하다. 이를 위해 군 $G$의 부분군 $H$, $K$에 대해 집합 $HK$을 $\{hk \mid h \in H,\ k \in K\}$로 정의하자.

**예제 15** $U(24)=\{1, 5, 7, 11, 13, 17, 19, 23\}$에서, $H=\{1, 17\}$이고 $K=\{1, 13\}$이라 하자. $5=17\cdot 13 \bmod 24$이므로, $HK=\{1, 13, 17, 5\}$이다. ■

**예제 16** $S_3$에서, $H=\{(1), (12)\}$이고 $K=\{(1), (13)\}$이라 하자. 그러면, $HK=\{(1), (13), (12), (12)(13)\}=\{(1), (13), (12), (132)\}$이다. ■

집합 $HK$는 군이라고 가정 할 수 없는 것에 유의해야 한다. 예제 15는 군이 되지만 예제 16은 군이 아니다.

### 정의: 내직적(Internal Direct Product of $H$ and $K$)

군 $G$의 정규부분군 $H$와 $K$에 대하여 $G=HK$ 이고 $H \cap K=\{e\}$이면 $G$를 $H$와 $K$의 **내직적**(internal direct product)이라 하고 $G=H\times K$로 표기한다. ■

"내직적"의 표현법을 정당화 하는 것은 용이하다. 만약 $H$와 $K$가 군 $G$의 부분군이고 $G$가 $H$와 $K$의 외직적과 자연스럽게 동형이 되어 $G$를 $H$와 $K$의 내직적이라 부른다. 군 $G$에서 출발하여 군 $G$가 $G$의 두부분군 $H$와 $K$를 찾아서 $G$가$H$와 $K$의 외직적과 동형이 되도록 내직적의 형태를 만드는 것이다(정의가 이것을 보증하고 있다. 정리9.6을 참고하여라). 한편, 두 군이 서로 관계가 있든 없든 임의의 두 군 $H$와 $K$에서 출발하여 외직적 $H\oplus K$를 만드는 것이다. 이 두 곱의 차이점은 내직적은 군

$G$의 부분군과 군 $G$의 연산으로 군 $G$ 자신 안에서 구성 하는 것이고, 반면에 외직적은 서로 전혀 관계 없는 군들로 새로운 집합과 새로운 연산으로 구성하는 것이다. (그림 9.1과 그림 9.2.를 보아라)

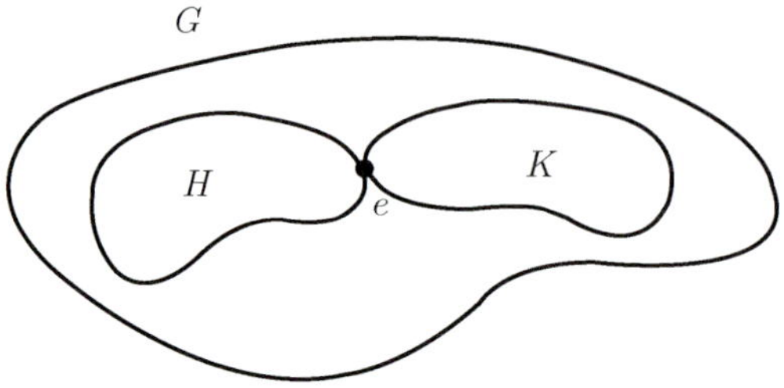


[그림 9.1] 내직적은 $H$와 $K$는 같은 군의 부분군들이어야 한다.

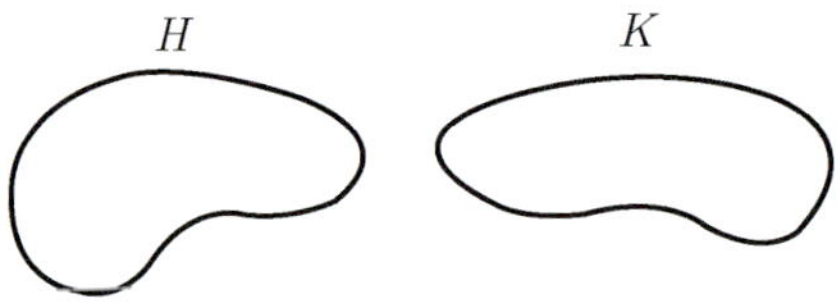


[그림 9.2] 외직적은 $H$와 $K$는 임의의 군들 일 수 있다.

아마도 앞에서 논의한 군들의 두 가지 곱들 사이의 차잇점을 확인하는 것은 정수와 비교하면 이해하기가 편리하다. 여러 개의 정수를 택하여 이들을 모두 곱하면 거대한 크기의 정수가 만들어 지는데 마찬가지로 군들을 택하여 외직적으로 커다란 군을 만드는 것과 같다. 역으로, 주어진 특정한 정수를 인수분해 해야 하는 경우가 있는데 이는 주어진 군을 그 군의 부분군들의 내직적으로 표현하는 것과 같다.

**예제 17** 위수 12인 이면체군 $D_6$에서, $F$를 반사이동이라 하고 $R_k$을 $k°$ 회전이동이라 하자. 그러면,

$$D_6 = \{R_0,\ R_{120},\ R_{240},\ F,\ R_{120}F,\ R_{240}F\} \times \{R_0,\ R_{180}\}.$$

학생들은 내직적의 정의의 모든 조건들이 $HK \approx H \oplus K$을 정당화하는 필요조건에 대하여 주의를 기울여야 한다. 예를 들어,

$$G = S_3,\ H = \langle (123) \rangle,\ K = \langle (12) \rangle \text{이면 } G = HK\text{이고 } H \cap K = \{(1)\}$$

그러나, 정리 8.2에 의해, $H \oplus K$는 순환군이고 $S_3$는 순환군이 아니므로, $G$는 $H \oplus K$와 동형이 아니다. $K$는 정규부분군은 아님을 확인하여라.

한 군 $G$는 역시 부분군들의 한 족의 내직적이 될 수도 있다.

### 정의: 내직적 $H_1 \times H_2 \times \cdots \times H_n$ ( Internal Direct Product $H_1 \times H_2 \times \cdots \times H_n$ )

군 $G$의 정규부분군 $H_1,\ H_2,\ \cdots\ H_n$ 이 다음 두 조건을 만족하면 군 $G$는 $H_1,\ H_2,\ \cdots\ H_n$ 의 **내직적** (internal direct product)이라 하고 $G = H_1 \times H_2 \times \cdots \times H_n$ 로 표시한다.

1. $G = H_1 H_2 \cdots H_n = \{h_1 h_2 \cdots h_n \mid h_i \in H_i\}$
2. $(H_1 H_2 \cdots H_i) \cap H_{i+1} = \{e\}, \ i = 1, 2, \cdots, n-1$

이 정의는 부분군 두 개의 내직적의 정의보다 약간 더 복잡하다. 아마도 이 정의의 발상에 대해 궁금할 수 도 있다. 즉, 그 부분군들이 왜 정규부부분군이어야 하고 또한 각각의 부분군들이 왜 그 이전의 모든 부분군의 곱과 서로소이여야 바람직한지? 그 이유는 의외로 간단하다. 내직적이 외직적과 동형이 되기를 바란다. 다음 정리에서 내직적의 정의의 모든 조건들은 두 가지 곱이 서로 동형이 되도록 정당화하게 선택되었다.

**정리 9.6** $H_1 \times H_2 \times \cdots \times H_n \approx H_1 \oplus H_2 \oplus \cdots \oplus H_n$

군 $G$가 부분군 $H_1, H_2, \cdots H_n$의 내직적이면 $G$는 $H_1, H_2, \cdots H_n$의 외직적과 동형이다.

**증명** 각 $H_i$의 정규성은 서로 다른 $H_i$의 원소들은 서로 교환법칙이 성립한다는 것을 위의 정의의 두 번째 정의로 보장함을 보일 것이다. 왜냐하면 $i \neq j$에 대해 $h_i \in H_i, \ h_j \in H_j$ 라면 다음이 성립한다.

$$h_i h_j h_i^{-1} h_j^{-1} = (h_i h_j h_i^{-1}) h_j^{-1} \in H_j h_j = H_j$$

이고

$$h_i h_j h_i^{-1} h_j^{-1} = h_i (h_j h_i^{-1} h_j^{-1}) \in h_i H_i = H_i .$$

따라서 $h_i h_j h_i^{-1} h_j^{-1} \in H_i \cap H_j = \{e\}$ (연습문제 3 참조)이고, 따라서 $h_i h_j = h_j h_i$ 이다. 이제 $G$의 원소는 각각의 $h_i \in H_i$에 대해 $h_1 h_2 \cdots h_n$ 인 형태로 유일하게 표현할 수 있음을 증명한다. 정의의 첫 번째 조건에 의해 그러한 표현이 최소한 한 개가 있다. 이제 유일성을 증명하기 위해 각각의 $h_i, \ h_i' \in H_i$에 대해 $g = h_1 h_2 \cdots h_n$ 이고 $g' = h'_1 h'_2 \cdots h'_n$ 라 하자. 임의의 $i \neq j$에 대해 $h_i h_j = h_j h_i$ 이므로 다음 식을

$$h_1 h_2 \cdots h_n = h'_1 h'_2 \cdots h'_n \tag{1}$$

$h_n' h_n^{-1}$에 대해 풀면 다음 식이 된다.

$$h_n' h_n^{-1} = (h'_1)^{-1} h_1 (h'_2)^{-1} h_2 \cdots (h'_{n-1})^{-1} h_{n-1} .$$

그런데,

$$h_n' h_n^{-1} \in H_1 H_2 \cdots H_{n-1} \cap H_n = \{e\} .$$

따라서, $h_n' h_n^{-1} = e$ 이므로 $h_n' = h_n$ 이다. 여기서, (1)의 양변에서 $h_n$과 $h'_n$을 소거하고 위의 과정을 반복하면 $h'_{n-1} = h_{n-1}$이 된다. 같은 과정을 반복하면 결국에는 $i = 1, 2, \cdots, n$ 에 대해 $h'_i = h_i$이다. 우리의 주장이 완성되어서, $\Phi(h_1 h_2 \cdots h_n) = (h_1, h_2, \cdots, h_n)$ 로 정

의된 대응 $\Phi$는 군 $H_1 \times H_2 \times \cdots \times H_n$ 에서 $H_1 \oplus H_2 \oplus \cdots \oplus H_n$ 로의 함수를 정의하게 된다. 이 함수가 항등함수임을 보이는 것은 어렵지 않으므로 독자에게 남긴다. □

다음 정리는 정리 9.6의 한 중요한 적용의 예이다.

**정리 9.7 위수 $p^2$인 군의 분류(Classification of Groups of Order $p^2$)**

소수 $p$에 대해 위수 $p^2$인 군은 $\mathbb{Z}_{p^2}$ 또는 $\mathbb{Z}_p \oplus \mathbb{Z}_p$와 동형이다.

**증명** 군 $G$를 소수 $p$에 대해 위수 $p^2$인 군이라 하자. 만약 군 $G$에 위수 $p^2$인 원소가 존재하면, 그러면 $G$는 $\mathbb{Z}_{p^2}$과 동형이다. 따라서, 군 $G$에 위수 $p^2$인 원소가 존재하지 않으면 Lagrange정리의 따름 정리 2에 의해 항등원이 아닌 원소의 위수는 모두 $p$이다. $G$의 임의의 원소 $a$에 대해 순환부분군 $\langle a \rangle$가 정규부분군임을 먼저 증명하자. 만약 $\langle a \rangle$이 정규부분군이 아닌 원소 $a$가 존재한다면 $bab^{-1}$이 $\langle a \rangle$의 원소가 아닌 원소 $b$가 $G$에 존재하고 $\langle a \rangle$와 $\langle bab^{-1} \rangle$은 위수 $p$인 서로 다른 부분군이다. $\langle a \rangle \cap \langle bab^{-1} \rangle$은 $\langle a \rangle$와 $\langle bab^{-1} \rangle$의 부분군이므로 $\langle a \rangle \cap \langle bab^{-1} \rangle = \{e\}$이다. 이것으로 부터 $\langle bab^{-1} \rangle$의 서로 다른 좌잉여류 전체는 $\langle bab^{-1} \rangle, a\langle bab^{-1} \rangle, a\langle bab^{-1} \rangle, a^2\langle bab^{-1} \rangle, \cdots, a^{p-1}\langle bab^{-1} \rangle$이다. $b^{-1}$는 이들 좌잉여류 중 한 개의 원소이므로, $b^{-1} = a^i(bab^{-1})^j = a^iba^jb^{-1}$이 되는 $i,\ j$가 존재한다. $b^{-1}$를 소거하면, $e = a^iba^j$이고 $b = a^{-i-j} \in \langle a \rangle$이 된다. 이 모순은 임의의 원소 $a$에 대해 $\langle a \rangle$은 정규부분군임을 확인한 것이다. 증명을 완성하기 위해서, 이제 $x$를 항등원이 아닌 $G$의 임의의 원소라 하고 $y$는 $\langle x \rangle$의 원소가 아닌 $G$의 임의의 원소라 하자. 그러면 위수들을 비교하고 정리 9.6을 사용하여 $G = \langle x \rangle \times \langle y \rangle \approx \mathbb{Z}_p \oplus \mathbb{Z}_p$ 임을 알 수 있다. □

정리 9.7에서 바로 보조정리로 다음의 중요한 사실을 알 수 있다.

**따름 정리** 만약 한 군 $G$의 위수가 $p^2$이고, 여기서 $p$는 소수이다. 그러면 $G$는 가환군이다.

우리는 다음과 같은 변환을 말할 수 있다. 만약 $G = H_1 \oplus H_2 \oplus \cdots \oplus H_n$이면 $G$는 $H_1, H_2, \cdots, H_n$와 동형인 부분군들의 내부직적으로 표현 할 수 있다. 예를 들어 $G = H_1 \oplus H_2$이면 $\overline{H_1} = H_1 \oplus \{e\}$와 $\overline{H_2} = \{e\} \oplus H_2$에 대해 $G = \overline{H_1} \times \overline{H_2}$이다.

직적들이라는 주제는 기호와 용어에 있어 폭넓게 조금씩 달리 사용하는 면이 있다. 대부분의 저자들은 $H \times K$을 $H$와 $K$의 내부직적과 외직적의 기호에 차이를 두지 않고 동시에 사용한다. 몇몇 저자들만 외직적을 정의한다. 많은 이들은 $H$와 $K$가 가환군인 경우에 $H \times K$을 $H \oplus K$로 나타내고 $H$와 $K$의 **직합**(direct sum)이라 부른다. 사실상, 환은 항상 덧셈에 대해 가환군이므로 환(3부)에 대한 부분에서 이 기호를 사용할 것이다.

지금까지 논의 된 이론을 아주 적절하게 설명하고 내직적과 외직적의 차이를 잘 말해주는 예가 $U-$군들이다. 정리 8.3과 그 따름정리, 정리9.6에서 만약 $m=n_1n_2\cdots n_k$이고 $i\neq j$에 대해 $\gcd(n_i, n_j)=1$이면 다음이 성립한다.

$$\begin{aligned} U(m) &= U_{m/n_1}(m)\times U_{m/n_2}(m)\times\cdots\times U_{m/n_k}(m) \\ &\approx U(n_1)\oplus U(n_2)\oplus\cdots\oplus U(n_k). \end{aligned}$$

정리 8.3 다음에 있는 예들로 되돌아가서 설명해 보자.

$$\begin{aligned} U(105) &= U(15\cdot 7)=U_{15}(105)\times U_7(105) \\ &= \{1, 16, 31, 46, 61, 76\}\times\{1, 8, 22, 29, 43, 64, 71, 92\} \\ &\approx U(7)\oplus U(15), \end{aligned}$$

$$\begin{aligned} U(105) &= U(5\cdot 21)=U_5(105)\times U_{21}(105) \\ &= \{1, 11, 16, 26, 31, 41, 46, 61, 71, 76, 86, 101\} \\ &\times\{1, 22, 43, 64\}\approx U(21)\oplus U(5), \end{aligned}$$

$$\begin{aligned} U(105) &= U(3\cdot 5\cdot 7)=U_{35}(105)\times U_{21}(105)\times U_{15}(105) \\ &= \{1, 71\}\times\{1, 22, 43, 64\}\times\{1, 16, 31, 46, 61, 76\} \\ &\approx U(3)\oplus U(5)\oplus U(7). \end{aligned}$$

## 연습문제

이해 한다는 것은 큰 기쁨의 하나이다. CARL SAGAN

**1.** $H=\{(1), (12)\}$이다. $H$는 $S_3$에서 의 정규부분군인가?

**2.** $A_n$이 $S_n$의 정규부분군임을 증명하여라.

**3.** 만약 $G$는 $H_1, H_2, \cdots, H_n$의 내직적이고 $1\le i\le n$, $1\le j\le n$, $i\neq j$이다. $H_i\cap H_j=\{e\}$임을 보여라.

**4.** $H=\left\{\begin{pmatrix} a & b \\ 0 & d\end{pmatrix}\middle|\, a, b, d\in\mathbb{R},\ ad\neq 0\right\}$라 하자. $H$는 $GL(2, \mathbb{R})$에서 정규부분군인가?

**5.** $G=GL(2, \mathbb{R})$이고 $K$를 $\mathbb{R}^*$의 한 부분군이라 하자. $H=\{A\in G\mid \det A\in K\}$는 $G$의 정규부분군임을 증명하여라.

**6.** $\mathbb{Z}$의 부분군 $\langle 3\rangle$, $\langle 12\rangle$에 대해 $\langle 3\rangle/\langle 12\rangle$는 $\mathbb{Z}_4$와 동형임을 증명하여라. 유사하게, $\langle 8\rangle/\langle 48\rangle$는 $\mathbb{Z}_6$와 동형임을 증명하여라. 임의의 정수 $k$와 $n$에 대해 일반화 하여라.

**7.** 만약 $H$가 $G$에서 지표가 2이면 $H$는 $G$의 정규부분군임을 증명하여라.

**8.** $H=\{(1), (12)(34)\}$은 $A_4$의 부분군이다.

a. $H$는 $A_4$의 정규부분군이 아님을 보여라.

b. 표 5.1을 이용하여 $\alpha_6H=\alpha_7H$이고 $\alpha_9H=\alpha_{11}H$이지만 $\alpha_6\alpha_9H\neq\alpha_7\alpha_{11}H$임을 보여라. 이 예를 이용해서 $H$의 좌잉여류의 전체집합은 잉여류의 곱셈에 대해 군이 아닌 이유를 설명하여라.

**9.** $G = \mathbb{Z}_4 \oplus U(4)$, $H = \langle (2, 3) \rangle$, $K = \langle (2, 1) \rangle$에 대해 $G/H$는 $G/K$와 동형이 아님을 보여라.(이것은 $H \approx K$이라 해서 $G/H \approx G/K$가 성립하지는 않는다는 것을 보여준다.)

**10.** 한 순환군의 한 상군은 순환군임을 증명하여라.

**11.** $H$는 $G$의 한 정규부분군이다. 만약 $H$와 $G/H$가 가환군이면 $G$는 가환군이어야 하는가?

**12.** 한 가환군의 한 상군이 가환군임을 증명하여라.

**13.** 만약 $H$는 $G$의 한 부분군이고 $a, b \in G$이면, $(ab)H = a(bH)$임을 증명하여라.

**14.** 잉여군 $\mathbb{Z}_{24}/\langle 8 \rangle$에서 $14 + \langle 8 \rangle$의 위수는?

**15.** 잉여군 $U(105)/U_5(105)$에서 $4\,U_5(105)$의 위수는?

**16.** $Z(D_6) = \{R_0, R_{180}\}$이다. 상군 $D_6/Z(D_6)$에서 $R_{60}\,Z(D_6)$의 위수는?

**17.** $G = \mathbb{Z}/\langle 20 \rangle$이고 $H = \langle 4 \rangle/\langle 20 \rangle$이라 하자. $H$와 $G/H$의 원소들을 나열하여라.

**18.** 잉여군 $\mathbb{Z}_{60}/\langle 15 \rangle$의 위수는?

**19.** 잉여군 $(\mathbb{Z}_{10} \oplus U(10))/\langle (2, 9) \rangle$의 위수는?

**20.** $U(20)/U_5(20)$의 Cayley표를 구성하여라.

**21.** 위수 33인 가환군은 순환군임을 증명하여라.

**22.** $(\mathbb{Z} \oplus \mathbb{Z})/\langle (2, 2) \rangle$의 위수를 결정하여라. 이 군은 순환군인가?

**23.** $(\mathbb{Z} \oplus \mathbb{Z})/\langle (4, 2) \rangle$의 위수를 결정하여라. 이 군은 순환군인가?

**24.** 군 $(\mathbb{Z}_4 \oplus \mathbb{Z}_{12})/\langle (2, 2) \rangle$은 $\mathbb{Z}_8$, $\mathbb{Z}_4 \oplus \mathbb{Z}_2$, $\mathbb{Z}_2 \oplus \mathbb{Z}_2 \oplus \mathbb{Z}_2$ 중에서 한 군과 동형이다. 소거법에 의해 어느 것인지 결정해라.

**25.** $G = U(32)$이고 $H = \{1, 31\}$이다. 군 $G/H$는 $\mathbb{Z}_8$, $\mathbb{Z}_4 \oplus \mathbb{Z}_2$, $\mathbb{Z}_2 \oplus \mathbb{Z}_2 \oplus \mathbb{Z}_2$ 중에서 한 군과 동형이다. 소거법에 의해 어느 것인지 결정해라.

**26.** 제1-4절 보충연습 문제4의 표에 주어진 사원수군을 $G$라 하고, $H$는 부분군 $\{e, a^2\}$이라 하자. $G/H$는 $\mathbb{Z}_4$ 또는 $\mathbb{Z}_2 \oplus \mathbb{Z}_2$와 동형인가?

**27.** $G = U(16)$, $H = \{1, 15\}$이고 $K = \{1, 9\}$라 하자. $H$와 $K$는 동형인가? $G/H$와 $G/K$는 동형인가?

**28.** $G = \mathbb{Z}_4 \oplus \mathbb{Z}_4$, $H = \{(0, 0), (2, 0), (0, 2), (2, 2)\}$이고 $K = \langle (1, 2) \rangle$라 하자. $G/H$는 $\mathbb{Z}_4$ 또는 $\mathbb{Z}_2 \oplus \mathbb{Z}_2$와 동형인가? $G/K$는 $\mathbb{Z}_4$ 또는 $\mathbb{Z}_2 \oplus \mathbb{Z}_2$와 동형인가?

**29.** $A_4 \oplus \mathbb{Z}_3$에는 위수 18인 부분군이 존재하지 않음을 증명하여라.

**30.** $U(165)$를 진부분군들의 내직적으로 표현하는 4가지 서로 다른 방법을 구하여라.

**31.** $\mathbb{R}^*$는 영이 아닌 실수전체집합의 곱셈군이고 $\mathbb{R}^+$는 양의 실수전체집합의 곱셈군이라 하자. $\mathbb{R}^*$는 $\mathbb{R}^+$와 부분군 $\{1, -1\}$의 내직적임을 증명하여라.

**32.** $D_4$는 두 개의 진부분군의 내직적으로는 표현할 수 없음을 증명하여라.

**33.** $H$와 $K$가 군 $G$의 부분군이다. 만약 $G = HK$이고 $h \in H$, $k \in K$에 대해 $g = hk$일 때 $|g|$, $|h|$ 그리고 $|k|$ 사이에 어떤 관계식이 있는가? 만약 $G = H \times K$이면 무엇일까?

**34.** $\mathbb{Z}$에서 $H = \langle 5 \rangle$, $K = \langle 7 \rangle$라 하자. $\mathbb{Z} = HK$를 증명하여라. $\mathbb{Z} = H \times K$일까?

**35.** 곱셈군들 $G=\{3^a6^b10^c \mid a, b, c \in \mathbb{Z}\}$, $H=\{3^a6^b12^c \mid a, b, c \in \mathbb{Z}\}$라 하자. $G=\langle 3\rangle\times\langle 6\rangle\times\langle 10\rangle$이고 $H\neq\langle 3\rangle\times\langle 6\rangle\times\langle 12\rangle$ 임을 증명하여라.

**36.** 영이 아닌 실수전체집합의 곱셈군 $\mathbb{R}^*$에서 지표가 2인 부분군들을 모두 결정하여라.

**37.** $G$는 한 유한군이고 $H$를 $G$의 한 정규부분군이라 하자. $G/H$의 원소 $gH$의 위수는 $G$에서 $g$의 위수의 약수임을 증명하여라.

**38.** $H$는 $G$의 한 정규부분군이고 $a$를 $G$의 한 원소라 하자. 만약 $G/H$에서 $aH$의 위수가 3이고 $|H|=10$이면, $a$의 가능한 위수는?

**39.** 만약 $H$는 군 $G$의 한 정규부분군일이라 하면, $G$에서 $H$의 중심화 $C(H)$는 $G$의 정규부분군임을 증명하여라.

**40.** 한 원소가 어떤 $b$에 대하여 $b^2$으로 표현할 수 있을 때 제곱원이라 부른다. $G$가 가환군이고 $H$를 $G$의 한 부분군이라 가정하자. 만약 $H$의 모든 원소들이 제곱원이고 $G/H$의 모든 원소들도 제곱원이면 $G$의 모든 원소도 제곱원임을 증명하여라.
"제곱원"을 임의의 정수 $n$에 대한 "$n$차멱"으로 대체하면 증명은 유효할까?

**41.** 한 상군 $G/H$에서 $aH=bH$이지만 $|a|\neq|b|$($a=e$ 또는 $b=e$는 사용하지 않는다)인 예를 들어라.

**42.** 표 5.1의 $A_4$에 대한 연산표를 이용하여 제9장 예제 6에 주어진 부분군이 $A_4$에서 위수 4인 유일한 부분군임을 증명하여라. 이 부분군이 $A_4$의 정규부분군이 되는 이유는 무엇인가? 이 사실을 임의의 유한군으로 일반화 하여라.

**43.** $p$는 소수이다. 만약 $H$는 위수가 $2p$인 한 군의 비정규부분군이라하면 $H$의 위수가 2임을 보여라.

**44.** $D_{13}$은 $Inn(D_{13})$와 동형임을 보여라.

**45.** $N$은 한 유한군 $G$의 정규부분군이고 $H$는 $G$의 한 부분군이라 가정하자. 만약 $|G/N|$이 소수이면 $H\subseteq N$ 또는 $G=NH$임을 증명하여라.

**46.** 만약 $G$는 한 군이고 $|G:Z(G)|=4$이면 $G/Z(G)\approx\mathbb{Z}_2\oplus\mathbb{Z}_2$임을 증명하여라.

**47.** 위수 $p^3$(단 $p$는 소수)인 비가환군 $G$이고 $Z(G)\neq\{e\}$이면 $|Z(G)|=p$임을 증명하여라.

**48.** 만약 $|G|=pq$(단 $p$, $q$는 소수)이면 $|Z(G)|=1$ 또는 $pq$임을 증명하여라.

**49.** $N$은 군 $G$의 한 정규부분군이고 $H$는 $G$의 부분군이라 하자. 만약 $N$은 $H$의 부분군이면, $H/N$이 $G/N$의 한 정규부분군이기 위한 필요충분조건은 $H$가 $G$의 한 정규부분군임을 증명하여라.

**50.** $G$는 가환군이고 $H$는 $G$의 원소 중에서 유한위수를 갖는 원소들로 이루어진 부분군이라 하자. (제1-4절 보충연습문제 18 참고) $G/H$에서 항등원이 아닌 원소들은 모두 무한위수를 갖음을 증명하여라.

**51.** 군 $\mathbb{R}^*$에서 유한지표를 갖는 모든 부분군들을 결정하여라.

**52.** $G=\{\pm 1, \pm i, \pm j, \pm k\}$이고, 여기서 $i^2=j^2=k^2=-1, -i=(-1)i, 1^2=(-1)^2=1$, $ij=-ji=k, jk=-kj=i$이고 $ki=-ik=j$이다.

a. $G$의 Cayley표를 작성하여라.

b. $H=\{1, -1\} \lhd G$를 보여라.

c. $G/H$의 Cayley표를 작성하여라. $G/H$는 $\mathbb{Z}_4$ 또는 $\mathbb{Z}_2 \oplus \mathbb{Z}_2$와 동형인가?

(위에서 $i$, $j$, $k$를 포함하는 규칙은 다음 원을 이용하면 쉽게 암기할 수 있다.

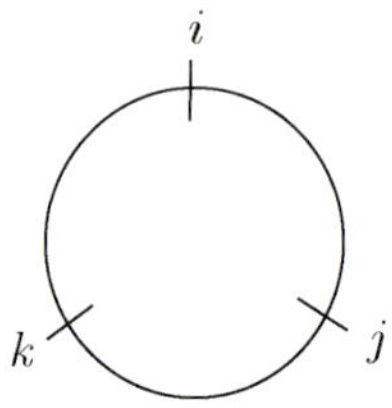


시계방향으로 연속된 두 문자의 곱은 나머지 하나이다. 반시계방향의 연속된 두 문자의 곱은 나머지 하나에 음의 부호를 덧붙인다.) 이 군은 제1-4절 보충연습문제 4에서 주어진 사원수군과 형태만 다른 사원수 군이다. 이 군은 1843년 William Hamilton이 만들었다. 사원수에 의해 3 − 차원공간에서 회전이동을 표현할 수 있고, 그것들은 물리학에서 사용된다. 사원수는 자연스럽게 복소수의 확장으로 사용될 수 있다.

**53.** $D_4$ 의 부분군 $K=\{R_0, D\}$, $L=\{R_0, D, D', R_{180}\}$라 하자. $K \lhd L \lhd D_4$이지만 $K$는 $D_4$의 정규부분군이 아님을 보여라.(정규성은 추이적이 아니다. 제5-8절 보충연습문제4와 비교하여라)

**54.** 군 $G$의 두 정규부분군의 교집합이 정규부분군임을 증명하고 이것을 일반화 하여라.

**55.** $N$은 $G$의 한 정규부분군이고 $H$는 $G$의 임의의 부분군이라 하자. $NH$는 $G$의 부분군임을 증명하여라. 만약 $N$과 $H$가 모두 $G$에서 정규적이 아니면 $NH$가 $G$의 부분군이 아닌 예를 들어 보아라.

**56.** 만약 $N$과 $M$이 $G$의 정규부분군이면, $NM$ 또한 $G$의 정규부분군임을 증명하여라.

**57.** $N$이 $G$의 정규부분군이다. 만약 $N$이 순환부분군이면 $N$의 모든 부분군 또한 $G$의 정규부분군임을 증명하여라.(제24절 연습문제 참조)

**58.** $D_n$의 내부자기동형사상을 조사하지 말고, 내부자기동형사상의 개수만 결정해 보아라.

**59.** $H$는 유한군 $G$의 한 정규부분군이고 $x \in G$이라 하자. $\gcd(|x|, |G/H|)=1$이면, $x \in H$ 임을 보여라.

**60.** $G$는 군이고 $G'$는 집합 $S=\{x^{-1}y^{-1}xy \mid x, y \in G\}$에 의해 생성되는 $G$의 부분군이라 하자. ($G'$의 더 완전한 설명은 제5-8절 보충연습문제 문제3을 참고.)

a. $G'$은 $G$의 정규부분군임을 증명하여라.

b. $G/G'$는 가환군임을 증명하여라.

c. 만약 $G/N$이 가환군이면, $G' \leq N$임을 증명하여라.

d. 만약 $H$가 $G$의 부분군이고 $G' \leq H$이면, $H$는 $G$의 정규부분군임을 증명하여라.

**61.** 만약 $N$이 $G$의 정규부분군이고 $|G/N|=m$이면, $G$의 모든 원소 $x$에 대하여 $x^m \in N$임을 보여라.

**62.** 한 군 $G$에 위수 $n$인 부분군을 갖는다고 가정하자. 위수 $n$인 모든 부분군들의 교집합이 $G$의 정규부분군임을 증명하여라.

**63.** 만약 $G$가 비가환군이면 $Aut(G)$는 순환군이 아님을 보여라.

**64.** 소수 $p$에 대해 $|G| = p^n m$이고 $\gcd(p, m) = 1$이다. $H$는 위수 $p^n$인 $G$의 정규부분군이라 하자. 만약 $K$를 위수 $p^k$인 한 부분군이라면 $K \subseteq H$임을 보여라.

**65.** $H$를 유한군 $G$의 한 정규부분군이라 가정하자. 만약 $G/H$가 위수 $n$인 한 원소를 갖는다면, $G$가 위수 $n$인 한 원소를 갖고 있음을 보여라. $G$가 유한이라는 가정이 필요함을 예를 들어 보여라.

**66.** 한 $G$의 한 부분군 $N$이 $G$의 모든 준동형사상 $\phi$에 대하여 $\phi(N) = N$이면 부분군 $N$을 군 $G$의 특성부분군이라 함을 생각해보자. 만약 $N$이 $G$의 한 특성부분군이면 $N$은 $G$의 한 정규부분군임을 보여라.

**67.** 만약 $D_4$에서, $K = \{R_0, H\}$에 대한 잉여류 $K$, $DK$, $VK$, $D'K$에 대한 연산표를 만들어라. 그것이 군의 연산표인가? 그 결과가 정리 9.2에 모순되는가?

**68.** $S_4$에는 위수 12인 부분군이 오직 한 개 존재함을 보여라.

**69.** 만약 $|G| = 30$이고 $|Z(G)| = 5$일 때 $G/Z(G)$의 구조는 무엇인가?

**70.** 만약 $H$는 $G$의 한 정규부분군이고 $|H| = 2$이면, $H \subseteq Z(G)$임을 증명하여라.

**71.** $A_5$는 위수 2인 정규부분군을 갖지 않음을 증명하여라.

**72.** $G$는 한 유한군이고 $H$는 지표가 2인 홀수위수의 $G$의 부분군이라 하자. $G$의 모든 원소의 곱(임의의 순서에 따라 곱한다)은 $H$에 속할 수 없음을 증명하여라.

**73.** $G$는 한 군이고 $p$는 소수이다. $H = \{g^p \mid g \in G\}$이 부분군이라 가정하자. $H$는 $G$의 정규부분군이고 상군 $G/H$의 항등원이 아닌 모든 원소의 위수는 $p$임을 보여라.

**74.** $H$는 $G$의 한 정규부분군이라 가정하자. 만약 $|H| = 4$이고 $gH$는 $G/H$에서 위수가 3이라 하면 $G$에서 위수 12인 부분군을 찾아라.

**75.** $G$는 한 군이고 $H$는 $G$의 지표가 2인 한 부분군이라 하자. $H$는 홀수 위수를 갖는 $G$의 원소를 포함 함을 보여라.

# Evariste Galois

갈로아가 17살 때 그 방정식 이론에서 그 시대의 의미있는 정리의 발견을 수립하였으며, 그의 결과는 한 세기가 지난 후에도 다 소멸되지 않았다.

E. T. Bell, Man of Mathematics

이 프랑스 우표는 적십자사기금의 지원으로 1984년 "Celebrity Series"의 하나로 발행되었다.

EVARISTE GALOIS(gal-WAH로 부른다.)는 1811년 10월 25일 파리 교외에서 태어났다. 15살에 벌써 Legendre와 Lagrange의 주요 연구물들을 독파 했지만 l'Ecole Polytechnique의 입학시험에 두 번이나 떨어졌다. 그 이유는 몇몇 기초적인 수학도 몰라서 거의 전적으로 머리로만 수학을 해서 심사위원들을 곤혹스럽게 했다.

18살에 방정식이론에 관한 매우 중요한 연구논문을 완성하고 출판하기 위해 French Academy of Sciences에 제출했다. 그 논문은 심사위원인 Cauahy에게 보내졌고 Cauahy는 그 논문에서 깊은 감명을 받아서 Academy에 출판을 동의했으나, 하지 못했다. 19세에 French Academy of Sciences에서 개최한 Grand Prize in Mathematics 대회에 매우 수준 높은 논문을 제출했다. 그 논문은 Fourier에게 보내졌고 심사도 하기 전에 Fourier가 갑자기 사망한 바람에 그 논문은 두 번 다시 볼 수 없게 되었다.

Galois는 혁명조직에 가담하여 정치적범죄로 생의 절반과 마지막 해의 대부분을 감옥에서 보냈다. 감옥에서 자살을 시도했으며 결투에서 죽음을 예언했고 결국 1832년 5월 30일 결투에서 총에 맞아서 그 다음날 20세의 꽃다운 나이에 생을 마감했다.

Galois의 주요 연구로는 정규부분군, 동형사상, 단순군, 유한체, Galois이론 등이 있다. 그의 연구는 몇몇 유명한 작도문제 즉 임의의 각의 삼등분하는 작도문제와 정육면체의 부피를 두 배로 하는 작도 문제 등에 접근할 수 있는 방법을 제공했다. 그러나 Galois 연구는 모두 모아 보았자 60여 쪽 밖에 않되었다. Galois에 대한 더 많은 정보를 다음 사이트에서 얻을 수 있다.

http://www-groups.dcs.st-and.ac.uk/~history/

# 10절 준동형사상(Group Homomorphisms)

모든 현대 핵이론들과 전자기학의 상호작용은 군이론에 기초하고 있다. Andrew Watson, New Scientist

## 정의와 예(Definition and Examples)

이 장에서 대수학에서 가장 중요한 도구 중의 하나인 준동형사상에 대하여 생각해 보자. 준동형사상 즉 "homomorphism"이라는 용어는 닮음을 의미하는 그리스어 "homo"와 형식을 의미하는 그리스어 "morphe"의 합성어이다. 준동형사상은 동형사상의 일반화 이고 군의 상군과 밀접한 관계가 있음을 알게 될 것이다. 군 준동형사상은 1870년에 Camile Jordan에 의해 그의 유명한 책 "Traité des Substitutions"에서 처음 논의 되었다.

### 정의: 군 준동형사상(Group Homomorphism)

한 군 $G$에서 한 군 $\overline{G}$로 가는 군준동형사상이란 $G$에서 $\overline{G}$으로 군의 연산을 보존하는 사상이다 : 즉, 임의의 $a, b \in G$에 대하여 $\phi(ab) = \phi(a)\phi(b)$을 만족한다.

준동형사상의 예와 수 많은 성질들을 논의하기 전에, 준동형사상의 치역과 밀접한 관계가 있는 매우 중요한 한 부분군을 먼저 소개하는 것이 편리하다.(정리 10.1의 성질4 참조.)

### 정의: 준동형사상의 핵(Kernel of a Homomorphism)

한 군 $G$에서 항등원 $e$를 갖는 한 군으로 가는 준동형사상 $\phi$의 **핵(kernel)**은 집합 $\{x \in G | \phi(x) = e\}$이다. $\phi$의 핵을 $Ker\,\phi$로 표기한다.

**예제 1** 모든 동형사상은 전단사인 준동형사상이고 그 핵은 자명한 부분군이다.

**예제 2** $\mathbb{R}^*$이 영이 아닌 실수 전체집합의 곱셈군이라 하자. 행렬식 사상 $A \mapsto \det A$은 $GL(2, \mathbb{R})$에서 $\mathbb{R}^*$로의 한 준동형사상이고 그 핵은 $SL(2, \mathbb{R})$이다.

**예제 3** $\phi(x) = |x|$로 주어진 $\mathbb{R}^*$에서 $\mathbb{R}^*$로의 함수 $\phi$는 준동형사상이고 $Ker\,\phi = \{1, -1\}$이다.

**예제 4** $\mathbb{R}[x]$는 실수 계수 다항식 전체집합의 덧셈군이고 임의의 $f \in \mathbb{R}[x]$에 대해 $f'$은 $f$의 도함수이다. $\mathbb{R}[x]$ 위에서 $f \mapsto f'$로 주어진 사상은 준동형사상이고 핵은 상수다항식들의 집합이다.

**예제 5** $\phi(m) = m \bmod n$로 정의된 $\mathbb{Z}$에서 $\mathbb{Z}_n$으로의 사상 $\phi$는 준동형사상이고(제0장 연습문제 11 참조) 이 사상의 핵은 $\langle n \rangle$ 이다.

**예제 6** 영이 아닌 실수 전제집합의 곱셈군 $\mathbb{R}^*$에서 자기 자신으로 가는 사상은 $\phi(x) = x^2$는 임의의 $a, b \in \mathbb{R}^*$에 대해 $\phi(ab) = (ab)^2 = a^2b^2 = \phi(a)\phi(b)$이므로 준동형사상이고(연습문제 5 참고) $Ker\,\phi = \{1, -1\}$이다.

**예제 7** 실수 전제집합의 덧셈군 $\mathbb{R}$에서 자기 자신으로 가는 사상이 $\phi(x) = x^2$으로 주어지면 $\phi(a+b) = (a+b)^2 = a^2 + 2ab + b^2$이고 $\phi(a) + \phi(b) = a^2 + b^2$이므로 준동형사상이 아니다.

군의 원소를 표현하는 방법이 여러 가지 있는 준동형사상을 정의할 때 주어진 대응이 함수임을 반듯이 확인해야한다.(이 책에서는 "잘 정의 되었다." 라는 용어를 주로 사용한다.) 예를 들어, $\mathbb{Z}_6$에서 $3(x+y) = 3x + 3y$이므로 $x + \langle 3 \rangle \mapsto 3x$로 $\mathbb{Z}/\langle 3 \rangle$에서 $\mathbb{Z}_6$으로의 준동형사상이다. 그러나 $\mathbb{Z}/\langle 3 \rangle$에서 $0 + \langle 3 \rangle = 3 + \langle 3 \rangle$이고 $\mathbb{Z}_6$에서는 $3 \cdot 0 \neq 3 \cdot 3$이므로 이것은 힘수가 될 수 없다.

선형대수를 배운 학생들에게는, 선형대수의 모든 선형변환은 준동형사상이고 핵은 영공간과 같은 것이다. 그리고 가역선형변환은 군 동형사상이다.

## 준동형사상의 성질(Properties of Homomorphisms)

### 정리 10.1 준동형사상에 의한 원소들에 대한 성질들(Properties of Elements under Homomorphisms)

$\phi$는 한 군 $G$에서 한 군 $\overline{G}$로 가는 준동형사상이고 $g \in G$라 하자. 그러면

1. $\phi$에 의한 $G$의 항등원의 상은 $\overline{G}$의 항등원이다.
2. 임의의 $n \in \mathbb{Z}$에 대해 $\phi(g^n) = (\phi(g))^n$이다.
3. 만약 $|g|$가 유한이면, $|\phi(g)|$는 $|g|$의 약수이다.
4. $Ker\,\phi$는 $G$의 부분군이다.
5. $\phi(a) = \phi(b)$이기 위한 필요충분조건은 $a\,Ker\phi = b\,Ker\phi$이다.
6. 만약 $\phi(g) = g'$이면, $\phi^{-1}(g') = \{x \in G \mid \phi(x) = g'\} = g\,Ker\phi$이다.

**증명** 성질1과 성질2의 증명은 정리 6.2의 성질1과 2의 증명과 동일하다. 성질3을 증명하기 위해서 성질1과 2에 의해서 $g^n = e$이면 $e = \phi(e) = \phi(g^n) = (\phi(g))^n$이다. 따라서, 정리4.1의 따름정리2에 의해 $|\phi(g)|$는 $|g|$의 약수이다.

성질1에 의해 $Ker\phi$는 공집합이 아니다. 따라서, 성질4를 증명하기 위해, 임의의 $a, b \in Ker\phi$이라 가정하고 $ab^{-1} \in Ker\phi$임을 보일 것이다. $\phi(a) = e$이고 $\phi(b) = e$이므로, $\phi(ab^{-1}) = \phi(a)\phi(b^{-1}) = \phi(a)(\phi(b))^{-1} = ee^{-1} = e$이다. 따라서 $ab^{-1} \in Ker\phi$이다.

성질5를 증명하기 위해서 먼저 $\phi(a)=\phi(b)$라 가정하자. 그러면 $e=(\phi(b))^{-1}\phi(a)$ $=\phi(b^{-1})\phi(a)=\phi(b^{-1}a)$이다. 따라서, $b^{-1}a\in Ker\phi$이다. 이제 제7장 보조정리의 성질5에 의해 $a\,Ker\phi=b\,Ker\phi$이다. 이 논증 과정을 역으로 하면 증명이 완결된다.

성질6을 증명하기 위해서는, $\phi^{-1}(g')\subseteq g\,Ker\phi$와 $g\,Ker\phi\subseteq\phi^{-1}(g')$을 모두 보아야 한다. 먼저 $x\in\phi^{-1}(g')$라면, $\phi(x)=g'$이다. 그러면 $\phi(g)=\phi(x)$이고 성질5에 의해 $g\,Ker\phi=x\,Ker\phi$이고 결국 $x\in g\,Ker\phi$이다. $g\,Ker\phi\subseteq\phi^{-1}(g')$을 증명하기 위해서, $k\in Ker\phi$를 가정하자. 그러면 $\phi(gk)=\phi(g)\phi(k)=g'e=g'$이다. 따라서, 정의에 의해 $gk\in\phi^{-1}(g')$이다. □

준동형사상은 군의 연산을 보존하므로, 군의 여러 성질들 또한 보존하는 것은 놀라운 것이 아니다.

### 정리 10.2 준동형사상에 의한 부분군들에 대한 성질들(Properties of Subgroups under Homomorphisms)

$\phi$는 군 $G$에서 군 $\overline{G}$로 가는 준동형사상이고 $H$는 $G$의 한 부분군이라 하자.

1. $\phi(H)=\{\phi(h)\mid h\in H\}$는 $\overline{G}$의 부분군이다.
2. 만약 $H$가 순환군이면, $\phi(H)$는 순환군이다.
3. 만약 $H$가 가환군이면, $\phi(H)$는 가환군이다.
4. 만약 $H$가 $G$의 정규부분군이면, $\phi(H)$는 $\phi(G)$에서 정규부분군이다.
5. 만약 $|Ker\phi|=n$이면, $\phi$는 $G$에서 $\phi(G)$위로 $n$대1의 사상이다.
6. 만약 $|H|=n$이면, $|\phi(H)|$는 $n$의 약수이다.
7. 만약 $\overline{K}$가 $\overline{G}$의 한 부분군이면, $\phi^{-1}(\overline{K})=\{k\in G\mid\phi(k)\in\overline{K}\}$는 $G$의 한 부분군이다.
8. 만약 $\overline{K}$가 $\overline{G}$의 한 정규부분군이면, $\phi^{-1}(\overline{K})=\{k\in G\mid\phi(k)\in\overline{K}\}$는 $G$의 한 정규부분군이다.
9. 만약 $\phi$가 전사이고 $Ker\,\phi=\{e\}$이면, $\phi$는 $G$에서 $\overline{G}$로의 동형사상이다.

**증명** 먼저 성질 1, 2 그리고 3의 증명은 정리 6.3의 성질4, 3 그리고 2와 각각 동일하다. 이 증명들은 한 동형사상이 연산을 보존하는 사상이라는 사실 만을 사용하기 때문이다.

성질4의 증명을 위해, $\phi(h)\in\phi(H)$, $\phi(g)\in\phi(G)$라하자. $H$가 $G$의 정규부분군이므로 $\phi(g)\phi(h)\phi(g)^{-1}=\phi(ghg^{-1})\in\phi(H)$이다.

성질5는 정리 10.1의 성질6과 $Ker\,\phi=\phi^{-1}(e)$의 잉여류의 원소의 개수가 모두 같다는 것을 이용하면 된다.

성질6의 증명을 위해, $\phi_H$를 사상 $\phi$의 정의역을 $H$로 제한한 사상이라 하자. $\phi_H$는 $H$에서 $\phi(H)$위로의 준동형사상이다. $|Ker\phi_H|=t$라 가정하자. 그러면, 성질5에 의해 $\phi_H$는 $t$대1 사상이다. 따라서, $|\phi(H)|t=|H|$이다.

성질7을 증명하기 위해, $1-$단계부분군 판정법을 사용하자. 분명히, $e\in\phi^{-1}(\overline{K})$이므로, $\phi^{-1}(\overline{K})$는 공집합이 아니다. $k_1,\ k_2\in\phi^{-1}(\overline{K})$라 하자. 그러면 $\phi^{-1}(\overline{K})$의 정의에 의해,

$\phi(k_1), \phi(k_2) \in \overline{K}$ 이다. 따라서, $\phi(k_2)^{-1} \in \overline{K}$ 이고, 또한 $\phi(k_1 k_2^{-1}) = \phi(k_1)\phi(k_2)^{-1} \in \overline{K}$ 이다. 따라서, $\phi^{-1}(\overline{K})$의 정의에 의해, $k_1 k_2^{-1} \in \phi^{-1}(\overline{K})$이다.

성질8의 증명을 위해, 정리 9.1의 정규부분군판정법을 사용하자. $x\phi^{-1}(\overline{K})x^{-1}$의 임의의 원소는 $xkx^{-1}$형태이고, $\phi(k) \in \overline{K}$ 임을 알 수 있다. 따라서 $\overline{K}$ 가 $\overline{G}$ 의 정규부분군이므로, $\phi(xkx^{-1}) = \phi(x)\phi(k)(\phi(x))^{-1} \in \overline{K}$ 이다. 따라서 $xkx^{-1} \in \phi^{-1}(\overline{K})$이다.
끝으로 성질9는 성질5로부터 유도된다. □

정리 10.1과 10.2에 대한 몇 가지 설명이 준비되어 있다. 학생들은 이 정리들의 성질들을 말로 기억해야 한다. 예를 들어, 정리 10.2의 성질2와 3은 순환군의 준동형사상의 상은 순환군이고 가환군의 준동형사상의 상은 가환군임을 말한다. 정리 10.2의 성질4에서는 $G$의 정규부분군의 준동형사상에 의한 상이 $G$의 상의 정규부분군임을 의미한다. 정리 10.2의 성질5에서는 만약 $\phi$가 $G$에서 $\overline{G}$ 로의 한 준동형사상 이라면, $\phi$에 의해서 "맞히는" $\overline{G}$ 의 모든 원소들은 항등원에 맞히는 개수와 같은 개수를 맞히는 것을 말한다. 정리10.1의 성질6에서 정의한 집합 $\phi^{-1}(g')$을 $g'$의 **역상**(inverse image of $g'$) (또는 $g'$ **의** pullback)이라 한다. 한 원소의 역상은 핵의 한 잉여류이고 그 잉여류의 모든 원소들의 상은 모두 일치한다. 유사하게, 정리 10.2의 성질7에서 정의된 $\phi^{-1}(\overline{K})$를 $\overline{K}$ 의 **역상**(inverse image of $\overline{K}$) (또는 $\overline{K}$ 의 pullback)이라 한다.

정리 10.1의 성질6은 선형대수와 미분방정식으로부터 어떤 것을 시사하고 있다. 만약, $x$를 한 일차연립방정식의 해라 하고 $S$가 그 일차연립방정식의 동차일차연립방정식의 해집합이라 하면, 주어진 비동차일차연립방정식의 해집합은 $x + S$임을 상기하고 있다. 실제로, 이 명제는 성질6의 한 예이다. 정리 10.1의 성질1과 6, 정리 10.2의 성질5를 그림으로 표현하면 그림 10.1과 같다.

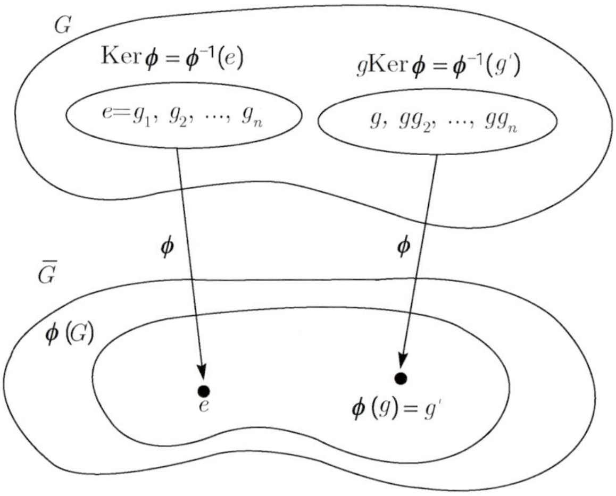


[그림 10.1]

정리 10.2의 성질8에서 $\overline{K} = \{e\}$ 인 특별한 경우는 매우 중요하여 별도로 취급한다.

**따름 정리 핵은 정규부분군이다.**

$\phi$는 $G$에서 $\overline{G}$ 로 가는 한 준동형사상이라 하자. 그러면 $Ker\phi$는 $G$의 한 정규부분군이다.

다음 두 예들은 정리 10.1과 정리 10.2의 여러 가지 성질들을 설명해 준다.

**예제 8** $\phi(x)=x^4$로 주어진 $\mathbb{C}^*$에서 $\mathbb{C}^*$로의 사상 $\phi$에 대해 $(xy)^4=x^4y^4$이므로 $\phi$는 준동형사상이고 $Ker\phi=\{x \mid x^4=1\}=\{1, -1, i, -i\}$이다. 정리 10.2의 성질5에 의해 $\phi$는 4대1사상이다. 이제 2에 사상되는 모든 복소수를 구해보자. $\phi(\sqrt[4]{2})=2$이므로 정리 10.1의 성질6에 의해 2로 대응되는 복소수 전체집합은 $\sqrt[4]{2}\,ker\phi=\{\sqrt[4]{2}, -\sqrt[4]{2}, \sqrt[4]{2}i, -\sqrt[4]{2}i\}$이다.
마지막으로, 정리 10.1의 성질3과 정리 10.2의 성질2, 6의 한 특별한 예를 살펴보자. $H=\langle\cos 30° + i\sin 30°\rangle$이면 DeMoivre의 정리(제0장 예제 7)에 의해 $|H|=12$, $\phi(H)=\langle\cos 120° + i\sin 120°\rangle$이고 $|\phi(H)|=3$이다.

**예제 9** $\phi$: $\mathbb{Z}_{12}\rightarrow\mathbb{Z}_{12}$을 $\phi(x)=3x$라 하자. $\mathbb{Z}_{12}$에서 연산은 법을 12로 하는 덧셈이고 $3(a+b)=3a+3b$이므로 $\phi$는 준동형사상이다. 직접 계산하면 $Ker\phi=\{0, 4, 8\}$이다. 따라서, 정리 10.2의 성질5에 의해 $\phi$는 3대1사상이다. $\phi(2)=6$이므로 정리10.1의 성질6에 의해 $\phi^{-1}(6)=2+Ker\phi=\{2, 6, 10\}$이다. $\langle 2\rangle$이 순환부분군이므로 $\phi(\langle 2\rangle)=\{0, 6\}$또한 순환부분군이다. 뿐만 아니라 $|2|=6$이고 $|\phi(2)|=|6|=2$이므로 $|\phi(2)|$는 $|2|$의 약수가 되어 정리 10.1의 성질3을 확인할 수 있다. $\overline{K}=\{0, 6\}$이면 $\phi^{-1}(\overline{K})=\{0, 2, 4, 6, 8, 10\}$이므로 정리 10.2의 성질7을 이 특별한 경우에도 확인할 수 있다.

다음 예는 순환군에서 순환군으로 가는 모든 준동형사상을 구하는 쉬운 방법을 설명해 준다.

**예제 10** $\mathbb{Z}_{12}$에서 $\mathbb{Z}_{30}$으로 가는 모든 준동형사상을 구해보자. 정리 10.1의 성질2에 의해서 그런 한 준동형사상은 1의 상에 의해서 완전히 특정화된다. 즉, 만약 1이 $a$에 사상되면 임의의 $x$는 $xa$로 사상된다. Lagrange정리와 정리 10.1의 성질3에 의해 $|a|$는 12와 30의 공약수이다. 따라서, $|a|=1, 2, 3$ 또는 6이다. 따라서 $a=0, 15, 10, 20, 5$ 또는 25이다. 이것이 준동형사상들에 대한 한 일련의 후보들을 마련해 준다. 6개의 각각은 연산 보존을 하고, 이제 잘 정의된 사상임을 직접 계산하여 확인할 수 있다.($\gcd(12, 30)=6$이다. 이것은 우연한 일치가 아니다!)

**예제 11** $S_n$의 우치환은 0으로 기치환은 1로의 사상은 $S_n$에서 $\mathbb{Z}_2$로 가는 한 준동형사상이다. 그림 10.2는 이 사상의 축소시키는 상태를 설명해 준다.

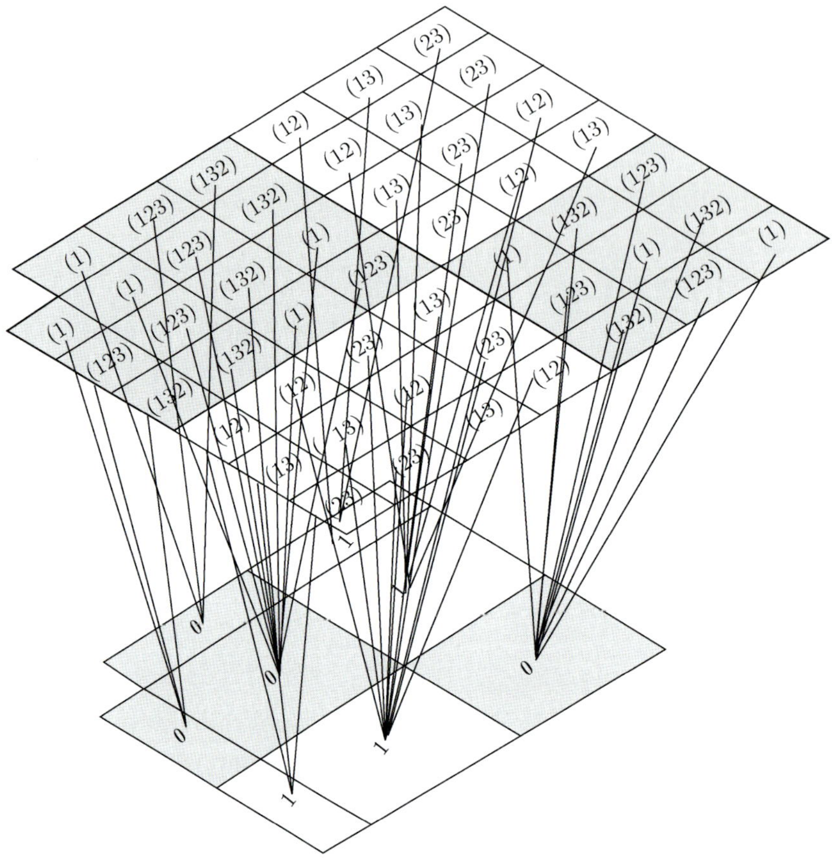

[그림 10.2] $S_3$에서 $\mathbb{Z}_2$로 가는 준동형사상

## 제1동형사상정리(The First Isomorphism Theorem)

제9장에서, 군 $G$의 정규부분군 $H$에 대해 $G$의 Cayley표를 $G$에서 $H$의 잉여류를 표현하는 박스들로 정렬하여 $G/H$의 Cayley표가 되게 할 수 있었다. 다음 정리는 $G$의 임의의 준동형사상 $\phi$와 그 정규부분군 $Ker\,\phi$에 대해, 동일한 과정으로 Cayley표가 $G$의 준동형사상의 상과 동형임을 보여준다. 따라서, 준동형사상들은 상군들과 같이 한 군을 $G$보다 더 간단하지만 긴밀하게 관련된 군으로 체계적으로 붕괴 되도록 한다. 이것은 군이 표현되는 일반적인 특징들을 망원경의 끝을 거꾸로 하여 군을 보는 것에 비유될 수 있다. 아래에 주어진 준동형사상과 상군사이의 중요한 관계를 군 준동형사상의 기본정리라 한다.

**정리 10.3 제1동형사상정리(First Isomorphism Theorem, Jordan, 1870)**

$\phi$를 $G$에서 $\overline{G}$로 가는 한 준동형사상이라 하자. 그러면 $G/Ker\,\phi$에서 $\phi(G)$로 가는 사상이 $g\,Ker\,\phi \to \phi(g)$로 대응하는 동형사상이다. 기호로 $G/Ker\,\phi \approx \phi(G)$이다.

**증명** $\Psi$를 $g\,Ker\,\phi \to \phi(g)$로 가는 사상으로 표시하자. $\Psi$는 잘 정의되고(즉 대응이 잉여류의 대표원과 무관하다) 정리10.1의 성질5로부터 바로 단사함수임을 알 수 있다. $\Psi$가 연산보존함을 보이기 위해서 $\Psi(xKer\phi\, yKer\phi) = \Psi(xyKer\phi) = \phi(xy) = \phi(x)\phi(y) = \Psi(x\,Ker\phi)$ $\Psi(y\,Ker\phi)$을 보면 된다. □

다음 따름정리는 정리 10.3, 정리 10.2의 성질1, Lagrange정리에 의해 바로 유도된다.

**따름 정리** 만약 $\phi$가 한 유한군 $G$에서 군 $\overline{G}$로 가는 준동형사상이라 하면, $|\phi(G)|$는 $|G|$와 $|\overline{G}|$를 나눈다.

**예제 12** 정리 10.3과 그 증명을 설명하기 위해서, 다음과 같이 주어진 $D_4$에서 자기 자신으로 가는 준동형사상 $\phi$를 생각해 보자.

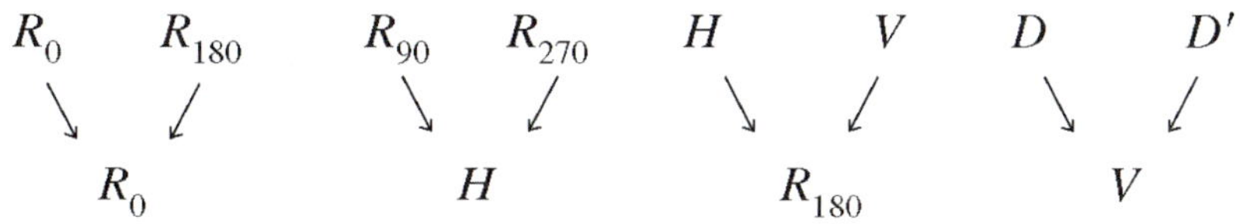


그러면, $Ker\phi = \{R_0, R_{180}\}$이고, 정리 10.3의 사상 $\Psi$는 $R_0\,Ker\phi \to R_0$, $R_{90}\,Ker\phi \to H$, $H\,Ker\phi \to R_{180}$, $D\,Ker\phi \to V$이다. $\Psi$가 한 동형사상임이 곧바로 확인된다. ■

수학자들은 정리 10.3을 다음과 같이 그림으로 표현한다.

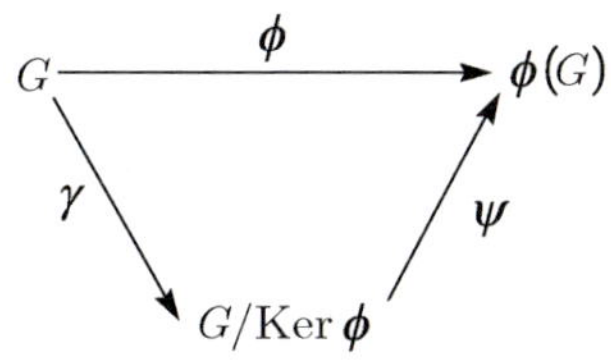


위의 그림에서 $\gamma: G \to G/Ker\phi$는 $\gamma(g) = g\,Ker\phi$로 정의된 함수이다. 사상 $\gamma$를 $G$에서 $G/Ker\phi$로 가는 **자연스런 사상(natural mapping)**라 한다. 또한 정리10.3의 증명은 $\psi\gamma = \phi$이고 이런 경우에, 위의 다이어그램은 **가환법칙(commutative)**이 성립한다고 한다.

정리 10.3의 결과로 $G$의 준동형사상의 상들은 모두 $G$를 이용하면 결정할 수 있다는 것을 알 수 있다. 예를 들어 가환군의 상군은 가환군이므로 가환군의 준동형사상의 상은 가환군임을 알 수 있다. 위수 $n$인 한 순환군 $G$에는 $n$의 각 약수에 대해 오직 하나의 부분군만 존재(따라서 오직 하나의 $G$의 상군이 존재)하므로 위수 $n$인 순환군의 준동형사상들의 상의 개수는 $n$의 약수들과 같다.(그러나 서로 다른 준동형사상의 상이 같을 수 있으므로, 위수 $n$인 순환군의 준동형사상들의 개수는 $n$의 약수의 개수와 같을 필요는 없다.)

다음 몇 개의 예들을 통해서 정리 10.3에 대한 이해를 획득할 수 있을 것이다.

**예제 13** $\mathbb{Z}/\langle n \rangle \approx \mathbb{Z}_n$

예제 5에서 정의한 $\mathbb{Z}$ 에서 $\mathbb{Z}_n$ 로의 사상을 생각하자. 분명히, 핵은 $\langle n \rangle$ 이다. 따라서 정리 10.3에 의해 $\mathbb{Z}/\langle n \rangle \approx \mathbb{Z}_n$ 이다.

**예제 14** The Wrapping Function

삼각법으로부터 포장함수 $W$를 상기하자. 실수직선이 평면에서 $(0, 0)$이 중심인 단위원의 둘레를 점 $(1, 0)$을 수직선의 0으로, 양의 실수는 시계반대방향으로, 그리고 음의 실수는 시계방향으로 대응시켜서 포장한다(그림 10.3). 함수 $W$는 실수 $a$와 점 $(1, 0)$에서 $a$레디안 거리에 있는 원위의 점으로 대응한다. 또한 이 사상은 덧셈군 $\mathbb{R}$ 에서 원군(circle group ; 크기가 1 인 복소수 전체집합의 곱셈군)위로 가는 준동형사상이다. 이 사상을 식으로 나타내면 $W(x) = \cos x + i\sin x$ 이고 $W(x+y) = W(x)W(y)$ 이므로 준동형사상이다. 또한 $W$는 주기가 $2\pi$인 주기함수이므로 $Ker\ W = \langle 2\pi \rangle$ 이다. 따라서 정리 10.3에 의해 $\mathbb{R}/\langle 2\pi \rangle$는 원군과 동형이다.

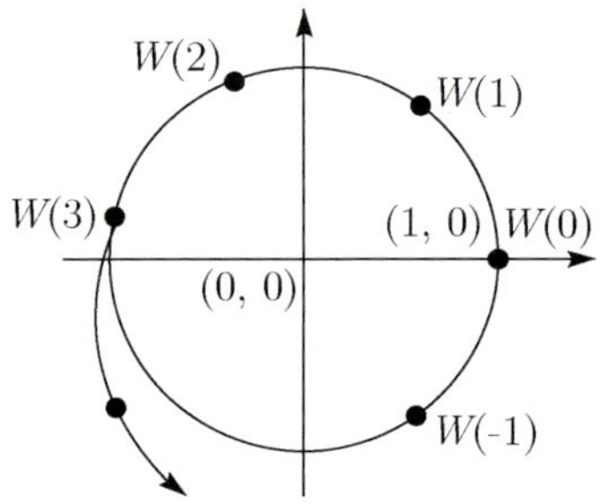


[그림 10.3]

다음 예는 제24장과 25장에서 자주 이용하는 한 정리이다.

**예제 15** 정규화/중심화 정리(The N/C Theorem)

$H$는 군 $G$의 한 부분군이다. $G$에서 $H$의 정규화 $N(H) = \{x \in G \mid xHx^{-1} = H\}$ 이고 $G$에서 $H$의 중심화 $C(H) = \{x \in G \mid \forall h \in H, xhx^{-1} = h\}$ 이다. $N(H)$에서 $Aut(H)$로 가는 사상이 $g \to \phi_g$ 로 주어지고, 여기서 $\phi_g$는 $g$에 의해서 유도된 $H$의 내부자기동형사상이다. (즉, 모든 $h \in H$에 대해 $\phi_g(h) = ghg^{-1}$) 이 사상은 핵이 $C(H)$인 준동형사상이다. 따라서, 정리10.3에 의해 $N(H)/C(H)$은 $Aut(H)$의 한 부분군에 동형이다.

정규화/중심화 정리를 이용하여, 위수 35 인 모든 군은 순환군 임을 보일 것이다.

**예제 16** $G$를 위수 35 인 한 군이라 하자. Lagrange정리에 의해 항등원이 아닌 $G$의 임의의 원소의 위수는 5, 7, 35중에 하나이다. 만약 $G$에 위수 35 인 어떤 원소가 존재하면 $G$는 순환군이다. 따라서 항

등원이 아닌 $G$의 원소의 위수는 모두 5 또는 7이라 가정하자. 그렇지만, 원소가 모두 위수 5일수는 없다. 왜냐하면, 만약 항등원이 아닌 $G$의 원소의 위수가 모두 5라면 항등원이 아닌 $G$의 원소는 한번에 4개씩 있고(만약 $|x|=5$이면 $|x^2|=|x^3|=|x^4|=5$이다) 4는 34의 약수가 아니므로 모순이다. 마찬가지로, 6는 34의 약수가 아니므로 항등원이 아닌 $G$의 원소의 위수가 모두 7이 될 수 없다. 따라서 $G$에는 위수 5인 원소와 위수 7인 원소가 존재한다. $G$가 위수 7인 원소를 가지므로 위수 7인 부분군 $H$가 존재한다. 만약 $G$에 위수 7인 다른 부분군 $K$가 존재하면 제5-8절 보충연습문제7에 의해 $|HK|=|H||K|/|H\cap K|$ $=7\cdot 7/1=49$이고 $|G|=35$이므로 모순이다. 따라서 부분군 $H$가 $G$의 유일한 위수 7인 부분군이다. 그런데 임의의 $a\in G$에 대해 $aHa^{-1}$ 또한 위수 7인 부분군(제1-4절 보충연습문제 문제1)이므로 $aHa^{-1}=H$이다. 따라서 $N(H)=G$이다. $H$의 위수가 소수이므로 $H$는 순환군이고 따라서 가환군이 되어 $H\subseteq C(H)$이다. 따라서 $7=|H|$는 $|C(H)|$의 약수이고 $|C(H)|$는 $35=|G|$의 약수가 되어 $C(H)=G$ 또는 $C(H)=H$이다. $C(H)=G$이면 항등원이 아닌 $H$의 원소 $h$와 위수 5인 원소 $k$에 대해 $x=hk$는 위수 35인 원소이므로 $G$는 순환군이다. 그러나 $C(H)=H$이면 $|C(H)|=7$이고 $|N(H)/C(H)|=35/7=5$이다. 예제 15에 의해 5는 $|Aut(H)|=|Aut(\mathbb{Z}_7)|=6$의 약수가 아니므로 모순이다.

---

정리 10.2의 따름정리에서 군의 모든 준동형사상의 핵은 그 군의 정규부분군이다. 이제 이 정리의 역 또한 성립함을 보임으로써 이장을 마무리할 것이다.

**정리 10.4 핵으로써의 정규부분군(Normal Subgroups Are Kernels)**

한 군 $G$의 임의의 정규부분군은 $G$의 한 준동형사상의 핵이다. 특별히, 한 정규부분군 $N$은 $G$에서 $G/N$으로 가는 사상 $g\mapsto gN$의 핵이다.

**증명** $\gamma:\ G\to G/N$를 $\gamma(g)=gN$로 정의(이 사상을 자연스런사상(natural mapping)라 한다)하면 $\gamma(xy)=(xy)N=xNyN=\gamma(x)\gamma(y)$이다. 더욱, $g\in Ker\gamma$이기 위한 필요충분조건은 $gN=\gamma(g)=N$이고, 이것이 참일 필요충분조건은 $g\in N$이다(제7장 보조정리의 성질2). □

예제 13, 14, 15에서 제1 동형정리의 유익함에 대해 설명했다. 그렇다면 일반적으로 준동형사상의 유익한 점은 무엇일까? 군의 준동형사상을 연구에 관심을 갖는 것일까? 그 이유는 상군의 경우와 마찬가지로 어떤 군의 준동형사상의 상은 그 군의 원래의 성질들 중 상당한 것을 말해 주기 때문이다. 그럼 준동형사상에 의한 상이 그 군에 대해 얼마나 많은 것을 알려주는가에 대한 기준 중에 하나는 핵의 크기이다. 군 $G$의 준동형사상의 핵이 자명군이면 $G$와 $G$의 상이 동형이므로 $G$의 준동형사상에 대한 상에서 $G$의 군에 대한 모든 성질을 알 수 있다. 한편 준동형사상의 핵이 $G$이면 그 상에서는 $G$에 대한 것을 알 수 없다. 따라서 일반적인 경우는 이 양극단의 중간이므로 $G$에 대한 몇몇 정보는 보존되고 몇몇 정보는 소실된다. 한 특별한 준동형사상의 유용성은 우리가 바라는 군의 성질들을 유지하는 그것의 능력에 있고, 반면에 어떤 불필요한 것들은 잃어버리게 하는데 있다. 이 방법으로, 즉 $G$ 보다 더 단순해서 계산하기 쉽고 또한 $G$에 대한 문제를 해결할 수 있을 정도로 충분한 정보를 포함하는 군으로 $G$를 대체할 수 있어야 한다. 예를 들어, 위수 60인 군 $G$의 상이 위수 12인 순환군이 되는 준동형사상이 존재하면 정리10.2의 성질5, 7, 8에 의해 $G$에는 위수가 각각 5, 10, 15, 20, 30, 60인 정규부분군들이 존재한다. 더 설명하기 위해서, 진부분군 세 개의 합집합으로 표현할 수 있는 무한군을 구하는 문제를 해결해 보자. 이 문제를 직접적으로 시도하는 대신에 우리는 먼저 3개의 진부분군들의 합집합으로 한 유한군을 만들어 더 쉬운 문제로 만들 것이다. 그러한 조건을 만족하는 유한군을 구해보면 $H_1 = \langle(1, 0)\rangle$, $H_2 = \langle(0, 1)\rangle$, $H_3 = \langle(1, 1)\rangle$에 대해 $\mathbb{Z}_2 \oplus \mathbb{Z}_2 = H_1 \cup H_2 \cup H_3$ 이다. 이제 $\mathbb{Z}_2 \oplus \mathbb{Z}_2$을 상으로 하는 무한군을 구하고 $H_1$, $H_2$, $H_3$의 역상을 구하면 주어진 문제가 해결 되는데, $\phi(a, b, c) = (a, b)$로 주어진 $\mathbb{Z}_2 \oplus \mathbb{Z}_2 \oplus \mathbb{Z}$ 에서 $\mathbb{Z}_2 \oplus \mathbb{Z}_2$로의 사상 $\phi$가 그러한 준동형사상이다. 따라서 $\mathbb{Z}_2 \oplus \mathbb{Z}_2 \oplus \mathbb{Z}$ 은 $\phi^{-1}(H_1) = \{(a, 0, c) \mid a \in \mathbb{Z}_2, c \in \mathbb{Z}\}$, $\phi^{-1}(H_2) = \{(0, b, c) \mid b \in \mathbb{Z}_2, c \in \mathbb{Z}\}$, $\phi^{-1}(H_3) = \{(a, a, c) \mid a \in \mathbb{Z}_2, c \in \mathbb{Z}\}$의 합집합이다.

비록 준동형사상의 특수한 경우가 동형사상이지만 이 두 개념들은 완전히 다른 역할을 갖는다. 동형사상은 주어진 군을 다른 형태로 볼 수 있도록 하지만, 준동형사상은 조사도구로 작용할 뿐이다. 준동형사상과 사진의 다음 유사성은 교훈적이다. 한 장의 인물사진에서 그 사람의 신장, 몸무게, 나이 등을 정확히 알 수는 없다. 그럼에도 불구하고 그 한 장의 사진에서 그 사람이 키가 큰지 적은지, 뚱뚱한지 말랐는지, 나이가 많은지 젊은지, 남성인지 여성인지 등 그 사람에 대한 많은 것을 알 수 있다. 같은 방법으로 군의 준동형사상에 대한 상에서 우리는 그 군에 대한 몇몇 정보를 알아낼 수 있다.

군 이론의 몇몇 분야 특히 물리학과 화학분야에서 주어진 군에서 복소수를 원소로 하는 행렬군으로 모든 준동형사상의 상을 알고자 한다(이것을 **군 표현**(**group representations**)이라 한다). 여기서, 사진으로 이 의미를 알아보면 어떤 사람의 서로 다른 각도(정면, 옆면, 전신, 근접)에서 찍은 사진 뿐만 아니라 방사선 촬영 사진까지도 알기를 원한다. 이 사진들로부터 얻은 복합적인 정보는 그 사람에 대한 많은 것을 밝혀준다. 주어진 군의 여러 가지 준동형사상들의 상들에서 그 군에 대한 더 많은 것을 밝혀준다.

## 연습문제

어려움이 더 클수록 큰 영광이 온다. 능숙한 조종사는 비바람과 폭풍우 속에서 명성을 얻는다. EPICURUS

**1.** 예제 2의 사상이 준동형사상임을 증명하여라.

**2.** 예제 3의 사상이 준동형사상임을 증명하여라.

**3.** 예제 4의 사상이 준동형사상임을 증명하여라.

**4.** 예제 11의 사상이 준동형사상임을 증명하여라.

**5.** 영이 아닌 실수전체집합의 곱셈군을 $\mathbb{R}^*$라 하고 $r$을 양의정수라 하자. $x \mapsto x^r$으로 주어진 사상은 $\mathbb{R}^*$에서 $\mathbb{R}^*$로의 준동형사상임을 보이고 그 핵을 구하여라. 동형사상이 되기 위한 $r$ 값은 어떤 것인가?

**6.** $G$는 실계수다항식 전체집합의 덧셈군이다. 임의의 $f \in G$에 대해, $\int f$는 $f$의 $(0,\ 0)$을 지나는 역도함수다. $f \mapsto \int f$로 주어진 $G$에서 $G$로의 사상이 준동형사상임을 보이고 그 핵을 구하여라. $\int f$이 $f$의 $(0,\ 1)$을 지나는 역도함수인 경우는 위의 함수가 준동형사상이 되는가?

**7.** 만약 $\phi$는 $G$에서 $H$로 가는 한 준동형사상이고 $\sigma$는 $H$에서 $K$로 가는 한 준동형사상 이면, $\sigma\phi$는 $G$에서 $K$로 가는 한 준동형사상임을 보여라. $Ker\phi$와 $Ker\sigma\phi$는 어떤 관계가 있는가? 만약 $\phi$와 $\sigma$가 전사함수이고 $G$가 유한군이면 $[Ker\sigma\phi : Ker\phi]$을 $|H|$와 $|K|$에 관하여 기술하여라.

**8.** $G$는 한 치환군이다. 임의의 $\sigma \in G$에 대하여,

$$sgn(\sigma) = \begin{cases} +1, & \sigma : \text{우치환} \\ -1, & \sigma : \text{기치환} \end{cases}$$

라 정의하자. $sgn$이 $G$에서 곱셈군 $\{+1,\ -1\}$로 가는 한 준동형사상임을 증명하여라. 그 핵은 무엇인가? $A_n$이 지표 2인 $S_n$의 정규부분군임을 이 준동형사상을 이용하여 증명하여라.

**9.** $G \oplus H$에서 $G$로 가는 사상이 $(g,\ h) \mapsto g$로 주어지면 준동형사상이 됨을 증명하여라. 그 핵은 무엇인가? 이 사상을 $G \oplus H$에서 $G$위로의 사영사상이라 한다.

**10.** $G$는 어떤 이면체군의 한 부분군이다. 각 $x \in G$에 대해,

$$\phi(x) = \begin{cases} +1 & x : \text{회전이동} \\ -1 & x : \text{반사이동}. \end{cases}$$

라 정의하자. 함수 $\phi$가 $G$에서 곱셈군 $\{+1,\ -1\}$로의 준동형사상임을 증명하여라. 그 핵은 무엇인가?

**11.** $(\mathbb{Z} \oplus \mathbb{Z})/(\langle(a,\ 0) \times (0,\ b)\rangle)$이 $\mathbb{Z}_a \oplus \mathbb{Z}_b$와 동형임을 증명하여라.

**12.** $k$는 $n$의 한 약수라 가정하자. $\mathbb{Z}_n / \langle k \rangle \approx \mathbb{Z}_k$을 증명하여라.

**13.** $(A \oplus B)/(A \oplus \{e\}) \approx B$를 증명하여라.

**14.** $x \mapsto 3x$로 주어진 $\mathbb{Z}_{12}$에서 $\mathbb{Z}_{10}$으로 가는 사상은 준동형사상이 아님을 설명하여라.

**15.** $\phi$는 $\mathbb{Z}_{30}$에서 $\mathbb{Z}_{30}$으로 가는 준동형사상이고 $Ker\phi = \{0,\ 10,\ 20\}$이다. 만약 $\phi(23) = 9$일 때, 9로 사상되는 원소를 모두 구하여라.

**16.** $\mathbb{Z}_8 \oplus \mathbb{Z}_2$에서 $\mathbb{Z}_4 \oplus \mathbb{Z}_4$위로의 준동형사상이 존재하지 않음을 증명하여라.

**17.** $\mathbb{Z}_{16} \oplus \mathbb{Z}_2$에서 $\mathbb{Z}_4 \oplus \mathbb{Z}_4$위로의 준동형사상이 존재하지 않음을 증명하여라.

**18.** $\mathbb{Z}_4 \oplus \mathbb{Z}_4$에서 $\mathbb{Z}_8$위로의 준동형사상은 존재할 수 있는가? $\mathbb{Z}_{16}$에서 $\mathbb{Z}_2 \oplus \mathbb{Z}_2$위로의 준동형사상은 존재할 수 있는가? 그 이유를 설명하여라.

**19.** $\mathbb{Z}_{17}$에서 어떤 군으로 가는 한 준동형사상 $\phi$가 단사가 아니라 하자. $\phi$를 결정하여라.

**20.** $\mathbb{Z}_{20}$에서 $\mathbb{Z}_8$위로의 준동형사상의 개수는? $\mathbb{Z}_{20}$에서 $\mathbb{Z}_8$로의 준동형사상의 개수는?

**21.** 만약 $\phi$가 $\mathbb{Z}_{30}$에서 위수 5인 한 군 위로 가는 준동형사상이라면, $\phi$의 핵을 결정하여라.

**22.** $\phi$가 유한군 $G$에서 $\overline{G}$ 위로의 준동형사상이고 $\overline{G}$가 위수 8인 원소를 갖는다 가정하자. $G$는 위수 8인 원소를 갖고 있음을 증명하여라. 이를 일반화하여라.

**23.** $\phi$가 $\mathbb{Z}_{36}$에서 위수 24인 군으로 가는 한 준동형사상이라 가정하자.

a. 준동형사상들의 가능한 상들을 결정하여라.

b. 문제a.의 각각의 상에 대해, 대응하는 $\phi$의 핵을 구하여라.

**24.** $\phi: \mathbb{Z}_{50} \to \mathbb{Z}_{15}$는 한 군준동형사상이고 $\phi(7)=6$이라 가정하자.

a. $\phi(x)$를 결정하여라.

b. $\phi$의 상을 결정하여라.

c. $\phi$의 핵을 결정하여라.

d. $\phi^{-1}(3)$을 구하시오. 즉 3에 사상되는 $\mathbb{Z}_{50}$의 원소를 모두 결정하여라.

**25.** $\mathbb{Z}_{20}$에서 $\mathbb{Z}_{10}$위로의 준동형사상은 몇 개인가? $\mathbb{Z}_{10}$에로의 준동형사상의 개수는?

**26.** $\mathbb{Z}_4$에서 $\mathbb{Z}_2 \oplus \mathbb{Z}_2$로 가는 준동형사상을 모두 결정하여라.

**27.** $\mathbb{Z}_n$에서 자기 자신으로 가는 준동형사상을 모두 결정하여라.

**28.** $\phi$는 $S_4$에서 $\mathbb{Z}_2$위로 가는 한 준동형사상이라 하자. $Ker\,\phi$를 결정하여라. $S_4$에서 $\mathbb{Z}_2$에로의 모든 준동형사상들을 모두 결정하여라.

**29.** 한 유한군 $G$에서 $\mathbb{Z}_{10}$위로의 한 준동형사상이 존재한다고 가정하자. $G$는 지표들이 2이고 5인 정규부분군들을 갖고 있음을 증명하여라.

**30.** $\phi$는 한 군 $G$에서 $\mathbb{Z}_6 \oplus \mathbb{Z}_2$위로 가는 한 준동형사상이라 하고 $\phi$의 핵은 위수가 5라 가정하자. $G$는 위수가 각각 5, 10, 15, 20, 30 그리고 60인 정규부분군들을 갖어야만 하는지 그 이유를 설명하여라.

**31.** $\phi$는 $U(30)$에서 $U(30)$으로 가는 한 준동형사상이고 $Ker\phi = \{1, 11\}$이라 가정하자. $\phi(7)=7$이면, 7로 사상되는 $U(30)$의 모든 원소들을 찾아라.

**32.** 핵이 $\{1, 11\}$이고 $\phi(7)=7$인 $U(30)$에서 $U(30)$으로 가는 한 준동형사상을 찾아라.

**33.** $\phi$는 $U(40)$에서 $U(40)$으로 가는 한 준동형사상이이고 $Ker\phi = \{1, 9, 17, 33\}$이라 가정하자. 만약 $\phi(11)=11$이면, 11로 사상되는 $U(40)$의 원소들을 모두 찾아라.

**34.** $Ker\phi$이 $\{1, 9, 17, 33\}$이고 $\phi(11)=11$인 $U(40)$에서 $U(40)$으로 가는 한 준동형사상 $\phi$를 찾아라.

**35.** 사상 $\phi: \mathbb{Z} \oplus \mathbb{Z} \to \mathbb{Z}$가 $(a, b) \to a-b$로 주어지면 준동형사상임을 증명하여라. $\phi$의 핵은 무엇인가? $\phi^{-1}(3)$을 구하여라.

**36.** $\phi$는 $\mathbb{Z} \oplus \mathbb{Z}$에서 한 군 $G$로 가는 준동형사상으로 $\phi(3, 2)=a$이고 $\phi(2, 1)=b$라 가정하자. $\phi(4, 4)$를 $a$와 $b$의 식으로 결정하여라. 여기서 $G$의 연산은 덧셈이다.

**37.** $x \mapsto x^6$로 주어진 $\mathbb{C}^*$에서 $\mathbb{C}^*$로 가는 사상은 준동형사상임을 증명하여라. 그 핵은 무엇인가?

**38.** 한 쌍의 양의 정수 $m, n$에 대해, $x \mapsto (x \bmod m, x \bmod n)$로 주어진 사상은 $\mathbb{Z}$에서 $\mathbb{Z}_m \oplus \mathbb{Z}_n$으로 가는 준동형사상을 정의할 수 있다. $(m, n)=(3, 4)$와 $(m, n)=(6, 4)$일 때 각각 그 핵을 구하여라. 일반화하여라.

**39.** (제2동형정리) 만약 군 $G$의 한 부분군 $K$와 군 $G$의 한 정규부분군을 $N$이 라고 하면, $K/(K\cap N)$은 $KN/N$과 동형임을 증명하여라.

**40.** (제3동형정리) 만약 $M$과 $N$은 군 $G$의 정규부분군들이고 $N\leq M$이라 하면 $(G/N)/(M/N)\approx G/M$임을 증명하여라.

**41.** $\phi(d)$는 $d$에 대한 Euler phi수이다. $\mathbb{Z}_n$에서 $\mathbb{Z}_k$로 가는 준동형사상들의 개수는 $\sum\phi(d)$임을 보여라. 여기서 합은 $n$과 $k$의 모든 공약수에 대하여 적용한다.(정수론에서 이 합은 실제로 $\gcd(n,k)$이다).

**42.** $k$는 $n$의 약수이다. $U(n)$에서 $U(k)$로 가는 준동형사상이 $x\to x \bmod k$로 주어졌다고 생각하자. 이 준동형사상과 $U(n)$의 부분군 $U_k(n)$는 무슨 관계가 있는가?

**43.** $D_4$의 준동형사상의 상들을 모두 결정하여라.(동형에 관하여)

**44.** $N$을 한 유한군 $G$의 한 정규부분군이라 하자. 이 장의 정리들을 이용하여 상군 $G/N$에서 $gN$의 위수는 $g$의 위수의 약수임을 증명하여라.

**45.** $G$는 한 유한군이고 $\mathbb{Z}_{10}$은 $G$의 한 준동형사상의 상이라 가정하자. $|G|$의 가능한 값을 모두 구하고 이를 일반화하여라.

**46.** $\mathbb{Z}_{10}$과 $\mathbb{Z}_{15}$는 둘 다 한 유한군 $G$의 준동형사상의 상들이라 가정하자. $|G|$에 대하여 무엇을 말할 수 있을까? 일반화하여라.

**47.** 각 소수 $p$에 대해, $\mathbb{Z}_p$는 한 군 $G$의 준동형사상의 상이라고 가정하자. $|G|$에 대하여 무엇을 말할 수 있을까? 그와 같은 한 군의 예를 구하여라.

**48.** (선형대수를 수강한 학생들을 위한 문제) 한 일차연립방정식의 특수해를 $x$라 하고 대응하는 동차일차연립방정식의 해집합을 $S$라 할 때 $x+S$가 주어진 일차연립방정식의 해집합임을 정리 10.1의 성질6을 이용하여 증명하여라. 특히, 이들 사이의 관계를 적절한 군들과 준동형사상을 들어 기술하여라.

**49.** $N$은 한 군 $G$의 한 정규부분군이다. 정리 10.2의 성질7을 이용하여 $G/N$의 임의의 부분군은 $G$의 부분군 $H$가 존재하여 $H/N$꼴임을 증명하여라.(이 연습문제는 24장에서 언급한다.)

**50.** 한 순환군 위에서 정의된 한 준동형사상은 그 군의 한 생성원의 작용에 의해서 완전히 결정됨을 보여라.

**51.** 제1동형정리를 이용하여 정리9.4를 증명하여라.

**52.** $\alpha$와 $\beta$는 $G$에서 $\overline{G}$로 가는 군준동형사상들 이고 $H=\{g\in G|\alpha(g)=\beta(g)\}$라 하자. $H$는 $G$의 한 부분군인지 아닌지 증명하여라.

**53.** $\mathbb{Z}[x]$를 정수계수 다항식 전체집합의 덧셈군이라 하자. $f(x)\mapsto f(3)$로 주어진 $\mathbb{Z}[x]$에서 $\mathbb{Z}$로의 사상은 준동형사상임을 증명하여라. 이 준동형사상의 핵을 기하학적으로 기술하여라. 일반화 하여라.

**54.** 덧셈군 $\mathbb{R}$에서 $GL(2,\mathbb{R})$로 $x$를

$$\begin{pmatrix} \cos x & \sin x \\ -\sin x & \cos x \end{pmatrix}$$

으로 보내는 사상은 준동형사상임을 증명하여라. 그 준동형사상의 핵은 무엇일까?

**55.** 군 $G$에서 $\mathbb{Z}_2 \oplus \mathbb{Z}_2$ 위로의 한 준동형사상 $\phi$가 존재한다고 가정하자. $G$는 세 개의 정규 진부분군들의 합집합임을 증명하여라.

**56.** 만약 $H$와 $K$가 $G$의 정규부분군들이고 $H \cap K = \{e\}$이면, $G$는 $G/H \oplus G/K$의 한 부분군과 동형임을 증명하여라.

**57.** $H$, $K$가 $G$의 지표 2인 서로 다른 부분군들이라 가정하자. $H \cap K$는 $G$의 지표 4인 한 정규부분군이고 $G/(H \cap K)$는 순환군이 아님을 증명하여라.

**58.** $G$에서 $H$로의 준동형사상들의 개수가 $n$이라 가정하자. $G$에서 $H \oplus H \oplus \cdots \oplus H$ ($s$개)로의 준동형사상들의 개수는 몇 개인가? $H$가 가환군일 때, $G \oplus G \oplus \cdots \oplus G$ ($s$개)에서 $H$로의 준동형사상들의 개수는 몇 개 일까?

**59.** 위수 77인 모든 군은 순환군임을 증명하여라.

**60.** $\mathbb{Z}$에서 $S_3$ 위로의 준동형사상들을 모두 결정하여라. $\mathbb{Z}$에서 $S_3$에로의 준동형사상들을 모두 결정하여라.

**61.** $G$가 모든 양의정수 $n$에 대해 $nG = \{ng \mid g \in G\} = G$인 성질을 갖는 덧셈에 대한 가환군이라 가정하자. $G$의 모든 진부분군들이 $G$의 한 진부분군에 포함됨을 보여라. 이 가정을 만족하는 친숙한 두 개의 군들을 말해 보아라.

**62.** 소수 $p$에 대해 $\mathbb{Z}_p \oplus \mathbb{Z}_p$에서 $\mathbb{Z}_p$로의 준동형사상들의 개수를 결정하여라.

## Camille Jordan

해석학과 위상수학에 기여한 것만으로도 그의 수학적 동시대 사람들중에서 최고위에 속했고, 겨우 30이 되었을 때 그는 대수학자로의 명사가 되었다. 그리고 나머지 40년간 그는 논란의 여지없이 군론의 거장으로 널리 알려졌다.

J. Dieudonne, Dictionary of Scientic Biography

CAMILLE JORDAN은 1838년 1월 5일에 프랑스 리옹의 부유한 집안에서 태어났다. 부친의 모교인 École Polytechnique를 졸업하고 그곳에서 기술자가 되었다. 수학에서의 120편에 달하는 거의 모든 논문들은 1885년에 기술자를 은퇴하기 전에 쓰여진 것들이다. 1873년에서 1912년 사이에, Jordan은 École Polytechnique과 College of France에서 동시에 강의를 했다.

위대한 프랑스의 전설 속에서, Jordan은 수학의 거의 모든 분야의 논문을 발표했던 만능의 수학자였다. 사후에 Jordan의 이름이 붙여진 공식으로 행렬에서 Jordan canonical form, 위상수학에서 Jordan curve theorem, 군론에서 Jordan-Holder theorem 등이 있다. 1870년에 고전적인 책 Traité des substitutions,은 군 이론과 그 응용을 수학의 다른 분야들에 기여한 첫 번째 것이다.

엄청난 영향력을 지니고 있고 경직에 대해 새로운 기준을 세운 또 다른 책은 Cours d'analyse이다. 부피와 다중적분의 개념에 대한 최초의 명확한 정의가 이 책에서 출발한다. 이 책이 출판되고 거의 100년이 지나서 매우 출중한 수학자이자 동시에 수학사 연구자인 B.L. van der Waerden은 "Cours d'analyse은 한 장 한 장을 넘길 때 마다 나에게 즐거움을 선물했다."라고 썼다. Jordan은 1922년 1월 22일 파리에서 생을 마감했다. Jordan에 대한 더 많은 정보를 다음 사이트에서 얻을 수 있다

http://www-groups.dcs.st-and.ac.uk/~history/

# 11절 유한가환군의 기본정리(Fundamental Theorem of Finite Abelian Groups)

한 작은 견본으로 전체를 평가할 수 있다. Miguel de Cervantes, Don Quixote

## 기본정리(The Fundamental Theorem)

이 장에서는, 모든 유한가환군들을 대수학자들의 관점(즉, 동형의 관점에서)에서 한 표준화된 방법으로 기술하는 한 정리를 소개 할 것이다. 길고 어려운 그 증명에 앞서, 그 정리와 증명의 약간의 결과들에 대해 먼저 논의하고자 한다. 이 정리의 최초의 증명은 Leopold Kronecker에 의해 1858년에 발표되었다.

**정리 11.1 유한가환군의 기본정리(Fundamental Theorem of Finite Abelian Group)**

모든 유한가환군은 소수의 멱을 위수로 하는 순환군들의 한 직적이다. 더욱, 그 곱의 항의 개수와 순환군들의 위수들은 그 군에 의해 유일하게 결정된다.

위수 $n$인 순환군은 $\mathbb{Z}_n$와 동형이므로, 정리 11.1에 의해 모든 유한가환군 $G$는 다음과 같은 형태의 한 군과 동형이다.

$$\mathbb{Z}_{p_1^{n_1}} \oplus \mathbb{Z}_{p_2^{n_2}} \oplus \cdots \oplus \mathbb{Z}_{p_k^{n_k}}.$$

여기서 소수 $p_i$는 모두 서로 다를 필요는 없고 소수의 멱 $p_1^{n_1}, p_2^{n_2}, \cdots, p_k^{n_k}$은 $G$에 의해 유일하게 결정된다. 군을 이와 같은 형태로 쓰는 것을 $G$의 동형류의 결정(determining the isomorphism class)이라 부른다.

## 가환군들의 동형류들(The Isomorphism Classes of Abelian Groups)

기본정리는 매우 강력하다. 그 응용으로, 임의의 위수를 갖는 가환군을 모두 구하는 알고리즘으로 그것을 사용가능하다. 소수 $p$와 자연수 $k \le 4$에 대한 위수 $p^k$인 군들을 모두 조사해보자. 일반적으로 그 합이 $k$가 되는 양의 정수들의 집합(이 집합을 $k$의 **분할**(partition)이라 부른다.) 각각에 대한 위수 $p^k$인 군이 한 개씩 있다; 즉, 만약 $k$를 양의정수 $n_j$들의 합으로 다음과 같이 쓰면

$$k = n_1 + n_2 + \cdots + n_k,$$

그러면,

$$\mathbb{Z}_{p_1^{n_1}} \oplus \mathbb{Z}_{p_2^{n_2}} \oplus \cdots \oplus \mathbb{Z}_{p_t^{n_t}}$$

은 위수 $p^k$인 한 가환군이다.

| $G$의 위수 | $k$의 분할들 | $G$의 가능한 직적들 |
|---|---|---|
| $p$ | 1 | $\mathbb{Z}_p$ |
| $p^2$ | 2 | $\mathbb{Z}_{p^2}$ |
| | $1+1$ | $\mathbb{Z}_p \oplus \mathbb{Z}_p$ |
| $p^3$ | 3 | $\mathbb{Z}_{p^3}$ |
| | $2+1$ | $\mathbb{Z}_{p^2} \oplus \mathbb{Z}_p$ |
| | $1+1+1$ | $\mathbb{Z}_p \oplus \mathbb{Z}_p \oplus \mathbb{Z}_p$ |
| $p^4$ | 4 | $\mathbb{Z}_{p^4}$ |
| | $3+1$ | $\mathbb{Z}_{p^3} \oplus \mathbb{Z}_p$ |
| | $2+2$ | $\mathbb{Z}_{p^2} \oplus \mathbb{Z}_{p^2}$ |
| | $2+1+1$ | $\mathbb{Z}_{p^2} \oplus \mathbb{Z}_p \oplus \mathbb{Z}_p$ |
| | $1+1+1+1$ | $\mathbb{Z}_p \oplus \mathbb{Z}_p \oplus \mathbb{Z}_p \oplus \mathbb{Z}_p$ |

더 나아가, 기본정리의 유일성 부분은 $k$의 서로 다른 분할들에 의해서 서로 다른 동형류들을 보장한다. 따라서, 예를 들어, $\mathbb{Z}_9 \oplus \mathbb{Z}_3$과 $\mathbb{Z}_3 \oplus \mathbb{Z}_3 \oplus \mathbb{Z}_3$은 서로 동형이 아니다. 외직적들의 비교하는 믿을 만한 기억술은 소거법칙이다; 그러면,

$$A \oplus B \approx A \oplus C \text{이기위한 필요충분조건은 } B \approx C \text{이다.}$$

따라서 $\mathbb{Z}_4$와 $\mathbb{Z}_2 \oplus \mathbb{Z}_2$이 동형이 아니므로 $\mathbb{Z}_4 \oplus \mathbb{Z}_4$와 $\mathbb{Z}_2 \oplus \mathbb{Z}_2 \oplus \mathbb{Z}_2$는 동형이 아니다.

기본정리의 힘의 올바른 평가는, $k \leq 4$의 위수 $p^k$인 가환군들의 쉬운점을 비교해보면, 비가환군들에 대한 대응 된 문제에 의해 결정된다. 위수 8인 두 개의 비가환군들을 기술하는 것조차도 도전 문제이고(제26장참조) 위수 16인 9개의 비가환군들을 기술하는 것은 역시 이 책의 범주를 뛰어 넘는다.

이제 소수의 멱을 위수로 갖는 가환군들을 어떻게 구성하는 것인가를 알기 때문에, 일반적으로 소인수를 두 개 또는 그 이상 갖는 어떤 양의정수 $n$을 위수로 갖는 모든 가환군들을 구성하는 문제를 풀어보자. 먼저 $n$의 표준소인수분해 $n = p_1^{n_1} p_2^{n_2} \cdots\ p_k^{n_k}$로부터 시작하자. 다음은, 위에서 설명한 방법에 따라 $p_1^{n_1}$을 위수로 갖는 모든 가환군들을 구하고, 다음에는 $p_2^{n_2}$를, 계속해서 앞에서 기술한대로 가능한 군들을 구한다. 결국에, 이들 군의 가능한 외직적을 구하면 된다. 예를 들어, $n = 1176 = 2^3 \cdot 3 \cdot 7^2$라 하자. 그러면 위수 1176인 가환군들의 모든 서로 다른 동형류들은 다음과 같다.

$$\begin{aligned}
&\mathbb{Z}_8 \oplus \mathbb{Z}_3 \oplus \mathbb{Z}_{49}\,, \\
&\mathbb{Z}_4 \oplus \mathbb{Z}_2 \oplus \mathbb{Z}_3 \oplus \mathbb{Z}_{49}\,, \\
&\mathbb{Z}_2 \oplus \mathbb{Z}_2 \oplus \mathbb{Z}_2 \oplus \mathbb{Z}_3 \oplus \mathbb{Z}_{49}\,, \\
&\mathbb{Z}_8 \oplus \mathbb{Z}_3 \oplus \mathbb{Z}_7 \oplus \mathbb{Z}_7\,, \\
&\mathbb{Z}_4 \oplus \mathbb{Z}_2 \oplus \mathbb{Z}_3 \oplus \mathbb{Z}_7 \oplus \mathbb{Z}_7\,, \\
&\mathbb{Z}_2 \oplus \mathbb{Z}_2 \oplus \mathbb{Z}_2 \oplus \mathbb{Z}_3 \oplus \mathbb{Z}_7 \oplus \mathbb{Z}_7\,.
\end{aligned}$$

만약 위수 1176인 어떤 특별한 가환군 $G$가 주어졌다면 $G$에 대한 우리가 원하는 질문은 다음과 같

다: 앞의 6가지 동형류들 중에 $G$의 구조를 표현하는 것은 어느 것인가? 두 개의 유한가환군이 동형이기 위한 필요충분조건은 각각의 위수를 갖는 원소의 개수가 같은 것이므로, $G$의 원소의 위수와 위의 여섯 개의 동형류의 원소의 위수를 비교하면 $G$와 동형인 직적을 정할 수 있다. 예를 들어, $G$가 위수 8인 임의의 원소를 갖는지 결정할 수가 있다. 만약 갖는다면, $G$는 위의 동형류 중에서 위수 8인 원소를 갖는 직적은 첫 번째와 네 번째 뿐이다. 왜냐하면 이것들만 위수 8인 원소를 갖고 있기 때문이다. $G$의 한 원소의 선택으로 좁혀서 보면, $G$가 위수 49인 원소를 갖고 있는지의 여부를 확인하기만 하면 된다. 왜냐하면 첫 번째 직적은 그런 원소가 존재하지만, 네 번째 직적에는 존재하지 않기 때문이다.

서로 다른 소수 $p_i$에 대하여 위수가 $p_1^{n_1}p_2^{n_2}\cdots p_k^{n_k}$인 어떤 특정한 가환군 $G$는 무엇일까? $G$를 소수의 멱을 위수로 갖는 순환부분군의 내직적으로 표현하는 방법은 무엇일까? 그 알고리즘을 간단히 알아보기 위해, 우선 $2^n$개 원소를 갖는 군이라 가정하자. 먼저, 각각의 원소의 위수를 계산해야만 한다. 그 후에 최대위수를 갖는 원소를 $a_1$이라 하고 그 위수를 $2^r$이라 하자. 그러면 $\langle a_1 \rangle$은 구하는 내직적의 한 항이 된다. 만약 $G \neq \langle a_1 \rangle$이면 $s \leq n-r$이고 $a_2, a_2^2, a_2^{2^2}, \cdots, a_2^{2^{s-1}}$이 모두 $\langle a_1 \rangle$의 원소가 되지 않는 것 중에서 최대위수 $2^s$을 갖는 원소 $a_2$를 택한다. 그러면 $\langle a_2 \rangle$는 내직적의 두 번째 항이 된다. 만약 $n \neq r+s$이면 $t \leq n-r-s$이고 $a_3, a_3^2, a_3^{2^2}, \cdots, a_3^{2^{t-1}}$이 모두 $\langle a_1 \rangle \times \langle a_2 \rangle = \{a_1^i a_2^j \mid 0 \leq j < 2^r, 0 \leq j < 2^s\}$의 원소가 되지 않는 것 중에서 최대위수 $2^t$을 갖는 원소 $a_3$를 택한다. 그러면 $\langle a_3 \rangle$는 구하는 내직적의 또 다른 항이 된다. 내직적이 $G$와 같은 위수를 갖을 때 까지 이 과정을 계속한다.

소수의 멱 $p^n$을 위수로 갖는 유한가환군 $G$를 내직적으로 표현하는 위와 같은 방법을 알고리즘화하면 다음과 같다.

■ **위수 $p^n$인 유한가환군 $G$에 대한 탐욕스러운 알고리즘(Greedy Algorithm for an Abelian Group of Order $p^n$)**

1. $G$의 원소들의 위수들를 모두 계산한다.
2. 최대위수를 갖는 한 원소 $a_1$을 택하여 $G_1 = \langle a_1 \rangle$라 하고 $i=1$로 정한다.
3. 만약 $|G| = |G_i|$이면 멈춘다. 그렇지 않으면, $i$를 $i+1$로 대치한다.
4. $p^k \leq |G|/|G_{i-1}|$이고 $a_i, a_i^p, a_i^{p^2}, \cdots, a_i^{p^{k-1}}$이 모두 $G_{i-1}$의 원소가 아닌 것 중에서 최대위수 $p^k$을 갖는 한 원소 $a_i$를 택하고, $G_i = G_{i-1} \times \langle a_i \rangle$로 정의한다.
5. 위의 단계3으로 되돌아간다.

$|G| = p_1^{n_1}p_2^{n_2}\cdots p_k^{n_k}$인 일반적인 경우는, 단순히 위수 $p_1^{n_1}$인 한 내직적을 구하는 알고리즘을 사용하여, 그리고 위수 $p_2^{n_2}$인 다른 내직적을 구하고, 같은 방법을 반복한다. 이렇게 구해진 것들을 모두 직적으로 취하면 우리가 원하는 $G$의 내직적이 구해진다. 다음 예는 내직적과 외직적을 직접 계산해 볼 수 있을 정도로 그 위수가 작은 군이다.

**예제 1** $G=\{1, 8, 12, 14, 18, 21, 27, 31, 34, 38, 44, 47, 51, 53, 57, 64\}$를 법을 65로 하는 곱셈군이라 하자. $G$의 위수가 16이므로 그것이 다음 중 하나와 동형임을 알 수 있다.

$$\mathbb{Z}_{16},$$
$$\mathbb{Z}_8\oplus\mathbb{Z}_2,$$
$$\mathbb{Z}_4\oplus\mathbb{Z}_4,$$
$$\mathbb{Z}_4\oplus\mathbb{Z}_2\oplus\mathbb{Z}_2,$$
$$\mathbb{Z}_2\oplus\mathbb{Z}_2\oplus\mathbb{Z}_2\oplus\mathbb{Z}_2.$$

어떤 것 인가를 결정하기 위해, 원소들의 위수들을 모두 계산하는데 우리의 손을 더럽혔다.

| 원소 | 1 | 8 | 12 | 14 | 18 | 21 | 27 | 31 | 34 | 38 | 44 | 47 | 51 | 53 | 57 | 64 |
|---|---|---|---|---|---|---|---|---|---|---|---|---|---|---|---|---|
| 위수 | 1 | 4 | 4 | 2 | 4 | 4 | 4 | 4 | 4 | 4 | 4 | 4 | 2 | 4 | 4 | 2 |

위수들의 표로부터, 즉각 $\mathbb{Z}_4\oplus\mathbb{Z}_4$ 와 $\mathbb{Z}_4\oplus\mathbb{Z}_2\oplus\mathbb{Z}_2$를 제외하고는 모두 제외시킬 수 있다. 끝으로, 후자는 $\mathbb{Z}_2\oplus\mathbb{Z}_2\oplus\mathbb{Z}_2$와 동형인 한 부분군을 갖기 때문에, 그것은 위수 2인 3개 보다 더 많은 원소들을 갖고 있음을 알 수 있으므로, 따라서 $G\approx\mathbb{Z}_4\oplus\mathbb{Z}_4$이 되어야만 한다.

$G$의 내직적을 구하는 것은 훨씬 더 간단하다. 최대위수의 한 원소를 택하여, 예를 들어 8이라 하자. 그러면 $\langle 8\rangle$이 그 직적의 한 항이 된다. 다음은 한 원소를 두 번째 택하여 $a$라면 $a$의 위수는 4이고 $a$와 $a^2$이 $\langle 8\rangle=\{1, 8, 64, 57\}$의 원소가 아니다. 12가 이 성질을 갖기 때문에, $G=\langle 8\rangle\times\langle 12\rangle$라 할 수 있다.

예제 1은 $G$의 모든 원소들의 위수들을 알고 있으면 매우 쉽고 빠르게 유한가환군 $G$의 한 직적을 구할 수 있음을 설명해 준다. 그러나 모든 원소들의 위수들을 모두 계산하는 것은 확실하게 감동적인 예상은 아니다. 실제로, 좋은 소식은 이론과 몇 개의 원소들의 위수를 계산하면 항상 충분하다는 것이다.

**예제 2** $G=\{1, 8, 17, 19, 26, 28, 37, 44, 46, 53, 62, 64, 71, 73, 82, 89, 91, 98, 107, 109, 116, 118, 127, 134\}$를 법을 135로 하는 곱셈군이라 하자. $G$의 위수가 24이므로, 이것은 다음 중 하나와 동형이다.

$$\mathbb{Z}_8\oplus\mathbb{Z}_3\approx\mathbb{Z}_{24},$$
$$\mathbb{Z}_4\oplus\mathbb{Z}_2\oplus\mathbb{Z}_3\approx\mathbb{Z}_{12}\oplus\mathbb{Z}_2,$$
$$\mathbb{Z}_2\oplus\mathbb{Z}_2\oplus\mathbb{Z}_2\oplus\mathbb{Z}_3\approx\mathbb{Z}_6\oplus\mathbb{Z}_2\oplus\mathbb{Z}_2.$$

원소 8의 위수를 생각해보자. 직접 계산하면 $8^6=109$이고 $8^{12}=1$이다.(법을 135로 하는 곱셈연산이므로 $8^3 \bmod 135 = 512 \bmod 135 = 107$이다. 따라서 $8^4$을 계산할 때 $8\cdot 512$보다는 $8\cdot 107$를 이용한다.) 그러나 이제 $G$를 알 수 있다. 왜 그럴까? 분명히, 위의 직적에서 세 번째는 제외된다. 또한, $|109|=2=|134|(134=-1 \bmod 135$를 기억하라)이므로 $G$는 $\mathbb{Z}_{24}$가 아니다.(정리4.4참조) 따라서, $G\approx\mathbb{Z}_{12}\oplus\mathbb{Z}_2$이고 $G=\langle 8\rangle\times\langle 134\rangle$이다.

한 가환군을 소수의 멱의 위수들을 갖는 순환들군의 한 직적으로 표현하는 것보다, 예제 2에서 처럼 서로소인 소수 위수들의 순환군의 항들을 한 개로 묶어서 다음과 같이 직적 표현하는 것이 더 편리하다.

$$\mathbb{Z}_{n_1} \oplus \mathbb{Z}_{n_2} \oplus \cdots \oplus \mathbb{Z}_{n_k} \text{ 이고 } n_k \mid n_{k-1} \mid \cdots \mid n_2 \mid n_1 .$$

예를 들어, $\mathbb{Z}_4 \oplus \mathbb{Z}_4 \oplus \mathbb{Z}_2 \oplus \mathbb{Z}_9 \oplus \mathbb{Z}_3 \oplus \mathbb{Z}_5$는 $\mathbb{Z}_{180} \oplus \mathbb{Z}_{12} \oplus \mathbb{Z}_2$로 나타낼 수 있다(연습문제 11). 또한 위의 알고리즘은 단계4를 다음에 주어진 단계4′으로 하면 된다.

단계4′: $m \leq |G|/|G_{i-1}|$이고 $a_i, a_i^2, \cdots, a_i^{m-1}$이 모두 $G_{i-1}$의 원소가 되지 않는 것 중에서 최대 위수 $m$을 갖는 원소 $a_i$를 택하여 $G_i = G_{i-1} \times \langle a_i \rangle$로 정의한다.

다음 따름정리에서는 유한가환군의 기본정리를 이용하여, 유한가환군에서 Lagrange정리의 역이 성립함을 증명한다.

**따름 정리 가환군의 부분군들의 존재성**

만약 $m$이 한 유한가환군 $G$의 위수의 약수이면, $G$는 위수 $m$인 한 부분군을 갖는다.

이 따름정리를 한 특별한 경우에 대하여 확인하는 것이 유익할 수 있다. 위수 72인 유한가환군 $G$에서 위수 12인 부분군을 구해보자. 기본정리에 의해 $G$는 다음 여섯 개 군들 중 하나이다:

$$\begin{array}{ll} \mathbb{Z}_8 \oplus \mathbb{Z}_9 , & \mathbb{Z}_{12} \oplus \mathbb{Z}_2 \oplus \mathbb{Z}_3 , \\ \mathbb{Z}_4 \oplus \mathbb{Z}_2 \oplus \mathbb{Z}_9 , & \mathbb{Z}_4 \oplus \mathbb{Z}_2 \oplus \mathbb{Z}_3 \oplus \mathbb{Z}_3 , \\ \mathbb{Z}_2 \oplus \mathbb{Z}_2 \oplus \mathbb{Z}_2 \oplus \mathbb{Z}_9 , & \mathbb{Z}_2 \oplus \mathbb{Z}_2 \oplus \mathbb{Z}_2 \oplus \mathbb{Z}_3 \oplus \mathbb{Z}_3 . \end{array}$$

명확히, $\mathbb{Z}_8 \oplus \mathbb{Z}_9 \approx \mathbb{Z}_{72}$와 $\mathbb{Z}_4 \oplus \mathbb{Z}_2 \oplus \mathbb{Z}_3 \oplus \mathbb{Z}_3 \approx \mathbb{Z}_{12} \oplus \mathbb{Z}_6$은 둘 다 위수 12인 한 부분군을 갖는다. $\mathbb{Z}_4 \oplus \mathbb{Z}_2 \oplus \mathbb{Z}_9$에서 위수 12인 한 부분군을 구하기 위해서, 단지 $\mathbb{Z}_4$의 모든 원소와 $\mathbb{Z}_9$에서 위수 3인 부분군을 함께 결합한 것; 즉, $\{(a, 0, b) \mid a \in \mathbb{Z}_4, b \in \{0, 3, 6\}\}$이다. $\mathbb{Z}_8 \oplus \mathbb{Z}_3 \oplus \mathbb{Z}_3$에서 위수 12인 부분군은 $\{(a, b, 0) \mid a \in \{0, 2, 4, 6\}, b \in \mathbb{Z}_3\}$으로 주어진다. 같은 방법으로 나머지 경우도 계산할 수 있으면 이러한 방법은 임의의 유한가환군에도 적용할 수 있다.

## 기본정리의 증명(Proof of The Fundamental Theorem)

유한가환군의 기본정리의 증명은 길고 복잡하기 때문에, 우리는 일련의 보조정리들로 나누어서 증명할 것이다.

**보조 정리1** $G$는 위수 $p^n m$인 한 유한가환군이다. 여기서 $p$는 소수이고 $p$는 $m$을 나누지않는다. 여기서 $H = \{x \in G \mid x^{p^n} = e\}$이고 $K = \{x \in G \mid x^m = e\}$이다. 그러면 $G = H \times K$이다. 더욱이, $|H| = p^n$이다.

**증명** $H$와 $K$는 $G$의 부분군임을 증명하는 것은 쉬운 연습문제이다.(3절 연습문제29 참조) $G$가 가환군이므로, $G = H \times K$임을 증명하기 위해서는 다만 $G = HK$와 $H \cap K = \{e\}$을 증명하면 된다. $\gcd(m, p^n) = 1$이므로 $1 = sm + tp^n$인 정수 $s, t$가 존재한다. 따라서 임의의 $x \in G$에 대해, $x = x^1 = x^{sm + tp^n} = x^{sm}x^{tp^n}$이고, Lagrange정리(정리 7.1)의 따름정리4에 의해 $x^{sm} \in H$이고 $x^{tp^n} \in K$이다.따라서, $G = HK$이다. 이제 $x \in H \cap K$이면 $x^{p^n} = e = x^m$이므로 정리 4.1의 따름 정리 2에 의해 $|x|$는 $p^n$과 $m$의 공약수이다. 그런데 $p \nmid m$이므로 $|x| = 1$이 되어 $x = e$이다.

보조정리의 두 번째 주장을 증명하기 위해서, $p^n m = |HK| = |H||K|/|H \cap K| = |H||K|$ (제5-8절 보충연습문제 문제7 참조)이다. 따라서 정리 9.5와 정리 4.1의 따름정리에 의해 $p \nmid |K|$이므로 $|H| = p^n$이다. □

서로 다른 소수 $p_i$에 대해 $|G| = p_1^{n_1}p_2^{n_2}\cdots p_k^{n_k}$인 한 가환군 $G$에 대해 $G(p_i) = \left\{x \in G \mid x^{p_i^{n_i}} = e\right\}$라 하자. 보조정리 1과 수학적귀납법에 의해 다음이 성립한다.

$$G = G(p_1) \times G(p_2) \times \cdots \times G(p_k),\ |G(p_i)| = p_i^{n_i}.$$

따라서, 기본정리의 증명은 소수의 멱을 위수로 갖는 군들에 대해서 증명하면 된다.

**보조 정리 2** $G$가 소수의 멱을 위수로 갖는 가환군이고 $a$가 $G$에서 극대위수를 갖는 원소라 하면 $G$는 $\langle a \rangle \times K$형태로 표현할 수 있다.

**증명** $|G| = p^n$이라 하고 $n$에 대한 수학적귀납법으로 증명하자. $n = 1$이면 $G = \langle a \rangle \times \langle e \rangle$이다. 이제 $k < n$인 위수 $p^k$인 모든 가환군들에 대하여 그 명제가 참이라고 가정하자. $G$의 모든 원소들 중에서 극대위수 $p^m$인 원소를 $a$라 하면 $G$의 임의의 원소 $x$에 대해 $x^{p^m} = e$이다. $G = \langle a \rangle$이면 정리가 성립한다. 따라서 $G \neq \langle a \rangle$라 가정하면 $\langle a \rangle$의 원소가 아닌 것 중에서 위수가 최소인 원소 $b \notin \langle a \rangle$를 택한다. 이제 $\langle a \rangle \cap \langle b \rangle = \{e\}$임을 증명하자. $|b^p| = |b|/p$이므로, $b$의 선택방법에 의해서 $b^p \in \langle a \rangle$임을 알 수 있다. 예를 들어 $b^p = a^i$라 하자. 여기서 $e = b^{p^m} = (b^p)^{p^{m-1}} = (a^i)^{p^{m-1}}$이고, 그래서 $|a^i| \le p^{m-1}$이다. 따라서, $a^i$은 $\langle a \rangle$의 생성원이 될 수 없으므로 정리4.2의 따름정리3에 의해, $\gcd(p^m, i) \neq 1$이다. 이것은 $p$는 $i$의 약수이고, 따라서 $i = pj$라 쓸 수 있다. 그러므로 $b^p = a^i = a^{pj}$이다. 원소 $c = a^{-j}b$를 생각해 보자. 분명히, $c \notin \langle a \rangle$이다. 만약 포함한다면, $b$도 역시 포함하게 된다. 또한 $c^p = a^{-jp}b^p = a^{-i}b^p = b^{-p}b^p = e$이다. 따라서 원소 $c$는 위수가 $p$이고 $c \notin \langle a \rangle$이다. $\langle a \rangle$의 원소가 아닌 것 중에서 위수가 극소인 원소가 $b$이므로 $b$ 또한 위수가 $p$라 결정할 수 있다. 왜냐하면 $\langle a \rangle \cap \langle b \rangle$에 항등원이 아닌 원소가 존재한다면 그 원소는 $\langle b \rangle$의 생성원이므로 $b \in \langle a \rangle$가 되어 모순이다. $\langle a \rangle \cap \langle b \rangle = \{e\}$이다.

이제 상군 $\overline{G} = G/\langle b \rangle$을 생각해 보자. 표기를 간단하게 $\overline{G}$에서 잉여류 $x\langle b \rangle$를 $\overline{x}$로 표시하자. 만약 $|\overline{a}| < |a| = p^m$이라 하면, $\overline{a}^{p^{m-1}} = \overline{e}$이다. 즉 $(a\langle b \rangle)^{p^{m-1}} = a^{p^{m-1}}\langle b \rangle = \langle b \rangle$이므로 $a^{p^{m-1}} \in \langle a \rangle \cap \langle b \rangle = \{e\}$이 되어 $|a| = p^m$에 모순이다. 따라서, $|\overline{a}| = |a| = p^m$이다. 그러므로 $\overline{a}$는 $\overline{G}$에서 극대 위수를 갖는 한 원소이다. 수학적귀납법의 가정에 의해, $\overline{G}$의 부분군 $\overline{K}$가 존재하여 $\overline{G} = \langle \overline{a} \rangle \times \overline{K}$로 쓸 수 있다. $G$에서 $\overline{G}$ 위로의 자연준동형사상에서 $\overline{K}$의 역상을 $K$이라 하자.(즉, $K = \{x \in G | \overline{x} \in \overline{K}\}$이다). $\langle a \rangle \cap K = \{e\}$를 밝혀보자. 왜냐하면, 만약 $x \in \langle a \rangle \cap K$라면 $\overline{x} \in \langle \overline{a} \rangle \cap \overline{K} = \{\overline{e}\} = \langle b \rangle$이므로 $x \in \langle a \rangle \cap \langle b \rangle = \{e\}$이다. 따라서 $\langle a \rangle \cap K = \{e\}$이다. 위수 계산으로부터(연습문제 33 참조) $G = \langle a \rangle K$이므로 $G = \langle a \rangle \times K$이다. □

보조정리 2와 군의 위수에 대한 수학적귀납법에 의해 다음 보조정리가 성립한다.

**보조 정리 3** 소수의 멱을 위수로 갖는 유한가환군은 순환군들의 한 내직적이다.

이쯤에서 지금까지 유한 가환군의 기본정리를 어느 정도 증명했는지 정리해보자. 보조정리 1에 의해서 $G = G(p_1) \times G(p_2) \times \cdots \times G(p_k)$, $|G(p_i)| = p_i^{n_i}$이고, 보조정리 3에 의해서 각 항들은 순환군의 내직적이다. 따라서 모든 유한가환군은 소수의 멱을 위수로 하는 순환군들의 직적임을 증명했다. 이제 기본정리의 유일성을 증명하면 된다. 그런데 $G(p_i)$는 위수가 $p_i$의 멱인 $G$의 원소들로 구성되므로 $G(p_i)$는 $G$에 의해 유일하게 결정된다. 따라서 동형인 것은 같은 것으로 간주하고 순서를 재 정렬함으로써 $G(p_i)$의 순환군에 의한 내직적이 유일함을 증명하면 기본정리의 증명이 완료된다.

**보조 정리 4** $G$는 소수의 멱을 위수로 갖는 한 유한가환군이라 하자. 만약 $G$의 자명부분군이 아닌 순환부분군 $H_i$, $K_j$이 존재해서 $G = H_1 \times H_2 \times \cdots \times H_m$, $G = K_1 \times K_2 \times \cdots \times K_n$이고 $|H_1| \geq |H_2| \geq \cdots \geq |H_m|$, $|K_1| \geq |K_2| \geq \cdots \geq |K_n|$이면, $m = n$이고, 모든 $i$에 대해 $|H_i| = |K_i|$이다.

**증명** $|G|$에 대한 수학적귀납법으로 이 정리를 증명하자. 분명히, $|G| = p$인 경우는 참이다. 이제 $|G|$보다 적은 위수를 갖는 모든 유한가환군에 대해 정리가 성립한다고 가정하자. 임의의 가환이군 $L$에 대해, 집합 $L^p = \{x^p | x \in L\}$은 $L$의 부분군(제1-4절 보충연습문제15 참조)이고, 만약 $p$가 $|L|$의 약수이면 정리 9.5에 의해 $L^p$는 진부분군이다. 따라서 $m'$을 $|H_i| > p$가 되는 가장 큰 $i$라 하고 마찬가지로 $n'$을 $|K_j| > p$가 되는 가장 큰 $j$라 하면 $G^p = {H_1}^p \times {H_2}^p \times \cdots \times {H_{m'}}^p$이고 $G^p = {K_1}^p \times {K_2}^p \times \cdots \times {K_{n'}}^p$이다. ($m'$과 $n'$의 선택에 의해 $G^p$의 각 항에는 자명한 부분군이 존재하지 않는다.) $|G^p| < |G|$이므로 수학적귀납법

의 가정에 의해 $m' = n'$이고 $i = 1, 2, \cdots, m'$에 대해 $|H_i{}^p| = |K_i{}^p|$이다. $|H_i| = p|H_i{}^p|$이므로 $i = 1, 2, \cdots, m'$에 대해 $|H_i| = |K_i|$이다. 따라서 위수 $p$인 $H_i$의 개수와 위수 $p$인 $K_i$의 개수가 같음을 증명하면 된다. 즉 $m' = n'$이므로 $m - m' = n - n'$임을 증명하면 된다. 다음 식에서 $|H_i| = |K_i|$이고 $m' = n'$이므로 $m - m' = n - n'$이다.

$$|H_1|\,|H_2| \cdots\ |H_{m'}|\, p^{m-m'} = |G| = |K_1|\,|K_2| \cdots\ |K_{n'}|\, p^{n-n'}\ . \qquad \square$$

## 연습문제

당신은 그것이 쉽지 않다는 것을 알면, 그것이 매우 어려워질 수도 있다는 것을 알게 될 것이다.
JOHN LENNON AND PAUL MACCARTNEY, "The Ballad of John and Yoko"

**1.** 위수가 $n$인 두 동형이 아닌 군이 존재하는 최소 양의 정수는 무엇일까? 그 두 군의 명칭을 말하여라.

**2.** 위수 $n$인 세 개의 동형이 아닌 가환군이 존재하는 최소 양의 정수는 무엇인가? 그 세 군의 명칭을 말하여라.

**3.** 위수 $n$인 네 개만 동형이 아닌 가환군이 존재하는 최소 양의 정수는 무엇일까? 그 네 군의 명칭을 말하여라.

**4.** $\mathbb{Z}_{16}$, $\mathbb{Z}_8 \oplus \mathbb{Z}_2$, $\mathbb{Z}_4 \oplus \mathbb{Z}_4$ 그리고 $\mathbb{Z}_4 \oplus \mathbb{Z}_2 \oplus \mathbb{Z}_2$ 각각에서 위수 2인 원소의 개수와 위수 4인 원소의 개수를 구하여라.

**5.** 위수 45인 임의의 가환군은 위수 15인 한 원소를 갖고 있음을 증명하여라. 위수 9인 한 원소를 갖고 있는가?

**6.** 위수 3인 부분군을 정확히 하나만 갖는 위수 108인 가환군은 두 개 있음을 보여라.

**7.** 위수 3인 부분군들을 정확히 네 개만 갖는 위수 108인 가환군은 두 개 있음을 보여라.

**8.** 위수 3인 부분군들을 정확히 열세개만 갖는 위수 108인 가환군은 두 개 있음을 보여라.

**9.** $G$는 위수 120인 한 가환군이고 $G$는 위수 2인 원소들이 정확히 세 개 존재한다고 가정하자. $G$의 동형류를 결정하여라.

**10.** 위수 360인 가환군들을 모두 찾아라.(동형에 관하여)

**11.** 모든 유한 가환군은 $i = 1, 2, \cdots, t-1$에 대해 $n_{i+1} \mid n_i$인 $n_i$가 존재해서 위수가 각각 $n_1, n_2, \cdots, n_t$인 순환군들의 외직적으로 표현할 수 있음을 증명하여라.(이 문제는 이 장과 22장에서 언급하고 있음)

**12.** 어떤 유한가환군의 위수가 10의 배수라 가정하자. 이 군은 위수 10인 한 순환부분군을 갖고 있음을 증명하여라.

**13.** 만약 한 유한 부분군의 위수가 4의 배수이면, 이 군은 위수 4인 순환부분군이 존재할 필요가 없음을 예를 들어 보아라.

**14.** 연습문제 12, 13을 기초하여, 유한 가환군의 순환부분군들의 존재성에 대한 일반적인 결과를 알아내어라.

**15.** 다음 각각에 대해 가환군들(동형에 관하여)의 개수는 몇 개인가?

a. 위수 6

b. 위수 15

c. 위수 42

d. 서로 다른 소수 $p$, $q$에 대해 위수 $pq$

e. 서로 다른 소수 $p$, $q$, $r$에 대해 위수 $pqr$

f. 위의 d. e.을 일반화 하시오.

**16.** (동형인 것은 같은 것으로 간주하여) 다음 각각에 대해 위수 $n$인 가환군의 개수와 위수 $m$인 가환군의 개수를 비교하면 어떻게 될까?

a. $n=3^2$이고 $m=5^2$

b. $n=2^4$이고 $m=5^4$

c. 서로 다른 소수 $p$, $q$에 대해 $n=p^r$이고 $m=q^r$

d. 서로 다른 소수 $p$, $q$에 대해 $n=p^r$이고 $m=p^r q$

e. 서로 다른 소수 $p$, $q$에 대해 $n=p^r$이고 $m=p^r q^2$

**17.** 한 정사각형이 아닌 직사각형의 대칭군은 위수 4인 가환군이다. 이것은 $\mathbb{Z}_4$또는 $\mathbb{Z}_2 \oplus \mathbb{Z}_2$와 동형인가?

**18.** 군의 위수가 1080이고 그 약수가 180인 경우에 유한가환군의 기본정리의 따름정리를 확인하여라.

**19.** 법을 91로 하는 곱셈군 $\{1, 9, 16, 22, 29, 53, 74, 79, 81\}$의 동형류를 결정하여라.

**20.** $G$는 한 유한가군으로 $|G|$의 각 약수에 대해 정확히 한 개의 부분군을 갖고 있다고 가정하자. $G$가 순환군임을 보여라.

**21.** 위수 $n$인 가환군들 만이 모두 순환군이 되는 정수 $n$의 특성을 말하여라.

**22.** 위수 $n$인 임의의 가환군들이 정확히 4개의 동형류들 중 하나에 속할 때 정수 $n$의 특성을 말하여라.

**23.** 예제 1에서 $G$의 동형류를 결정하여 마지막 다섯 개 원소들의 위수는 구할 필요가 없음을 설명하여라.

**24.** $G=\{1, 7, 17, 23, 49, 55, 65, 71\}$는 법을 91로 하는 곱셈군이다. $G$를 순환군들의 외직적과 내직적으로 표현하여라.

**25.** $G=\{1, 7, 43, 49, 51, 57, 93, 99, 101, 107, 143, 149, 151, 157, 193, 199\}$는 법을 200으로 하는 곱셈군이다. $G$를 순환군들의 외직적과 내직적으로 표현하여라.

**26.** $G=\{1, 4, 11, 14, 16, 19, 26, 29, 31, 34, 41, 44\}$는 법을 45로 하는 곱셈군이다. $G$를 소수의 멱을 위수로 하는 순환군들의 외직적과 내직적으로 써라.

**27.** $G$는 위수 9인 가환군이라 가정하자. $G$의 동형류를 결정하기 위해 위수를 계산해야 하는 $G$의 원소의 개수(항등원은 제외)의 최댓값은 무엇인가? $G$의 위수가 각각 18과 16인 경우는 무엇일까?

**28.** $G$는 위수 16인 한 가환군이고, 그 원소들의 위수를 계산할 때, 위수 8인 한 원소와 위수 2인 2개의 원소를 마주치게 된다고 가정하자. $G$의 동형류를 결정하는데 더 이상의 계산이 필요 없는지 그 이유를 설명하여라.

**29.** $G$는 위수 16 인 가환군에 $|a| = |b| = 4$ 이고 $a^2 \neq b^2$ 인 원소 $a, b$가 존재할 때 $G$의 동형류를 구하여라.

**30.** 위수 $2^n$ $(n \geq 1)$ 인 가환군 $G$의 위수 2 인 원소의 개수는 홀수이어야 함을 증명하여라.

**31.** Lagrange정리를 사용하지 않고, 홀수 위수인 가환군은 짝수 위수를 갖는 원소를 갖을 수 없음을 보여라.

**32.** $G$는 대각선의 원소가 $\pm 1$ 인 $n$차 대각행렬들의 군이라 하자. $G$의 동형류는 무엇일까?

**33.** 보조정리2의 증명에서 $G = \langle a \rangle K$를 증명하여라.

**34.** 유한 가환군 $G$와 소수 $p$에 대해 $G$의 위수가 $p^n$ 이기 위한 필요충분조건은 $G$의 모든 원소의 위수가 $p$의 멱임을 증명하여라.

**35.** Dirichlet정리란 임의의 서로소인 정수 $a$, $b$에 대해 $at + b$형태의 소수가 무한히 많다는 것이다. Dirichlet정리를 이용하여 임의의 유한 가환군은 한 $U-$군의 한 부분군과 동형임을 증명하여라.

**36.** $Aut(\mathbb{Z}_2 \oplus \mathbb{Z}_3 \oplus \mathbb{Z}_5)$의 동형류를 결정하여라.

**37.** 만약 $G$가 비가환이면 보조정리 2가 거짓인 한 예를 구하여라.

## Reference

**1.** R. Hirshon, "On Cancellation in Groups," *American Mathematical Monthly* 76 (1969): 1037-1039.

## 9-11절 보충연습문제

모든 탐사자는 많은 마른 굴을 파고, 유정을 철수해서, 다른 곳으로 옮긴다. JOHN L. HESS

**1.** $H$는 $G$의 한 부분군이고 $G$에서 $H$의 각 좌잉여류가 $G$에서 $H$의 어떤 우잉여류와 같다고 가정하자. $H$가 $G$의 정규부분군임을 증명하여라.

**2.** 한 상군의 수학적귀납법의 논의를 이용하여 위수 $n$인 한 유한 가환군은 $n$의 모든 약수 $m$에 대한 위수 $m$인 한 부분군을 갖고 있음을 증명하여라.

**3.** $diag(G)=\{(g,\ g) \mid g \in G\}$라 하자. $diag(G) \lhd G \oplus G$이기 위한 필요충분조건은 $G$가 가환군임을 증명하여라. $G$가 유한군일 때 $G \oplus G$에서 $diag(G)$의 지수는 무엇인가?

**4.** $H$는 $D_n$의 임의의 회전이동들의 군이라 하자. $H$는 $D_n$의 정규부분군임을 증명하여라.

**5.** $Inn(G) \lhd Aut(G)$를 증명하여라.

**6.** $H$는 $G$의 한 부분군이라 하자. $H$가 정규부분군이기위한 필요충분조건은 $G$의 모든 원소 $a,\ b$에 대해 $ab \in H$이면 $ba \in H$임을 증명하여라.

**7.** 상군 $GL(2,\ \mathbb{R})/SL(2,\ \mathbb{R})$은 매우 잘 알려신 군과 동형이다. 그 군은 무엇인가?

**8.** $n$의 약수 $k$에 대해 잉여군 $(\mathbb{Z}/\langle n \rangle)/(\langle k \rangle/\langle n \rangle)$은 매우 잘 알려진 군과 동형이다. 그 군은 무엇인가?

**9.**

$$H=\left\{\begin{pmatrix}1 & a & b\\ 0 & 1 & c\\ 0 & 0 & 1\end{pmatrix} \middle|\ a,\ b,\ c \in \mathbb{Q}\right\}$$

에 행렬의 곱셈이 주어져있다.

a. $Z(H)$를 찾아라.

b. $Z(H)$는 덧셈군 $\mathbb{Q}$와 동형임을 증명하여라.

c. $H/Z(H)$는 $\mathbb{Q} \oplus \mathbb{Q}$와 동형임을 증명하여라.

d. $\mathbb{Q}$를 $\mathbb{R}$로 바꾸었을 때 a, b의 증명이 유효한가? $\mathbb{Q}$ 대신 $\mathbb{Z}_p$($p$는 소수)인 경우에도 판정하여라.

**10.** $D_4/Z(D_4)$이 $\mathbb{Z}_2 \oplus \mathbb{Z}_2$와 동형임을 증명하여라.

**11.** 덧셈군 $\mathbb{Q}/\mathbb{Z}$은 모든 원소의 위수는 유한인 무한군임을 증명하여라.

**12.** 한 군의 임의의 정규부분군들의 교집합은 한 정규부분군이 됨을 보여라.

**13.** $n>1$인 고정된 한 정수이고 $G$는 한 군이라 하자. 만약 $H=\{x \in G \mid |x|=n\}$와 항등원을 추가하면 $G$의 한 부분군이 된다고 하면, 이것은 $G$의 한 정규부분군임을 증명하여라. 이런 부분군이 존재하는 경우에, $n$에 대하여 무엇을 말 할 수 있는가? 비가환군으로 이런 부분군을 갖는 한 예를 들어라. 한 군 $G$와 한 소수$n$에 대한 $H$에 항등원을 추가한 것이 부분군이 되지 않는 예를 구하여라.

**14.** 각각의 양의정수 $n$에 대해 $\mathbb{Q}/\mathbb{Z}$에는 위수 $n$인 부분군이 오직 하나 존재함을 보여라.

**15.** 만약 $H$와 $K$가 한 군의 정규가환부분 군들이고 $H \cap K=\{e\}$이면, $HK$는 가환군임을 증명하여라.

**16.** $G$는 홀수 위수를 갖는 한 군이라 하자. $G$에서 자기 자신으로 가는 사상 $x \to x^2$이 단사임을 증명하여라.

**17.** $G$는 어떤 집합 위의 한 치환군이라 가정하자. 만약 $|G| = 60$이고 $orb_G(5) = \{1, 5\}$이면, $stab_G(5)$이 $G$의 정규부분군임을 증명하여라.

**18.** $G = H \times K$이고 $N$이 $H$의 정규부분군이라 가정하자. $N$은 $G$의 정규부분군임을 증명하여라.

**19.** $\mathbb{Z}_8 \oplus \mathbb{Z}_2 \oplus \mathbb{Z}_2$에서 $\mathbb{Z}_4 \oplus \mathbb{Z}_4$ 위로의 준동형사상이 존재하지 않음을 보여라.

**20.** $A_4$에서 위수가 2, 4, 6인 군위로의 준동형사상은 존재하지 않지만, $A_4$에서 위수가 3인 군위로의 준동형사상은 존재함을 보여라.

**21.** $H$는 $S_4$의 위수 4인 한 정규부분군이라 하자. $S_4/H$는 $S_3$와 동형임을 보여라.

**22.** $\phi$를 $U(36)$에서의 한 준동형사상이고, $Ker\,\phi = \{1, 13, 25\}$이고 $\phi(5) = 17$이라 가정하자. 17로 사상되는 모든 원소들을 결정하여라.

**23.** $m$은 홀수이고 $n = 2m$이다. $D_n/Z(D_n)$에서 위수 2인 원소의 개수는 몇 개인가? 부분군 $\langle R_{360/n} \rangle / Z(D_n)$의 원소의 개수는 몇 개인가? 위에서 구한 값들과 $D_m$에서 위수 2인 원소의 개수는 어떤 관계가 있을까?

**24.** $H$를 홀수 위수인 한 군 $G$의 한 정규부분군이고 $|H| = 5$이라 가정하자. $H \subseteq Z(G)$임을 보여라.

**25.** $G$는 한 가환군이고 $n$은 한 양의정수라 하자. $G_n = \{g \in G \mid g^n = e\}$이고 $G^n = \{g^n \mid g \in G\}$라 하자. $G/G_n$는 $G^n$와 동형임을 증명하여라.

**26.** 양의실수 전체집합의 곱셈군 $\mathbb{R}^+$와 $T = \{a + bi \in \mathbb{C} \mid a^2 + b^2 = 1\}$는 크기 1인 복소수 전체집합의 곱셈군이라 하자. $\mathbb{C}^*$는 $\mathbb{R}^+$와 $T$의 내직적임을 보여라.

**27.** $G$는 한 유한군이고 $p$는 한 소수라 하자. 만약 $p^2 > |G|$이면, 위수 $p$인 임의의 부분군은 $G$의 정규부분군임을 보여라.

**28.** $G = \mathbb{Z} \oplus \mathbb{Z}$이고 $H = \{(x, y) \mid x, y : \text{짝수}\}$라 하자. $H$는 $G$의 한 부분군임을 보여라. $G/H$의 위수를 결정하여라. $G/H$는 어떤 잘 알려진 군과 동형인가?

**29.** $n$은 양의정수이다. $\mathbb{Q}/\mathbb{Z}$에서 위수 $n$인 모든 원소는 $\langle 1/n + \mathbb{Z} \rangle$에 포함됨을 증명하여라.

**30.** (1997 Putnam Competition) $G$는 군이고 $\phi$: $G \to G$는 다음을 만족하는 함수이다.

$$g_1 g_2 g_3 = e = h_1 h_2 h_3 \text{ 이면 } \phi(g_1)\phi(g_2)\phi(g_3) = \phi(h_1)\phi(h_2)\phi(h_3).$$

$\psi(x) = a\phi(x)$이 준동형사상이 되는 한 원소 $a$가 $G$에 존재함을 증명하여라.

**31.** $\mathbb{Z} \oplus \mathbb{Z}$에서 $\mathbb{Z}$로 가는 모든 준동형사상은 정수 $a, b$가 존재하여 $(x, y) \mapsto ax + by$의 형태가 됨을 증명하여라.

**32.** $\mathbb{Z} \oplus \mathbb{Z}$에서 $\mathbb{Z} \oplus \mathbb{Z}$로 가는 모든 준동형사상은 정수 $a, b, c, d$가 존재하여 $(x, y) \mapsto (ax + by, cx + dy)$의 형태가 됨을 증명하여라.

**33.** $\mathbb{Q}/\mathbb{Z}$은 자신의 한 진부분군과 동형이 될 수 없음을 증명하여라.

**34.** 각각의 양의정수 $n$에 대해, $\mathbb{Q}/\mathbb{Z}$ 에서 위수 $n$인 원소의 개수는 $\phi(n)$ 임을 증명하여라.(단 $\phi$는 오일러 phi-함수이다.)

**35.** 원소 개수가 3개 이상인 군은 항상 항등사상이 아닌 한 자기동형사상이 존재함을 보여라.

**36.** 군 $G$의 진부분군 $H$에 대해 $H \subset K \subset G$을 만족하는 부분군 $K$가 존재하지 않으면 $H$를 $G$의 극대부분군이라 한다. 덧셈군 $\mathbb{Q}$ 에는 극대부분군이 존재하지 않음을 증명하여라.

**37.** $G$는 제1-4장 보충연습 문제4에 주어진 사원수군이고 $H = \langle a^2 \rangle$이라 하자. $G/H$는 $\mathbb{Z}_4$ 또는 $\mathbb{Z}_2 \oplus \mathbb{Z}_2$중 어느 것과 동형인가 결정하여라. $G/H$는 $G$의 한 부분군과 동형인가?

**38.** 사면체군 $D_8 = \{R_0, R_{45}, R_{90}, R_{135}, R_{180}, R_{225}, R_{270}, R_{315}, F_1, F_2, F_3, F_4, F_5, F_6, F_7, F_8\}$이고 $N = \{R_0, R_{90}, R_{180}, R_{270}\}$이라 하자. $N$이 $D_8$의 정규부분군임을 증명하여라.
$F_1N = \{F_1, F_4, F_3, F_2\}$일 때 $D_8/N$이 순환군인지 아닌지 결정하여라.

**39.** $G$는 한 군으로 $G = \left\{ \begin{pmatrix} 1 & a \\ 0 & b \end{pmatrix} \middle| \, a, b \in \mathbb{R}, \ b \neq 0 \right\}$이고 $H = \left\{ \begin{pmatrix} 1 & x \\ 0 & 1 \end{pmatrix} \middle| \, x \in \mathbb{R} \right\}$이라 하자. $H$는 $G$의 한 부분군임을 보여라. $H$는 $G$의 정규부분군인지 아닌지 밝혀라.

**40.** $(\mathbb{Z}_{p^2} \oplus \mathbb{Z}_{p^2})/H$와 $\mathbb{Z}_p \oplus \mathbb{Z}_p$이 동형이 되는 $\mathbb{Z}_{p^2} \oplus \mathbb{Z}_{p^2}$의 한 부분군 $H$를 찾아라.

**41.** $K$의 모든 자기동형사상 $\phi$에 대해 $\phi(H) = H$이면 $H$를 $K$의 특성부분군이라 한다. 만약 $H$가 $K$의 한 특성부분군이고, $K$가 $G$의 한 정규부분군이면, $H$는 $G$의 한 정규부분군임을 증명하여라.

**42.** $\mathbb{Z}_3$ 위의 행렬의 곱셈인 군 $G = \left\{ \begin{pmatrix} a & b \\ 0 & c \end{pmatrix} \mid a, b, c \in \mathbb{Z}_3, \ ac \neq 0 \right\}$가 있다. 이때, $\phi : G \to \mathbb{Z}_3^*$, $\phi(\begin{pmatrix} a & b \\ 0 & c \end{pmatrix}) = ac$는 군준동형사상이다. $\ker\phi \cong \mathbb{Z}_6$임을 설명하여라.

**43.** 다음을 설명하여라.

a. 군준동형 $f : \mathbb{Z} \to \mathbb{Z}_2 \times \mathbb{Z}_3$, $f(k) = (\bar{k}, \bar{k})$의 핵 $\ker(f) = 6\mathbb{Z}$ 이다.

b. 위수가 400인 아벨군 중에서 동형이 아닌 것은 10개이다.

# 제3부

## 환

## (Rings)

# 12절 환의 소개(Introduction to Rings)

예제는 인류의 배움터이고, 그들은 다른 곳에서는 배우지 못한다. Edmund Burke, On a Regicide Peace

## 환의 정의와 도입(Motivation and Definition)

많은 집합들은 자연스럽게 덧셈과 곱셈이라는 두 이항연산을 갖고 있다. 예를 들어 정수들의 집합, $n$을 법으로 하는 잉여류집합, 실수집합, 행렬들의 집합 또는 다항식들의 집합들을 생각해보면 곧바로 알게 될 것이다. 이 집합들을 군의 체계로 볼 때는 단순히 덧셈연산을 생각하고 곱셈은 고려치 않는다.

그러나, 많은 사례에서 덧셈과 곱셈을 동시에 고려하는 것이 자연스럽다. 이 성질을 갖는 추상적인 개념이 환이다. 환은 19세기 중엽 Richard Dedekind에 의해 시작되었으며, 환의 추상적인 정의는 1914년 Abraham Fraenkel에 의해서야 최초로 소개되었다

### 정의: 환(Rings)

공집합이 아닌 집합 $R$위에 두 이항연산, 덧셈($a+b$로 표현)과 곱셈($ab$ 로 표현)이 정의되어 있고, $R$의 임의의 원소 $a,b,c$에 대해 다음이 성립할 때 $(R,+,\ \cdot\ )$을 환이라 한다.

1. $a+b=b+a$
2. $(a+b)+c=a+(b+c)$
3. 덧셈에 대한 항등원이 존재한다. 즉, 특정한 원소 $0\in R$ 하고 임의의 원소 $a\in R$에 대하여 $a+0=a$가 성립한다.
4. 각 원소 $a\in R$에 대하여 덧셈에 대한 역원 $-a\in R$가 존재한다. 즉$a+(-a)=0$가 성립한다.
5. $a(bc)=(ab)c$
6. $a(b+c)=ab+ac$ 이고, $(b+c)a=ba+ca$가 성립한다.

따라서, 환은 덧셈에 대한 아벨군이고 곱셈에 대하여 결합법칙이 성립하고, 이 곱셈은 덧셈에 대하여 좌 우 분배법칙이 성립한다. 환에서 곱셈의 교환법칙이 성립할 필요는 없다. 곱셈에 대하여 교환법칙이 성립하면 **가환환(commutative)**이라 한다. 또한 환은 곱셈에 대한 항등원을 갖을 필요는 없다. 환에서의 **단위원(unity or identity)**은 곱셈에 대한 항등원을 말한다. 곱셈에 대한 항등원을 갖는 가환환에서 영이 아닌 원소들이 모두 곱셈에 대한 역원을 갖는 것은 아니다. 만약 역원을 갖으면 그 원소를 환에서의 단원(unit)라 말한다. 따라서 $a^{-1}$이 존재하면 $a$를 **단원(unit)**이라 한다.

다음의 용어들과 표현방법들은 편리하다.

만약 가환환$R$의 원소 $a$와 $b$에 대하여 $a$가 영이 아닐 때, 정당한 한 원소 $c$가 $R$에 존재하여 $b=ac$가 성립하면 $a$가 $b$를 **나눈다**(또는 $a$가 $b$의 **인수(factor)**이다)고 말하고, $a|b$라고 표기하고, 만약 $a$가

$b$를 나누지 않을 때 $a \nmid b$라 표기한다.

덧셈연산이 주어진 한 군의 원소 $a$와 양의 정수 $n$에 대하여 $na$는 $a+a+\cdots+a$로 $a$를 $n$번 더한다는 의미이다. 환에서의 곱셈연산과는 다른 의미인 것이다.

추상화하는 것은 배울만한 가치가 있으며, 많은 다양한 구체적인 적용을 갖고 있다. 다음에 소개한 예들을 통해서 환의 개념들이 널리 스며들어 있음을 확인할 수 있을 것이다.

## 환의 예(Examples of Rings)

**예제 1** 정수의 집합 $\mathbb{Z}$는 보통 사용하는 덧셈과 곱셈에 대해서 항등원을 갖는 가환환이다. 이 환 $\mathbb{Z}$의 단원집합은 $\{1, -1\}$이다.

**예제 2** 잉여류집합 $\mathbb{Z}_n = \{0, 1, 2, \cdots, n-1\}$은 $n$를 법으로 하는 덧셈과 곱셈에 대해서 항등원을 갖는 가환환이다. $\mathbb{Z}_n$의 단원(unit)의 집합을 $U(n)$으로 표시한다.

**예제 3** $\mathbb{Z}[x]$는 정수의 계수를 갖는 변수$x$에 관한 다항식들의 집합이다. 보통사용하는 덧셈과 곱셈에 대하서 항등원 $f(x)=1$를 갖는 가환환이다.

**예제 4** $M_2(\mathbb{Z})$은 정수의 원소를 갖는 2차행렬들의 집합이다. 보통 사용하는 행렬의 덧셈과 곱셈에 대해서 항등원$\begin{bmatrix} 1 & 0 \\ 0 & 1 \end{bmatrix}$을 갖는 비가환환이다.

**예제 5** 짝수정수의 집합 $2\mathbb{Z}$은 정수에서의 덧셈과 곱셈에 대해서 항등원이 없는 가환환이다.

**예제 6** 실수변수를 갖는 함수들 중 그 그래프가 $(0, 1)$를 지나는 함수들의 집합은 다음 정의되는 덧셈과 곱셈에 대해서 항등원이 없는 가환환이다.

$$[(f+g)(a) = f(a) + g(a),\ (fg)(a) = f(a)g(a)]$$

**예제 7** $R_1, R_2, \cdots, R_n$를 환들이라 하자. 이 환들을 사용하여 새로운 환을 만들 수 있다.
$R_1 \oplus R_2 \oplus \cdots \oplus R_n = \{(a_1, a_2, \cdots, a_n) \mid a_i \in R_i\}$은 다음과 같이 정의하는 덧셈과 곱셈에 대해서 환이 된다.

덧셈; $(a_1, a_2, \cdots, a_n) + (b_1, b_2, \cdots, b_n) = (a_1 + b_1, \cdots, a_n + b_n)$

곱셈; $(a_1, a_2, \cdots, a_n)(b_1, b_2, \cdots, b_n) = (a_1 b_1, \cdots, a_n b_n)$

이 환을 $R_1, R_2, \cdots, R_n$의 직합(Direct Sum)이라 한다.

## 환의 기본성질(Properties of Rings)

환의 첫번째 성질은 환의 덧셈과 곱셈의 관계를 알아가기로 하자. 뺄셈은 $b-c=b+(-c)$을 의미한다.

**정리 12.1 곱셈의 법칙**

1. $a0=0a=0$
2. $a(-b)=(-a)b=-(ab)$
3. $(-a)(-b)=ab$
4. $a(b-c)=ab-ac,\ (b-c)a=ba=ca$

환$R$이 항등원 1를 갖는다면,

5. $(-1)a=-a$
6. $(-1)(-1)=1$

**증명** 여기서 1, 2번만 증명하고 나머지 성질들은 쉽게 알 수 있으므로 이장의 연습문제 11번으로 남긴다.

환 $R$에서 덧셈에 대한 항등원을 0으로 표시한다. 1번을 증명해보자.

$$0+a0=a0=a(0+0)=a0+a0$$

따라서, 소약법칙에 의해서 $0=a0$이고 $0a=0$이다.

$$2\text{번은, } a(-b)+ab=a(-b+b)=a0=0$$

따라서, $a(-b)=-(ab)$이고 나머지 성질들은 같은 방법으로 증명할 수 있다. □

군의 성질에서 덧셈에 대한 항등원과 역원은 유일하게 존재하며, 환의 경우에도 그것들이 존재하면 군에서와 같은 성질을 갖는다. 그 증명은 군에서와 일치하므로 여기서는 생략한다.

**정리 12.2 환의 곱셈에 대한 항등원과 역원의 유일성**

곱셈에 대한 항등원을 갖는 환의 항등원은 유일하고, 환이 곱셈에 대한 역원이 존재하면 그 역원은 유일하게 존재한다.

많은 학생들은 군에서의 곱셈연산을 생각하고, 환에서도 곱셈으로 잘못 취급하는 경향을 볼 수 있는데 사실 그것은 잘못된 것이다.

두가지 가장 공통적인 오류들은 환이 곱셈에 대하여 역원을 갖는다는 가정이다– 그것은 그렇지 않다. 그리고, 환은 곱셈에 관하여 항등원을 갖고 있다는 것이다– 그것도 그렇지 않다. 예를 들어 $a, b$와 $c$가 환의 원소이고, $a\neq 0$이고 $ab=ac$일 때 $b=c$라고 주장할 수가 없다. 유사하게 $a^2=a$이라 해도

$a=0$ 또는 $a=1$ 이다고 할 수 없다(실수에서는 그렇지만). 첫 번째로 환은 곱셈에 대한 소약법칙이 성립하는 것은 아니고, 환은 곱셈에 대한 항등원을 갖는 것도 아니다. 환 중에는 곱셈에 대한 항등원을 갖으며 곱셈에 대한 소약법칙을 갖는 환의 한 부류가 존재한다. 이러한 집합들에 대하여 다음 장에서 취급하겠다.

## 부분환(Subrings)

군의 연구에서 부분군들은 결정적인 역할을 한다. 환에서 부분환도 군에서 부분군들이 한 것보다 못지않게 많은 역할을 한다. 어찌하던지, 부분환들은 중요하다.

### 정의: 부분환

환 $R$의 부분집합 $S$가 $R$의 부분환이라 함은 $S$가 환 $R$이 갖는 연산들에 의해서 환의 구조를 갖고 있을 경우를 말한다.

군에서 부분군의 판별방법과 마찬가지로 부뷴환의 판별법이 있다.

### 정리 12.3 부분환 판별법(Subring test)

환 $R$의 공집합이 아닌 부분집합 $S$가 뺄셈과 곱셈에 대하여 닫혀있으면 즉, $S$의 임의의 두 원소 $a,b$ 대하여 $a-b$, $ab$가 $S$의 원소이면 $S$는 $R$의 부분환이다.

**증명** 환 $R$의 덧셈은 교환법칙이 성립하고 $S$가 뺄셈에 관하여 닫혀있으므로 One-Step Subgroup Test(정리 3.1)에 의해서 $S$는 덧셈에 대하여 가환군이 된다. 또한, $R$에서 곱셈에 대한 결합법칙과 또한 덧셈위에서의 분배법칙이 성립함으로, $S$안에서도 같은 성질을 갖는다는 것을 보이기 위해서는 다만 $S$에서 곱셈에 대하여 닫혀있다는 것만 보이면 된다. 그런데 그것은 바로 닫혀있다는 의미일 뿐이다. □

다음 주어진 예들이 각각 부분환이 됨을 확인하는 것은 학생들에게 남긴다.

**예제 8** 환 $R$은 $\{0\}$와 $R$자신을 부분환으로 갖는다. $\{0\}$을 $R$의 영환이라 한다.

**예제 9** $\{0,2,4\}$는 6을 법으로 하는 잉여류집합 $\mathbb{Z}_6$의 부분환이다. 그렇지만, $\mathbb{Z}_6$은 항등원 1을 갖으며, 4는 부분환 $\{0,2,4\}$의 항등원이다.

**예제 10** 임의의 양의정수 $n$에 대하여

$n\mathbb{Z}=\{0,\ \pm n,\ \pm 2n,\ \cdots\}$은 $\mathbb{Z}$의 부분환이다.

**예제 11** 가우스정수의 집합

$\mathbb{Z}[i] = \{a+bi \mid a,b \in \mathbb{Z}\}$는 복소수집합 $\mathbb{C}$의 부분환이다.

---

**예제 12** 실수변수를 갖는 함수집합은 다음 정의되는 덧셈과 곱셈에 대해서 가환환이다. $[(f+g)(a) = f(a)+g(a), (fg)(a) = f(a)g(a)]$ 이 함수들 중에 원점을 지나는 함수들의 집합은 부분환이 된다.

---

**예제 13** 정수 원소을 갖는 2차 행렬에서 집합$\left\{\begin{pmatrix} a & 0 \\ 0 & b \end{pmatrix} \middle| a,b \in \mathbb{Z}\right\}$은 부분환이다.

---

환에서 그 부분환들 전체를 격자 다이어그램으로 표현해보면 부분환들 사이의 관계를 한눈에 알아 볼 수 있다.

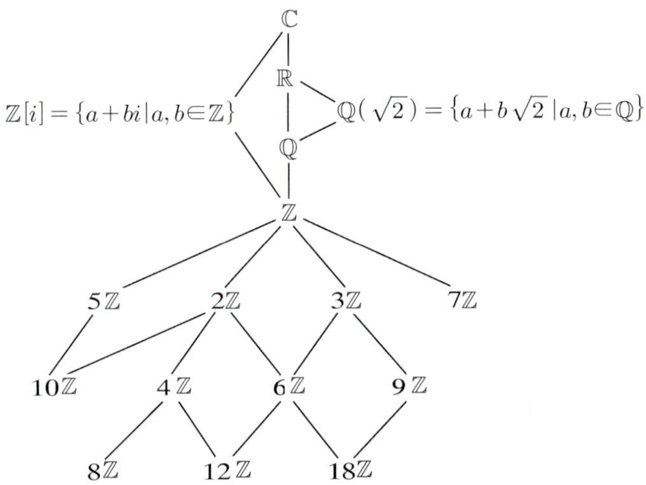


[그림12.1]

다음 몇 개의 장들에서, 우리는 군의 기본적인 성질들이 환으로 자연스럽게 확장될 수 있음을 보일 것이다. 특히, 우리는 환의 준동형사상들과 상환들을 소개할 것이다.

## 연습문제

힘든 일에는 대신 할 대안이 없다. THOMAS ALVA EDISON, Life

1. 한 유한 비가환인 환의 한 예를 들어라. 곱셈에 대한 항등원을 갖지않는 무한 비가화환의 한 예를 들어라.
2. 10을 법으로 하는 덧셈과 곱셈이 주어진 집합 $\{0,2,4,6,8\}$ 의 환은 항등원을 갖는다. 그 항등원을 찾아라.
3. 환의 부분집합 중에서 덧셈에 대한 부분군이지만 부분환이 되지 않는 예를 들어라.
4. 어떤 환의 영이 아닌 두 원소 $a,b$에 대하여 $ax=b$가 한 개이상의 해를 갖을 수 있는 예를 들어보고, 군에서 경우와 비교해서 설명해보아라.
5. 정리 12.2를 증명하여라.
6. 정수환이 갖는 다음성질들을 갖지 않는 환 $\mathbb{Z}_n$ 중에서 적절한 정수 $n$을 찾아라.

   a. $a^2=a$이면 $a=0$ 또는 $a=1$이다.
   b. $ab=0$이면 $a=0$ 또는 $b=0$ 이다.
   c. $ab=ac$ 이고 $a\neq 0$ 이면 $b=c$ 이다.
   찾는 $n$값은 소수인가?
7. 소수$p$에 대한 $\mathbb{Z}_p$는 위의 연습문제6에서 열거한 세가지 성질들을 모두 만족하는가?
8. 환이 가환환이 되기 위한 필요충분조건으로 환의 임의의 원소 $a\neq 0$에 대하여 $ab=ca$이면 $b=c$가 성립함을 보여라.
9. 환 $R$의 임의의 부분화들의 교집합은 다시 부분화이 됨을 설명하여라.
10. 이장의 예제 8-예제 13까지를 확인하여라.
11. 정리 12.1에서 3에서6까지 문제들을 증명하여라.
12. 가환환 $R$ 의 원소 $a,b,c$에 대하여 $a$가 단원일 때, $b$가 $c$를 나누기위한 필요충분조건은 $ab$ 가 $c$ 를 나눈다는 것이다.
13. 정수환의 모든 부분환들을 구하여라.
14. $a,b$ 는 환$R$의 원소이고 $m$이 한 정수일 때, $m\cdot(ab)=(m\cdot a)b=a(m\cdot b)$임을 증명하여라.
15. $m,n$ 은 정수이고 $a,b$ 는 환의 원소이면 $(m\cdot a)(n\cdot b)=(mn)\cdot(ab)$임을 증명하여라.
16. $n$ 은 정수이고 $a$ 는 환의 원소이면 $n\cdot(-a)=-(n\cdot a)$임을 증명하여라.
17. 덧셈에 관하여 순환군인 환은 가환환임을 증명하여라.
18. $a$ 가 환 $R$ 의 원소이고, $S=\{x\in R\,|\,ax=0\}$ 는 $R$ 의 부분환임을 보여라.
19. $R$ 은 환이고, $R$ 의 중심은 $\{x\in R\,|\,ax=xa,\ a\in R\}$ 으로 표현된다. 환의 중심은 부분환임을 증명하여라.
20. 곱셈에 대하여 역원을 갖는 $M_2(\mathbb{Z})$ 의 원소들을 찾아라.
21. $R_1,R_2,\cdots,R_n$ 은 각각 영이 아닌 원소를 갖는 환이라 하자. $R_1\oplus R_2\oplus\cdots\oplus R_n$ 이 단위원을 갖기 위한 필요충분조건은 각 $R_i$가 단위원을 갖는 것임을 증명하여라.

**22.** $R$ 이 단위원을 갖는 가환환이고, $U(R)$를 $R$ 의 단원들의 집합이라 하자. $U(R)$가 환$R$ 의 곱셈에 대한 군임을 증명하여라.(이 군을 $R$ 의 단원군이라 한다)

**23.** $U(\mathbb{Z}[i])$ 를 구하여라.

**24.** $R_1, R_2, \cdots, R_n$ 은 단위원을 갖는 가환환들이다.
$U(R_1 \oplus R_2 \oplus \cdots \oplus R_n) = U(R_1) \oplus U(R_2) \oplus \cdots \oplus U(R_n)$ 임을 보여라.

**25.** $U(\mathbb{Z}[x])$ 를 구하여라.

**26.** $R$ 이 실수환일 때, $U(R[x])$ 를 구하여라.

**27.** 환에서 단원은 환의 임의의 원을 나누는 것을 보여라.

**28.** $\mathbb{Z}_6$ 에서 $4|2$ 이고, $\mathbb{Z}_8$ 에서 $3|7$ 이고, $\mathbb{Z}_{15}$ 에서 $9|12$ 임을 보여라.

**29.** 단위원을 갖는 가환환 $R$ 의 두 원소를 $a, b$ 라 하자. 만약 $a$ 가 환 $R$의 단원이고 $b^2 = 0$이면 $a+b$ 가 환 $R$의 단원임을 보여라.

**30.** 어떤 환의 각 원소 $x$에 대하여 $1 < n$이 존재하여 $x^n = x$이 성립한다고 하자. 만약 환의 한 원소 $a$에 대하여 양의 정수 $m$이 존재하여$a^m = 0$이면 $a = 0$임을 보여라.

**31.** 환에서 어떤 두 원소 $a, b$에 대하여 $ab = 0$이고 $ba \neq 0$인 예를 들어라.

**32.** $n$은 1보다 큰 정수이다. 환에서 모든 원소 $x$에 대하여$x^n = x$이다. 환의 두 원소 $a, b$에 대하여 $ab = 0$이면 $ba = 0$임을 보여라.

**33.** 환 $R$에서 모든 원소$x$에 대하여 $x^3 = x$이면 $6x = 0$가 성립함을 보여라.

**34.** 환의 한 원소 $a$에 대하여 $a^4 = a^2$이면 $n \geq 1$에 대하여 $a^{2n} = a^2$이 성립함을 보여라.

**35.** $\mathbb{Z}_6$ 의 모든 원소 $a$에 대하여 $a^n = a$인 자연수 $n$를 구하여라. 그리고, $\mathbb{Z}_{10}$의 모든 원소 $a$에 대하여 $a^n = a$ 인 자연수 $n$를 구하여라. 그렇지만, $m$이 소수의 제곱수의 약수를 갖지 않으면 $\mathbb{Z}_m$ 은 위의 조건을 만족하는 자연수 $n$이 존재할 수 없음을 밝혀라.

**36.** $m,\ n$ 이 양의 정수이고 $k$ 를 $m,\ n$의 최대공약수라하자. $\mathbb{Z} \cap n\mathbb{Z} = k\mathbb{Z}$ 임을 밝혀라.

**37.** $\mathbb{Z}_n$ 의 모든 덧셈에 대한 부분군들은 $\mathbb{Z}_n$ 의 부분환임을 설명하여라.

**38.** $\mathbb{Z}_6$ 은 $\mathbb{Z}_{12}$ 의 부분환인가?

**39.** $R$은 단위원 1를 갖는 환이고, $R$의 원소 $a$에 대하여 $a^2 = 1$이 성립한다고 하자. $S = \{ara | r \in R\}$ 이라 하자. $S$는 $R$의 부분환임을 증명하고, $S$가 단위원 1를 원소로 갖는가?

**40.** $M_2(\mathbb{Z})$는 정수원소를 갖는 이차행렬집합이다. $R = \left\{ \begin{bmatrix} a & a+b \\ a+b & b \end{bmatrix} | a, b \in \mathbb{Z} \right\}$은 $M_2(\mathbb{Z})$ 의 부분환인가?

**41.** $M_2(\mathbb{Z})$는 정수원소를 갖는 이차행렬집합이다. $R = \left\{ \begin{bmatrix} a & a-b \\ a-b & b \end{bmatrix} | a, b \in \mathbb{Z} \right\}$은 $M_2(\mathbb{Z})$ 의 부분환인가?

**42.** $R = \left\{ \begin{bmatrix} a & a \\ b & b \end{bmatrix} | a, b \in \mathbb{Z} \right\}$이라 하자. $R$ 은 $M_2(\mathbb{Z})$의 부분환인가?

**43.** $R = \mathbb{Z} \oplus \mathbb{Z} \oplus \mathbb{Z}$이고 $S = \{(a, b, c) \in R \,|\, a+b=c\}$이다. $S$가 $R$의 부분환인지 아닌지 확인하여라.

**44.** 어떤 환의 모든 원소 $a$ 에 대하여 양의 짝수 $n$이 존재하여 $a^n = a$가 성립한다. $-a = a$가 성립함을 보여라.

**45.** $R$ 는 단위원 1을 갖는 환이다. $S = \{n \cdot 1 | n \in \mathbb{Z}\}$ 은 $R$ 의 부분환임을 보여라.

**46.** $2\mathbb{Z} \cup 3\mathbb{Z}$ 는 $\mathbb{Z}$ 의 부분환이 아님을 밝혀라.

**47.** $\frac{1}{2}$ 을 포함하는 유리수환 $\mathbb{Q}$ 의 최소부분환을 구하여라.

**48.** $\frac{2}{3}$ 을 포함하는 유리수환 $\mathbb{Q}$ 의 최소부분환을 구하여라.

**49.** 환 $R$ 에서 $R$의 임의의 원소 $a, b$ 에 대하여 $a^2 - b^2 = (a+b)(a-b)$이 성립하기 위한 필요충분조건은 $R$이 가환환임을 증명하여라.

**50.** 환 $R$ 에서 $R$의 임의의 원소 $a$ 에 대하여 $a^2 = a$ 가 성립하면 $R$이 가환환임을 증명하여라.(환이 임의의 원소 $a$ 에 대하여 $a^2 = a$ 가 성립하면 부울환이라 한다)

**51.** 원소 개수가 4인 부울환의 예를 찾아보고, 무한개의 원소를 갖는 부울환의 예를 찾아보아라.

## I. N. Herstein

교과서가 있는 전 세대와 나를 포함한 수학자들의 전 세대를 통 털어서 책[Herstein's Topics in Algebra]에 의해서 모두 깊은 영향을 받았다.

Georgia Benkart

I. N. Herstein 은 1923년 3월28일 폴란드에서 태어났다. 그의 가족은 그가 일곱 살 때 카나다로 이주 하였다. 그는 가난하고 어려운 환경에서 성장하였으며, 그래서 그는 그의 이웃들로부터 너는 갱이 되거나 아니면 대학교수가 될 것이라는 말을 들었다. 그의 학창시절에 그는 축구, 하키, 골프, 테니스 그리고 수영을 했다. 이 기간 동안에 그는 굴뚝수리공과 시장에서의 이발사로 일 하였다. Herstein은 Manitoba 대학에서 학사학위를 취득하고, Toronto대학에서 석사학위를 받고, 1948년 Max Zorn의 지도하에 Indiana대학에서 박사학위를 취득하였다. 1962년 Chicago대학에 정착하기 전에 그는 Kansas대학, Ohio주립대학, Pennsylvania대학 그리고 Cornell대학에서 강의하였다.

Herstein은 100편의 연구논문과 열두세권의 책을 저술하였다. 그의 주된 관심사는 비가환환이론이었지만, 그는 역시 유한군들, 선형대수학 그리고 경제수학에 관한 논문들도 저술하였다. 그의 텍스트북인 Topics in Algebra,는 1964년에 처음 발간되어, 20여년간 이 분야를 휩쓸었으며 한 고전이 되었다. Herstein은 그의 강의와 도료들과의 공동연구를 통하여 위대한 업적을 수립하였다. 그는 30명의 박사학위자를 배출하였으며, 세계 여러나라를 영행하며 강의하였다. 그의 비수학영역의 취미는 언어들과 예술이었다. 그는 Italian, Hebrrw, Polish 그리고 Portuguese로 말할 수 있었다. Herstein은 암과의 긴 싸움 후에 1988년 2월 9일 서거하였다. Herstein에 대한 더 많은 정보를 얻으려면 다음을 방문하기 바란다.

http://www-groups.dcs.st-and.ac.uk/~history/

# 13절 정역(Integral Domains)

단순히 그것을 읽지 마라! 내 자신의 질문을 해보고, 내 자신의 사례를 찾아보고, 내 자신만의 증명을 발견해 보아라. 그 가정이 필요한 것인가? 그 역도 성립하는가? 그것의 특별한 경우에는 무엇이 일어날까? 그 증명의 어디에서 가정을 사용하고 있는가?

Paul Halmos

## 정역의 정의와 그 예(Definition and Examples)

어느 정도까지 환의 개념은 정수환의 대수적 성질들을 추상화하는 과정에서 발견될 수 있다. 그러나, 환이란 정수환의 적절한 추상화만으로 설명될 수 있는 것은 아니다. 또한, 정수환에서 교환법칙과 단위원의 존재성의 성질 뿐만 아니라 환에서 일반적으로는 성립하지 않지만 근본적인 특별한 성질인 소약법칙다. 이 장에서는 위에서 말한 세가지 성질들을 모두 만족하는 환의 한 구조인 정역에 대하여 소개하고자 한다. 정역의 이론들은 정수론과 대수기하에서 귀중한 역할을 수행한다.

### 정의: 영인자(Zero Divisor)

가환환 $R$ 에서 영이 아닌 원소 $a$를 **영인자**(zero-divisor)라 함은 환 $R$에 영이 아닌 원소$b$가 존재하여 $ab=0$이 성립하는 것을 말한다.

### 정의: 정역(Inegral Domain)

단위원을 갖는 가환환이 영인자를 갖지 않을 경우 **정역**(integral domain)이라 한다.

따라서, 정역에서 곱의 형태로 된 원소가 0이기위한 조건은 적어도 그 원소의 한 인수가 0이 되어야한다. 즉, $a=0$ 또는$b=0$ 일 때만 $ab=0$ 이다.

다음 열거하는 예들을 보면 많은 친숙한 환들이 정역이고 또한 정역이 아닌 것을 알 수 있을 것이다.

**예제 1** 정수환은 정역이다.

**예제 2** 가우스정수환 $\mathbb{Z}[i]=\{a+bi\,|\,a,b\in\mathbb{Z}\}$ 은 정역이다.

**예제 3** $\mathbb{Z}[x]$ 는 정수의 계수를 갖는 변수$x$에 관한 다항식환이다. $\mathbb{Z}[x]$ 가 정역이다.

**예제 4** $\mathbb{Z}[\sqrt{2}]=\{a+b\sqrt{2}\,|\,a,b\in\mathbb{Z}\}$은 정역이다.

**예제 5** 소수 $p$ 에 대한 $\mathbb{Z}_p$는 정역이다.

**예제 6** $n$이 소수가 아니면, $\mathbb{Z}_n$은 정역이 아니다.

**예제 7** 정수원소를 갖는 이차행렬집합 $M_2(\mathbb{Z})$는 정역이 아니다.

**예제 8** $\mathbb{Z}\oplus\mathbb{Z}$은 정역이 아니다.

정역이 곱셈군에 관련된 중요한 성질은 영이 아닌 원소가 곱셈에 대해서 역원을 갖지는 않지만 소약법칙을 갖는다는 것이다.

**정리 13.1 소약법칙(Cancellation)**

한 정역에 속하는 세 원소 $a, b, c$에 대하여 $a \neq 0$이고 $ab = ac$이면 $b = c$이 성립한다.

**증명** $ab = ac$에서 $a(b-c) = 0$이다. $a \neq 0$이므로 $b - c = 0$가 성립한다. □

많은 저자들은 정역을 소약법칙과 관련해서 정의하고 있다. 즉, 정역이란 단위원을 갖는 가환환으로 소약법칙을 성립하는 것을 말한다.

## 체(Fields)

많은 응용에서 정역의 특별한 종류인 체가 필요하다.

**정의: 체(Fields)**

**체(fields)**란 단위원을 갖는 가환환으로 영이 아닌 모든 원소가 단원이 되는 경우이다.

체가 정역임을 밝혀보자. 만약 체에서 두 원소$a, b$ 에 대하여 $a \neq 0$이고 $ab = 0$이면 양변에 $a$의 곱셈에 대한 역원 $a^{-1}$를 곱하면 $b = 0$가 성립한다.

정역에서 $a$ 를 $b$ 로 나눈다는 것은 $ab^{-1}$ 를 생각하는 것이 도움이 되리라 본다. 이와 같이 생각하면 체는 단순히 생각할 때 사칙연산 즉, 덧셈, 뺄셈, 곱셈 그리고 나눗셈(영으로 나누는 것은 제외)에 대하여 닫혀있는 대수적 체계이다. 우리는 유리수체, 실수체, 복소수체 등을 포함하여 무수히 많은 체의 예를 갖고 있다. 추상적인 체의 이론은 1893년 하인리히베버(Heinrich Weber)에 의해서 시작되었다.

군, 환, 그리고 체는 추상대수학의 세가지의 중요한 영역들이다. 정리13.2는 유한정역이 체가 됨을 보여주고 있다.

**정리 13.2 유한정역은 체이다.(Finite Integral Domains Are Fields)**

한 유한정역은 체이다.

**증명** $D$ 가 단위원을 갖는 유한정역이라 하고 $a$ 를 $D$ 의 영이 아닌 원소라 하자. $a$ 가 단원임을 보이면 된다. $a \neq 1$ 이라하고 $D$ 의 $a$ 의 거듭제곱으로 만들어진 집합 $\{a, a^2, a^3, \cdots\}$ 를 생각하면 $D$ 가 유한집합이므로 적당한 $i, j$ 가 존재하여 $i > j$ 이고 $a^i = a^j$ 가 성립한다. 그러면 소약법칙에 의해서 $a^{i-j} = 1$ 이 된다. $i - j > 1$ 이므로 $a^{i-j-1}$ 이 $a$ 의 역원이다. □

**따름 정리 $\mathbb{Z}_p$은 체이다. ($\mathbb{Z}_p$ in $a$ Field)**

임의의 소수 $p$에 대하여 $\mathbb{Z}_p$는 체이다.

**증명** 정리 13.2에 따르면 $\mathbb{Z}_p$가 영인자를 갖지 않음을 보이면 된다. 만약 $a, b \in \mathbb{Z}_p$이고 $ab = 0$라 하자. 그러면 적당한 $k$가 존재하여 $ab = pk$이다.
따라서 $p$가 $a$ 또는 $b$를 나눈다. 즉, $\mathbb{Z}_p$에서 $a = 0$이거나 $b = 0$이다. □

위의 보조정리와 예제 6을 참고하면 $\mathbb{Z}_n$ 이 체이기 위한 조건은 $n$ 소수임을 알 수 있다. 22장에서 $\mathbb{Z}_p$ 형태가 아닌 유한체의 예를 배우게 될 것이다.

**예제 9** 원소 개수가 9개인 체의 예

$\mathbb{Z}_3[i] = \{a + bi \mid a, b \in \mathbb{Z}_3\} = \{0, 1, 2, i, 1+i, 2+i, 2i, 1+2i, 2+2i\}$ 여기서 $i^2 = -1$ 이다. 이 집합은 3을 법으로 하는 가우스정수환이다. 원소들은 복소수환에서의 연산에 따르며 계수들은 3을 법으로 계산한다. 즉, $-1 = 2$가 성립한다. 표 13.1는 $\mathbb{Z}_3[i]$ 의 영이 아닌 원소들의 곱셈표이다.

〈표 13.1〉 $\mathbb{Z}_3[i]$ 의 곱셈표

| | $1$ | $2$ | $i$ | $1+i$ | $2+i$ | $2i$ | $1+2i$ | $2+2i$ |
|---|---|---|---|---|---|---|---|---|
| $1$ | $1$ | $2$ | $i$ | $1+i$ | $2+i$ | $2i$ | $1+2i$ | $2+2i$ |
| $2$ | $2$ | $1$ | $2i$ | $2+2i$ | $1+2i$ | $i$ | $2+i$ | $1+i$ |
| $i$ | $i$ | $2i$ | $2$ | $2+i$ | $2+2i$ | $1$ | $1+i$ | $1+2i$ |
| $1+i$ | $1+i$ | $2+2i$ | $2+i$ | $2i$ | $1$ | $1+2i$ | $2$ | $i$ |
| $2+i$ | $2+i$ | $1+2i$ | $2+2i$ | $1$ | $i$ | $1+i$ | $2i$ | $2$ |
| $2i$ | $2i$ | $i$ | $1$ | $1+2i$ | $1+i$ | $2$ | $2+2i$ | $2+i$ |
| $1+2i$ | $1+2i$ | $2+i$ | $1+i$ | $2$ | $2i$ | $2+2i$ | $i$ | $1$ |
| $2+2i$ | $2+2i$ | $1+i$ | $1+2i$ | $i$ | $2$ | $2+i$ | $1$ | $2i$ |

**예제 10** $\mathbb{Q}[\sqrt{2}] = \{a + b\sqrt{2} \mid a, b \in \mathbb{Q}\}$이라 하자. 우리는 $\mathbb{Q}[\sqrt{2}]$ 가 환임을 알 수 있다. 실수체 $\mathbb{R}$ 의 원소로 보면, 영이 아닌 원소 $a + b\sqrt{2}$ 의 곱셈에 대한 역원은 $1/(a + b\sqrt{2})$이다. $\mathbb{Q}[\sqrt{2}]$ 가 체임을 보이기 위해서, 우리는 $1/(a + b\sqrt{2})$를 $c + d\sqrt{2}$ 형으로 표현할 수 있음을 보여야한다. 고교과정에서 이과정을 "분모의 유리화"라 부른다. 특별히,

$$\frac{1}{a + b\sqrt{2}} = \frac{1}{a + b\sqrt{2}} \frac{a - b\sqrt{2}}{a - b\sqrt{2}} = \frac{a}{a^2 - 2b^2} - \frac{b}{a^2 - 2b^2}\sqrt{2}$$

($a+b\sqrt{2} \neq 0$이면 $a-b\sqrt{2} \neq 0$을 알 수 있다.)

## 환의 특성(Characteristic of a Ring)

$\mathbb{Z}_3[i]$ 의 한 원소 $x$에서 $3x = x+x+x=0$ 이고, 유사하게, $\mathbb{Z}_{12}$의 부분집합 $\{0,3,6,9\}$의 임의의 원소 $x$에 대해서 $4x = x+x+x+x=0$ 이다. 이 관찰은 다음 정의를 도입하게 한다.

### 정의: 환의 특성

환 $R$ 의 **특성**(characteristic)이란 $R$의 임의의 원소 $x$ 에 대하여 $nx=0$인 최소의 양의 정수를 말한다. 그런 양의 정수가 존재하지 않을 때 $R$의 특성을 0라 한다. $R$의 특성을 $char R$로 표기한다.

따라서 정수환의 특성은 0이고, $\mathbb{Z}_n$의 특성은 $n$이다. 무한환이 영이아닌 특성을 갖을 수 있다. $\mathbb{Z}_2[x]$ 의 특성은 2이다.

단위원을 갖는 환에서 환의 특성은 정리 13.3에서 설명 될 것이다.

**정리 13.3 단위원을 갖는 환의 특성(Characteristic of a Ring with Unity)**

단위원 1을 갖는 환을 $R$이라 하자. 만약 1이 덧셈에 대하여 무한 위수를 갖는다면 $R$ 의 특성은 0이고, 1의 덧셈에 대하여 위수가 $n$ 이면 $R$ 의 특성은 $n$ 이다.

**증명** 만약 1 의 위수가 무한이라면 $n \cdot 1 = 0$ 인 양의정수 $n$ 은 존재하지 않는다. 따라서 $R$ 의 특성은 0 이다. 그리고, 1 의 위수가 $n$ 라 하면 $R$의 임의의 원소 $x$에 대하여

$$\begin{aligned} n \cdot x &= x+x+\cdots+x \\ &= 1x+1x+\cdots+1x \\ &= (1+1+\cdots+1)x \\ &= (n \cdot 1)x = 0x = 0 \end{aligned}$$

따라서 $R$ 의 특성은 $n$ 이다. □

정역의 경우는 특성에 대한 가능성이 극히 제안된다.

**정리 13.4 정역의 특성(Characteristic of an Integral Domain)**

정역의 특성은 0 이거나 소수이다.

**증명** 정리 13.3에 의해서 1의 덧셈에 대한 위수가 유한이며 그 수가 소수임을 보이면 된다. 만약 1의 위수가 $n$이고 $n=st, 1 \le s,t \le n$라 하면, 12장 연습문제 15에 의해서 $0 = n \cdot 1 = (st) \cdot 1 = (s \cdot 1)(t \cdot 1)$ 이다.

따라서 $s \cdot 1 = 0$ 이거나 $t \cdot 1 = 0$ 이다. $n$ 는 $n \cdot 1 = 0$ 인 최소의 양의정수이므로 $s=n$ 이거나 $t=n$ 이다. 따라서 $n$ 은 소수이다. □

환의 원소를 계수로 갖는 다항식들에 대한 설명으로 이 장을 마무리 하고자 한다.

환의 영인자의 존재는 경우는 다항방정식의 해를 찾는데 보통과 다른 결과를 가져온다. 예를 들어 방정식 $x^2-4x+3=0$ 에서 정수환 $\mathbb{Z}$ 에서는 $x=1, x=3$ 이다. 그러나, $\mathbb{Z}_{12}$ 에서 생각해보면 우리는 4개의 해 $x=1,3,7,9$ 를 갖는다.

〈표 13.2〉 환과 그 성질의 요약

| 환 | 원소의 형태 | 단위원 | 교환법칙 | 정역 | 체 | 특성 |
|---|---|---|---|---|---|---|
| $\mathbb{Z}$ | $k$ | 1 | ○ | ○ | × | 0 |
| $\mathbb{Z}_n$, $n$합성수 | $k$ | 1 | ○ | × | × | $n$ |
| $\mathbb{Z}_p$, $p$소수 | $k$ | 1 | ○ | ○ | ○ | $p$ |
| $\mathbb{Z}[x]$ | $a_nx^n+\cdots a_1x+a_0$ | $f(x)=1$ | ○ | ○ | × | 0 |
| $n\mathbb{Z}$, $n>1$ | $nk$ | 없음 | ○ | × | × | 0 |
| $M_2(\mathbb{Z})$ | $\begin{bmatrix} a & b \\ c & d \end{bmatrix}$ | $\begin{bmatrix} 1 & 0 \\ 0 & 1 \end{bmatrix}$ | × | × | × | 0 |
| $M_2(2\mathbb{Z})$ | $\begin{bmatrix} 2a & 2b \\ 2c & 2d \end{bmatrix}$ | 없음 | × | × | × | 0 |
| $\mathbb{Z}[i]$ | $a+bi$ | 1 | ○ | ○ | × | 0 |
| $\mathbb{Z}_3[i]$ | $a+bi;\ a,b\in\mathbb{Z}_3$ | 1 | ○ | ○ | ○ | 3 |
| $\mathbb{Z}[\sqrt{2}]$ | $a+b\sqrt{2};\ a,b\in\mathbb{Z}$ | 1 | ○ | ○ | × | 0 |
| $\mathbb{Q}[\sqrt{2}]$ | $a+b\sqrt{2};\ a,b\in\mathbb{Q}$ | 1 | ○ | ○ | ○ | 0 |
| $\mathbb{Z}\oplus\mathbb{Z}$ | $(a,\ b)$ | $(1,\ 1)$ | ○ | × | × | 0 |

## 연습문제

그것은 일견 절대적으로 불가능해 보였다. 그러나 과학 문제를 걱정하기 시작하고 힘든 것 같아서 누워서 휴식을 취하면 그것에 대한 답을 너무 우연히 잡을 수 있다.

WILLIAM LAWRENCE BRAGG[1)]

**1.** 예제 1-예제 8까지를 설명하여라.

**2.** 예제 1-예제 5까지 중에서 체가 되는 것은?

**3.** 가환환이 소약법칙을 만족하면 영인자를 갖지 않음을 보여라.

**4.** $\mathbb{Z}_{20}$ 의 모든 영인자를 구하여라. $\mathbb{Z}_{20}$ 의 영인자의 집합과 단원들의 집합사이의 관계를 찾아라.

**5.** $\mathbb{Z}_n$ 의 임의의 영이 아닌 원소는 단원이거나 영인자이다.

**6.** 어떤 환에서 영이 아닌 원소로 영인자도 아니고 단원도 아닌 원소를 찾아라.

**7.** $R$ 은 단위원을 갖는 유한 가환환이다. 임의의 영이 아닌 원소는 영인자 이거나 단원임을 증명하여라. 만약 이 명제에서 유한 조건을 빼면 어떻게 될까?

---

1) Brag는 24세에 X-선 결정학의 발견으로 노벨상을 수여 했다. 노벨상을 수여 받은 가장 젊은 나이라는 기록은 아직도 깨지지 않았다.

**8.** $\mathbb{Z}\oplus\mathbb{Q}\oplus\mathbb{Z}$에서 영인자와 단원을 찾아라.

**9.** $d$가 정수일 때, $\mathbb{Z}[\sqrt{d}]=\{a+b\sqrt{d}\,|\,a,b\in\mathbb{Z}\}$은 정역임을 증명하여라.

**10.** $\mathbb{Z}_7$에서 다음 원소들을 적절한 원소로 표현하여라.

$$\frac{1}{2}, -\frac{2}{3}, \sqrt{-3}, -\frac{1}{6}$$

**11.** 영인자를 갖지 않는 가환환으로 정역이 아닌 예를 찾아라.

**12.** 환에서 두 원소 $a,b$가 모두 영인자이고 $a+b\neq 0$이며 $a+b$가 영인자가 아닌 두 원소를 찾아라.

**13.** $a$ 는 단위원을 갖는 환 $R$의 원소이다. 정당한 양의 정수에 대하여 $a^n=0$이면 $1-a$가 $R$에서 단원임을 증명하여라.

**14.** 가환환에서 멱영원의 집합은 부분환이 됨을 증명하여라.

**15.** 정역에서는 멱영원은 0뿐임을 보여라.

**16.** 환에서 원소 $a$가 **멱등원(idempotent)** 이라함은 $a^2=a$가 성립 할 때이다. 정역에서의 멱등원은 0과 1뿐임을 증명하여라.

**17.** 가환환의 두 원소 $a,b$가 멱등원이면 다음 원소들은 모두 멱등원임을 보여라.

$$ab, a-ab, a+b-ab, a+b-2ab$$

**18.** 어떤 환에서 $a$ 가 멱등원이면 정당한 양의정수 $n$ 에 대하여 $a^n=a$ 임을 증명하여라.

**19.** 환에서 원소들 중에 동시에 멱영원이고 멱등원인 원소들을 찾아라.

**20.** $\mathbb{Z}_5[i]=\{a+bi\,|\,a,b\in\mathbb{Z}_5\}$의 영인자를 찾아라.

**21.** $\mathbb{Z}_5[i]=\{a+bi\,|\,a,b\in\mathbb{Z}_5\}$의 멱등원을 찾아라.

**22.** $\mathbb{Z}_3\oplus\mathbb{Z}_6$에서 단원, 영인자, 멱등원와 멱영원을 찾아라.

**23.** 어떤 환의 원소 중에 단원이고 동시에 멱등원인 원소를 정하여라.

**24.** 실수 정역에서 실수값을 갖는 함수들은 함수의 덧셈과 곱셈의 연산에 의해 환을 이룬다.

a. 영인자를 찾아라.

b. 멱영원을 찾아라.

c. 임의의 영이 아닌 원소는 영인자 이거나 단원이다.

**25.** (부분체 판별법) $F$가 체 이고 $K$를 적어도 두 원소를 갖는 $F$의 부분집합이라 하자. $K$가 $F$의 부분체이기 위한 필요충분조건은 $K$의 임의의 두 원소 $a,b(b\neq 0)$에 대하여 $a-b, ab^{-1}$가 $K$에 속한다는 것을 증명하여라.

**26.** $d$ 가 양의 정수이면, $\mathbb{Q}[\sqrt{d}]=\{a+b\sqrt{d}\,|\,a,b\in\mathbb{Q}\}$은 체이다.

**27.** $R$ 은 단위원1를 갖는 환이다. 만약 임의의 두쌍의 영이 아닌 원소들의 곱은 영이 아니라 가정하면, $R$ 의 두 원소 $a,b$ 에 대하여 $ab=1$ 이면 $ba=1$이 됨을 증명하여라.

**28.** $R=\{0,2,4,6,8\}$ 에서 10를 법으로 덧셈과 곱셈을 적용하면 $R$이 체가 됨을 증명하여라.

**29.** 다음은 적합한 부분정역을 정의해보자. $D$를 단위원 1를 갖는 정역이라 하자. $P=\{n\cdot 1\,|\,n\in\mathbb{Z}\}$은 $D$의 부분정역임을 보여라. 그리고, $P$가 $D$의 모든 부분정역에 포함된다는 것을 보여라. 그리고, $P$의 위수에 대해서는 무엇이라 말할 수 있을까?

**30.** 단 여섯 개의 원소를 갖는 정역은 존재하지 않는다는 것을 증명하여라. 또한, 단 네 개의 원소를 갖는 정역이 존재하지 않는다는 것을 같은 방법으로 증명하여라. 그리고, 15개 원소를 갖는 정역은 어떻게 될까? 일련의 사례를 통해서 일반적으로 유한정역의 원소개수에 대하여 설명하여라.

**31.** 체 $F$ 는 위수가 $2^n$ 이면 $Char(F)=2$ 임을 증명하여라.

**32.** 정역에서 곱셈에 관하여 자기 자신이 역원이 되는 정역의 원소들을 찾아라.

**33.** 곱셈에 관해서 단위원 1 만이 자기 자신의 역원과 같은 정역은 어떻게 될까?

**34.** $(n-1)!$ 이 $\mathbb{Z}_n$ 에서 영인자인 모든 $1<n$을 찾아라.

**35.** 한 정역에 속해있는 두 원소 $a,b$에 대하여,

a. $a^5=b^5$ 이고 $a^3=b^3$ 이면 $a=b$ 임을 증명하여라.

b. 서로소인 양의 정수 $m,n$에 대하여 $a^m=b^m$ 이고 $a^n=b^n$ 이면 $a=b$ 임을 증명하여라.

**36.** 서로 다른 두 양의정수 $m,n$에 대하여 $a^m=b^m$, $a^n=b^n$ 이고 $a\neq b$ 인 정역의 예를 찾아라.

**37.** 가환환의 한 원소 $a$가 멱등원이면 $1-a$도 멱등원임을 보여라.

**38.** 2를 법으로 하는 가우스정수환 $\mathbb{Z}_2[i]$ 의 곱셈표를 작성하여라. 이 환은 체인가? 정역인가? 밝혀라.

**39.** $\mathbb{Z}_3[i]$ 의 영이 아닌 원소들은 곱셈에 대하여 위수가 8인 아벨군임을 밝혀라. 그리고 이 아벨군은 다음 $\mathbb{Z}_8$, $\mathbb{Z}_4\oplus\mathbb{Z}_2$, $\mathbb{Z}_2\oplus\mathbb{Z}_2\oplus\mathbb{Z}_2$ 중 어느 것과 동형인가?

**40.** $\mathbb{Z}_7[\sqrt{3}]=\{a+b\sqrt{3}\,|a,b\in\mathbb{Z}_7\}$ 이 체임을 보여라. 양의 정수 $k$, 솟수 $p$에 대하여 $\mathbb{Z}_p[\sqrt{k}]=\{a+b\sqrt{k}\,|a,b\in\mathbb{Z}_p\}$ 가 체가 될 필요충분조건을 구하여라.

**41.** 영인자가 없고 적어도 두 개 이상의 원소를 갖는 유한가환환은 단위원을 갖게 됨을 보여라.

**42.** 가환환의 두 원소 $a,b$에 대하여 $ab$가 영인자 이면 $a$또는 $b$가 영인자임을 보여라.

**43.** $R$ 를 영인자가 없는 가환환이라 하자. $R$ 의 영이 아닌 모든 원소들은 덧셈에 관한 같은 위수를 갖음을 보여라.

**44.** $R$ 를 영인자가 없는 가환환이라 하자. $R$ 의 특성은 0이거나 소수임을 보여라.

**45.** 소수의 특성을 갖는 가환환의 두 원소 $x,y$에 대하여,

a. $(x+y)^p=x^p+y^p$ 임을 보여라.

b. 임의의 양의정수 $n$에 대하여, $(x+y)^{p^n}=x^{p^n}+y^{p^n}$ 임을 보여라.

c. 특성이 4인 환의 두 원소 $x,y$ 에 대하여 $(x+y)^4\neq x^4+y^4$ 가 성립되는 $x,y$를 찾아라.

**46.** 단위원 1를 갖는 가환환 $R$의 특성이 소수이다. 만약 $R$의 원소 $a$가 멱등원 이면 양의정수 $k$가 존재하여 $(1+a)^k=1$ 이 성립하는가?

**47.** 임의의 유한체의 위수는 $p^n$ 인가?( $p$는 소수이다)

**48.** 그 특성이 3인 무한정역의 예를 찾아라.

**49.** $R$은 환이고, $M_2(R)$은 $R$의 원소로 만들어진 2차 행렬환이다. 이 두 환은 같은 특성을 갖음을 밝혀라.

**50.** 환 $R$의 위수가 $m$ 일 때 $R$의 특성은 $m$을 나눈다.

**51.** 유한환은 영이 아닌 특성을 갖는 이유를 설명하여라.

**52.** $\mathbb{Z}_3[i]$ 에서 $x^2 - x + 2 = 0$ 의 모든 해를 구하여라.

**53.** 방정식 $x^2 - 5x + 6 = 0$ 에서,

a. $\mathbb{Z}_7$ 에서 이 방정식의 해를 구하여라.

b. $\mathbb{Z}_8$ 에서 이 방정식의 해를 구하여라.

c. $\mathbb{Z}_{12}$ 에서 이 방정식의 해를 구하여라.

d. $\mathbb{Z}_{14}$ 에서 이 방정식의 해를 구하여라.

**54.** $\mathbb{Z}_4 \oplus 4\mathbb{Z}$ 의 특성을 구하여라.

**55.** 정역 $R$ 에서 $20 \cdot 1 = 0$ 이고, $12 \cdot 1 = 0$ 이다. $R$의 특성은 무엇인가?

**56.** 특성이 2인 가환환에서 멱등원들의 집합은 부분환임을 증명하여라.

**57.** $\sqrt{2}$ 를 품는 실수체의 최소 부분체를 찾아라.

**58.** 위수가 $n$ 인 체 $F$ 에서 $F$ 의 영이 아닌 원소 $x$ 에 대하여 $x^{n-1} = 1$ 임을 증명하여라.

**59.** $F$ 는 소수의 특성을 갖는 체이다. $K = \{x \in F \mid x^p = x\}$ 는 $F$의 부분체임을 증명하여라.

**60.** 위수가 8개인 체의 두 원소 $a, b$ 에 대하여 $a^2 + ab + b^2 = 0$ 가 성립한다. $a = 0$ 이고 $b = 0$ 임을 증명하여라. $n$가 홀수이고 체의 위수가 $2^n$ 일 때 위의 명제를 증명하여라.

**61.** 원소 개수가 2개 이상이고 그 특성이 2인 체 $F$ 에 대하여 적당한 $F$ 의 두 원소 $x, y$ 가 존재하여 $(x+y)^3 \neq x^3 + y^3$ 가 성립함을 보여라.

**62.** 체 $F$ 의 특성은 2가 아니고 영이 아닌 $F$ 의 원소들은 곱셈에 관하여 순환군이라면 $F$ 는 유한임을 증명하여라.

**63.** $D$는 정역이고 $\phi$는 $D$에서 음수가 아닌 정수로 가는 상수함수가 아니고, $\phi(xy) = \phi(x)\phi(y)$ 가 성립한다. 만약 $D$ 에서 $x$ 가 단원이면 $\phi(x) = 1$ 임을 보여라.

**64.** 위수가 32인 체 $F$ 에서 $F$ 의 모든 부분체는 $F$ 와 $\{0, 1\}$ 뿐임을 보여라.

**65.** 체 $F$ 의 위수가 27일 때 $F$ 의 임의의 원소 $x$ 에 대하여 $5x = -x$ 임을 보여라.

## Nathan Jacobson

긴 경력동안 많은 연구를 했고 전문직으로 영향력 있는 제이곱슨 교수만한 수학자는 거의 없었다.

Citation for the Steele Prize for Lifetime Achievement

Nathan 은 1910년 9월 8일 폴란드 Warsaw에서 태어났다.

1917년 미국에 도착한 이후에, Jacobson은 그의 아버지가 조그마한 옷가게를 운영하기에 Alabama, Mississippi 그리고 Georgia에서 성장하였다. 그는 1930년 Alabama대학에서 B.A를 받고, 1934년 Princeton에서 Ph.D를 받았다. Bryn Mawr, Chicago대학, North Carolina대학 그리고 Johns Hopkins에서 강의를 했으며, Jacobson은 그가 1981년 정년할 때까지 봉직했던 Yale에서 교수생활을 하였다. Jacobson의 대수학에 주된 기여는 환론, 리 대수학 그리고 졸르단 대수분야이다. 특히, 그는 이 체계들에 대한 구조이론들을 발전시켰다. 그는 10권의 책과 수많은 논문들을 출판했으며, 그리고 그는 33명의 박사학위자를 배출하였다.

Jacobson은 France, Italy, Israel, China, Australia 그리고 Switzerland의 방문 교수를 하였다. 그의 많은 명예로운 업적 중에, American Mathematical Society회장, National Academy of Sciences와 American Academy of Arts and Sciences의 회원, Guggenheim Fellowship, 그리고 Chicago대학으로부터 명예박사 학위를 받은 것이다. Jacobson은 그의 나이 89세인 1999년 12월 5일에 서거하였다. Jacobson에 대한 더 많은 정보를 다음 사이트에서 얻을 수 있다.

http://www-groups.dcs.st-and.ac.uk/~history/

# 14절 이데알과 상환 (Ideals and Factor Rings)

과학의 비결은 올바른 질문을 하는 것이며, 과학의 세계에서 천재로 기록되는 것은 그 어떤 것보다도 문제선택에 있는 것이다.
Sir Henry Tizard in C.P. Snow, A Postscript to Science and Government

## 이데알(Ideals)

군의 이론에서 정규부분군은 특별한 역할을 한다. 그것은 상군을 구성하게 했다. 이 장에서 환에서 군에서와 유사하게 이데알과 상환에 대하여 소개하고자한다.

### 정의: 이데알

환 $R$의 한 부분환 $A$를 $R$의 (양측)**이데알**(ideal)이라함은 임의의 $r\in R$와 임의의 $a\in A$에 대하여 $ra\in A$, $ar\in A$가 성립함을 말한다.

따라서 부분환 $A$ 가 환 $R$ 의 이데알이라 함은 $A$ 가 $R$의 원소를 흡수한다는 것이다. 즉, $R$ 의 모든 원소 $r$ 에 대하여 $rA=\{ra|a\in A\}\subseteq A$, $Ar=\{ar|a\in A\}\subseteq A$ 가 성립한다.

환 $R$ 의 이데알 $A$를 **진이데알**(proper ideal)이라는 것은 $A$가 $R$ 의 진부분집합일 때를 말한다. 실제로 이데알의 정의가 정리 12.3에 주어진 부분환 판별법의 결과로부터, 다음 판별법에 따라 이데알을 판별하게 될 것이다.

**정리 14.1 이데알 판별법(Ideal Test)**

환 $R$ 의 공집합이 아닌 한 부분집합 $A$가 이데알이기 위한 조건은

1. 임의의 $a,b\in A$ 에 대하여 $a-b\in A$이다.
2. 임의의 $a\in A$이고 $r\in R$에 대하여 $ra\in A$, $ar\in A$ 가 성립한다.

**예제 1** 환 $R$ 에서 $\{0\}$, $R$ 은 이데알이고, $\{0\}$ 를 **영이데알**(trivial ideal)이라 한다.

**예제 2** 임의의 양의정수 $n$ 에 대하여 $n\mathbb{Z}=\{0,\pm n,\pm 2n,\cdots\}$ 은 $\mathbb{Z}$의 이데알이다.

**예제 3** 단위원을 갖는 가환환 $R$의 한 원소$a$ 에 대하여 $\langle a\rangle=\{ra|r\in R\}$은 $R$의 이데알이고 $a$로 **생성된 주이데알**(principal ideal generated by a)이라 부른다.($\langle a\rangle$은 $a$ 로 생성된 순환부분군의 표현과 일치하지만 그 개념에서 서로 구별됨을 알 수 있다.)

**예제 4** $\mathbb{R}[x]$ 를 실수계수를 갖는 다항식환이라 하고 $A$를 다항식의 상수항이 0인 모든 다항식들의 집합이라 하자. 그러면 $A$ 는 $\mathbb{R}[x]$ 의 이데알이며 $A=\langle x \rangle$이다.

**예제 5** $R$ 은 단위원을 갖는 가환환 이고 $a_1, a_2, \cdots, a_n$ 을 $R$ 의 원소라 하자.
$I=\langle a_1, a_2, \cdots, a_n \rangle = \{r_1a_1+r_2a_2+\cdots+r_na_n | r_i \in R\}$은 $R$의 이데알이며 $a_1, a_2, \cdots, a_n$**으로 생성된 이데알**(ideal generated by $a_1, a_2, \cdots, a_n$)이라고 한다. $I$가 이데알임을 밝히는 것은 쉬운 연습문제로 남긴다(연습문제 3).

**예제 6** $\mathbb{Z}[x]$ 은 정수계수를 갖는 다항식환이고 $I$ 를 짝수 상수항을 갖는 다항식들의 집합이라 하자. 그러면 $I$는 $\mathbb{Z}[x]$ 의 이데알이고 $I=\langle x, 2 \rangle$ 이다(연습문제 37 참조).

**예제 7** $R$를 실수변수를 갖는 함수환이라 하자. 미분가능함수들의 집합을 $S$라 하면 $S$는 $R$의 부분환이지만 이데알은 되지 않는다.

## 상환(Factor Rings)

$R$ 를 환이라 하고 $A$ 를 한 이데알이라 하자. $R$은 덧셈에 관한 군이며 $A$ 는 정규부분군으로 볼 수 있으므로 $R/A=\{r+A|r\in R\}$은 상군이 된다. 그러면, 어떻게 하면 이 상군을 환으로 구성 할 수 있을까? 두 잉여류집합 $s+A, t+A$ 의 곱을 $st+A$으로 정의하자. 다음 정리에서 $A$를 $R$의 부분환으로 보기보다는 이데알 개념으로 접근해야 상환을 만들 수 있음을 보여준다.

**정리 14.2 상환의 존재성(Existence of Factor Rings)**

$R$은 환이고 $A$를 $R$의 한 부분환이라 하자. 잉여류집합 $\{r+A|r\in R\}$이 두 연산 $(s+A)+(t+A)=(s+t)+A$, $(s+A)(t+A)=st+A$에 관해서 환을 이루기 위한 필요충분조건은 $A$가 $R$의 이데알이 되는 것이다.

**증명** 잉여류의 집합은 덧셈에 관하여 군이 됨을 알 수 있다. 만약 잉여류의 집합이 곱셈에 대하여 이항연산이 된다면 곱셈에 대한 결합법칙과 덧셈위의 분배법칙이 성립함을 알 수 있다. 곱셈이 잘 정의된다는 것은 $A$가 $R$의 이데알이 되는 것과 동치이다. 즉, $s+A=\bar{s}+A$, $t+A=\bar{t}+A$ 이면 $a, b\in A$ 가 존재하여 $s=\bar{s}+a, t=\bar{t}+b$ 가 성립한다.

따라서, $st=(\bar{s}+a)(\bar{t}+b)=\bar{s}\bar{t}+a\bar{t}+\bar{s}b+ab$.

또한, $st+A=\bar{s}\bar{t}+a\bar{t}+\bar{s}b+ab+A=\bar{s}\bar{t}+A$.

따라서, $A$가 이데알이면 곱셈이 잘 정의 된다.

만약, $A$가 $R$의 부분환이고 $R$ 의 이데알이 아니라 가정하면, 적당한 $a\in A, r\in R$ 이 존재하여 $ar \notin A$이거나 $ra \notin A$이다.
편리하게, $ar \notin A$라 하자.
두 원소 $a+A=0+A$와 $r+A$를 생각하면 $(a+A)(r+A)=ar+A$이지만 $(0+A)(r+A)=0r+A=A$이다.
그러나, $ar+A \neq A$이므로 잉여류집합의 곱이 잘 정의되지 않으므로 환이 되지 못한다. □

다음은 상환의 몇 개의 예들을 들어보자.

**예제 8** $\mathbb{Z}/4\mathbb{Z}=\{0+4\mathbb{Z}, 1+4\mathbb{Z}, 2+4\mathbb{Z}, 3+4\mathbb{Z}\}$의 두 원소 $2+4\mathbb{Z}, 3+4\mathbb{Z}$의 덧셈과 곱셈을 해보자.

$$(2+4\mathbb{Z})+(3+4\mathbb{Z})=5+4\mathbb{Z}=1=4+4\mathbb{Z}=1+4\mathbb{Z}$$
$$(2+4\mathbb{Z})(3+4\mathbb{Z})=6+4\mathbb{Z}=2+4+4\mathbb{Z}=2+4\mathbb{Z}$$

위의 두 계산은 4를 법으로 하는 계산임을 알 수 있다. ■

**예제 9** $2\mathbb{Z}/6\mathbb{Z}=\{0+6\mathbb{Z}, 2+6\mathbb{Z}, 4+6\mathbb{Z}\}$ 여기서 연산은 6을 법으로한 계산이다. 예를 들어, $(4+6\mathbb{Z})+(4+6\mathbb{Z})=2+6\mathbb{Z}$이고, $(4+6\mathbb{Z})(4+6\mathbb{Z})=4+6\mathbb{Z}$이다. ■

**예제 10** $R=\left\{\begin{bmatrix} a_1 & a_2 \\ a_3 & a_4 \end{bmatrix} | a_i \in \mathbb{Z}\right\}$이고, $I$는 각 원소가 짝수로 된 2차행렬의 부분집합이라 하자. $I$는 $R$의 이데알이 됨을 보일 수 있다(연습문제 21).
여기서, 상환 $R/I$의 원소개수는 16임을 알 수 있다. 사실, $R/I=\left\{\begin{bmatrix} r_1 & r_2 \\ r_3 & r_4 \end{bmatrix} | r_i \in \{0,1\}\right\}$이 된다. ■

**예제 11** 가우스정수환의 어떤 상환 $R=\mathbb{Z}[i]/\langle 2-i \rangle$에 대하여 알아보자.
이 환은 어떤 환일까? 물론, 임의의 원소는 $a+bi+\langle 2-i \rangle, a,b \in \mathbb{Z}$ 형식일 것이다.
사실, $2-i+\langle 2-i \rangle=0+\langle 2-i \rangle$는 것은 잉여류의 대표원 $2-i$이 0과 같다는 의미이다.
따라서 $2=i$이다. 예를 들어 $3+4i+\langle 2-i \rangle=3+8+\langle 2-i \rangle=11+\langle 2-i \rangle$이다.
유사하게 생각하면, $R$의 모든 원소들은 $a+\langle 2-i \rangle$ 형식으로 표현된다.
$2=i$이면 $4=-1$이고, 즉, $5=0$이다. 따라서 $11+\langle 2-i \rangle=1+5+5+\langle 2-i \rangle=1+\langle 2-i \rangle$이다.
이와 같은 방법으로 계산하면, $R$의 원소들은 $0+\langle 2-i \rangle$, $1+\langle 2-i \rangle$, $2+\langle 2-i \rangle$, $3+\langle 2-i \rangle$, $4+\langle 2-i \rangle$ 중에 하나일 것이다.
위에서 열거한 5가지 원소들이 각각 서로 다름을 보이자.
$5(1+\langle 2-i \rangle)=5+\langle 2-i \rangle=0+\langle 2-i \rangle$이므로 $1+\langle 2-i \rangle$의 위수는 1이거나 5이다.
만약 $1+\langle 2-i \rangle=0+\langle 2-i \rangle$라 하면 $1 \in \langle 2-i \rangle$. 따라서 적당한 정수 $a,b$가 존재하여

$1=(2-i)(a+bi)=2a+b+(-a+2b)i$가 성립한다.

$1=2a+b,\ 0=-a+2b$가 성립한다. $b=1/5$이므로 모순이다.

따라서 $R$는 체 $\mathbb{Z}_5$와 동형이다.

---

**예제 12** $\mathbb{R}[x]$는 실수계수를 갖는 다항식환이라 하자.

$\langle x^2+1\rangle$를 $x^2+1$로 생성되는 주이데알이라 하자. 즉,

$$\langle x^2+1\rangle=\{f(x)(x^2+1)|f(x)\in R[x]\}.$$

그러면, $\mathbb{R}[x]/\langle x^2+1\rangle=\{g(x)+\langle x^2+1\rangle|g(x)\in R[x]\}$

$$=\{ax+b+\langle x^2+1\rangle\,|\,a,b\in R\}.$$

위의 식에서, $g(x)=q(x)(x^2+1)+(ax+b)$임을 이용하면 된다.

그리고, $x^2+1+\langle x^2+1\rangle=0+\langle x^2+1\rangle$ 이므로, $x^2=-1$이다. 예를 들어,

$$(x+3+\langle x^2+1\rangle)\cdot(2x+5+\langle x^2+1\rangle)=2x^2+11x+15+\langle x^2+1\rangle$$
$$=11x+13+\langle x^2+1\rangle.$$

이러한 계산은 1847년 코시(Cauchy)가 최초로 수행한 것이다.

---

예제 11, 예제 12는 상환의 가장 중요한 응용방법을 설명해주는 것이다.
앞으로 상환을 이용해서 정역과 체을 구성하는 방법을 보여 줄 것이다.

## 소이데알과 극대이데알(Prime ideals and Maximal ideals)

### 정의: 소이데알과 극대이데알

가환환 $R$의 진이데알 A이고 $a,b\in R$ 에 대하여 $ab\in A$ 이면 $a\in A$이거나 $b\in A$ 일 때, $A$를 **소이데알**(prime ideal)이라 한다.

가환환 $R$의 진이데알 A이고 $R$의 이데알$B$ 가 $A\subseteq B\subseteq R$이면 $B=A$이거나 $B=R$이 성립할 때 $A$를 $R$의 **극대이데알**(maximal ideal) 이라한다.

---

따라서 단 하나의 극대이데알을 진부분집으로 품고 있는 환을 국소환이라 하고, 소이데알의 정의는 정수환의 소수의 성질에서 연유된 것이다.

**예제 13** $n$이 1보다 큰 정수 일 때, 정수환에서 $n\mathbb{Z}$가 소이데알일 필요충분조건은 $n$이 소수이다(연습문제 9)($\{0\}$은 또한 $\mathbb{Z}$의 소이데알이다)

---

**예제 14** $\mathbb{Z}_{36}$의 이데알들의 격자들(그림 14.1)을 보면, $\langle 2\rangle$, $\langle 3\rangle$이 극대이데알들이다.

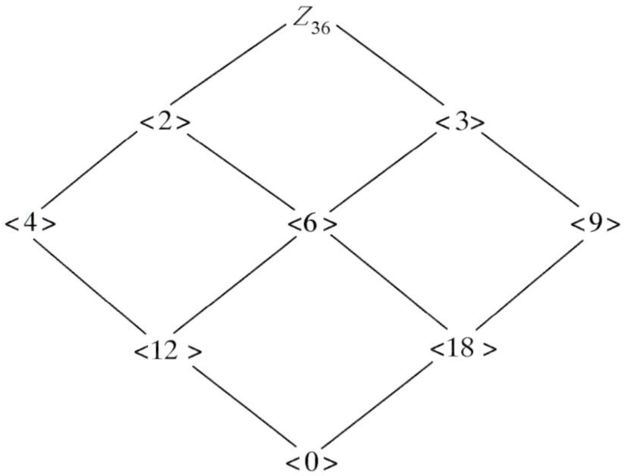


**[그림 14.1]**

---

**예제 15** 이데알 $\langle x^2+1 \rangle$은 실수 다항식환 $\mathbb{R}[x]$의 극대이데알이다. 이것을 보이기 위해서, $A$를 $\langle x^2+1 \rangle$를 진부분집합으로 품는 $\mathbb{R}[x]$의 이데알이라 하자. $A$가 영이 아닌 실수 $c$를 품는다는 것을 보임으로써 $A = \mathbb{R}[x]$임을 증명할 것이다. 왜냐하면,$1 = (1/c)c \in A$, 따라서 연습문제 15에 의해 $A = R[x]$이 된다. 이제 이것을 증명해보자. $f(x) \in A$, $f(x) \notin \langle x^2+1 \rangle$이라 하자.
그러면 정수환의 나눗셈에 의해서, $f(x) = q(x)(x^2+1) + r(x)$, 여기서 $r(x) \neq 0$이고 $r(x)$의 차수는 2이하이다. 따라서 모두는 영이 아닌 두 실수 $a, b$가 존재하여 $r(x) = ax+b$가 된다.
$ax+b = r(x) = f(x) - q(x)(x^2+1) \in A$이고, 따라서 $a^2x^2 - b^2 = (ax+b)(ax-b) \in A$이고, $a^2(x^2+1) \in A$이다. 즉,

$$0 \neq a^2+b^2 = (a^2x^2+a^2) - (a^2x^2-b^2) \in A.$$

---

**예제 16** $\mathbb{Z}_2[x]$에서 이데알 $\langle x^2+1 \rangle$은 소이데알이 아니다. 왜냐하면, $(x+1)^2 = x^2+2x+1 = x^2+1$를 포함하나 $x+1$은 포함하지 않는다.

---

다음 두 개의 정리는 어떤 이데알이 소이데알인가 또는 극대이데알인가를 결정하는 데 매우 유용하다.

**정리 14.3**
$R$은 단위원을 갖는 가환환이고 $A$는 $R$의 이데알이다. $R/A$가 정역이기 위한 필요충분조건은 $A$가 소이데알이다.

**증명** $R/A$가 정역이고 $ab \in A$이라 가정하자. 그러면, $(a+A)(b+A) = ab+A = A$, 여기서 $A$는 환 $R/A$의 덧셈에 대한 항등원이다. 따라서 $a+A = A$이거나 $b+A = A$가 성립한다. 즉, $a \in A$이거나 $b \in A$이다. 따라서 $A$는 소이데알이다.

역을 증명하기 위해 먼저 임의의 진이데알 $A$에 대하여 $R/A$가 가환환임을 알 수 있다. $A$가 소이데알이면 $R/A$가 영인자를 갖지 않는다는 것을 밝히고자 한다.
따라서, $A$가 소이데알이고 $(a+A)(b+A)=0+A=A$이라면 가정하자. 그러면 $ab\in A$ 이다, 따라서, $a\in A$ 이거나 $b\in A$ 이다. 따라서, $R/A$에서 $a+A$ 또는 $b+A$ 중 하나가 0 이다. □

극대이데알은 더 좋은 성질을 갖고 있다.

**정리 14.4**

$R$은 단위원을 갖는 가환환 이고 $A$ 는 $R$ 의 이데알이다. $R/A$가 체이기 위한 필요충분조건은 $A$가 극대이데알이다.

**증명** $R/A$가 체이고 $B$가 $A$를 진부분집합으로 포함하는 $R$의 이데알이라 가정하자. $b\in B$이고 $b\notin A$이라 하자. 그러면 $b+A$는 $R/A$의 영이 아닌 원소이다. 따라서 $c+A$가 존재하여 $(b+A)\cdot(c+A)=1+A$가 성립한다. 여기서 $1+A$는 $R/A$의 곱셈에 관한 단위원이다. $b\in B$이므로 $bc\in B$이고, $1+A=(b+A)(c+A)=bc+A$이기 때문에 $1-bc\in A\subset B$ 이다. 따라서, $1=(1-bc)+bc\in B$ 이다. 연습문제 15에 의해서 $B=R$이다. 우리는 $A$ 가 극대이데알임을 밝혔다.
다음은 $A$ 를 $R$ 의 극대이데알이라 하고 $b\in R$ 이고 $b\notin A$ 라 하자. $R/A$는 단위원을 갖는 가환환이므로 체가 됨을 밝히기 위해서는 $b+A$ 가 곱셈에 관한 역원을 갖음을 보이면 된다. $B=\{br+a|r\in R, a\in A\}$ 라 하면 $B$ 는 $A$ 를 품는 $R$의 진부분집합인 이데알이다. 따라서 $B=R$이다. $1\in B$이므로, $\bar{a}\in A$에 대하여 $1=bc+\bar{a}$가 된다. 결국, $1+A=bc+\bar{a}+A=bc+A=(b+A)(c+A)$ 이다. □

단위원을 갖는 가환환에서 정리 14.3과 14.4로부터 극대이데알은 소이데알이 되며, 다음 예는 소이데알이지만 극대이데알은 되지 않는다.

**예제 17** 환 $\mathbb{Z}[x]$에서 $\langle x\rangle$는 소이데알 이지만 극대이데알이 아님을 밝히고자 한다. $\langle x\rangle=\{f(x)\in\mathbb{Z}[x]|f(0)=0\}$(연습문제 29)이다. 따라서, $g(x)h(x)\in\langle x\rangle$이므로 $g(0)f(0)=0$ 이다. $g(0), h(0)$는 정수이므로 $g(0)=0$이거나 $h(0)=0$이다. 다음은 $\langle x\rangle$가 극대이데알이 아님을 밝히자. 우리는 다만 $\langle x\rangle\subset\langle x,2\rangle\subset\mathbb{Z}[x]$ 임을 보이면 된다(연습문제 37). ■

## 연습문제

**1.** 예제 3에서 그 집합이 이데알임을 밝혀라.

**2.** 예제 4에서 $A$가 이데알임을 밝히고 $A=\langle x \rangle$ 임을 설명하여라.

**3.** 예제 5에서 $I$가 이데알임을 밝히고, 만약 $R$ 의 이데알 $J$가 $a_1, a_2, \cdots, a_n$ 를 포함하면 $I \subset J$ 임을 보여라(따라서, $< a_1, a_2, \cdots, a_n >$는 $a_1, a_2, \cdots, a_n$를 품는 $R$의 최소이데알이다).

**4.** 환 $\mathbb{Z} \oplus \mathbb{Z}$에서 부분환 이지만 이데알이 되지 못하는 예를 찾아보아라.

**5.** $S=\{a+bi | a, b \in \mathbb{Z}, b$는 짝수이다$\}$에서, $S$ 는 $\mathbb{Z}[i]$ 의 부분환이지만 이데알이 되지 못함을 밝혀라.

**6.** 다음 잉여류환들의 극대이데알을 모두 찾아라.

a. $\mathbb{Z}_8$　　b. $\mathbb{Z}_{10}$

c. $\mathbb{Z}_{12}$　　d. $\mathbb{Z}_n$

**7.** 어떤 가환환 $R$ 의 한 원소 $a$ 에 대하여, $aR=\{ar | r \in R\}$은 $R$의 이데알임을 보여라. 만약 $R$가 짝수정수로된 환이라면 $4R$의 원소들을 모두 찾아라.

**8.** 환에서 임의의 이데알들의 교집합은 역시 이데알이 됨을 증명하여라.

**9.** $n$ 이 1보다 큰 정수일 때, $\langle n \rangle = n\mathbb{Z}$가 소이데알이기 위한 필요충분조건은 $n$ 이 소수이다.

**10.** 환에서 두 이데알 $A, B$ 에 대하여 $A$와 $B$ 의 합을 $A+B=\{a+b | a \in A, b \in B\}$로 정의한다. $A+B$ 가 이데알임을 보여라.

**11.** 정수환에서 다음 관계를 만족하는 적당한 정수 $a$ 값을 찾아라.

a. $\langle a \rangle = \langle 2 \rangle + \langle 3 \rangle$

b. $\langle a \rangle = \langle 6 \rangle + \langle 8 \rangle$

c. $\langle a \rangle = \langle m \rangle + \langle n \rangle$

**12.** 환에서 두 이데알 $A, B$ 에 대하여 $A$와 $B$ 의 곱을 $AB=\{a_1b_1+a_2b_2+\cdots+a_nb_n | a_i \in A, b_i \in B, n > 0\}$로 정의한다. $AB$가 이데알임을 보여라.

**13.** 정수환에서 다음 관계를 만족하는 적당한 정수 $a$ 값을 찾아라.

a. $\langle a \rangle = \langle 3 \rangle \langle 4 \rangle$

b. $\langle a \rangle = \langle 6 \rangle \langle 8 \rangle$

c. $\langle a \rangle = \langle m \rangle \langle n \rangle$

**14.** 환에서 두 이데알 $A, B$ 에 대하여 $AB \subseteq A \cap B$ 임을 보여라.

**15.** 환 $R$ 의 이데알 $A$ 가 환의 곱셈에 대한 단위원 1를 포함하면 $A=R$임을 보여라.

**16.** 가환환 $R$의 두 이데알 $A, B$ 에 대하여 $A+B=R$ 이면 $AB=A \cap B$ 임을 보여라.

**17.** 어떤 환 $R$의 이데알 $I$가 $R$ 의 한 단원을 포함하면 $I=R$임을 보여라.

**18.** 정수환 $\mathbb{Z}$에서 이데알 $\langle 35 \rangle$는 $J$의 한 진이데일이고 $J$는 $I$의 한 진이데알이라 가정하자. $J$가 될 수 있는 것은 무엇일까? $I$가 될 수 있는 것은 무엇일까?

**19.** 정확히 두 개만의 극대이데알을 갖는 환의 예를 들어라.

**20.** $R$ 이 가환환이고 $|R|=30$ 이다. $R$의 이데알 $I$가 $|I|=10$ 이면 극대이데알임을 보여라.

**21.** 환 $R$과 이데알 $I$는 예제 10 에서 언급한 것과 같을 때 $I$가 $R$의 이데알임을 보여라.

**22.** $I=\langle 2\rangle$ 일 때, $I$는 $\mathbb{Z}$의 극대이데알이지만 $I[x]$ 는 $\mathbb{Z}[x]$ 의 극대이데알이 아님을 보여라.

**23.** $R/I$ 의 위수에 대한 예10 에서의 주장을 밝혀라.

**24.** 가환환으로 소이데알이 아닌 극대이데알을 품는 예를 찾아보아라.

**25.** 정리 14.4 의 증명과정의 후반부에 나오는 집합 $B$는 환 $R$의 이데알임을 보여라.

**26.** 단위원을 갖는 가환환 $R$에서 $A$를 진부분집인 이데알 이라면 $R/A$ 도 단위원을 갖는 가환환임을 보여라.

**27.** 체 $F$ 의 이데알은 단지 $\langle 0\rangle$와 $F$ 자신뿐임을 증명하여라.

**28.** $\mathbb{R}[x]/\langle x^2+1\rangle$ 이 체임을 보여라.

**29.** 정수계수를 갖는 다항식환 $\mathbb{Z}[x]$ 에서 $I=\{f(x)\in\mathbb{Z}[x]|f(0)=0\}$ 이라면, $I=\langle x\rangle$ 임을 증명하여라.

**30.** $A=\{(3x,y)|x,y\in\mathbb{Z}\}$ 은 $\mathbb{Z}\oplus\mathbb{Z}$ 의 극대이데알임을 보어라. 이것을 일반화 시켜라. 위 명제에서 $3x$ 대신에 $4x$를 적용하면 어떻게 될까? 이것도 일반화 하여라.

**31.** 실수 $R$에서 실수 $R$로 가는 연속함수 전체로 만들어진 환를 $R$이라 하자. $A=\{f\in R|f(0)=0\}$ 은 $R$의 극대이데알임을 보여라.

**32.** $R=\mathbb{Z}_8\oplus\mathbb{Z}_{30}$ 의 극대이데알을 모두 찾아라. 그리고, 각 극대이데알 $I$ 에 대하여 체 $R/I$ 의 위수를 구하여라.

**33.** $Z[i]/\langle 3+i\rangle$ 의 원소개수는? 이 답의 이유를 설명하여라.

**34.** 정수계수를 갖는 다항식환 $Z[x]$ 에서 $I=\{f(x)\in Z[x]|f(0)=0\}$ 은 극대이데알이 아님을 보여라.

**35.** $\mathbb{Z}\oplus\mathbb{Z}$ 에서 $I=\{(a,0)|a\in\mathbb{Z}\}$ 라 하자. $I$는 소이데알이지만 극대이데알이 아님을 보여라.

**36.** $R$ 이 환이고 $I$ 는 $R$ 의 이데알이라 하면, 상환 $R/I$ 가 곱셈에 대하여 교환법칙이 성립할 필요충분조건은 $R$의 임의의 원소 $r,s$ 에 대하여 $rs-sr\in I$ 임을 증명하여라.

**37.** 정수환 $\mathbb{Z}[x]$ 에서 $I=\{f(x)\in\mathbb{Z}[x]|f(0)$은 짝수이다$\}$ 이면 $I=\langle x,2\rangle$ 임을 증명하여라. $I$는 $\mathbb{Z}[x]$ 의 소이데알인가? 극대이데알인가? $\mathbb{Z}[x]/I$ 의 원소 개수는?(이 연습문제는 이 장에서 취급)

**38.** $I=\langle 2+2i\rangle$ 는 $\mathbb{Z}[i]$ 의 소이데알이 아님을 증명하여라. $\mathbb{Z}[i]/I$ 의 원소개수는? $\mathbb{Z}[i]/I$ 의 특성은?

**39.** 환 $\mathbb{Z}_5[x]$ 에서 $I=\langle x^2+x+2\rangle$ 라 하자. $(2x+3)+I\in\mathbb{Z}[x]/I$ 의 곱셈에 대한 역원을 찾아라.

**40.** $R$ 을 환이라 하고 $p$를 소수라 하자. $I_p=\{r\in R|r$ 의 덧셈에 대한 위수는 $p$의 멱이다$\}$ 는 $R$ 의 이데알임을 보여라.

**41.** 정역 $D$의 임의의 이데알 $I$가 $D$의 적당한 한 원소 $a$가 존재하여 $I=\langle a\rangle=\{ad|d\in D\}$ 일 때 정역 $D$를 **주이데알정역**(Principal ideal domain)이라 한다. 환 $\mathbb{Z}$가 주이데알정역임을 보여라.

**42.** $R=\left\{\begin{bmatrix} a & b \\ 0 & d \end{bmatrix} | a,b,d\in\mathbb{Z}\right\}$이고, $S=\left\{\begin{bmatrix} r & s \\ 0 & t \end{bmatrix} | r,s,t\in\mathbb{Z},\ s\text{는 짝수}\right\}$이라 하자. $S$가 $R$의 이데알이라면 우리는 $r,t$에 대하여 무엇을 말할수 있는가?

**43.** 만약 $R, S$ 가 주이데알정역일 때 $R\oplus S$ 가 주이데알환임을 증명하여라.

**44.** $a,b$가 가환환 $R$의 원소일 때 $\{x\in R|ax\in bR\}$ 이 $R$의 이데알임을 증명하여라.

**45.** $R$을 가환환이라 하고 $A$를 $R$의 임의의 부분집합일 때, annihilator of A, $Ann(A)=\{r\in R \mid ra=0,$ 모든 $a\in A\}$는 이데알임을 보여라.

**46.** $R$을 가환환이라 하고 $A$를 $R$의 임의의 이데알일 때, nilradical of A, $N(A)=\{r\in R \mid r^n\in A,$ 정당한 양의 정수 $n$이 존재($n$은 $r$에 의존함)$\}$은 $R$의 이데알임을 보여라.(특히, $N(\langle 0\rangle)$을 nilradical이라한다.)

**47.** $R=\mathbb{Z}_{27}$ 일 때 다음을 찾아라.

a. $N(\langle 0\rangle)$ b. $N(\langle 3\rangle)$ c. $N(\langle 9\rangle)$

**48.** $R=\mathbb{Z}_{36}$ 일 때 다음을 찾아라.

a. $N(\langle 0\rangle)$ b. $N(\langle 4\rangle)$ c. $N(\langle 6\rangle)$

**49.** $R$ 을 가환환일 때 $R/N(0)$은 영이 아닌 멱등원을 갖지 않음을 보여라.

**50.** $A$를 어떤 가환환이라 하면 $N(N(A))=N(A)$임을 증명하여라.

**51.** $\mathbb{Z}_2[x]$는 $\mathbb{Z}_2$ 위에서의 다항식환일 때 $\mathbb{Z}_2[x]/\langle x^2+x+1\rangle$가 체임을 보여라.

**52.** 연습문제 51에서 체의 원소들을 나열하고, 덧셈표와 곱셈표를 작성하여라.

**53.** $\mathbb{Z}_3[x]/\langle x^2+x+1\rangle$은 체가 아님을 보여라.

**54.** $R$은 단위원을 갖지 않는 가환환이고 $a\in R$ 이라 하자. $a$를 포함하는 $R$의 최소이데알 $I$를 기술하여라.(즉, 만약 $J$가 $a$를 품는 임의의 이데알이라면 $I\subseteq J$ 이다)

**55.** $R$ 를 실수에서 실수로 가는 연속함수들의 환이라 하자. $A=\{f\in R \mid f(0)\text{는 짝수}\}$ 하면 $A$는 $R$의 부분환이지만 $R$의 이데알이 되지못함을 보여라.

**56.** $\mathbb{Z}[i]/\langle 1-i\rangle$가 체임을 보여라. 이 체의 원소개수는?

**57.** 만약 $R$이 주이데알정역이고 $I$가 $R$의 이데알이면, $R/I$는 주이데알환임을 증명하여라(연습문제 41 참조).

**58.** $\mathbb{Z}_5[i]/\langle 1+i\rangle$의 원소개수는?

**59.** $R$은 단위원을 갖는 가환환이고 $R$의 임의의 원소$a$가 $a^2=a$의 성질을 갖고 있을 때, $I$를 $R$의 소이데알이라면 $|R/I|=2$임을 보여라.

**60.** $R$은 단위원을 갖는 가환환이고 $I$는 $R$의 진이데알로서 $I$에 포함되지 않는 $R$의 원소들은 모두 $R$의 단원이라면, $I$가 $R$의 유일한 극대이데알임을 증명하여라.

**61.** $I=\{f(x)\in\mathbb{Z}[x]|f(0)=0\}$ 이고, 임의의 양의 정수 $n$에 대하여 다음과 같은 단조증가하는 $Z[x]$ 의 이데알들이 존재함을 보여라.

$$I\subset I_1\subset I_2\subset\cdots\subset I_n\subset\mathbb{Z}[x]$$

**62.** $R=\{(a_1,a_2,\cdots)|a_i\in\mathbb{Z}\}$ 이고 $I=\{(a_1,\ a_2,\ \cdots)|a_i\in\mathbb{Z},\ a_i$는 유한개의 항만 0이 아니다$\}$라 하면, $I$는 $R$의 주이데알이 아님을 증명하여라.

**63.** $R$은 단위원을 갖는 가환환이고 $a,b\in R$이다. $<a,\ b>$는 $a,b$를 포함하는 $R$의 최소이데알, 즉, $I=\{ra+sb|r,s\in R\}$ 임을 보여라. 즉, $I$는 $a,b$를 포함하고 $a,b$를 포함하는 임의의 이데알은 또한 이데알 $I$를 품는다.

# Richard Dedekind

그는 수학자일 뿐만 아니라 수학 역사상 가장 위대한 한 사람 중 하나이고, 현재와 과거를 통털어, 가우스의 마지막 학생으로서 한 시대를 건너뛰는 마지막 영웅으로, 그의 업적은 우리에게 뿐만 아니라 우리 선생님들과 그 선생님들의 선생님들까지 40년 동안 걸쳐있다.

Edmund Landau, Commemorative Address to the Royal Society of Gottingen

이 우표는 Dedekind의 150주년을 기념하여 1981년 동독에서 만든 것이다.
한이데알을 소이데알들의 곱의 표현이 특집으로 보인다.

Richard Dedekind는 1831년 10월6일 Gauss의 출생지인 독일 Brunswick에서 태어났다. Dedekind는 한 법학교수의 4명의 자녀중 막내였다. 그의 초창기 관심사는 화학과 물리학이었으나, 그는 괴팅겐대학에서 가우스의 지도하에 21세에 수학으로 박사학위를 취득하였다. Dedekind는 그의 연구생활을 수년간 괴팅겐에서 지속하다가 1854에 그는 거기서 강의를 시작했다. Dedekind는 1858-1862에 쥬리히에서 교수로 지냈다. 그 후에 그가 한때 학생이었던 Brunswick에 있는 한 연구소에 자리를 잡았다. 그렇지만 이 대학은 수준이 낮은 대학이었지만, Dedekind는 50여년간 거기서 머물렀다. 그는 1916년 Brunswick에서 서거하였다.

그의 경력을 보면, Dedekind는 수학에 수많은 기본적인 공헌들을 했다. 그의 “Dedekind cuts”로 불리는 무리수들의 취급은 해석학에 확고한 논리적 초석을 놓았다. 그의 유일인수분해에 대한 업적은 현대대수적수론을 선도했다. 그는 환과 체의 이론의 한 개척자였다. 이데알들의 개념 뿐만 아니라 그 자신의 용어들도 Dedekind에 연유된다. 수학역사학자 Morris Kline은 그를 가리켜 “추상대수학의 실제적인 창시자”라 칭하였다. Dedekind에 대한 더 많은 정보를 다음 사이트에서 얻을 수 있다.

http://www-groups.dcs.st-and.ac.uk/~history/

## Emmy Noether

가장 유능한 수학자들의 의견으로, 프로라인 레더는 고등교육이 여성들에게 시작된 이후 출현한 가장 의미있는 창의적인 천재 수학자였다. 대수학의 영역에서, 가장 천재적인 수학자들이 수세기에 걸쳐 바쁘게 활동하고 있었는데, 그녀는 오늘날 젊은 세대의 수학자들이 발전하는데 대단히 중요한 증명방법들을 발견하였다. Albert Einstein, The new York Times

Emmy Noether는 1882년 3월 23일 독일에서 태어났다. 그녀가 Erlangen 대학에 입학했을 때, 그녀는 1000명의 학생들 중에 단 두 명의 여학생 중에 한명이었다. Noether는 1907년에 박사학위를 취득했다. 1916년에, Noether는 괴팅겐으로 가서 David Hilbert와 Felix Klein의 영향을 받아 일반상대성이론에 흥미를 갖게 되었다. 거기에 있는 동안, 그녀는 자연에 대칭성이 있다면 한 보존법칙이 성립하고 그 역도 성립한다는 그녀의 정리로 물리학에 중요한 기여를 하였다. Hilbert는 Noether를 위한 괴팅겐에서 대학교수자리를 얻도록 주선하였으나 성공하지 못했다. 그는 "후보자의 성이 그녀가 Privatdozent로의 입회를 반대하는 근거가 되면 않된다. 결국, 우리는 대학에 있는 것이지 한 목욕탕을 새우자는 것이 아니지 않는가"라고 말했다. Noether의 천재성을 발휘하게 되는 것은 그녀가 38세가 되기 전이었다. 그 후 13년 동안 그녀는 한 일반적인 이데알 이론과 비가환환 대수 이론을 발전시키는 한 공리론적 방법을 사용하였다. 이 추상적인 이론으로, Noether는 많은 중요한 개념들을 결합시킬 수 있었다. 그녀의 접근방법은 개별적인 결과보다도 훨씬 중요한 것이었다. Hermann Weyl는 Noether에 대하여 "그녀는 무엇보다도 대수학에서 한 새롭고 획기적인 생각의 양식을 시작하였다"라고 말했다. 1933년 히틀러의 출현으로, 유태인인 Noether는 미국으로 피신하여 Bryn Mawr대학에 재직하게 되었다. 그녀는 1935년 4월 14일 수술하는 중에 급서하였다.

Noether에 대한 더 많은 정보를 다음 사이트에서 얻을 수 있다.

http://www-groups.dcs.st-and.ac.uk/~history/

## 12-14절의 보충연습문제

단번에 성공했으면 그 놀라움을 감추도록 노력해라. HARRY F. BANKS

**1.** 다음 잉여류환들, $\mathbb{Z}_{10}$, $\mathbb{Z}_{20}$, $\mathbb{Z}_{30}$의 멱등원들을 찾아라.

**2.** $m$과 $n$은 1보다 큰 서로소인 두 정수라 하자. $\mathbb{Z}_{mn}$은 0과1를 제외하고 적어도 2개의 멱등원을 갖고 있음을 증명하여라.

**3.** 어떤 환 $R$에서 $a^2=0$이면 $a=0$이다. $R$은 영이 아닌 멱영원을 갖지 않음을 보여라.

**4.** $R$은 두 개 이상의 원소를 갖는 가환환이다. 만약 임의의 영이아닌 원소 $a$에 대하여 $aR=R$이면, $R$이 체임을 증명하여라.

**5.** $A,B,C$는 환 $R$의 이데알들이다. 만약 $AB\subseteq C$이고 $C$가 소이데알이면, $A\subseteq C$이거나 $B\subseteq C$임을 보여라.

**6.** 예를 들어서 두 소이데알의 교집합은 소이데알이 아닐 수도 있음을 보여라.

**7.** $\mathbb{R}$를 실수환이라 할 때, $\mathbb{R}\oplus\mathbb{R}$의 이데알을 결정하여라. 만약 여기서 $\mathbb{R}$ 대신에 임의의 체 $F$로 바꾸면 어떻게 될까?

**8.** 정수환 $\mathbb{Z}$의 모든 상환을 결정하여라.

**9.** $n$를 제곱수로 나누어지지 않는 양의정수라 할 때 $\mathbb{Z}_n$은 영이 아닌 멱등원을 갖지 않음을 증명하여라.

**10.** $R$은 단위원을 갖는 가환환이고 $a$는 단원이고 $b$는 멱등원이면 $a+b$는 단원임을 보여라.

**11.** $A,B,C$는 환 $R$의 부분환들이다. $A\subseteq B\cup C$이면 $A\subseteq B$이거나 $A\subseteq C$임을 보여라.

**12.** 환 $R$의 임의의 원소 $a$에 대하여, $\langle a\rangle$를 $a$를 포함하는 $R$의 최소 이데알이라고 하자. 만약 $R$은 단위원을 갖는 가환환이라면, $\langle a\rangle=aR=\{ar|r\in R\}$임을 보여라. 만약 $R$이 단위원을 갖지 않는 가환환이라면 $\langle a\rangle$와 $aR$가 다를 수 있음을 예를 들어 보여라.

**13.** $R$는 단위원을 갖는환이다. $\langle a\rangle=\{s_1at_1+s_2at_2+\cdots+s_nat_n|s_i,\ t_i\in R,\ n$은 양의 정수이다$\}$임을 보여라.

**14.** 환 $\mathbb{Z}_n[x]$의 특성이 $n$임을 보여라.

**15.** $A,B$는 환 $R$의 이데알들이다. 만약 $A\cap B=\{0\}$이면, $a\in A$, $b\in B$에 대하여 $ab=0$가 성립함을 보여라.

**16.** 두 개의 정역의 직합은 정역이 되지 못함을 보여라.

**17.** 12를 법으로 하는 덧셈과 곱셈에 관하여 $R=\{0,2,4,6,8,10\}$ 환이다. $R$의 특성은?

**18.** $\mathbb{Z}_m\oplus\mathbb{Z}_n$의 특성은? 일반화 하여라.

**19.** $R$는 단위원을 갖는 환이다. 환 $R$의 이데알이 $\{0\}$과 $R$자신 뿐이라 하자. $R$이 체임을 보여라.

**20.** $I$가 $J$의 이데알이고 $J$는 환 $R$의 이데알이라 가정하자. 만약 $I$가 단위원을 갖고 있으면 $I$는 $R$의 이데알임을 증명하여라.($I$의 단위원이 $R$의 단위원임을 가정한 것은 아님에 유의하고, 12장 연습문제2를 참고바람)

**21.** 어떤 환에서 멱등원 $b$라는 것은 $b^2 = b$가 성립하는 원소이다. $\mathbb{Q}[x]/\langle x^4+x^2 \rangle$의 0, 1이 아닌 멱등원을 찾아라.

**22.** 주이데알정역에서, 임의의 비자명 소이데알은 한 극대이데알임을 보여라.

**23.** $R$는 단위원을 갖는 한 가환 환이고 $a, b \in R$이고 $a \neq b$, 서로소인 양의정수 $n, m$에 대하여 $a^n = b^n$, $a^m = b^m$이 성립하는 예를 찾아라. (13장, 연습문제 35, b를 참조)

**24.** $\mathbb{Q}(\sqrt[3]{2})$는 $\mathbb{Q}$와 $\sqrt[2]{3}$을 포함하는 실수체의 최소부분체를 표시한다.(즉, $\mathbb{Q}(\sqrt[3]{2})$는 $\mathbb{Q}$와 $\sqrt[2]{3}$을 포함하고, 만약 $F$가 $\mathbb{Q}$와 $\sqrt[2]{3}$을 포함하는 임의의 체이면 $F \supseteq \mathbb{Q}(\sqrt[3]{2})$이다. $\mathbb{Q}(\sqrt[3]{2})$의 원소들을 나열하여라.

**25.** $R$은 영이 아닌 특성을 갖는 정역이다. 만약 $A$를 $R$의 진이데알이라 하면, $R/A$은 $R$와 같은 특성을 갖음을 보여라.

**26.** $F$는 위수 $p^n$인 한 체라 하자. 체 $F$의 덧셈연산에 관한 군동형인 집합을 결정하여라.

**27.** 만약 $R$는 단위원을 갖는 한 유한 가환환이면, $R$의 임의의 소이데알은 $R$의 극대이데알임을 증명하여라.

**28.** $R$은 한 비가환환이고 $C(R)$은 $R$의 중심이라하자. 덧셈군 $R/C(R)$은 순환군이 아님을 증명하여라(12장 연습문제 19 참조).

**29.** $R = \left\{ \begin{bmatrix} a & b \\ c & d \end{bmatrix} \middle| a, b, c, d \in \mathbb{Z}_2 \right\}$은 2를 법으로 하는 덧셈과 곱셈에관한 행렬환이다.

$A = \left\{ \begin{bmatrix} 1 & 0 \\ 0 & 0 \end{bmatrix} \middle| r \in \mathbb{R} \right\}$은 $R$의 이데알이 되지 못함을 보여라(14장, 연습문제 7에서 교환법칙이 필요함)

**30.** 만약 $R$를 정역이라 하고 $A$를 $R$의 진이데알이라 하면 $R/A$는 정역이어야만 하는가?

**31.** $A = \{a+bi \mid a, b \in \mathbb{Z},\ a \bmod 2 = b \bmod 2\}$에서 $\mathbb{Z}[i]/A$의 원소개수는? $A$가 $\mathbb{Z}[i]$의 한 극대이데알임을 보여라.

**32.** $R$은 단위원을 갖는 가환환이고 $R$의 각 원소 $a$에 대하여 1보다 큰 양의정수$n$($n$은 $a$에 따라서 정해짐)에 대하여 $a^n = a$라 가정하자. $R$의 모든 소이데알은 $R$의 극대이데알임을 증명하여라.

**33.** "유한부분체의 판별법" 체에서 유한 부분집합이 부분체가 될 조건을 서술하여라.

**34.** $F$를 두 개 보다 더 많은 원소들을 갖는 한 유한체라 하자. $F$의 모든 원소들의 합은 0임을 증명하여라.

**35.** 만약 $\mathbb{Z}_n$의 영이 아닌 두 원소 $a, b$에 대하여 $a^2+b^2=0$이 성립한다고 하자, 환 $\mathbb{Z}_n[i] = \{x+yi \mid x, y \in \mathbb{Z}_n\}$은 영인자를 갖고 있음을 보여라. 이것을 이용하여 $\mathbb{Z}_{13}[i]$의 영인자를 찾아라.

**36.** $R$는 영인자를 품지 않는 환으로서 영이 아닌 원소 $b$를 포함하고 $b^2 = b$가 성립한다. $b$가 단원임을 보여라.

**37.** $\mathbb{Z}[i]/\langle 2+i \rangle$의 특성을 찾아라.

**38.** $\mathbb{Z}[i]/\langle a+bi \rangle$의 특성은 $a^2+b^2$의 약수임을 보여라.

**39.** $4x^2+6x+3$은 $\mathbb{Z}_8[x]$의 한 단원임을 보여라.

**40.** 임의의 가환환 $R$에 대하여, $R[x,y]$는 $R$의 원소를 계수로갖는 두 변수$x,y$에 관한 다항식환 이다.(즉, $R[x,y]$은 $a\in R$이고 음의정수가 아닌 $i,j$에 대한 $ax^iy^j$ 항의 유한합으로 구성된다) (예를 들어, $x^4-3x^2y-y^3\in\mathbb{Z}[x,y]$) $\langle x,y\rangle$는 소이데알이고 극대이데알은 되지못함을 증명하여라.

**41.** $\langle x,y\rangle$는 $\mathbb{Z}_5[x,y]$의 한 극대이데알임을 증명하여라.

**42.** $\langle 2,x,y\rangle$는 $\mathbb{Z}[x,y]$의 한 극대이데알임을 증명하여라.

**43.** $R,S$는 환들이다. $(a,b)$가 $R\oplus S$의 멱등원이기 위한 필요충분조건은 $a,b$ 둘다 멱등원이다.

**44.** $R,S$가 가환환이다.$(a,b)$가 $R\oplus S$의 영인자가 되기 위한 필요충분조건은 $a$ 또는 $b$가 영인자 이거나 $a$ 또는 $b$중 단 하나가 0이다.

**45.** $p$가 소수일 때 $\mathbb{Z}_{p^k}$의 멱등원을 모두 찾아라.

**46.** $R$은 단위원 1을 갖는 가환환이다. $R$의 원소 $a$가 멱등원이기 위한 필요충분조건은 $R$의 원소 $b$가 존재하여 $ab=0$이고 $a+b=1$이다.

**47.** $\mathbb{Z}_n[\sqrt{2}]=\{a+b\sqrt{2}\,|a,b\in\mathbb{Z}_n\}$ 덧셈과 곱셈의 계수들의 계산은 법 $n$에 따라서 하고 다른 것은 $\mathbb{Z}[\sqrt{2}]$의 계산에 따른다. $\mathbb{Z}_3[\sqrt{2}]$은 체이고 $\mathbb{Z}_7[\sqrt{2}]$은 체가 아님을 보여라.

**48.** $p$는 소수이다. $\mathbb{Z}_{p^n}$의 임의의 영인자는 한 멱등원임을 증명하여라.

**49.** 만약 $x$가 가환환$R$의 한 멱등원이라면, 모든 $R$의 원소 $r$에 대하여 $rx$가 멱등원임을 증명하여라.

**50.** 가우스 정수환 $\mathbb{Z}[i]$에 대하여 다음을 설명하여라.

a. $\mathbb{Z}[i]$는 주이데알 정역이다.

b. $\mathbb{Z}[i]$의 단원은 4개이다.

c. $\langle 2\rangle$는 $\mathbb{Z}[i]$의 극대이데알이 아니다.

# 15절 환의 준동형사상(Ring Homomorphisms)

만약 현대대수학의 모든 영역에 공통적인 한 중심적인 개념이 있다면 그것은 준동형사상의 개념이다.
I. N. Herstein, Topics in Algebra

## 정의와 예(Definition and Examples)

군에 이론에서, 한 군에 대한 정보를 발견하는 한 방법으로 준동형사상들을 이용하여 다른 군들과의 상호작용을 검토함으로써 알 수 있다. 군에 대한 개념들이 환에도 같은 수준의 유용한 결과로 확장됨을 배우게 되는 것은 놀라운 것이 아니다.

군의 준동형사상이 군의 연산을 보존하는 것과 마찬가지로 환의 준동형사상은 환의 연산을 보존한다.

### 정의: 환의준동형사상과 환의 동형사상

**환의 준동형사상**(ring homomorphism) $\phi$는 환 $R$에서 환 $S$에로의 사상으로서 두 가지 환의 연산을 보존하는 것이다: $R$의 임의의 두 원소 $a, b$에 대하여,

$$\phi(a+b) = \phi(a) + \phi(b), \quad \phi(ab) = \phi(a)\phi(b)$$

환준동형사상이 단사이고 전사일 때 **환동형사상**(ring isomorphism)이라 한다.

군의 경우와 마찬가지로, 위의 환의 정의의 등호 좌측에서는 $R$에서의 연산이 적용되고, 우측에서는 $S$의 연산이 적용된다.

군의 이론에서와 같이, 환의 동형사상과 환의 준동형사상의 역할은 완전히 다르다. 어떤 환의 동형사상은 두 환이 대수적으로 동일하다는 것을 보여주는 것이다. 또한, 환의 준동형사상은 환의 몇가지 특성들을 유지하도록 단순화 시켜주는데 사용된다.

환의 준동형사상의 체계적인 표현은 그림 15.1에서 볼 수 있다. 화살표는 환의 연산의 결과를 나타낸다.

다음 예들은 환의 준동형사상을 설명해줄 것이다.

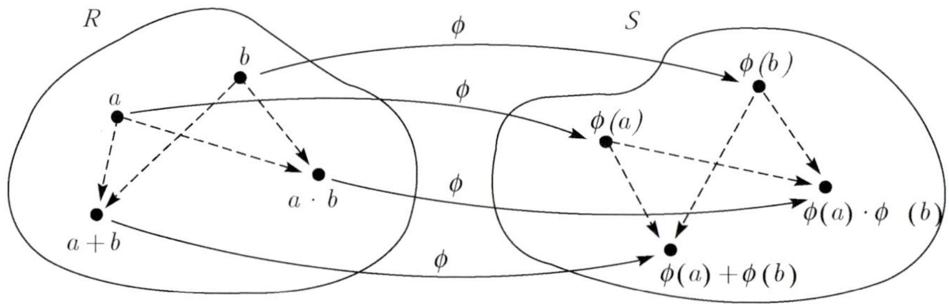


[그림] 15.1

**예제 1** 양의 정수 $n$에 대하여, 함수 $k \to k \bmod n$은 $\mathbb{Z}$에서 $\mathbb{Z}_n$ 위에로의 환 준동형사상 이다.(10장 연습문제 11) 이 함수를 $\mathbb{Z}$에서 $\mathbb{Z}_n$ 에로의 **자연준동형사상**(natural homomorphism)이라 한다.

**예제 2** 사상 $a+bi \to a-bi$는 복소수에서 복소수로 가는 환의 동형사상이다.(6장 연습문제 25)

**예제 3** $\mathbb{R}[x]$는 실수계수 다항식환이다. 사상 $f(x) \to f(1)$ 은 $\mathbb{R}[x]$ 에서 $\mathbb{R}$ 위로의 환 준동형사상 이다.

**예제 4** $\phi$는 $\mathbb{Z}_4$에서 $\mathbb{Z}_{10}$에로의 사상 $x \to 5x$ 으로 환 준동형사상이다.
즉, $\phi(x+y)=\phi(x)+\phi(y)$은 $5(x+y)=5x+5y$에 의해서 성립됨을 알 수 있으나, $\mathbb{Z}_{10}$에서 $5 \cdot 5 = 5$ 이므로, $\phi(xy)=5xy=5x \cdot 5y=\phi(x)\phi(y)$이 성립한다.

**예제 5** $\mathbb{Z}_{12}$에서 $\mathbb{Z}_{30}$에로의 모든 환준동형사상을 찾아보자. 10장 예10에서 $\mathbb{Z}_{12}$에서 $\mathbb{Z}_{30}$에로의 군 준동형사상은 $x \to ax$로 $a=0,15,10,20,5,25$이다. 그러나, $\mathbb{Z}_{12}$에서 $1 \cdot 1 = 1$이므로 $\mathbb{Z}_{30}$에서 $a \cdot a = a$가 성립해야 한다. 따라서 $a$값은 20, 5만 제외 되며, 단순한 계산으로 나머지 4가지가 환준동형사상이 됨을 알 수 있다.

**예제 6** $R$를 가환환으로 그 특성이 2 일 때, 사상 $a \to a^2$ 은 $R$에서 $R$에로의 환준동형사상이다.

**예제 7** $2\mathbb{Z}$는 짝수 정수로 덧셈 군으로 덧셈군 $\mathbb{Z}$와 군동형이지만, 환으로 보면 $2\mathbb{Z}$ 는 정수환 $\mathbb{Z}$와 환동형은 되지 못한다.($\mathbb{Z}$는 갖고 있으나 $2\mathbb{Z}$가 갖지 못한 것은?)

다음 2개의 예는 예제 1에서의 자연준동형사상을 정수론에 적용한 것이다.

**예제 8** 9 의 배수 판별법(Test for Divisibility by 9)
10진수 표현이 $a_k a_{k-1} \cdots a_0$인 한 정수 $n$가 9로 나누어지기 위한 필요충분조건은 $a_k + a_{k-1} + \cdots + a_0$이 9로 나누어지는 것이다. 이것을 밝히기 위해서 $n = a_k 10^k + a_{k-1}10^{k-1} + \cdots + a_0$ 으로 표현한다. 그리고, $\alpha$를 $\mathbb{Z}$에서 $\mathbb{Z}_9$에로의 자연준동형사상이라 하면(특히, $\alpha(10)=1$), $n$이 9로 나누어진다는 것은

$$
\begin{aligned}
0 = \alpha(n) &= \alpha(a_k)(\alpha(10))^k + \alpha(a_{k-1})(\alpha(10))^{k-1} + \cdots + \alpha(a_0) \\
&= \alpha(a_k) + \alpha(a_{k-1}) + \cdots + \alpha(a_0) \\
&= \alpha(a_k + a_{k-1} + \cdots + a_0)
\end{aligned}
$$

여기서, $\alpha(a_k + a_{k-1} + \cdots + a_0) = 0$은 $a_k + a_{k-1} + \cdots + a_0$이 9로 나누어진다는 의미와 같다.

**예제 9** Theorem of Gersonides

정수론에서 가장 중요한 미해결문제 중의 하나는 소위 말하는 "abc 추측" 이다. 이것은 14세기에 라비 겔손나이드에 의해서 최초로 증명된 한 정리의 일반화된 문제이다. 겔손나이드는 $2^m$ 과 $3^n$ 차이가 1 인 $(2^m = 3^n \pm 1)$ 경우는 1,2;2,3;3,4;8,9 4쌍 뿐임을 증명하였다.

먼저, $2^m = 3^n + 1$에 대하여 이것이 성립함을 보이기 위해, 임의의 $n$에 대하여 $3^n \bmod 8 = 3$ 또는 1이다. 따라서, $(3^n + 1) \bmod 8 = 4$ 또는 2이다. 한편, $m > 3$에 대하여 $2^m \bmod 8 = 0$이다.

$2^m = 3^n - 1$ 경우를 취급하기 위해서, 먼저 임의의 $n$에 대하여, $n \bmod 4$의 값에 따라, $3^n \bmod 16 = 3, 9, 11$ 또는 1이다. 따라서, $(3^n - 1) \bmod 16 = 2, 8, 10$ 또는 0이다. $m \geq 4$에 대하여 $2^m \bmod 16 = 0$이므로, 우리는 $n \bmod 4 = 1, 2$ 또는 3인 경우를 제외시킨다. $3^{4k} \bmod 5 = (3^4)^k \bmod 5 = 1^k \bmod 5 = 1$이기 때문에, 우리는 $(3^{4k} - 1) \bmod 5 = 0$ 임을 알 수 있다. 그러나 $2^m \bmod 5$는 2,4,3 그리고 1이다. 이 모순으로 증명이 되었다.

## 환준동형사상의 성질(Properties of Ring Homomorphisms)

**정리 15.1 환준동형사상의 성질**

$\phi$는 환 $R$에서 환$S$에로의 환의 준동형사상 이라하자. $A$는 $R$의 부분환이고 $B$는 $S$의 이데알이라 하자.

1. 임의의 $r \in R$ 와 임의의 양의정수$n$에 대하여, $\phi(nr) = n\phi(r)$이고 $\phi(r^n) = (\phi(r))^n$이다.
2. $\phi(A) = \{\phi(a) | a \in A\}$ 는 $S$의 부분환이다.
3. 만약 $A$는 이데알이고 $\phi$가 $S$위에로 전사이면 $\phi(A)$는 이데알이다.
4. $\phi^{-1}(B) = \{r \in R \mid \phi(r) \in B\}$는 $R$의 이데알이다.
5. 만약 $R$이 교환법칙을 만족하면 $\phi(R)$도 교환법칙이 성립한다.
6. 만약 $R$이 단위원 1를 갖고 $S \neq \{0\}$, $\phi$가 전사이면, $\phi(1)$은 $S$의 단위원이다.
7. $\phi$가 동형사상이 되기 위한 필요충분조건은 $\phi$가 전사이고 $Ker\phi = \{r \in R \mid \phi(r) = 0\} = \{0\}$이다.
8. 만약 $\phi$가 $R$에서 $S$위로 가는 동형사상이면 $\phi^{-1}$은 $S$에서 $R$위로 가는 동형사상이다.

**증명** 이 성질들의 증명은 정리 10.1과 정리 10.2에서와 같은 방법으로 할 수 있으며 연습문제로 남긴다(연습문제 1). □

독자는 정리 15.1의 기호들 표현만 아니라 부차적으로 말로 이야기되는 여러 가지 성질들을 배워야 한다. 성질2는 부분환의 준동형상은 부분환이 된다는 것이고, 성질4는 이데알의 역상은 이데알이 된다는 것이다.

다음 3가지 정리들은 군에 그것들과 대비되는 것들이다.

그 증명들은 군의 이론에서 해당되는 부분들과 거의 일치하며, 이 장의 연습문제로 남긴다.(연습문제 2, 3, 4)

**정리 15.2 핵은 이데알이다(Kernels are Ideals)**

$\phi$는 환 $R$에서 환$S$에로의 환의 준동형사상 이라하자. 그러면 $Ker\phi=\{r\in R\,|\,\phi(r)=0\}$는 $R$의 이데알이다.

**정리 15.3 환의 제1동형정리(First Isomorphism Theorem for Rings)**

$\phi$는 환 $R$에서 환$S$에로의 환의 준동형사상 이라하자. $R/Ker\phi$에서 $\phi(R)$에로 가는 사상, $r+Ker\phi\to\phi(r)$는 환동형사상이다. 기호로 표시하면, $R/Ker\phi\approx\phi(R)$이다.

**정리 15.4 이데알은 핵이다(Ideals are Kernels)**

환 $R$의 임의의 이데알은 $R$에서 정의된 환준동형사상의 커널이다. 특히, 이데알 $A$는 $R$에서 $R/A$로 정의된 함수 $r\to r+A$의 핵이다.

정리 15.4에서 정의된 $R$에서 $R/A$ 에로의 준동형사상을 $R$에서 $R/A$ 에로의 자연준동형사상 이라 한다. 정리 15.3은 종종 환준동형사상의 기본정리라 말한다. 14장 예제 17에서 우리는 $\langle x\rangle$가 $\mathbb{Z}[x]$ 의 소이데알이지만 극대이데알이 아님을 직접 증명하였다.

다음 예는 이런 종류의 문제를 더 잘 설명해 주고 있다.

**예제 10** 함수 $\phi$는 $Z[x]$에서 $Z$ 위에로 $\phi(f(x))=f(0)$로 주어지면 $\phi$는 환준동형사상으로 $Ker\phi=\langle x\rangle$(14장 연습문제29)이다. 따라서 정리 15.3에 의하여 $Z[x]/\langle x\rangle\approx Z$이다. 그리고 $Z$는 정역이고 체가 아니므로 정리14.3과 정리14.4에 의해서 $\langle x\rangle$는 소이데알이고 극대이데알은 아니다. ■

**정리 15.5 정수환 $\mathbb{Z}$에서 단위원을 갖는 환에로의 준동형사상(Homomorphism from Z to a Ring with Unity)**

$R$은 단위원 1을 갖는 환이다. $\phi:\mathbb{Z}\to R$로 $n\to n\cdot 1$로 주어진 함수라면 $\phi$는 환준동형사상 이다.

**증명** 곱셈군에서 $a^{m+n}=a^m a^n$의 성질을 덧셈군에서 표현하면 $(m+n)a=ma+na$가 성립한다. 따라서 $\phi(m+n)=(m+n)\cdot 1=m\cdot 1+n\cdot 1$. 즉, $\phi$는 덧셈을 보존한다.

12장 연습문제 15의 "임의의 $m,n$에 대하여 $(m\cdot a)(n\cdot b)=(mn)\cdot(ab)$가 성립한다"에 의해서 $\phi$는 곱셈을 보존한다. 즉 $\phi(mn)=(mn)\cdot 1=(mn)\cdot((1)(1))=(m\cdot 1)(n\cdot 1)$ $=\phi(m)\phi(n)$이다. 따라서, $\phi$는 곱셈도 보존한다. □

**따름 정리 1 단위원을 갖는 환은 $\mathbb{Z}_n$이나 $\mathbb{Z}$를 품는다(A Ring with Unity Contains $\mathbb{Z}_n$ or $\mathbb{Z}$)**

만약 $R$이 단위원을 품고 $R$의 특성이 $n > 0$이면 $R$은 $\mathbb{Z}_n$과 동형인 부분환을 품는다. 만약, $R$의 특성이 0이면 $R$는 $\mathbb{Z}$와 동형인 부분환을 품는다.

**증명** 1을 $R$의 단위원이라 하고, $S = \{k \cdot 1 \mid k \in \mathbb{Z}\}$라 하자. 정리 15.5에 의하여 함수 $\phi$는 $\mathbb{Z}$에서 $S$로 $\phi(k) = k \cdot 1$로 주어진 준동형사상이다. 환의 제1동형정리에 의해서 $\mathbb{Z}/Ker\phi \approx S$이다. 그런데, 분명히 $Ker\phi = \langle n \rangle$이고 $n$는 1의 덧셈에 대한 위수이다. 정리 13.3에 의해서 $n$는 역시 $R$의 특성이다. 따라서, $R$의 특성이 $n$이므로, $S \approx \mathbb{Z}/\langle n \rangle \approx \mathbb{Z}_n$이다. $R$의 특성이 0이면, $S \approx \mathbb{Z}/\langle 0 \rangle \approx \mathbb{Z}$ 이다. □

**따름 정리 2 $\mathbb{Z}_m$은 $Z$의 준동형상이다($\mathbb{Z}_m$ is a Homomorphic Image of $\mathbb{Z}$)**

임의의 양의 정수 $m$에 대하여, 사상 $\phi: \mathbb{Z} \to \mathbb{Z}_m$이 $x \to x \bmod m$으로 정의하면 환 준동형사상이 된다.

**증명** 환 $\mathbb{Z}_m$에서 정수 $x mod m = x \cdot 1$이므로 정리 15.5의 명제로부터 알 수 있다.(예를 들어, $Z_3$에서 만약 $x = 5$ 이면 $5 \cdot 1 = 1 + 1 + 1 + 1 + 1 = 2$) □

**따름 정리 3 체는 $\mathbb{Z}_p$나 $\mathbb{Q}$를 품는다(A Field Contains $\mathbb{Z}_p$ or $\mathbb{Q}$, Steinitz, 1910)**

만약 체 $F$의 특성이 $p$ 이면 $F$는 $\mathbb{Z}_p$ 와 동형인 부분체를 품는다. 그리고, 만약 체 $F$의 특성이 0이면 $F$는 유리수체 와 동형인 부분체를 품는다.

**증명** 보조 정리 1에 의해서 만약 체 $F$의 특성이 $p$이면 $F$는 $\mathbb{Z}_p$와 동형인 부분환를 품는다. 그리고, 만약 체 $F$의 특성이 0이면 $F$는 $\mathbb{Z}$와 동형인 부분환 $S$를 품는다. 후자의 경우에, $T = \{ab^{-1} | a, b \in S, b \neq 0\}$라 하자.
그러면 $T$는 유리수체와 동형이다.(연습문제 63) □

한 체의 임의의 부분체들의 교집합은 부분체이다.(연습문제 11) 임의의 체는 최소 부분체를 갖는다.(즉, 그것은 다른 모든 부분체에 품긴다는 의미이다)

이 부분체를 그 **체의 소체**(Prime Subfield)라 한다. 보조 정리 3에 의해서 특성이 $p$인 소체는 $\mathbb{Z}_p$와 동형이고, 특성이 0인 소체는 $\mathbb{Q}$와 동형이다.(연습문제 67)

## 상체(The Field of Quotients)

정역 $\mathbb{Z}$는 체는 아니지만 $\mathbb{Z}$는 적어도 한 체, 유리수체에 품긴다. 그리고, 유리수체는 정수환의 분수꼴임을 알 수 있다. 우리는 정수환으로부터 유리수체를 구성하는 방법을 흉내내어 한 정역에서 똑 같이 체를 구성할 수 있을까? 정리 15.6에서 이런 체를 구성할 수 있으며 이것을 정역 $D$의 **상체**(field of quotients of D)라 한다.

정리 15.6 의 증명 과정을 통해서 우리는 상체의 구성은 정수에서 유리수를 구성하는 것을 명심해야 한다.

**정리 15.6 상체(Field of Quotients)**

$D$를 한 정역이라 하면, 한 체 $F$( 소위 $D$ 의 상체)가 존재하며, $D$와 동형인 부분환을 품는다.

**증명** $S=\{(a,b)|a,b\in D, b\neq 0\}$라 하자. 우리는 $S$ 위에 동치관계를 다음과 같이 정의할 수 있다. 만약 $ad=bc$이면 $(a,b)\equiv(c,d)$이다. (0장. 예제 14)

$F$를 관계 $\equiv$에 관한 $S$의 동치류집합이라 하고, $(x,y)$를 품는 동치류를 $x/y$로 표시한다. 우리는 $F$ 위에 덧셈과 곱셈을 다음과 같이 정의하자.

$$a/b+c/d=(ad+bc)/bd,\quad a/b\cdot c/d=ac/bd$$

(우리는 여기서 $D$가 정역이므로 곱셈에 대하여 닫혀있음을 알 수 있다. 즉, $b\neq 0$ 이고 $d\neq 0$이면 $bd\neq 0$ 이다)

$F$의 특정 원소는 많은 다른 표현들을 갖기 때문에(유리수체에서, $1/2=3/6=4/8$), 우리는 두 연산이 잘 정의됨을 보여야 한다. 이것을 증명하기 위해서, 만약 $a/b=a'/b',\ c/d=c'/d'$이면 $ab'=a'b$ , $cd'=c'd$이다. 따라서,

$$\begin{aligned}(ad+bc)b'd' &= adb'd'+bcb'd'=(ab')dd'+(cd')bb'\\ &=(a'b)dd'+(c'd)bb'=a'd'bd+b'c'bd=(a'd'+b'c')bd.\end{aligned}$$

정의에 따라서, $(ad+bc)/(bd)=(a'd'+b'c')/(b'd')$이다.

즉, 덧셈이 잘 정의된 것이다. 곱셈이 잘 정의된다는 것은 연습문제로 남긴다(연습문제 55). $F$가 체임을 바로 확인 할 수 있다. 1를 $D$의 단위원이라 하자. 그러면, $0/1$는 $F$의 덧셈에 대한 항등원이다. 그리고, $a/b$의 덧셈에 대한 역원은 $-a/b$ 이다. 영이아닌 원소 $a/b$의 곱셈에 대한 역원은 $b/a$ 이다. 다른 체가 될 조건들은 쉽게 확인할 수 있을 것이다.

끝으로, 함수 $\phi$: $D\to F$가 $x\to x/1$로 정의하면 $\phi$는 환동형사상이 되며 $D\approx\phi(D)\leq F$가 성립한다.(연습문제 7) □

**예제 11** $D=\mathbb{Z}[x]$라 하자. $D$의 상체는 $\{f(x)/g(x)|f(x),g(x)\in D, g(x)\neq 0\}$이다. $F$가 체일 때 다항식환 $F[x]$의 상체는 $F(x)$로 표시한다.

**예제 12** $p$를 소수라 하자. $\mathbb{Z}_p(x)=\{f(x)/g(x)|f(x),g(x)\in\mathbb{Z}_p[x], g(x)\neq 0\}$는 특성이 $p$인 무한체이다.

## 연습문제

우리는 그것을 해결할 수 있다. TITLE OF SONG BY JOHN LENNON AND PAUL MACCARTNEY, December 1965

**1.** 정리 15.1을 증명하여라.

**2.** 정리 15.2를 증명하여라.

**3.** 정리 15.3을 증명하여라.

**4.** 정리 15.4를 증명하여라.

**5.** $\mathbb{Z}_5$에서 $\mathbb{Z}_{10}$에로의 $x \to 5x$로의 대응은 덧셈을 보존하지 못함을 설명하여라.

**6.** $\mathbb{Z}_4$에서 $\mathbb{Z}_{12}$에로의 $x \to 3x$로의 대응은 곱셈을 보존하지 못함을 설명하여라.

**7.** 정리 15.6의 증명에서 함수 $\phi$: $D \to F$가 환준동형사상임을 보여라.

**8.** 임의에 $\phi$가 $\mathbb{Z}_n$에서 자기자신으로 가는 환준동형사상이면 $\phi(x) = ax$ 이고 $a^2 = a$ 의 형태를 갖춤을 보여라.

**9.** $\phi$가 $\mathbb{Z}_m$에서 $\mathbb{Z}_n$에로 가는 환준동형사상이다. 만약 $\phi(1) = a$이면 $a^2 = a$임을 증명하여라. 그 역명제는 거짓임을 예를 들어라.

**10.** $a$. 환 $2\mathbb{Z}$는 환 $3\mathbb{Z}$와 동형인가?

$b$. 환 $2\mathbb{Z}$는 환 $4\mathbb{Z}$와 동형인가?

**11.** 어떤 체 $F$의 임의의 부분체들의 교집합은 체 $F$의 부분체임을 증명하여라.(이 연습문제는 이 장에서 언급된 것이다)

**12.** $\mathbb{Z}_3[i] = \{a + bi \mid a, b \in \mathbb{Z}_3\}$(13장 예9 참조)라 하자. 체 $Z_3[i]$는 체 $\mathbb{Z}_3[x]/\langle x^2 + 1 \rangle$와 환동형임을 보여라.

**13.** $S = \left\{ \begin{bmatrix} a & b \\ -b & a \end{bmatrix} \middle| a, b \in R \right\}$이라 하자. 함수 $\phi$ : $C \to S$ 가 $\phi(a + bi) = \begin{bmatrix} a & b \\ -b & a \end{bmatrix}$로 주어지면 환동형사상임을 보여라.

**14.** $\mathbb{Z}[\sqrt{2}] = \{a + b\sqrt{2} \mid a, b \in \mathbb{Z}\}$라 하자. $H = \left\{ \begin{vmatrix} a & 2b \\ b & a \end{vmatrix} \middle| a, b \in \mathbb{Z} \right\}$이면, $\mathbb{Z}[\sqrt{2}]$ 와$H$ 는 환동형사상임을 보여라.

**15.** 어떤 함수가 $M_2(\mathbb{Z})$에서 $\mathbb{Z}$에로 $\begin{bmatrix} a & b \\ c & d \end{bmatrix} \to a$로 주어질 때 $\phi$는 환준동형사상 인지 아닌지 밝혀라.

**16.** $R = \left\{ \begin{bmatrix} a & b \\ 0 & c \end{bmatrix} \middle| a, b, c \in \mathbb{Z} \right\}$라 하자. 함수 $\begin{bmatrix} a & b \\ 0 & c \end{bmatrix} \to a$ 가 환준동형사상인지 아닌지 밝혀라.

**17.** 어떤 함수가 $\mathbb{Z}_5$에서 $\mathbb{Z}_{30}$에로 $x \to 6x$로 주어지면 환준동형사상인가? 단위원의 상이 준동형상의 단위원이지만 $\mathbb{Z}_{30}$의 단위원은 아님을 밝히면 된다.

**18.** 어떤 함수가 $\mathbb{Z}_{10}$에서 $\mathbb{Z}_{10}$에로 $x \to 2x$로 주어지면 환준동형사상인가?

**19.** 예제 3에서 환준동형사상의 핵을 구하여라.

**20.** 환의 한 원소 $a$가 $a^2 = a$이면 멱등원이라 한다. 환의 준동형사상은 멱등원을 멱등원으로 대응시킴을 증명하여라.

**21.** $\mathbb{Z}_6$에서 $\mathbb{Z}_6$에로의 모든 환준동형사상을 결정하여라.

**22.** $\mathbb{Z}_{20}$에서 $\mathbb{Z}_{30}$에로의 모든 환준동형사상을 결정하여라.

**23.** $\mathbb{Z}$에서 $\mathbb{Z}$에로의 모든 환준동형사상을 결정하여라.

**24.** $\phi$는 $\mathbb{Z}\oplus\mathbb{Z}$ 에서 $\mathbb{Z}\oplus\mathbb{Z}$에로의 한 환준동형사상이라 하면 $\phi((1,0))$는 어떤 원소일까?

**25.** $\mathbb{Z}\oplus\mathbb{Z}$에서 $\mathbb{Z}\oplus\mathbb{Z}$에로의 모든 환준동형사상을 결정하여라.

**26.** $\mathbb{Z}$에서 $A=\langle 2\rangle$, $B=\langle 8\rangle$이라 하자. 군 $A/B$는 군 $\mathbb{Z}_4$와 군동형이고, 환 $A/B$는 환 $\mathbb{Z}_4$와 환동형은 성립하지 못함을 보여라.

**27.** $R$는 단위원을 갖는 환이고 $\phi$는 환 $R$에서 원소 개수가 1개 보다 많은 환$S$ 위에로의 환의 준동형사상 이라하면, $S$가 단위원을 갖음을 증명하여라.

**28.** $(\mathbb{Z}\oplus\mathbb{Z})/(\langle a\rangle\oplus\langle b\rangle)$은 $\mathbb{Z}_a\oplus\mathbb{Z}_b$ 와 환동형임을 보여라.

**29.** $\mathbb{Z}\oplus\mathbb{Z}$ 에서 $\mathbb{Z}$로 가는 환준동형사상을 모두 찾아라.

**30.** 3개의 연속된 정수들의 제곱들의 합은 제곱수가 될 수 없음을 보여라.

**31.** $m$ 은 양의 정수이고 정수 $m$의 각 자리수를 재정렬하여 만든 수를 $n$이라 하자.(예를 들어 72345는 35274를 재정렬한 수이다) $m-n$이 9로 나누어짐을 보여라.

**32.** (11로 나누어지는 판별방법) 정수 $n$을 10진수 $a_ka_{k-1}\cdots a_1a_0$로 표현할 때, $n$이 11로 나누어진다는 것은 $a_0-a_1+a_2-\cdots(-1)^ka_k$ 가 11로 나누어진다는 것과 같음을 증명하여라.

**33.** 자연수 $7,176,825,942,116,027,211$은 9로 나누어지고 11로는 나누어지지 않음을 보여라.

**34.** 자연수 $9,897,654,527,609,805$은 99로 나누어짐을 보여라.

**35.** (3로 나누어지는 판별방법)$n$이 3로 나누어진다는 것은 $a_0+a_1+a_2+\cdots+a_k$ 가 3로 나누어진다는 것과 같음을 증명하여라.

**36.** (4로 나누어지는 판별방법) 정수 $n$을 10진수 $a_ka_{k-1}\cdots a_1a_0$로 표현할 때, $n$이 4로 나누어진다는 것은 $a_1a_0$ 가 4로 나누어진다는 것과 같음을 증명하여라.

**37.** $111,111,111,\cdots,111$꼴의 소수는 존재할 수 없음을 보여라.

**38.** 어떤 정수 $n$가 $a,111,111,111,111,111,111,111,111,12b$이다. $n$가 99에 의해서 나누어지도록 $a,b$값을 찾아라.

**39.** $n$ 은 양의 정수로 $n=a_k3^k+a_{k-1}3^{k-1}+\cdots+a_13+a_0$, 각 $a_i$ 는 $0,1,2$($n$ 의 3 진수 표현)중의 하나이다. $n$이 짝수일 필요충분조건은 $a_k+a_{k-1}+\cdots+a_1+a_0$가 짝수임을 증명하여라.

**40.** 바로 전의 연습문제에서 4로 나누지기 위한 조건에 대하여 같은 방법으로 논의하여라.

**41.** $(2\cdot 10^{75}+2)^{100}\bmod 3$ 과 $(10^{100}+1)^{99}\bmod 3$를 계산하여라.

**42.** $\mathbb{Q}$에서 $\mathbb{Q}$에로의 모든 환준동형사상을 결정하여라.

**43.** $R$과 $S$는 단위원을 갖는 가환환들이다. 만약 $\phi$가 환 $R$에서 환$S$에로의 환의 준동형사상이고, 환 $R$의 특성은 영이 아니면 환 $S$의 특성은 환 $R$의 특성을 나눈다는 것을 증명하여라.

**44.** 가환환 $R$은 소수$p$의 특성을 갖는다. **프로베니우스(Frobenius)사상** $x\to x^p$ 는 $R$에서 $R$로 가는 환준동형사상임을 보여라.

**45.** 실수체에서 어떤 환 위에로 가고, 그 핵이 정수환인 환준동형사상이 존재할까?

**46.** 한 체에서 원소 개수가 2개 이상인 환 위로의 준동형사상은 동형사상 이어야함을 보여라.

**47.** $R$과 $S$는 단위원을 갖는 가환환들이다. $\phi$가 $R$에서 $S$위에로의 환의 준동형사상 이고 $A$를 $S$의 이데알이라 하자.

a. 만약 $A$가 $S$에서 소이데알이면, $\phi^{-1}(A)=\{x\in R \mid \phi(x)\in A\}$도 $R$의 소이데알임을 보여라.

b. 만약 $A$가 $S$에서 극대이데알이면, $\phi^{-1}(A)$도 $R$의 극대이데알임을 보여라.

**48.** **주이데알환**(principal ideal ring)은 어떤 환의 모든 이데알이 $\langle a\rangle$꼴일때를 말한다. 주이데알환의 환준동형상은 주이데알환임을 보여라.

**49.** $R$과 $S$는 환이다.

a. $R\oplus S$에서 $R$위에로의 함수가 $(a,b)\to a$인 환준동형사상임을 보여라.

b. $R$에서 $R\oplus S$에로 함수가 $a\to(a,0)$인 $1-1$인 환준동형사상임을 보여라.

c. $R\oplus S$는 $S\oplus R$와 환동형임을 보여라.

**50.** 만약 $m$과 $n$이 서로다른 양의정수이면 $m\mathbb{Z}$는 $n\mathbb{Z}$와 환동형이 아님을 보여라.

**51.** 실수체가 복소수체에로 환동형사상이 있는지? 없는지? 증명하여라.

**52.** 실수체에서의 환자기동형사상은 항등사상 뿐임을 보여라.

**53.** $\mathbb{R}$에서 $\mathbb{R}$에로의 모든 환준동형사상을 결정하여라.

**54.** $n$이 $m$을 나누고 $a$는 $\mathbb{Z}_n$의 멱등원이다.(즉, $a^2=a$) $\mathbb{Z}_m$에서 $\mathbb{Z}_n$에로 $a\to ax$인 사상은 환준동형사상임을 보여라. 그리고, 만약 $n$이 $m$을 나누지 않으면 위에 정의한 대응은 환준동형사상이 아님을 보여라.

**55.** 정리 15.6의 증명에서 정의되는 곱셈 연산이 잘 정의됨을 보여라.

**56.** $\mathbb{Q}[\sqrt{2}]=\{a+b\sqrt{2}\mid a,b\in\mathbb{Q}\}$와 $\mathbb{Q}[\sqrt{5}]=\{a+b\sqrt{5}\mid a,b\in\mathbb{Q}\}$에서 두 환은 환동형이 않됨을 보여라.

**57.** $\mathbb{Z}[i]=\{a+bi\mid a,b\in\mathbb{Z}\}$라 하자. $\mathbb{Z}[i]$의 상체는 $\mathbb{Q}[i]=\{r+si\mid r,s\in\mathbb{Q}\}$와 환동형임을 보여라.(이 연습문제는 18장에서 논의된다)

**58.** $F$가 체일 때 $F$의 상체는 $F$ 자신과 환동형임을 보여라.

**59.** $D$는 정역이고 $F$를 $D$의 상체라 하자. 만약 $E$가 $D$를 품는 임의의 체라 하면 $E$는 $F$와 환동형인 부분체를 품는 것을 보여라.( 따라서, 정역 $D$의 상체는 $D$를 품는 최소체이다)

**60.** 정역이 아닌 단위원을 갖는 가환환은 어떤 체에도 품길수 없는 이유를 설명하여라.(정리 15.6과 비교하여라)

**61.** 정리 15.6의 증명에서 정의된 관계 $\equiv$는 동치관계임을 보여라.

**62.** 단위원을 갖지 않는 환으로 어떤 체에 품기는 예를 들어라.

**63.** 정리15.5의 보조정리3의 증명에서 집합 $T$가 유리수체와 환동형임을 증명하여라.

**64.** $\phi$는 환 $R$에서 환$S$에로의 환의 준동형사상 이고 $\phi$의 상은 $\{0\}$이 아니라 하자. 만약 $R$이 단위원을 갖고 $S$는 정역이라면 $\phi$는 $R$의 단위원을 $S$의 단위원으로 사상한다. 그리고, 만약 $S$가 정역이 아니라면 위의 명제는 성립하지 못하는 반례를 들어라.

**65.** $f(x) \in \mathbb{R}[x]$ 이다. 만약 $a+bi$ 가 $f(x)=0$ 의 복소수 근이라면($i=\sqrt{-1}$), $a-bi$ 도 $f(x)=0$ 의 근임을 보여라.(이 연습문제는 32장에서 논의한다)

**66.** $R=\left\{\begin{bmatrix} a & b \\ b & a \end{bmatrix} | a,b \in \mathbb{Z}\right\}$ 라 하고, $\phi$ 는 $\begin{bmatrix} a & b \\ b & a \end{bmatrix}$ 에서 $a-b$ 로 가는 사상이라 하자.

a. $\phi$ 가 준동형사상임을 보여라.

b. $\phi$ 의 핵을 구하여라.

c. $Ker\phi$ 는 소이데알인가?

d. $Ker\phi$ 는 극대이데알인가?

**67.** 특성이 $p$ 인 체의 소체(prime subfield)는 $\mathbb{Z}_p$ 와 환동형이고, 특성이 0 인 체의 소체는 $\mathbb{Q}$ 와 환동형임을 보여라.

**68.** $n$ 는 양의 정수이다. $\mathbb{Z}_2$ 에서 $\mathbb{Z}_{2n}$ 의 부분화과 환동형사상이 존재하기위한 필요충분조건은 $n$ 이 홀수임을 보여라.

**69.** $m,n$ 이 서로소 이면 $\mathbb{Z}_{mn}$ 은 $\mathbb{Z}_m \oplus \mathbb{Z}_n$ 와 환동형임을 보여라.

# 16절 다항식환(Polynomial Rings)

재치는 서로 다른 것들 사이의 유사성과 서로 같은 것들 사이의 차이점을 인식하는데 있다. Madame De Stael

## 기호와 용어(Notation and Terminology)

학생들이 가장 친숙하고 가장 편하게 생각하는 수학개념중의 하나는 다항식환의 개념일 것이다. 고교과정에서 학생들은 정수계수, 유리수계수, 실수계수 그리고 심지어 복소수계수를 갖는 다항식들에 대하여 배운다.

이 책의 전반부 장들에서 우리는 $\mathbb{Z}_n$를 계수로 갖는 새로운 다항식에 관한 것을 소개하였다. 이런 다항식들의 집합들 모두는 환이다. 그리고, 각 경우에 계수들의 집합도 역시 환이다. 이장에서는 이 사례들을 하나로 추상화 할 것이다.

### 정의: 환 $R$위에서의 다항식환 (Ring of Polynomials over R)

$R$를 가환환이라 하자. 형식적 표현들의 집합

$$R[x] = \{a_n x^n + a_{n-1}x^{n-1} + \cdots + a_1 x + a_0 | a_i \in R, n \geq 0\}$$

을 $R$위에서 **부정원 $x$의 다항식환**(ring of polynomials over R in the indeterminate x)이라 부른다.

$$R[x] = \{a_n x^n + a_{n-1}x^{n-1} + \cdots + a_1 x + a_0 | a_i \in R, n \geq 0\}$$

$R[x]$의 두 원소 $a_n x^n + a_{n-1}x^{n-1} + \cdots + a_1 x + a_0$와 $b_m x^m + b_{m-1}x^{m-1} + \cdots + b_1 x + b_0$가 같다는 것은 음수가 아닌 모든 $i$에 대하여 $a_i = b_i$ 이다.($i > n$이면 $a_i = 0$이고, $i > m$이면 $b_i = 0$이다)

이 정의에서, 기호들 $x, x^2, \cdots, x^n$은 미지수나 환$R$로부터 나온 변수를 표현하는 것이 아니다. 오히려, 그것들의 목적은 환의 원소들 $a_n, a_{n-1}, \cdots, a_0$를 서로 분리해서 그 편리한 위치를 나타낸 것이다. 우리는 한 다항식을 $x$에 대한 무한수열 $a_0, a_1, \cdots, a_{n-1}, a_n, 0, 0, 0, \cdots$로 표현할 수도 있지만, 위와 같이 다항식을 취급하는 방법이 학생들이 변수를 나타내는 $x$로 잘 다루는 경험을 갖고 있기 때문이다. 이 방법의 불리한 조건은 다항식으로 정해지는 함수와 혼돈하지 않도록 주의해야한다.

예를 들어, $\mathbb{Z}_3[x]$에서 두 다항식 $f(x) = x^3$과 $f(x) = x^5$는 모든 $a \in \mathbb{Z}_3$에 대하여 $f(a) = g(a)$ 이므로 $\mathbb{Z}_3$에서 $\mathbb{Z}_3$으로 가는 같은 함수이다. 그러나 $f(x)$와 $g(x)$는 $\mathbb{Z}_3[x]$에서 서로 다른 다항식이다. 또한, $\mathbb{Z}_n[x]$에서 $n$을 법으로 하는 계수들은 축소되지만 지수들은 같지 않음에 유의해야한다.

예를 들어, $\mathbb{Z}_3[x]$에서 $5x = 2x$ 이지만 $x^5 \neq x^2$이다.

$R[x]$가 환이 되기 위해서, 통상적인 방법으로 덧셈과 곱셈을 정의 한다.

**정의: $R[x]$에서의 덧셈과 곱셈(Addition and Multiplication in R$[x]$)**

$R$은 가환환이다. $R[x]$의 두 원소 $f(x)=a_nx^n+a_{n-1}x^{n-1}+\cdots+a_1x+a_0$와 $g(x)=b_mx^m+b_{m-1}x^{m-1}+\cdots+b_1x+b_0$에 대하여,

$$f(x)+g(x)=(a_s+b_s)x^s+(a_{s-1}+b_{s-1})x^{s-1}+\cdots+(a_1+b_1)x+a_0+b_0$$

여기서, $s$는 $m,n$의 최댓값이고, $i>n$이면 $a_i=0$이고, $i>m$이면 $b_i=0$이다.

또한, $f(x)g(x)=c_{m+n}x^{m+n}+c_{m+n-1}x^{m+n-1}+\cdots+c_1x+c_0$

여기서, 각 $k=0,1,\cdots,m+n$에 대하여

$$c_k=a_kb_0+a_{k-1}b_1+\cdots+a_1b_{k-1}+a_0b_k$$

---

곱셈의 정의가 복잡하게 보일수도 있지만, 그것은 분배법칙을 적용하고 동류항 끼리 정리하는 친숙한 과정의 형식적인 계산에 불과하다. 가환환 위에서의 다항식들의 곱셈과 같이 다항식들은 항상 곱셈이 가능하다.

예를 들어, $\mathbb{Z}_3[x]$에서 $f(x)=2x^3+x^2+2x+2$ 와 $g(x)=2x^2+2x+1$에서 앞의 다항식 계수 표현에 따르면, $a_5=0, a_4=0, a_3=2, a_2=1, a_1=2, a_0=2$이고, $b_5=0, b_4=0, b_3=0, b_2=2, b_1=2, b_0=1$이다.

다항식의 계수들의 덧셈과 곱셈의 정의에 따라 mod3으로 계산해보면,

$$\begin{aligned}f(x)+g(x)&=(2+0)x^3+(1+2)x^2+(2+2)x+(2+1)\\&=2x^3+0x^2+1x+0=2x^3+x\\f(x)g(x)&=(0\cdot1+0\cdot2+2\cdot2+1\cdot0+2\cdot0+2\cdot0)x^5+(0\cdot1+2\cdot2\\&\quad+1\cdot2+2\cdot0+2\cdot0)x^4+(2\cdot1+2\cdot2+2\cdot2)x^3\\&\quad+(1\cdot1+2\cdot2+2\cdot2)x^2+(2\cdot1+2\cdot2)x+2\cdot1\\&=x^5+0x^4+2x^3+0x^2+0x+2\\&=x^5+2x^3+2\end{aligned}$$

다항식의 덧셈과 곱셈의 정의로부터 곱셈에 대한 교환법칙과 결합법칙, 그리고 덧셈에 관한 분배법칙이 공식화된다. $R[x]$가 환이 됨을 확인해 보는 것은 독자에게 맡긴다.

이제 다항식에 대한 몇 가지 용어들을 소개하고자 한다. 만약

$$f(x)=a_nx^n+a_{n-1}x^{n-1}+\cdots+a_1x+a_0,$$

여기서 $a_n\neq0$이면, $f(x)$의 **차수(degree)**는 $n$이고, $a_n$을 $f(x)$의 **최고차항의 계수(leading coefficient)**라 하고, 만약 $a_n=1$일 때 $f(x)$를 **모닉다항식(monic polynomial)**이라고 한다.

다항식 $f(x)=0$이면 차수를 갖지 않는다고 하며, 다항식이 $f(x)=a_0$이면 **상수다항식(constant)**이라 한다. $f(x)$의 차수가 $n$이면 $\deg f(x)=n$이라 쓴다. 실수계수 다항식들에 대한 경험을 통하여,

우리는 다음과 같은 통상적인 표시방법을 채택한다. 우리는 $0x^k$의 항을 넣을 수도 있고 뺄 수도 있다. $1x^k$는 $x^k$로 쓰고: $+(-a_k)x^k$은 $-a_kx^k$로 쓴다.

아주 많은 경우 환 $R$의 성질들은 다항식환 $R[x]$로 보존된다. 바로 논의할 처음 정리가 여기 있다.

**정리 16.1 $D$가 정역이면 $D[x]$도 정역이다**

만약 $D$가 정역이면 $D[x]$도 정역임을 증명하여라.

**증명** 우리는 이미 $D[x]$가 환임을 알고 있으므로, $D[x]$가 단위원을 갖고 교환법칙이 성립하고 영인자를 갖지 않음을 보이면 된다.

$D$와 같이 $D[x]$도 교환법칙이 성립한다. 1 이 $D$의 단위원 이면 $f(x)=1$이 $D[x]$의 단위원이다. 끝으로,

$$f(x)=a_nx^n+a_{n-1}x^{n-1}+\cdots+a_1x+a_0,$$

$$g(x)=b_mx^m+b_{m-1}x^{m-1}+\cdots+b_1x+b_0,$$

여기서 $a_n\neq 0, b_m\neq 0$이라 가정하면, 정의에 의해서 $f(x)g(x)$의 최고차항 $a_nb_m$은 $D$가 정역이므로 $a_nb_m\neq 0$이다. □

## 나눗셈 알고리즘과 그 결과(The Division Algorithm and Consequences)

우리가 계속적으로 사용했던 정수의 성질중의 하나는 나눗셈 알고리즘이다: 만약 $a$와 $b$가 정수이고 $b\neq 0$이면, 유일한 정수 $q$와 $r$이 존재하여 $a=bq+r$이 성립하고 $0\leq r<|b|$ 이다.

다음 정리는 체위에서 다항식들에 대한 유사한 명제이다.

**정리 16.2 $F[x]$에 대한 나눗셈 알고리즘(Division Algorithm for F$[x]$)**

만약 $F$가 체이고, $f(x), g(x)\in F[x]$, $g(x)\neq 0$이면, $F[x]$에 유일한 다항식 $q(x), r(x)$가 존재하여 $f(x)=g(x)q(x)+r(x)$가 성립하고 $r(x)=0$이거나 $\deg r(x)<\deg g(x)$이다.

**증명** 우리는 먼저 $q(x)$와 $r(x)$의 존재에 대하여 알아보자.

만약 $f(x)=0$ 이거나 $\deg f(x)<\deg g(x)$이면, 우리는 단순히 $q(x)=0, r(x)=f(x)$라 하면 된다.

따라서, 우리는 $n=\deg f(x)\geq \deg g(x)=m$이라 하고,

$$f(x)=a_nx^n+a_{n-1}x^{n-1}+\cdots+a_1x+a_0,$$

$$g(x)=b_mx^m+b_{m-1}x^{m-1}+\cdots+b_1x+b_0,$$

라 하자.

이 증명의 숨은 생각은 $f(x)$를 $g(x)$로 긴 나눗셈을 하는 것에 불과하다.

그러면, $\deg f(x)$에 관한 수학적귀납법제2원리(Second Principle of Mathematical Induction)를 적용하여 증명한다. 긴 나눗셈에 따라서, $f_1(x) = f(x) - a_n b_m^{-1} x^{n-m} g(x)$라 하자. 그러면, $f_1(x) = 0$ 이거나 $\deg f_1(x) < \deg f(x)$이다. 따라서, 수학적귀납법 가정에 의해서 $F[x]$에 $q_1(x)$와 $r_1(x)$가 존재하여 $f_1(x) = g(x)q_1(x) + r_1(x)$이고 $r_1(x) = 0$이거나 $\deg r_1(x) < \deg g(x)$ 이다

[기술적으로, 우리는 수학적귀납법의 출발은 $\deg f(x) = 0$에서 시작하고 이 경우의 성립은 당연하다.]

따라서,

$$\begin{aligned} f(x) &= a_n b_m^{-1} x^{n-m} g(x) + f_1(x) \\ &= a_n b_m^{-1} x^{n-m} g(x) + g(x)q_1(x) + r_1(x) \\ &= (a_n b_m^{-1} x^{n-m} + q_1(x))g(x) + r_1(x). \end{aligned}$$

따라서, 다항식 $q(x) = a_n b_m^{-1} x^{n-m} + q_1(x)$, $r(x) = r_1(x)$라 하면 위의 식이 성립한다.

다음은 유일성에 대하여 증명하자.

만약 $f(x) = g(x)q(x) + r(x)$이고 $f(x) = g(x)\bar{q}(x) + \bar{r}(x)$라 하고, 여기서, $r(x) = 0$이거나 $\deg r(x) < \deg g(x)$이고, $\bar{r}(x) = 0$이거나 $\deg \bar{r}(x) < \deg g(x)$이다.

이 두식을 빼면,

$$\begin{aligned} 0 &= g(x)[q(x) - \bar{q}(x)] + [r(x) - \bar{r}(x)] \\ \bar{r}(x) - r(x) &= g(x)[q(x) - \bar{q}(x)] \end{aligned}$$

따라서, $\bar{r}(x) - r(x) = 0$ 이거나 $\bar{r}(x) - r(x)$의 차수가 $g(x)$의 차수보다는 크거나 같다. 그러나 후자는 불가능함으로 $\bar{r}(x) = r(x)$이다. 따라서 $q(x) = \bar{q}(x)$도 성립한다. □

이 나눗셈 알고리즘에서 $f(x)$를 $g(x)$로 나눌 때 $q(x)$와 $r(x)$를 **상(quotient)**과 **나머지(remainder)**라 부른다. 다항식환의 계수환이 체일 때는 우리는 긴 나눗셈 과정을 거처 상과 나머지를 구할 수 있다.

**예제 1** $\mathbb{Z}_5[x]$에서 $f(x) = 3x^4 + x^3 + 2x^2 + 1$을 $g(x) = x^2 + 4x + 2$로 나눌 때 그 상과 나머지를 구하기 위해서는 $\bmod 5$에 의한 덧셈과 곱셈을 생각하고 긴 나눗셈을 시행하여 구한다.

$$\begin{array}{r|l} & 3x^2 + 4x \\ \hline x^2 + 4x + 2 & 3x^4 + x^3 + 2x^2 \qquad + 1 \\ & 3x^4 + 2x^3 + x^2 \\ \hline & \qquad 4x^3 + x^2 \qquad + 1 \\ & \qquad 4x^3 + x^2 + 3x \\ \hline & \qquad\qquad 2x + 1 \end{array}$$

따라서, $3x^2+4x$가 상이고 $2x+1$이 나머지이다. 그럼으로,

$$3x^4+x^3+2x^2+1=(x^2+4x+2)(3x^2+4x)+2x+1.$$

---

$D$는 정역이다. 만약 $f(x),\ g(x) \in D[x]$ 일 때, 적당한 $h(x) \in D[x]$ 가 존재하여 $f(x)=g(x)h(x)$가 성립하면 $g(x)$가 $f(x)$를 **나눈다**고 한다.[$g(x)|f(x)$로 표기한다]. 이 경우에, $g(x)$를 $f(x)$의 **인수(factor)**라 말한다.

한 원소 $a$가 $f(a)=0$이면 $a$는 다항식 $f(x)$의 **근이(zere root)**라 한다.[$f(a)$는 $f(x)$에 대하여 $x$ 대신에 $a$를 대입한 것이다.]

$F$가 체이고, $a \in F$, $f(x) \in F[x]$ 일 때, 만약 $(x-a)^k$가 $f(x)$의 인수이고 $(x-a)^{k+1}$은 $f(x)$의 인수가 되지 못할 때 $a$는 **중복도가 $k$인(zere of multiplicity k)** 근이라 한다.

위의 정의에 따라서 나눗셈알고리즘에 대한 몇가지 중요한 보조정리들을 소개할 것이다. 우리는 이미 $F$가 실수체일 때의 특별한 경우는 잘 알고 있다.

**따름 정리 1 나머지정리(The Remainder Theorem)**

$F$가 체이고, $a \in F$, $f(x) \in F[x]$ 일 때, $f(a)$는 $f(x)$를 $x-a$로 나눈 나머지이다.

**증명** 연습문제 5로 남긴다. □

**따름 정리 2 인수정리(The Factor Theorem)**

$F$가 체이고, $a \in F$, $f(x) \in F[x]$ 일 때, $a$는 다항식 $f(x)$의 근이기 위한 필요충분조건은 $x-a$가 $f(x)$의 인수이다.

**증명** 연습문제 7 로 남긴다. □

**따름 정리 3 $n$차 다항식은 기껏해야 $n$개의 근을 갖는다**

체위에서 차수가 $n$인 다항식은 중복도를 고려하여 기껏해야 $n$개의 근을 갖는다.

**증명** $n$에 대한 수학적귀납법에 따라 증명하자.

체위에서 0차인 다항식은 근이 존재하지 않는다. 이제 차수가 $n$인 $f(x)$의 한근 $a$의 중복도가 $k$하 하자. 그러면, $f(x)=(x-a)^k q(x)$, $q(a) \neq 0$; $n=\deg f(x)=\deg(x-a)^k q(x) = k+\deg q(x)$, 따라서 $k \leq n$이다.(연습문제 17 참조바람) 만약 $f(x)$가 $a$와 다른 근들을 갖지 않는다면 증명이 된 것이다. 한편으로, 만약 $b \neq a$ 이고 $b$가 $f(x)$의 근이면, $0=f(b)=(b-a)^k q(b)$, $b$는 역시 $q(x)$ 의 근이고 그 중복도는 $f(x)$에서 갖는 중복도와 같다.(연습문제 19 참조) 수학적귀납법제2원리에 의해서 $q(x)$는 기껏해야 $n-k$개의 근을 갖

는다. 따라서 $f(x)$는 중복도를 고려하여 기껏해야 $k+n-k=n$개의 근을 갖는다. □

따름 정리 3은 일반적인 다항식환에서는 성립하지 않는다. 예를 들어, $\mathbb{Z}_6$에서의 다항식 $x^2+3x+2$은 4개의 근을 갖는다.(연습문제 3참조)

라그랑쥐는 $\mathbb{Z}_p[x]$에서의 다항식에 대해서 최초로 보조 정리 3을 증명하였다.

**예제 2** $x^n-1$의 복소수 근들

우리는 $x^n-1$의 모든복소수근들 구해보자. $\omega=\cos(360°/n)+isin(360°/n)$라하자. 드모아브르정리(0장 예제 7 참조)에 의해서 $\omega^n=1$이고 $1\le k<n$에 대하여 $\omega^k\ne 1$이다. 따라서 $1,\omega,\omega^2,\cdots,\omega^{n-1}$은 각각 $x^n-1$의 근이고, 보조 정리 3에서 그 외의 근은 존재하지 않는다.

예제 2에서의 $\omega$를 **단위원의 원시 $n$제곱근(primitive nth root of unity)**이라 한다.

나눗셈알고리즘에서 하나의 중요한 이론적 적용으로 이장을 마치고자하며, 먼저 중요한 정의하나를 소개한다.

**정의: 주정역(Principal Ideal Domain, PID)**

정역 $R$에서 임의의 이데알이 $\langle a\rangle=\{ra|r\in R\}$꼴 일 때 $R$를 **주정역(principal ideal domain)**이라고 한다.

**정리 16.3 $F[x]$는 PID이다**

$F$가 체이면 $F[x]$는 주정역이다.

**증명** 정리 16.1에서 $F[x]$는 정역이다. $I$를 $F[x]$의 임의의 이데알이라 하자. 만약 $I=\{0\}$이면 $I=\langle 0\rangle$이다. 만약 $I\ne\{0\}$이면 $I$에 속해있는 모든 원소 중에서 최소의 차수를 갖는 한 다항식을 $g(x)$라 하자. 여기서, $I=\langle g(x)\rangle$임을 보이고자 한다. $g(x)\in I$이므로 $\langle g(x)\rangle\subseteq I$이다. 임의의 $f(x)\in I$이면, 나눗셈 알고리즘에 의해서 $f(x)=g(x)q(x)+r(x)$, $r(x)=0$이거나 $\deg r(x)<\deg g(x)$이다.

$r(x)=f(x)-g(x)q(x)\in I$이므로, $g(x)$의 차수가 최소이기 때문에 뒤의 조건은 성립할 수 없다. 따라서 $r(x)=0$이다.

그럼으로 $f(x)\in\langle g(x)\rangle$이다. 즉, $I\subseteq\langle g(x)\rangle$. □

정리 16.3의 증명에서 다음 정리를 얻을 수 있다.

**정리 16.4 $I=\langle g(x)\rangle$의 판별법**

$F$가 체이고 $I$를 $F[x]$의 영이 아닌 이데알이라 하자. $g(x)\in F[x]$일 때 $I=\langle g(x)\rangle$이기위한 필요충분조건은 $g(x)$가 $I$에서 영이 아닌 최소 차수를 갖는 다항식이다.

환의 제1동형정리(정리 15.3)와 정리 16.4의 적용에 의하여 14장 예제 12에서 말한 $\mathbb{R}[x]/\langle x^2+1\rangle$이 복소수체와 환 동형임을 확인할 수 있다.

**예제 3** $\phi$는 $\mathbb{R}[x]$에서 $\mathbb{C}$위에로 $f(x)\to f(i)$로 주어진 환준동형사상이다(즉, $\mathbb{R}[x]$에서 $x$ 에 $i$을 대입하여 계산하는 것) 그러면, $x^2+1\in Ker\phi$ 이고 이것은 $Ker\phi$에서의 최소차수를 갖는 다항식이다. 따라서, $Ker\phi=\langle x^2+1\rangle$이고 $\mathbb{R}[x]/\langle x^2+1\rangle\approx\mathbb{C}$.

## 연습문제

내가 행복하지 않다고 느낄 때면 행복해 지기위해 수학을 한다. 또한 행복할 때에도 그 행복을 지키기 위해 수학을 한다.
PAUL TURĀN

**1.** 두 다항식 $f(x), g(x)\in\mathbb{Z}_5[x]$가 $f(x)=4x^3+2x^2+x+3$, $g(x)=3x^4+3x^3+3x^2+x+4$일 때, $f(x)+g(x)$, $f(x)\cdot g(x)$를 계산하여라.

**2.** $\mathbb{Z}_3[x]$에서, 서로 다른 두 다항식 $x^4+x$, $x^2+x$은 $Z_3$에서 $Z_3$에로 가는 같은 사상임을 보여라.

**3.** 다항식 $x^2+3x+2$ 는 $\mathbb{Z}_6$에서 4개의 근을 갖고 있음을 보여라.

**4.** 만약 $R$이 가환환이면, $R[x]$의 특성과 $R$의 특성이 같음을 보여라.

**5.** 정리16.2 의 보조정리1을 증명하여라.

**6.** $\mathbb{Z}_2[x]$에서 차수가 2인 모든 다항식을 열거하여라.

**7.** 정리16.2 의 보조정리2를 증명하여라.

**8.** $R$은 가환환이다. $R[x]$는 $R$과 동형인 부분환을 갖고 있음을 보여라.

**9.** 만약 $\phi: R\to S$는 환준동형사상이고, $\overline{\phi}: R[x]\to S[x]$에서
$(a_nx^n+\cdots+a_1x+a_0)\to\phi(a_n)x^n+\cdots+\phi(a_1)x+\phi(a_0)$라 정의하자. $\overline{\phi}$가 환준동형사상임을 보여라(33장의 연습문제 참조).

**10.** 만약 두 환 $R$과 $S$가 동형이면 $R[x]$와 $S[x]$가 동형임을 보여라.

**11.** $\mathbb{Z}_5[x]$에 $f(x)=x^3+2x+4$, $g(x)=3x+2$ 가 있다. $f(x)$를 $g(x)$로 나눌 때 그 상과 나머지를 구하여라.

**12.** $\mathbb{Z}_7[x]$에 $f(x)=5x^4+3x^3+1$, $g(x)=3x^2+2x+1$ 가 있다. $f(x)$를 $g(x)$로 나눌 때 그 상과 나머지를 구하여라.

**13.** $\mathbb{Z}_4[x]$에서 다항식 $2x+1$의 곱셈에 대한 역원을 구하여라.

**14.** $\mathbb{Z}[x]$에서 곱셈에 대한 역원을 갖는 상수가 아닌 다항식이 존재하는지 설명해보아라.

**15.** $p$는 소수이다. $\mathbb{Z}_p[x]$에서 곱셈에 대한 역원을 갖는 상수가 아닌 다항식이 존재하는지 설명해보아라.

**16.** 영인자를 갖지 않는 임의의 가환환에 대하여 정리16.2의 보조정리3이 거짓임을 보여라.

**17.** (차수법칙) $D$는 정역이다. $f(x), g(x) \in D[x]$일 때 $\deg(f(x) \cdot g(x)) = \deg f(x) + \deg g(x)$ 임을 증명하여라. 예를 들어, 가환환 $R$에서는 영이 아닌 두 원소 $f(x), g(x) \in R[x]$에 대하여 $\deg(f(x) \cdot g(x)) < \deg f(x) + \deg g(x)$ 인 예를 들어 설명하여라.(이 연습문제는 17장과 18장에서 언급된다)

**18.** $\mathbb{Q}[x]$에서 이데알 $\langle x \rangle$는 극대이데알임을 증명하여라.

**19.** $F$는 체이고 $f(x) \in F[x]$이다. $a$는 $f(x)$의 한 근으로 중복도가 $n$이라 하고, $f(x) = (x-a)^n q(x)$라 쓰자. 만약 $b \neq a$는 $q(x)$의 근이면, $b$는 $q(x)$에 대한 중복도는 $f(x)$에 대한 중복도와 같음을 보여라.(이 연습문제는 이 장에 언급되어 있다)

**20.** 임의의 양의정수 $n$에 대하여, 어떤 체 $F$는 기껏해서 $n$인 위수를 갖는 원소들이 기껏해서 유한개뿐임을 증명하여라.

**21.** $F$는 무한체이고 $f(x) \in F[x]$이다. 만약 $F$의 무한이 많은 원소 $a$에 대하여 $f(a) = 0$이면, $f(x) = 0$임을 보여라.

**22.** $F$는 무한체이고 $f(x), g(x) \in F[x]$이다. 만약 $F$의 무한이 많은 원소 $a$에 대하여 $f(a) = g(a)$이면, $f(x) = g(x)$임을 보여라.

**23.** $F$는 체이고 $p(x) \in F[x]$이다. 만약 $f(x), g(x) \in F[x]$이고 $\deg f(x) < \deg p(x)$, $\deg g(x) < \deg p(x)$이면 $f(x) + \langle p(x) \rangle = g(x) + \langle p(x) \rangle$일 때 $f(x) = g(x)$임을 보여라.(이 연습문제는 20장에서 언급된다)

**24.** $\mathbb{Z}[x]$은 주이데알정역이 아님을 증명하여라.(정리 16.3과 비교하여라)

**25.** 정수계수를 갖고 $1/2$와 $-1/3$을 근으로 갖는 다항식을 구하여라.

**26.** $f(x) \in \mathbb{R}[x]$이다. $f(x)$의 도함수를 $f'(x)$라 할 때 $f(a) = 0$이고 $f'(a) \neq 0$이면, $f(x)$에 대한 근 $a$의 중복도는 1임을 보여라.

**27.** 정리16.2의 보조정리2는 단위원을 갖는 모든 가환환에 대하여 참임을 보여라.

**28.** 정리16.2의 보조정리3은 정역위의 다항식환에 대하여 참임을 보여라.

**29.** $F$는 체이고, $I = \{a_n x^n + a_{n-1} x^{n-1} + \cdots + a_0 | a_n, \cdots, a_0 \in F, a_n + \cdots + a_0 = 0\}$라 하자. $I$는 $F[x]$의 이데알임을 보이고 $I$의 한 생성원을 구하여라.

**30.** $F$는 체이고, $f(x) = a_n x^n + a_{n-1} x^{n-1} + \cdots + a_1 x + a_0 \in F[x]$이다. $x-1$이 $f(x)$의 인수가 되기 위한 필요충분조건은 $a_n + a_{n-1} + \cdots + a_0 = 0$임을 증명하여라.

**31.** $m$은 고정된 양의정수이다. 임의의 정수 $a$에 대하여 $\overline{a} = a \bmod m$라 하자. 사상 $\phi : \mathbb{Z}[x] \to \mathbb{Z}_m[x]$가 $\phi(a_n x^n + a_{n-1} x^{n-1} + \cdots + a_1 x + a_0) = \overline{a_n} x^n + \overline{a_{n-1}} x^{n-1} + \cdots + \overline{a_{1_1}} x + \overline{a_0}$ 로 정의 하면 환준동형사상이 됨을 보여라.(이 연습문제는 17장과 33장에서 언급된다)

**32.** $Z_3[x]$에서 $\mathbb{Z}_3$의 모든 원소 $a$에 대하여 $f(a) = 0$인 무한이 많은 다항식들을 찾아라.

**33.** 임의의 소수 $p$에 대하여, $\mathbb{Z}_p[x]$에서 $x^{p-1} - 1 = (x-1)(x-2) \cdots [x-(p-1)]$임을 보여라.

**34.** (윌슨의 정리) 임의의 정수 $n > 1$에서, $(n-1)! \bmod n = n-1$이기 위한 필요충분조건은 $n$이 소수임을 증명하여라.

**35.** 임의의 소수 $p$에 대하여, $(p-2)! \bmod p = 1$ 임을 보여라.

**36.** 98!를 101로 나눈 나머지를 구하여라.

**37.** $(50!)^2 \bmod 101 = -1 \bmod 101$ 임을 증명하여라.

**38.** 만약 $I$가 환 $R$의 이데알이면, $I[x]$도 $R[x]$의 이데알임을 증명하여라.

**39.** 단위원을 갖는 가환환 $R$의 한 극대이데알 $I$에 대하여 $I[x]$가 $R[x]$의 극대이데알이 되지 않는 예를 들어라.

**40.** $R$은 단위원을 갖는 가환환이다. 만약 $I$가 환 $R$의 소이데알이면, $I[x]$도 $R[x]$의 소이데알임을 증명하여라.

**41.** $F$는 체이, $f(x)$, $g(x) \in F[x]$이다. 만약 $f(x)$와 $g(x)$를 동시에 나누는 $F[x]$의 양의 차수를 갖는 다항식이 존재하지 않으면[이 경우, $f(x)$와 $g(x)$가 **서로소(relatively prime)**이다고 한다] 적당한 두 다항식 $h(x)$, $k(x) \in F[x]$가 존재하여 $f(x)h(x)+g(x)k(x)=1$이 성립함을 증명하여라.(이 연습문제는 20장에서 언급된다).

**42.** $\mathbb{Q}[x]/\langle x^2-2\rangle$와 $\mathbb{Q}[\sqrt{2}]=\{a+b\sqrt{2} \mid a,b \in \mathbb{Q}\}$는 환동형임을 증명하여라.

**43.** $f(x) \in \mathbb{R}[x]$이다. 만약 $f(a)=0$이고 $f'(a)=0$이면[$f'(a)$는 $f(x)$의 $x=a$에서의 도함수이다], $(x-a)^2$은 $f(x)$의 약수임을 보여라.

**44.** $F$는 체이고, $I=\{f(x) \in F[x] \mid f(a)=0, a \in F\}$라 하자. $I$가 $F[x]$의 이데알임을 증명하여라. 그리고, $F$가 유한이면 $I$는 무한집합이고 $F$가 무한이면 $I=\{0\}$임을 증명하여라. 그리고, $F$가 유한이며, $I=\langle g(x)\rangle$인 한 모닉다항식 $g(x)$를 찾아라.

**45.** $g(x)$와 $h(x)$가 $\mathbb{Z}[x]$에 속하고 $h(x)$는 모닉이라 하자. 만약 $\mathbb{Q}[x]$에서 $h(x)$가 $g(x)$를 나누면, $\mathbb{Z}[x]$에서 $h(x)$가 $g(x)$를 나눈다는 것을 보여라.(이 연습문제는 33장에서 언급된다)

**46.** 임의의 체 $F$에 대하여, $F(x)$는 $F[x]$의 상체이다. $F(x)$에 제곱해서 $x$가 되는 원소가 없다는 것을 증명하여라.

**47.** $F$는 체이다. $x^2+x+1$이 $x^{43}+ax+b$를 나누도록 $a,b \in F$ 값이 존재함을 보여라.

**48.** $\mathbb{Q}[x]$에서 $f(x)=a_mx^m+a_{m-1}x^{m-1}+\cdots+a_1x+a_0$,

$g(x)=b_nx^n+b_{n-1}x^{n-1}+\cdots+b_1x+b_0$ 라 하고, $f \circ g$가 $\mathbb{Z}[x]$에 속한다고 가정하자. 모든 $i,j$에 대하여 $a_ib_j$가 정수임을 증명하여라.

**49.** $f(x)$가 $Z[x]$에 속한다. 만약 $a \bmod m = b \bmod m$이면, $f(a) \bmod m = g(a) \bmod m$임을 증명하여라. 만약 $f(0)$와 $f(1)$이 동시에 홀수이면 $f$는 $\mathbb{Z}$에서 근을 갖지 않음을 증명하여라.

**50.** $\mathbb{Z}_7[x]$에서 $x^{51}$를 $x+4$나눌 때 그 나머지를 찾아라.

**51.** $\mathbb{Z}_{37}$에서 $x^{25}-1=0$의 근은 $x=1$ 뿐임을 보여라.

## Saunders Mac Lane

1986년 누적된 공적에 대한 스틸상은 손더 맥래인에게 수여되었다. 그의 수많은 대수학과 대수위상 그리고, 그는 특별히 호몰로지 대수와 범주론적 대수에 개척자적인 업적에 대한 것이었다.

Citation for the Steele Prize

Saunders Mac Lane은 20세기에 가장 영향력 있는 수학자들 중의 한 사람으로 자리 잡는다. 그는 1909년 8월 4일에 Connecticut Norwich에서 태어났다. 공황이 절정기인 1933년에, 그는 재혼을 했으며, Yale, Chicago대학 그리고 괴팅겐대학에서 박사학위를 받았지만, 그는 대학에 취직할 전망이 없었다. 소년들을 위한 한 사립유치원의 원장으로 채용되었으며, 1934년에 Harvard에서 2년간 시간강사를 제안 받았다. 그는 일년간 Cornell에서 보내고 1938년 Harvard로 돌아가기 전에 일년간 Chicago대학에서 지냈다. 1947년에, 그는 Chicago로 영구히 되돌아갔다.

Mac Lane의 업적의 많은 부분은 대수학, 위상수학과 기하학사이의 상호관련성들에 집중되었다. 그와 Garrett Birkhoff의 공저인 책, Survey of Modern Algebra은 1세대 수학자들에 영향력을 주었으며 이제는 고전이 되었다. Mac Lane은 Mathematical Association of America와 American Mathematical Society의 회장직을 맡았다. 그는 National Academy of Sciences의 회원으로 선출되고, National Medal of Science를 수여 받았으며 41명의 박사학위 논문지도를 하였다. Mac Lane은 2005년 4월 14일 그의 나이 95세를 일기로 서거하였다.

Mac Lane에 대한 더 많은 정보를 다음 사이트에서 얻을 수 있다.

http://www-groups.dcs.st-and.ac.uk/~history/

# 17절 다항식의 인수분해 (Factorization of Polynomials)

한 원리의 값어치는 그것으로 설명할 수 있는 것들의 가짓수에 있다. Ralph Waldo Emerson

## 가약성 판별법(Reducibility Tests)

고교과정에서 학생들은 다항식의 인수분해와 방정식의 근을 구하는 문제에 많은 시간을 소비한다. 이 장에서는 좀더 추상적인 방법으로 같은 문제를 생각해 볼 것이다. 다항식의 인수분해에 대하여 논의하기 위해서 우리는 먼저 소수 정수가 갖는 개념과 유사한 의미를 소개하고자 한다.

### 정의: 기약다항식(Irreducible Polynomial)과 가약다항식(Reducible Polynomial)

$D$는 정역이다. $D[x]$의 한 다항식 $f(x)$가 영다항식도 아니고 $D[x]$의 단원도 아닐 때, $g(x)$, $h(x) \in D[x]$인 $f(x) = g(x)h(x)$의 곱으로 표현되면 $g(x)$ 또는 $h(x)$가 $D[x]$에서 난원이 되면 **기약(irreducible)**이라고 하고, 영도 아니고, 단원도 아닌 $D[x]$의 원소가 $D$위에서 기약이 아니면 $D$위에서 **가약(reducible)**이라고 한다.
정역 대신에 체 $F$에서는 상수가 아닌 다항식 $f(x) \in F[x]$가 기약일 조건은 $f(x)$가 더 낮은 차수의 두 다항식의 곱으로 표현할 수 없다는 것을 말한다.

**예제 1** 다항식 $f(x) = 2x^2 + 4$는 $\mathbb{Q}$ 위에서 기약이고, $\mathbb{Z}$ 위에서는 가약이다. 왜냐하면, $2x^2 + 4 = 2(x^2 + 2)$이고 2나 $x^2 + 2$모두 $\mathbb{Z}[x]$에서 단원이 아니기 때문이다.

**예제 2** 다항식 $f(x) = 2x^2 + 4$는 $\mathbb{R}$ 위에서 기약이고, $\mathbb{C}$ 위에서는 가약이다.

**예제 3** 다항식 $x^2 - 2$는 $\mathbb{Q}$ 위에서 기약이고, $\mathbb{R}$ 위에서는 가약이다.

**예제 4** 다항식 $x^2 + 1$는 $\mathbb{Z}_3$ 위에서 기약이고, $\mathbb{Z}_5$ 위에서는 가약이다.

일반적으로, 어떤 특별한 다항식이 정역위에서 가약의 진위를 판별하는 것은 어려운 문제이다. 그러나, 쉽게 취급할 수 있는 특별한 경우들이 있다. 우리들의 첫 번째 정리는 이것을 말해준다. 조금 전에 소개한 3가지 예들에 적용할 수 있다.

**정리 17.1 차수가 2, 3 인 다항식들의 기약성 판별(Reducibility Test for Degrees 2 and 3)**

$F$는 체이다. 만약 $f(x) \in F[x]$이고 $\deg f(x)$가 2 또는 3이면, $f(x)$가 $F$위에서 가약일 필요충분조건은 $f(x)$가 $F$ 안에서 근을 갖는다.

**증명** 만약 $F[x]$의 원소 $g(x)$, $h(x)$의 차수가 $f(x)$의 차수보다 작고 $f(x) = g(x)h(x)$ 이 성립한다고 하면, $\deg f(x) = \deg g(x) + \deg h(x)$(16장 연습문제17 참조)이고, $\deg f(x)$가 2 또는 3 임으로 $g(x)$와 $h(x)$중 적어도 하나의 차수가 1이 된다. 예를 들어, $g(x) = ax + b$라면 $-a^{-1}b$는 $g(x)$의 근이 되고, 역시 $f(x)$의 근도 된다.

역으로, $a \in F$에 대하여 $f(a) = 0$이면, 인수정리에 의하여 $x - a$ 가 $f(x)$의 인수가 됨을 알 수 있다. 따라서, $f(x)$는 $F$ 위에서 가약이다. □

정리 17.1은 특히 체가 $Z_p$일 때 용이하게 적용된다. 이 경우 우리는 $f(x)$의 가약성을 확인하는데 있어서 단지 $a = 0, 1, 2, \cdots, p-1$에 대하여 $f(a) = 0$인가를 알아보면 된다. 예를 들어, 2가 $Z_5$ 위에서 $x^2 + 1$ 의 근이므로 $x^2 + 1$은 $Z_5$ 위에서 가약이다. 한편으로, $Z_3$ 에서 $0, 1, 2$ 모두가 $x^2 + 1$의 근이 되지못함으로 $x^2 + 1$은 $Z_3$ 위에서 기약이다.

차수가 3보다 큰 다항식의 경우는 체위에서 비록 근을 갖지 않더라도 가약일수 있다. 예를 들어, $\mathbb{Q}[x]$에서 다항식 $x^4 + 2x^2 + 1$은 $(x^2 + 1)^2$이고, $\mathbb{Q}$ 안에 근이 없다.

다음 3가지 판별법은 정수계수를 갖는 다항식에 대한 것들이다.

이것들 중 처음 것의 증명을 간결하게 하기 위해서 몇 가지 용어와 논증의 일부를 보조정리 형식으로 따로 소개하고자 한다.

**정의: 다항식의 내용(Content of Polynomial), 원시다항식(Primitive Polynomial)**

정수 계수를 갖는 영이 아닌 다항식 $a_nx^n + a_{n-1}x^{n-1} + \cdots + a_1x + a_0$의 **내용**(content)이란 $a_n, a_{n-1}, \cdots, a_0$의 최대공약수를 말한다.

$\mathbb{Z}[x]$에서의 **원시다항식**(primitive polynomial)이란 다항식의 내용이 1인 경우를 말한다.

**가우스 보조 정리(Gauss's Lemma)**

두 원시다항식의 곱은 원시다항식이다.

**증명** $f(x), g(x)$는 원시다항식이고, $f(x)g(x)$은 원시다항식이 아니라하면, $f(x)g(x)$의 내용의 한 소인수를 $p$ 라 하자. 그리고, $\bar{f}(x)$, $\bar{g}(x)$, $\overline{f(x)g(x)}$는 $f(x), g(x), f(x)g(x)$의 계수들을 $p$를 법으로 축소한 다항식들이라 하자.

그러면, $\bar{f}(x)$, $\bar{g}(x)$는 정역 $Z_p[x]$에 속하고, $Z_p[x]$에서 $\bar{f}(x)\bar{g}(x) = \overline{f(x)g(x)} = 0$이다.(16장 연습문제31 참조) 따라서, $\bar{f}(x) = 0$ 이거나 $\bar{g}(x) = 0$이다. 이것은 $p$가 $f(x)$의 모든 계수

를 나누거나, 또는 $p$가 $g(x)$의 모든 계수를 나눈다는 의미이다. 따라서, $f(x)$가 원시다항식이 아니거나 $g(x)$가 원시다항식이 아니다. 이 모순으로 증명은 완성되었다. □

다항식의 가약성은 그 다항식의 계수들이 속하는 환이 어떤 환이냐에 의존하고 있다는 것을 명심해야한다. 따라서, $x^2-2$는 $\mathbb{Z}$위에서는 기약이지만, $\mathbb{Q}[\sqrt{2}]$ 위에서는 가약이다. 20장에서 우리는 차수가 1 보다 큰 임의의 다항식이 그 계수들이 한 정역 있으면, 어떤 체가 존재하여 그 위에서 가약임을 증명할 것이다. 정리 17.2는 $\mathbb{Z}$ 위의 기약 다항식들의 경우, 그 체는 유리수체보다는 더 큰체이어야 함을 보여준다.

**정리 17.2 $\mathbb{Q}$위에서의 가약성은 $\mathbb{Z}$위에서의 가약성을 유도한다(Reducibility over $\mathbb{Q}$ implies Reducibility over $\mathbb{Z}$)**

$f(x)\in\mathbb{Z}[x]$ 이다. 만약 $f(x)$가 $\mathbb{Q}$위에서 가약이면 $\mathbb{Z}$위에서도 가약이다.

**증명** $g(x), h(x)\in\mathbb{Q}[x]$에 대하여 $f(x)=g(x)h(x)$라 하자. 분명하게 우리는 $f(x)$를 원시다항식이라 가정할 수 있다. 왜냐하면, $f(x)$와 $g(x)$를 $f(x)$의 내용으로 나눌 수 있기 때문이다. $g(x)$의 계수들의 분모들의 최대공약수를 $a$라 하고, $h(x)$의 계수들의 분모들의 최대공약수를 $b$라 하자. 그러면, $abf(x)=ag(x)\cdot bh(x)$, $ag(x), bh(x)\in\mathbb{Z}[x]$이다. $c_1$은 $ag(x)$의 내용이고, $c_2$는 $bh(x)$의 내용이라 하자. 따라서 $ag(x)=c_1g_1(x)$이고 $bh(x)=c_2h_1(x)$이고, $g_1(x), h_1(x)$는 원시다항식이며 $abf(x)=c_1c_2g_1(x)h_1(x)$이다. $f(x)$는 원시다항식이므로 $abf(x)$의 내용은 $ab$이다. 또한, 원시다항식의 곱은 원시다항식이므로 $c_1c_2g_1(x)h_1(x)$의 내용은 $c_1c_2$이다. 따라서, $ab=c_1c_2$이고 $f(x)=g_1(x)h_1(x)$, $g_1(x)$, $h_1(x)\in\mathbb{Z}[x]$이고, $\deg g_1(x)=\deg g(x)$, $\deg h_1(x)=\deg h(x)$이다. □

**예제 5** 정리 17.2를 다음 예를 통하여 설명해보자.

다항식 $f(x)=6x^2+x-2=(3x-3/2)(2x+4/3)=g(x)h(x)$라 하자. 이 경우 $a=2, b=3$, $c_1=3$, $c_2=2, g_1(x)=2x-1, h_1(x)=3x+2$이다.

따라서, $2\cdot3(6x^2+x-2)=3\cdot2(2x-1)(3x+2)$이다.

즉, $(6x^2+x-2)=(2x-1)(3x+2)$ 이다.

## 기약성 판별법(Irreducibility Tests)

정리 17.1은 2, 3차 당항식의 기약성에 대한 문제는 결국 방정식의 근을 찾는 문제로 유도된다. 다음 정리는 이 문제를 더 넓게 단순화 시키는 것을 허용하고 있다.

**정리 17.3** $Mod\,p$ **기약성 판별법**

$p$는 소수이고, $f(x)\in\mathbb{Z}[x]$, $\deg f(x)\geq 1$이라 하자.
$\bar{f}(x)$는 $\mathbb{Z}_p[x]$의 다항식으로 $f(x)$의 모든 계수들을 $p$를 법으로 축소한 다항식이라 하자. 만약 $\bar{f}(x)$가 $\mathbb{Z}_p$ 위에서 기약이고 $\deg\bar{f}(x)=\deg f(x)$이면, $f(x)$는 $\mathbb{Q}$ 위에서 기약이다.

**증명** 정리 17.2의 증명에서 만약 $f(x)$가 $\mathbb{Q}$ 위에서 가약이면 $f(x)=g(x)h(x)$, $g(x)$, $h(x)\in\mathbb{Z}[x]$이고 $g(x)$와 $h(x)$모두 그 차수가 $f(x)$의 차수보다 작다. $\bar{f}(x)$, $\bar{g}(x)$, $\bar{h}(x)$는 $f(x)$, $g(x)$, $h(x)$의 모든 계수들을 $p$를 법으로 축소한 다항식들이라 하자. $\deg f(x)=\deg\bar{f}(x)$이므로, $\deg\bar{g}(x)\leq\deg g(x)<\deg\bar{f}(x)$이고 $\deg\bar{h}(x)\leq\deg h(x)<\deg\bar{f}(x)$이다. 그러나, $\bar{f}(x)=\bar{g}(x)\bar{h}(x)$이다. 이것은 $\bar{f}(x)$가 $\mathbb{Z}_p$ 위에서 기약이라는 가정에 모순된다. □

**예제 6** $f(x)=21x^3-3x^2+2x+9$이다. $\mathbb{Z}_2$ 위에서 $\bar{f}(x)=x^3+x^2+1$이고 $\bar{f}(0)=1$, $\bar{f}(1)=1$이므로 $\bar{f}(x)$는 $\mathbb{Z}_2$ 위에서 기약이다. 따라서, $f(x)$는 $\mathbb{Q}$ 위에서 기약이다. $\mathbb{Z}_3$ 위에서는 $\bar{f}(x)=2x$가 기약이지만 $f(x)$가 $\mathbb{Q}$ 위에서 기약이라는 정리 17.3을 이용할 수가 없다.

---

정리17.3의 역을 이용하지 않도록 유의해야한다. 만약 $f(x)\in\mathbb{Z}[x]$이고 $\bar{f}(x)$가 어떤 소수 $p$에 대한 $\mathbb{Z}_p$위에서 가약이지만, $f(x)$가 $\mathbb{Q}$ 위에서는 기약일 수 있다. 예를 들어, $f(x)=21x^3-3x^2+2x+8$에서 $\mathbb{Z}_2$ 위에서는 $\bar{f}(x)=x^3+x^2=x^2(x+1)$이고, $\mathbb{Z}_5$ 위에서는 $\bar{f}(x)$는 근을 갖지 않음으로 $\mathbb{Z}_5$ 위에서 기약이다. 따라서, $f(x)$는 $\mathbb{Q}$ 위에서 기약이다. 이 예는 $Mod\,p$ 기약성 판별법이 어떤 소수$p$에 따라서는 성공할 수도 있고, 실패할 수도 있다는 것을 보여준다. 특정한 다항식 $f(x)\in\mathbb{Z}[x]$가 $\mathbb{Q}$ 위에서 기약이기 위해서, 우리에게 필요한 것은 오직 한 소수$p$를 찾아서, 그에 해당되는 $\mathbb{Z}_p$ 위에서 $\bar{f}(x)$가 기약이 되도록 해야 한다. 그렇지만, 이것은 항상 가능한 것은 아니다.

예를 들어, $f(x)=x^4+1$은 $\mathbb{Q}$ 위에서 기약이지만, 임의의 소수 $p$에 대하여 $\mathbb{Z}_p$위에서 가약이다. (연습문제 29)

$Mod\,p$ 기약성 판별법은 또한 다항식의 차수가 3보다 크고, 유리수 계수를 갖는 경우에 다항식의 기약성을 확인하는데 도움이 된다.

**예제 7** $f(x)=(3/7)x^4-(2/7)x^2+(9/35)x+3/5$라 하자. 우리는 $f(x)$가 $\mathbb{Q}$위에서 기약임을 보이자. 먼저, $h(x)=35f(x)=15x^4-10x^2+9x+21$라 하자. 만약 $h(x)$가 $\mathbb{Z}$위에서 기약이면 $f(x)$는 $\mathbb{Q}$ 위에서 기약이다. 그래서, $h(x)$에 $Mod\,2$ 기약성 판별법을 적용하면, $\bar{h}(x)=x^4+x^2+1$을 얻는다. 확실하게, $\bar{h}(x)$는 $\mathbb{Z}_2$에서 근을 갖지 않는다. 더욱이, $\bar{h}(x)$는 $\mathbb{Z}_2[x]$에서 2차 다항식의 인수를 또한 갖지 않는다.[만약, 인수를 갖는다면 그 인수는 $x^2+x+1$이거나 $x^2+1$이다. 나눗셈을 통하여 $x^2+x+1$가 인수가 아님을 알 수 있고, $\bar{h}(x)$는 근을 갖고 있지 않으나 $x^2+1$은 근을 갖고 있어

서 $x^2+1$은 인수가 될 수 없다.]따라서, $\overline{h}(x)$는 $\mathbb{Z}_2[x]$에서 기약이다. 이것은 $h(x)$가 $\mathbb{Q}$ 위에서 기약임을 보장한다.

**예제 8** $f(x)=x^5+2x+4$라 하자. 분명하게, 정리17.1 이나 $Mod\,2$ 기약성 판별법은 아무런 도움이 되지 못한다. 이제 여기서 mod3에 의한 계산을 해보자. $\mathbb{Z}_3[x]$에서 $\overline{f}(x)=x^5+2x+1$이고 $Z_3$에서 근을 갖지 않는다. 따라서 1차식의 인수를 갖지 않는다. 그러나 $\overline{f}(x)$는 2차식의 인수를 갖을 수 있다. 만약 있다면, 그식은 $x^2+ax+b$ 형식이며(연습문제 5참조),이것은 9가지의 경우를 확인하면 된다. 우리는 $\overline{f}(x)$는 근을 갖지 않기 때문에 쉽게 9가지 경우에 대하여 근을 갖는지 확인해볼 수 있다. 이렇게 해서 $x^2+1$, $x^2+x+2$, $x^2+2x+2$을 얻는다. 긴 나눗셈을 통하여 이 식들이 제외된다. 따라서, $\overline{f}(x)$는 $\mathbb{Z}_3$ 위에서 기약이기 때문에 $f(x)$가 $\mathbb{Q}$ 위에서 기약이다.(위의 논의에서 3차 또는 4차의 인수에 대해서 논의 하지 않은 이유는 무엇일까?)

또 다른 중요한 기약성판별법은 다음과 같다. 이것은 가우스(Gauss)의 제자인 펠디란드 아이센쉬타인(Ferdinand Eisenstein)(1823-1852)의 업적으로 간주되는 것이다. 다음 따름정리는 가우스에 의하여 다른 방법으로 처음 증명되었다.

**정리 17.4 아이센쉬타인의 판별법(Eisenstein's Criterion)(1950)**

$f(x)=a_nx^n+a_{n-1}x^{n-1}+\cdots+a_1x+a_0\in\mathbb{Z}[x]$라 하자.

만약 한 소수 $p$가 존재하여 $p|a_n, p|a_{n-1},\cdots,p|a_0$이고 $p^2\nmid a_0$이면, $f(x)$는 $\mathbb{Q}$ 위에서 기약이다.

**증명** 만약 $f(x)$가 $\mathbb{Q}$ 위에서 가약이라면, 정리17.2에 의해서 적당한 $g(x), h(x)$가 $\mathbb{Z}[x]$에 존재하여 $f(x)=g(x)h(x)$이고 $1\le \deg g(x)$, $1\le \deg h(x)<n$이 성립한다. 여기서, $g(x)=b_rx^r+\cdots+b_0$, $h(x)=c_sx^s+\cdots+c_0$라 하자.

그러면, $p|a_0$, $p^2\nmid a_0$이고 $a_0=b_0c_0$이므로, $p$는 $b_0$와 $c_0$에서 둘 중 하나만 나누게 된다. 그래서, $p|b_0$이고 $p\nmid c_0$라 하자. 또한, $p\nmid a_n=b_rc_s$이므로 $p\nmid b_r$이다. 따라서, $p\nmid b_t$인 최소정수 $t$가 존재한다. 이제, $a_t=b_tc_0+b_{t-1}c_1+\cdots+b_0c_t$를 보면, 가정에서 $p|a_t$이고, $t$의 선택에 의해서, 위 식의 오른쪽으로 두 번째 항부터 각항들을 $p$가 나누게 된다. 확실히, 이것은 역시 $p|b_tc_0$이어야 한다. $p$는 소수이고 $p$가 $b_t$와 $c_0$ 둘 다 나누지 않기 때문에 이것은 불가능하다.□

**따름 정리 $p$번째 원분다항식(Cyclotomic Polynomial)의 기약성**

임의의 소수$p$에 대한 $p$번째 원분다항식 $\Phi_p(x)=\dfrac{x^p-1}{x-1}=x^{p-1}+x^{p-2}+\cdots+x+1$은 $\mathbb{Q}$ 위에서 기약이다.

**증명** $f(x)=\Phi_p(x+1)=\dfrac{(x+1)^p-1}{(x+1)-1}=x^{p-1}+\binom{p}{1}x^{p-2}+\binom{p}{2}x^{p-3}+\cdots+\binom{p}{1}$

라 하자. $x^{p-1}$의 계수를 제외하고 각 항의 계수들이 $p$로 나누어지고, 상수항은 $p^2$로 나누어지지 않으므로 아이센쉬타인의 판별법에 의하여, $f(x)$는 $\mathbb{Q}$ 위에서 기약이다. 따라서, 만약 $\mathbb{Q}$위에서 $\Phi_p(x)=g(x)h(x)$를 비자명(nontrivial)한 $\Phi_p(x)$의 인수분해라 하면, $f(x)=\Phi_p(x+1)=g(x+1)\cdot h(x+1)$의 비자명(nontrivial)한 $f(x)$의 인수분해이다. 이 사실은 불가능하며, $\Phi_p(x)$가 $\mathbb{Q}$ 위에서 기약임이 증명되었다. □

**예제 9** 다항식 $3x^5+15x^4-20x^3+10x+20$은 $\mathbb{Q}$ 위에서 기약이다. 왜냐하면, $5 \nmid 3$, $25 \nmid 20$이고, 5는 $15, -20, 10, 20$를 나누기 때문이다.

---

우리가 기약다항식에 흥미를 갖는 주된 이유는 극대이데알과 체와의 친밀한 관계 때문이다. 다음 정리와 그 따름정리에서 이 관계를 밝힐 것이다.

**정리 17.5 $\langle p(x)\rangle$가 극대이데알일 필요충분조건은 $p(x)$가 기약다항식이다.**

$F$가 체이고 $p(x)\in F[x]$ 이면, $\langle p(x)\rangle$가 극대이데알일 필요충분조건은 $p(x)$가 $F$위에서 기약이다.

**증명** 먼저 $\langle p(x)\rangle$가 $F[x]$에서 극대이데알이라 가정하자. 분명히, $p(x)$는 영다항식도 아니고 단원도 아니다. 왜냐하면, $\{0\}$와 $F[x]$는 $F[x]$의 극대이데알이 아니기 때문이다. 만약 $p(x)$가 $F$위에서 $p(x)=g(x)h(x)$로 인수분해 된다면, $\langle p(x)\rangle\subseteq\langle g(x)\rangle\subseteq F[x]$이다. 따라서, $\langle p(x)\rangle=\langle g(x)\rangle$이거나 $\langle g(x)\rangle=F[x]$이다. 첫 번째 경우는, $\deg p(x)=\deg g(x)$이고, 두 번째 경우는, $\deg g(x)=0$이다. 결과적으로, $\deg h(x)=\deg p(x)$이다. 따라서, $p(x)$는 $F[x]$에서 더 낮은 차수의 두 다항식의 곱으로 쓸 수 없다.

이번에는, $p(x)$가 $F$위에서 기약이라 가정하자. $I$를 $F[x]$의 이데알로서 $\langle p(x)\rangle\subseteq I\subseteq F[x]$라 하자. $F[x]$가 주이데알정역이므로 $g(x)\in F[x]$에 대하여 $I=\langle g(x)\rangle$이다. 따라서, $p(x)\in\langle g(x)\rangle$이다. 그러므로 적당한 $h(x)\in F[x]$가 존재하여 $p(x)=g(x)h(x)$이다. $p(x)$는 $F$위에서 기약이므로, $g(x)$가 상수이거나 $h(x)$가 상수이다. 첫 번째 경우는, $I=F[x]$이고, 두 번째 경우는, $\langle p(x)\rangle=\langle g(x)\rangle=I$이다. 따라서, $\langle p(x)\rangle$는 $F[x]$에서 극대이데알이다. □

**따름 정리 1 $F[x]/\langle p(x)\rangle$은 체이다.**

$F$가 체이고 $p(x)$가 $F$위에서 기약다항식이면, $F[x]/\langle p(x)\rangle$은 체이다.

**증명** 이것은 정리 17.5와 14.4에서 직접적으로 유추된다. □

다음 따름정리는 소수에 대한 유크리드 보조정리(Euclid's Lemma)와 유사한 다항식에 대한 성질에 대해서 논의한다.

**따름 정리 2 $p(x)|a(x)b(x)$이면 $p(x)|a(x)$이거나 $p(x)|b(x)$이다.**

$F$가 체이고 $p(x), a(x), b(x) \in F[x]$이다. 만약 $p(x)$가 $F$위에서 기약이고, $p(x)|a(x)b(x)$이면 $p(x)|a(x)$이거나 $p(x)|b(x)$이다.

**증명** $p(x)$가 기약이므로 $F[x]/\langle p(x)\rangle$은 체이다. 따라서, 정역이다. 정리14.3에 의해서 $\langle p(x)\rangle$는 소이데알이다. $p(x)|a(x)b(x)$이므로 $a(x)b(x) \in \langle p(x)\rangle$이다. 따라서, $a(x) \in \langle p(x)\rangle$이거나 $b(x) \in \langle p(x)\rangle$이다. 이것은 $p(x)|a(x)$이거나 $p(x)|b(x)$이다. □

다음 두 예들는 위의 이론들을 적용한 것이다.

**예제 10** 원소가 8개인 체를 구성해보자. 정리 17.1과 정리 17.5의 따름 정리 1에 의해서 $Z_2$안에서 근을 갖지 않는 $\mathbb{Z}_2$위의 한 3차 다항식을 찾으면 된다. 약간의 계산으로 $x^3+x+1$을 찾을 수 있다. 따라서, $\mathbb{Z}_2[x]/\langle x^3+x+1\rangle = \{ax^2+bx+c+\langle x^3+x+1\rangle | a,b,c \in \mathbb{Z}_2\}$은 체이고, 8개의 원소를 갖는다. 실제 계산을 위해서 이 체의 약간의 연산에 대하여 알아보자.
$ax^2+bx+c$형의 두 다항식들의 합은 같은 형이 되므로 덧셈은 쉽다. 예를 들어,

$$(x^2+x+1+\langle x^3+x+1\rangle)+(x^2+1+\langle x^3+x+1\rangle) = x+\langle x^3+x+1\rangle$$

한편, 두 동치류의 곱은 처음 8개의 동치류중의 하나가 되지 않을 경우도 있다.

$$\begin{aligned}&(x^2+x+1+\langle x^3+x+1\rangle)\cdot(x^2+1+\langle x^3+x+1\rangle)\\&= x^4+x^3+x+1+\langle x^3+x+1\rangle = x^4+\langle x^3+x+1\rangle\end{aligned}$$

(그 이데알이 마지막 3개의 항을 흡수해 버린 것이다.) 어떻게 하면 $ax^2+bx+c+\langle x^3+x+1\rangle$꼴로 표현할 수 있을까? 한가지 방법은 $x^4$를 $x^3+x+1$로 나누어 나머지 $x^2+x$이 얻는다.(이것은 마치 $12+\langle 5\rangle$이 $2+\langle 5\rangle$로 축약된다. 이 경우에 12를 5로 나누면 나머지가 2가 되기 때문이다)
다른방법으로는 $x^3+x+1+\langle x^3+x+1\rangle = 0+\langle x^3+x+1\rangle$에서 $x^3+\langle x^3+x+1\rangle = x+1+\langle x^3+x+1\rangle$이다. 따라서, 양변을 $x$로 곱하면

$$x^4+\langle x^3+x+1\rangle = x^2+x+\langle x^3+x+1\rangle$$

같은 방법으로,

$$\begin{aligned}&(x^2+x+\langle x^3+x+1\rangle)\cdot(x+\langle x^3+x+1\rangle)\\&= x^3+x^2+\langle x^3+x+1\rangle = x^2+x+1+\langle x^3+x+1\rangle.\end{aligned}$$

표 17.1은 이 체의 부분적인 곱셈표이며, 그 표기를 단순하게 하기 위해서, 동치류의 대표원만 사용해서 표시한 것이다.

〈표 17.1〉 예제 10의 부분적인 곱셈표

| | $1$ | $x$ | $x+1$ | $x^2$ | $x^2+1$ | $x^2+x$ | $x^2+x+1$ |
|---|---|---|---|---|---|---|---|
| $1$ | $1$ | $x$ | $x+1$ | $x^2$ | $x^2+1$ | $x^2+x$ | $x^2+x+1$ |
| $x$ | $x$ | $x^2$ | $x^2+x$ | $x+1$ | $1$ | $x^2+x+1$ | $x^2+1$ |
| $x+1$ | $x+1$ | $x^2+x$ | $x^2+1$ | $x^2+x+1$ | $x^2$ | $1$ | $x$ |
| $x^2$ | $x^2$ | $x+1$ | $x^2+x+1$ | $x^2+x$ | $x$ | $x^2+1$ | $1$ |
| $x^2+1$ | $x^2+1$ | $1$ | $x^2$ | $x$ | $x^2+x+1$ | $x+1$ | $x^2+x$ |

(곱셈표를 완성해 보라. $x^3$은 $x+1$로 대치시키고, $x^4$는 $x^2+x$로 대치한다)

**예제 11** $x^2+1$은 $\mathbb{Z}_3$ 안에 근을 갖지 않으므로 $Z_3$ 위에서 기약이다. 따라서, $\mathbb{Z}_3[x]/\langle x^2+1\rangle$은 체이다. 14장 예제 12에서와 같이 $\mathbb{Z}_3[x]/\langle x^2+1\rangle = \{ax+b+\langle x^2+1\rangle | a,b\in\mathbb{Z}_3\}$. 따라서, 이 체는 9개의 원소를 갖고 있다. 표 13.1에서 $i$ 대신에 $x$를 대입하면 곱셈표을 얻을 수 있다. (왜 이것이 가능할까?)

## $\mathbb{Z}[x]$ 에서의 유일 인수분해(Unique Factorization in $\mathbb{Z}[x]$)

이 장에서 소개한 개념들을 더 깊게 적용하는 사례는 $\mathbb{Z}[x]$가 중요한 인수분해 성질을 갖고 있다는 것이다. 18장에서 훨씬 더 깊게 논의 할 것이다. 정리17.6의 최초의 증명은 가우스에 의해 주어진 것이다. 이 정리의 내용과 그 증명에서 알아 두어야 할 것은 $\mathbb{Z}[x]$의 단원들은 $f(x)=1$과 $f(x)=-1$이다는 것이다.(12장 연습문제 25 참조) $Z$위에서 영차원의 기약다항식은 $p$가 소수일 때 $f(x)=p$와 $f(x)=-p$뿐이고, $\mathbb{Z}[x]$에서 상수항이 아닌 모든 기약다항식은 원시다항식이다.(연습문제 3 참조)

**정리 17.6** $Z[x]$ 에서의 유일 인수분해(Unique Factorization in $\mathbb{Z}[x]$)

영다항식도 아니고 단원도 아닌 $\mathbb{Z}[x]$의 임의의 다항식은 $b_1b_2\cdots b_sp_1(x)p_2(x)\cdots p_m(x)$ 형식으로 쓸 수 있다. 여기서, $b_i$들은 0차원의 기약다항식들이고, $p_i(x)$들은 양의 차수를 갖는 기약다항식들이다.

더 나가서, 만약 $b_1b_2\cdots b_sp_1(x)p_2(x)\cdots p_m(x)=c_1c_2\cdots c_tq_1(x)q_2(x)\cdots q_n(x)$이고, $b_i$와 $c_j$들이 0차원의 기약다항식들이고, $p_i(x)$와 $q_j(x)$들이 양의 차수를 갖는 기약다항식들이라면, $s=t$, $m=n$이며 $c_j$와 $q_j(x)$들을 순서를 적절하게 바꾸어 쓰면, 각 $i=1,2,\cdots,s$에 대하여 $b_i=\pm c_i$이고, 각 $i=1,2,\cdots,m$에 대하여 $p_i(x)=\pm q_i(x)$가 성립한다.

**증명** $f(x)$를 영다항식도 아니고 단원도 아닌 $\mathbb{Z}[x]$의 임의의 다항식이라 하자. 만약 $\deg f(x)=0$이면, $f(x)$는 상수이고 산수의 기본정리(Fundamental Theorem of Arithmetic)에서 위의 결과는 확실하다. 이제, 만약 $\deg f(x) > 0$이면, $b$를 $f(x)$의 내용이라 하고 $b=b_1b_2\cdots b_s$의 소수의 곱이라면, $f(x)=b_1b_2\cdots b_s f_1(x)$, 여기서 $f_1(x)$는 $\mathbb{Z}[x]$의 원소이고, 원시다항식이며 $\deg f_1(x)=\deg f(x)$이다. 이 정리에서 존재성을 증명하기 위해서는, 양의 차수를 갖는

원시다항식 $f(x)$이 양의 차수를 갖는 기약다항식들의 곱으로 표현할 수 있음을 보여주면 충분하다. $\deg f(x)$에 대한 수학적귀납법을 적용해 보자. 만약, $\deg f(x)=1$이면 $f(x)$는 기약이므로 이미 성립이 확인된 것이다. 이제, $\deg f(x)$보다 작은 차수를 갖는 임의의 원시다항식이 양의 차수를 갖는 기약다항식들의 곱으로 표현된다고 가정하자. 만약 $f(x)$가 기약이면 더 증명 할 것이 없고, 그렇지 않으면, $f(x)=g(x)h(x)$이다. 여기서 $g(x)$와 $h(x)$는 둘 다 원시다항식이고 $f(x)$의 차수보다 작은 차수를 갖는다. 따라서, 귀납법 가정에 의하여 $g(x)$와 $h(x)$는 둘 다 양의 차수를 갖는 기약다항식들의 곱으로 표현할 수 있다. 즉, $f(x)$ 또한 기약다항식의 곱으로 표현된다.

이 정리의 유일성 부분을 증명해보자. 만약,

$$f(x)=b_1b_2\cdots b_s p_1(x)p_2(x)\cdots p_m(x)=c_1c_2\cdots c_t q_1(x)q_2(x)\cdots q_n(x)$$

이고, $b_i$와 $c_j$들이 0차원의 기약다항식들이고, $p_i(x)$와 $q_j(x)$들이 양의 차수를 갖는 기약다항식들이라 하자. 그리고, $b=b_1b_2\cdots b_s$, $c=c_1c_2\cdots c_t$라 하자. $p_i(x)$와 $q_j(x)$들이 원시다항식이므로, 가우스 보조정리에 의하여 $p_1(x)p_2(x)\cdots p_m(x)$와 $q_1(x)q_2(x)\cdots q_n(x)$이 원시다항식이 된다. 그래서, $b$와 $c$는 $f(x)$의 내용과 절댓값이 같게 된다. 산수의 기본정리에 의해서 $s=t$이며 $c_j$ 들의 순서를 적절하게 바꾸어 쓰면, 각 $i=1,2,\cdots,s$에 대하여 $b_i=\pm c_i$이다. $f(x)$에 대한 두 인수분해에서 상수항을 생략하면, $p_1(x)p_2(x)\cdots p_m(x)=\pm q_1(x)q_2(x)\cdots q_n(x)$이다. 이제, $p_i(x)$와 $q_j(x)$들을 $\mathbb{Q}[x]$의 원소로 보면 $p_1(x)$가 $q_1(x)q_2(x)\cdots q_n(x)$ 를 나눈다. 정리 17.5의 따름정리2와 수학적귀납법(연습문제 27 참조)에 의해서 적당한 $i$에 대하여 $p_1(x)|q_i(x)$이다. 순서를 바꾸어, $i=1$이라 하자. 그러면, $q_1(x)$도 기약이므로 $q_1(x)=(r/s)p_1(x)$, $r,s\in Z$. 그런데 $q_1(x)$, $p_1(x)$는 원시다항식이므로 $r/s=\pm 1$이어야 한다. 따라서, $q_1(x)=\pm p_1(x)$이다. 또한, 약분한 후에, $p_2(x)\cdots p_m(x)=\pm q_2(x)\cdots q_n(x)$를 얻는다. 이제, 위에서와 같은 방법을 $p_2(x)$에 대해서도 계속 적용한다. 만약 $m<n$이면, $m$번 적용후에 왼쪽 항 1은 상수항이 아닌 오른쪽 항과 같게 되어 불가능하게 된다. 한편, $m>n$ 일때도 $n$번 적용하면 오른쪽항 $\pm 1$은 상수항이 아닌 왼쪽항과 같게 되어 역시 불가능하게 된다. 따라서, $m=n$이다. 그리고, $q_j(x)$들의 순서를 조절하면 $p_i(x)=\pm q_i(x)$가 된다. □

## 불가사이한 주사위(Weird Dice): 유일인수분해의 적용

**예제 12** 각 면에 1부터 6까지의 수가 적혀있는 한쌍의 보통 주사위를 생각해보자. 한번 던져서 그 합이 2가 될 확률은 1/36이고, 그 합이 3이 될 확률은 2/36이다. 1978년 Scientific American [1] 에 발표된, Martin Gardner는 만약에 주사위 정육면체의 각 면에 하나는 1,2,2,3,3,4와 1,3,4,5,6,8 두가지 방법으로 써 넣어 새로운 두 주사위(이 주사위를 **Sicherman dice**라 한다)를 만들어서, 두 주사위를 던져서 그 합이 나올 확률을 계산하면 위에서 말한 보통 주사위의 경우와 같은 확률이 된다는 것을 보였다. 다음 표 17.1을 보면, Sicherman Dice가 어떻게 계산되어 1부터 6까지 사용하는 보통주사위와 같은 결과를 갖는지 알 수 있다. 이것을 보이기 위해서 우리는 $Z[x]$ 가 유일인수분해 성질을 갖음을 이용하였다.

| | 1 | 2 | 3 | 4 | 5 | 6 |
|---|---|---|---|---|---|---|
| 1 | 2 | 3 | 4 | 5 | 6 | 7 |
| 2 | 3 | 4 | 5 | 6 | 7 | 8 |
| 3 | 4 | 5 | 6 | 7 | 8 | 9 |
| 4 | 5 | 6 | 7 | 8 | 9 | 10 |
| 5 | 6 | 7 | 8 | 9 | 10 | 11 |
| 6 | 7 | 8 | 9 | 10 | 11 | 12 |

| | 1 | 2 | 2 | 3 | 3 | 4 |
|---|---|---|---|---|---|---|
| 1 | 2 | 3 | 3 | 4 | 4 | 5 |
| 3 | 4 | 5 | 5 | 6 | 6 | 7 |
| 4 | 5 | 6 | 6 | 7 | 7 | 8 |
| 5 | 6 | 7 | 7 | 8 | 8 | 9 |
| 6 | 7 | 8 | 8 | 9 | 9 | 10 |
| 8 | 9 | 10 | 10 | 11 | 11 | 12 |

**[그림 17.1]**

한 쌍의 보통 주사위를 던져서 그 합이 6이 경우는 다음 다섯가지 경우가 있다: $(5,1),(4,2),(3,3),(2,4),(1,5)$이다. 다음은, 보통 주사위로 각 수를 지수로 표시하여 두 다항식의 곱으로 나타내보자:

$$(x^6+x^5+x^4+x^3+x^2+x)(x^6+x^5+x^4+x^3+x^2+x).$$

위의 곱에서 $x^6$항이 되는 경우를 택하여보면: $x^5 \cdot x^1, x^4 \cdot x^2, x^3 \cdot x^3, x^2 \cdot x^4, x^1 \cdot x^5$이다. 두 주사위의 면의 합이 6이라는 것은 대응하는 항의 곱이 $x^6$이라는 의미이다.이 대응은 일대일 대응이되어 Sicherman Dice를 포함한 임의의 주사위에서도 성립한다. 따라서, $a_1,a_2,\cdots,a_6,\ b_1,b_2,\cdots,b_6$을 Weird dice라 불리는 두 주사위 정육면체의 각면의 수를 나타내고, 1부터 6까지 사용하는 보통주사위와 각각 두 개씩 던져서 나올 두 주사위의 합에 대한 확률이 같다고 하자. 이것을 다항식의 곱으로 나타내면 다음과 같다.

$$\begin{aligned}&(x^6+x^5+x^4+x^3+x^2+x)(x^6+x^5+x^4+x^3+x^2+x)\\&=(x^{a_1}+x^{a_2}+\cdots+x^{a_6})(x^{b_1}+x^{b_2}+\cdots+x^{b_6})\end{aligned} \tag{1}$$

이제 우리가 해야 할 것은 $a_i$와 $b_j$에 대한 관계식을 푸는 일이다. 여기서 우리는 $\mathbb{Z}[x]$ 가 유일인수분해 된다는 사실을 이용한다.

다항식 $x^6+x^5+x^4+x^3+x^2+x$ 를 기약다항식으로 유일하게 표현하면:

$$x(x+1)(x^2+x+1)(x^2-x+1)$$

이다. 앞의 식 (1)의 인수분해는

$$x^2(x+1)^2(x^2+x+1)^2(x^2-x+1)^2$$

이다.

정리17.6에 의해서, 이것은 이 인수들은 단지 $P(x) = x^{a_1} + x^{a_2} + x^{a_3} + x^{a_4} + x^{a_5} + x^{a_6}$의 기약인 인수뿐 이다. 따라서, $P(x)$는 다음과 같은 형식이 된다: $x^q(x+1)^r(x^2+x+1)^t(x^2-x+1)^u$ 이고, $0 \le q, r, t, u \le 2$ 이다.

이 네 개의 매개변수에 대하여 그 범위를 제한하기 위해서, 두 가지 방법으로 $P(1)$의 값을 구한다. $P(1) = 1^{a_1} + \cdots + 1^{a_6} = 6$ 이고 $P(1) = 1^q 2^r 3^t 1^u$ 이다. 확실히, $r = 1$, $t = 1$ 이 된다. $q$값은 어떻게 될까? $P(0)$의 값을 두 가지 방법으로 계산하면, $q \ne 0$ 임을 알 수 있다.

한편, 만약 $q = 2$ 이면, 두 주사위를 던져서 나온 가장 낮은 차수의 합은 3이 되므로 이것은 가정에 모순된다. 이제 우리는 $q, r, t, u$의 가능한 값을 나열하면 다음과 같다. $q = 1$, $r = 1$, $t = 1$, $u = 0, 1, 2$가 된다.

차례로, 각 경우를 생각해보자.

$u = 0$ 이면, $P(x) = x^4 + x^3 + x^3 + x^2 + x^2 + x$로 이때의 주사위는 4,3,3,2,2,1로 Sicherman Dice라 한다.

$u = 1$ 이면, $P(x) = x^6 + x^5 + x^4 + x^3 + x^2 + x$로 이때의 주사위는 6,5,4,3,2,1로 보통 주사위 이다.

$u = 2$ 이면, $P(x) = x^8 + x^6 + x^5 + x^4 + x^3 + x$로 이때의 주사위는 8,6,5,4,3,1로 다른 Sicherman Dice라 한다.

이로써 Sicherman Dice가 보통 주사위와 같은 확률을 갖고 이 성질을 갖는 주사위는 이것 밖에 없다. ■

## 연습문제

당신이 어떤 것을 얼마나 잘하든지 당신보다 더 나은 수 없이 많은 사람이 항상 있기 마련이다. HOMMER SIMPSON

**1.** 예제 2의 주장을 밝혀라.

**2.** 만약 $D$가 정역이고 체 $F$는 $D$를 품는다고 하자. 만약 $f(x) \in D[x]$ 이고 $f(x)$는 $F$ 위에서 기약이지만 $D$ 위에서는 가약이면, $f(x)$의 $D$위에서 인수분해에 대하여 무엇을 말할 수 있을까?

**3.** $\mathbb{Z}[x]$에서 상수가 아닌 다항식이 $\mathbb{Z}$ 위에서 기약이면 원시다항식이 됨을 보여라.(이 연습문제는 이장에서 논의된 것임)

**4.** $f(x) = a_n x^n + a_{n-1} x^{n-1} + \cdots + a_1 x + a_0 \in Z[x]$ 이라 가정하자. 만약 $r$이 유리수이고 $x - r$이 $f(x)$을 나누면, $r$이 정수임을 보여라.

**5.** $F$는 체이고 $a$는 $F$의 영이 아닌 원소라 하자.

a. 만약 $af(x)$가 $F$ 위에서 기약이면, $f(x)$가 $F$ 위에서 기약임을 증명하여라.

b. 만약 $f(ax)$가 $F$ 위에서 기약이면, $f(x)$가 $F$ 위에서 기약임을 증명하여라.

c. 만약 $f(x+a)$가 $F$ 위에서 기약이면, $f(x)$가 $F$ 위에서 기약임을 증명하여라.

d. $c$를 이용하여 $8x^3 - 6x + 1$이 $\mathbb{Q}$ 위에서 기약임을 증명하여라.

**6.** $f(x) \in \mathbb{Z}_p[x]$ 이고 $\mathbb{Z}_p$ 위에서 기약이라 가정하자. 여기서 $p$는 소수이다. 만약 $\deg f(x) = n$ 이면, $\mathbb{Z}_p[x]/\langle f(x) \rangle$는 체이고 $p^n$개의 원소를 갖고 있음을 증명하여라.

**7.** 원소 개수가 25인 체를 구성하여라.

**8.** 원소 개수가 27인 체를 구성하여라.

**9.** $x^3+x^2+x+1$이 $\mathbb{Q}$ 위에서 가약임을 보여라. 이 사실은 정리 17.4의 따름정리에 모순되는가?

**10.** 다음 다항식들 중에서 $\mathbb{Q}$ 위에서 기약인 것은?

a. $x^5+9x^4+12x^2+6$

b. $x^4+x+1$

c. $x^4+3x^2+3$

d. $x^5+5x^2+1$

e. $(5/2)x^5+(9/2)x^4+15x^3+(3/7)x^2+6x+3/14$

**11.** $x^4+1$은 $\mathbb{Q}$ 위에서 기약이고 $\mathbb{R}$ 위에서 가약임을 보여라.(이 연습문제는 이 장에 관련된 것임)

**12.** $x^2+x+4$는 $\mathbb{Z}_{11}$ 위에서 기약임을 보여라.

**13.** $f(x)=x^3+6\in\mathbb{Z}_7[x]$ 이다. $f(x)$를 $\mathbb{Z}_7$ 위에서 기약다항식의 곱으로 써라.

**14.** $f(x)=x^3+x^2+x+1\in\mathbb{Z}_2[x]$ 이다. $f(x)$를 $\mathbb{Z}_2$ 위에서 기약다항식의 곱으로 써라.

**15.** $p$는 소수이다.

a. $x^2+ax+b$꼴인 $\mathbb{Z}_p$ 위에서의 가약다항식의 개수가 $p(p+1)/2$임을 보여라.

b. $\mathbb{Z}_p$ 위에서의 2차 가약다항식의 개수를 결정하여라.

**16.** $p$는 소수이다.

a. $x^2+ax+b$꼴인 $\mathbb{Z}_p$ 위에서의 기약다항식의 개수를 결정하여라.

b. $\mathbb{Z}_p$ 위에서의 2차 기약다항식의 개수를 결정하여라.

**17.** 임의의 소수 $p$에 대하여 $p^2$개의 원소를 갖는 체가 존재함을 보여라.

**18.** 임의의 양의 정수 $n$에 대하여 $\mathbb{Z}[x]$의 $n$차 다항식으로서 $\mathbb{Q}$ 위의 기약 다항식이 무수히 많이 있음을 증명하여라.

**19.** 이 장의 예11에서 주어진 체와 13장의 예9에서 주어진 체는 서로 환동형임을 보여라.

**20.** $f(x)\in\mathbb{Z}_p[x]$ 이다. 만약 $f(x)$가 $x^2+ax+b$꼴의 인수를 갖지 않는다면 그것은 $\mathbb{Z}_p$ 위에서 2차식의 인수를 갖지 않음을 증명하여라.

**21.** $\mathbb{Z}_3$ 위에서 2차 모닉기약다항식을 모두 찾아라.

**22.** $\pi$는 유리수 계수를 갖는 영이 아닌 다항식의 근이 될수 없다면, $\pi^2$은 $a\pi+b$꼴로 표현할 수 없음을 보여라. 여기서 $a,b$는 유리수이다.

**23.** $\mathbb{Z}_5$ 위에서 $x^5+4x^4+4x^3-x^2-4x+1$의 모든 근과 그것들의 중복도를 찾아라.

**24.** $Z_7$ 위에서 대입법에 의한 $f(x)=3x^2+x+4$의 모든 근을 찾아라. 근의 공식(Quadratic Formula) $(-b\pm\sqrt{b^2-4ac})\cdot(2a)^{-1}$에 의해서 $f(x)$의 모든 근을 찾아라. 답이 일치하는가? 꼭 같아야 하는가?

$\mathbb{Z}_5$ 위에서 대입법에 의한 $g(x)=2x^2+x+3$의 모든 근을 찾아라. $g(x)$에 근의 공식을 적용해

보아라. 답이 일치하는가? $p$가 2보다 큰 소수일 때, $\mathbb{Z}_p[x]$ 에서의 2차식의 근을 찾는 근의 공식에 대한 필요충분조건을 기술하여라.

**25.** (유리수근의 정리) $f(x)=a_nx^n+a_{n-1}x^{n-1}+\cdots+a_1x+a_0\in\mathbb{Z}[x]$, $a_n\neq 0$ 라 하자. 만약 $r,s$가 서로소이고 $f(r/s)=0$이면, $r|a_0$, $s|a_n$ 임을 보여라.

**26.** $F$가 체 이고 $f(x)\in F[x]$ 라 하자. $f(x)$의 $F$위에서의 기약성에 결정에 한정해서 볼 때 $f(x)$를 모닉 다항식이라 가정해도 되는지 설명하여라. (이 가정은 컴퓨터에서 기약성을 확인할 때 편리하다.)

**27.** $F$가 체 이고 $p(x), a_1(x), a_2(x),\cdots, a_k(x)\in F[x]$ 라 하자. 여기서, $p(x)$는 $F$위에서 기약이다. 만약, $p(x)|a_1(x)a_2(x)\cdots\ a_k(x)$ 이면, $p(x)$ 적당한 $a_i(x)$를 나눔을 보여라.(이 연습문제는 정리17.6의 증명에서 언급된다)

**28.** $Mod\,p$ 기약성 판별법(정리 17.3)은 $\mathbb{Q}[x]$ 에서의 기약성을 판별하는데 어떻게 사용되는지 설명하여라.

**29.** $x^4+1$은 임의의 소수 $p$에 대한 $Z_p$ 위에서 가약임을 보여라.(이 연습문제는 이 장에서 언급된다)

**30.** 만약 $p$가 소수이면, $x^{p-1}-x^{p-2}+x^{p-3}-\cdots-x+1$은 $\mathbb{Q}$ 위에서 기약임을 증명하여라.

**31.** $F$ 는 체이고 $p(x)$는 $F$위에시 기약이다. 만약 $E$는 $F$를 품는 체이고, 적당한 원소 $a\in E$이며 $p(a)=0$이면, 사상 $\phi: F[x]\to E$ 가 $f(x)\to f(a)$인 환준동형사상이고, 핵은 $\langle p(x)\rangle$ 임을 보여라.(이 연습문제는 20장에서 언급된다)

**32.** 이데알 $\langle x^2+1\rangle$은 $\mathbb{Z}[x]$ 에서 소이데알이지만, 극대이데알은 아님을 증명하여라.

**33.** $F$는 체이고 $p(x)$는 $F$위에서 기약이다. $\{a+\langle p(x)\rangle | a\in F\}$은 $F[x]/\langle p(x)\rangle$ 의 부분체이며 $F$와 동형임을 보여라(이 연습문제는 20장에서 언급된다).

**34.** 적당한 실수 $r$에 대하여 $r+1/r$가 홀수정수가 된다고 가정하자. $r$가 무리수임을 증명하여라.

**35.** Monopoly개임에서, 보통주사위 대신에 Sicherman 주사위로 개임을 하면 주사위를 던져서 얻은 여러 가지 성질들의 확률들은 서로 다른가? 그 이유는?

**36.** 한 쌍의 정육면체 대신에 한 쌍의 정사면체로 만든 주사위를 사용했을 때 예12의 분석을 수행하여라.( 정사면체 주사위는 각 면에 1부터 4까지 기재한 보통 주사위이다)

**37.** 예제 12에서 1부터 6까지 기재한 보통 주사위를 $n(n>2)$개를 사용하자. 보통 주사위와 Sicherman주사위가 같은 확률을 갖게 되는 것은 이 두가지 경우 뿐임을 설명하여라.

**38.** 한 주사위는 두면은 1,4로 다른 18개면은 수자: 1,2,2,3,3,3,4,4,4,5,5,5,6,6,6,7,7,8로 만든 것이다. 이 주사위와 1부터 6으로 만든 정육면체로된 보통주사위 두 개는 같은 확률을 갖고 있음을 보여라. 예제 12에서와 같은 방법으로 분석을 수행하여라.

## Reference

**1.** Martin Gardner, "Mathematical Games," *Scientific American* 238/2 (1978): 19-32.

## Serge Lang

랭의 Algebra는 대학원의 대수학을 가르치는 방법을 변화시켰고, 그것은 모든 일련의 대학원 수준의 대수학 교제에 영향을 주었다.
Citation for the Steele Prize

Serge Lang은 다작의 수학자였고, 감동적인 교육자였고, 그리고 정치적 활동가였다. 그는 1927년 5월19일 파리 근교에서 태어났다. 그의 가족은 그가 10대일 때 Los Angeles로 이주하였다. Lang은 1946년 Caltech에서 물리학 B.A를 받고 1951년 Princeton에서 Emil Artin의 지도로 수학 박사학위를 취득하였다. 그의 맨 처음 종신 직장은 1955에 Columbia대학이었으나, 1971년에 Lang은 Columbia대학의 월남전 반대 시위자들에 대한 처리에 반대의 뜻으로 사직하였다. 그는 1972년 Yale대학으로 합류하여 그의 정년까지 그곳에서 지냈다.

Lang은 정수론, 대수기하학, 미분기하학 그리고 해석학에 중대한 공헌을 하였다. 그는 120여편의 연구논문들과 60여권의 책들을 저술하였다. 그의 가장 유명하고 영향력 있는 책은 대학원 수준의 "Algebra"였다. Lang은 그의 학생들에게 엄청난 공헌으로 큰 상을 받은 한 선생님으로 알려졌다.

Lang은 가끔 수학, 예술 그리고 정치에 대한 뜨거운 논쟁을 하기도 했다. 한 사건으로, 그는 Beatles가 Beethoven보다 더 훌륭한 음악가임이 명백하다는 것을 인정하지 않는 한 동료 수학자를 한 청동흉상으로 내려 칠려고 위협하였다.

Lang은 명예롭게 American Mathematical Society로부터 Steele Prize for Mathematical Exposition을 받았고, 대수학의 Cole Prize를 받았다, 그리고 National Academy of Sciences에 선출되었다. Lang은 2005년 9월25일 78세를 일기로 서거하였다.

Lang에 대한 더 많은 정보를 다음 사이트에서 얻을 수 있다.

http://www-groups.dcs.st-and.ac.uk/~history/

# 18절 정역의 나눗셈 (Divisibility in Integral Domains)

나에게 성과있는 오류를 주게나, 씨앗들로 가득차 있고, 그 자신의 교정들이 분출하고 있다. 너 자신을 위한 너의 흠없는 진리를 간직할 수 있을 것이다.

Vilfredo Pareto

## 기약원(Irreducibles)과 소원(Primes)

앞 두 장에서, 우리는 정수 또는 체위에서 다항식의 인수분해에 대하여 집중 논의하였다. 그 결과들 중 몇가지는 예를 들어, $\mathbb{Z}[x]$ 의 유일인수분해와 $F[x]$ 의 나눗셈알고리즘이었다. 이것들은 정수에 대한 정리들과 자연스럽게 대응되는 성질들이다. 이 장과 다음 장에서 더 추상적인 대수구조에서 인수분해에 대하여 논의 할 것이다.

### 정의: 동반원(Associates), 기약원(Irreducibles), 소원(Primes)

한 정역 $D$ 의 두 원소 $a,b$가 **동반원(associates)**이라는 것은 $D$의 단원 $u$가 있어서 $a=ub$ 가 성립한다는 것이다.

영이 아닌 $D$의 한 원소 $a$가 **기약원(irreducibles)**이라는 것은 $a$가 단원이 아니고, $b,c \in D$이고 $a=bc$이면, $b$ 또는 $c$가 단원이 될 때를 말한다.

영이 아닌 $D$의 한 원소 $a$가 **소원(primes)**이라는 것은 $a$가 단원이 아니고, $a|bc$ 이면 $a|b$이거나 $a|c$일 때를 말한다.

---

거칠게 말해서, 기약원은 자명한 방법으로만 인수분해되는 원소를 말한다. $a$가 소원이된 필요충분조건은 $\langle a \rangle$가 소이데알임을 말한다.

정수에 대한 위의 정의들을 생각하면, 약간 혼란스러울 수 있다. 0장에서, 양의 정수가 소수라는 것은 여기서는 기약원의 정의를 만족하는 경우이다. 그리고, 우리는 소수정수가 정역에서 소원의 정의를 만족하는 것은 증명하였다.(유크리드 보조정리)

혼란의 근원은 정수의 개념으로는 기약원과 소원과 같지만, 일반적으로 곧 그것들이 다른 개념이라는 것을 알게 될 것이다.

소원과 기약원 사이의 구별을 잘 설명해주는 정역은 $\mathbb{Z}[\sqrt{d}]=\{a+b\sqrt{d} \mid a,b \in \mathbb{Z}\}$이다. 여기서 $d$는 1이 아니고, $d$는 소수의 제곱에 의해서 나누어지지 않는다.(이 환은 정수론에서 근본적으로 중요하다)

이 환들을 분석하기위해서, 우리는 여기서 단원, 기약원, 그리고 소원을 결정하는 편리한 방법이 필요하다. 이렇게 하기 위해서, 우리는 **노름(norm)**이라고 하는 함수 $N$를 $\mathbb{Z}[\sqrt{d}]$ 에서 음이 아닌 정수 집합으로 가는 함수로 $N(a+b\sqrt{d})=|a^2-db^2|$라 정의하자. 다음 4가지 성질들의 확인은 독자에게

맡긴다:(연습문제1).

$N(x)=0$ 이기 위한 필요충분조건은 $x=0$ 이다. 임의의 $x,y$ 에 대하여 $N(xy)=N(x)N(y)$ 이다.

$x$ 가 단원이기 위한 필요충분조건은 $N(x)=1$ 이다. 만약 $N(x)$ 가 소수이면 $x$ 는 $\mathbb{Z}[\sqrt{d}]$ 에서 기약이다.

**예제 1** $\mathbb{Z}[\sqrt{-3}]$ 에서 소원이 아닌 기약원을 찾아보자

여기서, $N(a+b\sqrt{-3})=a^2+3b^2$ 이다. 만약 $1+\sqrt{-3}$ 가 둘다 단원이 아닌 $x,y$ 의 곱 $xy$ 라 하면, $N(xy)=N(1+\sqrt{-3})=4$ 이다. 따라서 $N(x)=2$ 이다. 그러나, $a^2+3b^2=2$ 가 성립하는 정수 $a,b$ 는 존재하지 않는다. 따라서, $x$ 또는 $y$ 가 단원이고 $1+\sqrt{-3}$ 은 기약원이다. 소원이 되지 못함을 보이기 위해, $(1+\sqrt{-3})(1-\sqrt{-3})=4=2\cdot 2$ 이므로, $1+\sqrt{-3}$ 는 $2\cdot 2$ 를 나눈다. 한편, 적당한 정수 $a,b$ 가 존재하여 $2=(1+\sqrt{-3})(a+b\sqrt{-3})=(a-3b)+(a+b)\sqrt{-3}$ 이다. 따라서, $a-3b=2,\ a+b=0$ 이다. 그런데 이것은 불가능하다.

$\mathbb{Z}[\sqrt{d}]$ 의 형식인 환에서 $d>1$ 인 경우는 그 원소가 기약임을 보이는 것은 더 어렵다. 다음 예는 이것을 밝히는 한 방법을 설명한 것이다. 또한 이 예는 노름에 대한 위의 4번째 성질의 역이 성립하지 않음을 보여준다. 즉, $N(x)$ 가 소수가 아니지만 $x$ 는 기약원이 될 수 있다는 것을 보여준다.

**예제 2** 환 $\mathbb{Z}[\sqrt{5}]$ 에서 원소 7은 기약원이다. 이 사실을 밝혀보자. 만약, $7=xy$ 라 하자, 여기서 $x,y$ 는 둘 다 단원이 아니다. 따라서, $49=N(7)=N(x)N(y)$, 그리고, $x$ 는 단원이 아니므로, $N(x)\neq 1$ 이다. 따라서 $N(x)=7$ 이 된다. $x=a+b\sqrt{5}$ 라 하면. $|a^2-5b^2|=7$ 이다. 즉, $a^2-5b^2=\pm 7$ 이다. 이식을 $\bmod 7$ 로 계산하면, $a=0=b$ 이다. 이것은 $a,b$ 모두 7로 나누어진다는 것이다. 이것은 $|a^2-5b^2|=7$ 이 49로 나누어진다는 의미이다. 이것은 불가능하다.

예제 1은 기약원이 아닌 소원을 갖는 정역이 존재하는지? 어떤지에 대한 질문을 제기한다. 그 답은 부정적이다.

### 정리 18.1 소원은 기약원을 유도한다(Prime implies Irreducible)

정역에서, 모든 소원은 기약원이다.

**증명** $a$ 가 정역의 소원이고 $a=bc$ 라 가정하자. $b$ 또는 $c$ 가 단원임을 보이면 된다. 소원의 정의에 의해서, $a|b$ 이거나 $a|c$ 이다. 예를 들어, $at=b$ 라 하자. 그러면, $1b=b=at=(bc)t=b(ct)$, 소약법칙에 따라서, $1=ct$ 이다. 즉, $c$ 는 단원이다. □

주정역이란 정역에서 임의의 이데알이 $\langle a\rangle$ 꼴일 때를 말한다. 다음 정리는 소원과 기약원의 개념이 동등하게 되는 조건을 밝혀주는 정리이다.

**정리 18.2 주정역(PID)에서는 기약원과 소원은 같다(PID implies Irreducible equals Prime)**

주정역에서, 한 원소가 기약원일 필요충분조건은 그것이 소원이다.

**증명** 정리 18.1에서 소원이 기약원임을 보였다. 그 역을 증명하기 위해서, $a$를 주정역 $D$ 의 기약원이고, $a|bc$라 가정하자. 우리는 $a|b$ 이거나 $a|c$ 를 보이면 된다. 이데알 $I=\{ax+by|\,x,y\in D\}$ 라 하면 $\langle d\rangle = I$이다. $a\in I$ 이므로, $a=dr$ 이라 쓸 수 있다. $a$가 기약원이므로, $d$가 단원이거나 $r$ 이 단원이다.

만약 $d$ 가 단원이라면, $I=D$이다. 따라서, $1=ax+by$이다. $c=acx+bcy$, $a$가 우측항을 나누므로 $a$가 $c$를 나눈다. 한편, $r$가 단원이라면, $\langle a\rangle = \langle d\rangle = I$ 이다. 그리고, $b\in I$ 이므로, $t\in D$ 가 존재하여 $at=b$ 이다. 즉, $a$가 $b$를 나눈다. □

$\mathbb{Z}$ 와 체 $F$위의 $F[x]$ 에 대한 각각의 나눗셈알고리즘의 쉬운 결과로 $\mathbb{Z}$와 $F[x]$ 는 주정역이다.( 14장의 연습문제 41과 정리 16.3 참조)

다음 예는 주정역이 아닌 우리에게 가장 친숙한 환 중의 하나를 보여준다.

**예제 3** $\mathbb{Z}[x]$가 주정역이 아님을 보이자. 이데알 $I=\{f(x)\in\mathbb{Z}[x]|f(0)$는 짝수$\}$에서, $I$ 는 $\langle h(x)\rangle$꼴이 될 수 없음을 보이자. 만약, $I=\langle h(x)\rangle$라면, 2와 $x$는 $I$의 원소이므로, 적당한 $f(x), g(x)\in\mathbb{Z}[x]$가 존재하여 $2=h(x)f(x)$, $x=h(x)g(x)$가 된다.
다항식의 차수를 비교하면(16장 연습문제 17 참조), $0=\deg 2=\deg h(x)+\deg f(x)$, 따라서, $h(x)$는 상수다항식이다. 그 상수를 구하기 위해서 $x=1$일 때 $2=h(1)f(1)$을 생각하면, $h(1)=\pm 1$이거나 $\pm 2$이다. $1\notin I$ 이므로, $h(x)=\pm 2$이다. 그러면, $x=\pm 2g(x)$가 되어 의미를 갖지 못한다. ■

우리는 앞서 정역인 $\mathbb{Z}$ 와 $\mathbb{Z}[x]$ 의 중요한 인수분해 성질을 증명했다: 1보다 큰 모든 정수는 기약원(즉, 소수)의 곱으로 유일하게 인수분해되고, 영이 아니고 단원이 아닌 모든 다항식은 기약다항식의 곱으로 유일하게 인수분해 된다. 자연스럽게 모든 정역들이 이와 같은 성질을 갖겠는가? 하는 질문을 하게 된다. 정역에서의 유일인수분해에 대한 최초의 질문은 페르마의 마지막정리(Fermat's Last Theorem)라 일컫는 정수론의 유명한 문제를 푸는 과정에서 제기되었다.

## 페르마의 마지막정리의 역사적 논의(Historical Discussion of Fermat's Last Theorem)

방정식$x^2+y^2=z^2$을 만족하는 영이 아닌 정수들 $x$, $y$, $z$는 무수히 많이 존재한다. 그러나 방정식 $x^3+y^3=z^3$ 또는, 더 일반적으로, $x^n+y^n=z^n$에 대해서는 어떠할까?, 여기서 $n$는 2보다 더 큰 정수이고 $x,y,z$는 영이 아니다. 그러나, 지금까지 이 방정식들에 대하여 단 하나의 해도 발견하지 못했고, 지난 3세기가 넘도록 그것이 존재하지 않는다는 것을 증명하려고 노력해왔다. 이 방정식의 해가 없다는 것을 증명하기 위해 엄청난 노력을 기울려온 Euler, Legendre, Abel, Gauss, Dirichlet, Kummer, Kronecker 그리고 Hilbert 같은 수학자들에 의해서 환이론의 발전에 큰 영향력을 끼쳤다. 약 일천년 전에, 아랍의 수학자들은 $n=3$ 일 때 그 해가 존재하지 않는다는 불확실한 증명을 하기도 했었다. 프랑스 수학자 Pierre de Fermat(1601-1665)가 그의 책의 여백에 "한 세제곱수를 두 세제곱수들의 합으로 쓸 수 없고, 한 네제곱수도 두 네제곱수들의 합으로 쓸 수 없으며, 일반적으로, 2 보다 큰 멱으로 된 수는 같은 차수를 갖는 두 멱의 합으로 표현할 수 없다. 나는 기막힌 방법을 발견했는데 여기 여백이 너무 좁아서 모두 적어 넣을 수가 없다"라고 썼다.

페르마는 증명을 하지 않았기 때문에, 많은 수학자들이 그 결과를 증명하려고 노력하였다. $n=3$ 인 경우는 1770 년에 오일러에 의해서 증명되었지만, 그의 증명은 불완전한 것이었다. $n=4$ 인 경우는 용이해서 페르마 자신에 의해서 이루어졌다. $n=5$ 인 경우는 1825 년 Dirichlet에 의해서 이루어 졌고, $n=20$ 으로 바로 변형되었고, $n=70$ 인 경우는 Legendre에 의해서 이루어졌다. 특별한 정수에 대하여 성립하면 그 정수의 모든 배수들에 대해서는 성립함을 보일 수 있기 때문에, 다음으로 흥미로운 경우는 $n=7$ 인 경우이다. 이 경우가 1839년 Gabriel Lame이 해결할 때까지 훌륭한 수학자들의 노력을 요구했었다. 1847년 Lame는 그가 이 문제를 완전히 해결했다고 발표하여 흥분의 도가니로 떠들썩하게 했다. 그의 접근방법은 $p$가 소수일 때, $x^p+y^p$를 $(x+y)(x+\alpha y)(x+\alpha^2 y)\cdots(x+\alpha^{p-1}y)$의 꼴로 인수분해 하는것 이었다. 여기서, $\alpha=\cos(2\pi/p)+i\sin(2\pi/p)$이다. 따라서, 그의 인수분해는 환 $Z[\alpha]=\{a_0+a_1\alpha+a_2\alpha^2+\cdots+a_{p-1}\alpha^{p-1}|a_i\in Z\}$ 안에서 일어난다.

그러나 Lame는 그와 같은 한 환에서 기약원의 곱으로 표현되는 인수분해가 유일하다는 가정의 오류를 범했다. 사실상, 3년 전에, Ernst Eduard Kummer는 이것이 항상 성립하지는 않는다는 것을 증명했었다. 유일 인수분해의 실패에 겁먹지 않고, Kummer는 페르마의 마지막정리 새로운 유형의 수를 발견하여 안정적인 인수분해이론을 개발하기 시작했다. Leme의 발표 후 몇주 이내에, Kummer는 페르마의 마지막정리가 특수한 형태의 모든 소수들에 대하여 성립함을 보였다. 이것은 이 정리가 소수야? 아냐? 에 관계없이, 37, 59, 67, 그리고 74를 제외한 100보다 작은 모든 지수들에 대하여 성립함을 증명하였다. Kummer의 연구는 오늘날 우리들이 알고 있는 이데알 이론을 유도해 냈다. 수세기 동안, 재출된 많은 증명들은 면밀하게 분석되지 못했다. 유명한 정수론 연구자인 Edmund Landau는 이와 같은 "단 한 페이지, 몇 줄에서 오류를 발견할 수 있는 증명들"것들을 수없이 많이 받았다. Scientific American의 기고자인 Martin Gardner는 "Mathematical Games"에서 그들의 증명을 검토해 주라는 요청을 거절한다는 그림엽서를 보내기도 했다. 페르마의 마지막 정리가 현대 수학이론들에 가까운 최근의 발견들은 이 이론들이 결국에 한 증명으로 결론날수도 있을 것 같았다. 1988년 3월에, 신문들과 과학잡지들은 Yoichi Miyaoka의 증명에 대한 소식을 실었다. 그러나 몇 주가 지나지 않아, Miyaoka의 증명은 잘못된 것임이 밝혀졌다. 1993년 6월, Princeton대학의 Andrew Wiles가 페르마의 마지막 정리를 증명하였다고 발표함으로서 수학계 전체에 놀라움이 확산되었다. Princeton대학 수학과장은 "우리가 그 소식을 들었을 때, 사람들은 하늘위로 걷기를 시작하는 것 같았다"는 말을 인용했다. 그러나 다시한번 이 증명을 면밀히 검토해 보니 성립하지 않았다. 이 이야기는 좋은 결과로 결말이 났다. 수학계에서는 1994년 9월에 Wiles와 Richard Taylor에 의해서 수정된 증명이 유효함이 받아 들려졌다. 그렇게 많은 뛰어난 수학자들이 페르마의 마지막 정리의 증명할 수 없었다는 사실에 비추어 볼 때, 대단히 위력적인 이론의 유효성에도 불구하고, 페르마가 올바른 증명을 했다고 믿어지지 않았었다. 대부분 그러하듯이, 그의 후계자들이 유일인수분해정역과 같은 정수의 성질들이 일반적인 정역위에서 성립하게 될 것이라는 가정을 하는 오류를 그도 범했다.

**Proof of math theory creates academic stir**

Los Angeles Times

Mathematicians around the world were buzzing with excitement Monday over the prospect that Fermat's Last Theorem, one of the oldest and most famous conjec-

**Solving the Puzzle**

About 350 years ago, a French amateur mathematician named Pierre de Fermat scratched a devilishly tricky problem in the margin of a Greek mathematical text. Then he added, "I have discovered a truly remarkable proof [of the theorem], which this margin is too small to contain." Did he really have the answer? The attempts of generations of scientists to find out have made Fermat's Last Theorem the El Dorado of math problems. Now, at long last, an assistant professor at Tokyo Metropolitan University seems to have broken the code. Last month at Bonn's Max Planck Institute, Yoichi Miyaoka, 38, sketched out his answer on a blackboard for fellow mathematicians.

Since before Euclid's time it has been known that in the equation $A^2+B^2=C^2$, if A and B are whole numbers, then C can also be a whole number—for example, $5^2+12^2=13^2$. Fermat postulated that if the same equation is taken to a power higher than 2, such as $A^3+B^3=C^3$, then C can never be a whole number. Miyaoka has apparently found out why by using an esoteric branch of mathematics called arithmetic geometry. Scientists are now awaiting the first draft of his manuscript. If it checks out, the Frenchman's infuriating puzzle will finally be solved.

Pierre de Fermat

**Fermat's last theorem: A promising approach**

The end of a centuries-long search for a proof of Fermat's last theorem, one of the most famous unsolved problems in mathematics, may at last be in sight. A Japanese mathematician, Yoichi Miyaoka of the Tokyo Metropolitan University, has proposed a proof for a key link in a chain of reasoning that establishes the theorem's truth. If Miyaoka's proof survives the mathematical community's intense scrutiny, then Fermat's conjecture (as it ought to be called until a proof is firmly established) can truly be called a theorem.

Miyaoka's method builds on work done by several Russian mathematicians and links important ideas in three mathematical fields: number theory, algebra and geometry. Though highly technical, his argument fills fewer than a dozen manuscript pages — short for such a significant mathematical proof. Miyaoka recently presented a sketch of his ideas at a seminar at the Max Planck Institute for Mathematics in Bonn, West Germany.

"It looks very nice," mathematician Don B. Zagier of the Max Planck Institute told SCIENCE NEWS. "There are many nice ideas, but it's very subtle, and there could easily be a mistake. It'll certainly take days, if not weeks, until the proof's completely checked."

Fermat's conjecture is related to a statement by the ancient Greek mathematician Diophantus, who observed that there are positive integers, $x$, $y$ and $z$, that satisfy the equation $x^2+y^2=z^2$. For example, if $x=3$ and $y=4$, then $z=5$. In fact, this equation has an infinite number of such solutions.

In the 17th century, French amateur mathematician Pierre de Fermat, while reading a book by Diophantus, scribbled a note in a margin proposing that there are no positive-integer solutions to the equation $x^n+y^n=z^n$, when $n$ is greater than 2. In other words, when $n=3$, no set of positive integers satisfies the equation $x^3+y^3=z^3$, and so on. Then, in a tantalizing sentence that was to haunt mathematicians for centuries to come, Fermat added that although he had a wonderful proof for the theorem, he didn't have enough room to write it out.

Later mathematicians found proofs for a number of special cases, and a com-... showed ... true for all exponen... But despite the efforts of ... mathematicians, a proof for the general case remained elusive (SN: 6/20/87, p.397).

In 1983, Gerd Faltings, now at Princeton (N.J.) University, opened up a new direction in the search for a proof. As one consequence of his proof of the Mordell conjecture (SN: 7/23/83, p.58), he showed that if there are any solutions to Fermat's equations, then there are only a finite number of them for each value of $n$. However, that was still far from the assertion that there are no such solutions.

Some of the key ideas for Faltings' proof came from the work of Russian mathematician S. Arakelov, who was looking for connections between prime numbers, curves and geometrical surfaces. Both Arakelov and Faltings found that analogs of certain classical theorems already well established for geometrical surfaces could apply to curves and provide information about statements, such as Fermat's last theorem, that involve only integers.

About a year ago, A.N. Parshin of the Steklov Institute in Moscow, following

[그림 18-1]

[그림 18-2]

## 유일인수분해정역(Unique Factorization Domains)

이제 유일인수분해에 대한 생각을 형식화하기 위해 필요한 용어들을 알아보자.

### 정의: 유일인수분해정역(UFD)

정역 $D$ 가 다음 두 가지 조건을 만족하면 **유일인수분해정역**(unique factorization domain)이다.

1. 영이 아닌 $D$의 임의의 원소가 단원이 아니고, $D$ 의 기약원들의 곱으로 표현된다.
2. 기약원에 의한 인수분해는 동반원과 곱의 순서에 관계하지 않고 그 표현이 유일하다.

위의 2의 조건을 다시 설명하면 다음과 같다.

만약, 기약원의 곱의 표현이 $p_1^{n_1}p_2^{n_2}\cdots p_r^{n_r}=q_1^{m_1}q_2^{m_2}\cdots q_s^{m_s}$이고, 여기서 어느 두 $p_i$ 도 동반원이 아니고 $q_j$도 마찬가지로 서로 동반원이 아니면, $r=s$이고, 각 $p_i$는 단 하나의 $q_j$와 동반원이 되며 $n_i=m_j$ 가 된다.

물론, 산수의 기본정리(Fundamental Theorem of Arithmetic)는 정수환이 유일인수분해정역임을 말해준다. 그리고, 정리 17.6에서 $Z[x]$ 는 유일인수분해정역이다. 사실, 우리가 곧 알게 되겠지만, 대부분 우리가 마주치는 정역은 유일인수분해정역이다.

다음 정리를 증명하기 전에 이데알에 대한 오름사슬조건(ascending chain condition)이 필요하다.

**보조 정리 $PID$에 대한 오름사슬조건**

주이데알정역에서 이데알들의 단조오름사슬 $I_1\subset I_2\subset\cdots$은 그 길이가 유한하다.

**증명** $I_1\subset I_2\subset\cdots$을 정역 $D$의 이데알들의 단조오름사슬이라 하자. $I$를 이 사슬의 모든 이데알의 합집합이라 하면, $I$는 $D$의 이데알이다. 그러면, $D$가 주이데알정역이므로 한 원소 $a\in D$가 존재하여 $I=\langle a\rangle$이다. $a\in I$이고 $I=\cup I_k$이므로, $a$는 이 사슬의 하나인 $I_n$에 속한다. 즉, $a\in I_n$이다. 확실히, 이 사슬의 각 $I_i$ 에 대하여 $I_i\subseteq I=\langle a\rangle\subseteq I_n$이다. 따라서 $I_n$ 은 이 사슬의 마지막 이데알이다. □

**정리 18.3 $PID$이면 $UFD$이다.**

모든 주이데알정역은 유일인수분해정역이다.

**증명** $D$를 주이데알정역이라 하고, $a_0$를 $D$의 영이 아니고 단원도 아니라 하자. 우리는 $a_0$가 기약원들의 곱이 됨을 보이면 된다.(이 곱은 한 원소로만 될 수도 있다) 우리는 먼저 $a_0$가 적어도 한 기약원인 인수를 갖고 있음을 보이자. 만약 $a_0$가 기약이라면 우리는 여기서 끝난다. 따라서, 우리는 $a_0=b_1a_1$이라 가정한다. 여기서, $b_1$, $a_1$ 모두 단원이 아니고 $a_1$은 영이 아니다. 만약, $a_1$이 기약원이 아니라면, 우리는 $a_1=b_2a_2$이라 쓸 수 있다. 여기서, $b_2$, $a_2$ 모두 단원이 아니고 $a_2$은 영이 아니다. 이와 같은 방법으로 계속 시행하면, $D$의 단원이 아닌 원소로 된 수열 $b_1,b_2,\cdots$ 과 $D$의 영이 아닌 원소로 된 수열 $a_0,a_1,a_2,\cdots$ 이 모든 $n$에 대하여 $a_n=b_{n+1}a_{n+1}$

이 성립한다. 따라서, $\langle a_0 \rangle \subset \langle a_1 \rangle \subset \cdots$ 이데알들의 단조오름사슬이다. (연습문제 5 참조). 앞의 보조정리에 의해서 이 사슬은 길이가 유한하다. 즉, $\langle a_0 \rangle \subset \langle a_1 \rangle \subset \cdots \subset \langle a_r \rangle$ 특히, $a_r$은 $a_0$의 기약원 인수이다. 이 논의는 임의의 영이 아니고 단원이 아닌 $D$ 의 원소는 적어도 1개 이상의 기약원의 인수를 갖는다.

이제. $a_0 = p_1 c_1$라 하자. 여기서 $p_1$은 기약원이고 $c_1$은 단원이 아니다. 만약, $c_1$이 기약원이 아니면, $c_1 = p_2 c_2$ 이다. 여기서, $p_2$은 기약원이고 $c_2$은 단원이 아니다. 이와 같은 방법으로 계속하면, $\langle a_0 \rangle \subset \langle c_1 \rangle \subset \langle c_2 \rangle \cdots$ 이데알들의 단조오름사슬이다. 이 사슬은 유한 단계 후에 끝난다. 이 수열이 $\langle c_s \rangle$에서 끝난다고 하자. 따라서, $c_s$ 는 기약원이고, $a_0 = p_1 p_2 \cdots p_s c_s$ 이고, 각 $p_i$는 역시 기약원이다. 이것은 임의의 영이 아니고 단원이 아닌 주이데알정역의 원소는 기약원의 곱이 됨을 증명하였다.

이제 남은 것은 위의 인수분해가 동반원과 곱의 순서에 관계하지 않고 그 표현이 유일함을 보이면 된다. 이 증명을 위해서, $D$ 의 임의의 원소 $a$에 대하여 $a = p_1 p_2 \cdots p_r = q_1 q_2 \cdots q_s$ 라 하자. 여기서, $p_{i,}\ q_j$는 기약원이고, 중복을 허용해서 표현한 것이다.

만약, $r = 1$ 이면, $a$는 기약원이고, 확실히, $s = 1$이고 $p_1 = q_1$이다.

따라서, 수학적 귀납법 가정에 의하여, $r$보다 적은 개수의 기약원에 의해 곱으로 표현되는 원소는 그 표현이 단 한가지로 된다고 가정하자.(동반원과 곱의 순서에 관계하지 않는다). $p_1$이 $q_1 q_2 \cdots q_s$를 나누므로, 그것은 어떤 $q_i$를 나눈다. 즉, $p_1 | q_1$이다. 따라서, 적당한 $D$ 의 단원 $u$가 존재하여 $q_1 = u p_1$가 된다. $u p_1 p_2 \cdots p_r = u q_1 q_2 \cdots q_s = q_1 (u q_2) \cdots q_s$ 이고 $u p_1 = q_1$ 이므로, 소약법칙에 의하여, $p_2 \cdots p_r = (u q_2) \cdots q_s$. 수학적귀납법 가정에 의해서, 이 두 인수분해의 곱의 표현은 동반원과 곱의 순서에 관계하지 않고 일치 한다. 따라서, $a$의 두 인수분해는 유일하게 된다. □

정리 18.3의 증명의 실질적인 부분은 정역 $D$ 가 주이데알정역일 때만 적용되는데, 정역 $D$ 의 이데알들의 단조오름사슬이 무한한 길이를 갖는 것이 존재하지 않는다는 성질을 말한다.

정역이 이 성질을 갖을 때 **레더정역**(Noetherian domain)이라 한다. 대수학에 사슬조건을 최초로 소개한 에미 레더(Emmy Noetherian)를 기념하기 위한 것이다.

레더정역은 대수기하에서 무엇보다도 중요하다. 한 중요한 이유는, 많은 중요한 환들 중에서 다항식환 $R[x]$ 가 레더정역 이지만, 주이데알정역이 되지 않는 경우가 있다. 그런 예로는 $Z[x]$ 이다. $Z[x]$는 $UFD$ 이지만 $PID$ 는 아니다.(예제 3 참조)

정리 18.3와 바로 연결되는 따름정리를 알아보자.

**따름 정리 $F[x]$는 $UFD$이다.**

$F$가 체이면 $F[x]$ 는 유일인수분해정역이다.

**증명** 정리 16.3에 의해서, $F[x]$ 는 주이데알정역 이다. 따라서, $F[x]$ 는 역시 유일인수분해정역 이다. □

앞의 따름 정리의 적용으로 Richard Singer의 Eisenstein의 판별법(정리 17.4 참조)을 소개한다.

**예제 4** $f(x) = a_n x^n + a_{n-1}x^{n-1} + \cdots + a_1 x + a_0 \in \mathbb{Z}[x]$ 라 하자.

$p$는 소수로서, $p \nmid a_n, p|a_{n-1}, \cdots, p|a_0$ 이고, $p^2 \nmid a_0$ 이면, $f(x)$가 $\mathbb{Q}$ 위에서 기약임을 증명해 보자. 만약, $f(x)$가 $\mathbb{Q}$ 위에서 가약이라 가정하면, 정리 17.2에 의해서 $\mathbb{Z}[x]$ 에 $g(x), h(x)$가 존재하여 $f(x) = g(x)h(x)$이고, $1 \le \deg g(x) < n$, $1 \le \deg h(x) < n$ 이다.
$\overline{f}(x)$, $\overline{g}(x)$, $\overline{h}(x)$는 $\mathbb{Z}_p[x]$ 에서 다항식 $f(x), g(x), h(x)$의 각 계수들을 $p$를 법으로 축약한 다항식들이라 하자. 그러면, $p$가 $f(x)$의 계수 중에 $a_n$를 제외하고 모두 나눈다. 따라서, $\overline{a_n}x^n = \overline{f}(x) = \overline{g}(x)\overline{h}(x)$. $\mathbb{Z}_p$가 체이므로, $\mathbb{Z}_p[x]$ 는 유일인수분해정역이다. 따라서, $x|\overline{g}(x)$, $x|\overline{h}(x)$이다. 따라서, $\overline{g}(0) = \overline{h}(0) = 0$이고, 결국, $p|g(0), p|h(0)$. 그러나, $p^2|g(0)h(0) = f(0) = a_0$, 이것은 모순이다.

## 유크리드 정역(Euclidean Domains)

정역 중에서 또 다른 중요한 것은 유크리드 정역이다.

### 정의: 유크리드 정역

정역 $D$를 **유크리드 정역**(euclidean domains)이라 함은 영이 아닌 $D$ 의 원소들의 집합에서 영보다 작지 않은 정수집합으로 가는 한 함수 $d$ (**측도**(measure)라 불림)가 존재하여 다음 두 조건을 만족할 때를 말한다.

1. $D$ 의 모든 영이 아닌 원소 $a, b$ 에 대하여, $d(a) \le d(ab)$가 성립한다.
2. 만약 $a, b \in D$, $b \ne 0$이면, 적당한 $q, r$이 $D$에 존재하여 $a = bq + r$이고, 여기서 $r = 0$이거나 $d(r) \le d(b)$이 성립한다.

**예제 5** 환 $\mathbb{Z}$ 는 유크리드 정역이다. 이때 $d(a) = |a|$($a$의 절댓값)로 정의한다.

**예제 6** $F$ 가 체일 때, $F[x]$ 는 유크리드 정역이다. 여기서 $d(f(x)) = \deg f(x)$(정리 16.2 참조)로 정의한다.

예제 5와 예제 6은 $\mathbb{Z}$ 와 $F[x]$ 사이의 많은 유사한 성질 중의 하나를 보여준 것이다. 추가적인 유사 성질들은 다음 표 18.1에서 설명한다.

〈표 18.1〉 $\mathbb{Z}$와 $F[x]$ 사이의 유사성

| $\mathbb{Z}$ | | $F[x]$ |
|---|---|---|
| 원소 형태:<br>$a_n 10^n + a_{n-1}10^{n-1} + \cdots a_1 10 + a_0$ | $\longleftrightarrow$ | 원소 형태:<br>$a_n x^n + a_{n-1}x^{n-1} + \cdots a_1 x + a_0$ |
| 유크리드 정역:<br>$d(a) = \lvert a \rvert$ | $\longleftrightarrow$ | 유크리드 정역:<br>$d(f(x)) = \deg(f(x))$ |
| 단원:<br>$a$: 단원 $\Leftrightarrow \lvert a \rvert = 1$ | $\longleftrightarrow$ | 단원:<br>$f(x)$: 단원 $\Leftrightarrow \deg(f(x)) = 0$ |
| 나눗셈 알고리즘:<br>임의의 $a, b \in \mathbb{Z}$, $b \neq 0$에 대해 $a = bq + r$, $0 \leq r < \lvert b \rvert$을 만족하는 $q$, $r \in \mathbb{Z}$이 존재한다. | $\longleftrightarrow$ | 나눗셈 알고리즘:<br>임의의 $f(x)$, $g(x) \in F[x]$, $g(x) \neq 0$에 대해 $f(x) = g(x)q(x) + r(x)$, $0 \leq \deg r(x) < \deg g(x)$ 또는 $r(x) = 0$을 만족하는 $q(x)$, $r(x) \in F[x]$이 존재한다. |
| PID:<br>모든 영이 아닌 이데알 $I = \langle a \rangle$.<br>단 $a \neq 0$이고 $\lvert a \rvert$는 최소 | $\longleftrightarrow$ | PID:<br>모든 영이 아닌 이데알 $I = \langle f(x) \rangle$.<br>단 $\deg f(x)$는 최소 |
| 소수:<br>1과 자신 외의 약수 없음 | $\longleftrightarrow$ | 기약:<br>0과 단원이 아닌 기약원 |
| UFD:<br>모든 원소는 소수들의 "유일한" 곱 | $\longleftrightarrow$ | UFD:<br>모든 원소는 기약다항식들의 "유일한" 곱 |

**예제 7** 가우스 정수환 $\mathbb{Z}[i] = \{a + bi \mid a, b \in \mathbb{Z}\}$은 유크리드 정역이다. 여기서 $d(a+bi) = a^2 + b^2$으로 정의한다. 위에서 말한 두 예와는 다르게, 이 예에서 함수 $d$는 필요조건을 분명하게 만족시키지 못한다. 모든 $x, y \in \mathbb{Z}[i]$에 대하여 $d(x) \leq d(xy)$인 것은 $d(xy) = d(x)d(y)$(연습문제 7 참조)에서 바로 성립한다.

두 번째 조건을 설명해보자. 만약 $x, y \in \mathbb{Z}[i]$이고 $y \neq 0$이면, $xy^{-1} \in \mathbb{Q}[i]$이다. 이것은 $\mathbb{Z}[i]$의 상체이다. (15장 연습문제57 참조) $xy^{-1} = s + ti$, $s, t \in \mathbb{Q}$라 하자. 이때, $m$를 유리수 $s$에서 가장 가까운 정수라 하고, $n$를 유리수 $t$에서 가장 가까운 정수라 하자. (이 정수들은 유일하게 정의되지 않을 수도 있으나 그것은 문제가 없다) 따라서, $\lvert m - s \rvert \leq 1/2$, $\lvert n - t \rvert \leq 1/2$이다. 그러면,

$$\begin{aligned} xy^{-1} &= s + ti = (m - m + s) + (n - n + t)i \\ &= (m + ni) + [(s - m) + (t - n)i]. \end{aligned}$$

결국,

$$x = (m + ni)y + [(s - m) + (t - n)i]y$$
$$q = m + ni,\ r = [(s - m) + (t - n)i]y$$

로 놓으면, $x = qy + r$이 된다.

분명히, $q$ 는 $\mathbb{Z}[i]$ 의 원소이고, $r = x - qy$ 이므로 $r$ 도 $\mathbb{Z}[i]$ 의 원소이다. 끝으로,

$$\begin{aligned} d(r) &= d([(s-m)+(t-n)i])d(y) \\ &= [(s-m)^2+(t-n)^2]d(y) \\ &\le (\frac{1}{4}+\frac{1}{4})d(y) < d(y). \end{aligned}$$

■

**정리 18.4 ED(유클리드 정역)은 PID이다.**

모든 유클리드 정역은 주이데알정역이다.

**증명** $D$는 유클리드 정역이고, $I$를 $D$의 영이 아닌 이데알 이라 하자. $I$의 모든 영이 아닌 원소들 중에서 $d(a)$가 최소인 원소 $a$를 택한다. 그러면, $I = \langle a \rangle$ 이다. 왜냐하면, 만약 $b \in I$ 라 하면, 적당한 $q, r$이 $D$에 존재하여 $b = aq + r$이고, 여기서 $r = 0$이거나 $d(r) \le d(a)$이 성립한다. 그러나, $r = b - aq \in I$ 이고, $d(r)$는 $d(a)$ 보다 작을수 없으므로 $r = 0$ 이다. 즉, $b \in \langle a \rangle$ 이다. □

그렇지만 우리는 주이데알정역이 유클리드정역이 되지 않는 예를 설명하기는 쉬운 것이 아니다. 최초의 예는 1949년 T. Motzkin에 의해서 주어진 것이 있고, 더 쉽게 접근 가능한 예는 Motzkin 의 결과로 [2]에서 찾을 수 있다.

정리 18.3과 18.4에서 바로 설명되는 중요한 결과는 다음과 같다.

**따름 정리 ED는 UFD이다.**

모든 유클리드 정역은 유일인수분해정역이다.

우리는 정리들과 설명들을 정리하면 다음과 같다:

$$\begin{aligned} ED &\Rightarrow PID \Rightarrow UFD \\ UFD &\nRightarrow PID \nRightarrow ED \end{aligned}$$

(우리는 위에 열거한 명제들을 알파벳 순서로 기억 할 수 있다.)

17장에서, $\mathbb{Z}[x]$ 가 유일인수분해정역임을 증명하였다. $\mathbb{Z}$는 유일인수분해정역이므로, 다음 정리는 이 사실을 일반화 한 것이다. 이 증명은 특별한 경우와 아주 흡사하기 때문에 여기서는 그 증명을 생략한다.

**정리 18.5 D가 UFD 이면 $D[x]$ 도 UFD이다.**

만약 $D$가 유일인수분해정역이면, $D[x]$ 도 유일인수분해정역이다.

우리는 정역으로서 유일인수분해정역이 아닌 예를 들어봄으로서 이장을 마무리 하고자 한다.

**예제 8** 환 $\mathbb{Z}[\sqrt{-5}\,]=\{a+b\sqrt{-5}\mid a,b\in\mathbb{Z}\}$은 정역이고, 유일인수분해정역이 아니다. $\mathbb{Z}[\sqrt{-5}\,]$가 정역임은 바로 알 수 있다(13장 연습문제 9). 유일인수분해 성질을 만족하지 않음을 밝혀보자. 예1에서, $N(a+b\sqrt{-5}\,)=a^2+5b^2$이다. $N(xy)=N(x)N(y)$이고, $N(x)=1$이기위한 필요충분조건은 $x$가 단원이다(연습문제 1참조). $\mathbb{Z}[\sqrt{-5}\,]$에서의 단원들은 $\pm 1$ 뿐이다.

이제 다음 인수분해를 생각해보자:

$$46=2\cdot 23$$
$$46=(1+3\sqrt{-5}\,)(1-3\sqrt{-5}\,).$$

이 4개의 인수들이 $\mathbb{Z}[\sqrt{-5}\,]$에서 기약원임을 밝혀보자.
만약에 $2=xy$, 여기서 $x,y\in\mathbb{Z}[\sqrt{-5}\,]$이고, 둘다 단원이 아니라 하자.
그러면, $4=N(2)=N(x)N(y)$, 결국, $N(x)=N(y)=2$ 이다. 그것은 불가능하다. 같은 방법으로, 만약, $23=xy$의 비자명한 인수분해라 하면, $N(x)=23$이다. 따라서 정수 $a,b$가 존재하여 $a^2+5b^2=N(x)=23$, 분명히, 그런 정수는 존재하지 않는다. 같은 증명방법을 $1\pm 3\sqrt{-5}$ 에도 적용하면 된다. ■

예제 7, 8에 비추어 볼 때, 우리는 $d<0$인 경우 $\mathbb{Z}[\sqrt{d}\,]$가 유일인수분해정역인지 아닌지 알 수가 없다. 다만 $d=-1$ 또는 $-2$인 경우만 그 답을 알고 있다.([1, p.297] 참조). $d=-1$ 인 경우는 가우스에 의해서 충분하게 증명되었다.

## 연습문제

그들 스스로 수학연구에 몰두하게 되면 육체의 정욕에 대항하는 가장 좋은 해결책을 그곳에서 발견할 것이라고 그들에게 말한다.
THOMAS MANN, The Magic Mountain

**1.** 환 $\mathbb{Z}[\sqrt{d}\,]=\{a+b\sqrt{d}\mid a,b\in\mathbb{Z}\}$에서, $d\neq 1$이고 $d$는 소수의 제곱으로 나누어지지 않는 수이다. 노름 $N(a+b\sqrt{d}\,)=|a^2-db^2|$이 이 장의 예제 1 앞에서 논의한 4가지 주장들을 만족함을 증명하여라(이 연습문제는 이 장에서 논의한 것임).

**2.** 정역에서, 두 원소 $a,b$가 동반원일 필요충분조건은 $\langle a\rangle=\langle b\rangle$ 임을 보여라.

**3.** 한 환 $R$의 이데알들의 사슬 $I_1\subset I_2\subset I_3\subset\cdots$에서 이데알들의 합집합은 $R$의 이데알이 됨을 보여라(이 연습문제는 이 장에서 논의한 것임).

**4.** 정역에서, 한 기약원과 한 단원의 곱은 기약원임을 보여라.

**5.** $a,b$가 정역의 원소이고, $b\neq 0$, $a$는 단원이 아니라 가정하자. $\langle ab\rangle$는 $\langle b\rangle$의 진부분집합임을 보여라(이 연습문제는 이 장에서 논의한 것임).

**6.** $D$는 정역이다. $a,b$가 동반원일 때 $a\sim b$라 정의하자. 이 관계는 동치관계임을 보여라.

**7.** 예제 7에서 사용한 표기에 따라 $d(xy) = d(x)d(y)$ 임을 보여라.

**8.** $D$는 측도 $d$를 갖는 유클리드 정역이다. $u$가 $D$에서 단원일 필요충분조건은 $d(u) = d(1)$ 임을 증명하여라.

**9.** $D$는 측도 $d$를 갖는 유클리드 정역이다. 만약 $a, b$가 동반원이면 $d(a) = d(b)$ 임을 보여라.

**10.** $D$ 가 주이데알정역이고 $p \in D$라 하자. $\langle p \rangle$가 $D$ 의 극대이데알이 되기 위한 필요충분조건은 $p$가 기약원임을 증명하여라.

**11.** 예제 7에서 논의과정을 따라 $\mathbb{Z}[i]$ 에서 $3 - 4i = (2 + 5i)q + r$, $d(r) < d(2 + 5i)$가 성립하도록 $q$, $r$를 찾아라.

**12.** $D$ 가 주이데알정역이다. $D$ 의 임의의 이데알은 $D$의 한 극대이데알에 포함됨을 보여라.

**13.** $\mathbb{Z}[\sqrt{-5}]$ 에서, 21은 기약원의 곱으로 유일한 곱으로 표현되지 않음을 보여라.

**14.** $1 - i$ 는 $\mathbb{Z}[i]$ 에서 기약원임을 보여라.

**15.** $\mathbb{Z}[\sqrt{-6}]$ 은 유일인수분해정역이 아님을 보여라.(힌트:10을 두 가지 곱으로 표시하라) 왜 이 사실이 $\mathbb{Z}[\sqrt{-6}]$ 가 주이데알정역이 아님을 말해주는가?

**16.** 유일인수분해정역이 그 부분정역이 유일인수분해정역이 되지 못하는 한 예를 들어라.

**17.** $\mathbb{Z}[i]$ 에서, 3은 기약원이고 2, 5는 기약원이 아님을 보여라.

**18.** $\mathbb{Z}[\sqrt{6}]$ 에서 $N(7)$이 소수가 아니지만 7 은 기약원임을 증명하여라.

**19.** 만약 소수 $p$ 가 $\mathbb{Z}$에서 $a^2 + b^2$ 형으로 쓸 수 있으면 $a + bi$는 $\mathbb{Z}[i]$ 에서 기약원임을 증명하여라. 이와 같은 성질을 갖고 대응하는 원소가 기약원이 되는 는 3개의 소수를 찾아라.

**20.** $\mathbb{Z}[\sqrt{-3}]$ 이 주이데알정역이 아님을 증명하여라.

**21.** $\mathbb{Z}[\sqrt{-5}]$ 에서, $1 + 3\sqrt{-5}$ 가 기약원이고 소원은 아님을 증명하여라.

**22.** $\mathbb{Z}[\sqrt{5}]$ 에서, 2와 $1 + \sqrt{5}$ 는 둘다 기약원이고 소원은 아님을 증명하여라.

**23.** $\mathbb{Z}[\sqrt{5}]$ 은 유일인수분해정역이 아님을 증명하여라.

**24.** $F$가 체이면, $F[x]$ 에서 소이데알은 극대이데알이 됨을 보여라.

**25.** $d$는 $-1$보다 작은 정수이고 소수의 제곱으로 나누어지지 않는 수이다. $\mathbb{Z}[\sqrt{d}]$ 의 단원들은 $1, -1$뿐임을 증명하여라.

**26.** 만약 $a, b$ 가 $\mathbb{Z}[\sqrt{d}]$ 의 원소이다. 여기서 $d$는 소수의 제곱으로 나누어지지 않는 수이고, $ab$가 단원이면 $a$, $b$는 단원임을 증명하여라.

**27.** 만약 $D$ 가 주이데알정역이면 $D[x]$ 가 주이데알정역이 될 수 있는지 어떤지 증명하여라.

**28.** $\mathbb{Z}[i]$ 에서 단원집합을 구하여라.

**29.** $p$ 는 한 정역에서 소원이다. 만약 $p | a_1 a_2 \cdots a_n$ 이면, $p$가 적당한 $p_i$를 나눔을 증명하여라(이 연습문제는 이 장에서 논의한 것임).

**30.** $3x^2 + 4x + 3 \in \mathbb{Z}_5[x]$ 는 $(3x + 2)(x + 4)$와 $(4x + 1)(2x + 3)$으로 동시에 두 가지로 인수분해된다. 이것은 정리18.3의 따름정리에 모순되지 않는 이유를 설명하여라.

**31.** $D$ 는 주이데알정역이고 $p$는 $D$의 한 기약원이다. $D / \langle p \rangle$가 체임을 증명하여라.

**32.** 한 정역에서 임의의 단조감소사슬의 이데알들: $I_1 \supset I_2 \supset I_3 \supset \cdots$ 이 항상 그 길이가 유한하다면 이 정역은 체가 됨을 보여라.

**33.** 단위원을 갖는 가환환 $R$ 의 한 이데알 $A$ 가 **유한생성되었다**(finitely generated)는 것은 $A$ 에 유한개의 원소들 $a_1, a_2, \cdots, a_n$ 이 존재하여 $A = < a_1, a_2, \cdots, a_n >$ 일 때를 말한다. 그리고, 한 정역 $R$ 이 **오름사슬조건**(ascending chain condition)을 만족한다는 것은 $R$의 임의의 이데알들의 단조증가사슬이 항상 그 길이가 유한일 때를 말한다. 정역에서 오름사슬조건을 만족한다는 것의 필요충분조건은 $R$ 의 임의의 이데알들이 유한생성됨을 증명하여라.

**34.** 유크리드정역의 부분정역이 유크리드정역일까? 아닐까? 증명하여라.

**35.** $\mathbb{Z}[i]$ 의 비자명한 이데알 $I$ 에 대하여 $\mathbb{Z}[i]/I$는 유한임을 보여라.

**36.** $\mathbb{Z}[\sqrt{2}]$ 에서 $1+\sqrt{2}$ 의 곱셈에 대한 역원을 구하여라. $1+\sqrt{2}$ 의 곱셈에 대한 위수는?

**37.** $\mathbb{Z}[\sqrt{-7}]$ 에서, $N(6+2\sqrt{-7}) = N(1+3\sqrt{-7})$이지만 $6+2\sqrt{-7}$, $1+3\sqrt{-7}$ 은 동반원이 아님을 보여라.

**38.** $R = \mathbb{Z} \oplus \mathbb{Z} \oplus \cdots$(정수들의 모든 수열의 모임으로 항별 덧셈과 곱셈이 주어져 있다). $R$은 이데알들의 사슬 $I_1 \subset I_2 \subset I_3 \subset \cdots$ 이 존재함을 증명하여라.($R$은 오름사슬조건을 만족하지 않는다)

**39.** 유일인수분해정역에서 원소가 기약원이 될 필요충분조건은 소원임을 증명하여라.

**40.** $F$는 체이고 $R$를 정역 $F[x]$ 에서 $x^2$, $x^3$에 의해서 생성된 정역이라 하자(즉, $R$은 $F[x]$ 에서 $x^2$, $x^3$을 포함하는 임의의 정역에 품긴다). $R$은 유일인수분해정역이 아님을 보여라.

**41.** 임의의 체 $F$ 에 대하여, $F[x]$ 에는 무수히 많은 기약원이 존재함을 증명하여라.

## Reference

**1.** H. M. Stark, *An Introduction to Number Theory,* Chicago, Ill.: Markham, 1970.

**2.** J. C. Wilson, "A Principal Ideal Ring That Is Not a Euclidean Ring," *Mathematics Magazine* 46 (1973): 74-78.

# Sophie Germain

여성 중에서 아주 드물게 그 시대에 고급 수학의 연구하는데 여성을 제외시키려는 편견과 차별대우를 극복한 사람이 소피 제르맹이다.

Sophie Germain은 1776년 4월1일에 파리에서 태어났다. 라틴어로 된 뉴턴과 오일러의 연구물과 라그랑주의 강의 노트를 공부함으로써 독학하였다. 1804년에 Germain은 수론에서 연구결과를 가우스에게 보냈는데 가우스가 여성의 연구물을 진지하게 받아들이지 않을지도 모른다는 두려움에 Monsieur LeBlanc라는 가명을 사용했다. 가우스는 Germain의 연구 결과에 아낌없는 찬사를 보냈으며 몇 년 후에 그녀가 여성임을 알고서도 다음과 같이 편지를 썼다:

그 동안 서신을 교환해 오던 존경하는 르블랑씨가 찾아내기에 어려울 것이라고 믿었던 뛰어난 예제를 만들어 낸 걸출한 여성이었다는 것을 알게 되었을 때 제가 얼마나 놀랐는지 말로 다 할 수가 없습니다. 일반적으로 추상과학에 대한 흥미와 무엇보다도 수들의 미스터리에 흥미를 갖는다는 것은 매우 드믄 일이어서 누구나 할 수 있는 것도 아니며 이러한 고상한 과학의 고혹적인 매력은 그것에 깊이 빠질 수 있는 용기를 지닌 사람에게만 그 아름다움을 드러내 보여준답니다. 성차별에 대한 우리의 관습과 편견으로 인해 이러한 힘든 연구에 대해 어떤 경지에 이르려면 남성보다 셀 수 없이 많은 장애에 맞닥뜨려야 하는 여성임에도 불구하고 이러한 모든 장애를 극복하고 그 분야의 가장 난해한 부분을 꿰뚫어 보는 성공을 거두었을 때에는 의심할 여지없이 그녀는 정말 고귀한 용기와 특출한 재능을 지닌 뛰어난 천재입니다.

Germain는 페르마의 마지막정리에 대한 연구로 가장 잘 알려져 있다. 1831년 6월 27일 파리에서 사망했다.

Germain에 대한 더 많은 정보를 다음 사이트에서 얻을 수 있다.

http://www-groups.dcs.st-and.ac.uk/~history/

## Andrew Wiles

정수론에 관련된 분야에 특별한 공헌과 기본적인 미해결문제에 대한 주요한 발전과 페르마의 마지막정리의 해결에 기여했다.
Citation for the Wolf Prize

「페르마의 마지막정리를 기념하기 위한 Czech Republika에서 발행한 우표이다」

1993년에, Princeton의 Andrew Wiles는 7년간의 노력 끝에 페르마의 마지막정리를 증명하였다고 발표하여 수학세계를 놀라게 하였다. 200 페이지에 달하는 그의 증명은 환이론과 군이론에 무겁게 의지하고 있다. Wiles의 순수한 명성과 그의 접근방법이 그 문제에 이미 비춰주고 있던 심도 있는 결과들에 기초하고 있기 때문에, 이 분야의 많은 전문가들은 그렇게도 많은 사람들이 실패했던 터라 Wiles가 성공하리라고 믿었다. Wiles의 성취는 신문들과 잡지들에 의해서 보고되었다. The New York Times는 그것을 일면 기사로 다루었고, 한 TV의 네트워크는 그것을 저녁뉴스로 다루었다. Wiles는 심지어 People잡지에 1993년에 가장 호기심을 자아내는 25명의 사람들 중에 한사람으로 소개했다. San Francisco에서 한 수학자들의 한 단체에서 1,200석의 극장을 임대하여 그 정리의 증명을 듣는 대중강연에 1인당 $5.00의 입장권에 판매 하였다. 암표상들은 매진된 표 한 장에 무려 $25.00을 받았다. 전문가들이 Wiles의 논문을 면밀하게 검증하는 과정에서, 그 거품은 곧 부서졌다. 그해 12월에, Wiles는 그의 증명의 한 결함을 해결하기위해 노력하고 있다는 성명을 발표하였다. 1994년 9월에, Wiles와 전에 Wiles의 제자였던 Richard Taylor에 의한 한 논문에서 기존의 논문의 결함을 앞질러 해결했다. 한 수학자는 "The exuberance is back"이라고 말했다. 1997년에, Wiles의 증명은 PBS Nova program의 주제가 되었다.

Wiles는 1953년 영국 Cambridge에서 태어났다. 그는 Oxford에서 학사학위를 받고 그의 박사학위는 1980년 Cambridge대학에서 취득하였다. 그는 1982년 Princeton의 현 지위를 수락하기 전에 그는 Harvard의 교수였으며, 그는 많은 명성 있는 상들을 수상하였다.

Wiles에 대한 더 많은 정보를 다음 사이트에서 얻을 수 있다.

http://www-groups.dcs.st-and.ac.uk/~history/

## 15–18절 보충연습문제

지식은 쉽게 배우는 것에 의해서가 아니고 우리가 배우는 것을 이해하는 것에 의해서 증명된다. JOSEPH WHITNEY

**1.** $F$는 체이고 $\mathbb{Z}$에서 $F$ 위로의 환준동형사상이 있다고 가정하자. $F$는 적당한 소수 $p$에 대하여 $\mathbb{Z}_p$와 동형임을 보여라.

**2.** $\mathbb{Q}[\sqrt{2}] = \{r + s\sqrt{2} \mid r, s \in \mathbb{Q}\}$이다. $\mathbb{Q}[\sqrt{2}]$에서의 환의 자기동형사상을 모두 결정하여라.

**3.** (환의 두 번째 동형정리) $A$를 $R$의 부분환이라 하고 $B$를 $R$의 이데알이라 하자. $A \cap B$는 $A$의 이데알이고 $A/(A \cap B)$는 $(A+B)/B$와 동형임을 보여라.(여기서, $A + B = \{a + b \mid a \in A, b \in B\}$)

**4.** (환의 세 번째 동형정리) $A, B$가 환 $R$의 이데알이고 $B \subseteq A$이다. $A/B$는 $R/B$의 이데알이고 $(R/B)/(A/B)$은 $R/A$와 동형임을 보여라.

**5.** $f(x), g(x)$는 체 $F$ 위에서 기약다항식들이다. 만약 $f(x), g(x)$가 동반원이 아니면, $F[x]/\langle f(x)g(x)\rangle$와 $F[x]/\langle f(x)\rangle \oplus F[x]/\langle g(x)\rangle$가 동형임을 증명하여라.

**6.** (환의 중국인나머지정리) 만약 $R$이 가환환이고 $I, J$를 두 개의 진이데알로서 $I + J = R$이 성립한다. $R/(I \cap J)$와 $R/I \oplus R/J$가 동형임을 증명하여라. 그리고, 연습문제 5가 이 정리의 특별한 경우임을 설명하여라.

**7.** $\mathbb{Z}[x]$에서 계수가 짝수인 모든 다항식들의 집합은 $\mathbb{Z}[x]$의 소이데알임을 증명하여라.

**8.** $R = \mathbb{Z}[\sqrt{-5}]$이고 $I = \{a + b\sqrt{-5} \mid a, b \in \mathbb{Z},\ a - b \text{ 짝수}\}$라 하자. $I$가 $R$의 극대이데알임을 보여라.

**9.** $R$가 단위원을 갖는 환이라 하고 $a$를 $R$의 단원이라 하자. $R$에서 자기 자신으로 가는 사상이 $x \to axa^{-1}$이면 환자기동형사상임을 보여라.

**10.** $a + b\sqrt{-5}, b \neq 0$가 $\mathbb{Z}[\sqrt{-5}]$의 원소이다. 2는 $\langle a + b\sqrt{-5}\rangle$의 원소가 아님을 보여라.

**11.** $\mathbb{Z}[i]/\langle 2 + i\rangle$가 체임을 보여라. 원소 개수를 구하여라.

**12.** 주이데알정역의 준동형 사상의 상은 주이데알정역인가?

**13.** $\mathbb{Z}[\sqrt{2}] = \{a + b\sqrt{2} \mid a, b \in Z\}$에서 $n$이 양의 정수일 때, 모든 $(3 + 2\sqrt{2})^n$형의 원소는 단원임을 보여라.

**14.** $p$는 소수이다. 만약 $p^k$가 $m$을 나누지 않으면, $\mathbb{Z}_m$에서 $\mathbb{Z}_{p^k}$로 가는 환준동형사상은 단 하나있고, $p^k$가 $m$을 나누면, $\mathbb{Z}_m$에서 $\mathbb{Z}_{p^k}$로 가는 환준동형사상은 단 두 개만 있음을 보여라.

**15.** $a^2 = a$이면 $a$를 멱등원이라 한다. 만약 $1 + k$가 $\mathbb{Z}_n$에서 멱등원이면, $n - k$는 $\mathbb{Z}_n$에서 멱등원임을 보여라.

**16.** $\mathbb{Z}_n$(여기서 $n > 1$)은 항상 짝수개의 멱등원을 갖음을 보여라.(그 수는 $2^d$이다. 여기서 $d$는 $n$의 서로 다른 소수 인수들의 개수를 말한다)

**17.** 방정식 $x^2 + y^2 = 2003$은 정수의 해를 갖지 않음을 보여라.

**18.** $\mathbb{Z}_n$에서 $k \neq 0$이다. 만약에 $k, k+1$가 멱등원이면 $n = 2k$임을 증명하여라.

**19.** $x^4+15x^3+7$ 이 $\mathbb{Q}$ 위에서 기약다항식임을 증명하여라.

**20.** 임의의 정수 $m, n$에 대하여, $x^3+(5m+1)x+5n+1$은 $\mathbb{Z}$ 위에서 기약임을 증명하여라.

**21.** $\langle \sqrt{2} \rangle$는 $\mathbb{Z}[\sqrt{2}]$ 의 극대이데알임을 증명하여라. 환 $\mathbb{Z}[\sqrt{2}]/\langle \sqrt{2} \rangle$ 의 원소개수는?

**22.** $\mathbb{Z}[\sqrt{-2}]$ 와 $\mathbb{Z}[\sqrt{2}]$ 은 유일인수분해정역임을 증명하여라.(18장 예7을 참조)

**23.** $\langle 3 \rangle$은 $\mathbb{Z}[i]$ 의 극대이데알인가?

**24.** 13과 $5+i$를 $\mathbb{Z}[i]$ 에서 기약원들의 곱으로 표현하여라.

**25.** $R=\{a/b \mid a,b\in\mathbb{Z}, 3\nmid b\}$ 라 하자. $R$가 정역임을 증명하고, 그 상체를 구하여라.

**26.** $\mathbb{Z}$와 동형인 부분환과 $\mathbb{Z}_3$와 동형인 부분환을 갖는 환의 예를 각각 들어라.

**27.** $\mathbb{Z}[i]/\langle 3 \rangle$ 와 $\mathbb{Z}_3 \oplus \mathbb{Z}_3$ 이 환동형이 아님을 보여라.

**28.** $n>1$, $R=\left\{\begin{bmatrix} a & 0 \\ 0 & b \end{bmatrix} \mid a,b\in\mathbb{Z}_n\right\}$은 $\mathbb{Z}_n\oplus\mathbb{Z}_n$와 환동형임을 증명하여라.

**29.** $R$ 이 가환환이고 $I$가 이데알일때, $R[x]/I[x]$ 와 $(R/I)[x]$ 가 동형임을 증명하여라.

**30.** 환 $\mathbb{Z}_8[x]$ 에서 대하여 $\mathbb{Z}_8[x]/I$ 가 체가 되는 이데알 $I$ 를 찾아라.

**31.** 환 $\mathbb{Z}_8[x]$ 에서 대하여 $\mathbb{Z}_8[x]/I$ 가 정역은 되고 체는 되지 않는 이데알 $I$ 를 찾아라.

**32.** 임의의 $f(x)\in\mathbb{Z}_p[x]$ 에 대하여 $f(x^p)=(f(x))^p$ 임을 보여라.

**33.** $\mathbb{Z}[x]$ 의 이데알 $I$ 에 대하여 $\mathbb{Z}[x]/I$ 는 $\mathbb{Z}_3$와 환동형인 이데알 $I$를 찾아라.

**34.** 두 정수 $a$ , $b$와 $\mathbb{Z}[x]$ 의 이데알 $I=< a,\ bx >= \{af(x)+bxg(x) \mid f(x),\ g(x)\in\mathbb{Z}[x]\}$ 에 대하여 다음을 증명하여라. $I$가 단항이데알이면, $a=0$ 또는 $a\mid b$ 이다.

**35.** $\mathbb{Z}_{24}$ 위에서의 다항식환 $\mathbb{Z}_{24}[x]$ 에 대하여 다음을 설명하여라.

a. $\mathbb{Z}_{24}[x]$ 은 정역이 아니다.

b. $\mathbb{Z}_{24}[x]$ 의 단원은 무수히 많다.

c. $\mathbb{Z}_{24}[x]$ 는 $\mathbb{Z}_4[x]\times\mathbb{Z}_6[x]$ 과 동형이 아니다.

d. $f(x)=x^3-6x^2+11x-6\in\mathbb{Z}_{24}[x]$ 는 $\mathbb{Z}_{24}$에서 9개의 근을 갖는다.

e. $\mathbb{Z}_{24}[x]/< x^2+12 >$는 체가 아니다.

**36.** 가환환 $R$에 대하여 $R$ 위에서의 다항식환 $R[x]$ 가 주이데알 정역이면, $R$은 체임을 증명하여라.

$\alpha=\dfrac{1+\sqrt{5}}{2}$ 에 대하여, $\mathbb{Z}[\alpha]=\{a+b\alpha \mid a,b\in\mathbb{Z}\}$이라 하자.

환준동형사상 $\phi:\mathbb{Z}[\alpha]\to M_2(\mathbb{Z}_3)$, $\phi(a+b\alpha)=\begin{pmatrix} \overline{a+b} & \overline{b} \\ \overline{b} & \overline{a} \end{pmatrix}$로 정의할 때, $\ker(\phi)$와 $im(\phi)$를 구하여라.

**37.** 다항식환 $\mathbb{Z}_{2014}[x]$ 에서 $f(x)=x^2-14$를 두 일차식의 곱

$$f(x)=(ax+b)(cx+d)$$

로 나타낼 수 없음을 증명하여라.

# 제4부

## 체

## (Fields)

# 19절 벡터공간(Vector Spaces)

조용히 모퉁이를 돌아 거기서 한 새로운 길 또는 한 비밀 문을 기다리고 있다. J. R. R. Tolkien, Lord of the Rings

## 정의 및 예(Definition and Examples)

추상대수학은 세 가지의 기본영역으로 구성된다: 군, 환, 체이다. 지금까지 우리는 군과 환에 대하여 상당히 깊게 논의했으며, 체에 대해서는 간단하게 다루었다. 체에 대하여 좀 더 깊게 다루기 위해서 우리는 선형대수학 과정에서 다루는 벡터공간에 대한 기본적인 개념이 필요하다. 이 장에서는 이것들에 대한 간단한 복습자료를 제공하고자 한다.

### 정의: 벡터공간(Vector Spaces)

한 집합 $V$가 체 $F$ 위에서 **벡터공간(vector space)**이라 함은 $V$가 덧셈에 관한 아벨군이고($+$ 으로 표기), 임의의 $a \in F$ 와 $v \in V$ 에 대하여 $av \in V$에 존재하고, 임의의 $a, b \in F$, $u, v \in V$ 에 대하여 다음 조건을 만족할 때를 말한다.

1. $a(v+u) = av + au$
2. $(a+b)v = av + bv$
3. $a(bv) = (ab)v$
4. $1v = v$

벡터공간의 원소들을 **벡터(Vectors)**라 하고, 체의 원소들을 스칼라(Scalars)라 한다. 스칼라 $a$와 벡터 $v$를 결합하는 연산에 의한 벡터 $av$을 **스칼라곱(scalar multiplication)**이라 한다. 일반적으로 벡터들은 알파벳의 후반부의 문자들 $u, v, w$ 등을 사용하고, 스칼라는 알파벳의 전반부의 문자들 $a, b, c$ 등을 사용한다.

**예제 1** $\mathbb{R}^n = \{(a_1, a_2, \cdots, a_n) \mid a_i \in \mathbb{R}\}$은 $\mathbb{R}$ 위에서 한 벡터공간이다. 여기에서, 두 연산 벡터의 덧셈과 스칼라곱은 다음과 같이 정의한다.

$$(a_1, a_2, \cdots, a_n) + (b_1, b_2, \cdots, b_n) = (a_1 + b_1, a_2 + b_2, \cdots, a_n + b_n)$$

$$b(a_1, a_2, \cdots, a_n) = (ba_1, ba_2, \cdots, ba_n)$$

**예제 2** $\mathbb{Q}$ 위에서 $2 \times 2$ 행렬의 집합 $M_2(\mathbb{Q})$은 $\mathbb{Q}$ 위에서 한 벡터공간이다. 벡터의 덧셈과 스칼라곱은 다음과 같이 정의한다.

$$\begin{bmatrix} a_1 & a_2 \\ a_3 & a_4 \end{bmatrix} + \begin{bmatrix} b_1 & b_2 \\ b_3 & b_4 \end{bmatrix} = \begin{bmatrix} a_1+b_1 & a_4+b_2 \\ a_3+b_3 & a_4+b_4 \end{bmatrix}$$

$$b\begin{bmatrix} a_1 & a_2 \\ a_3 & a_4 \end{bmatrix} = \begin{bmatrix} ba_1 & ba_2 \\ ba_3 & ba_4 \end{bmatrix}$$

**예제 3** $p$가 소수일 때, $\mathbb{Z}_p$ 위의 다항식의 집합 $\mathbb{Z}_p[x]$는 $\mathbb{Z}_p$ 위에서의 한 벡터공간이다.

**예제 4** 복소수의 집합 $\mathbb{C}=\{a+bi \mid a, b \in \mathbb{R}\}$은 $\mathbb{R}$ 위에서 한 벡터공간이다. 여기에서 두 연산은 다음과 같다. 벡터의 덧셈은 복소수집합에서의 보통덧셈과 곱셈으로 정의하면 된다.

다음 예는 예제4를 일반화한 것이다. 그것이 당연해 보이지만, 체의 이론에서는 무엇보다도 중요한 것이다.

**예제 5** $E$는 체이고 $F$는 $E$의 부분체이면, $E$는 $F$ 위에서 한 벡터공간이다. 여기에서 두 연산은 다음과 같다. 벡터의 덧셈은 체 $E$에서의 덧셈과 곱셈으로 정의하면 된다.

## 부분공간(Subspaces)

물론, 군에서의 부분군, 환에서의 부분환과 유사하게 벡터공간에서 부분공간이 있다.

### 정의: 부분공간(Subspace)

$V$는 체 $F$ 위의 벡터공간이고 $U$는 $V$의 부분집합이라 하자. 만약 $U$가 $F$ 위에서 $V$에서와 같은 연산에 의하여 벡터공간이 될 때 $U$를 $V$의 **부분공간**(subspaces)이라 한다.

**예제 6** 집합 $\{a_2x^2+a_1x+a_0 \mid a_0, a_1, a_2 \in \mathbb{R}\}$은 $\mathbb{R}$를 계수로 갖는 다항식들로 된 벡터공간의 부분공간이다.

**예제 7** $V$는 체 $F$ 위의 벡터공간이고 $v_1, v_2, \cdots, v_n$은 $V$의 원소들이다.(꼭 서로 다를 필요는 없다) 그러면, 부분집합

$\langle v_1, v_2, \cdots, v_n \rangle = \{a_1v_1+a_2v_2+\cdots+a_nv_n \mid a_1, a_2, \cdots, a_n \in F\}$를 $v_1, v_2, \cdots, v_n$**에 의해서 생성되는 $V$의 부분공간**(subspace of V spanned by $v_1, v_2, \cdots, v_n$)이라 한다.

그리고, $a_1v_1+a_2v_2+\cdots+a_nv_n$을 $v_1, v_2, \cdots, v_n$의 **일차결합**(linear combination)이라 부른다. 만약, $\langle v_1, v_2, \cdots, v_n \rangle = V$이면 우리는 $\{v_1, v_2, \cdots, v_n\}$이 $V$를 생성한다고 한다.

## 일차독립(Linear Independence)

다음 정의는 벡터공간의 중심이론이다.

**정의: 일차종속(Linearly Dependent), 일차독립(Linearly independent)**

한 벡터들의 집합 $S$ 가 체 $F$ 위에서 **일차종속(linearly dependent)**임은 다음과 같이 정의한다. 만약 $S$ 의 원소 $v_1, v_2, \cdots, v_n$가 존재하고 $F$의 모든 원소는 영이 아닌 $a_1, a_2, \cdots, a_n$가 존재하여 $a_1 v_1 + a_2 v_2 + \cdots + a_n v_n = 0$ 가 성립할 때를 말한다.
$F$ 위에서 일차종속이 아닌 한 벡터들의 집합을 $F$ 위에서 **일차독립(linearly independent)**이라 말한다.

**예제 8** $\mathbb{R}^3$에서 $(1,0,0)$, $(1,0,1)$, $(1,1,1)$ 는 $\mathbb{R}$ 위에서 일차독립이다. 이 사실을 밝혀보자. 실수들 $a, b, c$가 존재하여 $a(1,0,0)+b(1,0,1)+c(1,1,1)=(0,0,0)$라 가정하면, $(a+b+c, c, b+c)=(0,0,0)$이다. 이것으로부터 $a=b=c=0$임을 알 수 있다.

어떤 특정한 일차독립인 벡터들이 벡터공간의 이론에 결정적인 역할을 한다.

**정의: 기(Basis)**

$V$ 는 $F$ 위의 벡터공간이다. $V$의 한 부분집합 $B$가 $V$의 **기(basis)**라 함은 $B$가 $F$ 위에서 일차독립이고, $V$ 의 임의의 원소가 집합 $B$의 원소들의 일차결합으로 나타낼 수 있을 때를 말한다.

이 정의에 대한 동기유발은 이중적이다. 첫째로, $B$ 가 벡터공간 $V$ 의 기 이면, $V$ 의 모든 원소는 $B$ 의 원소들에 의해 유일한 일차결합으로 표현된다.(연습문제 19 참조) 둘째로는, 모든 벡터공간은 유한개의 벡터에 의해 생성된다. 우리는 기의 개념으로 벡터공간에 대하여 훨씬 더 잘 설명해주는 유일한 정수를 대응시켜준다.(사실, 이 정수와 체는 벡터공간과 동형에 관해서 완벽하게 결정된다- 연습문제 31 참조)

**예제 9** 집합 $V=\left\{\begin{bmatrix} a & a+b \\ a+b & b \end{bmatrix} \mid a,b\in\mathbb{R}\right\}$은 $\mathbb{R}$ 위에서 벡터공간이다.(연습문제 17 참조)그리고, $B=\left\{\begin{bmatrix} 1 & 1 \\ 1 & 0 \end{bmatrix}, \begin{bmatrix} 0 & 1 \\ 1 & 1 \end{bmatrix}\right\}$은 $\mathbb{R}$ 위에서 $V$ 의 기이다.
$B$ 가 일차독립임을 보이기 위해서, 적당한 실수 $a, b$ 에 대하여 $a\begin{bmatrix} 1 & 1 \\ 1 & 0 \end{bmatrix}+b\begin{bmatrix} 0 & 1 \\ 1 & 1 \end{bmatrix}=\begin{bmatrix} 0 & 0 \\ 0 & 0 \end{bmatrix}$라 하면, $\begin{bmatrix} a & a+b \\ a+b & b \end{bmatrix}=\begin{bmatrix} 0 & 0 \\ 0 & 0 \end{bmatrix}$이다. 따라서, $a=b=0$ 이다.
한편으로, $V$의 임의의 원소는 $\begin{bmatrix} a & a+b \\ a+b & b \end{bmatrix}=a\begin{bmatrix} 1 & 1 \\ 1 & 0 \end{bmatrix}+b\begin{bmatrix} 0 & 1 \\ 1 & 1 \end{bmatrix}$이다.
이것은 $B$가 $V$를 생성한다는 뜻이다.

다음은 이 장의 중심 결론을 논의하겠다.

**정리 19.1 기의 크기의 불변성(Invariance of Basis Size)**

만약 $\{u_1, u_2, \cdots, u_m\}$와 $\{w_1, w_2, \cdots, w_n\}$은 체 $F$ 위에서 벡터공간 $V$의 두 기라 하면, $m = n$이다.

**증명** $m \neq n$ 이라 하자. 특별히, $m < n$이라 가정하자. 그리고, 집합 $\{w_1, u_1, u_2, \cdots, u_m\}$를 생각해 보자. $\{u_1, u_2, \cdots, u_m\}$가 $V$를 생성함으로, $w_1 = a_1u_1 + a_2u_2 + \cdots + a_mu_m$이라 하고, 여기서 $a_i \in F$ 이다.

명확히, 모든 $a_i$ 가 영이 되지는 않는다. 합의 순서를 조절하여 $a_1 \neq 0$이라 하자. 그러면, $\{w_1, u_2, \cdots, u_m\}$은 $V$를 생성한다.(연습문제 21 참조)

다음에는, $\{w_1, w_2, u_2, \cdots, u_m\}$를 생각해 보자. 이때에는 $w_2 = b_1w_1 + b_2u_2 + \cdots + b_mu_m$라 하고, 여기서 $b_i \in F$ 이다. 그러면, $b_2, b_3, \cdots, b_m$ 중에서 적어도 하나가 영이 아니다. 그렇지 않으면, $\{w_1, w_2, \cdots, w_n\}$가 일차독립이 아니다. 합의 순서를 조절하여 $b_2 \neq 0$이라 하자.

$\{w_1, w_2, u_3, \cdots, u_m\}$은 $V$를 생성한다. 이와 같은 방법으로 계속하면, $\{w_1, w_2, \cdots, w_m\}$은 $V$를 생성한다. 그러나, $w_{m+1}$은 $\{w_1, w_2, \cdots, w_m\}$의 일차결합이 되므로, $\{w_1, w_2, \cdots, w_n\}$은 일차독립이 아니다. 이것은 모순이며, $m \geq n$이다. $V$의 기를 바꾸어 적용하면, $m \leq n$이 된다. 따라서, $m = n$이다. □

정리 19.1은 벡터공간에서 임의의 두 가지의 유한개의 기는 항상 같은 개수를 가짐을 보여준다. 물론, 모든 벡터공간이 유한한 기를 갖는다는 것은 아니다. 그래서, 어떤 벡터공간이 유한한 기와 무한한 기를 동시에 갖을 수는 없다.(연습문제 25)

**정의: 차원(Dimension)**

한 벡터공간이 $n$개의 원소의 기를 갖고 있을 때 그 **차원**(dimension)을 $n$이라 한다. 완벽을 기하기 위해, 자명한 벡터공간 $\{0\}$은 공집합에 의해서 생성된다고 하고, 그 차원은 0라 한다.

이 책의 범위를 약간 넘는 집합론의 이론이 요구되지만, 모든 벡터공간은 기를 갖는다는 것을 보일 수 있다. 벡터공간이 유한개의 기를 갖고 있으면 **유한차원 벡터공간**(finite dimensional)이라 하고, 그렇지 않으면, **무한차원 벡터공간**(infinite dimensional)이라 한다.

## 연습문제

논리적으로 사고하는 사람은 실생활에서 좋은 대조를 갖는다. THE LAW OF THUMB

**1.** 예제 1-4 가 벡터공간의 정의를 모두 만족함을 확인하여라. 그리고 각 예의 벡터공간의 기를 각각 구하여라.

**2.** (부분공간 판별법) $F$ 위의 한 벡터공간 $V$ 의 공집합이 아닌 부분집합 $U$ 가 $V$ 의 부분공간이 되기 위한 조건은 다음과 같음을 증명하여라.
조건: 임의의 $u, u' \in U$ 와 임의의 $a \in F$ 에 대하여 $u + u' \in U$, $au \in U$ 이다.

**3.** 예제 6의 집합이 부분공간임을 밝혀라. 이 부분공간의 기를 구하여라. 여기서, $\{x^2+x+1, x+5, 3\}$ 은 기인가?

**4.** 예제 7에서 정의된 집합 $\langle v_1, v_2, \cdots, v_n \rangle$ 은 부분공간임을 밝혀라.

**5.** 한 집합 $\{(2,-1,0), (1,2,5), (7,-1,5)\}$ 은 $\mathbb{R}$ 위에서 일차독립인지 아닌지 결정하여라.

**6.** 한 집합 $\left\{\begin{bmatrix} 2 & 1 \\ 1 & 0 \end{bmatrix}, \begin{bmatrix} 0 & 1 \\ 1 & 2 \end{bmatrix}, \begin{bmatrix} 1 & 1 \\ 1 & 1 \end{bmatrix}\right\}$ 은 $\mathbb{Z}_5$ 위에서 일차독립인지 아닌지 결정하여라.

**7.** 만약 $\{u, v, w\}$ 가 한 벡터공간의 일차독립인 부분집합이라면, $\{u, u+v, u+v+w\}$ 도 또한 일차독립임을 보여라.

**8.** 만약 $S$ 를 일차종속인 벡터들의 한 집합이라면, $S$ 의 한 벡터는 다른 벡터들의 일차결합으로 표현됨을 증명하여라.

**9.** (모든 유한생성되는 모임은 한 기를 갖고 있다) 만약에 $\{v_1, v_2, \cdots, v_n\}$ 이 벡터공간 $V$ 를 생성하면, 이 집합의 한 부분집합이 존재하여 $V$ 의 기가 됨을 증명하여라.

**10.** (모든 일차독립인 벡터들의 집합은 한 기에 포함된다) 만약 $V$ 를 유한차원 벡터공간이라 하고 $\{v_1, v_2, \cdots, v_n\}$ 가 일차독립인 $V$ 의 부분집합이라 하면, 벡터들 $w_1, w_2, \cdots, w_m$ 이 존재하여 $\{v_1, v_2, \cdots, v_n, w_1, w_2, \cdots, w_m\}$ 이 $V$ 의 한 기가 됨을 보여라.

**11.** 만약 $V$ 가 $F$ 위 벡터공간으로 그 차원이 5이고, $U$ 와 $W$ 는 둘 다 $V$ 의 부분공간으로 차원이 3이면, $U \cap W \neq \{0\}$ 임을 증명하여라. 그리고, 이것을 일반화 하여라.

**12.** 다음 연립방정식의 해집합은 $\mathbb{R}^n$ 의 부분공간임을 보여라. 여기서, $a_{ij}$ 들은 실수이다.

$$\begin{aligned} a_{11}x_1 + \cdots + a_{1n}x_n &= 0 \\ a_{21}x_1 + \cdots + a_{2n}x_n &= 0 \\ &\cdots \\ a_{m1}x_1 + \cdots + a_{mn}x_n &= 0 \end{aligned}$$

**13.** $V$ 를 $\mathbb{Q}$ 위의 2차 다항식들과 영다항식을 합한 집합이라 하면, $V$ 는 $\mathbb{Q}$ 위에서 벡터공간인가?

**14.** $V = \mathbb{R}^3$ 이고, $W = \{(a,b,c) \in V \mid a^2 + b^2 = c^2\}$ 이다. $W$ 는 $V$ 의 부분공간인가? 만약 그렇다면, 그 차원은?

**15.** $V = \mathbb{R}^3$ 이고, $W = \{(a,b,c) \in V \mid a + b = c\}$ 이다. $W$ 는 $V$ 의 부분공간인가? 만약 그렇다면, 그 차원은?

**16.** $V = \left\{\begin{bmatrix} a & b \\ b & c \end{bmatrix} \middle| a, b, c \in \mathbb{Q}\right\}$ 라 하자. $V$ 는 $\mathbb{Q}$ 위에서 벡터공간임을 증명하여라. 그 차원은?

**17.** 예제 9에서 집합 $V$ 가 $\mathbb{R}$ 위에서 벡터공간임을 밝혀라.

**18.** $P = \{(a,b,c) \mid a, b, c \in \mathbb{R},\ a = 2b + 3c\}$ 이다. $P$ 가 $\mathbb{R}^3$ 의 부분공간임을 증명하여라. $P$ 의 기를 찾아라. $P$ 의 기하학적 의미를 설명하여라.

**19.** $B$ 를 한 벡터공간 $V$ 의 부분집이라 하자. $B$ 가 $V$ 의 기가 되기 위한 필요충분조건은 $V$ 의 모든 원소가 $B$ 의 원소들의 일차결합으로 유일하게 표현된다는 것이다.(이 연습문제는 이 장과 20장에서 논의된다)

**20.** $U$ 가 유한차원 벡터공간 $V$ 의 진부분공간이라면, $U$ 의 차원은 $V$ 의 차원보다 작음을 보여라.

**21.** 정리 19.1 의 증명과정에서, $\{w_1, u_2, \cdots, u_m\}$ 이 $V$ 를 생성함을 증명하여라.

**22.** $V$ 가 $\mathbb{Z}_p$ 위의 $n$ 차원 벡터공간이라면, $V$ 의 원소 개수는?

**23.** $S = \{(a,b,c,d) \mid a,b,c,d \in \mathbb{R},\ a = c,\ d = a+b\}$ 일 때, $S$ 의 기를 찾아라.

**24.** $U$, $W$가 벡터공간 $V$의 부분공간들이다. $U \cap W$가 $V$의 부분공간이고 $U + W = \{u + w \mid u \in U, w \in W\}$ 는 $V$의 부분공간임을 보여라.

**25.** 만약 한 벡터공간이 무한개 원소를 포함하는 기를 갖는다면, 이 벡터공간의 모든 기는 무한개의 원소를 포함을 증명하여라.(이 연습문제는 이 장에서 논의된다)

**26.** $u = (2,3,1),\ v = (1,3,0),\ w = (2,-3,3)$ 에서, $\frac{1}{2}u - \frac{2}{3}v - \frac{1}{6}w = (0,0,0)$ 이므로, $\{u, v, w\}$ 가 $\mathbb{Z}_7$ 위에서 일차종속이라고 결정할 수 있는가?

**27.** 벡터공간에서도 군 준동형사상이나 환 준동형사상과 유사하게 **선형사상**(lincar transformation) 이라 불리는 사상이 있다. 벡터공간에서 군동형사상 이나 환동형사상과 같이 정의되는 것을 정의해 보아라.

**28.** $T$ 를 $V$ 에서 $W$ 로 가는 선형사상이라 하면, $T$ 에 의한 $V$ 의 상은 $W$ 의 부분공간임을 증명하여라.

**29.** $T$ 를 벡터공간 $V$ 에서 가는 선형사상이라 하면, $T$ 의 핵: $\{v \in V \mid T(v) = 0\}$ 은 $V$ 의 부분공간임을 보여라.

**30.** $T$ 를 $V$ 에서 $W$ 위로 가는 선형사상이라 하자. 만약, $\{v_1, v_2, \cdots, v_n\}$ 가 $V$ 를 생성한다고 하면, $\{T(v_1), T(v_2), \cdots, T(v_n)\}$ 가 $W$ 를 생성함을 보여라.

**31.** 만약 $V$가 $F$ 위의 벡터공간으로 그 차원이 $n$ 이면, $V$는 벡터공간 $F^n = \{(a_1, a_2, \cdots, a_n) \mid a_i \in F\}$ 와 동형임을 증명하여라.(이 연습문제는 이 장에서 논의된다)

**32.** $V$ 는 한 무한체위의 벡터공간이다. $V$ 는 $V$ 의 유한개의 진부분공간들의 합집합이 될 수 없음을 증명하여라.

# Emil Artin

아띤에게는 수학자가 되는 것은 수천년전에 시작된 계속적인 업적을 지극히 보통의 노력을 갖고 참여하는 것이다. 오래전에 발견한 것들에 새로운 방법을 찾고, 미래의 발전을 대비하기 위한 새로운 방법을 찾는 것을 의미한다. 우리가 어떤 기준으로 보더라도, 그는 위대한 수학자였다.

Richard Brauer, Bulletin of American Mathematical Society

Emil Artin은 20세기의 선도적 수학자들 중 한사람으로 선형대수학과 추상대수학에 중요한 공헌자였다. Artin은 1898년 3월 3일 오스트리아 Vienna에서 출생하였으며, 현제 Czechoslovakia로 알려진 곳에서 성장하였다. 그는 1921년에 Leipzig대학에서 박사학위를 취득했다. 1923년부터 1937년에 미국으로 이민 갈 때까지, 그는 Hamburg대학의 교수였다. Notre Dame에서 1년간 지낸 후에, Artin은 Indiana대학으로 갔다. 1946년에 ,그는 Princeton으로 옮겼으며, 거기에서 1958년까지 거기에 머물렀다. 그의 경력의 마지막 4년은 처음 교수를 시작했던 Hamburg에서 보냈다. Artin의 수학은 깊이가 있고 광범위한 것이었다. 그는 정수론, 환이론, 체이론, 갈로아 이론, 기하대수학, 대수적위상 그리고 그가 발견한 끈이론에 공헌하였다. Artin은 미국수학회로부터 정수론의 Cole Prize를 수상하였으며, 그는 1900년 저명한 수학자인 David Hilbert가 제시한 23개의 문제 중 하나를 해결하였다. Artin은 1학년의 Calculus에서부터 동료들과의 세미나에 이르기 까지 모든 계층에서 탁월한 수학 선생님 이였다.

많은 박사학위자들과 자기 아들 Michael은 선도적인 수학자들이 되었다. 연구, 교육과 저서들을 통하여, Artin은 그의 동시대에 위대한 영향력을 발휘하였다. 그는 1962년 그의 나이 62세로, 심장마비로 서거하였다.

Artin에 대한 더 많은 정보를 다음 사이트에서 얻을 수 있다.

http://www-groups.dcs.st-and.ac.uk/~history/

## Olga Taussky-Todd

올가 토스키 타드는 300여편의 논문을 발표한 유명하고 많은 업적을 남긴 수학자였다.
Edith Luchins and Mary Ann Mcloughlin, Notices of the American Mathematical Society,1996

Olga Taussky-Todd는 1906년 8월 30일 Austro-Hungarian Empire의 Olmutz에서 태어났다. Taussky-Todd는 1930년 Vienna대학에서 박사 학위를 받았다. 1930년대 초에 그녀는 Gottingen대학에 조수로 취직하여 David Hilbert의 연구실 도서들을 정리했다. 그녀는 Emil Artin의 강의노트를 편집하였고 Richard Courant를 도왔다. 그녀는 1934년과 1935년에 Bryn Mawr에서 지냈으며 다음 2년은 영국의 Cambridge에 있는 Girton 대학에 있었다. 1937년에, 그녀는 London 대학에서 가르쳤다. 1947년에, 그녀는 미국으로 이주하였으며 National Bureau of Standards' National Applied Mathematics Laboratory에 취직하였다. 1957년에, 그녀는 California Institute of Technology에서 강의하는 최초의 여자였고 또한 텐뉴어를 받은 최초의 여자였으며 거기서 수학, 물리, 또는 천문학의 정교수가 되었다. 13명의 Caltech Ph.D.학생들이 그녀의 지도로 학위를 받았다. 그녀의 선형대수학에 지대한 공헌을 했으며, Taussky-Todd는 정수론에도 중요한 업적을 쌓았다. Taussky-Todd는 많은 명예와 상들을 수상했다. 그녀는 Fellow of the American Association for the Advancement of Science에 선출되었으며 American Mathematical Society의 부회장으로 선출되었다. 1990년에, Caltech은 그녀를 기념하여 그녀의 이름을 딴 교수직을 재정하였다. Taussky-Todd는 1995년 10월 7일 그녀의 나이 89세를 일기로 서거하였다. Taussky-Todd에 대한 더 많은 정보를 다음 사이트에서 얻을 수 있다.

http://www-groups.dcs.st-and.ac.uk/~history/
http://www-scottlan.edu/lriddle/women/women.html

# 20절 확대체(Extension Fields)

이 크로네커정리는 많은 관점에서 대수학의 기본적인 정리이다. Richard A. Dean, Elements of Abstract Algebra

## 체 이론의 기본정리(Fundamental Theorem of Field Theory)

환에 대한 공부 과정에서, 우리는 몇 가지 유한체들과 무한체들을 우연히 만났다. $\mathbb{Z}_3[x]/\langle x^2+1\rangle$ 은 원소개수가 9인 체이고, $\mathbb{R}[x]/\langle x^2+1\rangle$ 는 복소수체와 동형이 되는 체이다. 다음 3개 장에서, 우리는 체계적으로 체에 대한 주제들을 논의할 것이다.

### 정의: 확대체(Extension Fields)

체 $E$ 가 체 $F$ 의 **확대체(extension fields)** 임은 $F \subseteq E$ 이고 $F$ 에서의 연산들이 $E$ 에서의 연산을 $F$ 로 제한한 것일 때를 말한다.

1847년 $\mathbb{R}[x]/\langle x^2+1\rangle$ 가 $x^2+1$ 의 한 근을 품는 체임을 코시가 발견하였다. 이 사실은 그것을 일반화한 다음 정리에 대한 준비였다.

**정리 20.1 체 이론의 기본정리(*Kronecker's Theorem*, 1887)**

$F$ 가 체이고 $f(x)$ 가 $F[x]$ 에서 상수가 아닌 다항식이라 하자. 그러면, $f(x)$ 의 근을 포함하는 $F$ 의 확대체 $E$ 가 존재한다.

**증명** $F[x]$ 는 유일인수분해정역이므로 $f(x)$ 는 기약다항식의 인수, 예를 들어, $p(x)$ 를 갖는다. 확실히, $p(x)$ 의 한 근을 품는 $F$ 의 확대체 $E$ 를 구성하면 설명은 충분하다. 여기서 $E$ 로 $F[x]/\langle p(x)\rangle$ 를 선택하자.

정리 17.5의 따름정리1에 의해서 체임을 알 수 있다. 또한, 사상 $\phi: F \rightarrow E$ 를 $\phi(a) = a + \langle p(x)\rangle$ 로 정의하면, $\phi$ 는 단사이고 연산들을 보존한다. $E$ 는 $F$ 와 동형인 부분체를 갖는다. 우리는 단순하게 잉여류 집합 $a + \langle p(x)\rangle$ 을 $F$ 에 속하는 유일한 잉여류집합의 대표원 $a$ 와 일치시키면, $E$ 가 $F$ 를 품는다고 생각할 수 있다.(즉, $a + \langle p(x)\rangle$ 는 $a$ 와 같다고 생각하고, 17장 연습문제 33 참조)

마지막으로, $p(x)$ 가 $E$ 에서 한 근을 갖는다는 것을 보이자.

$p(x) = a_n x^n + a_{n-1}x^{n-1} + \cdots + a_0$ 라 하면, $E$ 의 원소 $x + \langle p(x)\rangle$ 가 $p(x)$ 의 근이다. 왜냐하면,

$$\begin{aligned} p(x+\langle p(x)\rangle) &= a_n(x+\langle p(x)\rangle)^n + a_{n-1}(x+\langle p(x)\rangle)^{n-1} + \cdots + a_0 \\ &= a_n(x^n + \langle p(x)\rangle) + a_{n-1}(x^{n-1} + \langle p(x)\rangle) + \cdots + a_0 \\ &= a_n x^n + a_{n-1}x^{n-1} + \cdots + a_0 + \langle p(x)\rangle \\ &= p(x) + \langle p(x)\rangle = 0 + \langle p(x)\rangle. \end{aligned}$$

□

**예제 1** $f(x)=x^2+1\in\mathbb{Q}[x]$ 라 하자. $f(x)$를 $E[x]=(\mathbb{Q}[x]/\langle x^2+1\rangle)[x]$ 의 원소로 보면, 우리는

$$\begin{aligned} f(x+\langle x^2+1\rangle) &= (x+\langle x^2+1\rangle)^2+1 \\ &= x^2+\langle x^2+1\rangle+1 \\ &= x^2+1+\langle x^2+1\rangle \\ &= 0+\langle x^2+1\rangle. \end{aligned}$$

임을 알 수 있다.

물론, 그 다항식 $x^2+1$ 은 복소수 $\sqrt{-1}$ 를 근으로 갖는다. 그러나, 여기서는 우리가 강조하고자 하는 것은 유리수체와 유리수 계수를 갖는 다항식 $x^2+1$의 한 근을 품는 체를 구성하는 것이다. 아무런 복소수 성질이 필요로 하지 않는다. 우리의 방법은 주어진 체만을 사용한 것뿐이다.

■

**예제 2** $f(x)=x^5+2x^2+2x+2\in\mathbb{Z}_3[x]$ 라 하자.

그러면, $f(x)$의 $\mathbb{Z}_3$ 위에서의 인수분해는 $(x^2+1)(x^3+2x+2)$이다. 따라서, $f(x)$의 한 근을 품는 $\mathbb{Z}_3$의 확대체로, $E=\mathbb{Z}_3[x]/\langle x^2+1\rangle$를 택하면 원소개수는 9 개이고, 또는, $E=\mathbb{Z}_3[x]/\langle x^3+2x+2\rangle$를 택하면 원소개수가 27 개다.

■

모든 정역은 그것은 상체에 포함되므로,(정리 15.6 참조) 정역의 원소를 계수로 갖는 상수가 아닌 임의의 다항식은 항상 각 계수들을 품는 어떤 체가 존재하여 그 안에서 한 근을 갖는다. 다음 예는 일반적으로, 가환환에서는 이 사실이 참이 아님을 보여준다.

**예제 3**

$f(x)=2x+1\in\mathbb{Z}_4[x]$ 라 하자. 그러면, $f(x)$는 $\mathbb{Z}_4$를 부분환으로 갖는 어떤 환에서도 근을 갖지 못한다. 왜냐하면, 만약 $\beta$를 어떤 환의 근이라 가정하면, $0=2\beta+1$이고, 따라서, $0=2(2\beta+1)=2(2\beta)+2=(2\cdot 2)\beta+2=0\cdot\beta+2=2$. 그러나, $\mathbb{Z}_4$에서 $0\neq 2$이다.

■

## 분해체(Splitting Fields)

다음 정의와 정리를 도입하기 위해서, 잠깐 예제 1로 돌아가자. 표기의 편리를 위해서, $\mathbb{Q}[x]/\langle x^2+1\rangle$에서, $\alpha=x+\langle x^2+1\rangle$라 하자. 그러면, $\alpha$, $-\alpha$ 둘 다 $(\mathbb{Q}[x]/\langle x^2+1\rangle)[x]$ 에서 $x^2+1$의 근이 됨으로, $x^2+1=(x-\alpha)(x+\alpha)$이다.

이 사실을 밝혀 보자. 먼저,

$$(x-\alpha)(x+\alpha)=x^2-\alpha^2=x^2-(x^2+\langle x^2+1\rangle).$$

동시에, $x^2+\langle x^2+1\rangle=-1+\langle x^2+1\rangle$ 이므로, $-1$과 $-1+\langle x^2+1\rangle$을 동일시하면, $(x-\alpha)(x+\alpha)=x^2-(-1)=x^2+1$. 이것은 $x^2+1$이 $\mathbb{Q}$의 어떤 확대체 위에서 일차식 인수들의 곱으로 써진다는 것을 보여 준다. 그것은 쉽고 합당한 논거이다. 예제 2에서 주어진 다항식은 더 큰 도전을 보여준다. 다항식이 일차식의 인수로 인수분해가 되는 $\mathbb{Z}_3$의 확대체가 존재하는가?

예, 존재한다. 먼저 정의부터 해보자.

### 정의: 분해체(Splitting Field)

$E$는 $F$의 확대체이고 $f(x)\in F[x]$라 하자. 우리는 $f(x)$가 $E[x]$에서 일차식의 인수들의 곱으로 인수분해 될 때 $E$에서 **분해된다(splits)**고 말한다. 만약 $f(x)$가 $E$에서 분해되고, $E$의 어떤 진부분체에서도 분해되지 않을 때 우리는 $E$를 **$f(x)$의 $F$ 위에서의 분해체(splitting field for f(x) over F)**라 부른다.

한 체위의 한 다항식에 대한 분해체는 다항식 뿐만 아니라 체에도 의존된다. 사실상 $f(x)$의 $F$ 위에서의 분해체는 $f(x)$가 분해되는 $F$의 바로 최소확대체이다. 다음 예는 다항식 $f(x)$의 $F$ 위에서의 분해체가 $F$에 어떻게 관련되어있는지를 보여준다.

**예제 4** $f(x)=x^2+1\in\mathbb{Q}[x]$를 생각해보자. $x^2+1=(x+\sqrt{-1})(x-\sqrt{-1})$이므로, $f(x)$는 $\mathbb{C}$에서 분해된다. 그러나 $\mathbb{Q}$ 위에서의 분해체는 $\mathbb{Q}(i)=\{r+si \mid r,s\in\mathbb{Q}\}$이다. $x^2+1$의 $\mathbb{R}$ 위에서의 분해체는 $\mathbb{C}$이다. 같은 방법으로, $x^2-2\in\mathbb{Q}[x]$는 $\mathbb{R}$에서 분해되고, $\mathbb{Q}$ 위에서의 분해체는 $\mathbb{Q}(\sqrt{2})=\{r+s\sqrt{2} \mid r, s\in\mathbb{Q}\}$이다.

분해체의 정의와 기약다항식의 정의 사이에는 편리한 유사성이 존재한다. "$f(x)$ 가 기약이다"라는 말이 아무 의미가 없는 것과 같이 "$E$ 가 $f(x)$에 대한 분해체이다" 는 말은 무의미하다. 각 경우에 배경이 되는 체가 명시되어야 한다. 즉, "$f(x)$ 가 $F$ 위에서 기약이다" 이고, "$E$ 가 $f(x)$에 대한 $F$ 위에서 분해체이다" 라 말 해야 한다. 다음 표기법이 편리하다.

$F$가 체이고 $a_1,a_2,\cdots,a_n$를 $F$의 어떤 확대체 $E$의 원소들이라 하자. 우리는 $F(a_1,a_2,\cdots,a_n)$를 $F$와 $\{a_1,a_2,\cdots,a_n\}$를 품는 $E$의 최소부분체라 한다. 그리고 $F(a_1,a_2,\cdots,a_n)$가 $F$와 $\{a_1,a_2,\cdots,a_n\}$를 품는 $E$의 모든 부분체들의 교집합이 됨을 쉽게 연습문제에서 밝힐 수 있다.

$f(x)\in F[x]$이고 $f(x)$가 $F$의 한 확대체 $E$위에서 다음과 같이 인수분해 된다면, $f(x)=b(x-a_1)(x-a_2)\cdots(x-a_n)$, $F(a_1,a_2,\cdots,a_n)$는 $f(x)$에 대한 $F$ 위에서 $E$에서의 분해체임을 알 수 있다.

이 표기법은 우리가 앞장에서 사용했던 표기법과 모순되는 것 같이 보인다. 예를 들어, 집합 $\{a+b\sqrt{2} \mid a,b\in\mathbb{Z}\}$는 $\mathbb{Z}[\sqrt{2}]$로, 집합 $\{a+b\sqrt{2} \mid a,b\in\mathbb{Q}\}$는 $\mathbb{Q}(\sqrt{2})$로 표기한다. 차이점은 $\mathbb{Z}[\sqrt{2}]$은 단순히 환을 의미하고, $\mathbb{Q}(\sqrt{2})$은 체를 의미하는 것이다. 일반적으로, 둥근괄호는 그 집합

이 체가 됨을 표시할 때 사용하지만, 예를 들어, 우리가 단순히 환의 성질에 관심을 갖고 사용한다면 $\mathbb{Q}[\sqrt{2}]$을 $\{a+b\sqrt{2} \mid a,b\in\mathbb{Q}\}$로 사용해도 아무 잘못이 없다.

꺽쇠괄호 보다는 둥근괄호를 사용하는 것이 그 집합에 대한 정보를 약간 더 잘 전달한다고 본다.

**정리 20.2 분해체의 존재성(Existence of Splitting Fields)**

$F$가 체이고 $f(x)$는 $F[x]$의 상수다항식이 아니라 하자. 그러면 $F$ 위의 $f(x)$에 대한 분해체 $E$가 존재한다.

**증명** $\deg f(x)$에 대한 수학적 귀납법을 사용하자. 만약 $\deg f(x)=1$라면, $f(x)$는 일차식이다. 이제 이 명제가 모든 체와 $f(x)$의 차수보다 작은 모든 다항식들에 대하여 성립한다고 가정하자. 정리 20.1에 의해서, $f(x)$의 한 근 $a_1$이 존재하는 $F$의 확대체 $E$가 존재한다. 우리는 $f(x)=(x-a_1)g(x)$라 할 수 있고, 여기서 $g(x)\in E[x]$이다. $\deg g(x)<\deg f(x)$이므로, 귀납법 가정에 의해서, 체 $E$를 포함하고 $g(x)$의 모든 근들; $a_2,a_3,\cdots,a_n$를 포함하는 체 $K$가 존재한다. 명확하게, $F$ 위의 $f(x)$에 대한 분해체는 $F(a_1,a_2,\cdots,a_n)$이다. □

**예제 5** $f(x)=x^4-x^2-2=(x^2-2)(x^2+1)\in\mathbb{Q}[x]$라 하자. 확실히, $\mathbb{C}$에서 $f(x)$의 근들은 $\pm\sqrt{2}$, $\pm i$이다. 따라서, $f(x)$의 $\mathbb{Q}$ 위의 분해체는 다음과 같다.

$$\begin{aligned}\mathbb{Q}(\sqrt{2},i)&=\mathbb{Q}(\sqrt{2})(i)=\{\alpha+\beta i \mid \alpha,\beta\in\mathbb{Q}(\sqrt{2})\}\\&=\{(a+b\sqrt{2})+(c+d\sqrt{2})i \mid a,b,c,d\in\mathbb{Q}\}.\end{aligned}$$

**예제 6** $f(x)=x^2+x+2\in\mathbb{Z}_3[x]$라 하자. 그러면, $\mathbb{Z}_3(i)=\{a+bi \mid a,b\in\mathbb{Z}_3\}$ (13장 예제 9 참조) 은 $\mathbb{Z}_3$ 위의 $f(x)$에 대한 분해체이다. 왜냐하면,

$f(x)=[x-(1+i)][x-(1-i)]$이기 때문이다. 동시에, 크로네커 정리의 증명에서 $F=\mathbb{Z}_3[x]/\langle x^2+x+2\rangle$의 원소 $x+\langle x^2+x+2\rangle$가 $f(x)$의 한 근임을 알 수 있다. $f(x)$의 차수가 2이므로, 인수정리(정리 16.2 의 따름 정리 2 참조)로부터 $f(x)$의 다른 근도 역시 $F$ 안에 있다. 따라서 $f(x)$는 $F$에서 분해된다. 그리고 $F$는 $\mathbb{Z}_3$위의 2차원 벡터공간이기 때문에 우리는 $F$가 $\mathbb{Z}_3$ 위의$f(x)$의 분해체임을 알 수 있다. 그러면, $f(x)$은 $F$ 안에서 어떻게 인수분해 될까? $f(x)$를 $F$ 안에서 인수분해 할 때 기호 $x$를 서로 다른 두 가지 방법으로 사용하기 때문에 혼란스럽다: 다항식 $f(x)$의 각 단항식의 위치를 나타내며, 또한 $F$의 잉여류의 대표원을 만드는데도 사용된다. 이런 혼란은 잉여류 집합 $1+\langle x^2+x+2\rangle$와 $\mathbb{Z}_3$에서의 1을 단순히 일치시키고, 잉여류의 집합 $x+\langle x^2+x+2\rangle$를 $\beta$로 일치시킴으로서 피할 수 있다. 이와 같이 일치시켜 체 $\mathbb{Z}_3[x]/\langle x^2+x+2\rangle$는 $\{0,1,2,\beta,2\beta,\beta+1,2\beta+1,\beta+2,2\beta+2\}$로 표현된다. 이 원소들은 다항식에서와 같은 방법으로 덧셈과 곱셈을 한다. 여기서는, $x^2+x+2+\langle x^2+x+2\rangle=0$이므로 $\beta^2+\beta+2=0$이다. 따라서,

$\beta^2 = -\beta - 2 = 2\beta + 1$의 관계식을 이용하여 계산한다. 예를 들어, $(2\beta+1)(\beta+2) = 2\beta^2 + 5\beta + 2 = 2(2\beta+1) + 5\beta + 2 = 9\beta + 4 = 1$. $F$에서 $f(x)$의 인수분해는 다음 예에서와 같이 나눗셈을 하면 된다:

$$\begin{array}{r|l} & x + (\beta + 1) \\ \hline x - \beta & x^2 + x + 2 \\ & x^2 - \beta x \\ \hline & (\beta + 1)x + 2 \\ & (\beta + 1)x - (\beta + 1)\beta \\ \hline & (\beta + 1)\beta + 2 = \beta^2 + \beta + 2 = 0. \end{array}$$

따라서, $x^2 + x + 2 = (x - \beta)(x + \beta + 1)$. 결과적으로, 우리는 $\mathbb{Z}_3$ 위의 $x^2 + x + 2$의 두 가지의 분해체를 만들었다. 하나는 $F(a)$형식이고 다른 하나는 $F[x]/\langle p(x)\rangle$형식이다.(여기서, $F = \mathbb{Z}_3$, $p(x) = x^2 + x + 2$).

다음 정리는 $p(x)$가 $F$ 위에서 기약이고 $a$가 $F$의 어떤 확대체의 원소로 다항식 $p(x)$의 한 근이면 두 체 $F(a)$와 $F[x]/\langle p(x)\rangle$가 어떤 관계가 있는지 보여준다.

**정리 20.3** $F(a) \approx F[x]/\langle p(x)\rangle$

$F$는 체이고 $p(x) \in F[x]$는 $F$ 위에서 기약이라 하자. 만약 $a$가 $F$의 어떤 확대체 $E$의 한 원소로 $p(x)$의 한 근이면, $F(a)$와 $F[x]/\langle p(x)\rangle$가 동형이다. 더욱, 만약 $\deg p(x) = n$이면, $F(a)$의 임의의 원소는 다음과 같이 유일한 표현으로 쓸 수 있다. $c_{n-1}a^{n-1} + c_{n-2}a^{n-2} + \cdots + c_1 a + c_0$ 여기서 $c_0, c_1, \cdots, c_n \in F$이다.

**증명** 사상 $\phi$를 $F[x]$에서 $F(a)$로 $\phi(f(x)) = f(a)$로 정의하면, $\phi$는 환 준동형사상이다. $Ker\,\phi = \langle p(x)\rangle$임을 밝혀보자.(이것은 17장 연습문제 31 참조) $p(a) = 0$이므로 $\langle p(x)\rangle \subseteq Ker\,\phi$이다. 한편, 정리 17.5에서 $\langle p(x)\rangle$는 $F[x]$의 극대이데알임을 알 수 있다. 그래서, $Ker\,\phi \neq F[x]$이므로(그것은 상수다항식 $f(x) = 1$을 품지 않기 때문이다), $Ker\,\phi = \langle p(x)\rangle$임을 알 수 있다. 이제 환의 첫 번째 동형정리와 정리 17.5의 따름 정리 2에 의해서 $\phi(F[x])$는 $F(a)$의 부분체이다. $\phi(F[x])$는 $F$와 $a$를 품고 있고 $F(a)$가 그와 같은 성질을 갖는 최소체임을 상기하면, $F[x]/\langle p(x)\rangle \approx \phi(F[x]) = F(a)$임을 알 수 있다. 이 정리의 마지막 부분의 주장은 $F[x]/\langle p(x)\rangle$의 임의의 원소는 다음 형식으로 유일하게 표현된다는 것이다.

$c_{n-1}x^{n-1} + \cdots + c_0 + \langle p(x)\rangle$, 여기서 $c_0, c_1, \cdots, c_{n-1} \in F$ (16장 연습문제 23 참조) 이고, $F[x]/\langle p(x)\rangle$에서 $F(a)$에로의 동형이고 원소는 $c_k x^k + \langle p(x)\rangle$에서 $c_k a^k$로 대응된다. □

정리 20.3의 즉각적인 따름정리로 매력적인 다음 결과를 얻게 된다.

**따름 정리** $F(a) \approx F(b)$

$F$는 체이고 $p(x) \in F[x]$는 $F$ 위에서 기약이라 하자. 만약 $a$가 $F$의 어떤 확대체 $E$의 한 원소로 $p(x)$의 한 근이고, $b$가 $F$의 어떤 확대체 $E'$의 한 원소로 $p(x)$의 한 근이면, 두 체들 $F(a)$와 $F(b)$는 동형이다.

**증명** 정리 20.3에 의해서 우리는 $F(a) \approx F[x]/\langle p(x) \rangle \approx F(b)$이다. □

체 $F$ 위의 $n$차원 벡터공간의 기는 $n$개의 벡터 $v_1, v_2, \cdots, v_n$의 집합으로 벡터공간의 임의의 원소가 $a_1v_1 + a_2v_2 + \cdots + a_nv_n$으로 유일하게 표현된다. 여기서 $a_i$ 들은 $F$의 원소이다.(19장 연습문제 19 참조) 따라서, 벡터공간의 의미로, 정리 20.3의 후반부는 만약 $a$ 가 $F$ 위의 $n$ 차원의 한 기약다항식의 근이라면 집합 $\{1, a, a^2, \cdots, a^{n-1}\}$은 $F$ 위의 $F(a)$에 대한 한 기가된다.

정리 20.3은 체의 원소들을 기술하는 하나의 편리한 방법을 제공해준다.

**예제 7** $\mathbb{Q}$ 위의 기약다항식 $f(x) = x^6 - 2$라 하자. $\sqrt[6]{2}$는 $f(x)$의 한 근이므로, 정리20.3으로 $\{1, 2^{1/6}, 2^{2/6}, 2^{3/6}, 2^{4/6}, 2^{5/6}\}$은 $\mathbb{Q}$ 위에서 $\mathbb{Q}(\sqrt[6]{2})$의 한 기이다. 따라서, $\mathbb{Q}(\sqrt[6]{2}) = \{a_0 + a_1 2^{1/6} + \cdots + a_5 2^{5/6} | a_i \in \mathbb{Q}\}$이다. 이 체는 $\mathbb{Q}[x]/\langle x^6 - 2 \rangle$와 동형이다. ■

1882년 Ferdinand Lindemann(1852-1939)은 $\pi$ 는 $\mathbb{Q}[x]$의 어떤 다항식의 근이 될 수 없음을 증명하였다. 이 중요한 결과 때문에 정리 20.3은 $\mathbb{Q}(\pi)$에 적용할 수 없다.(연습문제 11 참조)

예제 6에서, 우리는 $\mathbb{Z}_3$ 위의 다항식 $x^2 + x + 2$의 두 가지의 분해체를 만들었다. 같은 방법으로, $\mathbb{Q}[x]/\langle x^2 + 1 \rangle$과 $\mathbb{Q}(i) = \{r + si | r, s \in \mathbb{Q}\}$ 두 체가 $\mathbb{Q}$ 위에서 다항식 $x^2 + 1$의 분해체이다. 그러나, 이 다른꼴로 되어있는 두 체는 대수적으로 다른 것인가? 그렇지 않다. 우리는 분해체에 대한 논의를 이 두 분해체가 동형에 관하여 유일함을 증명하는 것으로 마무리 하고자 한다.

수학적 귀납법의 적용을 쉽게 하기 위하여, 우리는 더 일반적인 경우에 대하여 논의 하고자 한다. 우리는 먼저 $F$에서 $F'$로 가는 임의의 한 환동형사상 $\phi$는 그 확장으로 $F[x]$에서$F'[x]$로 $c_nx^n + c_{n-1}x^{n-1} + \cdots + c_1x + c_0 \to \phi(c_n)x^n + \phi(c_{n-1})x^{n-1} + \cdots + \phi(c_1)x + \phi(c_0)$로 정의 한다. 이 사상은 $F$ 위에서의 $\phi$ 와 일치함으로, 이 사상에서도 마찬가지로 같은 기호로 표현하는 것이 편리하고 자연스럽다.

**보조 정리** $F$는 체이고 $p(x) \in F[x]$는 $F$ 위에서 기약이고 $a$가 $F$의 어떤 확대체 의 한 원소로 $p(x)$의 한 근이라 하자. 만약 $\phi$가 $F$에서 $F'$로 가는 체 동형사상이고 $b$가 $F'$의 어떤 확대체안의 원소로서 $\phi(p(x))$의 한 근이라면, $F(a)$에서 $F'(b)$로 가는 동형사상이 존재하며 $F$ 위에서 $\phi$와 일치하며 원소 $a$를 $b$로 대응시킨다.

**증명** 먼저 $p(x)$가 $F$ 위에서 기약이므로 $\phi(f(x))$가 $F'$ 위에서 기약임을 알아보자. 곧바로 다음과 같이 주어진 $F[x]/\langle p(x)\rangle$에서 $F'[x]/\langle \phi(p(x))\rangle$로 가는 사상이 체 동형사상임을 확인할 수 있다:

$$f(x)+\langle p(x)\rangle \to \phi(f(x))+\langle \phi(p(x))\rangle$$

약간의 표기법의 혼용으로 우리는 이 사상을 역시 같은 $\phi$로 쓴다.( 만약 반대한다면, $\phi$위에 막대표기를 하면 된다). 정리 20.3의 증명으로부터, 우리는 $F(a)$에서 $F[x]/\langle p(x)\rangle$로 가는 $\alpha$는 체 동형사상이고 $F$ 위에서 일치하며 원소 $a$를 $x+\langle p(x)\rangle$로 대응시킨다. 유사하게, $F'[x]/\langle \phi(p(x))\rangle$에서 $F'(b)$로 가는 $\beta$는 체 동형사상이고 $F'$ 위에서 일치하며 원소 $x+\langle \phi(p(x))\rangle$를 $b$로 대응시킨다. 따라서, $\beta\circ\phi\circ\alpha$는 $F(a)$에서 $F'(b)$로 가는 우리가 찾고자 한 동형사상이다.

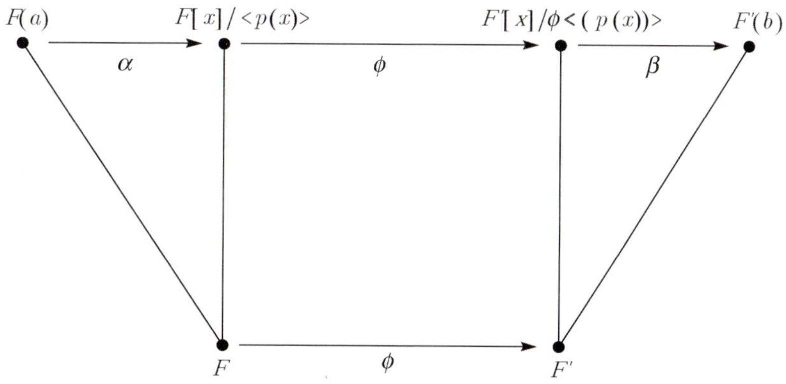


[그림 20.1] □

**정리 20.4 $\phi: F\to F'$의 확대**

$\phi$가 $F$에서 $F'$로 가는 체 동형사상이고 $f(x)\in F[x]$라 하자.
만약 $E$가 $F$ 위에서 $f(x)$에 대한 한 분해체이고 $E'$는 $F'$ 위에서 $\phi(f(x))$의 한 분해체이면, $F$ 위에서 $\phi$와 일치하는 $E$에서 $E'$에로의 동형사상이 존재한다.

**증명** $\deg f(x)$에 대한 수학적 귀납법을 사용하자. 만약 $\deg f(x)=1$이면, $E=F$이고 $E'=F'$이므로, $\phi$자신이 구하는 사상이다. 이제 $\deg f(x)>1$일 때, $p(x)$를 $f(x)$의 기약다항식 인수라 하고 $a$를 $E$에서의 $p(x)$의 한 근, $b$를 $E'$에서의 $\phi(p(x))$의 한 근이라 하자. 바로 앞의 보조정리에 의해서, $F(a)$에서 $F'(b)$로 가는 동형사상 $\alpha$가 존재하며 $F$ 위에서 $\phi$와 일치하고 원소 $a$를 $b$로 대응시킨다. 이제 $f(x)=(x-a)g(x)$, 여기서 $g(x)\in F(a)[x]$이다. 그러면, $E$를 $F(a)$ 위에서 $g(x)$에 대한 한 분해체이고 $E'$는 $F'(b)$위에서 $\alpha(g(x))$의 한 분해체라 하자. $\deg g(x)<\deg f(x)$이므로, 수학적 귀납법 가정에 의해서 $F(a)$위에서 $\alpha$와 일치하고, $F$ 위에서는 $\phi$와 일치하는 $E$에서 $E'$에로의 동형사상이 존재한다. □

**따름 정리 분해체는 유일하다(Splitting Fields are Unique)**

$F$는 체이고 $f(x) \in F[x]$ 이라 하자. $F$ 위에서 $f(x)$의 임의의 두 분해체는 동형이다.

**증명** $E$와 $E'$를 $F$ 위에서의 $f(x)$의 분해체라 가정하자. 정리 20.4의 증명에서 $\phi$를 $F$ 에서 자기 자신으로 가는 항등사상이라면 위 결과는 곧바로 밝혀진다. □

위의 따름정리에 비추어 볼 때, $F$ 위에서 한 다항식의 분해체는 유일함을 알 수 있다. 비록 $x^6-2$ 는 $\mathbb{Q}(\sqrt[6]{2})$ 안에 한 근을 갖지만 그 안에서 분해되지는 못한다. 그러나, 분해체는 용이하게 구할 수 있다.

**예제 8** $x^n - a$ 의 $\mathbb{Q}$ 위에서의 분해체

$a$는 양의 유리수이고 $\omega$는 단위원의 원시 $n$제곱근(16장 예제 2 참조) 이라 하자. 그러면, 다음 각 원소 $a^{1/n}, \omega a^{1/n}, \omega^2 a^{1/n}, \cdots, \omega^{n-1} a^{1/n}$ 은 $\mathbb{Q}(\sqrt[n]{a}, \omega)$ 안에서 $x^n - a$ 의 근들이다. ■

## 기약다항식의 근(Zeros of an Irreducible Polynomials)

지금까지 우리는 체 위의 상수가 아닌 다항식은 어떤 확대체 안에서 분해됨을 일았다. 우리는 기약다항식들이 어떤 특별한 방법으로 분해되어야 하는지 질문하게 된다. 그렇다, 그런 방법이 있다. 그 방법을 찾기 위해 우리는 미적분에 기반을 둔 약간의 성질을 빌려 쓰기로 하자.

**정의**

$f(x) = a_n x^n + a_{n-1} x^{n-1} + \cdots + a_1 x + a_0$은 $F[x]$ 의 원소라 하자. $f(x)$의 **도함수(derivative)**는, $f'(x)$로 표시하며, $F[x]$ 의 다항식 $na_n x^{n-1} + (n-1)a_{n-1} x^{n-2} + \cdots + a_1$ 으로 정의한다. ■

이 도함수의 정의는 극한의 개념을 포함하지 않는다. 미적분에서 취급했던 함수들의 합과 곱에 대한 표준규칙들은 임의의 체 위에서도 마찬가지로 성립한다.

**보조 정리 도함수의 성질(Properties of the Derivative)**

$f(x), g(x) \in F[x]$ 이고 $a \in F$ 이면 다음이 성립한다.

1. $(f(x) + g(x))' = f'(x) + g'(x)$
2. $(af(x))' = af'(x)$
3. $(f(x)g(x))' = f(x)g'(x) + f'(x)g(x)$

**증명** 1, 2번은 정의의 적용에 의해 곧바로 계산된다. 1번과 $\deg f(x)$에 관한 귀납법에 의해서 3번은 $f(x) = a_n x^n$인 특별한 경우로 바꾸어 증명하면 된다. 이것은 정의로부터 직접 계산하면 된다. □

기약다항식의 근들의 성질에 대한 질문에 대하여 언급하기 전에, 중복도가 1보다 큰 근들에 대한 일반적인 결과를 수립하고자 한다. 이런 근들을 **중복 근**(mutiple zeros)이라 한다.

### 정리 20.5 중복 근에 대한 판별법(Criterion for Mutiple Zeros)

어떤 체 $F$ 위의 한 다항식 $f(x)$가 어떤 확대체 $E$ 안에 중근을 가질 필요충분조건은 $f(x)$와 $f'(x)$가 $F[x]$ 안에서 양의 차수의 공통인수를 갖는 것이다.

**증명** 만약 $f(x)$가 확대체 $E$ 안에서 중근 $a$를 갖는다면, $g(x)$가 $E[x]$에 존재하여 $f(x) = (x-a)^2 g(x)$이다. $f'(x) = (x-a)^2 g'(x) + 2(x-a)g(x)$이므로, $f'(a) = 0$이다. 따라서, $x-a$는 $F$의 확대체 $E$ 안에서 두 다항식 $f(x)$와 $f'(x)$의 공통인수이다. 이제 만약에 $f(x)$와 $f'(x)$가 $F[x]$에서 양의 차수를 갖는 공통인수를 갖지 않는다면, 적당한 다항식 $h(x), k(x)$가 존재하여 $f(x)h(x) + f'(x)k(x) = 1$이 성립한다.(16장 연습문제 41 참조). $f(x)h(x) + f'(x)k(x)$ 를 $E[x]$의 원소로 보면, $x-a$가 1의 인수가 되어 모순이다. 따라서 $f(x)$와 $f'(x)$가 $F[x]$ 안에서 양의 차수의 공통인수를 갖는다.

역으로, $f(x)$와 $f'(x)$가 양의 차수의 공통인수를 갖는다고 가정하면, $a$를 공통인수의 한 근이라 하자. 그러면, $a$는 $f(x)$와 $f'(x)$의 근이 된다. $a$가 $f(x)$의 근이므로 $f(x) = (x-a)q(x)$이다. 그러면, $f'(x) = (x-a)q'(x) + q(x)$이다. $0 = f'(a) = q(a)$. 따라서, $x-a$는 $q(x)$의 인수가 되고, $a$는 $f(x)$의 중근이 된다. □

### 정리 20.6 기약다항식의 근(Zeros of an Irreducible)

$f(x)$가 체 $F$ 위에서 기약다항식이라 하자. 만약 $F$의 특성이 0이면, $f(x)$는 중근을 갖지 않는다. 그리고, 만약 $F$의 특성이 $p \neq 0$이면, 이때 적당한 $g(x)$가 $F[x]$에 존재하여 $f(x) = g(x^p)$가 성립하여 $f(x)$는 중근을 갖는다.

**증명** 만약 $f(x)$가 중근을 갖는다면, 정리 20.5에 의하여 $f(x)$와 $f'(x)$가 $F[x]$ 안에서 양의 차수의 공통인수를 갖는다. $F[x]$에서 $f(x)$의 양의 차수의 인수는 오직 $f(x)$ 자신뿐이므로, $f(x)$가 $f'(x)$를 나눈다. 체 위의 다항식에서 자신보다 차수가 더 낮은 다항식을 나눌 수 없으므로 $f'(x) = 0$이다. $f'(x) = 0$의 의미는 무엇일까? 만약 $f(x) = a_n x^n + a_{n-1}x^{n-1} + \cdots + a_1 x + a_0$라 하면, $f'(x) = na_n x^{n-1} + (n-1)a_{n-1}x^{n-2} + \cdots + a_1$이다. 따라서, $f'(x) = 0$이면, 모든 $k = 1, 2, \cdots, n$에 대하여 $ka_k = 0$이다.

따라서, $char\, F = 0$ 이면, $f(x) = a_0$이다. 이것은 기약다항식이 아니다. 이는 $f(x)$를 $F$ 위에서 기약다항식이라 가정한 것에 모순된다. 따라서, $f(x)$는 중근을 갖지 않는다.

$char\, F = p \neq 0$이면, $p$가 $k$를 나누지 않으면 $a_k = 0$이다. 따라서 $a_n x^n + a_{n-1}x^{n-1} + \cdots + a_1 x + a_0$의 합에서 $x$의 멱 중에서 $x^{pj} = (x^p)^j$꼴만 남는다. 즉, $f(x) = g(x^p)$이고 여

기서 $g(x) \in F[x]$ 이다.(예를 들어, 만약 $f(x) = x^{4p} + 3x^{2p} + x^p + 1$ 이면, $g(x) = x^4 + 3x^2 + x + 1$ 이다) □

정리 20.6은 특성이 0인 체 위의 기약다항식은 중근을 갖을 수 없다. 이 결과를 더 확대된 체로 확대하기 위해서 다음 정의가 필요하다.

**정의**

체 $F$에서 만약 $F$의 특성이 0이거나, 만약 $F$의 특성이 $p$이면 $F^p = \{a^p | a \in F\} = F$ 일 때 완전체(perfect)라 한다.

**정리 20.7 유한체는 완전체이다(Finite Fields are Perfect)**

모든 유한체는 완전체이다.

**증명** $F$는 유한체이고 그 특성이 $p$이라 하자. $\phi$는 $F$에서 자기 자신으로 가는 사상으로 임의의 $x \in F$에 대하여 $\phi(x) = x^p$ 라 하자. 이제 $\phi$가 체 자기동형사상임을 밝혀보자. 분명히, $\phi(ab) = (ab)^p = a^p b^p = \phi(a)\phi(b)$ 이다. 뿐만 아니라,

$$\phi(a+b) = (a+b)^p = a^p + \binom{p}{1}a^{p-1}b + \binom{p}{2}a^{p-2}b^2 + \cdots + \binom{p}{p-1}ab^{p-1} + b^b$$
$$= a^p + b^p$$

왜냐하면 $p \,\Big|\, \binom{p}{i}$ 이다.

마지막으로, $x \neq 0$ 이면 $x^p \neq 0$ 이므로 $Ker\,\phi = \{0\}$ 이다. 따라서, $\phi$는 일대일이고, $F$가 유한집합이므로 $\phi$는 전사이다. 이것으로 $F^p = F$ 임을 증명하였다. □

**정리 20.8 중근이 존재하지 않을 판별법(Criterion for No Multiple Zeros)**

만약 $f(x)$가 완전체 $F$ 위에서 기약다항식이라면 $f(x)$는 중근을 갖지 않는다.

**증명** $F$의 특성이 0인 경우는 이미 증명하였다.(정리 20.6 참조). 따라서, $f(x) \in F[x]$가 특성이 $p$인 완전체 $F$ 위에서 기약이고 $f(x)$가 중근을 갖는다고 가정하자. 정리 20.6으로부터 우리는 $f(x) = g(x^p)$이고 여기서 $g(x) \in F[x]$, $g(x) = a_n x^n + a_{n-1}x^{n-1} + \cdots + a_1 x + a_0$ 라 하자.

$F^p = F$ 이므로, 각 $F$의 원소 $a_i$는 $F$의 원소 $b_i$에 대하여 $b_i^p$ 로 표기된다. 따라서, 13장 연습문제 45$a$를 사용하여,

$$f(x)=g(x^p)=b_n^p x^{pn}+b_{n-1}^p x^{p(n-1)}+\cdots+b_1^p x^p+b_0^p$$
$$=(b_n x^n+b_{n-1}x^{n-1}+\cdots+b_1 x+b_0)^p=(h(x))^p$$

여기서 $h(x)\in F[x]$ 이다. 결국 $f(x)$가 기약이 아니다. □

다음 정리는 기약다항식이 중근을 가질 때, 그 중복 도에 대하여 놀라운 사실을 발견할 수 있다.

**정리 20.9 기약다항식의 분해체 안에서의 근(Zeros of an Irreducible over a Splitting Field)**

$f(x)$는 체$F$ 위에서 기약다항식이고 $E$는 $F$ 위에서 $f(x)$의 분해체라 하자. $f(x)$의 $E$ 안에서의 모든 근들은 같은 중복도를 갖는다.

**증명** $a$와 $b$를 $E$ 안에서 $f(x)$의 서로 다른 두 근이라 하자. 만약 $a$의 중복도를 $m$이라 하면 $E[x]$에서 우리는 $f(x)=(x-a)^m g(x)$로 쓸 수 있다. 정리 20.4의 보조정리와 정리 20.4로부터 $E$에서 자기자신으로 가는 체 동형사상이 존재하여 원소 $a$를 원소 $b$로 보내고 $F$로 제한하면 $F$에서의 항등사상이다. 따라서, $f(x)=\phi(f(x))=(x-b)^m\phi(g(x))$이고 $b$의 중복도가 $a$의 중복도보다 크거나 같음을 알 수 있다. 이제, $a$와 $b$를 바꾸어 생각하면 $a$의 중복도가 $b$의 중복도보다 크거나 같음을 알 수 있다. 따라서, $a$의 중복도와 $b$의 중복도가 같음을 증명하였다. □

정리 20.9의 즉각적으로 알 수 있는 따름정리로 다음과 같은 감동적인 결과를 얻을 수 있다.

**따름 정리 기약다항식의 분해체위에서의 인수분해(Factorization of an Irreducible over a Splitting Field)**

$f(x)$는 체$F$ 위에서 기약다항식이고 $E$는 $F$ 위에서 $f(x)$의 분해체라 하자. $f(x)$는 다음 형식으로 인수분해된다:

$a(x-a_1)^v(x-a_2)^v\cdots(x-a_t)^v$ 여기서 $a_1,a_2,\cdots,a_t$는 서로 다른 $E$의 원소들이고 $a\in F$이다.

중근을 갖는 체위의 기약다항식의 한 예를 들어 설명하는 것으로 이 장을 마무리 하고자 한다. 특히, 여기서 말하는 체는 완전체는 아니다.

**예제 9** $F=\mathbb{Z}_2(t)$는 부정원이 $t$이고 그 계수가 $\mathbb{Z}_2$에 있는 다항식환 $\mathbb{Z}_2[t]$의 상체라 하자.( 우리는 여기서 $x$와 다른 문자 $t$를 소개해야 한다. 왜냐하면 $F$의 원소들이 $F[x]$의 원소들의 계수가 되어야 하기 때문이다). 이제, $f(x)=x^2-t\in F[x]$라 하자. $f(x)$가 $F$ 위에서 기약임을 보이기 위하여, 그 식이 $F$ 안에서 근을 갖지 못함을 보이면 충분하다. 그래서, 만약 $h(t)/k(t)$가 $f(x)$의 한 근이라 가정하자. 그러면, $(h(t)/k(t))^2=t$이다. 따라서, $(h(t))^2=t(k(t))^2$이다. $h(t), k(t)\in\mathbb{Z}_2[t]$이고,

$h(t^2) = tk(t^2)$(13장 연습문제 45 참조). 그런데, $\deg h(t^2)$은 짝수이고, $\deg tk(t^2)$은 홀수이다. 따라서, $f(x)$는 $F$ 위에서 기약임을 알 수 있다. 끝으로, $t$는 $F[x]$에서 상수이고, $F$의 특성은 2이다. $f'(x) = 0$ 이므로, $f'(x)$와 $f(x)$는 $f(x)$를 공통인수로 갖는다.

따라서, 정리 20.5에 따라서 $f(x)$는 $F$의 한 확대체 안에서 중근을 갖는다.(사실상, $K = F[x]/\langle x^2 - t\rangle$ 안에서 중복도 2인 단 하나의 근을 갖는다.)

## 연습문제

아무리 복잡한 문제라 해도 올바르게 검토했을 때 여전히 복잡하게 되어가는 문제는 본적이 없다.

PAUL ANDERSON, New Scientist

1. 체 $\mathbb{Q}(\sqrt[3]{5})$의 원소들을 구하여라.
2. $\mathbb{Q}(\sqrt{2}, \sqrt{3}) = \mathbb{Q}(\sqrt{2} + \sqrt{3})$임을 보여라.
3. $x^3 - 1$의 $\mathbb{Q}$ 위에서의 분해체를 찾아라. 그것을 $\mathbb{Q}(a)$꼴로 표현하여라.
4. $x^4 + 1$의 $\mathbb{Q}$ 위에서의 분해체를 구하여라.
5. $x^4 + x^2 + 1 = (x^2 + x + 1)(x^2 - x + 1)$의 $\mathbb{Q}$ 위에서의 분해체를 구하여라.
6. $a, b \in R$ 이고, $b \neq 0$이다. $R(a + bi) = \mathbb{C}$ 임을 보여라.
7. $\mathbb{Q}\left(\sqrt{1 + \sqrt{5}}\right)$가 $\mathbb{Q}[x]/\langle p(x)\rangle$와 환 동형이 되는 $p(x) \in \mathbb{Q}[x]$를 구하여라.
8. $F = Z_2$ 이고 $f(x) = x^3 + x + 1 \in F[x]$ 이다. $a$를 $F$의 어떤 확대체 위에서 $f(x)$의 한 근이라 가정하자. $F(a)$의 원소개수는? $F(a)$의 각 원소들을 $a$에 관한 식으로 표현하여라. $F(a)$에 관한 곱셈표를 작성하여라.
9. $F(a)$를 연습문제 8에서 말하는 체라 하자. $a^5, a^{-2}, a^{100}$를 $c_2a^2 + c_1a + c_0$꼴로 표현하여라.
10. $F(a)$를 연습문제 8에서 말하는 체라 하자. $a^2$, $a^2 + a$ 둘 다 $x^3 + x + 1$의 근이 됨을 보여라.
11. 체 $\mathbb{Q}(\pi)$의 원소들을 써라.
12. $F = \mathbb{Q}(\pi^3)$라 하자. $F$ 위에서 $F(\pi)$의 기를 찾아라.
13. $x^7 - x$를 $\mathbb{Z}_3$ 위에서 일차식의 인수의 곱으로 써라. 그리고, $x^{10} - x$도 같이 써보아라.
14. $\mathbb{Q}(\sqrt[3]{5})$의 모든 환동형사상을 찾아라.
15. 체 $F$는 그 특성이 $p$이고, $f(x) = x^p - a \in F[x]$라 하자. $f(x)$가 $F$ 위에서 기약이거나 또는 $f(x)$가 $F$ 안에서 분해됨을 보여라.
16. $\beta$를 $\mathbb{Z}_2$의 어떤 확대체 $E$ 위에서 $f(x) = x^4 + x + 1$의 한 근이라 가정하자. $f(x)$를 $E[x]$ 안에서 일차식의 인수의 곱으로 써라.
17. $(1 + \sqrt[3]{4})(2 - \sqrt[3]{2}) = a + b\sqrt[3]{2} + c\sqrt[3]{4}$가 성립하는 유리수 $a$, $b$, $c$를 구하여라.

    $(1 + \sqrt[3]{4})(2 - \sqrt[3]{2}) \in \mathbb{Q}(\sqrt[3]{2}) = \{a + b\sqrt[3]{2} + c\sqrt[3]{4} \mid a, b, c \in \mathbb{Q}\}$이므로 위식을 만족하는 $a, b, c$는 존재한다.

**18.** $(3+4\sqrt{2})^{-1}$를 $a+b\sqrt{2}$ 꼴로 써라. 여기서 $a,b\in\mathbb{Q}$이다.

**19.** $\mathbb{Q}(4-i)=\mathbb{Q}(1+i)$임을 보여라. 여기서 $i=\sqrt{-1}$ 이다.

**20.** $F$ 는 체이다. $a$, $b$는 $F$의 원소이고 $a\neq 0$이라 하자. 만약 $c$ 가 $F$ 의 어떤 확대체에 속한다면, $F(c)=F(ac+b)$임을 증명하여라.($F$ 는 자기 자신의 원소를 흡수한다고 한다).

**21.** $f(x)\in F[x]$ 이고 $a\in F$ 라 하자. $f(x)$와 $f(x+a)$는 $F$ 위에서 똑 같은 분해체를 가짐을 보여라.

**22.** $F[x]$ 에서 두 다항식 $f(x)$와 $g(x)$가 서로소라 하는 것은 만약 $f(x)$와 $g(x)$를 동시에 나누는 양의 차수의 다항식이 존재하지 않을 때를 말한다. 만약 $f(x)$와 $g(x)$가 $F[x]$ 에서 서로소이면 $F$ 의 임의의 확대체 $K$에 대하여 $f(x)$와 $g(x)$가 $K[x]$ 에서 서로소임을 보여라.

**23.** $\mathbb{Q}(\sqrt{2})$의 모든 부분체들을 구하여라.

**24.** $E$ 는 $F$ 의 한 확대체이고 $a$, $b$는 $E$ 의 원소이다. $F(a,b)=F(a)(b)=F(b)(a)$ 임을 증명하여라.

**25.** 다항식 $x^3+2x+1$을 $\mathbb{Z}_3$의 어떤 확대체위에서 일차다항식의 곱으로 써라.

**26.** $x^8-x$를 $\mathbb{Z}_2$ 위에서 기약원들의 곱으로 표현하여라.

**27.** $\mathbb{Q}(\sqrt{3})$과 $\mathbb{Q}(\sqrt{-3})$이 환동형인지 아니지 밝혀라.

**28.** 임의의 소수 $p$ 에 대하여, 완전체가 아니며 그 특성이 $p$인 한 체를 찾아라.

**29.** 만약 $\beta$ 가 $\mathbb{Z}_5$ 위의 다항식 $x^2+x+2$의 한 근일 때 다른 근을 찾아라.

**30.** $\mathbb{Z}_2$ 위의 다항식 $x^4+x+1$은 $\mathbb{Z}_2$의 임의의 확대체 안에서 어떠한 중근들도 갖지 않음을 보여라.

**31.** $\mathbb{Z}_3$ 위의 다항식 $x^{21}+2x^8+1$은 $\mathbb{Z}_3$의 임의의 확대체 안에서 중근을 갖지 않음을 보여라.

**32.** $\mathbb{Z}_3$ 위의 다항식 $x^{21}+2x^9+1$은 $\mathbb{Z}_3$의 어떤 확대체 안에서 중근을 갖고 있음을 보여라.

**33.** 체 $F$ 는 그 특성이 $p\neq 0$이다. $F$ 위의 다항식 $f(x)=x^{p^n}-x$가 서로 다른 근들을 갖고 있음을 보여라.

**34.** $\mathbb{Z}_3[x]$ 에서의 다항식 $f(x)=(x^2+x+2)(x^2+2x+2)$의 분해체를 구하여라. 이때 $f(x)$를 일차식의 인수들의 곱으로 써라.

**35.** $F$, $K$ 그리고 $L$은 체들이고 $F\subseteq K\subseteq L$이다. 만약 $L$이 $F$ 위에서 한 상수가 아닌 다항식 $f(x)$에 대한 분해체라면, $L$은 $K$ 위에서 $f(x)$에 대한 분해체도 될 수 있음을 보여라.

**36.** 만약 $a\neq 0$인 $F$ 의 원소이고 $x^n-a$은 $F$ 의 어떤 확대체 $E$ 에서 분해된다면, $E$ 가 단위원의 모든 $n$제곱근들을 포함한다는 것을 증명하여라.

**37.** $f(x)$가 $\mathbb{Z}_2$ 위에서 기약인 5차 다항식이라 가정하자. $(\mathbb{Z}_2[x]/\langle f(x)\rangle)^*$의 항등원이 아닌 임의의 원소는 이 순환군의 생성원이 됨을 증명하여라.

## Leopold Kronecker

그는 그가 대단히 관심있게 다룬 정수론, 방정식이론 그리고 타원함수들의 3가지 실 타래를 함께 짜서 한 아름다운 패턴을 만들었다.

E. T. Bell

Leopold Kronecker는 1823년 12월 7일 Prussia의 Leigniz에서 태어났다. 학창시절, 그는 위대한 대수학자인 Kummer로부터 특별교육을 받았다. Kronecker는 1841년에 Berlin대학에 입학하여 어떤 환에서의 단원들에 대한 논문으로 1845년에 박사학위를 취득하였다. Kronecker는 1845-1853에는 사업을 하였으며, 수학을 취미로 생각하고 개을리 하였다. 그 후로, 경제적으로 부유하게 되어, 그는 그이 대부분의 시간들을 대수학과 수론연구에 전념하였다. Kronecker는 대수학을 추상적으로 접근해가는 초창기 주창자중 한사람이었다. 그는 혁신적으로 환과 체를 대수적수론의 연구에 적용하였으며, 유한가환군의 기본정리를 수립하였으며, 그것은 체의 갈로아 이론에 뛰어난 최초의 수학자였다. Kronecker는 모든 정리와 정의들에 대한 구체적인 방법들을 옹호하였다. 그는 모든 수학이 정수들 사이의 어떤 관계에 기반을 두고 있다고 확신했다. 그는 $\pi$가 초월수임을 발견한 Lindemann에게 무리수란 존재하지 않는다고 까지 이야기 했다.

그의 가장 유명한 말로 "신은 정수를 만들었고, 그 나머지 것들은 인간의 작품이다" 라 하였다. Henri Poincare는 한때 Kronecker가 그 자신의 철학을 잠시 잊어버리면 수론과 대수학에 좋은 업적을 올릴 수 있을 것이라고 언급했다. Kronecker는 1891년 12월29일 그의 나이 68세에 서거하였다

Kronecker에 대한 더 많은 정보를  다음 사이트에서 얻을 수 있다.

http://www-groups.dcs.st-and.ac.uk/~history/

# 21절 대수적 확대체(Algebraic Extensions)

Banach는 나에 이런 말을 했다. "훌륭한 수학자들은 정리들과 이론들 사이의 유사성들을 알고 있으며, 유사성들 사이의 가장 좋은 유사성들 중의 어떤 것들을 알아낸다"
S.M. Ulam, Adventures of a Mathematician

## 확대체의 특성(Characterization of Extensions)

20장에서, 우리는 체 $\mathbb{Q}(\sqrt{2})$의 임의의 원소는 특별히 단순하게 $a+b\sqrt{2}$ 꼴로 표현된다. 여기서, $a, b$는 유리수이다. 한편, 체 $\mathbb{Q}(\pi)$의 원소는 더 복잡한 꼴인 $(a_n\pi^n + a_{n-1}\pi^{n-1} + \cdots + a_0)/(b_m\pi^m + b_{m-1}\pi^{m-1} + \cdots + b_0)$로 표현된다. 여기서, $a_i$ 와 $b_j$는 유리수이다. 첫 번째 꼴의 체는 많은 구조를 갖고 있다. 이 구조에 대한 논의가 이장의 주제이다.

### 정의: 확대체의 유형(Types of Extensions)

$E$ 가 한 체 $F$ 의 확대체 이고 $a \in E$ 라 하자. $a$가 $F$ 위에서 **대수적(algebraic)**이라는 것은 $a$ 가 $F[x]$ 의 어떤 영이 아닌 다항식의 근이 될 때를 말한다.
만약, $a$가 $F$ 위에서 대수적이 아니면, $F$ 위에서 **초월적(transcendental)**이라고 말한다.
$F$ 의 한 확대체 $E$ 가 $F$ 의 **대수적 확대체(algebraic extension)**라고 하는 것은 $E$ 의 모든 원소들이 $F$ 위에서 대수적일 때를 말한다. 만약 $E$ 가 $F$ 의 대수적 확대체가 아니면, $E$ 를 $F$ 의 **초월적 확대체(transcendental extension)**라 말한다. $F$ 의 확대체가 $F(a)$꼴이면 이것을 $F$ 의 **단순확대체(simple extension)**라 말한다.

Leonhard Euler는 **초월적(transcendental)**이라는 용어를 대수적이 아닌 수에 대하여 사용하였다. 왜냐하면, 그것들이 "대수적 방법들의 범위를 초월하기 때문이었다." Euler가 1744년에 이런 구별을 했음에도 불구하고 1844년에서야 Joseph Liouville 에 의해서 $\mathbb{Q}$ 위에서 초월수의 존재성이 증명 되었다. Charles Hermite는 1873년에 $e$ 가 $\mathbb{Q}$ 위에서 초월수임을 증명하였고, Lindemann은 1882년에 $\pi$ 가 $\mathbb{Q}$ 위에서 초월수임을 증명하였다.

오늘날까지도, $\pi + e$ 가 $\mathbb{Q}$ 위에서 초월수인지 아닌지 알려져 있지 않다. "거의 대부분"(almost all)의 명확한 정의에 따라, 거의 대부분의 실수들이 $\mathbb{Q}$ 위에서 초월수임이 밝혀졌다.

정리 21.1은 우리가 왜 체위에서 대수적인 원소들과 체위에서 초월적인 원소들 사이의 구별을 하려는지 보여 준다. $F(x)$는 $F[x]$ 의 상체임을 생각하자; 즉,

$$F(x) = \{f(x)/g(x) | f(x), g(x) \in F[x], g(x) \neq 0\}.$$

**정리 21.1 확대체의 특성(Characterization of Extensions)**

$E$는 체 $F$의 확대체이고 $a \in E$이다. 만약 $a$가 $F$ 위에서 초월적이면, $F(a) \approx F(x)$이다. 만약 $a$가 $F$ 위에서 대수적이면, $F(a) \approx F[x]/\langle p(x) \rangle$이다. 여기서 $p(x)$는 $F[x]$의 다항식으로 극소차수를 갖으며 $p(a) = 0$을 만족한다. 더욱이, $p(x)$는 $F$ 위에서 기약이다.

**증명** 준동형사상 $\phi$: $F[x] \to F(a)$를 $f(x) \to f(a)$로 정의하자. 만약 $a$가 $F$ 위에서 초월적이면 $Ker\,\phi = \{0\}$이다. 따라서, 우리는 $\phi$의 확대함수로 $\overline{\phi}$: $F(x) \to F(a)$를 $\overline{\phi}(f(x)/g(x)) = f(a)/g(a)$로 정의하면 $\overline{\phi}$는 동형사상이 된다. 만약 $a$가 $F$ 위에서 대수적이면 $Ker\,\phi \neq \{0\}$이다; 정리 16.4에 의해서 한 다항식 $p(x)$가 $F[x]$ 안에 존재하여 $Ker\,\phi = \langle p(x) \rangle$이고 $p(x)$는 $Ker\,\phi$의 영이 아닌 원소들 중에서 극소차수를 갖는다. 따라서, $p(a) = 0$이고, $p(x)$가 극소차수를 갖는 다항식이므로 $F$ 위에서 기약이다. □

이 정리 21.1의 증명은 다음 두 가지 결과들을 곧바로 유도할 수 있다. 그 자세한 것은 독자에게 맡긴다(연습문제 1 참조).

**정리 21.2 유일성(Uniqueness property)**

만약 $a$가 체 $F$ 위에서 대수적이면, $F[x]$ 안에 유일한 모닉다항식(monic polynomial) $p(x)$가 존재하며 $p(a) = 0$가 성립한다.

정리21.2의특별한성질을갖는다항식을 $F$ **위에서** $a$**에 대한 극소다항식**(minimal polynomial)이라한다.

**정리 21.3 나눗셈 성질(Divisibility property)**

$a$가 체 $F$ 위에서 대수적이고, $p(x)$을 $F$ 위에서 $a$에 대한 극소다항식이라 하자. 만약 $f(x) \in F[x]$이고 $f(a) = 0$이면, $F[x]$ 안에서 $p(x)$가 $f(x)$를 나눈다.

만약 $E$가 $F$의 확대체라 하면, 우리는 $E$를 $F$ 위에서의 한 벡터공간으로 볼 수 있다.(즉, $E$의 원소들을 벡터로 보고 $F$의 원소는 스칼라로 간주한다). 우리는 이때 벡터공간에 대한 논의에서 차원과 기에 대한 개념을 적용할 수가 있다.

## 유한확대체(Finite Extensions)

**정의: 확대체의 차수(Degree of Extension)**

$E$가 체 $F$의 확대체라 하자. 만약 $E$가 $F$ 위에서 $n$ 차원 벡터공간이면, $E$는 $F$ **위에서 차수가** $n$(E has degree n over F)을 갖는다고 한다. 만약 $[E: F]$가 유한이면, $E$를 $F$의 **유한확대체**(finite extension)라 부른다; 그렇지 않으면, $E$를 $F$의 **무한확대체**(infinite extension)라 한다.

그림 21.1은 체에서의 확대체의 차수를 묘사하는 편리한 방법을 설명해 주고 있다.

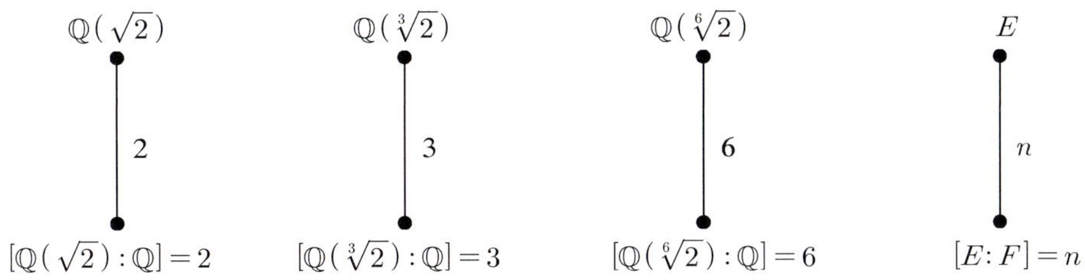


[그림 21.1]

**예제 1**

복소수체는 실수 위에서 2차의 차수를 갖는다. 그 기는 $\{1,i\}$ 이다. 그러나, 복소수체는 유리수체 의 무한확대체이다.

**예제 2**

만약 $a$ 가 체 $F$ 위에서 대수적이고 $F$ 위에서의 극소다항식의 차수가 $n$이면, 정리 20.3에 의해서 우리는 $\{1,a,a^2,\cdots,a^{n-1}\}$가 $F$ 위에서 $F(a)$에 대한 기임을 알았다; 따라서, $[F(a):F]=n$. 이 경우 우리는 $a$가 $F$ **위에서 $n$차수(degree n over F)**를 갖는다고 한다.

**정리 21.4 유한확대이면 대수적확대이다.(Finite implies Algebraic)**

만약 $E$ 가 $F$ 의 유한확대체이면, $E$ 는 $F$ 의 대수적확대체이다.

**증명** $[E:F]=n$ 이고 $a\in E$ 라 가정하자. 그러면, $\{1,a,a^2,\cdots,a^n\}$ 은 $F$ 위에서 일차종속이다; 즉, $F$ 안에 모두는 영이 아닌 $c_0,c_1,\cdots,c_n$ 이 존재하여 $c_na^n+\cdots+c_1a+c_0=0$ 이다. 분명히, 그러면, $a$는 영이 아닌 다항식 $f(x)=c_nx^n+c_{n-1}x^{n-1}+\cdots+c_1x+c_0$의 근이다. □

정리 21.4의 역은 참이 아니다. 만약 그렇지 않다면, $F$ 의 모든 대수적확대체의 원소의 차수들은 유계일 것이다. 예를 들어 $\mathbb{Q}(\sqrt{2},\sqrt[3]{2},\sqrt[4]{2}\cdots)$은 $\mathbb{Q}$ 의 대수적확대이고 $\mathbb{Q}$ 위의 모든 차수의 원소들을 품고 있다. (연습문제3 참조)

다음 정리는 유한군에 대한 Lagrange정리에 상응하는 체의 이론이다. 모든 개수를 셈하는 정리에서와 같이 그것은 훨씬 좋은 결과를 갖는다.

**정리 21.5 $[K:F]=[K:E][E:F]$**

$K$ 는 체 $E$ 의 유한확대체이고 $E$ 는 체 $F$의 유한확대체이면 $K$ 는 체 $F$ 의 유한확대체이며 $[K:F]=[K:E][E:F]$ 이다.

**증명** $X=\{x_1, x_2, \cdots, x_n\}$를 체 $K$의 $E$ 위에서의 기라하고, $Y=\{y_1, y_2, \cdots, y_m\}$를 체 $E$의 $F$ 위에서의 기라하자. 그러면, $YX=\{y_j x_i | 1 \le j \le m, 1 \le i \le n\}$가 $F$ 위에서의 $K$의 기가 됨을 밝히면 충분하다. 이것을 증명하기 위해서, $a \in K$라 하면, $b_1, b_2, \cdots, b_n \in E$가 존재하여

$a = b_1 x_1 + b_2 x_2 + \cdots + b_n x_n$.

그리고, 각 $i = 1, 2, \cdots, n$에 대하여, $c_{i1}, c_{i2}, \cdots, c_{im} \in F$가 존재하여

$b_i = c_{i1} y_1 + c_{i2} y_2 + \cdots + c_{im} y_m$ 이 성립한다.

따라서, $a = \sum_{i=1}^{n} b_i x_i = \sum_{i=1}^{n}(\sum_{j=1}^{m} c_{ij} y_j) x_i = \sum_{i,j} c_{ij}(y_j x_i)$.

이것은, $YX$가 $F$ 위에서 $K$ 생성한다.

다음은, $F$에 $c_{ij}$가 존재하여 $0 = \sum_{i,j} c_{ij}(y_j x_i) = \sum_i(\sum_j (c_{ij} y_j)) x_i$.

그러면, 각 $\sum_j c_{ij} y_j \in E$ 이고 $X$는 $E$ 위에서 $K$의 기 이므로 각 $i$에 대하여 $\sum_j c_{ij} y_j = 0$ 이다. 그런데 각 $c_{ij} \in F$이고 $X$는 $E$의 $F$ 위에서의 기이다. 따라서, 각 $c_{ij}$는 0이다. 이것은 집합 $YX$가 $F$ 위에서 일차독립임을 증명한 것이다. □

한 체 $J$의 확대체 $L$에 대하여 $[L : J] = n$이기위한 필요충분조건은 $L$이 $J^n$과 벡터공간으로 동형이다.(연습문제 29 참조). 정리 21.5의 분명한 개념에 의한 증명은 다음과 같다.

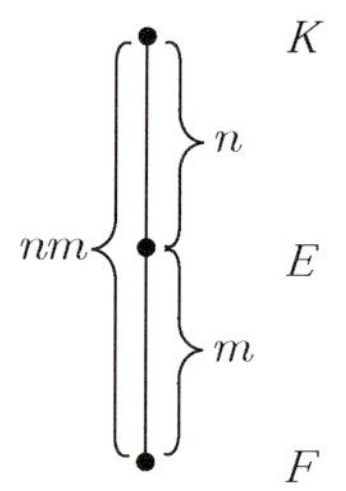


$[K:F] = [K:E][E:F]$

**[그림 21.2]**

$[K:E] = n$, $[E:F] = m$이면, $K \approx E^n$, $E \approx F^m$이다. 따라서, $K \approx E^n \approx (F^m)^n \approx F^{mn}$. 따라서, $[K:F] = mn$.

정리 21.5의 내용은 그림 21.2 로 그림으로 표현되며 예제 3, 4, 5는 정리 21.5가 어떻게 자주 적용되는가를 보여준다.

**예제 3** $\{1, \sqrt{3}\}$가 $\mathbb{Q}(\sqrt{5})$ 위에서 $\mathbb{Q}(\sqrt{3}, \sqrt{5})$의 기 이고(연습문제 7 참조), $\{1, \sqrt{5}\}$가 $\mathbb{Q}$ 위에서 $\mathbb{Q}(\sqrt{5})$의 기 이므로, 정리 21.5의 증명에서 $\{1, \sqrt{3}, \sqrt{5}, \sqrt{15}\}$는 $\mathbb{Q}$ 위에서 $\mathbb{Q}(\sqrt{3}, \sqrt{5})$의 기이다.(그림 21.3 참조)

**예제 4** 체 $\mathbb{Q}(\sqrt[3]{2},\sqrt[4]{3})$에서 $[\mathbb{Q}(\sqrt[3]{2},\sqrt[4]{3}):\mathbb{Q}]=12$임을 알아보자.
왜냐하면, 분명히 $[\mathbb{Q}(\sqrt[3]{2},\sqrt[4]{3}):\mathbb{Q}]=[\mathbb{Q}(\sqrt[3]{2},\sqrt[4]{3}):\mathbb{Q}(\sqrt[3]{2})][\mathbb{Q}(\sqrt[3]{2}):\mathbb{Q}]$이고, $[\mathbb{Q}(\sqrt[3]{2},\sqrt[4]{3}):\mathbb{Q}]=[\mathbb{Q}(\sqrt[3]{2},\sqrt[4]{3}):\mathbb{Q}(\sqrt[4]{3})][\mathbb{Q}(\sqrt[4]{3}):\mathbb{Q}]$이다. 이 두 관계식에서 $3=[\mathbb{Q}(\sqrt[3]{2}):\mathbb{Q}]$와 $4=[\mathbb{Q}\sqrt[4]{3}:\mathbb{Q}]$는 $[\mathbb{Q}(\sqrt[3]{2},\sqrt[4]{3}):\mathbb{Q}]$를 나눈다. 따라서, $[\mathbb{Q}(\sqrt[3]{2},\sqrt[4]{3}):\mathbb{Q}]\geq 12$가 성립한다. 한편, $[\mathbb{Q}(\sqrt[3]{2},\sqrt[4]{3}):\mathbb{Q}(\sqrt[3]{2})]$은 기껏해야 4이다. 왜냐하면, $\sqrt[4]{3}$은 $x^4-3\in\mathbb{Q}(\sqrt[3]{2})[x]$의 근이다. 따라서, $[\mathbb{Q}(\sqrt[3]{2},\sqrt[4]{3}):\mathbb{Q}]=[\mathbb{Q}(\sqrt[3]{2},\sqrt[4]{3}):\mathbb{Q}(\sqrt[3]{2})][\mathbb{Q}(\sqrt[3]{2}):\mathbb{Q}]\leq 4\cdot 3=12$가 성립한다. (그림 21.4 참조)

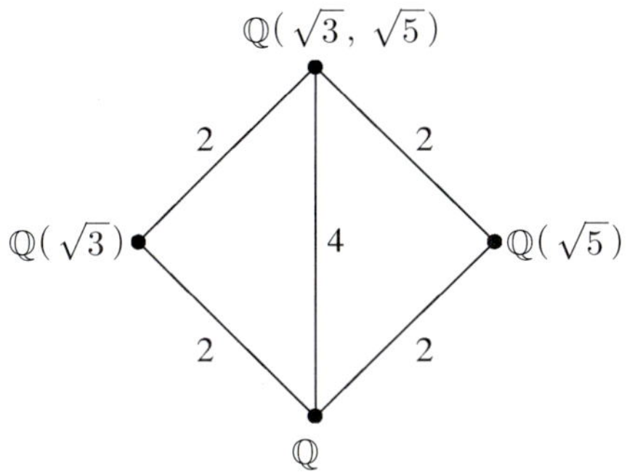


[그림 21.3]

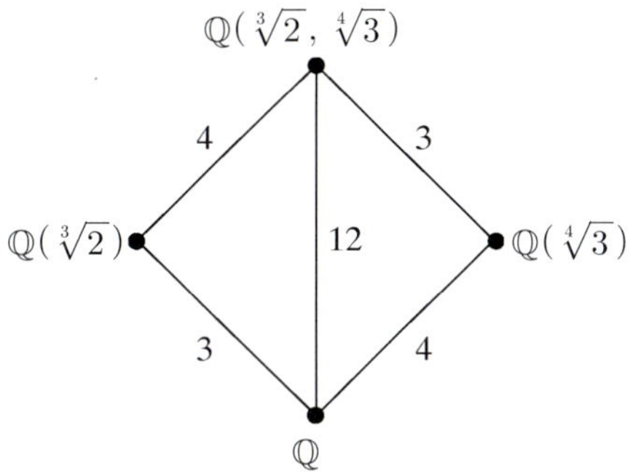


[그림 21.4]

정리 21.5는 가끔 체에서 특정 원소의 포함 여부를 알아보는데도 사용된다.

**예제 5** 17장의 예7에서 $h(x)=15x^4-10x^2+9x+21$은 $\mathbb{Q}$ 위에서 기약다항식이었다. $\beta$가 $\mathbb{Q}$의 어떤 확대체의 원소로서 $h(x)$의 한 근이라 하자. 그러면, $\beta$의 값을 구체적으로 모르지만, $\sqrt[3]{2}$가 $\mathbb{Q}(\beta)$의 원소가 아님을 증명할 수 있다. 왜냐하면, 만약 원소라면, $\mathbb{Q}\subset\mathbb{Q}(\sqrt[3]{2})\subseteq\mathbb{Q}(\beta)$이고, $4=[\mathbb{Q}(\beta):\mathbb{Q}]=[\mathbb{Q}(\beta):\mathbb{Q}(\sqrt[3]{2})][\mathbb{Q}(\sqrt[3]{2}):\mathbb{Q}]$에서 3이 4를 나눈다. 이 증명방법에 따라서 $\sqrt{2}$가 $\mathbb{Q}(\beta)$의 원소가 아님을 밝히는 데는 사용할 수가 없다.

**예제 6** $\mathbb{Q}(\sqrt{3},\sqrt{5})$에서, $\mathbb{Q}(\sqrt{3},\sqrt{5})=\mathbb{Q}(\sqrt{3}+\sqrt{5})$임을 알아보자. $\mathbb{Q}(\sqrt{3}+\sqrt{5})\subseteq\mathbb{Q}(\sqrt{3},\sqrt{5})$은 확실하고, $(\sqrt{3}+\sqrt{5})^{-1}=\dfrac{1}{\sqrt{3}+\sqrt{5}}\cdot\dfrac{\sqrt{3}-\sqrt{5}}{\sqrt{3}-\sqrt{5}}=-\dfrac{1}{2}(\sqrt{3}-\sqrt{5})$이므로, $\sqrt{3}-\sqrt{5}$는 $\mathbb{Q}(\sqrt{3}+\sqrt{5})$에 속한다. 따라서, $[(\sqrt{3}+\sqrt{5})+(\sqrt{3}-\sqrt{5})]/2=\sqrt{3}$과 $[(\sqrt{3}+\sqrt{5})-(\sqrt{3}-\sqrt{5})]/2=\sqrt{5}$은 $\mathbb{Q}(\sqrt{3}+\sqrt{5})$에 속한다. 그러므로, $\mathbb{Q}(\sqrt{3},\sqrt{5})\subseteq\mathbb{Q}(\sqrt{3}+\sqrt{5})$이다.

**예제 7** 예제 6과 정리 20.3으로부터 $\mathbb{Q}$ 위에서 $\sqrt{3}+\sqrt{5}$의 극소다항식의 차수는 4임을 알 수 있다. 어떻게 이 다항식을 찾을 수 있을까? $x=\sqrt{3}+\sqrt{5}$에서 시작해서, $x^2=3+2\sqrt{15}+5$이

고, $x^2-8=2\sqrt{15}$ 이다. 양변을 제곱하면, $x^4-16x+64=60$ 이다. 따라서, $\sqrt{3}+\sqrt{5}$ 는 $x^4-16x+4$ 의 근이다.

이 식이 모닉이고 차수가 4이므로 $\sqrt{3}+\sqrt{5}$ 의 기약다항식이 된다.

예제 6은 한 체에 두개의 원소를 붙여서 확대체를 만들 때, 그 체에 단 하나의 원소를 붙여서 같은 체를 만드는 예이다. 다음 정리는 특정 조건하에서 이것이 항상 가능함을 보여준다.

**정리 21.6 원시근 정리(Primitive Element Theorem, Steinitz,1910)**

만약 $F$ 가 특성이 0인 체라 하고, $a$, $b$ 가 $F$ 위에서 대수적이라면, $F(a,b)$ 에 한 원소 $c$ 가 존재하여 $F(a,b)=F(c)$ 가 성립한다.

**증명** $p(x)$ 와 $q(x)$ 가 $F$ 위에서 각각 $a, b$ 에 대한 기약다항식들이라 하자. $F$ 의 어떤 확대체 $K$ 에서, $a_1,a_2,\cdots,a_m$ 과 $b_1,b_2,\cdots,b_n$ 를 각각 $p(x)$ 와 $q(x)$ 의 서로 다른 근들이라 하자. 여기서, $a=a_1$ 이고 $b=b_1$ 이라 하자. $F$ 의 무한히 많은 원소들 중에서 한 원소 $d$ 를 모든 $i\ge 1$, $j>1$ 에 대하여 $(a_i-a)/(b-b_j)$ 와 같지 않게 택하자. 특히, 모든 $j>1$ 에 대하여 $a_i\ne a+d(b-b_j)$ 이다.

우리는 $c=a+db$ 로 택하면 $F(a,b)=F(c)$ 임을 보일 것이다.

확실히, $F(c)\subseteq F(a,b)$ 이다. $F(a,b)\subseteq F(c)$ 을 보이기 위해서, $b\in F(c)$ 임을 보이면 충분하다. 왜냐하면, $b,c,d$ 가 $F(c)$ 에 포함되고 $a=c-bd$ 이므로 $a\in F(c)$ 이다. 이제 두 다항식 $q(x)$ 와 $r(x)=p(c-dx)$ 은 $F(c)$ 위에서 정의한 것이다.(즉, $r(x)$ 는 $p(x)$ 의 $x$ 대신에 $c-dx$ 를 대입하여 얻은 것이다).

$q(b)=0$ 이고, $r(b)=p(c-db)=p(a)=0$ 이다. $q(x)$ 와 $r(x)$ 두 다항식은 $F(c)$ 위에서 $b$ 에 대한 극소다항식 $s(x)$ 에 의해서 나누어진다.(정리 21.3 참조). $s(x)\in F(c)[x]$ 이기 때문에, $s(x)=x-b$ 임을 밝힘으로서 증명은 완결된다. $s(x)$ 가 $q(x)$ 와 $r(x)$ 의 공통인수이므로, $K$ 에서 $s(x)$ 의 가능한 근들은 $q(x)$ 의 근이면서 동시에 $r(x)$ 근들이다. 그런데, $r(b_j)=p(c-db_j)=p(a+db-db_j)=p(a+d(b-b_j))$ 이다. 그리고 $d$ 는 $j>1$ 에 대하여 $a+d(b-b_j)\ne a_i$ 가 성립하도록 선택한 것이다. 단지 $b$ 만이 $K[x]$ 에서 $s(x)$ 의 근이므로, $s(x)=(x-b)^u$ 이다. $s(x)$ 는 기약이고, $F$ 의 특성은 0이므로, 정리 20.6에 의해서 $u=1$ 이다. □

앞에서 소개한 용어에 따르면, 정리21.6과 수학적 귀납법에 의하여, 체의 특성이 0인 임의의 확대체는 단순확대체이다. 원소 $a$ 를 $E=F(a)$ 일 때 $E$ 의 **원시근**(primitive element)라 한다.

## 대수적 확대체의 성질(Properties of Algebraic Extensions)

**정리 21.7 대수적확대의 대수적확대는 대수적확대이다(Algebraic over Algebraic is Algebraic)**

만약 $K$가 $E$의 대수적확대이고 $E$가 $F$의 대수적확대이면, $K$는 $F$의 대수적확대이다.

**증명** $a \in K$라 하자. $a$가 $F$의 유한확대체에 포함됨을 보이면 된다. $a$는 $E$ 위에서 대수적이므로, $a$는 $E[x]$의 한 기약다항식, 예를 들어, $p(x) = b_n x^n + b_{n-1}x^{n-1} + \cdots + b_0$의 근이다. 이제, $F$ 위의 확대체들의 탑을 구성해보자;

$$F_0 = F(b_0),\ F_1 = F_0(b_1), \cdots, F_n = F_{n-1}(b_n).$$

특히, $F_n = F(b_0, b_1, \cdots, b_n)$이다. 따라서 $p(x) \in F_n[x]$이다. 그래서, $[F_n(a) : F_n] = n$; 그리고, 각 $b_i$ 들이 $F$ 위에서 대수적이므로, 각 $[F_{i+1} : F_i]$는 유한이다. 따라서, $[F_n(a) : F] = [F_n(a) : F_n][F_n : F_{n-1}] \cdots [F_1 : F_0][F_0 : F]$은 유한이다.(그림 21.5 참조)

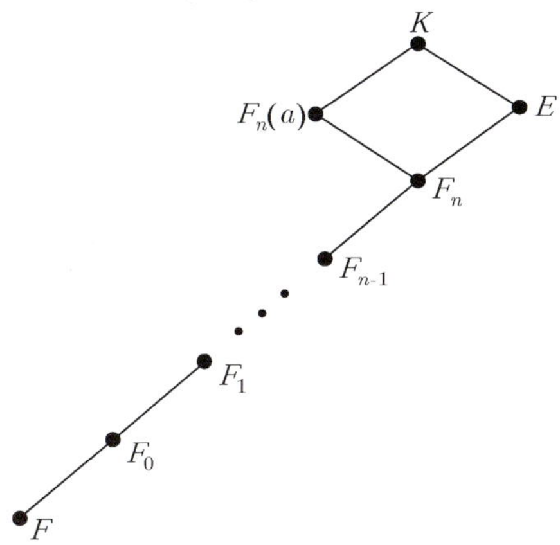


[그림 21.5] □

**따름 정리 대수적인 원소들의 부분체(Subfield of Algebraic Elements)**

$E$는 체 $F$의 확대체라 하자. 그러면, $F$ 위에서 대수적인 $E$의 모든 원소들은 $E$의 부분체이다.

**증명** $a, b \in E$가 $F$ 위에서 대수적이고 $b \neq 0$라 가정하자. $a+b$, $a-b$, $ab$, $a/b$가 $F$ 위에서 대수적임을 밝히기 위해서는, $[F(a,b) : F]$가 유한확대임을 보이면 된다. 왜냐하면, 위의 4가지 원소들이 모두 $F(a,b)$에 속하기 때문이다. 그런데, $[F(a,b) : F] = [F(a,b) : F(b)][F(b) : F]$이고, $a$가 $F$ 위에서 대수적이기 때문에, 그것은 $F(b)$ 위에서도 당연히 대수적이다. 따라서, $[F(a,b) : F(b)]$와 $[F(b) : F]$ 모두 유한확대이다. □

체 $F$의 임의의 확대체 $E$에 대하여, $F$ 위에서 대수적인 $E$의 원소들의 집합은 $E$의 부분체이며 이것을 $E$ 안에서 $F$의 대수적폐포(algebraic closure)라 한다. 한 체에 대하여 극대인 대수적확대체가 존재하는지 어떤지? 즉, 더 이상 큰 대수적확대체가 존재하지 않는 $F$의 대수적 확대가 있는지 알고 싶다. 그와 같은 $E$가 존재한다면, $E[x]$의 모든 다항식들이 $E$에서 분해된다는 것은 필요조건이다. 그렇지 않는다면, 크로네커정리에 의해서 $E$는 진대수적확대체를 갖는다. 이 조건은 역시 충분조건이 된다. 만약 $E[x]$의 다항식들이 $E$에서 분해되고 $K$가 $E$의 대수적확대체이면, $K$의 각 원소들은 $E[x]$의 다항식들의 한 근이 된다. 그런데, $E[x]$의 다항식들의 모든 근들이 $E$ 안에 있다. 한 체가 더 이상 진대수적확대체를 갖지 않을 때 **대수적으로 닫혀있다**(algebraically closed)고 한다.

1910년, Ernst Steinitz는 임의의 체 $F$는 대수적으로 닫혀있는 유일한(동형에 관하여) 대수적확대체를 갖고 있음을 증명하였다.

이 체를 $F$의 **대수적폐포**(algebraic closure of F)라 했다. 이 결과를 증명하기위해서는 복잡한 집합론의 이론 배경이 요구된다.

1799년, 가우스는 그 나이 22세 때, $\mathbb{C}$가 대수적으로 닫혀있음을 증명하였다. 이 사실은 그 당시 "대수학의 기본정리(The Fundamental Theorem of Algebra)"이라 불리며 매우 중요하게 간주되었다. 50여 년이 지나면서, 가우스는 이 기본정리를 증명하는 다른 3가지 증명방법을 발견하였다. 오늘날에는 100가지 이상의 증명방법이 존재한다. 20세기 추상대수학의 기세에 비추어 볼 때, 가우스의 결과는 "고전 대수학의 기본정리"라 하는 것이 더 적절한 어휘선택이라 하겠다.

## 연습문제

너의 목표가 무엇이던 아무런 문제가 되지 않는다.
그 비밀이 여기 숨어 있다:
성공 또는 장미꽃을 얻기 위해서
당신은 매주 파헤쳐야 한다.

EDGAR GUEST

1. 정리 21.2와 정리 21.3을 증명하여라.
2. $E$를 $F$의 대수적폐포라 하면, $F[x]$의 모든 다항식들은 $E$ 안에서 분해됨을 보여라.
3. $\mathbb{Q}(\sqrt{2}, \sqrt[3]{2}, \sqrt[4]{2}, \cdots)$은 $\mathbb{Q}$의 대수적확대체이지만 $\mathbb{Q}$의 유한확대체는 안됨을 증명하여라.(이 연습문제는 이 장에서 논의된 것임).
4. $E$를 $F$의 대수적확대체라고 하자. 만약 $F[x]$의 모든 다항식들은 $E$ 안에서 분해된다면, $E$는 대수적으로 닫혀있음을 보여라.
5. $F$는 체이고 $F[x]$의 모든 기약다항식들이 1차식이라 가정하면, $F$는 대수적으로 닫혀있음을 보여라.
6. $f(x)$와 $g(x)$가 $F$ 위에서 기약이고 $\deg f(x)$와 $\deg g(x)$가 서로소라 가정하자. 만약 $a$가 $F$의 어떤 확대체 안에서 $f(x)$의 근이라면, $g(x)$는 $F(a)$ 위에서 기약임을 보여라.
7. $a, b$는 $\mathbb{Q}$에 속하고 $b \neq 0$이다. $\mathbb{Q}(\sqrt{a}) = \mathbb{Q}(\sqrt{b})$이기위한 필요충분조건은 적당한 $c \in \mathbb{Q}$가 존재하여 $a = bc^2$이 성립한다는 것을 보여라.

**8.** $\mathbb{Q}(\sqrt{3}+\sqrt{5})$의 $\mathbb{Q}(\sqrt{15})$ 위에서의 차수와 기를 찾아라. $\mathbb{Q}(\sqrt{2}, \sqrt[3]{2}, \sqrt[4]{2})$의 $\mathbb{Q}$ 위에서의 차수와 기를 찾아라.

**9.** $E$ 를 $F$의 소수차원 확대체라 가정하자. $E$의 임의의 원소 $a$에 대하여, $F(a)=F$이거나 $F(a)=E$ 임을 보여라.

**10.** $a$는 한 복소수이고 $\mathbb{Q}$ 위에서 대수적이다. $\sqrt{a}$ 대신에 $\sqrt[n]{a}$ 를 사용해서 논의해도 좋은가? $\sqrt{a}$ 가 $\mathbb{Q}$ 위에서 대수적임을 보여라.

**11.** $E$ 를 $F$ 의 대수적확대체이고 $a, b \in E$ 라 가정하자. 만약 $a$가 $F$ 위에서 대수적이고 그 차수가 $m$, $b$는 $F$ 위에서 대수적이고 그 차수가 $n$ 이고, $m, n$ 이 서로소라면, $[F(a,b):F]=mn$ 임을 보여라.

**12.** 어떤 체 $F$ 가 그 확대체의 두 원소 $a,b$에 대하여 $F(a,b) \neq F(a)$, $F(a,b) \neq F(b)$ 이고 $[F(a,b):F] < [F(a):F][F(b):F]$ 가 성립하는 예를 찾아라.

**13.** $K$ 는 $F$ 의 확대체이고 $a \in K$ 라 하자. $[F(a):F(a^3)] \le 3$ 임을 보여라. 그리고, $[F(a):F(a^3)]$ 가 $1,2,3$ 이 되는 예를 들어 설명하여라.

**14.** $\sqrt{-3}+\sqrt{2}$ 의 $\mathbb{Q}$ 위에서의 극소다항식을 찾아라.

**15.** $K$ 는 $F$ 의 확대체이다. $E_1$ 과 $E_2$ 는 $F$ 의 확대체이고 $K$ 에 품긴다고 가정하자. 만약 $[E_1:F]$ 와 $[E_2:F]$ 가 둘 다 소수이면, $E_1=E_2$ 이거나 $E_1 \cap E_2 = F$ 임을 보여라.

**16.** $\sqrt[3]{2}+\sqrt[3]{4}$ 의 $\mathbb{Q}$ 위에서의 극소다항식을 찾아라.

**17.** $E$ 는 $\mathbb{R}$ 의 유한확대체이다. $\mathbb{C}$가 대수적으로 닫혀있음을 이용하여 $E=\mathbb{C}$ 이거나 $E=\mathbb{R}$ 임을 증명하여라.

**18.** $[E:\mathbb{Q}]=2$ 라 가정하자. 정수 $d$가 존재하여 $E=\mathbb{Q}(\sqrt{d})$가 성립함을 설명하여라. 여기서 $d$는 어떠한 소수의 제곱에 의해서 나누어지지 않는다.

**19.** $p(x) \in F[x]$ 이고 $E$ 는 $F$ 의 유한확대체라 가정하자. 만약 $p(x)$가 $F$ 위에서 기약이고 $\deg p(x)$와 $[E:F]$ 가 서로소이면, $p(x)$는 $E$ 위에서 기약임을 보여라.

**20.** $E$ 는 $F$ 의 확대체이다. $[E:F]$ 가 유한일 필요충분조건은 $E=F(a_1, a_2, \cdots, a_n)$ 이다. 여기서, $a_1, a_2, \cdots, a_n$ 은 $F$ 위에서 대수적이다.

**21.** 만약 $\alpha$ 와 $\beta$ 는 실수들이고 $\mathbb{Q}$ 위에서 초월적이라면, $\alpha\beta$, $\alpha+\beta$ 둘 중에 하나만 $\mathbb{Q}$ 위에서 초월적임을 보여라.

**22.** $f(x)$는 $F[x]$ 의 상수 원소가 아니다. 만약 $a$가 $F$ 의 어떤 확대체에 속하고 $f(a)$가 $F$ 위에서 대수적이면, $a$가 $F$ 위에서 대수적임을 증명하여라.

**23.** $f(x)=ax^2+bx+c \in \mathbb{Q}[x]$ 이다. $f(x)$에 대한 $\mathbb{Q}$ 위에서의 분해체의 원시근을 찾아라.

**24.** $x^4-x^2-2$ 의 $\mathbb{Z}_3$ 위에서의 분해체를 찾아라.

**25.** $f(x) \in F[x]$ 이다. 만약 $\deg f(x)=2$ 이고 $a$가 $F$의 어떤 확대체에서 한 근일 때, $F(a)$가 $F$ 위에서 $f(x)$의 분해체임을 증명하여라.

**26.** $a$가 $\mathbb{Q}$ 위에서 $x^2+x+1$ 의 한 복소수 근이다. $\mathbb{Q}(\sqrt{a})=\mathbb{Q}(a)$ 임을 증명하여라.

**27.** 만약 $F$ 는 체이고 $F$ 의 영이 아닌 원소들의 곱셈군이 순환군이면, $F$ 가 유한임을 증명하여라.

**28.** $a$는 복소수이고 $\mathbb{Q}$ 위에서 대수적이고 $r$은 유리수이다. $a^r$가 $\mathbb{Q}$ 위에서 대수적임을 보여라.

**29.** 만약 $K$가 $F$의 확대체일 때 $[K:F]=n$이기 위한 필요충분조건은 $K$와 $F^n$이 벡터공간으로서 동형임을 증명하여라.(19장 연습문제 27 참조).

**30.** $a$가 양의 실수이고 $n$은 1보다 큰 정수이다. $[\mathbb{Q}(a^{1/n}):\mathbb{Q}]=n$인지 안인지 증명하여라.

**31.** $a$와 $b$가 $F$의 어떤 확대체위의 원소이고 $b$는 $F$위에서 대수적이다. $[F(a,b):F(a)] \leq [F(a,b):F]$ 임을 증명하여라.

**32.** $f(x)$와 $g(x)$가 $F$ 위에서 기약다항식이고 $a$와 $b$가 $F$의 어떤 확대체 $E$ 위의 원소들이다. 만약 $a$가 $f(x)$의 근이고 $b$는 $g(x)$의 근이면, $f(x)$가 $F(b)$위에서 기약일 필요충분조건은 $g(x)$가 $F(a)$위에서 기약임을 보여라.

**33.** $\beta$는 $f(x)=x^5+2x+4$의 한 근이다(17장 예8 참조). $\sqrt{2}$, $\sqrt[3]{2}$, $\sqrt[4]{2}$ 모두 다 $\mathbb{Q}(\beta)$에 속하지 않음을 보여라.

**34.** $\mathbb{Q}(\sqrt{2}, \sqrt[3]{2})=\mathbb{Q}(\sqrt[6]{2})$임을 증명하여라.

**35.** $a, b$는 유리수이다. $\mathbb{Q}(\sqrt{a}, \sqrt{b})=\mathbb{Q}(\sqrt{a}+\sqrt{b})$임을 보여라.

**36.** $F$, $K$ 그리고 $L$은 체들이고 $F \subseteq K \subseteq L$이다. 만약 $L$이 $F$의 유한확대체이고 $[L:F]=[L:K]$이면, $F=K$ 임을 증명하여라.

**37.** $F$는 체이고 $K$는 $F$ 위의 어떤 상수가 아닌 다항식에 대한 분해체 이다. $K$가 $F$의 유한 확대체임을 보여라.

**38.** $\mathbb{C}$는 $\mathbb{Q}[x]$에서 어떠한 다항식에 대해서도 분해체가 아님을 증명하여라.

**39.** $\sqrt{2}$ 는 $\mathbb{Q}(\pi)$의 원소가 아님을 증명하여라.

**40.** $\alpha=\cos\dfrac{2\pi}{7}+i\sin\dfrac{2\pi}{7}$ 이고, $\beta=\cos\dfrac{2\pi}{5}+i\sin\dfrac{2\pi}{5}$ 라 하자. $\beta$는 $\mathbb{Q}(\alpha)$에 속하지 않음을 증명하여라.

**41.** $\alpha$가 체 $F$ 위에서 대수적이라 가정하자. $a$와 $1+a^{-1}$은 $F$위에서 같은 차수를 가짐을 보여라.

**42.** 유리수체 $\mathbb{Q}$ 위에서 기약다항식 $f(x)=x^3-2x+2$의 한근을 $\theta$라 할 때, $\mathbb{Q}(\theta)$에서 $3+\theta$의 곱셈에 대한 역원을 구하여라.

**43.** $f(x)=(x^2-2)(x^2-11) \in \mathbb{Q}[x]$의 $\mathbb{Q}$ 위에서의 분해체 $K$에 대하여 다음에 답하여라.

a. $\alpha \in K$일 때, $\mathbb{Q}(\alpha)$는 $\mathbb{Q}$ 위에서 대수적이다.

b. $[K:\mathbb{Q}(\gamma)]=1$인 $\gamma \in K$를 찾아라.

**44.** $f(x)=x^6+12x^4-3x^3-108x^2+24x-120$에 대하여 다음의 각 경우 근의 존재성을 증명하여라.

a. $f(x) \in \mathbb{Q}[x]$이고, $\mathbb{Q}$ 안에 있는 $f(x)$의 근

b. $f(x) \in \mathbb{Q}[x]$이고, $\mathbb{C}$ 안에 있는 $f(x)$의 근

c. $f(x) \in \mathbb{Q}[x]$이고, $F=\mathbb{Q}[x]/(f(x))$가 $\mathbb{Q}$의 확대체임을 증명하고, $F$ 안에 있는 $f(x)$의 근

d. $f(x) \in \mathbb{Z}_2[x]$이고, $[F:\mathbb{Z}_2]=2^{10}$인 $\mathbb{Z}_2$의 확대체 안에 있는 $f(x)$의 근

# Irving Kaplansky

그는 대수학에 대한 최상의 연구자이고 해설자로써 그 연구자들의 무더기의 최고였다.

Paul R. Halmos, I Have a Photographic Memory

Irving Kaplansky는 1917년 3월 22일, 그의 부모들이 폴란드로부터 캐나다 Toronto로 이민한 후 몇 년이 지나 태어났다. 그런데 그의 부모들은 그가 음악가의 길을 가기를 바랐으나, Kaplansky는 그가 하고자 하는 것이 수학이라는 것을 일찌기 알고 있었다. Toronto대학의 학부생일 때, Kaplansky는 미국과 캐나다 대학생들의 수학경시대회인 William Lowell Putnam competition의 첫 대회에 우승팀의 한 학생이었다. Kaplansky는 1938년 Toronto에서 B.A를 받고 1939년에 M.A를 받았다. 1939년에, 그는 Harvard대학에 입학하여 최초의 Putnam 장학금 수혜자로서 박사학위를 취득했다. 학위 후에 1941년부터, Kaplansky는 1944년까지 Benjamin Peirce의 강사로 머물렀다. 1년간 Columbia대학에 있다가 Chicago대학으로 갔으며, 거기서 1984년 그가 정년 할 때까지 살았다. 그때 그는 Berkeley에 있는 California대학의 Mathematical Sciences Research Institude의 책임자가 되었다. Kaplansky의 관심분야는 환 이론, 군 이론, 체 이론, 갈로아 이론, ergodic이론, 대수학, 거리공간론, 수론, 통계학 그리고 확률론과 같은 영역들을 포함하는 광범위한 것이었다. Kaplansky가 받은 많은 영예 중에는 National Academy of science와 American Academy of Arts and Sciences에 선출된 것과 American Mathematical Society회장에 선출된 것, 그리고 1989년에 American Mathematical Society에 축적된 기여로 Steele Prize를 수여 받았다. Steele Prize에 색인 글에 "그는 수학계에 눈부신 변화를 가져왔고 젊은 수학자들을 고무시켰다"라 쓰여 있다. Kaplansky는 2006년 6월 25일에 그의 나이 89세로 서거하였다.

Kaplansky에 대한 더 많은 정보를 다음 사이트에서 얻을 수 있다.

http://www-groups.dcs.st-and.ac.uk/~history/

# 22절 유한체(Finite fields)

유한체의 이론은 그 자신 흥미롭기도 하지만 그것은 앞 단원의 일반적인 이론들이 어떻게 서로 통합되는가의 한 특별하게 아름다운 예를 제공해주며 모든 유한체들의 보다 더 자세한 설명을 제공해준다. Richard A. Dean, Elements of Abstract Algebra

## 유한체의 분류(Classification of Finite Fields)

여기, 체론의 마지막 장에서, 추상대수학에서 가장 아름답고 중요한 분야중의 하나인 유한체를 취급하고자 한다. 유한체는 1830년 갈로아(Galois)에 의해서 일반 5차 다항방정식의 불가해에 대한 증명으로부터 처음 소개되었다. Cayley가 수 세기 뒤에 행렬을 발견했고, 자연스럽게 유한체 위의 행렬에 대한 군들을 연구하게 되었다.

오늘날 까지, 유한체위의 행렬군들은 군들의 연구에서 가장 중요한 분야중의 하나이다. 지난 50년간, 컴퓨터과학분야에서 유한체의 중요한 적용 분야는 코딩이론, 정보이론, 그리고 암호이론분야 이었다. 그러나, 유한체는 순수수학과 응용수학에서의 활용뿐만 아니라 그것들을 연구해온 또 다른 좋은 이유는 그것들이 참 순수하고 흥미롭다는 것이다!

유한체에서 가장 눈부신 사실은 그것들의 위수와 구조들의 제한적인 성질들이라 본다. 우리는 이미 모든 유한체들은 소수의 멱의 위수를 갖는다는 것을 알고 있다(13장 연습문제 47 참조). 그 역에 대한 논의도 역시 참이다.

**정리 22.1 유한체의 분류(Classification of Finite Fields)**

각 소수 $p$ 와 각 양의 정수 $n$에 대하여, 동형에 관하여 위수가 $p^n$ 인 유일한 체가 존재한다.

**증명** $\mathbb{Z}_p$ 위에서 $f(x)=x^{p^n}-x$ 의 분해체를 $E$ 라 하자. 우리는 $|E|=p^n$ 임을 보이면 된다. $f(x)$가 $E$ 에서 분해됨으로, 우리는 근의 중복 도를 감안해서 꼭 $p^n$개의 근을 갖고 있음을 알 수 있다. 더욱, 정리 20.5에 의해서 $f(x)$의 모든 근들의 중복 도는 1이다. 따라서, $f(x)$는 $E$ 안에서 서로 다른 근 $p^n$개를 갖는다. 한편, $E$ 안에서 $f(x)$의 근들의 집합은 가감승제에 대하여 닫혀있다.(연습문제 35 참조). $f(x)$의 근들의 집합 그 자신은 $f(x)$가 분해되는 $\mathbb{Z}_p$ 의 확대체이다. 따라서, $f(x)$의 근들의 집합은 $E$ 이고, 결국 $|E|=p^n$ 이다. 각 소수의 멱의 원소개수를 갖는 유일한 체가 존재함을 보이기 위해서, $K$ 를 그 위수가 $p^n$ 인 임의의 체라 가정하자. 그러면 $K$ 는 $\mathbb{Z}_p$와 동형인 부분체를 갖는다.( 그 체는 1에 의해서 생성된다). $K$ 의 영이 아닌 원소들은 위수가 $p^n-1$인 곱셈군 이기 때문에 $K$ 의 모든 원소들은 $f(x)=x^{p^n}-x$ 의 근이다. (연습문제 25 참조). 따라서, $K$ 는 $\mathbb{Z}_p$ 위에서 $f(x)$ 의 분해체임에 틀림없다. 정리 20.4의 따름정리에 의해서, 동형에 관해서 단 하나의 체가 존재한다. □

정리 22.1의 존재성에 대한 증명은 19세기 초반에 갈로아(Galois)와 가우스(Gauss)의 논문들에서 볼 수 있다. 엄밀한 증명은 1857년 데디킨트(Dedekind)와 1870년 조르단(Jordan)의 군론에 대한 그의 고전 책에서 볼수 있다. 이 정리의 유일성에 대한 증명은 무어(E.H.Moore)의 유한군에 관한 논문에서 증명 되었다. 수학역사학자인 벨(E.T.Bell)은 무어의 이 논문을 미국에서의 추상대수학의 효시로 기록하고 있다. 각 소수의 멱 $p^n$에 대하여 단 하나의 체가 있기 때문에, 우리는 이것을 $GF(p^n)$으로 혼돈하지 않고 표시할 수가 있다. 이것은, 갈로아를 기념하여 $p^n$ **위수를 갖는 갈로아 체**(galois field of order $p^n$)라 부른다.

## 유한체의 구조(Structure of Finite Fields)

다음 정리는 $p^n$ 위수를 갖는 체의 덧셈과 곱셈에 대한 군의 구조를 설명하고 있다.

**정리 22.2 유한체의 구조**

덧셈군으로 $GF(p^n)$은 $\mathbb{Z}_p \oplus \mathbb{Z}_p \oplus \cdots \oplus \mathbb{Z}_p$($n$개)와 동형이고, 곱셈군으로 영이 아닌 $GF(p^n)$의 집합은 $\mathbb{Z}_{p^n-1}$과 동형이다( 따라서, 순환군과 동형이다).

**증명** $GF(p^n)$은 그 특성이 $p$이므로(정리 13.3 참조), $GF(p^n)$의 모든 영이 아닌 원소들은 덧셈에 관한 위수가 $p$이다. 유한가환군의 기본정리(Fundamental Theorem of Finite Abelian Groups)에 의해서 $GF(p^n)$는 덧셈에 관해서 $\mathbb{Z}_p$의 $n$번의 직적과 동형이다.

곱셈군 $GF(p^n)$의 영이 아닌 원소들의 집합 $GF(p^n)^*$은 순환군임을 보이기 위하여, 우리는 먼저 아벨군의 기본정리(정리 11.1 참조)에 의해서, $GF(p^n)^*$은 $\mathbb{Z}_{n_1} \oplus \mathbb{Z}_{n_2} \oplus \cdots \oplus \mathbb{Z}_{n_m}$ 형식의 직적과 동형이다. 만약 각 성분들의 위수들이 각각 서로소이면 정리 8.2의 따름정리1에 의해서 $GF(p^n)^*$은 순환군이다. 그러므로 우리는 직적의 두 성분의 위수를 나누는 적당한 정수 $d > 1$이 존재한다고 가정하자. 순환군의 기본정리(정리 4.3 참조)로부터 우리는 이 성분 둘 다 위수가 $d$인 부분군을 갖는다. 이것은 $GF(p^n)^*$가 위수가 $d$인 서로 다른 두 부분군을 갖고 있음을 뜻한다. 그것들을 $H$ 와 $K$ 라 부르자. 그렇게 되면 $H$ 와 $K$ 의 모든 원소들이 $x^d - 1$의 근이 된다. 이 사실은 체 위의 차수가 $d$인 다항식은 기껏해야 $d$개의 근을 갖는다(정리 16.2의 따름정리 3 참조)는 정리에 모순된다. □

$\mathbb{Z}_p \oplus \mathbb{Z}_p \oplus \cdots \oplus \mathbb{Z}_p$는 $\mathbb{Z}_p$ 위의 벡터공간이고 $\{(1, 0, \cdots, 0), (0, 1, 0, \cdots, 0), \cdots, (0, 0, \cdots, 1)\}$를 기로 갖고 있음으로, 우리는 다음과 같은 유용하고 미적으로 감동적인 공식을 얻는다.

**따름 정리 1** $[GF(p^n) : GF(p)] = n$

**따름 정리 2 $GF(p^n)$은 위수가 $n$인 원소를 갖는다.**

$GF(p^n)$의 영이 아닌 원소들의 곱셈군의 한 생성원을 $a$ 라 하자. 그러면, $a$는 $GF(p)$ 위에서 대수적이고 차수가 $n$이다.

**증명** $[GF(p)(a):GF(p)]=[GF(p^n):GF(p)]=n$을 보면 알 수 있다. □

**예제 1** 체 $GF(16)$를 자세하게 음미해보자.

$x^4+x+1$은 $\mathbb{Z}_2$ 위에서 기약이므로, 우리는 다음 사실을 알 수 있다.

$$GF(16)\approx\{ax^3+bx^2+cx+d+\langle x^4+x+1\rangle | a,b,c,d\in\mathbb{Z}_2\}.$$

따라서, 우리는 $GF(16)$을 다음과 같은 집합으로 생각할 수 있다.

$F=\{ax^3+bx^2+cx+d | a,b,c,d\in\mathbb{Z}_2\}$, 여기서 덧셈은 $\mathbb{Z}_2[x]$ 에서와 같다.

그러나. 곱셈은 $x^4+x+1$를 법으로 계산한다. 예를 들어,

$$(x^3+x^2+x+1)(x^3+x)=x^3+x^2,$$

$\mathbb{Z}_2[x]$ 에서 $(x^3+x^2+x+1)(x^3+x)=x^6+x^5+x^2+x$ 를 $x^4+x+1$로 나눈 나머지가 $x^3+x^2$이기 때문이다. 위와 같은 계산을 좀 더 쉽게 하기 위해서 이 책에서는 $x^4+x+1$이 0이라 한다. 따라서,

$$x^4=-x-1=x+1,$$
$$x^5=x^2+x,$$

그리고, $x^6=x^3+x^2$, 따라서,

$$x^6+x^5+x^2+x=(x^3+x^2)+(x^2+x)+x^2+x=x^3+x^2.$$

곱셈과정을 간편하게 하기위한 또 다른 방법은 $GF(16)$의 영이 아닌 원소들의 집합이 위수가 15인 순환군임을 이용하면 된다. 이 사실을 이용하기 위해서, 우리는 먼저 이 군의 한 생성원을 찾아야 한다. 임의의 $F^*$의 원소들은 15의 약수인 곱셈의 위수를 갖기 때문에, 우리에게 필요한일은 $F^*$에서 $\alpha^3\neq 1, \alpha^5\neq 1$인 원소 $\alpha$를 찾는 것이다. 분명히, $x$ 는 이 성질을 갖고 있다. 따라서, 우리는 $GF(16)$을 $\{0,1,x,x^2,\cdots,x^{14}\}$의 집합으로 생각하고, $x^{15}=1$이다. 이 사실은 $F$에서 곱셈은 아주 쉽게 만들지만, 그러나, 불행히도, 덧셈은 더 힘들게 만든다. 예를 들어, $x^{10}\cdot x^{17}=x^{17}=x^2$이지만, $x^{10}+x^7$은 무엇일까? 따라서, 우리는 모순에 빠진다. 만약 $F^*$의 원소들을 덧셈꼴 $ax^3+bx^2+cx+d$로 나타내면, 덧셈은 용이하지만 이번에는 곱셈이 어렵게 된다. 우리는 이 두 가지 모두를 잘 계산할 수 없을까? 우리는 할 수 있다. 우리에게 필요한 모든 것은 $x^4=x+1$의 관계식을 이용하여 쌍방향으로 계산할 수 있는 변환표를 표 22.1과 같이 만들면 된다.

따라서, 이 표 22.1에 의해서, $x^{10}+x^7=(x^2+x+1)+(x^3+x+1)=x^3+x^2=x^6$이고, $(x^3+x^2+1)(x^3+x^2+x+1)=x^{13}\cdot x^{12}=x^{25}=x^{10}=x^2+x+1.$

〈표 22.1〉 $GF(16)$에서 덧셈과 곱셈의 변환표

| 곱을 덧셈형태로 | | 덧셈을 곱형태로 | |
|---|---|---|---|
| $1$ | $1$ | $1$ | $1$ |
| $x$ | $x$ | $x$ | $x$ |
| $x^2$ | $x^2$ | $x+1$ | $x^4$ |
| $x^3$ | $x^3$ | $x^2$ | $x^2$ |
| $x^4$ | $x+1$ | $x^2+x$ | $x^5$ |
| $x^5$ | $x^2+x$ | $x^2+1$ | $x^8$ |
| $x^6$ | $x^3+x^2$ | $x^2+x+1$ | $x^{10}$ |
| $x^7$ | $x^3+x+1$ | $x^3$ | $x^3$ |
| $x^8$ | $x^2+1$ | $x^3+x^2$ | $x^6$ |
| $x^9$ | $x^3+x$ | $x^3+x$ | $x^9$ |
| $x^{10}$ | $x^2+x+1$ | $x^3+1$ | $x^{14}$ |
| $x^{11}$ | $x^3+x^2+x$ | $x^3+x^2+x$ | $x^{11}$ |
| $x^{12}$ | $x^3+x^2+x+1$ | $x^3+x^2+1$ | $x^{13}$ |
| $x^{13}$ | $x^3+x^2+1$ | $x^3+x+1$ | $x^7$ |
| $x^{14}$ | $x^3+1$ | $x^3+x^2+x+1$ | $x^{12}$ |

위의 예로 인해서 영이 아닌 순환곱셈군에서 $x$가 항상 생성원이 될 것이라는 오해를 하지 않기 바란다. 안 되는 경우가 있다.(연습문제 17 참조).$\mathbb{Z}_p[x]$에서 같은 차수를 갖는 임의의 두 기약다항식은 서로 동형인 체를 만든다. 어떤 것이 다른 것들 보다 계산상의 문제로 더 좋을 수 있다.

**예제 2** $Z_2$ 위에서 $f(x)=x^3+x^2+1$을 생각해보자. 우리는 $f(x)$를 어떻게 일차의 인수의 곱으로 쓸 수 있을까? $F=\mathbb{Z}_2[x]/\langle f(x)\rangle$라 하고, $a$가 $F$ 안에서 $f(x)$의 근이라 하자. 그러면, $|F|=8$이고 $|F^*|=7$이다. 정리 7.1의 따름 정리 2에 의해서, $|a|=7$임을 알 수 있다. 따라서, 정리 20.3에 의해서

$$
\begin{aligned}
F &= \{0,1,a,a^2,a^3,a^4,a^5,a^6\} \\
&= \{0,1,a,a+1,a^2,a^2+a+1,a^2+1,a^2+a\}
\end{aligned}
$$

우리는 $a$가 $f(x)$의 한 근임을 알고 있으며, $F$의 다른 원소들이 근인지 아닌지 실험해 볼 수가 있다. 우리는 $a^3+a^2+1=0$의 관계식을 이용하여 $F$의 원소들을 두 가지 형식으로 표현하여 그것들의 변환표를 이용하여 단순 계산을 할 수 있게 되었다. $char\,F=2$이므로, 우리는 $a^3=a^2+1$임을 이용한다. 즉,

$$
\begin{aligned}
a^4 &= a^3+a=(a^2+1)+a=a^2+a+1, \\
a^5 &= a^3+a^2+a=(a^2+1)+a^2+a=a+1, \\
a^6 &= a^2+a, \\
a^7 &= a^3+a^2=1.
\end{aligned}
$$

이제 $a^2$이 $f(x)$의 근인지 아닌지 알아보자.

$$f(a^2) = (a^2)^3 + (a^2)^2 + 1 = a^6 + a^4 + 1$$
$$= (a^2 + a) + (a^2 + a + 1) + 1 = 0.$$

다음은 $a^3$ 에 대하여 알아보자.

$$f(a^3) = (a^3)^3 + (a^3)^2 + 1 = a^9 + a^6 + 1$$
$$= a^2 + (a^2 + a) + 1 = a + 1 \neq 0.$$

이번에는 $a^4$,

$$f(a^4) = (a^4)^3 + (a^4)^2 + 1 = a^{12} + a^8 + 1$$
$$= a^5 + a + 1 = (a+1) + a + 1 = 0.$$

따라서, $f(x) = (x-a)(x-a^2)(x-a^4) = (x+a)(x+a^2)(x+a^4)$이다. 왜냐하면 $char\, F = 2$이기 때문이다.

## 유한체의 부분체(Subfields of a Finite Field)

정리 22.1은 우리가 모든 유한군에 대한 완전한 설명을 할 수 있게 해준다. 다음 정리는 한 유한체의 모든 부분체에 대하여 완전한 설명을 할 수 있게 해 줄 것이다. 이 정리와 유한 순환군의 모든 부분군들에 대하여 언급하고 있는 정리 4.3 사이의 밀접한 유사점을 알아보기 바란다.

### 정리 22.3 유한체의 부분체

$n$의 각 약수 $m$에 대하여, $GF(p^n)$는 $p^m$ 위수를 갖는 유일한 부분체를 갖는다. 더욱, 이것들만이 $GF(p^n)$의 부분체들이다.

**증명** 이 정리의 존재성 부분을 보이기 위해서, $m$이 $n$를 나눈다고 가정하자. 그러면,

$$p^n - 1 = (p^m - 1)(p^{n-m} + p^{n-2m} + \cdots + p^m + 1)$$

임으로, $p^m - 1$은 $p^n - 1$를 나눈다.

간략하게 표현해서, $p^n - 1 = (p^m - 1)t$라 하자.

$K = \{x \in GF(p^n) \mid x^{p^m} = x\}$라 하자. $K$가 $GF(p^n)$의 부분체임을 밝히는 것은 용이하므로 독자에게 연습문제로 남긴다(연습문제 23 참조).

다항식 $x^{p^m} - x$은 $GF(p^n)$안에서 기껏해야 $p^m$ 개의 근을 갖기 때문에, $|K| \leq p^m$이다. 그리고, $\langle a \rangle = GF(p^n)^*$라 하면, $|a^t| = p^m - 1$이고 $(a^t)^{p^m - 1} = 1$임으로, $a^t \in K$이다. 따라서, $K$는 $GF(p^n)$의 위수 $p^m$인 부분체이다.

이 정리의 유일성 부분은 다음 사실을 확인함으로서 알 수 있다.

만약 $GF(p^n)$가 위수가 $p^m$인 서로 다른 두 부분체를 갖는다고 하면, 다항식 $x^{p^m} - x$는

$GF(p^n)$ 안에서 $p^m$ 보다 많은 근들을 갖게 된다. 이것은 정리 16.2의 따름정리 3에 모순이다. 끝으로, $F$ 가 $GF(p^n)$의 한 부분체라 가정하자. $F$ 는 정리 21.5에 의해서 적당한 정수 $m$ 에 대하여 $GF(p^m)$과 동형이다,

$$\begin{aligned} n &= [GF(p^n) : GF(p)] \\ &= [GF(p^n) : GF(p^m)][GF(p^m) : GF(p)] \\ &= [GF(p^n) : GF(p^m)]m \end{aligned}$$

따라서, $m$은 $n$를 나눈다. □

정리 22.2와 22.3은 정리 4.3과 함께 유한체의 부분체들을 찾는 일을 단순한 계산문제로 만들었다.

**예제 3** $F$ 는 예제 1에서 주어진 위수가 16인 체라 하자. 그러면, $F$ 는 꼭 세 가지 부분체가 존재한다. 그 위수는 각각 2, 4 그리고 16이다. 분명하게, 위수 2인 부분체는 $\{0,1\}$이고 위수 16인 부분체는 $F$ 자기 자신이다. 위수가 4인 부분체를 구하기 위해서, 우리는 이 부분체의 영이 아닌 3 원소들은 순환군 $F^* = \langle x \rangle$의 위수가 3인 순환부분군에 불과하다. 따라서 위수 4인 부분체는 $\{0,1,x^5,x^{10}\} = \{0,1,x^2+x,x^2+x+1\}$ 이다.

**예제 4** 만약 $F$ 는 위수가 $3^6 = 729$ 인 체라 하고 $\alpha$를 $F^*$ 의 생성원 이라면, $F$ 의 부분체들은

1. $GF(3) = \{0\} \cup \langle \alpha^{364} \rangle = \{0,1,2\}$
2. $GF(9) = \{0\} \cup \langle \alpha^{91} \rangle$
3. $GF(27) = \{0\} \cup \langle \alpha^{28} \rangle$
4. $GF(729) = \{0\} \cup \langle \alpha \rangle$

**예제 5** 체 $GF(2^{24})$의 모든 부분체들의 도표는 다음과 같다.

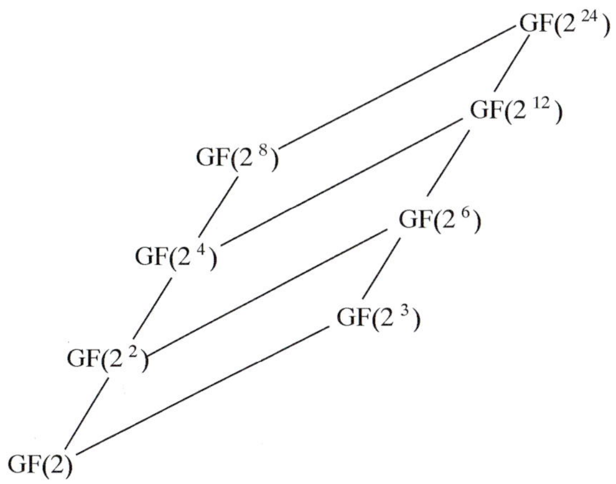

## 연습문제

곤경이 없으면 다이아몬드도 없다. MARY CASE

**1.** $[GF(729):GF(9)]$ 와 $[GF(64):GF(8)]$ 를 찾아라.

**2.** 만약 $m$ 이 $n$ 를 나누면, $[GF(p^n):GF(p^m)] = n/m$ 임을 보여라.

**3.** 체 $GF(64)$ 의 모든 부분체들의 도표를 그려라.

**4.** $\alpha$ 는 $x^3 + x^2 + 1$ 의 한 근으로 $\mathbb{Z}_2$ 의 어떤 확대체안의 원소이다. $\mathbb{Z}_2[\alpha]$ 에서 $\alpha + 1$ 의 곱셈에 대한 역원을 구하여라.

**5.** $\alpha$ 는 $f(x) = x^2 + 2x + 1$ 의 한 근으로 $\mathbb{Z}_2$ 의 어떤 확대체안의 원소이다. $\mathbb{Z}_2[\alpha]$ 에서 $f(x)$ 의 다른 근을 구하여라.

**6.** $\alpha$ 는 $f(x) = x^3 + x + 1$ 의 한 근으로 $\mathbb{Z}_2$ 의 어떤 확대체안의 원소이다. $\mathbb{Z}_2[\alpha]$ 에서 $f(x)$ 의 다른 근들을 구하여라.

**7.** $K$ 는 유한체 $F$ 의 유한확대체라 하자. $K$ 에 한 원소 $a$ 가 존재하여 $K = F(a)$ 임을 보여라.

**8.** 순환군 $GF(81)^*$ 의 생성원이 되는 원소들은 몇 개인가?

**9.** $f(x)$ 는 $\mathbb{Z}_2$ 위에서 3차 기약다항식이다. $f(x)$ 의 $\mathbb{Z}_2$ 위에서의 분해체의 위수가 8 임을 증명하여라.

**10.** 두 환 $\mathbb{Z}_3[x]/\langle x^2 + x + 2\rangle$ 와 $\mathbb{Z}_3[x]/\langle x^2 + 2x + 2\rangle$ 은 동형임을 증명하여라.

**11.** Frobenius 사상(mapping) $\phi : GF(p^n) \to GF(p^n)$ 는 $a \to a^p$ 로 정의한다. 위수가 $n$ 인 환 자기동형사상임을 보여라.(즉, $n$ 는 $\phi^n$ 이 항등함수가 되는 최소 정수이다.)(이 연습문제는 32장에서 논의된다).

**12.** 유한체로서 가장 큰 진 부분체가 $GF(2^5)$ 이 되는 유한체를 결정하여라.

**13.** $x^8 - x$ 의 $\mathbb{Z}_2$ 위에서 임의의 기약인수의 차수가 1 이거나 3 임을 증명하여라.

**14.** 꼭 6 개의 부분체들을 갖는 가장 작은 체를 찾아라.

**15.** $x$ 가 순환군 $(\mathbb{Z}_3[x]/\langle x^3 + 2x + 1\rangle)^*$ 의 생성원임을 보여라.

**16.** $f(x)$ 가 $\mathbb{Z}_2$ 에서 기약인 5차 다항식이라 가정하자. $x$ 는 순환군 $(\mathbb{Z}_2[x]/\langle f(x)\rangle)^*$ 의 생성원임을 증명하여라.

**17.** $x$ 는 순환군 $\left(\mathbb{Z}_3[x]/\langle x^3 + 2x + 2\rangle\right)^*$ 의 생성원이 아님을 보이고, 한 생성원을 찾아라.

**18.** 만약 $f(x)$ 가 $\mathbb{Z}_3$ 위에서 3차 기약다항식이라면, $x$ 또는 $2x$ 가 순환군 $(\mathbb{Z}_3[x]/\langle f(x)\rangle)^*$ 의 생성원임을 증명하여라.

**19.** 정리 22.3의 유일성 부분을 군 이론의 논증을 사용하여 증명하여라.

**20.** $\alpha$ 와 $\beta$ 는 $GF(81)^*$ 의 원소이고, $|\alpha| = 5$, $|\beta| = 16$ 이라 하자. $\alpha\beta$ 은 $GF(81)^*$ 의 한 생성원임을 보여라.

**21.** 위수가 9 인 체를 구성하고 예1에서와 같이 변환표를 만들고 분석하여라.

**22.** 한 체의 곱셈군의 임의의 유한부분군은 순화군임을 보여라.

**23.** 정리 22.3의 증명과정에서 집합 $K$ 가 부분체임을 보여라.

**24.** 만약 $g(x)$가 $GF(p)$위에서 기약이고 $g(x)$가 $x^{p^n}-x$ 를 나눈다면, $\deg g(x)$가 $n$을 나눈다는 것을 증명하여라.

**25.** 순수하게 군 이론의 논증을 통하여, 만약 $F$ 가 위수가 $p^n$ 인 체라면 $F^*$ 의 모든 원소들은 $x^{p^n}-x$ 의 근이다.(이 연습문제는 정리22.1의 증명 안에서 언급된 것임).

**26.** $GF(3^{18})$와 $GF(2^{30})$의 부분체들의 도표를 작성하여라.

**27.** $GF(2^{30})$의 부분체의 도표와 $GF(3^{30})$의 부분체의 도표를 비교하면 어떻게 될까?

**28.** 만약 $p(x)$가 $\mathbb{Z}_p[x]$에서의 다항식으로 중근을 갖지 않는다면, $p(x)$가 적당한 $n$에 대하여 $x^{p^n}-x$를 나눈다는 것을 보여라.

**29.** $p$가 소수이고 $p \neq 2$이라 가정하자. $a$를 $GF(p)$의 제곱수가 아니라 하자. 즉, $a$가 $GF(p)$의 임의의 원소 $b$에 대하여 $b^2$의 인수를 갖지 않을 때를 말한다. 만약 $n$이 홀수이면 $a$는 $GF(p^n)$의 제곱수가 아니고, 만약 $n$이 짝수이면 $a$는 $GF(p^n)$의 제곱수임을 보여라.

**30.** $f(x)$는 $\mathbb{Z}_p$ 위에서 3차 기약다항식이다. 여기서 $p$는 소수이다. $f(x)$는 $\mathbb{Z}_p$ 위에서의 분해체의 위수는 $p^3$이거나 $p^6$ 임을 증명하여라.

**31.** $GF(p^n)$ 의 임의의 원소는 $GF(p^n)$ 의 어떤 유일한 원소 $a$가 존재하여 $a^p$ 꼴로 표현됨을 보여라.

**32.** $F$ 는 위수가 1024 인 체이고 $F^* = \langle \alpha \rangle$라 하자. $F$ 의 각 부분체들의 원소들을 열거하여라.

**33.** $F$ 는 위수가 125 인 체이고 $F^* = \langle \alpha \rangle$라 하자. $\alpha^{62} = -1$ 임을 보여라.

**34.** 유한체는 대수적으로 닫혀있지 않음을 보여라.

**35.** $E$ 를 $Z_p$ 위에서 $f(x) = x^{p^n}-x$ 의 분해체라 하자. $E$ 에서 $f(x)$의 모든 근들의 집합은 가감승제에 의해 닫혀있음을 보여라.(이 연습문제는 정리 22.1의 증명에서 언급된 것임).

**36.** $L$ 과 $K$ 가 $GF(p^n)$의 부분체라 가정하자. 만약 $L$ 이 $p^s$ 개 원소를 갖고 $K$는 $p^t$ 개 원소를 갖는다 하면, $L \cap K$의 원소는 몇 개인가?

**37.** 소수 특성 $p$를 갖는 임의의 체에서 그 사상이 $a \to a^p$로 정의되는 자기동형사상이 되지 않는 한 예를 들어 보아라.

**38.** 체 $GF(p^n)$에서, $n$의 모든 양의 인수 $d$에 대하여, $x^{p^n}-x$가 차수가 $d$인 $GF(p)$위에서의 한 기약인수를 갖는다는 것을 보여라.

**39.** $K$는 $\mathbb{Z}_p$의 확대체로서 $[K:\mathbb{Z}_p] = n$이다. 곱셈에 대한 순환군 $K^* = \langle u \rangle$이고, $\mathbb{Z}_p[x]$의 기약다항식 $f(x)$가 $u$를 근으로 가질 때, 다음에 답하여라.

a. $\phi : K \to K$, $\phi(v) = v^p$는 환동형사상이다.

b. 모든 $v \in K$에 대하여 $\phi^n : K \to K$, $\phi^n(v) = v$ 이다.

c. $K^* = \langle u \rangle$의 생성원인 $u, u^p, u^{p^2}, \cdots, u^{p^{n-1}}$ 도 $f(x)$의 근이다.

**40.** 체 $F$가 $[F:\mathbb{Z}_2]=6$ 이다. $\alpha \in F$와 $\phi_\alpha : \mathbb{Z}_2[x] \to F$ 에 대하여 다음을 설명하여라.

a. $|F| = 2^6$ 이다.

b. $\ker(\phi)$는 $\mathbb{Z}_2[x]$ 의 주이데알이다.

c. $\alpha$ 의 기약다항식은 다항식 $x^{2^6} - x$ 을 나눈다.

d. $\alpha$ 의 기약다항식 $irr(\alpha, \mathbb{Z}_2)$ 의 차수를 설명하여라.

e. $im(\phi_\alpha)$는 $F$의 부분체이다.

## L. E. Dickson

딕슨에 의해 저술된 책들 중에 하나인 "수론에 대한 역사" 3권은 보통 사람에게는 일생동안에 할 수 있는 과제일 것이다.
A.A.Albert, Bulletin of American Mathematical Society

Leonard Eugene Dickson은 1874년 1월 22일 Iowa주 Independence에서 태어났다. 1896년에, Chicago대학에서 수학으로 최초의 박사학위를 수여 받았다. 수년간 California대학과 Texas대학에서 지내고, Chicago대학 교수로 임명받아서 1939년 정년 때까지 거기에서 지냈다. Dickson은 20세기의 가장 다작의 수학자들 중의 한사람으로, 267편의 연구논문들과 18권의 책을 저술하였다. 그의 주된 관심사는 행렬군들, 유한체, 대수학 그리고 수론이었다. Dickson은 응용수학에 대한 거드름 피우는 태도를 가졌다; 그는 가끔 "신의 덕택으로 수론은 어떠한 응용에 의해서도 오점이 없다."고 말했다. 그는 유머 감각을 갖고 있었다. Dickson은 가끔 그이 신혼여행에 대하여," 다만 두 편의 연구논문을 쓴 것만을 제외하면 그것은 큰 성공이었다."라 말했다. Dickson은 그 경력 중에 많은 명예로운 일이 있었다. 그는 최초로 American Association for the Advancement of Science로부터 과학발전에 가장 큰 기여를 한 것으로 수상하였으며, American Mathematical Society로부터 대수학에서 최초의 Cole Prize 수상자가 되었다. Chicago대학은 그의 이름을 본떠서 연구기금을 만들었다. Dickson은 1954년 1월 17일 서거하였다.

Dickson에 대한 더 많은 정보를 다음 사이트에서 얻을 수 있다.

http://www-groups.dcs.st-and.ac.uk/~history/

# 23절 기하작도(Geometric Constructions)

11살 때 나는 유클리드였다.… 이것은 내 생에서 위대한 사건중의 하나였으며, 첫사랑의 휘황 찬란함과도 같았다.
Bertrand Russell

## 기하작도의 역사적인 논의(Historical Discussion of Geometric Constructions)

고대 그리스인들은 기하작도를 좋아했다. 그들은 특별히 단지 눈금 없는 자와 컴퍼스만 사용하여 그릴 수 있는 작도문제들에 흥미를 갖고 있었다.

그들은 예를 들어, 임의의 각을 이등분 할 수 있다는 것을 알고 있었고, 또한, 정삼각형, 정사각형, 정오각형 그리고 정육각형의 작도방법을 알고 있었다. 그러나, 그들은 임의의 각을 삼등분하는 방법과 정칠각형의 작도방법은 알지 못하였다. 그들이 시도했던 다른 문제는 정육면체를 두 배로 하는 문제-즉, 주어진 정육면체에 대하여, 단지 눈금 없는 자와 컴퍼스만 사용하여 그 부피를 두 배로 하는 새로운 정육면체를 작도하려고 노력하였다.

고대 아테네의 전설에 의하면 만약 그들이 정육면체로 되어있는 아폴로 제단의 부피를 두 배로 하는 새로운 제단을 만들면 역병이 멈출 것이라는 델로스의 신탁에 대한 이야기가 있었다. "정육면체의 부피를 두 배로 하는 문제" 뿐만 아니라 그리스인들은 "원의 면적과 같은 정사각형 작도문제"-주어진 원의 면적과 같은 면적을 갖는 정사각형을 작도하기 위해 노력하였다. 그들은 이 모든 작도 문제들을 컴퍼스와 두 점의 표식이 있는 자를 사용한다든지, 눈금 없는 자와 나선을 이용하여 해결하는 방법을 알았다. 그러나, 그들은 단지 눈금 없는 자와 컴퍼스만으로는 어떠한 작도문제도 해결할 수가 없었다. 이 문제들은 지난 2000 연간 수학자들을 당혹스럽게 하였다. 이 당혹스러움은 19세기에 이르러 기하학의 문제를 대수학의 문제로 변환함으로서 그 해결이 가능하게 되었다.

고대의 가장 유명한 문제 중 최초의 것은 정다각형의 작도문제의 해결 이었다. 유클리드로부터 정다각형의 작도문제는 그 변의 개수가 $2^k$, $2^k \cdot 3$, $2^k \cdot 5$ 그리고 $2^k \cdot 3 \cdot 5$인 경우만 작도가능하다고 알려져 왔다. 그리고, 그 밖의 경우는 불가능한 것으로 알고 있었다.

1796 년에 아직 10대인 가우스는 정 17각형이 작도가능함을 증명하였다. 1801 년에 가우스는 정 $n$ 다각형이 작도가능할 필요충분조건은 $n$가 $2^k p_1 p_2 \cdots p_i$ 형식으로 표시 될 때이다. 여기서 $p_i$ 들은 $2^{2^s}+1$꼴의 소수들이다. 이 증명은 정리 33.5에서 취급할 것이다.

따라서, 변의 수가 3, 4, 5, 6, 8, 10, 12, 15, 16, 17 그리고 20인 정다각형은 작도가능하고 변의 수가 7, 9, 11, 13, 14, 18 그리고 19인 정다각형은 작도 불가능하다. 이 작도문제들이 어떤 영향을 미치는가 하는 것은 별개의 문제이다. 한 사람은 10 연간 65537개의 변을 갖는 다각형의 작도방법을 찾는데 소비한 일도 있었다.

가우스의 정 $n$각형의 작도가능성에 대한 결과는 $60°$ 각의 3등분 가능성이 정 9각형을 작도할 수 있기 때문에 또 다른 유명한 미해결문제를 제거 하게 되었다. 따라서, 단지 눈금 없는 자와 컴퍼스만 사용하여 $60^\circ$ 각을 3등분하는 방법이 없다는 것이다. 1837년에 완젤(Wanzel)은 정육면체의 부피를 두 배로 하는 작도는 가능하지 않다고 증명하였다. 한 원의 면적과 같은 정사각형을 작도하는 문제는 1882년 까지 많은 시도가 있었으나, 페르디난드 린데만(Ferdinand Lidemann)는 $\pi$가 초월수임을 증명하였다. 우리가 알게 되겠지만, 모든 작도가능한수는 대수적인 수이다.

## 작도가능한 수(Constructible Numbers)

우리가 지금까지 알고 있는 체의 이론을 갖고, 다음 문제를 해결하기는 쉬운 일이다: 주어진 눈금 없는 자, 컴퍼스 그리고 단위 길이를 갖고 무슨 다른 길이들을 작도할 수 있을까? 처음 시작으로, 실수 $\alpha$가 작도가능하다는 것은 만약 눈금 없는 자, 컴퍼스 그리고 단위 길이를 이용하여 $|\alpha|$ 길이의 선분을 유한 번 단계를 거쳐 작도할 수 있을 때를 말한다. 평면기하의 성질로부터, 만약 $\alpha$ 그리고 $\beta(\beta \neq 0)$가 작도가능한수들이라면, $\alpha+\beta$, $\alpha-\beta$, $\alpha\beta$, $\alpha/\beta$ 도 역시 작도가능한수들이다.(연습문제의 힌트 참조바람). 따라서, 작도가능한 수집합은 유리수집합 $\mathbb{Q}$를 포함하고 이것은 실수집합의 부분체이다.

우리가 원하는 것은 이 체를 대수적으로 특정화 하는 것이다. 한 특정화를 유도하기 위해서, $F$를 실수체의 임의의 부분체라 하자. 실수 평면의 부분집합 $\{(x,y)\in R^2 | x, y\in F\}$를 $F$**에서의 평면**(**plane of F**)이라 부른다. $F$에서의 평면위에서 임의의 두 점을 연결한 직선을 $F$**에서의 직선**(**line in F**)이라 부른다. 그리고, 임의의 원에서 그것의 중심이 $F$에서의 평면위에 있고 반지름의 길이가 $F$의 원소일 때 $F$ **안에서의 원**(**circle in F**)이라 부른다. 그러면 $F$**에서의 직선**은 다음과 같은 방정식을 만족한다.

$$ax+by+c=0,\quad \text{여기서 } a, b, c\in F \text{ 이다.}$$

그리고 $F$ 안에서의 원은 다음과 같은 방정식을 만족한다.

$$x^2+y^2+ax+by+c=0,\ \text{여기서 } a, b, c\in F \text{ 이다.}$$

특히, $F$에서의 한 쌍의 두 직선의 교점을 찾거나, $F$에서의 한직선과 $F$ 안에서의 한원의 교점을 찾는 것은 우리는 다만 $F$ 안에서 1차 또는 2차 방정식을 푸는 문제이다. 우리는 이제 결정적인 질문을 얻게 된다.

어떤 체 $F$에서의 평면안의 점들에서 출발하여 눈금 없는 자와 컴퍼스만 사용하여 실수평면상에 어떤 점들을 구할 수 있을까? 자 이제, $F$에서의 평면안의 점들에서 출발하여 작도할 수 있는 점들은 단지 3가지 방법만 있다.

1. $F$ 안에서 두 직선의 교점.
2. $F$에서의 한원과 $F$ 안에서의 한직선의 교점.
3. $F$ 안에서 두 원들의 교점.

1번의 경우, 우리는 $F$ 안에 있는 두 직선이 $F$에서의 평면안의 점에서 교차함으로 새로운 점을 얻은 것은 아니다.

2번의 경우, 교점은 $F$ 안에서 1차 방정식 또는 2차 방정식의 해를 구하게 된다. 따라서, 교점은 $F$

에서의 평면 안에 있거나 또는 $F(\sqrt{\alpha})$에서의 평면 안에 있다. 여기서, $\alpha \in F$는 양수이다.

3번의 경우, 새로운 점이 구해지는 것은 아니다. 왜냐하면, 두 개의 방정식을 다음과 같이 주어지면; $x^2+y^2+ax+by+c=0$ 그리고 $x^2+y^2+a'x+b'y+c'=0$에서 $(a-a')x+(b-b')y+(c-c')=0$을 얻는다. 이 직선은 $F$ 안에 있다. 따라서 교점들은 $F$ 안에 있다.

결과적으로, 체 $F$에서의 평면으로부터 작도가능한 실 평면 위에서 점들의 좌표는 $F(\sqrt{\alpha})$ 형식의 체 안에 있다. 여기서, $\alpha \in F$는 양수이다. 물론, 우리는 $F_1 = F(\sqrt{\alpha})$에서 출발하여 $F_2 = F_1(\sqrt{\beta})$ 형식의 체 안에 좌표를 갖는 점을 작도하게 된다. 여기서, $\beta \in F_1$는 양수이다. 이와 같은 방법으로 계속하면, 우리는 한 실수 $c$가 작도가능한 수가 되기 위한 필요충분조건은 체들의 열이 존재하여, $\mathbb{Q} = F_1 \subseteq F_2 \subseteq \cdots \subseteq F_n \subseteq R$이고, $F_{i+1} = F_i(\sqrt{\alpha_i})$, 여기서, $\alpha_i \in F_i$이고 $c \in F_n$이다. $[F_{i+1} : F_i] = 1$ 또는 2이기 때문에, 정리 21.5에 의해서, 만약 $c$가 작도가능한 수이면 음수가 아닌 정수 $k$가 존재하여, $[\mathbb{Q}(c) : \mathbb{Q}] = 2^k$가 성립한다.

우리는 이제 신속하게 그리스인들을 괴롭혔던 문제들을 신속하게 처리하게 된다.

부피가 1인 정육면체의 부피를 두 배로 하는 문제를 생각해보자. 확대된 정육면체의 한 변의 길이는 $\sqrt[3]{2}$ 이다. 그러나, $[\mathbb{Q}(\sqrt[3]{2}) : \mathbb{Q}] = 3$이므로 그 작도는 불가능하다.

다음은, 각 $60°$의 3등분의 가능성을 생각해보자. 만약 각 $60°$의 3등분의 가능하다면, $\cos 20°$가 작도가능할 것이다.(그림 23.1 참조) 특히, 적당한 정수 $k$에 대하여 $[\mathbb{Q}(\cos 20°) : \mathbb{Q}] = 2^k$가 성립한다. 삼각법공식 $\cos 3\theta = 4\cos^3\theta - 3\cos\theta$, 여기서 $\theta = 20°$이다.

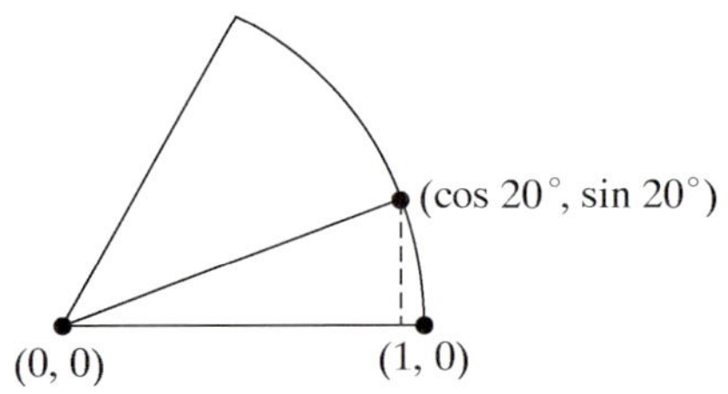


[그림 23.1]

$1/2 = 4\cos^3 20° - 3\cos 20°$이다. 따라서, $\cos 20°$은 $8x^3-6x-1$의 근이다. 그러나, $8x^3-6x-1$은 $\mathbb{Q}$ 위에서 기약이므로(연습문제 13 참조), 우리는 $[\mathbb{Q}(\cos 20°) : \mathbb{Q}] = 3$이다. 이것은 모순이며 각 $60°$의 3등분은 불가능하다.

남은 문제들은 연습문제 14, 15, 17로 독자들에게 맡긴다.

## 각의 3등분과 원의 정사각형화 (Angle-Trisections and Circle-Squarers)

수세기에 걸쳐 많은 사람들이 불가능한 작도에 대하여 하나 또는 그 이상으로 해결했다고 주장해왔다. 1775년 파리학술원은 이와 같은 주장들로 넘쳐나게 되어, 이런 주장들을 더 이상 검토하지 않겠다는 결의문을 통과 시켰다. 마지막으로 작도가 불가능하다고 판명난지 100년 이상 더 지났어도 꾸준하게 하나 또는 그 이상으로 주장해 오고 있다. 대부분 이 사람들은 작도가 불가능하다고 듣고도 믿으려하지 않는다. 어떤 사람은 자만 갖고 임의의 각을 3등분 가능하다고 주장한다. 또 다른 사람은 1973년에 12,000시간의 작업으로 3등분 방법을 발견했다고 했다. 어떤이는 신으로부터 알았다고 했다. 1971년 수학박사학위를 갖고 있는 어떤 사람은 임의의 각의 3등분 방법을 알고 있다고 주장했다. 많은 사람들이 삼진 아웃을 주장했다: 각의 삼등분, 정육면체를 두 배로 하는 것, 원의 정사각형화. 1961년 두 사람이 **연방의회 기록**(2, *P*. 110)에 그들이 성취 내용을 기록에 남기는데 성공했다. 가끔, 신문 또는 잡지에 "불가능한 것을 해냈다(doing impossible)"는 이야기로 소개하고, 어떤 때는 작도가 마치 가능한 것 같은 인상을 풍길 때도 있었다. 많은 각의 삼등분하는 사람들과 원을 정사각형으로 만드는 사람들은 자비를 들여 그들의 논문을 출판하여 대학교들에 배포하기도 했다. 한사람은 4개 국어로 인쇄하기도 했다. 수학자들이 이 사람들과의 만남에 대하여 쓴 흥미 있는 두 권의 책이 있다. 이 책들은 위트와 매력 그리고 유머로 가득차 있다 [참고문헌 1, 2].

## 연습문제

불가능하다는 것을 증명할 수만 있다면, 바로 오늘 밤에 풀이에 착수할 것이다.
Spoken by a member of the audience after De Morgan gave a lecture on the impossibility of squaring the circle.

**1.** 만약 $a$와 $b$가 작도가능한 수이고 $a \geq b > 0$ 이면, $a+b$와 $a-b$가 작도가능함을 기하학적으로 증명 하여라.

**2.** 만약 $a$와 $b$가 작도가능한 수이면, $ab$가 작도가능함을 기하학적으로 증명 하여라.
(힌트; 다음 그림을 참고하여라. 그림에서의 모든 선분들은 눈금 없는 자와 컴퍼스로 작도한 것이다.)

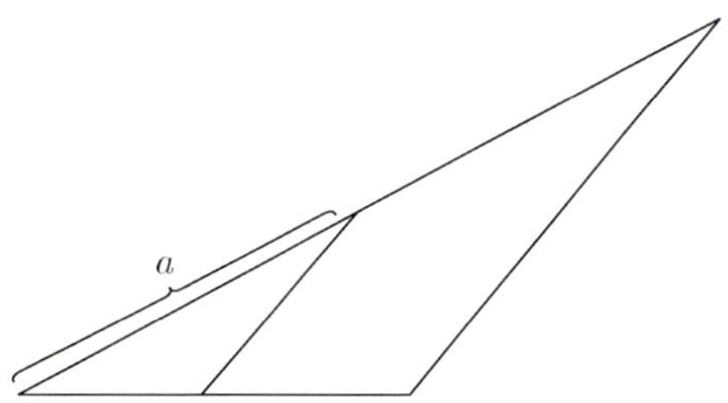


**3.** 만약 $c$ 가 작도가능하면 $\sqrt{|c|}$ 도 작도가능함을 증명하여라.(힌트; 지름이 $1+|c|$인 반원을 생각하자.)(이 연습문제는 33장에서 언급됨).

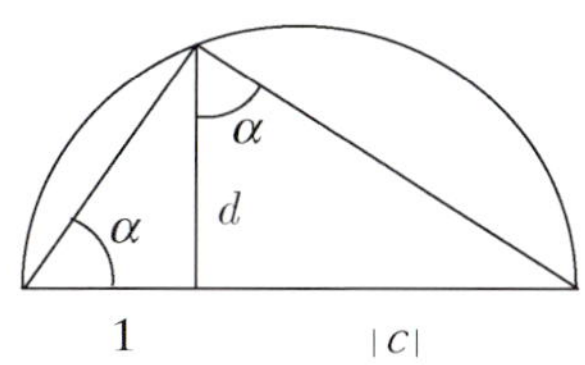

**4.** 만약 $a$와 $b(b \neq 0)$가 작도가능한 수이면, $a/b$ 가 작도가능함을 기하학적으로 증명 하여라.(힌트; 다음 그림을 참고하여라).

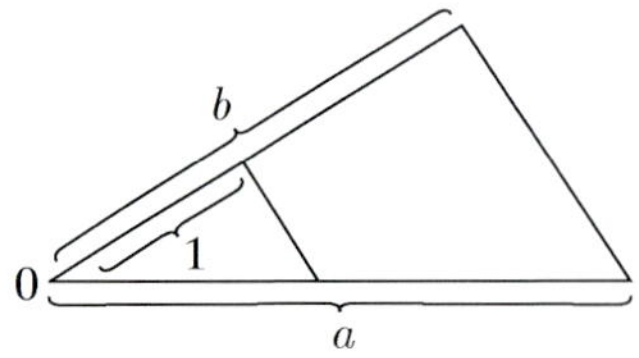


**5.** $\sin\theta$가 작도가능하기 위한 필요충분조건은 $\cos\theta$가 작도가능하다는 것을 증명하여라.

**6.** $\theta$가 작도가능하기 위한 필요충분조건은 $\sin\theta$가 작도가능하다는 것을 증명하여라.

**7.** $\cos 2\theta$가 작도가능하기 위한 필요충분조건은 $\cos\theta$가 작도가능하다는 것을 증명하여라.

**8.** $30°$는 작도가능한 각임을 증명하여라.

**9.** $45°$각은 눈금 없는 자와 컴퍼스로 삼등분 가능함을 증명하여라.

**10.** $40°$는 작도불가능한 각임을 증명하여라.

**11.** 한 체 $F$에서의 평면위 두 직선의 교점이 $F$ 평면위에 있음을 보여라.

**12.** 한 체 $F$ 에서의 평면 안에 있는 한 원과 $F$ 평면안의 한 직선의 교점들은 $F$ 평면안에 있거나 $F(\sqrt{\alpha})$평면안의 점들임을 보여라. 여기서, $\alpha \in F$ 이고 $\alpha$ 는 양수이다. $\mathbb{Q}$ 위의 평면에서 한 원과 한 직선의 교점이 $\mathbb{Q}$ 평면위에 있지 않는 예를 들어라.

**13.** $8x^3 - 6x - 1$ 이 $\mathbb{Q}$ 위에서 기약임을 증명하여라.

**14.** $8\cos^3(2\pi/7) + 4\cos^2(2\pi/7) - 4\cos(2\pi/7) - 1 = 0$을 이용하여, 정 7각형이 눈금 없는 자와 컴퍼스로 작도 불가능함을 증명하여라.

**15.** 정 9각형이 눈금 없는 자와 컴퍼스로 작도 불가능함을 보여라.

**16.** 만약 정 $n$각형이 작도가능하면 정 $2n$각형도 작도가능함을 보여라.

**17.** (원의 정사각형화) 반지름이 1인 원과 같은 면적을 갖는 정사각형을 눈금 없는 자와 컴퍼스로 작도 불가능함을 보여라. 우리는 여기서 $\pi$가 $\mathbb{Q}$ 위에서 초월수임을 사용할 수 있다.

**18.** $4\cos^2(2\pi/5) + 2\cos(2\pi/5) - 1 = 0$을 이용하여, 정5각형이 작도가능함을 증명하여라.

**19.** 정육면체의 부피가 3배인 것을 작도할 수 있는가?

**20.** 정육면체의 부피가 4배인 것을 작도할 수 있는가?

**21.** 원의 면적을 3배로 하는 정사각형을 작도할 수 있을까?

**22.** 만약 $a, b$ 그리고 $c$ 가 작도가능하면, $ax^2 + bx + c$ 의 실수근은 작도가능함을 보여라.

## Reference

**1.** Augustus De Morgan, *A Budget of Paradoxes,* 2nd ed., Salem, N.H.: Ayer, 1915.

**2.** Underwood Dudley, *A Budget of Trisections,* New York: Springer-Verlag, 1987.

## 19-23절 보충연습문제

노동이 강인한 체력을 만드는 것과 같이 어려움은 정신력을 강화시킨다. SENECA

**1.** $x^{50}-1$은 $\mathbb{Z}_3$ 의 임의의 확대체에서 중근을 갖지 않음을 보여라.

**2.** $p(x)$는 유리수 계수를 갖는 2차다항식으로 $\mathbb{Q}$ 위에서 기약이라 가정하자. $p(x)$는 $\mathbb{Q}[x]/\langle p(x)\rangle$ 에서 두 개의 근을 가짐을 보여라.

**3.** $F$ 는 위수가 $q$인 유한체이고 $a$ 는 $F$ 의 영이 아닌 원소이다. 만약 $n$ 이 $q-1$를 나누면, 방정식 $x^n=a$는 $F$ 안에서 근을 갖지 않거나 또는, $F$ 안에서 $n$개의 서로 다른 근을 가짐을 증명하여라.

**4.** 원시근정리를 사용하지 않고, 만약 $[K:F]$ 가 소수이면, $K$ 는 원시근을 갖고 있음을 증명하여라.

**5.** $a$ 는 $x^2+x+1$의 한 근이라 하자. $(5a^2+2)/a$를 $c+ba$꼴로 표현하여라. 여기서, $c, b$ 는 유리수이다.

**6.** 체 $\mathbb{Q}[\sqrt{2}]$ 위 확대체 $\mathbb{Q}[\sqrt[4]{2}]$ 의 원소들을 써보아라.

**7.** 만약 $[F(a):F]=5$이면, $[F(a^3):F]$ 을 구해라. 만약 $a^3$ 대신에 $a^2$, $a^4$로 대치하면, 위에서 적용한 논증은 똑 같이 잘 적용되는가?

**8.** 만약 $p(x)\in F[x]$ 이고 $\deg p(x)=n$이라면, $p(x)$의 $F$ 위에서의 분해체의 차수는 기껏해야 $n!$ 임을 보여라.

**9.** $a$는 $F$ 위의 영이 아닌 차수가 $n$인 대수적인 원소라 하자. $a^{-1}$는 $F$ 위의 차수가 $n$인 대수적인 원소임을 보여라.

**10.** $\pi^2-1$은 $\mathbb{Q}(\pi^3)$ 위에서 대수적임을 증명하여라.

**11.** 만약 $ab$가 $F$ 위에서 대수적이고 $b\neq 0$이면, $a$는 $F(b)$ 위에서 대수적임을 증명하여라.

**12.** $E$ 는 체 $F$ 의 대수적확대체이다. 만약, $R$ 은 환으로서 $E\supseteq R\supseteq F$ 이면, $R$이 체임을 보여라.

**13.** 만약 $a$가 $F$ 위에서 초월적이라면, $F$ 에 있지 않는 $F(a)$ 의 모든 원소는 $F$ 위에서 초월적임을 보여라.

**14.** $x^5+x^4+1=(x^2+x+1)(x^3+x+1)$의 $\mathbb{Z}_2$ 위에서의 분해체의 위수는 무엇인가?

**15.** 유한체의 유한확대는 단순확대임을 보여라.

**16.** $R$은 정역으로 한 체 $F$ 를 부분환으로 포함하고 있다고 하자. 만약 $R$이 $F$ 위의 한 벡터공간으로 유한 차원이라면, $R$ 이 체임을 증명하여라.

**17.** $n\times n(n>1)$ 행렬들의 벡터공간의 기에서 각 쌍의 원소들은 곱셈에 관하여 교환법칙이 성립하는 한 기를 찾는 것은 불가능함을 보여라.

**18.** $P_n=\{a_nx^n+a_{n-1}x^{n-1}+\cdots+a_1x+a_0 | a_i\in R\}$ 이라 하자.
$P_n$가 $x$를 인수로 갖는 원소들로 된 한 기를 갖고 있을 수 있는가?

**19.** 벡터공간 $\{f\in P_3 | f(0)=0\}$ 의 한 기를 찾아라.(연습문제 18을 참조)

**20.** $f$는 $P_n$에서의 $n$차 다항식이다. $\{f, f', f'', \cdots, f^{(n)}\}$이 $P_n$의 기가 됨을 보여라.
($f^{(k)}$는 $f$의 $k$차 도함수이다).

**21.** $K$ 는 특성이 $p\neq 0$인 체 $F$ 의 확대체라 가정하자. $L=\{a\in K \mid a^{p^n}\in F,\ n\text{는 양의 정수}\}$라 하자. $L$ 은 $F$ 를 품는 $K$ 의 부분체임을 증명하여라.

**22.** 어떤 체에서 다항식 $x^n-x$은 중근을 갖을까?

# 제5부

# Special Topics

# 24절 실로우 정리(Sylow Theorems)

일반적으로 3가지 결과들이 "실로우 정리"라는 표현으로 암시되고 있다. 그것들 모두가 본질적으로 중요하다. 사실상, 만약에 군이론의 정리들을 그 중요도에 따라 한 줄로 나열한다면, 라그랑쥐정리 바로 뒤에 오는 것이 실로우정리가 될 것이다.

G.A.Miller, Theory and Application of Finite Groups

## 공액류(Conjugacy Classes)

이 장에서, 우리는 군과 그것의 특정 부분군들 사이의 여러 가지 중요한 계산식들의 관계들을 얻을 수 있다. 7장에서 Lagrange정리는 군을 한 부분군의 잉여류의 분할에 의하여 증명하였음을 상기하자. 군을 한 부분군에 의해 분할하는 또 다른 효과적인 방법은 공액류에 의한 것이다.

### 정의: $a$의 공액류(Conjugacy Class of a)

$a$와 $b$가 군 $G$의 원소들이다. $a$와 $b$가 $G$ 안에서 **공액(conjugate)**이다(그리고, $b$는 $a$**의 공액**이다)는 것은 $G$안에 적당한 원소 $x$가 존재하여 $xax^{-1}=b$가 성립 할 때를 말한다.

$a$의 **공액류(conjugacy class)**의 집합은 $cl(a)=\{xax^{-1}|x\in G\}$이다.

공액관계는 $G$에서 동치관계이고 $a$의 공액류는 공액관계에 대한 $a$의 동치류임을 보이는 것(연습문제 1)은 독자에게 맡긴다. 따라서, 우리는 임의의 군을 서로소인 공액류들로 분할할 수 있다.

한 예를 들어 $D_4$에서, $cl(H)=\{R_0HR_0^{-1},\ R_{90}HR_{90}^{-1},\ R_{180}HR_{180}^{-1},\ R_{270}HR_{270}^{-1},\ HHH^{-1},\ VHV^{-1},\ DHD^{-1}, D'HD'^{-1}\}=\{H, V\}$이다.

유사한 방법으로, 다음을 확인할 수 있다.

$$\begin{aligned} cl(R_0) &= \{R_0\}, \\ cl(R_{90}) &= \{R_{90}, R_{270}\}=cl(R_{270}), \\ cl(R_{180}) &= \{R_{180}\}, \\ cl(V) &= \{V, H\}=cl(H), \\ cl(D) &= \{D, D'\}=cl(D'). \end{aligned}$$

정리 24.1은 $a$의 공액류의 크기와 $a$의 중심화 $C(a)$의 크기 사이의 계산관계를 말해준다.

### 정리 24.1 $a$의 공액류의 원소개수(The Number of Conjugates of a)

$G$가 유한군이고 $a$는 $G$의 한 원소이다. 그러면, $|cl(a)|=|G:C(a)|$이다.

**증명** 함수 $T$: $G/C(a)\to cl(a)$가 $xC(a)$를 $a$의 공액 $xax^{-1}$로 대응시켜, 관례적으로 계산하면 함수 $T$는 잘 정의되고, $1:1$이고, 좌잉여류집합은 $a$의 공액류 위로 사상된다. 따라서, $a$의

공액류의 원소개수는 $G$에서 $a$의 중심화의 지수가 된다. □

**따름 정리 1** $|cl(a)|$**는** $|G|$**를 나눈다.**

유한군에서, $|cl(a)|$는 $|G|$를 나눈다.

## 류등식(The Class Equation)

공액류집합은 군을 분할하기 때문에, 다음의 중요한 개수 세는 원리는 정리 24.1의 따름정리이다.

**따름 정리 2 류등식**

임의의 유한군 $G$에 대하여, $|G| = \sum |G : C(a)|$이다.

여기서, 합은 $G$의 각 공액류로 부터 한 원소 $a$씩 택하여 모두 계산한 것이다.

유한군 이론에서, 이 따름정리와 같이 원소개수 세는 원리는 힘이 있는 도구이다. 정리 24.2는 소수의 멱의 위수를 갖는 유한군들에 대한 가장 중요한 유일한 사실이다.( $p$가 소수일 때, $p^n$의 위수를 갖는 군을 **$p$ − 군**이라 부른다).

**정리 24.2** $p$ **− 군들은 비자명한 중심을 갖는다.(**$p$ **− Groups have nontrivial Centers)**

$G$는 비자명한 유한군이고 그 위수는 한 소수 $p$의 멱이라 하자. 그러면, $Z(G)$는 원소 1개 이상을 갖는다.

**증명** 먼저 $cl(a) = \{a\}$ 이기위한 필요충분조건은 $a \in Z(G)$ 이다.(연습문제 4)

따라서, 이런 원소들을 가려내면, 우리는 류등식을 다음과 같은 꼴로 쓸 수 있다. $|G| = |Z(G)| + \sum |G : C(a)|$, 여기서, 합은 한 개보다 더 많은 원소를 갖는 공액류의 대표원을 택하여 모두 계산한 것이다. 그런데 $|G : C(a)| = |G|/|C(a)|$이다.

따라서, $\sum |G : C(a)|$의 각 항들은 $k \geq 1$인 $p^k$꼴이다. 그러므로,

$$|G| - \sum |G : C(a)| = |Z(G)| \text{이다.}$$

여기서 좌측의 각 항들은 $p$로 나누어진다. 그래서, $p$는 역시 $|Z(G)|$를 나누므로 $|Z(G)| \neq 1$이다. □

**따름 정리 위수가 $p^2$인 군들은 아벨군이다.**

만약, $p$가 소수일 때 $|G| = p^2$이면, $G$는 아벨군이다.

**증명** 정리 24.2와 라그랑쥐정리에 의하여, $|Z(G)| = p$ 또는 $p^2$이다. 만약 $|Z(G)| = p^2$이면, $G = Z(G)$이고, $G$는 아벨군이다. 만약 $|Z(G)| = p$이면, $|G/Z(G)| = p$이다. 따라서, $G/Z(G)$는 순환군이다. 그런데, 정리 9.3으로부터, $G$는 아벨군이 된다. □

## 군의 두 원소가 가환이 될 확률(The Probability that two elements commute)

이 장의 주된 목표로 나가기 전에, 우리는 정리 24.1과 류등식의 재미있는 적용에 대한 논의로 쉬어가고자 한다.(이 논의는 [1], [2]에 근거한 것임).

우리가 임의적으로 한 유한군의 두 원소를 택한다고(교체가능하게) 가정 하자. 이 두 원소가 교환법칙이 성립할 확률은 무엇인가? 그러면, $G$를 위수가 $n$인 유한군이라 가정하자. $G$에서 임의적으로 두 원소를 택할 확률은 $|K|/n^2$이다. 여기서, $K = \{(x,y) \in G \oplus G \mid xy = yx\}$이다. 이제 각 원소 $x \in G$에 대하여 $(x,y) \in K$ 이기위한 필요충분조건은 $y \in C(x)$이다. 따라서, $|K| = \sum_{x \in G} |C(x)|$이다.

또한, 정리 24.1로부터 만약 $x$와 $y$가 같은 공액류에 속하면, $|C(x)| = |C(y)|$임을 알 수 있다.(연습문제 53). 만약, 예를 들어, $cl(a) = \{a_1, a_2, \cdots, a_t\}$, 그러면

$$|C(a_1)| + |C(a_2)| + \cdots + |C(a_t)| = t|C(a)| = |G : C(a)||C(a)| = |G| = n.$$

따라서, 각 공액류에서 하나씩 대표원을 택하면, 예를 들어, $x_1, x_2, \cdots, x_m$,를 택하면, 우리는 $|K| = \sum_{x \in G} |C(x)| = \sum_{i=1}^{m} |G : C(x_i)||C(x_i)| = mn$을 얻는다.

따라서, 우리의 질문에 대한 답은 $mn/n^2 = m/n$이다. 여기서 $m$은 $G$에서의 공액류의 개수이고 $n$는 $G$의 위수이다.

분명히, $G$가 비가환군이면, $\Pr(G)$은 1보다 작다. 그렇지만 1보다 얼마만큼 작을까? 확실히. 공액류가 더 많으면, $\Pr(G)$은 더 커질 것이다. 결과적으로, 공액류들의 원소개수가 작으면 $\Pr(G)$은 커진다. 아는바와 같이 $cl(a) = 1$이기위한 필요충분조건은 $a \in Z(G)$이므로, 우리는 $|Z(G)|$가 가능한 범위에서 최대이고 모든 다른 공액류들이 각각 단 2원소로 될 때가 공액류들의 개수를 최대로 택한 것이 된다. $G$는 비가환군이므로, 정리 9.3으로부터 $|G/Z(G)| \geq 4$이고, 그리고, 결국, $|Z(G)| \leq |G|/4$이다. 따라서, 극단의 경우로, 우리는 $|Z(G)| = |G|/4$라 하면, 나머지 $(3/4)|G|$개의 원소들이 각 원소가 2개인 공액류들로 구성될 것이다. 따라서, 비가환군에서는, 공액류의 개수는 $|G|/4 + (1/2)(3/4)|G|$보다는 작게 될 것이고, $\Pr(G)$는 $5/8$ 보다는 작거나 같게 된다. 이면체군 $D_4$는 확률이 $\frac{5}{8}$인 군의 예이다.

## 실로우 정리(The Sylow Theorems)

이제 실로우 정리들을 논의 하자. Lagrange정리의 역은 항상 성립하지는 않음을 상기하자: 즉, 만약 $G$가 위수 $m$이라 하고 $n$이 $m$을 나눈다면, $G$가 위수 $n$인 부분군을 갖지 않을 수도 있다는 것이다. 다음 정리는 Lagrange정리의 역의 한 부분적인 것이다. 그것은, 정리 24.2와 마찬가지로 노르웨이 수학자 Ludwig Sylow(1832-1918)에 의해서 증명되었다. 실로우정리와 라그랑쥐정리는 유한군이론에서 가장

중요한 2개의 정리이다. 그 하나는 부분군의 존재에 대한 충분조건이고, 다른 하나는 필요조건인 것이다.

**정리 24.3 소수 멱의 위수를 갖는 부분군의 존재성(Existence of subgroups of prime-power order) (실로우 제1정리, 1872)**

$G$는 유한군이고 $p$는 소수이다. 만약 $p^k$가 $|G|$를 나누면, $G$는 위수가 $p^k$인 부분군을 적어도 하나 갖는다.

**증명** $|G|$에 대한 수학적 귀납법을 적용하자. 만약 $|G|=1$이면, 정리 24.3은 자명하게 참이다. 이제 이 명제가 $|G|$보다 작은 모든 군들에 대하여 참이라고 가정하자. 만약 $G$가 진 부분군 $H$를 포함하고 $|H|$가 $p^k$로 나누어진다면, 우리는 귀납법 가정에 의해서, $H$는 위수가 $p^k$인 부분군을 포함하게 되어 이 정리는 증명된다.

따라서, 이제부터는 어떠한 $G$의 진부분군의 위수도 $p^k$로 나누어지지 않는다고 가정하자. 다음은, $G$에 대한 류등식; $|G|=|Z(G)|+\sum|G:C(a)|$에서, 여기서 $a \notin Z(G)$인 각 공액류 $cl(a)$의 내표원들을 백하여 합한다. $p^k$는 $|G|=|G:C(a)||C(a)|$를 나누고 $p^k$가 $|C(a)|$를 나누지 않기 때문에 모든 $a \notin Z(G)$에 대하여 $p$는 $|G:C(a)|$를 나눠야만 한다. 류등식으로부터 $p$가 $|Z(G)|$를 나누게 된다. 유한가환군의 기본정리(정리 11.1), 또는 정리 9.5에 의해서, $Z(G)$는 위수가 $p$인 원소, 예를 들어 $x$를 품게 된다. $x$는 $G$의 중심의 원소이므로, $\langle x \rangle$는 $G$의 한 정규부분군이고, 우리는 상군 $G/\langle x \rangle$를 만들 수 있다. 이제 $p^{k-1}$은 $|G/\langle x \rangle|$를 나눈다. 따라서, 귀납법 가정에 의해서, $G/\langle x \rangle$는 위수가 $p^{k-1}$인 한 부분군을 갖고, 10장의 연습문제 49에 의해서, 이 부분군은 $H/\langle x \rangle$꼴이며, 여기서, $H$는 $G$의 한 부분군이다. 끝으로, $|H/\langle x \rangle|=p^{k-1}$이고 $|\langle x \rangle|=p$이므로 $|H|=p^k$이다. 정리의 증명이 끝났다. □

실로우 제1정리가 무슨 의미인가를 정확하게 이해하고 있는지 알아보자. 군 $G$의 위수가 $2^3 \cdot 3^2 \cdot 5^4 \cdot 7$이라 하자. 그러면 실로우 제1정리는 $G$가 적어도 다음 위수를 갖는 부분군들을 갖는다고 할 수 있다.

$$2, 4, 8, 3, 9, 5, 25, 125, 625, 7.$$

한편으로, 실로우 제1정리는 부분군의 위수가 $6, 10, 15, 30$인 경우와 두 개 또는 그 이상의 소수인수들의 곱으로 된 $|G|$의 다른 약수 개를 갖는 부분군이 존재할 것인가에 대하여 아무런 정보도 주지 못한다. 실로우 제1정리에 의해 보증되는 특정 부분군들이 유한군들의 이론에 중심역할을 하며, 이것들을 특별한 이름으로 부른다.

**정의: 실로우 $p$-부분군**

$G$는 한 유한군이고 $p$는 $|G|$의 한 소수약수이다. 만약 $p^k$가 $|G|$를 나누고 $p^{k+1}$은 $|G|$를 나누지 않는

다면, 위수가 $p^k$인 $G$의 임의의 부분군을 $G$의 **실로우 $p-$부분군(sylow p-subgroup)**이라 부른다.

따라서, 군 $G$의 위수가 $2^3 \cdot 3^2 \cdot 5^4 \cdot 7$인 군에서, 우리는 위수가 8인 부분군을 한 실로우 2부분군, 위수가 625인 부분군을 한 실로우 5부분군 으로 부른다. $G$의 실로우 $p-$부분군은 $G$의 한 부분군으로서 Lagrange정리와 모순되지 않는 $p$의 가장 큰 멱의 위수를 갖는 부분군이다.

위수가 $p$ 인 임의의 부분군은 순환 군이므로, 우리는 정리 9.5의 다음과 같은 일반화를 갖게 되며, 이것의 최초의 증명은 1845년 코시에 의한 것이다. 그의 증명은 9 페이지에 달한다!

**따름 정리 코시의 정리(Cauchy's Theorem)**

$G$는 한 유한군이고 $p$는 한 소수로서 $G$의 위수를 나눈다고 하자. 그러면 $G$는 위수가 $p$인 한 원소를 갖는다.

실로우 제1 정리는 유한군이론에 그렇게도 중요하기 때문에 많은 서로 다른 증명들이 수년에 걸쳐 발표되었다[ 우리의 증명은 Georg Frobenius(1849 − 1917)가 1895년에 발표한 바로 그것이다]. 마찬가지로, 실로우정리의 일반화의 결과들이 수십 편 발표되었다.

유한 가환군의 기본정리의 따름정리와 실로우 제1 정리를 보면 Lagrange정리의 역은 모든 유한 가환군과 소수의 멱의 위수를 갖는 유한군에서는 참이 됨을 알 수 있다.

유한군 이론에 매우 중요한 두 가지의 실로우 정리들이 더 있다. 그러므로, 먼저 새로운 용어들을 소개하고자 한다.

**정의: 공액 부분군(Conjuate Subgroups)**

$H$와 $K$는 군 $G$의 부분군들이라 하자. 만약 한 원소 $g$가 군 $G$에 존재하여 $H = gKg^{-1}$가 성립할 때 $H$와 $K$는 $G$안에서 **공액(conjugate)**이라 한다.

7장으로부터 만약 $G$가 한 집합 $S$ 위에서 한 유한 치환군이고 $i \in S$이면, $\mathrm{orb}_G(i) = \{\phi(i) | \phi \in G\}$이고 $|\mathrm{orb}_G(i)|$는 $|G|$를 나눈다.

**정리 24.4 실로우 제2정리(Sylow's Second Theorem)**

만약 $H$가 유한군 $G$의 한 부분군이고 $|H|$가 소수 $p$의 멱이면, $H$는 $G$의 어떤 실로우 $p-$부분군에 포함된다.

**증명** $K$를 $G$의 한 실로우 $p-$부분군이라 하고 $C = \{K_1, K_2, \cdots, K_n\}$를 $G$안에서 $K$의 모든 공액 부분군들의 집합이라 하자. 여기서, $K = K_1$이다.

$S_C$를 집합 $C$의 모든 치환군들이라 하자. 각 $g \in G$에 대하여, $\phi_g : C \to C$를 $\phi_g(K_i) = gK_ig^{-1}$라 하자. 쉽게 $\phi_g \in S_C$ 임을 알 수 있다.

이제 사상 $T$: $G \to S_C$를 $T(g) = \phi_g$라 정의하자. $\phi_{gh}(K_i) = (gh)K_i(gh)^{-1} = g(hK_ih^{-1})g^{-1} = g\phi_h(K_i)g^{-1} = \phi_g(\phi_h(K_i)) = (\phi_g\phi_h)(K_i)$이므로, $\phi_{gh} = \phi_g\phi_h$이다. 그러므로 $T$는 $G$에서 $S_C$로 가는 한 준동형사상이다.

다음은 사상 $T$에서의 $H$의 상 $T(H)$를 생각해보자. $|H|$가 $p$의 한 멱이므로 $|T(H)|$도 마찬가지로 $p$의 멱이다.(정리 10.2의 성질 6참조). 따라서, Orbit-Stabilizer정리(정리 7.3)에 의해서, 각 $i$에 대하여, $|\mathrm{orb}_{T(H)}(K_i)|$는 $|T(H)|$를 나누기 때문에, $|\mathrm{orb}_{T(H)}(K_i)|$는 $p$의 멱이다. 이제 다음 질문을 생각해보자: 어떤 조건하에서 $|\mathrm{orb}_{T(H)}(K_i)| = 1$이 될까?

$|\mathrm{orb}_{T(H)}(K_i)| = 1$이라는 의미는 모든 $g \in G$에 대하여 $\phi_g(K_i) = gK_ig^{-1} = K_i$이다. 즉, $|\mathrm{orb}_{T(H)}(K_i)| = 1$이기위한 필요충분조건은 $H \le N(K_i)$이다. 그러나 $N(K_i)$의 원소들 중에 $p$의 멱의 위수를 갖는 원소들은 $K_i$의 원소들뿐이다.(연습문제 9 참조) 따라서, $|\mathrm{orb}_{T(H)}(K_i)| = 1$이기위한 필요충분조건은 $H \le K_i$이다.

따라서, 증명을 마무리하기 위해서, 적당한 $i$에 대하여, $|\mathrm{orb}_{T(H)}(K_i)| = 1$이 성립함을 보일 필요가 있다. 정리 24.1을 적용하면, $|C| = |G : N(K)|$(연습문제 21 참조)이다. 그리고 $|G : K| = |G : N(K)||N(K) : K|$은 $p$로 나누어지지 않으므로, $|C|$ 역시 $p$로 나누어지지 않는다. 궤도들이 $C$를 분할하기 때문에, $|C|$는 $p$ 의 멱들의 합이다. 만약 크기가 1인 궤도가 없다면, $p$가 각 성분들의 크기를 나누기 때문에, $p$는 $|C|$를 나눈다. 이것은 모순이다. 따라서, 크기가 1인 궤도가 존재하고, 그래서 증명이 끝났다. □

### 정리 24.5 실로우 제3정리(Sylow's Third Theorem)

$p$는 소수이고 $G$는 위수가 $p^k m$인 군이라 하자. 여기서, $p$는 $m$을 나누지 않는다. 그러면 $G$의 실로우 $p-$부분군들의 개수 $n$은 $p$를 법으로 그 값이 1이 되고 $m$을 나눈다. 더욱이, $G$의 임의의 두 실로우 $p-$부분군은 서로 공액이다.

**증명** $K$를 $G$의 임의의 실로우 $p-$부분군이라 하고 $C = \{K_1, K_2, \cdots, K_n\}$를 $G$안에서 $K$의 모든 공액 부분군들의 집합이라 하자. 여기서, $K = K_1$이다.

우리는 먼저 $n \equiv 1 (\mathrm{mod}\, p)$임을 증명하자.

$S_C$와 $T$는 정리 24.4의 증명에서와 같은 것이라 하자. 이번에는 $K$의 $T$에 의한 상을 $T(K)$를 택하여 보자. 전과 같이, 우리는 각 $i$에 대하여 $|\mathrm{orb}_{T(K)}(K_i)|$는 $p$의 멱이고 $|\mathrm{orb}_{T(K)}(K_i)| = 1$이기 위한 필요충분조건은 $K \le K_i$ 이다. 따라서, $|\mathrm{orb}_{T(K)}(K_1)| = 1$이고 모든 $i \ne 1$에 대하여 $|\mathrm{orb}_{T(K)}(K_i)|$은 1보다 큰 소수 $p$의 멱이다. 궤도들은 $C$를 분할하기 때문에, $p$를 법으로 $n = |C| = 1$이다.

다음에 $G$ 의 모든 실로우 $p-$부분군은 $C$에 속함을 보이자. 이것을 설명하기 위에서, $H$를 $G$ 의 한 실로우 $p-$부분군 이고 $C$에는 속하지 않는다고 가정하자. $S_C$ 와 $T$는 정리 24.4의 증명에서와 같은 것으로 하고, 이번에는 $T(H)$을 생각해보자. 조금 전의 문맥에서, $|C|$는 $T(H)$의 작용하의 괘도들의 크기들의 합이다. 그러데, $H$가 $C$에 속하지 않으므로, 어떤 괘도도 크기가 1이 아니다. 따라서, $|C|$는 $p$로 나누어지는 항들의 합이다, 그러므로, $p$를 법으로, $n=|C|=0$이다. 이 모순은 $H$가 $C$에 속하고, $n$이 $G$의 실로우 $p-$부분군들의 개수임을 설명해준다. 끝으로, $n$이 $|G|$를 나누는 것은 $n=|G:N(K)|$라는 사실로부터 직접 증명된다. (연습문제 21 참조) □

한 군에서 실로우$p-$부분군들의 개수를 $n_p$로 표기하는 것이 편리하다.

실로우 제3 정리의 앞부분은 개수 헤아리는 원리임에 주의 하여라. 실로우 제3 정리의 중요한 결론으로, 다음 따름정리가 있다.

**따름 정리  한 유일한 실로우 $p-$부분군은 정규부분군이다.**

유한군 $G$의 한 실로우$p-$부분군이 $G$의 정규부분군이기 위한 필요충분조건은 그것이 단 하나의 실로우$p-$부분군이 될 때이다.

우리는 두 가지 예를 들어 실로우 제3 정리를 설명하자.

**예제 1** $S_3$의 실로우 $2-$부분군들을 찾아보자. 그것들은 $\{(1),(12)\}$, $\{(1),(23)\}$과 $\{(1),(13)\}$이다. 실로우 제3 정리에 의해서, 우리는 뒤의 두 부분군들과 처음 부분군의 공액에 의해서 얻을 수 있다. 사실,

$$(13)\{(1),(12)\}(13)^{-1}=\{(1),(23)\}$$
$$(23)\{(1),(12)\}(23)^{-1}=\{(1),(13)\} \text{이다.}$$

**예제 2** $A_4$의 실로우 $3-$부분군들을 찾아보자. 그것들은 $\{\alpha_1,\alpha_5,\alpha_9\}$, $\{\alpha_1,\alpha_6,\alpha_{11}\}$, $\{\alpha_1,\alpha_7,\alpha_{12}\}$와 $\{\alpha_1,\alpha_8,\alpha_{10}\}$이다.(107페이지의 표를 참고하기 바람) 그러면,

$$\alpha_2\{\alpha_1,\alpha_5,\alpha_9\}\alpha_2^{-1}=\{\alpha_1,\alpha_7,\alpha_{12}\}$$
$$\alpha_3\{\alpha_1,\alpha_5,\alpha_9\}\alpha_3^{-1}=\{\alpha_1,\alpha_8,\alpha_{10}\}$$
$$\alpha_4\{\alpha_1,\alpha_5,\alpha_9\}\alpha_4^{-1}=\{\alpha_1,\alpha_6,\alpha_{11}\}$$

따라서, 실로우 $3-$부분군들의 개수는 3을 법으로 1이고, 4개의 실로우 $3-$부분군들은 서로 공액이다.

그림 24.1은 $S_3$와 $A_4$의 부분군들의 도표들을 보여 준다. 우리는 점선의 원으로 묶어진 실로우 $p-$부분군들은 공액관계에 의해 한 괘도로 연결되어 있다. $A_4$에서 위수 2인 3개의 부분군들은 실로우 제

2 정리에서 필요한 조건인 실로우 2－부분군에 포함된다는 것을 알아볼 수 있다. 확인된 바와 같이, 이들 3 부분군들은 공액관계에 의해서 역시 한 궤도에 속하고, 그러나 이것은 실로우 제3 정리의 결과는 아니다.

앞의 두 가지 예와 대조해보면, 위수가 12인 이면체군은 위수 2인 7개의 부분군을 갖지만, 그러나 $\{R_0, R_{180}\}$의 공액에 의해서 다른 6개의 군들이 되지 않는다는 것을 확인할 수 있다.(왜 그럴까?)

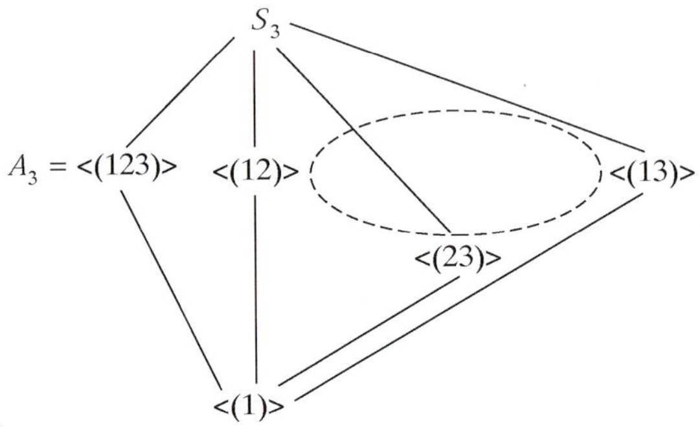


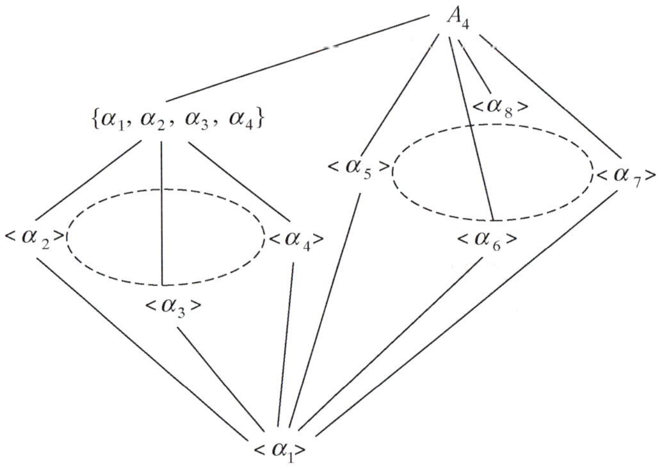


[그림 24.1] $S_3$와 $A_4$의 부분군들의 격자들

## 실로우 정리의 적용(Applications of Sylow Theorems)

다음 몇 가지 수리적 예들은 실로우 정리들을 활기차게 할 것이다.

$G$를 위수 40인 한 군이라 하자. 실로우 정리는 이 군 $G$에 대하여 무엇을 말해 줄까? 매우 많다! 40의 약수 중에서 5를 법으로 1인 수는 1하나뿐이므로, 우리는 $G$에는 위수 5인 부분군이 단 한 개만 있고, 그러므로 그것은 정규부분군이다. 마찬가지로, $G$에는 위수가 8인 부분군들이 1개 또는 5개 있다. 만약 위수가 8인 부분군들이 단 1개만 있다면, 그것은 정규부분군이다. 만약 위수가 8인 부분군들을 5개가 있다면, 모두 정규부분군이 아니고 5개 모두가 임의의 한 부분군, 예를 들어 $H$, 로부터 여러 가지 $x \in G$에 대한 $xHx^{-1}$를 계산함으로서 구해진다. 끝으로, 만약 $K$를 위수가 5인 정규부분군이라 하고 $H$를 위수가 8인 정규부분군이라 하면, $G = HK$이다(연습문제 7 참조, 5－8장 보충문제 참조). 만약

$H$가 정규부분군이라면, 우리는 더욱 $G = H \times K$임을 알 수 있다.

위수가 30인 군 $G$에 대해서는 어떨까? 그것은 위수 5인 부분군들을 1개 또는 6개 가져야 하고 위수 3인 부분군들을 1개 또는 10개 가져야 한다.

그러나, $G$는 동시에 위수 5인 부분군들 6개와 위수 3인 부분군들 10개를 가질 수는 없다(왜냐하면, 모두 갖는다면 군 $G$의 원소개수가 30보다 많게 된다). 따라서, $G$는 위수 5인 부분군 하나와 위수 3인 부분군 하나를 갖게 되고, 이들 중에 적어도 하나가 $G$에서 정규부분군이 된다. 이렇게 해서, 위수 3인 한 부분군과 위수 5인 한 부분군의 직적은 위수가 15인 한 군이 되며, 이것은 $G$에서 순환군이고 (연습문제 25 참조) 정규부분군이다(9장 연습문제 7 참조).[이것은, 위수가 3인 부분군과 위수가 5인 부분군 둘 다 $G$에서 정규부분군임을 말한다(9장 연습문제 57 참조]. 따라서, 만약 우리는 $y$를 위수 15인 순환부분군의 한 생성원이라 하고 $x$를 위수 2인 원소라 하면(이것의 존재는 코시정리로부터 보장된다), 다음 식이 성립함을 알 수 있다.

$$G = \{x^i y^j \mid 0 \le i \le 1, 0 \le j \le 14\}.$$

위의 두 개의 예에서 단지 군의 위수만 알고 이와 같이 많은 정보들을 추론할 수 있다는 것을 확인할 수 있다. 하나의 가정으로부터 그렇게 많은 결과들을 얻을 수 있다! 이것이 유한군 이론의 아름다움이다.

7장에서 소수 위수 $p$를 갖는 군(동형에 관하여)은 $Z_p$ 뿐임을 알았다.

실로우 정리들에 힘입어 더 진전된 실 예로, 다음에 군의 위수가 $pq$가 될 충분조건은 그 군이 $Z_{pq}$이어야 함을 밝히자. 여기서, $p$, $q$는 소수들이다.

**정리 24.6 위수가 $pq$인 순환군**

만약 $G$는 위수가 $pq$인 군이고, 여기서 $p$, $q$는 $p < q$인 소수이고, 그리고 $p$는 $q-1$를 나누지 않는다면, $G$는 순환군이다. 특히, $G$는 $Z_{pq}$와 동형이다.

**증명** $H$를 $G$의 한 실로우 $p-$부분군이라 하고 $K$를 $G$의 한 실로우 $q-$부분군이라 하자. 실로우 제3 정리에 의해 $G$의 실로우 $p-$부분군들의 개수는 $1+kp$꼴이고 $pq$를 나눈다. 따라서 $1+kp$는 $1, p, q, pq$중의 하나와 같다. 이 사실과 $p \nmid q-1$사실로부터, $k=0$이 되고, 그러므로 $H$가 $G$의 유일한 실로우 $p-$부분군이 된다.

유사한 방법으로, $G$의 유일한 실로우 $q-$부분군이 존재한다. 따라서, 정리 24.5의 따름정리에 의해서, $H$와 $K$는 $G$의 정규부분군들이다. $H = \langle x \rangle$이고 $K = \langle y \rangle$라 하자. $G$가 순환군임을 보이기 위해서, $x$와 $y$가 서로 교환법칙이 성립함을 보이면 충분하다, 외냐하면 $|xy| = |x||y| = pq$이기 때문이다. 그것을 보이기 위해서, $H$와 $K$는 $G$의 정규부분군들이므로, 우리는 $xyx^{-1}y^{-1} = (xyx^{-1})y^{-1} \in Ky^{-1} = K$이고, $xyx^{-1}y^{-1} = x(yx^{-1}y^{-1}) \in xH = H$이다.

따라서, $xyx^{-1}y^{-1} \in K \cap H = \{e\}$이고, $xy = yx$이다. □

정리 24.6는 실로우 정리들이 소수 인수들의 곱으로 된 작은 위수를 갖는 유한군들을 분류하는데 큰 힘을 발휘하고 있음을 보여준다.

정리 24.6과 같은 맥락에서 보면 두 소수 $p, q$에 대하여 위수가 $p^2q, p^2q^2, p^3, p^4$인 군들이 존재한다.

| 위수 | 1 | 2 | 3 | 4 | 5 | 6 | 7 | 8 | 9 | 10 | 11 | 12 | 13 | 14 | 15 | 16 | 17 | 18 | 19 | 20 |
|---|---|---|---|---|---|---|---|---|---|---|---|---|---|---|---|---|---|---|---|---|
| 개수 | 1 | 1 | 1 | 2 | 1 | 2 | 1 | 5 | 2 | 2 | 1 | 5 | 1 | 2 | 1 | 14 | 1 | 5 | 1 | 5 |
| 위수 | 21 | 22 | 23 | 24 | 25 | 26 | 27 | 28 | 29 | 30 | 31 | 32 | 33 | 34 | 35 | 36 | 37 | 38 | 39 | 40 |
| 개수 | 2 | 2 | 1 | 15 | 2 | 2 | 5 | 4 | 1 | 4 | 1 | 51 | 1 | 2 | 1 | 14 | 1 | 2 | 2 | 14 |
| 위수 | 41 | 42 | 43 | 44 | 45 | 46 | 47 | 48 | 49 | 50 | 51 | 52 | 53 | 54 | 55 | 56 | 57 | 58 | 59 | 60 |
| 개수 | 1 | 6 | 1 | 4 | 2 | 2 | 1 | 52 | 2 | 5 | 1 | 5 | 1 | 15 | 2 | 13 | 2 | 2 | 1 | 13 |
| 위수 | 61 | 62 | 63 | 64 | 65 | 66 | 67 | 68 | 69 | 70 | 71 | 72 | 73 | 74 | 75 | 76 | 77 | 78 | 79 | 80 |
| 개수 | 1 | 2 | 4 | 267 | 1 | 4 | 1 | 5 | 1 | 4 | 1 | 50 | 1 | 2 | 3 | 4 | 1 | 6 | 1 | 52 |
| 위수 | 81 | 82 | 83 | 84 | 85 | 86 | 87 | 88 | 89 | 90 | 91 | 92 | 93 | 94 | 95 | 96 | 97 | 98 | 99 | 100 |
| 개수 | 15 | 2 | 1 | 15 | 1 | 2 | 1 | 12 | 1 | 10 | 1 | 4 | 2 | 2 | 1 | 230 | 1 | 5 | 2 | 16 |

[그림 24.2] 위수 100까지 군의 개수

흥미롭게, 그림 24.2는 위수가 100 이하인 각 군들을 서로 동형이 아닌 군들로 분류한 개수들을 목록을 작성한 것이다. 특히 위수가 64 일 때가 개수가 가장 큰 것을 알 수 있다. 또한, 일반적으로 말해서, 군의 가짓수는 군의 위수의 크기 보다는 위수의 소수 인수의 개수가 결정하고 있음을 알 수 있다. 결론으로, 100 이하의 서로 동형이 아닌 군들의 총 개수는 1047 개 이다. 이 사실들은 1989 년에 위수 128 개인 군들은 2328 개가 있고 위수가 256 개인 군들은 56,092 개가 있다고 보고된 사실들과 대조된다.[3]

위수 1000까지의 군들의 개수는 위수 512 인 경우를 제외하고, http://people.csse.uwa.edu.au/ gordon/remote/cubcay/.dp에 발표되었다.

위수 512 인 군들의 개수는 1 백만 개보다 많은 것으로 추산된다.

우리는 실로우 정리들의 마지막 응용으로, 군의 위수가 99, 66, 255 인 군들을 결정해 보임으로서 즐거움을 만끽하고자 한다. 사실, 이 논증은 군론에서 많은 연구자들에게 좋은 시사점을 주고 있다.

**예제 3** 위수가 99 인 군의 분류

$G$를 위수가 99 인 군이라 가정하자. $H$를 $G$의 한 실로우 3－부분군이라 하고 $K$를 $G$의 한 실로우 11－부분군이라 하자. 99 의 양의 약수들 중에서 11를 법으로 1 인 수는 1뿐이므로, 우리는 실로우 제 3 정리와 그 따름정리에 의해서 $K$는 $G$의 정규부분군이다. 유사하게, $H$도 $G$의 정규부분군이다. 정리24.6의 증명에서 사용했던 논증에 따라 $H$와 $K$가 서로 교환법칙이 성립한다. 그러므로 $G = H \times K$이다. $H$와 $K$가 둘 다 가환군이므로, $G$도 역시 가환군이다. 따라서, $G$는 $\mathbb{Z}_{99}$ 또는 $\mathbb{Z}_3 \oplus \mathbb{Z}_{33}$과 동형이다.

**예제 4** 위수가 66 인 군의 분류

$G$를 위수가 66 인 군이라 가정하자. $H$를 $G$의 한 실로우 3－부분군이라 하고 $K$를 $G$의 한 실로우

11 − 부분군이라 하자. 66의 양의 약수들 중에서 11를 법으로 1인 수는 1뿐이므로, 우리는 $K$는 $G$의 정규부분군임을 알 수 있다. 따라서, $HK$는 위수가 33인 $G$의 한 부분군이다(9장 연습문제 55와 5-8장의 보충연습문제 7 참조). 위수가 33인 군은 순환군이므로(정리24.6 참조), 우리는 $HK = \langle x \rangle$라 쓸 수 있다. 다음은, $y \in G$이고 $|y| = 2$라 하자. $\langle x \rangle$는 $G$에서 지수가 2이므로, 우리는 그것이 정규부분군임을 알 수 있다. 따라서 $yxy^{-1} = x^i$, 여기서 $i$는 1에서 32까지의 어떤 값이다. 그래서, $yx = x^i y$이고 $G$의 임의의 원소는 $x^s y^t$꼴이므로, $G$의 구조는 $i$값에 의해서 완전히 결정된다. 우리는 $i$값이 단 4가지 가능성만 있다는 것을 밝히고자 한다.

이것을 증명하기 위해서, $|x^i| = |x|$인 $i$를 찾아보자.(1-4장 보충문제의 연습문제5 참조). 따라서, $i$와 33은 서로소이다. 그러나 또한, $y$의 위수가 2이므로, $x = y^{-1}(yxy^{-1})y = y^{-1}x^i y = (yxy^{-1})^i = (x^i)^i = x^{i^2}$이다.

따라서 $x^{i^2-1} = e$이고 그러므로 33은 $i^2 - 1$를 나눈다. 이것으로부터 11은 $i \pm 1$을 나눈다.
그러므로 $i = 0 \pm 1,\ i = 11 \pm 1,\ i = 22 \pm 1,\ i = 33 \pm 1$이다. 이것과 $i$대한 다른 정보들을 합하면, 우리는 $i = 1, 10, 23,\ 32$임을 알 수 있다. 이것으로 위수 66인 군은 기껏해야 4가지뿐이다. 그와 같은 군들이 꼭 4가지만 존재한다는 것을 증명하기 위해서, 우리는 단순히 $\mathbb{Z}_{66}$, $D_{33}$, $D_{11} \oplus \mathbb{Z}_3$, $D_3 \oplus \mathbb{Z}_{11}$ 각각 위수가 66이고 모두 서로 동형이 아님을 확인할 수 있다. 예를 들어, $D_{11} \oplus \mathbb{Z}_3$은 위수 2인 원소가 11개 있고, 이에 반해서 $D_3 \oplus \mathbb{Z}_{11}$은 위수 2인 원소가 단 3개뿐임을 알 수 있다.
(5-8장 보충연습문제 25-28 참조).

**예제 5** 위수가 255인 군은 단 하나 $\mathbb{Z}_{255}$ 뿐이다.

$G$를 위수가 $255 = 3 \cdot 5 \cdot 17$인 한 군이라 하고, $H$를 $G$의 실로우 17 − 부분군이라 하자. 실로우 제3 정리에 의해서, $H$는 $G$의 유일한 실로우 17 − 부분군이고, 따라서 $N(H) = G$이다. 10장 예5에 의해서, $|N(H)/C(H)|$은 $|Aut(H)| = |Aut(\mathbb{Z}_{17})|$을 나눈다. 정리 6.5에 의해서, $|Aut(\mathbb{Z}_{17})| = |U(17)| = 16$이다. $|N(H)/C(H)|$은 255와 16을 나누므로, $|N(H)/C(H)| = 1$이다. 따라서, $C(H) = G$이다. 이 사실은 $G$의 모든 원소들이 $H$의 모든 원소들과 교환법칙이 성립한다. 그래서, $H \subseteq Z(G)$이다. 따라서, 17은 $|Z(G)|$를 나누고, 이번에는 255를 나눈다. 따라서, $|Z(G)|$는 17, 51, 85, 또는 255와 같고 $|G/Z(G)|$는 15, 5, 3, 또는 1과 같다. 그러나 위수가 15, 5, 3, 또는 1인 군들은 순환군들이므로, $|G/Z(G)|$은 순환군이다. 이제 $G/Z$정리(정리 9.3 참조)에 의해서 $G$는 가환군이고, 유한 가환군의 기본정리는 $G$가 순환군임을 말해준다.

## 연습문제

해결되지 않는 것들에 대한 문제와 도전으로 나는 항상 성장해왔다. 그것이 바로 실제로 내가 배웠었던 때다.
CAROL BURNETT

**1.** 군에서 공액관계는 동치관계임을 보여라.

**2.** 사원수들이 대한 공액류들을 계산하여라(1-4장의 보충연습문제 4 참조)

**3.** 정리 24.1의 증명에서 정의한 사상 $T$가 잘 정의되고, 일대일이고, 그리고 좌잉여류들의 집합에서 $a$의 공액류집합으로의 전사임을 보여라.

**4.** $cl(a) = \{a\}$이기 위한 필요충분조건은 $a \in Z(G)$임을 보여라.

**5.** 만약 $|G| = 36$이고 $G$가 비가환이면, $G$가 한 개보다 더 많은 실로우 $2-$부분군을 갖거나 한 개보다 더 많은 실로우 $3-$부분군을 갖고 있음을 증명하여라.

**6.** $S_4$의 실로우 $2-$부분군을 나타내보아라. 이 군에서 $D_4$로 가는 동형사상을 기술하여라.

**7.** 군 $G$의 위수가 48이라 가정하자. 임의의 두 개의 서로 다른 $G$의 실로우 $2-$부분군들의 공통부분의 위수는 8임을 보여라.

**8.** $S_4$의 실로우 $3-$부분군을 모두 찾아라.

**9.** $K$를 유한군 $G$의 실로우 $p-$부분군이라 하자. 만약 $x \in N(K)$이고 $x$의 위수가 $p$의 멱이면, $x \in K$임을 증명하여라.(이 연습문제는 이 장에서 언급된 것임)

**10.** 만약 위수가 $5^2 \cdot 7 \cdot 11$인 군이 한 개보다 더 많은 실로우 $5-$부분군을 갖고 있다면, 정확히 몇 개 갖고 있을까?

**11.** $G$는 군이고 $|G| = p^n m$이라 가정하고, 여기서, $p$는 소수이고 $p > m$이다. $G$의 실로우 $p-$부분군은 $G$에서 정규부분군이어야함을 증명하여라.

**12.** $H$는 $G$의 실로우 $p-$부분군이라 하자. $H$는 유일한 $G$의 실로우 $p-$부분군이고 $N(H)$안에 포함됨을 증명하여라.

**13.** $G$는 위수가 168인 군이라 가정하자. 만약 $G$가 한 개보다 더 많은 실로우 $7-$부분군을 갖고 있다면, 정확히 몇 개 갖고 있을까?

**14.** 위수가 56인 모든 군들은 한 비자명한 진정규부분군을 가짐을 보여라.

**15.** 위수가 $n$인 한 유일한 군이 존재하는 최소인 합성수(즉, 소수가 아니고 1보다 큰 수)는 무엇인가?

**16.** $G$는 위수가 21인 비순환군이라 하자. $G$는 얼마나 많은 실로우 $3-$부분군을 갖고 있는가?

**17.** 위수가 21인 비순환군은 위수가 3인 14개의 원소들을 가져야함을 증명하여라.

**18.** $S_5$에는 얼마나 많은 실로우 $5-$부분군들이 있는가? 2개를 나타내 보여라.

**19.** $S_5$에는 얼마나 많은 실로우 $3-$부분군들이 있는가? 5개를 나타내 보여라.

**20.** 위수가 175인 군은 가환군임을 증명하여라.

**21.** $H$는 군 $G$의 한 부분군이라 하자. $G$안에서 $H$의 공액들의 개수는 $|G : N(H)|$임을 증명하여라. 힌트: 정리24.1의 증명과 같은 방법(이 연습문제는 이 장과 25장에서 언급된 것임).

**22.** 예제 3에서 주어진 논증을 일반화해서 위수가 $p^2q$인 군에 대한 정리를 얻도록 하여라. 여기서, $p$와 $q$는 서로 다른 소수이다.

**23.** 홀수 중에서 비가환군의 위수가 될 수 있는 가장 작은 수는 무엇인가?

**24.** 위수가 375 인 군은 위수가 15 인 한 부분군을 갖고 있음을 증명하여라.

**25.** 정리 24.6을 사용하지 않고, 위수가 15 인 군은 순환군임을 증명하여라.(이 연습문제는 위수가 30 인 군들에 대한 논의에서 언급된 것임).

**26.** 위수가 105 인 군은 위수가 35 인 한 부분군을 포함함을 증명하여라.

**27.** 위수가 595 인 군은 한 정규 실로우17 − 부분군을 갖고 있음을 증명하여라.

**28.** $G$는 위수가 60 인 군이라 하자. $G$는 위수가 5 인 꼭 4 개의 원소를 갖거나 위수가 5 인 꼭 24 개의 원소를 가짐을 보여라. $A_5$에 대해서는 어느 경우에 해당될까?

**29.** 위수가 60 인 군의 중심은 위수 4 인 원소를 갖지 않음을 보여라.

**30.** $G$를 위수가 60 인 군이고 $G$가 위수 2 인 한 정규부분군 $N$을 갖고 있다고 가정하자. 다음 사항들을 밝혀라.

a. $G$는 위수가 6, 10, 그리고 30 인 정규부분군들을 갖는다.

b. $G$는 위수가 12, 20 인 부분군들을 갖는다.

c. $G$는 위수가 30 인 한 순환부분군을 갖는다.

**31.** $G$를 위수가 60 인 한 군이라 하자. 만약 실로우 3 − 부분군이 정규부분군이면 실로우 5 − 부분군은 정규부분군임을 보여라.

**32.** 만약 $G$가 위수 168 인 군이고 위수 4 인 한 정규부분군을 갖는다면, $G$는 위수 28 인 한 정규부분군을 갖고 있음을 보여라.

**33.** $p$는 소수이고 $|G| = p^n$이라 가정하자. $G$는 1과 $n$사이(양끝 포함)의 모든 $k$에 대한 위수가 $p^k$인 정규부분군들을 갖고 있음을 보여라.

**34.** $G$는 위수가 $p^n$인 군이고, 여기서 $p$는 소수이다. $G$가 $p^n$의 각 약수에 대하여 단 하나씩의 부분군을 갖는다고 가정하자. $G$가 순환군임을 보여라.

**35.** $p$는 소수이고 $|G| = p^n$이라 가정하자. 만약 $H$가 $G$의 한 진부분군이라 하면, $N(H) \supset H$임을 증명하여라.(이 연습문제는 25장에서 언급된 것임)

**36.** $G$는 유한군이고 모든 실로우 부분군들이 정규부분군이라 가정하자. $G$가 실로우 부분군들의 한 직적임을 보여라.

**37.** $G$는 유한군이고 $H$를 $G$의 한 정규실로우 $p$ − 부분군이라 하자. $G$의 모든 자기동형사상 $\alpha$에 대하여 $\alpha(H) = H$임을 보여라.

**38.** 만약 $H$가 유한군 $G$의 한 정규부분군이고 어떤 소수 $p$에 대하여 $|H| = p^k$라 하면, $H$는 $G$의 모든 실로우 $p$ − 부분군에 포함됨을 보여라.

**39.** $H$와 $K$는 각각 실로우 3 − 부분군과 실로우 5 − 부분군을 나타낸다고 하자. $|H| = 3$이고 $|K| = 5$라 가정하자. 만약 3 이 $|N(K)|$를 나누면, 5 가 $|N(H)|$를 나눔을 보여라.

**40.** $G$는 위수가 $p^2q^2$인 군이고, 여기서 $p$와 $q$는 서로 다른 소수이고, $q \nmid p^2 - 1$이고 $p \nmid q^2 - 1$이다. $G$가 가환군임을 증명하여라. 이 조건을 만족하는 3쌍의 소수들을 찾아라.

**41.** $H$는 군 $G$의 한 정규부분군이라 하자. $H$는 $H$의 원소들의 공액류들의 합집합이 됨을 보여라. 이 사실은 $H$가 $G$의 정규부분군이 아닐 때도 성립하는가?

**42.** $p$는 한 소수이다. 만약 한 유한군 $G$의 모든 원소들의 위수는 $p$의 멱들이면, $|G|$는 $p$의 멱임을 증명하여라.(이런 군을 $p-$군이라 한다).

**43.** 각 소수 $p$에 대하여, 유한군의 모든 실로우 $p-$부분군들은 동형임을 증명하여라.

**44.** $K$는 유한군 $G$의 한 정규부분군이고 $S$는 $G$의 실로우 $p-$부분군이라 가정하자. $K \cap S$는 $K$의 실로우 $p-$부분군임을 증명하여라.

**45.** 만약 $G$는 홀수 위수를 갖는 군이고 $x \in G$라 하면, $x^{-1}$는 $cl(x)$에 포함되지 않음을 보여라.

**46.** 위수 45인 군들을 결정하여라.

**47.** 위수가 21인 동형이 아닌 군들은 기껏해야 3개 뿐임을 보여라.

**48.** 만약 $H$는 지수가 $p^2$인 한 정규부분군이고 여기서 $p$는 소수라 하면 $G' \subseteq H$임을 증명하여라. ($G'$에 대한 기술은 5－8장 보충연습문제 3참조).

**49.** $Z_2$는 공액류가 단 두 개 뿐인 유일한 군임을 보여라.

**50.** 만약 $H$가 군 $G$의 한 정규부분군이고 $x \in G$라 하면, $|N(H)| = |N(xHx^{-1})|$임을 증명하여라.

**51.** $G$는 한 군이고 $|G| = 595 = 5 \cdot 7 \cdot 17$이다. $G$의 실로우 5－부분군은 $G$의 정규부분군이고 $Z(G)$에 포함됨을 보여라.

**52.** $D_4$로부터 임의로 택한 원소가 $V$와 교환법칙이 성립할 확률을 구하여라.

**53.** 만약 $x$와 $y$가 한 군의 같은 공액류에 포함된다면, $|C(x)| = |C(y)|$임을 증명하여라.(이 연습문제는 한 군으로부터 두 원소가 서로 교환법칙이 성립할 확률에 대한 논의에서 언급 된 것임).

**54.** $G$는 한 유한군이고 $a \in G$이다. $G$로부터 임의로 택한 원소가 $a$와 교환법칙이 성립할 확률을 $G$의 부분군들의 위수와 관련된 식으로 표현하여라.

**55.** $\Pr(D_4)$, $\Pr(S_3)$와 $\Pr(A_4)$를 구하여라.

**56.** $\Pr(G \oplus H) = \Pr(G) \cdot \Pr(H)$을 증명하여라.

**57.** $R$는 한 유한 비가환환이라 하자. $R$에서 임의로 택한 두 원소가 교환법칙이 성립할 확률은 기껏해서 $\frac{5}{8}$임을 보여라.(군의 경우와 같이 덧셈군 $R/C(R)$이 순환군이 아님을 이용하여 계산한다).

## Reference


1. W. H. Gustafson, "What Is the Probability That Two Group Elements Commute?" *The American Mathematical Monthly* 80 (1973): 1031-1034.
2. Desmond MacHale, "How Commutative Can a Non-Commutative Group Be?" *The Mathematical Gazette* 58 (1974): 199-202.
3. E. A. O' Brien, "The Groups of Order Dividing 256," *Bulletin of the Australian Mathematical Society* 39 (1989): 159-160.
4. H. Paley and P. Weichsel, *A First Course in Abstract Algebra*, New York: Holt, Rinehart & Winston, 1966.

## Ludwig Sylow

실로우 정리는 100년의 역사이다. 1세기 동안 이 놀라운 정리는 수많은 이론들의 구성에 기초가 되어왔다. L.A. Shemetkov

Ludwig Sylow는 1832년 12월12일 Norway의 Christiania(지금은 Oslo임)에서 태어났다. Christiania대학 학생일 때에 Sylow는 문제풀이 경시대회에서 금메달을 차지했다. 1855년에, 그는 고등학교 교사가 되었다; 그의 가르쳐야할 의무시간이 많았음에도 불구하고, Sylow는 시간을 내어 Abel의 논문들을 연구하였다. 1862년-1863년 고등학교에 재직하며 Christiania대학에서 시간강사로 임명받아 갈로아이론과 치환군들에 대한 강의를 하였다. 그 학생 가운데에는 위대한 수학자 Sophus Lie가 있었다. 나중에 그 이름을 따서 Lie algebras와 Lie groups라 부르게 된다.

1873년부터 1881년까지, Lie의 도움으로 Sylow는 Abel의 업적에 대한 새로운 출판을 준비하였다. 1902년, Sylow와 Elling Holst는 Abel's correspondence를 발표하였다. Sylow의 위대한 발견인, Sylow's Theorem는 1872년에 나왔다. Sylow의 결과를 배운 뒤, C.Jordan은 그것을 "치환군 이론에서 본질적인 것 중의 하나" 라 말했다. 그 결과는 19세기와 20세기 초에 추상군들의 이론이 만개할 때에는 한층 중요함을 알게 되었다.

1869년, Sylow는 Christiania대학의 교수직을 제안 받았으나 거절하였다. Sylow는 그의 나이 65세로 고등학교에서 정년하고, Lie는 Christiania대학에 Sylow를 위한 교수자리를 마련하기 위한 성공적인 캠페인을 전개하였다. Sylow는 1918년 9월7일 서거할 때 까지 그 지위를 갖고 있었다. Sylow에 대한 더 많은 정보를 다음 사이트에서 얻을 수 있다.

http://www-groups.dcs.st-and.ac.uk/~history/

# 25절 유한 단순군(Finite Simple Groups)

유한 단순군들의 분류문제가 모든 문제들의 해결과 밀접한 관계가 있다는 것이 널리 견지되어온 여론이었다. 이것은 확실히 금세기 수학의 가장 위대한 업적중의 하나일 것이다.
Nathan Jacobson

## 역사적 배경(Historical Background)

우리는 유한군이론의 El Dorado에 이르렀다—단순군들. 단순군 이론은 하나의 방대하고 어려운 주제이다; 우리는 그것을 군론의 El Dorado라 부른다. 왜냐하면, 모든 단순군들을 찾고 분류하는데 수 많은 수학자들이 오랫동안 많은 공력을 들였기 때문이다. 단순군의 정의와 약간의 역사적 배경에 대한 논의부터 시작하겠다.

### 정의: 단순군(Simple Group)

한 군이 **단순군(simple)**이라는 것은 그 군의 정규부분군들이 항등원으로 된 부분군과 자기 자신 뿐 일 때를 말한다.

단순군의 개념은 180년전 갈로아에 의해서 소개 되었다. 우순열군 $A_5$가 단순군이라는 것은 일반 5차 다항방정식이 일반해를 구할 수 없다는 것에 결정적인 역할을 했다. 그러나 무엇이 군 이론에서 단순군들을 중요하게 만들었을까? 왜냐하면 그들이 마치 정수론에서 소수들의 역할 또는 화학에서 동위원소들이 하는 역할과 유사하게 군이론에서 그 역할을 하기 때문에 중요하다 ; 즉, 그것들이 모든 군들에 대한 건물벽돌로서 역할을 한다는 의미이다. 이 건물벽돌은 다음과 같은 방법으로 결정될 수 있다. 한 유한군 $G$가 주어지고, $G=G_0$에서 최대 위수를 갖는 한 진정규부분군 $G_1$를 택한다. 그러면 $G_0/G_1$은 단순군이고, 그리고 우리는 다음으로 $G_1$에서 최대 위수를 갖는 한 진정규부분군 $G_2$를 택한다. 그러면 $G_1/G_2$는 역시 단순군이다. 그리고 우리는 이 형식으로 계속해서 $G_n=\{e\}$일 때까지 계속한다. 단순군들 $G_0/G_1, G_1/G_2, \cdots, G_{n-1}/G_n$을 $G$의 **Composition factors**라 부른다. 100여 년 전에, Jordan과 Holder는 이 상군들이 위에서 언급한 과정에 따라 만들어지는 정규부분군들의 선택에 무관하다는 것을 증명하였다. 그런 의미로 보면, 한 군은 그것의 composition factors들에 의해서 재구성될 수 있고, 군의 많은 성질들이 그것의 **composition factors**의 성질에 의해 결정된다. 이 사실과 유한군들에 대한 많은 질문들이 단순군들에 대한 질문으로 변형된다(수학적 귀납법에 의해서)는 것이 모든 유한단순군들을 결정하는 중요성을 더 명백하게 한다.

어떤 군들이 단순군일까? 가환군으로서 단순군들은 $\mathbb{Z}_n$들이다, 여기서 $n=1$ 또는 $n$이 소수일 때이다. 이것은 11장 따름 정리로부터 명확하다. 대조적으로, 비가환인 단순군들을 이야기하기에는 많은 어려움이 있다. 여기서 우리가 할 수 있는 최선은 몇 가지의 예를 들어서 그것들의 발견에 대한 이야기를 하는 것이다. 1831년 $n \geq 5$인 모든 $n$에 대한 $A_n$이 단순군임을 최초로 알아낸 것은 갈로아였다. 그 다음의 발견은 1870년 Jordan에 의해, $p$가 소수일 때 체 $\mathbb{Z}_p$ 위에서의 단순 행렬군인 4개의 무한 족들을 발견하였다. 그런 족 중의 하나는, $n=2$이고 $p=2$또는 $p=3$을 제외한 상군 $SL(n,\mathbb{Z}_p)/Z(SL(n,\mathbb{Z}_p))$이다. 1892년과 1905년 사이에, 미국 수학자 Leonard Dickson은 Jordan의 결과들을 임의의 유한체들로 일반화 시키고 여러 개의 새로운 단순군들의 무한 족들을 발견하였다. 동시기에, G. A. Miller와 F. N. Cole에 의해서, 1861년 E.Mathieu가 최초로 말한 5개의 군들의 족이 사실상 단순군임을 밝혔다. 이 5개의 군들은 $A_n$이나 또는 유한체들 위의 행렬군들과 같이, 무한히 많은 가능성들을 가져오지 않는 특별한 방법들에 의해서 구성되었다. 그래서 그것들을 'Sporadic'이라 불린다.

그 다음의 중요한 발견들은 1950년대에 이루어 졌다. 그 시기에, 많은 새로운 단순군들의 무한족들이 발견되었으며, 모든 유한 단순군들의 완전한 분류를 선도해가던 길고 꼬불꼬불한 길을 해결하는 첫 단계가 잡혀졌다. 그 첫 단계는 Richard Brauer의 위수가 2인 원소의 중심화가 단순군들을 연구하는 중요한 도구라는 관찰 이었다. 수년 후에, John Thompson은 그의 박사학위 논문에서, 소수멱의 위수를 갖는 여러 가지 부분군들의 정규화들을 연구하는 결정적인 생각을 소개하였다.1960대 초에 이정표가 되는 중요한 Feit-Thompson정리 즉, 비가환 단순군은 짝수의 위수라는 정리이다. 이 성질은 1900년경에 군이론의 현내적 방법들을 개척한 영국인 William Burnside에 의해 제기됐던 문제였다. Feit-Thompson 정리의 증명은 한 잡지[1]에 255페이지 모두가 전부 발표되었다. 이 결과가 유한단순군을 분류하는데 자극을 주었다- 즉, 모든 유한단순군을 찾고 더 이상의 것을 발견할 수 없다는 것을 증명하는 프로그램을 말한다.1960년대를 통하여, Feit-Thompson정리의 증명에서 소개된 방법들은 일반화되었고 많은 수학자들의 위대한 성공들로 발전되었다. 더욱, 1966년에서 1975년 사이에 19개의 새로운 sporadic군들이 발견되었다. 수많은 극적인 성취에도 불구하고, 1960년대의 단순군 이론의 연구는 우연한 것이었고, 그 분류는 절대로 끝날 수 없는 것으로 믿는 많은 사람들과 함께 10여년이 지나갔다. 더 낙천적인 다른 사람들은 1990년대에 가서야 완성되리라 예견하기도 했다.

1970년대는 Thompson의 단순군이론에 근본적인 공헌에 대한 Field Medal수여로 시작되었다. 이 명예는 수학자가 받을 수 있는 최고의 상이다. 수년 안에, 3가지의 중요한 행사들이 그 분류를 궁극적으로 이끌어내도록 수행되었다. 첫째로, Thompson은 단순군이론에 가장 중요한 단행본으로 간주되는 논문을 발표하였다- N-group 논문을 말한다. 여기서, Thompson은 많은 근본적인 기술을 소개하고 단순군들의 한 광범위한 족의 분류에 대한 모델을 제공하였다. 두 번째로, Daniel Gorenstein은 분류에 대한 면밀한 전체적 지침을 마련하여, 그는 1972년에 Chicago대학에서 일련의 강의를 하였다. 여기서 모든 것에 대한 증명의 한 계획이 소개되었다. 이제 연구팀은 수행계획과 지휘자를 갖게 되었다. 이 연구팀은 아직도 더 양질의 무기들이 필요했다. 그래서 세 번째의 비판적인 발전이 왔다: 그것은 Michael Aschbacher의 참여 였다. Aschbacher은 눈부시게 빛나는 일련의 논문들을 통해서, Thompson의 방법들에 그 자신의 통찰을 접목시켜서, 1960년대의 것을 일반화 시키고, Bernd Fischer에 의해서 개척된 한 기하학적 접근방법으로 빛나는 후속 결과를 성취하였다. 사실상, 그렇게 많은 발전이 Aschbacher에 의해서 행해졌으며 1976년에는, 모든 사람들이 분류를 완결시키기 위한 발전시키는 충분한 기술들을 갖춘 것이 거의 확실시되었다. 다만 세세한 것만 남겼다.

1980년대가 Aschbacher의 뒤를 따라서 Feit와 Thompson의 미국수학회의 대수학 분야의 Cole Prize 수상을 디딤층계로 삼아 안내되었다. 일주일 후에, Robert L. Griess는 그가 "Monster"를 구성했다고 극적인 발표를 하였다. Monster란 가장 큰 sporadic단순군을 말한다. 사실, 그것은 지구상에 존재하는 분자들 수 보다 더 방대한 것이다! 그것의 위수는

808,017,424,794,512,875,886,459,904,961,710,757,005,754,368,000,000,000.

이것은 약 $8 \times 10^{53}$이다. Monster는 196,883차원에서의 회전변환들의 한 군이다. 따라서, 각 원소들은 $196,883 \times 196,883$ 행렬에 의해서 표현된다.

1981년 미국수학회의 연차 총회에서, Gorenstein은 유한단순군들을 분류하는 지난 25년간의 "War"은 이제 끝났다고 선언하였다. 오랜동안 연구해온 군이론가들은 유한단순군들의 한 목록과 그 목록들이 완벽하다는 것을 증명한 것을 갖게 되었다—그것은 발표된 것과 미발표된 것을 포함해서 그 길이가 10,000페이지를 넘었다. 그 증명의 극단적인 길이와 복잡성 때문에, 그리고 그것의 어떤 핵심부분이 아직 발표되지 않은 사실로, 그 분류가 아직 확정적이 아니라는 수학계의 약간의 관심거리가 있었다.

마지막 10년간은, 군 이론가들은 바로잡기 어려운 미 발표논문에 정말 한 결함이 있다는 결론을 내렸다. 1990년 중반에, Aschbacher와 Stephen Smith은 이 문제를 연구하였다. 2004년에, 미국수학회 연차총회에서, Aschbacher은 그와 Smith가 분류를 완성했다고 발표하였다. 그들의 논문은 1200페이지에 달한 것이었다. Aschbacher는 그의 가계(家系)를 그 증명이 이제 결함이 없다는 것에 걸지는 않겠다는 말로 그의 설명을 끝마쳤다. 그 분류에서 중심역할을 했던 몇 사람들은 그 연구는 더 짧고 더 이해하기 쉬운 것이 되도록 하는 "second generation"의 증명을 연구할 것이다.

## 비단순군 판별법(Nonsimplicity Tests)

단순군들이 모든 군들에 대한 건물 벽돌들과 같은 것이라는 관점에서, 얼마나 비가환 단순군들이 놀랄만한 것인지 매우 경이롭다. 예를 들어, $A_5$는 그 위수가 168보다 작은 유일한 것이다; 1000보다 작은 위수를 갖는 비가환 단순군들은 오직 5개 있고 1,000,000보다 작은 위수를 갖는 것은 56개 뿐이다. 이 장에서, 우리는 한 특별한 정수가 어떤 비가환 단순군의위수가 아님을 증명하는데 유용한 몇 가지 정리들을 소개할 것이다. 그 첫번째 결과는 실로우제3정리와 소수멱의 위수를 갖는 군들은 비자명한 중심을 갖는다는 사실로부터 쉽게 계산하는 판별법에 대한 것이다.

### 정리 25.1 비단순군의 실로우 판별법(Sylow Test for Nonsimplicity)

$n$은 소수가 아닌 한 양의 정수이고, $p$는 $n$의 한 약수라 하자. 만약 $p$를 법으로 1이 되는 $n$의 약수가 1뿐이라면, 위수가 $n$인 어떤 단순군도 존재하지 않는다.

**증명** 만약 $n$이 한 소수의 멱이라면, 위수 $n$인 군은 비자명한 중심을 갖기 때문에 단순군이 아니다. 그리고, 만약 $n$이 소수의 멱이 아니라면, 모든 실로우 부분군들은 진부분군이고, 실로우제3정리에 의해서, 위수 $n$인 군의 실로우$p$-부분군들의 개수가 $p$를 법으로 1이고 $n$의 약수임을

안다. 가정에서 1이 단하나의 그런 성질을 갖는 수이므로, 실로우$p$-부분군은 유일하고, 실로우제3정리의 따름정리에 의해서 정규부분군이 된다. □

이 판별법이 얼마나 좋은 것인가? 자, 1에서 200사이의 모든 합성수들에 이 판별법을 적용해보면 다음 정수들만이 비가환 단순군들의 위수가 될 가능성을 갖고 있다: 12, 24, 30, 36, 48, 56, 60, 72, 80, 90, 96, 105, 108, 112, 120, 132, 144, 150, 160, 168, 180, 192.(사실상, 컴퓨터 실험으로 더 큰 구간, 예를 들어 500 또는 그 이상에 대하여, 단순군들의 가능한 합성수들의 90%이상을 판정할 수 있다. [2])

다음 판별은 30, 90, 그리고 150을 제외시키는 것이다.

**정리 25.2 2의 기수 판별법(2 Odd Test)**

$n$은 1보다 큰 홀수일 때, $2n$개의 위수를 갖는 단순군은 존재하지 않는다.

**증명** $n$은 1보다 큰 홀수일 때, $G$를 위수가 $2n$인 한 군이라 하자. Cayley정리의 증명(정리 6.1)의로부터 함수 $g \to T_g$는 $G$에서 $G$의 원소들의 한 치환군으로의 한 동형사상이다.[모든 $x \in G$에 대하여 $T_g(x) = gx$이다]. $|G| = 2n$이므로, Cauchy정리에 의해서 위수가 2인 한 원소 $g \in G$가 존재한다. 그러면, 이 치환 $T_g$는 서로소인 순환치환들의 곱으로 쓸 때, 각 순환치환의 길이는 1이거나 2이다; 그렇지 않으면, $|g| \neq 2$이다. 그러나 $T_g$는 길이 1인 순환치환은 품지 않는다, 왜냐하면 길이 1인 순환치환 $(x)$은 $x = T_g(x) = gx$, 따라서 $g = e$이다. 따라서, 순환치환에서, $T_g$는 $n$이 홀수일 때, 단 $n$개의 호환들으로 구성되어 있다. 그러므로, $T_g$는 기치환이다. $G$의 상에서 우치환 집합들은 지수가 2인 정규부분군이다.(5장 연습문제 19와 9장 연습문제 7 참조). 그러므로, $G$는 단순군이 아니다. □

다음 정리는 Cayley정리의 광의의 일반화이다. 우리는 그것의 비중 있는 2개의 따름 정리들을 소개할 것이다.

**정리 25.3 일반화된 Cayley 정리(Generalized Cayley Theorem)**

$G$는 군이고 $H$는 $G$의 한 부분군이라 하자. $S$를 $H$의 $G$안에서의 좌잉여류들의 모든 치환들로 구성된 군이라 하자. 그러면 $G$에서 $S$에로의 한 준동형사상이 존재하고 그 핵은 $H$안에 있고 $H$안에 품기는 $G$의 모든 정규부분군을 품는다.

**증명** 각 $g \in G$에 대하여, $H$의 좌잉여류들의 한 치환 $T_g$를 $T_g(xH) = gxH$로 정의 하자. Cayley정리의 증명에서와 같이, 사상 $\alpha : g \to T_g$은 $G$에서 $S$로 가는 한 준동형사상임을 쉽게 확인할 수 있다. 이제, 만약 $g \in Ker\,\alpha$이면, $T_g$는 항등사상이다. 따라서 $H = T_g(H) = gH$, 그러므로, $g$는 $H$에 속한다. 따라서, $Ker\,\alpha \subseteq H$이다. 한편, 만약 $K$는 $G$의 정규부분군이고 $K \subseteq H$이라 하면, 임의의 $k \in K$와 임의의 $x \in G$에 대하여, $K$안에 한 원소 $k'$가 존재하여

$kx = xk'$가 성립한다. 따라서, $T_k(xH) = kxH = xk'H = xH$이다. 그러므로, $T_k$는 항등 치환이다. 이것은 $k \in Ker\,\alpha$를 의미한다. 우리는 모든 $H$ 안에 품기는 $G$의 모든 정규부분군은 $Ker\,\alpha$에 역시 품김을 증명하였다. □

정리 25.3의 한 결과로, 우리는 비단순군에 대한 매우 힘 있는 계산에 의한 판별법을 얻을 수 있다.

**따름 정리 1 Index 정리**

만약 $G$가 유한군이고 $H$는 $|G|$가 $|G:H|!$를 나누지 않는 $G$의 한 진정규부분군이라면, $H$는 $G$의 한 비자명한 정규부분군을 포함한다. 특히, $G$는 단순군이 아니다.

**증명** $\alpha$를 정리 25.3에 주어진 준동형사상이라 하자. 그러면 $Ker\,\alpha$는 $H$안에 품기는 $G$의 한 정규부분군이고, $G/Ker\,\alpha$는 $S$의 한 부분군과 동형이다. 따라서, $|G/Ker\alpha| = |G|/|Ker\,\alpha|$는 $|S| = |G:H|!$를 나눈다. $|G|$가 $|G:H|!$를 나누지 못하므로, $Ker\,\alpha$의 위수는 1보다 크다. □

**따름 정리 2 Embedding 정리**

만약 유한 비가환 단순군 $G$가 지표가 $n$인 한 부분군을 갖는다 하면, $G$는 $A_n$의 한 부분군과 동형이다.

**증명** $H$를 지표가 $n$인 한 부분군이라 하고, $S_n$을 $G$안에서 $H$의 $n$개의 좌잉여류의 모든 치환들의 군이라 하자. 일반화된 Cayley 정리에 의해서, $G$에서 $S_n$으로 가는 한 비자명한 준동형사상이 존재한다. $G$는 단순군이고 이 준동형사상의 핵은 $G$의 한 정규부분군임으로, $G$에서 $S_n$으로 가는 사상은 일대일임을 알 수 있고, 따라서, $G$는 $S_n$의 한 부분군과 동형이다. 5장 연습문제19에서 $S_n$의 임의의 부분군은 단지 우치환들로만 구성되거나 절반은 우치환이고 남은 절반은 기치환으로 구성됨을 상기 하자. 만약 $G$가 후자의 한 부분군과 동형이라 가정하면, 우치환들은 지표가 2인 한 정규부분군이 되므로(9장 연습문제 7 참조), 이것은 $G$가 단순군이라는 사실에 모순된다. 따라서, $G$는 $A_n$의 한 부분군과 동형이다. □

$H$에 대한 가장 큰 실로우 부분군의 Index 정리를 이용하면 비가환 단순군들의 가능한 위수들의 목록을 더 확장할 수 있다.

예를 들어, $G$을 위수가 $80 = 16 \cdot 5$인 임의의 군이라 하자. 우리는 위수가 16인 한 부분군 $H$를 택할 수 있다. 80은 5!의 약수가 아니므로, 위수 80인 단순군은 존재하지 않는다. 똑 같은 논증을 위수가 12, 24, 36, 48, 96, 108, 160, 192인 경우에 적용하고, 다만, 위수가 200이하인 비가환 단순군으로 56, 60, 72, 105, 112, 120, 132, 144, 168, 180인 경우만 남게 된다. 이 위수들에 대하여 생각해보자. 자주 우리는 개수 세는 논증(counting argument)을 사용하여 위수들을 제거해 간다. 위수 56인 경우를 생각하자. 실로우 정리에 의해서, 우리는 위수 $56 = 8 \cdot 7$인 한 단순군은 8개의 실로우 7 − 부분군들과 7개의 실로우 2 − 부분군들을 갖고 있음을 알 수 있다. 이제, 위수가 P 인 임의의 2개의 실로우 P − 부분군들은 항등원만 공통원소로 갖는다. 따라서 8개의 실로우 7 − 부분군들의 합집합은 위수가 7인 원소가 48개있고, 임의의 2개의 실로우 2 − 부분군들의 합집합은 적어도 $8+8-4=12$개의 새로운 원소들을 만든다. 그러나 원소가 모두해서 56개 뿐이다. 이것은 위수가 56인 단순군이 존재하지 않음을 말해준다.

유사한 논증으로 위수 105와 132인 경우도 제외된다.

따라서, 우리의 위수 200까지의 비가환 단순군들의 가능한 위수들의 목록은 60, 72, 112, 120, 144, 168, 그리고 180이다. 이들 중에, 60과 168은 단순군들로 된다. 나머지들은 다소간 야단법석을 떨고 제거 될 수 있었다.

가장 쉽게 취급할 수 있는 것은 $112=2^4 \cdot 7$이다. 위수가 112인 한 단순군 $G$가 있다고 가정하자. $G$의 실로우 2-부분군은 지표가 7이다. 따라서, Embedding정리에 의해서, $G$는 $S_7$의 한 부분군과 동형이다. 그러나 112는 $|A_7|$을 나누지 못하므로 , 이것은 모순이다.

또 다른 쉬운 경우는 $72=2^3 \cdot 3^2$인 때이다. 24장 연습문제 21을 상기하면 $G$의 실로우 $p-$부분군들의 개수 $n_p=|G:N(H)|$이다. 여기서, $H$는 $G$의 임의의 실로우 $p-$부분군이다. 이제 위수가 72인 단순군 $G$에 대하여, 실로우 제3정리에 의해서 $n_3|8$이고 $n_3 \bmod 3=1$이다. 따라서 $n_3=4$이다. $|G|=72$는 $|G:N(H)|!=4!=24$를 나누지 못함으로, Index정리에 의해서 $G$는 단순군이 아니다.

다음으로 위수가 $144=9 \cdot 16$인 한 단순군의 가능성에 대하여 생각해보자. 실로우 정리들에 의해서, 우리는 $n_3=4$이거나 $n_3=16$이고 $n_2 \geq 3$임을 알 수 있다. Index정리에 의해서 $n_3=4$인 경우는 제외되고, 따라서 16개의 실로우 3 − 부분군들이 존재한다. 이제, 만약 모든 실로우 3 − 부분군들의 쌍들이 공통으로 항등원만 갖는다면, 이 부분군들에서 $16 \cdot 8+1=129$개의원소들과 2개의 실로우 2 − 부분군들로부터 적어도 16보다 더 많은 원소들을 더해서 144개 이상의 원소를 갖게 된다. 따라서, $H$와 $H'$를 한 쌍의 실로우 3 − 부분군들로 그 공통부분의 위수가 3이다. 그래서 $H \cap H'$는 $H$와 $H'$ 모두의 부분군이다, 정리 24.2의 따름정리(24장 연습문제 35)에 의해서, $N(H \cap H')$는 $H$와 $H'$를 품고, 그러므로, 집합 $HH'$( $HH'$는 부분군일 필요는 없다)도 품어야 한다. 따라서,

$$|N(H \cap H')| \geq |HH'| = \frac{|H||H'|}{|H \cap H'|} = \frac{9 \cdot 9}{3} = 27$$

이제, $k=|N(H \cap H')|$에 3가지 계산상의 조건을 만족하게 된다. 우리는 9가 $k$를 나누고; $k$는 144를 나누고; 그리고 $k \geq 27$이다. 분명히, $k \geq 36$이고, 따라서 $|G:N(H \cap H')| \leq 4$이다. Index정리는 우리가 바라는 모순을 가져온다.

끝으로, $G$를 위수가 $180=2^2 \cdot 3^2 \cdot 5$인 비가환 단순군이라 가정하자. 그러면 $n_5=6$이거나 $n_5=36$이고 $n_3=10$이다. 첫째로, $n_5=36$이라 가정하자. 그러면 $G$는 위수 5인 $36 \cdot 4=144$개의 원소를 갖는다. 이제, 만약 각 실로우 3 − 부분군들의 공통부분은 항등원뿐이면, 이 군은 80개 이상의 원소를 갖는다. 이것은 모순이다. 따라서, 2개의 실로우 3 − 부분군 $L_3$와 $L_3{}'$의 공통부분은 위수가 3이다. 그래서, 위수 144의 경우와 같은 방법으로,

$$|N(L_3 \cap L_3')| \geq |L_3 L_3'| = \frac{9 \cdot 9}{3} = 27$$

이다. 따라서, $|N(L_3 \cap L_3')| = 9 \cdot k$이고, 여기서 $k \geq 3$이고 $k$는 20을 나눈다. 분명히, $|N(L_3 \cap L_3')| \geq 36$이고, 결국 $|G : N(L_3 \cap L_3')| \leq 5$이다. 이것은 Index정리에 모순된다. 그러므로, 우리는 $n_5 = 6$라고 가정할 수 있다. 이 경우, $H$를 $G$의 실로우 5 – 부분군의 정규화군이라 하자. 실로우 제3정리에 의해서, $|G : H| = 6$이고, 따라서 $|H| = 30$이다. 24장에서, 위수 30인 모든 군들은 위수가 15인 한 원소를 가짐을 증명하였다. 한편으로, $n_5 = 6$이므로, $G$는 지표가 6인 한 부분군을 갖고 Embedding정리는 $G$가 $A_6$의 한 부분군과 동형임을 말해준다. 그러나 $A_6$는 위수가 15인 원소를 갖지 않는다.(5장 연습문제7 참조).

불행하게도, 위수120에 대한 논증은 상당히 길고 복잡하다. 그렇지만, 그것을 해내는데 새로운 기술이 요구되는 것은 아니다. 이것은 연습문제로 남긴다(연습문제 17). 약간의 힌트를 해답부분에 남겼다.

## $A_5$의 단순성(The Simplicity of $A_5$)

일단 120이 처리되고 나면, 우리는 1부터 200사이에서 비가환 단순군이 될 수 있는 군의 위수는 단지 60과 168에 대해서만 보일 것이다. 완벽하게 하기위해서, 우리는 이제 위수 60을 갖는 $A_5$가 한 단순군임을 증명할 것이다. 유사한 논증으로 상군 $SL(2, \mathbb{Z}_7)/Z(SL(2, \mathbb{Z}_7))$은 위수 168을 갖는 한 단순군임을 보일 수 있을 것이다.(이 군을 $PSL(2, \mathbb{Z}_7)$로 표기한다).

만약 $A_5$가 한 비자명한 정규부분군 $H$를 갖는다면, $|H|$는 2, 3, 4, 5, 6, 10, 12, 15, 20, 또는 30이다. 5장 연습문제 43에 의해서, 위수5인 원소는 24개, 위수3인 원소는 20개, 그리고 위수15인 원소는 갖지 않는다. 이제, 만약 $|H|$가 3, 6, 12,또는 15이면, $|A_5/H|$은 5와 서로소이고, 그럼으로, $H$는 위수 3인 원소들 24개를 품어야만 한다. 만약 $|H| = 30$이면, $|A_5/H|$는 3과 5에 모두 서로소라 하고, 따라서 $H$는 위수가 3과 5인 모든 원소들을 품어야만 한다. 끝으로, 만약 $|H| = 2$거나 $|H| = 4$이면, $|A_5/H| = 30$이거나 $|A_5/H| = 15$이다.

그러나 우리는 24장의 결과들로부터 위수가 30이거나 15인 임의의 군은 위수 15인 한 원소를 갖고 있음을 알고 있다. 그렇지만, $A_5$는 그런 원소를 품고 있지 않음으로, $A_5/H$도 역시 품지 않는다. 이것으로 $A_5$는 단순군임을 증명하였다.

$A_5$의 단순성은 1830년 Galois에 의해서 알려졌지만, 최초의 형식적인 증명은 1870년에 Jordan에 의해서 이루어졌다. 수년 후에, Felix Klein은 정20면제의 회전이동에 대한 군이 단순군임을 보였고 그러므로, 이것은 $A_5$와 동형이다.(연습문제 27). 그 이후로 그것은 흔히 20면체군(icosahedral group)이라 불린다. Klein은 위수 168인 한 단순군이 존재함을 최초로 증명하였다.

한 구간에 있는 정수들이 유한 단순군의 위수가 될 수 있는가 결정하는 문제는 1892년으로 거슬러 올라간다. 그때 Holder는 200까지 올라갔다. 그의 논증은 144와 180만 갖고 10페이지에 달했다. 1975년까지, 이 연구는 1,000,000훨씬 넘게 추진되었다. [3]을 보면 이 연구의 자세한 것을 볼 수 있다. 물론, 이제는 모든 단순군들이 분류되었으며, 이 문제는 단지 한 역사적인 호기심이다.

### The Fields Medal

수학의 성취에 대한 가장 높은 상은 Fields Medal이다. 2명에서 4명에게 주어지는 이 상은 매 4년마다 개최되는 국제수학자대회(ICM)의 개회식에서 수여된다. 필드매달은 많은 수학자들에게 노벨상과 비견되지만, 이 상들 사이에는 큰 차이가 있다. 뿐만 아니라 이 두상 사이에는 그 평판과 금전적인 가치에 있어서 커다란 불균형이 있다, 필드매달은 40세 이하로 제한되어있다. 이 전통은 그가 매달을 수립한 Charles Fields의 약정에 연유된다, 그 상은 "미래의 성취에 대한 한 격려"이어야 한다. 이 제한이 Andrew Wiles가 그의 페르마 마지막정리의 증명에 대한 필드매달의 수상에서 제외시켰다.

필드매달에 대한 더 많은 정보들은 다음 웹싸이트에서 참고하기 바란다.

www.wikipedia.com.

### The Cole Prize

대략 5년마다, 1928년 초부터, 미국수학회(AMS)가 대수학 연구에서 한 두 명과 대수기하학 연구에서 한 두 명에게 Cole Prize를 수여했다. 이 상은 미국수학회의 간사로 되직한 Frank Nelson Cole의 명예로 재정된 것이다.

Cole이 단순군들에 관심을 갖은 초기 연구자들 중의 한 사람이었음에 비추어보면, 이 상의 수상자들 중에 6명이상이—Dickson, Chevalley, Brauer, Feit, Thompson, 그리고 Aschbacher. 그들의 경력에서 단순군에 대한 중요한 기여를 했다는 것을 확인해보면 흥미롭다.

## 연습문제

실수로부터 배운 것이 없다면 그렇게 한 의미가 없다. HERBERT V. PROCHNOW

**1.** 위수가 $210 = 2 \cdot 3 \cdot 5 \cdot 7$인 단순군이 존재하지 않음을 증명하여라.

**2.** 위수가 $280 = 2^3 \cdot 5 \cdot 7$인 단순군이 존재하지 않음을 증명하여라.

**3.** 위수가 $216 = 2^3 \cdot 3^3$인 단순군이 존재하지 않음을 증명하여라.

**4.** 위수가 $300 = 2^2 \cdot 3 \cdot 5^2$인 단순군이 존재하지 않음을 증명하여라.

**5.** 위수가 $525 = 3 \cdot 5^2 \cdot 7$인 단순군이 존재하지 않음을 증명하여라.

**6.** 위수가 $540 = 2^2 \cdot 3^3 \cdot 5$인 단순군이 존재하지 않음을 증명하여라.

**7.** 위수가 $528 = 2^4 \cdot 3 \cdot 11$인 단순군이 존재하지 않음을 증명하여라.

**8.** 위수가 $315 = 3^2 \cdot 5 \cdot 7$인 단순군이 존재하지 않음을 증명하여라.

**9.** 위수가 $396 = 2^2 \cdot 3^2 \cdot 11$인 단순군이 존재하지 않음을 증명하여라.

**10.** $201 \leq n \leq 235$인 모든 $n$에 대하여 위수가 $n$인 단순군이 존재하지 않음을 증명하여라.

**11.** 일반화된 Cayley정리나 그것의 따름정리를 사용하지 않고, 위수가 112인 단순군이 존재하지 않음을 증명하여라.

**12.** "2 · Odd Test"를 사용하지 않고, 위수가 210인 단순군이 존재하지 않음을 증명하여라.

**13.** 당신은 모든 "hard integers"가 모두 짝수임을 확인했다. 200과 1000사이의 3개의 홀수를 택하여, 그것이 소수가 아니면 모두 단순군이 아님을 보여라.

**14.** 위수가 $pqr$ 인 단순군이 존재하지 않음을 보여라. 여기서 $p, q, r$은 소수이다.($p, q, r$은 서로 다를 필요는 없다).

**15.** $A_5$는 그 위수가 30, 20, 또는 15인 부분군을 포함하지 않음을 보여라.

**16.** $S_5$는 그 위수가 40 또는 30인 부분군을 포함하지 않음을 보여라.

**17.** 위수가 $120 = 2^3 \cdot 3 \cdot 5$인 단순군이 존재하지 않음을 증명하여라.(이 연습문제는 이 장에서 논의됨).

**18.** 만약 $G$는 한 유한군이고 $H$가 최대 위수를 갖는 한 진 정규부분군이라면, $G/H$는 단순군임을 증명하여라.

**19.** $H$는 한 유한군 $G$의 한 부분군이고 $|H|$와 $(|G : H| - 1)!$은 서로소라 가정하자. $H$는 $G$의 정규부분군임을 증명하여라. 한 유한군에서 지표가 2인 부분군에 대하여 무엇을 논의할 수 있을까?

**20.** $p$가 $|G|$를 나누는 최소의 소수라 가정하자. $G$안에서 지표가 $p$인 임의의 부분군은 $G$안에서 정규임을 보여라.

**21.** $S_5$의 비자명한 진정규부분군은 단지 $A_5$임을 증명하여라.(이 연습문제는 32장을 참고하가 바람).

**22.** 위수 60인 한 단순군은 위수 6인 한 부분군과 위수 10인 한 부분군을 가짐을 증명하여라.

**23.** 위수가 168인 군 $PSL(2, \mathbb{Z}_7) = SL(2, \mathbb{Z}_7)/Z(SL(2, \mathbb{Z}_7))$은 한 단순군임을 보여라(이 연습문제는 이 장에서 논의된 것임).

**24.** 치환 $(12)$와 $(12345)$은 $S_5$를 생성함을 보여라.

**25.** $S_5$의 한 부분군 $H$가 한 5－순환치환과 한 2－순환치환를 포함한다고 가정하자. $H = S_5$임을 보여라.(이 연습문제는 32장에서 언급됨).

**26.** $G$가 한 유한단순군이고 부분군들 $H$와 $K$를 품고 $|G : H|$와 $|G : K|$는 소수라 가정하자. $|H| = |K|$임을 보여라.

**27.** $A_5$는 동형에 관하여 위수 60인 단 하나의 단순군임을 보여라.(이 연습문제는 이 장에서 논의됨).

**28.** 한 단순군은 지표 4인 한 부분군을 가질 수 없음을 증명하여라.

**29.** 위수 $p^2q$인 단순군은 존재하지 않음을 증명하여라. 여기서 $p$와 $q$는 홀수 소수이고 $p > q$이다.

**30.** 만약 한 단순군 $G$가 한 부분군 $K$를 갖고 $K$는 $G$의 2개의 서로 다른 극대부분군들의 한 정규부분군이라 하면, $K = \{e\}$임을 증명하여라.

**31.** 한 순환 실로우 2－부분군을 갖고 있는 짝수 위수의 한 유한군은 단순군이 아님을 보여라.

## Reference

**1.** W. Feit and J. G. Thompson, "Solvability of Groups of Odd Order," *Pacific Journal of Mathematics* 13 (1963): 775-1029.

**2.** J. A. Gallian, "Computers in Group Theory," *Mathematics Magazine* 49(1976): 69-73.

**3.** J. A. Gallian, "The Search for Finite Simple Groups," *Mathematics Magazine*49 (1976): 163-179.

## Michael Aschbacher

대학을 졸업하고 바로, 그는 현장에 들어가, 그때부터 그는 나의 프로그램을 뒤에서 추진해 가는 힘이 되었다. 빠른 성공으로 그는 연 이어 놀라운 정리를 증명하였다. 이 마지막 증명에 많은 다른 주요 공헌자들이 있었지만, 그는 혼자서 나의 30년 계획표를 단 10년으로 단축시키는 역할을 하였다.

Daniel Gorenstein, Scientific American

Michael Aschbacher는 1944년 4월 8일 Arkansas주 Little Rock에서 태어났다. 그가 태어난 후 얼마 되지 않아, 그의 가족은 Illinois로 이주하였다. 거기서 그의 부친은 회계학교수였고 그의 모친은 고등학교 영어교사였다. 그가 9살 때, 그의 가족은 Michigan주 East Lansing으로 이주하였다. 6년 뒤에, 그들은 Los Angeles로 옮겼다. 고등학교를 졸업한 후, Aschbacher는 California Institute of Technology에 등록하였다. 학교생활과 병행해서, 그는 처음 4개의 보험회계사 시험과목을 합격하여 수년간 보험회계사로 취업하였다. 여름방학 때는 full time으로 학기 중에는 part time으로 근무하였다. 그에게 영향을 준 2사람의 Caltech수학교수는 Marshall Hall과 Donald Knuth였다. 그가 대학 고학년 일 때, Aschbacher는 추상대수학을 배웠으나 별로 관심을 보이지 않았다. 그래서 그는 C학점을 받았다. 1966년에, Aschbacher는 박사학위를 위해서 Wisconsin대학으로 갔다. 그는 1969년에 학위논문을 마치고, Illinois대학에서 조교수로 1년간 지냈다. 그는 Caltech으로 돌아가 곧바로 교수직위를 갖게 되었다.

Aschbacher의 조합론적 기하학분야의 학위논문은 그를 군이론에 관한 문제를 연구하는 것으로 인정되었다. 점차적으로, 그는 그의 관심이 점점 더 순수 군이론 문제들로 기울려졌다, 특히 유한 단순군들의 분류로 나아가는 것이었다. 1980년에 Cole Prize 선정위원회는 그의 한 논문에 대하여 이렇게 평했다. "이 논문은 그 주제를 한 새로운 대지로 이끌었고 힘이 미치는 범위 내에서 분류를 해냈다" Aschbacher는 National Academy of Sciences, American Academy of Sciences, 그리고 미국수학회 부회장에 선출되었다.

# Daniel Gorenstein

Gorenstein은 마지막 수십년간 가장 영향력 있는 수학자들 중의 한사람이었다.
Michael Aschbacher, Notices of the American Mathematical Society 39(1992):1190

Daniel Gorenstein은 1923년 1월 1일 Boston에서 태어났다. 1943년 Harvard를 졸업하고 세계 제2차대전 기간에, Gorenstein은 하바드에서 군속들에게 수학을 가르치는 강사로 활동하였다. 전후에, 그는 하바드에서 대학원을 다녔다. 그는 1951년에 Oscar Zariski 지도하에 대수기하학에 관한 연구로 박사학위를 받았다. 그의 논문은 지금은 우리가 그의 이름을 본떠서 불리는 한 환의 족이었다. 1951년, Massachusetts주 Worcester에 있는 Clark대학에 취직해서, 그가 1964년 Northeastern대학으로 옮길 때까지 거기서 머물렀다. 1969년부터 그가 별세한 1992년 8월 26일까지는 Rutgers대학에 재직했다.

1957년, Gorenstein은 대수기하에서 유한군으로 바꾸었고, I.N.Herstein으로부터 수년간에 걸쳐 그와 공동연구를 수행하는 동안 기본적인 자료들에 대하여 연구했다. Gorenstein의 군 이론가로서의 업적의 획기적인 사건은 1960-1961 사이에 일어났다. 그가 Chicago대학에서 "Group Theory Year"에 참여하도록 초청 받았을 때였다. 거기에 Gorenstein이 있어서, John Thompson에 의해서 발전되어온 혁명적인 기술들을 흡수 이해하고, 유한단순군들의 분류에 공헌한 근본적인 연구를 시작했다. 그의 개척적인 연구 논문들, 그의 역동적인 강의들, 그의 무수한 개인적인 만남, 그리고 그의 유한군들에 대한 영향력있는 서적을 통해서, Gorenstein은 25년간의 연구 후에 수백 명의 수학자들의 지도자가 되었으며, 유한 단순군들의 분류로 나아갔다. Gorenstein이 받은 영예들 중에는 미국수학회로부터 받은 Steele Prize와 National Academy of sciences와 American Academy of Arts and Sciences의 위원으로 선발된 것이다.
Gorenstein에 대한 더 많은 정보를 다음 사이트에서 얻을 수 있다.

http://www-groups.dcs.st-and.ac.uk/~history/

# John Thompson

그의 역량에는 한계가 없는 것 같았다. Daniel Gorenstein

John Thompson은 1932년 10월 13일 Kansas주 Ottawa에서 태어났다. 1951년에, 그는 Yale대학에 신학을 전공하는 학생으로 입학하여 2학년에 수학으로 전공을 바꾸었다. 1955년, Chicago대학에서 대학원을 시작해서 4년 뒤에 박사학위를 취득하였다. Harvard에서 1년간 교직에 있다가, Thompson은 Chicago대학으로 돌아갔다. 그는 1968년까지 거기에 머물렀다. 그가 영국의 Cambridge대학으로 옮겼을 때, 1993년, Thompson은 Florida대학에 취업을 받아드렸다. Thompson의 탁월함은 일찍이 확인되었다. 그의 학위논문에서, 그는 유한군들은 한 어떤 특별한 종류의 자기동형군을 갖고있다는 지난 50년간의 미해결문제를 해결하였다.(그의 업적에 대한 기사는 The New York Times에 실렸다) Thompson이 그의 학위논문에서 사용했던 기발한 방법들은 그가 나중에 Feit-Thompson논문과 극소 단순군들(진비가환 단순부분군을 품지 않는 단순군들)의 분류에 소개되는 혁명적인 착상들의 전조가 되었다. 1960년대와 1970년대에 걸쳐서 다른 연구자들에 의해 Thompson의 방법들은 동화되고 확장되어 종국에는 유한 단순군들의 분류를 이끌어 냈다.

1970년대 후반에,Thompson은 부호이론, 유한 사영평면 이론, 그리고 modular함수 이론의 연구에 의미 있는 공헌을 하였다. 그의 갈로아군에 관한 최근 업적은 20세기 후반 반세기 동안에 이 분야에서 가장 중요한 업적으로 간주되고 있다.

Thompson의 많은 명예 중에는 대수학에서 Cole Prize와 Fields Medal를 받은 것이다. 그는 1967년에 National Academy of Sciences, 1979년에 Royal Society of London, 1998년에 American Academy of Arts and Sciences 회원이 되었다. 2000년에, Clinton대통령은 National Medal of Science를 수여했다. 2008년에 그는 Norwegian Academy of Science and Letters가 수여하는 $1,000,000 Abel Prize를 공동 수상하였다.

Thompson에 대한 더 많은 정보를 다음 사이트에서 얻을 수 있다.

http://www-groups.dcs.st-and.ac.uk/~history/

# 26절 생성원과 관계식 (Generators and Relations)

우리는 이런 수학적 공식들이 독립된 존재성과 그 자체 지혜를 갖고 있으며, 우리들보다 나아가서 그것들을 발견한 사람들 보다도 더 현명한 것이라는 감정에서 벗어날 수가 없다. 우리가 처음 생각했던 것 보다 더 많은 것을 얻게 된다. Henrich Hertz

## 동기유발(Motivation)

이 장에서는, 특정하게 주어진 성질들을 갖는 한 군을 정의하는 한 편리한 방법을 제공하고자 한다. 단순하게 말하면, 그 군을 생성하는 원소들의 집합과 그 생성원들이 만족하는 조건들을 결정하는 관계식들의 집합으로 시작한다. 모든 가능한 군들 가운데, 가능한 가장 큰 하나를 선택할 것이다. 이것은 동형에 관하여 유일하게 군을 결정할 것이다. 이 이론에 관련한 동기유발을 제공하기 위해, 정사각형의 이면체군 $D_4$를 생각해보자. $R = R_{90}$와 $H$는 한 수평축에 대한 반사이동으로 이 군을 생성한다. 두 원소 $R$과 $H$가 다음과 같은 관계를 갖는다.

$$R^4 = H^2 = (RH)^2 = R_0(\text{항등원}) \tag{1}$$

$R$과 $H$의 다른 관계식들은 $HR = R^3H$이고 $RHR = H$와 같은 식들이 역시 존재하고, 그러나 그것들은 주어진 식 (1)로부터 유도될 수 있다. 예를 들어, $(RH)^2 = R_0$은 $HR = R^{-1}H^{-1}$이고, $R^4 = H^2 = R_0$은 $R^{-1} = R^3$이고 $H^{-1} = H$을 유도한다. 따라서, $HR = R^3H$이다. 사실, $R$과 $H$의 모든 관계식은 주어진 식 (1)로부터 유도될 수 있다.

따라서, $D_4$는 $a^4 = b^2 = (ab)^2 = e$의 관계식을 만족하고 $a$와 $b$사이의 모든 다른 관계식들은 이 관계식들에 의해서 유도되는 한 쌍의 원소 $a$와 $b$에 의해서 생성되는 군이다. 이 마지막 조건은 $D_4$의 부분군 $\{R_0, R_{180}, H, V\}$이 두 원소 $a = R_{180}$과 $b = H$가 관계식 $a^4 = b^2 = (ab)^2 = e$를 만족하기 때문에 필요한 조건이 된다. 그러나, 이 부분군에서 성립하는 추가적인 관계식 $a^2 = e$ 은 원래의 관계식들($R_{90}^2 \neq R_0$이기 때문에)로부터 유도될 수 없고 이 부분군에서만 만족된다. $D_4$의 이와 같은 설명은 또한 어떤 다른 군에도 적용되는지 어떤지 묻는 것은 자연스러운 일이다. 그 답은 안 된다는 것이다. 두 원소 $\alpha$와 $\beta$가 단 하나의 관계식 $\alpha^4 = \beta^2 = (\alpha\beta)^2 = e$를 만족하고, 이 관계식으로부터 유도된 원소들에 의해서 생성되는 임의의 다른 군도 $D_4$와 동형이다. 유사하게, $\mathbb{Z}_4 \oplus \mathbb{Z}_2$은 $a^4 = b^2 = e$이고 $ab = ba$가 성립하는 두 원소 $a$와 $b$에 의해서 생성되며, $a$와 $b$ 사이의 임의의 다른 관계식은 이 관계식들로부터 유도된다. 이 장의 목적은 이 과정이 역으로 유도될 수 있음을 보여주고자 한다: 즉, 우리는 임의의 생성원들의 집합과 생성원 사이의 관계식들로부터 시작하여 이 생성원들과 관계식들에 의해서 유일하게 기술되는 군을 만들수 있고, 생성원들 사이의 다른 모든 관계식들은 원래의 것들로부터 유도될 수 있다는 조건에 따른다.

## 정의와 표기법(Definitions and Notation)

몇 가지 정의들과 표기법으로 시작하겠다. 임의의 집합 $S=\{a, b, c, \cdots\}$은 서로 다른 기호들의 집합이고, 한 새로운 집합 $S^{-1}=\{a^{-1}, b^{-1}, c^{-1}, \cdots\}$는 $S$에서의 각 원소 $x$에 대하여 $x^{-1}$로 대치시킨 것이다. $W(S)$는 각 $x_i \in S \cup S^{-1}$에 의해 만들어진 $x_1x_2 \cdots x_k$꼴의 모든 형식적인 유한 끈들의 집합으로 정의하자. $W(S)$의 원소들을 **$S$로부터 만들어진 단어들(words from $S$)**이라 한다. 또한 $W(S)$에서 원소를 갖지 않는 끈을 **빈 단어(empty word)**라 부르고 $e$로 나타낸다.

집합 $W(S)$ 위에 한 이항연산을 병렬화에 의해서 정의할 수 있다: 즉, 만약 $x_1x_2 \cdots x_k$과 $y_1y_2 \cdots y_k$가 $W(S)$에 속한다면, $x_1x_2 \cdots x_k y_1 y_2 \cdots y_k$가 $W(S)$에 속한다고 정의한다. 이 연산이 결합법칙이 성립하고 빈단어가 항등원임을 알 수 있다. 또한, $aa^{-1}$와 같은 단어는 항등원이 아니다, 왜냐하면 우리는 $W(S)$의 원소들을 아무런 의미를 갖지 않는 형식적인 기호들로 취급하고 있기 때문이다.

이 단계에서 역원을 제외하고 $W(S)$가 한 군이 될 필요한 모든 조건들을 갖추었다. 그런데 여기에 한 어려움이 제기된다, 단어 $ab$의 역원이 말하자면, $b^{-1}a^{-1}$가 되어야하는 것이 합당하게 보이기 때문이다. 그러나 $abb^{-1}a^{-1}$은 빈단어가 아니다! 오래전에 정역의 상체를 구성하는 과정에서 직면했던 한 유사한 장애물을 기억할 것이다. 거기서 $a/b$꼴의 형식적인 기호가 있었고 $a/b$의 역원이 $b/a$이기를 바랐었다. 그러나 그들의 곱, $ab/(ba)$의 형식적인 기호는 항등원, $1/1$의 형식적인 기호와 같지 않다. 따라서, 우리는 그때 했던 것과 같이 동치류를 사용하게 된다.

### 정의: 단어의 동치류(Equivalence Classes of Words)

$W(S)$의 임의의 한 쌍의 원소 $u$와 $v$에 대하여, $u$가 $v$와 관계가 있다는 것은 $v$가 $u$로부터 한 유한수열의 $x \in S$에 대한 $xx^{-1}$ 또는 $x^{-1}x$ 꼴의 단어들을 삽입하거나 제거함으로써 구할 수 있을 때를 말한다. ■

우리는 위의 관계가 $W(S)$에서 한 동치관계임을 보이는 것은 연습문제로 남긴다.(연습문제 1)

**예제 1** $S=\{a,b,c\}$라 하자. 그러면 $acc^{-1}b$는 $ab$와 동등하다; $aab^{-1}bbaccc^{-1}$는 $aabac$와 동등하고; 단어 $a^{-1}aabb^{-1}a^{-1}$은 빈단어와 동등하고; 단어 $ca^{-1}b$은 $cc^{-1}caa^{-1}a^{-1}bbca^{-1}ac^{-1}b^{-1}$와 동등하다. 그렇지만, $cac^{-1}b$는 $ab$와 동등하지 않다. ■

## 자유군(Free Group)

**정리 26.1 동치류 집합은 한 군을 이룬다.(Equivalence Classes Form a Group)**

$S$를 서로 다른 기호들의 한 집합이라 하자. $W(S)$의 임의의 단어 $u$에 대하여, $\bar{u}$를 $W(S)$에서 $u$와 동등한 모든 단어들의 집합을 표시한다. 그러면 $W(S)$의 원소들의 동치류들의 집합은 다음 연

산 $\overline{u}\cdot\overline{v}=\overline{uv}$에 의해서 군이 된다.

**증명** 이 증명은 독자에게 맡긴다. □

정리 26.1에서 정의된 군을 $S$위에서 한 **자유군**이라 부른다. 정리 26.2는 왜 자유군이 중요한지 그 이유를 설명할 것이다.

**정리 26.2 일반적인 사상의 성질(The Universal Mapping Property)**

임의의 군은 한 자유군의 준동형사상의 상이다.

**증명** $G$를 한 군이라 하고 $S$를 $G$에 대한 한 생성원들의 집합이라 하자.(그런 한 집합은 존재한다, 왜냐하면 우리는 $S$를 $G$자신으로 택할 수도 있기 때문이다). 이제 $F$를 $S$위에서의 자유군이라 하자. 유감스럽게도, $W(S)$안에서의 임의의 단어의 표기와 $G$의 원소에 대한 표기가 같아서, 우리는 이를 위해서 표기상의 문제를 해결해야한다. 따라서, 두 가지 경우를 구별하기 위해서, 우리는 $W(S)$에서의 단어 $x_1x_2\cdots x_n$를 $(x_1x_2\cdots x_n)_F$로 표시하고 $G$에서의 곱 $x_1x_2\cdots x_n$은 $(x_1x_2\cdots x_n)_G$로 표기한다. 전과 같이, $\overline{x_1x_2\cdots x_n}$은 $W(S)$에서의 단어 $(x_1x_2\cdots x_n)_F$를 포함하는 $F$에서의 동치류를 나타낸다. $F$와 $G$에서의 연산이 다르기 때문에, $\overline{x_1x_2\cdots x_n}$와 $(x_1x_2\cdots x_n)_G$는 전혀 다른 원소들임을 알아야한다.

이제 $F$에서 $G$로 가는 사상 $\phi$을 $\phi(\overline{x_1x_2\cdots x_n})=(x_1x_2\cdots x_n)_G$로 정의하자.

[우리가 할 일은 $F$에서의 한 곱을 $G$에서의 한 곱으로 보는 것뿐이다.

예를 들어, 만약 $G$가 $a$로 생성된 위수가 4인 순환군이라 하면, $\phi(\overline{aaaaa})=(aaaaa)_G=a$이다.]

분명하게, $\phi$는 잘 정의된다, 왜냐하면 $W(S)$안에 $xx^{-1}$ 또는 $x^{-1}x$꼴의 표현을 삽입하거나 제거하는 것이 $G$안에서 항등원을 삽입하거나 제거하는 것에 대응되기 때문이다. $\phi$의 연산보존을 확인하는 것은, $\phi(\overline{x_1x_2\cdots x_n})(\overline{y_1y_2\cdots y_m})=\phi(\overline{x_1x_2\cdots x_ny_1y_2\cdots y_m})$ $=(x_1x_2\cdots x_ny_1y_2\cdots y_m)_G=(x_1x_2\cdots x_n)_G(y_1y_2\cdots y_m)_G$을 계산하면 된다.

끝으로, $S$가 $G$를 생성함으로 $\phi$는 전사이다. □

다음 따름정리는 정리 26.2와 군의 제1동형정리의 한 결과이다.

**따름 정리 일반적인 상군의 성질(Universal Factor Group property)**

임의의 군은 한 자유군의 한 상군과 동형이다.

## 생성원과 관계식(Generators and Relations)

한 군을 생성원들과 관계식들에 의해서 정하는 기초를 마련하였다. 정의를 하기 전에, 한 예를 들어 기본개념을 설명하고자 한다.

**예제 2** $F$를 집합 $\{a, b\}$ 위에서의 자유군이라 하고 $N$를 집합 $\{a^4, b^2, (ab)^2\}$를 품는 $F$의 최소 정규부분군이라 하자. 우리는 $F/N$이 $D_4$와 동형임을 보일 것이다. 우리는 $F$에서 $D_4$위로 가는 사상 $\phi$를 $a$는 $R_{90}$으로 $b$는 $H$(수평 반사이동)로 대응하는 것으로 생각해 보자. $\phi$는 준동형사상이고 그 핵은 $N$을 포함한다. 따라서, $F/Ker\phi$는 $D_4$에 동형적이다.

한편, $K = \{N, aN, a^2N, a^3N, bN, abN, a^2bN, a^3bN\}$는 $N$의 $F/N$자신의 좌측잉여류 집합이다. 이것을 보이기 위해, $F/N$의 모든 원소들은 $N$과 $a$와 $b$들의 다양한 결합들을 $N$의 왼쪽에 곱한 것들에 의해서 생성됨을 주목하자. $K$가 $a$의 좌측곱셈에 대하여 닫혀있음은 당연하다. $b$에 대해서는, 8가지 경우 중에서 단 한가지만 설명하겠다. $b(aN)$을 생각해보자. $b^2, abab, a^4 \in N$ 이고 $Nb = bN$이므로, $baN = baNb^2 = babNb = a^{-1}(abab)Nb = a^{-1}a^4Nb = a^3Nb = a^3bN$ 이다. 다른 경우들도 완성해보면(연습문제 3 참조), 우리는 $F/N$가 기껏해서 8개의 원소들을 갖고 있음을 안다. 동시에, $F/Ker\phi$도 꼭 8개의 원소를 갖는다.

$F/Ker\phi$는 $F/N$의 한 상군이므로, [사실상, $F/Ker\phi \approx (F/N)/(Ker\phi/N)$이다] $F/N$은 역시 8개의 원소를 갖으며 $F/N = F/Ker\phi \approx D_4$이다.

---

**정의: 생성원과 관계식(Generators and Relations)**

$G$를 어떤 부분집합 $A = \{a_1, a_2, \cdots, a_n\}$에 의해서 생성된 군이라 하고 $F$는 $A$ 위에서의 자유군이라 하자. $W = \{w_1, w_2, \cdots, w_t\}$를 $F$의 한 부분집합이고 $N$는 $W$를 품는 $F$의 최소 정규부분군이라 하자. 만약에 $a_iN$을 $a_i$로 대응시키는 $F/N$에서 $G$위에로의 한 동형사상이 존재하면, $G$가 **생성원들(generators)** $a_1, a_2, \cdots, a_n$과 **관계식들(relations)** $w_1 = w_2 = \cdots = w_t = e$에 의해서 주어진다고 말한다.

---

이 상황에서 표기는 다음과 같이 한다.

$$G = \langle a_1, a_2, \cdots, a_n | w_1 = w_2 = \cdots = w_t = e \rangle.$$

편리하게 하기 위해서, 우리는 위의 정의에서 생성원들과 관계식들의 수를 유한인 경우로 제한하였다. 이 제한은 반드시 필요한 것은 아니다. 그리고, 역시, 한 관계식을 불명확한 형식으로 쓰면 가끔은 더 편리할 때가 있다. 예를 들어, 관계식 $a^{-1}b^{-3}ab = e$을 $ab = b^3a$로 쓴다. 실제로, 관계식을 포함하는 정규부분군 $N$의 원소들을 모두 쓰는 괴로움을 겪을 필요는 없다. 대신에, 우리의 표기들이 나타내는 바와 같이, 생성원들과 $N$안에 있는 원소들과 항등원의 관계식으로 취급한다. $G$가 $\langle a_1, a_2, \cdots, a_n | w_1 = w_2 = \cdots = w_t = e \rangle$로 주어진다고 말하는 것을 많은 저자들은 $G$가 $\langle a_1, a_2, \cdots, a_n | w_1 = w_2 = \cdots = w_t = e \rangle$의 **표현(presentation)**을 갖는다고 말한다.

한 자유군에서 "자유"의 의미는 관계식들이 자유롭다는 것이다: 즉, 빈단어를 품는 동치류가 단 하나의 관계식만 갖는다는 것이다. 한 자유군의 한 부분군이 역시 자유군이 된다는 사실을 당연한 것으로 여기자. 자유군들은 이산군론으로 알려진 대수학의 한 분야로서 근본적으로 중요한 것이다.

**예제 3** 예제 2에서의 논의는 다음과 같이 써서 정리할 수 있다.

$$D_4 = \langle a, b \mid a^4 = b^2 = (ab)^2 = e \rangle.$$

**예제 4** 정수군은 한 문자위의 자유군이다; 즉, $\mathbb{Z} \approx \langle a \mid \rangle$ 이다. (이것은 자유군이 되는 단 하나의 비자명 가환군이다.)

다음 정리는 예2에서 사용된 논증을 공식화한 것으로 거기서 정의된 군이 8개의 원소를 갖고 있음을 증명한 것이다.

**정리 26.3 (Dyck, 1882)**

$G = \langle a_1, a_2, \cdots, a_n \mid w_1 = w_2 = \cdots = w_t = e \rangle$ 라 하고,

$$\overline{G} = \langle a_1, a_2, \cdots, a_n \mid w_1 = w_2 = \cdots = w_t = w_{t+1} = \cdots = w_{t+k} = e \rangle$$

라 하자. 그러면 $\overline{G}$는 $G$의 한 준동형사상의 상이다.

**증명** 연습문제 5 참조. □

요컨대, 정리 26.3은 만약 네가 한 군 $G$에 대하여 생성원들과 관계식들로부터 시작해서 추가로 관계식들을 첨부하여 한 군 $\overline{G}$를 만든다면, $\overline{G}$는 $G$의 한 준동형사상의 상이다.

**따름 정리 Defining Relations을 만족하는 가장 큰 군**

만약 $K$가 한 유한군 $G$를 정의하는 관계식들을 만족하는 군이고 $|K| \geq |G|$이면, $K$는 $G$와 동형이다.

**증명** 연습문제 5 참조. □

**예제 5** 4원수환(Quaternions)

군 $G = \langle a, b \mid a^2 = b^2 = (ab)^2 \rangle$를 생각해보자. $G$는 어떤 것일까? 형식적으로는, 물론, $G$는 $F/N$에 동형이다. 여기서, $F$는 $\{a, b\}$ 위에서 자유군이고 $N$는 $b^{-2}a^2$와 $(ab)^{-2}a^2$를 품는 $F$의 최소 정규부분군이다. 이제, $H = \langle b \rangle$이고 $S = \{H, aH\}$라 하자. 그러면, 예제 2에서와 같은 방법으로, $S$는 $a$와 $b$를 좌측 곱셈에 대하여 닫혀있다. 따라서, 예제 2에서와 같이, $G = H \cup aH$이다. 따라서, $H$의 원소가 정확하게 몇 개있는지만 알면 $G$의 원소들을 결정할 수가 있다. (여기서 다시, 3개의 관계식들

이 나온다.) 이렇게 하기위해서, 먼저 $b^2 = (ab)^2 = abab$을 살펴보면 $b = aba$이 된다. 그래서 $a^2 = b^2 = (aba)(aba) = aba^2ba = ab^4a$이고 결국 $b^4 = e$가 된다. 이제부터, $H$는 기껏해야 4개의 원소를 갖고, 따라서 $G$는 기껏해야 8개의 원소를 갖게 된다. 이들은, $e, b, b^2, b^3, a, ab, ab^2$, 그리고 $ab^3$이다. 그러나, 이 8개의 원소들이 모두 서로 다르지는 않으리라 상상할 수도 있을 것이다.
예를 들어, $\mathbb{Z}_2 \oplus \mathbb{Z}_2$은 정의된 관계식들을 만족하고 단지 원소가 4개뿐인 것이다. 아마도, 그것은 그 관계들을 만족하는 가장 큰 군일 것이다. 위에서 열거한 8개의 원소들이 서로 다른 것을 어떻게 보일 수 있을까?
그러면, 두 행렬 $A = \begin{pmatrix} 0 & 1 \\ -1 & 0 \end{pmatrix}$, $B = \begin{pmatrix} 0 & i \\ i & 0 \end{pmatrix}$로 생성되는 군 $\overline{G}$를 생각해보자. 여기서 $i = \sqrt{-1}$이다. 직접적인 계산으로 $\overline{G}$의 원소들 $e, B, B^2, B^3, A, AB, AB^2, AB^3$은 서로 다른 원소들이고, $\overline{G}$는 관계식; $A^2 = B^2 = (AB)^2$를 만족한다. 따라서, Dyck정리의 따름정리로부터 $\overline{G}$는 $G$와 동형이 되고 따라서 $G$의 위수는 8이다.

다음 예는, 예제 2와 예제 5에서 군에서 열거된 8개의 원소들이 서로 다름을 밝혀야 하는지 그 이유를 설명하고자한다.

**예제 6** $G = \langle a, b \mid a^3 = b^9 = e, a^{-1}ba = b^{-1} \rangle$이라 하자.
다시 한번, $H = \langle b \rangle$라 하면 $G = H \cup aH \cup a^2H$ 임을 알 수 있다. 따라서,
$G = \{a^ib^j \mid 0 \le i \le 2, 0 \le j \le 8\}$, 그럼으로 $G$는 기껏해야 27개의 원소를 갖는다. 그러나 이번에는 $G$와 똑 같은 관계식을 만족하는 위수가 27인 어떤 구체적인 군을 찾을 수가 없다. 왜냐하면, $b^{-1} = a^{-1}ba$은 $b = (a^{-1}ba)^{-1} = a^{-1}b^{-1}a$을 유도 한다. 따라서,
$b = ebe = a^{-3}ba^3 = a^{-2}(a^{-1}ba)a^2 = a^{-2}b^{-1}a^2 = a^{-1}(a^{-1}b^{-1}a)a = a^{-1}ba = b^{-1}$
따라서, 원래 3개의 관계식들은 추가적인 관계 $b^2 = e$을 유도한다. 그러나 $b^2 = e = b^9$이므로 $b = e$가 된다. 그래서, $G$는 기껏해서 서로 다른 3개의 원소를 갖는다—그것은, $e, a, a^2$이다. 그러나 $Z_3$는 $a = 1$이고 $b = 0$인 주어진 관계식을 만족한다. 따라서, $|G| = 3$이다.

우리는 예제 6이 한 생성원들과 관계식들에 의해서 주어진 군의 원소들의 목록이 얻어지면 그 목록에 중복이 없다는 것을 밝혀야한다는 사실을 확인시켜주었다. 전형적으로, 이것은 한 특별한 군이 주어진 생성원들의 집합과 관계식들을 만족하고 그 목록과 같은 크기를 갖는 것을 보여줌으로서 완성되었다. 분명히, 경험은 여기서 한 역할을 할 것이다.

여기에 [1]로부터 인용한 한 가지 재미있는 예가 있다.

**예제 7** $G$는 26개 알파벳문자를 생성원들로 갖는 군이라 하자. 관계식들에 대해서는 두 단어들 $A$와 $B$가 같은 발음을 갖고 다른 의미를 가지면, 우리는 두 일련들(strings)을 $A = B$이라고 한다.[2](이런 단어들을 동음이형(homophones)이라 한다.)

예를 들어, buy = by = bye, hour = our, lead = led, whole = hole. 이 일련들과 소약법칙으로부터, 우리는 $u = e = h = a = w = \varnothing$ ($\varnothing$ 은 항등원인 일련이다)을 얻는다. 이 예들을 마음속에 간직하면, 우리는 이 생성원들과 관계식들에 의해서 주어진 군은 무엇일까? 하는 물음을 하게 된다. 놀랍게도, 그것은 $v$로 생성되는 무한순환군이 된다. 이 사실을 밝히기 위해서, $v$를 제외한 모든 문자들은 $\varnothing$ 과 동등하고 어떤 두 개의 동음이형도 서로 다른 개수의 $v$들은 포함하지 않음을 보여야 한다. 앞부분은 동음이형들로부터 쉽게 밝힐 수 있다. 예를 들어, inn = in, plumb = plum, knot = not로부터, 우리는 $n = b = k = \varnothing$ 임을 알 수 있다. 그리고, too = to로부터 $o = \varnothing$ 을 얻는다. 어떤 두 개의 동음이형도 서로 다른 개수의 $v$들은 포함하지 않음을 보이기 위해서는 단순하게 모든 경우들을 확인해야만 한다[2]. 대조적으로, W.C.Townsend의 **동음이형들의 단행본**(Handbook of Homophones) (http://members.peak.org/~jeremy/dictionaryclassic/chapters/homophones.php)을 참고하면 $felt/veldt$ 를 동음이형으로 분류하고 있다. 물론, 이것을 포함시키면 군은 자명(trivial)하다.

## 위수 15까지의 군들의 분류(Classification of Groups of Order up to 15)

다음 정리는 이 장에서 제공한 이론들의 유용성을 설명해주고 있다.

**정리 26.4 위수 8인 군들의 분류(Cayley,1859)**

동형의 관점에서, 위수 8인 군들은 오직 5개 뿐이다: $\mathbb{Z}_8$, $\mathbb{Z}_4 \oplus \mathbb{Z}_2$, $\mathbb{Z}_2 \oplus \mathbb{Z}_2 \oplus \mathbb{Z}_2$, $D_4$, 그리고 사원수군(Quaternions)

**증명** 유한가환군의 기본정리를 가환인 경우에 적용한다. 이제, 위수 8인 군 $G$가 비가환이라 하자. 또한, $G_1 = \langle a, b \mid a^4 = b^2 = (ab)^2 = e \rangle$라 하고 $G_2 = \langle a, b \mid a^2 = b^2 = (ab)^2 \rangle$이라 하자. 우리는 앞의 예들로부터 $G_1$은 $D_4$와 동형이고 $G_2$는 사원수군과 동형이다. 따라서, $G$가 $G_1$ 또는 $G_2$에 대하여 주어진 관계식들 보이면 충분하다. 그것은 2장의 연습문제 35와 라그랑쥐정리로부터 $G$는 위수가 4인 원소를 갖는다: 그것을 $a$라 하자. 그래서, 만약 $b$를 $G$의 원소로서 $\langle a \rangle$에 속하지 않는 임의의 원소라 하면, 우리는 $G = \langle a \rangle \cup \langle a \rangle b = \{e, a, a^2, a^3, b, ab, a^2b, a^3b\}$ 임을 알 수 있다.

$G$의 원소 $b^2$를 생각해보자. 그것은 $G$의 8개의 원소 중 어느 것일까? 소약법칙에 의하면 $b, ab, a^2b, a^3b$는 아니다. $a$도 아니다, 왜냐하면 $b^2$은 $b$와 교환법칙이 성립하지만 $a$와는 성립하지 않기 때문이다. $a^3$도 같은 이유로 아니다. 따라서, $b^2 = e$이거나 $b^2 = a^2$이다.

$b^2 = e$라 가정하자. $\langle a \rangle$는 $G$의 한 정규부분군이므로, 우리는 $bab^{-1} \in \langle a \rangle$ 임을 알 수 있다. 이것과 $|bab^{-1}| = |a|$라는 사실로부터, 우리는 $bab^{-1} = a$이거나 $bab^{-1} = a^{-1}$임을 얻는다. 처음 관계식은 $G$가 가환임을 말하고, 따라서 우리는 $bab^{-1} = a^{-1}$라 할 수 있다. 그러나 그때, $b^2 = e$이므로, 우리는 $(ab)^2 = e$ 이다, 그럼으로 $G$는 $G_1$에 대한 주어진 관계식을 만족하게

된다. 끝으로, 만약 $b^2=e$ 대신에 $b^2=a^2$이 성립한다면, $bab^{-1}=a^{-1}$을 이용하여 $(ab)^2=a(bab^{-1})b^2=aa^{-1}b^2=b^2$라 할 수 있다, 그럼으로 $G$는 $G_2$에 대한 주어진 관계식을 만족하게 된다. □

위수 8인 군들의 분류와, 24장의로부터 위수가 $p^2$, $2p$ 그리고 $pq$인 군들에 대한 결과들이 위수 12인 군들을 제외하고, 위수 15까지의 군들의 분류를 가능하게 한다. 우리는 위수 12인 4개의 군들은 이미 알고 있다– 즉, $Z_{12}$, $Z_6 \oplus Z_2$, $D_6$와 $A_4$이다. 정리 26.4와 같은 맥락에 따른 논증에 의해 위수가 12인 단 하나의 군이 존재함을 보일 수 있다. 이 군을 위수 12인 **이중순환군(dicyclic group)**이라 부르며 $Q_6$로 표기한다. 이 군은 $\langle a, b \mid a^6=e, a^3=b^2, b^{-1}ab=a^{-1}\rangle$의 표현으로 쓸 수 있다. 표 26.1은 위수 15 이하인 모든 군들을 나열한 것이다. 우리는 사원수군을 $Q_4$로 표기한다.(이 장의 예제 5 참조)

〈표 26.1〉 위수 15까지 군들의 분류

| 위수 | 가환군 | 비가환군 |
|---|---|---|
| 1 | $\mathbb{Z}_1$ | |
| 2 | $\mathbb{Z}_2$ | |
| 3 | $\mathbb{Z}_3$ | |
| 4 | $\mathbb{Z}_4$, $\mathbb{Z}_2 \oplus \mathbb{Z}_2$ | |
| 5 | $\mathbb{Z}_5$ | |
| 6 | $\mathbb{Z}_6$ | $D_3$ |
| 7 | $\mathbb{Z}_7$ | |
| 8 | $\mathbb{Z}_8$, $\mathbb{Z}_4 \oplus \mathbb{Z}_2$, $\mathbb{Z}_2 \oplus \mathbb{Z}_2 \oplus \mathbb{Z}_2$ | $D_4$, $Q_4$ |
| 9 | $\mathbb{Z}_9$, $\mathbb{Z}_3 \oplus \mathbb{Z}_3$ | |
| 10 | $\mathbb{Z}_{10}$ | $D_5$ |
| 11 | $\mathbb{Z}_{11}$ | |
| 12 | $\mathbb{Z}_{12}$, $\mathbb{Z}_6 \oplus \mathbb{Z}_2$ | $D_6$, $A_4$, $Q_6$ |
| 13 | $\mathbb{Z}_{13}$ | |
| 14 | $\mathbb{Z}_{14}$ | $D_7$ |
| 15 | $\mathbb{Z}_{15}$ | |

## 이면체군의 특정화(Characterization of Dihedral Groups)

생성원들과 관계식들의 또 다른 좋은 응용으로, 우리는 이제 100여 년간 알려진 이면체군들의 한 특정화에 대하여 논의하겠다. $n \geq 3$에 대하여, 한 정$n$각형의 대칭들의 군을 $D_n$으로 표기한다. 예제 2를 모방해서, $D_n \approx \langle a, b \mid a^n=b^2=(ab)^2=e\rangle$임을 알 수 있다.(연습문제 9 참조)

유추에 의해서, 이 생성원들과 관계식들은 또한 $D_1$과 $D_2$를 정의하는데 도움을 준다.(이것들도 이면체군으로 불린다.) 끝으로, 우리는 무한 이면체군 $D_\infty$를 $\langle a, b \mid a^2 = b^2 = e \rangle$로 정의한다. $D_\infty$의 원소들은 다음과 같이 나열된다.

$$e, a, b, ab, ba, (ab)a, (ba)b, (ab)^2, (ba)^2, (ab)^2a, (ba)^2b, (ab)^3, (ba)^3, \cdots.$$

**정리 26.5 이면체군의 특정화**

위수가 2 인 한 쌍의 원소들에 의해 생성되는 임의의 군은 이면체군이다.

**증명** $G$를 위수가 2 인 한 쌍의 서로 다른 두 원소들 $a$와 $b$에 의해 생성되는 한 군이라 하자. 우리는 원소 $ab$의 위수를 생각해보자. 만약 $|ab| = \infty$ 라면, $G$는 무한군이고 $D_\infty$의 관계식을 만족한다. 우리는 $G$가 $D_\infty$와 동형임을 보일 것이다. Dyck정리에 의해서, $G$는 $D_\infty$의 어떤 상군과 동형이다. 이 상군을 $D_\infty/H$라 하자. 이제, $h \in H$이고 $h \neq e$라 가정하자. $D_\infty$의 모든 원소들은 $(ab)^i, (ba)^i, (ab)^i a, (ba)^i b$꼴들 중 하나이므로, 대칭에 의해서, 우리는 $h = (ab)^i$ 또는 $h = (ab)^i a$라 가정 할 수 있다. 만약 $h = (ab)^i$라 하면, 우리는 $D_\infty/H$가 연습문제9에 주어진 $D_i$에 대한 관계식들을 만족함을 확인할 수 있다. $(ab)^i \in H$이므로, $H = (ab)^i H = (abH)^i$이다, 따라서 $(abH)^{-1} = (abH)^{i-1}$. 그러나 $(ab)^{-1}H = b^{-1}a^{-1}H = baH$, 그리고,

$$aHabHaH = a^2HbHaH = eHbaH = baH = (abH)^{-1}.$$

따라서, $D_\infty/H = \langle aH, bH \rangle = \langle aH, abH \rangle$ (연습문제7 참조), 그리고 $D_\infty/H$는 $D_i$에 대하여 주어진 관계식들을 만족한다.($x = aH,\ y = abH$ 라 하고 연습문제 9를 이용한다). 특히, $G$가 유한군이고 이것은 불가능하다.

만약 $h = (ab)^i a$라 하면, $H = (ab)^i aH = (ab)^i HaH$, 그러므로

$$(abH)^i = (ab)^i H = (aH)^{-1} = a^{-1}H = aH.$$

따라서, $\langle aH, bH \rangle = \langle aH, abH \rangle \subseteq \langle abH \rangle$이다.

이렇게 해서, $(abH)^{2i} = (aH)^2 = a^2H = H$, 따라서 $D_\infty/H$는 다시 유한이다. 이는 모순된 것이므로 $H = \{e\}$이고 $G$는 $D_\infty$와 동형이다.

끝으로, $|ab| = n$이라 가정하자. $G = \langle a, b \rangle = \langle a, ab \rangle$이므로, 우리는 $b(ab)b = (ab)^{-1}$을 증명함으로서, 이것은 $ba = (ab)^{-1}$와 같다(연습문제9 참조) $G$는 $D_n$과 동형임을 보일 수 있다. 그러나 $a$와 $b$의 위수가 2이므로, $(ab)^{-1} = b^{-1}a^{-1} = ba$이다. □

## 거울을 이용한 이면체군의 실현(Realizing the Dihedral Groups with Mirrors)

$D_\infty$의 한 기하학적 실현은 두 개의 거울이 그림 26.1과 같이 서로 평행의 위치에 마주보고 있도록 설치하여 구할 수 있다. 만약 $a$와 $b$를 각각 거울 $A$와 $B$에 반사이동하는 것을 나타낸다면, $ab$는 $a$와 $b$의 합성으로 볼 수 있으며, 왼쪽으로 두 거울 사이의 거리를 두 배로 평행이동한 것을 나타내며, $ba$는

오른쪽으로 같은 거리만큼 평행이동한 것을 나타낸다.

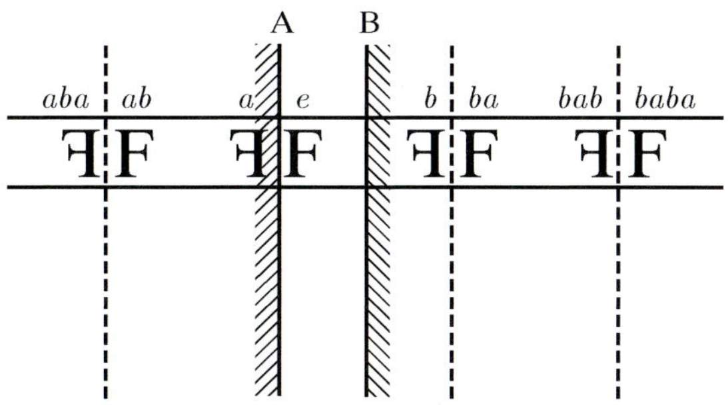


**[그림 26.1] 군 $D_\infty$–평행한 거울들의 반사이동들**

유한 이면체군들은 역시 두 개의 거울로 실현될 수 있다. 예를 들어, 만약 두 개의 거울이 서로 45° 각도로 마주하고 있다면, 우리는 군 $D_4$을 얻을 수 있다. 그림 26.2를 보면, 거울 $A$에 한 목표물을 반사이동시킨 결과는, 거울 $B$에 대해서는, 두 거울 사이각의 두배(즉, 90°)의 회전이동이 된다.

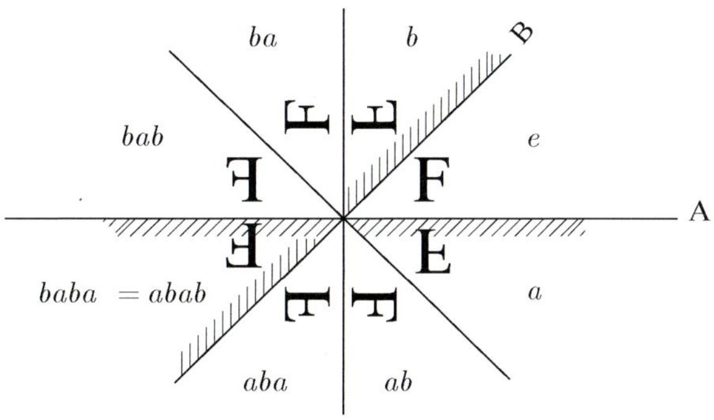


**[그림 26.2] 군 $D_4$ − 45° 각을 갖는 거울들의 반사이동들**

그림 26.3에서, 우리는 두 개의 거울에 1° 각을 반사이동하여 얻은 한 패턴의 한 부분을 본 것이다. 이것에 대응되는 군은 $D_{180}$이다. 일반적으로, 두 개의 거울에 $180°/n$ 각을 반사이동 한 것들은 군 $D_n$이다. $n$값이 커감에 따라, 거울들은 평행의 위치에 접근하게 된다. 이것의 극한의 경우가 군 $D_\infty$가 된다.

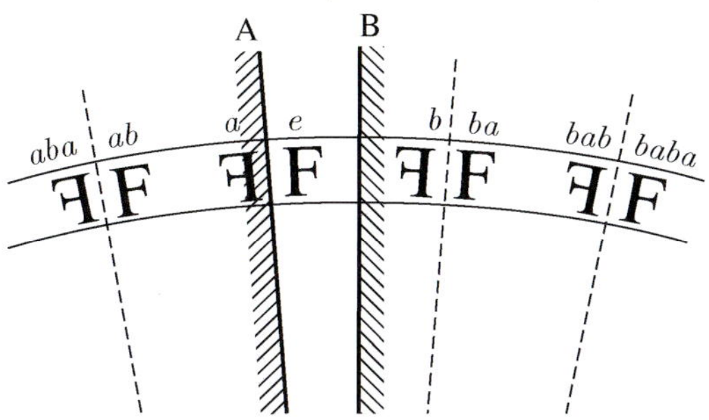


**[그림 26.3] $D_{180}$ − 1° 각을 갖는 거울들의 반사이동들**

우리는 군들을 정의하는데 생성원들과 관계식들을 사용하는 것의 유익한 점과 그렇지 못한 점에 대하여 언급하는 것으로 이장을 끝마치고자 한다.

가장 유익한 점은 많은 상황에서 존재한다. 특히, 끈이론(knot theory), 대수적위상(algebraic topology), 그리고 기하학에서 자연스런 방법으로 생성원들과 관계식들에 의하여 군들이 정의된다. 군이론 그 자신에서도, 생성원들과 관계식들을 갖는 예들과 반례들을 구성하는 것은 가끔 편리한 것이 된다. 생성원들과 관계식들에 의하여 군을 정의하는데 힘든 것 그 군이 유한군인지 아닌지 결정하기가 어려운 때가 가끔 있고, 심지어 어떤 특정 원소가 항등원인지 아닌지 결정하기가 어려울 때가 있다. 더 나아가, 똑 같은 군을 전혀 다른 생성원들과 관계식들의 집합으로 정의되기도 한다. 그리고, 생성원들과 관계식들로 만들어지는 두 가지의 군들이 서로 동형인지 아닌지 밝히는 것이 극히 어려운 경우가 가끔 있다. 오늘날, 이런 의문들은 종종 컴퓨터의 도움으로 해결되기도 한다.

## 연습문제

모든 것은 쉽사리 얻어지지 않는다. Title of a Song by RINGO STARR, May 1971

**1.** $S$를 서로 다른 기호들로 된 한 집합이라 하자. 이 장에서 $W(S)$에 정의된 관계식은 동치관계가 됨을 보여라.

**2.** $n$은 짝수 정수라 하자. $D_n/Z(D_n)$은 $D_{n/2}$와 동형임을 증명하여라.

**3.** 예제 2에서 집합 $K$는 $b$에 의한 좌측 곱셈은 닫혀있음을 밝혀라.

**4.** $\langle a, b \mid a^5 = b^2 = e, ba = a^2b \rangle$는 $\mathbb{Z}_2$와 동형임을 보여라.

**5.** 정리 26.3과 그것의 따름정리를 증명하여라.

**6.** 군 $G$는 $\{\pm 1, \pm i, \pm j, \pm k\}$로 9장의 연습문제 52와 같이 곱셈을 정의하자. $G$가 $\langle a, b \mid a^2 = b^2 = (ab)^2 \rangle$와 동형임을 보여라.(따라서, 그 이름은 사원수라 한다.)

**7.** 임의 군에서, $\langle a, b \rangle = \langle a, ab \rangle$임을 보여라.(이 연습문제는 정리26.5의 증명에서 언급된 것임)

**8.** $\alpha = (12)(34)$이고 $\beta = (24)$라 하자. $\alpha$와 $\beta$로 생성되는 군은 $D_4$와 동형임을 보여라.

**9.** $G = \langle x, y \mid x^2 = y^n = e, xyx = y^{-1} \rangle$은 $D_n$과 동형임을 증명하여라.(이 연습문제는 정리26.5의 증명에서 언급된 것임)

**10.** $\mathbb{Z}_2 \oplus \mathbb{Z}_2 \oplus \mathbb{Z}_2$에 필요한 생성원들의 최소 개수는 얼마인가? 이 군에 대한 생성원들과 관계식들의 한 집합을 찾아라.

**11.** $x^2 = y^2 = e$이고 $yz = zxy$라 가정하자. $xy = yx$임을 보여라.

**12.** $G = \langle a, b \mid a^2 = b^4 = e, ab = b^3a \rangle$라 하자.

a. $a^3b^2abab^3$를 $b^ia^j$꼴로 표현하여라. 여기서, $0 \le i \le 1$이고 $0 \le j \le 3$이다.

b. $b^3abab^3a$를 $b^ia^j$꼴로 표현하여라. 여기서, $0 \le i \le 1$이고 $0 \le j \le 3$이다.

**13.** $G=\langle a, b \mid a^2=b^2=(ab)^2\rangle$ 라 하자.

a. $b^2abab^3$ 을 $b^ia^j$ 꼴로 표현하여라.

b. $b^3abab^3a$ 을 $b^ia^j$ 꼴로 표현하여라.

**14.** $G$가 다음 표와 같이 정의된다. $G$가 $D_n$과 동형임을 보여라.

| | 1 | 2 | 3 | 4 | 5 | 6 | $\cdots$ | $2n$ |
|---|---|---|---|---|---|---|---|---|
| 1 | 1 | 2 | 3 | 4 | 5 | 6 | $\cdots$ | $2n$ |
| 2 | 2 | 1 | $2n$ | $2n-1$ | $2n-2$ | $2n-3$ | $\cdots$ | 3 |
| 3 | 3 | 4 | 5 | 6 | 7 | 8 | $\cdots$ | 2 |
| 4 | 4 | 3 | 2 | 1 | $2n$ | $2n-1$ | $\cdots$ | 5 |
| 5 | 5 | 6 | 7 | 8 | 9 | 10 | $\cdots$ | 4 |
| 6 | 6 | 5 | 4 | 3 | 2 | 1 | $\cdots$ | 7 |
| $\vdots$ | $\vdots$ | $\vdots$ | $\vdots$ | $\vdots$ | $\vdots$ | $\vdots$ | $\vdots$ | $\vdots$ |
| $2n$ | $2n$ | $2n-1$ | $2n-2$ | $2n-3$ | $2n-4$ | $2n-5$ | $\cdots$ | 1 |

**15.** $G=\langle x, y \mid x^8=y^2=e, yxyx^3=e\rangle$ 라 하자. $|G|\leq 16$ 임을 보여라. $|G|=16$ 이라 가정하면, $G$의 중심과 $xy$의 위수를 찾아라.

**16.** 군의 원소개수가 1에서 11까지의 모든 군들에 대하여 표26.1에 주어진 분류를 확정하여라.

**17.** 군 $G$가 어떤 생성원들과 관계식들에 의하여 정의된다고 하자. 모든 $G$의 상군은 $G$에서 정의되는 관계식을 만족함을 보여라.

**18.** $G=\langle s, t \mid sts=tst\rangle$ 라 하자. 순열들 $(23)$과 $(13)$이 $G$에 대한 주어진 관계식들을 만족함을 보여라. 이것이 $G$가 비가환임을 증명하는 이유가 됨을 설명하여라.

**19.** $D_{12}=\langle x, y \mid x^2=y^{12}=e, xyx=y^{-1}\rangle$ 에서, 부분군 $H=\langle x, y^3\rangle$(이것은 $D_4$와 동형이다)은 정규부분군이 아님을 증명하여라.

**20.** $G=\langle x, y \mid x^{2n}=e\ x^n=y^2, y^{-1}xy=y^{-1}\rangle$ 라 하자. $Z(G)=\{e, x^n\}$ 임을 보여라. $|G|=4n$ 라 가정하면, $G/Z(G)$는 $D_n$과 동형임을 보여라.(군 $G$를 위수가 $4n$ 인 이중순환군이라 불린다.)

**21.** $G=\langle a, b \mid a^6=b^3=e, b^{-1}ab=a^3\rangle$ 라 하자. $G$의 원소개수는 몇 개인가? $G$는 잘 알려진 어떤 군과 동형인가?

**22.** $G=\langle x, y \mid x^4=y^4=e, xyxy^{-1}=e\rangle$ 라 하자. $|G|\leq 16$ 임을 보여라.

$|G|=16$ 이라 가정하면, $G$의 중심을 찾고 $G/\langle y^2\rangle$ 은 $D_4$와 동형임을 보여라.

**23.** $D_\infty$ 의 원소들의 위수들을 결정하여라.

**24.** $G=\left\{\begin{pmatrix}1 & a & b\\ 0 & 1 & c\\ 0 & 0 & 1\end{pmatrix} \middle| a, b, c\in\mathbb{Z}_2\right\}$ 라 하자. $G$가 $D_4$와 동형임을 증명하여라.

**25.** $G=\langle a, b, c, d \mid ab=c, bc=d, cd=a, da=b\rangle$ 라 하자. $|G|$를 결정하여라.

**26.** $G=\langle a, b \mid a^2=e, b^2=e, aba=bab\rangle$ 라 하자. $G$는 잘 알려진 어떤 군과 동형인가?

**27.** $G=\langle a, b \mid a^3=e,\ b^2=e,\ aba^{-1}b^{-1}=e\rangle$라 하자. $G$는 잘 알려진 어떤 군과 동형인가?

**28.** 유한인 위수를 갖는 원소가 꼭 3개만 존재하는 비가환군의 한 예를 찾아라.

**29.** 이장의 예제 7을 참고하여, $\varnothing$ 와 동등한 문자들을 가능한 한 많이 찾아라.

**30.** 위수가 8인 군이 위수 2인 원소를 꼭 5개만 갖는다고 가정하자. 그 군의 원소들을 모두 찾아라.

## Reference

**1.** J.-F. Mestre, R. Schoof, L. Washington, D. Zagier, "Quotient homophones des groupes libres [Homophonic Quotients of Free Groups]," *Experimental Mathematics* 2 (1993): 153-155.

**2.** H. C. Whitford, *A Dictionary of American Homophones and Homographs,* New York: Teachers College Press, 1962.

# Marshall Hall, Jr.

Hall교수는 넓은 의미로 말해서 군론, 기하학과 조합론에 대한 취향을 갖는 수학자였다.
Hans Zassenhaus, Notices of the American Mathematical Society

Marshall Hall, Jr.은 1910년 9월 17일 Missouri주 St.Louis에서 태어났다. 그는 11세의 어린나이에 1000까지의 양의정수에 대한 로그값을 7자리표로 만들어 수학에 관심을 드러냈다. 그는 1932년 Yale에서 B.A학위를 받았다. Cambridge대학에서 1년간, 그는 Philip Hall, Harold Davenport, 그리고 G.H.Hardy와 같이 연구한 후에, 그는 박사학위 취득을 위해 다시 Yale로 돌아왔다. 2차세계대전의 일어나, 그는 해군 정보부에 합류하여 일본 암호문과 독일 Enigma 통신문을 해독하는데 의미있는 성공을 했었다. 이 성공들이 전쟁의 흐름을 바꾸는 계기가 되는데 협조했다고 한다. 전후에, Hall은 Ohio대학, Caltech, 그리고 Emory대학에서 교수생활을 하였다. 그는 1990년 7월 4일 서거하였다.

Hall의 군이론과 조합론에 관한 수준 높은 책들은 고전이다. 그의 수학적 업적은 군이론, 코딩이론 그리고 디자인이론에 관한 120여 편이 넘는 논문들이 있다. 그의 1943년의 사영평면에 관한 논문은 수학계에서 가장 많이 인용되는 논문으로 기록되었다. 여러 가지의 기본적인 개념들 뿐만 아니라 sporadic simple group에 Hall의 이름이 붙었다. Hall의 가장 유명한 결과물 중에 하나가 6개의 성분을 갖는 "Burnside Problem"을 푼 것이다. 즉, 한 유한생성군에서 모든 원소들의 위수가 6을 나누어지면 그 군은 유한이다. Hall은 유한군 이론에 위대한 공헌을 한 두 수학자, John Thompson과 Michael Aschbacher에게 영향을 주었다. Thompson의 박사학위 논문 주제를 제안한 사람이 Hall이었다. Hall의 Caltech에서의 박사과정 학생들 중에는 Donald Knuth와 Robert McEliece가 포함된다. Hall에 대한 더 많은 정보를 다음 사이트에서 얻을 수 있다.

http://www-groups.dcs.st-and.ac.uk/~history/

# 27절 대칭군(Symmetry Groups)

나는 수학을 잘하지 못한다. 그러나 내가 그것을 이해하거나 못하거나 관계없이 우주가 수학적 원리에 의해서 형성되어 있음을 나는 알고 있다. 그리고 그것들이 나를 인도하는데로 해 나갈 것이다. Bob Dylan, Chronicles, Volume One

## 등장변환(Isometries)

이 책의 앞부분에서, 대칭군들에 대하여 간략하게 논의한 바 있다. 이 장과 그 다음 장에서, 좀 더 자세하게 근본적으로 중요한 개념들을 논의하고자 한다. 이 논의는 먼저 $\mathbb{R}^n$에서의 등장변환의 정의로부터 시작하는 것이 편리하다(그리스어 isometros는 "equal measure"를 뜻한다).

### 정의: 등장변환(Isometry)

$n$차원공간 $\mathbb{R}^n$에서의 **등장변환**(isometry)은 $\mathbb{R}^n$에서 $\mathbb{R}^n$ 위에로 가는 함수로 그 거리를 보존할 때를 말한다.

바꿔 말하면, 함수 $T$가 $\mathbb{R}^n$에서 $\mathbb{R}^n$ 위에로 등장변환이란 $\mathbb{R}^n$의 임의의 한 쌍의 두 점 $p$와 $q$에 대하여, $T(p)$에서 $T(q)$까지의 거리가 $p$에서 $q$까지의 거리와 같을 때를 말한다. 이 정의로부터, $n$차원 도형에 대한 치환군의 정의를 확실하게 할 수 있다.

### 정의: $\mathbb{R}^n$에서의 한 도형의 대칭군(Symmetry Group of a Figure in $\mathbb{R}^n$)

$F$를 $\mathbb{R}^n$에서의 점들의 한 집합이라 하자. $\mathbb{R}^n$에서의 $F$의 **치환군**(symmetry group)이란 $F$를 자기 자신으로 보내는 $\mathbb{R}^n$에서의 모든 등장변환들의 집합을 말한다. 이 군의 연산은 함수합성이다.

한 물체의 치환군은 그 물체 뿐만 아니라 우리가 그것을 어디서 보느냐하는 그 공간에도 의존된다는 것이 중요하다. 예를 들어, $\mathbb{R}^1$에서 한 선분의 대칭군은 위수 2, 한 선분을 $\mathbb{R}^2$의 점집합으로 본다면 그 대칭군의 위수는 4가 되고, 한 선분을 $\mathbb{R}^3$의 점집합으로 본다면 그 대칭군의 위수는 무한이다(연습문제 9).

모든 유한차원에 대한 정의에 따라 공식화 하지만, 최대의 관심은 2차원의 경우이다. 1831년 이래로 $R^2$의 모든 등장변환은 4가지 형태 중에 하나임이 알려져 왔다: 회전이동, 반사이동, 평행이동, 그리고 미끄럼반사이동([1.$p$.46]). 평면에서 한 점에 대한 회전이동은 설명할 필요가 없다.

**한 직선 $L$에 대한 반사이동**은 $L$의 모든 점들은 고정하고 $L$위에 있지 않는 모든 점 $Q$를 $L$이 $Q$에서 $Q'$까지의 한 선분을 수직 이등분선이 되도록 하는 점 $Q'$로 보내는 변환이다. (그림 27.1을 보라).

직선 $L$을 **반사이동의 축**(axis of reflection)이라 한다. $xy-$좌표평면에서, 변환 $(x,y)\rightarrow(x,-y)$

은 $x-$축을 가로지르는 반사이동이고, $(x,y)\rightarrow(y,x)$는 직선 $y=x$를 가로지르는 반사이동이다. 어떤 저자들은 반사대칭의 축 $L$을 **거울(mirror)**이라 부른다. 왜냐하면 $L$이 양면 거울과 같기 때문이다.

즉, 거울에서 한 점 $Q$의 상은 직선 $L$위에 위치한다, 사실상, 직선 $L$를 가로지르는 반사이동은 $Q$의 상이다. 반사이동들은 **거꾸로(opposite)** 된 등장변환이고도 부른다, 왜냐하면 그것들이 방향을 거꾸로 하기 때문이다. 예를 들어, 시계방향인 나선은 반사이동에 의해서 시계 반대방향의 나선이 된다. 유사하게, 오른손의 반사이동은 왼손이 된다.(그림 27.1을 보라).

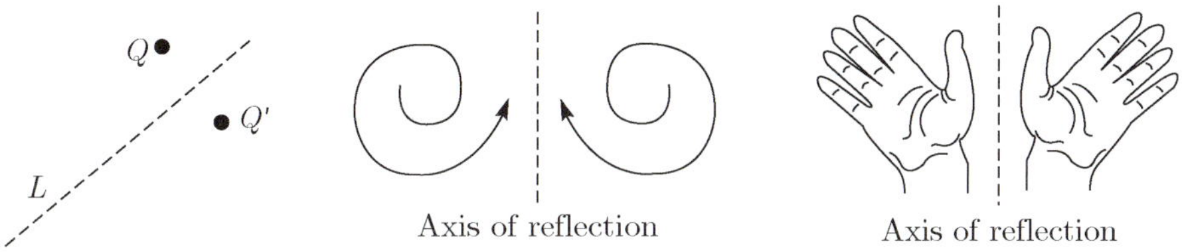


[그림 27.1] 반사이동에 의한 상들

한 **평행이동(translation)**은 단순히 모든 점들을 일정한 방향으로 일정한 거리로 옮기는 함수이다. 예를 들어, 만약 한 평면에 두 점 $p$와 $q$가 있고 $T$를 평행이동이라 하면, $p$를 $T(p)$로 잇고 $q$를 $T(q)$로 잇는 두 개의  방향선분들은 같은 길이와 방향을 갖는다.

한 **미끄럼 반사이동(glide−reflection)**은 한 평행이동과 평행이동하는 선분을 포함하는 직선을 가로지르는 한 반사이동과의 곱으로 이루어진다. 이 직선을 **미끄럼 축(glide−axis)**이라 부른다. 그림 27.2에서, 화살표는 평행이동의 방향과 길이를 나타내고 반사이동의 축이 포함되어 있다. 미끄럼 반사이동은 역시 거꾸로 된 등장변환이다. 젖은 모래밭 위에 계속되는 발자국들은 미끄럼 반사이동으로 연결된다.

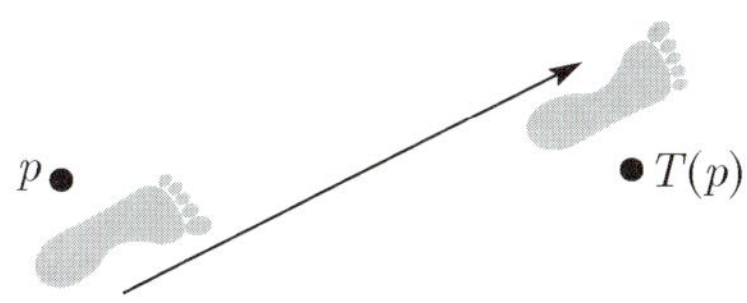


[그림 27.2] 미끄럼 반사이동

## 유한 평면대칭군의 분류(Classification of Finite Plane Symmetry Groups)

이 장의 첫 번째 목표는 모든 유한 평면대칭군들을 분류하는 것이다. 앞장에서 본 것과 같이, 이면체군$D_n$은 한 정 n각형의 평면대칭군이다.( 편리하게, $D_2$는 정사각형이 아닌 직사각형의 평면대칭군으로 $D_1$은 문자 “V”의 평면대칭군이라 한다. 특히, $D_2\approx\mathbb{Z}_2\oplus\mathbb{Z}_2$이고 $D_1\approx\mathbb{Z}_2$이다.) 순환군 $\mathbb{Z}_n$은 평면대칭군들에서 쉽게 찾아볼 수 있다.

그림 27.3은 한 세포조직을 설명한 것으로 회전이동 4개로 구성된 평면치환군은 $\mathbb{Z}_4$와 동형이다. 놀라운 사실은 순환군들과 이면체군들만으로 유한평면대칭군들이 이루어진다는 것이다. 유명한 수학자 Hermann Weyl은 다음 정리를 Leonardo da Vinci(1452-1519)가 발견한 것이라 했다.

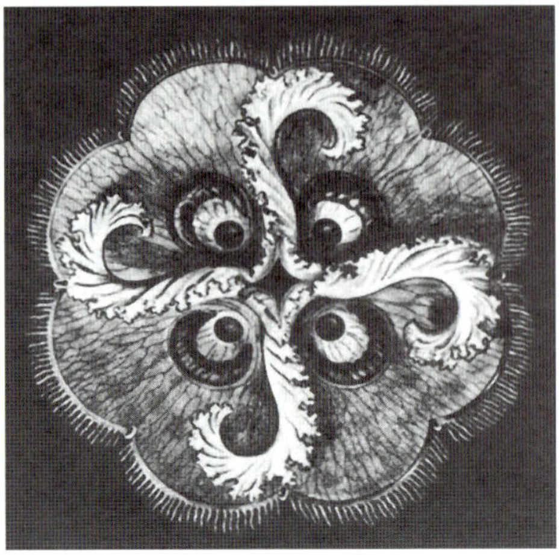

[그림 27.3] Aurelia Insulinda, 평면치환군이 $\mathbb{Z}_4$인 세포조직

**정리 27.1 평면에서의 유한평면대칭군(Finite Symmetry Groups in the Plane)**

유한평면대칭군들은 $\mathbb{Z}_n$ 또는 $D_n$으로만 이루어진다.

**증명** $G$를 어떤 도형의 한 유한평면대칭군이라 하자. 먼저 $G$는 한 평행이동 또는 한 미끄럼반사이동을 포함할 수 없다는 것을 알 수 있다, 왜냐하면, 두 경우 모두 $G$가 무한이 되기 때문이다. 이제 두 개의 반사이동의 합성은 방향을 보존한다는 것을 알 수 있고, 우리는 그런 합성은 평행이동이나 회전이동이 됨을 알 수 있다. 두 개의 반사이동의 축이 서로 평행일 때, 고정점들은 없다.(1-4장 보충연습문제 10 참조). 따라서 그 합성은 평행이동이다. 따라서, $G$에서의 모든 두 가지의 반사이동들은 어떤 점에서 교차하는 반사 축들을 갖는다. $f$와 $f'$를 $G$에서의 두 개의 서로 다른 반사이동들이라 가정하자. 그러면 $ff'$는 방향을 보존하기 때문에, $ff'$는 한 회전이동이 된다. 기하학[2;366]의 회전이동들의 유한군은 한 공통중심, 예를 들어, $P$를 갖어야만 한다는 사실을 이용한다. 이것은 반사이동의 축들이 한 점 $P$에서 만나야 한다는 것을 의미한다. 따라서, 우리는 $G$의 모든 원소들은 공통인 고정점 $P$를 갖고 있음을 보였다.

편리하게, 점 $P$에 대하여 $\sigma$각을 갖는 한 회전이동을 $R_\sigma$로 나타내기로 하자. 이제, $G$에서의 모든 회전이동 가운데, $\beta$를 회전이동의 최소인 양의 각이라 하자.(그런 한 각은 존재한다, 왜냐하면 $G$는 유한이고 $R_{360°}$은 $G$에 속하기 때문이다). 우리는 $G$에서의 모든 회전이동은 $R_\beta$의 어떤 멱이 됨을 주장하면 된다. 이것을 보이기 위해서, $R_\sigma$가 $G$의 원소라고 가정하자. 우리는 $0 < \sigma \le 360°$ 이다. 그러면, $\beta \le \sigma$이고 적당한 정수 $t$가 존재하여 $t\beta \le \sigma < (t+1)\beta$이다. 그러나, $R_{\sigma-t\beta} = R_\sigma(R_\beta)^{-t}$은 $G$안에 있고 $0 \le \sigma - t\beta < \beta$이다. $\beta$가 $G$의 원소들 중의 회전이동 중에서 최소 양의 각을 나타내므로, $\sigma - t\beta = 0$ 가 성립한다, 그러므로, $R_\sigma = (R_\beta)^t$이다. 이것으로 우리의 주장을 밝혔다.

편리하게, $|R_\beta| = n$이라 하자. 이제, 만약 $G$가 반사이동을 갖고 있지 않으면, 우리는 $G=$

$\langle R_\beta \rangle \approx \mathbb{Z}_n$ 임을 증명하였다. 만약 $G$가 적어도 한 개의 반사이동, 예를 들어, $f$라 하면, $f, fR_\beta, f(R_\beta)^2, \cdots, f(R_\beta)^{n-1}$은 역시 반사이동이다. 더 나아가, 이것들이 $G$의 반사이동들의 집합 전체이다. 왜냐하면, 만약 $g$를 $G$의 임의의 반사이동이라 하면, $fg$는 회전이동이 된다, 그래서, 적당한 $k$에 대하여 $fg = (R_\beta)^k$가 성립한다. 따라서, $g = f^{-1}(R_\beta)^k = f(R_\beta)^k$이다. 따라서

$$G = \{R_0, R_\beta, (R_\beta)^2, \cdots, f, fR_\beta, f(R_\beta)^2, \cdots, f(R_\beta)^{n-1}\}$$

이고, $G$는 한 쌍의 반사이동들 $f$와 $fR_\beta$에 의해서 생성된다. 그러므로, 이면체 군의 특성에 따라(정리 26.5), $G$는 이면체군 $D_n$이다. □

## $\mathbb{R}^3$에서의 회전이동의 유한군의 분류(Classicification of Finite Groups of Rotations in $\mathbb{R}^3$)

3차원에서의 가능한 모든 유한 치환군들의 집합이 2차원의 경우보다 훨씬 더 많고 다양하리라 생각하게 된다. 놀랍게도, 그렇지 않다. 예를 들어, 3차원에서는 다만 회전이동에 의한 3가지 새로운 군들만 소개하면 된다. 이런 관찰은 최초에 물리학자이고 광물학자인 Auguste Bravais에 의해서 1849년에 결정체의 구조를 연구하는 과정에서 이루어졌다.

**정리 27.2 $\mathbb{R}^3$에서의 회전이동의 유한군(Finite Groups of Rotations in $\mathbb{R}^3$**

동형사상에 관하여, $\mathbb{R}^3$에서의 회전이동에 의한 유한군들은 $\mathbb{Z}_n$, $D_n$, $A_4$, $S_4$, 그리고 $A_5$이다.

정리 27.2는 Orbit-Stabilizer 정리(정리 7.3)와 함께, $\mathbb{R}^3$에서 한 도형의 회전이동들의 군을 결정하는 연구를 쉽게 만들었다.

**예제 1** 그림 27.4에서 6개의 합동인 정사각형들과 8개의 합동인 정삼각형들로 구성된 한 강체의 회전이동들의 군 $G$를 결정할 것이다. 먼저 정사각형들 중에서 임의의 1개를 꺼낸다. 분명히, 이 정사각형을 자기 자신에게 사상하는 4개의 회전이동들이 존재하고, 그 명시된 정사각형을 다른 5개

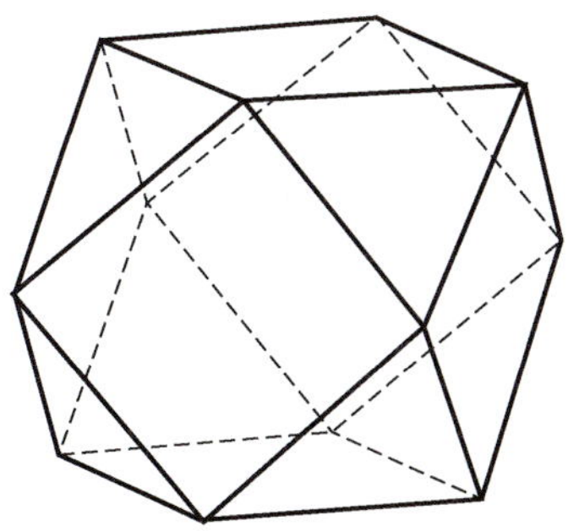

[그림 27.4]

의 위치로 회전이동 될 수 있다. 따라서, Orbit-Stabilizer 정리에 의해서, 그 회전이동군의 위수는 $4 \cdot 6 = 24$이다.

정리 27.2에 의해서 $G$는 $\mathbb{Z}_{24}$, $D_{12}$, 또는 $S_4$ 중의 하나이다. 그러나 처음 두 군은 각각 위수4인 단 2개의 원소들만 있다, 그렇지만 $G$는 2개 이상으로 갖는다. 그럼으로, $G$는 $S_4$와 동형이다.

한 정사면체의 **회전이동들의 군(정사면체군(tetrahedral group))**은 $A_4$와 동형이고; 한 정육면체나 한 정팔면체의 회전이동들의 군(**정팔면체군(octahedral group)**)은 $S_4$와 동형이고; 한 정십이면체나 정이십면체의 회전이동들의 군(**정이십면체군(icosahedral group)**)은 $A_5$와 동형이다.(Coxeter[1, *pp*. 271-273]). 이 다섯개의 강체들은 그림 27.5에서 설명하고 있다.

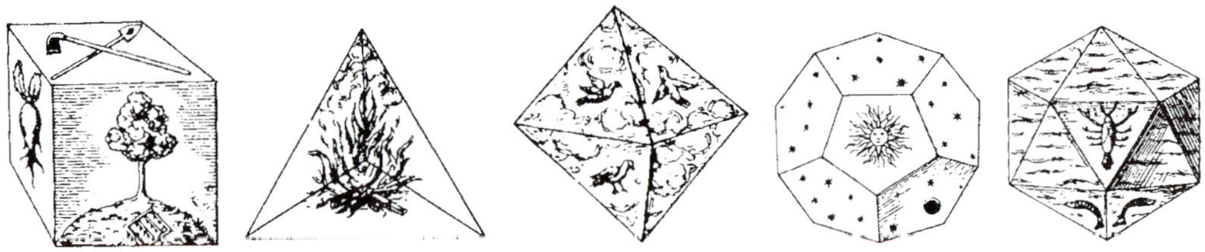


[그림 27.5] 다섯 개의 강체들은 Harmonices Mundi, Book Ⅱ(1619)에 있는 Johannes Kepler의 작품이다.

## 연습문제

아마도 모든 종류의 교육의 가장 가치 있는 결과는 해야 할 때 그리고 좋든 싫든 해야 할 것을 스스로 할 수 있게 해주는 능력이다.
THOMAS HENRY HUXLEY, Technical Education

**1.** $\mathbb{R}^n$에서의 등장변환은 1-1임을 보여라.

**2.** $\mathbb{R}^n$에서의 평행이동들은 한 군이 됨을 보여라.

**3.** 평면위에서 평면대칭군이 $\mathbb{Z}_5$인 도형을 나타내어라.

**4.** 한 3-프리즘(즉, 아래 그림과 같이, 정삼각형의 끝을 갖는 3-프리즘)의 $\mathbb{R}^3$에서의 회전이동들의 군은 $D_3$와 동형임을 보여라.

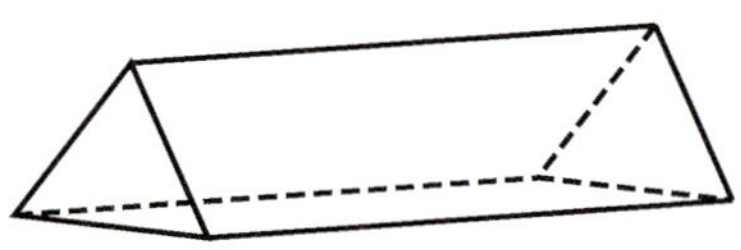

**5.** 한 3-프리즘의 $\mathbb{R}^3$에서의 대칭군의 위수는 얼마인가?

**6.** 한 4-프리즘(정육면체가 아닌 정사각형의 끝을 갖는 한 상자)의 $\mathbb{R}^3$에서의 대칭군의 위수는 얼마인가?

**7.** 한 n-프리즘의 $\mathbb{R}^3$에서의 대칭군의 위수는 얼마인가?

**8.** 3변의 길이가 $2'' \times 3'' \times 4''$ 인 한 상자의 $\mathbb{R}^3$ 에서의 치환군은 $\mathbb{Z}_2 \oplus \mathbb{Z}_2 \oplus \mathbb{Z}_2$ 와 동형임을 보여라.

**9.** 한 선분을 다음 각각의 경우에 그 치환군을 기술하여라.

$a.$ $\mathbb{R}^1$ 의 부분집합

$b.$ $\mathbb{R}^2$ 의 부분집합

$c.$ $\mathbb{R}^3$ 의 부분집합

**10.** (1994년 12월11, Parade Magazine의 "Ask Marilyn" 칼럼에서) 알파벳 문자들은 다음 범주들에 따라서 정렬할 수 있다.

1. $FGJLNPQRSZ$
2. $BCDEK$
3. $AMTUVWY$
4. $HIOX$

무엇이 그 범주들을 정의하는가?

**11.** 예제 1에서 그 군이 갖는 위수 4인 원소들은 정확히 몇 개인가?

**12.** 왜 반전[즉, $\phi(x,y) = (-x,-y)$]은 $\mathbb{R}^2$ 에서 4종류의 등장변환중의 하나가 아닌가?

**13.** $\mathbb{R}^3$ 안에서 왜 한 점을 지나는 반전이 $\mathbb{R}^3$ 에서 한 회전이동에 의해서 실현될 수 없음을 설명하여라.

**14.** $\mathbb{R}^3$ 에서 한 직선 $L$ 안에서의 반사이동은 각 점 $Q$를 점 $Q'$ 로 $L$이 $Q$와 $Q'$ 을 연결하는 선분을 수직이등분하도록 대응시키는 등장변환이다. 회전이동에 대해서 이와 같은 결과를 갖도록 기술하여라.

**15.** $\mathbb{R}^2$ 에서, 한 점을 고정시키는 회전이동; $\mathbb{R}^3$ 에서, 한 직선을 공정시키는 회전이동 $\mathbb{R}^4$ 에서, 회전이동은 무엇을 고정시킬까? 이 관찰을 $\mathbb{R}^n$ 에서 일반화 하여라.

**16.** 평면에서 등장변환은 각을 보존함을 보여라.

**17.** 평면에서의 등장변환은 한 직선위에 있지 않는 3개의 점들 상에 의해서 결정됨을 보여라.

**18.** 평면에서의 등장변환이 한 직선위에 있지 않는 3점들을 고정시킨다고 가정하자. 이것은 무슨 등장변환인가?

**19.** 평면에서의 등장변환이 단지 한 점만 고정한다고 가정하자. 그것은 어떤 형태의 등장변환 이어야 한가?

**20.** $A$와 $B$가 각각 점 $a$와 $b$에 대한 $180°$ 회전이동이라 가정하자. $A$에 $B$를 합성하면 무엇인가? 점 $a$와 $b$를 연결시키는 합성이동은 어떻게 될까?

## Reference


**1.** H. S. M. Coxeter, *Introduction to Geometry,* 2nd ed., New York:Wiley, 1969.

**2.** Marvin Jay Greenberg, *Euclidean and Non-Euclidean Geometries: Development and History,* 3rd ed., New York:W. H. Freeman, 1993.

# 28절 Frieze 군과 Crystallographic 군

구조적 대상들의 정규적 합성의 한 법칙으로 간주되는 대칭성은 조화로움과 유사한 것이다. 더 명확하게, 대칭성은 그것들의 한 성분이고, 반면에 다른 한 성분은 비대칭성이다. 우리 의견으로는 과학적이고 예술적인 창의성의 심미적인 통합은 다른 사람들이 인지하지 못하는 것을 느끼는 능력에 있는 것이다. A.V.Shubnikov And V. A. Koptsik, Symmetry in Science and Art

## Frieze 군

이 장에서, 한 평면에서 주기적 디자인으로부터 제기되는 무한 치환군들의 흥미로운 한 모임에 대하여 논의 하겠다.그런 군들은 두 가지 유형이 있다. **이산적 frieze군(discrete frieze groups)**들은 평행이동에 의한 부분군들이 $\mathbb{Z}$와 동형인 평면치환군들의 양식이다. 이와 같은 디자인들은 그림 28.1에서 보는바와 같이, 장식줄무늬들과 보석의 모양들에 사용되는 것들이다. 수학에서, 친숙한 예들은 $y = \sin x$, $y = \tan x$, $y = |\sin x|$, $|y| = \sin x$의 그래프들에서 볼 수 있다. 이산적 frieze군들을 분석한 후에, 평행이동에 의한 부분군들이 $\mathbb{Z} \oplus \mathbb{Z}$와 동형인 평면양식들의 이산적 치환군들에 대하여 주사할 것이다.

[그림 28.1] Frieze 양식들

앞 장들에서, 동형인 두 군은 대수적으로 구별할 수 없기 때문에 같은 군으로 취급하는 것이 통례였다. frieze군들의 경우에는, 비록 그들 중 어떤 것들이 군들로서 동형이라 할지라도(즉, 대수적으로 같음), 기하학적으로 전혀 다르다는 것을 알게 될 것이다. 이 차이점을 강조하기 위해서, 우리는 그것들을 분리해서 다룰 것이다. 다음 각 경우에서, 주어진 양식을 양쪽 두 방향으로 무한히 확장한 것이다. 7개의 frieze양식들의 모양만 존재한다는 것의 한 증명은 부록[6]에 있다.

양식 I(그림 28.2)의 치환군은 단지 평행이동들로만 구성된 것이다.

$x$가 오른쪽으로 1단위(즉, 연속된 두 $R$들 사이의 거리) 옮기는 한 평행이동을 나타낸다면, 우리는 양식 I의 치환군은 다음과 같이 쓸 수 있다.

$$F_I = \{x^n | n \in \mathbb{Z}\}$$

[그림 28.2] 양식 I

양식II(그림 28.3)의 치환군은, 양식$I$에서와 같이, 무한 순환군이다. $x$를 한 미끄럼반사라 하면, 우리는 양식 II의 치환군은 다음과 같이 쓸 수 있다.

$$F_{II} = \{x^n | n \in \mathbb{Z}\}$$

[그림 28.3] 양식 II

양식 II의 평행이동의 부분군은 바로 $\langle x^2 \rangle$ 임을 할 수 있다.

양식 III(그림 28.4)의 치환군은 한 평행이동 $x$와 점선으로 된 수직선을 마주하는 한 반사이동 $y$에 의해서 생성된다. 이 군은 다음과 같다.

$$F_3 = \{x^n y^m | n \in \mathbb{Z}, m = 0 \text{ 또는 } m = 1\}$$

[그림 28.4] 양식 III

두 원소 $xy$와 $y$는 그 위수가 2이고, 그것들이 $F_3$를 생성한다, 여기서 그것들의 곱 $(xy)y = x$는 무한위수를 갖는다. 따라서, 정리 26.5에 의해서, $F_3$는 무한이면체군이다. 양식 III에 대하여 언급할 만한 기하학적 사실은 연속된 두 쌍의 수직반사축들 사이의 거리는 최소평행이동 벡터의 길이의 절반이 된다는 것이다.

양식 IV(그림 28.5)에서, 치환군 $F_4$는 한 평행이동 $x$와 연속된 $R$ 사이의 중심 $p$에 대한 180° 회전이동 $y$(이 회전이동을 **half-turn**이라고도 한다)에 의해서 생성된다. 이 군은, $F_3$과 같이, 무한 이면체군이다. (또 다른 회전의 중심은 $R$의 위와 아래 사이에 있다. 양식 III에서와 같이, 회전대칭의 연속된 점들 사이의 거리는 최소 평행이동 벡터의 길이의 절반이 된다.) 그러므로,

$$F_4 = \{x^n y^m | n \in \mathbb{Z}, m = 0 \text{ 또는 } m = 1\}$$

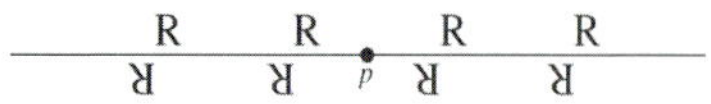

[그림 28.5] 양식 Ⅳ

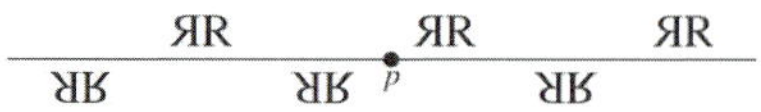

[그림 28.6] 양식 Ⅴ

양식 Ⅴ(그림 28.6)에 대한 치환군 $F_5$는 한 미끄럼반사 $x$와 점 $p$에 대한 $180°$ 회전이동 $y$에 의하여 생성되는 또 다른 무한 이면체군이다.

양식 Ⅴ는 수직반사치환 $xy$을 갖고 있음을 알 수 있다. 회전이동의 중심들은 수직반사축들 사이의 중심이다. 따라서,

$$F_5 = \{x^n y^m | n \in \mathbb{Z}, m = 0 \text{ 또는 } m = 1\}$$

양식 Ⅵ(그림 28.7)에 대한 치환군 $F_6$은 한 평행이동 $x$와 한 수평반사 이동$y$에 의해서 생성된다. 이 군은

$$F_6 = \{x^n y^m | n \in \mathbb{Z}, m = 0 \text{ 또는 } m = 1\}$$

아는바와 같이, $x$와 $y$는 가환이므로, $F_6$는 무한 이면체군이 아니다. 사실, $F_6$은 $\mathbb{Z} \oplus \mathbb{Z}_2$와 동형이다. 양식 Ⅵ은 미끄럼반사에 대하여 불변이지만, 이 경우 미끄럼반사는 **자명하다(trivial)**고 말한다. 왜냐하면 미끄럼반사의 축이 역시 반사의 축이 되기 때문이다.(역으로, 미끄럼반사을 **비자명하다**고 하는 것은 미끄럼축이 그 양식에서 반사치환의 축이 아닐 때를 말한다).

[그림 28.7] 양식 Ⅵ

양식 Ⅶ(그림 28.8)에 대한 치환군 $F_7$은 평행이동 $x$, 수평반사 $y$와 수직반사 $z$에 의해서 생성된다. 그것은 무한 이면체군과 $\mathbb{Z}_2$의 직적과 동형이다. $y$와 $z$의 곱은 한 $180°$ 회전이동이다. 그러므로

$$F_7 = \{x^n y^m z^k | n \in \mathbb{Z}, m = 0 \text{ 또는 } m = 1, k = 0 \text{ 또는 } k = 1\}$$

[그림 28.8] 양식 Ⅶ

지금까지의 논의들을 정리한 것이 그림 28.9이다. 그림 28.10은 frieze양식들에 대하여 식별하는 알고리즘을 제공한 것이다.

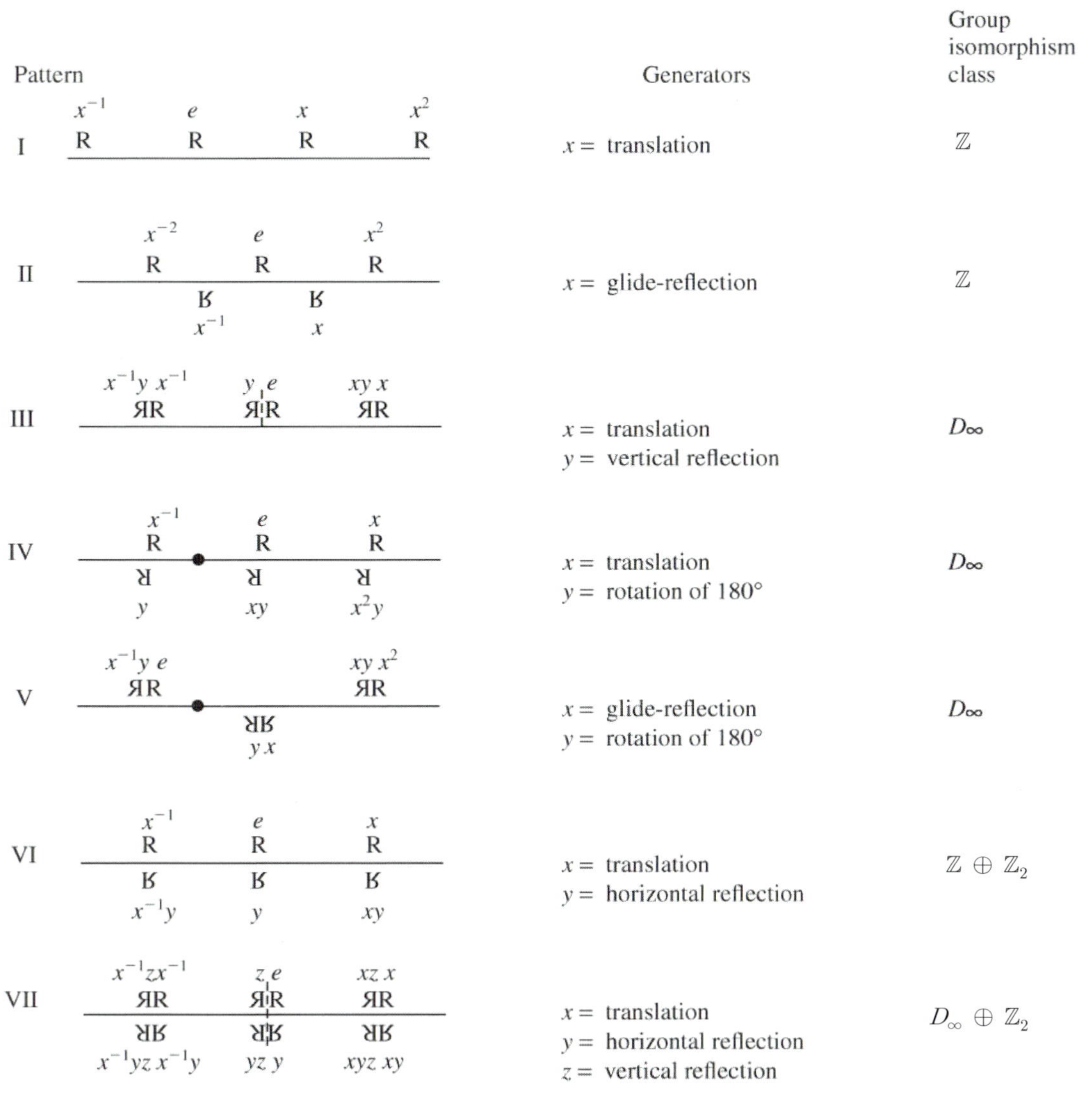


[그림 28.9] 7개의 Frieze 양식들과 그들의 대칭군들

7개의 frieze군들을 기술하는데, 우리는 곱셈을 대수적으로 어떻게 하는지 명화하게 언급하지 않았다. 그렇지만, 각 군의 원소들은 어떤 등장변화에 대응되고, 곱셈은 함수의 합성과 일치한다. 따라서, 임의의 특정 원소들의 끈의 곱을 결정하는데 항상 기하학을 이용할 수 있다.

예를 들어, 우리는 $F_7$의 모든 원소들은 $x^n y^m z^k$꼴로 쓸 수 있다. 그래서, 재미로, 원소 $g = x^{-1}yzxz$에 대하여 적절한 $n, m, k$값을 결정해보자. 우리는 $g$가 양식 VII위에서 갖고 있는 결과를 찾아보면 단순하게 구할 수 있다. 편리하게, 우리는 그 양식에서 한 특별한 $R$을 골라내어 $g$의 작용을 한 번에 한 단계씩 찾아간다. 이 $R$을 식별하기 위해서, 우리는 음영 상자 안에 묶어둔다. 또한, 우리는 수직반사이동 $z$의 축을 빗금 친 선분으로 그린다. 그림 28.11를 보아라.

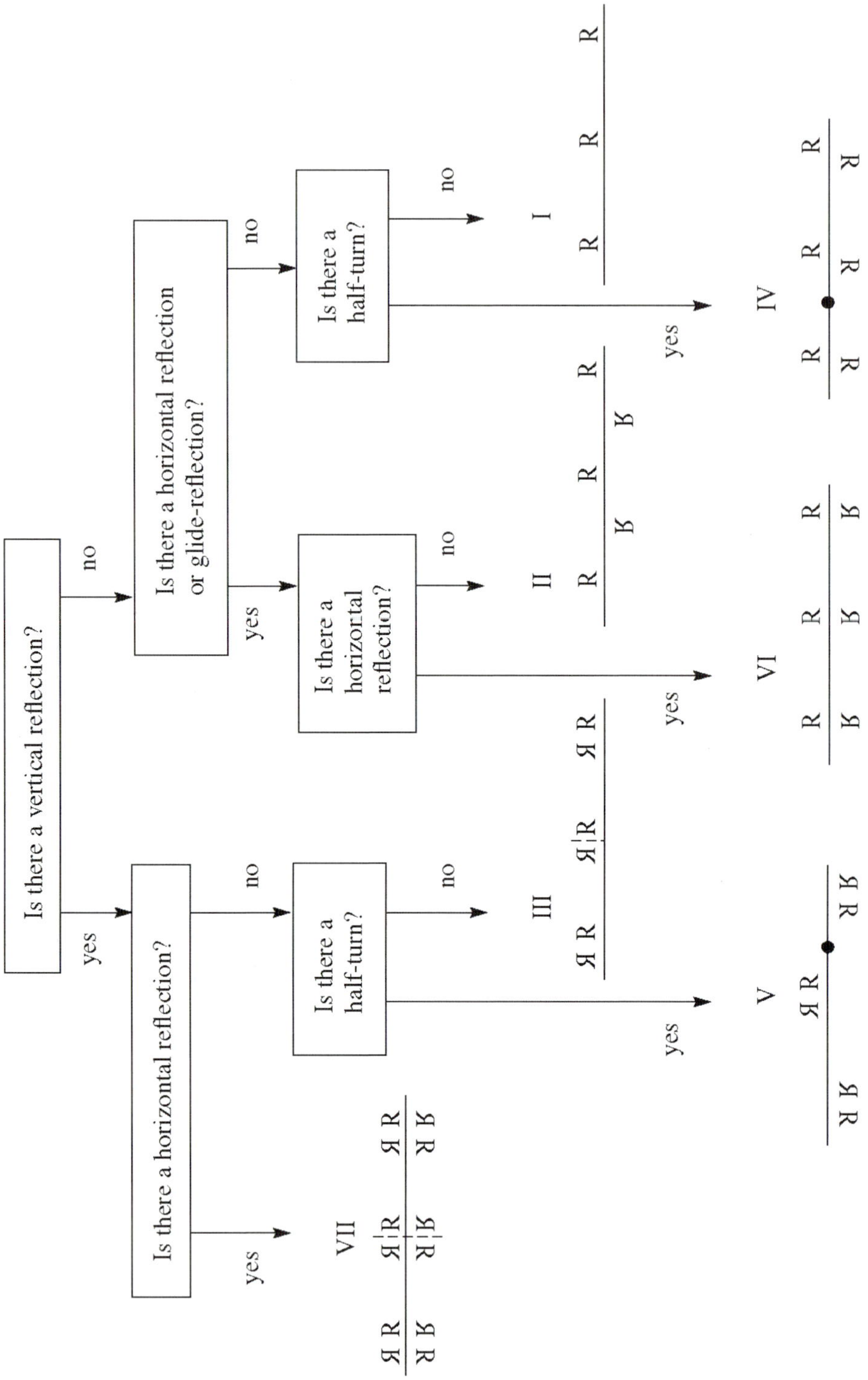


[그림 28.10] Frieze 양식들에 대한 인식표 [6, P.83]에서 인용한 것임.

이제, 음영 처리한 $R$의 시작할 때의 위치와 그것의 마지막 위치를 비교하면, 우리는 $x^{-1}yzxz = x^{-2}y$ 임을 알 수 있다. 연습문제 7은 어떻게 순수한 대수적 계산을 통하여 같은 결과에 도달할 수 있는가를 제시해준다.

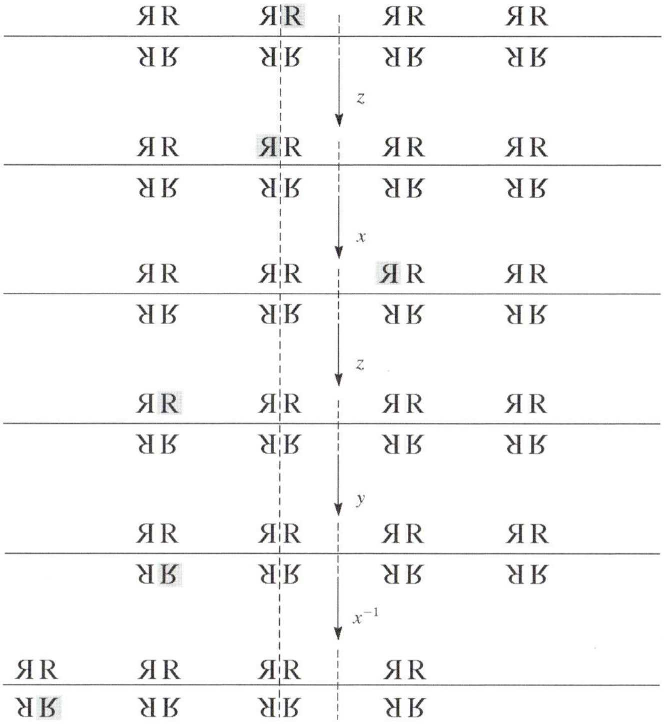

[그림 28.11]

## Crystallographic 군들(The Crystallographic Groups)

7가지 frieze군들이 단 하나의 평행이동의 모든 반복작용에 의해 한 디자인이 불변인 모든 치환군들의 목록을 만든다. 그렇지만, 한 평면에서 무한번 반복되는 디자인들로 만들어지는 이산평면치환군들은 17종류가 존재한다. 이 군들은 평행이동들에 의한 부분군들이 $\mathbb{Z}\oplus\mathbb{Z}$와 동형인 평면양식의 치환군들이다. 결과적으로, 그 양식들은 두 개의 일차독립인 평행이동들의 일차결합 하에서 불변이다. 이 17개의 군들은 19세기 crystallograpers에 의해서 처음 연구되었으며 종종 **평면 crystallographic군들**이라 부른다. 또 다른 용어로는 종종 이군을 **wallpaper 군들**이라 부른다.

crystallographic군들에 대한 접근방법은 기하학적으로 할 것이다. 그 방법은 Schattschneider[5]의 훌륭한 논설과 Crowe[1]의 학술논문에서 인용된 것이다. 우리의 목적은 독자들이 17가지의 평면치환군들 중에서 주어진 주기적 양식이 어떤 것인지 결정할 수 있게 하는 것이다. 우리는 몇 가지 예를 들어 시작해보자.

17가지의 crystallographic군들 중에서 가장 간단한 것은 단지 평행이동들만 포함하는 경우이다. 그림 28.12에서, 우리는 이 군에 대한 대표적인 양식에 대하여 한 가지 설명을 제공한다(전체 평면을 채우고 있는 반복되는 양식을 생각해보자). 이것에 대한 crystallographic 표기는 $p1$ 이다.(이 표기는 [5]에 설명되어있다).

[그림 28.12] 물고기와 새들로 된 평면의 정규분할에 대한 연구, 1938 Escher는 대칭군 $p1$ 으로 그린 것이다. 화살표들은 평행이동벡터들이다.

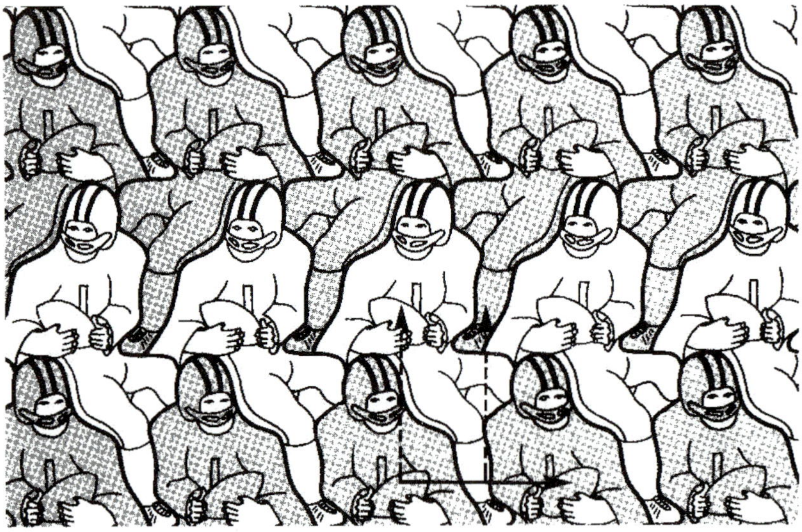

[그림 28.13] J. L. Teeters에 의한 Escher-like tessellation으로 대칭군 $pg$ 로 표기한다(음영부분은 무시한다). 실선화살표는 평행이동벡터이다. 접선화살표는 미끄럼반사이동벡터들이다.

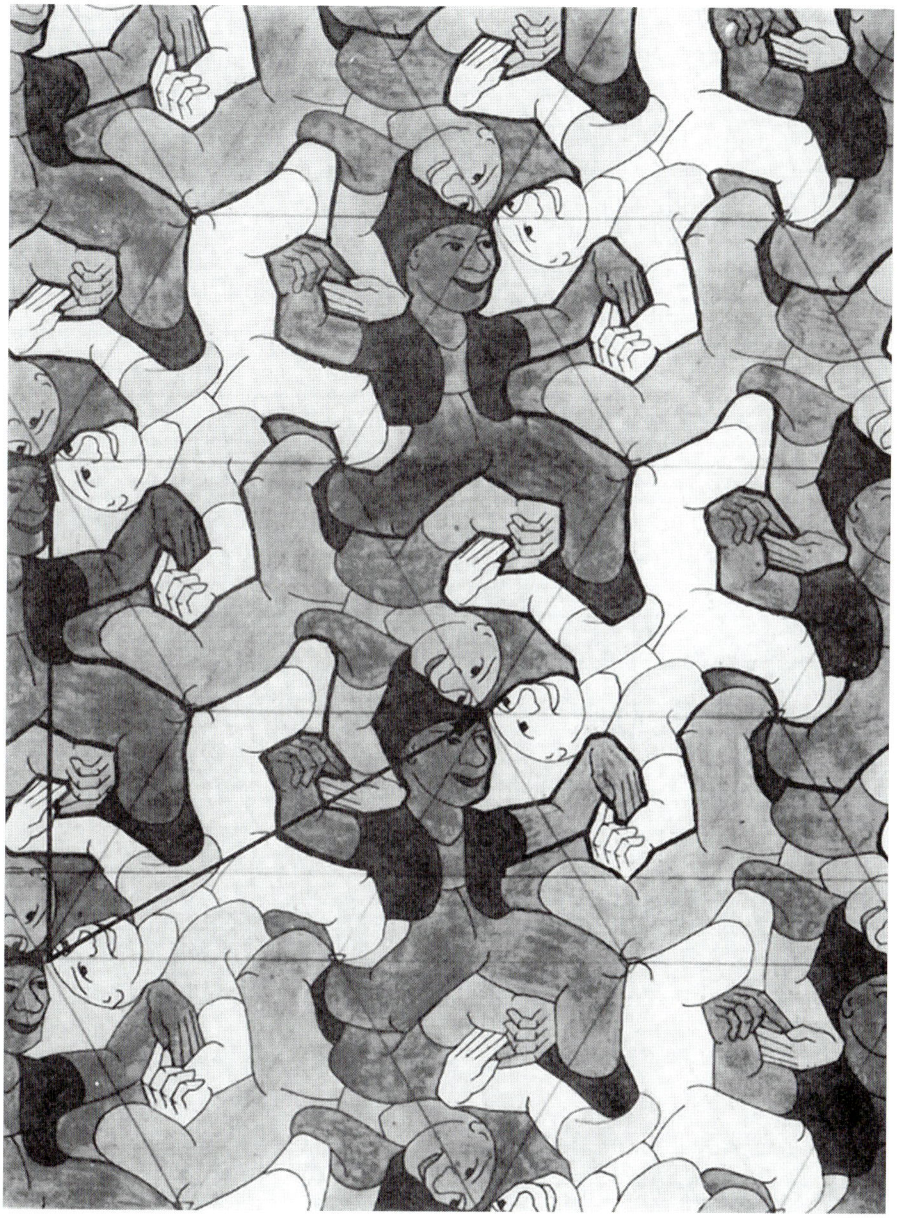

[그림 28.14] Human Figures, 1938으로 평면의 정규분할연구이다. Escher의 작품으로 대칭군 $p3$ 으로 표기한다(음영부분은 무시한다). 그림안에 있는 화살표들은 평행이동벡터들이다.

그림 28.13의 양식에 대한 치환군은 평행이동들과 미끄럼반사이동들을 포함하고 있다. 이 군은 회전이동이나 반사치환은 갖고 있지 않다. 이것에 대한 crystallographic 표기는 $pg$ 이다.

그림 28.14는 평행이동치환과 3중 회전이동치환 (즉, 그림은 한 특정한 점들을 중심으로 $120°$ 회전이동하면 자기 자신과 일치하게 된다). 이 군에 대한 crystallographic 표기는 $p3$ 이다.

17가지 평면 crystallographic군들과 그들의 표기들을 함께 나타내는 대표적인 양식들은 그림 28.15와 28.16에 주어졌다.

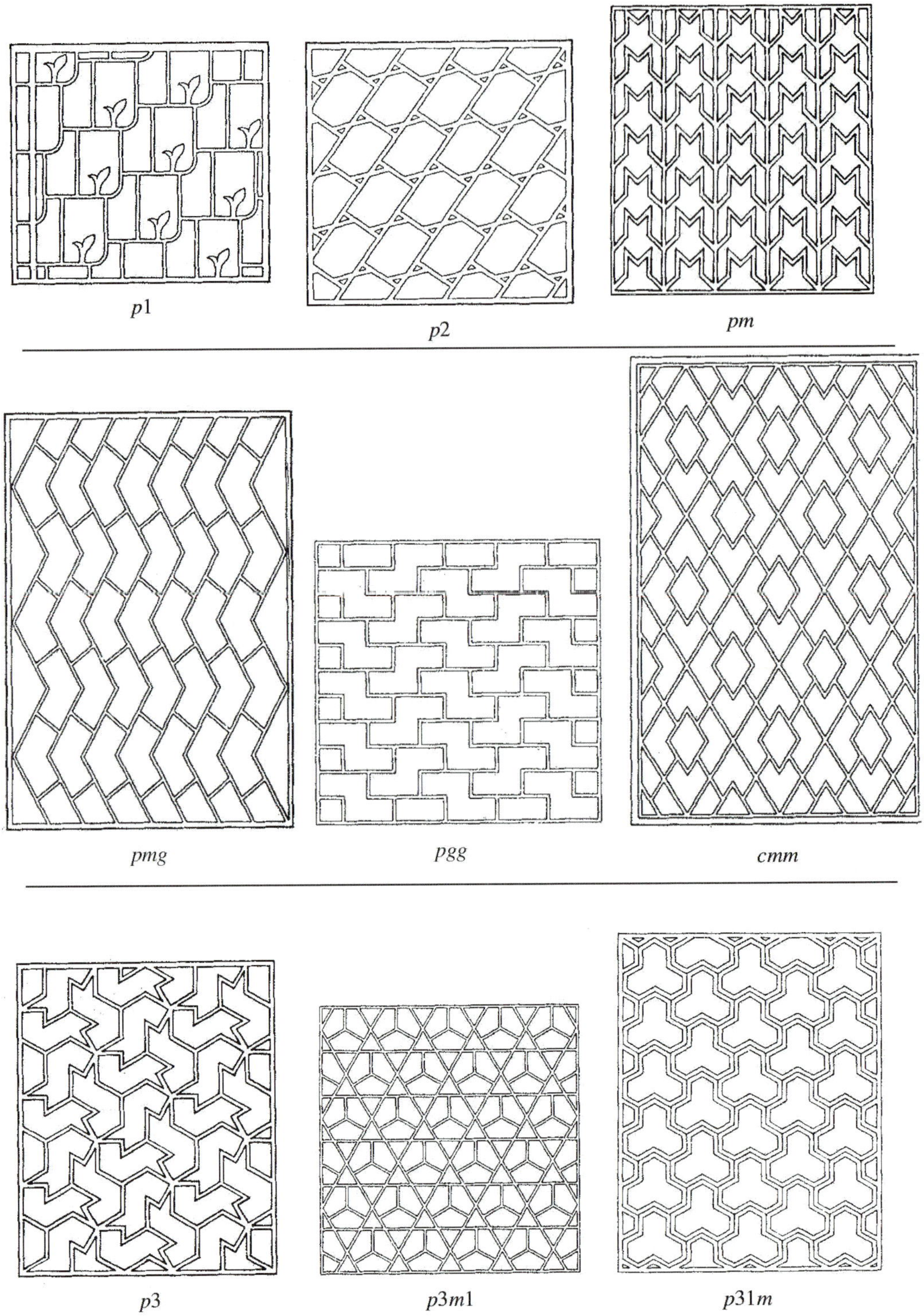


[그림 28.15] 평면대칭군들

[그림 28.16] 평면대칭군들

그림 28.17은 17종류의 치환양식들을 한 삼각형의 주어진 무늬를 이용하여 설명하고 있다.

[그림 28.17] 17개의 평면주기적 문양들은 한 삼각형무늬를 사용하여 만든다.

그림 28.15와 28.16에서 $pm$, $p3$, $pg$를 제외한 모든 디자인들은 [2]에서 발견되었다. 중국 격자 디자인(Chinese lattice designs)들의 요소들의 기본이 되는 $p3$와 $pg$에 대한 디자인들은 [2]에서 발견되었다; $pm$에 대한 디자인은 Sandwich Islands로부터 뜨개질하는 양식에 기본이 된 것으로, [3]에서 찾아볼 수 있다.

## 평면에서의 주기적양식의 식별(Identification of Plane Periodic Patterns)

어떤 특정한 평면 주기적양식이 17개 종류 중에서 어느 것인지 결정하기 위해서, 그림 28.18에 제공된 흐름도를 사용할 수 있다.

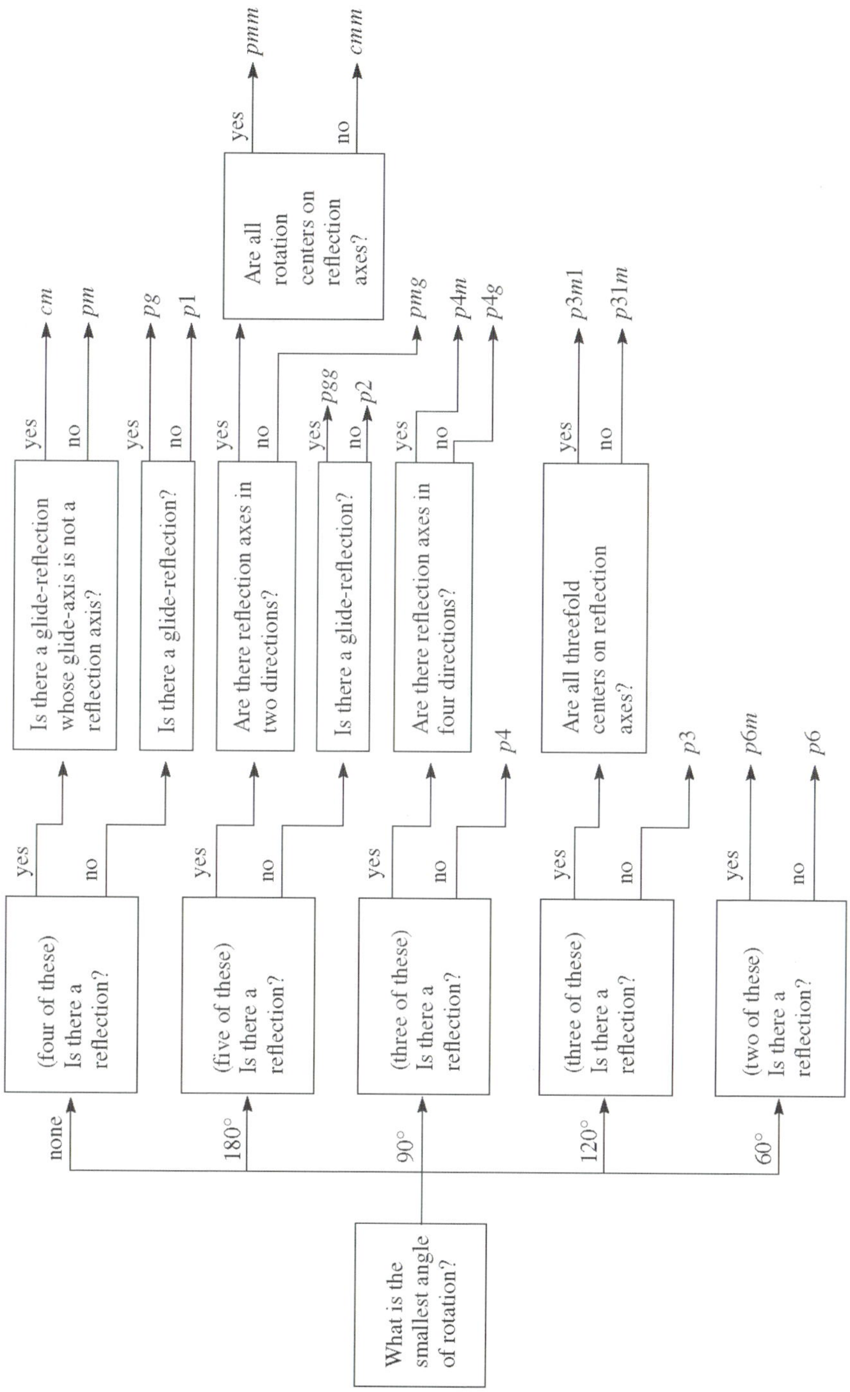


[그림 28.18] 평면에서의 주기적양식들의 대칭성에 대한 식별표

이것은 회전이동치환의 결정과 반사치환 또는 비자명한 미끄럼반사치환 의 유무에 따라 알 수 있다. 이 3가지 유형의 정보가 기껏해서 2가지 정도로 선정할 항목을 축소시켜준다. 만약 필요하다면, 마지막 검사는 회전이동의 중심의 위치를 찾아보는 것이다.

예를 들어, 그림 28.19에서 한 하키-스틱(hockey-stick)무늬로 생성되는 두 가지 양식을 생각해보자. 두 양식들은 모두 회전이동치환으로 최소 양의 각 120°를 갖고 ; 둘 다 반사와 비자명한 미끄럼반사치환을 갖고 있다. 이제, 그림 28.18에 따라서, 이들 양식들은 $p3m1$ 이거나 $p31m$ 이 되어야한다. 그러나 왼쪽의 양식은 반사축 위에 모든 회전이동의 3중중심들이 위치해있고, 반면에 오른쪽의 양식은 3 칼날의 교점들이 한 반사축 위에 있지 않다. 따라서, 왼쪽 양식은 $p3m1$ 이고, 오른쪽 양식은 $p31m$ 이다.

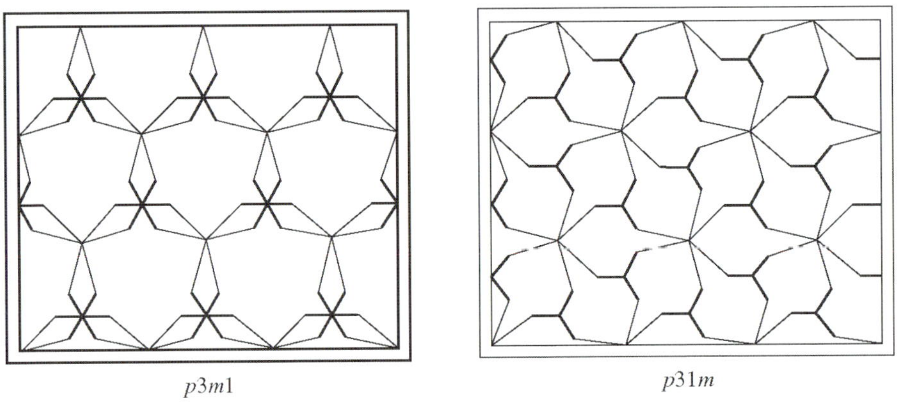


[그림 28.19] 하카스틱무늬로 생성된 양식들

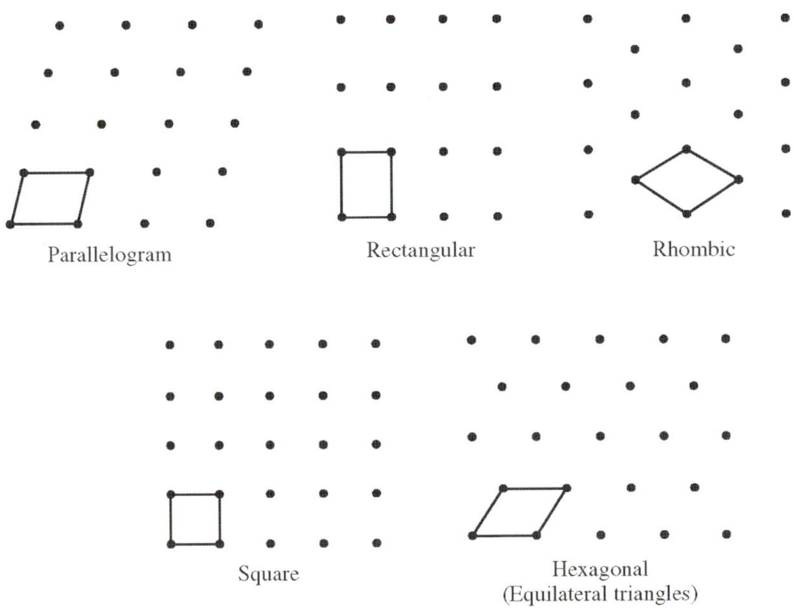


[그림 28.20] 평면에서 주기적 양식들에 대한 가능한 양식들

〈도표 28.1〉 평면에서 주기적 양식의 식별 표[1]

| 유형 | 격자 | 회전이동 치환의 가장 높은위수 | 반사 치환 | 비자명 미끄럼 반사 치환 | 생성 영역의 유닛 | 유용한 특징 |
|---|---|---|---|---|---|---|
| $p1$ | 평행사변형 | 1 | × | × | 1 | |
| $p2$ | 평행사변형 | 2 | × | × | $\frac{1}{2}$ | |
| $pm$ | 직사각형 | 1 | ○ | × | $\frac{1}{2}$ | |
| $pg$ | 직사각형 | 1 | × | ○ | $\frac{1}{2}$ | |
| $cm$ | 마름모 | 1 | ○ | ○ | $\frac{1}{2}$ | |
| $pmm$ | 직사각형 | 2 | ○ | × | $\frac{1}{4}$ | |
| $pmg$ | 직사각형 | 2 | ○ | ○ | $\frac{1}{4}$ | 평행반사축 |
| $pgg$ | 직사각형 | 2 | × | ○ | $\frac{1}{4}$ | |
| $cmm$ | 마름모 | 2 | ○ | ○ | $\frac{1}{4}$ | 수직반사축 |
| $p4$ | 정사각형 | 4 | × | × | $\frac{1}{4}$ | |
| $p4m$ | 정사각형 | 4 | ○ | ○ | $\frac{1}{8}$ | 반사축 위에 사중 중심 |
| $p4g$ | 정사각형 | 4 | ○ | ○ | $\frac{1}{8}$ | 반사축 위에 있지 않은 사중 중심 |
| $p3$ | 육각형 | 3 | × | × | $\frac{1}{3}$ | |
| $p3m1$ | 육각형 | 3 | ○ | ○ | $\frac{1}{6}$ | 반사축 위에 모든 삼중 중심 |
| $p31m$ | 육각형 | 3 | ○ | ○ | $\frac{1}{6}$ | 반사축 위에 모든 삼중 중심이 있지는 않다 |
| $p6$ | 육각형 | 6 | × | × | $\frac{1}{6}$ | |
| $p6m$ | 육각형 | 6 | ○ | ○ | $\frac{1}{12}$ | |

[1] $360^\circ/n$의 각으로 회전이동의 위수를 $n$이라 한다. 미끄럼 반사이동의 축이 주어진 패턴에 대해 반사치환의 축이 아니면 비 자명 미끄럼 반사이동이라 한다.

도표 28.1([5,$p$.443]에서 발췌한 것)은 또한 주기적 양식의 모양을 결정하는데 사용될 수 있으며 가끔 유용한 두 가지의 다른 특성들을 포함하고 있다. 한 양식의 **점들의 격자**(lattice of points)는 그 양식의 평행이동군에 의해서 임의의 특별한 점들이 작용하는 상들의 한 집합이다. $u$와 $v$에 의해서 생성

되는 평행이동 부분군의 한 양식의 격자단위는 한 평행사변형으로 그 양식의 한 점과 $u$, $v$와 $u+v$에 의한 상들로 구성된다. 한 평면에서 주기적 양식들에 대한 가능한 격자들은, **격자단위**(lattice unit)들과 함께, 그림 28.20에서 찾아볼 수 있다. 주기적 양식에 대한 **생성하는 영역**(generating uint)(**또는, fundamental region(근본 영역)**)은 그 평면을 덮고 있는 양식의 전체의 치환군의 상들의 격자단위의 한 가장적은 영역이다. 28.12, 28.13, 28.14의 그림들에서 표현된 양식들에 대한 생성하는 영역들의 예들은 그림 28.21에 주어진다.

그림 28.21에서, 수직 마대들과 함께 격자단위의 영역은 생성하는 영역이다. 격자단위와 생성하는 영역이 일치하고 있는 치환양식은 단지 그림 28.12에서 설명되는 $p1$ 양식 뿐이다. 도표 28.1은 각 평면의 주기적양식의 생성하는 영역을 구성하는 격자단위의 비율이 무엇인가를 말해준다. 도표 28.1은 가능한 n-중 회전이동치환들은 $n=1, 2, 3, 4, 6$ 인 때만 일어난다는 것을 밝혀준다.

이 사실은 공통적으로 **crystallographic 제한**이라고 부른다. 이것의 최초의 증명은 영국인 W.Barlow에 의해서 이루어 졌다. 도표 28.1의 정보는 한 특별한 치환군을 갖는 양식들을 거꾸로 창조하는데 사용되기도 한다. 그림 28.19의 양식들은 이 방법으로 만들어졌다.

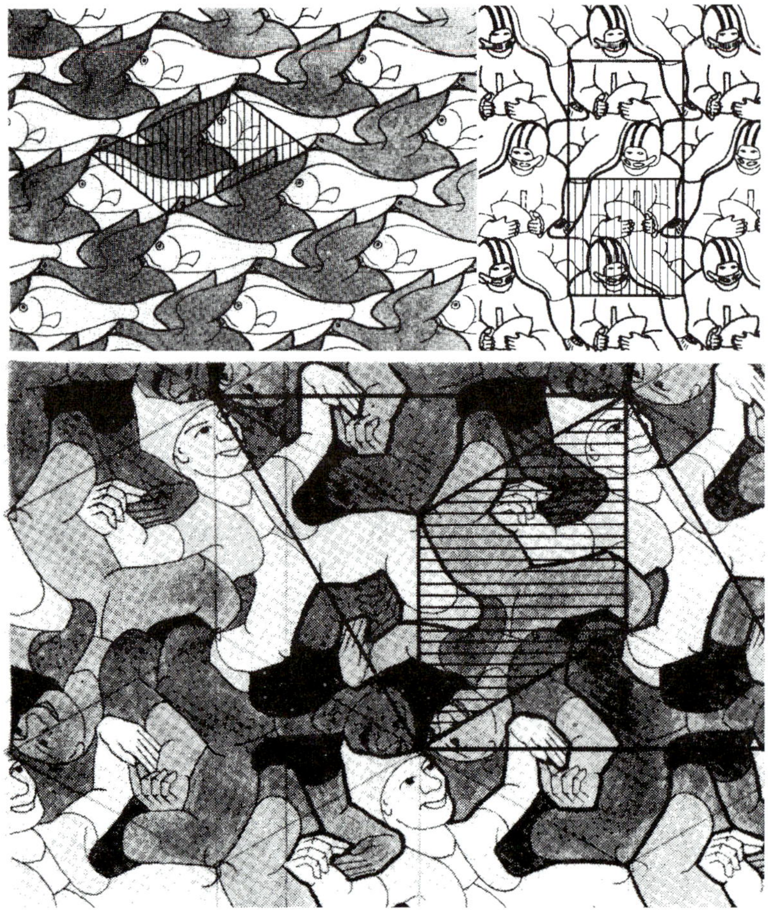

[그림 28.21] 그림 28.12. 28.13, 28.14 안에 있는 양식들에 대한 격자단위와 생성영역. 생성영역들은 빗금으로 음영처리 되어 있다.

유한치환군들에 대한 상황에 선명한 대조는, 2차원crystallographic군들을 3차원crystallographic군들의 변이는 대단히 많은 가능성들을 도입한다, 왜냐하면 무늬가 3개의 독립적인 평행이동들에 의해서 무한히 반복된다. 사실상, 230개의 3차원 crystallographic군들이 존재한다.(가끔 space groups으로 부른다). 이것들은 1890년대 Fedorov, Schonflies, 그리고 Barlow에 의해서 서로 독립적으로 발견되었다. 20세기 선도적 수학자인 David Hilbert는 1900년 파리에서 개최된 국제수학자대회(ICM)에서 그의 유명한 강연을 통하여 crystallographic군들에 관한 그의 관심을 표명하였다. 그가 제기한 23개의 문제들 중 하나는 n차원에서 crystallographic군들의 개수가 항상 유한인지 아닌지를 제기하였다. 이것은 1910년 L. Bieberbach에 의해서 긍정적으로 해결되었다. 우리는 4차원에서 무한히 반복되는 양식들이 4783개의 치환군들이 있다는 것을 언급하였다.

우리가 예상한바와 같이, crystallographic군들은 결정학(crystals)의 연구에 근본적으로 중요한 것이다. 사실, 한 결정은 성분들의 입자들이 3가지 방향으로 반복되는 양식이 정돈된 강체(rigid body)로 정의된다.( 그 반복은 화학적 결합에 의해서 야기된다).한 소금 알갱이와 설탕 알갱이는 공통적으로 결정체의 두 가지 예이다. 결정성을 갖는 물질들에 있어서, 무늬단위는 원자들, 이온들, 이온의 군들, 이온들의 덩어리 또는 분자들이다.

아마도 과학의 역사에서 치환군들의 이해가 위대한 발명에 결정적인 계기가 된 두 가지 일화를 자세히 이야기하는 것으로 이장을 마무리 하는 것이 어울릴 것 같다. 1912년에, 한 젊은 독일의 물리학자 Max von Laue는 x-광선의 좁은 전파를 그 후면에 사진 인화지를 설치하고 한 결정체위를 겨냥하도록 가설하였는데, 그것은 단위세포(원자들이나 이온들로 구성됨) 에 의해서 빗나가서(학술용어로 "회절"을 뜻함) 그 인화지위에 얼룩들을 볼 수 있게 되었다(그림 1.3참조). 수년 뒤에, 두 명의 영국 과학자, William Henry Bragg경과 대학생인 그의 22세 아들 William Lawrence Bragg는 von Laue의 회절 얼룩들을 잘 알려진 crystallographic 공간 군들에 대한 정보를 갖고 기록하여, 원자들의 내부배열의 형태를 계산할 수 있게 되었다.

이 발견은 현대 광물학의 출현으로 기록된다. Braggs에 의해서 추론된 최초의 결정체 구조로부터 오늘날에, x-광선의 회절이 결정체의 내부의 구조를 결정하는 수단이 되었다. Von Laue는 1914년 노벨 물리학상을 수상하였고, Braggs는 1915년 공동으로 노벨 물리학상을 수상했다.

두 번째 일화는 1950년대 초에 이러났다. 상당한 수효의 과학자들이 기본 유전물질인 DNA분자의 구조에 대한 연구를 시도하였다. 한 사람은 Francis Crick라는 한 대학원 학생과 다른 한사람은 Rosalind Franklin이라는 x-광선 crystallographer였다. 우연하게, Crick가 Franklin의 연구 보고서들과 DNA의 한 x-광선 회절사진을 보게 되었다. 이 시점에, 우리는 Horace Judson[4,$pp. 165-166$]의 자료를 인용하여 그 이야기를 계속해보자.

> Crick saw in Franklin's words and numbers something just as important, indeed eventually just as visualizable. There was drama, too: Crick's insight began with an extraordinary coincidence. Crystallographers distinguish 230 different space groups, of which the face-centered monoclinic cell with its curious properties of symmetry is only one — though in biological substances a fairly common

> one. The principal experimental subject of Crick's dissertation, however, was the x-ray diffraction of the crystals of a protein that was of exactly the same space group as DNA. So Crick saw at once the symmetry that neither Franklin nor Wilkins had comprehended, that Perutz, for that matter, hadn't noticed, that had escaped the theoretical crystallographer in Wilkins' lab, Alexander Stokes — namely, that the molecule of DNA, rotated a half turn, came back to congruence with itself. The structure was dyadic, one half matching the other half in reverse.

이것은 결정적인 것이었다. 그 뒤로 바로, James Watson과 Crick는 DNA의 정밀한 모형을 구축하였다. 1962년에, Watson, Crick,와 Maurice Wilkins는 그들의 발견으로 의학과 생리학분야의 노벨상을 수상하였다. 들리는 이야기로는 Franklin이 DNA분자의 치환군에 대한 올바른 인식만 있었으면, 그녀가 이 신비를 해결한 한사람으로서 노벨상[4, p. 172]을 받을 수 있었을 것이라 전해진다.

## 연습문제

단지 보기만 해도 많은 것을 알 수 있다. YOGI BERRA

**1.** frieze군 $F_6$는 $\mathbb{Z}\oplus\mathbb{Z}_2$와 동형임을 보여라.

**2.** 비동형인 frieze군들은 몇 가지인가?

**3.** frieze군 $F_7$에서, $x^2yzxz$를 $x^ny^mz^k$꼴로 써라.

**4.** frieze군 $F_7$에서, $x^{-3}zxyz$를 $x^ny^mz^k$꼴로 써라.

**5.** frieze군 $F_7$에서, $yz=zy$이고 $xy=yx$ 임을 보여라.

**6.** frieze군 $F_7$에서, $zxz=x^{-1}$임을 보여라.

**7.** 연습문제 3과 4을 연습문제 5와 6의 결과들을 이용하여 단지 기호 계산으로만 해 보라.(즉, 양식을 참고하지 않고 하라).

**8.** $F_7$에서 $x$에 의해 생성되는 순환부분군은 정규부분군임을 증명하여라.

**9.** 앞의 결과를 인용하여 부분군들 $\langle x,y\rangle$와 $\langle x,z\rangle$가 $F_7$에서 왜 정규부분군인가를 말하여라.

**10.** 한 보통 사전에서 단어 frieze를 찾아보아라. 왜 frieze군들이 이름 붙여지는 것이 합당한 것인지 설명해 보아라.

**11.** 다음 각 양식들의 치환군이 7개의 frieze군들 중 어느 것인지 결정하여라.

a.

b.

c.

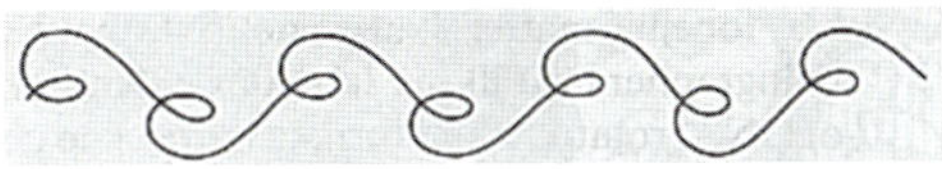

d.

e.

f.

**12.** 다음 각 양식에 대응하는 frieze군을 결정하여라.

$a.\ y = \sin x$

$b.\ y = |\sin x|$

$c.\ |y| = \sin x$

$d.\ y = \tan x$

$e.\ y = \csc x$

**13.** 아래그림과 같이 벽돌작업에 의해 만들어지는 평면 테셀레이션의 치환군을 결정하여라.

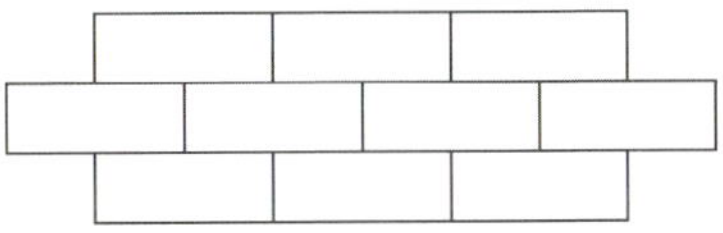

**14.** 그림 28.17에서 각 양식들에 대한 평면 치환군을 결정하여라.

**15.** 다음 각 양식들의 치환군은 17가지 crystallographic군들 중 어느 것인지 결정하여라.

a.

b.

c.

d.

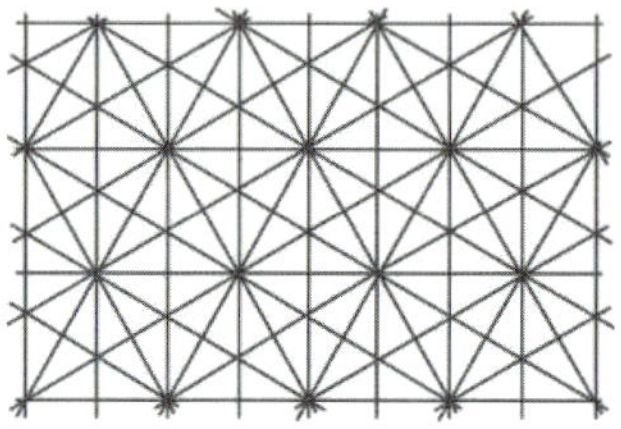

**16.** 다음 그림에서, 1표시를 한 점이 하나있다. $\alpha$는 평면에서 1표시를 한 점에서 표시 $\alpha$를 한 점으로 이동하는 평행이동이라 하고, $\beta$는 평면에서 1표시를 한 점에서 표시 $\beta$를 한 점으로 이동하는 평행이동이라 하자. $\alpha$와 $\beta$의 합성에 의한 1의 상을 $\alpha\beta$로 표시하자. 이 와 같이 대응하는 형식에 따라서, 아래 그림에서 남은 점들에 대하여 $\alpha^i\beta^j$꼴로 표시하여라.

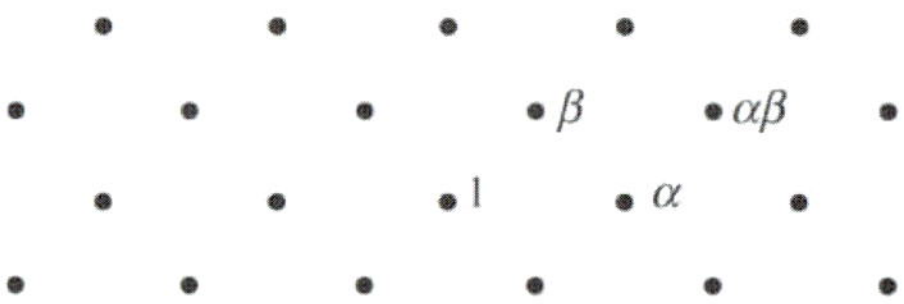


**17.** 눈 위에 자동차 바퀴자국들에 의해 만들어지는 양식들은 frieze 양식들이다. 자동차 바퀴에 대한 깊은 연구로 7개의 frieze양식들 중에서 단지 5가지만 나타난다는 것이 밝혀졌다. 일어나지 않는 2가지의 양식들을 찾고 왜 그것들이 일어나지 않는지 합당한 이유를 설명하여라.

**18.** 그림 28.16에서 $cm$ 양식 안에 있는 대칭변환의 비자명한 미끄럼반사의 축을 찾아라.

**19.** 다음 각 양식들의 치환군들은 frieze군들 중 어느 것인지 결정하여라.

**a.** · · · D D D D · · ·
**b.** · · · V Λ V Λ · · ·
**c.** · · · L L L L · · ·
**d.** · · · V V V V · · ·
**e.** · · · N N N N · · ·
**f.** · · · H H H H · · ·
**g.** · · · L Ꞁ L Ꞁ · · ·

**20.** 그림 28.17의 맨 밑줄 왼쪽으로부터 3번째 양식에서 대칭변환의 비자명한 미끄럼반사이동의 축을 찾아라.

## Reference


1. Donald Crowe, *Symmetry, Rigid Motions, and Patterns,* Arlington, Va.: COMAP, 1986.
2. Daniel S. Dye, *A Grammar of Chinese Lattice,* Harvard-Yenching Institute Monograph Series, vol. VI, Cambridge, Mass.: Harvard University Press, 1937. (Reprinted as *Chinese Lattice Designs,* New York: Dover, 1974.)
3. Owen Jones, *The Grammar of Ornament,* New York: Van Nostrand Reinhold, 1972. (Reproduction of the same title, first published in 1856 and reprinted in 1910 and 1928.)
4. Horace Freeland Judson, *The Eighth Day of Creation,* New York: Simon and Schuster, 1979.
5. D. Schattschneider, "The Plane Symmetry Groups: Their Recognition and Notation," *The American Mathematical Monthly* 85 (1978): 439-450.
6. D. K. Washburn and D. W. Crowe, *Symmetries of Culture: Theory and Practice of Plane Pattern Analysis,* Seattle: University of Washington Press, 1988.

# M. C. Escher

나는 수학에서 아무런 학위도 없다. 진짜로 무엇인지도 모르고 수학적 이론들을 잘 생각해낸 것 같이 보이는 것은 웃기는 일이다.
M.C. Escher

M. C. Escher는 1898년 6월 17일 Netherlands에서 출생하였다. 그의 1937년 이전의 예술 작업은 보이는 세상, 풍경화 또는 건물 같은 것들을 표현하는 것이 지배적이었다. 점차적으로, 그는 점점 보이는 세상에 대한 관심이 감소되고  공간에 창의적인 접근에 점진적으로 심취하게 되었다. 그는 스페인의 Alhambra에 있는 Moorish mosaics에 사용된 추상적인 공간을 채우는 양식들을 연구하였다. 그는 또한 17가지의 평면 crystallographic군들에 대한 수학자 George Polya의 논문을 연구하였다. Escher는 그의 공간을 채우는 그림에서 동물들, 식물들, 또는 사람들을 사용하는 것을 선호하였다. Escher는 그의 작품에서 다양한 수학적 착상들을 함께하는 것을 좋아하였다. 이것들 중에는 Infinity, Mobius bands, stellations, deformations, reflections, Platonic solids, spirals,와 hyperbolic plane이다. crystallographic의 본인 작품은 이제 값이 아주 비싼 것이 됐지만, 1951년 까지는 그는 그의 그림으로부터 그의 수익금의 대부분을 생활비에 충당하였다. 오늘날, Escher는 널리 알려져 있고 그래픽 예술가로 인정받고 있다. 그의 그림들은 수많은 과학작품들의 창의적 생각을 설명하는데 사용되어왔다. 과학자들 사이의 인기에도 불구하고, Escher는 전통적인 예술가 단체로부터 높은 칭송을 받지 못했다. Escher는1972년 3월 27일 Holland에서 서거하였다. Escher와 그의 예술에 대하여 더 많은 정보를 얻으려면, M. C. Escher의 공식 웹싸이트를 방문하기 바란다.

http://www.mcescher.com/

## George Polya

폴리아교수 당신의 수학, 과학, 교육 그리고 인류를 위한 아름다운 공적들에 대하여 감사드립니다.
A toast from Frank Harary on the occasion of Polya's 90th birthday

George Polya는 1887년 12월 13일 Hungary Budapest에서 태어났다. 그는 철학, 수학, 그리고 물리학으로 연구 방향을 바꾸기 전에 언어학으로 Budapest대학에서 교사자격증을 받았다. 1912년에, 그는 수학으로 박사학위를 받았다. Hitler의 공포와 2차 세계대전으로, Polya는 1940년 미국으로 왔다. Brown대학에서 2년간 지내고, 그는 Stanford대학으로 갔으며, 97세를 일기로 1985년 그가 죽을 때까지 거기에 머물렀다.

1924년에, Polya는 결정학잡지에 평면치환군들과 17가지 주기적 양식들에 대응되는 모든 것을 설명하는 한 논문을 발표하였다. 지질학자인 B. G. Escher는 그의 예술가인 형제 M. C. Escher에게 그 논문의 복사본을 보냈다. M. C. Escher는 Polya의 흑백으로 된 기하학적인 모형들을 그 자신의 새들, 도마뱀들 그리고 어류를 특색 있게 서로 맞물리게 색칠한 양식들을 만드는 안내서로 사용하였다.

Polya는 수학의 많은 영역들에 기여하였으며, 그의 수집된 논문들은 4개의 큰 책에 넘쳤다. Polya는 또한 문제해결에 관한 책들과 그의 교육에 관해서도 유명하다. 그의 책들 중의 하나는 1,000,000권 넘게 팔렸다. The Society for Industrial and Applied Mathematics, the London Mathematical Society, and the Mathematical Association of America에서 Polya의 이름으로 상들을 만들었다. Polya는 그가 90세 까지 과목들을 가르치고 널리 강연을 했다. 그는 결코 자동차 운전을 배우지 않았고 그의 최초의 항공여행은 75세 때였다. 그는 결혼해 살았으나 자녀가 없었다.

Polya에 대한 더 많은 정보를 다음 사이트에서 얻을 수 있다.

http://www-groups.dcs.st-and.ac.uk/~history/

## John H. Conway

그는 확실히 세계적이었으나, 그는 어린이가 갖는 호기심 같은 것을 갖고 있었다.

Ronald Graham Speaking of John H.Conway

John H. Conway는 가장 독창적이고 다재다능한 동시대의 수학자들에 위치하고 있다. Conway는 1937년 12월 26일 영국 Liverpool에서 태어나, 거친 환경에서 성장하였다. 어린 시절에는 나이 많은 애들로부터 자주 맞고 고등학교 생활을 잘해내지도 못했다. 그럼에도 불구하고, 그의 수학적 능력은 Cambridge대학에서 주는 장학금을 획득하게 만들었고, 그는 거기에서 뛰어난 사람으로 성장하였다.

반복되는 모양들을 시용하여 한 평탄한 표면을 빈틈이나 중첩됨이 없이 덮는 것을 타일링(tiling)이라 한다. 1975년, Oxford의 물리학자인 Roger Penrose는 두 가지 모양들로 평면을 타일링하는 한 중요한 새로운 방법을 발명했다. 그의 치환군 양식은 17개의 평면 crystallographic군들과는 다른 양식으로, Penrose 양식들은 평행이동이나 회전이동으로 그 자신들을 일치시킬 수 없는 것이었다. Penrose양식들에 대한 많은 주목할 만한 성질들이 Conway에 의해서 발견되었다. Conway는 3차원공간을 빈틈이나 중첩됨이 없이 채우는데 사용되는 한 새로운 프리즘을 발견했다. Conway는 수론, 군론, 개임이론, 끈 이론, 그리고 조합 론에 많은 의미 있는 공헌을 하였다. 그의 가장 중요한 발견은 3가지의 단순군들인데, 그것들은 그의 이름을 본떠서 부른다.(단순군들은 모든 군들의 초석이 되는 벽돌블록이다). Conway는 개임과 퍼즐에 열광적이었다. 그는 Life개임과 Sprouts개임을 발명했다. Conway는 수많은 명성 있는 영예들을 받았다. 1987년 그는 Princeton대학의 교수가 되었으며, 그의 직위는 John von Neumann Distinguished Professor of Mathematics 이었다.

Conway에 대한 더 많은 정보를 다음 사이트에서 얻을 수 있다.

http://www-groups.dcs.st-and.ac.uk/~history/

# 29절 치환과 계산 (Symmetry and Counting)

이제 대칭성의 여러 가지 사례들을 보고 한 순간 갈증을 가시며 쉬어가자. Timothy Ferris, Coming of Age in the Milky Way

## 동기유발(Motivation)

치환군들은 대칭적 디자인들 또는 배열들을 갖고 있는 많은 상황에서 자연스럽게 제기된다. 예를 들어, 정6각형의 6개의 꼭짓점들에 3개는 검정색으로 다른 3개는 흰색을 칠하는 과제를 생각해보자. 그림 29.1은 가짓수는 모두 $\binom{6}{3}=20$ 임을 알 수 있다. 그러나 만약 이 디자인들이 6각형의 도자기타일들의 한 면 위에 나타난다면, 그림 29.1(a)에서 보이는 디자인들을 서로 다른 것으로 계산하는 것은 무의미할 것이다. 왜냐하면 거기에 있는 모든 6가지의 디자인들은 그들 중 하나를 회전 이동하여 얻을 수 있기 때문이다. 이 경우, 우리는 그림 29.1(a) 디자인들은 6각형의 회전이동 군아래서 동등(equivalent)하다고 말한다. 마찬가지로, 그림 29.1(b)의 디자인들은 회전이동 군아래서 동등하고, 그림 29.1 (c)나 그림 29.1 (d)도 마찬가지이다. 그리고 그림 29.1 (a)-(d)에서 한 디자인으로부터 다른 영역에 있는 디자인을 회전이동으로 얻을 수 없으므로, 이 그림의 각 영역 안에 있는 디자인들만 서로 동등하고 임의의 다른 그림의 디자인과는 동등하지 않다. 그렇지만, 그림 29.1 (b)와 (c)는 이면체군 $D_6$ 아래에서는 동등하다, 왜냐하면 그림 29.1 (b)의 디자인들은 반사이동 시키면 그림 29.1 (c)의 디자인들이 만들어 지기 때문이다. 예를 들어, 3개의 검정색 구슬들과 3개의 흰색 구슬들을 배열하여 한 목걸이를 만들 목적이면, 그림 29.1 (b)와 (c)는 동등한 것으로 간주될 수 있을 것이다.

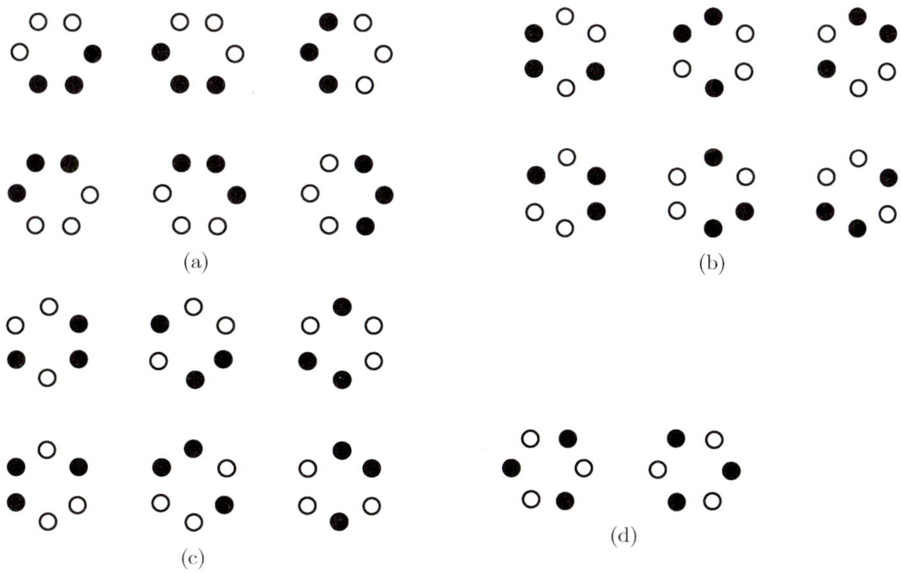


[그림 29.1]

일반적으로, 만약 배열들의 치환 군 G의 한 원소 $\phi$가 존재하여 두 가지의 디자인들( 구슬들의 배열들) A와 B에 대하여 $\phi(A) = B$ 이면 A와 B는 **군 G아래에서 동등하다**(equivalent under a group G)고 한다. 즉, 두 디자인들이 G아래에서 동등하다는 것은 그들이 G의 같은 궤도 안에 있다는 의미이다. 그래서 G에서 비동등한 디자인들의 개수는 단순히 G하에서 디자인들의 궤도들의 개수가 된다.

그림 29.1에서 디자인들은 회전이동 군 아래에서 4개의 궤도로 나누어지지만 $D_6$ 군 아래에서는 단 3개의 궤도로 나누어진다, 왜냐하면 그림 29.1 (b)와 (c)에서의 디자인들은 $D_6$ 군 아래에서 단 하나의 궤도가 되기 때문이다. 따라서 우리는 단지 4개의 타일들로부터 20개 모든 타일 디자인들을 구할 수 있고, 단지 3개로부터도 20개 모든 목걸이들을 구할 수 있다.

## Burnside's Theorem

우리가 지금까지 제기했던 문제들은 관찰에 의해서 충분히 해결할 수 있지만, 더 복잡한 문제들은 더 정교한 접근이 요청된다. 이런 한 접근방법은 1887년에 Georg Frobenius에 의해 제공되었다. Frobenius정리는 1911년에 William Burnside의 군론의 한 고전 책이 발간 될 때까지 잘 알려지지 못했다. 역사상의 우연으로, Frobenius정리는 "Burnside Theorem"으로 알려지게 되었다. 이 정리를 설명하기 전에, 우리는 7장에서 소개한 몇 가지 표기를 상기하고 새로운 표기를 소개하고자한다.

만약 G가 한 집합 S위에서의 한 치환 군이고 $i \in S$이면, $stab_G(i) = \{\phi \in G | \phi(i) = i\}$ 이고 $orb_G(i) = \{\phi(i) | \phi \in G\}$ 이다.

임의의 집합 $X$에 대하여, 우리는 $|X|$는 $X$의 원소들의 개수를 나타낸다.

### 정의: $\phi$의 고정된 원소(Elements Fixed by $\phi$)

집합 S 위에서의 한 치환 군 G와 G의 임의의 원소 $\phi$에 대하여, $fix(\phi) = \{i \in S | \phi(i) = i\}$ 라 하자. 이 집합을 **$\phi$에 의해서 고정된 원소들**(elements fixed by $\phi$)(또는, 더 간단히, "fix of $\phi$")이라 부른다.

**정리 29.1 (Burnside)**

만약 G가 S 위에서의 한 유한치환군이라면, G아래에서 S의 원소들에 대한 궤도들의 개수는 $\frac{1}{|G|}\sum_{\phi \in G}|fix(\phi)|$ 이다.

**증명** n을 $\phi \in G, i \in S,$ 이고 $\phi(i) = i$ 인 순서쌍 $(\phi, i)$의 개수라 하자. 우리는 이 순서쌍의 개수를 두 가지 방법으로 계산해보자. 첫째, G의 각 특별한 원소 $\phi$에 대하여, 순서쌍들의 개수는 정확하게 $|fix(\phi)|$ 이다. 따라서

$$n = \sum_{\phi \in G}|fix(\phi)| \text{ 이다.} \tag{1}$$

둘째, S의 각 특별한 원소 $i$에 대하여, $|stab_G(i)|$는 정확히 $\phi(i) = i$가 성립하는 순서쌍

$(\phi, i)$의 개수이다. 따라서

$$n = \sum_{i \in S} |stab_G(i)| \text{이다.} \tag{2}$$

7장 연습문제 33으로부터, 만약 $s$와 $t$가 $G$의 같은 궤도에 포함된다면, $\text{orb}_G(s) = \text{orb}_G(t)$ 이고, 따라서 *Orbit − Stabilizer Theorem*(정리 7.3)에 의해서 우리는

$$|stab_G(s)| = |G|/|\text{orb}_G(s)| = |G|/|\text{orb}_G(t)| = |stab_G(t)| \text{를 얻는다.} \tag{3}$$

끝으로, $G$의 모든 원소들에 걸쳐, 한 번에 한 개의 궤도에 대하여 모두 합하면, 관계식들 (1), (2) 그리고 (3)으로 부터,

$$\sum_{\phi \in G} |fix(\phi)| = \sum_{i \in S} |stab_G(i)| = |G| \cdot (\text{궤도들의 개수})\text{이다.}$$

그래서 정리의 결과를 얻게 된다. □

## 적용(Applications)

Burnside의 정리를 어떻게 적용하는가를 설명하기 위해서, 도자기 타일과 목걸이 문제로 되돌아가자. 3개의 검정색 꼭짓점들과 3개의 흰색 꼭짓점들로 만들어진 정육각형 타일들의 경우수를 계산할 때, 각 대상들의 치환들은 20가지 디자인들이 가능하고, 여기서 치환 군은 한 정육각형의 6개의 회전이동 치환 군이다. 그림 29.1로부터 60°, 180° 또는 300°의 회전이동들이 20개 디자인들을 하나도 고정시키지 못한다는 것을 알 수 있다. 끝으로, 그림 29.2는 120°와 240°의 회전이동들에 대한 $fix(\phi)$를 보여준다. 이 자료들은 도표 29.1에 수합되어 있다.

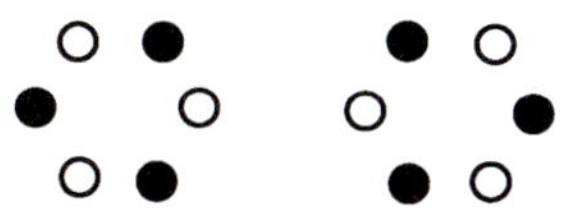

[그림 29.2] 120°회전이동과 240°회전이동에 의해 고정되는 디자인들

〈도표 29.1〉

| 원소 | 원소에 의해 고정되는 디자인 개수 |
|---|---|
| 항등원 | 20 |
| 60° 회전이동 | 0 |
| 120° 회전이동 | 2 |
| 180° 회전이동 | 0 |
| 240° 회전이동 | 2 |
| 300° 회전이동 | 0 |

따라서 Burnside정리를 적용하면, 우리는 회전이동 군 아래에서 궤도들의 개수를 구할 수 있다.

$$\frac{1}{6}(20+0+2+0+2+0)=4\text{이다.}$$

이제 Burnside정리를 이용하여 3개의 검정색 구슬들과 3개의 흰색 구슬들로 구성된 목걸이 배열들의 개수를 계산해보자.(이것을 분석하기 위해서, 우리는 이 구슬들을 정육각형 모양으로 배열할 수 있다.) 이 문제에서, 만약 그들이 $D_6$ 아래에서 같은 괘도 안에 있으면 두 배열은 동등하다.

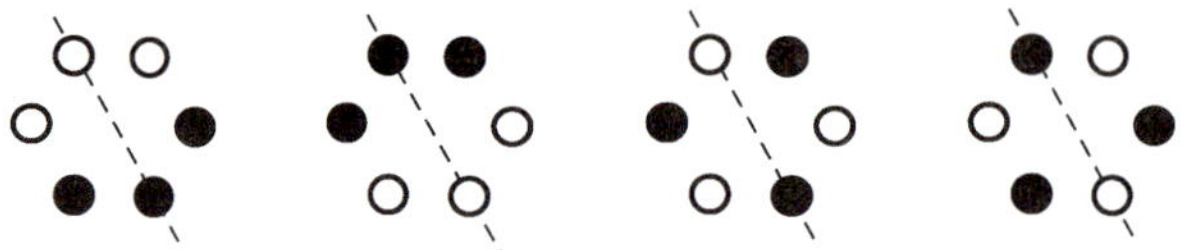

[그림 29.3] 한 대각선을 가로질러 반사이동에 의해 고정되는 구슬의 배열

그림 29.3은 한 대각선을 가로질러 한 반사이동에 의해서 고정되는 배열들을 보여준다.

〈도표 29.2〉

| 원소 형태 | 같은 형태의원소 개수 | 원소에 의해 고정되는 배열의 개수 |
|---|---|---|
| 항등원 | 1 | 20 |
| 위수 2 인 회전이동(90°) | 1 | 0 |
| 위수 3 인 회전이동(120° 또는 240°) | 2 | 2 |
| 위수 6 인 회전이동(60° 또는 300°) | 2 | 0 |
| 대각선 가로지르는 반사이동 | 3 | 4 |
| 모서리 이등분선을 가로지르는 반사이동 | 3 | 0 |

도표 29.2는 Burnside정리를 적용하는데 필요한 정보를 모은 것이다.

따라서 $\frac{1}{12}(1\cdot 20+1\cdot 0+2\cdot 2+2\cdot 0+3\cdot 4+3\cdot 0)=3$이다. 3개의 비동등한 방법으로 목걸이에 3개의 검정색 구슬들과 3개의 흰색 구슬들을 일렬로 배열할 수 있다. 이제 몇 개의 쉬운 문제들에 발을 적신 것 인데, 좀 더 어려운 문제를 알아보도록 시도해보자. 한 정사면체(그림 5.1)의 모서리들에 빨간색(R), 흰색(W), 그리고 파랑색(B)을 칠한다고 가정하자. 첫째, 동등한 경우들을 고려하지 않으면 $3^6=729$가지의 경우가 있음을 알 수 있다. 어떻게 2개의 색칠한 정사면체가 비동등한 때를 정할 것인가? 확실히, 만약 어떤 한 방법으로 색칠한 정사면체를 집어 들어, 그것을 회전이동 시키고, 손을 떼어 놓는다면, 정사면체가 다른 색을 칠했다기보다는 다른 위치에 놓였다고 생각하게 될 것이다.( 만약 한 주사위를 집어 들어 그것을 회전이동 시킨다면, 그 주사위가 이번에는 다르게 분류되었다고 말하는 것과 같다). 따라서 이 문제에서의 치환군은 그림 5.1에서 보여준 정사면체의 12가지 회전이동들로 구성된 바로 그 군이고 이것은 $A_4$와 동형이다.(이 군은 항등원; 한 꼭짓점을 고정시키는, 위수가 3인 원소가 8개; 어떤 모서리도 고정시키지 않는 , 위수가 2인 원소가 3개로 구성된다).모든 회전이동은 729개 색칠한 것의 순서를 바꾼다, Burnside정리를 적용하기 위하여 이 군의 12개의 회전이동 각각에 대한 $fix(\phi)$의 크기를 정해야한다.

〈도표 29.3〉 $(234)$에 의해 고정되는 9가지 색칠

| 모서리 | 색 | | | | | | | | |
|---|---|---|---|---|---|---|---|---|---|
| 12 | $R$ | $R$ | $R$ | $W$ | $W$ | $W$ | $B$ | $B$ | $B$ |
| 13 | $R$ | $R$ | $R$ | $W$ | $W$ | $W$ | $B$ | $B$ | $B$ |
| 14 | $R$ | $R$ | $R$ | $W$ | $W$ | $W$ | $B$ | $B$ | $B$ |
| 23 | $R$ | $W$ | $B$ | $W$ | $R$ | $B$ | $B$ | $R$ | $W$ |
| 34 | $R$ | $W$ | $B$ | $W$ | $R$ | $B$ | $B$ | $R$ | $W$ |
| 24 | $R$ | $W$ | $B$ | $W$ | $R$ | $B$ | $B$ | $R$ | $W$ |

분명히, 항등원은 모든 729개 색칠한 것을 고정시킨다. 다음으로, 위수가 3인 원소 $(234)$를 생각해보자, 이것은 그림 5.1의 밑바닥 행의 왼쪽에서 두 번째 있는 것이다. 한 특별한 색칠한 것이 이 원소에 의해서 고정되었다고 가정하자.(즉, 정사면체가 이 회전이동을 하기 전과 후가 같은 색깔로 보이는 것을 말한다).

회전이동 $(234)$는 모서리 12를 모서리 13으로, 모서리 13를 모서리 14로, 모서리 14를 모서리 12로 자리를 옮기므로, 이 3모서리들은 색깔들이 같아야한다(모서리 $ij$는 꼭짓점 $i$에서 꼭짓점 $j$를 잇는 모서리이다).같은 논증으로 3개의 모서리들 23, 34, 그리고 42도 역시 같은 색깔이다.

따라서 $|fix(234)| = 3^2$이다, 왜냐하면 3개의 모서리들의 두 집합들은 각각에 대하여 3가지 선택이 있기 때문이다. 도표 29.3에서 9개의 열들은 3개의 모서리들의 두 집합들의 가능한 색칠을 한 것을 보여주고 있다. 위수가 3인 다른 7개의 원소들에 대해서도 유사한 분석을 적용한다.

이제 위수 2인 회전이동 $(12)(34)$을 생각해보자.( 그림 5.1의 맨 위쪽행의 두 번째 정사면체를 보아라). 모서리들 12와 34가 고정되기 때문에, 그것들은 아무렇게나 색칠이 가능하고 회전이동 $(12)(34)$를 실시한 후에도 똑 같이 된다. 이것은 두 모서리에 대해서는 $3 \cdot 3$가지의 선택이 있다. 모서리 13이 모서리 34로 자리를 옮기기 때문에, 이두 모서리들은 색깔이 같아야한다. 유사하게, 모서리 23과 14는 같아야 한다. 따라서 모서리 13과 24 쌍에 대한 3가지 선택과 모서리 23과 14 쌍에 대한 3가지 선택이 있다.

이것은 치환 $(12)(34)$아래에서 동등이 되는 정사면체의 색깔들은 $3 \cdot 3 \cdot 3 \cdot 3$가지가 있다는 의미이다. (도표 29.4는 81가지의 색칠에 대한 완전한 목록을 나타낸다). 따라서 $|fix((12)(34))| = 3^4$이고, 위수 2인 2개의 원소도 똑 같은 결과를 갖는다.

〈도표 29.4〉 $(12)(34)$에 의해 고정되는 81가지 색칠($X$와 $Y$는 $R$, $W$, $B$중에서 임의로 택한다.)

| 모서리 | 색 | | | | | | | | |
|---|---|---|---|---|---|---|---|---|---|
| 12 | $X$ | $X$ | $X$ | $X$ | $X$ | $X$ | $X$ | $X$ | $X$ |
| 34 | $Y$ | $Y$ | $Y$ | $Y$ | $Y$ | $Y$ | $Y$ | $Y$ | $Y$ |
| 13 | $R$ | $R$ | $R$ | $W$ | $W$ | $W$ | $B$ | $B$ | $B$ |
| 24 | $R$ | $R$ | $R$ | $W$ | $W$ | $W$ | $B$ | $B$ | $B$ |
| 23 | $R$ | $W$ | $B$ | $W$ | $R$ | $B$ | $B$ | $R$ | $W$ |
| 14 | $R$ | $W$ | $B$ | $W$ | $R$ | $B$ | $B$ | $R$ | $W$ |

이제 세유형의 군의 원소들에 대한 분석을 마쳤다, 우리는 Burnside정리를 적용할 수 있다. 특히, 한 정사면체의 모서리들에 3가지 색깔을 칠하는 서로 다른 경우수는

$$\frac{1}{12}(1 \cdot 3^6 + 8 \cdot 3^2 + 3 \cdot 3^4) = 87$$

이다.

확실히 이것은 Burnside정리를 적용하지 않는다면 해결하기 어려운 과제일 것이다.

이제 확실히, 우리는 수학자들 이외에 우리가 논의했던 것과 같이 개수 헤아리는 문제들에 흥미를 갖는 사람이 누구일까 알고 싶어 할 것이다.

그건, 화학자들이다. 정말, 벤젠 분자는 정육각형으로 배열된 탄소원자들과 각각 $NH_2$, $COOH$, 또는 $OH$ 의 3가지의 기들 중 하나씩 부착된 것으로 볼 수 있다. 그림 29.4는 그 한 예이다.

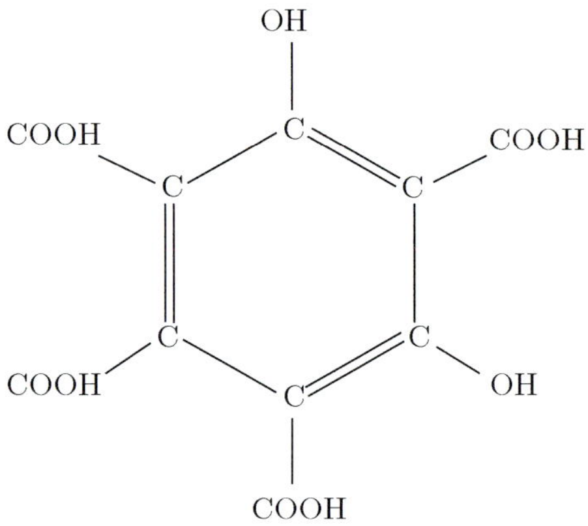


[그림 29.4] 벤젠 분자

따라서 Burnside정리가 화학자들이 벤젠분자들의 가짓수의 결정을 가능하게 해준다.(연습문제 4). 화학자들이 생각하는 또 다른 분자는 정사면체의 중심에 한 개의 탄소원자가 있는 각 모서리들에 4개의 기들; $HOCH_2$(hydroxymethyl), $C_2H_5$(ethyl), $CI$(chlorine), $H$(hydrogen)중 임의의 것들로 구성된 것으로 볼 수 있는 것이다. 다시금, 이런 분자들의 가짓수는 Burnside정리를 사용하여 용이하게 구할 수 있다.

## 군의 작용(Group Action)

서로 비동형으로 보이는 대상들의 개수를 헤아리는 비형식적인 접근을 다음과 같이 형식화 할 수 있다. 만약 $G$는 한 군이고 $S$는 한 대상들의 집합이면, 만약 $G$에서 $S$의 모든 치환군 $sym(S)$에로의 한 준동형사상 $\gamma$가 존재하면 **$G$가 $S$위에 작용한다**(G acts on S)고 하자.(이 준동형사상을 어떤 이는 **군작용**(group action)이라 부른다). 편리하게, $\gamma$아래에서의 $g$의 상을 $\gamma_g$로 표시한다. 그러면 $S$에 있는 두 대상 $x$와 $y$가 $G$의 작용 아래에서 동등하기 위한 필요충분조건은 $G$의 어떤 원소$g$가 존재하여 $\gamma_g(x) = y$가 성립하는 것이다. $\gamma$가 1-1 일 때, $G$의 원소를 $S$위에서의 치환으로 간주할 수 있다. 한편,

$\gamma$가 1-1이 아니면, $G$의 원소를 여전히 $S$위에서의 치환으로 간주할 수 있다, 그렇지만 $G$안에 서로 다른 원소 $g$와 $h$가 존재하여 $\gamma_g$와 $\gamma_h$ $S$위에서 같은 치환을 유도한다.[즉, $S$의 모든 $x$에 대하여 $\gamma_g(x)=\gamma_h(x)$이다]. 따라서, 한 집합위에서 군작용은 치환군 개념의 자연스런 일반화이다.

군작용의 예로서, $S$를 정사각형의 두 대각선이라 하고 $G$는 정사각형의 치환군 $D_4$라 하자. 그러면 $\gamma_{R_0}, \gamma_{R_{180}}, \gamma_D, \gamma_{D'}$는 항등함수; $\gamma_{R_{90}}, \gamma_{R_{270}}, \gamma_H, \gamma_V$는 두 대각선을 바꾸는 함수; 그리고 $D_4$에서 $sym(S)$로 사상 $g \rightarrow \gamma_g$는 군준동형사상이다.

두 번째 예로, 체 $F$의 원소로 구성된 $n \times n$ 정칙행렬군 $GL(n,F)$가 $F$의 원소로 구성된 $n \times 1$ 열벡터들의 집합 $S$위에 행렬의 왼쪽에 벡터를 곱하는 작용이라 하자. 이 경우, $GL(n,F)$에서 $Sym(S)$로 $g \rightarrow \gamma_g$인 1-1준동형사상이다.

우리는 이 책에서 군작용들을 언급하지 않고 여러 번 사용하였다. Cayley정리의 증명(정리 6.1)에서 한 군 $G$가 $G$의 원소들에 대한 작용; Sylow두 번째 정리와 세 번째 정리(정리 24.4와 정리 24.5)의 증명에서 한 군이 한 Sylow $p-$부분군의 공핵류들의 집합에 대한 작용; Generalized Cayley정리(정리25.3)의 증명에서 $G$가 한 부분군 $H$의 좌측 잉여류집합들에 대한 작용이 그것들이다.

## 연습문제

더 큰 힘든 일을 극복하면 보다 큰 영광이 온다. EPICURUS

**1.** 한 정사각형의 4 모퉁이에 두 가지 색깔을 칠하는 가짓수를 결정하여라.(4 모퉁이에 한 색깔을 칠할 수도 있다).

**2.** 13개의 흰색 구슬과 3개의 검정색 구슬로 만들 수 있는 서로 다른 목걸이 수를 결정하여라.

**3.** 정삼각형의 모서리들을 5가지의 색 중에서 적어도 2가지 서로 다른 색을 사용하여 칠할 수 있는 가짓수를 결정하여라.

**4.** 한 벤젠 분자는 평면위의 한 정육각형에 6개의 탄소 원자들로 모형을 만들어 진다. 각 탄소 원자에, 3가지 기들 $NH_2$, $COOH$, 또는 $OH$중의 하나를 부착시킨다. 그런 화합물들은 몇 가지나 가능한가?

**5.** 연습문제 4에서 우리가 기로 $NH_2$와 $COOH$만 허용한다고 가정하자. 화합물들은 몇 가지나 가능한가?

**6.** 한 정12면체의 면들을 3가지 색깔로 칠하는 가짓수를 결정하여라.

**7.** 정사각형의 모서리들을 6가지 색깔 중에서 어떤 색깔도 두 번 이상 모서리에 사용하지 않게 칠할 수 있는 가짓수를 결정하여라.

**8.** 정사각형의 모서리들을 6가지 색깔 중에서 어떤 색을 칠하는데 아무런 제한을 두지 않고 칠할 수 있는 가짓수를 결정하여라.

**9.** 두 가지 색깔의 구슬로 만들 수 있는 11개 구슬로 된 서로 다른 목걸이의 가짓수를 결정하여라.

**10.** 한 정육면체의 면들을 3가지 색깔로 칠하는 가짓수를 결정하여라.

**11.** 한 과자를 6개의 똑 같은 조각들로 나눈다고 가정하자. 각 조각을 $n$가지 색깔 중에 한 색깔로 칠한다면 몇 가지 방법이 있을까?

**12.** 다섯 개의 모서리가 있는 왕관의 다섯모서리에 만약 3가지 색깔만 사용할 수 있다면 몇 가지가 있는가?

**13.** $G$는 유한군이고 $sym(G)$는 $G$위에서의 모든 치환 군이라 하자. $G$의 각 원소 $g$에 대하여, $\phi_g$는 $sym(G)$의 원소로서, $G$의 모든 원소 $x$ 에 대하여 $\phi_g(x) = gxg^{-1}$ 를 나타낸다. $G$가 자기 자신 위로 $g \rightarrow \phi_g$로의 작용임을 보여라. 사상 $g \rightarrow \phi_g$가 1-1이 아닌 예를 들어라.

**14.** $G$는 유한군이고, $H$는 $G$의 부분군이다, $S$를 $G$안에서 $H$의 좌잉여류의 집합이라 하자. $G$의 각 원소에 대하여, $\gamma_g$는 $sym(S)$의 원소로서 $\gamma_g(xH) = gxH$로 정의한다. $G$가 $S$위에서 $g \rightarrow \gamma_9$로 작용함을 보여라.

**15.** 고정된 한 정사각형에 대하여, $L_1$은 정사각형의 위아래 모서리를 수직이등분한 선이라 하고 $L_2$는 정사각형의 좌우의 모서리를 수직이등분한 선이라 하자. $D_4$가 $\{L_1, L_2\}$ 위의 작용임을 보이고, 사상 $g \rightarrow \gamma_g$의 핵을 결정하여라.

# William Burnside

사고의 가장 추상적인 영역들 중 하나에서, 그는 그 범위를 체계화하고 증폭시켰으며, 거기서, 그의 업적은 지식을 확장시키는데 한 이정표가 되었다. 후손들에 의한 Burnside에 대한 평가가 무엇이든지 간에, 동시대의 사람들은 동 시대의 수학자들 중에서 거장으로 그에게 경의를 표했다.

A.R.Forsyth

William Burnside는 1852년 7월 2일 London에서 출생하였다. 1875년 Cambridge대학을 졸업한 후에, 1885년까지 Cambridge에서 전임강사로 임명받아 그곳에 머물렀다. 그는 Greenwich에 있는 Royal Naval College에 직장을 얻어 그 자리에서 한동안 있었다.

Burnside는 많은 분야에 걸쳐 150가지 이 상의 연구논문들을 발표하였다.  그는 그의 군 이론에 대한 개척적인 업적에도 불구하고, 1897년에 첫 발간된 그의 고전적인 책 *Theory of Groups*으로 잘 기억된다. Burnside가 추상적인 접근을 강조하였기 때문에 많은 사람들이 그를 첫 번째 가는 순수 군 이론가로 알고 있다. 수학자로서의 위대함이란 중요하고 도전적인 문제들을 제기하고, 그 문제들을 후속세대들에게 새로운 연구영역으로 열어주는 것이다.

여기서, Burnside가 특출하였다. 홀수 위수를 갖는 한 군 $G$가 정규부분군들의 한 급수, $G = G_0 \geq G_1 \geq G_2 \geq \cdots \geq G_n = \{e\}$이고, $G_i / G_{i+1}$이 가환군임을 처음 제기했었다. 이 지극히 중요한 문제는 50여년 후에 Feit와 Thompson에 의해 255페이지의 논문에서 증명하였다. 1994년에, Efim Zelmanov는 Burnside의 문제들의 변종들에 대한 업적으로 Fields Medal을 수상하였다.

Burnside는 Fellow of the Royal Society에 선출되고 두기지의 Royal medals를 수여 받았다. 그는 the Council of the London Mathematical Society의 회장으로 활동하였으며 De Morgan medal를 수상하였다. Burnside는 1927년 8월 21일 서거하였다.

Burnside에 대한 더 많은 정보를  다음 사이트에서 얻을 수 있다.

http://www-groups.dcs.st-and.ac.uk/~history/

# 30절 군의 Cayley 유향그래프 (Cayley Diagraphs of Groups)

과학에서 중요한 것은 새로운 사실들을 얻는 것 보다는 그것들에 대한 새롭게 생각하는 방법들을 발견하는 것이다.
Sir William Lawrence, Beyond Reductionism

## 동기유발(Motivation)

이 장에서, 생성원들과 관계식들의 집합들에 의해 주어진 군의 그래프 표현을 소개하고자 한다. 이 생각은 1878년 Cayley에 의해 시작되었다. 이 주제가 추상대수학 책에는 보통 수록되지 않고 있지만, 다음 다섯 가지 이유로 이 책에 포함시켰다: 이것은 군을 시각화하는 한 방법을 제공해준다; 현대수학의 두 가지 중요한 영역인 군들과 그래프들을 연결시켜준다; Computer science에 많은 응용들을 갖고 있다; 우리가 잘 알고 있는 순환군, 이면체군, 직적, 그리고 생성원들과 관계식들의 개념들을 복습하게 한다. 그리고, 가장 중요한 것은 이것이 재미있다.

직관적으로, 한 유향그래프(directed graph, digraph)는 **꼭짓점들(vertices)**이라 불리는 유한개의 점들과, 이 점들의 어떤 것들을 연결하는 **호들(arcs)**이라 불리는 화살표들의 집합이다. 유향그래프의 다양하고 중요한 일반적인 이론은 많은 응용분야를 갖고 있지만, 우리는 단지 군들에서 제기되는 문제들에 관심을 갖겠다.

## 한 군의 Cayley 유향그래프(The Cayley Digraph of a Group)

### 정의: 한 군의 Cayley 유향그래프

$G$는 유한군이고 $S$는 $G$에 대한 생성원들의 집합이라 하자. 유향그래프 $Cay(S: G)$를 **$S$를 생성원으로 갖는 Cayley 유향그래프(cayley digraph of G with generating set S)**라 부르며, 다음 조건들을 만족할 때이다.

1. $G$의 각 원소들이 $Cay(S: G)$의 꼭짓점이다.
2. $G$의 임의의 두 원소 $x$와 $y$에 대하여, $x$에서 $y$에로 가는 한 호가 있을 필요충분조건은 어떤 $s \in S$에 대하여 $xs = y$가 성립한다.

특별한 생성원이 두 꼭짓점을 연결하는 유향그래프라는 것을 설명하기 위해서, Cayley는 각 생성원을 한 색으로 지정하고, $x$와 $xs$을 잇는 화살표를 $s$에 지정된 한 색으로 색칠할 것을 제안했다. 그는 그 결과의 그림을 **군의 색 그래프(color graph of the group)**라 불렀다. 이 용어는 아직도 자주 사용된다. 서로 다른 생성원들을 구별하기 위해서 색을 사용하기 보다는, 굵은선으로 된 화살표(solid arrows), 사선으로 된 화살표(dashed arrows), 그리고 점선으로 된 화살표(dotted arrows)를 사용한다. 일반적으로, 만약 $x$로부터 $y$로 가는 한 호가 있다고 해서, $y$로부터 $x$로 가는 호가 존재할 필요는 없다. $x$에서 나와서 $y$로 향하는 화살표는 $x$에서 $y$에로의 호를 가리킨다. 다음에 Cayley 유향그래프들의 다수의 예들이 있다. 특별한 생성원들을 갖고 있는 군의 유향그래프를 그리는 여러 가지 방법들이 있다는 것을 확인해보자. 그렇지만, 그것은 관련된 유향그래프의 나타난 모양이 아니고 그 꼭짓점들이 연결되어 있는 방법을 말한다. 이 연결들은 생성원 집합에 의해서 유일하게 정해진다. 따라서 꼭짓점들 사이의 거리와 호들이 만드는 각들은 아무런 의미가 없다.(아래의 유향그래프에서, 두 꼭짓점 $x$와 $y$를 잇는 머리가 없는 화살표는 $x$로부터 $y$에로의 한 호와 $y$로부터 $x$에로의 한 호가 동시에 존재한다는 것을 가리킨다. 이것은 생성원 집합이 한 원소와 그것의 역원을 포함하고 있을 때 발생한다. 예를 들어, 위수 2인 한 생성원은 자기 자신이 역원이다).

**예제 1** $\mathbb{Z}_6 = \langle 1 \rangle$.

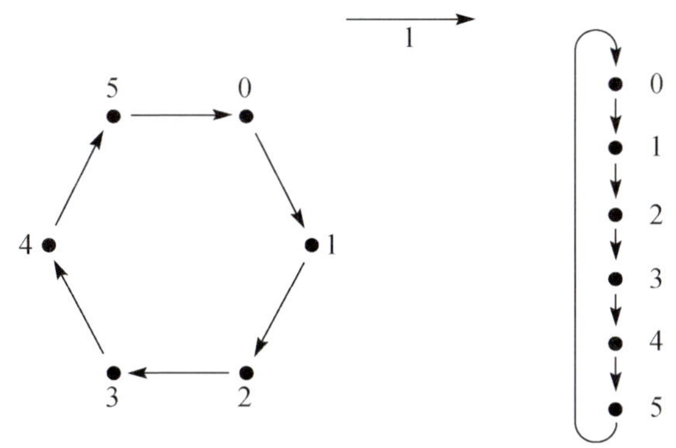


$\mathrm{Cay}(\{1\} : \mathbb{Z}_6)$ $\mathrm{Cay}(\{1\} : \mathbb{Z}_6)$

**예제 2** $\mathbb{Z}_3 \oplus \mathbb{Z}_2 = \langle (1,0), (0,1) \rangle$.

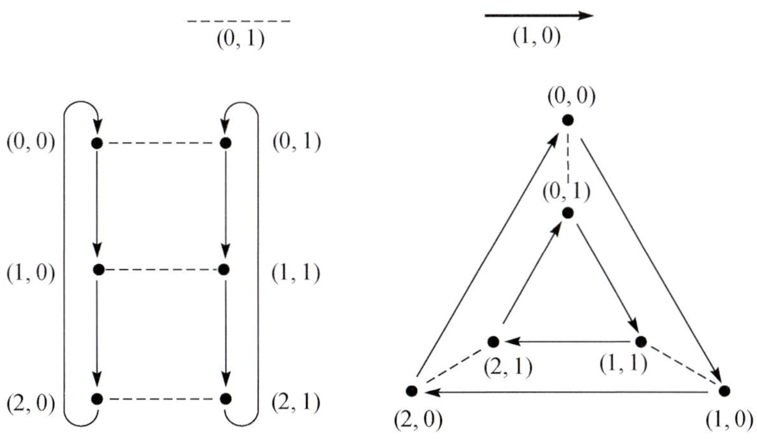


$\mathrm{Cay}(\{(1, 0), (0, 1)\} : \mathbb{Z}_3 \oplus \mathbb{Z}_2)$ $\mathrm{Cay}(\{(1, 0), (0, 1)\} : \mathbb{Z}_3 \oplus \mathbb{Z}_2)$

**예제 3** $D_4 = \langle R_{90}, H \rangle$.

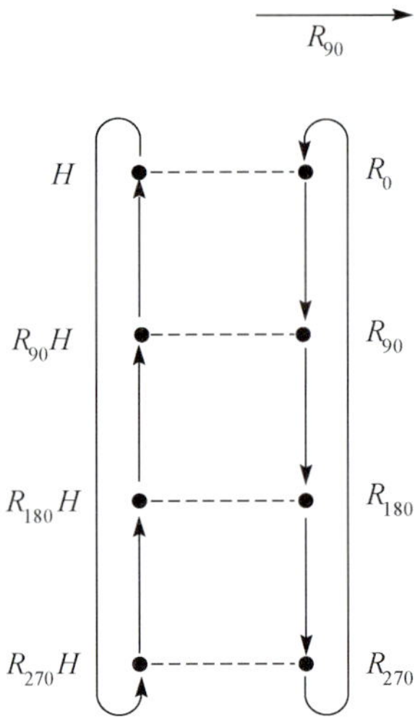


Cay({$R_{90}$, $H$}: $D_4$)

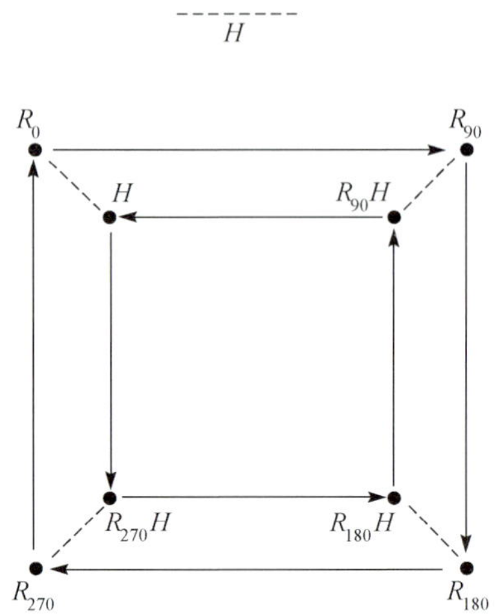


Cay({$R_{90}$, $H$}: $D_4$)

**예제 4** $S_3 = \langle (12), (123) \rangle$.

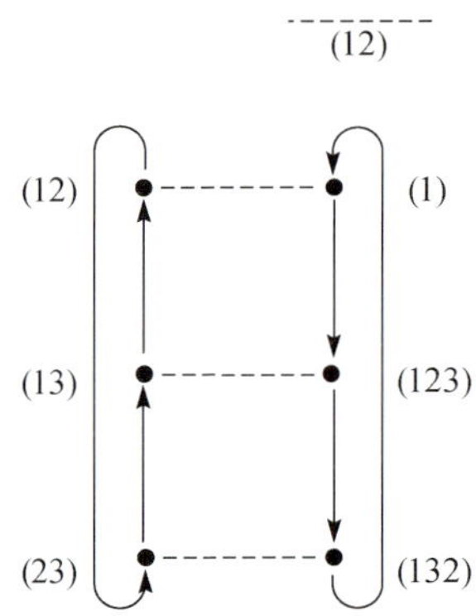


Cay({(12), (123)}: $S_3$)

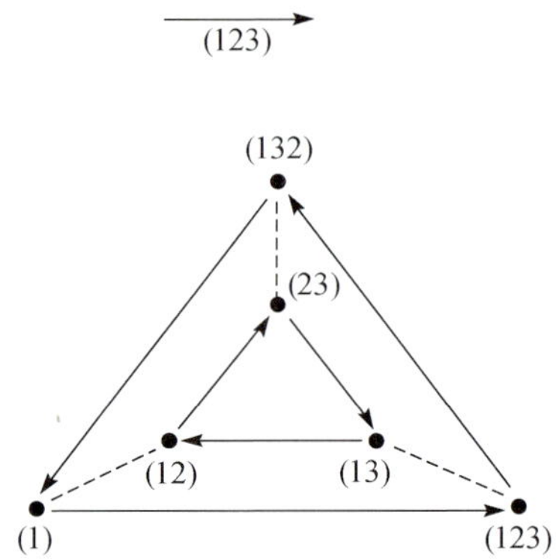


Cay({(12) (123)}: $S_3$)

**예제 5** $S_3 = \langle (12), (13) \rangle$.

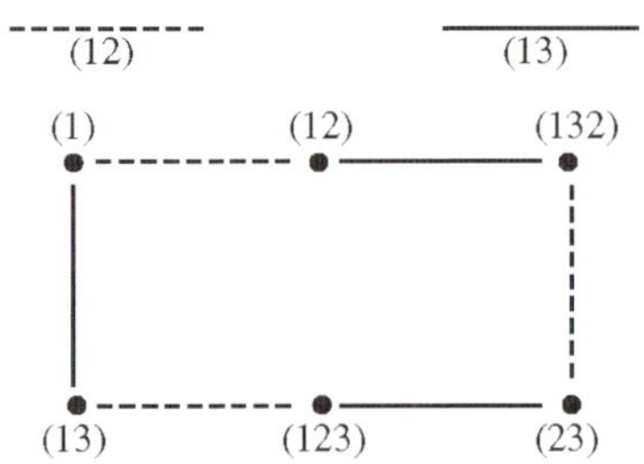


Cay({(12), (13)}: $S_3$)

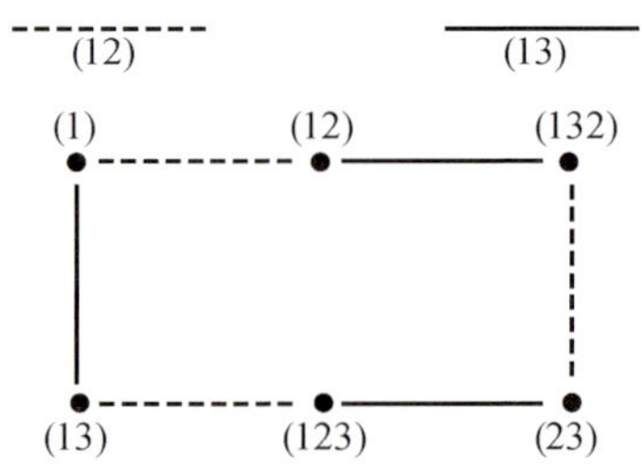


Cay({(12), (13)}: $S_3$)

**예제 6** $A_4 = \langle (12)(34), (123) \rangle$.

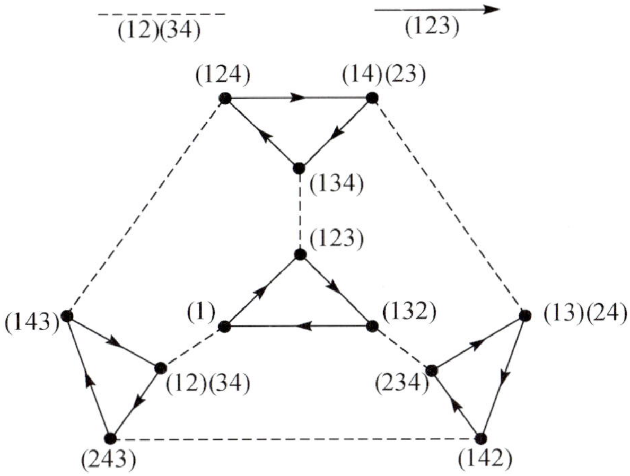


Cay({(12)(34), (123)} : $A_4$)

**예제 7** $Q_4 = \langle a, b | a^4 = e, a^2 = b^2, b^{-1}ab = a^3 \rangle$.

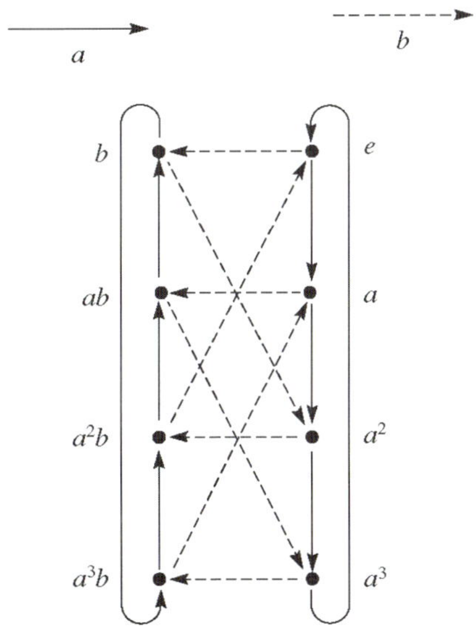


Cay({$a$, $b$}: $Q_4$)

**예제 8** $D_\infty = \langle a, b | a^2 = b^2 = e \rangle$.

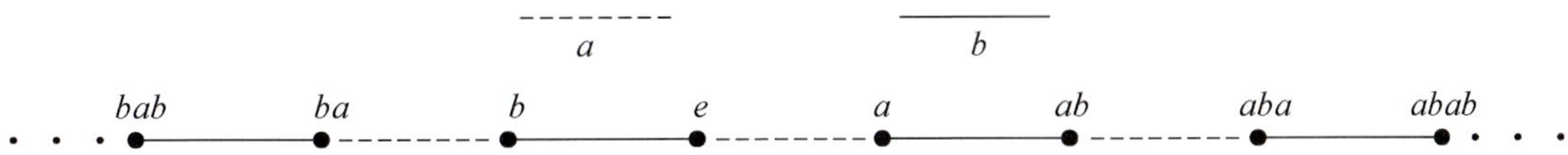


Cay({$a$, $b$}: $D_\infty$)

Cayley 유향그래프는 생성원들의 곱과 그들의 역원들의 값을 결정하는 빠르고 쉬운 방법을 제공해 준다. 예를 들어, 예7의 주어진 군으로부터 곱 $ab^3ab^{-2}$를 생각해보자. 꼭짓점들에 8개의 원소들을 부착시켜서 그것들 중 하나로 축약시키기 위해서, 우리는 단지 꼭짓점 $e$에서 시작하여 주어진 곱을 확인해가며 각 꼭짓점에서 다음 꼭짓점으로 호들을 따라가야 할 필요가 있다. 물론, $b^{-1}$는 호 $b$의 반대방향으로 가는 것을 의미한다.(관찰해보면 $b^{-3}=b$라는 사실이 역시 도움이 될 것이다). 곱들을 따라 추적하면, 우리는 $b$를 얻게 된다. 마찬가지로, 생성원들 사이의 다른 관계들도 확인하고 발견할 수 있다.

## Hamiltonian 회로과 경로(Hamiltonian Circuits and Paths)

이제 유향그래프들이 있을 때, 그것들에 대하여 알고 싶은 것이 무엇일까? 많은 연구의 대상이 된 유향그래프에 대한 질문 중 하나는 1859년 Irish 수학자 Sir William Hamilton에 의해서, 그가 "Around the World"라 불리는 한 퍼즐문제를 발견함으로서 유행하게 되었다. 그의 착상은 정20면체의 꼭짓점들에 유명한 도시들의 이름들을 부착시키는 것이다. 이 퍼즐 문제는 한 특별한 도시(꼭짓점)에서 출발하여 "Around the World"라는 여행을 통하여, 각 서로 다른 도시들을 처음 출발한 도시로 되돌아오기 전에 단 한번만 방문하는 방법으로 그 호들을 따라서 이동하는 것이다. 이 퍼즐 문제에 대하여 그림 30.1에서 그 꼭짓점들을 지시된 순서대로 방문하면 한 해답이 된다.

분명히, 이 생각은 임의의 유향그래프에 적용될 수 있다; 즉, 어떤 한 꼭짓점에서 출발하여 호들을 따라 이동하여 처음 출발한 꼭짓점으로 돌아오기 전에 각 꼭짓점들을 단 한 번씩만 방문하는 방법으로 횡단하는 시도를 하는 것이다.($x$에서 $y$로 가기 위해서는, $x$에서 $y$로 가는 한 호가 있어야한다.) 그와 같은 호들의 한 배열을 유향그래프에서 **Hamiltonian 회로(Hamiltonian Circuit)**라 부른다. 호들의 한 배열이 처음 출발한 점으로 되돌아오지 않고 각 꼭짓점들을 단 한 번씩만 지날 때 **Hamiltonian 경로(Hamiltonian Paths)**라 부른다. 이 장의 나머지에서, 우리는 Cayley 유향선분들과 Hamiltonian 회로들과 경로들의 관계를 논의하겠다.

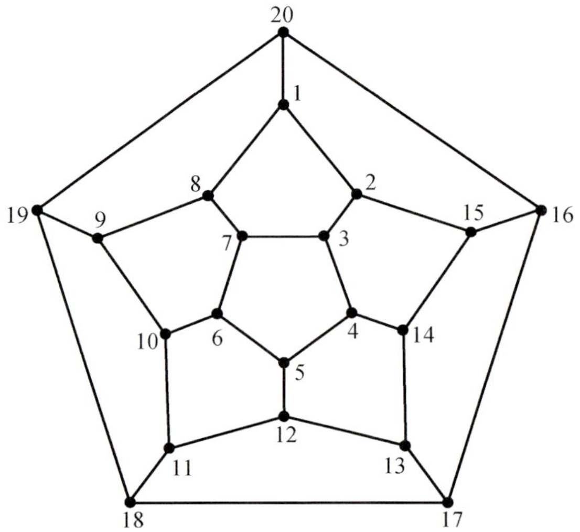


[그림 30.1] 세계일주

그림 30.2와 30.3은 예제 2에서 주어진 유향그래프에 대한 Hamiltonian경로와 예제 7에서 주어진 유향그래프에 대한 Hamiltonian 회로를 각각 보여준다.

$Cay(\{(1,0),(0,1)\}: \mathbb{Z}_3 \oplus \mathbb{Z}_2)$에 Hamiltonian 회로가 존재하는가?

더 일반적으로, $Cay(\{(1,0),(0,1)\}: \mathbb{Z}_m \oplus \mathbb{Z}_n)$ 에서 $m$과 $n$은 서로소이고 1보다 큰 수이다. 여기서 Hamiltonian 회로의 존재성을 탐구해보자.

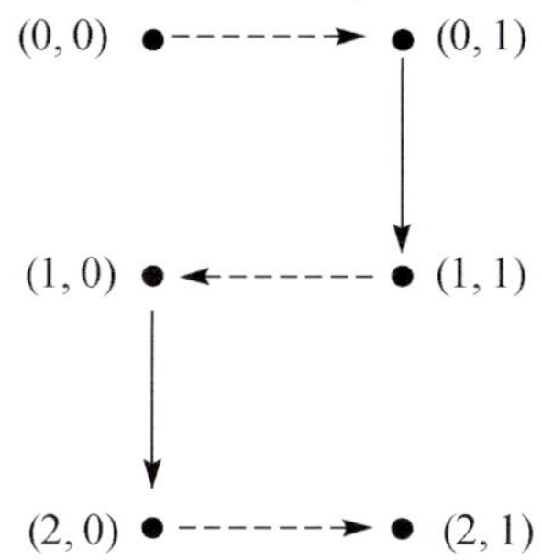


[그림 30.2] (0,0)에서 (2,1)로 가는 $Cay(\{(1,0),(0,1)\}: \mathbb{Z}_3 \oplus \mathbb{Z}_2)$에서의 Hamiltonian 경로

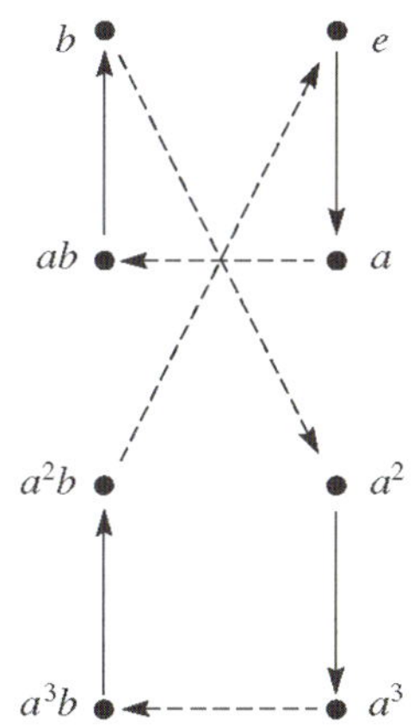


[그림 30.3] $Cay(\{a,b\}: Q_4)$에서의 Hamiltonian 회로

그림 30.4에서와 같이, Cayley유향그래프를 $Z_m \oplus Z_n$에 좌표를 갖는 직사각형 격자로 시각화하자.

유향그래프에 한 Hamiltonian 회로가 존재한다고 가정하고 $(a,b)$는 회로가 수평적으로 존재하는 것의 어떤 꼭짓점이라 가정하자. 그러면 그 회로는 역시 수평적으로 $(a-1,b+1)$에서 나가고, 그렇지 않으면 그 회로는 그림 30.5에서 보는바와 같이 $(a,b+1)$을 두 번 지나게 된다.

이 논증을 반복적으로 되풀이하면, 우리는 다음 각 꼭짓점들 $(a,b)$, $(a-1,b+1)$, $(a-2,b+2),\cdots$, 이것들은 바로 코세트 $(a,b)+\langle(-1,1)\rangle$인데, 그 회로가 수평적으로 나간다.

그러나 $m$과 $n$이 서로소이면, $\langle(-1,1)\rangle$은 전체 군이다. 분명히, 수평적 이동만으로 Hamiltonian 회로가 구성될 수는 없다. 우리가 방금 증명한 것을 기록해보자.

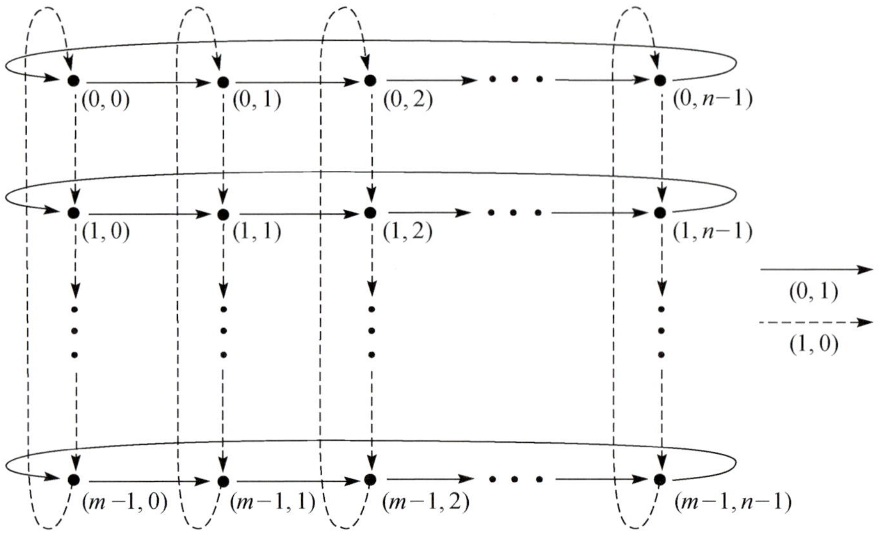


[그림 30.4] $Cay(\{(1,0),(0,1)\}: \mathbb{Z}_m \oplus \mathbb{Z}_n)$

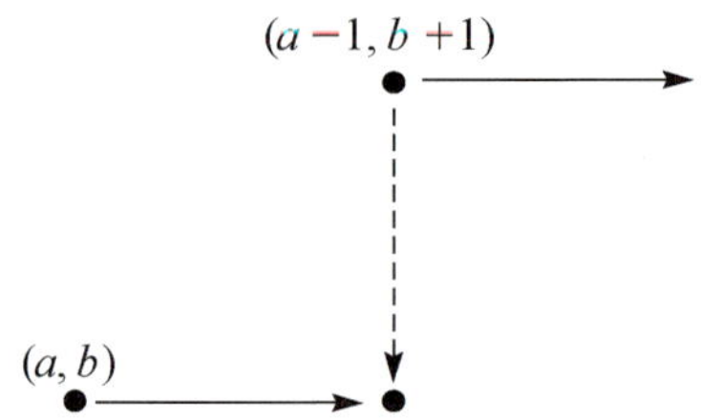


[그림 30.5]

**정리 30.1 필요조건(A Necessary Condition)**

$Cay(\{(1,0),(0,1)\}: \mathbb{Z}_m \oplus \mathbb{Z}_n)$에서 $m$과 $n$은 서로소이고 1보다 큰 수이면 Hamiltonian회로를 갖지 않는다.

$m$과 $n$이 서로소가 아니면 어떻게 될까? 일반적으로, 그 해답은 좀 더 복잡해지지만, 다음 특별한 경우는 용이하게 증명된다.

**정리 30.2 충분조건(A Sufficient Condition)**

$Cay(\{(1,0),(0,1)\}: \mathbb{Z}_m \oplus \mathbb{Z}_n)$에서 $n$이 $m$을 나누면 Hamiltonian회로를 갖는다.

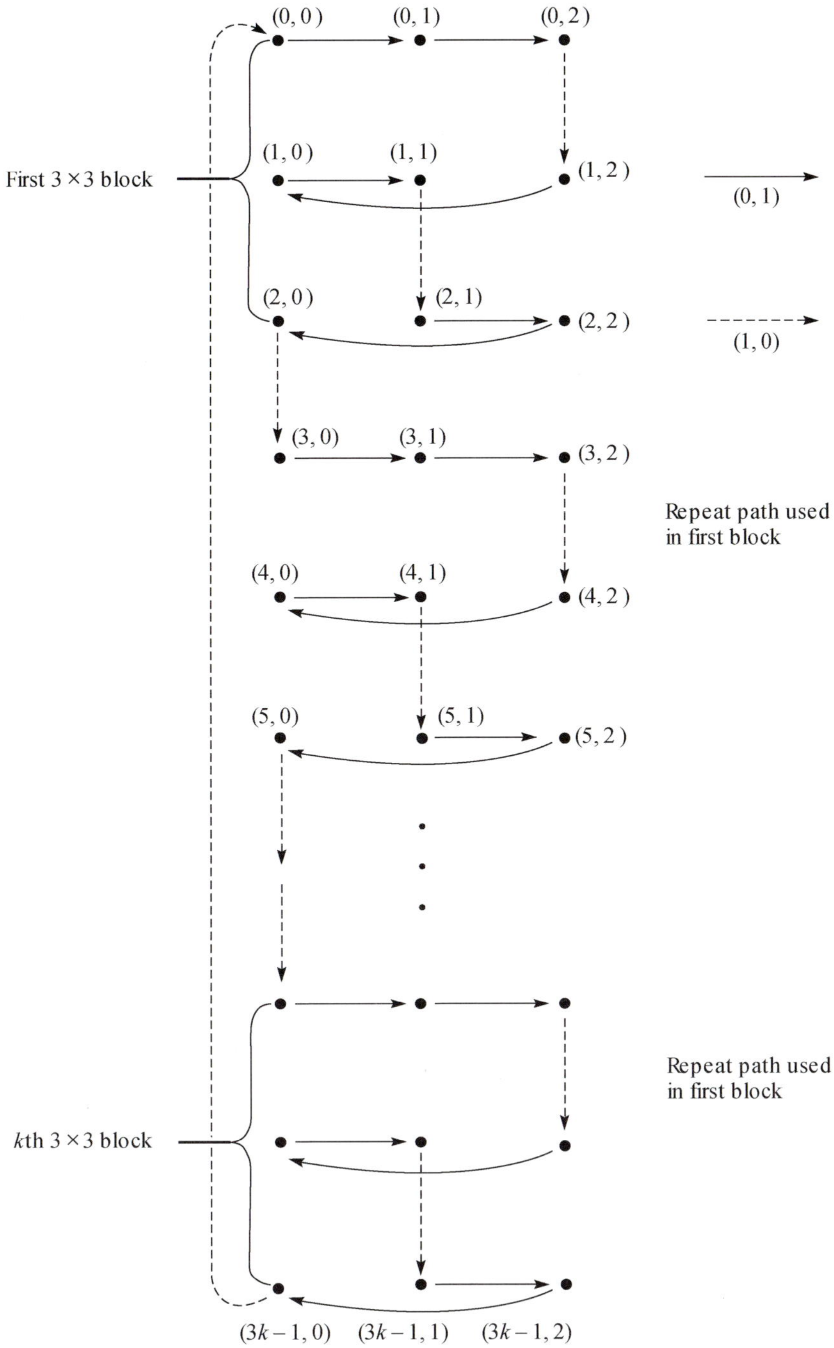


[그림 30.6] $Cay(\{(1,0),(0,1)\}: \mathbb{Z}_{3k} \oplus \mathbb{Z}_3)$

**증명** $m = kn$이라 하자. 그러면 우리는 $\mathbb{Z}_m \oplus \mathbb{Z}_n$을 $n \times n$크기의 $k$구역들로 생각할 수 있다.(예를 들어 그림 30.6을 보자.) $(0,0)$에서 출발하여 맨 위의 구역의 꼭짓점들을 다음과 같이 취급한다. 생성원 $(0,1)$을 사용하여 처음행의 끝까지 수평으로 이동한다. 그리고 생성원 $(1,0)$을 사용하여 그 점 아래로 수직으로 이동한다, 그리고 두 번째 행을 수평으로 이동하여 나머지 점들을 취급한다. 이 과정을 계속하여 처음 구역의 아래 왼쪽 모퉁이의 점 $(n-1,0)$까지 다다른다. 다음은, 두 번째 블록에 수직으로 이동하여 처음 블록에서 사용했던 과정을 반복한다. 이렇게 맨 아래 블록까지 취급한다. 수직으로 이동하여 $(0,0)$으로 되돌아감으로서 그 회로를 완성시킨다. □

정리 30.2의 증명에서 주어진 회로는 시각화하기가 용이하지만 글로 기술하기에는 약간 다루기 힘들다는 확인할 수 있다. Hamiltonian 경로와 회로를 기술하는데 훨씬 더 편리한 한 방법은 출발하는 꼭짓점과 그것들이 적용하는 순서에 따라 생성원들의 배열들을 명기하는 것이다. 예를 들어 예5에서, 우리는 $(1)$에서 출발하여 $(1)$로 되돌아 갈 때 까지 두 생성원 $(12)$와 $(13)$을 번갈아 간다. 예3에서는, 우리는 $R_0$에서 출발하여 연속적으로 $R_{90}, R_{90}, R_{90}, H, R_{90}, R_{90}, R_{90}, H,$을 적용한다. $k$가 양의 정수이고 $a,b,\cdots,c$가 군의 원소들의 한 배열일 때, $k*(a,b,\cdots,c)$는 $(a,b,\cdots,c)$ 배열을 $k$번 연쇄적인 배열을 의미한다. 따라서 $2*(R_{90},R_{90},R_{90},H)$와 $2*(3*R_{90},H)$는 모두 $R_{90}, R_{90}, R_{90}, H, R_{90}, R_{90}, R_{90}, H$를 나타낸다. 이 표기에 의하면, 우리는 편리하게 정리 30.2에서 주어진 Hamiltonian회로를 $m*((n-1)*(0,1),(1,0))$로 나타낼 수 있다.

만약 $x_1,x_2,\cdots,x_n$이 어떤 꼭짓점에서 출발하여 한 생성원들의 배열에 의해 구성되는 Hamiltonian 회로이면, 임의의 꼭짓점에서 출발해도 같은 배열은 Hamiltonian회로를 결정함을 보이는 것은 연습문제(연습문제11)로 남긴다.

정리 30.1으로 부터, 우리는 Hamiltonian회로를 갖지 않는 가환군들에 Cayley유향그래프가 존재함을 알았다. 그러나 정리 30.3에서 이 Cayley유향그래프가 한 Hamiltonian경로를 갖고 있음을 보여준다. 비가환군들에 대한 Cayley유향그래프는 존재하지만 Hamiltonian경로들을 갖지 못하는 경우도 있지만, 여기서는 그것들에 대한 논의는 하지 않겠다.

**정리 30.3 가환군은 Hamiltonian경로을 갖는다(Abelian Groups have Hamiltonian Paths)**

$G$는 유한군이고 $S$는 $G$의 임의의 생성원들의 집합이라 하자. 그러면 $Cay(S: G)$는 Hamiltonian 경로를 갖는다.

**증명** $|S|$에 대한 수학적귀납법을 적용하자. 만약 $|S|=1$일 때, 즉 $S=\{a\}$라 하자, 그러면 유향그래프는, $|a|=m$이면 $e,a,a^2,\cdots,a^{m-1}$의 쪽지를 붙인 한 원이 된다. 분명히, 이 경우는 Hamiltonian경로가 있다. 이제 $|S|>1$이라 가정하자. 한 원소 $s\in S$를 택하자. $T=S-\{s\}$ 즉, $T$는 $S$에서 $s$를 제거한 것이다. 집합 $S=\{s_1,s_2,\cdots,s_n\}$일 때 $H=\langle s_1,s_2,\cdots,s_{n-1}\rangle$라 하고 $s=s_n$이라 하자.($H$는 $G$가 될 수도 있다.)

$|T|<|S|$이고 $H$는 가환군이므로, 귀납법가정에 의해서 $Cay(T: H)$안에 Hamiltonian경로 $(a_1, a_2, \cdots, a_k)$가 존재한다.

$a_1,a_2,\cdots,a_k$는 $|G|/|H|$번 그리고 $s$는 $|G|/|H|-1$번 사용하여,

$$(a_1, a_2, \cdots, a_k, s, a_1, a_2, \cdots, a_k, s, \cdots, a_1, a_2, \cdots, a_k, s, a_1, a_2, \cdots, a_k)$$

은 $Cay(S: G)$안에 한 Hamiltonian경로이다.

$S = T \cup \{s\}$이고 $T$는 $H$를 생성하기 때문에, 잉여류 $Hs$는 상군 $G/H$를 생성한다.($G$가 가환군이므로, 이군은 존재한다). 그러므로 $H$의 잉여류들은 $H, Hs, Hs^2, \cdots, Hs^n$이고, 여기서 $n = |G|/|H| - 1$이다. $G$의 항등원에서부터 출발하여, $H$의 각 원소들을 꼭 한 번씩만 지나가는 경로는 $(a_1, a_2, \cdots, a_k)$이다.[$(a_1, a_2, \cdots, a_k)$는 $Cay(T: H)$에서 한 Hamiltonian경로이다.] 그 생성원 $s$가 잉여류 $Hs$의 어떤 원소로 이동한다. 그러면, $s$가 잉여류 $Hs^2$로 이동하고, 그리고 이 잉여류들을 단 한번만 지나가게 된다. 이 과정을 계속하면, 연속적으로 이동하여 $Hs^3, Hs^4, \cdots, Hs^n$를 지나가, 이 잉여류들을 단 한번씩만 지나 각 꼭지점을 지난다. $Cay(S: G)$의 각 꼭지점이 단 하나의 잉여류 $Hs^i$에 있기 때문에, 이것은 $Cay(S: G)$의 각 꼭지점을 단 한번만 지나가게 된다. 따라서 $Cay(\{(r,0).(f,0),(e,1)\}: D_n \oplus Z_m)$를 갖게 된다. □

3개의 생성원들을 갖는 Cayley유향그래프들을 살펴보자.

**예제 9** $D_3 = \langle r, f | r^3 = f^2 = e, rf = fr^2 \rangle$라 하자.

Hamiltonian회로는 $Cay(\{(r,0).(f,0),(e,1)\}: D_3 \oplus \mathbb{Z}_6)$안에 그림 30.7 로 주어진다.

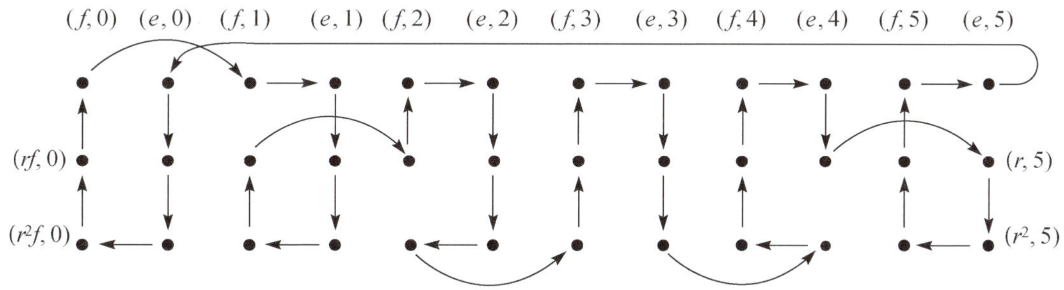


[그림 30.7]

증명하기는 쉽지 않지만, $Cay(\{(r,0).(f,0),(e,1)\}: D_n \oplus Z_m)$은 모든 $n$과 $m$에 대하여 Hamiltonian 회로를 갖는다는 것은 참이다([3] 참조)

예10은 $m$이 짝수일 때 이 유향그래프에 대한 회로가 존재함을 보여준다.

**예제 10** $D_n = \langle r, f | r^n = f^2 = e, rf = fr^{-1} \rangle$이라 하자.

그러면 $Cay(\{(r,0).(f,0),(e,1)\}: D_n \oplus \mathbb{Z}_m)$안에 한 Hamiltonian회로가 있다. 여기서 $m$은 짝수이고 그림 30.8에서 추적해 볼 수 있다. 그 회로를 추적해가는 생성원들의 배열은 $m * [(n-1) * (r,0), (f,0), (n-1) * (r,0), (e,1)]$이다.

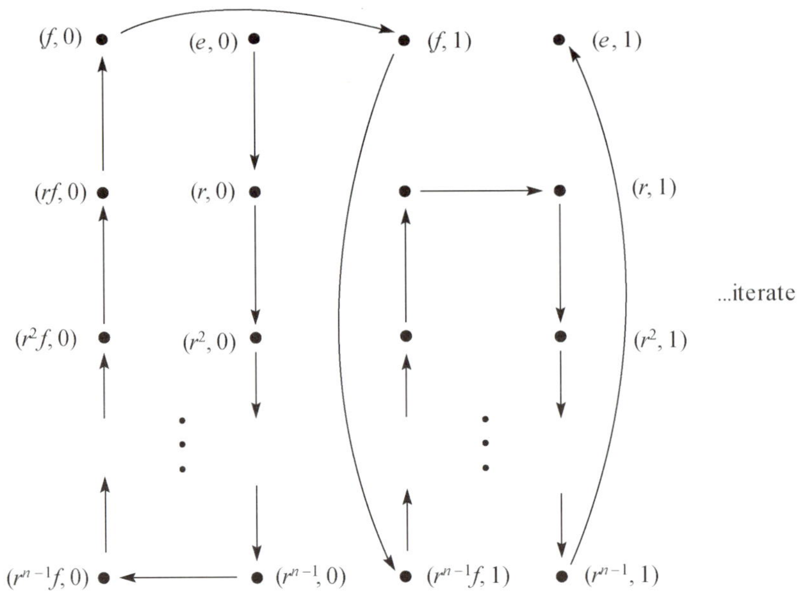


[그림 30.8]

## 몇가지 응용(Some Applications)

Cayley그래프들은 컴퓨터디자인들에서 서로 연결하는 통신망들의 자연스런 모형들이고, Hamiltonicity는 그런 통신망들에 대한 알고리즘들의 분류에 관한 한 중요한 성질이다. 한 특별한 병렬로 된 컴퓨터를 서로 연결하는 통신망들을 디자인하고 분석하는데 사용되는 Cayley그래프는 생성원으로 모든 호환들의 집합을 갖는 치환군 $S_n$ 이다. Hamiltonian경로들과 Cayley유향그래프들은 다양한 군론의 문맥들에서 나타난다. 군의 Cayley유향그래프안에 있는 한 Hamiltonian경로는 단순히 반복되지 않는 군의 원소들의 한 순서에 따른 목록일 뿐이다. 유향그래프의 꼭짓점들은 군의 원소들이고, 경로의 호들은 그 군의 생성원들이다. 1948년, R. A. Rankin은 어떤 세일즈맨의 문제들이 세일즈맨들이 사용했던 전통적인 방법들로는 해결될 수 없다는 것을 증명하기 위해서 이 생각들을(사용 용어는 다르지만)사용하였다.([1,22장]의 세일즈맨의 군이론적 측면을 참조). 1981년, Cayley유향그래프에서 한 Hamiltonian경로는 쌍곡평면에서 Escher-type의 반복양식의 창의적인 컴퓨터그래픽 알고리즘에 사용되었다[2]. 이 프로그램은 치환군들의 다양하고 무한한 종류의 색칠을 반복한 쌍곡양식들을 만들어 낼 수 있다. 이 프로그램은 이제 사용자가 색 대칭의 많은 종류들을 선택할 수 있도록 개선되었다. 2003년 Mathematics Awareness Month 포스터는 그런 이미지의 특색을 볼 수 있다(http://www.mathaware.org/mam/03/index.html). 두 개의 Escher그림과 그것들의 컴퓨터로 그린 대응그림들이 그림 30.9–30.12에서 볼 수 있다.

[그림 30.9] M. C. Escher's Circle Limit Ⅰ

[그림 30.10] M. C. Escher's Circle Limit Ⅰ의 문양에 대한 컴퓨터 복사물 [2]. 이 프로그램은 대칭군에서 Cayley 유향그래프 안에서의 Hamiltonian 경로를 사용하였다.

[그림 30.11] M. C. Escher's Circle Limit Ⅳ

[그림 30.12] M. C. Escher's Circle Limit Ⅳ의 문양에서 영감을 얻어 컴퓨터로 그린것임 [2], 이 프로그램은 대칭군에서 Cayley 유향그래프 안에서의 Hamiltonian 경로를 사용하였다.

이 장에서, 우리는 한 군에서 어떻게 한 유향그래프를 구성할 수 있는가를 알아보았다. 그것은 모든 유향그래프에 **자기동형군**(automorphism group)이라 불리는 한 군을 대응시키는 것이 가능하다. 사실상, 26개의 sporadic단순군들은 이 방법으로 처음 구성되었다.

## 연습문제

수학자는 커피를 돌려 정리돌을 만드는 기계다. PAUL EDÖS

**1.** 예제 7에 주어진 유향그래프에서 그림 30.3에 있는 것과 서로 다른 한 Hamiltonian 회로를 찾아라.

**2.** $Cay(\{(a,0),(b,0),(e,1)\}: Q_4 \oplus \mathbb{Z}_2)$에서 한 Hamiltonian 회로를 찾아라.

**3.** $m$이 짝수일 때, $Cay(\{(a,0),(b,0),(e,1)\}: Q_4 \oplus \mathbb{Z}_m)$에서 한 Hamiltonian 회로를 찾아라.

**4.** 연습문제 1, 2, 3에서 각 회로들의 생성원들의 배열을 써라.

**5.** 예제 7에서 Cayley유향그래프를 사용하여 곱 $a^3ba^{-1}ba^3b^{-1}$을 계산하여라.

**6.** 한 Cayley유향그래프의 두 꼭지점을 $x, y$라 하자. 왜 유향그래프에서 $x$에서 $y$로 가는 두가지의 경로들이 군의 한 관계식이 되는지 그 이유를 설명하여라. 즉, Cayley 유향그래프의 생성원들 $a_i$와 $b_j$들이 $a_1a_2 \cdots a_m = b_1b_2 \cdots b_n$의 관계식을 갖는 것을 말한다.

**7.** 예제 7에서 Cayley유향그래프를 사용하여 관계식 $aba^{-1}b^{-1}a^{-1}b^{-1} = a^2ba^3$임을 밝혀라.

**8.** 한 친숙한 군에 대한 다음 Cayley유향그래프를 확인하여라.

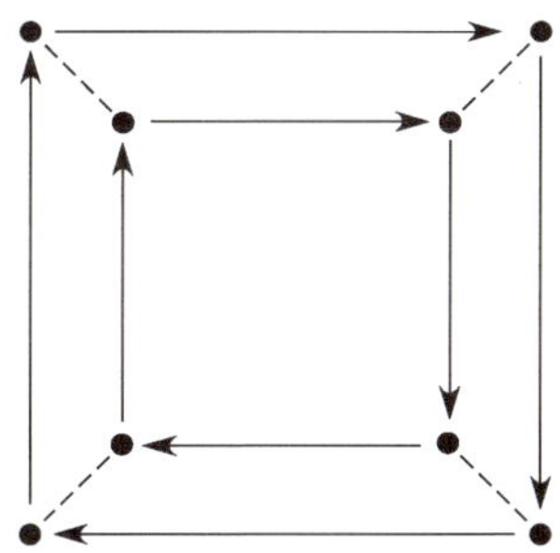

**9.** $D_4 = \langle r, f | r^4 = e = f^2,\ rf = fr^{-1} \rangle$라 하자. $6 * [3 * (r, 0), (f, 0), 3 * (r, 0), (e,1)]$은 $Cay(\{(a,0),(b,0),(e,1)\}: Q_4 \oplus \mathbb{Z}_6)$에서 Hamiltonian 회로임을 밝혀라.

**10.** $Cay(\{2,5\}: Z_8)$의 한 그림을 그려라.

**11.** 만약 $s_1, s_2, \cdots, s_n$은 어떤 꼭짓점에서 시작되는 한 Hamiltonian 회로를 결정하는 생성원들의 배열이라면, 임의의 점에서 시작하는 Hamiltonian 회로를 왜 같은 배열이 결정하는가를 설명하여라.

**12.** 예제 7에 주어진 Cayley유향그래프가 $e$에서 $a$로 가는 Hamiltonian 경로를 갖고 있음을 보여라.

**13.** $Cay(\{(1,0),(0,1)\}: \mathbb{Z}_3 \oplus \mathbb{Z}_2)$에서 $(0,0)$에서 $(2,0)$로 가는 Hamiltonian 경로가 존재하지 않음을 보여라.

**14.** $Cay(\{2,3\}: \mathbb{Z}_6)$를 그려라. 이 유향그래프에 Hamiltonian 회로가 존재하는가?

**15.** $a$. $G$는 위수가 $n$인 군으로 한 집합$S$에 의해서 생성된다고 하자. $S$의 원소들로 된 한 배열 $s_1, s_2, \cdots, s_{n-1}$이 $Cay(S: G)$에서 한 Hamiltonian 경로가 되기 위한 필요충분조건은 $1 \le i \le j < n$인 모든 $i, j$에 대하여, 우리는 $s_i s_{i+1} \cdots s_j \ne e$가 성립한다.

$b$. 배열 $s_1, s_2, \cdots, s_n$이 한 Hamiltonian 회로이기 위한 필요충분조건은 만약 $s_1 s_2 \cdots s_n = e$이고, $1 \le i \le j < n$이면 $s_i s_{i+1} \cdots s_j \ne e$가 성립한다.

**16.** $D_4 = \langle a, b | a^2 = b^2 = (ab)^4 = e \rangle$라 하자. $Cay(\{a, b\}: D_4)$를 그려라. 이 유향그래프가 방향이 없다고 말해도 의미가 있는지 그 이유는 무엇일까?

**17.** $D_n$은 예10에서와 같다고 하자. $2 * [(n-1) * r, f]$은 $Cay(\{r, f\}: D_n)$에서 한 Hamiltonian 회로임을 보여라.

**18.** $Q_8 = \langle a, b | a^8 = e, a^4 = b^2, b^{-1}ab = a^{-1} \rangle$라 하자. $Cay(\{a, b\}: Q_8)$에서 한 Hamiltonian 회로를 찾아라.

**19.** 연습문제 18에서와 같은 $Q_8$에서, $Cay(\{(a, 0), (b, 0), (e, 1)\}: Q_8 \oplus \mathbb{Z}_3)$에서 한 Hamiltonian 회로를 찾아라.

**20.** 예제 6에서 주어진 Cayley유향그래프는 Hamiltonian 회로를 갖지 않음을 증명하여라. 그것은 한 Hamiltonian 경로를 갖는가?

**21.** $Cay(\{(R_{90}, 0), (H, 0), (R_0, 1)\}: D_4 \oplus \mathbb{Z}_3)$에서 한 Hamiltonian 회로를 찾아라.
이 회로를 모든 $n \ge 3$에 대한 $D_{n+1} \oplus \mathbb{Z}_n$로 일반화할 수 있는가?

**22.** $Q_8$은 연습문제 18에서와 같다고 하자. 모든 짝수 $m$에 대한 $Cay(\{(a, 0), (b, 0), (e, 1)\}: Q_8 \oplus Z_m)$에서 한 Hamiltonian 회로를 찾아라.

**23.** $Cay(\{(a, 0), (b, 0), (e, 1)\}: Q_4 \oplus \mathbb{Z}_3)$에서 한 Hamiltonian 회로를 찾아라.

**24.** 모든 $m \ge 3$인 홀수에 대한 $Cay(\{(a, 0), (b, 0), (e, 1)\}: Q_8 \oplus \mathbb{Z}_m)$에서 한 Hamiltonian 회로를 찾아라.

**25.** 예제 9에서 Hamiltonian 회로를 기술하는 생성원들의 배열을 써라.

**26.** $D_n$은 예제 10에서와 같다고 하자. $Cay(\{(r, 0), (f, 0), (e, 1)\}: Q_4 \oplus \mathbb{Z}_5)$에서 한 Hamiltonian 회로를 찾아라. 모든 $n \ge 4$에 대한 $D_n \oplus \mathbb{Z}_{n+1}$로 회로를 일반화할 수 있는가?

**27.** 1보다 큰 모든 $m$과 $n$에 대한 $Cay(\{(0, 1), (1, 1)\}: \mathbb{Z}_m \oplus \mathbb{Z}_n)$은 한 Hamiltonian 회로를 갖고 있음을 증명하여라.

**28.** $Cay(\{(1, 0), (0, 1)\}: \mathbb{Z}_m \oplus \mathbb{Z}_n)$에 대하여 한 Hamiltonian 회로가 존재하고 꼭짓점 $(a, b)$에서부터 수직으로 한 회로가 존재한다고 가정하자. 잉여류 $(a, b) + \langle (1, -1) \rangle$의 임의의 원소에서 수직으로 회로가 존재함을 보여라.

**29.** $D_2 = \langle r, f | r^2 = f^2 = e, rf = fr^{-1} \rangle$라 하자. $Cay(\{(r, 0), (f, 0), (e, 1)\}: D_2 \oplus \mathbb{Z}_3)$에서 한 Hamiltonian 회로를 찾아라.

**30.** $Q_8$은 연습문제 18에서와 같다고 하자. $Cay(\{(a,0),(b,0),(e,1)\}: Q_8 \oplus \mathbb{Z}_3)$에서 한 Hamiltonian 회로를 찾아라.

**31.** $Cay(\{(1,0),(0,1)\}: \mathbb{Z}_4 \oplus \mathbb{Z}_5)$에서 단 한 꼭짓점을 두 번 그리고 나머지 점들은 모두 단 한 번씩만 지나서 출발한 꼭짓점으로 돌아오는 생성원들의 한 배열을 찾아라.

**32.** $Cay(\{(1,0),(0,1)\}: \mathbb{Z}_4 \oplus \mathbb{Z}_5)$에서 단 두 꼭짓점만 두 번 그리고 나머지 점들은 모두 단 한 번씩만 지나서 출발한 꼭짓점으로 돌아오는 생성원들의 한 배열을 찾아라.

**33.** $Cay(\{(1,0),(0,1)\}: \mathbb{Z}_4 \oplus \mathbb{Z}_6)$에서 한 Hamiltonian 회로를 찾아라.

**34.** (상군의 보조정리) $S$를 한 군 $G$의 한 생성원들의 집합이라 하고, $N$를 $G$의 한 순환정규부분군이라 하자, 그리고 $\overline{S}=\{sN | s \in S\}$라 하자. 만약 $(a_1N, \cdots, a_rN)$은 $Cay(\overline{S}: G/N)$에서 한 Hamiltonian 회로이고 곱 $a_1 \cdots a_r$이 $N$을 생성한다면, $|N| * (a_1, \cdots, a_r)$은 $Cay(S: G)$에서 한 Hamiltonian 회로임을 증명하여라.

**35.** 한 유한군이 모든 부분군들이 정규이면 **Hamiltonian군**이라 부른다.( 한 비가환환의 예는 $Q_4$이다). 정리 30.3은 모든 Hamiltonian군들을 포함하도록 일반화 시킬 수 있음을 보여라.

## Reference


**1.** F. J. Budden, *The Fascination of Groups,* Cambridge: Cambridge University Press, 1972.

**2.** Douglas Dunham, John Lindgren, and David Witte, "Creating Repeating Hyperbolic Patterns," *Computer Graphics* 15 (1981): 215-223.

**3.** David Witte, Gail Letzter, and Joseph A. Gallian, "On Hamiltonian Circuits in Cartesian Products of Cayley Digraphs," *Discrete Mathematics* 43 (1983): 297-307.

# William Rowan Hamilton

아이작 뉴톤 이후, 영어를 사용하는 사람들 중에서 가장 위대한 수학자는 윌리엄 로원 해밀턴이다.

Sir Edmund Whittaker, Scientific American

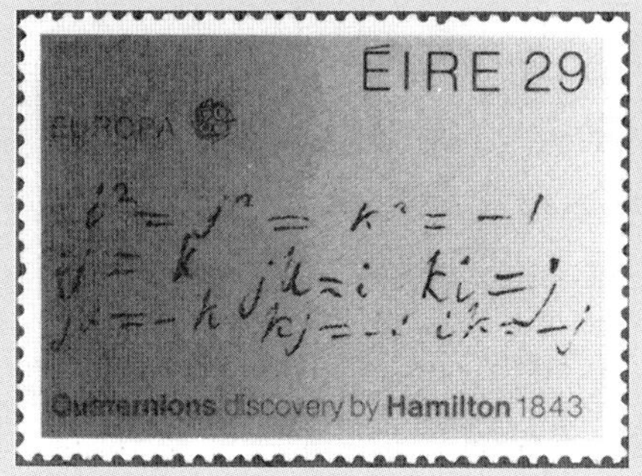

사원수의 특징을 그린 이 우표는 1983년 발행되었다.

William Rowan Hamilton은 1805년 8월3일 Ireland Dublin에서 태어났다.

세살 때, 그는 읽고 계산하는데 익숙했다. 다섯 살 때, 그는 Latin, Greek, 그리고 Hebrew어를 읽고 번역할 수 있었다; 14살 때, 그는 Arabic, Sanskrit, Hindustani, Malay, 그리고 Bengali를 포함해서 14개 언어들에 숙달하였다. 1833년에, Hamilton은 복소수의 최초의 현대적 취급을 마련했다. 1843년에, 그는 그의 가장 위대한 발견이라 생각하는 4원수의 대수학을 만들었다.

4원수는 제곱이 $-1$이 되는 3수 $i, j, k$ 로 복소수의 자연스런 일반화를 표현한 것이다. 이것들로, 3차원, 4차원에서 회전이동들을 대수적으로 취급할 수 있게 되었다. 그러나 가장 중요한 것은 4원수가 곱셈에 관하여 비가환이라는 사실이다. 이것은 교환법칙이 성립하지 않는 최초의 환이라는 사실이다. 4원수에 대한 본질적인 착상은 아무 성과 없이 15년간이 지난 후에야 갑자기 Hamilton에서 떠올랐다! 오늘날 여러 가지 개념들에 Hamilton의 이름이 붙여지게 되었다, 물리학 체계에서 total energy를 나타내는 Hamiltonian함수; Hamilton-Jacobi 미분방정식들; 그리고 선형대수학에서 Cayley-Hamilton 정리이다. 그는 vector, scalar,그리고 tensor라는 용어들을 처음으로 인용하였다. 그는 말년에, Hamilton은 알코올중독에 걸렸으며, 1865년 9월 2일 그의 나이 60세에 서거하였다.

Hamilton에 대한 더 많은 정보를 다음 사이트에서 얻을 수 있다.

http://www-groups.dcs.st-and.ac.uk/~history/

## Paul Erdos

폴 엘되스는 역사상 어느 누구보다도 더 많은 수학 문제들에 대하여 생각했으나 사회적으로는 무기력한 헝가리 사람이었다.
The Atlantic Monthly

Paul Erdos는 20세기에 가장 높게 존경받는 수학자들 중에 잘 알려진 한사람이었다. 이론을 수립하려 전념했던 동시대의 다른 사람들과 다르게, Erdos는 문제를 풀고 문제를 만드는데 집중하였다. Erdos의 문제들과 풀이 방법들은 Euler의 그것들과 같이, 특별한 문제들의 풀이들은 새로운 이론들, 조합론(Combinatorics), 확률적정수론(Probabilistic number theory), 조합적기하학(Combinatorial geometry), 확률적초한조합론(Probabilistic and transfinite combinatorics) 그리고 그래프이론(Graph theory) 같은 것들 개척하는데 도움이 되어 오늘날 우리가 연구해가고 있는 방법을 가르쳐주었다. Erdos는 1913년 3월26일 Hungary에서 태어났다. 그의 양친은 모두 고등학교 수학교사였다. 유태인인 Erdos는 1934년에 그의 나이 21세에 유럽전역의 퍼진 반유태인 운동의 빠른 확산 때문에 Hungary에 방치되었다. 그의 생의 남은 여정은 끊임없는 여행이었고, 한 곳에서 한 달 이상 머무른 적이 거의 없이, 적은 사례금을 받기위해 강의하고 동료 수학자들과 같이 머물렀다. 그는 재산이 거의 없었고 정해진 주소도 없었다. 그가 소유한 모든 것은 그가 갖고 다니는 중간크기의 가방뿐이었고, 자주 옮겨 다닐 때는 한 달에 15곳을 방문했다. 그의 좌우명은 "Another roof, another proof"이었다. 그의 나이 80세에도, 그는 하루에 19시간동안 수학연구를 했다. Erdos는 1500편이 넘는 연구논문을 썼다. 그는 500명이 넘은 사람들과 공동연구 논문을 발표하였다. 이 사람들을 Erdos number 1을 가졌다고 말하고, Erdos number 1을 갖지 않은 사람이, 갖고 있는 어떤 사람과 함께 논문을 공동으로 쓰면 귀납적으로 Erdos number 2를 가졌다고도 했다. Erdos는 1996년 9월 20일 Poland, Warsaw에서 심장마비로 서거하였다. Erdos에 대한 더 많은 정보를 다음 사이트에서 얻을 수 있다.

http://www-groups.dcs.st-and.ac.uk/~history/
http://www.oakland.edu/~grossman/erdoshp.html

# 31절 대수적 부호이론의 소개 (Introduction to Algebraic Coding Theory)

젠장! 만약 기계가 어떤 오류를 검출했다면, 왜 그것은 오류의 위치를 알아내고 수정할 수는 없는가?

Richard W.Hamming

## 동기유발(Motivation)

유한군들의 가장 흥미롭고 중요한 응용중의 하나는 대수적 부호이론의 발전일 것이다. 1940년 말에 시작된 이 이론은, 실제 통신문제들에서 대응하여 창조되었다.(대수적 부호는 비밀키들과 관련이 없다). 대수적 코드들은 CD와 DVD 플레이어, 팩스, 디지털TV, 그리고 바코드스캐너에 오늘날 사용되어지고, 그리고 컴퓨터 유지에 핵심이 되었다.

이 이론을 도입하기 위해, 화성에 접근하고 있는 우주선에 두 개의 가능한 신호들 중 하나를 전송하는 상황을 상상해보자. 만약 예정된 착륙 장소가 양호하지 않으면, 우리는 그 우주선에 그 행성의 궤도를 돌도록 명령을 하고; 그렇지 않으면, 우리는 그 우주선이 착륙하도록 명령할 것이다. 궤도로 가는 것에 대한 신호는 0이고, 착륙하는 신호를 1로 한다. 그러나 어떤 종류의 방해(**잡음**(noise)이라함)가 원인이 되어 수신된 부정확한 전달문을 받을 가능성이 있다. 이런 사건의 기회를 감소시키기 위해서, 중복하는 방법을 전송 과정에 집어넣는다. 예를 들어, 만약 우주선이 화성에서 궤도를 돌기를 바란다면, 우리는 다섯 개의 0을 보낸다. 우주선의 내장 컴퓨터는 다섯 자리 전달문을 수신하여 그 결과를 다수결 법칙에 따라 복호화 하도록 프로그램 되어 있다. 따라서 만약 00000가 전송되어 10001이 수신되었다면, 컴퓨터는 0을 의도된 전달문으로 결정한다. 컴퓨터가 틀린 결정을 하게 되기 위해서는, 전송하는 과정에서 적어도 세 개의 오류가 발생해야만 한다. 만약 우리가 그 오류들이 독립적으로 일어난다고 가정한다면, 두 개 이하의 오류가 발생하기 보다는 세 개의 오류가 발생할 기회가 더 적을 것이다. 이런 이유로, 이 결정과정을 흔히 **극대유사복호화**(maximum-likelihood decoding) 과정이라 한다.

우리의 특별한 상황이 그림 31.1에 설명되어 있다. 일반적인 부호화과정은 그림 31.2에 설명되어 있다.

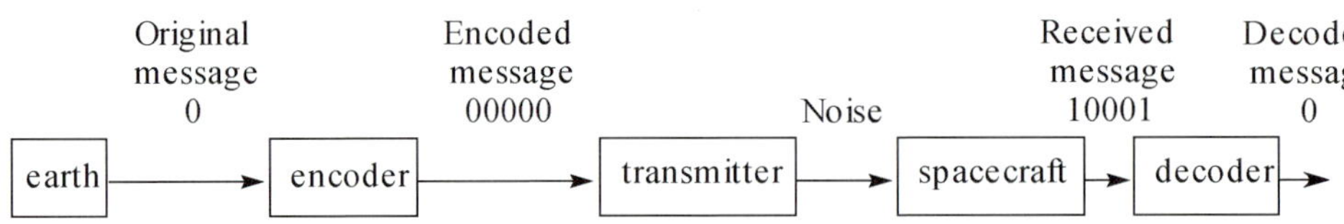


[그림 31.1] 다섯 번 중복된 반복에 의한 부호화하고 복호화

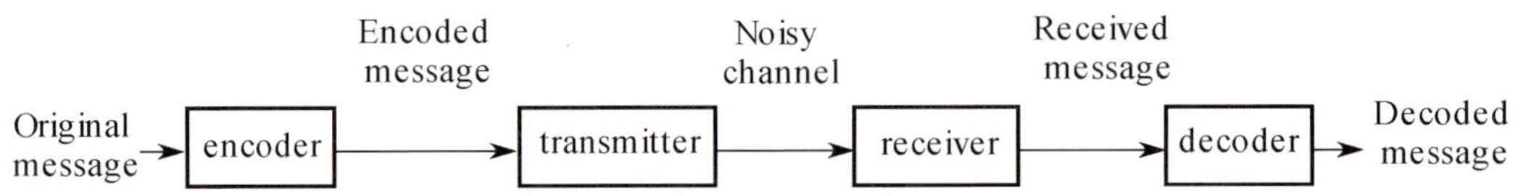


[그림 31.2] 일반적인 부호화와 복호화

실제에 있어서, 전송수단들은 전화기, 전파, 극초단파, 또는 마그네틱 디스크일 수도 있다. 그 잡음은 인간의 실수, 대화들(crosstalk), 빛(lightning), 기류에 의한 잡음(thermal noise), 또는 디스크의 성능의 저하(deterioration of a disk)일 수 있다.

이 장을 통해서, 전송에서의 오류들은 독립적으로 일어난다고 가정하자. 그렇지 않는 경우는 다른 방법들이 필요하다.

이제, 더 복잡한 상황을 생각해보자. 이번에는, 0과 1로 된 500자리의 한 수열을 보낸다고 하자. 더욱이, 한 오류가 임의의 특별한 자리수의 전송에서 발생할 확률이 0.01이라 가정하자. 만약 이 전달문을 아무 반복 없이 직접적으로 보낸다면, 오류 없이 받게 될 확률은 $(0.99)^{500}$이 되어, 약 0.0066이다.

한편, 만약 각 숫자를 세 번씩 중복해서 전송하는 삼중중복체계를 채택하고 다수결의 원칙에 의해서 수신된 각 3자리의 블록을 복호화 한다면, 우리는 훨씬 더 좋은 결과를 얻을 수 있다. 예를 들어, 수열 1011은 111000111111로 부호화 된다. 만약 수신된 전달문이 011000001110이면, 복호화된 전달문은 1001이다. 이제, 우리의 500자리수의 전달문이 오류가 없을 확률은 무엇일까? 자, 만약 한 개의 1이 보내져서 그것이 0으로 복호화 되기 위한 필요충분조건은 그 수신된 블록이 001, 010, 100, 또는 000이다. 그 확률은

$$\begin{aligned}(0.01)(0.01)(0.99) + (0.01)(0.99)(0.01) + (0.99)(0.01)(0.01) + (0.01)(0.01)(0.01) \\ = (0.01)^2[3(0.99) + 0.01] \\ = 0.000298 < 0.0003\end{aligned}$$

이다. 따라서 수열 안에 있는 임의의 특별한 자리수가 올바르게 복호화 될 확률은 0.9997보다 더 크고, 500자릿수 전달문 전체가 올바르게 복호화 될 확률은 $(0.9997)^{500}$보다 더 커지고, 약 0.86이다. 이것은 0.0066에서 극적으로 개선된 것이다.

이 예는 한 부호의 3가지 기본적인 특성을 설명해주고 있다. 전달문들의 집합, 이 전달문들의 부호화하는 방법과 수신된 전달문을 복호화 하는 방법이 그것들이다. 부호화하는 과정은 원문을 약간의 중복을 시킨다; 복호화하는 과정은 어떤 규정된 오류들을 수정하거나 또는 검출해 내는 것이다. 반복 부호는 부호화와 복호화의 단순성에 장점이 있지만, 그것들은 너무 효율성이 떨어진다. 5번 중복하는 경우를 생각하면, 전송되는 정보의 80%가 중복된다. 부호이론의 목표는 부호화하고 복호화하는 방법이 신용이가고 효율성이 있고, 사용하기에 논리적으로 용이한 방법을 마련하는 것이다.

공식적인 이론에 진입하기 전에, 좀 더 복잡한 예를 살펴보는 것이 유익할 것이다.

**예제 1** The Hamming(7,4)Code

이번에는, 우리의 전달문 집합은 0과 1로 만들어진 모든 가능한 4자리수로 구성되었다.(즉, 우리가 0과 1로 만들어진 길이가 4인 한 수열을 전송하려한다). 이 전달문을 그 원소가 $Z_2$에 있는 $1 \times 4$행렬들로 봐서 16개의 전달문 각각을 다음 행렬 $G$의 우측에 곱하여 암호화한다.

$$G = \begin{bmatrix} 1&0&0&0&1&1&0 \\ 0&1&0&0&1&0&1 \\ 0&0&1&0&1&1&1 \\ 0&0&0&1&0&1&1 \end{bmatrix}$$

(모든 계산은 2를 법으로 한다). 그 결과로 나타나는 7자리 수들을 **부호어**(code words)라 부른다. (표 31.1 참조).

〈표 31.1〉

| 전달문 | 인코더 $G$ | 부호어 | 전달문 | 인코더 $G$ | 부호어 |
|---|---|---|---|---|---|
| 0000 | → | 0000000 | 0110 | → | 0110010 |
| 0001 | → | 0001011 | 0101 | → | 0101110 |
| 0010 | → | 0010111 | 0011 | → | 0011100 |
| 0100 | → | 0100101 | 1110 | → | 1110100 |
| 1000 | → | 1000110 | 1101 | → | 1101000 |
| 1100 | → | 1100011 | 1011 | → | 1011010 |
| 1010 | → | 1010001 | 0111 | → | 0111001 |
| 1001 | → | 1001101 | 1111 | → | 1111111 |

각 부호어의 처음 4자리는 부호어에 대응하는 바로 원 전달문으로 구성됨을 알 수 있다. 그 부호어의 마지막 3자리는 중복의 특성으로 구성된 것이다. 이 부호에 대하여, **최근방 복호화**(nearest-neighbordecoding)방법(오류들이 독립적으로 일어나는 경우에는, 이것은 극대유사 복호화(maximum-likelihood decoding)과정과 같은 것이다.)을 사용한다. 임의의 수신된 부호어 $v$에 대하여, 보낸 부호어가 $v$와 가장 적은 수의 위치 변화를 갖는 부호어를 $v'$이라 가정하자. 만약 $v'$의 선택이 유일하지 않다면, 우리는 복호화하지 않거나 $v$에 가장 근접한 부호어들 중의 하나를 임의로 결정할 수 있다. (그 첫 번째 선택권은 재전송이 실현될 때 항상 선택된다.)

수신된 부호어를 복호화 하면, $v'$의 마지막 3자리수를 삭제함으로써 전달문을 얻을 수 있다. 예를 들어, 1000를 의도된 전달문이라 가정하자. 그것은 부호화되고 $u = 1000110$로 전송하게 된다. 만약 수신된 부호어가 $v = 1100110$(두 번째 자리가 오류이다)라 하면, 그것은 또한 $u$로 복호화 될 것이다. 왜냐하면, $v$와 $u$가 한 자리만 서로 다르고, 반면에 $v$와 임의의 다른 부호어는 적어도 두 자리 이상 서로 다르기 때문이다.

마찬가지로, 의도된 전달문 1111은 1111111로 부호화될 것이다. 만약, 이것 대신에, 부호어 0111111가 수신되었다면, 우리의 복호화 과정은 우리에게 역시 의도된 전달문 1111를 주게 될 것이다.

예제 1에서의 부호는 1948년 Richard Hamming에 의해서 발견된 많은 종류의 중요한 부호들 중 한가지 이다. Hamming부호는 가장 널리 사용되는 부호들이다.

Hamming(7,4)부호화 체계는 한 Venn diagram을 사용하여, 그림 31.3과 같이 편리하게 설명할 수 있다.

4자리수의 전달문을 겹치는 4영역들 I, II, III, IV에, 영역 I에는 첫 자리수, 영역 II에는 두 번째 자릿수, 이와 같은 방법으로 적어 넣는다. V, VI, VII 영역들에는, 0 또는 1을 각 원안에 있는 1들의 전체 개수가 짝수가 되도록 할당한다.

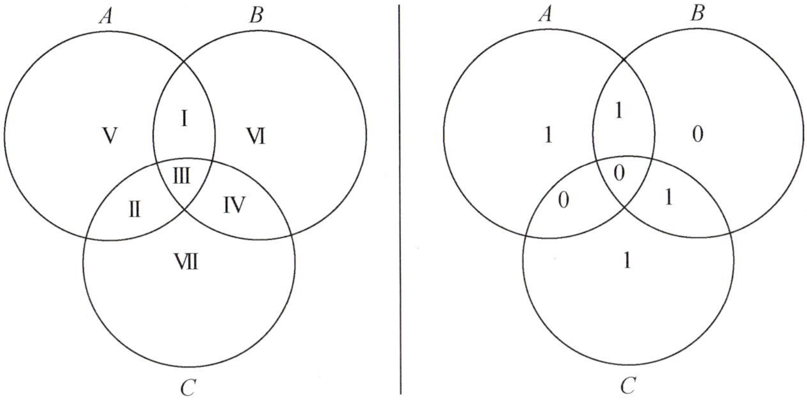


[그림 31.3] 전달문 1001과 부호화된 전달문 1001101의 Venn diagram

수신된 단어가 0001101 일 때의 Venn diagram을 생각해보자:

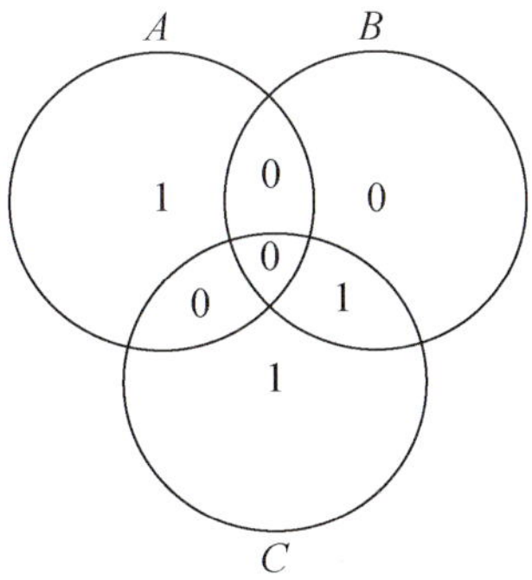


어떻게 한 오류를 검출하고 수정할 수 있는가? 자, $A$, $B$ 두 원 각각이 1을 홀수개씩을 갖고 있음을 알 수 있다. 이것은 어떤 것이 잘못되어있음을 말해준다. 동시에, 원 $C$가 1을 짝수개 갖고 있음을 알 수 있다. 따라서 이 다이어그램의 $A$와 $B$의 공통영역에서 $C$영역이 아닌 부분이 오류의 근원이다. 그림 31.4를 참조하여라.

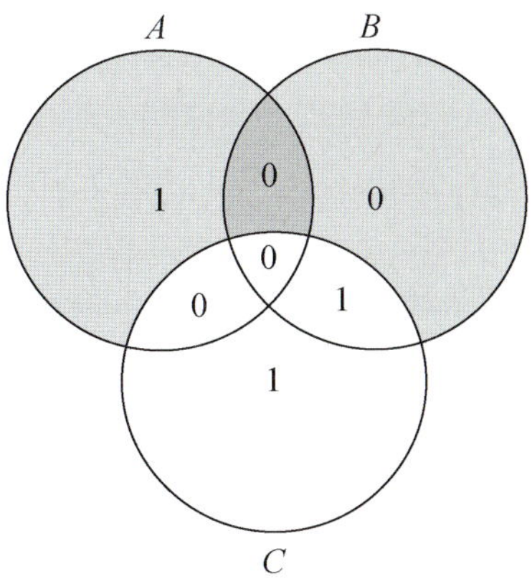


[그림 31.4] 원들 중 $C$가 아닌 $A$와 $B$가 오류의 홀짝을 갖고 있다.

아주 빈번이, 부호들은 오류들을 수정하기 보다는 검출하는데 사용된다.

이것은 한 전달문을 재전송할 때 특별히 시의 적절하다. 만약 한 수신어가 부호어가 아니라면, 우리는 한 오류를 검출한다. 예를 들어, 컴퓨터들이 수들의 홀짝검사(parity check)를 할 수 있도록 만든다. 컴퓨터 내부에서, 각 수들은 0과 1들의 한 문자열로 표현된다. 만약 이 표현에 1이 짝수개 있으면, 그 문자열 끝에 수 0을 첨부한다; 만약 이 표현에 1이 홀수개 있으면, 그 문자열 끝에 수 1을 첨부한다. 따라서 컴퓨터 기억장치에 저장된 각수들은 짝수개의 1을 갖는다. 이제, 컴퓨터가 기억장치에서 한 수를 읽을 때, 홀짝검사를 실행한다. 만약 읽은 수가 홀수개의 1을 갖고 있으면, 그 컴퓨터는 한 오류가 발생했음을 알게 될 것이고, 그래서 기수를 한번 더 읽을 것이다. 짝수개의 오류들은 홀짝검사에 의해 검출되지 않을 것에 주의해라. 0장과 5장에서 소개한 오류방어방법들은 기본적으로 같은 원리이다. 한 추가의 숫자를 수들의 문자열에 특별한 조건을 만족하도록 덧붙인 것이다. 만약 우리가 그 조건을 만족하지 않는 문자열을 발견한다면, 우리는 오류가 발생했음을 알게 된다.

## 선형 부호(Linear Codes)

우리는 이제 앞에서 논의에서 소개했던 몇 가지 생각들을 공식화하겠다.

### 정의: 선형 부호(Linear Code)

한 유한체$F$위에서 $(n,k)$**선형 부호**는 $F$위의 벡터공간 $F^n = \underbrace{F \oplus F \oplus \cdots \oplus F}_{n\text{번}}$ 의 한 $k$차원 부분공간 $V$이다. $V$의 원소들을 **부호어**(code words)라 한다. $F$가 $\mathbb{Z}_2$일 때, 그 $n$번 부호를 **이진**(binary)이라 부른다.

우리는 $F$위에서 $(n,k)$선형 부호를 $F$로부터 만든 $n-$항들의 집합으로 생각한다, 여기서 각 $n-$항은 두 부분으로 나눈다: $k$자리수로 구성된 전달문 부분과 나머지 $n-k$자리수로 구성된 중복부분이다. 위수가 $q$인 유한체 $F$위에서 한 $(n,k)$선형 부호는 $q^k$부호어들을 갖고 있다, 왜냐하면 부호의 각 원소들은 $F$ 의 계수를 갖는 $k$기저 벡터들의 일차결합으로 유일하게 표현되기 때문이다. $q^k$ 부호어들의 집합은 덧셈과 $F$의 원소와의 스칼라곱에 대하여 닫혀있다. 또한, 전송에서의 오류들은 $n$자리 어디에서나 발생할 수 있으므로, 수신될 수 있는 것은 $q^n$개가 가능하다. 혼란이 전혀 없을 곳에서는 $n$-항 $(a_1,a_2,\cdots,a_n)$을 더 간단하게 예1에서와 같이 $a_1a_2\cdots a_n$로 표기하는 것이 관례이다.

**예제 2** 집합 $\{0000000, 0010111, 0101011, 1001101, 1100110, 1011010, 0111100, 1110001\}$은 $(7,3)$이진부호이다.

**예제 3** 집합 $\{0000, 0101, 1010, 1111\}$은 $(4,2)$이진부호이다.

이진부호들이 이제까지 가장 중요한 것들이지만 다른 부호들도 종종 사용된다.

**예제 4** 집합 $\{0000, 0121, 0212, 1022, 1110, 1201, 2011, 2102, 2220\}$은 $Z_3$ 위에서 $(4,2)$ 선형부호이다. $Z_3$ 위에서의 선형부호를 3진 부호(ternary code)라 한다.

부호의 오류수정과 오류검출능력에 대한 논의를 실용화하기 위해서, 우리는 다음 용어들을 소개한다.

**정의: Hamming 거리(Distance)와 Hamming 무게(Weight)**

$F^n$의 두 벡터사이의 **Hamming거리(distance)**는 두 벡터의 성분들 중에서 서로 다른 성분의 개수이다. 한 벡터의 **Hamming무게(weight)**는 그 벡터의 성분 중에서 0이 아닌 성분의 개수이다. 한 선형부호의 Hamming무게는 그 부호에서 0이 아닌 벡터들의 최소무게이다.

우리는 $d(u,v)$를 두 벡터 $u$와 $v$사이의 Hamming거리를 나타내며, $wt(u)$는 벡터 $u$의 Hamming 무게를 나타낸다.

**예제 5** $s = 0010111, t = 0101011, u = 1001101$, 그리고 $v = 1101101$이라 하자. 그러면, $d(s,t) = 4, d(s,u) = 4, d(s,v) = 5, d(u,v) = 1$: 그리고 $wt(s) = 4, wt(t) = 4, wt(u) = 4, wt(v) = 5$이다.

Hamming거리와 Hamming무게는 다음 중요한 성질들을 갖는다.

**정리 31.1 Hamming거리와 Hamming무게의 성질**

임의의 벡터 $u, v$, 그리고 $w$에 대하여 $d(u,v) \le d(u,w) + d(w,v)$이고 $d(u,v) = wt(u-v)$이다.

**증명** $d(u,v) = wt(u-v)$를 증명하기 위해서, 단순히 $d(u,v)$, $wt(u-v)$둘 다 $u$와 $v$가 서로 다른 성분들의 개수와 같음을 확인한다. $d(u,v) \le d(u,w) + d(w,v)$을 증명하기 위해서, 만약 $u$와 $v$가 $i$번째 성분에서 서로 다르고 $u$와 $w$의 $i$번째 성분이 같으면, $w$와 $v$는 $i$번째 성분에서 서로 다르다. □

앞의 정의와 정리 31.1에 의해서, 우리는 예제 1,2 그리고 예제 4에서 주어진 부호들이 왜 임의의 단일 오류를 수정하고 ,예제 3에서는 그 부호가 수정하지 못하는가를 설명해준다.

**정리 31.2 선형부호의 수정능력(Correcting Capability of a Linear Code)**

만약 한 선형부호의 Hamming무게가 적어도 $2t+1$이라면, 그 부호는 $t$개 또는 그보다 더 적은 임의의 오류들을 수정할 수 있다. 그렇지 않으면, 그 부호는 $2t$ 또는 더 적은 임의의 오류들을 검출할 수 있다.

**증명** 우리는 최근방복호화을 사용할 것이다.; 즉, 임의의 수신된 벡터 $v$에 대하여, 우리는 대응하는 송신한 부호어 $v'$은 그 Hamming거리 $d(v,v')$가 극소가 되는 것이라 가정하자.(만약 그런 $v'$가 한 개 이상이면, 우리는 복호화할 수 없다.) 이제, 전송된 부호어 $u$가 벡터 $v$로 수신되고 기껏해야 $t$개의 오류들이 전송할 때 발생하였다고 가정하자 그러면, $u$와 $v$사이의 거리의 정의에 따라, $d(u,v) \leq t$가 성립한다. 만약 $w$가 $u$와 다른 임의의 부호어라 하면, $w-u$은 0이 아닌 부호어이다. 따라서, 가정에 의해서,

$$2t+1 \leq wt(w-u) = d(w,u) \leq d(w,v)+d(v,u) \leq d(w,v)+t,$$

그리고 $t+1 \leq d(w,v)$이다. 그래서 수신된 벡터 $v$에 가장 가까운 부호어는 $u$이고, 따라서 $v$는 올바르게 $u$로 복호화 된다.

그 부호가 $2t$개의 오류들을 검출할 수 있음을 보이기 위해, 우리는 전송된 부호어$u$가 벡터 $v$로 수신된다고 가정하고 적어도 한 개의 오류와, $2t$개의 오류를 넘지 않게 송신이 이루어진다고 가정하자. 다만 부호어들이 송신되었기 때문에, 오류는 수신어가 부호어가 아니면 언제나 검출될 것이다. 그러나 $v$는 한 부호어가 될 수 없다, 왜냐하면 $d(v,u) \leq 2t$이고, 한편 우리는 서로 다른 부호어들 사이의 최소거리는 적어도 $2t+1$임을 알기 때문이다. □

정리 31.2는 Hamming무게가 $2t+1$인 한 선형부호가 $t$개의 오류를 수정할 수 있고 임의의 $2t$개 또는 더 적은 오류를 동시에 검출할 수 있다는 것을 의미하는 것으로 종종 잘못해석하기도 한다. 사실은 그렇지 않다. 사용자는 하나 또는 부호에 대한 다른 역할을 선택해야만 한다. 예를 들어,표 31.1에 주어진 Hamming(7,4)부호를 생각해보자. 조사해보면, 그 부호의 Hamming무게는 $3 = 2 \cdot 1 + 1$이고, 그래서 우리는 임의의 단일 오류를 수정하거나 또는 임의의 하나 또는 두 개의 오류를 검출하는 것을 선택할 수 있다. 왜 우리가 두 가지를 동시에 할 수 없는 이유를 이해하기 위해서는, 수신어 0001010을 생각해보자, 의도된 전달문이 0000000일 수 있었는데, 거기에 두 가지 오류가 발생하고(의도된 전달문들 1011010과 0101110과 같이), 또는 의도된 전달문이 0001011이 될 수 있었는데, 거기서는 한 가지 오류가 만들어 진다. 그러나 이들 가능성들 중에 어떤 것이 발생할지 알 수 있는 방법은 없다. 만약 우리의 선택이 오류를 수정하는 것 이라면, 우리는 아마도 잘못하여 0001011이 의도된 전달문이라고 가정하자. 만약 우리의 선택이 오류검출이라면, 우리는 단순히 복호화할 수는 없다.(일반적으로, 우리는 재전송을 요청한다).

한편, 만약 우리가 한 선형부호의 Hamming무게를 $2t+s+1$의 형태로 쓴다면, 우리는 임의의 $t$개 오류들을 수정하고 그리고 임의의 $t+s$ 또는 더 적은 오류들을 검출할 수 있다. 따라서 Hamming무게 5인 한 부호에 대하여, 우리의 선택사항들은 다음사항들을 포함한다.

1. 임의의 4개의 오류를 검출한다($t=0,\ s=4$).
2. 임의의 한 오류를 수정하고 임의의 두 개 또는 세 개의 오류들을 검출한다($t=1,\ s=2$).
3. 임의의 두 개의 오류들을 수정한다($t=2,\ s=0$).

**예제 6** 예제 2에서 주어진 선형부호에 대한 Hamming부호가 4이므로, 그것은 임의의 단일 오류를 수

정하고 임의의 두 개의 오류를 검출($t=1, s=1$)하거나 또는 임의의 세 개의 오류를 검출한다 ($t=2, s=0$).

예1에서 Hamming부호를 생산하는데 사용된 행렬 $G$가 어떻게 선택되었는가 궁금해 하는 것은 자연스럽다. 일반적으로, 더 낫지만, $F^k$의 한 부분공간 $V$를 $F^n$의 한 부분공간으로 보내는 한 행렬 $G$가 $V$의 $k-$중 벡터 $v$에 벡터 $vG$를 처음 $k$성분은 $v$와 같고 마지막 $n-k$성분은 몇 가지 중복에 의해서 구성되도록 행렬 $G$를 어떻게 찾을 수 있을까? 그와 같은 한 행렬은 다음 형식의 $k\times n$ 행렬이다.

$$\left[\begin{array}{cccc|ccc} 1 & 0 & \cdots & 0 & a_{11} & \cdots & a_{1n-k} \\ 0 & 1 & \cdots & 0 & \cdot & & \cdot \\ \vdots & \vdots & & \vdots & \vdots & & \vdots \\ 0 & 0 & \cdots & 0 & a_{k1} & \cdots & a_{kn-k} \end{array}\right]$$

여기서, $a_{ij}$는 $F$에 속한다. 이런 형식의 행렬을 그 결과의 부호에 대한 **표준생성행렬(standard generator matrix)(또는, 표준부호화행렬(standard encoding matrix))**이라 한다.

행들이 일차독립인 임의의 $k\times n$ 행렬은 $F^k$에서 $F^n$의 $k-$차원 부분공간으로 가는 선형변환이며 중복을 만드는데 사용될 수 있으나, 표준생성행렬을 사용하는 것은 원 전달문이 변환된 벡터들의 처음 $k$ 성분들을 구성한다는 잇점을 갖고 있다. $k$개 정보를 갖은 숫자가 각 부호어의 처음에 나타나는 $(n,k)$ 선형부호를 **시스템부호(systematic code)**라 부른다. 체계적으로, 우리는 다음을 알 수 있다;

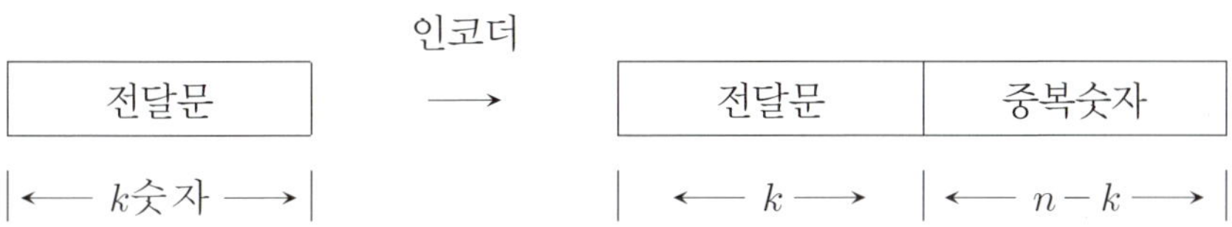


정의에 의해서, 한 표준생성행렬은 시스템부호를 만든다는 것에 주목하자.

**예제 7** 전달문의 집합; $\{000, 001, 010, 100, 110, 101, 011, 111\}$으로부터, 우리는 $Z_2$ 위에 표준생성원행렬

$$G=\begin{bmatrix} 1\,0\,0\,1\,1\,0 \\ 0\,1\,0\,1\,0\,1 \\ 0\,0\,1\,1\,1\,1 \end{bmatrix}$$

를 갖는 한 $(6,3)$ 선형부호를 구성할 수 있다.
그 결과 부호어들은 표 31.2에 주어졌다. 임의의 영이 아닌 부호어의 최소 무게가 3이므로, 이 부호는 임의의 단일 오류를 수정하거나 또는 임의의 이중 오류를 검출할 수 있다.

〈표 31.2〉

| 전달문 | 인코더 $G$ | 부호어 |
|---|---|---|
| 000 | → | 000000 |
| 001 | → | 001111 |
| 010 | → | 010101 |
| 100 | → | 100110 |
| 110 | → | 110011 |
| 101 | → | 101001 |
| 011 | → | 011010 |
| 111 | → | 111100 |

**예제 8** 여기서 우리는 전달문의 집합은 $\{00,01,02,10,11,12,20,21,22\}$ 으로 잡고 우리는 $Z_3$ 위에 표준생성행렬

$$G=\begin{bmatrix}1&0&2&1\\0&1&2&2\end{bmatrix}$$

를 갖는 한 $(4,2)$ 선형부호를 구성하자.

그 결과 부호어들은 표 31.3에 주어졌다. 임의의 영이 아닌 부호어의 최소 무게가 3이므로, 이것은 임의의 단일 오류를 수정하거나 또는 임의의 이중 오류를 검출할 수 있다.

〈표 31.3〉

| 전달문 | 인코더 $G$ | 부호어 |
|---|---|---|
| 00 | → | 0000 |
| 01 | → | 0122 |
| 02 | → | 0211 |
| 10 | → | 1021 |
| 11 | → | 1110 |
| 12 | → | 1202 |
| 20 | → | 2012 |
| 21 | → | 2101 |
| 22 | → | 2220 |

## 홀짝 판별 행렬의 복호화(Parity-Check Matrix Decoding)

이제 우리는 한 표준생성행렬로 전달문을 편리하게 부호화할 수 있으므로 수신된 전달문을 복호화하기 위한 편리한 방법이 필요하다. 불행하게도, 그것은 쉬운일이 아니다; 그러나, 부호어 마다 기껏해서 한 개의 오류만 발생하는 경우에는, 복호화하는 쉽고 간단한 방법이 있다.(부호어에 한 개보다 더 많은 오류가 발생할 때는, 우리의 부호화하는 방법이 실패한다.)

이 방법을 기술하기 위해서, $V$는 체 $F$위의 한 체계적인 선형부호이고 표준생성행렬 $G=[I_k|A]$에 의해서 주어진 것이라 가정하자. 여기서, $I_k$는 $k\times k$단위행렬이고 $A$는 $G$의 처음 $k$열들을 제거해서 $G$로부터 얻은 $k\times(n-k)$행렬이다. 그러면, $n\times(n-k)$행렬

$$H=\left[\frac{-A}{I_{n-k}}\right]$$

를 $V$에 대한 **홀짝판별행렬(parity-check matrix)**라 한다. 여기서, $-A$는 $A$의 음행렬이고 $I_{n-k}$는 $(n-k)\times(n-k)$단위행렬이다.(문헌에는, $H$의 전치행렬을 홀짝판별행렬라 하지만, $H$가 우리의 목적으로는 훨씬 더 편리하다.)

복호화 과정은:

1. 임의의 수신어 $w$에 대하여, $wH$를 계산한다.
2. 만약 $wH$가 영벡터이면, 아무런 오류도 없다고 가정하자.
3. 만약 영이 아닌 원소 $s\in S$와 $H$의 한 행 $i$에 대하여 $wH$가 $i$행의 $s$배가 되는 오직 한 가지 경우만 있다면, 송신된 부호어는 $w-(0\ldots s\ldots 0)$라 가정하자. 여기서, $s$는 $i$번째 성분에 나타난다. 만약 한 개보다 더 많은 경우가 있다면, 복호화하지 않는다.

3′. 부호가 이진일 때, 3항은 다음과 같이 변형된다. 만약 $wH$가 단 하나의 $i$에 대한 $H$의 $i$번째 행이라면, 한 오류가 $w$의 $i$번째 성분에 만들어진다고 가정하자. 만약 $wH$가 $H$의 한 행보다 더 많은 행과 일치하게 되면, 복호화하지 않는다.

4. 만약 $wH$가 2항이나 3항에 적합하지 않으면, 우리는 적어도 두 개 이상의 오류들이 전송시 발생했음을 알게 되고 우리는 복호화 하지 않는다.

**예제 9** 예제 1에서 주어진 Hamming (7,4)부호를 생각해보자. 생성원 행렬은

$$G=\begin{bmatrix}1&0&0&0&1&1&0\\0&1&0&0&1&0&1\\0&0&1&0&1&1&1\\0&0&0&1&0&1&1\end{bmatrix}$$

이고 대응한 s 홀짝판별행렬은

$$H=\begin{bmatrix}1&1&0\\1&0&1\\1&1&1\\0&1&1\\1&0&0\\0&1&0\\0&0&1\end{bmatrix}$$

이다.

이제, 만약 수신된 행렬이 $v=0000110$이라면, 우리는 $vH=110$임을 안다. 이것은 $H$의 첫 번째 행이고 다른 행은 아니므로, 우리는 한 오류가 $v$의 첫 번째 위치에 만들어 질것이라고 가정하자. 따라서 전송한 부호어는 1000110이라고 가정하고, 그 대응하는 전달어는 1000이라고 가정하자. 같은 방법

으로, 만약 $w = 1011111$ 이 수신된 부호어라면, $wH = 101$ 이고, 우리는 한 오류가 두 번째 위치에 만들어 진다고 가정하자. 따라서 우리는 1111111 가 보내졌고 1111 은 의도된 전달문이었다. 만약 부호화된 전달어 1001101 이 $z = 1001011$ 로 수신된다면(오류들이 5번째와 6번째 위치들에 있다), 우리는 $zH = 110$ 임을 발견한다. 이것이 $H$의 첫행과 일치되므로, 우리는 $z$를 0001011 로 복호화하고 전달어 0001 이 의도된 것이라고 부정확하게 가정하게 된다. 한편, 최근방복호화는 같은 부정확한 결과를 가져오게 된다.

---

단 하나의 오류가 전송에서 만들어 질 때, 홀짝판별복호화 과정은 처음 의도된 전달문을 가져다준다는 것에 주목하자. 우리는 곧 무슨 조건아래서 이것이 참이 되는지 알 것이다. 그러나 처음에 우리는 한 생성행렬과 그것의 홀짝부호판별행렬에 의해서 주어진 부호어와 관련한 중요한 사실이 필요하다.

**보조 정리 직교관계(Orthogonality Relation)**

$C$는 한 표준생성행렬 $G$와 홀짝판별행렬 $H$를 갖는 $F$위의 한 체계적$(n,k)$선형부호라 하자. 그러면, $F^n$ 의 임의의 벡터 $v$에 대하여 우리는 $vH = 0$가 성립하기위한 필요충분조건은 $v$가 $C$에 포함된다.

**증명** 먼저, $H$의 계급이 $(n-k)$이므로, 우리는 $H$를 $F^n$ 에서 $F^{n-k}$ 위로의 한 선형사상으로 생각할 수 있다. 따라서 선형변환에 대한 차원정리로부터 $n = (n-k) + \dim(KerH)$가 성립함으로, $KerH$의 차원은 $k$이다.(그렇지 않으면, $|KerH| = |F|^k$ 임을 보이기 위해 군이론의 논증을 이용할 수 있다.) 그러면, $C$의 차원은 또한 $k$이므로, $C \subseteq KerH$를 보이면 충분하다. 이것을 보이기 위해서, $G = [I_k | A]$라 하고, 그래서 $H = \left[\frac{-A}{I_{n-k}}\right]$라 하자. 그러면,

$$GH = [I_k | A]\left[\frac{-A}{I_{n-k}}\right] = -A + A = [0]\ (\text{영행렬})$$

이제, 정의에 의해서, $C$의 임의의 벡터$v$는 $mG$형태이고, 여기서 $m$은 한 전달문이다. 따라서 $vH = (mG)H = m(GH) = m[0] = 0$(영벡터). □

$H$의 정의 방법 때문에, 홀짝판별행렬방법은 오류가 만들어지지 않는 임의의 수신어를 올바르게 복호화한다. 그러나 그것은 더 많은 것을 할 것이다.

**정리 31.3 홀짝판별행렬의 복호화(Parity-Check Matrix Decoding)**

홀짝판별행렬의 복호화는 임의의 단일 오류를 수정하기 위한 필요충분조건은 홀짝판별행렬의 행들이 영이 아니고 한 행이 임의의 다른 행의 스칼라배가 되지 않을 때이다.

**증명** 간단히 하기위해, 우리는 이진인 경우에 증명하겠다. 이 특별한 경우에, 행들에 대한 조건은 그것들이 모두 영이 아니고 서로 다른 것이다. 따라서 $H$를 홀짝판별행렬이라 하고, 이 조건

이행들에 대하여 성립한다고 가정하자. 전송된 부호어 $w$가 단 하나의 오류를 지니고 수신되었다고 가정하면, 이 오류는 $i$ 번째 위치에 발생했다고 가정하자. $i$ 번째 위치가 1 이고 다른 곳은 모두 0 인 벡터를 $e_i$로 표기하면, 우리는 수신한 부호어를 $w + e_i$로 쓸 수 있다. 이제, 수직관계(Orthogonality Lemma)을 이용하여, 우리는

$$(w + e_i)H = wH + e_iH = 0 + e_iH = e_iH$$

를 얻는다. 그러나 마지막 벡터는 $H$의 $i$ 번째 행이다. 따라서 만약 전송에서 단 하나의 오류만 있었다면, 이 행들이 서로 다르다고 가정하면 우리는 오류의 장소를 확인하기 위해 홀짝판별행렬의 행들을 이용할 수 있다.(만약 두 행들이, 예를 들어, $i$ 번째와 $j$ 번째가 같다고 하면, 우리는 오류가 $i$ 번째나 $j$ 번째 일어난다는 것을 알 수 있으나, 어느 쪽인지는 알 수가 없다.)
역으로, 홀짝판별행렬 방법이 전송하는 과정에 기껏 해서 한 개의 오류만 발생하는 모든 수신어들을 올바르게 복호화할 수 있다고 가정하자. 만약 홀짝판별행렬 $H$의 $i$ 번째 행은 영벡터라 하고 그리고 만약 부호어를 $u = 0 \cdots 0$가 $e_i$로 수신된다면, 우리는 $e_iH = 0 \cdots 0$을 발견하고, 그리고 우리는 벡터 $e_i$가 전송되었다고 잘못되게 가정할 것이다. 따라서 $H$의 어떤 행들도 영벡터가 아니다. 이제, $H$의 $i$ 번째 행과 $H$의 $j$ 번째 행이 같고 $i \neq j$이라 가정하자. 그러면, 만약 부호어 $w$가 전송되고 그 수신어가 $w + e_i$이면(즉, $i$ 번째에 단일 오류가 있다), 우리는

$$(w + e_i)H = wH + e_iH = H\text{의 } i\text{ 번째 행} = H\text{의 } j\text{ 번째 행}$$

이 성립한다.
따라서 우리의 복호화 과정은 복호화하지 못함을 말한다. 이것은 기껏해야 한 개의 오류가 발생한 모든 수신어들을 올바르게 복호화한 방법은 우리의 가정에 모순된다. □

## 잉여류집합의 복호화(Coset Decoding)

한 유한체 $F$위의 한 $(n, k)$ 선형부호 $C$가 덧셈군 $V = F^n$ 의 한 부분군이라는 사실을 이용하는 또 다른 편리한 복호화방법이 있다. 이 방법은 1956년에 David Slepian에 의해서 고안되었으며, **잉여류집합의 복호화(coset decoding) (또는, 표준복호화(standard decoding))**라 부른다.

이 방법을 사용하기 위해서, 우리는 소위 **표준열(standard array)**이라 부른, 한 개의 표를 구성하여 진행한다. 그 표의 첫 번째 행은 부호어들의 한 집합 $C$이고, 1열의 시작은 항등원$0 \cdots 0$이다. 이 표의 다른 행들을 만들기 위해서 이 표에 아직까지 열거되지 않은 $V$의 한 원소 $v$를 택한다. 잉여류집합 $v + C$의 모든 원소들 가운데 최소무게를 갖는 한 원소를 택하여, 예를 들어 $v'$라 하자. 이 표의 다음 행을 부호어 $c$를 갖는 그 열 아래에 벡터 $v' + c$를 위치시켜서 이 표의 그 다음 행을 완성하자. 이 과정을 $V$안에 있는 모든 벡터들이 이 표에 나열될 때까지 계속 시행한다.[ $q$개 원소를 갖는 한 체위의 $(n, k)$ 선형부호는 $|V : C| = q^{n-k}$개 행들을 갖게 될 것이다.] 첫 번째 열에 있는 부호어들을 **잉여류집합의 선도자(coset leaders)**라 부른다. 복호화 과정은 임의의 수신어 $w$를 $w$를 포함하는 열의 처음에 있는 부호어로 단순히 복호화 하는 것이다.

**예제 10** $(6,3)$ 이항 선형부호

$C=\{000000, 100110, 010101, 110011, 101101, 011110, 111000\}$를 생각해 보자.

표준열의 첫행은 $C$의 바로 그 원소들이다. 분명히, 100000가 $C$에 속하지 않고 $100000+C$의 원소들 중에서 최소무게를 갖는 원소이다. 따라서 그것이 두 번째 행을 선도하기 위해 사용될 수 있다. 표 31.4는 완성된 것이다.

〈표 31.4〉 $(6,3)$ 이항선형부호의 표준배열

| 잉여류 집합의 선도자 | 부호어 | | | | | | |
|---|---|---|---|---|---|---|---|
| 000000 | 100110 | 010101 | 001011 | 110011 | 101101 | 011110 | 111000 |
| 100000 | 000110 | 110101 | 101011 | 010011 | 001101 | 111110 | 011000 |
| 010000 | 110110 | 000101 | 011011 | 100011 | 111101 | 001110 | 101000 |
| 001000 | 101110 | 011101 | 000011 | 111011 | 100101 | 010110 | 110000 |
| 000100 | 100010 | 010001 | 001111 | 110111 | 101001 | 011010 | 111100 |
| 000010 | 100100 | 010111 | 001001 | 110001 | 101111 | 011100 | 111010 |
| 000001 | 100111 | 010100 | 001010 | 110010 | 101100 | 011111 | 111001 |
| 100001 | 000111 | 110100 | 101010 | 010010 | 001100 | 111111 | 011001 |

만약 부호어 101001이 수신되었다면, 그것은 101101로 복호화 될 것이다. 왜냐하면, 101001은 101101로 시작되는 열에 위치하고 있기 때문이다. 같은 방법으로, 수신어 011001은 111000으로 복호화 된다.

우리가 소개한 복호화의 최초 방법은 최근방(nearest-neighbor)방법임을 상기하자; 즉, 임의의 수신어 $w$는, 만약 $d(w,c)$가 최소가 되는 단 하나의 부호어 $c$가 있다고 가정하면 $d(w,c)$가 최소가 되도록 부호어 $c$로 복호화된다. 다음 결과는 이런 상황에서, 잉여류집합 복호화가 최근방복호화와 같다는 것을 보여준다.

**정리 31.4 잉여류집합 복호화는 최근방복호화이다(Coset Decoding is Nearest-Neighbor Decoding)**

잉여류집합 복호화에서 한 수신어 $w$는 $d(w,c)$가 최소인 부호어 $c$로 복호화 된다.

**증명** $C$를 한 선형 부호라 하고, $w$를 임의의 수신어라 하자.

잉여류집합 $w+C$의 잉여류집합의 선도자를 $v$라 가정하자. 그러면, $w+C=v+C$이고, 따라서 적당한 $c\in C$에 대하여 $w=v+c$이다. 따라서 잉여류집합 복호화를 이용하여, $w$는 $c$로 복호화된다. 이제, 만약 $c'$가 임의의 부호어이면, $w-c'\in w+C=v+C$이고, 따라서 $wt(w-c')\geq wt(v)$이다, 왜냐하면 잉여류집합의 선도자 $v$가 $v+C$의 원소들중에서 최소

무게를 갖는 한 벡터로 주어졌기 때문이다. 따라서

$$d(w,c') = wt(w-c') \geq wt(v) = wt(w-c) = d(w,c)\text{이다.}$$

따라서 잉여류집합 복호화를 이용하여, $w$는 $d(w,c)$가 최소가 되도록 부호어 $c$로 복호화 된다. □

우리의 최근방복호화에 대한 기술을 보면, 우리는 만약 수신어 $v$에 대한 최근방의 선택이 유일하지 않으면, 그러면 우리는 복호화하지 않기로 결정하거나 $v$에 가장 가까운 부호어들 중에 임의의 하나로 복호화를 결정할 수 있다. 잉여류집합 복호화의 경우에는, $v$의 복호화되는 값이 수신어를 포함하는 행의 잉여류집합의 선도자에 의해서 항상 유일하게 정해진다. 물론, 이 복호화된 값은 송신된 부호어가 아닐 수도 있다.

우리가 한 선형 부호의 한 홀짝판별행렬을 알고 있을 때는, 잉여류집합 복호화는 상당히 단순화 될 수 있다.

### 정의: 증후군(Syndrome)

만약 $F$위에서 한 $(n,k)$ 선형부호가 홀짝판별행렬 $H$를 갖는다면, 임의의 $F^n$에서의 벡터 $u$에 대하여, 벡터 $uH$를 $u$의 **증후군(Syndrome)**이라 부른다.

증후군들의 중요성은 다음 성질로부터 생겨난다.

### 정리 31.5 같은 잉여류집합은 같은 증후군을 갖는다(Same Coset-Same Syndrome)

$C$는 한 홀짝판별행렬 $H$를 갖는 $F$위의 한 $(n,k)$ 선형부호라 하자. 그러면, $F^n$의 두 벡터들이 $C$의 같은 잉여류집합에 속하기 위한 필요충분조건은 그것들이 같은 증후군을 갖는 것이다.

**증명** 두 벡터 $u$와 $v$가 $C$의 같은 잉여류집합에 있기 위한 필요충분조건은 $u-v$가 $C$ 안에 있다. 따라서 직교관계 보조정리에 의해서, $u$와 $v$가 같은 잉여류집합에 속하기 위한 필요충분조건은 $0=(u-v)H=uH-vH$이다. □

우리는 이제 임의의 수신어 $w$를 복호화하기 위해 증후군들을 사용할 수 있다.

1. $w$의 증후군, $wH$를 계산한다.
2. $wH=vH$가 성립하는 잉여류집합의 선도자 $v$를 찾는다.
3. 송신 벡터가 $w-v$라 가정하자.

이 방법에 따라, 우리는 임의의 수신어를 단 두 개의 행들을 갖는 한 표를 갖고 복호화할 수 있다. 여기서 한행은 잉여류집합의 선도자이고 다른 한 행은 대응하는 증후군이다.

**예제 11** 예제 10에 주어진 부호를 생각해보자. 이 부호에 대한 홀짝판별행렬은

$$H=\begin{bmatrix}1&1&0\\1&0&1\\0&1&1\\1&0&0\\0&1&0\\0&0&1\end{bmatrix}$$

이다.

잉여류집합의 선도자들과 대응하는 증후군들은

| Coset leader | 000000 | 100000 | 010000 | 001000 | 000100 | 000010 | 000001 | 100001 |
|---|---|---|---|---|---|---|---|---|
| Syndromes | 000 | 110 | 101 | 011 | 100 | 010 | 001 | 111 |

따라서 수신어 $w=101001$을 복호화하기 위해서, 우리는 $wH=100$로 계산한다. 잉여류집합의 선도자 $v=000100$는 그것의 증후군으로 100이므로, 우리는 $w-000100=101101$가 송부되었다고 가정하자. 만약 수신어가 $w'=011001$라 하면, 우리는 $w'H=111$로 계산되고, 왜냐하면 100001은 증후군 111을 갖는 잉여류집합의 선도자이기 때문에, $w'-100001=111000$가 송부되었다고 가정하자. 이들 답들은 예10의 표준배열방법을 사용하여 구한 것들과 일치한 것을 알 수 있다.

증후군(Syndrome)이라는 말은 기술적인 말이다. 의학에서, 그것은 몸의 장애를 대표하는 징후들의 집합을 나타내는데 사용된다. 잉여류집합복호화에는, 증후군은 오류 모형을 대표한다.

이 장에서, 우리는 단순한 형태의 대수적 부호이론을 소개하였다. 더 복잡한 취급은 근본적으로 더 심오한 군이론, 환이론, 그리고 특별히 유한체이론을 사용한다. 예를 들어, Gorenstein(25장 참조)과 Zierler은 1961년에, 유한체의 곱셈부분군이 순환군임을 이용하였다. 그들은 어떤 부호들의 각 자리수를 한 대수방정식의 근들이 오류들의 위치를 결정하는 방식으로 체의 원소에 대응시킨다.

어떤 사례에서는, 두 개의 오류수정부호들(error-correcting codes)이 적용된다. 유럽항공사(European Space Agency)에서 1986년에 헬리 꼬리별(Halley's Comet)의 핵에서 370마일 이내로 진입했던 Giotoo를 간격을 두고 면밀히 조사했는데, 전자공학에 적용하여 두 개의 오류수정부호들을 만들었다. 한 부호는 독립적으로 발생하는 오류들을 확인하고, 그리고 다른 하나, 소위 말하는 Reed-Solomon 부호는 오류들의 분출들을 확인했다. Giotto는 0.999999의 비율로 오류방어를 해냈다. Reed-Solomon 부호들은 역시 compact discs에도 사용된다. 그것들은 무수히 많은 연속된 오류들을 수정할 수 있다.

## ■ 역사적 소고(Historical Note)

### • 보편화된 Reed-Solomon 부호(The Ubiquitous Reed-Solomon Codes)

Reed-Solomon부호에 대한 Barry A. Cipra의 기사를 요약함으로써 이장을 마무리한다. the Society for Industrial and Applied Mathematics의 뉴스 저널인 SIAM News에서 "Mathematics That Counts"라는 연재물의 첫 번째 기사였다. 그 기사는 산업계와 일반국민들에게 상당한 수익을 내는 생산품과 공정으로 이어지도록 하는 수학적인 개발을 강조한다.

Irving Reed와 Gustave Solomon은 1989년 Jet Propulsion Laboratory에서 Voyager Ⅱ와 해왕성의 조우를 조절했다.

이러한 "정보화의 시대"에 데이터의 저장매체, 검색, 전송에 있어 속도 뿐 아니라 정확성의 중요함을 생각하지 않는 사람은 아무도 없다. 기계가 오류를 생성하고 인간에 의해 만들어지는 실수가 아닌 그런 오류는 흠 하나 없는 프로그램을 쓸모없고 위험하기 까지 한 쓰레기로 만들어 버릴 수 있다. 건축가들이 지진이 일어나도 여전히 서있게 건물을 설계하는 것과 똑 같게 컴퓨터와 관련된 것들은 디지털 재앙에 대응할 수 있도록 복잡한 기술을 개발해 왔다.

컴퓨터 하드디스크에서 시디플레이어에 이르기 까지 모든 것에 대한 현재의 오류정정기술에 대한 아이디어는 MIT의 Lincoln Lab의 직원이었던 Irving Reed와 Gustav Solomon에 의해 1960년에 처음으로 소개되었다. …

"시디플레이어, 디지털 오디오 테이프, 현재의 디지털 텔레비전 그리고 앞으로 개발될 다양한 디지털 영상 시스템 등 그러한 모든 것들은 그 시스템과 일체로 된 Reed-Solomon 부호를 사용해야 한다."라고 Caltech 전기공학과의 부호이론가인 Robert McEliece는 말한다.

왜일까? 사실상 디지털 정보는 정의에 의해 "비트"-0과1-의 문자열로 이루어져 있고 아무리 잘 만들어진 물리적 장치라도 가끔은 그 둘을 혼동할 수 있기 때문이다. 예를 들어 보이저II호는 천만마일 밖에서 극단적으로 낮은 출력-거의 속삭임-으로 데이터를 전송하고 있었다. 디스크 드라이브들이 데이터를 너무나 밀집하게 저장해서 어디에서 1 비트가 멈추고 바로 그 다음에 이어지는 1(또는 0)의 위치를 알려 줄 수 없다면 판독기록헤드(read/write head)는 거의 멈출 수 도 있다. 아주 세밀한 공학기술은 무시해도 좋을 정도-하드 디스크 드라이브에 대한 업계의 표준은 100 억 개 중에 하나-로 오류를 줄일 수 있으나 오늘날 처리되는 엄청난 양의 정보로 인해 "무시해도 좋을 정도"라는 용어는 매일매일 재앙을 초래한다. 오류정정부호는 안전장치-불안정한 물질세계에서 예상 밖의 변화에 대한 수학적 보장의 일종이다.

1960년에 오류정정부호 이론은 10년도 채 되지 않았다. 믿을만한 디지털 통신의 기본적인 이론은 1940년대 후반에 Claude Shannon에 의해 처음 시작되었다. 같은 시기에 Richard Hamming은 단일오류정정과 이중오류검출에 대한 명쾌한 접근 방식을 소개 했다. 1950년대를 지나면서 많은 연구자들이 다양한 오류정정부호들을 시험하기 시작했다. 그러나 SIAM 저널 논문에서 McEliece는 Reed와 Solomon이 "잭팟을 터트렸다"라고 말한다.

성공요인의 결정적 것은 개개의 0과 1을 취급하지 않고 바이트와 같이 비트들을 묶어서 처리하는 시스템이었다. 그러한 특징으로 인해 Reed-Solomon 부호이론이 연집에러를 다루는데 탁월한 성능을 발휘하게 한다: 예를 들어 6개의 연속된 비트의 오류는 기껏해야 두 개의 바이트에 영향을 받는다. 따라서 Reed-Solomon부호의 이중오류정정버전 조차도 수월한 안전성을 제공할 수 있다.

수학적으로 Reed-Solomon부호이론은 유한체의 연산에 기초한다. 사실상 1960년의 논문은 "유한체 $K$에서 $m$차원 벡터공간에서 같은 체에서 더 높은 차원의 벡터공간으로의 함수"로써 부호를 정의하면서 시작한다. 체 $K$의 원소 $a_k$로 메시지 $(a_0, a_1, a_2, \cdots a_{m-1})$이 만들어지고 여기에서 출발하여 Reed-Solomon부호 $(P(0), P(g), P(g^2), \cdots, P(g^{N-1}))$이 생성된다. 여기서 $N$은 $K$의 원소의 개수, $g$는 영이 아닌 $K$의 원소들의 순환군의 생성원이고 $P(x)$는 다항식 $a_0 + a_1 x + a_2 x^2 + \cdots a_{m-1} x^{m-1}$이다. 만약 $N$이 $m$보다 크면 $P$의 값은 그 다항식을 과도하게 책정하고 유한체의 성질에 의해 $P$의 계수들-처음 메시지가 임의의 $m$개의 그 값들에 의해 복구 가능하다. …

오늘날의 바이트단위의 세계에서는 $K$의 각각의 원소가 하나의 단일 바이트(컴퓨터 전문용어로 1 니블은 4 비트이고 1 바이트는 2 니블이다)에 대응되도록 $K$를 위수 $2^8$인 체로 선택하는 것은 의미가 있다. 그러한 경우에 $N = 2^8 = 256$이고 따라서 $P(0), P(g), P(g^2), \cdots, P(g^{255})$을 전송하는데 두 번의 에러가 발생한 경우에서 조차도 256 바이트에 달하는 긴 메시지를 복구할 수 있다. 이러한 것은 매번 다섯 번씩 접근하는 1225 바이트에 비하면 훨씬 간단하다. 여러 가지 이로운 점에도 불구하고 Reed-Solomon부호는 즉각적으로 이용하지 못하고 하드웨어 기술이 뒷받침 될 때 까지 기다려야 했다. "1960년대에는 빠른 디지털 전자장치와 같은 그런 것들이 존재하지 않았다"-최소한 오늘날의 표준에도 못 미치는 라고 McEliece는 말한다. Reed-Solomon의 논문에서 "데이터를 처리하는 몇몇 좋은 방법을 제안했으나 그 방법이 실현 가능한 것인지 아니지 아무도 알지 못했으며 1960년대에는 아마도 실현할 수 없었을 것이다."

그러나 기술은 날로 발전했고 많은 연구원들이 그 부호를 시행하려고 많은 공을 들이기 시작했다. … 많은 부가 기능들(중요한 이론적인 의미를 갖는 어떤 것들)이 또한 추가 되었다. 예를 들어 CD는 Reed-Solomon부호의 버전을 사용한다.

Reed는 오류정정부호 이론의 토대로써 추상대수학의 중요성을 알아차린 첫 번째 사람이었다. "뒤늦게 알았지만 그것은 명확한 것 같았다."라고 그는 SIAM News에서 말했다. 두 작가는 그들이 멋진 결과를 도출했다는 것을 알았다; 그러나 그 논문이 가져올 파장에 대해서는 알지 못했다.

30년이 지난 후에 그 영향은 분명해 졌다. 현안과 애로사항을 모두 포함한 수많은 적용들로 인해 Reed-Solomon부호의 현실성과 중요함에 대한 의문이 자리를 잡아 갔다. "이제는 모든 사람들이 사용하고 있으므로 그것의 현실성은 당연하다"라고 Elwyn Berkekamp는 말한다. 현대 기술에서 수십억 달러가 Reed-Solomon의 원 저작물에서 영향을 받은 아이디어에 의해 좌우된다. 간단히 말해 "엄청나게 영향력이 큰 논문이었다."라고 McEliece는 말한다.

## 연습문제

신약성서가 이진수 체계의 어떤 확고한 형태로 현대 컴퓨터 부호이론의 기초를 제공한다. "그러나 의사소통이 yea, yea; nay,nay: 무엇이 되었건 이러한 것들은 악마의 발현 그 이상 그 이하의 것도 아니다." ANONYMOUS

**1.** 표 31.1에서 각 부호어의 Hamming무게를 찾아라.

**2.** 다음 벡터들의 쌍들들 사이의 Hamming거리를 찾아라.

$\{1101,0111\}$, $\{0220,1122\}$, $\{11101,00111\}$

**3.** 예제 1에서, 최근방 방법을 사용하여 수신어들 0000110와 1110100을 복호화하여라.

**4.** 임의의 벡터공간 $V$와 $F^n$의 임의의 원소 $u,v,w$에 대하여, Hamming거리가 다음 성질들을 가짐을 증명하여라:

$a.\ d(u,v)=d(v,u)(symmetry)$

$b.\ d(u,v)=0$이기 위한 필요충분조건은 $u=v$

$c.\ d(u,v)=d(u+w,v+w)(translation\ invariance)$

**5.** 생성원행렬 $G$의 $(6,3)$이진 선형부호를 결정하여라.

$$G=\begin{bmatrix}1&0&0&0&1&1\\0&1&0&1&0&1\\0&0&1&1&1&0\end{bmatrix}$$

**6.** 이진 벡터들에 대하여, $wt(u+v)\geq wt(u)-wt(v)$이고 등식이 성립하기 위한 필요충분조건은 모든 $i$에 대하여 $v$의 $i$번째 성분이 1이면 언제나 $u$의 $i$번째 성분이 1이 된다.

**7.** 만약 임의의 영이 아닌 부호어의 최소 무게가 2이면, 우리는 그 부호의 오류수정용량에 대하여 무엇이라 말할 수 있는가?

**8.** $C$가 Hamming 무게 3을 갖는 한 선형부호이고 $C'$가 Hamming 무게 4인 것이라 가정하자. $C'$가 할 수 있고 $C$가 할 수 없는 것이 무엇인가?

**9.** $C$가 한 이진 선형부호라 하자. 짝수 무게를 갖는 부호어들이 $C$의 한 부분 선형부호임을 보여라.(한 부호의 한 **부분 부호**(subcode)라 함은 한 부호의 부분집합으로서 그 자신이 한 부호가 될 때를 말한다).

**10.** $C=\{0000000, 1110100, 0111010, 0011101, 1001110, 0100111, 1010011, 1101001\}$라 하자. $C$의 오류수정용량은 무엇인가? $C$의 오류검출용량은 무엇인가?

**11.** 한 이진 선형부호의 홀짝판별행렬이

$$H=\begin{bmatrix}1&0\\0&1\\1&1\\1&0\\0&1\end{bmatrix}$$

이라 가정하자.

그 부호는 임의의 한 오류를 수정할 수 있을까?

**12.** 생성행렬 $G=\begin{bmatrix}1&0&1&1\\0&1&2&1\end{bmatrix}$을 한 $(4,2)$삼진 선형부호를 구성하는데 사용하여라. 이 부호에 대한 홀짝판별행렬은 무엇인가? 이 부호에 대한 오류수정용량은 무엇인가? 이 부호에 대한 오류검출용량은 무

엇인가? 수신어 1201을 복호화 하는데 홀짝판별복호화를 사용하여라.

**13.** 생성행렬이 $G=\begin{bmatrix}1&0&0&0&1&1&1\\0&1&0&0&1&0&1\\0&0&1&0&1&1&0\\0&0&0&1&0&1&1\end{bmatrix}$ 인 $(7,4)$이진 선형부호의 모든 부호어들을 찾아라.

이 부호의 홀짝판별행렬을 찾아라. 이 부호가 임의의 단하나의 오류를 수정할 수 있는가?

**14.** 한 이진 선형부호는 모든 부호어들의 끝자리는 0이거나, 또는 정확히 절반만 끝자리가 0으로 끝나는 것을 보여라. 다른 성분들은 무엇일까?

**15.** 한 부호어 $v$가 벡터 $u$로 수신되었다고 가정하자. 잉여류집합복호화는 $u$를 부호어 $v$로 복호화하기 위한 필요충분조건은 $u-v$가 한 잉여류집합의 선도자임을 보여라.

**16.** 이진 선형부호 $C=\{00000, 10011, 01010, 11001, 00101, 10110, 01111, 11100\}$를 생각해 보자.

$C$에 대한 한 부호배열을 구성하여라. 최근방복호화를 이용하여 11101과 01100을 복호화 하여라. 만약 수신어 11101이 단 하나의 오류를 갖고 있다면, 우리는 의도된 부호어를 결정할 수 있는가? 만약 수신어 01100이 단 하나의 오류를 갖고 있다면, 우리는 의도된 부호어를 결정할 수 있는가?

**17.** 생성행렬이 $G=\begin{bmatrix}1&0&0&1&1&0\\0&1&0&0&1&1\\0&0&1&1&0&1\end{bmatrix}$ 인 한 $(6,3)$이진 선형부호를 구성하여라.

다음 수신어들의 각각을 아래 주어진 방법에 따라 복호화하여라.

001001, 011000, 000110, 100001

*a*. 최근방 방법 *b*. 홀짝판별행렬 방법

*c*. 한 표준배열을 이용한 잉여류집합 복호화

*d*. 증후군 방법을 이용한 잉여류집합 복호화

**18.** 한 선형부호 안에서 임의의 영이 아닌 부호어의 최소무게가 6라 하자. 오류 수정과 오류 검출에 대하여 가능한 경우들에 대하여 논의하여라.

**19.** 예제 9에서 주어진 부호와 홀짝판별행렬을 이용하여, 홀짝판별행렬 복호화는 중복 오류들을 검출하지 못함을 보여라.(즉, 두 개 이상의 오류)

**20.** 한 이진 선형부호에 대한 한 표준배열의 마지막 행이

1000 00011 11010 01001 10101 00110 11111 01100이라 가정하자.

부호를 결정하여라.

**21.** $(6,4)$삼진 선형부호 안에는 몇 개의 부호어가 있는가?

이 부호에 대하여 가능한 수신어들은 몇 개인가?

**22.** 만약 한 이진 선형부호에 대한 홀짝판별행렬이

$H=\begin{bmatrix}1&1&0\\0&1&1\\1&0&1\\1&0&0\\0&1&0\\0&0&1\end{bmatrix}$ 라 하면, 이 부호는 임의의 한 개의 오류를 수정할 수 있을까? 왜?

**23.** 한 삼진 부호에 대한 홀짝판별행렬이 $\begin{bmatrix} 2 & 1 \\ 2 & 2 \\ 1 & 2 \\ 1 & 0 \\ 0 & 1 \end{bmatrix}$ 이라 가정하자.

이 부호는 모든 한 개의 오류들을 수정할 수 있을까? 답에 대한 한 이유를 들어라.

**24.** 최근방복호화대한 정리 31.2의 역이 참임을 증명하여라.

**25.** 한 $(6,3)$ 이진 선형부호가 최근방방법을 이용하여 이중 오류수정 할 수 있는가? 이 부호가 체계적이라 가정하지 마라.

**26.** 모든 가능한 삼진 오류들을 검출할 수 있는 $\mathbb{Z}_3$ 위의 한 $(5,2)$ 선형부호를 만들 수 있는 $2 \times 5$ 표준 생성원행렬 $G$가 존재할 수 없음을 증명하여라.

**27.** 왜 한 $(4,2)$ 이진 선형부호를 갖는 최근방방법은 모든 단 하나로 된 오류들을 수정할 수 없는가?

**28.** 한 이진 선형부호에 대한 한 표준배열의 한 행이

000100 110000 011110 111101 101010 001001 100111 010011 이라 가정하자.

100001 을 포함하는 행을 결정하여라.

**29.** 체 $F = \mathbb{Z}_2[x]/\langle x^2 + x + 1 \rangle$을 이용하여 임의의 단 하나로 된 오류들을 수정할 수 있는 한 $(5,2)$ 선형부호를 구성하여라.

**30.** 20을 2012로 11을 1100으로 복호화하는 $\mathbb{Z}_3$ 위의 한 $(4,2)$ 선형부호에 대한 표준 생성행렬을 찾아라. 모든 부호와 이 부호에 대한 홀짝판별행렬을 결정하여라. 이 부호가 모든 단 하나로 된 오류들을 수정할 수 있을까?

**31.** $C$는 한 $(n,k)$ 이진 선형부호이고, 각 위치 $i = 1, 2, \cdots, n$에 대하여, 그 부호 $C$가 $i$번째 위치가 1로 된 적어도 한 벡터를 갖고 있다고 가정하자.

한 부호어의 평균 무게는 $n/2$임을 보여라.

**32.** $C$는 임의의 영이 아닌 부호어의 최소 무게가 $2t+1$인 $F$위의 한 $(n,k)$ 이진 선형부호라 하자. $F^n$ 안에서 무게가 $t+1$인 임의의 벡터가 한 잉여류집합의 선도자가 다 되지는 않는다는 것을 보여라.

**33.** $C$는 $F = \mathbb{Z}_2$ 위의 한 $(n,k)$ 이진 선형부호라 하자. 만약 $v \in F^n$이고 $v \notin C$라 하면, $C \cup (v + C)$가 한 선형부호임을 보여라.

**34.** $C$는 한 이진 선형부호이라 하자. $C$의 모든 원소들이 짝수 무게 이거나 또는 $C$의 원소들의 꼭 반이 짝수 무게임을 보여라.( 5장 연습문제 19과 비교하여라).

**35.** $C$는 한 $(n,k)$ 이진 선형부호라 하자. $1 \le i \le n$인 각 $i$에 대하여, $C_i = \{v \in C \mid v$의 $i$번째 성분이 0이다$\}$ 라하자. $C_i$는 $C$의 한 부분부호임을 보여라.

## Reference

**1.** Barry A. Cipra, "The Ubiquitous Reed-Solomon Codes," *SIAM News* 26 (January 1993): 1, 11.

## Richard W. Hamming

오류수정 부호이론의 도입을 위해서, 운영체계와 언어프로그램밍을 개척하는 업적과 수리계산에서의 발전에 기여했다.
Citation for the Piore Award 1979

Richard W. Hamming은 1915년 2월 11일 Illinois, Chicago에서 태어났다. 그는 Chicago대학에서 수학으로 학사학위를 받고, 1939년에, Nebraska 대학에서 수학 석사학위를 받고, 1942년에, Illinois대학에서 수학 박사학위를 받았다. 이차 세계대전 후반 동안에, Hamming은 Los Alamos에 있었다, 거기서 그는 원자탄무기 디자인 계산하는데 간여했었다. 1946년에, 그는 Bell Telephone Laboratories에 합류하였으며, 거기서 그는 수학, 컴퓨팅, 공학과 과학을 연구하였다. 1950년, Hamming은 그의 유명한 오류검출과 오류수정에 관한 논문을 발표하였다. 이 연구는 정보이론의 한 분야를 출범시켰다. Hamming부호들은 많은 현대 컴퓨터에 사용되었다. 수치해석 분야에서 Hamming의 연구는 근본적으로 중요한 것이다.

Hamming은 Association for Computing Machinery로부터 Turing Prize, Institute of Electronics Engineers(IEEE)로부터 Piore Award, 그리고 Pennsylvania대학으로부터 Oender Award의 수많은 명성있는 상들을 수상하였다. 1986년에 IEEE Board of Directors는 Richard W. Hamming Medal를 "for exceptional contributions to information sciences, systems and technology" 위해서 재정하였으며, 그 첫 번째 수상자로 Hamming을 지명하였다. Hamming은 그의 나이 82세에, 1998년 1월 7일 심장마비로 서거하였다.

Hamming에 대한 더 많은 정보를 다음 사이트에서 얻을 수 있다.

http://www-groups.dcs.st-and.ac.uk/~history/

## Jessie MacWilliams

그녀는 부호이론에서 가장 영향력있는 정리를 학위논문에 발표했고 초기에 개발한 오류수정 부호이론의 수학적 발전을 악기로 연주하듯 했던 수학자였다.

Vera Pless,Siam News

부호이론 분야에서 크게 기여한 사람은 Jessie MacWilliams였다. 그녀는 1917년 영국에서 태어났다. Jessie MacWilliams는 Cambridge대학을 졸업한 후 Johns Hopkings 대학에 입학하기 위해 1939년에 미국으로 왔다. Johns Hopkings 대학을 1년 동안 다닌 후에 Harvard대학으로 옮겨서 1년간 공부했다.

1955년 Bell Labs의 프로그래머가 되었고 그곳에서 부호이론을 배웠다. 프로그래머로 있으면서 부호이론의 주요 정리들을 만들었지만 박사학위가 없어서 수학 연구 직원으로 승진할 수 없었다. 그러나 Bell Labs에서 정규직으로 일하고 가족을 부양하면서도 박사학위를 취득하기 위한 몇몇 요건을 갖추어 나갔다. 그 후 Harvard대학에서 1년 동안 공부하고 그곳에서 박사학위를 취득했다. 놀라운 점은 그 당시 MacWilliams와 그녀의 딸 Ann이 동시에 Harvard에서 수학을 공부했다는 것이다.

MacWilliams는 Bell Lab로 되돌아가서 그곳에서 1983년에 정년퇴임을 했다. Bell Lab에 재직하는 동안에 Neil Sloane와 공저한 The Theory of Error-Correcting Codes를 포함하여 오류정정부호이론 분야에 많은 공헌을 했다. 이론적으로 중요한 많은 결과 중 하나가 MacWilliams Identity이다. 1990년 5월 27일 73세로 세상을 떠났다.

MacWilliams에 대한 더 많은 정보를 다음 사이트에서 얻을 수 있다.

http://www-groups.dcs.st-and.ac.uk/~history/

## Vera Pless

베라 프레스는 부호이론 분야에서의 선구자이다.

VERA PLESS는 1931년 3월 5일 시카고 서부의 러시아 이민가정의 자녀로 태어났다. 15세에 장학생으로 시카고대학교에 입학했다. 시카고대학교에서 교과과정은 위대한 문학을 지나치게 강조하여 물리학과 수학은 소홀히 했다. 18세에 수학과에서 겨우 한 과목 precalculus를 이수하고 시카고대학교 수학과의 유명한 대학원 과정에 입학했다. 그 당시 수학과에는 교수진뿐만 아니라 초빙강사 중에도 여성은 없었다. 석사학위 시험을 통과한 후에 Northwestern대학교에서 박사과정을 다니면서 연구조교로 취직했다. 1957년에 학위를 취득했다.

그 다음 몇 년 동안 보스턴대학교에서 시간강사를 하면서 집에서 아이들을 돌보았다. 정규직으로 일하려고 했을 때 대부분의 대학과 대학교에서 여성을 꺼린다는 사실을 알았다. 어떤 사람은 결단코 여성을 고용하지 않는다고 노골적으로 말했다. 운 좋게 오류정정부호에 관해 집단작업을 했던 Air Force Lab이 있었다. 비록 부호이론에 대해서 들어보지도 못했지만 대수학에 대한 백그라운드로 인해 고용되었다. 그 실험실에서 기초적인 연구를 중단했을 때 1972년에 MIT에서 연구조교로 승진했다. 1975년에 시카고에 있는 일리노이대학교로 가서 그곳에서 정년퇴임을 했다.

재직하는 동안 100편 이상의 연구논문을 발표했고 부호이론에서 널리 채택되는 교재의 저자가 되었으며 11명의 박사학위 제자가 있었다.

Pless에 대한 더 많은 정보를 다음 사이트에서 얻을 수 있다.

http://www-groups.dcs.st-and.ac.uk/~history/

# 32절 갈로아 이론의 기초 (An Introduction to Galois Theory)

갈로아이론은 여러 가지의 서로 다른 주제들의 영역들을 통합하여 역사적으로 수학에서 대단히 중요한 문제들에 대한 연구에 창의적인 힘찬 동력을 제공하여 수학의 통일된 본보기가 되었다.
Ian Stewart, Galois Theory

## 갈로아 이론의 기본정리(Fundamental Theorem of Galois Theory)

갈로아 이론의 기본정리는 수학에서 가장 우아한 정리중의 하나이다. 그림 32.1와 32.2를 조사해 보자. 그림 32.1은 체 $\mathbb{Q}(\sqrt[4]{2},i)$의 자기동형사상군의 모든 부분군들의 도표를 그린 것이다. 그림에서 군 $H_1$에서 군 $H_2$로 연결하는 직선에 기재된 수는 $H_1$의 $H_2$에 대한 지수(index)이다. 표 32.2는 체 $\mathbb{Q}(\sqrt[4]{2},i)$의 모든 부분체들의 도표를 그린 것이다. 그림에서 체 $K_1$에서 체 $K_2$로 연결하는 직선에 기재된 수는 $K_1$ 위에서 $K_2$의 확대체의 차수(degree)이다. 그림 32.2는 그림 32.1의 도표를 위아래를 뒤바꿔 만든 도표와 같다. 이것은 이 두 도표들 사이의 많은 관계들 중의 하나이다. 갈로아 이론의 기본정리는 체 $F$의 대수적 확대체 $E$의 모든 부분체들의 도표 $F$로 제한하면 항등사상이 되는 $E$의 자기동형군의 모든 부분군들의 도표에 연결시키는 것이다. 이 관련성은 다항방정식 $f(x)=0$를 거듭제곱에 의해 풀려는 노력의 과정에서 발견되었다.

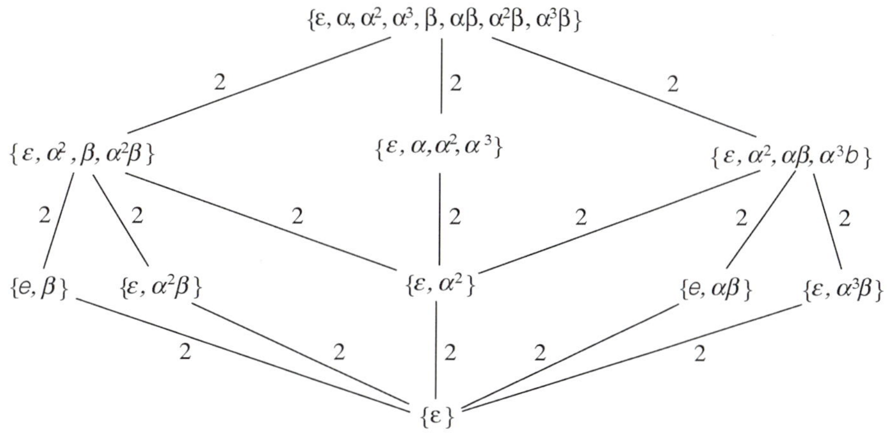


[그림 32.1] $\mathbb{Q}(\sqrt[4]{2},i)$의 자기동형군의 $\alpha: i \to i$이고 $\sqrt[4]{2} \to -i\sqrt[4]{2}$, $\beta: i \to -i$이고 $\sqrt[4]{2} \to \sqrt[4]{2}$ 일 때 부분군들의 도표

갈로아 이론의 기본정리에 대한 명확한 명제를 설명하기 전에, 우리는 약간의 용어의 정의와 기호들이 필요하다.

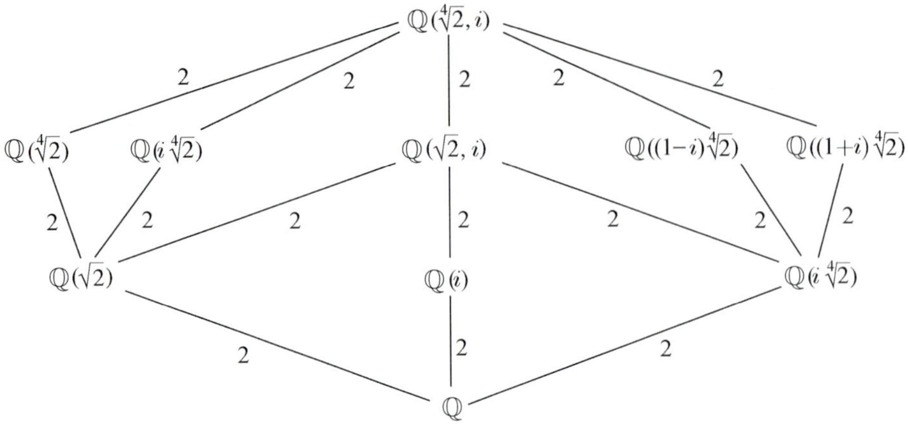


[그림 32.2] $\mathbb{Q}(\sqrt[4]{2}, i)$의 부분체들의 도표

**정의: 자기동형사상, 갈로아군, $H$ 의 고정체(Automorphism, Galois Groups, Fixed Field of $H$)**

$E$ 는 체 $F$ 의 확대체이다. $E$ 의 **자기동형사상**(automorphism)이란 $E$ 에서$E$ 위로 가는 환동형사상을 말한다. $E$ 의 $F$ 위에서의 **갈로아군**(galois group), $Gal(E/F)$은 $E$ 의 모든 자기동형사상들의 집합으로 $F$ 로 제한하면 항등사상이다. 만약 $H$ 를 $Gal(E/F)$의 부분군이라면, 집합

$$E_H = \{x \in E \mid \phi(x) = x, \text{모든 } \phi \in H\}$$

은 $H$ 의 **고정체**(fixed field)라 한다.

체 $E$ 의 자기동형사상 집합은 함수합성 연산에 의해 군이 됨을 쉽게 알 수 있다. $F$ 를 고정하는 $E$ 의 자기동형군은 $E$ 의 자기동형군의 부분군이 되고, $Gal(E/F)$의 임의의 부분군 $H$ 에 대하여 고정체 $E_H$는 $E$ 의 부분체임을 밝히는 것은 연습문제(연습문제 3과 5)로 남긴다. $Gal(E/F)$를 상환이나 상군과 어떤 관계가 있는 것으로 오해하지 않도록 유의해야한다. 전혀 아무 관계도 없다.

다음 예들은 우리가 이와 같은 정의들을 이해하는데 도움을 줄 것이다. 각 예에서, 단순히 자기동형사상들이 어떻게 정의되는지를 보여주고 있다. 이 사상들이 실제로 자기동형사상이 되는지를 밝히는 것은 독자에게 맡긴다.

**예제 1** $\mathbb{Q}$ 의 확대체 $\mathbb{Q}(\sqrt{2})$를 생각해 보자.
$\mathbb{Q}(\sqrt{2}) = \{a + b\sqrt{2} \mid a, b \in \mathbb{Q}\}$ 이고, $\mathbb{Q}$를 품는 체의 자기동형사상은 $\mathbb{Q}$ 에서는 항등사상이므로(연습문제 1 참조), $\mathbb{Q}(\sqrt{2})$ 의 자기동형사상 $\phi$는 $\phi(\sqrt{2})$ 의 값에 의하여 완전히 결정된다. 따라서

$$2 = \phi(2) = \phi(\sqrt{2}\sqrt{2}) = (\phi(\sqrt{2}))^2$$

결국, $\phi(\sqrt{2}) = \pm\sqrt{2}$ 이다. 이것은 군 $Gal(\mathbb{Q}(\sqrt{2})/\mathbb{Q})$는 두 원소를 갖고 있음을 증명한 것이다. 즉, 항등사상과 $a + b\sqrt{2}$ 를 $a - b\sqrt{2}$ 로 대응시키는 사상을 말한다.

**예제 2** $\mathbb{Q}$의 확대체 $\mathbb{Q}(\sqrt[3]{2})$를 생각해 보자.

$\mathbb{Q}(\sqrt[3]{2})$의 자기동형사상 $\phi$는 $\phi(\sqrt[3]{2})$의 값에 의하여 결정된다. 예1에서와 같은 논의에 따라, $\phi(\sqrt[3]{2})$는 2의 3제곱근이 된다. $\phi(\sqrt[3]{2})$는 실수체의 부분집합이므로 $\sqrt[3]{2}$은 단 하나의 2의 실수 3제곱근이다. $\phi(\sqrt[3]{2}) = \sqrt[3]{2}$ 이다. 따라서 $\phi$는 항등사상인 자기동형사상이고, $Gal(\mathbb{Q}(\sqrt[3]{2})/\mathbb{Q})$는 단 한 원소를 갖는다. 분명히, $Gal(\mathbb{Q}(\sqrt[3]{2})/\mathbb{Q})$의 고정체는 $\mathbb{Q}(\sqrt[3]{2})$이다.

**예제 3** $\mathbb{Q}(i)$의 확대체 $\mathbb{Q}(\sqrt[4]{2},i)$를 생각해 보자.

$\mathbb{Q}(i)$를 고정하는 $\mathbb{Q}(\sqrt[4]{2},i)$의 자기동형사상 $\phi$는 $\phi(\sqrt[4]{2})$의 값에 의하여 결정된다. $2=\phi(2) = \phi((\sqrt[4]{2})^4) = (\phi(\sqrt[4]{2}))^4$이므로, $\phi(\sqrt[4]{2})$은 2의 4제곱근이 된다. 따라서 $\mathbb{Q}(i)$를 고정하는 $\mathbb{Q}(\sqrt[4]{2},i)$의 자기동형사상은 기껏해야 4가지이다. 만약, 한 자기동형사상 $\alpha$을 $\alpha(i)=i$, $\alpha(\sqrt[4]{2}) = i\sqrt[4]{2}$로 정의하면 $\alpha \in Gal(\mathbb{Q}(\sqrt[4]{2},i)/\mathbb{Q}(i))$이고 $\alpha$의 위수가 4이다. 따라서 $Gal(\mathbb{Q}(\sqrt[4]{2},i)/\mathbb{Q}(i))$은 위수가 4인 순환군이다. $\{\epsilon.\alpha^2\}$의 고정체는 (여기서,$\epsilon$ 는 항등사상이다) $\mathbb{Q}(\sqrt{2},i)$이다. $Gal(\mathbb{Q}(\sqrt[4]{2},i)/\mathbb{Q}(i))$의 모든 부분군들의 도표와 $\mathbb{Q}(i)$를 품는 $\mathbb{Q}(\sqrt[4]{2},i)$의 모든 부분체들의 도표를 그림 32.3에서 볼 수 있다.

그림 32.1과 32.2에서와 같이 군의 도표에서 직선 옆에 써진 정수들은 위에 있는 군에 대한 부분군의 지수를 나타내고, 체의 도표에서 직선 옆에 써진 정수들은 아래 있는 체에 대한 확대체의 차수를 나타낸다.

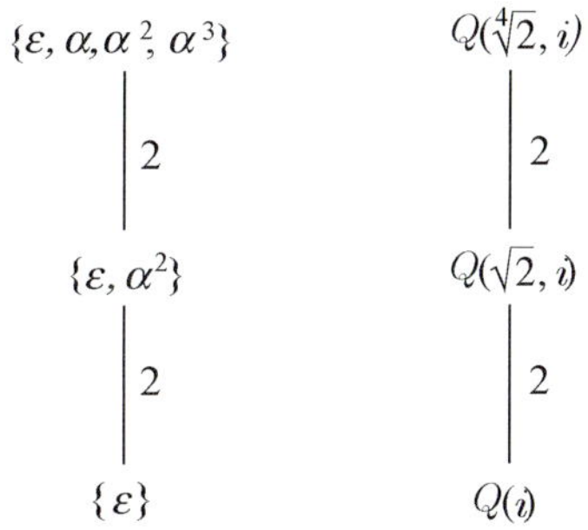


**[그림 32.3]** $Gal(\mathbb{Q}(\sqrt[4]{2},i)/\mathbb{Q}(i))$**의 부분군들의 도표와** $\mathbb{Q}(i)$**를 품는** $\mathbb{Q}(\sqrt[4]{2},i)$**의 부분체들의 도표**

**예제 4** $\mathbb{Q}$의 확대체 $\mathbb{Q}(\sqrt{3}, \sqrt{5})$를 생각해 보자.

$$\mathbb{Q}(\sqrt{3}, \sqrt{5}) = \{a + b\sqrt{3} + c\sqrt{5} + d\sqrt{15} \mid a, b, c, d \in \mathbb{Q}\}$$

이므로, $\mathbb{Q}(\sqrt{3}, \sqrt{5})$의 임의의 자기동형사상 $\phi$는 $\phi(\sqrt{3})$과 $\phi(\sqrt{5})$ 두 값에 의하여 완전히 결정된다. 이번에는 4개의 자기동형사상이 있다:

| $\varepsilon$ | $\alpha$ | $\beta$ | $\alpha\beta$ |
|---|---|---|---|
| $\sqrt{3} \to \sqrt{3}$ | $\sqrt{3} \to -\sqrt{3}$ | $\sqrt{3} \to \sqrt{3}$ | $\sqrt{3} \to -\sqrt{3}$ |
| $\sqrt{5} \to \sqrt{5}$ | $\sqrt{5} \to \sqrt{5}$ | $\sqrt{5} \to -\sqrt{5}$ | $\sqrt{5} \to -\sqrt{5}$ |

분명히, $Gal(\mathbb{Q}(\sqrt{3}, \sqrt{5})/\mathbb{Q})$은 $Z_2 \oplus Z_2$ 와 군 동형이다. $\{\epsilon, \alpha\}$의 고정체는 $\mathbb{Q}(\sqrt{5})$, $\{\epsilon, \beta\}$의 고

정체는 $\mathbb{Q}(\sqrt{3})$이고 $\{\epsilon, \alpha\beta\}$의 고정체는 $\mathbb{Q}(\sqrt{3}\sqrt{5})$이다. $Gal(\mathbb{Q}(\sqrt{3}, \sqrt{5})/\mathbb{Q})$의 부분군들의 도표와 $\mathbb{Q}(\sqrt{3}, \sqrt{5})$의 부분체들의 도표는 다음 그림 32.4와 같다.

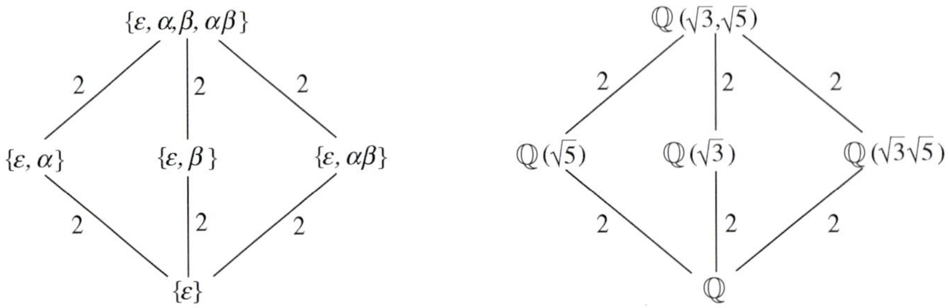


**[그림 32.4]** $Gal(\mathbb{Q}(\sqrt{3}, \sqrt{5})/\mathbb{Q})$**의 부분군들의 도표와** $\mathbb{Q}(\sqrt{3}, \sqrt{5})$**의 부분체들의 도표**

예5는 앞의 예들 보다 야간 더 복잡한 경우이다. 특히, 자기동형군이 비가환인 경우이다.

**예제 5** 직접 계산에 의해서 $\omega = -1/2 + i\sqrt{3}/2$은 방정식 $\omega^3 = 1$과 $\omega^2 + \omega + 1 = 0$을 만족한다. 이제, $\mathbb{Q}$의 확대체 $\mathbb{Q}(\omega, \sqrt[3]{2})$를 생각해 보자. $\mathbb{Q}(\omega, \sqrt[3]{2})$의 자기동형사상은 $\omega$와 $\sqrt[3]{2}$ 을 이떻게 대응시키느냐에 따라서 기술할 수 있다. 모두 6가지 경우가 있다.

| $\varepsilon$ | $\alpha$ | $\beta$ | $\beta^2$ | $\alpha\beta$ | $\alpha\beta^2$ |
|---|---|---|---|---|---|
| $\omega \to \omega$<br>$\sqrt[3]{2} \to \sqrt[3]{2}$ | $\omega \to \omega^2$<br>$\sqrt[3]{2} \to \sqrt[3]{2}$ | $\omega \to \omega$<br>$\sqrt[3]{2} \to \omega\sqrt[3]{2}$ | $\omega \to \omega$<br>$\sqrt[3]{2} \to \omega^2\sqrt[3]{2}$ | $\omega \to \omega^2$<br>$\sqrt[3]{2} \to \omega^2\sqrt[3]{2}$ | $\omega \to \omega^2$<br>$\sqrt[3]{2} \to \omega\sqrt[3]{2}$ |

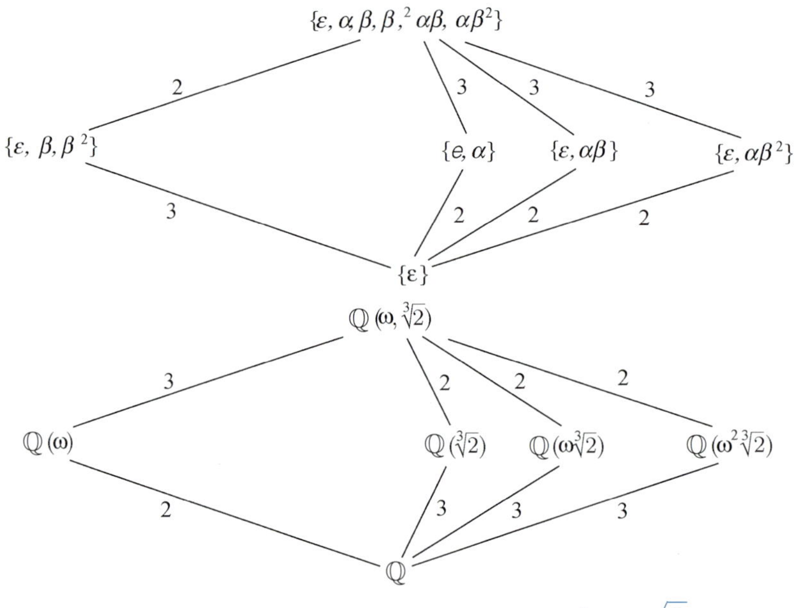


**[그림 32.5]** $Gal(\mathbb{Q}(\omega, \sqrt[3]{2})/\mathbb{Q})$**의 부분군들의 도표와** $\omega = \frac{-1}{2} + i\frac{\sqrt{3}}{2}$ **일 때** $\mathbb{Q}(\omega, \sqrt[3]{2})$ **의 부분체들의 도표**

$\alpha\beta \neq \beta\alpha$ 이므로, $Gal(\mathbb{Q}(\omega, \sqrt[3]{2})/\mathbb{Q})$은 $S_3$와 동형이다(정리 7.2 참조). 부분군들과 부분체들의 도표들을 보면 다음 그림 32.5와 같다.
그림 32.5의 도표들은 각 비자명한 진부분체들은 군에서 그 군의 고정체와 같은 위치의 자리를 차지하고 있다. 예를 들어, $\mathbb{Q}(\omega\sqrt[3]{2})$은 $\{\epsilon, \alpha\beta\}$ 의 고정체이다.

---

이제까지의 예들은, 확실하게 $E$와 $F$ 사이의 부분체들의 도표와 $Gal(E/F)$의 부분군들의 도표 사이에는 친밀한 관계가 있음을 보여준다.

일반적으로, 만약 $E$가 $F$의 확대체일 때, $\mathscr{F}$를 $F$를 포함하는 $E$ 의 부분체들의 도표라 하고 $\mathscr{G}$를 $Gal(E/F)$의 부분군들의 도표라 하면, $\mathscr{F}$의 각 원소 $K$ 에 대하여 $\mathscr{G}$군 $Gal(E/K)$를 대응시키고, $\mathscr{G}$의 군 $H$에 대하여 $\mathscr{F}$의 체 $E_H$를 대응시킨다. 따라서 우리는 두 사상 $g: \mathscr{F} \to \mathscr{G}$는 $g(K) = Gal(E/K)$이고, $f: \mathscr{G} \to \mathscr{F}$는 $f(H) = E_H$로 정의할 수 있다. 만약 $\mathscr{F}$에 있는 $K \subseteq L$이면 $g(K) \supseteq g(L)$임을 쉽게 보일 수 있다. 유사한 방법으로, 만약 $G$ 와 $H$ 가 $G \subseteq H$이면 $f(G) \supseteq f(H)$이다. 따라서 $f$ 와 $g$ 는 $\mathscr{F}$와 $\mathscr{G}$사이에 포함관계가 반전되는 사상이다. 우리는 $\mathscr{F}$의 임의의 원소 $K$ 에 대하여 $(fg)(K) \supseteq K$ 가 성립하고 $\mathscr{G}$의 임의의 군 $G$ 에 대하여 $(gf)(G) \supseteq G$가 성립함을 보이는 것은 독자에게 남긴다. $E$ 가 $F$ 의 임의의 확대체일 때, 이 포함관계는 진부분집합일수도 있다. 그러나 $E$를 $F$ 의 적당한 확대체일 때, 갈로아 이론의 기본정리, 정리32.1은 $f$ 와 $g$ 가 서로 역사상이 되고, 그래서 포함관계는 등호가 된다. 특히, $f$ 와 $g$는 격자 $\mathscr{F}$와 $\mathscr{G}$사이에 포함관계가 반전되는 동형사상 이다. 정리 32.1에 주어진 명제 보다 더 강한 명제가 참이다, 그러나 우리의 정리는 기본원리가 포함된 정리만 설명하기로 한다.다음 정리는 참고도서[1, p.285]의 증명을 요약한 것이다.

**정리 32.1 갈로아이론의 기본정리(Fundamental Theorem of Galois Theory)**

체 $F$는 특성이 0이거나 유한체라 하자. 만약 $E$ 는 $F$ 위에서 $F[x]$ 의 어떤 다항식에 대한 분해체라 하면, $F$를 포함하는 $E$ 의 부분체들의 집합에서 $Gal(E/F)$의 부분군들의 집합으로의 사상을 $K \to Gal(E/K)$로 정의하면 일대일대응사상이다. 더욱이, $F$를 포함하는 $E$ 의 임의의 부분체 $K$ 에 대해서,

1. $[E:K] = |Gal(E/K)|$이고 $[K:F] = |Gal(E/F)|/|Gal(E/K)|$이다.
   [$Gal(E/K)$의 $Gal(E/F)$에 대한 지수가 $K$의 $F$에 대한 차수와 같다는 것이다.]
2. 만약 $K$ 가 $F[x]$ 의 어떤 다항식에 대한 분해체라고 하면, $Gal(E/K)$는 $Gal(E/F)$의 정규부분군이고 $Gal(K/F)$는 $Gal(E/F)/Gal(E/K)$와 동형이다.
3. $K = E_{Gal(E/K)}$. [$Gal(E/K)$의 고정체는 $K$이다.]
4. 만약 $H$ 가 $Gal(E/F)$의 한 부분군이라면, $H = Gal(E/E_H)$이다. [$E$ 의 자기동형사상들로 $E_H$를 고정하는 것은 $H$ 이다.]

**증명** $F$ 는 그 특성이 0이거나 유한체이고, 만약 $E$ 는 $F$ 위에서 $F[x]$ 의 어떤 다항식들에 대한 분

해체라 하면 $E$는 $F$의 유한확대체이다. $\mathscr{F}$를 $F$를 포함하는 $E$의 부분체들의 도표(Lattice)라 하고 $\mathscr{G}$를 $Gal(E/F)$의 부분군들의 도표(Lattice)라 하면, $\mathscr{F}$의 각 원소 $K$에 대하여 $\mathscr{G}$의 군 $Gal(E/K)$를 대응시키고, $\mathscr{G}$의 군 $H$에 대하여 $\mathscr{F}$의 체 $E_H$를 대응시킨다.

여기서, 함수 $g:\ \mathscr{F}\to\mathscr{G}$는 $g(K)=Gal(E/K)$이라 하면, 위 정리 3번은 $g$가 단사임을 밝히고, 4번은 $g$가 전사임을 보인 것이다.

먼저 1번의 $[E:K]=|Gal(E/K)|$에 대하여 증명하기로 하자.

$[E:F]=n$라 하고, $n$에 대한 수학적귀납법을 적용하여 보자.

$n=1$인 경우는 $E=F$이므로 당연히 성립한다.

$[E:F]=n\geq 2$일 때, $E$를 $F[x]$의 한 다항식 $f(x)$에 대한 분해체라 하자.

$f(x)$의 기약인수 중에서 그 차수가 가장 큰 다항식을 $p(x)$라 하고 $\deg(p(x))=m$라 하면 $m\geq 2$이다. 가정에서 $F$는 그 특성이 0이거나 유한체 이므로 $p(x)$는 $E$안에서 $m$개의 서로 다른 근 $u=u_1, u_2,\cdots,u_m$을 가진다.

$[F(u):F]=m\geq 2$이므로, $[E:F(u)]=\dfrac{[E:F]}{[F(u):F]}=\dfrac{n}{m}< n$이다.

$E$는 $F(u)$ 위에서의 $f(x)$의 분해체이기도 하다. 따라서 귀납법 가정에 의하여, $|Gal(E/F(u))|=[E:F(u)]$가 성립한다. 이제, $G=Gal(E/F)$, $R=\{u_1, u_2,\cdots,u_m\}$이라고 하자. 이때, $\sigma\in G$에 대하여 $\sigma(u)$는 $p(x)$의 근이므로 $\sigma(u)\in R$이다. 각 $u_i$에 대하여 $u, u_i$는 $F$ 위의 대수적 공액원소이므로 $\sigma(u)=u_i$인 $\sigma\in G$가 존재한다. 따라서 $R=\{\sigma(u)|u\in G\}$이다.

그리고, $H=\{\sigma\in G|\sigma(u)=u\}$, $X=\{\sigma H|\sigma\in G\}$이라고 하면, $H$는 $G$의 부분군이고, 또한 $|X|=[G:H]$이므로 $|G|=|G:H||H|=|X||H|$이다. 또 $\sigma,\tau\in G$에 대하여, $\sigma H=\tau H \Leftrightarrow \tau^{-1}\sigma\in H \Leftrightarrow (\tau^{-1}\sigma)(u)=u \Leftrightarrow \sigma(u)=\tau(u)$이므로, $\phi:\ X\to R,\ \phi(\sigma H)=\sigma(u)$는 잘 정의된 1-1 함수이고, $R=\{\sigma(u)|u\in G\}$이므로 $\phi$는 1-1대응이다. 따라서, $|X|=|R|=m$이므로 다음이 성립한다.

$|G|=[G:H]|H|=|X||H|=m|H|=[F(u):F]|H|$이다.

한편, $\sigma\in Gal(E/F(u))$이면, $\sigma$는 $F(u)$의 모든 원소을 고정시키므로 $\sigma(u)=u$이고, 따라서 $\sigma\in H$이므로 $Gal(E/F(u))\subseteq H$이다.

그리고, $F(u)$의 각 원소는 단 한가지 방법으로, $v=a_0+a_1u+a_2u^2+\cdots+a_{m-1}u^{m-1}$, $(a_0, a_1,\cdots,a_{m-1}\in F)$의 꼴로 나타내어지므로, $\sigma\in H$이라고 하면,

$$\begin{aligned}\sigma(v)&=\sigma(a_0)+\sigma(a_1)\sigma(u)+\sigma(a_2)\sigma(u)^2+\cdots+\sigma(a_{m-1})\sigma(u)^{m-1}\\ &=a_0+a_1u+a_2u^2+\cdots+a_{m-1}u^{m-1}=v\text{이다.}\end{aligned}$$

따라서 $\sigma\in Gal(E/F(u))$이므로, $H\subseteq Gal(E/F(u))$이다.

그러므로, $H=Gal(E/F(u))$이고, 따라서 $|H|=|Gal(E/F(u))|=[E:F(u)]$이므로 다음이 성립한다.

$|G| = [F(u):F]\,|H| = [E:F(u)]\,[F(u):F] = [E:F]$ 이다.
다음은, $Gal(E/F) \geq Gal(E/K)$이므로, 임의의 $\sigma, \tau \in Gal(E/F)$에 대하여
$\sigma Gal(E/K) = \tau Gal(E/K) \Leftrightarrow \tau^{-1}\sigma \in Gal(E/K) \Leftrightarrow \sigma = \tau\mu$ for $\mu \in Gal(E/K)$이다.
임의의 $\alpha \in E$에 대하여, $\sigma(\alpha) = (\tau\mu(\alpha)) = \tau(\mu(\alpha)) = \tau(\alpha)$이다. 따라서
$[K:F] = |Gal(E/F)|/|Gal(E/K)|$이 성립한다.
3번과 4번을 먼저 증명해 보자. 고정체의 정의에서 $K \leq E_{Gal(E/K)}$이다. 만약 $\alpha \in E - K$라 하면, $K$가 $F$의 한 분해체이므로 적당한 $\sigma \in Gal(E/K)$가 존재하여 $\sigma(\alpha) = \beta \neq \alpha$로 대응된다. 따라서 $\alpha \notin K_{Gal(E/K)}$이다. 즉, $E_{Gal(E/K)} = K$이다.
처음 말한 함수 $g: \mathscr{F} \to \mathscr{G}$는 $g(K) = Gal(E/K)$에서 두 부분체 $K_1, K_2 \leq E$에 대하여 $Gal(E/K_1) = Gal(E/K_2)$이면 $K_1 = E_{Gal(E/K_1)} = E_{Gal(E/K_2)} = K_2$ 이다.
그리고, 임의의 $Gal(E/F)$의 부분군 $H$에 대하여 $g(K_H) = H$임을 보이면 된다.
정의에 의해서 $H \leq Gal(E/E_H)$가 성립한다. 여기서 적당한 $\alpha \in K$에 존재하여 $K = K_H(\alpha)$가 성립한다. 만약 $H < Gal(E/E_H) = n$이고 $H = \{\sigma_1, \sigma_2, \cdots, \sigma_{|H|}\}$라 가정하자. 다항식 $f(x) = \Pi_{i=1}^{|H|}(x - \sigma_i(\alpha))$를 생각해보자. 이 다항식의 각 계수들은 $\sigma_i(\alpha)$들의 대칭식 표현이므로 $K_H$의 원소가 된다. $\sigma_i$중에서 항등원이 있으므로 $f(\alpha) = 0$이다. 따라서, $\deg(\alpha, E_H) \leq |H| < n = [E:E_H] = [E_H(\alpha):E_H]$ 이다. 이것은 모순이다.
끝으로, 2번을 증명해보자. $K$ 가 $F[x]$의 어떤 다항식들에 대한 분해체라 하면, 임의의 $\sigma \in Gal(E/F)$, $\alpha \in K$이면 $\sigma(\alpha) \in K$이다. 위의 3번에서, $K$는 $Gal(E/K)$의 고정체이므로 $\sigma(\alpha) \in K$이다. 따라서, 임의의 $\tau \in Gal(E/K)$에 대하여 $\tau(\sigma(\alpha)) = \sigma(\alpha)$이다. 즉, $(\sigma^{-1}\tau\sigma) \in Gal(E/K)$이다. 이것은 $Gal(E/K)$가 $Gal(E/F)$의 정규부분군이다. 이제, $\sigma_K$를 $\sigma$에 의해서 유도된 $K$에서의 자기동형사상이라 하면, 함수 $\phi$: $Gal(E/F) \to Gal(K/F)$이 $\phi(\sigma) = \sigma_K$는 군 준동형사상이다. 군동형사상 정리에 의해서 $Ker(\phi) = Gal(E/K)$이다. 따라서, $Gal(K/F)$는 $Gal(E/F)/Gal(E/K)$와 동형이다. □

일반적으로 말하면, 부분체들의 도표보다는 부분군들의 도표를 결정하는 것이 훨씬 쉬울 것이다. 예를 들어, 보통으로 어떤 주어진 체가 얼마나 많은 부분체들을 갖고 있는지 직접 결정한다는 것은 매우 어려운 일이고, 두 확대체가 동형인지 아닌지 결정하는 것도 용이한 것이 아니다. 이 대응에 대한 군에 대한 질문들이 훨씬 더 다루기가 쉽다. 따라서 갈로아이론의 기본정리는 크게 작업시간을 줄여줄 수 있는 착상이다. 여기서 한 가지 설명을 해 보자.[20장에서, 만약 $f(x) \in F[x]$ 이고 $f(x)$의 근들, $a_1, a_2, \cdots, a_n$이 $F$의 어떤 확대체 안에 있으면, $F(a_1, a_2, \cdots, a_n)$는 $f(x)$의 $F$위에서의 분해체이다.]

**예제 6** $\omega = \cos(2\pi/7) + i\sin(2\pi/7)$라 하자. $\omega^7 = 1$이고 체 $\mathbb{Q}(\omega)$를 생각해 보자.그것은 얼마나 많은 부분체들을 갖고 있는가? 그리고 무엇인가? 먼저, $\mathbb{Q}(\omega)$은 $\mathbb{Q}$ 위에서 $x^7 - 1$의 분해체임을 알 수 있다. 따라서 단순한 계산으로 갈로아이론의 기본정리를 적용하면 $\omega$를 $\omega^3$으로 대응시키는 자기동

형사상 $\phi$의 위수는 6 임을 알 수 있다. 따라서

$$[\mathbb{Q}(\omega):\mathbb{Q}] = |Gal(\mathbb{Q}(\omega)/\mathbb{Q}| \geq 6$$

또한, $x^7 - 1 = (x-1)(x^6 + x^5 + x^4 + x^3 + x^2 + x + 1)$ 이므로, $\omega$는 $x^7 - 1$의 한 근이다, 다음 관계를 얻을 수 있다.

$$|Gal(\mathbb{Q}(\omega)/\mathbb{Q})| = [\mathbb{Q}(\omega):\mathbb{Q}] \leq 6.$$

따라서, $Gal(\mathbb{Q}(\omega)/\mathbb{Q})$은 위수가 6 인 순환군이 된다. $Gal(\mathbb{Q}(\omega)/\mathbb{Q})$의 부분군들의 도표를 계산하기는 쉬운 일이다. 그림 32.6를 보라.

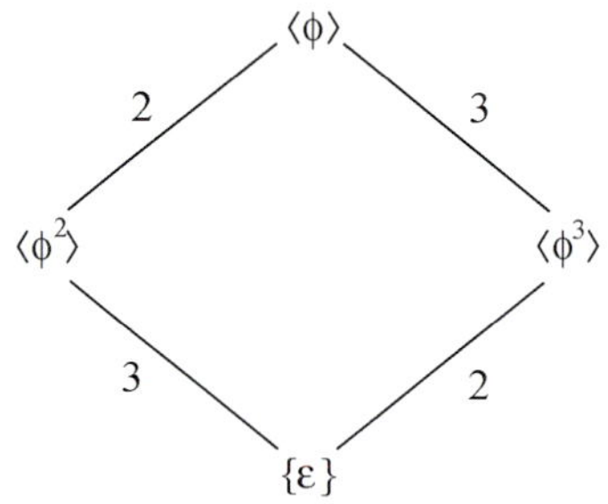


**[그림 32.6] $Gal(\mathbb{Q}(\omega)/\mathbb{Q})$의 부분군들의 격자, 여기서 $\omega = \cos\left(\frac{2\pi}{7}\right) + i\sin\left(\frac{2\pi}{7}\right)$이다.**

이것은 $\mathbb{Q}(\omega)$가 정확하게 $\mathbb{Q}$의 두 개의 진부분체를 갖고 있음을 의미한다: 하나는 차수가 3에 해당되는 $\langle \phi^3 \rangle$의 고정체이고, 다른 하나는 차수가 2에 해당되는 $\langle \phi^2 \rangle$의 고정체이다. $\langle \phi^3 \rangle$의 고정체를 찾기 위해, $\mathbb{Q}(\omega)$의 원소로서 $\mathbb{Q}$에 있지 않으며 $\phi^3$에 의해서 고정되는 원소들을 찾아야한다. 여러 가지 가능한 경우에 대하여 실험해보면 $\omega + \omega^{-1}$이 $\phi^3$에 의해서 고정됨을 발견하게 된다.( 연습문제9 참조), 그리고 $\mathbb{Q} \subset \mathbb{Q}(\omega + \omega^{-1}) \subseteq \mathbb{Q}(\omega)_{\langle \phi^3 \rangle}$이다.

$[\mathbb{Q}(\omega)_{\langle \phi^3 \rangle}:\mathbb{Q}] = 3$이고 $[\mathbb{Q}(\omega + \omega^{-1}):\mathbb{Q}]$이 $[\mathbb{Q}(\omega)_{\langle \phi^3 \rangle}:\mathbb{Q}]$을나누기 때문에우리는$\mathbb{Q}(\omega + \omega^{-1}) = \mathbb{Q}(\omega)_{\langle \phi^3 \rangle}$ 임을 알 수 있다. 유사한 방법으로 $\mathbb{Q}(\omega^3 + \omega^5 + \omega^6)$이 $\langle \phi^2 \rangle$의 고정체임을 알 수 있다. 따라서 우리는 $\mathbb{Q}(\omega)$의 모든 부분체를 찾았다.

---

**예제 7** $F = GF(p)$의 확대체 $E = GF(p^n)$를 생각해보자. $Gal(E/F)$를 구해보자. 정리 22.2의 따름 정리 2에 의해서, $E = F(b)$꼴이 된다. 여기서, $b$는 기약다항식 $p(x) = x^n + a_{n-1}x^{n-1} + \cdots + a_1x + a_0$이고 $a_{n-1}, a_{n-2}, \cdots, a_0$는 $F$의 원소이다. 체 $E$ 의 임의의 자기동형사상 $\phi$는 1을 자기 자신으로 보내기 때문에, $\phi$는 $F$ 위에서는 항등사상이다. 따라서 $p(b) = 0$이면 $p(\phi(b)) = 0$가 된다. 그리고 $p(x)$는 기껏해야 $n$개의 근을 갖기 때문에, 우리는 $\phi(b)$에 대하여 기껏해야 $n$개의 원소가 존재할 가능성이 있다. 한편, 13장 연습문제 45에서, 사상 모든 $a \in E$ 에 대하여 $\sigma(a) = a^p$이 $E$ 의 자기동형사상이고, $E^*$는 순환군이고(정리 22.2) 군 $\langle \sigma \rangle$의 위수는 $n$이다.(22장 연습문제 11 참조). 따라서

$Gal(GF(p^n)/GF(p)) \approx \mathbb{Z}_n$ 이다.

## 거듭제곱에 의한 다항방정식의 해법(Solvability of Polynomials by Radicals)

갈로아에게 정리 32.1로 주어진 군들과 체들 사이의 멋있는 대응관계는 그 목적을 위한 수단일 뿐이었다. 갈로아는 수세기 동안 수학자들을 괴롭혔던 문제를 풀려고 노력했다. 일차와 이차방정식의 풀이 방법은 수 천 년 전에 알려져 왔다. (이차방정식의 근의 공식). 16세기에 이탈리아 수학자들에 의해서 삼차 또는 사차방정식의 풀이에 대한 공식들을 발견했다. 그들의 공식들은 가감승제와 거듭제곱에 대한 연산들만 관련된다. 예를 들어, 방정식 $x^3+bx+c=0$ 는 3개의 해를 갖는다.

$$A+B$$
$$-(A+B)/2+(A-B)\sqrt{-3}/2$$
$$-(A+B)/2-(A-B)\sqrt{-3}/2$$

여기서, $A=\sqrt[3]{\frac{-c}{2}+\sqrt{\frac{b^3}{27}+\frac{c^2}{4}}}$ 이고 $B=\sqrt[3]{\frac{-c}{2}-\sqrt{\frac{b^3}{27}+\frac{c^2}{4}}}$ 이다.

일반 3차 방정식 $x^3+ax^2+bx+c=0$과 일반 4차 방정식의 근의 공식은 훨씬 더 복잡하지만, 그럼에도 불구하고, 계수들의 유리식 표현에 의한 거듭제곱의 항들에 의해 주어질 수 있다.

아벨과 갈로아 두 사람이 각각 5차 방정식을 거듭제곱에 의한 일반해가 없다는 것을 증명하였다. 특히, "5차 방정식의 근의 공식"은 없다고 했다. 방정식을 거듭제곱에 의해 해를 구하는 것에 대한 군이론에 의한 판별법을 제공해주고, 오늘날의 갈로아이론으로 연결되는 갈로아의 방법을 논의하기 전에, 우리는 약간의 정의들이 필요하다.

### 정의: 거듭제곱에 의해 풀 수 있다(Solvable by Radicals)

$F$ 는 체이고, $f(x)\in F[x]$ 이라 하자. $f(x)$가 $F$ **위에서 거듭제곱에 의해 풀 수 있다(solvable by radicals over F)**는 것은 만약, $f(x)$가 $F$ 의 어떤 확대체 $F(a_1,a_2,\cdots,a_n)$ 안에서 분해되고, 적당한 양의 정수 $k_1,k_2,\cdots,k_n$ 가 존재하여 $a_1^{k_1}\in F$이고, 모든 $i=2,\cdots,n$ 에 대하여 $a_i^{k_i}\in F(a_1,a_2,\cdots,a_{i-1})$가 성립한다.

따라서, $F[x]$ 에서 한 다항식이 거듭제곱에 의해 풀 수 있다는 것은 만약 우리가 그 식의 모든 근들을 구하여 $F$ 에 $n$ 제곱근(여러 가지 $n$에 대하여)을 첨가한 체를 구하는 것을 말한다. 다른 말로는, 다항식의 각 근들이 $F$의 원소들의 가감승제의 연산과 근들의 인용을 합쳐서 표현한 식(항상 더러운 것)으로 쓸 수 있다는 것이다.

**예제 8** $\omega=\cos\left(\frac{2\pi}{8}\right)+i\sin\left(\frac{2\pi}{8}\right)=\frac{\sqrt{2}}{2}+i\frac{\sqrt{2}}{2}$ 라 하자. 그러면, $x^8-3$은 $\mathbb{Q}(\omega,\sqrt[8]{3})$에서 분해된다. $\omega^8\in\mathbb{Q}$ 이고, $(\sqrt[8]{3})^8\in\mathbb{Q}\subset\mathbb{Q}(\omega)$이다. 따라서, $x^8-3$은 $\mathbb{Q}$ 위에서 거듭제곱으로 풀 수 있다.

비록 $x^8-3$의 모든 근들을 $\sqrt[8]{3}$, $\sqrt[8]{3}\,\omega$, $\sqrt[8]{3}\,\omega^2, \cdots, \sqrt[8]{3}\,\omega^7$로 쓰는 것이 편리하기는 하지만, 방정식을 거듭제곱으로 푼 개념을 가장 잘 설명하기에는 다음 형식으로 쓰는 것일 것이다.

$$\pm\sqrt[8]{3},\ \pm\sqrt{-1}\,\sqrt[8]{3},\ \pm\sqrt[8]{3}\left(\frac{\sqrt{2}}{2}+\frac{\sqrt{-1}\,\sqrt{2}}{2}\right),\ \pm\sqrt[8]{3}\left(\frac{\sqrt{2}}{2}-\frac{\sqrt{-1}\,\sqrt{2}}{2}\right).$$

따라서, 다항방정식의 근들을 푸는 문제는 체의 확대에 대한 문제로 변형된다. 동시에, 우리는 갈로아이론의 기본정리를 이용하여 체의 확대문제는 군들에 대한 문제로 변형된다. 이것이 갈로아가 5차 방정식이 거듭제곱에 의해서 풀 수 없다는 것을 보인 바로 그것이며, 우리도 이것을 똑 같은 방법으로 보일 것이다. 한 다항식의 예를 들어 설명하기 전에, 추가적인 군의 이론이 필요하다.

## 정의: 가해군(Solvable Group)

군 $G$가 부분군들의 열을 갖고: $\{e\}=H_0\subset H_1\subset H_2\subset\cdots\subset H_k=G$, 여기서, 각 $0\le i<k$, $H_i$는 $H_{i+1}$의 정규부분군이고 $H_{i+1}/H_i$가 가환군이면, $G$를 **가해군(solvable)**이라 한다.

분명히, 가환군은 가해군이다. 따라서 이면체군들과 위수가 $p^n$인 임의의 군들은 가해군이다, 여기서 $p$는 소수이다(연습문제 22와 23참조). 기념비적인 페이트-톰슨정리(25장 참조)는 홀수 위수를 갖는 모든 군들은 가해군임을 증명하였다. 어떤 의미에서 보면, 가해군들은 거의 가환군들과 유사하다. 한편으로, 정의로부터 비가환단순군은 가해군이 아니다. 특히, $A_5$는 가해군이 아니다. 25장 연습문제 21에 의해서 $S_5$는 가해군이 아니다. 우리의 목표는 거듭제곱에 의한 다항식의 가해성의 개념을 가해군의 개념과 연결시키는 것이다. 다음정리는 이 방향으로의 한 발자국 나아간 결과이다.

### 정리 32.2 $x^n-a$의 분해체

$F$는 표수가 0인 체이고 $a\in F$라 하자. 만약 $E$가 $F$ 위에서 $x^n-a$의 분해체라 하면, 갈로아 군 $Gal(E/F)$은 가해군이다.

**증명** 먼저 체 $F$가 단위원의 한 원시 $n$제곱근 $\omega$를 품는 경우를 생각해보자. $b$를 $E$에서의 $x^n-a$의 한 근이라 하자. 그러면, $x^n-a$의 근들은 $b, \omega b, \omega^2 b, \cdots, \omega^{n-1}b$이다. 따라서 $E=F(b)$이다. 이 경우, $Gal(E/F)$가 가환군임을 밝히면 가해군이 된다. 이것을 보이기 위해서, $Gal(E/F)$에 있는 임의의 자기동형사상은 그것의 $b$위에서의 작용에 의해서 완전히 결정된다. 또한, $b$가 $x^n-a$의 한 근이므로, 우리는 $Gal(E/F)$의 임의의 원소는 $b$를 $x^n-a$의 다른 근으로 대응시킨다. 즉, $Gal(E/F)$의 원소는 $b$를 적당한 $i$에 대한 $\omega^i b$로 대응시킨다. $\phi$와 $\sigma$를 $Gal(E/F)$의 두 원소라 하자. 그러면, $\omega\in F$이므로, $\phi$와 $\sigma$는 $\omega$를 고정시키고, 적당한 $j, k$에 대하여 $\phi(b)=\omega^j b$이고 $\sigma(b)=\omega^k b$이다. 따라서

$$(\sigma\phi)(b)=\sigma(\phi(b))=\sigma(\omega^j b)=\sigma(\omega^j)\sigma(b)=\omega^j\omega^k b=\omega^{j+k}b,\ \text{또한}$$

$$(\phi\sigma)(b) = \phi(\sigma(b)) = \phi(\omega^k b) = \phi(\omega^k)\phi(b) = \omega^k \omega^j b = \omega^{k+j} b,$$

따라서 $\sigma\phi$와 $\phi\sigma$는 $b$에 대해서 동일하고 $F$ 의 원소는 고정시킨다. 이것은 $\sigma\phi = \phi\sigma$ 이고, 그러므로, $Gal(E/F)$는 가환군이다.

다음은 체 $F$ 가 단위원의 원시 $n$제곱근을 품지 않는다고 가정하자. $\omega$를 단위원의 한 원시 $n$ 제곱근이라 하고 $b$ 를 $E$ 에서의 $x^n - a$의 한 근이라 하자. $a = 0$인 경우는 당연하다, 따라서, 우리는 $b \neq 0$라 가정할 수 있다. $\omega b$는 또한 $x^n - a$의 근이 되므로, 우리는 $\omega$와 $\omega b$ 둘 다 $E$ 의 원소들이다. $\omega = \omega b/b$ 는 역시 $E$ 의 원소이다. 따라서 $F(\omega)$는 $E$ 에 포함되고, $F(\omega)$는 $F$ 위에서의 $x^n - 1$의 분해체이다. 앞의 경우와 유사한 방법으로, $Gal(F(\omega)/F)$의 임의의 두 원소 $\phi$와 $\sigma$에 대하여 우리는 적당한 $j$, $k$에 대하여 $\phi(\omega) = \omega^j$, $\sigma(\omega) = \omega^k$이다. 따라서

$$\begin{aligned}(\sigma\phi)(\omega) &= \sigma(\phi(\omega)) = \sigma(\omega^j) = (\sigma(\omega))^j = (\omega^k)^j = (\omega^j)^k \\ &= (\phi(\omega))^k = \phi(\omega^k) = \phi(\sigma(\omega)) = (\phi\sigma)(\omega).\end{aligned}$$

$Gal(F(\omega)/F)$의 원소들은 $\omega$의 작용에 의해서 완전히 결정된다.

이것은 $Gal(F(\omega)/F)$가 가환임을 보여준다.

$E$ 가 $F(\omega)$위에서 $x^n - a$의 분해체이고 $F(\omega)$가 단위원의 한 원시 $n$제곱근을 품기 때문에, 이 경우 이미 우리가 아는바와 같이 $Gal(E/F(\omega))$은 가환이다. 정리 32.1의 2에 의해서, $\{e\} \subseteq Gal(E/F(\omega)) \subseteq Gal(E/F)$는 정규열이 된다. 마지막으로, $Gal(E/F(\omega))$와 $Gal(E/F)/Gal(E/F(\omega)) \approx Gal(F(\omega)/F)$은 가환이므로, $Gal(E/F)$는 가해군이다. □

다항식이 거듭제곱에 의해서 가해인가를 밝히는 중요한 결론에 도달하기 위해서, 우리는 가해군에 대한 두 개의 중요한 성질들이 필요하다.

**정리 32.3 가해군의 상군도 가해군이다.**

가해군의 상군은 가해군이다.

**증명** 한 군 $G$가 부분군들의 열을 갖고: $\{e\} = H_0 \subset H_1 \subset H_2 \subset \cdots \subset H_k = G$, 여기서, 각 $0 \leq i < k$, $H_i$ 는 $H_{i+1}$의 정규부분군이고 $H_{i+1}/H_i$ 가 가환군이라 가정하자. 만약 $N$ 를 $G$ 의 임의의 정규부분군이면,

$$\{e\} = H_0N/N \subset H_1N/N \subset H_2N/N \subset \cdots \subset H_kN/N = G/N$$

은 $G/N$ 을 가해군이 되도록 만드는 부분군들의 열이다.(연습문제 25 참조) □

**정리 32.4 $N$ 과 $G/N$ 이 가해군이면 $G$ 도 가해군이다.**

$N$ 은 한 군 $G$ 의 정규부분군이라 하자. 만약 $N$ 과 $G/N$ 이 가해군이면, $G$도 가해군이다.

**증명** $N$ 의 부분군들의 열 $N_0 \subset N_1 \subset \cdots \subset N_t = N$ 의 각 상군들은 가환군이라 하자. 그리고

$G/N$의 부분군들의 열 $N/N = H_0/N \subset H_1/N \subset \cdots \subset H_s/N = G/N$ 의 각 상군들은 가환군이라 하자. 그러면, $G$의 부분군들의 열

$$N_0 \subset N_1 \subset \cdots \subset N_t = H_0 \subset H_1 \subset H_2 \subset \cdots \subset H_s = G$$

은 각 상군들이 가환이다.(연습문제 27 참조) □

이제 다항식의 거듭제곱에 의한 가해성과 가해군들 사이의 결정적인 관련성을 말할 수 있다.

**정리 32.5 거듭제곱에 의한 가해성은 가해군을 유도한다**

**(Galois) Solvable by Radicals Implies Solvable Group**

체 $F$ 는 표수가 0이고 $f(x) \in F[x]$ 이라 하자. 여기서, $a_1^{n_1} \in F$ 이고 $i = 2, 3, \cdots, t$에 대하여 $a_i^{n_i} \in F(a_1, a_2, \cdots, a_{i-1})$이라 가정하자. $E$를 $F(a_1, a_2, \cdots, a_t)$안에서 $f(x)$의 $F$ 위에서의 분해체라 하자. 그러면, 갈로아군 $Gal(E/F)$은 가해군이다.

**증명** $t$ 에 관한 수학적귀납법을 적용하여 증명하자.

$t = 1$인 경우는, $F \subseteq E \subseteq F(a_1)$이다. $a = a_1^{n_1}$ 이고 $L$ 를 $F$ 위에서의 $x^{n_1} - a$의 분해체라 하자. 그러면, $F \subseteq E \subseteq L$ 이고, $E$ 와 $L$ 은 둘 다 $F$ 위의 다항식들의 분해체들이다. 정리 32.1의 2에 의해서, $Gal(E/F) \approx Gal(L/F)/Gal(L/E)$이다. 정리 32.2에서 $Gal(L/F)$는 가해군이고, 정리 32.3에 의해서 $Gal(L/F)/Gal(L/E)$는 가해군이다. 따라서, $Gal(E/F)$는 가해군이다.

이제 $t > 1$이라 가정하자. $a = a_1^{n_1} \in F$, $L$ 를 $E$ 위에서의 $x^{n_1} - a$의 분해체라 하고, $K \subseteq L$를 $F$ 위에서의 $x^{n_1} - a$의 분해체라 하자. 그러면 $L$ 은 $F$ 위에서의 $(x^{n_1} - a)f(x)$의 분해체라 하고, $L$ 를 $K$ 위에서 $f(x)$의 분해체라 하자. $F(a_1) \subseteq K$ 이므로, 우리는 $f(x)$가 $K(a_2, a_3, \cdots, a_t)$안에서 분해되고, 따라서, 귀납법가정에 의하여 $Gal(L/K)$은 가해군이다. 또한, 정리32.2에 의해서 $Gal(K/F)$는 가해군이고, 정리 32.1으로부터 $Gal(L/F)/Gal(L/K)$가 가해군임을 알 수 있다. 따라서 정리 32.4는 $Gal(L/F)$이 가해군임을 말한다. 따라서, 정리 32.1의 2와 정리32.3에 의해서, 상군 $Gal(L/F)/Gal(L/E) \approx Gal(E/F)$은 가해군이다. □

정리 32.3의 역명제가 역시 참이라는 것을 확인하는 것은 의미 있는 것이다; 즉, 만약 $E$ 가 다항식 $f(x)$ 의 표수가 0인 체 $F$ 위에서 분해체이고 $Gal(E/F)$가 가해군이면, $f(x)$가 $F$ 위에서 거듭제곱에 의해 가해이다.

모든 유한군은 어떤 체위의 갈로아 군임을 알 수 있다. 그러나 Emmy Noether에 의해서 최초로 제기된 대수학에서 중요한 미해결 문제 중의 하나는 어떤 유한군들이 $\mathbb{Q}$ 위에서 갈로아군으로 표현될 수 있는지 결정하는 문제이다. 많은 사람들이 "모두 다 될 것이다" 하는 답에 의문을 가졌다. 모든 가해군은 $\mathbb{Q}$ 위에서 갈로아군이 된다는 것은 잘 알려져 있다. John Thompson은 최근에 몬스터군을 포함하여

어떤 단순군들이 $\mathbb{Q}$ 위에서 갈로아군임을 증명하였다. Ian Stewart의 논문에서 이 주제에 대하여 이 장에서 취급하는 것 보다 더 많은 것들을 소개하고 있다 .

## 5차 방정식의 불가해성(Insolvability of a Quintic)

갈로아이론의 기초개념의 소개는 정수계수를 갖는 한 다항방정식이 $\mathbb{Q}$ 위에서 거듭제곱에 의해서 풀어지지 않는다는 것을 확인함으로서 마치고자 한다.

$g(x)=3x^5-15x+5$라 하자. 아이센쉬타인 판별법(정리 17.4 참조)에 의해서, $g(x)$는 $\mathbb{Q}$ 위에서 기약이다. $g(x)$는 연속이고 $g(-2)=-61,\ g(-1)=17$ 이기 때문에, 우리는 $g(x)$은 $-2$와 $-1$ 사이에 한 실수근을 가짐을 알 수 있다. 유사한 분석에 의해서, 0과 1 그리고 1과 2사이에 실근들을 갖는다.

이와 같은 각 실수근들은 중복도가 1이고, 나눗셈 또는 정리 20.6에 의해서 확인할 수 있다. 더욱, $g(x)$는 세 개의 실수근만 근으로 갖는다.

왜냐하면 미적분학의 로울정리에 의해서, $g(x)$의 실수근들의 각 쌍들 사이에 $g'(x)=15x^4-15$의 근들이 존재함을 확인할 수 있다. 따라서, $g(x)$에 대하여 3개의 실수근을 갖고, $g'(x)$는 2개의 실수근을 갖는다. 따라서 $g(x)$의 다른 두 근들은 실수가 아닌 복소수 근이다, 예를 들어, $a+bi,\ a-bi$이다.(15장 연습문제 65 참조).

이제, $g(x)$의 5개의 근들을 $a_1, a_2, a_3, a_4, a_5$로 표시하자. $K=\mathbb{Q}(a_1, a_2, a_3, a_4, a_5)$의 임의의 자기동형사상은 $a_i$의 작용에 의해서 완전히 결정되고 그것은 $a_i$들의 치환이 됨으로, 우리는 $Gal(K/\mathbb{Q})$는 $S_5$의 한 부분군과 동형이 된다. 여기서 $S_5$는 다섯 개의 기호로 된 치환군이다. $a_1$은 $\mathbb{Q}$ 위에서 한 5차 기약다항식의 한 근이므로, 우리는 $[\mathbb{Q}(a_1):\mathbb{Q}]=5$이고, 따라서, 5는 $[K:\mathbb{Q}]$를 나눈다. 따라서 갈로아이론의 기본정리는 5가 역시 $|Gal(K/\mathbb{Q})|$를 나눈다. 따라서 코시정리(정리24.3의 따름정리)에 의해서, $Gal(K/\mathbb{Q})$가 위수 5인 한 원소를 갖는다고 판단할 수 있다. $S_5$에서 위수가 5인 원소는 길이가 5인 순환치환 뿐이므로, 우리는 $Gal(K/\mathbb{Q})$가 길이가 5인 순환치환을 포함하고 있음을 알 수 있다. 복소수 $\mathbb{C}$에서 자기 자신으로 가는 사상, $a+bi$을 $a-bi$로 보내는 것은 역시 $Gal(K/\mathbb{Q})$의 원소가 된다. 이 사상은 다른 3개의 실수 근들은 고정시키고 $g(x)$의 두 복소수근들을 서로 교환하는 것 이므로, 우리는 $Gal(K/\mathbb{Q})$가 길이가 2인 순환치환을 포함하고 있음을 알 수 있다. 그런데, $S_5$의 부분군으로서 길이가 5인 순환치환과 길이가 2인 순환치환 둘 다 품는 부분군은 $S_5$ 자기 자신이다.(25장 연습문제 25 참조). 따라서 $Gal(K/\mathbb{Q})$는 $S_5$와 동형이다. 끝으로, $S_5$는 가해군이 아니므로(연습문제 21 참조), 우리는 이제까지 5차 다항방정식이 거듭제곱에 의해 풀 수 없다는 것을 보이는데 성공하였다.

## 연습문제

많이 보고, 많은 고통과 많은 연구 이 셋이야 말로 배움의 커다란 세 기둥이다. BENJAMIN DISRAELI

**1.** $E$를 $\mathbb{Q}$ 의 확대체라 하자. $E$ 의 임의의 자기동형사상은 $\mathbb{Q}$ 위에서는 항등사상으로 작용함을 보여라.(이 연습문제는 이 장에서 언급된 것임)

**2.** 체 $GF(4)$의 자기동형사상군을 결정하여라.

**3.** $E$ 를 체 $F$ 의 확대체라 하자. $F$ 를 고정하는 $E$의 자기동형사상군은 진짜 군임을 보여라.(이 연습문제는 이 장에서 언급된 것임)

**4.** 체 $\mathbb{Q}(\sqrt{2}, \sqrt{5}, \sqrt{7})$의 자기동형군이 $\mathbb{Z}_2 \oplus \mathbb{Z}_2 \oplus \mathbb{Z}_2$와 동형의로 주어질 때, $\mathbb{Q}$ 위에서 차수가 4인 $\mathbb{Q}(\sqrt{2}, \sqrt{5}, \sqrt{7})$의 모든 부분체들의 개수를 결정하여라.

**5.** $E$ 는 체 $F$ 의 확대체이고 $H$ 는 $Gal(E/F)$의 부분군이라 하자. $H$의 고정체는 진짜 체임을 보여라.(이 연습문제는 이 장에서 논의된 것임)

**6.** $E$ 는 $\mathbb{Q}$ 위에서 $x^4+1$의 분해체라 하자. $Gal(E/\mathbb{Q})$를 찾아라. $E$ 의 모든 부분체를 찾아라. $E$ 의 자기동형군으로 각각 $\mathbb{Q}(\sqrt{2})$, $\mathbb{Q}(\sqrt{-2})$, $\mathbb{Q}(i)$를 고정체로 갖는 부분군들을 찾아라. $\mathbb{Q}$를 고정체로 갖는 자기동형군은 존재하는가?

**7.** $f(x) \in F[x]$ 이고 $f(x)$의 근들을 $a_1, a_2, \cdots, a_n$이라 하자. 만약 $K = F(a_1, a_2, \cdots, a_n)$이면, $Gal(K/F)$는 $a_i$ 들의 치환에 의한 한 군과 동형임을 보여라.[$K$ 가 $F$ 위에서 $f(x)$의 분해체이면, 군 $Gal(K/F)$를 $f(x)$의 **갈로아군(galois group)**이라 한다.]

**8.** 차수가 $n$ 인 한 다항식의 갈로아군의 위수는 $n!$ 의 약수임을 보여라.

**9.** 예제 6에서, 자기동형사상 $\phi$의 위수가 6 임을 보여라. $\omega + \omega^{-1}$은 $\phi^3$에 의해서 고정됨을 보이고 $\omega^3 + \omega^5 + \omega^6$은 $\phi^2$에 의해서 고정됨을 보여라.(이 연습문제는 이 장에서 언급된 것임)

**10.** $E = \mathbb{Q}(\sqrt{2}, \sqrt{5})$라 하자. 군 $Gal(E/\mathbb{Q})$의 위수는 얼마인가? $Gal(\mathbb{Q}(\sqrt{10})/\mathbb{Q})$의 위수는 얼마인가?

**11.** 체 $F$는 표수가 0 이고 $E$ 를 $F$ 위의 어떤 다항식의 분해체라고 가정하자. 만약 $Gal(E/F)$가 $A_4$와 동형이면, $[K:F] = 2$가 성립하는 $E$ 의 부분체 $K$가 존재하지 않음을 보여라.

**12.** $\mathbb{Q}$ 위에서 $x^3-1$의 갈로아군과 $\mathbb{Q}$ 위에서 $x^3-2$의 갈로아군을 결정하여라.(연습문제 7의 정의 참조)

**13.** $K$는 표수가 0 인 체 $F$ 위에서 어떤 다항식의 분해체라고 가정하자. 만약, $[K:F] = p^2q$라 하면, 여기서 $p, q$는 서로 다른 소수이다. $K$ 는 $[K:L_1] = p$, $[K:L_2] = p^2$, $[K:L_3] = q$가 성립하는 부분체들 $L_1$, $L_2, L_3$ 를 가짐을 보여라.

**14.** $F$ 를 표수가 0 인 체이고 $E$ 를 $F$ 위의 어떤 다항식의 분해체라고 가정하자. 만약 $Gal(E/F)$이 $D_5$와 동형이면, $E$ 와 $F$ 사이에 있는 체들에 대한 부분체들의 도표를 그려라.

**15.** $F \subset K \subset E$ 가 체들이고 $E$ 는 $F[x]$ 안에서 어떤 다항식의 분해체라고 가정하자. $K$가 $F[x]$ 안에서 어떤 다항식의 분해체가 아닌 경우의 예를 들어 보아라.

**16.** $F$를 표수가 0인 체이고 $E$를 $F$ 위의 어떤 다항식의 분해체라고 가정하자. 만약 $[E:F]$가 유한이면, $E$와 $F$ 사이에 있는 체들은 유한개뿐임을 보여라.

**17.** $F$를 표수가 0인 체이고 $E$를 $F$ 위의 어떤 다항식의 분해체라고 가정하자. 만약 $Gal(E/F)$이 위수가 10인 가환군과 동형이면, $E$와 $F$ 사이에 있는 체들에 대한 부분체들의 도표를 그려라.

**18.** $\omega$는 실수가 아닌 복소수로 $\omega^5 = 1$이 성립한다고 하자. 만약 $\phi$는 $\omega$를 $\omega^4$로 대응시키는 $\mathbb{Q}(\omega)$의 자기동형사상일 때 $\langle\phi\rangle$의 고정체를 찾아라.

**19.** 군 $Gal(GF(64)/GF(2))$ 연습문제 21, 22, 그리고 23은 이장에서 언급된 것들이다. 동형류(isomorphism class)을 결정하여라.

**20.** 군 $Gal(GF(729)/GF(9))$ 연습문제 21, 22, 그리고 23은 이장에서 언급된 것들이다. 동형류을 결정하여라.

**21.** $S_5$가 가해군이 아님을 보여라.

**22.** 이면체군들이 가해군임을 보여라.

**23.** 위수가 $p^n$인 군은 가해군임을 보여라 여기서, $p$는 소수이다.

**24.** $S_n$은 $n \leq 4$인 경우는 가해군임을 보여라.

**25.** 정리 32.3의 증명에서 군에 대한 주어진 조성열이 가해성의 정의를 만족함을 보여라.

**26.** 가해군의 부분군이 가해군임을 보여라.

**27.** $N$는 군 $G$의 한 정규부분군이고 $K/N$은 $G/N$의 정규부분군이다. $K$가 $G$의 정규부분군임을 증명하여라.(이 연습문제는 이 장에서 언급된 것임)

**28.** $GF(p^n)$의 임의의 자기동형사상은 $GF(p)$ 위에서는 항등사상으로 작용함을 보여라.

**29.** 체 $F$가 $[F:\mathbb{Z}_2] = 60$일 때, 다음을 설명하여라.

a. $K$가 $F$의 부분체이면, $\mathbb{Z}_2 \subseteq K$이다.

b. $F$의 두 부분체이면, $K_1, K_2$가 $[F:K_1] = 5$, $[F:K_2] = 10$이면, $K_2 \subseteq K_1$이다.

c. $F$의 두 부분체이면, $K_1, K_2$가 $[F:K_1] = 6$, $[F:K_2] = 10$이면, $K_1 \cap K_2$는 $\mathbb{Z}_2$의 이차확대체이다.

**30.** $p(x) = x^6 + x + 2$는 $\overline{\mathbb{Z}}_3[x]$에서 기약다항식이고, $K = \overline{\mathbb{Z}}_3[x]/<x^6 + x + 2>$는 $\overline{\mathbb{Z}}_3$의 6차 확대체이다. 다음에 답하여라.

(1) $K$는 $\overline{\mathbb{Z}}_3$ 위에서 분해체임을 설명하여라.

(2) $K$는 $\overline{\mathbb{Z}}_3$ 위에서 분리 확대체임을 설명하여라.

(3) $K$와 $K$ 사이에 다음을 만족하는 중간체 $L$과 $M$이 각각 1개씩 존재함을 설명하여라.

$$|Aut_L K| = 2\ ,\ |Aut_M K| = 3$$

**31.** $p$가 소수이고, 체 $K$가 $\mathbb{Z}_p$ 위에서 $f(x) = x^{p^4} - x \in \mathbb{Z}_p[x]$의 분해체일 때, 다음을 설명하여라.

a. 모든 $v \in K$에 대하여, $v^{p^4} = v$이다.

b. $\mathbb{Z}_p \subseteq L \subseteq K$ 이고, $L \neq \mathbb{Z}_p$, $L \neq K$ 인 중간체 $L$은 한 개 뿐이다.

c. $f(x)$의 $\mathbb{Z}_p$ 위에서 갈루아군 $Aut_{\mathbb{Z}_p}K$는 위수가 4인 순환군이다.

**32.** $p$가 소수이고, 체 $K$가 $\mathbb{Z}_p$ 위에서 $f(x) = x^p - x - a \in \mathbb{Z}_p[x]$ $(a \neq 0)$의 분해체, $Aut_{\mathbb{Z}_p}K$는 $f(x)$의 갈루아군이며, $\alpha \in K$는 $f(x)$의 한 근이라 하자.

$\psi_\alpha : Aut_{\mathbb{Z}_p}K \to \mathbb{Z}_p$를 $\psi_\alpha(\sigma) = \sigma(\alpha) - \alpha$ $(\sigma \in Aut_{\mathbb{Z}_p}K)$로 정의할 때, 다음을 증명하여라.

a. $\psi_\alpha(\sigma) \in \mathbb{Z}_p$ 이고, $K = \mathbb{Z}_p(\alpha)$이다.

b. $\psi_\alpha : Aut_{\mathbb{Z}_p}K \to (\mathbb{Z}_p, +)$는 군동형이다.

c. $\alpha, \beta \in K$가 $f(x)$의 근일 때, $\psi_\alpha = \psi_\beta$이다.

## Reference

**1.** G. Ehrlich, *Fundamental Concepts of Abstract Algebra,* Boston: PWS-Kent, 1991.

## Philip Hall

Hall는 걸출한 군 이론가였으며 또한 핵심적인 발견을 많이 했다; 20세기의 군 이론의 흥미로운 분야에서 뚜렷한 성장을 이룬 것은 Hall 덕분이다.

J.E.ROSEBLADE

Philip Hall은 1904년 4월 11일 London에서 태어났다. 태어난 후 얼마 되지 않아 그의 부친으로부터 버림받아, Hall은 양재사인 어머니에 의해서 양육되었다. 그는 여러 훌륭한 수학선생님들이 있었던 Christ's Hospital로 부터 장학금을 받게 되어 일찍이 그의 학구적인 열정을 보여줬다. Christ's Hospital에서, Hall은 가장 우수한 영어수필로 메달을 받았고, 수학에서도 금메달을 받아, Cambridge King's College의 장학금을 획득하였다. 비록 King's College는 추상대수학을 등한히 했지만, Hall은 Burnside의 책 Theory of groups와 Burnside의 그 뒤의 논문들을 연구하였다. 1925년 졸업 후에, 그는 더 많은 연구를 하기위해서 King's College에 머물렀고 1927년 장학생으로 선발되었다. 같은 해, Hall은 가해군에 대한 중요한 "Sylow-like"정리를 발견하였다: 만약 한 가해군의 위수가 $mn$이면, 여기서 $m$과 $n$은 서로소이다. 그러면 $m$의 약수를 위수로 갖는 모든 부분군들은 위수 $m$인 한 군에 포함되며 위수 $m$인 모든 부분군들은 서로 공액이다. 그 후 30여년이 지나서, Hall은 유한 가해군의 일반이론을 발전시켰으며 1960년 John Thompson의 눈부신 업적에 큰 영향력을 줬다. 1930년에, Hall은 소수의 멱을 위수로 갖는 군들의 일반이론을 발전시켰으며 현대 유한군이론의 기초를 제공해 줬다. 그의 유한군에 대한 근본적인 기여에 더하여, Hall은 무한군에 대해서도 많은 연구논문들을 썼다. 많은 개념 중에 Hall의 이름이 붙은 것은, Hall subgroups, Hall algebras, Hall-Littlewood polynomials, Hall divisors, the marriage theorem from graph theory, and the Hall commutator collecting process이다. 그 자신의 발견을 넘어서, Hall은 그의 연구 학생들을 통해서 대수학에 많은 영향력을 행사하였다. 12명이 넘는 제자들이 훌륭한 수학자가 되었다. Hall은 1982년 12월30일 서거하였다. Hall에 대한 더 많은 정보를 다음 사이트에서 얻을 수 있다.

http://www-groups.dcs.st-and.ac.uk/~history/

# 33절 원분 확대체 (Cyclotomic Extensions)

"… 새로운 각도로 오래된 문제들을 취급하는 것은 창의적인 상상력이 요청되며 과학에서 진정한 발전을 기록한다." Albert Einstein

## 동기유발(Motivation)

이 책의 마지막장으로, 군, 환, 체, 기하작도 그리고 수학의 역사에 대한 결과들을 함께 통합할 수 있는 주제를 선정하는 것이 적합하다. 소위 원분 확대체가 그에 맞는 주제이다. 그 역사부터 알아보자.

고대 그리스에서 정다각형의 변의 개수가 $3, 4, 5, 6, 8, 10, 12, 15, 16$인 정다각형들을 자와 컴퍼스로 어떻게 구성하는지를 알고 있었다. 그리고 정 $n$각형의 작도가 되면, 우리는 용이하게 정규 $2n$다각형을 작도할 수 있다. 그리스인들은 정다각형의 변의 개수가 $7, 9, 11, 13, 14, 17, \cdots$ 인 정다각형을 작도하려고 시도했으나 실패 하였다. 그리스시대를 능가하는 이 문제에 대한 우리 지식은 발전되지 못하고 2200년이 지났다. 믿어지지 않게, 가우스는 19세의 나이에, 정17각형이 작도 가능함을 보였고, 그 후로 얼마 지나지 않아 어떤 정 $n$각형이 정확하게 작도가능한가를 완전하게 해결하였다.

정17각형의 작도가능성의 발견은 가우스로 하여금 그가 일생동안 수학연구에 헌신하게 하는 계기가 되었다. 가우스는 이 성취를 자랑스럽게 생각하여 그의 무덤의 비석에 정17각형을 새기도록 요청하였다.

가우스는 $\mathbb{Q}$ 위에서 $x^n - 1$의 형태인 다항식들의 인수분해를 연구함으로서 작도가능한 정다각형의 발견을 이루었다. 이 장에서는, $x^n - 1$의 인수들을 조사하여, 갈로아 이론을 적용하여 어떤 정$n$각형이 자와 컴퍼스만 사용하여 작도가능한지를 보였다. $x^n - 1$의 기약인수들은 정수론과 조합 론에서 중요한 역할을 한다.

## 원분 다항식(Cyclotomic Polynomials)

16장 예제2를 다시 보면 $x^n - 1$의 복소수근들은 $1, \omega = \cos\left(\frac{2\pi}{n}\right) + i\sin\left(\frac{2\pi}{n}\right), \omega^2, \cdots, \omega^{n-1}$이다. 따라서 $\mathbb{Q}$ 위에서 $x^n - 1$의 분해체는 $\mathbb{Q}(\omega)$이다. 이 체를 $\mathbb{Q}$ 의 $n$**번째 원분확대체(nth cyclotomic extension)**라 하고, $\mathbb{Q}$ 위에서 $x^n - 1$의 기약인수들을 **원분다항식(cyclotomic polynomials)**들이라 한다.

$\omega = \cos\left(\frac{2\pi}{n}\right) + i\sin\left(\frac{2\pi}{n}\right)$는 곱셈에 관한 위수$n$인 한 순환군을 생성하기 때문에, 우리는 정리 4.2의 따름 정리3으로부터 $\langle \omega \rangle$의 생성원들은 $\omega^k$꼴의 원소들이다. 여기서, $1 \le k \le n$이고 $\gcd(n, k) = 1$이다. 이 생성원들을 **단위원의 원시적 $n$제곱근(primitive nth roots of unity)**이라 부른다. 우리는 $\phi(n)$가 $n$과 서로소인 $n$보다 작은 양의정수들의 개수를 표시한다는 것을 상기하면, 우리는 각 양의정수 $n$에 대한 $\phi(n)$은 확실히 단위원의 원시적 $n$제곱근들의 개수와 같음을 알 수 있다. $\phi(n)$개의 단위원의 원시적 $n$제곱근들을 갖는 다항식들은 특별한 이름을 갖고 있다.

**정의:**

임의의 양의 정수 $n$에 대하여, $\omega_1, \omega_2, \cdots, \omega_{\phi(n)}$를 단위원의 원시적 $n$제곱근들이라 하자. $\Phi_n(x) = (x-\omega_1)(x-\omega_2)\cdots(x-\omega_{\phi(n)})$을 $\mathbb{Q}$ 위에서의 $n$ **번째 원분다항식(nth cyclotomic polynomial over** $\mathbb{Q}$**)**이라 한다.

특히, $\Phi_n(x)$는 모닉이고 차수가 $\phi(n)$임을 알 수 있다. 정리 33.2에서 $\Phi_n(x)$가 정수 계수를 가짐을 보이고, 정리33.3에서 $\Phi_n(x)$는 $\mathbb{Z}$ 위에서 기약임을 증명할 것이다.

**예제 1** $\Phi_1(x) = x-1$이다. 왜냐하면 1은 $x-1$의 단 하나의 근이기 때문이다. $\Phi_2(x) = x+1$이다. 왜냐하면 $x^2-1$의 근은 1과 $-1$이고, $-1$만 원시근이다. $\Phi_3(x) = (x-\omega)(x-\omega^2)$이다. 여기서, $\omega = \cos\left(\frac{2\pi}{3}\right) + i\sin\left(\frac{2\pi}{3}\right) = (-1+i\sqrt{3})/2$이고, 직접 계산하면 $\Phi_3(x) = x^2+x+1$이다. $x^4-1$의 근들은 $\pm 1$과 $\pm i$ 이고, 여기서 $i$와 $-i$이 원시근이므로, $\Phi_4(x) = (x-i)(x+i) = x^2+1$이다.

실제로, $\Phi_n(x)$를 계산하는데 정의만 사용하지 않고, 대신에 연습문제에서 주어진 공식과 다음 정리를 반복 사용하여 계산한다.

**정리 33.1** 양의 정수 $n$에 대하여, $x^n - 1 = \Pi_{d|n}\Phi_d(x)$, 여기서 곱은 $n$의 모든 약수 $d$에 대하여 적용한다.

이 정리를 증명하기 전에, 이 명제가 명확한가를 확인해 보자. $n=6$에 대한 예를 들어보면, 이 정리는 $x^6 - 1 = \Phi_1(x)\Phi_2(x)\Phi_3(x)\Phi_6(x)$이다. 왜냐하면, 6의 양의 약수들은 1,2,3,6이다.

**증명** 위 명제에서 두 다항식들은 모닉이므로, 그들이 같은 근들을 갖고 있으며 모든 근들은 중복도가 1임을 보이면 충분하다. $\omega = \cos\left(\frac{2\pi}{n}\right) + i\sin\left(\frac{2\pi}{n}\right)$라 하자. $\langle\omega\rangle$은 위수가 $n$인 순환군이고, $\langle\omega\rangle$은 항등원의 모든 $n$제곱근들을 품는다. 정리 4.3으로부터, 우리는 각 $j$에 대하여, $|\omega^j|$은 $n$을 나누고 $(x-\omega^j)$은 $\Phi_{|\omega^j|}(x)$의 한 인수꼴이다. 한편, 만약 $x-\alpha$은 $n$의 적당한 약수 $d$에 대한 $\Phi_d(x)$의 한 일차의 인수이므로, $\alpha^d = 1$이고, 그래서, $\alpha^n = 1$이다. 따라서 $x-\alpha$ 는 $x^n-1$의 한 인수이다. 끝으로, $x^n-1$의 근들은 서로 다른 두 $d_i$에 대한 $\Phi_{d_i}(x)$의 공통 근이 될 수 없으므로, 결과가 증명되었다. □

정리 33.1이 어떻게 $\Phi_n(x)$를 반복적으로 계산하는지를 설명하기전에, 중요한 정리의 결과를 소개하고자 한다.

**정리 33.2** 임의의 양의 정수 $n$에 대하여, $\Phi_n(x)$는 정수 계수를 갖는다.

**증명** $n=1$인 경우는 당연하다. 수학적귀납법에 의해서, 우리는 $g(x)=\Pi_{d|n,\, d<n}\Phi_n(x)$는 정수계수를 갖는다고 가정할 수 있다. 정리 33.1로부터 우리는 $x^n-1=\Phi_n(x)g(x)$이고, $g(x)$가 모닉이므로, 우리는 $\mathbb{Z}[x]$에서 나눗셈을 할 수 있다.(16장 연습문제 45 참조) 따라서, $\Phi_n(x)\in\mathbb{Z}[x]$이다. □

이제 약간의 계산을 해보기로하자. 만약 $p$가 소수일 때, 정리 33.1로부터 $x^p-1=\Phi_1(x)\Phi_p(x)=(x-1)\Phi_p(x)$이다. 따라서, $\Phi_p(x)=(x^p-1)/(x-1)=x^{p-1}+x^{p-2}+\cdots+x+1$이다. 정리 33.1으로 부터 $x^6-1=\Phi_1(x)\Phi_2(x)\Phi_3(x)\Phi_6(x)$이다.

따라서, $\Phi_6(x)=(x^6-1)/((x-1)(x+1)(x^2+x+1))$이다. 그리고, 긴 나눗셈을 하면 $\Phi_6(x)=x^2-x+1$이다. 유사한 방법으로, $\Phi_{10}(x)=(x^{10}-1)/((x-1)(x+1)(x^4+x^3+x^2+x+1))=x^4-x^3+x^2-x+1$이다.

이 연습들은 긴 나눗셈을 종종 불필요하게 만들어 첩경을 제공해준다. $n$가 15까지 $\Phi_n(x)$의 값을 표 33.1에 보였다.

〈표 33.1〉 $n=15$까지 원분다항식 $\Phi_n(x)$

| $n$ | $\Phi_n(x)$ |
|---|---|
| 1 | $x-1$ |
| 2 | $x+1$ |
| 3 | $x^2+x+1$ |
| 4 | $x^2+1$ |
| 5 | $x^4+x^3+x^2+x+1$ |
| 6 | $x^2-x+1$ |
| 7 | $x^6+x^5+x^4+x^3+x^2+x+1$ |
| 8 | $x^4+1$ |
| 9 | $x^6+x^3+1$ |
| 10 | $x^4-x^3+x^2-x+1$ |
| 11 | $x^{10}+x^9+x^8+x^7+x^6+x^5+x^4+x^3+x^2+x+1$ |
| 12 | $x^4-x^2+1$ |
| 13 | $x^{12}+x^{11}+x^{10}+x^9+x^8+x^7+x^6+x^5+x^4+x^3+x^2+x+1$ |
| 14 | $x^6-x^5+x^4-x^3+x^2-x+1$ |
| 15 | $x^8-x^7+x^5-x^4+x^3-x+1$ |

컴퓨터 연습문제 1의 소프트웨어는 $n$가 1000까지 $\Phi_n(x)$의 값을 제공해 준다. 표 33.1에서 원분다항식들의 영이 아닌 계수들은 단지 1과 $-1$뿐이라는 의문을 갖게 된다. 그러나, 모든 정수들은 어떤 원분다항식의 계수가 될 수 있음이 알려져 있다. 다음 정리는 왜 원분다항식이 중요한가를 밝혀주는 것이다.

**정리 33.3 (가우스)**

원분다항식 $\Phi_n(x)$은 $\mathbb{Z}$ 위에서 기약이다.

**증명** $f(x) \in \mathbb{Z}[x]$를 $\Phi_n(x)$의 한 모닉 기약인수라 하자. $\Phi_n(x)$는 모닉이고 중근을 갖지 않기 때문에, $\Phi_n(x)$의 모든 근들이 $f(x)$의 근이 됨을 보이면 충분하다. $\Phi_n(x)$은 $\mathbb{Z}[x]$ 에서 $x^n-1$를 나누므로, 우리는 $x^n-1=f(x)g(x)$, 여기서 $g(x) \in \mathbb{Z}[x]$ 이다.

$\omega$를 한 단위원의 원시적 $n$제곱근으로 $f(x)$의 한 근이라 하자. 그러면, $f(x)$는 $Q$위에서 $\omega$의 최소다항식이다. $p$는 $n$을 나누지 않는 임의의 소수라 하자. 그러면, 정리 4.2의 따름정리 3에 의해서 $\omega^p$는 역시 단위원의 원시적 $n$제곱근이고, 그렇기 때문에, $0=(\omega^p)^n-1=f(\omega^p)g(\omega^p)$, 따라서 $f(\omega^p)=0$이거나 $g(\omega^p)=0$이다. $f(\omega^p) \neq 0$이라 가정하자. 그러면 $g(\omega^p)=0$이다, 즉 $\omega$는 $g(x^p)$의 한 근이다. 따라서, 정리 21.3의로부터, $\mathbb{Q}[x]$ 안에서 $f(x)$는 $g(x^p)$를 나눈다. $f(x)$가 모닉이므로, $f(x)$는 실제적으로 $\mathbb{Z}[x]$ 에서 $g(x^p)$를 나누게 된다.(16장 연습문제 45 참조) 예를 들어 $g(x^p)=f(x)h(x)$, 여기서 $h(x) \in \mathbb{Z}[x]$라 하자. 이제 $\overline{g}(x)$, $\overline{f}(x)$ 그리고 $\overline{h}(x)$를 각각 $g(x)$, $f(x)$ 그리고 $h(x)$로부터 그 계수들을 $p$를 법으로 축약하여 $\mathbb{Z}_p[x]$ 에서 얻어진 다항식들이라 하자. 이 축약과정은 $\mathbb{Z}[x]$ 에서 $Z_p[x]$로 가는 한 환준동형사상이므로(16장 연습문제 6 참조), 우리는 $\mathbb{Z}_p[x]$ 안 에서 $\overline{g}(x^p)=\overline{f}(x)\overline{h}(x)$이다. 16장 정리31과 정리 7.1의 따름정리5에 의해서, 우리는 $(\overline{g}(x))^p=\overline{g}(x^p)=\overline{f}(x)\overline{h}(x)$임을 알고, $\mathbb{Z}_p[x]$ 은 유일인수분해정역이므로, $\overline{g}(x)$와 $\overline{f}(x)$는 $\mathbb{Z}_p[x]$ 에서 공통인 기약인수를 갖게 된다; 그것을 $m(x)$라 하자. 따라서, 우리는 $\overline{f}(x)=k_1(x)m(x)$이고 $\overline{g}(x)=k_2(x)m(x)$이다. 여기서, $k_1(x), k_2(x) \in \mathbb{Z}_p[x]$ 이다. 그러면, $x^n-1$를 $\mathbb{Z}_p[x]$의 원소로 보면, 우리는 $x^n-1=\overline{f}(x)\overline{g}(x)=k_1(x)k_2(x)(m(x))^2$이다. 특히, $x^n-1$은 $\mathbb{Z}_p$의 어떤 확대체위에서 중근을 갖지 않는다. 그러나 $p$는 $n$을 나누지 않기 때문에, $x^n-1$의 도함수 $nx^{n-1}$는 0이 아니고, 따라서 $nx^{n-1}$과 $x^n-1$은 $\mathbb{Z}_p[x]$ 안에서 양의 차수의 공통근을 갖지 않는다. 이것은 정리 20.5에 모순되기 때문에 우리는 $f(\omega^p)=0$이어야 한다.

우리는 지금까지 증명한 것을 다음과 같이 재공식화 할 수 있다: 만약 $\beta$가 단위원의 원시적 $n$제곱근이라 하고 $f(x)$의 한 근이라 하자. 여기서 $p$는 $n$를 나누지 않는 소수이다. 그러면, $\beta^p$는 $f(x)$의 한 근이다. 이제 $k$를 1과 $n$사이의 정수로 $n$과 서로소인 수라 하자. 그러면 우리는 $k=p_1p_2\cdots p_t$로 쓸 수 있고, 여기서 각 $p_i$는 $n$를 나누지 않는 소수이다. 각

$\omega, \omega^{p_1}, (\omega^{p_1})^{p_2}, \cdots, (\omega^{p_1p_2\cdots p_{t-1}})^{p_t} = \omega^k$은 $f(x)$의 근이다. $\Phi_n(x)$의 모든 근들은 $\omega^k$꼴이며, 여기서 $k$는 1과 $n$사이의 수로 $n$과 서로소이므로, $\Phi_n(x)$의 모든 근들은 $f(x)$의 근이 됨을 증명하였다. 이렇게 해서 모두 증명되었다. □

물론, 정리 33.3과 33.1은 $x^n - 1$을 $\mathbb{Q}$ 위에서의 기약다항식들의 곱으로 표현되는 인수분해를 할 수 있다. 그러나, 정리 33.1은 또한 $x^n - 1$를 $\mathbb{Z}_p$ 위에서 기약다항식들의 인수분해를 하는데 편리하게 이용된다. 다음 예는 그 설명을 제공한다. $x^n - 1$의 $\mathbb{Z}_p$ 위에서의 기약인수들은 error-correcting codes를 구성하는데 사용된다.

**예제 2** 우리는 $x^6 - 1$의 $\mathbb{Z}_2$와 $\mathbb{Z}_3$ 위에서의 기약인수분해를 해보자. 표 33.1로부터, 우리는 $x^6 - 1 = (x-1)(x+1)(x^2+x+1)(x^2-x+1)$임을 안다. 모든 계수들을 2를 법으로 계산하면, 우리는 똑 같은 표현으로 쓸 수 있고, 그러나 우리는 이 인수들이 $\mathbb{Z}_2$ 위에서 기약인가를 확인해야 한다. $x^2+x+1$은 $\mathbb{Z}_2$ 위에서 근을 갖지 않기 때문에 $\mathbb{Z}_2$ 위에서 기약이다.(정리 17.1 참조) 끝으로, $\mathbb{Z}_2$에서 $-1 = 1$이므로 우리는 기약인수분해를 $x^6 - 1 = (x+1)^2(x^2+x+1)^2$로 쓸 수 있다. $\mathbb{Z}_3$ 위에서는, 우리는 다시 $\mathbb{Z}$ 위에서 인수분해 $x^6 - 1 = (x-1)(x+1)(x^2+x+1)(x^2-x+1)$에서 시작해서 3을 법으로 계산해보자. 그러면, 1은 $\mathbb{Z}_3$에서 $x^2+x+1$의 한 근이 되므로, 긴 나눗셈을 하면 우리는 $x^2+x+1 = (x-1)(x+2) = (x+2)^2$이다. 유사한 방법으로, $x^2-x+1 = (x-2)(x+1) = (x+1)^2$이다. 따라서, $x^6-1$의 $\mathbb{Z}_3$ 위에서의 기약인수분해는 $(x+1)^3(x+2)^3$이다. ■

다음은 $\mathbb{Q}$의 원분확대체의 갈로아군을 계산해보자.

**정리 33.4** $\omega$를 단위원의 한 원시적 $n$제곱근이라 하자. 그러면, $Gal(\mathbb{Q}(\omega)/\mathbb{Q}) \approx U(n)$이다.

**증명** $1, \omega, \omega^2, \cdots, \omega^{n-1}$은 모두 단위원의 $n$제곱근들이므로, $\mathbb{Q}(\omega)$는 $\mathbb{Q}$ 위에서 $x^n - 1$의 분해체가 된다. $U(n)$의 각 원소 $k$에 대하여, $\omega^k$는 단위원의 한 원시적 $n$제곱근이고, 정리 20.4 앞에 있는 보조정리에 의해서 $\mathbb{Q}(\omega)$의 체 자기동형사상이 존재하고, 이것을 $\phi_k$로 표기한다. 이 사상은 $\omega$를 $\omega^k$로 대응시키고 $\mathbb{Q}$ 위에서는 항등사상이다. 더욱이, 이것들은 $\mathbb{Q}(\omega)$에서의 모든 자기동형사상들이다. 왜냐하면 임의의 자기동형사상은 단위원의 한 원시적 $n$제곱근을 단위원의 다른 원시적 $n$제곱근으로 대응시키는 사상이기 때문이다. 다음으로, 모든 $r,\ s \in U(n)$에 대하여,

$$(\phi_r\phi_s)(\omega) = \phi_r(\omega^s) = (\phi_r(\omega))^s = (\omega^r)^s = \omega^{rs} = \phi_{rs}(\omega)\text{이다.}$$

이것은 $U(n)$으로부터 $Gal(\mathbb{Q}(\omega)/\mathbb{Q})$위로 $k \to \phi_k$ 가는 사상은 군 준동형사상이다. 분명히, 이 사상은 동형이다, 왜냐하면 $r, s \in U(n)$이고 $r \neq s$이면 $\omega^r \neq \omega^s$이기 때문이다. □

다음 예는 정리 33.4와 8장의 결과들을 이용하여 원분확대체의 갈로아군을 어떻게 결정하는지를 보여주는 것이다.

**예제 3** $\alpha = \cos(\frac{2\pi}{9}) + i\sin(\frac{2\pi}{9})$라 하고, $\beta = \cos(\frac{2\pi}{15}) + i\sin(\frac{2\pi}{15})$라 하자.
그러면, $Gal(\mathbb{Q}(\alpha)/\mathbb{Q}) \approx U(9) \approx \mathbb{Z}_6$이고,
$Gal(\mathbb{Q}(\beta)/\mathbb{Q}) \approx U(15) \approx U(5) \oplus U(3) \approx \mathbb{Z}_4 \oplus \mathbb{Z}_2$이다.

## 작도가능한 정 $n-$각형(The Constructible Regular $n-$gons)

원분확대체의 이론과 갈로아 이론을 적용하면, 우리는 어떤 정 $n-$각형들이 자와 컴퍼스로 작도가능한지를 정확하게 결정할 수가 있다.

그러므로, 먼저 우리는 기술적인 보조정리를 증명해 보자.

**보조 정리** $n$이 양의정수이고 $\omega = \cos(\frac{2\pi}{n}) + i\sin(\frac{2\pi}{n})$라 하면, $\mathbb{Q}(\cos(\frac{2\pi}{n})) \subseteq \mathbb{Q}(\omega)$이다.

**증명** $(\cos(\frac{2\pi}{n}) + i\sin(\frac{2\pi}{n}))(\cos(\frac{2\pi}{n}) - i\sin(\frac{2\pi}{n})) = \cos^2(\frac{2\pi}{n}) + \sin^2(\frac{2\pi}{n}) = 1$이므로,
$(\cos(\frac{2\pi}{n}) - i\sin(\frac{2\pi}{n})) = 1/\omega$이다.

더욱이, $(\omega + 1/\omega)/2 = (2\cos(\frac{2\pi}{n}))/2 = \cos(\frac{2\pi}{n})$이다.

따라서, $\mathbb{Q}(\cos(\frac{2\pi}{n})) \subseteq \mathbb{Q}(\omega)$이다. □

**정리 33.5 (가우스, 1976)**

정 $n-$각형이 자와 컴퍼스로 작도가능하기 위한 필요충분조건은 $n$가 $2^k p_1 p_2 \cdots p_t$ 꼴이고, 여기서 $k \geq 0$이고 $p_i$들은 $2^m + 1$꼴의 서로 다른 소수이다.

**증명** 만약 정 $n-$각형이 작도가능하다면, 우리는 각 $\frac{2\pi}{n}$를 작도할 수 있고, 따라서 수 $\cos(\frac{2\pi}{n})$도 작도할 수 있다. 23장의 결과들을 이용하여, 우리는 $\cos(\frac{2\pi}{n})$가 작도가능하기 위해서는 $\left[\mathbb{Q}(\cos(\frac{2\pi}{n})) : \mathbb{Q}\right]$가 2의 멱이면 충분하다. 언제 그것이 가능한가를 정하기 위해서, 우리는 갈로아 이론을 사용해보자. $\omega = \cos(\frac{2\pi}{n}) + i\sin(\frac{2\pi}{n})$라 하자. 그러면, $|Gal(\mathbb{Q}(\omega)/\mathbb{Q})| = [\mathbb{Q}(\omega) : \mathbb{Q}] = \phi(n)$이다. 앞 페이지의 보조정리에 의해서, $\mathbb{Q}(\cos(\frac{2\pi}{n})) \subseteq \mathbb{Q}(\omega)$이고, 정리 32.1에 의해서 우리는

$$\left[\mathbb{Q}(\cos(\frac{2\pi}{n})):\mathbb{Q}\right] = |Gal(\mathbb{Q}(\omega)/\mathbb{Q})|/\left|Gal(\mathbb{Q}(\omega)/\mathbb{Q}(\cos(\frac{2\pi}{n})))\right|$$
$$= \phi(n)/\left|Gal(\mathbb{Q}(\omega)/\mathbb{Q}(\cos(\frac{2\pi}{n})))\right|.$$

$Gal(\mathbb{Q}(\omega)/\mathbb{Q})$의 원소 $\sigma$는 $\sigma(\omega)=\omega^k$, $1 \le k \le n$의 성질을 갖는다는 것을 생각하자. 즉, $\sigma(\cos(\frac{2\pi}{n})+i\sin(\frac{2\pi}{n})) = \cos(\frac{2\pi k}{n})+i\sin(\frac{2\pi k}{n})$이다.

만약 그런 $\sigma$가 $Gal(\mathbb{Q}(\omega)/\mathbb{Q}(\cos(\frac{2\pi}{n})))$에 속하면, $\cos(\frac{2\pi k}{n}) = \cos(\frac{2\pi}{n})$이다.

분명히, 이 식은 $k=1$와 $k=n-1$일 때만 성립한다. 따라서, $|Gal(\mathbb{Q}(\omega)/\mathbb{Q}(\cos(\frac{2\pi}{n})))| = 2$이고, 그러므로 $\left[\mathbb{Q}(\cos(\frac{2\pi}{n})):\mathbb{Q}\right] = \phi(n)/2$이다.

따라서, 만약 정 $n-$각형이 작도가능하면, $\phi(n)/2$는 2의 멱이다. 물론, $\phi(n)$은 2의 멱이다. $n=2^k p_1 p_2 \cdots p_t$, $k \ge 0$이고, $p_i$들은 서로 다른 소수이고 $n_i$들은 양수이다. 그러면, $\phi(n) = |U(n)| = |U(2^k)||U(p_1^{n_1})|\cdots|U(p_t^{n_t})| = 2^{k-1}p_1^{n_1-1}(p_1-1)\cdots p_t^{n_t-1}(p_t-1)$은 2의 멱이다. 분명히, 이것은 각 $n_i=1$이고 각 $p_i-1$은 2의 멱이다. 이것은 정리의 필요조건을 증명한 것이다.

정리 33.5의 충분조건을 증명하기 위해서, $n$가 $2^k p_1 p_2 \cdots p_t$ 꼴이고, 여기서 $k \ge 0$이고 $p_i$들은 $2^m+1$꼴의 서로 다른 소수라 하고, $\omega = \cos(\frac{2\pi}{n})+i\sin(\frac{2\pi}{n})$라 하자. 정리 33.3에 의해서, $\mathbb{Q}(\omega)$은 $\mathbb{Q}$ 위에서 한 기약다항식의 분해체이고, 따라서, 갈로아 이론의 기본정리에 의해서, $\phi(n) = [\mathbb{Q}(\omega):\mathbb{Q}] = |Gal(\mathbb{Q}(\omega)/\mathbb{Q}|$이다. $\phi(n)$은 2의 멱이고 $Gal(\mathbb{Q}(\omega)/\mathbb{Q})$은 아벨군 이므로, 수학적 귀납법 가정에 의해서(연습문제 15 참조) 다음 부분군의 열이 존재한다. $H_0 \subset H_1 \subset \cdots \subset H_t = Gal(\mathbb{Q}(\omega)/\mathbb{Q})$, 여기서 $H_0$은 항등원, $H_1$은 위수가 2이고 $\cos(\frac{2\pi}{n})$를 고정하는 $Gal(\mathbb{Q}(\omega)/\mathbb{Q})$의 부분군이고, 각 $i=0,1,2,\cdots,t-1$에 대하여 $|H_{i+1}:H_i|=2$이다. 갈로아 이론의 기본정리에 의해서, 우리는 다음과 같은 실수체의 부분체의 열을 얻게 된다.

$\mathbb{Q} = E_{H_t} \subset E_{H_{t-1}} \subset \cdots \subset E_{H_1} = \mathbb{Q}(\cos(\frac{2\pi}{n}))$, 여기서 $\left[E_{H_{i-1}}:E_{H_i}\right]=2$이다.

따라서, 각 $i$에 대하여, 우리는 $E_{H_{i-1}} = E_{H_i}(\beta_i)$가 되는 $\beta_i \in E_{H_{i-1}}$를 택할 수 있다. 그러면 $\beta_i$는 $x^2+b_ix+c_i \in E_{H_i}[x]$ 꼴의 다항식의 한 근이고, $E_{H_{i-1}} = E_{H_i}(\sqrt{b_i^2-4c_i})$가 성립한다.

따라서, 23장 연습문제 3에 의해서 $\mathbb{Q}(\cos(\frac{2\pi}{n}))$의 모든 원소들은 작도가능하다. □

가우스는 그의 증명에서 갈로아 이론을 사용하지 않았음은 흥미롭다. 사실, 가우스는 갈로아가 태어나기 15년 전에 이 증명을 했었다.

## 연습문제

곤경은 강장제로 작용할 것이다. 그들은 우리로 하여금 보다 더 분투하도록 촉진 시켜줄 것이다. B. C. FORBES

**1.** $\cos(\frac{\pi}{3})+i\sin(\frac{\pi}{3})$의 $\mathbb{Q}$ 위에서의 최소다항식을 결정하여라.

**2.** $x^{12}-1$를 $\mathbb{Z}$ 위에서 기약다항식의 곱으로 인수분해 하여라.

**3.** $x^8-1$를 $\mathbb{Z}_2, \mathbb{Z}_3, \mathbb{Z}_5$ 위에서 기약다항식의 곱으로 각각 인수분해 하여라.

**4.** 임의의 $n>1$에 대하여, 단위원의 모든 $n$제곱근들의 합이 0임을 증명하여라.

**5.** 임의의 $n>1$에 대하여, 단위원의 모든 $n$제곱근들의 곱이 $(-1)^{n+1}$임을 증명하여라.

**6.** $\omega$를 $\mathbb{Q}$ 위에서 단위원의 원시 12제곱근이라 하자. $\omega^4$의 $\mathbb{Q}$ 위에서의 최소다항식을 찾아라.

**7.** $F$는 $\mathbb{Q}$의 유한 확대체이다. 단위원의 근들은 $F$ 안에 단지 유한개만 존재함을 증명하여라.

**8.** 임의의 $n>1$에 대하여, $x^{n-1}+x^{n-2}+\cdots+x+1$의 $\mathbb{Z}$ 위에서의 기약인수분해는 $\Pi\Phi_d(x)$임을 증명하여라. 여기서, 곱은 1보다 큰 $n$의 모든 약수 $d$에 대한 것들이다.

**9.** 만약 $2^n+1$이 $n\geq 1$에 대하여 소수이면, $n$은 2의 멱임을 증명하여라.($2^n+1$꼴의 소수를 페르마 소수 라 한다.)

**10.** 임의의 $n>1$에 대하여 $\Phi_n(0)=1$임을 증명하여라.

**11.** 만약 한 체가 단위원의 $n$제곱근을 품고 있다면, 여기서 $n$이 홀수이다. 그 체는 역시 단위원의 $2n$제곱근도 품고 있음을 증명하여라.

**12.** $m$과 $n$은 서로소인 양의 정수들이다. $x^{mn}-1$의 $\mathbb{Q}$ 위에서의 분해체는 $(x^m-1)(x^n-1)$의 $\mathbb{Q}$ 위에서의 분해체와 서로 같음을 증명하여라.

**13.** 모든 홀수 정수 $n>1$에 대하여 $\Phi_{2n}(x)=\Phi_n(-x)$임을 증명하여라.

**14.** 만약 $p$는 소수이고 $k$는 한 양의 정수이면, $\Phi_{p^k}(x)=\Phi_p(x^{p^{k-1}})$임을 증명하여라. 이 사실을 이용하여 $\Phi_8(x)$와 $\Phi_{27}(x)$를 찾아라.

**15.** 정리 33.5의 증명과정에서, 다음과 같은 부분군들의 열이 존재함을 증명하여라. $H_0\subset H_1\subset\cdots\subset H_t$이고, 각 $i=0,1,2,\cdots,t-1$에 대하여 $|H_{i+1}:H_i|=2$이다.

**16.** $x^9-1$과 $x^7-1$의 $\mathbb{Q}$ 위에서의 갈로아군들은 서로 동형임을 증명하여라.(32장 연습문제 7 참조).

**17.** $p$는 한 소수이고 $n$의 약수가 아니라 하자. $\Phi_{pn}(x)=\Phi_n(x^p)/\Phi_n(x)$임을 증명하여라.

**18.** $x^{10}-1$과 $x^8-1$의 $\mathbb{Q}$ 위에서의 갈로아군들은 서로 동형이 아님을 증명하여라.

**19.** $E$는 $\mathbb{Q}$ 위에서 $x^5-1$의 분해체이다. $\mathbb{Q}\subset K\subset E$를 만족하는 유일한 체 $K$가 존재함을 보여라.

**20.** $E$는 $\mathbb{Q}$ 위에서 $x^6-1$의 분해체이다. $\mathbb{Q}\subset K\subset E$를 만족하는 체 $K$가 존재할 수 없음을 보여라.

**21.** $\omega=\cos(\frac{2\pi}{15})-i\sin(\frac{2\pi}{15})$라 하자. $Gal(\mathbb{Q}(\omega)/\mathbb{Q})$의 위수가 2인 3개의 원소를 찾아라.

# Carl Friedrich Gauss

가우스는 수학 어디에서나 살아 있다.  E.T.Bell, Men of Mathematics

이 우표는 1977년 동독에서 발행되었다.
자와 컴퍼스만으로 정17각형을 작도한 가우스를 기념하는 것이다.

Carl Friedrich Gauss는 많은 사람들로부터 역사상 가장 위대한 수학자로 알려져 있으며, 그는 1777년 4월 30일 독일 Brunswick에서 태어났다. 10대에, 그는 많은 큰 발견을 했다. 이것들 중에 통계처리에서 최소자승법을 발견하고 정17각형을 자와 컴퍼스만으로 작도가능함을 증명 하였다. 1799년 그의 박사학위 논문으로, 그는 대수학의 기본정리를 증명하였다.

그의 일생을 통해서, Gauss는 그의 동시대의 업적들을 대부분 무시했으며, 사실상 많은 이들을 적으로 만들었다. 그로부터 격려를 받고자 했던 젊은 수학자들을 항상 단호하게 거절하였다. 그럼에도 불구하고, Gauss는 유명한 학생들로 Eisenstein, Riemann, Kummer, Dirichlet 그리고 Dedekind가 있었다. Gauss는 1855년 2월 23일 그의 나이 77세에 서거하였다. Brunswick에서, 그의 동상이 새워졌다. 특별하게, 동상의 밑받침은 17각형의 성망형 모양으로 되어있다. 1989년에, 독일에서 Gauss와 가우스분포가 새겨진 은행수표(112페이지 참조)를 발행했다. Gauss에 대한 더 많은 정보를 다음 사이트에서 얻을 수 있다.

http://www-groups.dcs.st-and.ac.uk/~history/

## Manjul Bhargava

우리는 그를 아주 가까이 바라보고 있다. 그는 한 유명한 배우가 될 것이다. 그는 수학적으로 경탄할 만큼 원숙하다. 그는 주제들을 근본적인 방법으로 변화시키고 있다.

Feter Sarnak

Manjul Bhargava는 1974년 8월 8일 캐나다에서 태어나 Long Island, NewYork에서 자랐다. 1996년에 하버드에서 학부를 졸업한 후 앤드류 와일즈를 지도교수로 Ph.D를 위해 프린스턴대학교에 갔다. Manjul Bhargava는 일반적인 덧셈과 매우 다르고 수 체계에 대한 많은 정보를 포함하는 방법으로 두 개의 이차방정식( $x^2+3xy+6y^2=0$과 같은 형태의 방정식)을 결합하기 위해 1801년에 가우스에 의해 처음으로 공식화된 조성법칙(composition laws)을 조사했다. Bhargava는 200년 동안 아무런 진전이 없었던 그 문제와 씨름했다. 그는 그 분야의 새로운 기초를 해결했을 뿐만 아니라 추가로 13개의 조성법칙을 발견했고 그들을 설명하기 위한 논리적이고 수학적인 체계를 개발했다. 그런 다음 그는 조성에 대한 그의 이론을 유리수와 그 외 대수적 주제와 관련된 확장 체들의 분포에 관계되는 많은 기본적인 문제를 해결하는데 적용했다. Bhargava의 논문이 특히 뛰어난 이유는 그의 모든 혁명적인 이론을 단지 초등수학만을 이용하여 설명했다는 점이다. 와일즈가 Bhargava의 결과에 대해 다음과 같이 언급했다. "그는 가우스가 스스로 이해했고 진가를 알았던 방법으로 그것을 해냈다."

젊지만 Bhargava는 Clay Research Fellow, Clay Research Award, the Blumental Award for the Advancement of Research in Pure MAthematics, the SASTRA Ramanujan Prize, 수론에서 2008년 코울상, 등을 수상했다. 2002년에는 자기 분야를 뒤흔든 과학자들의 기념행사에서 Popular Science 잡지 "선정 10인(Brilliant 10)"에 이름을 올렸다. 2003년 Bhargava는 28세의 나이로 프린스턴 종신 교수가 되었다. 수학과 더불어 Bhargava는 세계에서 가장 유명한 타블라의 달인과 같이 공부했던 타블라의 명수이다. 그는 뉴욕과 보스톤 지역에서 널리 연주하고 있다. 그의 타블라 연주는 아래 사이트에서 들을 수 있다.

http://www.npr.org/templates/story/story-php?storyID=4111253

Bhargava에 대한 더 많은 정보를 다음 사이트에서 얻을 수 있다:

www.Wikipedia.org
www.d.umn.edu/~jgallian/manjulMH4.pdf

## 24-33절 보충연습문제

**1.** $G = \langle x, y \mid x = (xy)^3, y = (xy)^4 \rangle$와 동형인 잘 알려진 군은 무엇일까?

**2.** $G = \langle z \mid z^6 = 1 \rangle$과 $H = \langle x, y \mid x^2 = y^3 = 1, xy = yx \rangle$이 동형임을 보여라.

**3.** 위수가 $315 = 3^2 \cdot 5 \cdot 7$인 군은 위수 45인 부분군을 갖고 있음을 보여라.

**4.** 소수 $p, q, p > q$에 대해 $G$는 위수가 $p^2q^2$인 군이다. 만약 $|G| \neq 36$이면 $G$는 정규 실로우 $p-$부분군을 갖고 있음을 보여라.

**5.** $H$는 군 $G$의 실로우 $7-$부분군이고 $K$는 $G$의 실로우 $5-$부분군이다. $|H| = 49$, $|K| = 5$이고 $K$가 $N(H)$의 부분군이라 가정하면 $H$는 $N(K)$의 부분군임을 증명하여라.

**6.** 공액류를 세 개만 갖는 위수가 6보다 큰 유한군은 존재하지 못함을 증명하여라.

**7.** $K$는 $H$의 정규 실로우 $p-$부분군이고 $H$는 $G$의 정규부분군이라 가정하자. $K$가 $G$의 정규부분군임을 증명하여라. (9장 연습문제53과 비교하시오.)

**8.** $\mathbb{Q}$상에서 다항식 $x^5 - 6x + 3$은 거듭제곱으로 풀 수 없음을 보여라.

**9.** $G$의 부분군 $H, K$에 대해 $H \leq N(K)$이면 $HK$가 $G$의 부분군임을 증명하여라.

**10.** $H$를 유한군 $G$의 부분군이라 하자. $H$가 $G$의 실로우 $p-$부분군중 하나인 $P$에 대해 $N(P)$을 포함하면 $N(H) = H$임을 증명하여라.

**11.** 위수 168인 단순군 $G$는 위수 21인 원소를 포함할 수 없음을 증명하여라.

**12.** 위수 561인 군은 $\mathbb{Z}_{561}$뿐임을 증명하여라.

**13.** 위수 105인 비가환군의 중심의 위수는 5임을 증명하여라.

**14.** 3이상 홀수 $n$에 대해 $D_n$의 모든 실로우 부분군은 순환군임을 증명하여라.

**15.** $Cay(\{(1,0), (0,1)\}: \mathbb{Z}_3 \oplus \mathbb{Z}_5)$에서 꼭짓점 $(0,0)$을 제거한 유향그래프를 $G$라 하자.(또한 $(0,0)$에서 들어오고 나가는 모든 모서리를 제거한다.) $G$가 Hamiltonian 회로를 갖고 있음을 증명하여라.

**16.** $Cay(\{(1,0), (0,1)\}: \mathbb{Z}_4 \oplus \mathbb{Z}_7)$에서 꼭짓점 $(0,0)$을 제거한 유향그래프는 Hamiltonian 회로를 갖고 있음을 증명하여라.

**17.** $G$는 $a, b$에 의해 생성된 유한군이라 하자. $s_1, s_2, \cdots, s_n$는 유향그래프 $Cay(\{a, b\}: G)$에 있는 한 Hamiltonian 회로의 모든 모서리라 하자. $s_{i+1} = a$이면 꼭짓점 $s_1, s_2, \cdots, s_i$은 $a$**로 여행한다** **(travels by** $a$**)**고 하자. 꼭짓점 $x$가 $a$로 여행하면 잉여류 $x\langle ab^{-1} \rangle$에 있는 모든 꼭짓점은 $a$로 여행함을 보여라.

**18.** $F^n$의 두 벡터 $u = (u_1, u_2, \cdots, u_n)$, $v = (v_1, v_2, \cdots, v_n)$의 내적 $u \cdot v$은 다음과 같다.
$u_1v_1 + u_2v_2 + \cdots + u_nv_n$(단 덧셈과 곱셈은 $F$의 연산이다.)

$C$는 $(n, k)$ 선형부호라 하자. $C^{\perp} = \{v \in F^n | 모든 u \in F^n,\ v \cdot u = 0\}$ 이 $(n, n-k)$선형부호임을 보여라. 이 코드를 $C$의 쌍대부호(dual)라 한다.

**19.** 다음 이진부호 각각에 대해 쌍대부호를 구하여라.

a. $\{00, 11\}$,

b. $\{000, 011, 101, 110\}$,

c. $\{0000, 1111\}$,

d. $\{0000, 1100, 0011, 1111\}$.

**20.** $C$는 이진선형부호이고 $C \subseteq C^{\perp}$라 하자. $C$의 모든 원소 $v$에 대해 $wt(v)$이 짝수임을 보여라.

**21.** $C$는 $(n, k)$이진선형부호라 하자. $n$자리 이진수 $v$가 $v \notin C^{\perp}$이면 $C$에 있는 꼭 절반의 원소들 $u$에 대해서 $v \cdot u = 0$임을 보여라.

**22.** $C$는 $(n, k)$이진선형부호이고 $11 \cdots 1 \in C^{\perp}$이라 가정하자. $C$의 모든 원소 $v$에 대해 $wt(v)$가 짝수임을 보여라.

**23.** $C$는 $(n, k)$이진선형부호이고 $C = C^{\perp}$(이러한 부호를 self-dual이라 한다.)이라 가정하자. $n$이 짝수임을 증명하여라. $11 \cdots 1$이 부호어 임을 증명하여라.

**24.** 만약 $G$가 유한가해군이면, 다음을 만족하는 $G$의 부분군들이 존재함을 보여라.

$\{e\} = H_0 \subset H_1 \subset H_2 \subset \cdots \subset H_n = G$, 여기서, $H_{i+1}/H_i$의 위수는 소수이다.

The End.
존 레논과 폴 매카트니가 부른 곡명
1969년 9월에 발표한 앨범 애비로드의 2면에 수록된 곡

# 찾아보기(인명)

## A



## B



## C



## D



## E



## F



## G



## H



## I



## J

# 찾아보기(용어)

## ㅇ



## ㅈ



## ㅊ



## ㅌ



## ㅍ



## ㅎ



## 기타

# 연습문제 풀이

다음 주어진 많은 증명들은 단순한 스케치들이다.
각 경우에서, 학생들은 스스로 완벽한 증명을 해야 한다.

## Chapter 0

To make headway, improve your head.

B. C. FORBES

**1.** {1, 2, 3, 4}; {1, 3, 5, 7}; {1, 5, 7, 11}; {1, 3, 7, 9, 11, 13, 17, 19}; {1, 2, 3, 4, 6, 7, 8, 9, 11, 12, 13, 14, 16, 17, 18, 19, 21, 22, 23, 24}

**3.** 12, 2, 2, 10, 1, 0, 4, 5.

**5.** 1942, June 18; 1953, December 13.

**7.** By using 0 as an exponent if necessary, we may write $a = p_1^{m_1} \cdots p_k^{m_k}$ and $b = p_1^{n_1} \cdots p_k^{n_k}$, where the $p$'s are distinct primes and the $m$'s and $n$'s are nonnegative. Then lcm $(a, b) = p_1^{s_1} \cdots p_k^{s_k}$, where $s_i = \max(m_i, n_i)$, and $\gcd(a, b) = p_1^{t_1} \cdots p_k^{t_k}$, where $t_i = \min(m_i, n_i)$. Then $\text{lcm}(a, b) \cdot \gcd(a, b) = p_1^{m_1+n_1} \cdots p_k^{m_k+n_k} = ab$.

**9.** Write $a = nq_1 + r_1$ and $b = nq_2 + r_2$, where $0 \le r_1, r_2 < n$. We may assume that $r_1 \ge r_2$. Then $a - b = n(q_1 - q_2) + (r_1 - r_2)$, where $r_1 - r_2 \ge 0$. If $a$ mod $n = b$ mod $n$, then $r_1 = r_2$ and $n$ divides $a - b$. If $n$ divides $a - b$, then by the uniqueness of the remainder, we have $r_1 - r_2 = 0$.

**11.** Use Exercise 9.

**13.** Use the "GCD Is a Linear Combination" theorem (Theorem 0.2).

**15.** Let $p$ be a prime greater than 3. By the Division Algorithm, we can write $p$ in the form $6n + r$, where $r$ satisfies $0 \le r < 6$. Now observe that $6n$, $6n + 2$, $6n + 3$, and $6n + 4$ are not prime.

**17.** Since $st$ divides $a - b$, both $s$ and $t$ divide $a - b$. The converse is true when $\gcd(s, t) = 1$.

**19.** Use Euclid's Lemma and the Fundamental Theorem of Arithmetic.

**21.** Use proof by contradiction.

**23.** Let $S$ be a set with $n + 1$ elements and pick some $a$ in $S$. By induction, $S$ has $2^n$ subsets that do not contain $a$. But there is a one-to-one correspondence between the subsets of $S$ that do not contain $a$ and those that do. So, there are $2 \cdot 2^n = 2^{n+1}$ subsets in all.

**25.** Consider $n = 200! + 2$.

**27.** Say $p_1p_2 \cdots p_r = q_1q_2 \cdots q_s$, where the $p$'s and $q$'s are primes. By the Generalized Euclid's Lemma, $p_1$ divides some $q_i$, say $q_1$ (we may relabel the $q$'s if necessary). Then $p_1 = q_1$ and $p_2 \cdots p_r = q_2 \cdots q_s$. Repeating this argument at each step, we obtain $p_2 = q_2, \ldots, p_r = q_r$ and $r = s$.

**29.** Suppose that $S$ is a set that contains $a$ and whenever $n \ge a$ belongs to $S$, then $n + 1 \in S$. We must prove that $S$ contains all integers greater than or equal to $a$. Let $T$ be the set of all integers greater than $a$ that are not in $S$ and suppose that $T$ is not empty. Let $b$ be the smallest integer in $T$ (if $T$ has no negative integers, $b$ exists because of the Well Ordering Principle; if $T$ has negative integers, it can have only a finite number of them so that there is a smallest one). Then $b - 1 \in S$, and therefore $b = (b - 1) + 1 \in S$.

**31.** The statement is true for any divisor of $8^4 - 4 = 4092$.

**33.** 6 P.M.

**35.** Observe that the number with the decimal representation $a_9a_8 \cdots a_1a_0$ is $a_9 \cdot 10^9 + a_8 \cdot 10^8 + \cdots + a_1 \cdot 10 + a_0$. Then use Exercise 11 and the fact that $a_i10^i$ mod $9 = a_i$ mod 9 to deduce that the check digit is $(a_9 + a_8 + \cdots + a_1 + a_0)$ mod 9.

**37.** For the case in which the check digit is not involved, see the answer to Exercise 35. If a transposition involving the check digit $c = (a_1 + a_2 + \cdots + a_{10}) \bmod 9$ goes undetected, then $a_{10} = (a_1 + a_2 + \cdots + a_9 + c) \bmod 9$. Substitution yields $2(a_1 + a_2 + \cdots + a_9) \bmod 9 = 0$. Therefore, modulo 9, we have $10(a_1 + a_2 + \cdots + a_9) = a_1 + a_2 + \cdots + a_9 = 0$. It follows that $c = a_{10}$. In this case the transposition does not yield an error.

**39.** Say the number is $a_8a_7 \ldots a_1a_0 = a_8 \cdot 10^8 + a_7 \cdot 10^7 + \cdots + a_1 \cdot 10 + a_0$. Then the error is undetected if and only if $(a_i10^i - a_i'10^i) \bmod 7 = 0$. Multiplying both sides by $5^i$ and noting that 50 mod 7= 1, we obtain $(a_i - a_i') \bmod 7 = 0$.

**41.** 4

**45.** Cases where $(2a - b - c) \bmod 11 = 0$ are undetected.

**47.** The check digit would be the same.

**49.** 4302311568

**51.** 2. Since $\beta$ is one-to-one, $\beta(\alpha(a_1)) = \beta(\alpha(a_2))$ implies that $\alpha(a_1) = \alpha(a_2)$ and since $\alpha$ is one-to-one, $a_1 = a_2$.

3. Let $c \in C$. There is a $b$ in $B$ such that $\beta(b) = c$ and an $a$ in $A$ such that $\alpha(a) = b$. Thus, $(\beta\alpha)(a) = \beta(\alpha(a)) = \beta(b) = c$.

4. Since $\alpha$ is one-to-one and onto we may define $\alpha^{-1}(x) = y$ if and only if $\alpha(y) = x$. Then $\alpha^{-1}(\alpha(a)) = a$ and $\alpha(\alpha^{-1}(b)) = b$.

**53.** No. $(1, 0) \in R$ and $(0, -1) \in R$, but $(1, -1) \notin R$.

**55.** $a$ belongs to the same subset as $a$. If $a$ and $b$ belong to the subset $A$, then $b$ and $a$ also belong to $A$. If $a$ and $b$ belong to the subset $A$ and $b$ and $c$ belong to the subset $B$, then $A = B$, since the distinct subsets of $P$ are disjoint. So, $a$ and $c$ belong to $A$.

**57.** Apply $\gamma^{-1}$ to both sides of $\alpha\gamma = \beta\gamma$.

## Chapter 1

Think of what you're saying, you can get it wrong and still think that it's all right.

JOHN LENNON AND PAUL MCCARTNEY,
*"We Can Work It Out," single*

**1.** Three rotations: 0°, 120°, 240°, and three reflections across lines from vertices to midpoints of opposite sides.

**3.** no

**5.** $D_n$ has $n$ rotations of the form $k(360°/n)$, where $k = 0, \ldots, n - 1$. In addition, $D_n$ has $n$ reflections. When $n$ is odd, the axes of reflection are the lines from the vertices to the midpoints of the opposite sides. When $n$ is even, half of the axes of reflection are obtained by joining opposite vertices; the other half, by joining midpoints of opposite sides.

**7.** A rotation followed by a rotation either fixes every point (and so is the identity) or fixes only the center of rotation. However, a reflection fixes a line.

**9.** Observe that $1 \cdot 1 = 1$; $1(-1) = -1$; $(-1)1 = -1$; $(-1)(-1) = 1$. These relationships also hold when 1 is replaced by "rotation" and $-1$ is replaced by "reflection."

**11.** $HD = DV$ but $H \neq V$.

**13.** $R_0, R_{180}, H, V$

**15.** See answer for Exercise 13.

**17.** In each case, the group is $D_6$.

**19.** cyclic

**21.** Their only symmetry is the identity.

**23.** It would wobble violently.

## Chapter 2

The noblest pleasure is the joy of understanding.

LEONARDO DA VINCI

**1.** Does not contain the identity; closure fails.

**3.** Under modulo 4, 2 does not have an inverse. Under modulo 5, each element has an inverse.

5. $\begin{bmatrix} 9 & 9 \\ 10 & 8 \end{bmatrix}$

7. **a.** $2a + 3b$; **b.** $-2a + 2(-b + c)$; **c.** $-3(a + 2b) + 2c = 0$

9. We can take an element $a_r'$ such that $a_r * a_r' = e$.

Now, $a_r * a = a_r * (a * e) = (a_r * a) * e = (a_r * a) * (a_r * a_r')$

$= a_r * (a * a_r) * a_r' = (a_r * e) * a_r' = a_r * a_r' = e$

Thus, $a * a_r = a_r * a = e$.

And $e * a = (a * a_r) * a = a * (a_r * a) = a * e = a$

11. Use the fact that $\det(AB) = (\det A)(\det B)$.
13. 29
15. $(ab)^n$ need not equal $a^n b^n$ in a non-Abelian group.
17. Use the Socks-Shoes Property.
19. For the case $n > 0$, use induction. For $n < 0$, note that $e = (a^{-1}ba)^n(a^{-1}ba)^{-n} = (a^{-1}ba)^n$ $(a^{-1}b^{-n}a)$ and solve for $(a^{-1}ba)^n$.
21. $\{1, 3, 5, 9, 13, 15, 19, 23, 25, 27, 39, 45\}$
23. Suppose $x$ appears in a row labeled with $a$ twice. Say $x = ab$ and $x = ac$; then cancellation yields $b = c$. But we use distinct elements to label the columns.
25. Use Exercise 23.
27. $a^{-1}cb^{-1}$; $aca^{-1}$
29. If $x^3 = e$ and $x \neq e$, then $(x^{-1})^3 = e$ and $x \neq x^{-1}$. So, nonidentity solutions come in pairs. If $x^2 \neq e$, then $x^{-1} \neq x$ and $(x^{-1})^2 \neq e$. So solutions to $x^2 \neq e$ come in pairs.
31. Observe that since $RF$ is a reflection, we have $(RF)(RF) = R_0$. So, $RFR = F^{-1} = F$.
33. Observe that $aa^{-1}b = ba^{-1}a$.
35. Since $a^2 = b^2 = (ab)^2 = e$, we have $aabb = abab$. Now cancel on the left and right.
37. If $n$ is not prime, the set is not closed under multiplication modulo $n$. If $n$ is prime, the set is closed and for every $r$ in the set there are integers $s$ and $t$ such that $1 = rs + nt = rs$ modulo $n$.
39. Closure follows from the definition of multiplication. The identity is $\begin{bmatrix} 1/2 & 1/2 \\ 1/2 & 1/2 \end{bmatrix}$. The inverse of $\begin{bmatrix} a & a \\ a & a \end{bmatrix}$ is $\begin{bmatrix} 1/(4a) & 1/(4a) \\ 1/(4a) & 1/(4a) \end{bmatrix}$.

## Chapter 3

The brain is as strong as its weakest think.

ELEANOR DOAN

1. $|Z_{12}| = 12$; $|U(10)| = 4$; $|U(12)| = 4$; $|U(20)| = 8$; $|D_4| = 8$
   In $Z_{12}$, $|0| = 1$; $|1| = |5| = |7| = |11| = 12$; $|2| = |10| = 6$; $|3| = |9| = 4$; $|4| = |8| = 3$; $|6| = 2$.
   In $U(10)$, $|1| = 1$; $|3| = |7| = 4$; $|9| = 2$.
   In $U(12)$, $|1| = 1$; $|5| = 2$; $|7| = 2$; $|11| = 2$.
   In $U(20)$, $|1| = 1$; $|3| = |7| = |13| = |17| = 4$; $|9| = |11| = |19| = 2$.
   In $D_4$, $|R_0| = 1$; $|R_{90}| = |R_{270}| = 4$; $|R_{180}| = |H| = |V| = |D| = |D'| = 2$.
   In each case, notice that the order of the element divides the order of the group.
3. In $Q$, $|0| = 1$ and all other elements have infinite order. In $Q^*$, $|1| = 1$, $|-1| = 2$, and all other elements have infinite order.
5. Each is the inverse of the other.
7. Suppose that $m < n$ and $a^m = a^n$. Then $e = a^n a^{-m} = a^{n-m}$. This contradicts the assumption that $a$ has infinite order.

**9.** If $a$ has infinite order, then $e, a, a^2, \ldots$ are all distinct and belong to $G$, so $G$ is infinite. If $|a| = n$, then $e, a, a^2, \ldots, a^{n-1}$ are distinct and belong to $G$.

**11.** By brute force, show that $k^4 = 1$ for all $k$.

**13.** For any integer $n \geq 3$, $D_n$ contains elements $a$ and $b$ of order 2 with $|ab| = n$. In general, there is no relationship among $|a|$, $|b|$, and $|ab|$.

**15.** $\langle 2\rangle, \langle 3\rangle, \langle 6\rangle$.

**17.** $U_4(20) = \{1, 9, 13, 17\}$; $U_5(20) = \{1, 11\}$; $U_5(30) = \{1, 11\}$; $U_{10}(30) = \{1, 11\}$. $U_k(n)$ is closed because $(ab) \bmod k = (a \bmod k)(b \bmod k) = 1 \cdot 1 = 1$. $H$ is not closed.

**19.** If $x \in Z(G)$, then $x \in C(a)$ for all $a$, so $x \in \bigcap_{a\in G} C(a)$. If $x \in \bigcap_{a\in G} C(a)$, then $xa = ax$ for all $a$ in $G$, so $x \in Z(G)$.

**21.** The case that $k = 0$ is trivial. Let $x \in C(a)$. If $k$ is positive, then by induction on $k$, $xa^{k+1} = xaa^k + axa^k = aa^kx = a^{k+1}x$. The case where $k$ is negative now follows from Exercise 20.

**23.** **a.** $C(5) = G$; $C(7) = \{1, 3, 5, 7\}$
**b.** $Z(G) = \{1, 5\}$
**c.** $|2| = 2$; $|3| = 4$. They divide the order of the group.

**25.** Mimic the proof of Theorem 3.5.

**27.** No. In $D_4$, $C(R_{180}) = D_4$.

**29.** For the first part, see Example 4. For the second part, use $D_4$.

**31.** Since the only elements of finite order in $\mathbf{R}^*$ are 1 and $-1$, the only finite subgroups are $\{1\}$ and $\{1, -1\}$.

**33.** 2

**35.** First observe that $(a^d)^{n/d} = a^n = e$, so $|a^d|$ is at most $n/d$. Moreover, there is no positive integer $t < n/d$ such that $(a^d)^t = a^{dt} = e$, for otherwise $|a| \neq n$.

**37.** Note that $\begin{bmatrix} 1 & 1 \\ 0 & 1 \end{bmatrix}^n = \begin{bmatrix} 1 & n \\ 0 & 1 \end{bmatrix}$.

**39.** For any positive integer $n$, a rotation of $360°/n$ has order $n$. A rotation of $\sqrt{2}°$ has infinite order.

**41.** $\langle R_0\rangle, \langle R_{90}\rangle, \langle R_{180}\rangle, \langle D\rangle, \langle D'\rangle, \langle H\rangle, \langle V\rangle$. (Note that $\langle R_{90}\rangle = \langle R_{270}\rangle$). The subgroups $\{R_0, R_{180}, D, D'\}$ and $\{R_0, R_{180}, H, V\}$ are not cyclic.

**43.** Nonidentity elements of odd order come in pairs. So, there must be some element $a$ of even order, say $|a| = 2m$. Then $|a^m| = 2$.

**45.** Let $|g| = m$ and write $m = nq + r$ where $0 \leq r < n$. Then $g^r = g^{m-nq} = g^m(g^n)^{-q} = (g^n)^{-q}$ belongs to $H$. So, $r = 0$.

**47.** $1 \in H$. Let $a, b \in H$. Then $(ab^{-1})^2 = a^2(b^2)^{-1}$, which is the product of two rationals. 2 can be replaced by any positive integer.

**49.** $|\langle 3\rangle| = 4$

**51.** Let $\begin{bmatrix} a & b \\ c & d \end{bmatrix}$ and $\begin{bmatrix} a' & b' \\ c' & d' \end{bmatrix}$ belong to $H$. It suffices to show that $a - a' + b - b' + c - c' + d - d' = 0$. This follows from $a + b + c + d = 0 = a' + b' + c' + d'$. If 0 is replaced by 1, $H$ is not a subgroup.

**53.** If $2^a$ and $2^b \in K$, then $2^a(2^b)^{-1} = 2^{a-b} \in K$, since $a - b \in H$.

**55.** $\begin{bmatrix} 2 & 0 \\ 0 & 2 \end{bmatrix}^{-1} = \begin{bmatrix} \frac{1}{2} & 0 \\ 0 & \frac{1}{2} \end{bmatrix}$ is not in $H$.

**57.** If $a + bi$ and $c + di \in H$, then $(a + bi)(c + di)^{-1} = (ac + bd) + (bc - ad)i$ and $(ac + bd)^2 + (bc - ad)^2 = 1$, so that $H$ is a subgroup. $H$ is the unit circle in the complex plane.

**59.** **a.** $\left\{\begin{bmatrix} a+b & a \\ a & b \end{bmatrix} \middle| ab + b^2 \neq a^2; a, b \in \mathbf{R}\right\}$

**b.** $\left\{\begin{bmatrix} a & b \\ b & a \end{bmatrix} \middle| a^2 \neq b^2; a, b \in \mathbf{R}\right\}$

**c.** $\left\{\begin{bmatrix} a & 0 \\ 0 & a \end{bmatrix} \middle| a \neq 0; a \in \mathbf{R}\right\}$

**61.** Use Theorem 0.2.

## Chapter 4

There will be an answer, let it be.

JOHN LENNON AND PAUL MCCARTNEY, *"Let It Be," single*

**1.** For $Z_6$, generators are 1 and 5; for $Z_8$, generators are 1, 3, 5, and 7; for $Z_{20}$, generators are 1, 3, 7, 9, 11, 13, 17, and 19.
**3.** $\langle 20\rangle = \{20, 10, 0\}$; $\langle 10\rangle = \{10, 20, 0\}$ $\langle a^{20}\rangle = \{a^{20}, a^{10}, a^0\}$; $\langle a^{10}\rangle = \{a^{10}, a^{20}, a^0\}$
**5.** $\langle 3\rangle = \{3, 9, 7, 1\}$; $\langle 7\rangle = \{7, 9, 3, 1\}$
**7.** $U(8)$ or $D_3$.
**9.** Six subgroups; generators are the divisors of 20. Six subgroups; generators are $a^k$, where $k$ is a divisor of 20.
**11.** By definition, $a^{-1} \in \langle a\rangle$. So, $\langle a^{-1}\rangle \subseteq \langle a\rangle$. By definition, $a = (a^{-1})^{-1} \in \langle a^{-1}\rangle$. So, $\langle a\rangle \subseteq \langle a^{-1}\rangle$.
**13.** $\langle 21\rangle \cap \langle 10\rangle = \langle 18\rangle = \langle 6\rangle$. In the general case $\langle a^m\rangle \cap \langle a^n\rangle = \langle a^k\rangle$, where $k = \text{1cm}(m, n) \bmod 24$.
**15.** $|g|$ divides 12 is equivalent to $g^{12} = e$. So, if $a^{12} = e$ and $b^{12} = e$, then $(ab^{-1})^{12} = a^{12}(b^{12})^{-1} = ee^{-1} = e$. The general result is given in Exercise 29 of Chapter 3.
**17.** is odd or infinite
**19.** $\langle 1\rangle, \langle 7\rangle, \langle 11\rangle, \langle 17\rangle, \langle 19\rangle, \langle 29\rangle$
**21.** **a.** $|a|$ divides 12. **b.** $|a|$ divides $m$. **c.** By Theorem 4.3, $|a| = 1, 2, 3, 4, 6, 8, 12$, or 24. If $|a| = 2$, then $a^8 = (a^2)^4 = e^4 = e$. A similar argument eliminates all other possibilities except 24.
**23.** Yes, by Theorem 4.3. The subgroups of $Z$ are of the form $\langle n\rangle = \{0, \pm n, \pm 2n, \pm 3n, \ldots\}$, $n = 0, 1, 2, 3, \ldots$. The subgroups of $\langle a\rangle$ are of the form $\langle a^n\rangle$ for $n = 0, 1, 2, 3, \ldots$.
**25.** For the first part, use Theorem 4.4; $D_n$ has $n$ elements of order 2 when $n$ is odd and $n + 1$ elements of order 2 when $n$ is even.
**27.** See Example 14 of Chapter 2.
**29.** 1000000, 3000000, 5000000, 7000000. By Theorem 4.3, $\langle 1000000\rangle$ is the unique subgroup of order 8, and only those on the list are generators; $a^{1000000}, a^{3000000}, a^{5000000}, a^{7000000}$. By Theorem 4.3, $\langle a^{1000000}\rangle$ is the unique subgroup of order 8, and only those on the list are generators.
**31.** Let $G = \{a_1, a_2, \ldots, a_k\}$. Now let $|a_i| = n_i$. Consider $n = n_1 n_2 \cdots n_k$.
**33.** Mimic Exercise 32.
**35.** Mimic Exercise 34.
**37.** Suppose $a$ and $b$ are relatively prime positive integers and $\langle a/b\rangle = Q^+$. Then there is some positive integer $n$ such that $(a/b)^n = 2$. Clearly, $n \neq 0, 1$, or $-1$. If $n > 1$, $a^n = 2b^n$, so that 2 divides $a$. But then 2 divides $b$ as well. A similar contradiction occurs if $n < -1$.
**39.** For 6, use $Z_{2^5}$. For $n$, use $Z_{2^{n-1}}$.
**41.** Let $t = \text{lcm}(m, n)$ and $|ab| = s$. Then $(ab)^t = a^t b^t = e$, and therefore $s$ divides $t$. Also, $e = (ab)^s = a^s b^s$, so that $a^s = b^{-s}$, and therefore $a^s$ and $b^{-s}$ belong to $\langle a\rangle \cap \langle b\rangle = \{e\}$. Thus, $m$ divides $s$ and $n$ divides $s$, and, therefore, $t$ divides $s$. This proves that $s = t$. For the second part, try $D_3$.
**43.** An infinite cyclic group does not have an element of prime order. A finite cyclic group can have only one subgroup for each divisor of its order. A subgroup of order $p$ has exactly $p - 1$ elements of order $p$. Another element of order $p$ would give another subgroup of order $p$.
**45.** $1 \cdot 4, 3 \cdot 4, 7 \cdot 4, 9 \cdot 4$; $x^4, (x^4)^3, (x^4)^7, (x^4)^9$.
**47.** 1 of order 1; 33 of order 2; 2 of order 3; 10 of order 11; 20 of order 33
**49.** 1, 2, 10, 20
**51.** Say $a$ and $b$ are distinct elements of order 2. If $a$ and $b$ commute, then $ab$ is a third element of order 2. If $a$ and $b$ do not commute, then $aba$ is a third element of order 2.
**53.** Use Exercise 18 of Chapter 3 and Theorem 4.3.
**55.** 1 and 2
**57.** In a cyclic group there are at most $n$ solutions to the equation $x^n = e$.
**59.** 12 or 60; 48

**61.** Observe that $a^{280} = e = a^{440}$. Thus $|a|$ is common divisor of 280 and 440, and therefore $|a|$ divides gcd(280, 440) = 40.

**63.** Say $b$ is a generator of the group. Since $p$ and $p^n - 1$ are relatively prime, we know by Corollary 3 of Theorem 4.2 that $b^p$ also generates the group. Finally, observe that $(b^p)^k = (b^k)^p$.

**65.** Use the fact that a cyclic group of even order has a unique element of order 2.

**67.** $G$ is a group because it is closed. It is not cyclic because every nonzero element has order 3.

**69.** Since $m$ and $n$ are relatively prime, it suffices to show both $m$ and $n$ divide $k$. By Corollary 2 of Theorem 4.1, it is enough to show that $a^k = e$. Note that $a^k \in \langle a \rangle \cap \langle b \rangle$, and since $\langle a \rangle \cap \langle b \rangle$ is a subgroup of both $\langle a \rangle$ and $\langle b \rangle$, we know that $|\langle a \rangle \cap \langle b \rangle|$ must divide both $|\langle a \rangle|$ and $|\langle b \rangle|$. Thus, $|\langle a \rangle \cap \langle b \rangle| = 1$.

**71.** Observe that among the integers from 1 to $p^n$ the $p^{n-1}$ integers $p, 2p, 3p, \ldots, p^{n-1}p$ are exactly the ones that are not relatively prime to $p$.

## Supplementary Exercises for Chapters 1–4

Four short words sum up what has lifted most successful individuals above the crowd: a little bit more. They did all that was expected of them and a little bit more.

A. LOU VICKERY

**1. a.** Let $xh_1x^{-1}$ and $xh_2x^{-1}$ belong to $xHx^{-1}$. Then $(xh_1x^{-1})(xh_2x^{-1})^{-1} = xh_1h_2^{-1}x^{-1} \in xHx^{-1}$ also. **b.** Let $\langle h \rangle = H$. Then $\langle xhx^{-1} \rangle = xHx^{-1}$. **c.** $(xh_1x^{-1})(xh_2x^{-1}) = xh_1h_2x^{-1} = xh_2h_1x^{-1} = (xh_2x^{-1})(xh_1x^{-1})$

**3.** Suppose $\mathrm{cl}(a) \cap \mathrm{cl}(b) \neq \phi$. Say $xax^{-1} = yby^{-1}$. Then $(y^{-1}x)a(y^{-1}x)^{-1} = b$. Thus, for any $ubu^{-1}$ in $\mathrm{cl}(b)$, we have $ubu^{-1} = (uy^{-1}x)a(uy^{-1}x)^{-1} \in \mathrm{cl}(a)$. This shows that $\mathrm{cl}(b) \subseteq \mathrm{cl}(a)$. By symmetry, $\mathrm{cl}(a) \subseteq \mathrm{cl}(b)$. Because $a = eae^{-1} \in \mathrm{cl}(a)$, the union of the conjugacy classes is $G$.

**5.** Observe that $(xax^{-1})^k = xa^kx^{-1}$. Thus, $(xax^{-1})^k = e$ if and only if $a^k = e$.

**7.** Try $D_4$.

**9.** By Exercise 5, for every $x$ in $G$, $|xax^{-1}| = |a|$, so that $xax^{-1} = a$ or $xa = ax$.

**11.** 1 of order 1, 15 of order 2, 8 of order 15, 4 of order 5, 2 of order 3.

**13.** Let $|G| = 5$. Let $a \neq e$ belong to $G$. If $|a| = 5$, we are done. If $|a| = 3$, then $\{e, a, a^2\}$ is a subgroup of $G$. Let $b$ be either of the remaining two elements of $G$. Then the set $\{e, a, a^2, b, ab, a^2b\}$ consists of six different elements, a contradiction. Thus, $|a| \neq 3$. Similarly, $|a| \neq 4$. We may now assume that every nonidentity element of $G$ has order 2. Pick $a \neq e$ and $b \neq e$ in $G$ with $a \neq b$. Then $\{e, a, b, ab\}$ is a subgroup of $G$. Let $c$ be the remaining element of $G$. Then $\{e, a, b, ab, c, ac, bc, abc\}$ is a set of eight distinct elements of $G$, a contradiction. It now follows that if $a \in G$ and $a \neq e$, then $|a| = 5$.

**15.** $a^n(b^n)^{-1} = (ab^{-1})^n$, so $G^n$ is a subgroup. For the non-Abelian group, try $D_3$.

**17.** Suppose $G = H \cup K$. Pick $h \in H$ with $h \notin K$. Pick $k \in K$, but $k \notin H$. Then, $hk \in G$, but $hk \notin H$ and $hk \notin K$. $U(8)$ is the union of the three subgroups.

**19.** If $|a| = p^k$ and $|b| = p^r$ with $k \leq r$, say, then $|ab^{-1}|$ divides $p^r$.

**21.** Note that $ba^2 = ab$ and $a^3 = b^2 = e$ imply $ba = a^2b$. Thus, every member of the group can be written in the form $a^ib^j$. Therefore, the group is $\{e, a, a^2, b, ab, a^2b\}$. $D_3$ satisfies these conditions.

**23.** $xy = yx$ if and only if $xyx^{-1}y^{-1} = e$. But, $(xy)x^{-1}y^{-1} = x^{-1}(xy)y^{-1} = ee = e$.

**25.** Let $x \in N(gHg^{-1})$. Then $x(gHg^{-1})x^{-1} = gHg^{-1}$. Thus $g^{-1}xgHg^{-1}x^{-1}g = g^{-1}xgH(g^{-1}xg)^{-1} = H$. This means that $g^{-1}xg \in N(H)$. So $x \in gN(H)g^{-1}$. Reverse the argument to show $gN(H)g^{-1} \subseteq N(gHg^{-1})$.

**27.** Look at $D_{11}$.

**29.** Solution from *Mathematics Magazine*.† "Yes. Let $a$ be an arbitrary element of $S$. The set $\{a^n \mid n = 1, 2, 3, \ldots\}$ is finite, and therefore $a^m = a^n$ for some $m, n$ with $m > n \geqslant 1$. By cancellation we

---

†*Mathematics Magazine* 63 (April 1990): 136.

have $a^{r(a)} = a$, where $r(a) = m - n + 1 > 1$. If $x$ is any element of $S$, then $aa^{r(a)-1}x = a^{r(a)}x = ax$, and this implies that $a^{r(a)-1}x = x$. Similarly, we see that $xa^{r(a)-1} = x$, and the element $e = a^{r(a)-1}$ is an identity. The identity element is unique, for if $e'$ is another identity, then $e = ee' = e'$. If $r(a) > 2$ then $a^{r(a)-2}$ is an inverse of $a$, and if $r(a) = 2$ then $a^2 = a = e$ is its own inverse. Thus $S$ is a group."

**31.** $1^1$ is rational so $H \neq \phi$. Say $a^m$ and $b^n$ are rational. Then $(ab^{-1})^{mn} = (a^m)^n/(b^n)^m$ is rational.

**33.** Use det $(AB) = (\det A)(\det B)$ to prove $H$ is a subgroup. $H$ is not a subgroup when det $A$ is an integer, since det $A^{-1}$ need not be an integer.

**35.** Choose $x \neq e$ and $y \notin \langle x \rangle$. Then $G = \langle x \rangle \cup \langle y \rangle$. But then $xy \in \langle y \rangle$, so that $\langle x \rangle \subseteq \langle y \rangle$ and therefore $G = \langle y \rangle$. To prove that $|G| = pq$ or $p^3$, use Theorem 4.3.

**37.** If $T$ and $U$ are not closed, then there are elements $x$ and $y$ in $T$ and $w$ and $z$ in $U$ such that $xy$ is not in $T$ and $wz$ is not in $U$. It follows that $xy \in U$ and $wz \in T$. Then $xywz = (xy)wz \in U$ and $xywz = xy(wz) \in T$, a contradiction.

**39.** Let $G$ be the group of all polynomials with integer coefficients under addition. Let $H_k$ be the subgroup of polynomials of degree at most $k$ together with the zero polynomial (the zero polynomial does not have a degree).

**41.** Take $g = a$.

**43.** Let $S = \{s_1, s_2, s_3, \ldots, s_k\}$ and let $g$ be any element in $G$. Then the set $\{gs_1^{-1}, gs_2^{-1}, gs_3^{-1}, \ldots, gs_k^{-1}\}$ and $S$ have at least one element in common. Say $gs_i^{-1} = s_j$. Then $g = s_j s_i$.

**45.** Let $K = \{x \in G \mid |x| \text{ divides } d\}$. The sub test shows that $K$ is a subgroup. Let $x \in H$. By Theorem 4.3, $|x|$ divides $d$. So, $H \subseteq K$. Let $y \in K$, $|y| = t$, and $d = tq$. By Theorem 4.3, $H$ has a subgroup of order $t$ and $G$ has only one subgroup of order $t$. So, $\langle y \rangle \subseteq H$.

**47.** To check associativity, note $(a * b) * c = ((a + b) - 1) * c = a + b - 1 + c - 1 = a + b + c - 2$ and $a * (b * c) = a * (b + c - 1) = a + (b + c - 1) - 1 = a + b + c - 2$. To determine the identity $e$, we observe that $a * e = a$ if and only if $a + e - 1 = a$. Thus 1 is the identity (it is obvious that the operation is commutative). If $a^{-1}$ exists, we have must $a * a^{-1} = a + a^{-1} - 1 = 1$, and therefore $a^{-1}$ is $-a + 2$. To find a generator, observe that for any positive integer $k$, $a^k = ka - (k - 1)$. So, for positive $k$ and $a = 2$, we have $2^k = k + 1$. One can also check that $2^k = k + 1$ when $k = 0$ or negative. Thus 2 generates all integers.

## Chapter 5

Mistakes are often the best teachers.

JAMES A. FROUDE

**1.** **a.** 2 **b.** 3 **c.** 5

**3.** **a.** 3 **b.** 12 **c.** 6 **d.** 6 **e.** 12 **f.** 2

**5.** 12

**7.** For $S_6$, the possible orders are 1, 2, 3, 4, 5, 6; for $A_6$, 1, 2, 3, 4, 5; for $A_7$, 1, 2, 3, 4, 5, 6, 7.

**9.** **a.** even **b.** odd **c.** even **d.** odd **e.** even

**11.** even; odd

**13.** An even number of 2-cycles followed by an even number of 2-cycles gives an even number of 2-cycles in all. So the finite subgroup test is verified.

**15.** Suppose that $\alpha$ can be written as a product of $m$ 2-cycles and $\beta$ can be written as a product of $n$ 2-cycles. Then $\alpha\beta$ can be written as a product of $m + n$ 2-cycles. Now observe that $m + n$ is even if and only if $m$ and $n$ are both even or both odd.

**17.** **a.** $\alpha^{-1} = \begin{bmatrix} 1 & 2 & 3 & 4 & 5 & 6 \\ 2 & 1 & 3 & 5 & 4 & 6 \end{bmatrix}$

**b.** $\beta\alpha = \begin{bmatrix} 1 & 2 & 3 & 4 & 5 & 6 \\ 1 & 6 & 2 & 3 & 4 & 5 \end{bmatrix}$

**c.** $\alpha\beta = \begin{bmatrix} 1 & 2 & 3 & 4 & 5 & 6 \\ 6 & 2 & 1 & 5 & 3 & 4 \end{bmatrix}$

**19.** Suppose $H$ contains at least one odd permutation, say, $\sigma$. Imitate the proof of Theorem 5.7 with $\sigma$ in place of (12).
**21.** The identity is even; the set is not closed.
**23.** **a.** $C(\alpha_3) = \{\alpha_1, \alpha_2, \alpha_3, \alpha_4\}$; **b.** $C(\alpha_{12}) = \{\alpha_1, \alpha_7, \alpha_{12}\}$
**25.** 180; 75
**27.** $\beta = (2457136)$
**29.** (124586739), (142568793), (214856379).
**31.** Let $\alpha, \beta \in \text{stab}(a)$. Then $\alpha\beta(a) = \alpha(\beta(a)) = \alpha(a) = a$. Also, $\alpha(a) = a$ implies $\alpha^{-1}(\alpha(a)) = \alpha^{-1}(a)$ or $a = \alpha^{-1}(a)$.
**33.** $m$ is a multiple of 6 but not a multiple of 30.
**35.** $6!/5 = 144$
**37.** 3, 7, 9
**39.** Let $\alpha = (123)$ and $\beta = (145)$.
**41.** $(123)(12) \neq (12)(123)$ in $S_n$ $(n \geq 3)$.
**43.** Cycle decomposition shows that any nonidentity element of $A_5$ is a 5-cycle, a 3-cycle, or a product of a pair of disjoint 2-cycles. Then, observe that there are $(5 \cdot 4 \cdot 3 \cdot 2 \cdot 1)/5 = 24$ group elements of the form $(abcde)$, $(5 \cdot 4 \cdot 3)/3 = 20$ group elements of the form $(abc)$, and $(5 \cdot 4 \cdot 3 \cdot 2)/(2 \cdot 2 \cdot 2) = 15$ group elements of the form $(ab)(cd)$.
**45.** One possibility is $\{(1), (12)(34), (56)(78), (12)(34)(56)(78)\}$.
**47.** *Hint:* $(13)(12) = (123)$ and $(12)(34) = (324)(132)$.
**49.** Verifying that $a * \sigma(b) \neq b * \sigma(a)$ is done by examining all cases. To prove the general case, observe that $\sigma^i(a) * \sigma^{i+1}(b) \neq \sigma^i(b) * \sigma^{i+1}(a)$ can be written in the form $\sigma^i(a) * \sigma(\sigma^i(b)) \neq \sigma^i(b) * \sigma(\sigma^i(a))$, which is the case already done. If a transposition were not detected, then $\sigma(a_1) * \cdots * \sigma^i(a_i) * \sigma^{i+1}(a_{i+1}) * \cdots * \sigma^n(a_n) = \sigma(a_1) * \cdots * \sigma^i(a_{i+1}) * \sigma^{i+1}(a_i) * \cdots * \sigma^n(a_n)$, which implies $\sigma^i(a_i) * \sigma^{i+1}(a_{i+1}) = \sigma^i(a_{i+1}) * \sigma^{i+1}(a_i)$.
**51.** Observe that $(a_1a_2 \cdots a_n) = (1a_1)(1a_n)(1a_{n-1}) \cdots (1a_1)$.
**53.** If $\alpha$ has odd order $k$ and $\alpha$ is an odd permutation, then $\varepsilon = \alpha^k$ would be odd.
**55.** By case-by-case analysis, $H$ is a subgroup for $n = 1, 2, 3$ and 4. For $n \geq 5$, observe that (12)(34) and (12)(35) belong to $H$ but their product does not.
**57.** The product of an element of $Z(A_4)$ of order 2 and an element of $A_4$ of order 3 would have order 6. The product of an element of $Z(A_4)$ of order 3 and an element of $A_4$ of order 2 would have order 6.
**59.** Labeling the four tires 1, 2, 3, and 4 in clockwise order starting with 1 being the tire in the upper left-hand corner, we may represent the four patterns as
$\alpha = (1324)$ top left-hand pattern
$\beta = (1423)$ top right-hand pattern
$\gamma = (14)(23)$ bottom right-hand pattern
$\delta = (13)(24)$ bottom left-hand pattern
Notice that $\alpha^{-1} = \beta$ and that $\delta = \alpha^2\gamma$. Thus, we need only find the smallest subgroup of $S_4$ containing $\alpha$ and $\gamma$. To this end, observe that the set $\{\varepsilon, \alpha, \alpha^2, \alpha^3, \gamma, \alpha\gamma, \alpha^2\gamma, \alpha^3\gamma\}$ is closed under multiplication on the left and right by both $\alpha$ and $\gamma$. This implies that the set is closed under multiplication and is therefore a group. Since $\alpha\gamma \neq \gamma\alpha$, the subgroup is non-Abelian.

## Chapter 6

Think and you won't sink.

B. C. FORBES, *Epigrams*

**1.** Try $n \rightarrow 2n$.
**3.** $\phi(xy) = \sqrt{xy} = \sqrt{x}\sqrt{y} = \phi(x)\phi(y)$
**5.** Try $1 \rightarrow 1, 3 \rightarrow 5, 5 \rightarrow 7, 7 \rightarrow 11$.
**7.** $D_{12}$ has elements of order 12 and $S_4$ does not.

**9.** Since $T_e(x) = ex = x$ for all $x$, $T_e$ is the identity. For the second part, observe that $T_g \circ (T_g)^{-1} = T_e = T_{gg^{-1}} = T_g \circ T_{g^{-1}}$ and cancel.

**11.** For any $x$ in the group, we have $(\phi_g\phi_h)(x) = \phi_g(\phi_h(x)) = \phi_g(hxh^{-1}) = ghxh^{-1}g^{-1} = (gh)x(gh)^{-1} = \phi_{gh}(x)$.

**13.** $\phi_{R_{90}}$ and $\phi_{R_0}$ disagree on $H$; $\phi_{R_{90}}$ and $\phi_H$ disagree on $R_{90}$; $\phi_{R_{90}}$ and $\phi_D$ disagree on $R_{90}$. The remaining cases are similar.

**15.** Let $\alpha \in \text{Aut}(G)$. We show that $\alpha^{-1}$ is operation-preserving: $\alpha^{-1}(xy) = \alpha^{-1}(x)\alpha^{-1}(y)$ if and only if $\alpha(\alpha^{-1}(xy)) = \alpha(\alpha^{-1}(x)\alpha^{-1}(y))$, that is, if and only if $xy = \alpha(\alpha^{-1}(x))\alpha(\alpha^{-1}(y)) = xy$. So $\alpha^{-1}$ is operation-preserving. That Inn($G$) is a group follows from the equation $\phi_g\phi_h = \phi_{gh}$.

**17.** That $\alpha$ is one-to-one follows from the fact that $r^{-1}$ exists modulo $n$. The operation-preserving condition is Exercise 11 in Chapter 0.

**19.** Use Part 2 of Theorem 6.2.

**21.** The inverse of a one-to-one function is one-to-one. To see that $\phi^{-1}$ is operation-preserving, let $a$ and $b$ belong to $\overline{G}$. Then $\phi^{-1}(ab) = \phi^{-1}(a)\,\phi^{-1}(b)$ if and only if $ab = \phi(\phi^{-1}(a))\phi(\phi^{-1}(b)) = ab$ [we obtained the first equality by applying $\phi$ to both sides of $\phi^{-1}(ab) = \phi^{-1}(a)\phi^{-1}(b)$]. Finally, let $g \in G$. Then $\phi^{-1}(\phi(g)) = g$, so that $\phi^{-1}$ is onto.

**23.** $T_g(x) = T_g(y)$ if and only if $gx = gy$ or $x = y$. This shows that $T_g$ is a one-to-one function. Let $y \in G$. Then $T_g(g^{-1}y) = y$, so that $T_g$ is onto.

**25.** Apply the appropriate definitions.

**27.** Show that $Q$ is not cyclic.

**29.** Try $a + bi \rightarrow \begin{bmatrix} a & -b \\ b & a \end{bmatrix}$.

**31.** Yes, by Cayley's Theorem.

**33.** Observe that $\phi_g(y) = gyg^{-1}$ and $\phi_{zg}(y) = zgy(zg)^{-1} = zgyg^{-1}z^{-1} = gyg^{-1}$ since $z \in Z(G)$. So, $\phi_g = \phi_{zg}$.

**35.** $\phi_g = \phi_h$ implies $gxg^{-1} = hxh^{-1}$ for all $x$. This implies $h^{-1}gx(h^{-1}g)^{-1} = x$, and therefore $h^{-1}g \in Z(G)$.

**37.** Say $|a| = n$. Then $\phi_a{}^n(x) = a^nxa^{-n} = x$, so that $\phi_a{}^n$ is the identity. For the example, take $a = R_{90}$ in $D_4$.

**39.** Observe that $D = R_{90}V$ and $H = R_{90}D$.

**41.** $(R_0R_{90}R_{180}R_{270})(H\,D'V\,D)$.

**43.** Consider the mapping $\phi(x) = x^2$ and note that 2 is not in the image.

**45.** Use the fact that if $a > 0$, then $a = \sqrt{a}\sqrt{a}$. For the second part, use the first part together with the fact that the inverse of an automorphism is an automorphism.

**47.** Say $\phi$ is an isomorphism from $Q$ to $\mathbf{R}^+$ and $\phi$ takes 1 to $a$. It follows that the integer $r$ maps to $a^r$ and the rational $r/s$ maps to $a^{r/s}$. But $a^{r/s} \neq a^\pi$ for any $r/s$.

## Chapter 7

Use missteps as stepping stones to deeper understanding and greater achievement.

SUSAN TAYLOR

**1.** $H = \{\alpha_1, \alpha_2, \alpha_3, \alpha_4\}$, $\alpha_5H = \{\alpha_5, \alpha_8, \alpha_6, \alpha_7\}$, $\alpha_9H = \{\alpha_9, \alpha_{11}, \alpha_{12}, \alpha_{10}\}$

**3.** $H$, $1 + H$, $2 + H$

**5.** **a.** yes **b.** yes **c.** no

**7.** $8/2 = 4$, so there are four cosets. Let $H = \{1, 11\}$. The cosets are $H$, $7H$, $13H$, $19H$.

**9.** Since $|a^4| = 15$, there are two cosets: $\langle a^4\rangle$ and $a\langle a^4\rangle$.

**11.** Suppose that $h \in H$ and $h < 0$. Then $h\mathbf{R}^+ \subseteq hH = H$. But $h\mathbf{R}^+$ is the set of all negative real numbers. Thus, $H = \mathbf{R}^*$.

**13.** 1, 2, 3, 4, 5, 6, 10, 12, 15, 20, 30, 60

**15.** Use Lagrange's Theorem (Theorem 7.1) and Corollary 3.

**17.** By Exercise 16, we have $5^6 \bmod 7 = 1$ . So, using mod 7, we have $5^{15} = 5^6 \cdot 5^6 \cdot 5^2 \cdot 5 = 1 \cdot 1 \cdot 4 \cdot 5 = 6$; $7^{13} \bmod 11 = 2$.

**19.** Use Corollary 4 of Lagrange's Theorem (Theorem 7.1) together with Theorem 0.2.

**21.** By closure (234)(12) = (1342) belongs to $H$ so that $|H|$ is divisible by 3 and 4 and divides 24. But if $|H| = 12$ then the even permutations in $H$ would be a subgroup of $A_4$ of order 6, which does not exist (see Example 5).

**23.** Since $G$ has odd order, no element can have order 2. Thus, for each $x \neq e$, we know that $x \neq x^{-1}$. So, we can write the product of all the elements in the form $ea_1a_1^{-1}a_2a_2^{-1} \ldots a_na_n^{-1} = e$.

**25.** Let $H$ be the subgroup of order $p$ and $K$ be the subgroup of order $q$. Then $H \cup K$ has $p + q - 1 < pq$ elements. Let $a$ be any element in $G$ that is not in $H \cup K$. By Lagrange's Theorem, $|a| = p, q$, or $pq$. But $|a| \neq p$, for if so, then $\langle a \rangle = H$. Similarly, $|a| \neq q$.

**27.** 1, 3, 11, 33. If $|x| = 33$, then $|x^{11}| = 3$. Elements of order 11 occur in multiples of 10.

**29.** No. Observe that by Lagrange's Theorem, the elements of a group of order 55 must have orders 1, 5, 11, or 55; then use Theorem 4.4.

**31.** Observe that $|G:H| = |G|/|H|$, $|G:K| = |G|/|K|$, and $|K:H| = |K|/|H|$.

**33.** Certainly, $a \in \text{orb}_G(a)$. Now suppose that $c \in \text{orb}_G(a) \cap \text{orb}_G(b)$. Then $c = \alpha(a)$ and $c = \beta(b)$ for some $\alpha$ and $\beta$, and therefore $(\beta^{-1}\alpha)(a) = b$. So, if $x \in \text{orb}_G(b)$, then $x = \gamma(b) = (\gamma\beta^{-1}\alpha)(a)$ for some $\gamma$. This proves that $\text{orb}_G(b) \subseteq \text{orb}_G(a)$. By symmetry, $\text{orb}_G(a) \subseteq \text{orb}_G(b)$.

**35.** **a.** $\text{stab}_G(1) = \{(1), (24)(56)\}$; $\text{orb}_G(1) = \{1, 2, 3, 4\}$
**b.** $\text{stab}_G(3) = \{(1), (24)(56)\}$; $\text{orb}_G(3) = \{3, 4, 1, 2\}$
**c.** $\text{stab}_G(5) = \{(1), (12)(34), (13)(24), (14)(23)\}$; $\text{orb}_G(5) = \{5, 6\}$

**37.** Suppose that $|Z(G)| = p^{n-1}$ and let $a$ be an element of $G$ not in $Z(G)$. Then $C(a)$ contains both $a$ and $Z(G)$. By Lagrange's Theorem, we must have $C(a) = G$. But then $a \in Z(G)$.

**39.** 2520

**41.** Consider the mapping from $G$ to $G$ defined by $\phi(x) = x^2$ and let $|G| = 2k + 1$. Use the observation that $x = xe = xx^{2k+1} = x^{2k+2} = (x^2)^{k+1}$ to prove that $\phi$ is one-to-one and Exercise 10 of Chapter 5 to show that $\phi$ is onto.

**43.** Suppose that $B \in G$ and $\det(B) = 2$. Then $\det(A^{-1}B) = 1$, so that $A^{-1}B \in H$ and therefore $B \in AH$. Conversely, for any $Ah \in AH$ we have $\det(Ah) = \det(A)\det(h) = 2 \cdot 1 = 2$.

**45.** It is the set of all permutations that carry face 2 to face 1.

**47.** $aH = bH$ if and only if $\det(a) = \pm\det(b)$.

**49.** 50

## Chapter 8

There is always a right and a wrong way, and the wrong way always seems the more reasonable.

GEORGE MOORE, *The Bending of The Bough*

**1.** Closure and associativity in the product follow from the closure and associativity in each component. The identity in the product is the $n$-tuple with the identity in each component. The inverse of $(g_1, g_2, \ldots, g_n)$ is $(g_1^{-1}, g_2^{-1}, \ldots, g_n^{-1})$.

**3.** Use $g \to (g, e_H)$ and $h \to (e_G, h)$.

**5.** To show that $Z \oplus Z$ is not cyclic, note that $(a, b + 1) \notin \langle(a, b)\rangle$.

**7.** Use $(g_1, g_2) \to (g_2, g_1)$. In general, $G_1 \oplus G_2 \cdots \oplus G_n$ is isomorphic to the external direct product of any rearrangement of $G_1, G_2, \ldots, G_n$.

**9.** Yes, by Theorem 8.2.

**11.** Observe by Theorem 4.4 that as long as $d$ divides $n$, the number of elements of order $d$ in a cyclic group depends only on $d$. So, in both $Z_{8000000}$ and $Z_4$ there are $\phi(4) = 2$ elements of order 4 and $\phi(2) = 1$ element of order 2. Similarly for $Z_m \oplus Z_n$.

**13.** Try $a + bi \to (a, b)$.

**15.** Use Exercise 3 and Theorem 4.3.

**17.** $\langle m/r \rangle \oplus \langle n/s \rangle$.

**19.** Since $\langle(g, h)\rangle \subseteq \langle g\rangle \oplus \langle h\rangle$, a necessary and sufficient condition for equality is that $\mathrm{lcm}(|g|,|h|) = |(g,h)| = |\langle g\rangle \oplus \langle h\rangle| = |g|\,|h|$. This is equivalent to $\gcd(|g|,|h|) = 1$.
**21.** $|(a,b,c)| = \mathrm{lcm}\{|a|,|b|,|c|\} = 3$, unless $a = b = c = e$. In general, the order of every nonidentity element of $Z_p \oplus Z_p \oplus \cdots \oplus Z_p$, where $p$ is prime, is $p$.
**23.** Map $\begin{bmatrix} a & b \\ c & d \end{bmatrix}$ to $(a, b, c, d)$. Let $\mathbf{R}^k$ denote $\mathbf{R} \oplus \mathbf{R} \oplus \cdots \oplus \mathbf{R}$ ($k$ factors). Then the group of $m \times n$ matrices under addition is isomorphic to $\mathbf{R}^{mn}$.
**25.** $(g, g)(h, h)^{-1} = (gh^{-1}, gh^{-1})$ When $G = \mathbf{R}$, $G \oplus G$ is the plane and $H$ is the line $y = x$.
**27.** $\langle(3, 0)\rangle, \langle(3, 1)\rangle, \langle(3, 2)\rangle, \langle(0, 1)\rangle$
**29.** 60
**31.** $\{0, 400\} \oplus \{0, 50, 100, 150\}$
**33.** Compare the number of elements of order 2 in each group.
**35.** The mapping $\phi(3^m6^n) = (m, n)$ is an isomorphism. The mapping $\phi(3^m9^n) = (m, n)$ is not well-defined since $\phi(3^29^0) = \phi(3^0, 9^1)$.
**37.** $D_{24}$ has elements of order 24, whereas $D_3 \oplus D_4$ does not.
**39.** 12
**41.** $\mathrm{Aut}(U(25)) \approx \mathrm{Aut}(Z_{20}) \approx U(20) \approx U(4) \oplus U(5) \approx Z_2 \oplus Z_4$.
**43.** $2^k - 1$; $2^t - 1$, where $t$ is the number of the $n_1, n_2, \ldots, n_k$ that are even.
**45.** No. $Z_{10} \oplus Z_{12} \oplus Z_6$ has 7 elements of order 2 whereas $Z_{15} \oplus Z_4 \oplus Z_{12}$ has only 3.
**47.** Using the fact that an isomorphism from $Z_{12}$ is determined by the image of 1 and the fact that a generator must map to a generator, we determine that there are 4 isomorphisms.
**49.** Since $a \in Z_m$ and $b \in Z_n$, we know that $|a|$ divides $m$ and $|b|$ divides $n$. So, $|(a, b)| = \mathrm{lcm}(|a|, |b|)$ divides $\mathrm{lcm}(m, n)$.
**51.** $Z, Z_3, Z_4, Z_6$
**53.** Observe that every nonidentity element of $Z_p \oplus Z_p$ has order $p$ and each subgroup of order $p$ contains $p - 1$ of them. So, there are exactly $(p^2 - 1)/(p - 1) = p + 1$ subgroups of order $p$.
**55.** Look at $Z \oplus Z_2$.
**57.** $U(165) \approx U(11) \oplus U(15) \approx U(5) \oplus U(33) \approx U(3) \oplus U(55) \approx U(3) \oplus U(5) \oplus U(11)$
**59.** Mimic the analysis for elements of order 12 in $U(720)$ in this chapter.
**61.** 60
**63.** They are both isomorphic to $Z_{10} \oplus Z_4$.
**65.** That $U(n)^2$ is a subgroup follows from Exercise 15 of Supplementary Exercises for Chapters 1–4. $1^2 = (n - 1)^2$ shows that it is a proper subgroup.
**67.** 275
**69.** $U(117) \approx U(9) \oplus U(13) \approx Z_6 \oplus Z_{12}$, which contains $\langle(2, 0)\rangle \oplus \langle(0, 4)\rangle$.
**71.** Consider $U(49)$.
**73.** Consider $U(65)$.
**75.** no
**77.** a. $\mathbb{Z}_4 \oplus \mathbb{Z}_{18} \oplus \mathbb{Z}_{15} = \mathbb{Z}_4 \oplus (\mathbb{Z}_2 \oplus \mathbb{Z}_9) \oplus (\mathbb{Z}_3 \oplus \mathbb{Z}_5)$

$\mathbb{Z}_3 \oplus \mathbb{Z}_{10} \oplus \mathbb{Z}_{36} = \mathbb{Z}_3 \oplus (\mathbb{Z}_2 \oplus \mathbb{Z}_5) \oplus (\mathbb{Z}_4 \oplus \mathbb{Z}_9)$

b. $\varphi(360) = \varphi(2^3 \times 3^2 \times 5) = \varphi(2^3)\varphi(3^2)\varphi(5)$
$= (2^3 - 2^2)(3^2 - 3)(5 - 1) = 96$

## Supplementary Exercises for Chapters 5–8

All things are difficult before they are easy.

THOMAS FULLER

**1.** Consider the finite and infinite cases separately. In the finite case, note that $|H| = |\phi(H)|$. Now use Theorem 4.3. For the infinite case, use Exercise 2 in Chapter 6.

**3.** Observe that $\phi(x^{-1}y^{-1}xy) = (\phi(x))^{-1}(\phi(y))^{-1}\phi(x)\phi(y)$, so $\phi$ carries the generators of $G'$ to the generators of $G'$.

**5.** All nonidentity elements of $G$ and $H$ have order 3. $G \not\approx H$.

**7.** Certainly the set $HK$ has $|H||K|$ symbols. However, not all symbols need represent distinct group elements. That is, we may have $hk = h'k'$ although $h \neq h'$ and $k \neq k'$. We must determine the extent to which this happens. For every $t$ in $H \cap K$, $hk = (ht)(t^{-1}k)$, so each group element in $HK$ is represented by at least $|H \cap K|$ products in $HK$. But $hk = h'k'$ implies $t = h^{-1}h' = k(k')^{-1} \in H \cap K$, so that $h' = ht$ and $k' = t^{-1}k$. Thus each element in $HK$ is represented by exactly $|H \cap K|$ products. So, $|HK| = |H|\,|K|/|H \cap K|$.

**9.** $U(n)$, where $n = 4, 8, 3, 6, 12, 24$.

**11.** *Hint:* $3 + 2i = \sqrt{13}\left(\dfrac{3}{\sqrt{13}} + \dfrac{2}{\sqrt{13}}i\right)$

**13.** Suppose $\phi$: $Q \to \mathbf{R}$ is an isomorphism. Let $\phi(1) = x_0$. Show that $\phi(a/b) = (a/b)x_0$ for all integers $a$, $b$ with $b \neq 0$.

**15.** In $Q$, the equation $2x = a$ has a solution for all $a$. The corresponding equation $x^2 = b$ in $Q^+$ does not have a solution for all $b$.

**17.** Suppose $x^{p-2} = 1$. Since $|U(p)| = p - 1$, we have that $x^{p-1} = 1$ for all $x \in U(p)$. So, by cancellation, $x = 1$.

**19.** $\langle 3\rangle \oplus \langle 4\rangle$

**21.** $Z_{18}, Z_2 \oplus Z_3 \oplus Z_3, D_9, D_3 \oplus Z_3$.

**23.** Say $\alpha = a_1a_2 \cdots a_n$ and $\beta = b_1 \cdots b_m$, where the $a$'s and $b$'s are cycles. Then $\alpha\beta^{-1} = a_1a_2 \cdots a_nb_m{}^{-1} \cdots b_1{}^{-1}$ is a finite number of cycles.

**25.** Count elements of order 2.

**27.** Count elements of order 2.

**29.** $x = \phi_a(x) = axa^{-1}$, so that $xa = ax$. Conversely, if $G$ is Abelian, $\phi_a$ is the identity.

**31.** $U_{50}(450)$

**33.** $(4, 10)$

**35.** Count elements of order 2.

**37.** 20; $(8, 7, (3251))$

**39.** Let $H = \{x \in Z_{p^2} \oplus Z_{p^2} | x^p = (0, 0)\}$. Then $|H| = p^2$ and every nonidentity element of $(Z_{p^2} \oplus Z_{p^2})/H$ has order $p$.

**41.** (12)(34)(56789)

**43.** 1260

**45.** $\beta = (17395)(286)$

**47.** Say the points in $H$ lie on the line $y = mx$. Then $(a, b) + H = \{(a + x, b + mx) \mid x \in R\}$. This set is the line $y - b = m(x - a)$.

**49.** $aH = bH$ implies $a^{-1}b \in H$. So $(a^{-1}b)^{-1} = b^{-1}a \in H$. Thus, $Hb^{-1}a = H$ or $Hb^{-1} = Ha^{-1}$. These steps are reversible.

**51.** $p^2 - 1$

**53.** $p(p + 1)$

**55.** By Theorem 8.3, $U(pq) \equiv U(p) \oplus U(q)$, so an element $x^n$ in $U(pq)$ corresponds to an element $(x_1^n, x_2^n) \in U(p) \oplus U(q)$. It follows from Corollary 4 of Theorem 7.1 that $(x_1^n, x_2^n) = (1, 1)$, the identity of $U(p) \oplus U(q)$.

**57.** First observe that $(n, n-1, \ldots 2,1)(12)(123 \ldots n) = (1n)$. Also, $(1n)(123 \ldots n) = (123 \ldots n-1)$. So, by induction, $(12)$ and $(123 \ldots n)$ generate $S_{n-1}$. This means that every 2-cycle not involving $n$ can be generated. Now note that $(1k)(1n)(1k) = (kn)$, so all 2-cycles are generated.

**59.** Let $\beta$ have order 2. In disjoint cycle form, $\beta$ is a product of transpositions, so there must be some $i$ missing from this product. Thus, $\beta(i) = i$. Pick $j$ such that $\beta(j) \neq j$. Since $\sigma$ is an $n$-cycle, some power of $\sigma$, say $\sigma^t$, takes $i$ to $j$. If $\beta$ commutes with $\sigma$, it commutes with $\sigma^t$ as well. Then $(\sigma^t\beta)(i) = \sigma^t(\beta(i)) = \sigma^t(i) = j$, whereas $(\beta\sigma^t)(i) = \beta(\sigma^t(i)) = \beta(j) \neq j$. This proves that $\sigma^t\beta \neq \beta\sigma^t$.

## Chapter 9

There's a mighty big difference between good, sound reasons and reasons that sound good.

BURTON HILLIS

**1.** no

**3.** Say $i < j$ and let $h \in H_i \cap H_j$. Then $h \in H_1H_2 \cdots H_i \cdots H_{j-1} \cap H_j = \{e\}$.

**5.** Recall that if $A$ and $B$ are matrices, then $\det(ABA^{-1}) = (\det A)(\det B)(\det A)^{-1}$.

**7.** Let $x \in G$. If $x \in H$, then $xH = H = Hx$. If $x \notin H$, then $xH$ is the set of elements in $G$, not in $H$. But $Hx$ is also the set of elements in $G$, not in $H$.

**9.** $G/H \approx Z_4$
$G/K \approx Z_2 \oplus Z_2$

**11.** No, look at $D_3$.

**13.** This follows directly from $(ab)h = a(bh)$ for all $h \in H$.

**15.** 2

**17.** $H = \{0 + \langle 20\rangle, 4 + \langle 20\rangle, 8 + \langle 20\rangle, 12 + \langle 20\rangle, 16 + \langle 20\rangle\}$. $G/H = \{0 + \langle 20\rangle + H, 1 + \langle 20\rangle + H, 2 + \langle 20\rangle + H, 3 + \langle 20\rangle + H\}$.

**19.** $40/10 = 4$

**21.** By Theorem 9.5, the group has an element $a$ of order 3 and an element $b$ of order 11. Then $|ab| = 33$.

**23.** $\infty$; no, $(6, 3) + \langle(4, 2)\rangle$ has order 2.

**25.** $Z_8$

**27.** yes; no

**29.** Mimic the argument given in Example 13 in this chapter.

**31.** Certainly, every nonzero real number is of the form $\pm r$, where $r$ is a positive real number. Real numbers commute, and $\mathbf{R}^+ \cap \{1, -1\} = \{1\}$.

**33.** No. If $G = H \times K$, then $|g| = \text{lcm}(|h|, |k|)$ provided that $|h|$ and $|k|$ are finite. If $|h|$ or $|k|$ is infinite, so is $|g|$.

**35.** For the first question, note that $\langle 3\rangle \cap \langle 6\rangle = \{1\}$ and $\langle 3\rangle\langle 6\rangle \cap \langle 10\rangle = \{1\}$. For the second question, observe that $12 = 3^{-1}6^2$.

**37.** Say $|g| = n$. Then $(gH)^n = g^nH = eH = H$. Now use Corollary 2 to Theorem 4.1.

**39.** Let $x \in C(H)$, $g \in G$, and $h \in H$. We must show that $gxg^{-1}h = hgxg^{-1}$. Note that in the expression $(gxg^{-1})h(gxg^{-1})^{-1} = gxg^{-1}hgx^{-1}g^{-1}$ the terms $x$ and $x^{-1}$ cancel since $g^{-1}hg \in H$ and $x$ commutes with every element of $H$. Then we have $(gxg^{-1})h(gxg^{-1})^{-1} = gxg^{-1}hgx^{-1}g^{-1} = gg^{-1}hgg^{-1} = h$. So, $gxg^{-1} \in C(H)$.

**41.** Take $G = Z_6$, $H = \{0, 3\}$, $a = 1$, and $b = 4$.

**43.** Use Lagrange's Theorem and Exercise 7 of this chapter.

**45.** Since $N \subseteq NH \subseteq G$, we have $|G : N| = |G : NH|\,|NH : N|$. Thus, $|G : H| = 1$ or $|NH : N| = 1$. It follows that $G = NH$ or $NH = N$.

**47.** Use the "$G/Z$ Theorem."

**49.** If $H$ is normal in $G$, then $xNhN(xN)^{-1} = xhx^{-1}N \in H/N$, so $H/N$ is normal in $G/N$. Now assume $H/N$ is normal in $G/N$. Then $xhx^{-1}N = xNhN(xN)^{-1} \in H/N$. Thus, $xhx^{-1}N = h'N$ for $h' \in H$. So, $xhx^{-1} = h'n$ for some $n \in N$.

**51.** Say $H$ has index $n$. Then $(\mathbf{R}^*)^n = \{x^n \mid x \in \mathbf{R}^*\} \subseteq H$. If $n$ is odd, then $(\mathbf{R}^*)^n = \mathbf{R}^*$; if $n$ is even, then $(\mathbf{R}^*)^n = \mathbf{R}^+$. So, $H = \mathbf{R}^*$ or
$H = \mathbf{R}^+$.
**53.** Use Exercise 7 and observe that $VK \neq KV$.
**55.** Suppose $n_1h_1$ and $n_2h_2 \in NH$. Then
$n_1h_1n_2h_2 = n_1n'h_1h_2 \in NH$. Also $(n_1h_1)^{-1} = h_1^{-1}n_1^{-1} = nh_1^{-1} \in NH$.
**57.** Let $N = \langle a \rangle$, $H = \langle a^k \rangle$, and $x \in G$. Then, $x(a^k)^m x^{-1} = (xa^m x^{-1})^k = (a^r)^k = (a^k)^r \in H$.
**59.** $\gcd(|x|, |G/H|) = 1$ implies $\gcd(|xH|, |G/H|) = 1$. But $|xH|$ divides $|G/H|$. Thus $|xH| = 1$ and therefore $xH = H$.
**61.** Note that $G/N$ is a group and use Corollary 4 of Theorem 7.1.
**63.** Use Theorems 9.4 and 9.3.
**65.** Say $|gH| = n$. Then $|g| = nt$ (by Exercise 37) and $|g^t| = n$. For the second part, consider $Z/\langle k \rangle$.
**67.** It is not a group table. No, because $\mathcal{H}$ is not normal in $D_4$.
**69.** Use Theorem 9.3 and Theorem 7.2.
**71.** By Exercise 70, $A_5$ would have an element of the form $(ab)(cd)$ that commutes with every element of $A_5$. Try $(abc)$.
**73.** To see that $H$ is normal, observe that $xg^p x^{-1} = (xgx^{-1})^p$. To verify the second part, note that $(gH)^p = g^p H = H$.
**75.** Since $H$ has index 2 in $G$, is it a normal subgroup of $G$ and $|G/H| = 2$. It follows that for every $a$ in $G$ we have $(aH)^2 = H$. If $a$ is an element of $G$ of order $2n + 1$, then $H = a^{2n+1}H = ((aH)^2)^n aH = aH$. Thus, $a$ is in $H$.

## Chapter 10

It's always helpful to learn from your mistakes because then your mistakes seem worthwhile.

GARRY MARSHALL

**1.** Note that $\det(AB) = (\det A)(\det B)$.
**3.** Note that $(f + g)' = f' + g'$.
**5.** Observe that $(xy)^r = x^r y^r$. Odd values of $r$ yield an isomorphism.
**7.** $(\sigma\phi)(g_1g_2) = \sigma(\phi(g_1g_2)) = \sigma(\phi(g_1)\phi(g_2)) = \sigma(\phi(g_1))\sigma(\phi(g_2)) = (\sigma\phi)(g_1)(\sigma\phi)(g_2)$.
Ker $\phi$ is a normal subgroup of Ker $\sigma\phi$. $|H|/|K| = [\text{Ker } \sigma\phi : \text{Ker } \phi]$
**9.** $\phi((g, h)(g', h')) = \phi((gg', hh')) = gg' = \phi((g, h))\phi((g', h'))$. The kernel is $\{(e, h) | h \in H\}$.
**11.** Consider $\phi: Z \oplus Z \rightarrow Z_a \oplus Z_b$ given by $\phi((x, y)) = (x \bmod a, y \bmod b)$ and use Theorem 10.3.
**13.** $(a, b) \rightarrow b$ is a homomorphism from $A \oplus B$ onto $B$ with kernel $A \oplus \{e\}$.
**15.** 3, 13, 23
**17.** Suppose $\phi$ is such a homomorphism. By Theorem 10.3, Ker $\phi = \langle(8, 1)\rangle, \langle(0, 1)\rangle$ or $\langle(8, 0)\rangle$. In these cases, $(1, 0) +$ Ker $\phi$ has order either 16 or 8. So, $(Z_{16} \oplus Z_2)/$ Ker $\phi$ is not isomorphic to $Z_4 \oplus Z_4$.
**19.** Since $|\text{Ker } \phi|$ is not 1 and divides 17, $\phi$ is the trivial map.
**21.** $\langle 5 \rangle$
**23.** **a.** The possible images are isomorphic to $Z_1, Z_2, Z_3, Z_4, Z_6$, and $Z_{12}$.
**b.** $\langle 1 \rangle \approx Z_{36}$, $\langle 2 \rangle \approx Z_{18}$, $\langle 3 \rangle \approx Z_{12}$, $\langle 4 \rangle \approx Z_9$, $\langle 6 \rangle \approx Z_6$, and $\langle 12 \rangle \approx Z_3$.
**25.** 4 onto; 10 to
**27.** For each $k$ with $0 \leq k \leq n - 1$, the mapping $1 \rightarrow k$ determines a homomorphism.
**29.** Use Theorem 10.3 and properties 5, 7, and 8 of Theorem 10.2.
**31.** $\phi^{-1}(7) = 7$ Ker $\phi = \{7, 17\}$
**33.** 11 Ker $\phi$
**35.** $\phi((a, b) + (c, d)) = \phi((a + c, b + d)) = (a + c) - (b + d) = a - b + c - d = \phi((a, b)) + \phi((c, d))$. Ker $\phi = \{(a, a) \mid a \in Z\}$. $\phi^{-1}(3) = \{(a + 3, a) \mid a \in Z\}$.
**37.** $\phi(xy) = (xy)^6 = x^6y^6 = \phi(x)\phi(y)$. Ker $\phi = \langle \cos 60° + i \sin 60° \rangle$.

**39.** Show that the mapping from $K$ to $KN/N$ given by $k \to kN$ is an onto homomorphism with kernel $K \cap N$.

**41.** For each divisor $d$ of $k$ there is a unique subgroup of $Z_k$ of order $d$, and this subgroup is generated by $\phi(d)$ elements. A homomorphism from $Z_n$ to a subgroup of $Z_k$ must carry 1 to a generator of the subgroup. Furthermore, the order of the image of 1 must divide $n$, so we need consider only those divisors $d$ of $k$ that also divide $n$.

**43.** $D_4$, $\{e\}$, $Z_2$, $Z_2 \oplus Z_2$

**45.** It is divisible by 10.

**47.** It is infinite. $Z$

**49.** Let $\gamma$ be the natural homomorphism from $G$ onto $G/N$. Let $\overline{H}$ be a subgroup of $G/N$ and let $\gamma^{-1}(\overline{H}) = H$. Then $H$ is a subgroup of $G$ and $H/N = \gamma(H) = \gamma(\gamma^{-1}(\overline{H})) = \overline{H}$.

**51.** The mapping $g \to \phi_g$ is a homomorphism with kernel $Z(G)$.

**53.** $(f + g)(3) = f(3) + g(3)$. The kernel is the set of elements in $Z[x]$ whose graphs pass through the point $(3, 0)$.

**55.** Let $g$ belong to $G$. Since $\phi(g)$ belongs to $Z_2 \oplus Z_2 = \langle 1, 0\rangle \cup \langle 0, 1\rangle \cup \langle 1, 1\rangle$, it follows that $G = \phi^{-1}(\langle 1, 0\rangle) \cup \phi^{-1}(\langle 0, 1\rangle) \cup \phi^{-1}(\langle 1, 1\rangle)$. Moreover, each of these three subgroups is proper.

**57.** Use Exercise 54 in Chapter 9 and Exercise 39 above to prove the first assertion. To verify that $G/(H \cap K)$ is not cyclic, observe that it has two subgroups of order 2.

**59.** Mimic Example 16.

**61.** Suppose that $H$ is a proper subgroup of $G$ that is not properly contained in a proper subgroup of $G$. Then $G/H$ has no nontrivial, proper subgroup. It follows from Exercise 24 in Chapter 7 that $G/H$ is isomorphic to $Z_p$ for some prime $p$. But then for every coset $g + H$ we have $p(g + H) = H$ so that $pg \in H$ for all $g \in G$. But then $G = pG \subseteq H$. Both $Q$ and $R$ satisfy the hypothesis.

## Chapter 11

Think before you think!

STANISLAW J. LEC, *Unkempt Thoughts*

**1.** $n = 4$

$Z_4$, $Z_2 \oplus Z_2$

**3.** $n = 36$

$Z_9 \oplus Z_4$, $Z_3 \oplus Z_3 \oplus Z_4$, $Z_9 \oplus Z_2 \oplus Z_2$, $Z_3 \oplus Z_3 \oplus Z_2 \oplus Z_2$

**5.** The only Abelian groups of order 45 are $Z_{45}$ and $Z_3 \oplus Z_3 \oplus Z_5$. In the first group, $|3| = 15$; in the second one, $|(1, 1, 1)| = 15$. $Z_3 \oplus Z_3 \oplus Z_5$ does not have an element of order 9.

**7.** $Z_9 \oplus Z_3 \oplus Z_4$; $Z_9 \oplus Z_3 \oplus Z_2 \oplus Z_2$

**9.** $Z_4 \oplus Z_2 \oplus Z_3 \oplus Z_5$

**11.** By the Fundamental Theorem, any finite Abelian group $G$ is isomorphic to some direct product of cyclic groups of prime-power order. Now go across the direct product and, for each distinct prime you have, pick off the largest factor of the prime-power. Next, combine all of these into one factor (you can do this, since the subscripts are relatively prime). Let us call the order of this new factor $n_1$. Now repeat this process with the remaining original factors and call the order of the resulting factor $n_2$. Then $n_2$ divides $n_1$, since each prime-power divisor of $n_2$ is also a prime-power divisor of $n_1$. Continue in this fashion. Example: If

$$G \approx Z_{27} \oplus Z_3 \oplus Z_{125} \oplus Z_{25} \oplus Z_4 \oplus Z_2 \oplus Z_2,$$

then

$$G \approx Z_{27 \cdot 125 \cdot 4} \oplus Z_{3 \cdot 25 \cdot 2} \oplus Z_2.$$

Now note that 2 divides $3 \cdot 25 \cdot 2$ and $3 \cdot 25 \cdot 2$ divides $27 \cdot 125 \cdot 4$.

**13.** $Z_2 \oplus Z_2$

**15.** **a.** 1 **b.** 1 **c.** 1 **d.** 1 **e.** 1 **f.** There is a unique Abelian group of order $n$ if and only if $n$ is not divisible by the square of any prime.
**17.** $Z_2 \oplus Z_2$
**19.** $Z_3 \oplus Z_3$
**21.** $n$ is square-free (no prime factor of $n$ occurs more than once).
**23.** Among the first 11 elements in the table, there are nine elements of order 4. None of the other isomorphism classes has this many.
**25.** $Z_4 \oplus Z_2 \oplus Z_2$; one internal direct product is $\langle 7\rangle \times \langle 101\rangle \times \langle 199\rangle$.
**27.** 3; 6; 12
**29.** $Z_4 \oplus Z_4$
**31.** Use Theorems 11.1, 8.1, and 4.3.
**33.** $|\langle a\rangle K| = |a||K|/|\langle a\rangle \cap K| = |a||K| = |\bar{a}||\bar{K}|p = |\bar{G}|p = |G|$.
**35.** By the Fundamental Theorem of Finite Abelian Groups, it suffices to show that every group of the form $Z_{p_1^{n_1}} \oplus Z_{p_2^{n_2}} \oplus \cdots \oplus Z_{p_k^{n_k}}$ is a subgroup of a $U$-group. Consider first a group of the form $Z_{p_1^{n_1}} \oplus Z_{p_2^{n_2}}$ ($p_1$ and $p_2$ need not be distinct). By Dirichlet's Theorem, for some $s$ and $t$ there are distinct primes $q$ and $r$ such that $q = tp_1^{n_1} + 1$ and $r = sp_2^{n_2} + 1$. Then $U(qr) = U(q) \oplus U(r) \approx Z_{tp_1^{n_1}} \oplus Z_{sp_2^{n_2}}$, and this latter group contains a subgroup isomorphic to $Z_{p_1^{n_1}} \oplus Z_{p_2^{n_2}}$. The general case follows in the same way.
**37.** Look at $D_4$.

## Supplementary Exercises for Chapters 9–11

You cannot have success without the failures.

H. G. HASLER, *The Observer*

**1.** Say $aH = Hb$. Then $a = hb$ for some $h$ in $H$. Then $Ha = Hhb = Hb = aH$.
**3.** Suppose diag($G$) is normal. Then $(e, a)(b, b)(e, a)^{-1} = (b, aba^{-1}) \in \text{diag}(G)$. Thus $b = aba^{-1}$. If $G$ is Abelian, $(g, h)(b, b) \cdot (g, h)^{-1} = (gbg^{-1}, hbh^{-1}) = (b, b)$. The index of diag($G$) is $|G|$.
**5.** Let $\alpha \in \text{Aut}(G)$ and $\phi_a \in \text{Inn}(G)$. Then $(\alpha\phi_a\alpha^{-1})(x) = (\alpha\phi_a)(\alpha^{-1}(x)) = \alpha(a\alpha^{-1}(x)a^{-1}) = \alpha(a)x(\alpha(a))^{-1} = \phi_{\alpha(a)}(x)$.
**7.** $\mathbf{R}^*$ (See Example 2 in Chapter 10.)
**9.** **a.**

$$Z(H) = \left\{ \begin{bmatrix} 1 & 0 & b \\ 0 & 1 & 0 \\ 0 & 0 & 1 \end{bmatrix} \middle| \; b \in Q \right\}$$

**b.** The mapping

$$\begin{bmatrix} 1 & 0 & b \\ 0 & 1 & 0 \\ 0 & 0 & 1 \end{bmatrix} \to b$$

is an isomorphism.

**c.** The mapping

$$\begin{bmatrix} 1 & a & b \\ 0 & 1 & c \\ 0 & 0 & 1 \end{bmatrix} \to (a, c)$$

is a homomorphism with $Z(H)$ as the kernel.

**d.** The proofs are valid with $\mathbf{R}$ and $Z_p$.
**11.** $b(a/b + Z) = a + Z = Z$
**13.** Use Exercise 5 of the Supplementary Exercises for Chapters 1–4. Such a set is possible only when $n$ is prime. For the first example, consider $D_p$, where $p$ is a prime. For the second example, try $D_4$.
**15.** Observe that $hkh^{-1}k^{-1} = (hkh^{-1})k^{-1} \in K$ and $hkh^{-1}k^{-1} = h(kh^{-1}k^{-1}) \in H$.
**17.** Use Theorem 7.3 and Exercise 7 of Chapter 9.

**19.** First observe that $\phi((4, 0, 0)) = \phi(4(1, 0, 0)) = 4\phi(1, 0, 0) = (0, 0)$, so that Ker $\phi = \{(0, 0, 0), (4, 0, 0)\}$. But then $(Z_8 \oplus Z_2 \oplus Z_2)/\text{Ker } \phi$ has more than three elements of order 2, whereas $Z_4 \oplus Z_4$ has only three.

**21.** Use Theorem 7.2 together with the fact that $S_4$ has no element of order 6.

**23.** The number is $m$ in all cases.

**25.** The mapping $g \to g^n$ is a homomorphism from $G$ onto $G^n$ with kernel $G_n$.

**27.** Let $|H| = p$. Exercise 7 of Supplementary Exercises for Chapters 5–8 shows that $H$ is the only subgroup of order $p$. But $xHx^{-1}$ is also a subgroup of order $p$. So, $xHx^{-1} = H$.

**29.** Say $a$ and $b$ are integers and $a/b + Z$ has order $n$ in $Q/Z$. Then $na/b = m$ for some integer $m$. Thus, $a/b + Z = m/n + Z = m(1/n + Z) \in \langle 1/n + Z \rangle$.

**31.** If $(1, 0) \to a$ and $(0, 1) \to b$, then $(x, 0) \to ax$ and $(0, y) \to by$.

**33.** First note that by Exercise 11, every element in $Q/Z$ has finite order. For each positive integer $n$, let $B_n$ denote the set of elements of order $n$ and suppose that $\phi$ is an isomorphism from $Q/Z$ to itself. Then, by property 5 of Theorem 6.2, $\phi(B_n) \subseteq B_n$. By Exercise 29 we know that $B_n$ is finite, and since $\phi$ preserves orders and is one-to-one, we must have $\phi(B_n) = B_n$. Since it follows from Exercise 11 and Exercise 29 that $Q/Z = \cup B_n$, where the union is taken over all positive integers $n$, we have $\phi(Q/Z) = Q/Z$.

**35.** If the group is not Abelian, for any element $a$ not in the center, the inner automorphism induced by $a$ is not the identity; if the group is Abelian and contains an element $a$ with $|a| > 2$, then $x \to x^{-1}$ works; if every nonidentity element has order 2, then $G$ is isomorphic to a group of the form $Z_2 \oplus Z_2 \oplus \cdots \oplus Z_2$. In this case, the mapping that takes $(a_1, a_2, a_3, \ldots, a_k)$ to $(a_2, a_1, a_3, \ldots, a_k)$ is not the identity.

**37.** $G/H$ is isomorphic to $Z_2 \oplus Z_2$. $G/H$ is not isomorphic to a subgroup of $G$ since $G$ has only one element of order 2.

**39.** Observe that $\begin{bmatrix} 1 & x \\ 0 & 1 \end{bmatrix}\begin{bmatrix} 1 & y \\ 0 & 1 \end{bmatrix} = \begin{bmatrix} 1 & x+y \\ 0 & 1 \end{bmatrix}$,

so $H$ is closed. Also, $\begin{bmatrix} 1 & x \\ 0 & 1 \end{bmatrix}^{-1} = \begin{bmatrix} 1 & -x \\ 0 & 1 \end{bmatrix}$,
which is in $H$. Thus, $H$ is a subgroup of $G$.

Since $\begin{bmatrix} 1 & a \\ 0 & b \end{bmatrix}\begin{bmatrix} 1 & x \\ 0 & 1 \end{bmatrix}\begin{bmatrix} 1 & a \\ 0 & b \end{bmatrix}^{-1} = \begin{bmatrix} 1 & a \\ 0 & b \end{bmatrix}\begin{bmatrix} 1 & x \\ 0 & 1 \end{bmatrix}\begin{bmatrix} 1 & -ab^{-1} \\ 0 & b^{-1} \end{bmatrix} = \begin{bmatrix} 1 & b^{-1}x \\ 0 & 1 \end{bmatrix}$ belongs to $H$,
we have that $H$ is normal in $G$.

**41.** Let $g$ belong to $G$. Since $gKg^{-1} = K$, conjugation is an automorphism of $K$. Thus $gHg^{-1} = H$.

**43.** a. $\ker(f) \Rightarrow k \Leftrightarrow f(k) = (\bar{k}, \bar{k}) = (\bar{0}, \bar{0})$
$\Leftrightarrow 2|k,\ 3|k$
$\therefore\ \ker(f) = 6\mathbb{Z}$

b. $400 = 264 \times 5^2$
$p(4)\ p(2) = 5 \times 2 = 10$

## Chapter 12

Mistakes are the postals of discovery.

JAMES JOYCE

**1.** For any $n > 1$, the ring $M_2(Z_n)$ of $2 \times 2$ matrices with entries from $Z_n$ is a finite noncommutative ring. The set $M_2(2Z)$ of $2 \times 2$ matrices with even integer entries is an infinite noncommutative ring that does not have a unity.

**3.** In **R**, consider $\{n\sqrt{2} \mid n \in Z\}$.

**5.** The proofs given for a group apply to a ring as well.

**7.** In $Z_p$, nonzero elements have multiplicative inverses. Use them.

**9.** If $a$ and $b$ belong to the intersection, then they belong to each member of the intersection. Thus $a - b$ and $ab$ belong to each member of the intersection. So, $a - b$ and $ab$ belong to the intersection.

**11.** Part 3: $0 = 0(-b) = (a + (-a))(-b) = a(-b) + (-a)(-b) = -(ab) + (-a)(-b)$.
So, $ab = (-a)(-b)$.
Part 4: $a(b - c) = a(b + (-c)) = ab + a(-c) = ab + (-(ac)) = ab - ac$.
Part 5: Use part 2.
Part 6: Use part 3.

**13.** *Hint:* $Z$ is a cyclic group under addition, and every subgroup of a cyclic group is cyclic.

**15.** For positive $m$ and $n$, observe that $(m \cdot a)(n \cdot b) = (a + a + \cdots + a)(b + b + \cdots + b) = (ab + ab + \cdots + ab)$, where the last term has $mn$ summands. Similar arguments apply in the remaining cases.

**17.** From Exercise 15, we have $(n \cdot a)(m \cdot a) = (nm) \cdot a^2 = (mn) \cdot a^2 = (m \cdot a)(n \cdot a)$.

**19.** Let $a$, $b$ belong to the center. Then $(a - b)x = ax - bx = xa - xb = x(a - b)$. Also, $(ab)x = a(bx) = a(xb) = (ax)b = (xa)b = x(ab)$.

**21.** $(x_1, \ldots, x_n)(a_1, \ldots, a_n) = (x_1, \ldots, x_n)$ for all $x_i$ in $R_i$ if and only if $x_i a_i = x_i$ for all $x_i$ in $R_i$ and $i = 1, \ldots, n$.

**23.** $\{1, -1, i, -i\}$

**25.** $f(x) = 1$ and $g(x) = -1$.

**27.** If $a$ is a unit, then $b = a(a^{-1}b)$.

**29.** Consider $a^{-1} - a^{-2}b$.

**31.** Try the ring $M_2(Z)$.

**33.** Note that $2x = (2x)^3 = 8x^3 = 8x$.

**35.** For $Z_6$ use $n = 3$. For $Z_{10}$ use $n = 5$. Say $m = p^2t$ where $p$ is a prime. Then $(pt)^n = 0$ in $Z_m$ since $m$ divides $(pt)^n$.

**37.** Every subgroup of $Z_n$ is closed under multiplication.

**39.** $ara - asa = a(r - s)a$. $(ara)(asa) = ara^2sa = arsa$. $a1a = a^2 = 1$, so $1 \in S$.

**41.** The subring test is satisfied.

**43.** Look at $(1, 0, 1)$ and $(0, 1, 1)$.

**45.** Observe that $n \cdot 1 - m \cdot 1 = (n - m) \cdot 1$. Also, $(n \cdot 1)(m \cdot 1) = (nm) \cdot ((1)(1)) = (nm) \cdot 1$.

**47.** $\{m/2^n \mid m \in Z, n \in Z^+\}$

**49.** $(a + b)(a - b) = a^2 + ba - ab - b^2 = a^2 - b^2$ if and only if $ba - ab = 0$.

**51.** $Z_2 \oplus Z_2$; $Z_2 \oplus Z_2 \oplus \cdots$ (infinitely many copies).

## Chapter 13

Work now or wince later.

B. C. FORBES, *Epigrams*

**1.** The verifications for Examples 1–6 follow from elementary properties of real and complex numbers. For Example 7, note that

$$\begin{bmatrix} 1 & 0 \\ 0 & 0 \end{bmatrix}\begin{bmatrix} 0 & 0 \\ 0 & 1 \end{bmatrix} = \begin{bmatrix} 0 & 0 \\ 0 & 0 \end{bmatrix}.$$

For Example 8, note that $(1, 0)(0, 1) = (0, 0)$.

**3.** Let $ab = 0$ and $a \neq 0$. Then $ab = a \cdot 0$, so $b = 0$.

**5.** Let $k \in Z_n$. If $\gcd(k, n) = 1$, then $k$ is a unit. If $\gcd(k, n) = d > 1$, write $k = sd$. Then $k(n/d) = sd(n/d) = sn = 0$.

**7.** Let $s \in R$, $s \neq 0$. Consider the set $S = \{sr \mid r \in R\}$. If $S = R$, then $sr = 1$ (the unity) for some $r$. If $S \neq R$, then there are distinct $r_1$ and $r_2$ such that $sr_1 = sr_2$. In this case, $s(r_1 - r_2) = 0$. To see what happens when the "finite" condition is dropped, consider $Z$.

**9.** $(a_1 + b_1\sqrt{d}) - (a_2 + b_2\sqrt{d}) = (a_1 - a_2) + (b_1 - b_2)\sqrt{d}$; $(a_1 + b_1\sqrt{d})(a_2 + b_2\sqrt{d}) = (a_1a_2 + b_1b_2d) + (a_1b_2 + a_2b_1)\sqrt{d}$. Thus the set is a ring. Since $Z[\sqrt{d}]$ is a subring of the ring of complex numbers, it has no zero-divisors.

**11.** The even integers.

**13.** $(1 - a)(1 + a + a^2 + \cdots + a^{n-1}) = 1 + a + a^2 + \cdots + a^{n-1} - a - a^2 - \cdots - a^n = 1 - a^n = 1 - 0 = 1$.

**15.** Suppose $a \neq 0$ and $a^n = 0$ (where we take $n$ to be as small as possible). Then $a \cdot 0 = 0 = a^n = a \cdot a^{n-1}$, so by cancellation, $a^{n-1} = 0$.

**17.** If $a^2 = a$ and $b^2 = b$, then $(ab)^2 = a^2b^2 = ab$. The other cases are similar.

**19.** Suppose that $a$ is an idempotent and $a^n = 0$. By the previous exercise, $a = 0$.

**21.** $(3 + 4i)^2 = 3 + 4i$.

**23.** $a^2 = a$ implies $a(a - 1) = 0$. So if $a$ is a unit, $a - 1 = 0$ and $a = 1$.

**25.** See Theorems 3.1 and 12.3.

**27.** Note that $ab = 1$ implies $aba = a$. Thus $0 = aba - a = a(ba - 1)$. So, $ba - 1 = 0$.

**29.** A subdomain of an integral domain $D$ is a subset of $D$ that is an integral domain under the operations of $D$. To show that $P$ is a subdomain, show that it is a subring and contains 1. Every subdomain contains 1 and is closed under addition and subtraction, so every subdomain contains $P$. $|P| = \text{char } D$ when char $D$ is prime and $|P|$ is infinite when char $D$ is 0.

**31.** Use Theorems 13.3, 13.4, and 7.1 (Lagrange's Theorem).

**33.** By Exercise 32, 1 is the only element of an integeral domain if and only if $1 = -1$. This is true only for fields of characteristic 2.

**35.** **a.** Since $a^3 = b^3$, $a^6 = b^6$. Then $a = b$ because we can cancel $a^5$ from both sides (since $a^5 = b^5$).
**b.** Use the fact that there exist integers $s$ and $t$ such that $1 = sn + tm$, but remember that you cannot use negative exponents in a ring.

**37.** $(1 - a)^2 = 1 - 2a + a^2 = 1 - 2a + a = 1 - a$.

**39.** $Z_8$

**41.** Let $S = \{a_1, a_2, \ldots, a_n\}$ be the nonzero elements of the ring. First show that $S = \{a_1a_1, a_1a_2, \ldots, a_1a_n\}$. Thus, $a_1 = a_1a_i$ for some $i$. Then $a_i$ is the unity, for if $a_k$ is any element of $S$, we have $a_1a_k = a_1a_ia_k$, so that $a_1(a_k - a_ia_k) = 0$.

**43.** Say $|x| = n$ and $|y| = m$ with $n < m$. Consider $(nx)y = x(ny)$.

**45.** **a.** Use the Binomial Theorem.
**b.** Use part **a** and induction.
**c.** Consider $\{0, 3, 6, 9\}$ under addition and multiplication modulo 12.

**47.** Use Theorems 13.4 and 9.5 and Exercise 43.

**49.** $n\begin{bmatrix} a & b \\ c & d \end{bmatrix} = \begin{bmatrix} 0 & 0 \\ 0 & 0 \end{bmatrix}$ for all members of $M_2(R)$ if and only if $na = 0$ for all $a$ in $R$.

**51.** Use Exercise 50.

**53.** **a.** 2 **b.** 2, 3 **c.** 2, 3, 6, 11 **d.** 2, 3, 9, 10

**55.** 2

**57.** See Example 10.

**59.** Use Exercise 25 and part **a** of Exercise 45.

**61.** Choose $a \neq 0$ and $a \neq 1$ and consider $1 + a$.

**63.** $\phi(x) = \phi(x \cdot 1) = \phi(x) \cdot \phi(1)$ so $\phi(1) = 1$. Also, $1 = \phi(1) = \phi(xx^{-1}) = \phi(x)\,\phi(x^{-1})$.

**65.** Since a field of order 27 has characteristic 3, we have $3a = 0$ for all $a$. From this, we have $6a = 0$ and $5a = -a$.

## Chapter 14

Not one student in a thousand breaks down from overwork.

WILLIAM ALLAN NEILSON

**1.** Let $r_1a$ and $r_2a$ belong to $\langle a \rangle$. Then $r_1a - r_2a = (r_1 - r_2)a \in \langle a \rangle$. If $r \in R$ and $r_1a \in \langle a \rangle$, then $r(r_1a) = (rr_1)a \in \langle a \rangle$.

**3.** Clearly, $I$ is not empty. Now observe that $(r_1a_1 + \cdots + r_na_n) - (s_1a_1 + \cdots + s_na_n) = (r_1 - s_1)a_1 + \cdots + (r_n - s_n)a_n \in I$. Also, if $r \in R$, then $r(r_1a_1 + \cdots + r_na_n) = (rr_1)a_1 + \cdots + (rr_n)a_n \in I$. That $I \subseteq J$ follows from closure under addition and multiplication by elements from $R$.

**5.** Let $a + bi, c + di \in S$. Then $(a + bi) - (c + di) = a - c + (b - d)i$ and $b - d$ is even. Also, $(a + bi)(c + di) = ac - bd + (ad + cb)i$ and $ad + cb$ is even. Finally, $(1 + 2i)(1 + i) = -1 + 3i \notin S$.

**7.** Since $ar_1 - ar_2 = a(r_1 - r_2)$ and $(ar_1)r = a(r_1r)$, $4R = \{\ldots, -16, -8, 0, 8, 16, \ldots\}$.

**9.** If $n$ is prime, use Euclid's Lemma (Chapter 0). If $n$ is not prime, say $n = st$ where $s < n$ and $t < n$, then $st$ belongs to $nZ$ but $s$ and $t$ do not.

**11.** **a.** $a = 1$ **b.** $a = 3$ **c.** $a = \gcd(m, n)$

**13.** **a.** $a = 12$

**b.** $a = 48$. To see this, note that every element of $\langle 6\rangle\langle 8\rangle$ has the form $6t_18k_1 + 6t_28k_2 + \cdots + 6t_n8k_n = 48s \in \langle 48\rangle$. So, $\langle 6\rangle\langle 8\rangle \subseteq \langle 48\rangle$. Also, since $48 \in \langle 6\rangle\langle 8\rangle$, we have $\langle 48\rangle \subseteq \langle 6\rangle\langle 8\rangle$.

**c.** $a = mn$

**15.** Let $r \in R$. Then $r = 1r \in A$.

**17.** Let $u \in I$ be a unit and let $r \in R$. Then $r = r(u^{-1}u) = (ru^{-1})u \in I$.

**19.** Observe that $\langle 2\rangle$ and $\langle 3\rangle$ are the only nontrivial ideals of $Z_6$, so both are maximal. More generally, $Z_{pq}$, where $p$ and $q$ are distinct primes, has exactly two maximal ideals.

**21.** Clearly, $I$ is closed under subtraction. Also, if $b_1$, $b_2$, $b_3$, and $b_4$ are even, then every entry of $\begin{bmatrix} a_1 & a_2 \\ a_3 & a_4 \end{bmatrix}\begin{bmatrix} b_1 & b_2 \\ b_3 & b_4 \end{bmatrix}$ is even.

**23.** Use the observation that every member of $R$ can be written in the form $\begin{bmatrix} 2q_1 + r_1 & 2q_2 + r_2 \\ 2q_3 + r_3 & 2q_4 + r_4 \end{bmatrix}$. Then note that $\begin{bmatrix} 2q_1 + r_1 & 2q_2 + r_2 \\ 2q_3 + r_3 & 2q_4 + r_4 \end{bmatrix} + I = \begin{bmatrix} r_1 & r_2 \\ r_3 & r_4 \end{bmatrix} + I$.

**25.** $(br_1 + a_1) - (br_2 + a_2) = b(r_1 - r_2) + (a_1 - a_2) \in B$; $r'(br + a) = b(r'r) + r'a \in B$.

**27.** Use Exercise 17.

**29.** Since every element of $\langle x\rangle$ has the form $xg(x)$, we have $\langle x\rangle \subseteq I$. If $f(x) \in I$, then $f(x) = a_nx^n + \cdots + a_1x = x(a_nx^{n-1} + \cdots + a_1) \in \langle x\rangle$.

**31.** Suppose $f(x) + A \neq A$. Then $f(x) + A = f(0) + A$ and $f(0) \neq 0$. Thus,

$$(f(x) + A)^{-1} = \frac{1}{f(0)} + A.$$

This shows that $R/A$ is a field. Now use Theorem 14.4.

**33.** Since $(3 + i)(3 - i) = 10$, $10 + \langle 3 + i\rangle = 0 + \langle 3 + i\rangle$. Also, $i + \langle 3 + i\rangle = -3 + \langle 3 + i\rangle = 7 + \langle 3 + i\rangle$. So, $Z[i]/\langle 3 + i\rangle = \{k + \langle 3 + i\rangle \mid k = 0, 1, \ldots, 9\}$, since $1 + \langle 3 + i\rangle$ has additive order 10.

**35.** Use Theorems 14.3 and 14.4.

**37.** Since every $f(x)$ in $\langle x, 2\rangle$ has the form $f(x) = xg(x) + 2h(x)$, we have $f(0) = 2h(0)$, so that $f(x) \in I$. If $f(x) \in I$, then $f(x) = a_nx^n + \cdots + a_1x + 2k = x(a_nx^{n-1} + \cdots + a_1) + 2k \in \langle x, 2\rangle$. $I$ is prime and maximal. $Z[x]/I$ has two elements.

**39.** $3x + 1 + I$

**41.** Every ideal is a subgroup. Every subgroup of a cyclic group is cyclic.

**43.** Use Exercise 42.

**45.** Say $b, c \in \text{Ann}(A)$. Then $(b - c)a = ba - ca = 0 - 0 = 0$. Also, $(rb)a = r(ba) = r \cdot 0 = 0$.

**47.** **a.** $\langle 3\rangle$ **b.** $\langle 3\rangle$ **c.** $\langle 3\rangle$

**49.** Suppose $(x + N(\langle 0\rangle))^n = 0 + N(\langle 0\rangle)$. We must show that $x \in N(\langle 0\rangle)$. We know that $x^n + N(\langle 0\rangle) = 0 + N(\langle 0\rangle)$, so that $x^n \in N(\langle 0\rangle)$. Then, for some $m$, $(x^n)^m = 0$, and therefore $x \in N(\langle 0\rangle)$.

**51.** The set $Z_2[x]/\langle x^2 + x + 1\rangle$ has only four elements and each of the nonzero ones has a multiplicative inverse. For example,

$$(x + \langle x^2 + x + 1\rangle)(x + 1 + \langle x^2 + x + 1\rangle) = 1 + \langle x^2 + x + 1\rangle.$$

**53.** $x + 2 + \langle x^2 + x + 1 \rangle$ is not zero, but its square is.

**55.** If $f$ and $g \in A$, then $(f - g)(0) = f(0) - g(0)$ is even and $(f \cdot g)(0) = f(0) \cdot g(0)$ is even. $f(x) = \frac{1}{2} \in R$ and $g(x) = 2 \in A$, but $f(x)g(x) \notin A$.

**57.** *Hint:* Any ideal of $R/I$ has the form $A/I$, where $A$ is an ideal of $R$.

**59.** Use the fact that $R/I$ is an integral domain to show that $R/I = \{I, 1 + I\}$.

**61.** $\langle x \rangle \subset \langle x, 2^n \rangle \subset \langle x, 2^{n-1} \rangle \subset \cdots \subset \langle x, 2 \rangle$

**63.** Taking $r = 1$ and $s = 0$ shows that $a \in I$. Taking $r = 0$ and $s = 1$ shows that $b \in I$. If $J$ is any ideal that contains $a$ and $b$, then it contains $I$ because of the closure conditions.

## Supplementary Exercises for Chapters 12–14

If at first you don't succeed, try, try, again. Then quit. There's no use being a damn fool about it.

W. C. FIELDS

**1.** In $Z_{10}$ they are 0, 1, 5, and 6. In $Z_{20}$, they are 0, 1, 5, and 16. In $Z_{30}$, they are 0, 1, 6, 10, 15, 16, 21, and 25.

**3.** We must show that $a^n = 0$ implies $a = 0$. First show this for the case when $n$ is a power of 2. If $n$ is not a power of 2, say 13, for example, note that $a^{13} = 0$ implies $a^{16} = 0$.

**5.** Suppose $A \not\subseteq C$ and $B \not\subseteq C$. Pick $a \in A$ and $b \in B$ such that $a, b \notin C$. But $ab \in C$ and $C$ is prime.

**7.** $\{0\} \oplus \{0\}$, $\mathbf{R} \oplus \mathbf{R}$, $\mathbf{R} \oplus \{0\}$, and $\{0\} \oplus \mathbf{R}$. The ideals of $F \oplus F$ are $\{0\} \oplus \{0\}$, $F \oplus F$, $F \oplus \{0\}$, and $\{0\} \oplus F$.

**9.** Suppose that $a^m \bmod n = 0$. Since $n$ divides $a^m$, every prime $p$ divisor of $n$ divides $a^m$. By Euclid's Lemma (Chapter 0), $p$ divides $a$, and since $n$ is square-free, if follows that $n$ divides $a$.

**11.** Suppose $a_1, a_2 \in A$ but $a_1 \notin B$ and $a_2 \notin C$. Use $a_1 + a_2$ to derive a contradiction.

**13.** Clearly $\langle a \rangle$ contains the right-hand side. Now show that the right-hand side contains $a$ and is an ideal.

**15.** Since $A$ is an ideal, $ab \in A$. Since $B$ is an ideal, $ab \in B$. So $ab \in A \cap B = \{0\}$.

**17.** 6

**19.** Use Exercise 4.

**21.** Consider $x^2 + 1 + \langle x^4 + x^2 \rangle$.

**23.** Consider $Z_8$.

**25.** Say char $R = p$ (remember $p$ must be prime). Then char $R/A$ = the additive order of $1 + A$. But $|1 + A|$ divides $|1| = p$.

**27.** Use Theorems 13.2, 14.3, and 14.4.

**29.** Observe that $A = \left\{ \begin{bmatrix} a & b \\ 0 & 0 \end{bmatrix} \middle| \, a, b \in Z_2 \right\}$ but $\begin{bmatrix} 1 & 1 \\ 1 & 1 \end{bmatrix}\begin{bmatrix} 1 & 0 \\ 0 & 0 \end{bmatrix} = \begin{bmatrix} 1 & 0 \\ 1 & 0 \end{bmatrix}$ is not in $A$.

**31.** $Z[i]/A$ has two elements. (From this it follows that $A$ is maximal. See Theorem 14.4.)

**33.** A finite subset of a field is a subfield if it contains a nonzero element and is closed under addition and multiplication.

**35.** Observe that $(a + bi)(a - bi) = a^2 + b^2$.

**37.** 5

**39.** The inverse is $2x + 3$.

**41.** Observe that $Z_5[x, y]/\langle x, y \rangle \approx Z_5$ and use Theorem 14.4.

**43.** Say $(a,b)^n = (0, 0)$. Then $a^n = 0$ and $b^n = 0$. If $a^m = 0$ and $b^n = 0$, then $(a, b)^{mn} = ((a^m)^n, (b^n)^m) = (0, 0)$.

**45.** If $a^2 = a$, then $p^k | a(a - 1)$. Since $a$ and $a - 1$ are relatively prime, $p^k | a$ or $p^k | (a - 1)$. So, $a = 0$ or $a = 1$.

**47.** In $Z_3[\sqrt{2}]$, $(a + b\sqrt{2})^{-1} = (a - b\sqrt{2})/(a^2 - 2b^2) = (a - b\sqrt{2})/(a^2 + b^2)$. In $Z_7[\sqrt{2}]$, $(1 + 2\sqrt{2})(1 + 5\sqrt{2}) = 0$.

**49.** If $x^n = 0$, then $(rx)^n = r^n x^n = 0$.

## Chapter 15

For every problem there is a solution which is simple, clean and wrong.

H. L. MENCKEN

**1.** Part 3: $\phi(A)$ is a subgroup because $\phi$ is a group homomorphism. Let $s \in S$ and $\phi(r) = s$. Then $s\phi(a) = \phi(r)\phi(a) = \phi(ra)$ and $\phi(a)s = \phi(a)\phi(r) = \phi(ar)$.
Part 4: Let $a$ and $b$ belong to $\phi^{-1}(B)$ and $r$ belong to $R$. Then $\phi(a)$ and $\phi(b)$ are in $B$. So, $\phi(a) - \phi(b) = \phi(a) + \phi(-b) = \phi(a - b) \in B$. Thus, $a - b \in B$. Also, $\phi(ra) = \phi(r)\phi(a) \in B$ and $\phi(ar) = \phi(a)\phi(r) \in B$. So, $ra$ and $ar \in \phi^{-1}(B)$.

**3.** We already know the mapping is an isomorphism of groups. Let $\Phi(x + \text{Ker } \phi) = \phi(x)$. Note that $\Phi((r + \text{Ker } \phi)(s + \text{Ker } \phi)) = \Phi(rs + \text{Ker } \phi) = \phi(rs) = \phi(r)\phi(s) = \Phi(r + \text{Ker } \phi)\, \Phi(s + \text{Ker } \phi)$.

**5.** $\phi(2 + 4) = \phi(1) = 5$, whereas $\phi(2) + \phi(4) = 0 + 0 = 0$.

**7.** Observe that $(x + y)/1 = x/1 + y/1$ and $(xy)/1 = x/1y/1$.

**9.** $a = \phi(1) = \phi(1\cdot 1) = \phi(1)\phi(1) = aa = a^2$.

**11.** If $a$ and $b$ $(b \neq 0)$ belong to every member of the collection, then so do $a - b$ and $ab^{-1}$. Thus, by Exercise 25 in Chapter 13, the intersection is a subfield.

**13.** Apply the definition.

**15.** Multiplication is not preserved.

**17.** yes

**19.** The set of all polynomials passing through the point $(1, 0)$.

**21.** For $Z_6$ to $Z_6$, $1 \to 0$, $1 \to 1$, $1 \to 3$, and $1 \to 4$ each define a homomorphism. For $Z_{20}$ to $Z_{30}$, $1 \to 0$, $1 \to 6$, $1 \to 15$, and $1 \to 21$ each define a homomorphism.

**23.** The zero map and the identity map.

**25.** Use Exercise 24.

**27.** Say 1 is the unity of $R$. Let $s = \phi(r)$ be any element of $S$. Then $\phi(1)s = \phi(1)\phi(r) = \phi(1r) = \phi(r) = s$. Similarly, $s\phi(1) = s$.

**29.** Observe that an idempotent must map to an idempotent. It follows that $(a, b) \to a$, $(a, b) \to b$, and $(a, b) \to 0$ are the only ring homomorphisms.

**31.** Say $m = a_k a_{k-1} \cdots a_1 a_0$ and $n = b_k b_{k-1} \cdots b_1 b_0$. Then $m - n = (a_k - b_k)10^k + (a_{k-1} - b_{k-1})10^{k-1} + \cdots + (a_1 - b_1)10 + (a_0 - b_0)$. Now use the test for divisibility by 9.

**33.** Use the appropriate divisibility tests.

**35.** Mimic Example 8.

**37.** Use Exercise 35.

**39.** Look at both sides mod 2.

**41.** Observe that $(2 \cdot 10^{75} + 2) \bmod 3 = 1$ and $(10^{100} + 1) \bmod 3 = 2 = -1 \bmod 3$.

**43.** This follows directly from Theorem 13.3 and Theorem 10.1, part 3.

**45.** No. The kernel must be an ideal.

**47.** **a.** Suppose $ab \in \phi^{-1}(A)$. Then $\phi(a)\phi(b) \in A$, so that $a \in \phi^{-1}(A)$ or $b \in \phi^{-1}(A)$.
**b.** Consider the natural homomorphism from $R$ to $S/A$. Then use Theorems 15.3 and 14.4.

**49.** **a.** $\phi((a, b) + (a', b')) = \phi((a + a', b + b')) = a + a' = \phi((a, b)) + \phi((a', b'))$ so $\phi$ preserves addition. Also, $\phi((a, b)(a', b')) = \phi((aa', bb')) = aa' = \phi((a, b))\phi((a', b'))$.
**b.** $\phi(a) = \phi(b)$ implies that $(a, 0) = (b, 0)$, which implies that $a = b$. $\phi(a + b) = (a + b, 0) = (a, 0) + (b, 0) = \phi(a) + \phi(b)$. Also, $\phi(ab) = (ab, 0) = (a, 0)(b, 0) = \phi(a)\,\phi(b)$.
**c.** Use $(r, s) \to (s, r)$.

**51.** Observe that $x^4 = 1$ has two solutions in **R** but four in **C**.

**53.** Use Exercises 46 and 52.

**55.** If $a/b = a'/b'$ and $c/d = c'/d'$, then $ab' = ba'$ and $cd' = dc'$. So, $acb'd' = (ab')(cd') = (ba')(dc') = bda'c'$. Thus, $ac/bd = a'c'/b'd'$ and therefore $(a/b)(c/d) = (a'/b')(c'/d')$.

**57.** First note that any field containing $Z$ and $i$ must contain $Q[i]$. Then prove $(a + bi)/(c + di) \in Q[i]$.

**59.** The subfield of $E$ is $\{ab^{-1} \mid a, b \in D, b \neq 0\}$.

**61.** Reflexive and symmetric properties follow from the commutativity of $D$. For transitivity, assume $a/b \equiv c/d$ and $c/d \equiv e/f$. Then $adf = (bc)f = b(cf) = bde$, and cancellation yields $af = be$.
**63.** Try $ab^{-1} \to a/b$.
**65.** The mapping $a + bi \to a - bi$ is a ring isomorphism of **C**.
**67.** Certainly the unity 1 is contained in every subfield. So, if a field has characteristic $p$, the subfield $\{0, 1, \ldots, p - 1\}$ is contained in every subfield. If a field has characteristic 0, then $\{(m \cdot 1)(n \cdot 1)^{-1} \mid m, n \in Z, n \neq 0\}$ is a subfield contained in every subfield. This subfield is isomorphic to $Q$ [map $(m \cdot 1)(n \cdot 1)^{-1}$ to $m/n$].
**69.** The mapping $\phi(x) = (x \bmod m, x \bmod n)$ from $Z_{mn}$ to $Z_m \oplus Z_n$ is a ring isomorphism.

## Chapter 16

You know my methods. Apply them!

SHERLOCK HOLMES,
*The Hound of the Baskervilles*

**1.** $f + g = 3x^4 + 2x^3 + 2x + 2$
$f \cdot g = 2x^7 + 3x^6 + x^5 + 2x^4 + 3x^2 + 2x + 2$
**3.** 1, 2, 4, 5
**5.** Write $f(x) = (x - a)q(x) + r(x)$. Since deg $(x - a) = 1$, deg $r(x) = 0$ or $r(x) = 0$. So $r(x)$ is a constant. Also, $f(a) = r(a)$.
**7.** Use Corollary 1 of Theorem 16.2.
**9.** Let $f(x), g(x) \in R[x]$. By inserting terms with the coefficient 0, we may write

$$f(x) = a_n x^n + \cdots + a_0$$

and

$$g(x) = b_n x^n + \cdots + b_0.$$

Then

$$\begin{aligned}\overline{\phi}(f(x) + g(x)) &= \phi(a_n + b_n)x^n + \cdots + \phi(a_0 + b_0)\\ &= (\phi(a_n) + \phi(b_n))x^n + \cdots \quad + \phi(a_0) + \phi(b_0)\\ &= (\phi(a_n)x^n + \cdots + \phi(a_0)) + (\phi(b_n)x^n + \cdots + \phi(b_0))\\ &= \overline{\phi}(f(x)) + \overline{\phi}(g(x)).\end{aligned}$$

Multiplication is done similarly.
**11.** Quotient, $2x^2 + 2x + 1$; remainder, 2
**13.** It is its own inverse.
**15.** No. See Exercise 17.
**17.** If $f(x) = a_n x^n + \cdots + a_0$ and $g(x) = b_m x^m + \cdots + b_0$, then $f(x) \cdot g(x) = a_n b_m x^{m+n} + \cdots + a_0 b_0$.
**19.** Let $m$ be the multiplicity of $b$ in $q(x)$. Then we may write $f(x) = (x - a)^n (x - b)^m q'(x)$, where $q'(x)$ is in $F[x]$ and $q'(b) \neq 0$. This means that $b$ is a zero of $f(x)$ of multiplicity at least $m$. If $b$ is a zero of $f(x)$ greater than $m$, then $b$ is a zero of $g(x) = f(x)/(x - b)^m = (x - a)^n q'(x)$. But then $0 = g(b) = (b - a)^n q'(b)$, and therefore $q'(b) = 0$.
**21.** Use Corollary 3 of Theorem 16.2.
**23.** If $f(x) \neq g(x)$, then $\deg[f(x) - g(x)] < \deg p(x)$. But the minimum degree of any member of $\langle p(x) \rangle$ is deg $p(x)$.
**25.** Start with $(x - 1/2)(x + 1/3)$ and clear fractions.
**27.** "Long divide" $x - a$ into $f(x)$ and induct on deg $f(x)$.
**29.** By Theorem 16.4, $I = \langle x - 1 \rangle$.
**31.** Use Corollary 2 of Theorem 15.5 and Exercise 9 in this chapter.
**33.** For any $a$ in $U(p)$, $a^{p-1} = 1$, so every member of $U(p)$ is a zero of $x^{p-1} - 1$. Now use the Factor Theorem and a degree argument.
**35.** Use Exercise 34.

**37.** Observe that, modulo 101, $(50!)^2 = (50!)(-1)(-2)\cdots(-50) = (50!)(100)(99)\cdots(51) = 100!$ and use Exercise 34.

**39.** Take $R = Z$ and $I = \langle 2 \rangle$.

**41.** *Hint:* $F[x]$ is a PID. So $\langle f(x), g(x) \rangle = \langle a(x) \rangle$ for some $a(x) \in F[x]$. Thus $a(x)$ divides both $f(x)$ and $g(x)$. This means that $a(x)$ is a constant.

**43.** Write $f(x) = (x - a)g(x)$. Use the product rule to compute $f'(x)$.

**45.** Say deg $g(x) = m$, deg $h(x) = n$, and $g(x)$ has leading coefficient $a$. Let $k(x) = g(x) - ax^{m-n}h(x)$. Then deg $k(x) <$ deg $g(x)$ and $h(x)$ divides $k(x)$ in $Z[x]$ by induction. So, $h(x)$ divides $k(x) + ax^{m-n}h(x) = g(x)$ in $Z[x]$.

**47.** Consider the remainder when $x^{43}$ is divided by $x^2 + x + 1$.

**49.** Observe that every term of $f(a)$ has the form $c_i a^i$ and $c_i a^i \bmod m = c_i b^i \bmod m$. To prove the second statement, assume that there is some integer $k$ such that $f(k) = 0$. If $k$ is even, then because $k \bmod 2 = 0$, we have by the first statement $0 = f(k) \bmod 2 = f(0) \bmod 2$ so that $f(0)$ is even. This shows that $k$ is not even. If $k$ is odd, then $k \bmod 2 = 1$, so by the first statement $f(k) = 0$ is odd. This contradiction completes the proof.

**51.** A solution to $x^{25} - 1 = 0$ in $Z_{37}$ is a solution to $x^{25} = 1$ in $U(37)$. So, by Corollary 2 of Theorem 4.1, $|x|$ divides 25. Moreover, we must also have that $|x|$ divides $|U(37)| = 36$.

## Chapter 17

Experience enables you to recognize a mistake when you make it again.

FRANKLIN P. JONES

**1.** Use Theorem 17.1.

**3.** If $f(x)$ is not primitive, then $f(x) = ag(x)$, where $a$ is an integer greater than 1. Then $a$ is not a unit in $Z[x]$ and $f(x)$ is reducible.

**5.** **a.** If $f(x) = g(x)h(x)$, then $af(x) = ag(x)h(x)$.
**b.** If $f(x) = g(x)h(x)$, then $f(ax) = g(ax)h(ax)$.
**c.** If $f(x) = g(x)h(x)$, then $f(x + a) = g(x + a)h(x + a)$.
**d.** Try $a = 1$.

**7.** Find an irreducible polynomial $p(x)$ of degree 2 over $Z_5$. Then $Z_5[x]/\langle p(x) \rangle$ is a field of order 25.

**9.** Note that $-1$ is a zero. No, since 4 is not a prime.

**11.** Let $f(x) = x^4 + 1$ and $g(x) = f(x + 1) = x^4 + 4x^3 + 6x^2 + 4x + 2$. Then $f(x)$ is irreducible over $Q$ if $g(x)$ is. Eisenstein's Criterion shows that $g(x)$ is irreducible over $Q$. To see that $x^4 + 1$ is reducible over **R**, observe that

$$x^8 - 1 = (x^4 + 1)(x^4 - 1)$$

so any complex zero of $x^4 + 1$ is a complex zero of $x^8 - 1$. Also note that the complex zeros of $x^4 + 1$ must have order 8 (when considered as an element of **C**). Let $\omega = \sqrt{2}/2 + i\sqrt{2}/2$. Then Example 2 in Chapter 16 tells us that the complex zeros of $x^4 + 1$ are $\omega$, $\omega^3$, $\omega^5$, and $\omega^7$, so $x^4 + 1 = (x - \omega)(x - \omega^3)(x - \omega^5)(x - \omega^7)$.

But we may pair these factors up as $((x - \omega)(x - \omega^7))((x - \omega^3)(x - \omega^5)) = (x^2 - \sqrt{2}\,x + 1)(x^2 + \sqrt{2}\,x + 1)$ to factor using reals (see DeMoivre's Theorem, Example 7 in Chapter 0).

**13.** $(x + 3)(x + 5)(x + 6)$

**15.** **a.** Consider the number of distinct expressions of the form $(x - c)(x - d)$.
**b.** Reduce the problem to the case considered in part **a**.

**17.** Use Exercise 16, and imitate Example 10.

**19.** Map $Z_3[x]$ onto $Z_3[i]$ by $f(x) \to f(i)$. This is a ring homomorphism with kernel $\langle x^2 + 1 \rangle$.

**21.** $x^2 + 1$, $x^2 + x + 2$, $x^2 + 2x + 2$

**23.** 1 has multiplicity 1, 3 has multiplicity 2.

**25.** We know that $a_n(r/s)^n + a_{n-1}(r/s)^{n-1} + \cdots + a_0 = 0$. So $a_n r^n + sa_{n-1}r^{n-1} + \cdots + s^n a_0 = 0$. This shows that $s \mid a_n r^n$ and $r \mid s^n a_0$. Now use Euclid's Lemma and the fact that $r$ and $s$ are relatively prime.

**27.** Use induction and Corollary 2 of Theorem 17.5.

**29.** If there is an $a$ in $Z_p$ such that $a^2 = -1$, then $x^4 + 1 = (x^2 + a)(x^2 - a)$.
If there is an $a$ in $Z_p$ such that $a^2 = 2$, then $x^4 + 1 = (x^2 + ax + 1)(x^2 - ax + 1)$.
If there is an $a$ in $Z_p$ such that $a^2 = -2$, then $x^4 + 1 = (x^2 + ax - 1)(x^2 - ax - 1)$.
To show that one of these three cases must occur, consider the group homomorphism from $Z_p^*$ to itself given by $x \to x^2$. Since the kernel is $\{1, -1\}$, the image $H$ has index 2 (we may assume that $p \neq 2$). Suppose that neither $-1$ nor 2 belongs to $H$. Then, since there is only one coset other than $H$, we have $-1H = 2H$. Thus, $H = (-1H)(-1H) = (-1H)(2H) = -2H$, so that $-2$ is in $H$.

**31.** Since $(f + g)(a) = f(a) + g(a)$ and $(f \cdot g)(a) = f(a)g(a)$, the mapping is a homomorphism. Clearly, $p(x)$ belongs to the kernel. By Theorem 17.5, $\langle p(x)\rangle$ is a maximal ideal, so the kernel is $\langle p(x)\rangle$.

**33.** The mapping $a \to a + \langle p(x)\rangle$ is an isomorphism.

**35.** Although the probability of rolling any particular sum is the same with either pair of dice, the probability of rolling doubles is different (1/6 with ordinary dice, 1/9 with Sicherman dice). Thus the probability of going to jail is different. Other probabilities are also affected. For example, if in jail one cannot land on Virginia by rolling a pair of 2's with Sicherman dice, but one is twice as likely to land on St. James with a pair of 3's with the Sicherman dice as with ordinary dice.

**37.** The analysis is identical except that $0 \leq q, r, t, u \leq n$. Now, just as when $n = 2$, we have $q = r = t = 1$, but this time $0 \leq u \leq n$. However, when $u > 2$, $P(x) = x(x + 1) \cdot (x^2 + x + 1)(x^2 - x + 1)^u$ has $(-u + 2)x^{2u+3}$ as one of its terms. Since the coefficient of $x^{2u+3}$ represents the number of dice with the label $2u + 3$, the coefficient cannot be negative. Thus, $u \leq 2$, as before.

## Chapter 18

He thinks things through very carefully, before going off half-cocked.

GENERAL CARL SPAATZ, in *Presidents Who Have Known Me*, GEORGE E. ALLEN

**1.** 1. $|a^2 - db^2| = 0$ implies $a^2 = db^2$. Thus $a = 0 = b$, since otherwise $d = 1$ or $d$ is divisible by the square of a prime.
2. $N((a + b\sqrt{d})(a' + b'\sqrt{d})) = N(aa' + dbb' + (ab' + a'b)\sqrt{d}) = |(aa' + dbb')^2 - d(ab' + a'b)^2| = |a^2a'^2 + d^2b^2b'^2 - da^2b'^2 - da'^2b^2| = |a^2 - db^2||a'^2 - db'^2| = N(a + b\sqrt{d})\,N(a' + b'\sqrt{d})$.
3. If $xy = 1$, then $1 = N(1) = N(xy) = N(x)N(y)$ and $N(x) = 1 = N(y)$. If $N(a + b\sqrt{d}) = 1$, then $\pm 1 = a^2 - db^2 = (a + b\sqrt{d})\,(a - b\sqrt{d})$ and $a + b\sqrt{d}$ is a unit.
4. This property follows directly from properties 2 and 3.

**3.** Let $I = \cup I_i$. Let $a, b \in I$ and $r \in R$. Then $a \in I_i$ for some $i$ and $b \in I_j$ for some $j$. Thus $a, b \in I_k$, where $k = \max\{i, j\}$. So, $a - b \in I_k \subseteq I$ and $ra$ and $ar \in I_k \subseteq I$.

**5.** Clearly, $\langle ab\rangle \subseteq \langle b\rangle$. If $\langle ab\rangle = \langle b\rangle$, then $b = rab$, so that $1 = ra$ and $a$ is a unit.

**7.** Say $x = a + bi$ and $y = c + di$. Then

$$xy = (ac - bd) + (bc + ad)i.$$

So

$$d(xy) = (ac - bd)^2 + (bc + ad)^2 = (ac)^2 + (bd)^2 + (bc)^2 + (ad)^2.$$

On the other hand,

$$d(x)d(y) = (a^2 + b^2)(c^2 + d^2) = a^2c^2 + b^2d^2 + b^2c^2 + a^2d^2.$$

**9.** Suppose $a = bu$, where $u$ is a unit. Then $d(b) \leq d(bu) = d(a)$. Also, $d(a) \leq d(au^{-1}) = d(b)$.

**11.** $m = 0$ and $n = -1$ give $q = -i$, $r = -2 - 2i$.

**13.** $3 \cdot 7$ and $(1 + 2\sqrt{-5})(1 - 2\sqrt{-5})$. Mimic Example 8 to show that these are irreducible.

15. Observe that $10 = 2 \cdot 5$ and $10 = (2 - \sqrt{-6})(2 + \sqrt{-6})$ and mimic Example 8. A PID is a UFD.
17. Suppose $3 = \alpha\beta$, where $\alpha, \beta \in Z[i]$ and neither is a unit. Then $9 = d(3) = d(\alpha)d(\beta)$, so that $d(\alpha) = 3$. But there are no integers such that $a^2 + b^2 = 3$. Observe that $2 = -i(1 + i)^2$ and $5 = (1 + 2i)(1 - 2i)$.
19. Use Exercise 1 with $d = -1$. 5 and $1 + 2i$; 13 and $3 + 2i$; 17 and $4 + i$.
21. Mimic Example 1.
23. $(-1 + \sqrt{5})(1 + \sqrt{5}) = 4 = 2 \cdot 2$. Now use Exercise 22.
25. Use the fact that $x$ is a unit if and only if $N(x) = 1$.
27. See Example 3.
29. $p|(a_1a_2 \cdots a_{n-1})a_n$ implies that $p|a_1a_2 \cdots a_{n-1}$ or $p|a_n$. Thus, by induction, $p$ divides some $a_i$.
31. Use Exercise 10 and Theorem 14.4.
33. Suppose $R$ satisfies the ascending chain condition and there is an ideal $I$ of $R$ that is not finitely generated. Then pick $a_1 \in I$. Since $I$ is not finitely generated, $\langle a_1 \rangle$ is a proper subset of $I$, so we may choose $a_2 \in I$ but $a_2 \notin \langle a_1 \rangle$. As before, $\langle a_1, a_2 \rangle$ is proper, so we may choose $a_3 \in I$ but $a_3 \notin \langle a_1, a_2 \rangle$. Continuing in this fashion, we obtain a chain of infinite length $\langle a_1 \rangle \subset \langle a_1, a_2 \rangle \subset \langle a_1, a_2, a_3 \rangle \subset \cdots$.

    Now suppose every ideal of $R$ is finitely generated and there is a chain $I_1 \subset I_2 \subset I_3 \subset \cdots$. Let $I = \cup I_i$. Then $I = \langle a_1, a_2, \ldots, a_n \rangle$. Since $I = \cup I_i$, each $a_i$ belongs to some member of the union, say $I_{i'}$. Letting $k = \max \{i' \mid i = 1, \ldots, n\}$, we see that all $a_i \in I_k$. Thus, $I \subseteq I_k$ and the chain has length at most $k$.
35. Say $I = \langle a + bi \rangle$. Then $a^2 + b^2 + I = (a + bi)(a - bi) + I = I$ and $a^2 + b^2 \in I$. For any $c, d \in Z$, let $c = q_1(a^2 + b^2) + r_1$ and $d = q_2(a^2 + b^2) + r_2$, where $0 \le r_1, r_2 < a^2 + b^2$. Then $c + di + I = r_1 + r_2 i + I$.
37. $N(6 + 2\sqrt{-7}) = 64 = N(1 + 3\sqrt{-7})$. For the other part, use Exercise 25.
39. Theorem 18.1 shows that primes are irreducible. So, assume that $a$ is an irreducible in a UFD $R$ and that $a|bc$ in $R$. We must show that $a|b$ or $a|c$. Since $a|bc$ there is an element $d$ in $R$ such that $bc = ad$. Now replace $b$, $c$, and $d$ by their factorizations as a product of irreducibles and use uniqueness.
41. See Exercise 21 in Chapter 0.

## Supplementary Exercises for Chapters 15–18

Errors, like straws, upon the surface flow;
He who would search for pearls must dive below.

JOHN DRYDEN

1. Use Theorem 15.3, Supplementary Exercise 8 for Chapters 12–14, Theorem 14.4, and Example 13 in Chapter 14.
3. To show the isomorphism, use the First Isomorphism Theorem.
5. Use the First Isomorphism Theorem.
7. Consider the obvious homomorphism from $Z[x]$ onto $Z_2[x]$. Then use the First Isomorphism Theorem and Theorem 14.3.
9. As in Example 7 in Chapter 6, the mapping is onto, is one-to-one, and preserves multiplication. Also, $a(x + y)a^{-1} = axa^{-1} + aya^{-1}$, so that it preserves addition as well.
11. $Z[i]/\langle 2 + i \rangle = \{0 + \langle 2 + i \rangle, 1 + \langle 2 + i \rangle, 2 + \langle 2 + i \rangle, 3 + \langle 2 + i \rangle, 4 + \langle 2 + i \rangle\}$. Note that

$$\begin{aligned} 5 + \langle 2 + i \rangle &= (2 + i)(2 - i) + \langle 2 + i \rangle \\ &= 0 + \langle 2 + i \rangle. \end{aligned}$$

13. Observe that $(3 + 2\sqrt{2})(3 - 2\sqrt{2}) = 1$.
15. In $Z_n$ we are given $(k + 1)^2 = k + 1$. So, $k^2 + 2k + 1 = k + 1$ or $k^2 = -k = n - k$. Also, $(n - k)^2 = n^2 - 2nk + k^2 = k^2$, so $(n - k)^2 = n - k$.

**17.** Observe that for any integer $a$, $a^2 \bmod 4 = 0$ or 1.
**19.** Use the Mod 2 Irreducibility Test.
**21.** Use Theorem 14.4. The factor ring has two elements.
**23.** Use Theorem 14.4.
**25.** Say $a/b, c/d \in R$. Then $(ad - bc)/(bd)$ and $ac/(bd) \in R$ by Euclid's Lemma. The field of quotients is $Q$.
**27.** $Z[i]/\langle 3\rangle$ is a field and $Z_3 \oplus Z_3$ is not.
**29.** Consider the mapping from $R[x]$ to $(R/I)[x]$ given by $a_nx^n + \cdots + a_0 \to (a_n + I)x^n + \cdots + (a_0 + I)$.
**31.** Let $I = \langle 2\rangle[x]$. Then $Z_8[x]/I$ is isomorphic to $Z_2[x]$.
**33.** $\langle x, 3\rangle$.
**35.** a. $6x \times 4x = 0$

b. $g(x) \in \mathbb{Z}_{24}[x]$

$g(x) = a_0 + a_1x + \cdots + a_nx^n$ is a unit

iff $a_0$ is a unit in $\mathbb{Z}_{24}$ and $a_i\,(i \geq 1)$ are nilpotent in $\mathbb{Z}_{24}$, so

$a_0 = 1, 5, 7, 11, 13, 17, 19, 23$ and

$a_i = 0, 6, 12, 18$

c. $ch(\mathbb{Z}_{24}[x]) = 24$

$ch(\mathbb{Z}_4[x] \times \mathbb{Z}_6[x] = 12$

: not isomorphic.

d. $f(x) = (x-1)(x-2)(x-3)$ in $\mathbb{Z}_{24}[x]$

$x = a \times 3 \times 3 + b \times 8 \times (-1)$ (mod24)

$a = 1, 2, 3, \; b = 1, 2, 3$

e. $\mathbb{Z}_{24}[x]/ < x^2 + 12 >$ is not integral domain

since $6 \times 4x = 0$

**37.** $(ax+b)(cx+d) = x^2 - 14$

$\therefore \; ac = 1$

$bc + ad = 0$

$bd = -14 \equiv 2000$

we can reduce a contradiction.

## Chapter 19

When I was young I observed that nine out of every ten things I did were failures, so I did ten times more work.

GEORGE BERNARD SHAW

**1.** $\mathbf{R}^n$ has basis $\{(1, 0, \ldots, 0), (0, 1, 0, \ldots, 0), \ldots, (0, 0, \ldots, 1)\}$; $M_2(Q)$ has basis

$$\left\{\begin{bmatrix}1 & 0\\0 & 0\end{bmatrix}, \begin{bmatrix}0 & 1\\0 & 0\end{bmatrix}, \begin{bmatrix}0 & 0\\1 & 0\end{bmatrix}, \begin{bmatrix}0 & 0\\0 & 1\end{bmatrix}\right\};$$

$Z_p[x]$ has basis $\{1, x, x^2, \ldots\}$; $\mathbf{C}$ has basis $\{1, i\}$.
**3.** $(a_2x^2 + a_1x + a_0) + (a_2'x^2 + a_1'x + a_0') = (a_2 + a_2')x^2 + (a_1 + a_1')x + (a_0 + a_0')$ and $a(a_2x^2 + a_1x + a_0) = aa_2x^2 + aa_1x + aa_0$. A basis is $\{1, x, x^2\}$. Yes.
**5.** Linearly dependent, since $-3(2, -1, 0) - (1, 2, 5) + (7, -1, 5) = (0, 0, 0)$.
**7.** Suppose $au + b(u + v) + c(u + v + w) = 0$. Then $(a + b + c)u + (b + c)v + cw = 0$. Since $\{u, v, w\}$ are linearly independent, we obtain $c = 0$, $b + c = 0$, and $a + b + c = 0$. So, $a = b = c = 0$.
**9.** If the set is linearly independent, it is a basis. If not, then delete one of the vectors that is a linear combination of the others (see Exercise 8). This new set still spans $V$. Repeat this process until you obtain a linearly independent subset. Since the set is finite, we will eventually obtain a linearly independent set that still spans $V$.

**11.** Let $u_1, u_2, u_3$ be a basis for $U$ and $w_1, w_2, w_3$ be a basis for $W$. Use the fact that $u_1, u_2, u_3, w_1, w_2, w_3$ are linearly dependent over $F$. In general, if dim $U$ + dim $W >$ dim $V$, then $U \cap W \neq \{0\}$.

**13.** no

**15.** yes; 2

**17.** $\begin{bmatrix} a & a+b \\ a+b & b \end{bmatrix} + \begin{bmatrix} a' & a'+b' \\ a'+b' & b' \end{bmatrix} = \begin{bmatrix} a+a' & a+b+a'+b' \\ a+b+a'+b' & b+b' \end{bmatrix}$ and

$c\begin{bmatrix} a & a+b \\ a+b & b \end{bmatrix} = \begin{bmatrix} ac & ac+bc \\ ac+bc & bc \end{bmatrix}$.

**19.** Suppose $B$ is a basis. Then every member of $V$ is some linear combination of elements of $B$. If $a_1v_1 + \cdots + a_nv_n = a_1'v_1 + \cdots + a_n'v_n$, where $v_i \in B$, then $(a_1 - a_1')v_1 + \cdots + (a_n - a_n')v_n = 0$ and $a_i - a_i' = 0$ for all $i$. Conversely, if every member of $V$ is a unique linear combination of elements of $B$, certainly $B$ spans $V$. Also, if $a_1v_1 + \cdots + a_nv_n = 0$, then $a_1v_1 + \cdots + a_nv_n = 0v_1 + \cdots + 0v_n$ and $a_i = 0$ for all $i$.

**21.** Since $w_1 = a_1u_1 + a_2u_2 + \cdots + a_nu_n$ and $a_1 \neq 0$, we have $u_1 = a_1^{-1}(w_1 - a_2u_2 - \cdots - a_nu_n)$, and therefore $u_1 \in \langle w_1, u_2, \ldots, u_n\rangle$. Clearly, $u_2, \ldots, u_n \in \langle w_1, u_2, \ldots, u_n\rangle$. Hence every linear combination of $u_1, \ldots, u_n$ is in $\langle w_1, u_2, \ldots, u_n\rangle$.

**23.** $\{(1, 0, 1, 1), (0, 1, 0, 1)\}$.

**25.** Study the proof of Theorem 19.1.

**27.** If $V$ and $W$ are vector spaces over $F$, then the mapping must preserve addition and scalar multiplication. That is, $T: V \to W$ must satisfy $T(u + v) = T(u) + T(v)$ for all vectors $u$ and $v$ in $V$, and $T(au) = aT(u)$ for all vectors $u$ in $V$ and scalars $a$ in $F$. A vector space isomorphism from $V$ to $W$ is a one-to-one linear transformation from $V$ onto $W$.

**29.** Suppose $v$ and $u$ belong to the kernel and $a$ is a scalar. Then $T(v + u) = T(v) + T(u) = 0 + 0 = 0$ and $T(av) = aT(u) = a \cdot 0 = 0$.

**31.** Let $\{v_1, v_2, \ldots, v_n\}$ be a basis for $V$. Map $a_1v_1 + a_2v_2 + \cdots + a_nv_n$ to $(a_1, a_2, \ldots, a_n)$.

## Chapter 20

Well here's another clue for you all.

JOHN LENNON AND PAUL MCCARTNEY,
"Glass Onion," *The White Album*

**1.** Compare with Exercise 24 in the Supplementary Exercises for Chapters 12–14.

**3.** $Q(\sqrt{-3})$

**5.** $Q(\sqrt{-3})$

**7.** Note that $x = \sqrt{1 + \sqrt{5}}$ implies $x^4 - 2x^2 - 4 = 0$.

**9.** $a^5 = a^2 + a + 1$; $a^{-2} = a^2 + a + 1$; $a^{100} = a^2$

**11.** The set of all expressions of the form

$$(a_n\pi^n + a_{n-1}\pi^{n-1} + \cdots + a_0)/(b_m\pi^m + b_{m-1}\pi^{m-1} + \cdots + b_0),$$

where $b_m \neq 0$.

**13.** $x^7 - x = x(x^6 - 1) = x(x^3 + 1)(x^3 - 1) = x(x - 1)^3(x + 1)^3$; $x^{10} - x = x(x^9 - 1) = x(x - 1)^9$ (see Exercise 45 in Chapter 13).

**15.** *Hint:* Use Exercise 45 in Chapter 13.

**17.** $a = 4/3$, $b = 2/3$, $c = 5/6$

**19.** Use the fact that $1 + i = -(4 - i) + 5$ and $4 - i = 5 - (1 + i)$.

**21.** If the zeros of $f(x)$ are $a_1, a_2, \ldots, a_n$, then the zeros of $f(x + a)$ are $a_1 - a, a_2 - a, \ldots, a_n - a$. Now use Exercise 20.

**23.** $Q$ and $Q(\sqrt{2})$

**25.** Let $F = Z_3[x]/\langle x^3 + 2x + 1\rangle$ and denote the cosets $x + \langle x^3 + 2x + 1\rangle$ by $\beta$ and $2 + \langle x^3 + 2x + 1\rangle$ by 2. Then $x^3 + 2x + 1 = (x - \beta)(x - \beta - 1)(x + 2\beta + 1)$.

**27.** Suppose that $\phi$: $Q(\sqrt{-3}) \to Q(\sqrt{3})$ is an isomorphism. Since $\phi(1) = 1$, we have $\phi(-3) = -3$. Then $-3 = \phi(-3) = \phi(\sqrt{-3}\sqrt{-3}) = (\phi(\sqrt{-3}))^2$. This is impossible, since $\phi(\sqrt{-3})$ is a real number.
**29.** Use long division.
**31.** Use Theorem 20.5.
**33.** Use Theorem 20.5.
**35.** Since $L$ is a splitting field of $f(x)$ over $F$, we may write $f(x) = (x - a_1)(x - a_2) \ldots (x - a_n)$, where the coefficients of $f(x)$ belong to $F$. But then these coefficients also belong to $L$.
**37.** Since $|(Z_2[x]/\langle f(x)\rangle)^*| = 31$, every nonidentity is a generator.

## Chapter 21

Work is the greatest thing in the world, so we should always save some of it for tomorrow.

DON HERALD

**1.** It follows from Theorem 21.1 that if $p(x)$ and $q(x)$ are both monic irreducible polynomials in $F[x]$ with $p(a) = q(a) = 0$, then $\deg p(x) = \deg q(x)$. If $p(x) \neq q(x)$, then $(p - q)(a) = p(a) - q(a) = 0$ and $\deg (p(x) - q(x)) < \deg p(x)$, contradicting Theorem 21.1. To prove Theorem 21.3, use the Division Algorithm (Theorem 16.2).
**3.** Note that $[Q(\sqrt[n]{2}): Q] = n$ and use Theorem 21.5.
**5.** Use Exercise 4.
**7.** Suppose $Q(\sqrt{a}) = Q(\sqrt{b})$. If $\sqrt{b} \in Q$, then $\sqrt{a} \in Q$ and we may take $c = \sqrt{a}/\sqrt{b}$. If $\sqrt{b} \notin Q$, then $\sqrt{a} \notin Q$. Write $\sqrt{a} = r + s\sqrt{b}$. It follows that $r = 0$ and $a = bs^2$. The other direction follows from Exercise 20 in Chapter 20.
**9.** Observe that $[F(a):F]$ must divide $[E:F]$.
**11.** Note that $[F(a, b):F]$ is divisible by both $m = [F(a):F]$ and $n = [F(b):F]$ and $[F(a,b):F] \leq mn$.
**13.** Note that $a$ is a zero of $x^3 - a^3$ over $F(a^3)[x]$. For the second part, take $F = Q, a = 1$; $F = Q, a = (-1 + i\sqrt{3})/2$; $F = Q, a = \sqrt[3]{2}$.
**15.** Suppose $E_1 \cap E_2 \neq F$. Then $[E_1:E_1 \cap E_2] \cdot [E_1 \cap E_2:F] = [E_1:F]$ implies $[E_1:E_1 \cap E_2] = 1$, so that $E_1 = E_1 \cap E_2$. Similarly, $E_2 = E_1 \cap E_2$.
**17.** $E$ must be an algebraic extension of $\mathbf{R}$, so that $E \subseteq \mathbf{C}$. But then $[\mathbf{C}:E][E:\mathbf{R}] = [\mathbf{C}:\mathbf{R}] = 2$.
**19.** Let $a$ be a zero of $p(x)$ in some extension of $F$. First note $[E(a):E] \leq [F(a):F] = \deg p(x)$. Then observe that $[E(a):F(a)][F(a):F] = [E(a):E][E:F]$. This implies that $\deg p(x)$ divides $[E(a):E]$, so $\deg p(x) = [E(a):E]$.
**21.** *Hint:* If $\alpha + \beta$ and $\alpha\beta$ are algebraic, then so is $\sqrt{(\alpha + \beta)^2 - 4\alpha\beta}$.
**23.** $\sqrt{b^2 - 4ac}$
**25.** Use the Factor Theorem.
**27.** Say $a$ is a generator of $F^*$. If char $F = 0$, then the prime subfield of $F$ is isomorphic to $Q$. Since $Q^*$ is not cyclic, we have that $F = Z_p(a)$, and it suffices to show that $a$ is algebraic over $Z_p$. If $a \in Z_p$, we are done. Otherwise, $1 + a = a^k$ for some $k \neq 0$. If $k > 0$, we are done. If $k < 0$, then $a^{-k} + a^{1-k} = 1$ and we are done.
**29.** If $[K:F] = n$, then there are elements $v_1, v_2, \ldots, v_n$ in $K$ that constitute a basis for $K$ over $F$. The mapping $a_1v_1 + \cdots + a_nv_n \to (a_1, \ldots, a_n)$ is a vector space isomorphism from $K$ to $F^n$. If $K$ is isomorphic to $F^n$, then the $n$ elements in $K$ corresponding to $(1, 0, \ldots, 0), (0, 1, \ldots, 0), \ldots, (0, 0, \ldots, 1)$ in $F^n$ constitute a basis for $K$ over $F$.
**31.** Observe that $[F(a,b) : F(a)] = [F(a)(b) : F(a)] \leq [F(b) : F] \leq [F(a)(b) : F(b)][F(b) : F] = [F(a)(b) : F] = [F(a,b) : F]$.
**33.** Mimic Example 5.
**35.** Mimic Example 6.
**37.** Observe that $K = F(a_1, a_2, \ldots, a_n)$, where $a_1, a_2, \ldots, a_n$ are the zeros of the polynomial. Now use Theorem 21.5.

**39.** Elements of $Q(\pi)$ have the form $(a_m\pi^m + a_{m-1}\pi^{m-1} + \cdots + a_0)/(b_n\pi^n + b_{n-1}\pi^{n-1} + \cdots + b_0)$, where the $a$'s and $b$'s are rational numbers. So, if $\sqrt{2} \in Q(\pi)$, we have an expression of the form $2(b_n\pi^n + b_{n-1}\pi^{n-1} + \cdots + b_0)^2 = (a_m\pi^m + a_{m-1}\pi^{m-1} + \cdots + a_0)^2$. Equating the lead terms of both sides, we have $2b_n^2\pi^{2n} = a_m^2\pi^{2m}$. But then we have $m = n$, and $\sqrt{2}$ is equal to the rational number $a_m/b_n$.

**41.** Observe that $F(a) = F(1 + a^{-1})$.

**43.** a. $K=\mathbb{Q}(\sqrt{2}, \sqrt{11})$

$[K: \mathbb{Q}]=[\mathbb{Q}(\sqrt{2}, \sqrt{11}) : \mathbb{Q}(\sqrt{2}][\mathbb{Q}(\sqrt{2} : \mathbb{Q}]=2\times 2=4$

$\alpha\in k$, $[\mathbb{Q}(\alpha) : \mathbb{Q}] \leq 4$

$\therefore$ $\mathbb{Q}(\alpha)$ is algebraic over $\mathbb{Q}$.

b. $\gamma= \sqrt{2}+ \sqrt{11}$

## Chapter 22

Tell me tell me tell me come on tell me the answer.

JOHN LENNON AND PAUL MCCARTNEY,
"Helter Skelter," *The White Album*

**1.** [GF(729):GF(9)] = 3
[GF(64):GF(8)] = 2

**3.** The lattice of subfields of GF(64) looks like Figure 21.3 with GF(2) at the bottom, GF(64) at the top, and GF(4) and GF(8) on the sides.

**5.** $2\alpha + 1$

**7.** Use Theorem 22.2.

**9.** The only possibilities for $f(x)$ are $x^3 + x + 1$ and $x^3 + x^2 + 1$. See Exercise 8 in Chapter 20 for the first case. See Example 2 in this chapter for the second case.

**11.** Use Exercise 44 in Chapter 15 and Corollary 4 of Lagrange's Theorem (Theorem 7.1).

**13.** Use the fact that if $g(x)$ is an irreducible factor of $x^8 - x$ over $Z_2$ and $\deg g(x) = m$, then the field $Z_2[x]/\langle g(x)\rangle$ has order $2^m$ and is a subfield of GF(8). Now use Theorem 22.3.

**15.** Direct calculations show that given $x^3 + 2x + 1 = 0$, we have $x^2 \neq 1$ and $x^{13} \neq 1$.

**17.** Direct calculations show that $x^{13} = 1$, whereas $(2x)^2 \neq 1$ and $(2x)^{13} \neq 1$. Thus, $2x$ is a generator.

**19.** First observe that for any field $F$ the set $F^*$ is a group under multiplication. Now use Theorem 22.2 and Theorem 4.3.

**21.** Find a quadratic irreducible polynomial $p(x)$ over $Z_3$; then $Z_3[x]/\langle p(x)\rangle$ is a field of order 9.

**23.** Let $a, b \in K$. Then, by Exercise 45b in Chapter 13, $(a - b)^{p^m} = a^{p^m} - b^{p^m} = a - b$. Also, $(ab)^{p^m} = a^{p^m} b^{p^m} = ab$. So, $K$ is a subfield.

**25.** Consider $x^{p^n-1} - 1$ and use Corollary 3 of Lagrange's Theorem (Theorem 7.1).

**27.** identical

**29.** Consider $g(x) = x^2 - a$. Note that $|GF(p)[x]/\langle g(x)\rangle| = p^2$, so that $g(x)$ has a zero in $GF(p^2)$. Now use Theorem 22.3.

**31.** Use Exercise 11.

**33.** Since $F^*$ is a cyclic group of order 124, it has a unique element of order 2.

**35.** Use Exercise 45 in Chapter 13.

**37.** Consider the field of quotients of $Z_p[x]$. The polynomial $f(x) = x$ is not the image of any element.

**39.** a. $\varphi(v+w)=(v+w)^p=v^p+w^p=\varphi(v)+\varphi(w)$
$\varphi(vw)=(vw)^p=v^pw^p=\varphi(v)\varphi(w)$
and
$\varphi(v)=v^p=0$
$\therefore\ v=0$
$\varphi$ is 1-1, since $K$ is finite, $\varphi$ is also onto
$\therefore\ \varphi$ is automorphism

b. $|K^*|=p^n-1$
$\forall v\in K^*\ v^{p^n-1}=1,\ \therefore v^{p^n}=v$
$\varphi^n(v)=v^{p^n}=v$

c. $|K^*|=p^n-1$
since $\gcd(p^n-1,\ p^i)=1$
let $u,\ u^p,\ u^{p^2},\ \cdots,\ u^{p^n-1}$ are all generators of $K^*=<u>$
$f(x)=a_0+a_1x+\cdots+a_nx^n\in\mathbb{Z}_p[x]$
$f(u)=a_0+a_1u+\cdots+a_nu^n=0$
since $a_i^p=a_i$
$0=(a_0+a_1u+\cdots+a_nu^n)^p$
$=a_0^p+a_1^pu^p+\cdots+a_n^pu^{np}$
$=a_0+a_1u^p+\cdots+a_n(u^p)^n=f(u^p)$
For $1\le i\le n-1,\ a_i^{p^i}=a_i$
$0=(a_0+a_1u+\cdots+a_nu^n)^{p^i}$
$=a_0^{p^i}+a_1^{p^i}u^{p^i}+\cdots+a_n^{p^i}u^{np^i}$
$=a_0+a_1u^{p^i}+\cdots+a_n(u^{p^i})^n=f(u^{p^i})$
$\therefore\ u,\ u^p,\ u^{p^2},\ \cdots,\ u^{p^n-1}$ are all zeros of $f(x)$

## Chapter 23

Why, sometimes I've believed as many as six impossible things before breakfast.

LEWIS CARROLL

**1.** To construct $a + b$, first construct $a$. Then use a straightedge and compass to extend $a$ to the right by marking off the length of $b$. To construct $a - b$, use the compass to mark off a length of $b$ from the right end point of a line of length $a$.
**3.** Let $y$ denote the length of the hypotenuse of the right triangle with base 1, and let $x$ denote the length of the hypotenuse of the right triangle with base $|c|$. Then $y^2 = 1 + d^2$, $y^2 + x^2 = (1 + |c|)^2$, and $|c|^2 + d^2 = x^2$. So, $1 + 2|c| + |c|^2 = 1 + d^2 + |c|^2 + d^2$, which simplifies to $|c| = d^2$.
**5.** Use $\sin^2\theta + \cos^2\theta = 1$.
**7.** Use $\cos 2\theta = 2\cos^2\theta - 1$.
**9.** Use $\sin(\alpha - \beta) = \sin\alpha\cos\beta - \cos\alpha\sin\beta$.
**11.** Solving two linear equations with coefficients from $F$ involves only the operations of $F$.
**13.** Use Theorem 17.1 and Exercise 25 in Chapter 17.
**15.** If so, then an angle of 40° is constructible. Now use Exercise 10.
**17.** This amounts to showing that $\sqrt{\pi}$ is not constructible. But if $\sqrt{\pi}$ is constructible, so is $\pi$. However, $[Q(\pi):Q]$ is infinite.
**19.** No, since $[Q(\sqrt[3]{3}):Q] = 3$.
**21.** No, since $[Q(\sqrt[3]{\pi}):Q]$ is infinite.

## Supplementary Exercises for Chapters 19–23

The things taught in colleges and schools are not an education, but the means of education.

RALPH WALDO EMERSON, *Journals*

1. Use Theorem 20.5.
3. Suppose $b$ is one solution of $x^n = a$. Since $F^*$ is a cyclic group of order $q - 1$, it has a cyclic subgroup of order $n$, say $\langle c \rangle$. Then each member of $\langle c \rangle$ is a solution to the equation $x^n = 1$. It follows that $b\langle c \rangle$ is the solution set of $x^n = a$.
5. $(5a^2 + 2)/a = 5a + 2a^{-1}$. Now observe that since $a^2 + a + 1 = 0$, we know that $a(-a - 1) = 1$, and so $a^{-1} = -a - 1$. Thus, $(5a^2 + 2)/a = -2 + 3a$.
7. 5
9. Since $F(a) = F(a^{-1})$, we have degree of $a = [F(a):F] = [F(a^{-1}):F] =$ degree of $a^{-1}$.
11. If $ab$ is a zero of $c_nx^n + \cdots + c_1x + c_0 \in F[x]$, then $a$ is a zero of $c_nb^nx^n + \cdots + c_1bx + c_0 \in F(b)[x]$.
13. Every element of $F(a)$ can be written in the form $f(a)/g(a)$, where $f(x), g(x) \in F[x]$. If $f(a)/g(a)$ is algebraic and not in $F$, then there is some $h(x) \in F[x]$ such that $h(f(a)/g(a)) = 0$. By clearing fractions and collecting like powers of $a$, we obtain a polynomial in $a$ with coefficients from $F$ equal to 0. But then $a$ would be algebraic over $F$.
15. Use Corollary 2 to Theorem 22.2.
17. If the basis elements commute, then so would any combination of basis elements. However, the entire space is not commutative.
19. $\{x, x^2, x^3\}$
21. Use Exercise 45 in Chapter 13.
23. By Theorem 20.5, the zeros of $x^n - a$ are distinct, say $\alpha_1, \alpha_2, \ldots, \alpha_n$. Then $\beta_i = \alpha_i/\alpha_1$ for $i = 1, 2, \ldots, n$ are all the $n$th roots of unity.

## Chapter 24

Difficulty, my brethren, is the nurse of greatness.

WILLIAM CULLEN BRYANT

1. $a = eae^{-1}$; $cac^{-1} = b$ implies $a = c^{-1}bc = c^{-1}b(c^{-1})^{-1}$; $a = xbx^{-1}$ and $b = ycy^{-1}$ imply $a = xycy^{-1}x^{-1} = xyc(xy)^{-1}$.
3. Observe that $T(xC(a)) = xax^{-1} = yay^{-1} = T(yC(a))$ if and only if $y^{-1}xa = ay^{-1}x$ if and only if $y^{-1}x \in C(a)$ if and only if $yC(a) = xC(a)$. This proves that $T$ is well defined and one-to-one. $T$ is onto by definition.
5. By way of contradiction, assume that $H$ is the only Sylow 2-subgroup of $G$ and that $K$ is the only Sylow 3-subgroup of $G$. Then $H$ and $K$ are normal and Abelian (corollary to Theorem 24.5 and corollary to Theorem 24.2). So, $G = H \times K \approx H \oplus K$ and, from Exercise 4 in Chapter 8, $G$ is Abelian.
7. Use Exercise 7 in Supplementary Exercises for Chapters 5–8.
9. Use Exercise 55 in Chapter 9 and Exercise 7 of the Supplementary Exercises for Chapters 5–8.
11. By Theorem 24.5, $n_p$, the number of Sylow $p$-subgroups has the form $1 + kp$ and $n_p$ divides $|m|$. But if $k \geq 1$, $n_p$ does not divide $|m|$. Thus $k = 0$. Now use the corollary to Theorem 24.5.
13. 8
15. 15
17. By Exercise 16, $G$ has seven subgroups of order 3.
19. 10; $\langle(123)\rangle, \langle(234)\rangle, \langle(134)\rangle, \langle(345)\rangle, \langle(245)\rangle$
23. 21
25. Sylow's Third Theorem implies that the Sylow 3- and Sylow 5-subgroups are unique. Pick any $x$ not in the union of these. Then $|x| = 15$.

**27.** By Sylow, $n_{17} = 1$ or 35. Assume $n_{17} = 35$. Then the union of the Sylow 17-subgroups has 561 elements. By Sylow, $n_5 = 1$. Thus, we may form a cyclic subgroup of order 85 (Exercise 55 in Chapter 9 and Theorem 24.6). But then there are 64 elements of order 85. This gives too many elements.

**29.** Use the "$G/Z$ Theorem" (Theorem 9.3).

**31.** Let $H$ be the Sylow 3-subgroup and suppose that the Sylow 5-subgroups are not normal. By Sylow, there must be six Sylow 5-subgroups, call them $K_1, \ldots, K_6$. These subgroups have 24 elements of order 5. Also, each of the cyclic subgroups $HK_1, \ldots, HK_6$ has eight generators. Thus, there are 48 elements of order 15 which results in more than 60 elements in the group.

**33.** Mimic the proof of Sylow's First Theorem.

**35.** Pick $x \in Z(G)$ such that $|x| = p$. If $x \in H$, by induction, $N(H/\langle x\rangle) > H/\langle x\rangle$, say $y\langle x\rangle \in N(H/\langle x\rangle)$ but not $H/\langle x\rangle$. Now show $y \in N(H)$ but not $H$. If $x \notin H$, then $x \in N(H)$, so that $N(H) > H$.

**37.** Automorphisms preserve order.

**39.** Since 3 divides $|N(K)|$, we know that $N(K)$ has subgroup $H_1$ of order 3. Now use the fact that $H_1K$ is cyclic group of order 15 and Exercise 25 in the Supplementary Exercises for Chapters 1–4.

**41.** Normality of $H$ implies $\mathrm{cl}(h) \subseteq H$ for $h$ in $H$. Now observe that $h \in \mathrm{cl}(h)$. This is true only when $H$ is normal.

**43.** The mapping from $H$ to $xHx^{-1}$ given by $h \to xhx^{-1}$ is an isomorphism.

**45.** Say $\mathrm{cl}(x) = \{x, g_1xg_1^{-1}, g_2xg_2^{-1}, \ldots, g_kxg_k^{-1}\}$. If $x^{-1} = g_ixg_i^{-1}$, then for each $g_jxg_j^{-1}$ in $\mathrm{cl}(x)$, we have $(g_jxg_j^{-1})^{-1} = g_jx^{-1}g_j^{-1} = g_j(g_ixg_i^{-1})g_j^{-1} \in \mathrm{cl}(x)$. Because $|G|$ has odd order, $g_jxg_j^{-1} \neq (g_jxg_j^{-1})^{-1}$. It follows that $|\mathrm{cl}(x)|$ is even. But $|\mathrm{cl}(x)|$ divides $|G|$.

**47.** Mimic Example 4.

**49.** Say $\mathrm{cl}(e)$ and $\mathrm{cl}(a)$ are the only two conjugacy classes of a group $G$ of order $n$. Then $\mathrm{cl}(a)$ has $n-1$ elements all of the same order, say $m$. If $m = 2$, then it follows from Exercise 35 in Chapter 2 that $G$ is Abelian. But then $\mathrm{cl}(a) = \{a\}$ and so $n = 2$. If $m > 2$, then $\mathrm{cl}(a)$ has at most $n-2$ elements since conjugation of $a$ by $e$, $a$, and $a^2$ each yields $a$.

**51.** Let $H$ be a Sylow 5-subgroup. Since the number of Sylow 5-subgroups is 1 modulo 5 and divides $7 \cdot 17$, the only possibility is 1. So, $H$ is normal in $G$. Then by the $N/C$ Theorem (Example 15 of Chapter 10), $|G/C(H)|$ divides both 4 and $|G|$. Thus $C(H) = G$.

**53.** This follows directly from Theorem 24.1.

**55.** $\Pr(D_4) = 5/8$, $\Pr(S_3) = 1/2$, $\Pr(A_4) = 1/3$

**57.** Exactly as in the case for a group, we have for a ring $R = \{x_1, x_2, \ldots, x_n\}$, $\Pr(R) = |K|/n^2$, where $K = \{(x, y) | xy = yx, x, y \in R\}$. Also, $|K| = |C(x_1)| + |C(x_2)| + \cdots + |C(x_n)|$. From Exercise 28 in the Supplementary Exercises for Chapters 12–14, we know that $R/C(R)$ is not cyclic. Thus, $|R/C(R)| \geq 4$ and so $|C(R)| \leq |R|/4$. So, for at least 3/4 of the elements $x$ of $R$, we have $|C(x)| \leq |R|/2$. Then starting with the elements in the center and proceeding to the elements not in the center, we have $|K| \leq |R|/4 + (1/2)(3/4)|R| = (5/8)|R|$.

## Chapter 25

Learn to reason forward and backward on both sides of a question.

THOMAS BLANDI

**1.** Use the $2 \cdot$ odd test.

**3.** Use the Index Theorem.

**5.** Suppose $G$ is a simple group of order 525. Let $L_7$ be a Sylow 7-subgroup of $G$. It follows from Sylow's theorems that $|N(L_7)| = 35$. Let $L$ be a subgroup of $N(L_7)$ of order 5. Since $N(L_7)$ is cyclic (Theorem 24.6), $N(L) \geq N(L_7)$, so that 35 divides $|N(L)|$. But $L$ is contained in a Sylow 5-subgroup (Theorem 24.4), which is Abelian (see the Corollary to Theorem 24.2). Thus, 25 divides $|N(L)|$ as well. It follows that 175 divides $|N(L)|$. The Index Theorem now yields a contradiction.

**7.** $n_{11} = 12$. Use the *N*/*C* Theorem (Example 15 in Chapter 10) to show that there is an element of order 22; then use the Embedding Theorem and observe that $A_{12}$ has no element of order 22.

**9.** Suppose that there is a simple group of order 396 and $L_{11}$ is a Sylow 11-subgroup. Use the *N*/*C* Theorem given in Example 15 of Chapter 10 to show that $C(L_{11})$ has an element of order 33 whereas $A_{12}$ does not.

**11.** If we can find a pair of distinct Sylow 2-subgroups *A* and *B* such that $|A \cap B| = 8$, then $N(A \cap B) \geq AB$, so that $N(A \cap B) = G$. Now let *H* and *K* be any distinct pair of Sylow 2-subgroups. Then $16 \cdot 16/|H \cap K| = |HK| \leq 112$ (Supplementary Exercise 7 for Chapters 5–8), so that $|H \cap K|$ is at least 4. If $|H \cap K| = 8$, we are done. So, assume $|H \cap K| = 4$. Then $N(H \cap K)$ picks up at least 8 elements from *H* and at least 8 from *K* (see Exercise 35 in Chapter 24). Thus, $|N(H \cap K)| \geq 16$ and is divisible by 8. So, $|N(H \cap K)| = 16$, 56, or 112. Since the latter two cases yield normal subgroups, we may assume $|N(H \cap K)| = 16$. If $N(H \cap K) = H$, then $|H \cap K| = 8$, since $N(H \cap K)$ contains at least 8 elements from *K*. So, we may assume that $N(H \cap K) \neq H$. Then, we may take $A = N(H \cap K)$ and $B = H$.

**15.** Use the Index Theorem.

**17.** $n_5 = 6$ and $n_3 = 10$ or 40. If there are two Sylow 2-subgroups $L_2$ and $L_2'$ whose intersection has order 4, show that $N(L_2 \cap L_2')$ has index at most 5. Now use the Embedding Theorem. If $n_3 = 40$, the union of all the Sylow subgroups has more than 120 elements. If $n_3 = 10$, use the *N*/*C* Theorem to show that there is an element of order 6 and then use the Embedding Theorem and observe that $A_6$ has no element of order 6.

**19.** Let $\alpha$ be as in the proof of the Generalized Cayley Theorem. Then Ker $\alpha \leq H$ and $|G/\text{Ker}\ \alpha|$ divides $|G:H|!$. Now show $|\text{Ker}\ \alpha| = |H|$. A subgroup of index 2 is normal.

**21.** If *H* is a proper normal subgroup of $S_5$, then $H \cap A_5 = A_5$ or $\{\varepsilon\}$. But $H \cap A_5 = A_5$ implies $H = A_5$, whereas $H \cap A_5 = \{\varepsilon\}$ implies $H = \{\varepsilon\}$ or $|H| = 2$. (See Exercise 19 in Chapter 5.) Now use Exercise 70 in Chapter 9 and Exercise 48 in Chapter 5.

**23.** By direct computation, show that $PSL(2, Z_7)$ has more than four Sylow 3-subgroups, more than one Sylow 7-subgroup, and more than one Sylow 2-subgroup. *Hint:*

Observe that $\begin{bmatrix} 1 & 4 \\ 1 & 5 \end{bmatrix}$ has order 3. Now use conjugation to find four other subgroups of order 3;

observe that $\left|\begin{bmatrix} 5 & 5 \\ 1 & 4 \end{bmatrix}\right| = 7$ and use conjugation to find another subgroup of order 7;

observe that $\left|\begin{bmatrix} 5 & 1 \\ 3 & 5 \end{bmatrix}\right| = 4$ and use conjugation to find six more elements of order 4 (which guarantees that more than one Sylow 2-subgroup exists). Now argue as we did to show that $A_5$ is simple. In the cases that the supposed normal subgroup *N* has order 2 or 4, show that in *G*/*N*, the Sylow 7-subgroup is normal. But then, *G* has a normal subgroup of order 14 or 28, which were already ruled out.

**25.** Mimic Exercise 24.

**27.** Suppose there is a simple group of order 60 that is not isomorphic to $A_5$. The Index Theorem implies $n_2 \neq 1$ or 3, and the Embedding Theorem implies $n_2 \neq 5$. Thus, $n_2 = 15$. Counting shows that there must be two Sylow 2-subgroups whose intersection has order 2. Now mimic the argument used in showing that there is no simple group of order 144 to show that the normalizer of this intersection has index 5, 3, or 1, but the Embedding Theorem and the Index Theorem rule these out.

**29.** Suppose there is such a simple group *G*. Since the number of Sylow *q*-subgroups is 1 modulo *q* and divides $p^2$, it must be $p^2$. Thus there are $p^2(q-1)$ elements of order *q* in *G*. These elements, together with the $p^2$ elements in one Sylow *p*-subgroup, account for all $p^2q$ elements in *G*. Thus there cannot be another Sylow *p*-subgroup. But then the Sylow *p*-subgroup is normal in *G*.

**31.** Consider the right regular representation of $G$. Let $g$ be a generator of the Sylow 2-subgroup and suppose that $|G| = 2^k n$ where $n$ is odd. Then by Exercise 46 in Chapter 6 every cycle of the permutation $T_g$ in the right regular representation of $G$ has length $2^k$. This means that there are exactly $n$ such cycles. Since each cycle is odd and there is an odd number of them, $T_g$ is odd. This means that the set of even permutations in the regular representations has index 2 and is therefore normal. (See Exercise 19 in Chapter 5 and Exercise 7 in Chapter 9).

## Chapter 26

If you make a mistake, make amends.

LOU HOLTZ

**1.** $u < u$ because $u$ is obtained from itself by no insertions; if $v$ can be obtained from $u$ by inserting or deleting words of the form $xx^{-1}$ or $x^{-1}x$, then $u$ can be obtained from $v$ by reversing the procedure; if $u$ can be obtained from $v$ and $v$ can be obtained from $w$, then $u$ can be obtained from $w$ by obtaining first $v$ from $w$ and then $u$ from $v$.

**3.**

$$\begin{aligned} b(a^2N) &= b(aN)a = a^3bNa = a^3b(aN) \\ &= a^3a^3bN \\ &= a^6bN = a^6Nb = a^2Nb = a^2bN \\ b(a^3N) &= b(a^2N)a = a^2bNa = a^2b(aN) \\ &= a^2a^3bN \\ &- a^5bN - a^5Nb - aNb = abN \\ b(bN) &= b^2N = N \\ b(abN) &= baNb = a^3bNb = a^3b^2N = a^3N \\ b(a^2bN) &= ba^2Nb = a^2bNb = a^2b^2N = a^2N \\ b(a^3bN) &= ba^3Nb = abNb = ab^2N = aN \end{aligned}$$

**5.** Let $F$ be the free group on $\{a_1, a_2, \ldots, a_n\}$. Let $N$ be the smallest normal group containing $\{w_1, w_2, \ldots, w_t\}$ and let $M$ be the smallest normal subgroup containing $\{w_1, w_2, \ldots, w_t, w_{t+1}, \ldots, w_{t+k}\}$. Then $F/N \approx G$ and $F/M \approx \overline{G}$. The homomorphism from $F/N$ to $F/M$ given by $aN \to aM$ induces a homomorphism from $G$ onto $\overline{G}$.

To prove the corollary, observe that the theorem shows that $K$ is a homomorphic image of $G$, so $|K| \leq |G|$.

**7.** Clearly, $a$ and $ab$ belong to $\langle a, b\rangle$, so $\langle a, ab\rangle \subseteq \langle a, b\rangle$. Now show that $a$ and $b$ belong to $\langle a, ab\rangle$.

**9.** Show that $|G| \leq 2n$ and that $D_n$ satisfies the relations that define $G$.

**11.** Since $x^2 = y^2 = e$, we have $(xy)^{-1} = y^{-1}x^{-1} = yx$. Also, $xy = z^{-1}yz$, so $(xy)^{-1} = (z^{-1}yz)^{-1} = z^{-1}y^{-1}z = z^{-1}yz = xy$.

**13.** **a.** $b^6$ **b.** $b^7a$

**15.** Center is $\langle x^2\rangle$. $|xy| = 8$.

**17.** Use the fact that the mapping from $G$ onto $G/N$ given by $x \to xN$ is a homomorphism.

**19.** For $H$ to be a normal subgroup we must have $yxy^{-1} \in H = \{e, y^3, y^6, y^9, x, xy^3, xy^6, xy^9\}$. But $yxy^{-1} = yxy^{11} = (yxy)y^{10} = xy^{10}$.

**21.** 6; the given relations imply that $a^2 = e$. $G$ is isomorphic to $Z_6$.

**23.** 1, 2, and $\infty$

**25.**
$ab = c \Rightarrow abc^{-1} = e$
$cd = a \Rightarrow (abc^{-1})cd = ae \Rightarrow bd = e \Rightarrow d = b^{-1}$
$da = b \Rightarrow bda = b^2 \Rightarrow ea = b^2 \Rightarrow a = b^2$
$ab = c \Rightarrow b^3 = c$
So $G = \langle b\rangle$.
$bc = d \Rightarrow bb^3 = b^{-1} \Rightarrow b^5 = e$. So $|G| = 1$ or 5.
But $Z_5$ satisfies the defining relations with $a = 1$, $b = 3$, $c = 4$, and $d = 2$.

**27.** $Z_6$

## Chapter 27

If at first you don't succeed—that makes you about average.

BRADENTON, *Florida Herald*

**1.** If $T$ is a distance-preserving function and the distance between points $a$ and $b$ is positive, then the distance between $T(a)$ and $T(b)$ is positive.
**3.** See Figure 1.5.
**5.** 12
**7.** $4n$
**9.** **a.** $Z_2$
**b.** $Z_2 \oplus Z_2$
**c.** $G \oplus Z_2$, where $G$ is the plane symmetry group of a circle.
**11.** 6
**13.** An inversion in $\mathbf{R}^3$ leaves only a single point fixed, whereas a rotation leaves a line fixed.
**15.** In $\mathbf{R}^4$, a plane is fixed. In $\mathbf{R}^n$, a hyperplane of dimension $n - 2$ is fixed.
**17.** Create a coordinate system for the plane. Let $T$ be an isometry; $p$, $q$, and $r$ the three noncollinear points; and $s$ any other point in the plane. Then the quadrilateral determined by $T(p)$, $T(q)$, $T(r)$, and $T(s)$ is congruent to the one formed by $p$, $q$, $r$, and $s$. Thus, $T(s)$ is uniquely determined by $T(p)$, $T(q)$, and $T(r)$.
**19.** a rotation

## Chapter 28

The thing that counts is not what we know but the ability to use what we know.

LEO L. SPEARS

**1.** Try $x^n y^m \to (n, m)$.
**3.** $xy$
**5.** Use Figure 28.9.
**7.** $x^2yzxz = x^2yx^{-1} = x^2x^{-1}y = xy$
$x^{-3}zxyz = x^{-3}x^{-1}y = x^{-4}y$
**9.** A subgroup of index 2 is normal.
**11.** **a.** V **b.** I **c.** II **d.** VI **e.** VII **f.** III
**13.** $cmm$
**15.** **a.** $p4m$ **b.** $p3$ **c.** $p31m$ **d.** $p6m$
**17.** The principal purpose of tire tread design is to carry water away from the tire. Patterns I and III do not have horizontal reflective symmetry. Thus these designs would not carry water away equally on both halves of the tire.
**19.** **a.** VI **b.** V **c.** I **d.** III **e.** IV **f.** VII **g.** IV

## Chapter 29

With every mistake we must surely be learning.

GEORGE HARRISON, *"While My Guitar Gently Weeps," The White Album*

**1.** 6
**3.** 30
**5.** 13
**7.** 45
**9.** 126
**11.** $\frac{1}{6}(n^6 + 2 \cdot n + 2 \cdot n^2 + n^3)$

**13.** For the first part, see Exercise 11 in Chapter 6. For the second part, try $D_4$.
**15.** The kernel is $\{R_0, R_{180}, H, V\}$.

## Chapter 30

I am not bound to please thee with my answers.

SHAKESPEARE, *The Merchant of Venice*

**1.** $4 * (b, a)$
**3.** $(m/2) * \{3 * [(a, 0), (b, 0)], (a, 0), (e, 1), 3 * (a, 0), (b, 0), 3 * (a, 0), (e, 1)\}$
**5.** $a^3b$
**7.** Both yield paths from $e$ to $a^3b$.
**11.** Say we start at $x$. Then we know the vertices $x, xs_1, xs_1s_2, \ldots, xs_1s_2 \cdots s_{n-1}$ are distinct and $x = xs_1s_2 \cdots s_n$. So if we apply the same sequence beginning at $y$, then cancellation shows that $y, ys_1, ys_1s_2, \ldots, ys_1s_2 \cdots s_{n-1}$ are distinct and $y = ys_1s_2 \cdots s_n$.
**13.** If there were a Hamiltonian path from (0, 0) to (2, 0), there would be a Hamiltonian circuit in the digraph, since $(2, 0) + (1, 0) = (0, 0)$.
**15.** **a.** If $s_1, s_2, \ldots, s_{n-1}$ traces a Hamiltonian path and $s_is_{i+1} \cdots s_j = e$, then the vertex $s_1s_2 \cdots s_{i-1}$ appears twice. Conversely, if $s_is_{i+1} \cdots s_j \neq e$, then the sequence $e, s_1, s_1s_2, \ldots, s_1s_2 \cdots s_{n-1}$ yields the $n$ vertices (otherwise, cancellation gives a contradiction).
**b.** This follows directly from part **a**.
**17.** The sequence traces the digraph in a clockwise fashion.
**19.** Abbreviate $(a, 0)$, $(b, 0)$, and $(e, 1)$ by $a$, $b$, and 1, respectively. A circuit is $4 * (4 * 1, a), 3 * a, b, 7 * a, 1, b, 3 * a, b, 6 * a, 1, a, b, 3 * a, b, 5 * a, 1, a, a, b, 3 * a, b, 4 * a, 1, 3 * a, b, 3 * a, b, 3 * a, b$.
**21.** Abbreviate $(R_{90}, 0)$, $(H, 0)$, and $(R_0, 1)$ by $R$, $H$, and 1, respectively. A circuit is $3 * (R, 1, 1), H, 2 * (1, R, R), R, 1, R, R, 1, H, 1, 1$.
**23.** Abbreviate $(a, 0)$, $(b, 0)$, and $(e, 1)$ by $a$, $b$, and 1, respectively. A circuit is $2 * (1, 1, a), a, b, 3 * a, 1, b, b, a, b, b, 1, 3 * a, b, a, a$.
**25.** Abbreviate $(r, 0)$, $(f, 0)$, and $(e, 1)$ by $r$, $f$, and 1, respectively. Then the sequence is $r, r, f, r, r, 1, f, r, r, f, r, 1, r, f, r, r, f, 1, r, r, f, r, r, 1, f, r, r, f, r, 1, r, f, r, r, f, 1$.
**27.** $m * ((n - 1) * (0, 1), (1, 1))$
**29.** Abbreviate $(r, 0)$, $(f, 0)$, and $(e, 1)$ by $r$, $f$, and 1, respectively. A circuit is $1, r, 1, 1, f, r, 1, r, 1, r, f, 1$.
**31.** $5*[3*(1, 0), (0, 1)], (1, 0)$
**33.** $12*((1, 0), (0, 1))$.
**35.** In the proof of Theorem 30.3, we used the hypothesis that $G$ is Abelian in two places: We needed $H$ to satisfy the induction hypothesis, and we needed to form the factor group $G/H$. Now, if we assume only that $G$ is Hamiltonian, then $H$ also is Hamiltonian and $G/H$ exists.

## Chapter 31

We must view with profound respect the infinite capacity of the human mind to resist the introduction of useful knowledge.

THOMAS R. LOUNSBURY

**1.** wt(0001011) = 3; wt(0010111) = 4; wt(0100101) = 3; etc.
**3.** 1000110; 1110100
**5.** 000000, 100011, 010101, 001110, 110110, 101101, 011011, 111000
**7.** Not all single errors can be detected.
**9.** Observe that a vector has even weight if and only if it can be written as a sum of an even number of vectors of weight 1.
**11.** No, by Theorem 31.3.

**13.** 0000000, 1000111, 0100101, 0010110, 0001011, 1100010, 1010001, 1001100, 0110011, 0101110, 0011101, 1110100, 1101001, 1011010, 0111000, 1111111;

$$H = \begin{bmatrix} 1 & 1 & 1 \\ 1 & 0 & 1 \\ 1 & 1 & 0 \\ 0 & 1 & 1 \\ 1 & 0 & 0 \\ 0 & 1 & 0 \\ 0 & 0 & 1 \end{bmatrix};$$

yes.

**15.** Suppose that $u$ is decoded as $v$ and that $x$ is the coset leader of the row containing $u$. Coset decoding means $v$ is at the head of the column containing $u$. So, $x + v = u$ and $x = u - v$. Now suppose $u - v$ is a coset leader and $u$ is decoded as $y$. Then $y$ is at the head of the column containing $u$. Since $v$ is a code word, $u = u - v + v$ is in the row containing $u - v$. Thus $u - v + y = u$ and $y = v$.

**17.** 000000, 100110, 010011, 001101, 110101, 101011, 011110, 111000

$$H = \begin{bmatrix} 1 & 1 & 0 \\ 0 & 1 & 1 \\ 1 & 0 & 1 \\ 1 & 0 & 0 \\ 0 & 1 & 0 \\ 0 & 0 & 1 \end{bmatrix}$$

001001 is decoded as 001101 by all four methods.
011000 is decoded as 111000 by all four methods.
000110 is decoded as 100110 by all four methods.
Since there are no code words whose distance from 100001 is 1 and three whose distance is 2, the nearest-neighbor method will not decode or will arbitrarily choose a code word; parity-check matrix decoding does not decode 100001; the standard-array and syndrome methods decode 100001 as 000000, 110101, or 101011, depending on which of 100001, 010100, or 001010 is a coset leader.

**19.** For any received word $w$, there are only eight possibilities for $wH$. But each of these eight possibilities satisfies condition 2 or the first portion of condition 3′ of the decoding procedure, so decoding assumes that no error was made or one error was made.

**21.** There are $3^4$ code words and $3^6$ possible received words.

**23.** No; row 3 is twice row 1.

**25.** No. For if so, nonzero code words would be all words with weight at least 5. But this set is not closed under addition.

**27.** Use Exercise 24, together with the fact that the set of code words is closed under addition.

**29.** Abbreviate the coset $a + \langle x^2 + x + 1\rangle$ with $a$. The following generating matrix will produce the desired code:

$$\begin{bmatrix} 1 & 0 & 1 & 1 & x \\ 0 & 1 & x & x+1 & x+1 \end{bmatrix}.$$

**31.** Use Exercise 14.

**33.** Let $c, c' \in C$. Then, $c + (v + c') = v + c + c' \in v + C$ and $(v + c) + (v + c') = c + c' \in C$, so the set $C \cup (v + C)$ is closed under addition.

**35.** If the $i$th component of both $u$ and $v$ is 0, then so is the $i$th component of $u - v$ and $au$, where $a$ is a scalar.

## Chapter 32

Wisdom rises upon the ruins of folly.

THOMAS FULLER, *Gnomologia*

**1.** Note that $\phi(1) = 1$. Thus $\phi(n) = n$. Also, $1 = \phi(1) = \phi(nn^{-1}) = \phi(n)\phi(n^{-1}) = n\phi(n^{-1})$, so that $1/n = \phi(n^{-1})$.

**3.** If $\alpha$ and $\beta$ are automorphisms of $E$ fixing $F$, so are $\alpha^{-1}$ and $\alpha\beta$.

**5.** If $a$ and $b$ are fixed by elements of $H$, so are $a + b$, $a - b$, $a \cdot b$, and $a/b$.

**7.** It suffices to show that each member of Gal($K/F$) defines a permutation on the $a_i$'s. Let $\alpha \in$ Gal($K/F$) and write

$$\begin{aligned} f(x) &= c_n x^n + c_{n-1}x^{n-1} + \cdots + c_0 \\ &= c_n(x - a_1)(x - a_2)\cdots(x - a_n). \end{aligned}$$

Then $f(x) = \alpha(f(x)) = c_n(x - \alpha(a_1))(x - \alpha(a_2)) \cdots (x - \alpha(a_n))$. Thus, $f(a_i) = 0$ implies $a_i = \alpha(a_j)$ for some $j$, so that $\alpha$ permutes the $a_i$'s.

**9.** $\phi^6(\omega) = \omega^{729} = \omega$.
$\phi^3(\omega + \omega^{-1}) = \omega^{27} + \omega^{-27} = \omega^{-1} + \omega$.
$\phi^2(\omega^3 + \omega^5 + \omega^6) = \omega^{27} + \omega^{45} + \omega^{54} = \omega^6 + \omega^3 + \omega^5$.

**11.** Recall that $A_4$ has no subgroup of order 6. (See Example 13 in Chapter 9.)

**13.** Use Sylow's Theorem.

**15.** Let $\omega$ be a primitive cube root of 1. Then $Q \subset Q(\sqrt[3]{2}) \subset Q(\omega, \sqrt[3]{2})$ and $Q(\sqrt[3]{2})$ is not the splitting field of a polynomial in $Q[x]$.

**17.** Use the lattice of $Z_{10}$.

**19.** $Z_6$ (Be sure you know why the group is cyclic.)

**21.** See Exercise 21 in Chapter 25.

**23.** Use Exercise 33 in Chapter 24.

**25.** Use Exercise 40 in Chapter 10.

**27.** Since $K/N \lhd G/N$, for any $x \in G$ and $k \in K$, there is a $k' \in K$ such that $k'N = (xN)(kN)(xN)^{-1} = xNkNx^{-1}N = xkx^{-1}N$. So, $xkx^{-1} = k'n$ for some $n \in N$. And since $N \subseteq K$, we have $k'n \in K$.

**29.** a. $F$ is the splitting field of $h(x) = x^{2^{60}} - x$ over $\mathbb{Z}_2$
$Aut_{\mathbb{Z}_2}F = \langle \varphi \rangle$, $|\varphi| = 60$
$\varphi: F \to F$, $\varphi(v) = v^2 \quad \forall v \in F$
$K \leq F$
$K$ contains the prime field $\mathbb{Z}_2$

b. $[F: K_1] = 5$, $[F: K_2] = 10$
By galois theory,
$K_1$ is the fixed field of $\langle \varphi^{12} \rangle$ of order 5
$K_2$ is the fixed field of $\langle \varphi^6 \rangle$ of order 10
and $< \varphi^{12} > \subset < \varphi^6 >$
$\therefore \ K_1 \geq K_2$

c. Since $[F: K_1] = 6$, $[F: K_2] = 10$
$[K_1: \mathbb{Z}_2] = 10$, $[K_2: \mathbb{Z}_2] = 6$
$\therefore [K_1 \cap K_2: \mathbb{Z}_2] = 2$
$K_1 \cap K_2$ is the fixed field of $< \varphi^{30} > = < \varphi^{10} > \cap < \varphi^6 >$ of degree 2

**31.** a. $[K: \mathbb{Z}_p]=4,\ |K|=p^4$

$\forall\ v \in K^*\ \ v^{p^{4-1}}=1$

$\therefore\ \ v^{p^4}=v$

b, c. $K$ is a Galois extension of $\mathbb{Z}_p$

$\varphi: K \to K,\ \ \varphi(v)=v^p$

$Aut_{\mathbb{Z}_p} K = <\varphi>, |\varphi|=4$

$<\varphi^2>$ is the only one proper subgroup of $<\varphi>$ By Galois theory

$\exists\ L$: onlg one subfield such that $\mathbb{Z}_p \leq L \leq K$

$L=\{v \in K |\ \varphi^2(v)=v^{2^2}=v\}$

## Chapter 33

All wish to posses knowledge, but few, comparatively speaking, are willing to pay the price.

JUVENAL

**1.** $x^2 - x + 1$.

**3.** Over $Z$, $x^8 - 1 = (x - 1)(x + 1)(x^2 + 1)(x^4 + 1)$. Over $Z_2$, $x^2 + 1 = (x + 1)^2$ and $x^4 + 1 = (x + 1)^4$. So, over $Z_2$, $x^8 - 1 = (x + 1)^8$. Over $Z_3$, $x^2 + 1$ is irreducible, but $x^4 + 1$ factors into irreducibles as $(x^2 + x + 2)(x^2 - x - 1)$. So, $x^8 - 1 = (x - 1)(x + 1)(x^2 + 1)(x^2 + x + 2)(x^2 - x - 1)$. Over $Z_5$, $x^2 + 1 = (x - 2)(x + 2)$, $x^4 + 1 = (x^2 + 2)(x^2 - 2)$, and these last two factors are irreducible. So, $x^8 - 1 = (x - 1)(x + 1)(x - 2)(x + 2)(x^2 + 2)(x^2 - 2)$.

**5.** Let $\omega$ be a primitive $n$th root of unity. We must prove $\omega\omega^2 \cdots \omega^n = (-1)^{n+1}$. Observe that $\omega\omega^2 \cdots \omega^n = \omega^{n(n+1)/2}$. When $n$ is odd, $\omega^{n(n+1)/2} = (\omega^n)^{(n+1)/2} = 1^{(n+1)/2} = 1$. When $n$ is even, $(\omega^{n/2})^{n+1} = (-1)^{n+1} = -1$.

**7.** If $[F : Q] = n$ and $F$ has infinitely many roots of unity, then there is no finite bound on their multiplicative orders. Let $\omega$ be a primitive $m$th root of unity in $F$ such that $\phi(m) > n$. Then $[Q(\omega) : Q] = \phi(m)$. But $F \supseteq Q(\omega) \supseteq Q$ implies $[Q(\omega) : Q] \leq n$.

**9.** Let $2^n + 1 = q$. Then $2 \in U(q)$ and $2^n = q - 1 = -1$ in $U(q)$ implies that $|2| = 2n$. So, by Lagrange's Theorem, $2n$ divides $|U(q)| = q - 1 = 2^n$.

**11.** Let $\omega$ be a primitive $n$th root of unity. Then $2n$th roots of unity are $\pm 1, \pm\omega, \ldots, \pm\omega^{n-1}$. These are distinct, since $-1 = (-\omega^i)^n$, whereas $1 = (\omega^i)^n$.

**13.** First observe that $\deg \Phi_{2n}(x) = \phi(2n) = \phi(n)$ and $\deg \Phi_n(-x) = \deg \Phi_n(x) = \phi(n)$. Thus, it suffices to show that every zero of $\Phi_n(-x)$ is a zero of $\Phi_{2n}(x)$. But the fact that $\omega$ is a zero of $\Phi_n(-x)$ means that $|-\omega| = n$, which in turn implies that $|\omega| = 2n$.

**15.** Let $G = \mathrm{Gal}(Q(\omega)/Q)$ and $H_1$ be the subgroup of $G$ of order 2 that fixes $\cos(\frac{2\pi}{n})$. Then, by induction, $G/H_1$ has a series of subgroups $H_1/H_1 \subset H_2/H_1 \subset \cdots \subset H_t/H_1 = G/H_1$, so that $|H_{i+1}/H_1 : H_i/H_1| = 2$. Now observe that $|H_{i+1}/H_1 : H_i/H_1| = |H_{i+1}/H_i|$.

**17.** Instead, prove that $\Phi_n(x)\Phi_{pn}(x) = \Phi_n(x^p)$. Since both sides are monic and have degree $p\phi(n)$, it suffices to show that every zero of $\Phi_n(x)\Phi_{pn}(x)$ is a zero of $\Phi_n(x^p)$. If $\omega$ is a zero of $\Phi_n(x)$, then $|\omega| = n$. By Theorem 4.2, $|\omega^p| = n$ also. Thus, $\omega$ is a zero of $\Phi_n(x^p)$. If $\omega$ is a zero of $\Phi_{pn}(x)$, then $|\omega| = pn$ and therefore $|\omega^p| = n$.

**19.** Use Theorem 33.4 and Theorem 32.1.

**21.** $\omega \to \omega^4, \omega \to \omega^{-1}, \omega \to \omega^{-4}$

## Supplementary Exercises for Chapters 24–33

For those who keep trying, failure is temporary.

FRANK TYGER

**1.** $Z_6$

**3.** Let $|G| = 315$ and let $H$ be a Sylow 3-subgroup and $K$ a Sylow 5-subgroup. If $H \lhd G$, then $HK = 45$. If $H$ is not normal, then by Sylow's Third Theorem, $|G/N(H)| = 7$, so that $|N(H)| = 45$.

**5.** Observe that $K \subseteq N(H)$ implies that $HK$ is a group of order 245. Now, use Sylow's Third Theorem.

**7.** Note that $gKg^{-1} \subseteq gHg^{-1} = H$. Now use the corollary to Sylow's Third Theorem.

**9.** Use the same proof as for Exercise 55 in Chapter 9.

**11.** Since $n_7 = 8$, we know by the Embedding Theorem (Chapter 25) that $G \leq A_8$. But $A_8$ does not have an element of order 21.

**13.** Let $G$ be a non-Abelian group of order 105. By Theorem 9.3, $G/Z(G)$ is not cyclic. So $|Z(G)| \neq 3$, 7, 15, 21, or 35. This leaves only 1 or 5 for $|Z(G)|$. Let $H$, $K$, and $L$ be Sylow 3-, Sylow 5-, and Sylow 7-subgroups of $G$, respectively. Now, counting shows that $K \lhd G$ or $L \lhd G$. Thus, $|KL| = 35$ and $KL$ is a cyclic subgroup of $G$. But, $KL$ has 24 elements of order 35 (since $|U(Z_{35})| = 24$). Thus, a counting argument shows that $K \lhd G$ and $L \lhd G$. Now, $|HK| = 15$ and $HK$ is a cyclic subgroup of $G$. Thus, $HK \subseteq C(K)$ and $KL \subseteq C(K)$. This means that 105 divides $|C(K)|$. So $K \subseteq Z(G)$.

**15.**

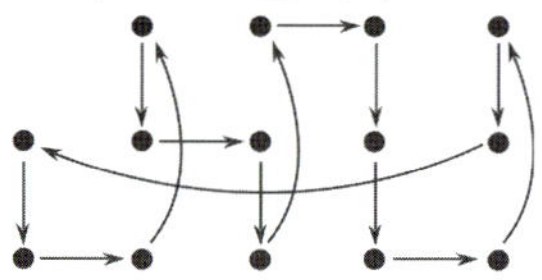

**17.** It suffices to show that $x$ travels by $a$ implies $xab^{-1}$ travels by $a$ (for we may successively replace $x$ by $xab^{-1}$). If $xab^{-1}$ traveled by $b$, then the vertex $xa$ would appear twice in the circuit.

**19.** **a.** {00, 11}
**b.** {000, 111}
**c.** {0000, 1100, 1010, 1001, 0101, 0110, 0011, 1111}
**d.** {0000, 1100, 0011, 1111}

**21.** The mapping $T_v: F^n \to \{0, 1\}$ given by $T_v(u) = u \cdot v$ is an onto homomorphism. So $|F^n/\text{Ker } T_v| = 2$.

**23.** It follows from Exercise 18 that if $C$ is an $(n, k)$ linear code, then $C^\perp$ is an $(n, n - k)$ linear code. Thus, in this problem, $k = n - k$. To prove the second claim, use Exercise 18, Exercise 21, the definition of $C^\perp$, and the hypothesis that $C^\perp = C$.

**역자 소개**

박종률: (현) 전남대학교 사범대학 수학교육과 교수
parkjy@chonnam.ac.kr

조정래: (현) 부산대학교 자연과학대학 수학과 교수
jungcho@pusan.ac.kr

강동승: (현) 단국대학교 사범대학 수학교육과
dskang@dankook.ac.kr

임정욱: (현) 경북대학교 자연과학대학 수학과 교수
jwlim@knu.ac.kr

김세경: 전남대학교 대학원 수학과 이학박사
ongime@yahoo.co.kr



**제7판**

**현대대수학**

Contemporary Abstract Algebra

2014년 8월 20일 초판 인쇄
2014년 8월 25일 초판 발행

저 자 / Joseph A. Gallian
역 자 / 박종률 · 조정래 · 강동승 · 임정욱 · 김세경
발행자 / 오판근
발행처 / 교우사

주 소 / 서울특별시 동대문구 약령시로 8 교우빌딩 2층
전 화 / 925-2861(代), 편집부 / 925-2825
팩 스 / 925-2860

E-mail / kyowoo@kyowoo.co.kr
http://www.kyowoo.co.kr

등록 / 1994. 3. 24 제6-0256호

ISBN 979-11-251-0050-8 (93410)

값 43,000 원